FISIOLOGIA DO EXERCÍCIO

Teoria e aplicação
ao condicionamento
e ao desempenho

FISIOLOGIA DO EXERCÍCIO

Teoria e aplicação ao condicionamento e ao desempenho

9ª EDIÇÃO

Scott K. Powers
University of Florida

Edward T. Howley
University of Tennessee, Knoxville

Título original em inglês: *Exercise Physiology: Theory and Application to Fitness and Performance – 9th edition*.
Copyright © 2015, 2012, 2009, 2007 – McGraw-Hill Education. Todos os direitos reservados.

Este livro contempla as regras do Novo Acordo Ortográfico da Língua Portuguesa.

Editor-gestora: Sônia Midori Fujiyoshi
Editora de traduções: Denise Yumi Chinem
Produção editorial: Cláudia Lahr Tetzlaff

Tradução da 8ª edição: Fernando Gomes do Nascimento (Capítulos 5, 15 a 22, 25 e Apêndices)
Guilherme Henrique Miranda (Capítulos 23 e 24)
Myrian Nunomura (Introdução à fisiologia do exercício)
Orlando Laitano (Glossário)
Soraya Imon de Oliveira (Parte pré-textual, Capítulos 1 a 4, 6 a 14)

Tradução das atualizações da 9ª edição: Beatriz Araujo do Rosário

Consultoria científica: Orlando Laitano
Professor de Fisiologia do Exercício da Universidade Federal do Vale do São Francisco (Univasf)
Pós-Doutorado pela University of Florida
Doutorado em Ciências do Movimento Humano pela Universidade Federal do Rio Grande do Sul (UFRGS) e
pela Brunel University, Inglaterra
Mestrado em Ciências do Movimento Humano pela UFRGS
Especialista em Medicina Esportiva e Ciências da Saúde pela Pontifícia Universidade Católica do Rio Grande do Sul (PUC-RS)
Graduado em Educação Física pela Universidade Luterana do Brasil (Ulbra)

Revisão de tradução e revisão de prova: Depto. editorial da Editora Manole
Adaptação de projeto gráfico e diagramação: Luargraf Serviços Gráficos Ltda. – ME
Capa: Daniel Justi
Imagem da capa: iStock

Dados Internacionais de Catalogação na Publicação (CIP)
(Câmara Brasileira do Livro, SP, Brasil)

Powers, Scott K.
Fisiologia do exercício : teoria e aplicação ao
condicionamento e ao desempenho / Scott K. Powers,
Edward T. Howley [tradução Beatriz Araujo
do Rosário]. - - 9. ed. - - Santana de Parnaíba, SP : Manole
2017.

Título original: Exercise Physiology : theory and
application to fitness and performance.
Bibliografia.
ISBN 978-85-204-5053-6

1. Exercício – Aspectos fisiológicos I. Howley,
Edward T. II. Título.

17-06691   CDD-612.044

Índices para catálogo sistemático:
1. Exercício : Aspectos fisiológicos   612.044
2. Fisiologia do exercício   612.044

Todos os direitos reservados.
Nenhuma parte deste livro poderá ser reproduzida, por qualquer processo,
sem a permissão expressa dos editores.
É proibida a reprodução por xerox.
A Editora Manole é filiada à ABDR – Associação Brasileira de Direitos Reprográficos.

Edição brasileira – 2017

Direitos em língua portuguesa adquiridos pela:
Editora Manole Ltda.
Alameda América, 876
Tamboré – Santana de Parnaíba – SP – Brasil
CEP: 06543-315
Fone: (11) 4196-6000
www.manole.com.br | https://atendimento.manole.com.br/

Impresso no Brasil
Printed in Brazil

Nota: Foram feitos todos os esforços para que as informações contidas neste livro fossem o mais precisas possível. Os autores e os editores
não se responsabilizam por quaisquer lesões ou danos decorrentes da aplicação das informações aqui apresentadas.

Dedicado a Lou e Ann
por seu amor, paciência e apoio.

Sumário geral

SEÇÃO I

Fisiologia do exercício   1

0 Introdução à fisiologia do exercício   2

1 Mensurações comuns em fisiologia do exercício   15

2 Controle do ambiente interno   29

3 Bioenergética   39

4 Metabolismo no exercício   66

5 Sinalização celular e respostas hormonais ao exercício   90

6 Exercício e o sistema imune   125

7 Sistema nervoso: estrutura e controle do movimento   138

8 Músculo esquelético: estrutura e função   163

9 Respostas circulatórias ao exercício   188

10 Respiração durante o exercício   218

11 Equilíbrio acidobásico durante o exercício   249

12 Regulação da temperatura   261

13 Fisiologia do treinamento: efeito sobre $\dot{V}O_{2máx}$, desempenho e força   282

SEÇÃO II

Fisiologia da saúde e do condicionamento físico   317

14 Fatores de risco e inflamação – ligações com a doença crônica   318

15 Testes de esforço para avaliação do condicionamento cardiorrespiratório   332

16 Prescrições de exercícios para saúde e condicionamento físico   356

17 Exercício para populações especiais   375

18 Composição corporal e nutrição para a saúde   399

SEÇÃO III

Fisiologia do desempenho   443

19 Fatores que afetam o desempenho   444

20 Avaliação laboratorial do desempenho humano   460

21 Treinamento para o desempenho   481

22 Treinamento para mulheres atletas, crianças, populações especiais e atletas masters   506

23 Nutrição, composição corporal e desempenho   523

24 Exercício e ambiente   547

25 Recursos ergogênicos   574

Apêndices   597

Glossário   611

Créditos   621

Índice remissivo   627

Sumário detalhado

Apresentação xiv

SEÇÃO I

Fisiologia do exercício 1

Capítulo 0 Introdução à fisiologia do exercício 2
Breve história da fisiologia do exercício 3
  Herança europeia 3
  Harvard Fatigue Laboratory 4
Fisiologia, condicionamento físico e saúde 6
Da educação física à ciência do exercício e
cinesiologia 8
Estudo de pós-graduação e pesquisa em fisiologia
do exercício 9
Sociedades profissionais e científicas e
periódicos científicos 11
  Treinamento em pesquisa 11
Carreiras em ciência do exercício e cinesiologia 12

Capítulo 1 Mensurações comuns em fisiologia do exercício 15
Unidades de medida 16
  Sistema métrico 16
  Unidades do SI 16
Definição de trabalho e potência 16
  Trabalho 16
  Potência 17
Mensuração do trabalho e da potência 17
  Banco de *step* 17
  Cicloergômetro 18
  Esteira ergométrica 19
Mensuração do gasto energético 20
  Calorimetria direta 20
  Calorimetria indireta 21
Expressões comuns do gasto energético 22
Estimativa do gasto energético 22
Cálculo da eficiência do exercício 23
  Fatores que influenciam a eficiência do exercício 24
Economia de corrida 26

Capítulo 2 Controle do ambiente interno 29
Homeostase: constância dinâmica 30

Sistemas de controle do corpo 32
Natureza dos sistemas de controle 32
  Feedback negativo 33
  Feedback positivo 33
  Ganho de um sistema de controle 33
Exemplos de controle homeostático 33
  Regulação da temperatura corporal 33
  Regulação da glicemia 34
Exercício: um teste de controle homeostático 34
O exercício melhora o controle homeostático via
adaptação celular 35
As proteínas de estresse auxiliam na regulação
da homeostase celular 36

Capítulo 3 Bioenergética 39
Estrutura celular 40
Transformação da energia biológica 41
  Reações bioquímicas celulares 41
  Reações de oxidação-redução 43
  Enzimas 44
Combustíveis para o exercício 46
  Carboidratos 46
  Gorduras 47
  Proteínas 48
Fosfatos de alta energia 48
Bioenergética 49
  Produção anaeróbia de ATP 49
  Produção aeróbia de ATP 53
Cálculo do ATP aeróbio 60
Eficiência da fosforilação oxidativa 61
Controle da bioenergética 61
  Controle do sistema ATP-CP 61
  Controle da glicólise 62
  Controle do ciclo de Krebs e da cadeia de transporte
  de elétrons 62
Interação entre as produções aeróbia/anaeróbia
de ATP 63

Capítulo 4 Metabolismo no exercício 66
Necessidades energéticas durante o repouso 67
Transições do repouso ao exercício 67
Recuperação do exercício: respostas
metabólicas 69

Respostas metabólicas ao exercício: influência da duração e da intensidade 72
  Exercício intenso e de curta duração 73
  Exercício prolongado 73
  Exercício incremental 74
Estimativa da utilização de combustível durante o exercício 76
Fatores determinantes da seleção de combustível 78
  Intensidade do exercício e seleção de combustível 78
  Duração do exercício e seleção de combustível 80
  Interação do metabolismo de gordura/carboidrato 81
  Reservas de energia do organismo 82

Capítulo 5 Sinalização celular e respostas hormonais ao exercício 90
Neuroendocrinologia 91
  Concentração sanguínea dos hormônios 92
  Interação hormônio-receptor 93
Hormônios: regulação e ação 96
  Hipotálamo e hipófise 96
  Tireoide 99
  Paratireoide 99
  Glândula suprarrenal 99
  Pâncreas 103
  Testículos e ovários 104
Controle hormonal da mobilização do substrato durante o exercício 107
  Utilização do glicogênio muscular 111
  Homeostase da glicose sanguínea durante o exercício 112
  Interação hormônio-substrato 119

Capítulo 6 Exercício e o sistema imune 125
Descrição geral do sistema imune 126
  Sistema imune inato 126
  Sistema imune adquirido 130
Exercício físico e o sistema imune 131
  Exercício físico e resistência à infecção 131
  O exercício aeróbio de alta intensidade/longa duração aumenta o risco de infecção 133
A prática de exercício sob condições ambientais extremas: risco aumentado de infecção? 135
Você deve se exercitar quando está resfriado? 136

Capítulo 7 Sistema nervoso: estrutura e controle do movimento 138
Funções gerais do sistema nervoso 139
Organização do sistema nervoso 139
  Estrutura do neurônio 139
  Atividade elétrica em neurônios 140
Informação sensorial e reflexos 147
  Proprioceptores articulares 147
  Proprioceptores musculares 147
Quimioceptores musculares 150

Função motora somática e neurônios motores 150
Aparelho vestibular e equilíbrio 151
Funções encefálicas de controle motor 153
  Cérebro 153
  Cerebelo 153
  Tronco encefálico 155
Funções motoras da medula espinal 156
Controle das funções motoras 156
Sistema nervoso autônomo 158
O exercício melhora a saúde do encéfalo 159

Capítulo 8 Músculo esquelético: estrutura e função 163
Estrutura do músculo esquelético 164
Junção neuromuscular 166
Contração muscular 168
  Visão geral da teoria dos filamentos deslizantes/alavanca oscilatória 168
  Energia para contração 168
  Regulação do acoplamento excitação-contração 170
Exercício e fadiga muscular 173
Cãibras musculares associadas ao exercício 174
Tipos de fibras 175
  Visão geral das características bioquímicas e contráteis do músculo esquelético 176
  Características funcionais dos tipos de fibras musculares 177
  Tipos de fibras e desempenho 178
Ações musculares 179
Velocidade da ação muscular e relaxamento 180
Regulação da força no músculo 181
Relações força-velocidade/potência-velocidade 182

Capítulo 9 Respostas circulatórias ao exercício 188
Organização do sistema circulatório 189
  Estrutura do coração 190
  Circuitos pulmonar e sistêmico 190
Coração: miocárdio e ciclo cardíaco 190
  Miocárdio 191
  Ciclo cardíaco 192
  Pressão arterial 194
  Fatores que influenciam a pressão arterial 196
  Atividade elétrica do coração 197
Débito cardíaco 199
  Regulação da frequência cardíaca 199
  Variabilidade da frequência cardíaca 202
  Regulação do volume sistólico 203
Hemodinâmica 205
  Características físicas do sangue 205
  Relações entre pressão, resistência e fluxo 206
  Fontes de resistência vascular 206
Alterações na distribuição de oxigênio para o músculo durante o exercício 207

Alterações do débito cardíaco durante o exercício 207
Alterações no conteúdo arteriovenoso misto de oxigênio durante o exercício 208
Redistribuição do fluxo sanguíneo durante o exercício 208
Regulação do fluxo sanguíneo local durante o exercício 209

Respostas circulatórias ao exercício 211
Influência emocional 211
Transição do repouso para o exercício 211
Recuperação do exercício 212
Exercício incremental 212
Exercício para o braço *versus* exercício para a perna 213
Exercício intermitente 213
Exercício prolongado 213

Regulação dos ajustes cardiovasculares ao exercício 215

Capítulo 10 Respiração durante o exercício 218

Função pulmonar 219
Estrutura do sistema respiratório 219
Zona condutora 220
Zona respiratória 221
Mecânica da respiração 222
Inspiração 222
Expiração 224
Resistência das vias aéreas 224
Ventilação pulmonar 224
Volumes e capacidades pulmonares 225
Difusão de gases 227
Fluxo sanguíneo para os pulmões 228
Relações de ventilação-perfusão 230
Transporte de O_2 e CO_2 no sangue 231
Hemoglobina e transporte de O_2 231
Curva de dissociação da oxiemoglobina 231
Transporte de O_2 no músculo 233
Transporte de CO_2 no sangue 234
Ventilação e equilíbrio acidobásico 235
Respostas ventilatórias e hematogasosas ao exercício 235
Transições do repouso ao trabalho 235
Exercício prolongado em ambiente quente 236
Exercício incremental 236
Controle da ventilação 237
Regulação ventilatória em repouso 237
Centro de controle respiratório 238
Efeito da PCO_2, da PO_2 e do potássio sanguíneos sobre a ventilação 239
Estimulação neural do centro de controle respiratório 240
Controle ventilatório durante o exercício submáximo 240
Controle ventilatório durante o exercício intenso 241
Os pulmões se adaptam ao treinamento físico? 243

O sistema pulmonar limita o desempenho máximo no exercício? 243

Capítulo 11 Equilíbrio acidobásico durante o exercício 249

Ácidos, bases e pH 250
Produção de íon hidrogênio durante o exercício 251
Importância da regulação acidobásica durante o exercício 253
Sistemas de tamponamento acidobásico 253
Tampões intracelulares 253
Tampões extracelulares 254
Influência respiratória sobre o equilíbrio acidobásico 256
Regulação do equilíbrio acidobásico por via renal 256
Regulação do equilíbrio acidobásico durante o exercício 256

Capítulo 12 Regulação da temperatura 261

Visão geral do equilíbrio do calor durante o exercício 262
Mensuração da temperatura durante o exercício 263
Visão geral da produção/perda de calor 264
Produção de calor 264
Perda de calor 264
Armazenamento de calor no corpo durante o exercício 266
Termostato corporal – o hipotálamo 267
Desvio do ponto de ajuste do termostato hipotalâmico em decorrência de febre 268
Eventos térmicos durante o exercício 269
Índice de calor – uma mensuração da sensação de calor 270
Exercício em um ambiente quente 271
Taxas de sudorese durante o exercício 271
O desempenho no exercício é comprometido em um ambiente quente 273
Diferenças de termorregulação relacionadas à idade e ao gênero 274
Aclimatação ao calor 275
Perda da aclimatação 278
Exercício em um ambiente frio 278
Aclimatação ao frio 279

Capítulo 13 Fisiologia do treinamento: efeito sobre $\dot{V}O_{2máx}$, desempenho e força 282

Princípios do treinamento 284
Sobrecarga 284
Especificidade 284
Treinamento de resistência e $\dot{V}O_{2máx}$ 284
Programas de treinamento e alterações de $\dot{V}O_{2máx}$ 285
Por que o treinamento físico melhora o $\dot{V}O_{2máx}$? 286

Volume sistólico   287

Diferença arteriovenosa de O_2 288

Treinamento de resistência: efeitos sobre o desempenho e a homeostasia   289

Alterações no tipo e capilaridade da fibra induzidas pelo treinamento de resistência   290

O treinamento de resistência aumenta o conteúdo mitocondrial nas fibras de músculo esquelético   290

Mudanças induzidas pelo treinamento na utilização do combustível muscular   291

O treinamento de resistência melhora a capacidade antioxidante da musculatura   294

O treinamento físico melhora o equilíbrio acidobásico durante o exercício   294

Bases moleculares da adaptação ao treinamento físico   295

Adaptação ao treinamento – quadro geral   296

Especificidade das respostas ao treinamento físico   297

Vias transdutoras de sinais primários no músculo esquelético   297

Mensageiros secundários no músculo esquelético   298

Eventos sinalizadores que levam ao crescimento do músculo induzido pelo treinamento de resistência   299

Treinamento de resistência: ligações existentes entre o músculo e a fisiologia sistêmica   300

Resposta periférica   302

Comando central   302

Destreinamento subsequente ao treinamento de resistência   303

Efeitos fisiológicos do treinamento de força   304

Mecanismos responsáveis pelos aumentos de força induzidos pelo treinamento de força   305

Alterações no sistema nervoso induzidas pelo treinamento de força   305

Aumentos de tamanho do músculo esquelético induzidos pelo treinamento de força   305

Alterações no tipo de fibra muscular induzidas pelo treinamento de força   306

O treinamento de força pode melhorar a capacidade oxidativa do músculo e aumentar o número de capilares?   307

O treinamento de força melhora a atividade enzimática antioxidante muscular   307

Eventos sinalizadores que levam ao crescimento do músculo induzido pelo treinamento de força   307

Destreinamento subsequente ao treinamento de força   309

Treinamento de força e resistência concomitante   310

Mecanismos responsáveis pelo comprometimento do desenvolvimento da força durante o treinamento de força e resistência concomitante   311

SEÇÃO II

Fisiologia da saúde e do condicionamento físico   317

Capítulo 14 Fatores de risco e inflamação – ligações com a doença crônica   318

Fatores de risco de doenças crônicas   319

Hereditários/biológicos   319

Ambientais   319

Comportamentais   319

Doença coronariana   320

A inatividade física como fator de risco   322

Inflamação e doença coronariana   323

Obesidade, inflamação e doença crônica   324

Fármacos, dieta e atividade física   326

Síndrome metabólica   327

Capítulo 15 Testes de esforço para avaliação do condicionamento cardiorrespiratório   332

Procedimentos de testes   333

Triagem   333

Mensurações em repouso e em exercício   335

Testes de campo para estimativa do CCR   335

Testes máximos de corrida   335

Testes de caminhada   337

Teste canadense de condicionamento aeróbio modificado   337

Testes de esforço progressivo: mensurações   339

Frequência cardíaca   339

Pressão arterial   339

ECG   339

Percepção subjetiva de esforço   341

Critérios de interrupção   341

$\dot{V}O_{2máx}$ 342

Estimativa do $\dot{V}O_{2máx}$ com base na última carga de trabalho   342

Estimativa do $\dot{V}O_{2máx}$ com base na resposta submáxima da FC   343

Teste de esforço progressivo: protocolos   345

Esteira ergométrica   346

Cicloergômetro   347

Teste do degrau   351

Capítulo 16 Prescrições de exercícios para saúde e condicionamento físico   356

Prescrição de exercício   357

Dose-resposta   358

Atividade física e saúde   358

Orientações gerais para melhorar o condicionamento   361

Triagem   363

Progressão   363

Aquecimento, alongamento e desaquecimento, alongamento   363

Prescrição de exercício para CCR   363
Frequência   363
Intensidade   364
Tempo (duração)   366
Sequência da atividade física   367
Marcha   367
Corrida leve   368
Atividades lúdicas e esportes   369
Treinamento de força e de flexibilidade   369
Preocupações ambientais   371

Capítulo 17   Exercício para populações especiais   375
Diabetes   376
Exercício e diabetes   377
Asma   381
Diagnóstico e causas   381
Prevenção/alívio da asma   382
Asma induzida por exercício   382
Doença pulmonar obstrutiva crônica   384
Testes e treinamento   384
Hipertensão   385
Reabilitação cardíaca   386
População   386
Testes   387
Programas de exercício   387
Exercício para idosos   388
Potência aeróbia máxima   388
Resposta ao treinamento   389
Osteoporose   391
Força   392
Exercício durante a gestação   392

Capítulo 18   Composição corporal e nutrição para a saúde   399
Normas nutricionais   400
Padrões nutricionais   401
Classes de nutrientes   402
Água   402
Vitaminas   404
Minerais   404
Carboidratos   408
Gorduras   412
Proteína   413
Satisfação das orientações dietéticas   413
Planos para grupos alimentares   414
Avaliação da dieta   415
Composição corporal   415
Métodos de avaliação do sobrepeso e da obesidade   415
Métodos de mensuração da composição corporal   416
Sistema de dois componentes para a composição corporal   418
Gordura corporal para saúde e condicionamento físico   422
Obesidade e controle do peso   422
Obesidade   423

Dieta, exercício e controle do peso   426
Equilíbrio energético e nutricional   426
Dieta e controle do peso   427
Gasto enérgico e controle do peso   429

SEÇÃO III

Fisiologia do desempenho   443

Capítulo 19   Fatores que afetam o desempenho   444
Locais de fadiga   445
Fadiga central   446
Fadiga periférica   447
Fatores que limitam desempenhos anaeróbios máximos   450
Desempenhos de duração ultracurta (10 segundos ou menos)   450
Desempenhos de curta duração (10 a 180 segundos)   452
Fatores que limitam desempenhos aeróbios máximos   452
Desempenhos de duração moderada (3 a 20 minutos)   453
Desempenhos de duração intermediária (21 a 60 minutos)   453
Desempenhos de longa duração (1 a 4 horas)   454
O atleta como máquina   456

Capítulo 20   Avaliação laboratorial do desempenho humano   460
Avaliação laboratorial do desempenho físico: teoria e ética   461
O que o atleta ganha com os testes fisiológicos   461
O que os testes fisiológicos não fazem   462
Componentes do teste fisiológico efetivo   462
Testes diretos de potência aeróbia máxima   463
Especificidade dos testes   463
Protocolo dos testes de esforço   463
Determinação do $\dot{V}O_{2máx}$pico em atletas paraplégicos   465
Testes laboratoriais para previsão do desempenho de resistência   465
Uso do limiar de lactato na avaliação do desempenho   465
Mensuração da potência crítica   467
Testes para determinar a economia do exercício   468
Estimativa do sucesso nas corridas de fundo utilizando o limiar de lactato e a economia de corrida   469
Determinação da potência anaeróbia   470
Testes de potência anaeróbia máxima a ultracurto prazo   470

Testes de potência anaeróbia a curto prazo   472

Avaliação da força muscular   474
Critério para seleção de um método de teste de força   474
Mensuração isométrica da força   474
Testes de força com pesos livres   475
Avaliação isocinética da força   476
Mensuração da força com resistência variável   477

Capítulo 21   Treinamento para o desempenho   481

Princípios do treinamento   482
Sobrecarga, especificidade e reversibilidade   482
Influência do gênero e do nível inicial de condicionamento físico   483
Influência da genética   484

Componentes de uma sessão de treinamento: aquecimento, prática e desaquecimento   484

Treinamento para melhorar a potência aeróbia   485
Treinamento intervalado   485
Exercício de longa distância e de baixa intensidade   486
Exercício contínuo e de alta intensidade   487
O treinamento na altitude melhora o desempenho do exercício ao nível do mar   487

Lesões e treinamento de resistência   488

Treinamento para melhorar a potência anaeróbia   489
Treinamento para melhorar o sistema ATP-CP   489
Treinamento para melhorar o sistema glicolítico   490

Treinamento para aumentar a força muscular   490
Exercício de resistência progressiva   490
Princípios gerais do treinamento de força   492
Pesos livres *versus* aparelhos   492
Diferenças entre gêneros em resposta ao treinamento de força   494

Programas de treinamento concorrente: força e resistência   495

Influência nutricional sobre as adaptações do músculo esquelético induzidas pelo treinamento   496
Disponibilidade de carboidrato no músculo esquelético influencia a adaptação ao treinamento de resistência   496
Disponibilidade de proteína no músculo esquelético influencia a síntese de proteína muscular após o exercício   496
Suplementação com megadoses de antioxidantes   497

Dor muscular   497

Treinamento para aumentar a flexibilidade   498

Condicionamento dos atletas durante o ano inteiro   500
Condicionamento fora da temporada   500
Condicionamento na pré-temporada   500
Condicionamento na temporada   501

Erros comuns de treinamento   501

Capítulo 22   Treinamento para mulheres atletas, crianças, populações especiais e atletas masters   506

Fatores importantes para mulheres envolvidas em treinamento vigoroso   507
Exercício e distúrbios menstruais   507
Treinamento e menstruação   508
A atleta e os distúrbios alimentares   508
Distúrbios alimentares: comentários finais   509
Distúrbios dos minerais ósseos e a atleta   509
Exercício durante a gravidez   509
Risco de lesão de joelho em mulheres atletas   511

Condicionamento esportivo para crianças   512
Treinamento e o sistema cardiopulmonar   512
Treinamento e o sistema musculoesquelético   512
Progresso na ciência do exercício pediátrico   514

Treinamento competitivo para diabéticos   514

Treinamento para asmáticos   515

Epilepsia e treinamento físico   516
O exercício causa convulsões?   516
Risco de lesão decorrente de convulsões   516

Desempenho físico e treinamento para atletas masters   517
Alterações na força muscular relacionadas ao envelhecimento   517
Envelhecimento e desempenho de resistência   518
Diretrizes de treinamento para atletas masters   519

Capítulo 23   Nutrição, composição corporal e desempenho   523

Carboidratos   524
Dietas de carboidrato e desempenho   524
Ingestão de carboidrato antes ou durante o desempenho   526
Ingestão de carboidrato pós-desempenho   528

Proteína   530
Necessidades de proteína e exercício   530
Necessidades de proteína para atletas   532

Água e eletrólitos   533
Reposição de líquidos – antes do exercício   534
Reposição de líquidos – durante o exercício   534
Reposição de líquidos – depois do exercício   536
Sais (NaCl)   536

Minerais   537
Ferro   537

Vitaminas   539

Refeição pré-competição   540
Nutrientes na refeição pré-competição   540

Composição corporal e desempenho   541

Capítulo 24   Exercício e ambiente   547

Altitude   548
Pressão atmosférica   548
Desempenho anaeróbio de curta duração   548

Desempenho aeróbio de longa duração   549
Potência aeróbia máxima e altitude   550
Aclimatação a altitudes elevadas   552
Treinamento para competição na altitude   552
A conquista do Everest   553

Calor   558
Hipertermia   558

Frio   562
Fatores ambientais   562
Fatores isolantes   563
Produção de calor   565
Características descritivas   565
Tratamento da hipotermia   567

Poluição do ar   567
Material particulado   567
Ozônio   568
Dióxido de enxofre   568
Monóxido de carbono   568

Capítulo 25   Recursos ergogênicos   574
Questões relacionadas aos modelos de pesquisa   575
Suplementos nutricionais   576
Desempenho aeróbio   576
Oxigênio   578
Doping sanguíneo   580
Desempenho anaeróbio   582
Tampões sanguíneos   582
Drogas   583
Anfetaminas   584
Cafeína   584

Recursos ergogênicos mecânicos   587
Ciclismo   587
Aquecimento físico   589

Apêndices

Apêndice A: Cálculo do consumo de oxigênio e da produção de dióxido de carbono   597

Apêndice B: Ingestão Alimentar de Referência: necessidades de energia estimadas   601

Apêndice C: Ingestão Alimentar de Referência: vitaminas   602

Apêndice D: Ingestão Alimentar de Referência: minerais e elementos   604

Apêndice E: Ingestão Alimentar de Referência: macronutrientes   606

Apêndice F: Estimativa do percentual de gordura para homens: somatória das dobras cutâneas do tríceps, do peitoral e do subescapular   608

Apêndice G: Estimativa do percentual de gordura para mulheres: somatória das dobras cutâneas do tríceps, do abdome e da suprailíaca   609

Glossário   611

Créditos   621

Índice remissivo   627

Apresentação

Similar às edições anteriores, a 9ª edição de *Fisiologia do exercício: teoria e aplicação ao condicionamento e ao desempenho* é destinada aos estudantes interessados em fisiologia do exercício, fisiologia clínica do exercício, desempenho humano, cinesiologia/ciência do exercício, fisioterapia e educação física. O objetivo geral desta obra é fornecer ao estudante um conhecimento atualizado sobre a fisiologia do exercício. Além disso, o livro apresenta diversas aplicações clínicas, incluindo testes com exercícios para avaliação do condicionamento cardiorrespiratório e informações sobre treinamento com exercícios para a melhora do condicionamento físico relacionado à saúde e ao desempenho nos esportes.

Este livro é planejado para um semestre de curso de fisiologia do exercício, seja para alunos não graduados ou para recém-graduados. Nitidamente, a obra contém mais material do que poderia ser abordado em um semestre – pelo menos essa é a intenção. Ele foi escrito para ser abrangente e proporcionar aos instrutores a liberdade de selecionar o material que considerem mais importante para o planejamento de suas aulas. Este livro pode também ser usado em uma sequência de dois semestres dos cursos de fisiologia do exercício (p. ex., Fisiologia do Exercício I e II) para abordar todos os 25 capítulos.

Novidades desta edição

Esta 9ª edição passou por revisões significativas e destaca as pesquisas mais recentes em fisiologia do exercício. De fato, cada capítulo contém discussões novas e expandidas, novos quadros de texto e figuras, referências atualizadas e sugestões de leitura contemporâneas.

Novos tópicos e conteúdo atualizado

O conteúdo desta nova edição foi expandido e atualizado. Cada capítulo foi revisado e atualizado para incluir informações novas e corrigidas, novas ilustrações, novos achados de pesquisa, referências bibliográficas e sugestões de leitura atualizadas. A lista a seguir descreve algumas das principais alterações que tornam a 9ª edição mais completa e atual:

- Seção contemporânea sobre carreiras na aérea de ciência do exercício e cinesiologia (Capítulo 0).
- Seção revisada sobre a estimativa de custo energético de atividades e de um novo debate sobre a economia de corrida (Capítulo 1).
- Discussão ampliada sobre a regulação da homeostasia durante o exercício com um resumo atualizado do papel que as proteínas de choque térmico desempenham na adaptação ao estresse celular (Capítulo 2).
- Ilustrações novas e aperfeiçoadas para aprimorar o aprendizado sobre como e o porquê da bioenergética (Capítulo 3).
- Informação atualizada sobre o ciclo de Cori e o treinamento de queima de gordura (Capítulo 4).
- Diversas figuras que representam a ação hormonal, com as informações mais recentes sobre o hormônio de crescimento, esteroides anabólicos, o tecido adiposo como um órgão endócrino e o músculo esquelético como um órgão endócrino (Capítulo 5).
- Detalhes ampliados sobre a forma como os principais componentes celulares da imunidade se protegem contra infecção e os mais recentes achados acerca do impacto do exercício sobre o sistema imune (Capítulo 6).
- Análise ampliada dos quimioceptores musculares e o papel que eles desempenham no *feedback* regulatório para o sistema nervoso durante o exercício (Capítulo 7).
- Figuras novas e aperfeiçoadas que representam as etapas que levam à contração muscular e novos achados que descrevem os eventos moleculares responsáveis pela produção da força muscular (Capítulo 8).
- Ilustrações aprimoradas e os achados mais recentes da investigação sobre as adaptações cardiovasculares ao exercício (Capítulo 9).
- Informações atualizadas sobre o controle da respiração durante o exercício (Capítulo 10).

- Análise ampliada dos sistemas tampões intracelulares e extracelulares (Capítulo 11).
- Inclusão dos achados mais recentes sobre a regulação de temperatura durante o exercício (Capítulo 12).
- Informações expandidas sobre as mudanças induzidas pelo exercício sobre a seleção de combustível muscular (Capítulo 13).
- Maior enfoque sobre fatores de risco e doenças crônicas, informações mais recentes sobre os fatores de risco para doença coronariana e discussão ampliada sobre o impacto do exercício e da dieta sobre a inflamação e doença crônica (Capítulo 14).
- Além do novo Par-Q+, a apresentação ampliada do *Canadian Aerobic Fitness Test* (teste canadense de condicionamento aeróbio) e discussão revisada sobre a verificação de $\dot{V}O_{2máx}$ (Capítulo 15).
- Nova seção sobre a importância do condicionamento cardiorrespiratório relativo ao risco de doença crônica, diretrizes atualizadas sobre treinamento de força e flexibilidade e discussão ampliada sobre os benefícios do exercício aeróbio *versus* treinamento de força (Capítulo 16).
- Informações atualizadas sobre diabetes tipos 1 e 2, novas diretrizes para exercício e gravidez e as mais recentes conclusões relativas ao exercício e idosos (Capítulo 17).
- Informações recentes sobre o índice glicêmico, novas descobertas sobre a obesidade e as últimas recomendações do American College of Cardiology sobre a importância do exercício e da dieta na perda de peso (Capítulo 18).
- Informações contemporâneas sobre o papel que os radicais livres desempenham na fadiga muscular e uma discussão sobre por que os quenianos e etíopes ganham maratonas (Capítulo 19).
- Informações mais recentes sobre testes laboratoriais para atletas (Capítulo 20).
- Nova seção sobre influências nutricionais nas adaptações de treinamento e inclusão de novas informações sobre a força concorrente e programas de treinamento de resistência (Capítulo 21).
- Resultados de achados recentes sobre a incidência de amenorreia das atletas e a tríade da mulher atleta (Capítulo 22).
- Atualizações sobre o momento da ingestão de proteínas para otimizar a síntese de proteínas durante o treinamento e informações contemporâneas sobre a suplementação com vitamina D (Capítulo 23).
- Informações mais recentes sobre treinamento em altitude (ou seja, viver em altitudes elevadas, treinar em altitudes baixas), atualizações sobre os fatores que agem na doença do calor e atualizações sobre o impacto do exercício em ambientes poluídos (Capítulo 24).
- Novas informações sobre suplementos nutricionais e desempenho atlético e uma discussão do desenvolvimento de novas técnicas para detecção da dopagem em atletas (Capítulo 25).

Agradecimentos

Uma obra como esta não é resultado apenas do esforço de dois autores, pois também representa as contribuições de centenas de cientistas do mundo inteiro. Embora seja impossível agradecer a cada colaborador por este trabalho, gostaríamos de agradecer aos seguintes cientistas, que influenciaram significativamente nosso pensamento, nossas carreiras e vidas em geral: drs. Bruno Balke, Ronald Byrd, Jerome Dempsey, Stephen Dodd, H. V. Forster, B. D. Franks, Steven Horvath, Henry Montoye, Francis Nagle e Hugh G. Welch.

Além disso, gostaríamos de agradecer a Kurt Sollanek, Aaron Morton e Brian Parr pela assistência prestada com o fornecimento de sugestões para as revisões deste livro. De fato, eles forneceram inúmeras contribuições para o aperfeiçoamento da 9ª edição. Por fim, gostaríamos de agradecer aos seguintes revisores por seus comentários úteis sobre esta edição:

William Byrnes
University of Colorado at Boulder

Kathy Howe
Oregon State University

Jenny Johnson
American Military University

Gregory Martel
Coastal Carolina University

Erica Morley
Arizona State University

Allen C. Parcell
Brigham Young University

John Quindry
Auburn University

Brady Redus
University of Central Oklahoma

Ann M. Swartz
University of Wisconsin-Milwaukee

Apresentação dinâmica de conceitos essenciais embasados pelas pesquisas mais atuais

Foco de pesquisa

Seja qual for o rumo de suas carreiras, os estudantes devem aprender a ler e refletir sobre as pesquisas científicas mais rec O quadro *Foco de pesquisa* apresenta novos estudos e explica o r de sua relevância.

Uma visão mais detalhada

O quadro *Uma visão mais detalhada* apresenta um aprofundamento sobre os tópicos de especial interesse para os alunos. Este quadro incentiva os alunos a buscarem maior profundidade em relação aos conceitos essenciais.

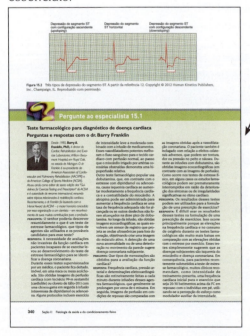

Pergunte ao especialista

Este quadro no formato de pergunta e resposta permite descobrir o que os principais cientistas têm a dizer sobre tópicos como o efeito do voo espacial sobre a musculatura esquelética e o efeito do exercício sobre a saúde óssea.

Aplicações práticas da fisiologia do exercício

Aplicações clínicas

Aprender como a fisiologia do exercício é usada no contexto clínico.

Vencendo limites

Como os atletas conseguem a "vantagem extra" que pode fazer a diferença entre vitória e derrota? Estes quadros explicam a ciência por trás de um desempenho vencedor.

xvii

Material complementar on-line

Esta edição conta ainda com um material disponível on-line que ajudará o leitor a testar os conhecimentos adquiridos com a leitura da obra. No endereço indicado a seguir, terá acesso a:

- questões de múltipla escolha;
- questões do tipo verdadeiro ou falso.

Para acessar, siga estas instruções:

1. Entre na página http://manoleeducacao.com.br/fisiologiadoexerciciopowers
2. Clique em "Conteúdo complementar".
3. Responda às perguntas indicadas no site e realize seu cadastro.
4. Com seu usuário e senha criados, acesse o conteúdo de seu interesse.

SEÇÃO I

Fisiologia do exercício

0

Introdução à fisiologia do exercício

■ Objetivos

Ao estudar este capítulo, você deverá ser capaz de:

1. Descrever o escopo da fisiologia do exercício como um ramo da fisiologia.
2. Descrever a influência dos cientistas europeus no desenvolvimento da fisiologia do exercício.
3. Nomear os três ganhadores do Prêmio Nobel cujo trabalho de pesquisa envolvia músculo ou exercício muscular.
4. Descrever o papel do Harvard Fatigue Laboratory na história da fisiologia do exercício nos Estados Unidos.
5. Descrever os fatores que influenciaram o condicionamento físico nos Estados Unidos no século passado.
6. Relacionar as opções de carreira para os estudantes que estão se especializando em ciência do exercício ou cinesiologia.

■ Conteúdo

Breve história da fisiologia do exercício 3
Herança europeia 3
Harvard Fatigue Laboratory 4

Fisiologia, condicionamento físico e saúde 6

Da educação física à ciência do exercício e cinesiologia 8

Estudo de pós-graduação e pesquisa em fisiologia do exercício 9

Sociedades profissionais e científicas e periódicos científicos 11
Treinamento em pesquisa 11

Carreiras em ciência do exercício e cinesiologia 12

É preciso ter um "dom genético" de velocidade para ser um corredor de nível internacional ou tudo é graças ao treinamento? O que acontece com a sua frequência cardíaca quando você realiza um teste de esforço que aumenta a intensidade a cada minuto? Quais mudanças ocorrem nos seus músculos como resultado de um programa de treinamento de resistência que permite que você corra em velocidades mais rápidas por distâncias mais longas? Qual combustível – carboidrato ou gordura – é mais importante quando estiver correndo uma maratona? A pesquisa em fisiologia do exercício fornece as respostas para esses questionamentos e outros similares.

Fisiologia é o estudo da função dos tecidos (p. ex., músculo, nervo), órgãos (p. ex., coração, pulmões) e sistemas (p. ex., sistema circulatório). A fisiologia do exercício abrange esses elementos para avaliar o efeito de uma simples sessão de exercício (exercício agudo) e de repetidas sessões de exercício (p. ex., programas de treinamento) nesses tecidos, órgãos e sistemas. Além disso, as respostas para exercício agudo e treinamento podem ser estudadas em altitudes elevadas ou calor e umidade excessivos para determinar o impacto desses fatores ambientais na nossa habilidade para responder e adaptar-se ao exercício. Por fim, estudos são conduzidos em indivíduos jovens e idosos, ambos saudáveis, e também naqueles com doenças para entender o papel do exercício na prevenção ou na reabilitação de várias doenças crônicas.

De acordo com essa perspectiva, iremos além de simples declarações do fato para mostrar como a informação a respeito da fisiologia do exercício é aplicada na prevenção e na reabilitação de doença coronariana, nos desempenhos de atletas de elite e na habilidade de uma pessoa para trabalhar em ambientes desfavoráveis como altitudes elevadas. A aceitação de termos como *fisiologia do esporte*, *nutrição do esporte* e *medicina do esporte* é evidência de um crescente interesse na aplicação da fisiologia do exercício em problemas do mundo real. Carreiras em treinamento atlético, treinamento de condicionamento individualizado, reabilitação cardíaca e força e condicionamento, bem como as áreas tradicionais de fisioterapia e medicina, são de interesse para alunos que estão estudando a fisiologia do exercício. Oportunidades na carreira serão discutidas em detalhes mais adiante.

Neste capítulo, será apresentado um breve histórico da fisiologia do exercício para ajudar a entender onde estamos e para onde iremos. Além disso, ao longo de todo o texto, vários cientistas e clínicos são ressaltados no contexto histórico à medida que o assunto é apresentado (p. ex., músculo, repostas cardiovasculares, altitude). É esperado que, ao associar uma pessoa a uma importante realização dentro do contexto do capítulo, a história permaneça viva e seja de interesse geral.

Breve história da fisiologia do exercício

A história da fisiologia do exercício representa um panorama global que envolve cientistas de vários países. Esta seção se iniciará com o impacto que os cientistas europeus tiveram no desenvolvimento da fisiologia do exercício. Em seguida, será descrito o papel do Harvard Fatigue Laboratory no crescimento da fisiologia do exercício nos Estados Unidos.

Herança europeia

Um bom lugar para iniciar a discussão da história da fisiologia do exercício nos Estados Unidos é a Europa. Três cientistas: A. V. Hill, da Grã-Bretanha, August Krogh, da Dinamarca, e Otto Meyerhof, da Alemanha, receberam Prêmios Nobel pela pesquisa sobre músculo ou exercício muscular.[12] Hill e Meyerhof dividiram o Prêmio Nobel em Fisiologia ou Medicina em 1922. Hill foi reconhecido pelas medições precisas da produção de calor durante a contração muscular e a recuperação, e Meyerhof por sua descoberta na relação entre o consumo de oxigênio e a medição de lactato no músculo. Hill foi instruído como matemático antes de se interessar por fisiologia. Além do trabalho citado para o Prêmio Nobel, seus estudos em humanos conduziram ao desenvolvimento de uma estrutura em torno da qual entendemos os fatores fisiológicos relacionados ao desempenho na corrida em distância (ver Cap.19).[6]

Embora Krogh tenha recebido o Prêmio Nobel pela pesquisa sobre a função da circulação capilar, ele teve

A. Archibald V. Hill, B. August Krogh, C. Otto F. Meyerhof.

grande impacto em numerosas áreas de pesquisa. Além disso, assim como vários pesquisadores produtivos, sua influência não foi somente em virtude de seu próprio trabalho, mas também do trabalho de seus alunos e colegas. A colaboração de Krogh com Johannes Lindhard resultou em estudos clássicos que tratavam sobre o metabolismo de carboidrato e gordura durante o exercício, e sobre como as respostas dos sistemas circulatório e respiratório são controlados durante o exercício.[4] Três dos alunos de Krogh, Erling Asmussen, Erik Hohwü-Christensen e Marius Nielsen (chamados de "os três mosqueteiros" por Krogh) tiveram grande impacto na pesquisa em fisiologia do exercício durante toda a metade do século XX. Esses pesquisadores, sucessivamente, treinaram fisiologistas excepcionais, muitos dos quais serão mencionados ao longo deste livro. O August Krogh Institute, na Dinamarca, possui um dos mais notáveis laboratórios de fisiologia do exercício do mundo. Marie Krogh, sua esposa, foi uma cientista notável por seus próprios méritos e foi reconhecida por seu trabalho inovador na medição da capacidade de difusão do pulmão. Recomendamos a biografia dos Kroghs escrita pela filha deles, Bodil Schmidt-Nielsen (ver Sugestões de leitura), para os interessados na história da fisiologia do exercício.

Vários outros cientistas europeus também devem ser mencionados, não somente pelas suas contribuições para a fisiologia do exercício, mas porque seus nomes são comumente citados na discussão da fisiologia do exercício. J. S. Haldane produziu alguns dos trabalhos originais sobre o papel do CO_2 no controle da respiração. Haldane também desenvolveu o analisador de gás que leva o seu nome.[15] C. G. Douglas realizou trabalhos pioneiros com Haldane sobre o papel do O_2 e do lactato no controle da respiração durante o exercício, incluindo algum trabalho conduzido em altitudes variadas. A bolsa de lona e borracha para coleta de gás utilizada por vários anos nos laboratórios de fisiologia do exercício ao redor do mundo leva o nome de Douglas. Um contemporâneo de Douglas, Christian Bohr, da Dinamarca, realizou o clássico trabalho sobre como o O_2 se fixa à hemoglobina. A substituição na curva de dissociação do oxigênio da hemoglobina em razão do acréscimo de CO_2 leva o seu nome (ver Cap. 10). Curiosamente, foi Krogh quem realizou os atuais experimentos que possibilitaram a Bohr descrever sua famosa "substituição".[4,15]

> **Em resumo**
> - A. V. Hill, August Krogh e Otto Meyerhof receberam o Prêmio Nobel pelo trabalho relacionado ao músculo ou exercício muscular.
> - Vários cientistas europeus tiveram grande impacto no campo da fisiologia do exercício.

Harvard Fatigue Laboratory

Um ponto essencial na história da fisiologia do exercício nos Estados Unidos é o Harvard Fatigue Laboratory. O professor L. J. Henderson organizou o laboratório dentro da Business School para conduzir uma pesquisa fisiológica sobre riscos industriais. O dr. David Bruce Dill foi o diretor de pesquisa na época da inauguração do laboratório em 1927 até o seu fechamento em 1947.[18] A Tabela 1 mostra que os cientistas conduziram pesquisas em várias áreas, no laboratório e em campo, e os resultados daqueles estudos iniciais têm sido apoiados por investigações recentes. A clássica obra de Dill, *Life, Heat, and Altitude*,[14] é leitura recomendada para qualquer aluno de fisiologia do exercício e do meio ambiente. Muito do trabalho preciso e cuidadoso do laboratório foi conduzido utilizando o já clássico analisador de Haldane para a análise do gás respiratório e o aparelho para gasometria de van Slyke. A chegada do equipamento controlado por computador nos anos 1980 facilitou a coleta de informações, mas não aprimorou a precisão da medição (ver Fig. 1).

"Os três mosqueteiros". Da esquerda para a direita: Erling Asmussen, Erik Hohwü-Christensen e Marius Nielsen.

David Bruce Dill.

Tabela I	Áreas de pesquisa ativas no Harvard Fatigue Laboratory

Metabolismo
   Consumo máximo de oxigênio
   Débito de oxigênio
   Metabolismo da gordura e do carboidrato durante um trabalho de longa duração
Fisiologia ambiental
   Altitude
   Calor seco e úmido
   Frio
Fisiologia clínica
   Gota
   Esquizofrenia
   Diabetes
Envelhecimento
   Taxa de metabolismo basal
   Consumo máximo de oxigênio
   Frequência cardíaca máxima
Sangue
   Equilíbrio acidobásico
   Saturação do O_2: papel do PO_2, PCO_2 e monóxido de carbono
   Técnicas de avaliação nutricional
   Vitaminas
   Alimentos
Condicionamento físico
   Teste do banco de Harvard

O Harvard Fatigue Laboratory atraiu estudantes de doutorado, bem como cientistas de outros países. Muitos dos ex-alunos do laboratório são reconhecidos por seus próprios méritos pela excelência na pesquisa em fisiologia do exercício. Dois estudantes de doutorado, Steven Horvath e Sid Robinson, foram adiante em carreiras de destaque no Institute of Environmental Stress na Santa Barbara University e na Indiana University, respectivamente.

Os "colegas" estrangeiros incluíam "os três mosqueteiros" mencionados na seção anterior (E. Asmussen, E. Hohwü-Christensen e M. Nielsen) e o ganhador do Prêmio Nobel, August Krogh. Esses cientistas trouxeram novas ideias e tecnologias para o laboratório, participaram de estudos no laboratório e de campo com membros de outras equipes, e publicaram alguns dos mais importantes trabalhos na fisiologia do exercício entre 1930 e 1980. Rudolpho Margaria, da Itália, continuou a ampliar seu trabalho clássico sobre débito de oxigênio e descreveu a energética da locomoção. Peter F. Scholander, da Noruega, contribuiu com o analisador químico de gás que é um método primário de calibrar o tanque de gás usado para padronizar analisadores de gás eletrônicos.[18]

Em resumo, sob a liderança do dr. D. B. Dill, o Harvard Fatigue Laboratory se tornou um modelo para as investigações de pesquisa na fisiologia do meio ambiente e do exercício, especialmente relacionado aos humanos. Quando o laboratório fechou e a equipe se dispersou, as ideias, técnicas e abordagens para a investigação científica foram distribuídas pelo mundo e, com elas, a influência de Dill na área da fisiologia do exercício e do meio ambiente. Dr. Dill continuou suas pesquisas fora da Cidade de Boulder, Nevada, nos anos 1980. Ele faleceu em 1986 aos 93 anos de idade.

O progresso diante do entendimento de qualquer questão em fisiologia do exercício transcende época, nacionalidade e treinamento científico. As soluções para questões difíceis exigem a interação de cientistas de diversas disciplinas e profissões tais como fisiologia, bioquímica, biologia molecular e medicina. Recomendamos a obra *Exercise Physiology – People and Ideas* (ver "Sugestões de leitura") para ampliar seu entendimento sobre as conexões históricas importantes. Nesse livro, cientistas conhecidos internacionalmente fornecem um tratamento histórico de um número importante de questões em fisiologia do exercício com ênfase no fluxo de energia e ideias através dos continentes. Destacamos vários cientistas e clínicos com os nossos quadros de "Pergunte ao especialista" ao longo do livro tanto para apresentá-los a você como para compartilharmos as

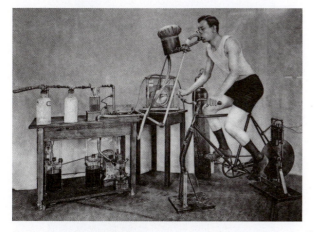 

Figura 1 Comparação entre a nova e a velha tecnologia usada para medir o consumo de oxigênio e a produção de dióxido de carbono durante o exercício. (*Esquerda*: Carnegie Institute of Washington, D.C.; *Direita*: COSMED.)

A. Steven Horvath, B. Sid Robinson.

ideias atuais deles. Além disso, o quadro "Um olhar no passado – nomes importantes na ciência" é utilizado para reconhecer cientistas conhecidos que influenciaram nosso entendimento de fisiologia do exercício. Nesse contexto, serão apresentados quem foram e quem está atualmente liderando a responsabilidade.

Em resumo

- O Harvard Fatigue Laboratory foi um ponto crucial no desenvolvimento da fisiologia do exercício nos Estados Unidos. O dr. D. B. Dill dirigiu o laboratório desde a sua abertura em 1927 até o seu fechamento em 1947. O corpo de pesquisa em fisiologia do meio ambiente e exercício, produzido pelos cientistas nesse laboratório, criou a base para novas ideias e métodos experimentais que nos influencia até hoje.

Fisiologia, condicionamento físico e saúde

O condicionamento físico é um tema muito conhecido hoje e sua popularidade tem sido um fator primordial que motiva estudantes universitários a buscarem carreiras na educação física, fisiologia do exercício, educação para saúde, nutrição, fisioterapia e medicina. Em 1980, o serviço de saúde pública norte-americano classificou o "condicionamento físico e exercício" como uma das quinze áreas de interesse relacionadas à melhora da saúde global do país.[30] E esse fato não era nenhuma novidade. Interesses e preocupações similares a respeito de condicionamento físico existiram nos Estados Unidos há mais de 100 anos. Entre a Guerra Civil e a Primeira Guerra Mundial, a educação física estava essencialmente preocupada com o desenvolvimento e a manutenção do condicionamento, e vários líderes em educação física foram treinados em medicina (ver p. 5).[13] Por exemplo, o dr. Dudley Sargent, contratado pela Universidade de Harvard em 1879, estabeleceu um programa de treinamento físico com as prescrições de exercícios individualizados para melhorar a estrutura e a

Dudley Sargent.

função do indivíduo para atingir "aquela primeira condição física chamada condicionamento – condicionamento para o trabalho, condicionamento para jogar, condicionamento para qualquer atividade que o homem pudesse ser solicitado a fazer" (p. 297).[33]

Sargent estava claramente à frente de seu tempo ao promover o condicionamento relacionado à saúde. Posteriormente, a guerra se tornou uma força motriz fundamental, conduzindo o interesse do país para o condicionamento físico. Preocupações a respeito de saúde e condicionamento foram aumentadas durante a Primeira e Segunda Guerras Mundiais, quando um grande número de recrutas foi reprovado nos exames iniciais em razão de deficiências físicas e mentais (p. 407).[17] Essas preocupações influenciaram o tipo de programas de educação física nas escolas durante aqueles anos, fazendo com que se assemelhassem aos programas de treinamento pré-militares (p. 484).[37] Curiosamente, enquanto o atraso no crescimento e estar abaixo do peso foram as principais razões da rejeição de recrutas militares na Segunda Guerra Mundial, a obesidade é a principal causa da rejeição de recrutas hoje (ver *Still Too Fat to Fight* em: http://www. missionreadiness.org/2012/still-too-fat-to-fight/).

O atual interesse na atividade física e na saúde foi estimulado no início de 1950 por dois importantes achados: (1) autópsias de jovens soldados mortos durante a Guerra da Coreia mostraram que uma doença coronariana significativa tinha se desenvolvido e (2) Hans Kraus mostrou que crianças americanas tiveram fraco desempenho em um teste de condicionamento muscular mínimo comparado às crianças europeias (p. 516).[37] Em razão deste último achado, o presidente Eisenhower iniciou uma conferência em 1955 que resultou na formação do President's Council on Youth Fitness. A American Association for Health, Physical Education, and Recreation (AAHPER) apoiava essas atividades, e em 1957 desenvolveu o AAHPER Youth Fitness Test (Teste de Condicionamento para Jovens) com normas nacionais para serem utilizadas nos programas de educação física por todos os Estados Unidos. Antes que fosse inaugurado, o presidente Kennedy expressou suas preocupações a respeito do condicionamento da nação no artigo publicado na *Sports Illustrated* intitulado "*The Soft American*":[22]

> O vigor físico dos nossos cidadãos é um dos recursos mais preciosos da América. Se desperdiçarmos e negligenciarmos esse recurso, se permitirmos que ele diminua e cresça debilitado, então destruiremos muito da nossa habilidade de atender aos grandes e fortes desafios que confrontam o nosso povo. Seremos inaptos para realizar nosso potencial total como uma nação.

Durante o governo de Kennedy, o nome do conselho foi alterado para President's Council on Physical Fitness para destacar a preocupação com o condicionamento físico. O nome foi alterado novamente na administração Nixon para President's Council on Physical Fitness and Sports, que apoiava o condicionamento físico não somente nas escolas, mas também nas empresas, indústrias e para o público em geral. Mais recentemente, o nome foi alterado pelo presidente Obama para President's Council on Fitness, Sports & Nutrition para concentrar mais a atenção sobre a obesidade epidêmica (ver www. fitness.gov). Itens no Teste de Condicionamento para Jovens foram alterados ao longo dos anos, e em 1980 a American Alliance for Health, Physical Education, Recreation, and Dance (AAHPERD) publicou separadamente um manual (*Health-Related Physical Fitness Test Manual*[1]) para diferenciá-lo do "teste de desempenho" (p. ex., tiro de 45 metros) e "teste de condicionamento" (p. ex., espessura de dobras cutâneas). Essa bateria de testes relacionados à saúde é coerente com a direção dos programas de condicionamento para a vida toda, preocupando-se com obesidade, condicionamento cardiorrespiratório e função lombar. Um teste de condicionamento paralelo, o FitnessGram, foi desenvolvido pelo The Cooper Institute em 1982, incluindo um software para apoiar a contagem e a impressão dos relatórios (ver http://www.fitnessgram.net/home/). Para os leitores interessados na história do teste de condicionamento físico nas escolas, recomendamos a revisão de Morrow et al. citada em "Sugestões de leitura".

Paralela a esse interesse no condicionamento físico de jovens foi a crescente preocupação com a taxa de mortalidade por doenças coronarianas na população norte-americana masculina de meia-idade. Estudos epidemiológicos sobre a condição de saúde da população realçaram o fato de que doenças degenerativas relacionadas a hábitos de saúde insatisfatórios (p. ex., dieta com alto teor de gordura, tabagismo, sedentarismo) eram responsáveis por mais mortes que as doenças contagiosas e infecciosas clássicas. Em 1996, um importante simpósio destacou a necessidade de mais pesquisa na área de atividade física e saúde.[31] Nos anos 1970, houve um aumento na utilização de testes de exercício para diagnosticar doença cardíaca e auxiliar na prescrição de programas de exercício para melhorar a saúde cardiovascular. Grandes corporações desenvolveram programas de condicionamento "executivo" para melhorar a condição da saúde daquele grupo de alto risco. Embora a maioria dos americanos esteja agora familiarizada com programas como esse e alguns estudantes de fisiologia do exercício busquem carreiras no "condicionamento corporativo", tais programas não são novos. A foto da Figura 2, extraída da edição de 1923 do *Mckenzie's Exercise in Education and Medicine*,[25] apresenta um grupo de homens de negócio de terno executando exercícios de dança. Em resumo, a ideia que a atividade física regular é uma parte importante do estilo de vida saudável foi "redescoberta". Se restaram algumas perguntas a respeito da importância da atividade física para a saúde, a publicação do *Surgeon General's Report* em 1986 e o aparecimento das primeiras U. S. Activity Guidelines em 2008 encerraram a questão (ver "Uma visão mais detalhada 1").

Do início até meados de 1980, tornou-se evidente que o sedentarismo era a principal preocupação da saúde pública.[30] Em 1992, a American Heart Association considerou o sedentarismo um importante fator de risco de doenças cardiovasculares, assim como o tabagismo, a hipertensão e o colesterol elevado.[3] Em 1995, os Centros de Controle e Prevenção de Doenças (CDC) e o American College of Sports Medicine publicaram a seguinte recomendação de atividade física para a saúde pública: "Todo norte-americano adulto deveria fazer 30 minutos ou mais de atividade física de intensidade moderada na maioria dos e, de preferência, todos os dias da semana".[28] Um ano depois, foi publicado o *Surgeon General's Report on Physical Activity and Health*.[36]

Esse relatório destacava o fato de que o sedentarismo estava matando os norte-americanos adultos e que o problema era grande – 60% deles não estavam comprometidos com a quantidade recomendada de atividade física e 25% não eram nada ativos. Esse relatório baseou-se na grande quantidade de evidências disponíveis de estudos epidemiológicos, estudos de treinamento de pequenos grupos e investigações clínicas que mostravam os efeitos positivos de um estilo de vida ativo. Por exemplo, a atividade física mostrou que:

- diminui o risco de morte prematura e de doença cardíaca;
- reduz o risco de desenvolver diabetes e hipertensão;
- ajuda a manter o peso e ossos, músculos e articulações saudáveis;
- ajuda a diminuir a pressão arterial nos indivíduos com hipertensão e a promover o bem-estar psicológico.

Em 2008, a primeira edição do U.S. *Physical Activity Guidelines* (Diretrizes Americanas para Atividade Física) foi publicada (http://www.health.gov/paguidelines/guidelines/default.aspx). Esse documento foi desenvolvido com base na revisão completa da pesquisa por parte de um comitê consultivo desde a publicação do *Surgeon General's Report* em 1996 (para o Relatório do Comitê Consultivo, ver http://www.health.gov/paguidelines/report/default.aspx). Recentemente, o US Department of Health and Human Services publicou um relatório intermediário com foco nas estratégias para aumento da atividade física entre jovens (http://www.health.gov /paguidelines/midcourse/). O U.S. *Physical Activity Guidelines* e o *Dietary Guidelines for Americans* 2010 (Orientações nutricionais para norte-americanos 2010) (http://www.health.gov/dietaryguidelines/) fornecem informações importantes sobre como direcionar os problemas de sedentarismo e obesidade. (Esse assunto será discutido mais detalhadamente nos Caps. 16, 17 e 18.)

Figura 2 Grupo de executivos em uma aula de dança sob a orientação de Oliver E. Hebbert.

Em resumo

- O condicionamento físico tem sido um problema nos Estados Unidos desde a última metade do século XIX. A guerra, ou a ameaça de guerra, exerceu forte influência nos programas de condicionamento físico nas escolas públicas. Na Segunda Guerra, pouco peso e a baixa estatura foram as principais razões para a dispensa do serviço militar; hoje em dia, a obesidade é a maior causa de dispensa.
- O recente interesse pelo condicionamento físico está relacionado à crescente preocupação com as altas taxas de mortalidade em decorrência de processos de doença atribuídos a fatores evitáveis, tais como dieta pobre em nutrientes, falta de exercício físico e tabagismo. O governo norte-americano e organizações profissionais têm reagido a essa necessidade educando a população sobre esses problemas.
- As escolas utilizam testes de condicionamento físico relacionados à saúde, tais como a estimativa de gordura corporal pelas dobras cutâneas, em vez do teste de desempenho mais tradicional para avaliar o condicionamento físico de crianças.

Da educação física à ciência do exercício e cinesiologia

A preparação acadêmica dos graduandos em educação física mudou nas últimas cinco décadas para refletir a explosão na base de conhecimento relacionada à fisiologia do exercício, biomecânica e prescrição de exercício. Isso ocorreu numa época de notável redução da necessidade de professores de educação física para escolas e de uma necessidade crescente de profissionais do exercício nos cenários clínicos e preventivos. Esses fatores, assim como outros, levaram alguns departamentos de faculdades e universidades a alterar seus nomes de "educação física" para "ciência do exercício" ou "cinesiologia". Essa tendência provavelmente continuará, uma vez que os programas se distanciam das raízes tradicionais da educação e se integram com as faculdades de Artes e Ciências ou profissões relacionadas à saúde.[35] Houve um aumento no número de programas exigindo que os graduandos atendam a um ano de cálculo, química e física e cursos de química orgânica, bioquímica, anatomia, fisiologia e nutrição. Em várias faculdades e universidades existe pouca diferença, atualmente, entre os primeiros dois anos de exigência em um curso preparatório para graduação em fisioterapia ou medicina e o curso associado às profissões de condicionamento físico. As diferenças entre esses cursos estão nos cursos de "aplicação" que seguem. Biomecânica, fisiologia do exercício, avaliação física, prescrição do exercício, força e condicionamento, etc., pertencem ao curso de educação física/ciência do exercício. Entretanto, deve ser ressaltado mais uma vez que essa nova tendência é mais um exemplo de redescoberta das raízes antigas do que uma mudança revolucionária. Kroll descreve dois programas profissionais em educação física com duração de 4 anos nos anos 1890, um em Stanford e outro em Harvard, que foram precursores dos programas atuais.[23] Eles incluíram o trabalho científico detalhado e cursos aplicados com citação clara de pré-requisitos. Por fim, um tempo considerável foi reservado para o trabalho em laboratório. Sem dúvida, o texto de Lagrange de 1890, *Physiology of Bodily Exercise*,[24] serviu como importante fonte de referência para esses estudantes. As expectativas e os objetivos daqueles programas eram quase idênticos àqueles especificados para a fisiologia do exercício no curso de graduação atual. De fato, um dos propósitos do programa de Harvard era permitir que o estudante prosseguisse no estudo de medicina depois de completar 2 anos de estudo (p. 61).[23]

Estudo de pós-graduação e pesquisa em fisiologia do exercício

Enquanto o Harvard Fatigue Laboratory fechava em 1947, os Estados Unidos estavam a um passo de uma grande expansão no número de universidades que ofereciam curso de pós-graduação e oportunidades de pesquisa na fisiologia do exercício. Um estudo de 1950 mostrou que somente 16 faculdades ou universidades tinham laboratórios de pesquisa nos departamentos de educação física.[19] Por volta de 1966, 151 instituições tinham instalações de pesquisa, 58 deles em fisiologia do exercício (p. 526).[37] Essa expansão se deu em razão da disponibilidade de mais cientistas treinados na metodologia da pesquisa em fisiologia do exercício, do número crescente de estudantes que frequentavam faculdade em virtude do GI Bill (sistema de benefícios para veteranos da Segunda Guerra Mundial) e de empréstimos estudantis, e do aumento do recurso federal para melhorar a capacidade de pesquisa das universidades.[11,35]

"O trabalho dos pesquisadores será multiplicado muitas vezes por meio da contribuição de seus alunos." Essa citação, retirada da obra de Montoye e Washburn,[26,27] expressa uma visão que ajudou a atrair pesquisadores e bolsistas para as universidades. Evidência que apoia essa citação foi apresentada na forma de cartas genealógicas de contribuintes para a *Research Quarterly*.[27] Essas cartas mostravam a grande influência que umas poucas pessoas tinham sobre seus alunos na expansão da pesquisa em educação física. Provavelmente, o melhor exemplo disso seja Thomas K. Cureton Jr., da University of Illinois, uma figura fundamental no treinamento de pesquisadores produtivos na fisiologia do exercício e condicionamento físico (ver "Um olhar no passado – nomes importantes na ciência").

Um exemplo de um importante programa universitário que pode traçar sua ascendência para o Harvard Fatigue Laboratory é encontrado na Pennsylvania State University. O dr. Ancel Keys, membro da equipe do Harvard Fatigue Laboratory, trouxe Henry Longstreet Taylor de volta ao *Laboratory for Physiological Hygiene* da University of Minnesota, onde recebeu seu PhD em 1941.[10] Subsequentemente, Taylor orientou o trabalho de pesquisa de Elsworth R. Buskirk, que concebeu e dirigiu o Laboratório de Pesquisa do Desempenho Humano (Noll Laboratory) da Pennsylvania State University. O Laboratório Noll continua a tradição do Harvard Fatigue Laboratory com um programa de pesquisa completo de laboratório e pesquisa de campo em exercício básico, meio ambiente e questões de pesquisa industrial.[9] Entretanto, é evidente que excelentes pesquisas em exercício e fisiologia ambiental são conduzidas em laboratórios além daqueles que têm vínculo com o Harvard Fatigue Laboratory. Os laboratórios são encontrados nos departamentos de educação física, departamentos de fisiologia em escolas de medicina, programas de medicina clínica em hospitais e em instalações independentes como o Cooper Institute for Aerobics Research. A proliferação e especialização de pesquisa envolvendo exercício é discutida na próxima seção.

Não seria nenhuma surpresa que as principais questões estudadas pelos pesquisadores em fisiologia do exercício tenham mudado no decorrer dos anos. A Tabela 2, da visão de Tipton nos 50 anos seguintes ao fechamento do Harvard Fatigue Laboratory, mostra os objetivos das áreas que foram estudadas com considerável detalhe entre 1954 e 1994.[35] Um grande número desses tópicos se enquadrou na ampla área da fisiologia sistêmica ou eram realmente questões de fisiologia aplicada. Embora a pesquisa continue a ocorrer na maioria dessas áreas, Tipton acredita que muitas das mais importantes questões a serem abordadas no futuro serão respondidas por aqueles com treinamento especial em biologia molecular. Baldwin[5] apoiou o ponto de vista de Tipton e forneceu um resumo de questões importantes que tratam de exercício e doença crônica, cujas respostas estão ligadas à atividade genômica e proteômica, importantes ferramentas novas para o biólogo molecular.

Um olhar no passado – nomes importantes na ciência

Thomas K. Cureton Jr., PhD

O dr. Thomas K. Cureton Jr. nasceu na Flórida em 1901. Estudou engenharia elétrica por 2 anos na Georgia Tech e completou sua graduação naquela área na Yale University em 1925. Durante sua infância e por todo o período da faculdade, esteve muito interessado em esportes, tornando-se campeão em corrida e natação ao longo do caminho. Isso estimulou o seu interesse pelo exercício e treinamento, e ele completou o programa eletivo em anatomia, fisiologia e biologia em Yale como parte de sua graduação. Depois da graduação, e enquanto trabalhava em período integral, ele concluiu o curso de bacharelado em educação física em 1929, na Springfield College, uma das instituições mais conhecidas para treinamento nessa área. Ele foi nomeado instrutor em matemática e química naquela faculdade e, por fim, tornou-se diretor do Biophysics, Anthropometry, and Kinesiology Laboratory. Durante o curso, nos 10 anos seguintes, ele concluiu o seu mestrado em Ciências (Springfield College) e PhD (Columbia University).[7]

O foco da pesquisa do dr. Cureton era o condicionamento físico. Em 1941, ele foi contratado pela University of Illinois e 3 anos mais tarde abriu o Physical Fitness Laboratory, um dos poucos laboratórios do mundo dedicados ao estudo do impacto do exercício no condicionamento físico e na saúde. O laboratório desenvolveu e validou testes de condicionamento, estabeleceu normas para aqueles testes, desenvolveu métodos para prescrever exercício para melhorar o condicionamento físico e proporcionou oportunidades para estudantes de pós-graduação executarem projetos de pesquisa (pp. 177-183).[7,23]

Dr. Cureton foi um escritor e orador incrivelmente produtivo, não somente em publicações e conferências relacionadas à ciência, mas também para o público geral, especialmente por meio do YMCA. Ele foi um porta-voz de peso ao utilizar a atividade física para ajudar pacientes a se recuperarem de vários problemas de saúde. Considerando que era uma época em que médicos recomendavam repouso no leito, não foi nenhuma surpresa a árdua batalha que teve de travar. Entretanto, o dr. Cureton fez questão de mostrar, por meio de sua pesquisa, a importância de fazer com que os pacientes se tornassem fisicamente ativos para retornar à vida produtiva. Além disso, ele foi um dos primeiros defensores da prevenção de problemas em primeiro lugar; o seu programa *Run for Your Life* na University of Illinois foi lançado bem antes da corrida se tornar uma atividade popular. Ele se tornou uma figura pública conhecida aparecendo na TV, foi entrevistado por inúmeros jornais e se tornou o foco de um livro especial da Time-Life, *The Healthy Life: How Diet and Exercise Affect Your Heart and Vigor*.[7] Se o livro fosse lido hoje, dentro do contexto da atual epidemia de obesidade e sedentarismo, seria constatado o quão avançado o dr. Cureton estava na promoção da atividade física e do condicionamento físico.

Como mencionado anteriormente, um dos primeiros objetivos do Physical Fitness Research Laboratory do dr. Cureton foi proporcionar oportunidades aos estudantes de pós-graduação de serem treinados para realizar pesquisa sobre condicionamento físico. Os anais de um simpósio, em 1969, reverenciando o dr. Cureton, relacionaram 68 estudantes de PhD que tinham completado os trabalhos sob sua orientação.[16] Embora o registro científico do dr. Cureton inclua centenas de artigos de pesquisa e dezenas de livros que tratam de condicionamento físico, as publicações de seus alunos nas áreas de epidemiologia, condicionamento, reabilitação cardíaca e fisiologia do exercício representam o "efeito multiplicador" que os alunos têm na produtividade científica. Para aqueles que desejam ler mais sobre o dr. Cureton, ver artigo de Berryman.[7]

Tabela 2 — Áreas temáticas importantes em fisiologia do exercício que foram investigadas entre 1954 e 1994

A. Fisiologia básica do exercício
- Especificidade do exercício
- Prescrição do exercício
- Respostas e adaptações periféricas e centrais
- Respostas das populações doentes
- Ação dos transmissores
- Regulação dos receptores
- Mecanismos de *feed forward* e *feedback* cardiovasculares e metabólicos
- Perfil de utilização do substrato
- Mecanismos correspondentes para liberação e demanda de oxigênio
- Mecanismos de transdução de sinais
- Mecanismos do lactato intracelular
- Plasticidade das fibras musculares
- Funções motoras da medula espinal
- Respostas hormonais
- Hipoxemia do exercício intenso
- Respostas adaptativas moleculares e celulares

B. Fisiologia aplicada ao exercício
- Desempenho de atletas de elite
- Desempenho e estresse térmico
- Exercício em altitude
- Aspectos nutricionais do exercício
- Equilíbrio dos fluidos durante o exercício
- Desempenho e recursos ergogênicos
- Treinamento para condicionamento físico

De: C. M. Tipton, Contemporary exercise physiology: Fifty years after the closure of Harvard Fatigue Laboratory. In: *Exercise and Sport Sciences Reviews*, vol. 26, pp. 315-339, 1998. Editado por J. O. Holloszy. Baltimore: Williams & Wilkins.

Entretanto, ele também notou a necessidade de uma intensa pesquisa para abordar a atividade física e doenças crônicas nos níveis comportamentais e no estilo de vida. Essa abordagem "integrada", cruzando disciplinas e tecnologias, deveria ser refletida nos programas acadêmicos, educando as próximas gerações de estudantes da ciência do exercício. Recomendamos os capítulos de Tipton[35] e Buskirk e Tipton[11] para os interessados em uma visão mais detalhada do desenvolvimento da fisiologia do exercício nos Estados Unidos.

Em resumo

- O aumento na pesquisa em fisiologia do exercício foi um catalisador que impulsionou a transformação dos departamentos de educação física em departamentos de ciência do exercício e cinesiologia. O número de laboratórios de fisiologia do exercício aumentou drasticamente entre 1950 e 1970, e muitos deles tiveram que lidar com problemas em fisiologia sistêmica e aplicada e em bioquímica do exercício.
- No futuro, a ênfase será em biologia molecular e suas tecnologias de desenvolvimento como os ingredientes essenciais necessários para resolver questões da ciência básica relacionada a atividade física e saúde.
- Entretanto, não há dúvida com relação à necessidade de pesquisa suplementar para entender melhor como alterar permanentemente a atividade física e os hábitos alimentares dos indivíduos para que atinjam as metas relacionadas à saúde.

Sociedades profissionais e científicas e periódicos científicos

A expansão do interesse em fisiologia do exercício e sua aplicação no condicionamento físico e na reabilitação resultaram em um aumento no número de sociedades profissionais em que cientistas e clínicos poderiam apresentar seus trabalhos. Antes de 1950, as duas principais sociedades interessadas em fisiologia do exercício e sua aplicação eram a American Physiological Society (APS) e a American Association for Health, Physical Education, and Recreation (AAHPER). A necessidade de unir médicos, educadores físicos e fisiologistas interessados em atividade física e saúde em uma sociedade profissional resultou na fundação do American College of Sports Medicine (ACSM) em 1954 (ver a história de Berryman da ACSM em "Sugestões de leitura"). Atualmente, a ACSM tem mais de 20 mil membros, com 12 sedes regionais ao redor do país, cada uma com o seu próprio encontro anual para apresentar pesquisas, patrocinar simpósios, e promover a medicina do esporte.

A explosão da pesquisa em fisiologia do exercício nos últimos 60 anos tem coexistido com um grande aumento no número de profissionais, de sociedades científicas e de periódicos científicos que comunicam as descobertas de pesquisa. A Tabela 3 apresenta um breve resumo dos periódicos científicos que publicam pesquisas em fisiologia do exercício.

Treinamento em pesquisa

Uma das consequências evidentes desse aumento na atividade de pesquisa é o grau que os cientistas devem se especializar para concorrer por recursos para pesquisa e para gerenciar a literatura científica. Os laboratórios podem focar em fisiologia neuromuscular, reabilitação cardíaca ou na influência do exercício sobre a estrutura óssea. Alunos de pós-graduação precisam especializar-se mais cedo em sua carreira como pesquisadores, e os graduandos devem pesquisar cuidadosamente os programas de pós-graduação para se certificar que esses satisfaçam suas metas na carreira.[21]

Essa especialização em pesquisa gerou muitos comentários a respeito da necessidade de enfatizar a pesquisa "básica", que investiga os mecanismos subjacentes às questões fisiológicas, em vez da pesquisa "aplicada", que poderia descrever as respostas de pessoas ao exercício, a fatores ambientais ou nutricionais. Poderia parecer que ambos os tipos de pesquisas são necessários e, até certo ponto, tal separação é arbitrária. Por exemplo, um cientista pode estudar a interação da intensidade do exercício e da dieta na hipertrofia muscular, outro pode caracterizar as mudanças no tamanho da célula do músculo e da proteína contrátil, um terceiro pode estudar mudanças na energética da contração muscular relacionadas às atividades da enzima citoplasmática, e um quarto pode es-

---

Tabela 3	Exemplos de periódicos científicos para pesquisas em fisiologia do exercício

Acta Physiologica (Escandinávia)
Adapted Physical Activity Quarterly
American Journal of Physiology
Aviation Space and Environmental Medicine
Canadian Journal of Physiology and Pharmacology
European Journal of Occupational and Applied Physiology
International Journal of Sports Medicine
International Journal of Sport Nutrition
Journal of Aging and Physical Activity
Journal of Applied Physiology
Journal of Cardiopulmonary Rehabilitation
Journal of Clinical Investigation
Journal of Nutrition
Journal of Physical Activity and Health
Journal of Physiology
Journal of Sport Science
Journal of Strength and Conditioning Research
Medicine and Science in Sports and Exercise
Pediatric Exercise Physiology
Research Quarterly for Exercise and Sport

tudar a manifestação do gene necessária para sintetizar a proteína contrátil. Onde a pesquisa "aplicada" começa e a pesquisa "básica" termina? Na introdução de sua obra *Human Circulation*,[32] Loring Rowell citou T.H. Huxley, que participa nessa questão:

> Muitas vezes, desejei que essa expressão "ciência aplicada" nunca fosse inventada. Ela sugere que há um tipo de conhecimento científico de uso prático direto, que pode ser estudado não considerando outro tipo de conhecimento científico, que não tem utilidade prática e que é denominado "ciência pura". Mas não há falácia mais completa que essa. O que as pessoas chamam de ciência aplicada é nada mais do que a aplicação de ciência pura para categorias de problemas particulares. Consiste em deduções daqueles princípios estabelecidos pela razão e observação, o que constitui ciência pura. Não se pode, seguramente, fazer essas deduções até que se esteja seguro dos princípios; e essa compreensão somente é obtida pela experiência pessoal das operações de observação e raciocínio em que são encontradas.[20]

Soluções para problemas de doenças crônicas relacionadas ao sedentarismo (p. ex., diabetes tipo 2, obesidade) virão de uma série de disciplinas científicas – de epidemiologistas por um lado,[36] a biologistas celulares do outro.[8] É esperado que todas as formas de investigação sejam apoiadas pela classe de cientistas, assim as teorias atuais relacionadas à fisiologia do exercício serão frequentemente questionadas e modificadas. Por último, concordamos plenamente com os sentimentos expressos nas declarações atribuídas a Arthur B. Otis: "Fisiologia é uma boa maneira para ganhar a vida e ainda se divertir".[34]

Em resumo

- O crescimento e o desenvolvimento da fisiologia do exercício nos últimos 60 anos resultaram em um grande aumento no número de organizações e periódicos científicos. Esses periódicos e encontros profissionais fornecem oportunidades suplementares para que os resultados da pesquisa sejam difundidos.
- Existe uma grande necessidade no sentido de que alunos de pós-graduação identifiquem e se especializem em áreas particulares de pesquisa ainda no início da formação, para encontrarem o melhor orientador e o melhor programa universitário a fim de atingir metas na carreira.

Carreiras em ciência do exercício e cinesiologia

Durante os últimos 30 anos, houve um crescimento sustentado de oportunidades de carreiras para aqueles que possuem formação acadêmica em ciência do exercício e cinesiologia. São elas:

- Treinamento de condicionamento físico personalizado no setor privado, comercial, laboral e hospitalar.
- Força e condicionamento em ambientes comerciais, de reabilitação e relacionados ao esporte.
- Reabilitação cardíaca.
- Treinamento físico de atletas.
- Massagem terapêutica.
- Profissões tradicionais ligadas à área da saúde (p. ex., fisioterapia e terapia ocupacional).
- Medicina (p. ex., médico-assistente e médico).

Para aqueles interessados na carreira de condicionamento físico e reabilitação cardíaca, estudo não é suficiente – os estudantes devem desenvolver as habilidades indispensáveis necessárias para desempenhar o trabalho. Isso significa que os estudantes deveriam estar completando as experiências das aulas práticas e dos estágios sob a orientação de um profissional que pudesse transmitir o que não pode ser ensinado numa sala de aula ou laboratório. Os estudantes deveriam fazer contato com seus orientadores no início do programa para maximizar o ganho dessas experiências. Os estudantes interessados deveriam ler o artigo de Pierce e Nagle sobre a experiência nos estágios.[29] Entretanto, mais do que isso pode ser necessário para atingir as metas na sua carreira.

Os interessados em reabilitação cardíaca e treinamento físico geralmente buscam um curso de pós-graduação (apesar de haver exceções) para alcançar suas metas. Se for o caso, inscreva-se antecipadamente, pois há vagas limitadas na maioria dos programas de pós-graduação. É importante observar que ser aprovado num exame de certificação adequado é uma parte normal do processo para ser bem aceito na comunidade de profissionais. Isso é simples dentro do treinamento físico porque nos EUA há somente um exame oficial (oferecido pela National Athletic Training Association's Board of Certification). Na área de condicionamento físico, é muito mais complicado em decorrência do número de exames de certificação disponíveis. Se um exame de certificação exige um dia de *workshop* com pouco ou nenhum estudo formal, e resulta em uma alta taxa de aprovação, a certificação não tem valor do ponto de vista profissional. É importante ser aprovado em exames de certificação rigorosos e respeitados e que têm, no mínimo, a exigência de educação formal na área apropriada. Consulte os sites do American College of Sports Medicine (www.acsm.org) e da National Strength and Conditioning Association (www.nsca-lift.org) para mais informações sobre certificações que são reconhecidas como sendo de excelente qualidade nos Estados Unidos.

Nos últimos anos, uma iniciativa particular, *Exercise is Medicine* (http://exerciseismedicine.org), foi desenvolvida pelo American College of Sports Medicine e pela American Medical Association para encorajar os que estão trabalhando na medicina e em áreas afins da saúde a promover regularmente a atividade física para seus pacientes. Além dessa meta, esses profissionais da saúde precisam saber para onde recomendar quando os pacientes necessitarem de mais assistência formal para o programa de atividade física. Por exemplo, os fisioterapeutas precisam saber para onde direcionar seus pacientes depois que o número máximo de sessões de reabilitação física for completado. Nos sites mencionados anteriormente, estão disponíveis diversos recursos (em inglês) para fornecedores de serviços de saúde, profissionais de educação física e também para o público geral.

Por fim, mas não menos importante, os interessados em seguir uma carreira acadêmica para poder ensinar e fazer pesquisas em faculdades ou universidades devem se envolver em pesquisas enquanto estiverem na graduação. Podem ser voluntários nos projetos de pesquisas de outros estudantes, cumprir créditos do curso para ajudar seus professores em suas pesquisas ou utilizar as férias de verão para trabalhar no laboratório de um pesquisador de outra instituição. Se uma área particular de pesquisa for de seu interesse, faça uma busca no PubMed para verificar quem está atualmente ativo na área; isso o ajudará a restringir os potenciais programas de pós-graduação. Enfim, também será necessário ficar

conectado e determinar as exigências para admissão nos programas de pós-graduação de interesse. Esse processo o ajudará a ganhar tempo para escolher o curso apropriado para satisfazer tais exigências.

Em resumo

■ Existe uma variedade de caminhos profissionais para graduandos que estão se especializando em ciência do exercício e cinesiologia. Obtenha alguma experiência prática enquanto for graduando para ajudar a tomar uma decisão a respeito de seu futuro e facilitar o ingresso na profissão ou em um curso de pós-graduação.
■ Organizações como o American College of Sports Medicine e a National Strength and Conditioning Association desenvolveram programas de certificação para estabelecer um padrão de conhecimento e habilidade a ser alcançado por aqueles que conduzem programas de exercício.

Atividades para estudo

1. Se você quiser encontrar novos artigos de pesquisa sobre um tópico, por exemplo, "treinamento de força em atletas do sexo feminino", não use o Google. Como opção, acesse o PubMed (www.ncbi.nlm.nih.gov/pubmed) e clique no PubMed Quick Start Guide para encontrar as informações básicas. Então, insira a frase na caixa de pesquisa (em inglês) e clique em Search ("pesquisar").
2. Agora que você sabe como procurar artigos de pesquisa sobre um assunto específico, descubra onde os cientistas que fizeram a pesquisa estão trabalhando. Acesse os sites da universidade (departamento) e consulte as exigências para se inscrever no programa de pós-graduação. Se você estiver interessado em seguir essa linha de pesquisa, entre em contato com o professor e verifique se há vagas disponíveis para estágios de pesquisa ou ensino.
3. Nos Estados Unidos, acesse o Bureau of Labor Statistics Occupational Outlook Handbook (http://www.bls.gov/ooh) e pesquise a carreira de seu interesse para ter uma estimativa de salário, necessidades específicas, graduações necessárias e assim por diante. Por fim, localize o setor na sua faculdade ou universidade que forneça o aconselhamento no assunto de seu interesse.
4. Identifique a principal reunião científica da qual seus professores participam. Descubra se a organização que patrocina essa reunião tem uma categoria de sócios para estudantes, quanto custa e o que você receberia (p. ex., periódicos) caso se associasse.

Sugestões de leitura

Berryman, J. W. 1995. *Out of Many, One: A History of the American College of Sports Medicine* . Champaign, IL: Human Kinetics.

Morrow, J.R., Jr., W. Zhu, B.D. Franks, M.D. Meredith, and C. Spain. 1958–2008: 50 years of youth fitness tests in the United States. *Research Quarterly for Exercise and Sport*. 80: 1–11, 2009.

Schmidt-Nielsen, B. 1995. *August & Marie Krogh–Lives in Science*. New York, NY: Oxford University Press.

Tipton, C. M. 2003. *Exercise Physiology–People and Ideas*. New York, NY: Oxford University Press.

Referências bibliográficas

1. American Alliance for Health, Physical Education, Recreation and Dance. *Lifetime Health Related Physical Fitness: Test Manual* . Reston, VA, 1980.
2. American College of Sports Medicine. ACSM's *Guidelines for Exercise Testing and Prescription*. Baltimore, MD: Lippincott, Williams & Wilkins, 2006.
3. American Heart Association. Statement on exercise. *Circulation*. 86: 340–344, 1992.
4. Åstrand P-O. Influence of Scandinavian scientists in exercise physiology. *Scand J Med Sci Sports* 1: 3–9, 1991.
5. Baldwin K. Research in the exercise sciences: where do we go from here? J *Appl Physiol* 88: 332–336, 2000.
6. Bassett D, Jr., and Howley E. Maximal oxygen uptake: "classical" versus "contemporary" viewpoints. *Med Sci Sports Exerc* 29: 591–603, 1997.
7. Berryman J. Thomas K. Cureton, Jr.: pioneer researcher, proselytizer, and proponent for physical fitness. *Res Q Exerc Sport* 67: 1–12, 1996.
8. Booth F, Chakravarthy M, Gordon S, and Spangenburg E. Waging war on physical inactivity: using modern molecu-

Capítulo 0   Introdução à fisiologia do exercício   **13**

lar ammunition against an ancient enemy. J Appl Physiol 93: 3–30, 2002.

9. Buskirk E. From Harvard to Minnesota: Keys to Our History. Baltimore, MD: Williams & Wilkins, 1992, pp. 1–26.

10. Buskirk E. Personal communication based on "Our extended family: graduates from the Noll Lab for Human Performance Research." Noll Laboratory, Pennsylvania State University. University Park, PA, 1987.

11. Buskirk E, and Tipton C. Exercise Physiology. Champaign, IL: Human Kinetics, 1977, pp. 367–438.

12. Chapman C, and Mitchell J. The physiology of exercise. Sci Am 212: 88–96, 1965.

13. Clarke H, and Clark D. Developmental and Adapted Physical Education. Englewood Cliffs, NJ: Prentice-Hall, 1978.

14. Dill D. Life, Heat, and Altitude. Cambridge: Harvard University Press, 1938.

15. Fenn W, and Rahn H. Handbook of Physiology: Respiration. Washington, D.C.: American Physiological Society, 1964.

16. Franks B. Exercise and Fitness. Chicago, IL: The Athletic Institute, 1969.

17. Hackensmith C. History of Physical Education. New York, NY: Harper & Row, 1966.

18. Horvath S, and Horvath E. The Harvard Fatigue Laboratory: Its History and Contributions. Englewood Cliffs, NJ: Prentice-Hall, 1973.

19. Hunsicker P. A survey of laboratory facilities in college physical education departments. Res Q Exerc Sport 21: 1950, pp. 420–423.

20. Huxley T. Selection from Essays. New York, NY: Appleton-Century-Crofts, 1948.

21. Ianuzzo D, and Hutton R. A prospectus for graduate students in muscle physiology and biochemistry. Sports Medicine Bulletin. 22: 17–18, 1987.

22. Kennedy J. The soft American. Sports Illustrated. 13: 14–17, 1960.

23. Kroll W. Perspectives in Physical Education. New York, NY: Academic Press, 1971.

24. Lagrange F. Physiology of Bodily Exercise. New York, NY: D. Appleton and Company, 1890.

25. McKenzie R. Exercise in Education and Medicine. Philadelphia, PA: W. B. Saunders, 1923.

26. Montoye H, and Washburn R. Genealogy of scholarship among academy members. The Academy Papers. 13: 94–101, 1980.

27. Montoye H, and Washburn R. Research quarterly contributors: an academic genealogy. Res Q Exerc Sport 51: 261–266, 1980.

28. Pate R, Pratt M, Blair S, Haskell W, Macera C, Bouchard C, et al. Physical activity and public health. A recommendation from the Centers for Disease Control and Prevention and the American College of Sports Medicine. JAMA 273: 402–407, 1995.

29. Pierce P, and Nagle E. Uncommon sense for the apprentice! Important steps for interns. ACSM's Health & Fitness Journal. 9: 18–23, 2005.

30. Powell K, and Paffenbarger R. Workshop on epidimiologic and public health aspects of physical activity and exercise: a summary. Public Health Reports. 100: 118–126, 1985.

31. Shephard RJ. Proceedings of the International Symposium on Physical Activity and Cardiovascular Health. Canadian Medical Association Journal. 96: 695–915, 1967.

32. Rowell L. Human Circulation: Regulation During Physical Stress. New York, NY: Oxford University Press, 1986.

33. Sargent D. Physical Education. Boston, MA: Ginn and Company, 1906.

34. Stainsby W. Part two: "For what is a man profi ted?" Sports Medicine Bulletin. 22: 15, 1987.

35. Tipton C. Contemporary exercise physiology: fifty years after the closure of Harvard Fatigue Laboratory. Exercise and Sport Sciences Review. 26: 315–339, 1998.

36. US Department of Health and Human Services. Physical Activity and Health: A Report of the Surgeon General. Atlanta: U.S. Department of Health and Human Services, 1996.

37. Van Dalen D, and Bennett B. A World History of Physical Education: Cultural, Philosophical, Comparative. Englewood Cliffs, NJ: Prentice-Hall, 1971.

1

Mensurações comuns em fisiologia do exercício

■ Objetivos

Ao estudar este capítulo, você deverá ser capaz de:

1. Expressar trabalho, potência e energia nas unidades do Sistema Internacional (SI) e converter essas unidades em outras frequentemente usadas na fisiologia do exercício.

2. Explicar resumidamente o procedimento usado para calcular o trabalho realizado durante o exercício no *step*, no cicloergômetro e na esteira.

3. Descrever o conceito por trás da mensuração do gasto energético, usando (a) calorimetria direta e (b) calorimetria indireta.

4. Calcular as seguintes expressões de gasto energético quando o consumo de oxigênio for fornecido em litros por minuto: $kcal \cdot min^{-1}$, $mL \cdot kg^{-1} \cdot min^{-1}$, METs e $kcal \cdot kg^{-1} \cdot h^{-1}$.

5. Estimar o gasto energético durante a caminhada e corrida em esteira no plano horizontal e cicloergometria.

6. Descrever o procedimento usado para calcular a eficiência real durante o exercício em estado estável; distinguir eficiência de economia.

■ Conteúdo

Unidades de medida 16
Sistema métrico 16
Unidades do SI 16

Definição de trabalho e potência 16
Trabalho 16
Potência 17

Mensuração do trabalho e da potência 17
Banco de *step* 17
Cicloergômetro 18
Esteira ergométrica 19

Mensuração do gasto energético 20
Calorimetria direta 20
Calorimetria indireta 21

Expressões comuns do gasto energético 22

Estimativa do gasto energético 22

Cálculo da eficiência do exercício 23
Fatores que influenciam a eficiência do exercício 24

Economia de corrida 26

■ Palavras-chave

calorimetria direta
calorimetria indireta
cicloergômetro
eficiência real
equivalente metabólico (MET)
ergometria
ergômetro
espirometria de circuito aberto
grau percentual
potência
quilocaloria (kcal)
trabalho
unidades do Sistema Internacional
$\dot{V}O_2$ relativo

Quanto você gasta de energia quando corre 2 km? Em quanto tempo você consegue correr 100 m? Qual a altura máxima que você consegue saltar? Essas questões lidam com energia, velocidade e energia explosiva – assim como você quando for estudar a fisiologia do exercício. Ao longo deste capítulo, vamos discutir termos como energia aeróbia e anaeróbia, eficiência, capacidade de trabalho e gasto energético. O objetivo deste capítulo é apresentar alguns dos equipamentos mais comuns utilizados nas mensurações relacionadas com esses termos. É muito importante compreender essas informações desde o princípio, visto que serão usadas ao longo do texto. Entretanto, os detalhes associados a testes de exercício específicos para condicionamento físico e desempenho são discutidos em detalhes nos Capítulos 15 e 20. Vamos começar com as unidades mais básicas de mensuração.

Unidades de medida

Sistema métrico

Nos Estados Unidos, o sistema inglês de mensuração é comumente usado. Em contrapartida, o sistema métrico que é usado na maioria dos países, é o sistema-padrão de mensuração para cientistas, adotado por quase todos os periódicos científicos. No sistema métrico, as unidades básicas de comprimento, volume e massa são o metro, litro e grama, respectivamente. A principal vantagem do sistema métrico está no fato de as subdivisões ou múltiplos de suas unidades básicas serem expressas em fatores de 10 com prefixos vinculados à unidade básica. Os alunos não familiarizados com o sistema métrico devem consultar a Tabela 1.1, que apresenta uma lista dos prefixos básicos usados nas mensurações métricas.

Unidades do SI

Um problema vigente em ciência do exercício é a falha dos cientistas em padronizar as unidades de mensuração empregadas para apresentar os dados de pesquisa. Em uma tentativa de eliminar esse problema, um sistema uniforme de expressão de medidas científicas foi desenvolvido por cooperação internacional. Esse sistema, conhecido como **unidades do Sistema Internacional** (ou unidades do SI) foi endossado por quase todos os periódicos de medicina do esporte e exercício para uso na publicação de dados científicos.[24,25] O sistema SI garante a padronização da expressão de dados científicos e facilita a comparação dos valores publicados. A Tabela 1.2 contém as unidades do SI importantes para a mensuração do desempenho do exercício.

> **Em resumo**
>
> - O sistema métrico é o sistema de mensuração usado pelos cientistas para expressar massa, comprimento e volume.
> - Em uma tentativa de padronizar termos para mensuração de energia, força, trabalho e potência, os cientistas desenvolveram um sistema comum de terminologia denominado unidades do Sistema Internacional (SI).

Definição de trabalho e potência

Trabalho

Trabalho é definido como o produto da força pela distância em que a força atua:

$$\text{Trabalho} = \text{Força} \times \text{Distância}$$

A unidade do SI para força é o newton (N), enquanto a unidade do SI para distância é o metro (m). O exemplo a seguir mostra como calcular o trabalho quando um peso de 10 kg é levantado percorrendo uma distância de 2 m. Na superfície da Terra, uma massa de 1 kg exerce uma força de 9,81 N em razão da força de gravidade. Assim,

$$\text{Converter kg em N, onde: } 1 \text{ kg} = 9,81 \text{ N}$$
$$(\text{então, } 10 \text{ kg} = 98,1 \text{ N})$$

$$
\begin{aligned}
\text{Trabalho} &= 98,1 \text{ N} \times 2 \text{ m} \\
&= 196,2 \text{ newtons-metros (N} \cdot \text{m) ou} \\
&\quad 196,2 \text{ joules (J)}
\end{aligned}
$$

Tabela 1.2	Unidades do SI importantes para a mensuração do desempenho humano no exercício
Unidades para quantificação do exercício humano	**Unidade do SI**
Massa	quilograma (kg)
Distância	metro (m)
Tempo	segundo (s)
Força	newton (N)
Trabalho	joule (J)
Energia	joule (J)
Potência	watt (W)
Velocidade	metros por segundo ($m \cdot s^{-1}$)
Torque	newton-metro (N $\cdot$ m)

Tabela 1.1	Prefixos métricos comuns
mega: um milhão (1.000.000)	
quilo: um mil (1.000)	
centi: um centésimo (0,01)	
mili: um milésimo (0,001)	
micro: um milionésimo (0,000001)	
nano: um bilionésimo (0,000000001)	
pico: um trilionésimo (0,000000000001)	

Dessa forma, o trabalho realizado foi calculado multiplicando a força (expressa em N) pela distância percorrida (expressa em m), com o trabalho resultante sendo expresso em J, que é unidade do SI para trabalho (1 J = 1 N · m; Tab. 1.3).

Embora as unidades do SI sejam as unidades preferidas para quantificação do desempenho no exercício e do gasto energético, você encontrará situações em que algumas unidades tradicionais são usadas para expressar tanto o trabalho como a energia. Por exemplo, o peso corporal (uma força) é comumente referido em quilogramas, a unidade para massa. Para evitar confusão no cálculo do trabalho, o termo kilopond (Kp) é usado como a unidade de força, representando o efeito da gravidade em uma massa de 1 quilograma. Considerando o exemplo anterior, o trabalho pode ser expresso em kilopond-metros (kpm). No referido exemplo, o peso de 10 kg é considerado uma força de 10 kg (ou 10 kiloponds) que foi exercida ao longo de um percurso de 2 m e resultou em um trabalho de 20 kgm ou 20 kpm. Como 1 kgm é igual a 9,81 J (ver Tab. 1.3), o trabalho realizado vale 196,2 J (20 kgm × 9,81 J/kgm). A Tabela 1.3 contém uma lista de termos que hoje são comumente usados para expressar o trabalho e a energia – lembre-se de que a unidade do SI para trabalho e energia é o joule. Exemplificando, conteúdo energético dos produtos alimentícios comerciais frequentemente é listado no rótulo em quilocalorias. Entretanto, a unidade do SI para conteúdo e gasto energético é o joule, com 1 quilocaloria sendo igual a 4.186 joules (J) ou 4,186 quilojoules (kJ).

Potência

Potência é o termo usado para descrever quanto trabalho é realizado por unidade de tempo. A unidade do SI para potência é o watt (W), que é definida como 1 joule por segundo (Tab. 1.4). A potência pode ser calculada do seguinte modo:

$$\text{Potência} = \text{trabalho} \div \text{tempo}$$

O conceito de potência é importante, porque descreve a velocidade com que o trabalho é realizado (taxa de trabalho). É a taxa de trabalho ou débito de potência que descreve a intensidade do exercício. Com tempo suficiente, qualquer adulto saudável é capaz de produzir um débito de trabalho total da ordem de 20.000 J. Entretanto, apenas alguns atletas altamente treinados poderiam realizar essa quantidade de trabalho em 60 segundos (s). O débito de potência desses atletas pode ser calculado do seguinte modo:

$$\text{Potência} = 20.000 \text{ J}/60 \text{ s} = 333{,}3 \text{ W}$$

Observe que a unidade do SI para potência é o watt. A Tabela 1.4 lista tanto as unidades do SI como os termos mais tradicionais usados para expressar a potência. A capacidade de converter uma expressão de trabalho, energia ou potência em outra é importante, conforme veremos mais adiante, neste mesmo capítulo, ao calcularmos a eficiência mecânica.

Mensuração do trabalho e da potência

Banco de *step*

O termo **ergometria** refere-se à mensuração do débito de trabalho. A palavra **ergômetro** refere-se ao aparelho ou dispositivo usado para mensurar um tipo específico de trabalho. Atualmente, muitos tipos de ergômetros são usados nos laboratórios de fisiologia do exercício (Fig. 1.1). A seguir, os ergômetros comumente usados são brevemente apresentados.

Um dos primeiros ergômetros usados para mensurar a capacidade de trabalho de seres humanos foi o *step*. Esse ergômetro continua em uso e consiste apenas em ter o indivíduo subindo e descendo de um banco a uma velocidade especificada. O cálculo do trabalho realizado durante o *step* é bastante simples. Suponha que um homem de 70 kg suba e desça de um banco de 30 cm (0,3 m) de altura, durante 10 minutos, a uma velocidade de 30 passos por minuto. A quantidade de trabalho realizada durante essa tarefa de 10 minutos pode ser calculada do seguinte modo:

$$\text{Força} = 686{,}7 \text{ N (i. e., 70 kg} \times 9{,}81 \text{ N/kg)}$$

$$\text{Distância} = 0{,}3 \text{ m} \cdot \text{passo}^{-1} \times 30 \text{ passos} \cdot \text{min}^{-1} \times 10 \text{ min} = 90 \text{ m}$$

Tabela 1.3	Unidades comuns usadas para expressar a quantidade de trabalho realizada ou energia gasta
Termo	**Tabela de conversão**
kilopond-metro (kpm)*	1 kpm = 1 kgm
Quilocaloria (kcal)	1 kcal = 4.186 J ou 4,186 kJ
	1 kcal = 426,8 kgm
Joule (J)†	1 J = 1 newton-metro (N · m)
	1 J = 2,39 × 10^{-4} kcal
	1 J = 0,102 kgm

*O kilopond é uma unidade de força que descreve o efeito da gravidade sobre uma massa de 1 kg.
† O joule é a unidade básica adotada pelo Sistema Internacional (denominado unidade do SI) para expressão do gasto energético ou trabalho.

Tabela 1.4	Termos e unidades comuns usados para expressar potência
Termo	**Tabela de conversão**
Watt (W)*	1 W = 1 J · s^{-1}
	1 W = 6,12 kpm · min^{-1}
Potência de cavalo (hp)	1 hp = 745,7 W ou J · s^{-1}
	1 hp = 10,69 kcal · min^{-1}
kilopond-metro · min^{-1} (kpm · min^{-1})	1 kpm · min^{-1} = 0,163 W

*O watt é a unidade básica adotada pelo Sistema Internacional (denominado unidade do SI) para expressão da potência.

Portanto, o trabalho total realizado é igual a:

686,7 N × 90 m = 61.803 J ou 61,8 kJ (arredondado para o decimal mais próximo)

O débito de potência durante esses 10 minutos (600 segundos) de exercício pode ser calculado do seguinte modo:

Potência = 61.803 J/600 s
= 103 J · s^{-1} ou 103 W

Usando uma unidade de trabalho mais tradicional, o kilopond-metro (kpm), a potência pode ser calculada assim:

Trabalho = 70 kp × 0,3 m × 30 passos · min^{-1} × 10 min
= 6.300 kpm

Potência = 6.300 kpm ÷ 10 min = 630 kpm · min^{-1} ou 103 W (ver as conversões na Tab. 1.4)

Cicloergômetro

O **cicloergômetro** foi desenvolvido há mais de 100 anos e ainda hoje é um ergômetro popular nos laboratórios de fisiologia do exercício (ver quadro "Um olhar no passado – nomes importantes na ciência"). Esse tipo de ergômetro é uma bicicleta de exercício estacionária, que permite mensurar com acurácia a quantidade de trabalho realizado. Um tipo comum de cicloergômetro é a bicicleta Monark com freios de atrito, que incorpora uma correia enrolada em torno da roda (chamada volante) (Fig. 1.1*b*). A correia pode ser afrouxada ou apertada para modificar a resistência. A distância percorrida pela roda pode ser determinada calculando a distância coberta por revolução dos pedais (6 m/revolução, em uma bicicleta Monark padrão) multiplicada pelo número de revoluções dos pedais. Considere os exemplos a seguir para

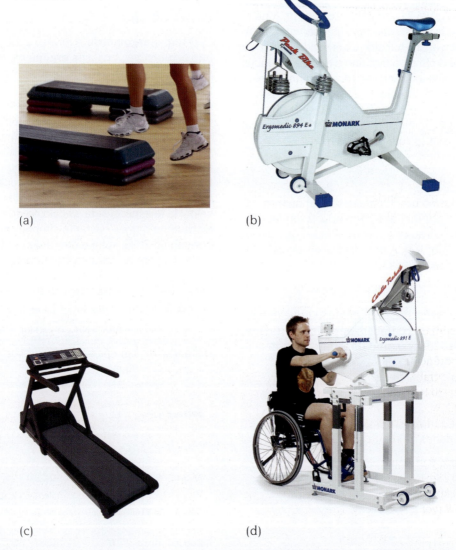

Figura 1.1 Ilustrações de quatro ergômetros diferentes usados para mensurar a potência e o débito de trabalho humano. (*a*) Um *step*. (*b*) Cicloergômetro com freios de atrito. (*c*) Esteira com motor elétrico. A elevação da esteira e a velocidade na horizontal podem ser ajustadas por meio de controles eletrônicos. (*d*) Braço ergométrico com pedal. O braço ergométrico com pedal pode ser usado para medir o débito de trabalho com os braços e se baseia nos mesmos princípios do cicloergômetro.

Um olhar no passado – nomes importantes na ciência

August Krogh: vencedor do prêmio Nobel e inventor

Conforme mencionado no capítulo anterior, **August Krogh** (1874-1949) recebeu o prêmio Nobel de fisiologia ou medicina em 1920, por sua pesquisa sobre regulação do fluxo sanguíneo através dos capilares na musculatura esquelética. Krogh nasceu em Grenaa, Dinamarca, no ano de 1874. Após ingressar na Universidade de Copenhague, em 1893, ele começou a estudar medicina, mas desenvolveu um forte interesse pela pesquisa e decidiu abandonar o estudo da medicina para se dedicar totalmente ao estudo da fisiologia. Krogh iniciou sua carreira científica na Universidade de Copenhague, no laboratório de fisiologia médica do famoso fisiologista dinamarquês Christian Bohr.

Krogh concluiu seus estudos de PhD em 1903 e, passados 2 anos, casou-se com Marie Jørgensen, uma renomada fisiologista. August Krogh foi um fisiologista dedicado que tinha uma curiosidade extremada. Ele dedicou toda a sua vida ao conhecimento da fisiologia, trabalhando dia e noite em seu laboratório para alcançar suas metas científicas. De fato, Krogh realizou experimentos de fisiologia até mesmo no dia do próprio casamento.

Ao longo de sua distinta carreira, o dr. Krogh fez muitas contribuições importantes para a fisiologia. Exemplificando, o trabalho do dr. Krogh impulsionou significativamente o nosso conhecimento sobre trocas gasosas respiratórias em mamíferos e insetos. Além disso, ele estudou a homeostasia hídrica e eletrolítica em animais e, em 1939, publicou seu livro importante intitulado O*smotic Regulation* (Regulação osmótica). Mesmo assim, Krogh é mais conhecido por seu trabalho sobre a regulação do fluxo sanguíneo nos capilares do músculo esquelético. Ele foi o primeiro fisiologista a descrever as alterações que ocorrem no fluxo sanguíneo para os músculos em conformidade com as demandas metabólicas teciduais. De fato, sua pesquisa mostrou que o aumento do fluxo sanguíneo muscular durante as contrações era alcançado pela abertura de arteríolas e capilares. Esse é o trabalho que lhe rendeu o prêmio Nobel.

Além da pesquisa em fisiologia, August Krogh inventou muitos instrumentos científicos importantes. Ele desenvolveu, por exemplo, o espirômetro (um dispositivo usado para mensurar volumes pulmonares) e um aparelho para mensurar a taxa metabólica (um instrumento usado para mensurar o consumo de oxigênio). Embora Krogh não tenha inventado o primeiro cicloergômetro, recebeu os créditos pelo desenvolvimento de um cicloergômetro automático, em 1913. Esse ergômetro representou um aprimoramento significativo dos cicloergômetros daquela época, permitindo que Krogh e seus colaboradores mensurassem com acurácia a quantidade de trabalho realizado durante os experimentos de fisiologia do exercício. Os cicloergômetros similares àqueles desenvolvidos por August Krogh são usados até hoje nos laboratórios de fisiologia do exercício.

---

calcular o trabalho e a potência com o uso de um cicloergômetro. Calcule o trabalho, considerando:

- Duração do exercício = 10 minutos
- Resistência contra o volante = 1,5 kp ou 14,7 N
- Distância percorrida por revolução de pedais = 6 m
- Velocidade da pedalada = 60 rev · min^{-1}
- Dessa forma, as revoluções totais em 10 minutos = 10 min × 60 rev · min^{-1} = 600 revoluções.
- Assim, o trabalho total = 14,7 N × (6 m · rev^{-1} × 600 rev) = 52.920 J ou 52,9 kJ.

O débito de potência descrito nesse exemplo é calculado dividindo o trabalho total realizado pelo tempo:
Potência = 52.920 J ÷ 600 s
= 88,2 W

As etapas a seguir mostram como fazer os cálculos empregando unidades alternativas:

Trabalho = 1,5 kg × 6 m · rev^{-1} × 60 rev · min^{-1} × 10 min
= 5.400 kpm
Potência = 5.400 kpm ÷ 10 min = 540 kpm · min^{-1}
= 88,2 W (ver as conversões na Tab. 1.4)

Esteira ergométrica

Calcular o trabalho realizado enquanto um indivíduo corre ou caminha geralmente é impossível quando a esteira ergométrica é horizontal. Embora a corrida horizontal em uma esteira requeira energia, o deslocamento vertical do centro de gravidade corporal é difícil de mensurar. Por esse motivo, a mensuração do trabalho realizado durante uma caminhada ou corrida horizontal é complicada. Contudo, um trabalho quantificável é realizado ao andar ou correr por uma ladeira, e o cálculo da quantidade de trabalho realizado é uma tarefa simples. A inclinação da esteira é expressa em unidades denominadas "grau percentual". O **grau percentual** é definido pela quantidade de elevação vertical a cada 100 unidades de movimento da correia. Exemplificando, um indivíduo que caminha em uma esteira a um grau de 10% percorre 10 m verticalmente a cada 100 m de movimento da correia. O grau percentual é calculado multiplicando o seno do ângulo da esteira por 100. Na prática, o ângulo da esteira (expresso em graus) pode ser determinado por cálculos de trigonometria simples (Fig. 1.2) ou pelo uso de um dispositivo medidor chamado inclinômetro.[9]

Para calcular o débito de trabalho durante o exercício na esteira, você deve saber o peso do indivíduo e a distância percorrida na vertical. O percurso vertical pode ser calculado multiplicando a distância percorrida pela correia pelo grau percentual. Isso pode ser escrito da seguinte forma:

Deslocamento vertical = grau % × distância

Onde o grau percentual é expresso como fração e a distância percorrida total é calculada multiplicando a velocidade da esteira (m · min⁻¹) pelo tempo total de exercício (em minutos). Considere a seguinte amostra de cálculo de débito de trabalho durante o exercício na esteira:

Peso corporal do indivíduo = 60 kg (i. e., força = 588,6 N)
    Velocidade na esteira = 200 m · min⁻¹
    Ângulo da esteira = grau de 7,5% (7,5 ÷ 100
        = 0,075 como grau fracionado)
    Tempo de exercício = 10 minutos
    Distância vertical total percorrida = 200 m · min⁻¹
        × 0,075
        × 10 min
        = 150 m

Dessa forma, o trabalho total realizado = 588,6 N × 150 m
        = 88.290 J ou 88,3 kJ

Empregando unidades mais tradicionais, é possível realizar os seguintes cálculos:

Trabalho = 60 kp × 0,075 × 200 m · min⁻¹ × 10 min
    = 9.000 kpm ou 88.290 J (88,3 kJ)

Em resumo

- O conhecimento dos termos *trabalho* e *potência* é necessário para calcular o débito de trabalho humano e a eficiência do exercício associado.
- O trabalho é definido pelo produto da força pela distância:

    Trabalho = força × distância

- A potência é definida como o trabalho dividido pelo tempo:

    Potência = trabalho ÷ tempo

Mensuração do gasto energético

A mensuração do gasto energético de um indivíduo em repouso ou durante uma atividade em particular possui muitas aplicações práticas. Uma aplicação direta é destinada aos programas de perda de peso auxiliada por exercício. Claramente, saber o gasto energético de uma caminhada, corrida ou natação realizadas em diversas velocidades é útil para aqueles que usam essas modalidades de exercício para ajudar na perda de peso. Além disso, um engenheiro industrial poderia mensurar o gasto energético de várias tarefas em torno de um determinado local de trabalho e usar essa informação para criar atribuições de trabalho apropriadas para os operários.[17,35] Nesse sentido, o engenheiro poderia recomendar ao supervisor que atribuísse os trabalhos que demandam necessidades energéticas maiores aos operários fisicamente condicionados e com capacidades de trabalho elevadas. Em geral, duas técnicas são empregadas para mensurar o gasto energético humano: (1) calorimetria direta e (2) calorimetria indireta.

Calorimetria direta

Quando o corpo usa energia para realizar trabalho, há liberação de calor. Essa produção de calor pelas células ocorre via respiração celular (bioenergética) e trabalho celular. O processo geral pode ser esquematizado do seguinte modo:[5,36,37]

    Alimentos + O_2 → ATP + calor
        ↓ trabalho celular
      calor

O processo de respiração celular é discutido em detalhes no Capítulo 3. Note que a taxa de produção de calor em um indivíduo é diretamente proporcional à taxa metabólica. Dessa forma, a mensuração da produção de calor (calorimetria) de um indivíduo fornece uma mensuração direta da taxa metabólica.

A unidade do SI usada para mensurar a energia do calor é o J (a mesma unidade usada para trabalho). Entretanto, uma unidade comum usada para mensurar a energia do calor é a caloria (Tab. 1.3). Uma caloria é definida como a quantidade de calor requerida para elevar a temperatura de 1 g de água em 1°C. Como a caloria é muito pequena, o termo **quilocaloria (kcal)** costuma ser usado para expressar o gasto energético e o valor energético dos alimentos. Uma kcal é igual a mil calorias. Na conversão de kcals em unidades do SI, 1 kcal é igual a 4.186 J ou 4,186 kJ (ver as conversões na Tab. 1.3). O processo de mensurar a taxa metabólica por meio da mensuração da produção de calor é denominado **calorimetria direta** e tem sido usado pelos cientistas desde o século XVIII. Essa técnica envolve a colocação do indivíduo em uma câmara apertada (denominada calorímetro), isolada do meio ambiente (em geral, por um revestimento de água ao redor da câmara), e permite a ocorrência de troca livre de O_2 e CO_2 a partir da câmara (Fig. 1.3). O calor do corpo do indivíduo eleva a temperatura da água que circula ao redor da câmara. Assim, ao mensurar a mudança de temperatura por unidade de tempo, a quantidade de produção de calor pode ser calculada. Além disso, o indivíduo perde calor por evapo-

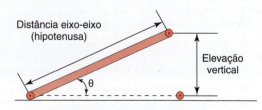

Figura 1.2 Determinação do "grau percentual" em uma esteira inclinada. Teta (θ) representa o ângulo de inclinação. O grau percentual é calculado como seno do ângulo θ × 100.

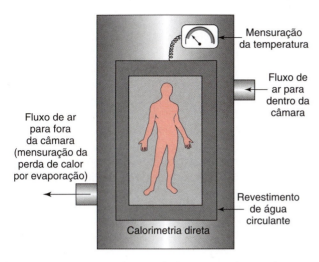

Figura 1.3 Diagrama de um calorímetro simples usado para medir a taxa metabólica via medição da produção de calor corporal. Esse método de determinação da taxa metabólica é denominado calorimetria direta.

ração da água da pele e vias respiratórias. Essa perda de calor é mensurada e somada ao calor total assimilado pela água para render uma estimativa da taxa de gasto energético do indivíduo.[5,9]

Calorimetria indireta

Embora a calorimetria direta seja considerada uma técnica precisa para a mensuração da taxa metabólica, a construção de uma câmara ampla o suficiente para realizar pesquisas de fisiologia do exercício com seres humanos custa caro. Do mesmo modo, o uso da calorimetria direta para mensurar a taxa metabólica durante o exercício é dificultado, pois o próprio ergômetro em si pode produzir calor. Felizmente, outro procedimento pode ser usado para calcular a taxa metabólica. Essa técnica é denominada **calorimetria indireta**, pois não envolve a mensuração direta da produção de calor. O princípio da calorimetria indireta pode ser explicado pela relação a seguir:

Alimentos + O_2 → Calor + CO_2 + H_2O
(calorimetria indireta)   (calorimetria direta)

Dada a existência de uma relação direta entre o O_2 consumido e a quantidade de calor produzida no corpo, a mensuração do consumo de O_2 fornece uma estimativa da taxa metabólica.[3,5,15] Para converter a quantidade de O_2 consumida em equivalentes de calor, é necessário saber o tipo de nutriente (i., carboidrato, gordura ou proteína) que foi metabolizado. A energia liberada quando a gordura é o único alimento metabolizado é igual a 4,7 kcal (ou 19,7 kJ) $\cdot$ L^{-1} de O_2, enquanto a energia liberada quando apenas carboidratos são usados é 5,05 kcal (ou 21,13 kJ) $\cdot$ L^{-1} de O_2. Apesar da falta de exatidão, o gasto calórico do exercício frequentemente é estimado como cerca de 5 kcal (ou 21 kJ) $\cdot$ L^{-1} de O_2 consumido.[19]

Dessa forma, um indivíduo que se exercita com um consumo de oxigênio de 2,0 L $\cdot$ min^{-1} gastará aproximadamente 10 kcal (ou 42 kJ) de energia por minuto.

A técnica mais comumente usada para mensurar o consumo de oxigênio hoje é denominada **espirometria de circuito aberto**. Na técnica clássica, o indivíduo prendia um clipe no nariz para impedir a respiração nasal e uma válvula respiratória que permitia a passagem de ar do meio ambiente a ser respirado, enquanto o gás exalado era conduzido para uma bolsa coletora (bolsa de Douglas) que era, então, analisada quanto ao volume de gás e percentuais de O_2 e CO_2. O volume de gás era medido em um gasômetro, enquanto o O_2 e o CO_2 eram analisados quimicamente ou com auxílio de analisadores de gases calibrados. As etapas descritas no Apêndice A foram seguidas para calcular o consumo de O_2 e a produção de CO_2. A moderna espirometria de circuito aberto (Fig. 1.4) usa tecnologia computadorizada, que mensura o volume do gás exalado a cada respiração individual e conduzido para uma câmara de mistura, onde é feita a coleta de amostras para análise contínua dos gases. Os cálculos de consumo de O_2 e produção de CO_2 são feitos de modo automático. Embora o sistema computadorizado certamente facilite o processo de mensuração do consumo de O_2, o método tradicional é usado como "padrão-ouro" para garantir que o sistema automatizado esteja atuando corretamente.[4]

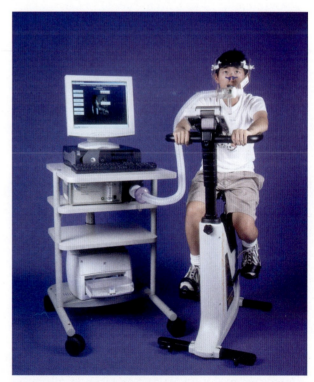

Figura 1.4 O sistema de mensuração metabólica TrueOne emprega sensores de fluxo eletrônicos, analisadores de gás e tecnologia computadorizada. Esses dispositivos são usados para mensurar o consumo de oxigênio e a produção de dióxido de carbono em repouso e durante o exercício.

Em resumo

- A mensuração do gasto energético em repouso ou durante o exercício é possibilitada pelo uso da calorimetria tanto direta como indireta.
- A calorimetria direta usa a mensuração da produção de calor como indicação da taxa metabólica.
- A calorimetria indireta estima a taxa metabólica via medida do consumo de oxigênio.

Expressões comuns do gasto energético

O consumo de oxigênio pode ser usado para expressar o gasto energético de diferentes formas.[21]

$\dot{V}O_2$ (L · min⁻¹). Seguindo as etapas destacadas no Apêndice A, o consumo de oxigênio ($\dot{V}O_2$) pode ser calculado em litros de oxigênio usado por minuto (L · min). Exemplificando, os dados a seguir foram obtidos de uma mulher treinada, com peso de 60 kg, durante uma corrida submáxima na esteira:

Ventilação (STPD) = 60 L · min⁻¹

$$= O_2 \text{ inspirado } 20,93\%$$

$$= O_2 \text{ expirado } 16,93\%$$

$$\dot{V}O_2 \text{ (L · min}^{-1}) = 60 \text{ L · min}^{-1} \times (20,93\% \text{ } O_2$$
$$- 16,93\% O_2) = 2,4 \text{ L · min}^{-1}$$

Kcal · min⁻¹. O consumo de oxigênio também pode ser expresso em quilocalorias usadas por minuto. O equivalente calórico de 1 L de O_2 varia de 4,7 kcal · L⁻¹ para gorduras a 5,05 kcal · L⁻¹ para carboidratos. Entretanto, por motivos práticos e com um erro pequeno, 5 kcal/L de O_2 é o valor usado para converter $\dot{V}O_2$ em kcal · min⁻¹. O gasto energético total é calculado multiplicando-se as quilocalorias gastas por minuto (kcal · min⁻¹) pela duração da atividade em minutos. Exemplificando, se a mulher de 60 kg mencionada anteriormente corresse na esteira por 30 minutos a um $\dot{V}O_2 = 2,4$ L · min⁻¹, seu gasto energético total poderia ser calculado do seguinte modo:

$$2,4 \text{ L · min}^{-1} \times 5 \text{ kcal · L}^{-1} \text{ de } O_2 = 12 \text{ kcal · min}^{-1}$$

$$12 \text{ kcal · min}^{-1} \times 30 \text{ min} = 360 \text{ kcal}$$

$\dot{V}O_2$ (mL · kg⁻¹ · min⁻¹). Quando o consumo de oxigênio mensurado é expresso em L · min⁻¹, seu valor é multiplicado por 1.000 para ser expresso em mL · min⁻¹ e, em seguida, dividido pelo peso corporal do indivíduo expresso em kg. O valor obtido é expresso em mL de O_2/kg de peso corporal · min, ou mL · kg⁻¹ · min⁻¹. Isso possibilita realizar comparações entre indivíduos de diversos tamanhos corporais. Exemplificando, para a mulher de 60 kg com $\dot{V}O_2 = 2,4$ L · min⁻¹:

$$(2,4 \text{ L · min}^{-1} \times 1.000 \text{ mL · L}^{-1})/60 \text{ kg}$$
$$= 40 \text{ mL · kg}^{-1} \cdot \text{min}^{-1}$$

MET. A taxa metabólica em repouso usualmente é mensurada em repouso, com o indivíduo em decúbito dorsal, após um período de jejum e sem prática de exercícios. A taxa metabólica em repouso varia com a idade e o gênero, sendo menor nas mulheres do que nos homens, e diminuindo com o avanço da idade.[23] O **MET (equivalente metabólico)** é um termo usado para representar o metabolismo em repouso e, por convenção, é considerado igual a 3,5 mL · kg⁻¹ · min⁻¹. Esse valor é denominado 1 MET. Essencialmente, o gasto energético das atividades pode ser expresso em termos de múltiplos de unidade de MET. Considerando a informação anterior:

$$40 \text{ mL · kg}^{-1} \cdot \text{min}^{-1} \div 3,5 \text{ mL · kg}^{-1} \cdot \text{min}^{-1} = 11,4 \text{ MET}$$

Kcal · kg⁻¹ · h⁻¹. A expressão em MET também pode ser usada para exprimir o número de calorias usado pelo indivíduo por kg de peso corporal por hora. No exemplo mencionado anteriormente, o indivíduo trabalha a 11,4 MET (ou 40 mL · kg⁻¹ · min⁻¹). Ao ser multiplicado por 60 min · h⁻¹, esse valor passa a ser igual a 2.400 mL · kg⁻¹ · h⁻¹ (ou 2,4 L · kg⁻¹ · h⁻¹). Se o indivíduo usa uma mistura de carboidratos e gorduras como combustível, o $\dot{V}O_2$ é multiplicado por 4,85 kcal/L de O_2 (média entre 4,7 e 5,05 kcal/L de O_2) para resultar em 11,6 kcal · kg⁻¹ · h⁻¹. As etapas a seguir mostram os detalhes.

$$11,4 \text{ MET} \times 3,5 \text{ mL · kg}^{-1} \cdot \text{min}^{-1} = 40 \text{ mL · kg}^{-1} \cdot \text{min}^{-1}$$
$$40 \text{ mL · kg}^{-1} \cdot \text{min}^{-1} \times 60 \text{ min · h}^{-1}$$
$$= 2.400 \text{ mL · kg}^{-1} \cdot \text{h}^{-1} = 2,4 \text{ L · kg}^{-1} \cdot \text{h}^{-1}$$
$$2,4 \text{ L · kg}^{-1} \cdot \text{h}^{-1} \times 4,85 \text{ kcal · L}^{-1} \text{ de } O_2$$
$$= 11,6 \text{ kcal · kg}^{-1} \cdot \text{h}^{-1}$$

Em resumo

- O gasto energético pode ser expresso em L · min⁻¹, kcal · min⁻¹, mL · kg⁻¹ · min⁻¹, MET e kcal · kg⁻¹ · h⁻¹. Para converter L · min⁻¹ em kcal · min⁻¹, multiplique por 5,0 kcal · L⁻¹. Para converter L · min⁻¹ em mL · kg⁻¹ · min⁻¹, multiplique por 1.000 e divida pelo peso corporal em kg. Para converter mL · kg⁻¹ · min⁻¹ em MET ou kcal · kg⁻¹ · h⁻¹, divida por 3,5 mL · kg⁻¹ · min⁻¹.

Estimativa do gasto energético

Os pesquisadores que estudam o gasto energético (gasto de $O_2 = \dot{V}O_2$ no estado estável) do exercício demonstraram que é possível estimar a energia gasta durante certos tipos de atividade física de maneira razoavelmente precisa.[8,10,11,19,31] As atividades de caminhada, corrida e ciclismo foram estudadas em detalhes. As necessidades de O_2 da caminhada e corrida representadas graficamente em função da velocidade são mostradas na Figura 1.5. O $\dot{V}O_2$ expresso em função do peso corporal é chamado de **$\dot{V}O_2$ relativo** e é apropriado para descrever o consumo de O_2 de atividades como caminhada, corrida e subida de degraus. Note que as relações existentes entre a necessidade de O_2 relativo (mL · kg^{-1} · min^{-1}) e a velocidade da caminhada/corrida correspondem a retas.[2,19] Uma relação similar é observada para o ciclismo, até um débito de potência de cerca de 200 W (Fig. 1.6). O fato de essa relação ser linear para uma ampla gama de velocidades e débitos de potência facilita bastante o cálculo do gasto de O_2 (ou gasto energético) (ver exemplos nos Quadros "Uma visão mais detalhada" 1.1 e 1.2). A estimativa do gasto energético de outros tipos de atividades é mais complexa. A estimativa do gasto energético no tênis, por exemplo, depende de a partida ser realizada entre dois jogadores individuais ou entre duas duplas de jogadores, além de também ser influenciada pelo nível de habilidade dos participantes. Ainda assim, é possível estimar a energia gasta durante uma partida de tênis. Ver no *Compendium of Physical Activities* (http://sites-google.com/site/compendiumofphysicalactivities/) uma lista detalhada do gasto de oxigênio (valores de MET) em numerosas atividades físicas.[1]

Em resumo

■ O gasto energético de uma caminhada ou corrida na esteira horizontal e do ciclismo pode ser estimado de forma razoavelmente acurada, porque as necessidades de O_2 aumentam como uma função linear da velocidade e da potência, respectivamente.

Cálculo da eficiência do exercício

A eficiência descreve a capacidade de converter o gasto energético em trabalho. É expressa como razão entre o trabalho realizado e a energia empregada para realização desse trabalho. Um indivíduo mais eficiente usa menos energia para realizar a mesma quantidade de trabalho. Os fisiologistas do exercício há muito tempo buscam formas de descrição matemática da eficiência do movimento humano. Embora as medidas de eficiência bruta, líquida, delta e instantânea tenham sido usadas para descrever a eficiência do exercício, uma das expressões mais comuns e simples é a **eficiência real**.[6,7,10,13,16,30,31,38,39] A eficiência real é definida como a razão matemática do débito de trabalho dividido pela energia gasta acima do nível de repouso:

$$\% \text{ eficiência real} = \frac{\text{débito de trabalho}}{\text{gasto energético}} \times 100$$

Nenhuma máquina é 100% eficiente, pois um pouco de energia é perdida em decorrência do atrito entre as partes móveis. Do mesmo modo, a "máquina humana" não é 100% eficiente, pois perde energia em forma de calor. Estima-se que o motor dos carros movidos a gasolina opere com eficiência aproximada de 20-25%. De forma semelhante, a eficiência real humana durante o exercício no cicloergômetro varia de 15 a 27%, dependendo da taxa de trabalho.[13,16,31,34,39]

Para calcular a eficiência real durante o exercício no cicloergômetro ou esteira, é necessário mensurar o débito de trabalho e o gasto energético do indivíduo durante o exercício e em repouso. É preciso enfatizar que as mensurações de $\dot{V}O_2$ devem ser obtidas sob condições de estado estável. A taxa de trabalho no cicloergômetro ou esteira é calculada conforme já discutido e em geral expressa em kpm · min^{-1}. O gasto energético durante a realização desses tipos de exercício usualmente é estimado mensurando, em primeiro lugar, o $\dot{V}O_2$ (L · min^{-1}) por espirometria de circuito aberto e, em seguida, convertendo o valor obtido em kcal ou kJ por meio da utilização da exata conversão baseada nos tipos de alimentos usados como combustível (ver detalhes no Cap. 4). No exemplo seguinte, usaremos 5 kcal · L^{-1} de O_2 para mostrar como fazer esse cálculo. Para o cálculo realizado com a fórmula de eficiência real, tanto o numerador como o denominador devem ser expressos em termos semelhantes. Como o numerador (taxa de trabalho) é expresso em kpm · min^{-1} e o gasto energético é expresso em kcal · min^{-1}, temos que converter uma unidade de modo a torná-la compatível com a outra. Considere o seguinte exemplo de cálculo de eficiência real durante o exercício submáximo realizado no cicloergômetro sob condições de estado estável. Dados:

Resistência contra o volante do cicloergômetro = 2 kp (19,6 N)

Velocidade de pedal = 50 rpm

$\dot{V}O_2$ em repouso = 0,25 L · min^{-1}

$\dot{V}O_2$ durante o exercício em estado estável = 1,5 L · min^{-1}

Distância percorrida por revolução = 6 m · rev^{-1}

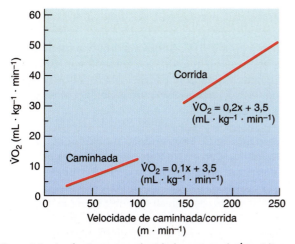

Figura 1.5 A relação entre velocidade e gasto de $\dot{V}O_2$ é linear na caminhada e na corrida. Note que x é igual à velocidade de caminhada/corrida em m · min^{-1}.

Uma visão mais detalhada 1.1

Estimativa da demanda de O_2 na caminhada na esteira ergométrica

A demanda de O_2 da caminhada na esteira horizontal pode ser estimada com acurácia razoável para velocidades entre 50 e 100 m · min^{-1}, usando a seguinte fórmula:

$\dot{V}O_2$ (mL · kg^{-1} · min^{-1}) = 0,1 mL · kg^{-1} · min^{-1}/(m · min^{-1}) × velocidade (m · min^{-1}) + 3,5 mL · kg^{-1} · min^{-1} ($\dot{V}O_2$ em repouso)

Por exemplo, o gasto de O_2 da caminhada em 80 m · min^{-1} é:

$\dot{V}O_2$ (mL · kg^{-1} · min^{-1}) = 0,1 mL · kg^{-1} · min^{-1} × 80 m · min^{-1} + 3,5 mL · kg^{-1} · min^{-1}
= 11,5 mL · kg^{-1} · min^{-1} ou 3,3 METs (11,5 ÷ 3,5)

Estimativa da demanda de O_2 na corrida na esteira ergométrica

A demanda de O_2 da corrida na esteira horizontal para velocidades >134 m · min^{-1} pode ser estimada de modo similar ao procedimento usado para estimar a demanda de O_2 da caminhada na esteira. O gasto de O_2 do componente horizontal é calculado com a seguinte fórmula:

$\dot{V}O_2$ (mL · kg^{-1} · min^{-1}) = 0,2 (mL · kg^{-1} · min^{-1})/(m · min^{-1}) × velocidade (m · min^{-1}) + 3,5 mL · kg^{-1} · min^{-1} ($\dot{V}O_2$ em repouso)

Qual é o gasto de oxigênio de um indivíduo que corre a 6 mph (161 m · min^{-1} ou 9,7 km/h)?

$\dot{V}O_2$ (mL · kg^{-1} · min^{-1}) = 0,2 (mL · kg^{-1} · min^{-1})/m · min^{-1} × 161 m · min^{-1} + 3,5 mL · kg^{-1} · min^{-1}
= 35,7 mL · kg^{-1} · min^{-1} ou 10,2 MET (35,7 ÷ 3,5)

As fórmulas foram obtidas da referência (2).

Dessa forma:

Taxa de trabalho = [2 kp × (50 m · rev^{-1} × 6 m · rev^{-1})]
= 600 kpm · min^{-1}

Gasto energético líquido = [1,5 L · min^{-1} − 0,25 L · min^{-1}] × 5 kcal · L^{-1} = 6,25 kcal · min^{-1}

Para converter kpm em kcal: 600 kpm · min^{-1} ÷ 426,8 kpm · kcal^{-1} = 1,41 kcal · min^{-1}

Assim, a eficiência real = $\dfrac{1,41 \text{ kcal} \cdot \text{min}^{-1}}{6,25 \text{ kcal} \cdot \text{min}^{-1}} \times 100\%$
= 22,6%

Fatores que influenciam a eficiência do exercício

A eficiência do exercício é influenciada por vários fatores: (1) a taxa de trabalho do exercício; (2) a velocidade do movimento; e (3) a composição de fibras dos músculos que realizam o movimento. A seguir, cada um desses fatores é brevemente discutido.

Taxa de trabalho e eficiência do exercício. A Figura 1.7 ilustra as alterações da eficiência real durante o exercício no cicloergômetro em função da taxa de trabalho. Note que a eficiência diminui com o aumento da taxa de trabalho.[13,31] Esse fato ocorre porque a relação existente entre o gasto energético e a taxa de trabalho é curvilínear e não linear ao longo de uma ampla gama de débitos de potência (Fig. 1.8).[16,31] Isso pode parecer estar em desacordo com o exposto na seção anterior, em que foi estabelecido que o consumo de oxigênio poderia ser estimado a partir dos débitos de potência em virtude da relação linear existente entre a taxa de trabalho e o gasto energético. Contudo, a taxas de trabalho baixas a moderadas (<200 W), observa-se uma relação quase linear e pouco erro é introduzido na estimativa de $\dot{V}O_2$. Em contrapartida, quando olhamos para essa relação ao longo de toda a gama de débitos de potência, fica clara a sua característica curvilínea (ver Fig. 1.8). Como resultado, à medida que a taxa de trabalho aumenta, o gasto energético corporal total aumenta de forma desproporcional à taxa de trabalho. Isso é indicativo de uma eficiência menor a débitos de potência maiores.

Velocidade do movimento e eficiência. Pesquisas mostram que existe uma velocidade "ideal" de movimento para qualquer taxa de trabalho. Evidências sugerem que a velocidade ideal de movimento aumenta com o aumento do débito de potência.[8] Em outras palavras, a débitos de potência maiores, uma velocidade maior de movimento é requerida para obter uma eficiência ideal. A taxas de trabalho baixas a moderadas, uma velocidade de pedalada de 40-60 rpm geralmente é considerada ideal durante o exercício de braço ou cicloer-

Uma visão mais detalhada 1.2

Estimativa da demanda de O_2 no ciclismo

Similar ao gasto energético da caminhada e da corrida, a demanda de oxigênio no ciclismo também é linear (reta) ao longo da gama de taxas de trabalho até cerca de 200 W (Fig. 1.6). Por causa dessa relação linear, a demanda de O_2 do ciclismo pode ser facilmente estimada para débitos de potência na faixa de 50 a 200 W (i. e., ~300 e 1.200 kpm $\cdot$ min^{-1}). O gasto total de O_2 no cicloergômetro é constituído por três componentes. Esses componentes incluem o consumo de O_2 em repouso, a demanda de O_2 associada ao ciclismo sem carga (i. e., gasto energético da movimentação das pernas) e necessidade de O_2 diretamente proporcional à carga externa sobre o cicloergômetro. A seguir, é explicado o cálculo do gasto de O_2 desses componentes.

Primeiramente, o consumo de O_2 em repouso é estimado em 3,5 mL/kg $\cdot$ min. Em segundo lugar, a uma velocidade de pedal de 50 a 60 rpm, o gasto de oxigênio no cicloergômetro sem carga é igualmente aproximado de 3,5 mL $\cdot$ kg^{-1} $\cdot$ min^{-1}. Por fim, o gasto relativo de O_2 no cicloergômetro contra uma carga externa é igual a 1,8 mL $\cdot$ kpm^{-1} $\times$ carga de trabalho $\times$ massa corporal. Tomando esses três componentes em conjunto, a fórmula coletiva para calcular o O_2 no ciclismo é:

$\dot{V}O_2$ (mL $\cdot$ kg^{-1} $\cdot$ min^{-1}) = 1,8 mL $\cdot$ kpm^{-1} (taxa de trabalho) $\times$ M^{-1} + 7 mL $\cdot$ kg^{-1} $\cdot$ min^{-1}

Onde:

- a taxa de trabalho no cicloergômetro é expressa em kpm $\cdot$ min^{-1};
- M é a massa corporal em quilogramas;
- 7 mL $\cdot$ kg^{-1} $\cdot$ min^{-1} é a soma do consumo de O_2 em repouso (3,5) e o gasto de O_2 do ciclismo sem carga (3,5).

Exemplificando, o gasto de O_2 do ciclismo a 600 kpm $\cdot$ min (~100W) para um homem de 70 kg é:

1,8 mL $\cdot$ kpm^{-1} (600 kpm $\cdot$ min^{-1}) $\times$ 70 kg^{-1} + 7 mL $\cdot$ kg^{-1} $\cdot$ min^{-1} = 22,4 mL $\cdot$ kg^{-1} $\cdot$ min^{-1}

As fórmulas foram obtidas da referência (2).

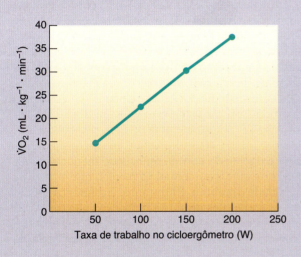

Figura 1.6 A relação entre taxa de trabalho e gasto de $\dot{V}O_2$ é linear no ciclismo ao longo de uma ampla gama de cargas de trabalho. Esta figura ilustra o gasto de oxigênio relativo (i. e., $\dot{V}O_2$/kg de massa corporal) no ciclismo para um indivíduo de 70 kg.

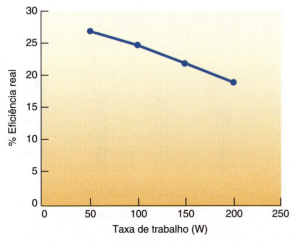

Figura 1.7 Alterações da eficiência real durante o exercício no braço ergométrico com pedal como uma função da taxa de trabalho.

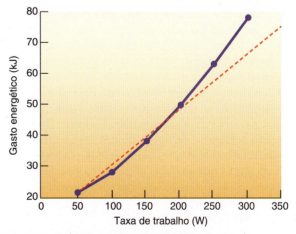

Figura 1.8 Relação entre gasto energético e taxa de trabalho. Note que o gasto energético aumenta como uma função curvilinear da taxa de trabalho.

gômetro.[12,14,16,28,31,33] Observe que qualquer alteração na velocidade de movimento que se distancie do ideal resulta em diminuição da eficiência (Fig. 1.9). Esse declínio de eficiência a baixas velocidades de movimento provavelmente se deve à inércia.[31] Ou seja, pode haver um gasto energético aumentado para a realização do trabalho quando os movimentos são lentos e os membros envolvidos têm que parar e recomeçar repetidamente. O declínio da eficiência associado ao movimento de alta velocidade (a taxas de trabalho lentas para moderadas) pode ser decorrente da possibilidade de as velocidades crescentes aumentarem o atrito muscular e, dessa forma, aumentarem o trabalho interno.[6,31]

Tipo de fibra e eficiência. As pessoas diferem quanto à eficiência real durante o exercício no cicloergômetro. Por quê? Evidências recentes sugerem que os indivíduos com alto percentual de fibras musculares lentas exibem maior eficiência no exercício em comparação com os indivíduos com alto percentual de fibras musculares rápidas (ver no Cap. 8 uma discussão sobre os tipos de fibras musculares).[20,22,26,32] A explicação fisiológica para essa observação é a de que as fibras musculares lentas são mais eficientes do que as fibras musculares rápidas. Ou seja, as fibras lentas requerem menos ATP por unidade de trabalho realizado em comparação com as fibras rápidas. É evidente que uma maior eficiência está associada a um melhor desempenho.[20]

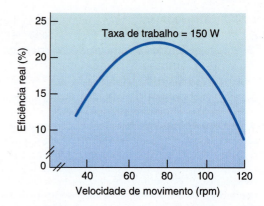

Figura 1.9 Efeitos da velocidade de movimento (taxa de pedalada) na eficiência do exercício a 150 W. Observe a taxa de pedalada ideal para a eficiência máxima nessa intensidade.

> **Em resumo**
>
> ■ A eficiência real é definida pela razão matemática do trabalho realizado dividido pelo gasto energético acima do repouso e expressa em percentual:
>
> $$\% \text{ eficiência real} = \frac{\text{débito de trabalho}}{\text{gasto energético}} \times 100$$
>
> ■ A eficiência do exercício diminui à medida que a taxa de trabalho do exercício aumenta. Isso ocorre porque a relação existente entre a taxa de trabalho e o gasto energético é curvilinear.
> ■ Para alcançar a eficiência máxima a qualquer taxa de trabalho, existe uma velocidade de movimento ideal.
> ■ A eficiência do exercício é maior em indivíduos que possuem um alto percentual de fibras musculares lentas, comparados àqueles com alto percentual de fibras rápidas. Isso ocorre porque as fibras musculares lentas são mais eficientes que as fibras musculares rápidas.

Economia de corrida

Conforme discutido, o cálculo do trabalho em geral é impossibilitado durante a corrida na esteira horizontal. Sendo assim, a eficiência do exercício não pode ser calculada. Por outro lado, a medida da necessidade de $\dot{V}O_2$ em estado estável (gasto de O_2) da corrida a várias velocidades proporciona um meio de comparar a economia de corrida (e não a eficiência) entre dois corredores ou grupos de corredores.[10,18,19,27,29] A Figura 1.10 compara o consumo de O_2 de corredores entre grupos com diferentes capacidades de corrida, desde corredores de elite até indivíduos não treinados.[29] A economia de corrida é expressa (no eixo y) em mililitros de oxigênio usados por quilograma de peso por quilômetro ($mL \cdot kg^{-1} \cdot km^{-1}$). Não surpreende que o consumo médio de oxigênio da corrida tenha sido menor nos corredores de elite e aumentado à medida que o nível da capacidade diminuiu. Entretanto, a diferença média entre os corredores de elite e indivíduos não treinados era de apenas 10%, o que sugere que o treinamento sistemático tem um efeito limitado na economia de

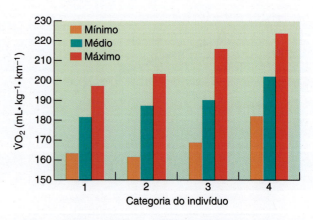

Figura 1.10 Valores mínimo, médio e máximo para o consumo de oxigênio na corrida, expressos em $mL \cdot kg^{-1} \cdot km^{-1}$, para corredores de elite (Categoria 1), corredores de subelite (Categoria 2), bons corredores (Categoria 3) e indivíduos não treinados (Categoria 4).

corrida. Por outro lado, um dos aspectos mais interessantes desse estudo foi a incrível variabilidade na economia de corrida dentro de cada grupo. Houve uma diferença de 20% entre o corredor menos e o mais econômico em cada grupo, independentemente da capacidade de corrida. Isso reforça a conclusão de que fatores além do treinamento sistemático influenciam a economia de corrida. Em resumo, não há dúvida de que uma melhor economia de corrida está associada com um melhor desempenho em eventos de corrida à distância. Esse assunto é discutido com mais detalhes nos Capítulos 19 e 20.

> ## Em resumo
>
> ■ Embora seja difícil calcular a eficiência durante a corrida horizontal, a medida do gasto de O_2 da corrida ($mL \cdot kg^{-1} \cdot min^{-1}$) a qualquer velocidade proporciona uma medida da economia de corrida.
> ■ A economia de corrida é melhor em corredores de elite em comparação aos corredores com menor capacidade ou indivíduos não treinados. Entretanto, existe considerável variação na economia de corrida entre os indivíduos, independentemente da capacidade de corrida.

Atividades para estudo

1. Defina os seguintes termos:
   a. trabalho
   b. potência
   c. grau percentual
   d. $\dot{V}O_2$ relativo
   e. eficiência real
   f. sistema métrico
   g. unidades do SI
2. Calcule a quantidade total de trabalho realizado em 5 minutos de exercício no cicloergômetro, considerando os seguintes dados:
   Resistência no volante = 25 N
   Velocidade de pedal = 60 rpm
   Distância percorrida por revolução = 6 m
3. Calcule o trabalho total e o débito de potência por minuto para um exercício de 10 minutos na esteira, considerando os seguintes dados:
   Grau da esteira = 15%
   Velocidade horizontal = 90 m · min⁻¹
   Peso do indivíduo = 70 kg
4. Descreva resumidamente o procedimento usado para estimar o gasto energético por (a) calorimetria direta e (b) calorimetria indireta.
5. Calcule o gasto energético ($mL \cdot kg^{-1} \cdot min^{-1}$) estimado durante uma caminhada na esteira horizontal, para os seguintes exemplos:
   a. Velocidade da esteira = 50 m · min⁻¹
   Peso do indivíduo = 62 kg
   b. Velocidade da esteira = 100 m · min⁻¹
   Peso do indivíduo = 75 kg
6. Calcule o gasto de O_2 ($mL \cdot kg^{-1} \cdot min^{-1}$) estimado para uma corrida na esteira horizontal em um indivíduo de 70 kg, nas velocidades de 150, 200 e 235 m · min⁻¹.
7. Calcule o débito de potência (kpm · min⁻¹ e W) durante 1 minuto de exercício no cicloergômetro, considerando os seguintes dados:
   Resistência no volante = 3 kp
   Velocidade de pedal = 50 rpm
   Distância percorrida por revolução = 6 m
8. Calcule a eficiência real, considerando as seguintes informações:
   $\dot{V}O_2$ em repouso = 0,3 L · min⁻¹
   $\dot{V}O_2$ de exercício = 2,1 L · min⁻¹
   Taxa de trabalho = 150 W
9. Calcule o gasto de oxigênio no ciclismo ($mL \cdot kg^{-1} \cdot min^{-1}$) a taxas de trabalho de 50, 75, 100 e 125 W, para um indivíduo de 60 kg.

Sugestões de leitura

American College of Sports Medicine. 2014. *Guidelines for Exercise Testing and Prescription*. Baltimore, MD: Lippincott, Williams & Wilkins.

American College of Sports Medicine. 2006. *ACSM's Metabolic Calculations Handbook* Baltimore, MD: Lippincott, Williams & Wilkins.

Bentley, D., J. Newell, and D. Bishop. 2007. Incremental exercise test design and analysis: implications for performance diagnostics in endurance athletes. *Sports Medicine* 37:575–86.

Kenney, W. L., Wilmore, J., and D. Costill. 2012. *Physiology of Sport and Exercise*. Champaign, IL: Human Kinetics.

Morrow, J., A. Jackson, J. Disch, and D. Mood. 2011. *Measurement and Evaluation of Human Performance*. Champaign, IL: Human Kinetics Publishers.

Powers, S., and S. Dodd. 2014. *Total Fitness and Wellness*. San Francisco, CA: Benjamin Cummings.

Tanner, R., and C. Gore. 2013. *Physiological Tests for Elite Athletes*. Champaign, IL: Human Kinetics.

Van Praagh, E. 2007. Anaerobic fi tness tests: what are we measuring? *Medicine and Sport Science*. 50 : 26–45.

Referências bibliográficas

1. Ainsworth BE, Haskell WL, Herrmann SD, Meckes N, Bassett Jr DR, Tudor-Locke C, et al. Compendium of physical activities: a second update of codes and MET values. *Medicine and Science in Sports and Exercise.* 43: 1575–1581, 2011.
2. American College of Sports Medicine. *Guidelines for Exercise Testing and Prescription.* Baltimore, MD: Lippincott, Williams & Wilkins, 2014.
3. Åstrand P. *Textbook of Work Physiology.* Champaign, IL: Human Kinetics, 2003.
4. Bassett DRJ, Howley ET, Thompson DL, King GA, Strath SJ, McLaughlin JE, et al. Validity of inspiratory and expiratory methods of measuring gas exchange with a computerized system. *J Appl Physiol* 91:218–224, 2001.
5. Brooks G, Fahey T, and Baldwin K. *Exercise Physiology: Human Bioenergetics and Its Applications.* New York, NY: McGraw-Hill, 2005.
6. Cavanagh PR, and Kram R. Mechanical and muscular factors affecting the efficiency of human movement. *Med Sci Sports Exerc* 17:326–331, 1985.
7. Cavanagh PR, and Kram R. The efficiency of human movement—a statement of the problem. *Med Sci Sports Exerc* 17: 304–308, 1985.
8. Coast JR, and Welch HG. Linear increase in optimal pedal rate with increased power output in cycle ergometry. *Eur J Appl Physiol Occup Physiol* 53:339–342, 1985.
9. Consolazio C, Johnson R, and Pecora L. *Physiological Measurements of Metabolic Function in Man.* New York, NY: McGraw-Hill, 1963.
10. Daniels J, and Daniels N. Running economy of elitemale and elite female runners. *Med Sci Sports Exerc* 24:483–489, 1992.
11. Daniels JT. A physiologist's view of running economy. *Med Sci Sports Exerc* 17: 332–338, 1985.
12. Deschenes MR, Kraemer WJ, McCoy RW, Volek JS, Turner BM, and Weinlein JC. Muscle recruitment patterns regulate physiological responses during exercise of the same intensity. *Am J Physiol Regul Integr Comp Physiol* 279: R2229–2236, 2000.
13. Donovan CM, and Brooks GA. Muscular efficiency during steady-rate exercise. II. Effects of walking speed and work rate. *J Appl Physiol* 43: 431–439, 1977.
14. Ferguson RA, Ball D, Krustrup P, Aagaard P, Kjaer M, Sargeant AJ, et al. Muscle oxygen uptake and energy turnover during dynamic exercise at different contraction frequencies in humans. *J Physiol* 536: 261–271, 2001.
15. Fox E, Foss M, and Keteyian S. *Fox's Physiological Basis for Exercise and Sport.* New York, NY: McGraw-Hill, 1998.
16. Gaesser GA, and Brooks GA. Muscular efficiency during steady-rate exercise: effects of speed and work rate. *J Appl Physiol* 38: 1132–1139, 1975.
17. Grandjean E. *Fitting the Task to the Man: An Ergonomic Approach.* New York, NY: International Publications Service, 1982.
18. Hagan RD, Strathman T, Strathman L, and Gettman LR. Oxygen uptake and energy expenditure during horizontal treadmill running. *J Appl Physiol* 49: 571–575, 1980.
19. Hopkins P, and Powers SK. Oxygen uptake during submaximal running in highly trained men and women. *Am Correct Ther J* 36: 130–132, 1982.
20. Horowitz JF, Sidossis LS, and Coyle EF. High efficiency of type I muscle fibers improves performance. *Int J Sports Med* 15: 152–157, 1994.
21. Howley ET, and Thompson, DL. *Health Fitness Instructor's Handbook.* Champaign, IL: Human Kinetics, 2012.
22. Hunter GR, Newcomer BR, Larson-Meyer DE, Bamman MM, and Weinsier RL. Muscle metabolic economy is inversely related to exercise intensity and type II myofiber distribution. *Muscle Nerve.* 24: 654–661, 2001.
23. Knoebel LK. Energy metabolism. In: *Physiology*, edited by Selkurt E. Boston. Little Brown & Co., 1984, p. 635–650.
24. Knuttgen H, and Komi P. Basic definitions for exercise. In: *Strength and Power in Sport*, edited by Komi P. Oxford: Blackwell Scientific, 1992.
25. Knuttgen HG. Force, work, power, and exercise. *Med Sci Sports* 10: 227–228, 1978.
26. Lucia A, Rivero JL, Perez M, Serrano AL, Calbet JA, Santalla A, et al. Determinants of $\dot{V}O^{(2)}$ kinetics at high power outputs during a ramp exercise protocol. *Med Sci Sports Exerc* 34: 326–331, 2002.
27. Margaria R, Cerretelli P, Aghemo P, and Sassi G. Energy cost of running. *J Appl Physiol* 18: 367–370, 1963.
28. Michielli DW, and Stricevic M. Various pedaling frequencies at equivalent power outputs. Effect on heart-rate response. *N Y State J Med* 77: 744–746, 1977.
29. Morgan DW, Bransford DR, Costill DL, Daniels JT, Howley ET, and Krahenbuhl GS. Variation in the aerobic demand of running among trained and untrained subjects. *Med Sci Sports Exerc* 27: 404–409, 1995.
30. Moseley L, and Jeukendrup AE. The reliability of cycling efficiency. *Med Sci Sports Exerc* 33: 621–627, 2001.
31. Powers SK, Beadle RE, and Mangum M. Exercise efficiency during arm ergometry: effects of speed and work rate. *J Appl Physiol* 56: 495–499, 1984.
32. Scheuermann BW, Tripse McConnell JH, and Barstow TJ. EMG and oxygen uptake responses during slow and fast ramp exercise in humans. *Exp Physiol* 87:91–100, 2002.
33. Seabury JJ, Adams WC, and Ramey MR. Influence of pedalling rate and power output on energy expenditure during bicycle ergometry. *Ergonomics.* 20: 491–498, 1977.
34. Shephard R. *Physiology and Biochemistry of Exercise.* New York, NY: Praeger, 1982.
35. Singleton W. *The Body at Work.* London: Cambridge University Press, 1982.
36. Spence A, and Mason E. *Human Anatomy and Physiology.* Menlo Park, CA: Benjamin-Cummings, 1992.
37. Stegeman J. *Exercise Physiology: Physiological Bases of Work and Sport.* Chicago, IL: Year Book Publishers, 1981.
38. Stuart MK, Howley ET, Gladden LB, and Cox RH. Efficiency of trained subjects differing in maximal oxygen uptake and type of training. *J Appl Physiol* 50:444–449, 1981.
39. Whipp BJ, and Wasserman K. Efficiency of muscular work. *J Appl Physiol* 26: 644–648, 1969.

2

Controle do ambiente interno

■ Objetivos

Ao estudar este capítulo, você deverá ser capaz de:

1. Definir os termos *homeostasia* e *estado estável*.
2. Criar um diagrama e discutir um sistema de controle biológico.
3. Dar um exemplo de sistema de controle biológico.

4. Explicar o termo *feedback negativo*.
5. Definir o significado de ganho de um sistema de controle.

■ Conteúdo

Homeostase: constância dinâmica 30

Sistemas de controle do corpo 32

Natureza dos sistemas de controle 32
Feedback negativo 33
Feedback positivo 33
Ganho de um sistema de controle 33

Exemplos de controle homeostático 33

Regulação da temperatura corporal 33
Regulação da glicemia 34

Exercício: um teste de controle homeostático 34

O exercício melhora o controle homeostático via adaptação celular 35

As proteínas de estresse auxiliam na regulação de homeostase celular 36

■ Palavras-chave

aclimatização
adaptação
centro de controle
efetores
estado estável
feedback negativo
ganho
homeostasia
proteínas de choque térmico
proteínas de estresse
sensor
sinalização autócrina
sinalização celular
sinalização endócrina
sinalização intrácrina
sinalização justácrina
sinalização parácrina
sistema de controle biológico
sistema endócrino

Um olhar no passado – nomes importantes na ciência

Claude Bernard – um dos fundadores da fisiologia

Claude Bernard (1813-1878) foi um médico e fisiologista francês que é considerado um dos "pais da fisiologia". De fato, a pesquisa e os escritos do dr. Bernard impulsionaram significativamente o nosso conhecimento sobre fisiologia durante o século XIX. Credita-se ao dr. Bernard o reconhecimento da importância de um ambiente interno constante. Uma breve visão geral da vida e das contribuições prestadas pelo dr. Bernard à fisiologia é apresentada a seguir.

Claude Bernard nasceu na vila francesa de Saint-Julien e foi educado primariamente em uma escola de jesuítas local. Frequentou brevemente o Lyon College, mas abandonou-o para se dedicar a ser um escritor bem-sucedido. Aos 21 anos, o sr. Bernard foi a Paris para iniciar formalmente sua carreira como escritor. Entretanto, após discutir com os críticos de literatura, o sr. Bernard desistiu de ser escritor e decidiu estudar medicina para seguir uma nova carreira. Como residente de medicina em um hospital de Paris, o dr. Bernard começou a trabalhar com um médico/fisiologista francês sênior, François Magendie, que estava envolvido na pesquisa e no ensino a alunos de medicina. O dr. Bernard rapidamente se tornou professor adjunto de Magendie e, mais tarde, o sucedeu como professor.

Durante sua carreira como pesquisador e médico, Claude Bernard fez muitas contribuições importantes para a fisiologia e a medicina. Um de seus primeiros estudos mais significativos tinha o objetivo de esclarecer o papel do pâncreas na digestão. Ele também descobriu que o fígado era capaz de sintetizar glicose a partir de produtos (p. ex., lactato, etc.) removidos do sangue. Além disso, o dr. Bernard descobriu o sistema vasomotor, e esta importante descoberta possibilitou nosso conhecimento de que o sistema nervoso pode atuar dilatando e contraindo os vasos sanguíneos. Por fim, embora o dr. Bernard tenha proposto a ideia de que a manutenção de um ambiente interno estável constitui um requisito para que o corpo permaneça saudável, não foi ele o responsável pelo conceito de homeostasia. De fato, a manutenção de um ambiente interno relativamente estável foi denominada "homeostasia" por Walter Cannon, em 1932. A palavra *homeostasia* tem origem nas palavras gregas *homoios* (que significa "o mesmo") e *stasis* (que significa "ficar" ou "permanecer"). Ver mais detalhes sobre o trabalho de Walter Cannon no quadro "Um olhar no passado – nomes importantes na ciência" do Capítulo 5.

Há mais de cem anos, o fisiologista francês Claude Bernard observou que o *"milieu interior"* (ambiente interno) do corpo permanecia notavelmente constante apesar do ambiente externo variável (*ver* o quadro "Um olhar no passado – nomes importantes na ciência"). O fato de o corpo manter um ambiente interno relativamente constante, mesmo na presença de estressores (p. ex., calor, frio, exercício, etc.) não é acidental e resulta da ação de muitos sistemas de controle.[15] Os mecanismos de controle responsáveis pela manutenção de um ambiente interno estável constituem um capítulo importante da fisiologia do exercício e é útil examinar sua função à luz da teoria do controle simples. Dessa forma, o propósito deste capítulo é introduzir o conceito de "sistemas de controle" e discutir como o corpo mantém um ambiente interno mais constante durante os períodos de estresse. No entanto, antes de começar a ler este capítulo, dedique um pouco de tempo à revisão do Quadro "Foco de pesquisa 2.1". Esse quadro traz uma visão geral sobre como interpretar gráficos e obter informações úteis a partir dessas ferramentas científicas importantes.

Homeostase: constância dinâmica

O termo **homeostasia** é definido como a manutenção de um ambiente interno relativamente constante. Um termo similar, **estado estável**, é usado com frequência para denotar um nível estável e imutável de alguma variável fisiológica (p. ex., frequência cardíaca). Embora os termos "homeostasia" e "estado estável" sejam similares, ambos diferem quanto ao seguinte aspecto: o termo homeostasia é comumente usado para denotar um ambiente interno relativamente constante e normal sob condições de repouso,[8,16] enquanto estado estável, por outro lado, não significa que uma variável fisiológica apresenta valores de repouso, e sim que essa variável é constante e imutável.

Um exemplo útil para distinguir esses dois termos é o caso da temperatura corporal durante o exercício. A Figura 2.1 ilustra as alterações ocorridas na temperatura corporal durante 60 minutos de exercício submáximo, com carga constante, realizado sob condições

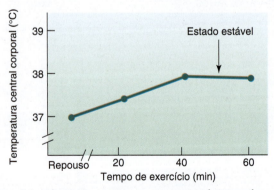

Figura 2.1 Alterações na temperatura central corporal durante um período de 60 minutos de exercício submáximo realizado em ambiente termoneutro. Note que a temperatura corporal atinge um platô (estado estável) em cerca de 40 minutos de exercício.

ambientais termoneutras (i. e., baixa umidade e baixa temperatura). Note que a temperatura central atinge um nível novo e estável em 40 minutos após o início do exercício. Esse platô de temperatura central representa um estado estável, pois a temperatura é constante. Entretanto, essa temperatura constante está acima da temperatura corporal de repouso normal e, por isso, não representa uma condição homeostática verdadeira. Assim, o termo homeostasia geralmente é reservado para descrever condições de repouso normais, enquanto o termo estado estável é aplicado com frequência ao exercício, em que a variável fisiológica em questão (i. e., temperatura corporal) é imutável, mas pode ser distinta do valor de repouso "homeostático".

Embora o conceito de homeostasia implique um ambiente interno imutável, isso não significa que esse ambiente interno permaneça absolutamente constante. Na verdade, a maioria das variáveis fisiológicas varia em torno de algum valor de "ajuste" e por essa razão a homeostasia representa uma constância dinâmica. Um exemplo dessa constância dinâmica é a pressão arterial. A Figura 2.2 mostra a pressão arterial (média) durante um período de 8 minutos de repouso. Note que a pressão arterial sofre alterações oscilatórias, porém, a pressão arterial

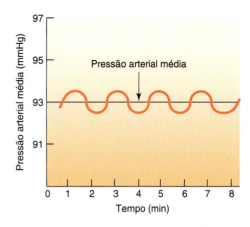

Figura 2.2 Alterações na pressão arterial ao longo do tempo, sob condições de repouso. Observe que, embora a pressão arterial oscile no decorrer do tempo, a pressão média permanece inalterada.

(média) se mantém ao redor de 93 mmHg. A causa da oscilação das variáveis fisiológicas está relacionada à natureza de "retroalimentação" (*feedback*) dos sistemas de controle biológicos.[16] Isso será discutido mais adiante, neste mesmo capítulo, na seção "*Feedback* negativo".

Foco de pesquisa 2.1

Como entender os gráficos: uma imagem vale por mil palavras

Ao longo de todo este livro, usamos gráficos de linha para ilustrar conceitos importantes em fisiologia do exercício. Embora esses mesmos conceitos possam ser explicados com palavras, os gráficos são úteis como ferramentas visuais que podem ser usadas para ilustrar relações complexas, de forma a facilitar a sua compreensão. Vamos rever brevemente os conceitos básicos por trás da construção de um gráfico de linhas.

Um gráfico de linhas é usado para ilustrar as relações existentes entre duas variáveis. Ou seja, como uma coisa é afetada por outra. É possível que você recorde, de uma de suas aulas de matemática, que uma variável é um termo genérico para qualquer característica que muda. Em fisiologia do exercício, por exemplo, a frequência cardíaca é uma variável que muda em função da intensidade do exercício. A Figura 2.3 mostra um gráfico de linha que representa a relação existente entre a frequência cardíaca e a intensidade do exercício. Nessa ilustração, a intensidade do exercício (variável independente) é colocada no eixo x (horizontal) e a frequência cardíaca (variável dependente), no eixo y (vertical). A frequência cardíaca é considerada a variável dependente porque muda em função da intensidade do exercício. Como a intensidade do exercício independe da frequência cardíaca, é então a variável in-

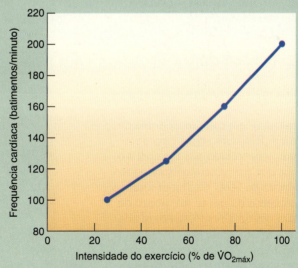

Figura 2.3 Relação existente entre frequência cardíaca e intensidade do exercício (expressa em percentual de $\dot{V}O_{2máx}$).

dependente. Observe na Figura 2.3 que a frequência cardíaca aumenta como uma função linear (linha reta) da intensidade do exercício. Esse tipo de gráfico de linha facilita a visualização do que acontece com a frequência cardíaca quando a intensidade do exercício é alterada.

> **Em resumo**
>
> ■ A homeostasia é definida como a manutenção de um ambiente interno "normal" constante ou imutável sob condições livres de estresse.
> ■ O termo "estado estável" também é definido por um ambiente interno constante, mas isso não significa necessariamente que o ambiente interno esteja normal. Quando o corpo está em estado estável, significa que foi atingido um equilíbrio entre as demandas impostas ao corpo e a resposta deste a essas demandas.

Sistemas de controle do corpo

O corpo possui literalmente centenas de sistemas de controle diferentes e o objetivo geral da maioria deles é regular alguma variável fisiológica em, ou próxima a, um dado valor constante.[16] O mais intrincado desses sistemas de controle reside dentro da própria célula. Os sistemas de controle celular regulam as atividades celulares, como a quebra e a síntese proteicas, produção de energia e manutenção de quantidades apropriadas de nutrientes armazenados. Quase todos os sistemas orgânicos do corpo trabalham no sentido de ajudar a manter a homeostasia.[14] Exemplificando, os pulmões (sistema pulmonar) e o coração (sistema circulatório) atuam juntos para repor oxigênio e remover dióxido de carbono do líquido extracelular. O fato de o sistema cardiopulmonar usualmente ser capaz de manter níveis normais de oxigênio e dióxido de carbono até mesmo durante os períodos de exercício extenuante não é acidental, mas resulta de um sistema de controle eficiente.

Natureza dos sistemas de controle

Para desenvolver uma melhor compreensão sobre como o corpo mantém um ambiente interno estável, vamos começar por uma analogia com um sistema de controle não biológico simples, como o sistema de refrigeração e aquecimento controlado por termostato das residências. Suponha que o termostato esteja ajustado com uma temperatura de 20°C. Qualquer alteração da temperatura ambiente diferente do "ponto de ajuste" de 20°C resultará em uma resposta adequada do "centro de controle" da temperatura para trazer a temperatura ambiente para 20°C. Se a temperatura ambiente ultrapassar o ponto de ajuste, o termostato sinalizará para o centro de controle desligar a "fornalha" que, então, trará a temperatura ambiente gradualmente para 20°C. Em contrapartida, uma queda da temperatura abaixo do ponto de ajuste fará o termostato sinalizar para a fornalha começar a operar. Em ambos os casos, a resposta do centro de controle é corrigir a condição – temperatura baixa ou alta – que inicialmente o ativou.

Similarmente ao exemplo de um sistema de controle mecânico, um **sistema de controle biológico** consiste em uma série de componentes interconectados que mantêm um parâmetro corporal químico ou físico próximo a um valor constante.[16] Os sistemas de controle biológicos são compostos por três elementos: (1) um sensor (ou receptor); (2) um centro de controle (i. e., centro de integração da resposta); e (3) efetores (i. e., órgãos produtores do efeito desejado) (Fig. 2.4). O sinal para iniciar a operação de um sistema de controle é o estímulo que representa uma alteração do ambiente interno (i. e., excesso ou falta de uma variável regulada). O estímulo excita um **sensor** que atua como receptor no corpo e é capaz de detectar alterações da variável em questão. O sensor excitado, então, envia uma mensagem para o centro de controle. O **centro de controle** integra a força do sinal que chega do sensor e envia uma mensagem aos **efetores**, para que estes promovam a devida resposta para correção da perturbação (i. e., efeito desejado). O retorno do ambiente interno ao estado de normalidade (i. e., homeostase) resulta na diminuição do estímulo original que deflagrou a ativação do sistema de controle. Esse tipo de alça de *feedback* é denominada *feedback negativo* e constitui o método primário responsável pela manutenção da homeostasia corporal (Fig. 2.4).[16]

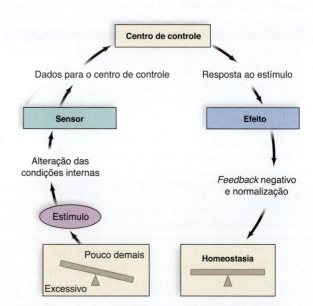

Figura 2.4 Este esquema ilustra os componentes de um sistema de controle biológico. O processo começa com a alteração do ambiente interno (i. e., estímulo), que excita um sensor fazendo-o enviar informação sobre a alteração ao centro de controle. O centro de controle avalia a intensidade da resposta necessária para corrigir o problema e envia a mensagem apropriada aos órgãos que devem promover o efeito desejado. Esse efeito é responsável pela correção da perturbação e, assim, o estímulo é removido.

Feedback negativo

A maioria dos sistemas de controle do corpo opera via ***feedback* negativo**.[16] Ele é uma classe importante de sistemas de controle biológico do corpo, que serve para restaurar os valores normais de uma variável e, assim, manter a homeostasia. Um exemplo de *feedback* negativo pode ser observado na regulação da concentração de CO_2 no líquido extracelular pelo sistema respiratório. Nesse caso, um aumento da concentração de CO_2 extracelular a níveis acima do normal deflagra um receptor que, por sua vez, envia informação ao centro de controle respiratório (centro de integração) para intensificar a respiração. Nesse exemplo, os efetores são os músculos respiratórios, que agem para intensificar a respiração. Essa intensificação da respiração diminuirá as concentrações extracelulares de CO_2, trazendo-as de volta ao normal e, assim, restabelecendo a homeostasia. Esse tipo de *feedback* é denominado *negativo*, pois a resposta do sistema de controle é negativa (oposta) em relação ao estímulo. Em outras palavras, esse tipo de *feedback* é negativo porque a elevada concentração de dióxido de carbono provoca eventos fisiológicos que reduzem a concentração de volta ao normal, o que é negativo para o início do estímulo.

Feedback positivo

Embora o *feedback* negativo seja o tipo primário de *feedback* usado para manter a homeostasia corporal, também existem alças de controle de *feedback* positivo. Os mecanismos de controle por *feedback* positivo atuam no sentido de intensificar o estímulo original. Esse tipo de *feedback* é denominado *positivo*, porque a resposta ocorre na mesma direção do estímulo.

Um exemplo clássico de mecanismo de *feedback* positivo envolve a intensificação das contrações do parto quando uma mulher dá à luz. Exemplificando, quando a cabeça do bebê se desloca ao longo do canal de parto, a pressão aumentada na cérvice (terminação estreita do útero) estimula os receptores sensoriais. Esses sensores excitados, então, enviam uma mensagem neural ao encéfalo (i. e., centro de controle) que, por sua vez, responde deflagrando a liberação do hormônio ocitocina pela glândula hipófise. A ocitocina viaja pelo sangue até o útero e promove aumento das contrações. À medida que o parto prossegue, a estimulação da cérvice aumenta e as contrações uterinas se tornam ainda mais fortes, até que o parto ocorra. Nesse momento, o estímulo (i. e., a pressão) para liberação de ocitocina cessa e, com isso, desliga o mecanismo de *feedback* positivo.

Ganho de um sistema de controle

A precisão com que um sistema de controle mantém a homeostasia é denominada **ganho** do sistema. O ganho pode ser considerado a "capacidade" do sistema de controle. Isso significa que um sistema de controle que apresenta ganho amplo é mais capaz de corrigir uma perturbação na homeostasia do que um sistema de controle com ganho baixo. Como você pode prever, os sistemas de controle mais importantes do corpo apresentam ganhos amplos. Por exemplo, os sistemas de controle que regulam a temperatura corporal, respiração (i. e., sistema pulmonar) e distribuição do sangue (i. e., sistema cardiovascular) apresentam ganhos amplos. O fato de esses sistemas apresentarem ganhos amplos não é surpresa, considerando que todos lidam com aspectos de vida e morte.

Em resumo

- Um sistema de controle biológico é composto de um receptor, um centro de controle e um efetor.
- A maioria dos sistemas de controle atua via *feedback* negativo.
- O grau em que um sistema de controle mantém a homeostasia é denominado *ganho de um sistema*. Um sistema de controle com ganho amplo é mais capaz de manter a homeostasia do que um sistema de baixo ganho.

Exemplos de controle homeostático

Para melhor entender os sistemas de controle biológicos, considere alguns exemplos de controle homeostático.

Regulação da temperatura corporal

Um exemplo excelente de sistema de controle homeostático que usa *feedback* negativo é a regulação da temperatura corporal.[15] Os sensores encontrados nesse sistema são receptores térmicos localizados em diversas partes do corpo. O centro de controle para regulação da temperatura está situado no encéfalo. Quando a temperatura corporal atinge valores acima do normal, os sensores de temperatura enviam uma mensagem neural ao centro de controle, informando que a temperatura está acima do normal (parte superior da Fig. 2.5). O centro de controle responde ao estímulo direcionando uma resposta de promoção de perda de calor (i. e., ocorre vasodilatação cutânea e sudorese). Quando a temperatura corporal é normalizada, o centro de controle é inativado.

Quando a temperatura atinge valores abaixo do normal, os sensores de temperatura enviam essa informação ao centro de controle encefálico. Este, por sua vez, responde impedindo a perda de calor corporal (p. ex., vasoconstrição cutânea). Essa ação serve para conservar calor (parte inferior da Fig. 2.5). Novamente, quando a temperatura corporal é normalizada, o centro de controle é inativado. Os detalhes completos do modo como o corpo regula a temperatura durante o exercício são apresentados no Capítulo 12.

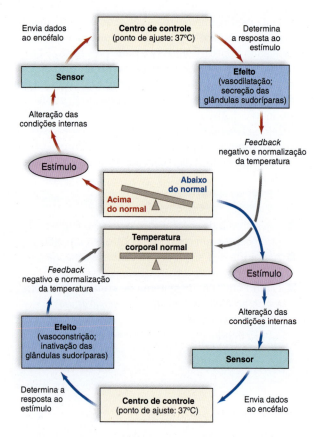

Figura 2.5 Esquema representativo do *feedback* negativo usado para regular a temperatura corporal. Ver no texto os detalhes sobre como esse sistema opera.

Regulação da glicemia

A homeostasia também é uma função do **sistema endócrino** (Cap. 5). O corpo possui oito glândulas endócrinas principais que sintetizam e secretam substâncias bioquímicas transportadas pelo sangue, denominadas *hormônios*. Os hormônios são transportados via sistema circulatório por todo o corpo e ajudam a regular as funções circulatórias e metabólicas.[4,16] Um exemplo do papel do sistema endócrino na manutenção da homeostasia é o controle dos níveis de glicemia. De fato, no indivíduo sadio, a concentração de glicose no sangue é cuidadosamente regulada pelo sistema endócrino. O hormônio insulina, por exemplo, regula a captação celular e o metabolismo da glicose, sendo então importante para a regulação da glicemia. Após uma refeição rica em carboidratos, a glicemia atinge níveis acima do normal. A elevação da concentração sanguínea de glicose sinaliza ao pâncreas para liberar insulina que, então, diminui a glicemia, aumentando sua captação pelas células. A falha do sistema de controle da glicemia ocorre na doença (diabetes) e é discutida no Quadro "Aplicações clínicas 2.1".

Exercício: um teste de controle homeostático

O exercício muscular representa um teste drástico dos sistemas de controle homeostáticos corporais, uma vez que o exercício tem o potencial de desorganizar muitas variáveis homeostáticas. Exemplificando, durante a prática de um exercício intenso, o músculo esquelético produz grandes quantidades de calor, que impõem ao corpo o desafio de impedir o superaquecimento. Além disso, o exercício intenso resulta em amplas elevações das necessidades de O_2 musculares e produção de grandes quantidades de CO_2. Essas alterações devem ser contrapostas por aumentos da respiração (ventilação pulmonar) e do fluxo sanguíneo, para intensificar a distribuição de O_2 para o músculo exercitado e remover o CO_2 metabolicamente produzido. Os sistemas de controle corporais devem responder de forma rápida, a fim de evitar a ocorrência de alterações drásticas no ambiente interno.

Em um sentido restrito, o corpo raramente mantém uma homeostasia verdadeira durante a realização de um exercício intenso ou exercício prolongado sob condições ambientais de calor ou umidade. O exercício intenso ou trabalho prolongado resulta em distúrbios no ambiente interno que em geral são amplos demais para serem superados até mesmo pelo sistema de controle de maior ganho. E, por esse motivo, um estado estável se torna impossível. Distúrbios graves da homeostasia resultam em fadiga e, por fim, na

Aplicações clínicas 2.1

A falha de um sistema de controle biológico resulta em doença

A falha de qualquer componente de um sistema de controle biológico resulta em perturbação da homeostasia. Uma ilustração clássica da falha de um sistema de controle biológico é o diabetes. Embora existam duas formas de diabetes (tipos 1 e 2), ambos os tipos são caracterizados por níveis anormalmente elevados de glicose no sangue (denominado hiperglicemia). No diabetes de tipo 1, as células do pâncreas (produtoras de insulina) são danificadas. Como consequência, a insulina deixa de ser produzida e liberada no sangue para promoção do transporte da glicose para os tecidos. Assim, o dano às células do pâncreas representa uma falha do componente "efetor" desse sistema de controle. Se a insulina não puder ser liberada em resposta a um aumento da glicemia subsequente à ingesta de uma refeição rica em carboidratos, a glicose não poderá ser transportada para dentro das células do corpo e o resultado final será o desenvolvimento de hiperglicemia e diabetes.

34 Seção I Fisiologia do exercício

cessação do exercício.[3,7,13] Saber como os vários sistemas de controle corporais minimizam os distúrbios induzidos pelo exercício na homeostasia é extremamente importante para o estudante de fisiologia do exercício, sendo, portanto, um dos principais temas deste livro. Os detalhes específicos sobre os sistemas de controle individuais (p. ex., circulatório, respiratório) que afetam o ambiente interno durante o exercício são discutidos nos Capítulos 4 a 12. Além disso, o desempenho melhorado no exercício subsequente ao treinamento físico é amplamente decorrente das adaptações do treino que resultam em uma manutenção mais eficiente da homeostasia. Isso é discutido no Capítulo 13. No próximo segmento, destacamos os processos promotores de melhora induzida pelo exercício nos mecanismos de controle homeostático corporais.

O exercício melhora o controle homeostático via adaptação celular

O termo **adaptação** refere-se a uma alteração na estrutura e na função de uma célula ou sistema orgânico, que resulta na melhora da capacidade de manter a homeostasia diante de condições estressantes. De fato, a capacidade de uma célula de responder a um desafio não é fixa e pode ser melhorada com a exposição prolongada a um estresse específico (p. ex., séries de exercício regulares). Do mesmo modo, as células podem se adaptar aos estresses ambientais, como um estresse de calor produzido por um ambiente quente. Esse tipo de adaptação ambiental – a função melhorada de um sistema homeostático já existente – é conhecido como **aclimatização**.[16]

Está comprovado que as séries regulares de exercício promovem alterações celulares que resultam na melhora da capacidade de preservar a homeostasia durante o "estresse" do exercício. A capacidade melhorada das células e dos sistemas orgânicos de manter a homeostasia é mediada por uma variedade de mecanismos de sinalização celular. O termo **sinalização celular** refere-se a um sistema de comunicação entre as células, que coordena as atividades celulares. A capacidade das células de detectar alterações em seu ambiente interno e responder corretamente a uma alteração é essencial à manutenção da homeostasia. Não é de surpreender, portanto, que uma variedade de mecanismos de sinalização celular coordene todas as diversas funções corporais. No decorrer da leitura deste texto, é possível encontrar cinco mecanismos de sinalização celular. Eles estão ilustrados na Figura 2.6 e brevemente definidos a seguir.

- **Sinalização intrácrina.** A sinalização intrácrina ocorre quando um mensageiro bioquímico é produzido dentro da célula e deflagra uma via de sinalização na mesma célula, levando a uma resposta celular específica. Exemplos de sinalização intrácrina são apresentados no Capítulo 13, no qual são discutidos os mecanismos de sinalização celular responsáveis pela adaptação da musculatura esquelética ao treinamento físico.

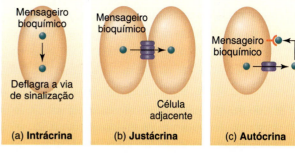
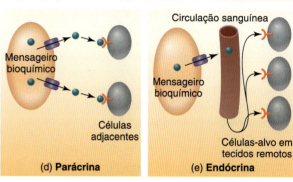

Figura 2.6 Ilustração dos cinco mecanismos de sinalização celular principais que participam do controle da homeostasia e adaptação celular. (*a*) A sinalização intrácrina ocorre quando um mensageiro bioquímico é produzido dentro da célula e deflagra uma via de sinalização intracelular que leva a uma resposta celular específica. (*b*) A sinalização justácrina ocorre quando o citoplasma de uma célula entra em contato com o citoplasma de outra célula através de pequenas junções que atuam como pontes entre as duas membranas celulares. Isso permite que um mensageiro bioquímico de uma célula se desloque para dentro da célula vizinha. (*c*) A sinalização autócrina ocorre quando uma célula produz e libera um mensageiro bioquímico no líquido extracelular, que atua na própria célula produzindo o sinal. (*d*) A sinalização parácrina ocorre quando uma célula produz um mensageiro bioquímico que atua nas células adjacentes, promovendo uma resposta coordenada. (*e*) A sinalização endócrina ocorre quando uma célula libera um mensageiro bioquímico (hormônio) no sangue e este hormônio, então, é transportado pela circulação sanguínea por todo o corpo até as células-alvo.

- **Sinalização justácrina.** Algumas células se comunicam por contato célula-célula, em que o citoplasma de uma célula entra em contato com o citoplasma de outra célula por meio de pequenas junções que conectam as duas membranas celulares. Esse tipo de sinalização celular é denominado sinalização justácrina. Você a encontrará no Capítulo 9, abordada como método de uma célula sinalizar contração para outra célula imediatamente adjacente e, assim, promover a contração cardíaca de forma suave e efetiva.
- **Sinalização autócrina.** A sinalização autócrina ocorre quando uma célula produz e libera no líquido extracelular um mensageiro bioquímico que atua sobre a própria célula produzindo sinal. Exemplificando, durante o treino de resistência, a sinalização autócrina junto à célula muscular atua

no nível nuclear, fazendo o DNA produzir mais proteínas contráteis. Isso, por sua vez, aumenta o tamanho da célula muscular em questão. Esse tipo de sinalização celular é discutido no Capítulo 13. O Quadro "Uma visão mais detalhada 2.1" traz uma visão geral do modo como a sinalização celular pode promover a síntese proteica nas células.

■ **Sinalização parácrina.** Algumas células produzem sinais que atuam localmente nas células adjacentes (sinais parácrinos) para promover uma resposta coordenada. Exemplificando, veremos no Capítulo 6 o modo como as células imunes se comunicam entre si para gerar um ataque coordenado e proteger o corpo contra infecções e lesões. A sinalização sináptica é outro tipo de sinalização parácrina que ocorre no sistema nervoso (Cap. 7).

■ **Sinalização endócrina.** Por fim, algumas células liberam sinais bioquímicos (hormônios) no sangue, e estes hormônios, então, são transportados ao longo de todo o corpo. Entretanto, as células responsivas ao hormônio são as únicas células dotadas de receptor específico para o hormônio em questão. Esse mecanismo é denominado sinalização endócrina e será abordado no Capítulo 5.

As proteínas de estresse auxiliam na regulação de homeostase celular

A homeostasia celular é perturbada quando uma célula enfrenta um "estresse" que supera sua capacidade de defesa contra esse tipo particular de perturbação. Uma ilustração clássica do modo como as células usam sistemas de controle para combater o estresse (i. e., distúrbios da homeostasia) é denominada *resposta celular ao estresse*. A resposta celular ao estresse é um sistema de controle biológico presente nas células que combate os distúrbios homeostáticos, produzindo proteínas destinadas à defesa contra o estresse. Uma breve visão geral do sistema de resposta celular ao estresse e do modo como esse sistema protege as células contra os distúrbios homeostáticos é apresentada a seguir.

No nível celular, as proteínas são importantes para a manutenção da homeostasia. Exemplificando, as proteínas exercem papéis decisivos na função celular normal, atuando como transportadoras intracelulares ou enzimas catalisadoras de reações bioquímicas. Os danos às proteínas celulares causados pelo estresse (p. ex., pH baixo, radicais livres, etc.) podem resultar em dano celular e perturbação da homeostasia. Para combater esse tipo de perturbação da homeostasia, as células respondem produzindo rapidamente proteínas protetoras chamadas **proteínas de estresse**.[5,9,10] O termo "proteína de estresse" refere-se a uma família de proteínas produzidas nas células em resposta a uma variedade de estresses (p. ex., temperaturas elevadas). Uma das famílias de proteínas de estresse mais importantes é a família das **proteínas de choque térmico**. Está comprovado que o treinamento físico resulta em aumentos significativos da produção de numerosas proteínas de choque térmico no músculo esquelético treinado.[10]

As proteínas de choque térmico foram descobertas por um cientista italiano após observar que a exposição de moscas ao estresse térmico resultava na síntese de proteínas selecionadas nas células das moscas. Observe que a produção de proteínas de choque térmico pode ser iniciada por outros tipos de estresse, como a produção de radical livre, baixo pH e inflamação. Dessa forma, as proteínas de choque térmico também são chamadas de proteínas de estresse.

O processo de síntese de proteínas de choque térmico se inicia com um estresse que promove o dano à proteína (p. ex., calor ou radicais livres). Após a síntese, as proteínas de choque térmico vão trabalhar para proteger a célula ao reparar as proteínas danificadas e restaurar a homeostasia. Existem muitas famílias de proteínas de choque térmico e cada família tem um papel específico na proteção das células e manutenção da homeostasia. Consulte Morton et al. (2009) e Noble et al. (2008) para uma discussão detalhada das proteínas de choque térmico e seu efeito na manutenção da homeostasia da célula muscular.

Em resumo

■ O exercício desafia os sistemas de controle corporais a manterem a homeostasia. Em geral, os numerosos sistemas de controle corporais conseguem manter um estado estável na maioria dos tipos de exercício submáximo em ambientes frios. No entanto, o exercício intenso ou o trabalho prolongado realizados em um ambiente hostil (i. e., alta temperatura/umidade) podem exceder a capacidade do sistema de controle em manter um estado estável. Como consequência, a homeostasia pode sofrer distúrbios graves.

■ Aclimatação é a mudança que ocorre em resposta a estresses repetidos e resulta na melhora da função de um sistema homeostático preexistente.

■ A sinalização celular é definida como um sistema de comunicação que governa as atividades celulares e coordena as ações da célula.

■ Vários mecanismos de sinalização celular participam da regulação da homeostasia e são necessários à regulação da adaptação celular. Os principais mecanismos de sinalização celular incluem: 1) sinalização intrácrina; 2) sinalização justácrina; 3) sinalização autócrina; 4) sinalização parácrina; e 5) sinalização endócrina.

■ A síntese proteica induzida pelo exercício é mediada por eventos de sinalização celular que levam à ativação de genes, com consequente síntese proteica e melhora da capacidade de manter a homeostasia durante o "estresse" do exercício.

Uma visão mais detalhada 2.1

Visão geral da síntese proteica celular

Com frequência, a melhora induzida pelo exercício da capacidade celular de manter a homeostasia resulta de uma síntese aumentada de proteínas específicas que participam da manutenção do equilíbrio celular. A síntese proteica induzida pelo exercício é mediada por eventos de sinalização celular que resultam na ativação de genes e, subsequentemente, na síntese proteica.[1,2] A seguir, o modo como a sinalização celular resulta em síntese proteica é brevemente revisto.

As células humanas contêm de 20.000 a 25.000 genes e cada gene é responsável pela síntese de uma proteína específica.[6] Os sinais celulares regulam a síntese proteica "ligando" ou "desligando" genes específicos. A Figura 2.7 ilustra o processo de síntese proteica induzida pelo exercício em uma fibra muscular. O processo começa com o "estresse" do exercício estimulando uma via de sinalização celular específica que resulta na ativação de uma molécula chamada ativador de transcrição. Os ativadores de transcrição são responsáveis por "ligar" genes específicos para que ocorra síntese de novas proteínas. Uma vez ativado no sarcoplasma, o ativador de transcrição se desloca para dentro do núcleo e se liga à região do promotor do gene. A ativação do promotor do gene fornece o estímulo para a transcrição. A transcrição resulta na formação de uma mensagem denominada RNA mensageiro (mRNA), que contém a informação genética codificadora de uma sequência de aminoácidos de uma proteína específica. A mensagem (i. e., mRNA) sai do núcleo e viaja pelo sarcoplasma até o ribossomo, que é o sítio de síntese proteica. No ribossomo, o mRNA é traduzido em uma proteína específica. As proteínas individuais diferem quanto à estrutura e função. Essa diferença é importante porque os tipos de proteínas contidas em uma fibra muscular determinam a característica da fibra e sua capacidade de realizar tipos específicos de exercício. Dessa forma, conhecer as vias de sinalização celular promotoras ou inibidoras da ativação genética no músculo esquelético é essencial aos fisiologistas do exercício. Os detalhes sobre como o exercício promove a adaptação do músculo esquelético, alterando a expressão genética, são discutidos no Capítulo 13.

Note que modos distintos de exercício promovem expressão de genes diferentes nas fibras musculares ativas. Exemplificando, o exercício de força e o exercício de resistência promovem ativação de diferentes vias de sinalização celular. Assim, genes distintos são ativados, resultando na expressão de proteínas diversas. Entretanto, você aprenderá ainda que os exercícios de força e resistência ativam vários genes em comum, como os genes codificadores das proteínas de estresse. Nas células, existem numerosas proteínas de estresse que exercem papel importante na manutenção da homeostasia celular. Uma breve introdução às proteínas de estresse e seu papel no controle da homeostasia celular é encontrada na seção "As proteínas de estresse auxiliam na regulação da homeostase celular".

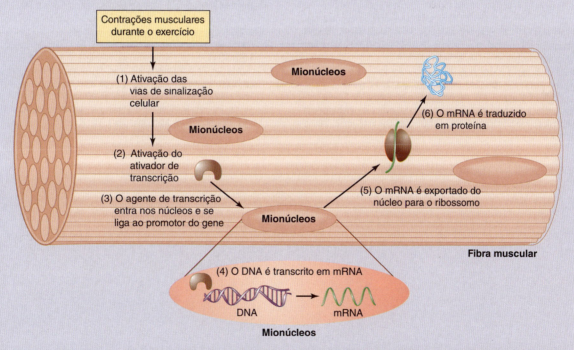

Figura 2.7 Ilustração do modo como o exercício promove ativação das vias de sinalização celular nas fibras musculares, levando a aumento da expressão genética e síntese de novas proteínas.

Capítulo 2 Controle do ambiente interno 37

Atividades para estudo

1. Defina o termo *homeostasia*. Qual a diferença entre os termos *homeostasia* e *estado estável*?
2. Cite um exemplo de sistema de controle homeostático biológico.
3. Elabore um diagrama simples para representar as relações existentes entre os componentes de um sistema de controle biológico.
4. Explique resumidamente o papel do receptor, do centro de integração e do órgão efetor em um sistema de controle biológico.

5. Explique o termo *feedback negativo*. Dê um exemplo biológico de *feedback* negativo.
6. Discuta o conceito de ganho associado a um sistema de controle biológico.
7. Defina sinalização celular e destaque os cinco tipos de mecanismos de sinalização celular que participam da regulação da homeostasia e da adaptação celular.
8. Liste as etapas que conduzem às elevações induzidas por exercício da síntese proteica na musculatura esquelética.

Sugestões de leitura

Fox, S. 2013. *Human Physiology*. New York, NY: McGraw-Hill.

Morton, J. P., A. C. Kayani, A. McArdle, and B. Drust. 2009. The exercise-induced stress response of skeletal muscle,with specific emphasis on humans. *Sports Medicine*. 39: 643–62.

Noble, E. G., K. J. Milne, and C. W. Melling. 2008. Heat shock proteins and exercise: a primer. *Applied Physiology, Nutrition, and Metabolism 5 Physiologie Appliquee, Nutrition et Metabolisme* 33: 1050–65.

Widmaier, E., H. Raff, and K. Strang. 2013. *Vander's Human Physiology*. New York, NY: McGraw-Hill.

Referências bibliográficas

1. Alberts B, Johnson A, and Raff J. *Molecular Biology of the Cell*. New York, NY: Garland Science, 2007.
2. Berk H, Kaiser C, and Krieger M. *Molecular Cell Biology* . New York, NY: W. H. Freeman, 2007.
3. Fitts RH. The cross-bridge cycle and skeletal muscle fatigue. J *Appl Physiol* 104: 551–558, 2008.
4. Fox S. *Human Physiology*. New York, NY: McGraw-Hill, 2013.
5. Harkins MS. Exercise regulates heat shock proteins and nitric oxide. *Exercise and Sport Sciences Reviews*. 37: 73–77, 2009.
6. Karp G. *Cell and Molecular Biology: Concepts and Experiments*. Hoboken, NJ: Wiley, 2009.
7. Lamb GD. Mechanisms of excitation-contraction uncoupling relevant to activity-induced muscle fatigue. *Applied Physiology, Nutrition, and Metabolism* (*Physiologie appliquee, nutrition et metabolisme*). 34: 368–372, 2009.
8. Marieb E, and Hoehn K. *Human Anatomy and Physiology*. Menlo Park, CA: Benjamin-Cummings, 2012.
9. Morton JP, Kayani AC, McArdle A, and Drust B. The exercise-induced stress response of skeletal muscle, with specific emphasis on humans. *Sports Medicine*. 39: 643–662, 2009.

10. Noble EG, Milne KJ, and Melling CW. Heat shock proteins and exercise: a primer. *Applied Physiology, Nutrition, and Metabolism* (*Physiologie appliquee, nutrition et metabolisme*). 33: 1050–1065, 2008.
11. Powers SK, and Jackson MJ. Exercise-induced oxidative stress: cellular mechanisms and impact on muscle force production. *Physiological Reviews*. 88: 1243–1276, 2008.
12. Powers SK, Quindry JC, and Kavazis AN. Exerciseinduced-cardioprotection against myocardial ischemiareperfusion injury. *Free Radical Biology & Medicine*. 44: 193–201, 2008.
13. Reid MB. Free radicals and muscle fatigue: of ROS, canaries, and the IOC. *Free Radical Biology & Medicine*. 44: 169–179, 2008.
14. Saladin K. *Anatomy and Physiology*. Boston, MA: McGraw-Hill, 2011.
15. Schlader ZJ, Stannard SR, and Mundel T. Human thermoregulatory behavior during rest and exercise–a prospective review. *Physiology & Behavior*. 99: 269–275, 2010.
16. Widmaier E, Raff H, and Strang K. *Vander's Human Physiology*. Boston, MA: McGraw-Hill, 2013

3

Bioenergética

■ Objetivos

Ao estudar este capítulo, você deverá ser capaz de:

1. Discutir a função da membrana celular, do núcleo e da mitocôndria.
2. Definir os seguintes termos: (1) *reações endergônicas*, (2) *reações exergônicas*, (3) *reações acopladas* e (4) *bioenergética*.
3. Descrever o papel das enzimas como catalisadoras nas reações bioquímicas celulares.
4. Listar e discutir os nutrientes usados como combustíveis durante o exercício.
5. Identificar os fosfatos de alta energia.
6. Discutir as vias bioquímicas envolvidas na produção anaeróbia de ATP.
7. Discutir a produção aeróbia de ATP.
8. Descrever o modo como as vias metabólicas envolvidas na bioenergética são reguladas.
9. Discutir a interação entre as formas aeróbia e anaeróbia de produção de ATP durante o exercício.
10. Identificar as enzimas consideradas limitadoras da velocidade na glicólise e no ciclo de Krebs.

■ Conteúdo

Estrutura celular 40
Transformação da energia biológica 41
Reações bioquímicas celulares 41
Reações de oxidação-redução 43
Enzimas 44

Combustíveis para o exercício 46
Carboidratos 46
Gorduras 47
Proteínas 48

Fosfatos de alta energia 48

Bioenergética 49
Produção anaeróbia de ATP 49
Produção aeróbia de ATP 53

Cálculo do ATP aeróbio 60

Eficiência da fosforilação oxidativa 61

Controle da bioenergética 61
Controle do sistema ATP-CP 61
Controle da glicólise 62
Controle do ciclo de Krebs e da cadeia de transporte de elétrons 62

Interação entre as produções aeróbia/anaeróbia de ATP 63

■ Palavras-chave

acetil-CoA
aeróbio
anaeróbio
ATPase
betaoxidação
bioenergética
biologia molecular
cadeia de transporte de elétrons
ciclo de Krebs
citoplasma
difosfato de adenosina (ADP)
energia de ativação
enzimas
flavina adenina dinucleotídio (FAD)
fosfato inorgânico (P_i)
fosfocreatina (PC)
fosfofrutoquinase (PFK)
fosforilação oxidativa
glicogênio
glicogenólise
glicólise
glicose
hipótese quimiosmótica
inorgânico
isocitrato desidrogenase
lactato
membrana celular
metabolismo
mitocôndria
nicotinamida adenina dinucleotídio (NAD^+)
núcleo
orgânico
oxidação
reações acopladas
reações endergônicas
reações exergônicas
redução
sistema ATP-CP
trifosfato de adenosina (ATP)

39

Milhares de reações bioquímicas ocorrem em todo o corpo a cada minuto do dia. Essas reações são coletivamente chamadas **metabolismo**. O metabolismo é amplamente definido como a totalidade das reações celulares, incluindo as vias bioquímicas que resultam na síntese de moléculas (reações anabólicas) e na quebra de moléculas (reações catabólicas).

Como todas as células necessitam de energia, não surpreende que as células sejam dotadas de vias bioquímicas capazes de converter alimentos (i. e., gorduras, proteínas, carboidratos) em uma forma de energia biologicamente utilizável. Esse processo metabólico é denominado **bioenergética**. Para correr, pular ou nadar, as células musculares esqueléticas do seu corpo devem ser capazes de extrair energia continuamente dos nutrientes contidos nos alimentos. Na verdade, para continuar contraindo, as células musculares precisam dispor de uma fonte de energia contínua. Quando a energia não é prontamente disponibilizada, a contração muscular fica impossibilitada e, assim, o trabalho tem que ser interrompido. Por esse motivo, dada a importância da produção de energia celular durante o exercício, é essencial que os alunos de fisiologia do exercício desenvolvam uma compreensão abrangente acerca da bioenergética. O propósito deste capítulo é introduzir os conceitos gerais e específicos associados à bioenergética.

Estrutura celular

As células foram descobertas no século XVII pelo cientista inglês Robert Hooke. Os avanços ocorridos na microscopia ao longo dos últimos 300 anos possibilitaram a evolução do nosso conhecimento sobre a estrutura e a função celular. Para entender a bioenergética, é importante analisar um pouco a estrutura e a função celulares. Quatro elementos (um elemento é uma substância bioquímica básica) compõem mais de 95% do corpo humano. Esses elementos são o oxigênio (65%), carbono (18%), hidrogênio (10%) e nitrogênio (3%).[10] Outros elementos adicionais encontrados em quantidades menores no corpo incluem o sódio, ferro, zinco, potássio, magnésio, cloreto e cálcio. Esses vários elementos se conectam por ligações químicas para formar moléculas ou compostos. Os compostos que contêm carbono são denominados compostos **orgânicos**, enquanto aqueles sem carbono são denominados **inorgânicos**. Exemplificando, a água (H_2O) não possui carbono e, portanto, é inorgânica. Por outro lado, as proteínas, gorduras e carboidratos contêm carbono e são compostos orgânicos.

Como unidade funcional básica do corpo, a célula é uma fábrica altamente organizada capaz de sintetizar o amplo número de compostos necessários à função celular normal. A Figura 3.1 ilustra a estrutura de uma célula muscular (as células musculares são também chamadas de fibras musculares). Observe que

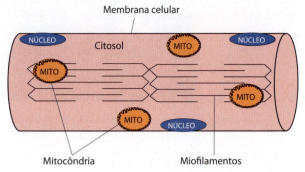

Figura 3.1 Uma célula muscular (fibra) e suas principais organelas.

nem todas as células são semelhantes, tampouco realizam todas as mesmas funções. Ainda assim, em geral, a estrutura celular pode ser dividida em três partes principais.

1. **Membrana celular.** A membrana celular (também denominada *sarcolema*, nas fibras musculares esqueléticas) é uma barreira semipermeável que separa a célula do ambiente extracelular. Duas importantes funções da membrana celular são circundar os componentes celulares e regular a passagem de vários tipos de substâncias para dentro e fora da célula.[1,10,21]
2. **Núcleo.** O núcleo é um corpo amplo e arredondado, situado dentro da célula, que contém os componentes genéticos (genes) celulares. Os genes são compostos de fitas duplas de ácidos dexorribonucleicos (DNAs), que servem de base para o código genético. Os genes regulam a síntese proteica, que determina a composição celular e controla a atividade da célula. O campo da **biologia molecular** está voltado para a compreensão da regulação dos genes, sendo apresentado no Quadro "Uma visão mais detalhada 3.1". Observe que, embora a maioria das células tenha apenas um núcleo, as células musculares esqueléticas são as únicas que possuem numerosos núcleos ao longo de toda a extensão da fibra muscular.
3. **Citoplasma** (chamado de *sarcoplasma*, nas células musculares). Trata-se da porção líquida da célula, localizada entre o núcleo e a membrana celular. No citoplasma, estão contidas várias organelas (estruturas diminutas) dedicadas ao desempenho de funções celulares específicas. Uma dessas organelas, a **mitocôndria**, é chamada de "casa de força" da célula e está envolvida na conversão oxidativa dos alimentos em energia celular utilizável. O importante papel desempenhado pela mitocôndria na bioenergética do músculo esquelético será discutido mais adiante neste capítulo. Também contidas no citoplasma estão as enzimas reguladoras da quebra de glicose (i. e., glicólise).

Uma visão mais detalhada 3.1

Biologia molecular e fisiologia do exercício

Biologia molecular é o ramo da biologia que estuda a base molecular da função celular. Mais especificamente, a biologia molecular procura entender como as células regulam a atividade dos genes e a síntese de proteínas que determinam as características das células. O campo da biologia molecular se sobrepõe ao de outras áreas da biologia, entre as quais a fisiologia, bioquímica e genética (Fig. 3.2).

Conforme exposto no Capítulo 2, lembre-se de que cada gene é responsável pela síntese de uma proteína celular específica. Os sinais celulares regulam a síntese proteica "ligando" ou "desligando" genes específicos. Por essa razão, conhecer os fatores que atuam como sinais para promover ou inibir a síntese proteica é importante para os fisiologistas do exercício.

A revolução técnica ocorrida no campo da biologia molecular proporciona outra oportunidade de usar a informação científica para aprimorar a saúde humana e o desempenho esportivo. Exemplificando, o treinamento físico ocasiona modificações de quantidades e tipos de proteínas sintetizadas nos músculos exercitados (ver detalhes no Cap. 13). De fato, está comprovado que o treinamento de força regular provoca o aumento do tamanho muscular consequente ao aumento da quantidade de proteínas contráteis. As técnicas de biologia molecular fornecem ao fisiologista do exercício as "ferramentas" que permitem compreender o modo como o exercício controla a função genética e a síntese de novas proteínas. Por fim, saber como o exercício promove a síntese de proteínas específicas nos músculos permitirá ao cientista do exercício elaborar o programa de treinamento mais efetivo para alcançar os efeitos de treinamento desejados.

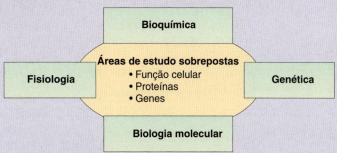

Figura 3.2 Os diferentes campos da biologia possuem áreas de estudo sobrepostas.

Transformação da energia biológica

Toda a energia existente na Terra é oriunda do Sol. As plantas usam a energia luminosa do Sol para a realização das reações bioquímicas que formam carboidratos, gorduras e proteínas. Os animais (inclusive os seres humanos), então, comem vegetais e outros animais para obter a energia necessária à manutenção das atividades celulares.

A energia existe em várias formas (p. ex., elétrica, mecânica, química) e todas as formas de energia são intercambiáveis.[21] Exemplificando, as fibras musculares convertem a energia química obtida dos carboidratos, gorduras ou proteínas em energia mecânica usada na realização do movimento. O processo bioenergético de conversão da energia química em energia mecânica requer uma série de reações bioquímicas rigidamente controladas. Antes de discutir as reações específicas envolvidas, apresentamos uma revisão das reações bioquímicas celulares.

Reações bioquímicas celulares

A transferência de energia no corpo se dá por meio da liberação da energia capturada nas ligações químicas de várias moléculas. As ligações químicas que contêm quantidades relativamente grandes de energia em potencial são denominadas "ligações de alta energia".

Como mencionado, a bioenergética está voltada para a transferência de energia a partir dos alimentos em uma forma biologicamente utilizável. Essa transferência de energia que ocorre na célula acarreta uma série de reações bioquímicas. Muitas dessas reações requerem que a energia seja adicionada aos reagentes (**reações endergônicas**) antes do "prosseguimento" da reação. Entretanto, quando a energia é adicionada à reação, os produtos contêm mais energia livre do que os reagentes originais.

As reações que emitem energia como resultado de processos químicos são conhecidas como **reações exergônicas**. Observe que as palavras *endergônica* e *endotérmica* podem ser usadas de maneira intercambiável. Isso também se aplica às palavras *exergônica* e *exotérmica*. A Figura 3.3 ilustra o fato de a quantidade de energia total liberada pelas reações exergônicas ser a mesma, seja a energia liberada em uma única reação (combustão) ou no decorrer de várias etapas breves e controladas (oxidação celular) que usualmente ocorrem nas células.

Reações acopladas. Muitas reações bioquímicas que ocorrem na célula são denominadas **reações acopladas**. São reações associadas entre si, com a liberação de energia livre em uma reação que é usada para "impulsionar" uma segunda reação. A Figura 3.4 ilustra esse aspecto. Nesse exemplo, a energia liberada por uma reação exer-

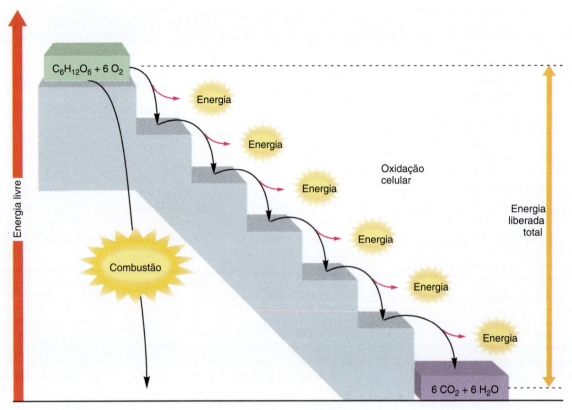

Figura 3.3 A quebra da glicose em dióxido de carbono e água por oxidação celular resulta na liberação de energia. As reações que acarretam a liberação de energia livre são denominadas exergônicas.

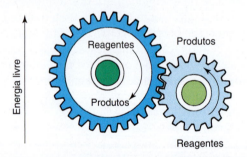

Figura 3.4 Ilustração das reações exergônicas e endergônicas. Observe que a energia liberada pela reação exergônica (engrenagem maior, à esquerda) propulsiona as reações endergônicas (engrenagem menor, à direita).

gônica é usada para impulsionar uma reação que requer energia (reação endergônica) dentro da célula. É como duas engrenagens entrelaçadas, em que a tração de uma (engrenagem exergônica, liberadora de energia) faz a outra se mover (engrenagem endergônica). Em outras palavras, as reações liberadoras de energia estão "acopladas" às reações que necessitam de energia. As reações de oxidação-redução constituem um tipo importante de reação acoplada e são discutidas na próxima sessão.

Em resumo

- O metabolismo é definido como a totalidade de reações celulares que ocorrem nas células do corpo. Isso inclui a síntese e a quebra das moléculas.
- A estrutura celular inclui as três partes principais a seguir: (1) membrana celular (chamada *sarcolema*, no músculo), (2) núcleo e (3) citoplasma (denominado *sarcoplasma*, no músculo).
- A membrana celular atua como barreira protetora entre o interior da célula e o líquido extracelular.
- Os genes localizados no núcleo regulam a síntese proteica dentro da célula.
- O citoplasma é a parte líquida da célula e contém numerosas organelas.
- As reações que exigem a adição de energia são chamadas de reações endergônicas, enquanto as reações que liberam energia são chamadas de reações exergônicas.
- As reações acopladas são reações que estão conectadas, com a liberação de energia livre em uma reação que é usada para ativar a segunda reação.

Reações de oxidação-redução

O processo de remoção de um elétron de um átomo ou molécula é chamado **oxidação**. A adição de um elétron a um átomo ou molécula é referida como **redução**. A oxidação e a redução são reações que estão sempre acopladas, pois uma molécula somente pode ser oxidada se doar elétrons a outro átomo. A molécula que doa elétrons é conhecida como *agente redutor*, enquanto aquela que aceita os elétrons é chamada de *agente oxidante*. Observe que algumas moléculas podem atuar como agente oxidante e também como agente redutor. Quando as moléculas exercem ambos os papéis, por exemplo, conseguem ganhar elétrons em uma reação e, em seguida, passar esses elétrons a outra molécula para produzir uma reação de oxidação-redução. Assim, as reações de oxidação-redução acopladas são análogas a uma brigada de baldes, em que os elétrons são passados por dentro dos baldes.

Observe que o termo *oxidação* não significa que o oxigênio participa da reação. Esse termo deriva do fato de o oxigênio tender a aceitar elétrons e, assim, atuar como agente oxidante. Essa importante propriedade do oxigênio é usada pelas células para produzir uma forma utilizável de energia, sendo discutida em detalhes na seção "Cadeia de transporte de elétrons".

Tenha em mente que as reações de oxidação-redução celulares frequentemente envolvem a transferência de átomos de hidrogênio (com seus elétrons) em vez de elétrons livres isoladamente. Isso ocorre porque um átomo de hidrogênio contém um elétron e um próton no núcleo. Portanto, uma molécula que perde um átomo de hidrogênio também perde um elétron e, dessa forma, é oxidada. A molécula que ganha o hidrogênio (e o elétron) é reduzida. Em muitas reações biológicas de oxidação-redução, pares de elétrons são transferidos de uma molécula para outra na forma de elétrons livres ou como pares de átomos de hidrogênio.

As moléculas que exercem papéis importantes na transferência de elétrons são a **nicotinamida adenina dinucleotídio** e a **flavina adenina dinucleotídio**. A nicotinamida adenina dinucleotídio deriva da vitamina niacina (vitamina B_3), enquanto a flavina adenina dinucleotídio é oriunda da vitamina riboflavina (B_2). A forma oxidada de NAD é escrita como NAD^+ e sua forma reduzida é NADH. Similarmente, a forma oxidada de flavina adenina dinucleotídio é escrita como FAD e sua forma reduzida é abreviada como FADH. Observe que FADH também pode aceitar um segundo hidrogênio e formar $FADH_2$. Sendo assim, FADH e $FADH_2$ podem ser consideradas a mesma molécula, pois passam pelas mesmas reações. A Figura 3.5 ilustra como o NADH é formado a partir da redução de NAD^+ e como o $FADH_2$ é formado a partir do FAD durante uma reação de oxidação-redução acoplada. Os detalhes de como NAD^+ e FAD atuam como "moléculas transportadoras" durante as reações bioenergéticas são discutidos mais adiante na seção "Cadeia de transporte de elétrons".

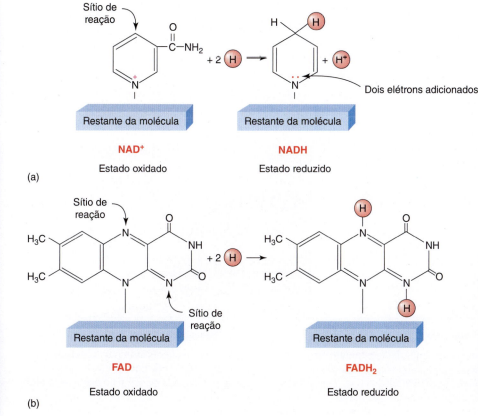

Figura 3.5 Fórmulas estruturais de NAD^+, NADH, FAD e $FADH_2$. (*a*) Ao reagir com dois átomos de hidrogênio, NAD^+ se liga a um deles e aceita o elétron do outro. Isso é representado pelos dois pontos sobre o nitrogênio (N) na fórmula do NADH. (*b*) Ao reagir com dois átomos de hidrogênio para formar $FADH_2$, FAD liga cada um deles a um átomo de nitrogênio nos sítios de reação.

Enzimas

A velocidade das reações bioquímicas celulares é regulada por moléculas catalisadoras chamadas **enzimas**. As enzimas são proteínas que exercem papel importante na regulação das vias metabólicas celulares. As enzimas não fazem uma reação acontecer, mas simplesmente regulam a taxa ou velocidade em que essa reação ocorre. Além disso, a enzima não modifica a natureza da reação nem seu resultado final.

As reações químicas ocorrem quando os reagentes têm energia suficiente para agir. A energia necessária à iniciação das reações químicas é denominada **energia de ativação**.[8,31] As enzimas atuam como catalisadoras, diminuindo a energia de ativação. O resultado final é o aumento da velocidade em que essas reações ocorrem. A Figura 3.6 ilustra esse conceito. Observe que a energia de ativação é maior na reação não catalisada (à esquerda) em comparação à reação catalisada por enzima (à direita). Reduzindo a energia de ativação, as enzimas aumentam a velocidade das reações bioquímicas e, portanto, aumentam a taxa de formação de produto.

A capacidade das enzimas de diminuir a energia de ativação decorre de características estruturais exclusivas. Em geral, as enzimas são moléculas proteicas grandes que apresentam uma conformação tridimensional. Cada tipo de enzima possui cristas e sulcos característicos. As bolsas que se formam a partir das cristas ou sulcos existentes na enzima são denominadas sítios ativos. Esses sítios são importantes pela conformação exclusiva do sítio ativo, que faz uma determinada enzima aderir a uma dada molécula reativa em particular (denominada *substrato*). O conceito sobre como as enzimas se adaptam a uma determinada molécula de substrato em particular é análogo à ideia de "chave e fechadura" (Fig. 3.7). A conformação do sítio ativo da enzima é específica para o formato de um substrato em particular e isso permite que ambas as moléculas (enzima + substrato) formem um complexo conhecido como complexo enzima-substrato. Após a formação desse complexo, a energia de ativação necessária para que a reação ocorra diminui e a reação passa a ser mais facilmente concluída. A isso se segue a dissociação da enzima e do produto. A capacidade de uma enzima de atuar como catalisadora é variável e pode ser modificada por diversos fatores. Tal aspecto será brevemente discutido.

Observe que as enzimas celulares frequentemente podem exercer um papel central no diagnóstico de doenças específicas. Por exemplo, quando os tecidos são danificados em consequência de uma doença, as células mortas dentro desses tecidos liberam enzimas no sangue. Muitas dessas enzimas não são normalmente encontradas no sangue e, portanto, fornecem um "indício" clínico para diagnosticar a fonte da doença. O Quadro "Aplicações clínicas 3.1" traz detalhes sobre o uso dos níveis sanguíneos de enzima no diagnóstico de doenças.

Classificação das enzimas. No início da bioquímica, as enzimas eram nomeadas pelo cientista que as descobriam. Esses nomes com frequência não forneciam nenhum indício da função da enzima. Assim, para minimizar a confusão, um comitê internacional desenvolveu um sistema que nomeia as enzimas de acordo com o tipo de reação bioquímica por elas catalisada. Nesse esquema, as enzimas recebem um nome sistemático e uma identificação numérica. Além disso, uma versão resumida do nome sistemático – chamada denominação recomendada – era fornecida para uso de rotina. Com exceção de alguns nomes de enzimas mais antigos (p. ex., pepsina, tripsina e renina), todos os nomes de enzimas terminam com o sufixo "ase" e refle-

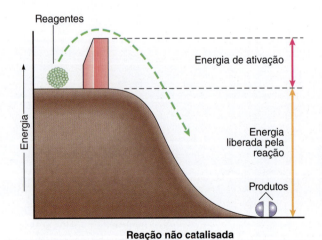
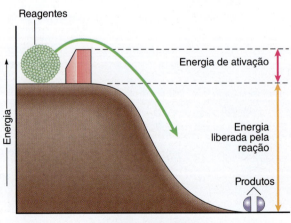

Figura 3.6 As enzimas catalisam as reações diminuindo a energia de ativação. Ou seja, a energia necessária para obter uma redução da reação, a qual aumenta a probabilidade de que a reação ocorra. Esse ponto é ilustrado nos dois gráficos. Observe na imagem à esquerda que, em uma reação não catalisada (i. e., sem presença de enzima), a energia de ativação é alta; esta alta barreira reduz a possibilidade de que a reação ocorra. No entanto, observe na imagem à direita que, quando uma enzima está presente, a energia de ativação é reduzida (i. e., a barreira é diminuída), a reação ocorre e os produtos da reação são gerados.

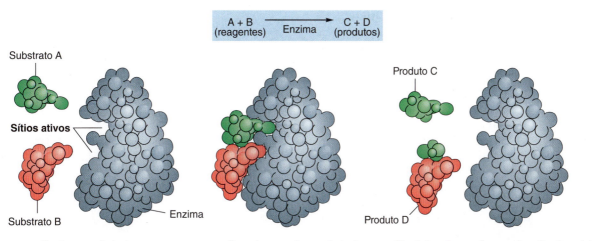

Figura 3.7 Modelo de "chave e fechadura" da ação enzimática. Na primeira imagem partindo da esquerda, os substratos A e B estão se movendo em direção à enzima; a imagem do meio ilustra a junção dos substratos A e B no sítio ativo da enzima, formando o complexo substrato-enzima; e a última imagem, à direita, ilustra a reação concluída, por meio da qual a enzima libera os novos produtos da reação (i. e., produtos C e D) e a enzima livre.

Aplicações clínicas 3.1

O valor diagnóstico da mensuração da atividade enzimática no sangue

Quando os tecidos adoecem, as células mortas frequentemente são rompidas e liberam suas enzimas no sangue. Como muitas enzimas intracelulares não são normalmente encontradas no sangue, a presença de uma enzima específica no sangue fornece informação diagnóstica importante sobre a origem do problema médico. Na prática, o exame diagnóstico é feito do seguinte modo. Um médico coleta sangue do paciente e envia a amostra ao laboratório clínico para análise. O laboratório, então, determina a atividade de uma enzima específica em tubo de ensaio. Os resultados de um exame frequentemente ajudam a estabelecer o diagnóstico. Exemplificando, o achado de uma amostra de sangue que contém altos níveis de enzima lactato desidrogenase é sugestivo de que o paciente sofreu infarto do miocárdio (i. e., ataque cardíaco). Similarmente, níveis sanguíneos elevados de enzima creatina quinase também indicariam a ocorrência de lesão cardíaca e forneceriam evidência adicional de que o paciente sofreu ataque cardíaco. Ver na Tabela 3.1 exemplos adicionais do uso diagnóstico das enzimas específicas encontradas no sangue.

Tabela 3.1	Exemplos de valor diagnóstico de enzimas encontradas no sangue
Enzima	**Doenças associadas a níveis altos de enzimas**
Lactato desidrogenase (isoforma cardioespecífica)	Infarto do miocárdio
Creatina quinase	Infarto do miocárdio, distrofia muscular
Fosfatase alcalina	Carcinoma ósseo, doença de Paget, icterícia obstrutiva
Amilase	Pancreatite, úlcera péptica perfurada
Aldolase	Distrofia muscular

tem tanto a categoria de trabalho da enzima como a reação por ela catalisada. Exemplificando, as enzimas denominadas quinases acrescentam um grupo fosfato (i. e., fosforilam) em uma molécula específica. Outras categorias enzimáticas incluem as desidrogenases, que removem átomos de hidrogênio de seus substratos, e as oxidases, que catalisam reações de oxidação-redução envolvendo oxigênio molecular. As enzimas chamadas isomerases rearranjam os átomos em suas moléculas de substrato para formar isômeros estruturais (i. e., moléculas com a mesma fórmula molecular e fórmulas estruturais distintas).

Fatores que alteram a atividade enzimática. A atividade de uma enzima, mensurada pela velocidade com que seus substratos são convertidos em produtos, é influenciada por vários fatores. Entre os fatores mais importantes, dois são a temperatura e o pH (o pH é uma mensuração da acidez ou alcalinidade) da solução.

Enzimas individuais exibem uma temperatura ideal em que são mais ativas. Em geral, uma pequena elevação da temperatura corporal acima do normal (i. e., 37°C) aumenta a atividade da maioria das enzimas. Isso é útil durante o exercício, pois o trabalho muscular produz aumento da temperatura corporal. A resultante elevação da atividade enzimática intensificaria a bioenergética (produção de ATP), acelerando a velocidade das reações envolvidas na produção de energia biologicamente útil. Esse aspecto é ilustrado na Figura 3.8. Perceba que a atividade enzimática não é máxima à temperatura corporal normal (37°C). Observe, ainda, que a elevação da temperatura corporal induzida pelo exercício (p. ex., 40°C) ocasiona um aumento induzido pela temperatura da atividade da enzima.

O pH dos líquidos corporais também exerce um amplo efeito sobre a atividade enzimática. A relação existente entre pH e atividade enzimática é similar à relação entre temperatura e atividade enzimática. Isso significa que as enzimas individuais têm um pH ideal. Quando o pH sofre alguma alteração em relação ao valor ideal, a atividade enzimática diminui (Fig. 3.9). Isso tem implicações importantes durante o exercício. Exemplificando, durante o exercício intenso, os músculos esqueléticos podem produzir grandes quantidades de íons hidrogênio.[34] O acúmulo de grandes quantidades desses íons provoca a queda do pH dos líquidos corporais para valores menores do que o pH ideal de enzimas bioenergéticas importantes. O resultado final é uma diminuição da capacidade de fornecer a energia (i. e., ATP) necessária à contração muscular. De fato, a acidez extrema é um fator limitante importante em vários tipos de exercício intenso. Isso será discutido novamente nos Capítulos 10, 11 e 19.

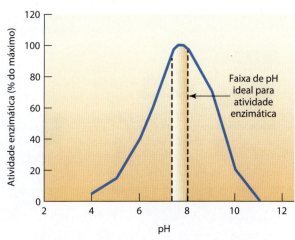

Figura 3.9 Efeito do pH sobre a atividade enzimática. Observe que cada enzima apresenta uma faixa estreita de pH ideal. Um aumento ou diminuição do pH, afastando-se dessa faixa ideal, provoca a diminuição da atividade enzimática.

Em resumo

- A oxidação é o processo de remoção de um elétron de um átomo ou molécula.
- A redução é a adição de um elétron a um átomo ou molécula.
- As reações de oxidação-redução estão sempre acopladas porque uma molécula não pode ser oxidada a não ser que ela doe um elétron para outro átomo.
- As enzimas que servem de catalisadoras para essas reações regulam a velocidade das reações bioquímicas.
- As enzimas são classificadas em categorias baseadas no tipo de reação que a enzima realiza.
- Dois fatores reguladores da atividade enzimática importantes são a temperatura e o pH. Enzimas individuais têm valores ideais de temperatura e pH nos quais são mais ativas.

Combustíveis para o exercício

O corpo usa os nutrientes de carboidrato, gordura e proteína consumidos diariamente para fornecer a energia necessária à manutenção das atividades celulares, tanto em repouso como durante o exercício. No exercício, os nutrientes primários usados para obtenção de energia são as gorduras e os carboidratos. As proteínas contribuem com uma pequena parte da energia total utilizada.[3]

Carboidratos

Os carboidratos são compostos por átomos de carbono, hidrogênio e oxigênio. Os carboidratos armazenados fornecem ao corpo uma forma de energia rapidamente disponibilizada, com 1 g de carboidrato que rende cerca de 4

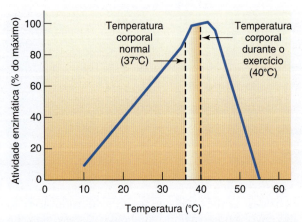

Figura 3.8 Efeito da temperatura corporal sobre a atividade enzimática. Observe que existe uma faixa de temperaturas ideais para a atividade enzimática. Um aumento ou uma diminuição da faixa de temperatura ideal ocasiona a diminuição da atividade enzimática.

kcal de energia.[36] Conforme dito anteriormente, as plantas sintetizam carboidratos a partir da interação entre CO_2, água e energia solar em um processo chamado fotossíntese. Os carboidratos são encontrados em três formas:[36] (1) monossacarídios, (2) dissacarídios e (3) polissacarídios. Os monossacarídios são açúcares simples, como a glicose e a frutose. A **glicose** é familiar para a maioria das pessoas e costuma ser referida como "açúcar do sangue". Pode ser encontrada nos alimentos ou formada no trato digestivo, como resultado da clivagem de carboidratos mais complexos. A frutose está contida nas frutas ou no mel e é considerada o carboidrato simples mais doce.[33]

Os dissacarídios são formados pela combinação de dois monossacarídios. O açúcar de mesa, por exemplo, é chamado de sacarose e composto por glicose e frutose. A maltose, também um dissacarídio, é composta por duas moléculas de glicose. Nos Estados Unidos, a sacarose é considerada o dissacarídio mais comum da dieta e constitui aproximadamente 25% da ingestão calórica total da maioria dos americanos.[28] Ocorre naturalmente em muitos carboidratos, como açúcar da cana-de-açúcar, beterraba, mel e xarope de bordo.

Os polissacarídios são carboidratos complexos que contêm pelo menos três monossacarídios. Os polissacarídios podem ser moléculas pequenas (i. e., três monossacarídios) ou relativamente amplas que contêm centenas de monossacarídios. As duas formas mais comuns de polissacarídios vegetais são a celulose e o amido. Os seres humanos não possuem as enzimas necessárias à digestão da celulose e, portanto, descartam a celulose como resíduo no material fecal. Por outro lado, o amido – encontrado no milho, grãos, feijão, batata e ervilha – é facilmente digerido pelos seres humanos e constitui uma fonte de carboidratos importante na dieta.[28] Depois de ingerido, o amido é quebrado para formar monossacarídios e pode ser usado imediatamente como energia pelas células ou armazenado nestas em outra forma, para atender a futuras necessidades energéticas.

O **glicogênio** é um polissacarídio armazenado no tecido animal. Ele é sintetizado nas células via ligação de moléculas de glicose por ação da enzima *glicogênio sintase*. As moléculas de glicogênio geralmente são amplas e podem ser constituídas por centenas a milhares de moléculas de glicose. As células armazenam glicogênio como forma de suprir as necessidades de carboidrato como fonte de energia. Durante o exercício, por exemplo, as células musculares individuais quebram o glicogênio em glicose (esse processo é denominado **glicogenólise**) e usa a glicose como fonte de energia para contração. Observe que a glicogenólise também ocorre no fígado, com a glicose livre sendo liberada na circulação sanguínea e transportada por todo o corpo.

Um aspecto importante para o metabolismo no exercício é o armazenamento de glicogênio nas fibras musculares e no fígado. Entretanto, as reservas de glicogênio totais do corpo são relativamente pequenas e podem ser depletadas em poucas horas como resultado do exercício prolongado. Dessa forma, a síntese de glicogênio é um processo em curso nas células. Dietas pobres em carboidrato tendem a comprometer a síntese de glicogênio, enquanto as dietas ricas em carboidrato intensificam a síntese de glicogênio (ver Cap. 23).

Gorduras

Embora as gorduras contenham os mesmos elementos químicos presentes nos carboidratos, a proporção carbono:oxigênio nas gorduras é significativamente maior do que aquela encontrada nos carboidratos. A gordura corporal armazenada é um combustível ideal para o exercício prolongado, pois as moléculas de gordura contêm grande quantidade de energia por unidade de peso. Cada grama de gordura contém cerca de 9 kcal de energia, que é mais do que o dobro do conteúdo de energia de carboidratos ou proteínas.[33] As gorduras são insolúveis em água e podem ser encontradas tanto nos vegetais como nos animais. Em geral, as gorduras podem ser classificadas em quatro grupos: (1) ácidos graxos, (2) triglicerídios, (3) fosfolipídios e (4) esteroides. Os ácidos graxos consistem em cadeias longas de átomos de carbono ligadas a um grupo carboxila em uma extremidade (um grupo carboxila consiste em um grupo de carbono, oxigênio e hidrogênio). De modo significativo, os ácidos graxos são o tipo primário de gordura usada pelas células musculares para obtenção de energia.

Os ácidos graxos são armazenados no corpo em forma de triglicerídios. Os triglicerídios são compostos por três moléculas de ácidos graxos e uma molécula de glicerol (que não é gordura, mas um tipo de álcool). Embora o maior sítio de armazenamento de triglicerídios seja a célula adiposa, essas moléculas também são estocadas em muitos tipos celulares, incluindo-se o músculo esquelético. Em situações de necessidade, os triglicerídios podem ser quebrados em seus componentes, e os ácidos graxos são usados como substrato energético pelo músculo e outros tecidos. O processo de quebra de triglicerídios em ácidos graxos e glicerol é denominado *lipólise* e é regulado por uma família de enzimas denominadas *lipases*. O glicerol liberado por lipólise não é uma fonte de energia direta para o músculo, mas pode ser usado pelo fígado para sintetizar glicose. Assim, a molécula de triglicerídio inteira é útil como fonte de energia para o corpo.

Os *fosfolipídios* não são usados como fonte de energia pelo músculo esquelético durante o exercício.[17] Os fosfolipídios são lipídios combinados ao ácido fosfórico e são sintetizados em quase todas as células do corpo. Os papéis biológicos dos fosfolipídios variam do fornecimento de integridade estrutural das membranas celulares ao fornecimento de uma bainha isolante em torno das fibras nervosas.[10]

A classificação final das gorduras são os esteroides. Mais uma vez, essas gorduras não são usadas como fontes de energia durante o exercício, mas serão mencionadas rapidamente para ajudar a esclarecer a natureza das gorduras biológicas. O esteroide mais comum é o colesterol. Ele é um componente de todas as membranas celulares. Pode ser sintetizado em cada célula do corpo e, sem dúvida, consumido com os alimentos. Além de seu papel na estrutura da membrana, o colesterol é necessário à síntese dos hormônios sexuais (estrogênio, progesterona e testosterona).[10] Embora o colesterol exerça muitas funções biológicas úteis, níveis altos de colesterol no sangue foram implicados no desenvolvimento de arteriopatia coronariana (ver Cap. 18).[38]

Proteínas

As proteínas são compostas por muitas subunidades minúsculas chamadas de aminoácidos. O corpo necessita de pelo menos vinte tipos de aminoácidos para formar os diversos tecidos, enzimas, proteínas sanguíneas e assim por diante. Existem nove aminoácidos, chamados de aminoácidos essenciais, que não podem ser sintetizados pelo corpo e, dessa forma, precisam ser consumidos com os alimentos. As proteínas são formadas pela ligação de aminoácidos por meio de ligações químicas denominadas ligações peptídicas. Como uma fonte de combustível em potencial, as proteínas contêm cerca de 4 kcal/g.[8] Para serem usadas como substratos para formação de compostos de alta energia, as proteínas devem ser quebradas em seus aminoácidos constituintes. Existem dois modos pelos quais as proteínas podem contribuir com energia para o exercício. Primeiramente, o aminoácido alanina pode ser convertido no fígado em glicose, que, por sua vez, pode ser usada na síntese de glicogênio. O glicogênio hepático pode ser degradado em glicose e transportado para o músculo esquelético em trabalho através da circulação. Em segundo lugar, muitos aminoácidos (p. ex., isoleucina, alanina, leucina, valina) podem ser convertidos em intermediários metabólicos (i. e., compostos que podem participar diretamente da bioenergética) nas células musculares e contribuir de maneira direta, como combustível, nas vias bioenergéticas.[12]

> ### Em resumo
>
> - O corpo usa nutrientes de carboidrato, gordura e proteína consumidos diariamente para fornecer a energia necessária à manutenção das atividades celulares tanto em repouso como durante o exercício.
> - Durante o exercício, os nutrientes primários usados para obtenção de energia são as gorduras e os carboidratos, enquanto as proteínas contribuem com uma quantidade relativamente pequena da energia total usada.
> - A glicose é armazenada nas células animais em forma de polissacarídio, chamado glicogênio.
> - Os ácidos graxos são a forma primária de gordura usada como fonte de energia nas células. Os ácidos graxos são armazenados como triglicerídios nas células musculares e adiposas.

> - As proteínas são constituídas de aminoácidos e são necessários 20 aminoácidos diferentes para formar as diversas proteínas contidas nas células. O uso de proteína como fonte de energia requer a quebra da proteína em aminoácidos.

Fosfatos de alta energia

A fonte de energia imediata para contração muscular é um composto de fosfato de alta energia – o **trifosfato de adenosina (ATP)**.[33] Embora o ATP não seja a única molécula transportadora de energia na célula, é a mais importante. Na ausência de ATP em quantidade suficiente, a maioria das células morre rapidamente.

A estrutura do ATP consiste em três partes principais: (1) uma porção adenina, (2) uma porção ribose e (3) três fosfatos ligados (Fig. 3.10). A formação de ATP ocorre a partir da combinação de **difosfato de adenosina (ADP)** e **fosfato inorgânico (P_i)** e requer energia. Uma parte dessa energia é armazenada na ligação química que une ADP e P_i. Do mesmo modo, essa ligação é chamada de ligação de alta energia. Quando a enzima **ATPase** quebra essa ligação, a energia é liberada e pode ser usada para realização de trabalho (p. ex., contração muscular):

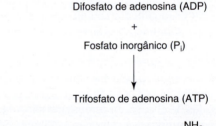

O ATP costuma ser chamado de doador de energia universal. O ATP acopla a energia liberada na quebra dos alimentos em uma forma de energia útil requerida por todas as células. Exemplificando, a Figura 3.11 traz um

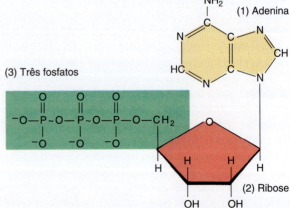

Figura 3.10 Formação estrutural do trifosfato de adenosina (ATP).

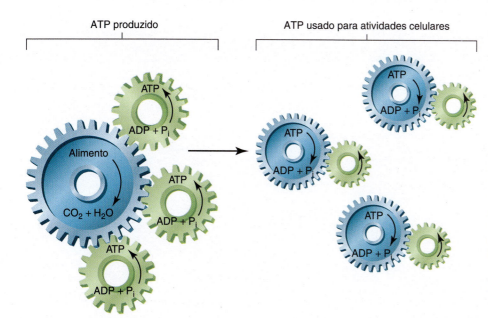

Figura 3.11 Modelo de ATP como transportador de energia universal da célula. As reações exergônicas estão representadas pelas engrenagens azuis, com setas para baixo (essas reações produzem diminuição da energia livre). As reações endergônicas estão representadas como engrenagens verdes, com setas para cima (essas reações produzem aumento da energia livre).

modelo em que o ATP é representado como doador de energia universal na célula. A célula usa reações exergônicas (quebra de alimentos) para formar ATP via reações endergônicas. O ATP recém-formado pode, então, ser usado para impulsionar os processos celulares que requerem energia. Dessa forma, as reações liberadoras de energia estão associadas a reações que necessitam de energia de modo análogo a duas engrenagens entrelaçadas.

Bioenergética

As células musculares armazenam quantidades limitadas de ATP. Assim como o exercício muscular requer um suprimento constante de ATP para fornecimento da energia necessária à contração, a célula deve ter vias metabólicas capazes de produzir rapidamente ATP. De fato, as células musculares podem produzir ATP por meio de uma via ou de uma combinação de três vias metabólicas: (1) formação de ATP por quebra de **fosfocreatina (PC)**, (2) formação de ATP via degradação de glicose ou glicogênio (denominada glicólise) e (3) formação oxidativa de ATP. A formação de ATP pelas vias de PC e glicólise não envolve o uso de O_2; essas vias são denominadas vias **anaeróbias** (sem O_2). A formação oxidativa de ATP pelo uso de O_2 é denominada metabolismo **aeróbio**. A operação das três vias metabólicas envolvidas na formação de ATP durante o exercício é discutida em detalhes a seguir.

Produção anaeróbia de ATP

O método mais simples e, consequentemente, mais rápido de produzir ATP envolve a doação de um grupo fosfato e sua energia de ligação da PC ao ADP para formar ATP:[33,36,37]

$$PC + ADP \xrightarrow{\text{Creatina quinase}} ATP + C$$

A reação é catalisada pela enzima creatina quinase. Tão rapidamente quanto o ATP é quebrado em ADP + P_i no início do exercício, o ATP é ressintetizado pela reação PC. Entretanto, as células musculares armazenam apenas pequenas quantidades de PC e, dessa forma, a quantidade total de ATP que pode ser formada por essa reação é limitada. A combinação de ATP armazenado e PC é denominada **sistema ATP-CP** ou "sistema do fosfogênio". Esse sistema fornece energia para contração muscular no início do exercício e durante o exercício de alta intensidade e curta duração (i. e., duração inferior a 5 segundos). A formação de novo de PC requer ATP e somente ocorre durante a recuperação do exercício.[11]

Em atletas, a importância do sistema ATP-CP pode ser apreciada considerando-se o exercício intenso e de curta duração, como uma corrida de 50 m; salto em altura; levantamento de peso rápido ou corrida durante uma partida de futebol a uma distância de 9 m. Todas essas atividades requerem apenas alguns segundos para serem concluídas e, assim, necessitam de um suprimento rápido de ATP. O sistema ATP-CP promove uma reação simples, que envolve uma única enzima, para produção de ATP a ser usado na realização desses tipos de atividades. O fato de a depleção de PC tender a limitar o exercício de alta intensidade e curta duração sugere que a ingestão de grandes quantidades de creatina pode melhorar o desempenho no exercício (ver Quadro "Vencendo limites 3.1").

Uma segunda via metabólica capaz de produzir ATP rapidamente sem envolvimento de O_2 é denominada **glicólise**. A glicólise envolve a quebra de glicose ou glicogênio para formação de duas moléculas de piruvato ou **lactato** (Fig. 3.13). Dito de forma simplificada, a gli-

Vencendo limites 3.1

Fisiologia do exercício aplicada aos esportes

A suplementação com creatina melhora o desempenho no exercício? A depleção da fosfocreatina (PC) pode limitar o desempenho no exercício breve e de alta intensidade (p. ex., corrida de 100-200 m), pois resulta na diminuição da taxa de produção de ATP pelo sistema ATP-CP. Estudos demonstraram que a ingestão de grandes quantidades de creatina mono-hidrato (20 g/dia) por um período de 5 dias acarreta aumento das reservas musculares de PC.[2,6,14,19,26,39] Foi comprovado que a suplementação com creatina melhora o desempenho no contexto laboratorial durante o exercício de curta duração (p. ex., 30 segundos) e alta intensidade na bicicleta estacionária.[14,19,24,26,39] Observe, no entanto, que os resultados obtidos sobre a influência da suplementação com creatina sobre a melhora do desempenho durante a natação e a corrida de curta duração são inconsistentes.[2,14,19,26,39]

Curiosamente, estudos também sugerem que a suplementação com creatina aliada ao treinamento físico de resistência provoca uma adaptação fisiológica melhorada ao treinamento com carga.[2,5,15,23,32,39] Especificamente, esses estudos indicam que a suplementação com creatina combinada ao treinamento de resistência promove aumento da força muscular dinâmica e da massa livre de gordura. Mesmo assim, ainda há dúvidas quanto à suplementação com creatina melhorar a força muscular isocinética ou isométrica.[2]

A suplementação com creatina oral acarreta efeitos colaterais fisiológicos adversos e impõe riscos à saúde? Infelizmente, não há uma resposta definitiva para essa pergunta. Embora relatos pouco confiáveis indiquem que a suplementação com creatina pode estar associada a efeitos colaterais negativos, como náusea, disfunção neurológica, sofrimento gastrintestinal leve e cãibras musculares, tais relatos não foram devidamente comprovados.[2,7,14,20,39] No momento, dada a limitação dos dados existentes, não é possível chegar a uma conclusão firme acerca dos riscos impostos à saúde pela suplementação com creatina a longo prazo. Entretanto, as evidências disponíveis sugerem que a suplementação com creatina por até 8 semanas aparentemente não produz riscos significativos à saúde, ainda que a segurança do uso mais prolongado dessa suplementação não tenha sido estabelecida.

Um aspecto importante relacionado ao uso da creatina e outros suplementos dietéticos é a possibilidade de contaminação do produto. Ou seja, o suplemento pode conter outros compostos químicos além da creatina.[27] De fato, esse é um importante aspecto de segurança na indústria dos "suplementos de balcão", pois um estudo amplo relatou um alto nível de variabilidade de pureza entre os produtos vendidos sem prescrição.[27] Para mais informações sobre creatina e desempenho no exercício, ver Tarnopolsky (2010), em "Sugestões de leitura".

cólise é uma via anaeróbia usada para transferir energia de ligação da glicose para reunir o P_i ao ADP. Esse processo envolve uma série de reações acopladas e catalisadas por enzimas. A glicólise ocorre no sarcoplasma da célula muscular e produz um ganho líquido de duas moléculas de ATP e duas moléculas de piruvato ou lactato por molécula de glicose (ver Quadro "Uma visão mais detalhada 3.2").

Uma visão mais detalhada 3.2

Ácido láctico ou lactato?

Em muitos livros-texto, os termos "ácido láctico" e "lactato" são usados de maneira intercambiável. Isso frequentemente causa confusão entre os estudantes, que perguntam: "Ácido láctico e lactato são a mesma molécula?" A resposta é que ácido láctico e lactato são moléculas relacionadas, porém tecnicamente diferentes. Eis a explicação: o termo *lactato* refere-se ao sal do ácido láctico (Fig. 3.12).[4] Você possivelmente se recorda, de outros cursos de ciências, de que, após a dissociação e liberação de íons hidrogênio pelos ácidos, a molécula remanescente é a chamada *base conjugada* do ácido. A isso se segue que o lactato é a base conjugada do ácido láctico. Em virtude da estreita relação existente entre o ácido láctico e o lactato, muitos autores empregam esses termos de forma intercambiável.[3] Lembrar-se da relação entre ácido láctico e lactato diminuirá a confusão quando você ler a respeito dessas moléculas nos próximos capítulos deste livro.

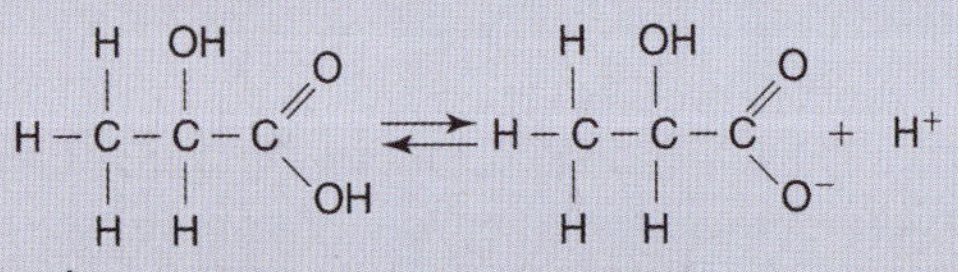

Figura 3.12 A ionização de ácido láctico forma a base conjugada chamada lactato. Ao pH normal do corpo, o ácido láctico se dissocia rapidamente para formar lactato.

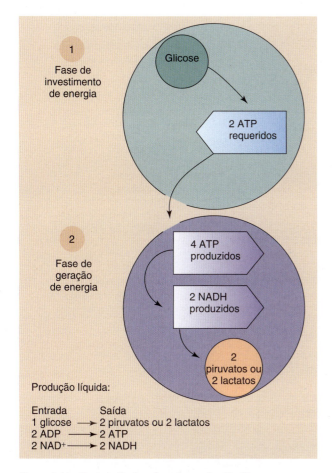

Figura 3.13 Ilustração das duas fases da glicólise e seus produtos. De *Biochemistry*, por Mathews e van Holde. Copyright © 1990 por The Benjamin/Cummings Publishing Company. Reproduzido com permissão.

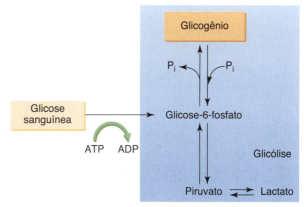

Figura 3.14 Ilustração da interação entre a glicose sanguínea e o glicogênio muscular para fornecimento de glicose para glicólise. Seja qual for a fonte de glicose para glicólise, é necessário fosforilar a glicose para formar glicose-6-fosfato como primeira etapa da glicólise. Note, porém, que a fosforilação da glicose obtida do sangue requer 1 ATP, enquanto a fosforilação da glicose obtida do glicogênio é realizada usando-se fosfato inorgânico (P_i) existente na célula.

Vamos considerar a glicólise de maneira detalhada. Primeiramente, as reações entre glicose e piruvato podem ser consideradas como duas fases distintas: (1) uma fase de investimento de energia e (2) uma fase de geração de energia (Fig. 3.13). As cinco primeiras reações constituem a "fase de investimento de energia", em que o ATP armazenado deve ser usado para formar fosfatos de açúcar. Embora o resultado final da glicólise seja a liberação de energia, a glicólise precisa ser "condicionada" pela adição de ATP em dois momentos no início da via (Figs. 3.14 e 3.15). O propósito do condicionamento de ATP é adicionar grupos fosfato (fosforilação) à glicose e à frutose-6-fosfato. Observe que, quando a glicólise começa usando glicogênio como substrato, é necessário adicionar apenas um ATP. Ou seja, o glicogênio dispensa a fosforilação por ATP, mas é fosforilado pelo fosfato inorgânico (Fig. 3.14). As últimas etapas da glicólise representam a "fase de geração de energia". A Figura 3.15 destaca que duas moléculas de ATP são produzidas a cada duas reações separadas perto do final da via glicolítica. Desse modo, o ganho líquido da glicólise é igual a dois ATP com o uso de glicose como substrato e três ATP com o uso de glicogênio como substrato.

Os hidrogênios frequentemente são removidos dos substratos nutrientes nas vias bioenergéticas e transportados por "moléculas transportadoras". Duas moléculas transportadoras de importância biológica são NAD^+ e FAD. Essas duas moléculas transportam hidrogênios e seus elétrons associados para serem usados posteriormente na geração de ATP na mitocôndria via processos aeróbios. Para que as reações bioquímicas da glicólise aconteçam, é necessário que dois hidrogênios sejam removidos do gliceraldeído 3-fosfato, que, então, se combina com o P_i e forma 1,3-difosfoglicerato. O aceptor de hidrogênio, nessa reação, é o NAD^+ (Fig. 3.15). Aqui, NAD^+ aceita um dos hidrogênios, e os hidrogênios restantes ficam livres em solução. Ao aceitar o hidrogênio, NAD^+ é convertido em sua forma reduzida, NADH. Quantidades adequadas de NAD^+ devem ser disponibilizadas para aceitar os átomos de hidrogênio que devem ser removidos do gliceraldeído 3-fosfato a fim de que a glicólise continue.[3,31] Como NAD^+ é novamente formado a partir do NADH? Existem duas formas pelas quais a célula restaura NAD^+ a partir de NADH. Primeiramente, havendo O_2 disponível em quantidade suficiente, os hidrogênios de NADH podem ser "transportados" para dentro da mitocôndria celular e contribuir para a produção aeróbia de ATP (ver Quadro "Uma visão mais detalhada 3.3"). Em segundo lugar, se não houver O_2 disponível para aceitar os hidrogênios na mitocôndria, o piruvato pode aceitar os hidrogênios para formar lactato (Fig. 3.16). A enzima que catalisa essa reação é a lactato desidrogenase (LDH), com o resultado final sendo a formação de lactato e a formação de novo de NAD^+. Portanto, o motivo para haver formação de lactato é a "reciclagem" de NAD^+ (i. e., NADH convertido em NAD^+), de modo a permitir a continuidade da glicólise.

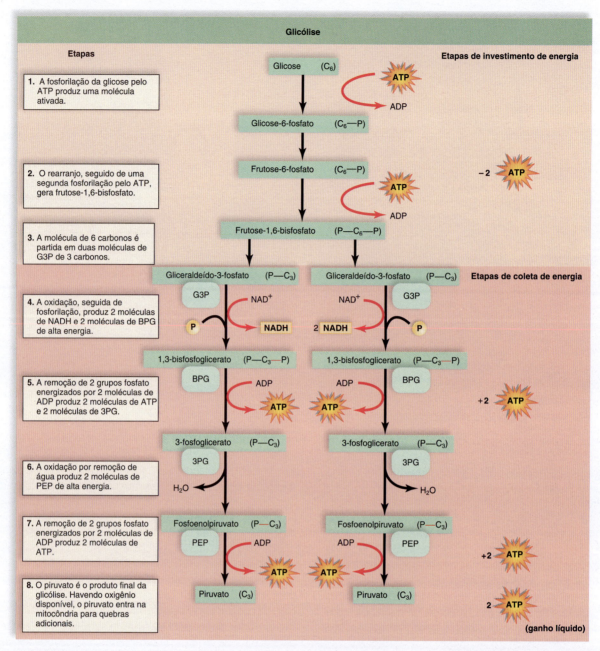

Figura 3.15 Resumo do metabolismo anaeróbio da glicose, que é chamado glicólise. Observe que o resultado final da quebra anaeróbia de uma molécula de glicose é a produção de duas moléculas de ATP e duas moléculas de piruvato.

Uma visão mais detalhada 3.3

O NADH é "transportado" para dentro da mitocôndria

O NADH gerado durante a glicólise deve ser convertido de volta em NAD+, para que a glicólise possa continuar. Conforme discutido, a conversão do NADH em NAD+ pode ocorrer quando o piruvato aceita os hidrogênios (formando lactato) ou pelo "transporte" dos hidrogênios oriundos do NADH através da membrana mitocondrial. O "transporte" de hidrogênios através da membrana da mitocôndria requer um sistema de transporte específico. A Figura 4.9 (ver Cap. 4) ilustra esse processo. Esse sistema de transporte está localizado na membrana mitocondrial e transfere os hidrogênios liberados pelo NADH do citosol para dentro da mitocôndria, onde podem entrar na cadeia de transporte de elétrons.

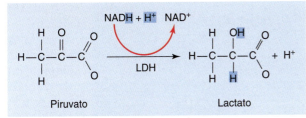

Figura 3.16 A adição de átomos de hidrogênio ao piruvato forma lactato e NAD⁺, que pode ser usado novamente na glicólise. A reação é catalisada pela enzima lactato desidrogenase (LDH).

Mais uma vez, a glicólise consiste na quebra de glicose em piruvato ou lactato, com produção líquida de dois ou três ATP, dependendo de a via começar com glicose ou glicogênio, respectivamente. A Figura 3.15 resume a glicólise em um fluxograma simples. A glicose é uma molécula composta por seis carbonos, enquanto o piruvato e o lactato são moléculas compostas por três carbonos. Isso explica a produção de duas moléculas de piruvato ou lactato a partir de uma molécula de glicose. Como não há envolvimento direto de O_2 na glicólise, a via é considerada anaeróbia. Entretanto, na presença de O_2 na mitocôndria, o piruvato pode participar da produção aeróbia de ATP. Dessa forma, além de ser uma via anaeróbia capaz de produzir ATP sem O_2, a glicólise pode ser considerada a primeira etapa da degradação aeróbia de carboidratos. Isso será discutido em detalhes na próxima seção, "Produção aeróbia de ATP".

> **Em resumo**
>
> - A fonte imediata de energia para contração muscular é um fosfato de alta energia, o ATP. O ATP é degradado pela enzima ATPase do seguinte modo:
>
>   ATP $\xrightarrow{\text{ATPase}}$ ADP + P_i + Energia
>
> - A formação de ATP sem uso de O_2 é denominada *metabolismo anaeróbio*. Em contrapartida, a produção de ATP com uso de O_2 como aceptor final de elétrons é chamada de *metabolismo aeróbio*.
> - As células musculares podem produzir ATP por meio de uma ou de três vias metabólicas combinadas: (1) sistema ATP-CP, (2) glicólise e (3) formação oxidativa de ATP.
> - O sistema ATP-CP e a glicólise são duas vias metabólicas anaeróbias capazes de produzir ATP sem O_2.

Produção aeróbia de ATP

A produção aeróbia de ATP ocorre dentro da mitocôndria e envolve a interação de duas vias metabólicas cooperativas: (1) o **ciclo de Krebs** e (2) a **cadeia de transporte de elétrons**. A função primária do ciclo de Krebs (também chamado ciclo do ácido cítrico ou ciclo do ácido tricarboxílico) é completar a oxidação (remoção de hidrogênio) de carboidratos, gorduras ou proteínas usando NAD⁺ e FAD como transportadores de hidrogênio (energia). A importância da remoção do hidrogênio está no fato de os hidrogênios (por causa dos elétrons que possuem) conterem a energia em potencial presente nas moléculas de alimentos. Essa energia pode ser usada na cadeia de transporte de elétrons para combinar ADP + P_i e assim formar de novo ATP. O oxigênio não participa das reações do ciclo de Krebs, mas é o último aceptor de hidrogênio no fim da cadeia de transporte de elétrons (i. e., há formação de água: $H_2 + O \rightarrow H_2O$). O processo de produção aeróbia de ATP é denominado fosforilação oxidativa. Para entender os processos envolvidos na geração aeróbia de ATP, convém pensar na produção aeróbia de ATP como um processo de três estágios (Fig. 3.17). O estágio 1 consiste na geração de uma molécula central composta por dois carbonos, acetil-CoA. O estágio 2 é a oxidação da acetil-CoA no ciclo de Krebs. O estágio 3 é o processo de **fosforilação oxidativa** (i. e., formação de ATP) na cadeia de transporte de elétrons (i. e., cadeia respiratória). O ciclo de Krebs e a cadeia de transporte de elétrons são detalhados a seguir.

Ciclo de Krebs. O ciclo de Krebs foi assim nomeado em homenagem ao bioquímico Hans Krebs, cuja pesquisa pioneira ampliou nosso conhecimento sobre via complexa (ver Quadro "Um olhar no passado – nomes importantes na ciência"). A entrada no ciclo de Krebs requer preparo de uma molécula de dois carbonos – a acetil-CoA. A **acetil-CoA** pode ser formada a partir da quebra de carboidratos, gorduras ou proteínas (Fig. 3.17). Por enquanto, vamos enfocar a transformação da acetil-CoA a partir do piruvato. Lembre-se de que o piruvato é um produto final da glicólise. A Figura 3.18 ilustra a natureza cíclica das reações envolvidas no ciclo de Krebs. Observe que o piruvato (molécula com três carbonos) é quebrado para formar acetil-CoA (molécula com dois carbonos), enquanto o carbono remanescente é liberado na forma de CO_2. Em seguida, a acetil-CoA combina-se com o oxaloacetato (molécula com quatro carbonos) para formar citrato (seis carbonos). A partir daí, tem-se início uma série de reações para regeneração de oxaloacetato e duas moléculas de CO_2, e a via recomeça.

Para cada molécula de glicose que entra em glicólise, duas moléculas de piruvato são formadas. E na presença de O_2, essas moléculas de piruvato são convertidas em duas moléculas de acetil-CoA. Isso significa que cada molécula de glicose acarreta duas rodadas do ciclo de Krebs. Tendo isso em mente, vamos examinar o ciclo de Krebs de forma mais detalhada. A função primária do ciclo de Krebs é remover hidrogênios e a energia a eles associada a partir de vários substratos envolvidos no ciclo. Conforme ilustrado na Figura 3.18, a cada

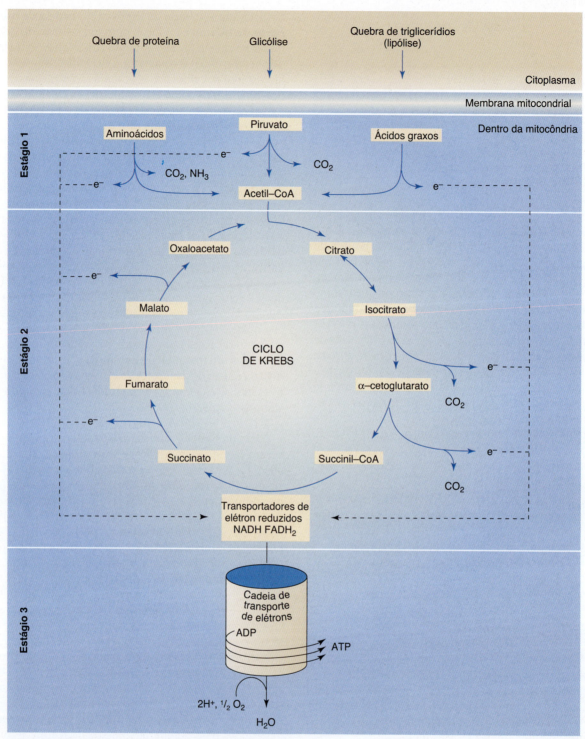

Figura 3.17 Os três estágios da fosforilação oxidativa. De Mathews e van Holde, *Biochemistry*, Diane Bowen, Ed. Copyright © 1990 Benjamin/Cummings, Menlo Park, CA. Reproduzido com permissão.

rodada do ciclo de Krebs, são formadas três moléculas de NADH e uma molécula de FADH. Tanto NADH como FADH podem retornar para sua forma oxidada (ou seja, NAD e FAD) ao liberar elétrons para os transportadores de elétrons dentro da cadeia de transporte de elétrons. Para cada par de elétrons que passa pela cadeia de transporte de elétrons do NADH ao oxigênio, há energia suficiente disponível para formar 2,5 moléculas de ATP.[10] Para cada molécula de FADH formada, é disponibilizada energia suficiente para produzir 1,5 molécula de ATP. Dessa forma, em termos de produção de ATP, o FADH não é tão rico em energia quanto o NADH.

Além da produção de NADH e FADH, o ciclo de Krebs ocasiona a formação direta de um composto rico em ener-

Um olhar no passado – nomes importantes na ciência

Hans Krebs e a descoberta do "ciclo de Krebs"

Hans Krebs (1900-1981) recebeu o prêmio Nobel de fisiologia ou medicina em 1953, por sua pesquisa sobre uma série de reações bioquímicas importantes observadas nas células, que se tornaram conhecidas como "ciclo de Krebs". Krebs nasceu na Alemanha e obteve seu grau de MD na University of Hamburg, em 1925. Após concluir a graduação na faculdade de medicina, mudou-se para Berlim, com o objetivo de estudar química, e se envolveu ativamente na pesquisa bioquímica. Filho de um médico judeu, Hans Krebs foi obrigado a deixar a Alemanha nazista, no ano de 1933, e seguir para a Inglaterra. Ao chegar a esse país, o dr. Krebs continuou sua pesquisa na Cambridge University e, posteriormente, na University of Sheffield e na Oxford University.

Ao longo de sua distinta carreira científica, Hans Krebs fez contribuições importantes para a fisiologia e a bioquímica. Uma de suas primeiras linhas de pesquisa significativas foi o estudo do modo como a proteína é metabolizada nas células. Um resultado importante desse trabalho inicial foi o achado de que o fígado produz um produto nitrogenado residual chamado ureia. Os trabalhos adicionais realizados pelo dr. Krebs e seu colega Kurt Henseleit (outro bioquímico alemão) levaram à descoberta da série de reações produtoras de ureia (que posteriormente passaram a ser conhecidas como ciclo da ureia).

Embora a pesquisa conduzida pelo dr. Krebs sobre o metabolismo proteico tenha sido importante, ele é mais conhecido por ter descoberto as reações celulares que envolvem as substâncias formadas na quebra dos carboidratos, gorduras e proteínas que ocorrem no corpo. Especificamente, em 1937, o dr. Krebs descobriu a existência de um ciclo de reações bioquímicas que combinava o produto final da quebra de carboidrato (que viria a ser denominado acetil-CoA) com o ácido oxaloacético e formava ácido cítrico. O trabalho do dr. Krebs mostrou que esse ciclo regenera ácido oxaloacético por meio de uma série de compostos intermediários ao mesmo tempo que libera dióxido de carbono e elétrons. Esse ciclo é conhecido por três nomes distintos, entre os quais ciclo do ácido cítrico e ciclo do ácido tricarboxílico. Entretanto, muitos bioquímicos (e inclusive este texto) se referem a esse ciclo como ciclo de Krebs em reconhecimento à contribuição de Hans Krebs para essa importante descoberta. A descoberta do ciclo de Krebs e do modo como as substâncias químicas contidas nos alimentos são convertidas em energia útil foi de vital importância ao nosso conhecimento básico sobre metabolismo energético celular, pavimentando o caminho para os fisiologistas do exercício realizarem investigações adicionais sobre a bioenergética muscular esquelética durante o exercício.

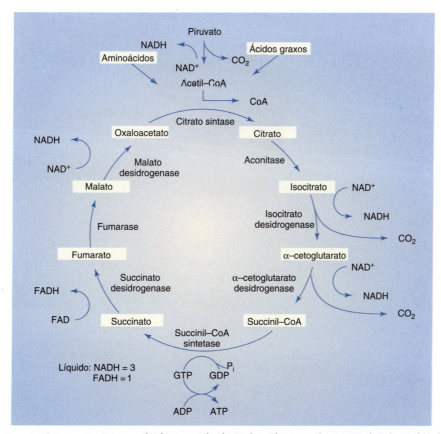

Figura 3.18 Compostos, enzimas e reações envolvidas no ciclo de Krebs. Observe a formação de três moléculas de NADH e uma molécula de FADH por rodada de ciclo.

Capítulo 3 Bioenergética **55**

gia – o trifosfato de guanosina (GTP) (ver parte inferior da Fig. 3.18). O GTP é um composto de alta energia capaz de transferir seu grupo fosfato terminal ao ADP e, assim, formar ATP. A formação direta de GTP no ciclo de Krebs é chamada fosforilação de nível de substrato. Esse evento contribui apenas com uma pequena quantidade da conversão de energia total no ciclo de Krebs, pois a maior parte do rendimento de energia do ciclo de Krebs (i. e., NADH e FADH) é captada pela cadeia de transporte de elétrons para formar ATP.

Até aqui, enfocamos o papel dos carboidratos na produção de acetil-CoA para entrada no ciclo de Krebs. Como é o metabolismo aeróbio das gorduras e proteínas? A resposta pode ser encontrada na Figura 3.19. Observe que as gorduras (triglicerídios) são quebradas para formar ácidos graxos e glicerol. Os ácidos graxos então podem passar por uma série de reações para formar acetil-CoA (em um processo chamado betaoxidação; ver detalhes no Quadro "Uma visão mais detalhada 3.4") e assim entrar no ciclo de Krebs.[8] Embora o glicerol possa ser convertido em um intermediário da glicólise no fígado, isso não ocorre em uma extensão significativa no músculo esquelético humano. Dessa forma, o glicerol não é importante como fonte de combustível muscular direta durante o exercício.[16]

Conforme mencionado, durante o exercício, a proteína não é considerada uma fonte de combustível importante por contribuir apenas com 2-15% do combustível.[9,25] As proteínas conseguem entrar nas vias bioenergéticas em diversos locais. Entretanto, a primeira etapa é a quebra da proteína em suas subunidades de aminoácidos. Os eventos subsequentes dependem de quais aminoácidos são envolvidos. Alguns aminoácidos, por exemplo, podem ser convertidos em glicose ou piruvato, enquanto outros são convertidos em acetil-CoA, e outros, ainda, em intermediários do ciclo de Krebs. O papel das proteínas na bioenergética é resumido na Figura 3.19.

Em resumo, o ciclo de Krebs completa a oxidação dos carboidratos, gorduras ou proteínas; produz CO_2 e fornece elétrons a serem passados pela cadeia de transporte de elétrons para fornecer energia destinada à produção aeróbia de ATP. As enzimas catalisadoras das reações do ciclo de Krebs estão localizadas dentro das mitocôndrias.

Cadeia de transporte de elétrons. A produção aeróbia de ATP (chamada fosforilação oxidativa) ocorre na mitocôndria. A via responsável por esse processo é denominada **cadeia de transporte de elétrons** (também chamada cadeia respiratória ou cadeia de citocromo). A produção aeróbia de ATP é possível em virtude de um mecanismo que usa a energia potencial disponível nos transportadores de hidrogênio reduzido, como NADH e FADH, para refosforilar ADP em ATP. Observe que NADH e FADH não reagem diretamente com o oxigênio. Em vez disso, os elétrons removidos

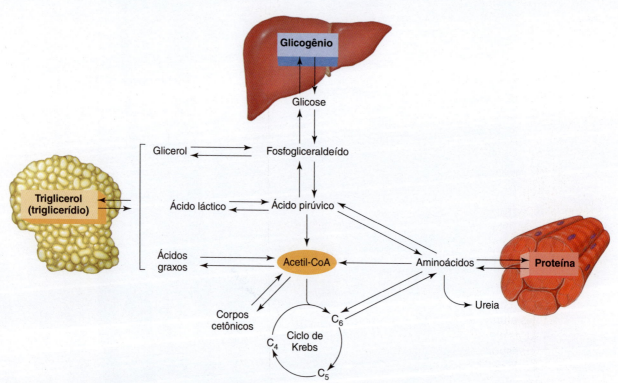

Figura 3.19 Relações entre o metabolismo de proteínas, carboidratos e gorduras. A interação geral entre a quebra metabólica desses três alimentos é frequentemente referida como reservatório metabólico.

Uma visão mais detalhada 3.4

A betaoxidação é o processo de conversão de ácidos graxos em acetil-CoA

As gorduras são armazenadas no corpo em forma de triglicerídios, nos adipócitos ou nas próprias fibras musculares. A liberação de gordura a partir desses depósitos de armazenamento ocorre via quebra de triglicerídios, com consequente liberação de ácidos graxos (ver Cap. 4). Entretanto, para serem usados como combustível durante o metabolismo aeróbio, os ácidos graxos devem ser primeiro convertidos em acetil-CoA. A **betaoxidação** é o processo de oxidação de ácidos graxos para formação de acetil-CoA. Isso ocorre na mitocôndria e envolve uma série de etapas catalisadas por enzimas, começando com um "ácido graxo ativado" e terminando com a produção de acetil-CoA.

Uma ilustração simples desse processo é mostrada na Figura 3.20. O processo tem início com a "ativação" do ácido graxo. Em seguida, o ácido graxo ativado é transportado para dentro da mitocôndria, onde o processo de betaoxidação começa. Em suma, a betaoxidação consiste em uma sequência de quatro reações que "corta" os ácidos graxos em fragmentos que contêm dois carbonos e forma a acetil-CoA. Depois de formada, a acetil-CoA se transforma em fonte de combustível para o ciclo de Krebs e leva à produção de ATP via cadeia de transporte de elétrons.

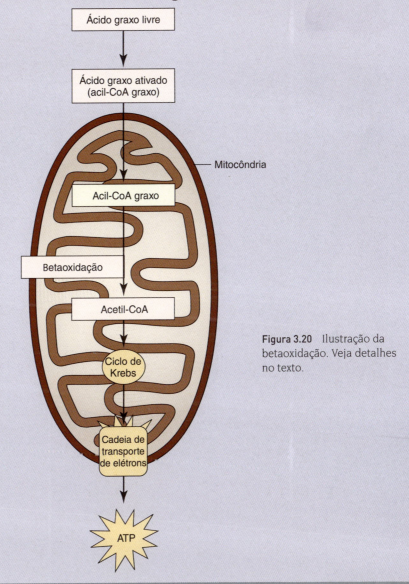

Figura 3.20 Ilustração da betaoxidação. Veja detalhes no texto.

dos átomos de hidrogênio transportados por NADH e FADH passam por uma série de transportadores de elétrons conhecidos como citocromos. Durante a passagem dos elétrons pela cadeia de citocromos, há liberação de energia suficiente para refosforilar ADP e formar ATP[8] (Fig. 3.21). Curiosamente, à medida que os elétrons passam pela cadeia de transporte, há formação de moléculas altamente reativas chamadas *radicais livres*. Entretanto, as elevadas taxas de fluxo de elétrons pela cadeia de transporte de elétrons não aumentam a taxa de produção de radicais nas mitocôndrias (ver Quadro "Foco de pesquisa 3.1").

Os transportadores de hidrogênio que trazem elétrons para a cadeia de transporte de elétrons são oriundos de uma variedade de fontes. Lembre-se de que há formação de dois NADH por molécula de glicose degradada por glicólise (Fig. 3.15). Essas moléculas de NADH estão fora da mitocôndria, e seus hidrogênios devem ser transportados através da membrana mitocondrial por meio de mecanismos de "transporte" especiais. No entanto, a massa de elétrons que entra na cadeia de transporte de elétrons é oriunda daquelas moléculas de NADH e FADH formadas em razão da oxidação no ciclo de Krebs.

A Figura 3.21 destaca a via dos elétrons que entram na cadeia de transporte de elétrons. Pares de elétrons de NADH e FADH passam sucessivamente por uma série de compostos que sofrem oxidação e redução, com liberação de energia suficiente para sintetizar ATP.

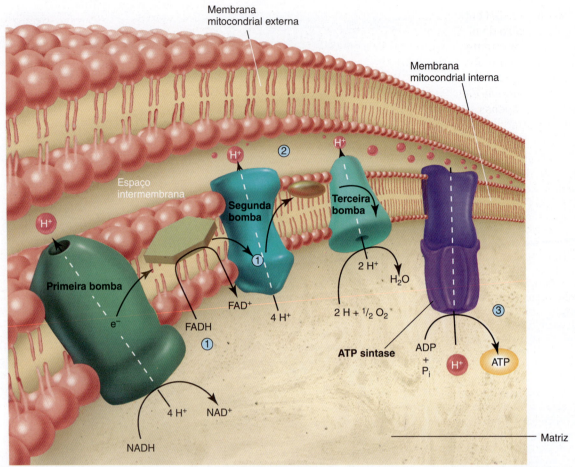

Figura 3.21 Etapas que levam à fosforilação oxidativa na mitocôndria. (1) Moléculas da cadeia de transporte de elétrons bombeiam H⁺ da matriz mitocondrial para dentro do espaço intermembrana. (2) Isso acarreta uma concentração aumentada de íons H⁺ no espaço intermembrana e, portanto, em um gradiente de H⁺ maior entre o espaço intermembrana e a matriz mitocondrial. (3) O movimento de H⁺ através do ATP sintase fornece a energia requerida para produzir ATP.

Foco de pesquisa 3.1

Os radicais livres são formados na mitocôndria

Embora a passagem de elétrons pela cadeia de transporte de elétrons exerça papel fundamental no processo de produção aeróbia de ATP, essa via também produz radicais livres.[30] Os radicais livres são moléculas que possuem um elétron não pareado na órbita mais externa, tornando-as altamente reativas. Ou seja, os radicais livres reagem rapidamente com outras moléculas presentes na célula, e essa combinação ocasiona dano à molécula que se combinou com o radical.

Historicamente, acreditava-se que o aumentado metabolismo aeróbio durante o exercício promovia uma produção aumentada de radicais livres nas mitocôndrias presentes dos músculos ativos.[30] Entretanto, pesquisas recentes indicam que a realidade é outra. De fato, embora o exercício provoque a produção aumentada de radicais livres nos músculos esqueléticos ativos, esse aumento da produção muscular de radicais livres não é causado pela fosforilação oxidativa que ocorre na mitocôndria.[22] Ver informações adicionais sobre as fontes de produção de radicais livres durante o exercício, na referência de Sakellariou et al. (2013), incluída em "Sugestões de leitura".

Perceba que o FADH entra na via do citocromo em um ponto logo abaixo do nível de entrada para NADH (Fig. 3.21). Isso é importante porque o nível de entrada do FADH deriva de um dos sítios de formação de ATP e, dessa forma, cada molécula de FADH que entra na cadeia de transporte de elétrons possui energia suficiente para formar apenas 1,5 molécula de ATP. Em contrapartida, a entrada do NADH na cadeia de transporte de elétrons provoca a formação de 2,5 moléculas de ATP (os detalhes são mencionados posteriormente). Ao final da cadeia de transporte de elétrons, o oxigênio aceita os elétrons que passam adiante e se combina com o hidrogênio para formar água. Quando não há O_2 disponível para aceitar esses elétrons, a fosforilação oxidativa é impossibilitada, e a formação de ATP na célula deve ocorrer via metabolismo anaeróbio.

E como esse ATP é formado? O mecanismo que explica a formação aeróbia de ATP é conhecido como **hipótese quimiosmótica**. Conforme os elétrons são transferidos ao longo da cadeia de citocromos, a energia liberada é usada para "bombear" hidrogênios (prótons; H^+) liberados de NADH e FADH, de dentro para fora da mitocôndria, através da membrana mitocondrial interna (Fig. 3.20). Isso acarreta o acúmulo de íons hidrogênio no espaço situado entre as membranas interna e externa da mitocôndria. O acúmulo de H^+ é uma fonte de energia em potencial, que pode ser capturada e usada para recombinar P_i ao ADP e formar ATP.[17] Exemplificando, esse acúmulo de H^+ é similar à energia em potencial da água que está no topo da barragem de uma represa. Quando a água se acumula e transborda pela parte superior da barragem, a queda d'água se transforma em energia cinética, que pode ser usada para realizar trabalho.[17]

Três bombas movem H^+ (i. e., prótons) da matriz mitocondrial para o espaço intermembrana (Fig. 3.21). A primeira bomba (usando NADH) move quatro H^+ para dentro do espaço intermembrana a cada dois elétrons movidos ao longo da cadeia de transporte de elétrons. A segunda bomba também transporta quatro H^+ para dentro do espaço intermembrana, e a terceira bomba, enfim, move apenas dois H^+ para dentro do espaço intermembrana. Como resultado, a concentração de H^+ existente no espaço intermembrana é maior do que na matriz. Esse gradiente cria um impulso forte que acarreta a difusão de H^+ de volta para a matriz. No entanto, como a membrana mitocondrial interna é impermeável ao H^+, esses íons conseguem atravessar a membrana somente via canais de H^+ especializados (denominados *unidades respiratórias*). Essa ideia é ilustrada na Figura 3.21. Observe que, conforme o H^+ atravessa a membrana mitocondrial interna, passando por esses canais, há formação de ATP a partir da adição de fosfato ao ADP (*fosforilação*). Isso ocorre porque o movimento de H^+ através da membrana mitocondrial interna ativa a enzima ATP sintase, que é responsável pela catalisação da seguinte reação:

$$ADP + P_i \rightarrow ATP$$

Então, por que o oxigênio é essencial à produção aeróbia de ATP? Lembre-se de que o propósito da cadeia de transporte de elétrons é fazer os elétrons passarem por uma série de citocromos para fornecer a energia que impulsiona a produção de ATP na mitocôndria. Esse processo, ilustrado na Figura 3.21, exige que cada elemento da cadeia de transporte de elétrons passe por uma série de reações de oxidação-redução. Se o último citocromo (i. e., citocromo a_3) permanecesse em estado reduzido, seria incapaz de aceitar mais elétrons e, por consequência, a cadeia de transporte de elétrons pararia. Entretanto, quando o oxigênio está presente, o último citocromo da cadeia pode ser oxidado pelo oxigênio. Ou seja, o oxigênio derivado do ar que respiramos permite a continuidade do transporte de elétrons ao atuar como aceptor de elétrons final da cadeia de transporte de elétrons. Isso ocasiona a oxidação do citocromo a_3, além de permitir a continuidade do transporte de elétrons e a fosforilação oxidativa. Na etapa final da cadeia de transporte de elétrons, o oxigênio aceita dois elétrons que foram passados ao longo da cadeia de transporte de elétrons a partir de NADH ou FADH. Essa molécula de oxigênio reduzida então se liga a dois prótons (H^+) para formar água (Fig. 3.21).

Conforme mencionado anteriormente, NADH e FADH diferem em termos de quantidade de ATP que pode ser formada a partir de cada uma dessas moléculas. Cada NADH formado na mitocôndria doa dois elétrons ao sistema de transporte de elétrons na primeira bomba de prótons (Fig. 3.21). Esses elétrons então são passados para a segunda e a terceira bombas de prótons, até serem finalmente transmitidos ao oxigênio. A primeira e a segunda bombas de prótons transportam, cada uma, quatro prótons. A terceira bomba de prótons transporta dois prótons, perfazendo um total de dez prótons transportados. Como são necessários quatro prótons para produzir e transportar um ATP da mitocôndria para o citoplasma, a produção de ATP total a partir de uma molécula de NADH é 2,5 ATP (10 prótons/4 prótons por ATP = 2,5 ATP). Observe que não existem metades de moléculas de ATP, e a fração decimal de ATP indica um número médio de moléculas de ATP produzidas por NADH.

Em comparação ao NADH, cada molécula de FADH produz menos ATP, uma vez que os elétrons oriundos de FADH são doados na cadeia de transporte de elétrons mais tardiamente do que os elétrons oriundos de NADH (Fig. 3.21). Assim, os elétrons de FADH ativam apenas a segunda e a terceira bombas de prótons. Como a primeira bomba de prótons é contornada, os elétrons de FADH acarretam o bombeamento de seis prótons (quatro prótons pela segunda bomba e dois prótons pela terceira bomba). Como são necessários quatro prótons para produzir e transportar um ATP da mitocôndria ao citoplasma, a produção de ATP total a partir de uma molécula de FAD é igual a 1,5 ATP (6 prótons/4 prótons por ATP = 1,5 ATP). Ver mais detalhes sobre a quantidade de ATP produzido nas células no Quadro "Uma visão mais detalhada 3.5".

Capítulo 3 Bioenergética **59**

Uma visão mais detalhada 3.5

Um novo olhar sobre o balanço de ATP

Historicamente, acreditava-se que o metabolismo aeróbio de uma molécula de glicose resultava na produção de 38 ATP. Entretanto, evidências mais recentes indicam que esse número superestima a produção total de ATP e que, na verdade, apenas 32 moléculas de ATP chegam ao citoplasma. A explicação para essa conclusão está no fato de as novas evidências indicarem que a energia fornecida por NADH e FADH é necessária não só para a produção de ATP como também para o transporte de ATP através da membrana mitocondrial. Esse gasto energético extra do metabolismo de ATP diminui as estimativas do rendimento total de ATP a partir da glicose. Os detalhes específicos desse processo são explicados a seguir.

Durante muitos anos, acreditou-se que uma molécula de ATP era produzida para cada três moléculas de H^+ introduzidas no espaço intermembrana, e esse ATP poderia ser usado para obtenção de energia celular. Embora seja verdade que cerca de três H^+ devem passar pelos canais de H^+ (i. e., unidades respiratórias) para produzir um ATP, está comprovado que outro H^+ adicional é requerido para fazer a molécula de ATP atravessar a membrana mitocondrial e entrar no citoplasma. O ATP e o H^+ são transportados para dentro do citoplasma em troca de ADP e P_i, que são transportados para dentro da mitocôndria, para ressíntese de ATP. Dessa forma, enquanto o rendimento teórico de ATP a partir da glicose é igual a 38 moléculas de ATP, o rendimento real de ATP, considerando-se o gasto energético de transporte, é de apenas 32 moléculas por molécula de glicose. Ver na seção "Cálculo do ATP aeróbio" os detalhes sobre como esses números são obtidos.

Em resumo

- A fosforilação oxidativa ou produção aeróbia de ATP ocorre na mitocôndria, como resultado de uma interação complexa entre o ciclo de Krebs e a cadeia de transporte de elétrons. O papel primário do ciclo de Krebs é completar a oxidação de substratos e formar NADH e FADH para entrar na cadeia de transporte de elétrons. O resultado final da cadeia de transporte de elétrons é a formação de ATP e água. A água é formada por elétrons aceptores de oxigênio. Desse modo, o motivo que nos leva a respirar oxigênio é usá-lo como aceptor final de elétrons no metabolismo aeróbio.

Cálculo do ATP aeróbio

Hoje, é possível calcular a produção de ATP total decorrente da quebra aeróbia de glicose ou glicogênio. Vamos começar pela contagem do rendimento energético total da glicólise. Lembre-se de que a produção líquida de ATP da glicólise era de dois ATP por molécula de glicose. Além disso, quando O_2 está presente na mitocôndria, duas moléculas de NADH produzidas por glicólise podem então ser transportadas para dentro da mitocôndria com a energia usada para sintetizar mais cinco moléculas de ATP (Tab. 3.2). Assim, a glicólise pode produzir diretamente dois ATP pela fosforilação de nível de substrato, além de mais cinco ATP por meio da energia contida nas duas moléculas de NADH.

Quantos ATP são produzidos como resultado das atividades de oxidação-redução do ciclo de Krebs? A Tabela 3.2 mostra que são formados dois NADH quando o piruvato é convertido em acetil-CoA, ocasionando a formação de cinco ATP. Observe que dois GTP (similarmente ao ATP) são produzidos por fosforilação de nível de substrato. Um total de seis NADH e dois FADH são produzidos no ciclo de Krebs a partir de uma molécula de glicose. Assim, os seis NADH formados via ciclo de Krebs provocam a produção de um total de 15 ATP (6 NADH × 2,5 ATP por NADH = 15 ATP), com três

Tabela 3.2 Cálculo do ATP aeróbio a partir da quebra de uma molécula de glicose

Processo metabólico	Produtos de alta energia	ATP oriundo da fosforilação oxidativa	Subtotal de ATP
Glicólise	2 ATP	—	2 (total, se anaeróbio)
	2 NADH*	5	7 (se aeróbio)
Piruvato em acetil-CoA	2 NADH	5	12
Ciclo de Krebs	2 GTP	—	14
	6 NADH	15	29
	2 FADH**	3	32
			Total: 32 ATP

*2,5 ATP/NADH.
**1,5 ATP/FADH.

ATP sendo produzidos a partir de dois FADH. Portanto, o rendimento de ATP total da degradação aeróbia da glicose é 32 ATP. O rendimento de ATP aeróbio da quebra de glicogênio é 33 ATP, pois a produção glicolítica líquida de ATP por glicogênio rende um ATP a mais do que na produção por glicose.

Eficiência da fosforilação oxidativa

Qual é a eficiência da fosforilação oxidativa como sistema de conversão de energia oriunda dos alimentos em energia de utilidade biológica? A eficiência pode ser determinada pelo cálculo da proporção de energia contida nas moléculas de ATP produzidas via respiração aeróbia dividida pela energia potencial total contida na molécula de glicose. Exemplificando, um mol (1 mol = 1 g de peso molecular) de ATP, quando quebrado, apresenta um rendimento energético de 7,3 kcal. A energia em potencial liberada na oxidação de um mol de glicose é igual a 686 kcal. Assim, uma perspectiva da eficiência da respiração aeróbia pode ser calculada do seguinte modo:[18]

$$\text{Eficiência da respiração} = \frac{32 \text{ mols de ATP/mol de glicose} \times 7{,}3 \text{ kcal/mol de ATP}}{(686 \text{ kcal/mol de glicose})}$$

Então, a eficiência da respiração aeróbia é de cerca de 34%, com os 66% restantes de energia livre da oxidação da glicose sendo liberados como calor.

Em resumo

- O metabolismo aeróbio de uma molécula de glicose acarreta a produção de 32 moléculas de ATP, enquanto o rendimento aeróbio de ATP por quebra de glicogênio é 33 ATP.
- A eficiência geral da respiração aeróbia é de cerca de 34%, com os 66% de energia restantes sendo liberados como calor.

Controle da bioenergética

As vias bioquímicas que ocasionam a produção de ATP são reguladas por sistemas de controle bastante precisos. Cada uma dessas vias contém certo número de reações catalisadas por enzimas específicas. Em geral, havendo disponibilidade de um substrato amplo, um aumento do número de enzimas presentes provoca o aumento da velocidade das reações bioquímicas. Dessa forma, a regulação de uma ou mais enzimas de uma via metabólica proporcionaria uma forma de controlar a taxa dessa via em particular. De fato, o metabolismo é regulado pelo controle da atividade enzimática. A maioria das vias metabólicas tem uma enzima que é considerada "limitadora da velocidade". Essa enzima limita-dora da velocidade determina a velocidade da via metabólica envolvida em particular.

Como uma enzima limitadora de taxa controla a velocidade das reações? Primeiro, como regra, as enzimas limitadoras de taxa são encontradas nas fases iniciais de uma via metabólica. Essa posição é importante, porque os produtos da via poderiam se acumular se a enzima limitadora da velocidade estivesse localizada próximo ao fim da via. Em segundo lugar, a atividade das enzimas limitadoras da velocidade é regulada por moduladores. Os moduladores são substâncias que aumentam ou diminuem a atividade enzimática. As enzimas reguladas por moduladores são chamadas *enzimas alostéricas*. No controle do metabolismo energético, o ATP é o exemplo clássico de um inibidor, enquanto ADP e P_i exemplificam substâncias estimuladoras da atividade enzimática.[31] O fato de que amplas quantidades de ATP celular inibiriam a produção metabólica de ATP é lógico, pois grandes quantidades de ATP indicariam um baixo uso de ATP na célula. Um exemplo desse tipo de *feedback* negativo é ilustrado na Figura 3.22. Em contrapartida, um aumento dos níveis celulares de ADP e P_i (ATP baixo) indicaria que a utilização de ATP é alta. Portanto, faz sentido que o ADP e P_i estimulem a produção de ATP para atender às necessidades energéticas aumentadas.

Controle do sistema ATP-CP

A quebra de PC é regulada pela atividade de creatina quinase. Essa enzima é ativada diante do aumento das concentrações sarcoplasmáticas de ADP e inibida por altos níveis de ATP. No começo do exercício, o ATP é partido em ADP + P_i para fornecer energia para contração muscular. Esse aumento imediato da concentração de ADP estimula a creatina quinase a deflagrar a quebra de PC para ressíntese de ATP. Quando o exer-

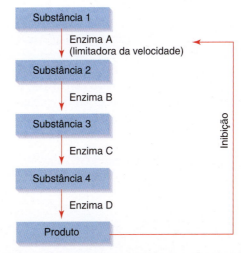

Figura 3.22 Exemplo de enzima "limitadora da velocidade" em uma via metabólica simples. Nesse caso, acúmulo de produto serve para inibir a enzima limitadora da velocidade que, por sua vez, retarda as reações envolvidas na via.

cício continua, a glicólise e, finalmente, o metabolismo aeróbio passam a produzir ATP em quantidade adequada para atender às necessidades energéticas musculares. O aumento da concentração de ATP, acoplado a uma diminuição da concentração de ADP, inibe a atividade da creatina quinase (Tab. 3.3). A regulação do sistema ATP-CP exemplifica um sistema de controle por "feedback negativo", que foi introduzido no Capítulo 2.

Controle da glicólise

Embora vários fatores controlem a glicólise, a enzima limitadora da velocidade mais importante na glicólise é a **fosfofrutoquinase (PFK)**.[1] Observe que a PFK está localizada perto do início da glicólise (Fig. 3.15). A Tabela 3.3 lista os reguladores conhecidos da PFK. Quando o exercício começa, os níveis de ADP + P_i aumentam e intensificam a atividade de PFK, que serve para aumentar a taxa de glicólise. Em contrapartida, durante o repouso, quando os níveis de ATP celular estão altos, a atividade de PFK é inibida e a atividade glicolítica é retardada. Além disso, os elevados níveis celulares de íons hidrogênio ou citrato (produzidos via ciclo de Krebs) também inibem a atividade de PFK.[35] Similarmente ao controle do sistema ATP-CP, a regulação da atividade de PFK atua por feedback negativo.

Outra enzima regulatória importante para o metabolismo de carboidratos é a fosforilase, que é responsável pela degradação do glicogênio em glicose. Embora não seja tecnicamente considerada uma enzima glicolítica, a fosforilase catalisa uma reação que exerce papel importante no fornecimento da glicose necessária à via glicolítica no início da via. A cada contração muscular, há liberação de cálcio (Ca^{++}) a partir do retículo sarcoplasmático no músculo. Esse aumento da concentração sarcoplasmática de Ca^{++} promove ativação indireta da fosforilase, que imediatamente começa a quebrar glicogênio em glicose para entrada na glicólise. Além disso, a atividade de fosforilase pode ser estimulada por níveis altos do hormônio adrenalina. A velocidade de liberação da adrenalina é mais rápida durante o exercício intenso, e sua ação leva à formação de um composto conhecido como AMP cíclico (ver Cap. 5). É o AMP cíclico (e não a adrenalina) que ativa diretamente a fosforilase. Assim, a influência da adrenalina sobre a fosforilase é indireta.

Controle do ciclo de Krebs e da cadeia de transporte de elétrons

O ciclo de Krebs, assim como a glicólise, está sujeito à regulação enzimática. Embora várias enzimas do ciclo de Krebs sejam reguladas, a enzima limitadora da velocidade é a **isocitrato desidrogenase**. A isocitrato desidrogenase, assim como a PFK, é inibida por ATP e estimulada por níveis crescentes de ADP + P_i.[31] Ademais, evidências crescentes sugerem que níveis aumentados de cálcio (Ca^{++}) na mitocôndria também estimulam a atividade de isocitrato desidrogenase.[13,29] Esse é um sinal claro para ativação do metabolismo energético nas células musculares, uma vez que o aumento do cálcio livre no músculo sinaliza para a iniciação da contração muscular (ver Cap. 8).

A cadeia de transporte de elétrons também é regulada pela quantidade de ATP e ADP + P_i presente.[31] A enzima limitante de taxa na cadeia de transporte de elétrons é a citocromo oxidase. Quando o exercício começa, os níveis de ATP declinam, os níveis de ADP + P_i aumentam, e a citocromo oxidase é estimulada a iniciar a produção aeróbia de ATP. Quando o exercício acaba, os níveis celulares de ATP aumentam, e as concentrações de ADP + P_i caem, e assim a atividade de transporte de elétrons diminui quando são atingidos níveis normais de ATP, ADP e P_i.

Em resumo

- O metabolismo é regulado pela atividade enzimática. Uma enzima que controla a taxa de uma via metabólica é denominada *enzima limitadora de taxa*.
- A enzima limitadora da velocidade da glicólise é a fosfofrutoquinase. As enzimas limitadoras de taxa do ciclo de Krebs e da cadeia de transporte de elétrons são a isocitrato desidrogenase e a citocromo oxidase, respectivamente.
- Em geral, os níveis celulares de ATP e ADP + P_i regulam a taxa das vias metabólicas envolvidas na produção de ATP. Níveis altos de ATP inibem a produção adicional de ATP, enquanto níveis baixos de ATP e níveis altos de ADP + P_i estimulam a produção de ATP. Há ainda evidências de que o cálcio possa estimular o metabolismo energético aeróbio.

Tabela 3.3	Fatores que comprovadamente afetam a atividade de enzimas limitadoras da velocidade das vias metabólicas envolvidas na bioenergética		
Via	**Enzima limitadora da velocidade**	**Estimuladores**	**Inibidores**
Sistema ATP-CP	Creatina quinase	ADP	ATP
Glicólise	Fosfofrutoquinase	AMP, ADP, P_i, pH$\uparrow$	ATP, PC, citrato, pH$\downarrow$
Ciclo de Krebs	Isocitrato desidrogenase	ADP, Ca^{++}, NAD^+	ATP, NADH
Cadeia de transporte de elétron	Citocromo oxidase	ADP, P_i	ATP

Vencendo limites 3.2

Fisiologia do exercício aplicada ao esporte

Contribuições da produção anaeróbia/aeróbia de energia durante os vários eventos esportivos

Como os esportes diferem amplamente quanto à intensidade e à duração do esforço físico, não surpreende que a fonte de produção de energia seja amplamente diferente entre os eventos esportivos. A Figura 3.23 ilustra as formas anaeróbia *versus* aeróbia de produção de energia durante esportes selecionados. O conhecimento da interação entre produção anaeróbia e produção aeróbia de energia no exercício é útil para técnicos e treinadores planejarem programas de condicionamento para atletas. Ver mais detalhes no Capítulo 21.

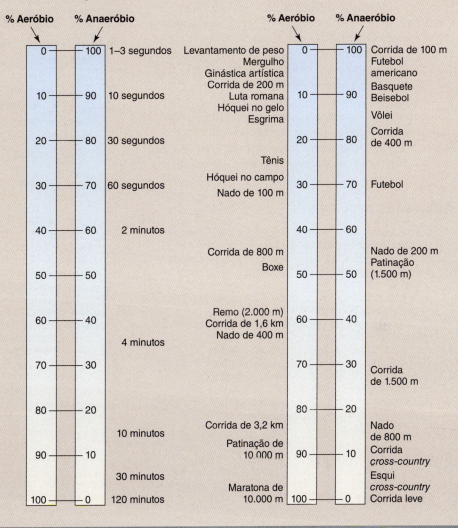

Figura 3.23 Contribuição do ATP produzido de forma anaeróbia e aeróbia para uso durante a prática de esportes.

Interação entre as produções aeróbia/anaeróbia de ATP

É importante enfatizar a interação entre as vias metabólicas aeróbia e anaeróbia na produção de ATP durante o exercício. Embora seja comum ouvir as pessoas falarem em exercício aeróbio *versus* exercício anaeróbio, na realidade a energia necessária à realização da maioria dos tipos de exercício é oriunda de uma combinação de fontes anaeróbias e aeróbias.[11] De fato, a produção de ATP pelo sistema ATP-PC, glicólise e fosforilação oxidativa ocorre simultaneamente nos músculos esqueléticos ativos. Entretanto, durante sessões de exercícios muito curtas (ou seja, de 1 a 3 segundos), a contribuição total de ATP produzido de forma aeróbia para esse movimento é pequena por causa do tempo necessário para alcançar as muitas reações envolvidas no ciclo de Krebs e na cadeia de transporte de elétrons. Esse aspecto é ilustrado no Quadro "Vencendo limites 3.2". Observe que a contribuição da produção anaeróbia de ATP é maior durante as atividades de alta intensidade e curta duração, enquanto o metabolismo aeróbio predomina nas atividades mais longas. Exemplificando, cerca de 90% da energia necessária à realização de uma corrida de 100 m seriam fornecidos por fontes anaeróbias, com a maior parte da energia proveniente do sistema ATP-CP. De modo similar, a energia necessária para correr 400 m (i. e., 55 segundos) seria amplamente anaeróbia (70-75%). Contudo, as reservas de ATP e PC são limitadas e, portanto, é necessário que a glicólise supra a maior parte do ATP durante esse tipo de evento.[11]

Capítulo 3 Bioenergética **63**

No extremo oposto do espectro de energia, eventos como uma maratona (i. e., corrida de 42 km) contam com a produção aeróbia de ATP para atender à quantidade de energia necessária. De onde vem a energia necessária para a realização dos eventos de duração moderada (i. e., 2-30 minutos)? O Quadro "Vencendo limites 3.2" traz uma estimativa do percentual de rendimento anaeróbio/aeróbio em eventos de diversas durações. Embora sejam baseadas em mensurações de laboratório de corrida ou exercícios realizados em cicloergômetro, essas estimativas podem ser relacionadas a outros eventos de atletismo que requerem esforço intenso por meio da comparação do tempo gasto na realização da atividade. Recapitulando, quanto menor for a duração de uma atividade completa, maior será a contribuição da produção de energia anaeróbia. De modo contrário, quan-

to maior a duração, maior será a contribuição da produção de energia aeróbia. Uma discussão mais detalhada sobre as respostas metabólicas a vários tipos de exercício é apresentada no Capítulo 4.

Em resumo

- A energia para realização do exercício é produzida por uma interação entre as vias anaeróbia e aeróbia.
- Em geral, quanto mais breve for a atividade (alta intensidade), maior será a contribuição da produção de energia anaeróbia. Em contrapartida, as atividades de longa duração (intensidade leve a moderada) usam ATP produzido a partir de fontes aeróbias.

Atividades para estudo

1. Liste e discuta brevemente a função dos três componentes principais da estrutura celular.
2. Explique brevemente o conceito de reações acopladas.
3. Defina os seguintes termos: (1) *bioenergética*; (2) *reações endergônicas* e (3) *reações exergônicas*.
4. Discuta o papel das enzimas como catalisadoras. O que significa a expressão "energia de ativação"?
5. Onde ocorrem a glicólise, o ciclo de Krebs e a fosforilação oxidativa na célula?
6. Defina os termos *glicogênio*, *glicogenólise* e *glicólise*.
7. O que são os fosfatos de alta energia? Explique a afirmação: "o ATP é o doador de energia universal".
8. Defina os termos *aeróbio* e *anaeróbio*.
9. Discuta brevemente a função da glicólise na bioenergética. Qual é o papel do NAD^+ na glicólise?

10. Discuta a operação do ciclo de Krebs e da cadeia de transporte de elétrons na produção aeróbia de ATP. Qual é a função de NAD^+ e FAD nessas vias?
11. Qual é a eficiência da degradação aeróbia da glicose?
12. Qual é o papel do oxigênio no metabolismo aeróbio?
13. Quais são as enzimas limitadoras da velocidade das seguintes vias metabólicas: sistema ATP-CP, glicólise, ciclo de Krebs e cadeia de transporte de elétrons?
14. Discuta rapidamente a interação entre as formas de produções anaeróbia *versus* aeróbia de ATP durante o exercício.
15. Discuta a teoria quimiosmótica de produção de ATP.
16. Discuta brevemente o impacto das mudanças de temperatura e de pH sobre a atividade enzimática.
17. Discuta a relação existente entre ácido láctico e lactato.

Sugestões de leitura

Farrell, P.A., M. Joyner, and V. Caiozzo. 2012. ACSM's *Advanced Exercise Physiology*. Philadelphia, PA. Lippincott Williams and Wilkins.

Fox, S. 2013. *Human Physiology*. New York, NY: McGraw-Hill.

Karp, G. 2013. *Cell and Molecular Biology: Concepts and Experiments*. Hoboken, NJ. Wiley.

Nicholls, D.G., and S. Ferguson. 2013. *Bioenergetics 4*. Waltham, MA: Academic Press.

Sakellariou, G., M. Jackson, and A. Vasilaki. 2014. Refining the major contributors to superoxide production in contracting skeletal muscle. The role of NAD(P)H oxidases. *Free Radical Research*. Epub. 48:12–29.

Tarnopolsky, M.A. 2012. Caffeine and creatine use in sport. *Ann Nutr Metab* 57: Suppl 2:1–8.

Widmaier, E., H. Raff, and K. Strang. 2014. *Vander's Human Physiology*. New York, NY. McGraw-Hill.

Referências bibliográficas

1. Alberts B, Bray D, Hopkin K, and Johnson AD. *Essential Cell Biology*. New York, NY: Garland Science, 2013.
2. Bemben MG, and Lamont HS. Creatine supplementation and exercise performance: recent findings. *Sports Medicine*. 35: 107–125, 2005.
3. Brooks GA. Bioenergetics of exercising humans. *Compr Physiol*. 2(1): 537–562, 2012.
4. Brooks GA. Cell-cell and intracellular lactate shuttles. *Journal of Physiology* 587: 5591–5600, 2009.
5. Camic CL, Hendrix CR, Housh TJ, Zuniga JM, Mielke M, Johnson GO, et al. The effects of polyethylene glycosylated creatine supplementation on muscular strength and power. *Journal of Strength and Conditioning Research/National Strength & Conditioning Association* 24: 3343–3351, 2010.

6. Cribb PJ, Williams AD, Stathis CG, Carey MF, and Hayes A. Effects of whey isolate, creatine, and resistance training on muscle hypertrophy. *Medicine and Science in Sports and Exercise* 39: 298–307, 2007.
7. Dalbo VJ, Roberts MD, Stout JR, and Kerksick CM. Putting to rest the myth of creatine supplementation leading to muscle cramps and dehydration. *British Journal of Sports Medicine* 42: 567–573, 2008.
8. Devlin T. *Textbook of Biochemistry with Clinical Correlations*. Hoboken, NJ: Wiley, 2010.
9. Dolny DG, and Lemon PW. Effect of ambient temperature on protein breakdown during prolonged exercise. *J Appl Physiol* 64: 550–555, 1988.
10. Fox S. *Human Physiology*. New York, NY: McGraw-Hill, 2013.

11. Gastin PB. Energy system interaction and relative contribution during maximal exercise. *Sports Medicine*. 31: 725–741, 2001.

12. Gibala MJ. Protein metabolism and endurance exercise. *Sports Medicine*. 37: 337–340, 2007.

13. Glancy B, Willis WT, Chess DJ, and Balaban RS. Effect of calcium on the oxidative phosphorylation cascade in skeletal muscle mitochondria. *Biochemistry*. 52: 2793–2809, 2013.

14. Greenhaff PL. Creatine and its application as an ergogenic aid. *Int J Sport Nutr* 5 Suppl: S100–110, 1995.

15. Hespel P, and Derave W. Ergogenic effects of creatine in sports and rehabilitation. *Sub-cellular Biochemistry*. 46: 245–259, 2007.

16. Holloszy JO, and Coyle EF. Adaptations of skeletal muscle to endurance exercise and their metabolic consequences. *J Appl Physiol* 56: 831–838, 1984.

17. Tiidus P, Tipling R, and Houston M. *Biochemistry Primer for Exercise Science*. Champaign, IL: Human Kinetics, 2012.

18. Jequier E, and Flatt J. Recent advances in human bioenergetics. *News in Physiological Sciences*. 1: 112–114, 1986.

19. Juhn MS, and Tarnopolsky M. Oral creatine supplementation and athletic performance: a critical review. *Clin J Sport Med* 8: 286–297, 1998.

20. Juhn MS, and Tarnopolsky M. Potential side effects of oral creatine supplementation: a critical review. *Clin J Sport Med* 8: 298–304, 1998.

21. Karp G. *Cell and Molecular Biology: Concepts and Experiments*. Hoboken, NJ: Wiley, 2013.

22. Kavazis AN, Talbert EE, Smuder AJ, Hudson MB, Nelson WB, and Powers SK. Mechanical ventilation induces diaphragmatic mitochondrial dysfunction and increased oxidant production. *Free Radical Biology & Medicine*. 46: 842–850, 2009.

23. Kerksick CM, Wilborn CD, Campbell WI, Harvey TM, Marcello BM, Roberts MD, et al. The effects of creatine monohydrate supplementation with and without D-pinitol on resistance training adaptations. *Journal of Strength and Conditioning Research/National Strength & Conditioning Association* 23: 2673–2682, 2009.

24. Law YI., Ong WS, GillianYap TL, Lim SC, and Von Chia E. Effects of two and five days of creatine loading on muscular strength and anaerobic power in trained athletes. *Journal of Strength and Conditioning Research/National Strength & Conditioning Association* 23: 906–914, 2009.

25. Lemon PW, and Mullin JP. Effect of initial muscle glycogen levels on protein catabolism during exercise. *J Appl Physiol* 48: 624–629, 1980.

26. Maughan RJ. Creatine supplementation and exercise performance. *Int J Sport Nutr* 5: 94–101, 1995.

27. Maughan RJ, King DS, and Lea T. Dietary supplements. *J Sports Sci* 22: 95–113, 2004.

28. McArdle W, Katch F, and Katch V. *Exercise Physiology: Energy, Nutrition, and Human Performance*. Baltimore, MD: Lippincott Williams & Wilkins, 2006.

29. McCormack J, and Denton R. Signal transduction by intramitochondrial calcium in mammalian energy metabolism. *News in Physiological Sciences*. 9: 71–76, 1994.

30. Powers SK, and Jackson MJ. Exercise-induced oxidative stress: cellular mechanisms and impact on muscle force production. *Physiological Reviews*. 88: 1243–1276, 2008.

31. Pratt CW, and Cornely K. *Essential Biochemistry*. Hoboken, NJ: Wiley, 2011.

32. Rawson ES, and Volek JS. Effects of creatine supplementation and resistance training on muscle strength and weight-lifting performance. *Journal of Strength and Conditioning Research/National Strength & Conditioning Association* 17: 822–831, 2003.

33. Reed S. *Essential Physiological Biochemistry: An Organ-Based Approach*. Hoboken, NJ: Wiley, 2010.

34. Robergs RA, Ghiasvand F, and Parker D. Biochemistry of exercise-induced metabolic acidosis. *American Journal of Physiology* 287: R502–516, 2004.

35. Spriet LL. Phosphofructokinase activity and acidosis during short-term tetanic contractions. *Can J Physiol Pharmacol* 69: 298–304, 1991.

36. Tymoczko J, Berg J, and Stryer L. *Biochemistry: A Short Course*. New York, NY: W. H. Freeman, 2009.

37. Voet D, and Voet JG. *Biochemistry*. Hoboken, NJ: Wiley, 2010.

38. West J. *Best and Taylor's Physiological Basis of Medical Practice*. Baltimore, MD: Lippincott Williams & Wilkins, 2001.

39. Williams MH, and Branch JD. Creatine supplementation and exercise performance: an update. *J Am Coll Nutr* 17: 216–234, 1998.

4

Metabolismo no exercício

■ Objetivos

Ao estudar este capítulo, você deverá ser capaz de:

1. Discutir a relação existente entre intensidade/duração do exercício e as vias bioenergéticas mais implicadas na produção de ATP durante a realização dos vários tipos de exercício.
2. Descrever graficamente a alteração do consumo de oxigênio que ocorre durante a transição do repouso para o exercício em estado estável e, em seguida, na recuperação do exercício. Identificar o déficit de oxigênio, necessidade de oxigênio e débito de oxigênio (excesso de consumo de oxigênio pós-exercício).
3. Descrever graficamente as mudanças ocorridas no consumo de oxigênio e nos níveis sanguíneos de lactato durante um teste de exercício incremental (graduado). Identificar o limiar de lactato e o consumo máximo de oxigênio ($\dot{V}O_{2máx}$).
4. Discutir as diversas explicações possíveis para a elevação súbita da concentração sanguínea de lactato durante o exercício incremental.
5. Listar os fatores reguladores da seleção de combustível durante o exercício.
6. Descrever as alterações ocorridas na razão de troca respiratória (R) diante das intensidades crescentes de exercício e durante o exercício prolongado de intensidade moderada.
7. Descrever os tipos de carboidratos e gorduras usados durante as intensidades crescentes de exercício e durante o exercício prolongado de intensidade moderada.
8. Descrever o transporte do lactato, citando exemplos de como ocorre sua utilização durante o exercício.

■ Conteúdo

Necessidades energéticas durante o repouso 67

Transições do repouso ao exercício 67

Recuperação do exercício: respostas metabólicas 69

Respostas metabólicas ao exercício: influência da duração e da intensidade 72
Exercício intenso e de curta duração 73
Exercício prolongado 73
Exercício incremental 74

Estimativa da utilização de combustível durante o exercício 76

Fatores determinantes da seleção de combustível 78
Intensidade do exercício e seleção de combustível 78
Duração do exercício e seleção de combustível 80
Interação do metabolismo de gordura/carboidrato 81
Reservas de energia do organismo 82

■ Palavras-chave

ácido graxo livre (AGL)
ciclo de Cori
consumo excessivo de oxigênio pós-exercício (EPOC)
consumo máximo de oxigênio ($\dot{V}O_{2máx}$)
débito de oxigênio
déficit de oxigênio
gliconeogênese
limiar anaeróbio
limiar de lactato
lipases
lipólise
razão de troca respiratória (R)
teste com exercício graduado (ou incremental)

66

O exercício impõe um sério desafio às vias bioenergéticas da musculatura que trabalha. Exemplificando, durante o exercício intenso, o gasto energético corporal total pode aumentar de 15 a 25 vezes acima do gasto observado em repouso. A maior parte desse aumento da produção de energia é usada no fornecimento de ATP para contração dos músculos esqueléticos, podendo aumentar a utilização de energia por esses músculos cerca de 200 vezes em relação à utilização observada em repouso.[1] Nitidamente, os músculos esqueléticos possuem uma ampla capacidade de produzir e usar ATP durante o exercício. Este capítulo descreve: (1) as respostas metabólicas no início do exercício e durante a recuperação do exercício; (2) as respostas metabólicas ao exercício de alta intensidade, incremental e prolongado; (3) a seleção dos combustíveis usados para produzir ATP e (4) o modo como é regulado o metabolismo no exercício.

Iniciamos com uma visão geral das necessidades energéticas do corpo em repouso, seguida de uma discussão sobre as vias bioenergéticas ativadas no começo do exercício.

Necessidades energéticas durante o repouso

Lembre-se de que a homeostasia é definida como um ambiente interno imutável e estável (ver Cap. 2). Em condições de repouso, o corpo humano saudável está em homeostasia, e, dessa forma, a necessidade energética corporal é igualmente constante. Em repouso, quase 100% da energia (i. e., ATP) requerida para manter as funções corporais é produzida por metabolismo aeróbio. A isso sucede que os níveis sanguíneos de lactato em repouso também são estáveis e baixos (p. ex., 1 mmol/L).

Como a mensuração do consumo de oxigênio (O_2 – oxigênio consumido pelo corpo) é um índice de produção aeróbia de ATP, a mensuração do consumo de O_2 em repouso fornece uma estimativa da necessidade energética "basal" corporal. Em repouso, a necessidade energética total de um indivíduo é relativamente baixa. Um jovem adulto que pesasse 70 kg, por exemplo, consumiria cerca de 0,25 L de oxigênio/minuto. Esse consumo é traduzido em um consumo de O_2 relativo de 3,5 mL de O_2/kg (peso corporal) por minuto. Como mencionado anteriormente, o exercício muscular pode aumentar bastante as necessidades energéticas corporais. Vamos iniciar a nossa discussão sobre metabolismo no exercício considerando as vias bioenergéticas ativas na transição do repouso para o exercício.

Transições do repouso ao exercício

Considere a situação em que você está em pé, ao lado de uma esteira, cuja correia esteja se movendo a 3 m/s. Então, você sobe à correia e começa a correr. Em um passo, você acelera de 0 a 3 m/s e seus músculos aumentam a taxa de produção de ATP a partir da quantidade requerida à permanência em pé para a quantidade requerida em uma corrida a 3 m/s (Fig. 4.1a e b). Se a produção de ATP não aumentasse instantaneamente, você cairia da esteira. Quais alterações metabólicas devem ocorrer na musculatura esquelética no início do exercício para que a quantidade de energia necessária seja fornecida e o movimento seja continuado? Similarmente à mensuração do consumo de O_2 em repouso, a mensuração do consumo de O_2 durante exercício pode fornecer informação sobre o metabolismo aeróbio durante o exercício. Exemplificando, na transição do repouso para o exercício leve ou

(a)
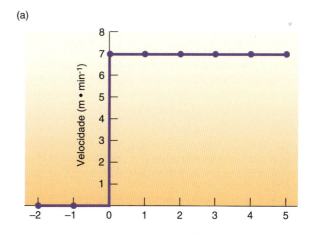

(b)
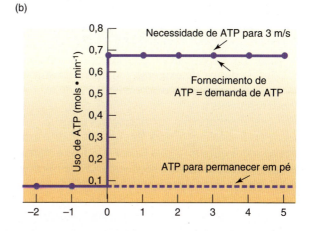

(c)
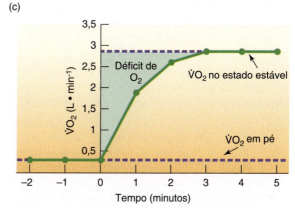

Figura 4.1 Curso temporal da velocidade (a), taxa de uso de ATP (b) e consumo de oxigênio ($\dot{V}O_2$) (c) na transição do repouso para o exercício submáximo.

moderado, o consumo de O₂ aumenta rapidamente e atinge um estado estável em 1-4 minutos (Fig. 4.1c).[11,21,93]

O fato de o consumo de O₂ não aumentar instantaneamente para um valor de estado estável significa que as fontes de energia anaeróbias contribuem para a produção geral de ATP no início do exercício. De fato, muitas evidências sugerem que, no início do exercício, o sistema ATP-CP é a primeira via bioenergética a ser ativada, seguida da glicólise e, por fim, da produção de energia aeróbia.[3,16,40,69,98] Isso é ilustrado na Figura 4.2a, em que a concentração de PC nos músculos cai drasticamente durante uma série de exercícios de 3 minutos. A Figura 4.2b mostra que a produção de ATP a partir de PC foi maior no primeiro minuto de exercício e caiu a seguir, em parte por causa da diminuição sistemática das reservas de PC. A Figura 4.2c mostra que a glicólise já havia contribuído para o fornecimento de ATP durante o primeiro minuto de exercício e aumentou no segundo minuto.[9] A efetividade desses dois sistemas anaeróbios nos primeiros minutos de exercício é tal que os níveis de ATP na musculatura praticamente permanecem inalterados, ainda que a taxa de utilização do ATP seja bem maior.[113] Entretanto, conforme o consumo de O₂ em estado estável é alcançado, as necessidades de ATP do corpo vão sendo atendidas pelo metabolismo aeróbio. O principal ponto a ser enfatizado em relação à bioenergética das transições do repouso ao trabalho é o envolvimento de vários sistemas energéticos. Em outras palavras, a energia necessária ao exercício não é fornecida pela simples ativação de uma via bioenergética isolada, e sim por uma mistura de vários sistemas metabólicos que atuam com uma considerável sobreposição.

O termo **déficit de oxigênio** é aplicável ao atraso do consumo de oxigênio que ocorre no início do exercício. Especificamente, o déficit de oxigênio é definido pela diferença entre o consumo de oxigênio nos primeiros minutos de exercício e um período equivalente após o estado estável ser alcançado.[85,91] Na Figura 4.1c, isso é representado pela área sombreada à esquerda. O que causa esse atraso no consumo de oxigênio no início do exercício? Esse atraso é causado por uma distribuição inadequada de oxigênio aos músculos ou reflete uma falha da fosforilação oxidativa em aumentar imediatamente, logo no início do exercício?[77] O dr. Bruce Gladden responde a essas perguntas no Quadro "Pergunte ao especialista 4.1".

Adultos[61,93] e adolescentes[83] treinados atingem o estado estável de V̇O₂ mais rápido do que os indivíduos sem treinamento e, como consequência, apresentam um déficit de oxigênio menor. Qual é a explicação para essa diferença? Parece provável que os indivíduos treinados apresentam uma capacidade bioenergética aeróbia mais bem desenvolvida, decorrente das adaptações cardiovasculares ou musculares induzidas pelo treinamento de resistência.[32,61,91,93] Em termos práticos, isso significa que a produção aeróbia de ATP está ativa antes do início do exercício e acarreta uma produção menor de lactato e H⁺ no indivíduo treinado em comparação ao indivíduo sem treinamento. O Capítulo 13 traz uma análise detalhada dessa adaptação ao treinamento.

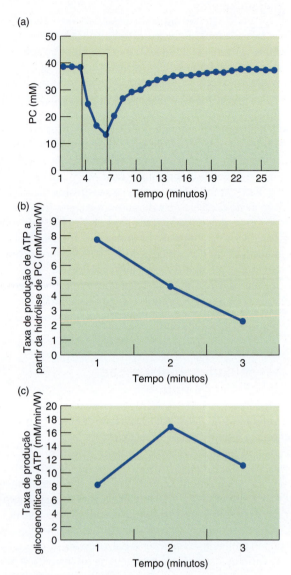

Figura 4.2 A Figura (a) mostra a rápida alteração da concentração de fosfocreatina (PC) no músculo durante uma série de exercícios de 3 minutos. As Figuras (b) e (c) mostram a taxa de produção de ATP a partir de PC e glicólise, respectivamente, nessa mesma série de 3 minutos.

Em resumo

- Na transição do repouso para o exercício leve ou moderado, o consumo de oxigênio aumenta rapidamente e, em geral, atinge um estado estável em 1-4 minutos.
- O termo "déficit de oxigênio" aplica-se ao atraso do consumo de oxigênio no início do exercício.
- A falha do consumo de oxigênio em aumentar instantaneamente no início do exercício significa que as vias anaeróbias contribuem para a produção geral de ATP no início do exercício. Depois que um estado estável é alcançado, as necessidades corporais de ATP são atendidas via metabolismo aeróbio.

Pergunte ao especialista 4.1

A cinética do consumo de oxigênio no início de um exercício realizado a uma taxa de trabalho constante: perguntas e respostas com o dr. Bruce Gladden

Bruce Gladden, PhD, professor do departamento de cinesiologia na Auburn University, é um especialista internacionalmente conhecido em metabolismo muscular no exercício. A pesquisa do dr. Gladden aborda questões importantes relacionadas aos fatores que regulam o consumo de oxigênio no músculo esquelético durante o exercício. Alguns exemplos do trabalho realizado pelo dr. Gladden podem ser encontrados em periódicos de fisiologia prestigiados no mundo inteiro. Aqui, o dr. Gladden responde a perguntas sobre o curso temporal do consumo de oxigênio no início do exercício submáximo.

PERGUNTA: O que é tão importante na resposta de consumo de oxigênio no início do exercício submáximo realizado a uma taxa de trabalho constante?

RESPOSTA: Primeiro, é essencial observar que o consumo de O_2 é um indicador confiável da energia fornecida pela fosforilação oxidativa (i. e., o sistema energético aeróbio ou oxidativo). O fato de haver uma "defasagem" ou retardo até o consumo de oxigênio aumentar e atingir um nível de estado estável nos informa que o metabolismo aeróbio (i. e., a fosforilação oxidativa na mitocôndria) não é totalmente ativado no início do exercício. Essa resposta é importante porque pode fornecer informação sobre o controle ou a regulação da fosforilação oxidativa. Além disso, essa resposta tardia nos comunica que os sistemas energéticos anaeróbios também devem ser ativados para suprir a energia necessária no começo do exercício (i. e., há um déficit de oxigênio).

PERGUNTA: Por que a fosforilação oxidativa não está total e instantaneamente ativada no início do exercício?

RESPOSTA: Historicamente, foram propostas duas hipóteses alternativas. Primeiro foi sugerido que no início do exercício o suprimento de oxigênio disponível para os músculos em contração é inadequado. Isso significa que, pelo menos em algumas mitocôndrias, ao menos em uma parte do tempo, é possível que não haja moléculas de oxigênio disponíveis para aceitar elétrons ao final das cadeias de transporte de elétron. Nitidamente, se isso estiver correto, a taxa de fosforilação oxidativa e, portanto, todo o consumo de oxigênio corporal seriam restritos. A segunda hipótese sustenta a ocorrência de um atraso, pois os estímulos para fosforilação oxidativa demoram algum tempo para atingir seus níveis finais e produzir totalmente seus efeitos em uma dada intensidade de exercício. Como discutido no Capítulo 3, a cadeia de transporte de elétrons é estimulada por ADP e P_i (p. ex., Tab. 3.3). Pouco após o começo do exercício, as concentrações de ADP e P_i estão meramente acima dos níveis de repouso, uma vez que a concentração de ATP está sendo mantida pela reação da creatina quinase (PC + ADP → ATP + C) e glicólise acelerada (com acúmulo de lactato). No entanto, as concentrações de ADP e P_i continuarão aumentando enquanto a PC for sendo quebrada, fornecendo gradualmente uma estimulação extra para "ligar" a fosforilação oxidativa até que essa via aeróbia passe a suprir essencialmente 100% das necessidades energéticas do exercício. O ponto-chave está no fato de a concentração desses estimuladores da taxa de fosforilação oxidativa não aumentar instantaneamente dos níveis de repouso para os níveis de estado estável. Isso por vezes é referido como "inércia do metabolismo".

PERGUNTA: Qual das duas hipóteses está correta?

RESPOSTA: Essa é uma pergunta difícil, pois ambas as hipóteses não são mutuamente exclusivas. Minhas pesquisas, com a colaboração de numerosos colegas (em especial dr. Bruno Grassi, dr. Mike Hogan e dr. Harry Rossiter), sustentam a segunda hipótese (i. e., de que a "lentidão" dos estímulos é necessária à completa ativação da fosforilação oxidativa). Em particular, existe evidência para um papel significativo da reação da creatina quinase no "tamponamento" de alguns dos sinais mais importantes (p. ex., concentração de ADP) para ativar a fosforilação oxidativa. Mesmo assim, a limitação do suprimento de oxigênio também pode exercer algum papel que, por sua vez, tende a se tornar mais significativo a intensidades de exercício mais altas. Nenhum dos possíveis reguladores ou controladores da fosforilação oxidativa deve ser considerado isoladamente. Todos interagem para fornecer o estímulo para a fosforilação oxidativa em uma determinada condição de exercício.

Recuperação do exercício: respostas metabólicas

Se um indivíduo está correndo na esteira a uma velocidade que pode ser mantida de maneira confortável por 20-30 minutos e então sai da esteira, a taxa metabólica ($\dot{V}O_2$) não cai instantaneamente a partir do valor de estado estável mensurado durante o exercício para os valores de $\dot{V}O_2$ de repouso associados à permanência ao lado da esteira. A taxa metabólica continua alta por vários minutos imediatamente após o exercício. Isso é ilustrado na Figura 4.3a, com um $\dot{V}O_2$ em estado estável sendo alcançado em 3 minutos de exercício submáximo e o consumo de oxigênio retornando aos níveis de repouso em 5 minutos após o exercício. Em contrapartida, a Figura 4.3b mostra o indivíduo realizando exercício em estado não estável, que pode ser mantido por 6 minutos antes de ocorrer exaustão. Esse teste é ajustado em uma intensidade que excede o maior $\dot{V}O_2$ que o indivíduo pode alcançar. Nesse caso, o indivíduo não poderia atender às necessidades de oxigênio da tarefa, conforme mostra o déficit de oxigênio significativamente maior, e seu $\dot{V}O_2$ ainda não retornaria aos níveis de repouso passados 14 minutos do início do exercício. Fica claro que a magnitude e a duração da taxa metabólica pós-exercício elevada são influenciadas pela intensidade do exercício.[5,51,91] O(s) motivo(s) que leva(m) a essa observação será(ão) discutidos de forma resumida.

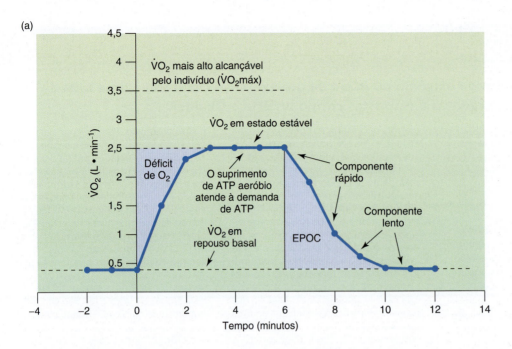

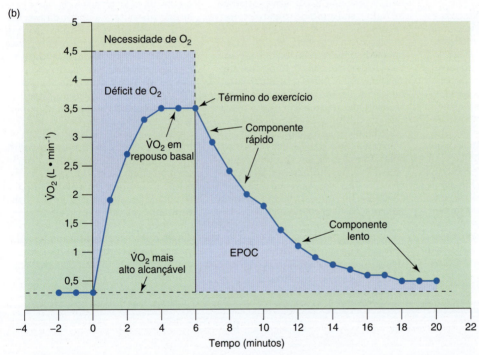

Figura 4.3 Déficit de oxigênio e consumo excessivo de O₂ pós-exercício (EPOC) durante o exercício moderado (*a*) e no exercício intenso e exaustivo (*b*).

Do ponto de vista histórico, o termo **débito de oxigênio** é aplicado ao consumo de oxigênio elevado (acima dos níveis de repouso) após o exercício. O proeminente fisiologista britânico A. V. Hill[62] empregou pela primeira vez o termo "débito de O₂", argumentando que o excesso de oxigênio consumido (acima do repouso) após o exercício foi um reembolso pelo déficit de O₂ incorrido no início do exercício (ver o quadro "Um olhar no passado – nomes importantes na ciência"). Evidências coletadas por Hill e outros pesquisadores, ao longo das décadas de 1920 e 1930, na Europa e nos Estados Unidos, sugeriram que o débito de oxigênio poderia ser dividido em duas partes: a parte rápida, imediatamente subsequente ao exercício (i. e., cerca de 2-3 minutos após o exercício); e a parte lenta, que persiste por mais de 30 minutos após o exercício. A parte rápida é representada pelo declínio íngreme do consumo de oxigênio após o exercício, enquanto a parte lenta é representada pelo declínio lento do O₂ que ocorre com o passar do tempo após o exercício (Fig. 4.3*a* e *b*). A lógica por trás da criação das divisões do débito de O₂ era baseada na crença de que a parte rápida do débito de O₂ representava o oxigênio requerido para ressintetizar ATP armazenado e PC e repor as reservas teciduais de O₂ (~20% do débito de O₂), enquanto a parte

Um olhar no passado – nomes importantes na ciência

A.V. Hill foi um pioneiro em fisiologia do exercício

Archibald Vivian (A.V.) Hill (1886-1977) recebeu o prêmio Nobel de fisiologia ou medicina em 1922, por sua pesquisa sobre produção de calor no músculo esquelético. Esse trabalho descreveu com precisão a magnitude da produção de calor no músculo esquelético isolado durante a contração e o relaxamento. O professor Hill nasceu em Bristol, Inglaterra, e sua família não tinha recursos financeiros para bancar seus estudos. Mesmo assim, ele era motivado e talentoso e ganhou bolsas de estudos para cursar matemática e ciências naturais (química, física e fisiologia) no Trinity College, em Cambridge.

Após a graduação, Hill foi incentivado por um de seus professores, o dr. Walter Fletcher, a se concentrar em fisiologia. Hill iniciou sua carreira científica em fisiologia em Cambridge, no ano de 1909, e começou a investigar a natureza da contração muscular usando músculo de sapo como modelo. Mais tarde, Hill ocupou cargos na Manchester University (1920-1923) e University College, em Londres (1923-1951).

Além de sua pesquisa sobre produção de calor no músculo esquelético, que lhe rendeu o prêmio Nobel, A. V. Hill fez numerosas contribuições ao nosso conhecimento da fisiologia do exercício. Exemplificando, ele foi o primeiro fisiologista a demonstrar que o músculo esquelético em contração é capaz de produzir energia de maneira anaeróbia. Esse trabalho foi importante porque a visão geral que se tinha naquela época era de que toda a energia destinada ao desempenho muscular derivava do metabolismo aeróbio. A. V. Hill também introduziu o conceito de débito de oxigênio (i. e., o consumo de oxigênio após o exercício) e foi o primeiro cientista a descrever com clareza o conceito de consumo máximo de oxigênio em seres humanos durante o exercício. Outras contribuições científicas importantes de Hill incluem sua descoberta da produção de calor nos nervos e a equação de força-velocidade na musculatura esquelética.

Para mais informações sobre A. V. Hill e suas contribuições científicas para a fisiologia do exercício, consulte o artigo de Bassett incluído em "Sugestões de leitura".

---

lenta do débito era decorrente da conversão oxidativa de lactato em glicose no fígado (~80% do débito de O_2).

Contradizendo as crenças anteriores, evidências atuais mostram que apenas cerca de 20% do débito de oxigênio é usado para converter o lactato produzido durante o exercício em glicose (o processo de síntese de glicose a partir de fontes não carboidrato é chamado **gliconeogênese**).[13,16] Vários pesquisadores argumentaram que o termo *débito de oxigênio* deveria ser eliminado da literatura, pois o consumo de oxigênio elevado subsequente ao exercício não parece ser totalmente devido a um "empréstimo" de oxigênio a partir das reservas corporais de oxigênio.[13,14,16,44] Nos últimos anos, foram sugeridos diversos termos para substituição. Um desses termos é o **EPOC** (*excess post-exercise oxygen consumption*), que indica o **"consumo excessivo de oxigênio pós-exercício"**.[14,44]

Se o EPOC não é exclusivamente usado para converter lactato em glicose, por que o consumo de oxigênio permanece alto no pós-exercício? Há várias possibilidades. Primeiro, pelo menos uma parte do O_2 consumido imediatamente após o exercício é usada para restaurar PC no músculo, bem como as reservas de O_2 no sangue e nos tecidos.[11,44]

A restauração das reservas de PC e oxigênio no músculo é concluída em 2-3 minutos de recuperação.[57] Isso é coerente com a perspectiva clássica da parte rápida do débito de O_2. Além disso, a frequência cardíaca e a respiração permanecem elevadas, acima dos níveis de repouso, durante vários minutos após o exercício. Dessa forma, essas duas atividades requerem O_2 extra acima dos níveis de repouso. Outros fatores que podem ocasionar o EPOC são uma temperatura corporal elevada e hormônios circulantes específicos. As elevações da temperatura corporal ocasionam uma taxa metabólica aumentada (denominada efeito Q_{10}).[18,55,95] Além disso, argumenta-se que níveis altos de adrenalina ou noradrenalina acarretam um consumo de O_2 aumentado após o exercício.[46] Contudo, esses dois hormônios são rapidamente removidos do sangue após o exercício e, assim, é possível que não estejam presentes por tempo suficiente para exercer impacto significativo sobre o EPOC.

Comparado com o exercício de intensidade moderada, o EPOC é maior durante o exercício de alta intensidade porque[51]

- A produção de calor e a temperatura corporal são maiores.
- A PC é depletada (eliminada) em uma maior extensão e é necessário mais O_2 para sua ressíntese.
- Os níveis mais elevados de lactato no sangue significam que é necessário mais O_2 para a conversão de lactato em glicose na gliconeogênese, mesmo se estiverem envolvidos apenas 20% do lactato.
- Os níveis de adrenalina e noradrenalina são muito maiores.

Todos esses fatores podem contribuir para que o EPOC seja maior após o exercício de alta intensidade do que após o exercício de intensidade moderada. Foi demonstrado que quando os indivíduos são testados na mesma taxa de trabalho absoluta após um programa de treinamento de resistência, a maioria desses fatores é reduzida em magnitude e consequentemente o EPOC.[104] A Figura 4.5 contém um resumo dos fatores que parecem contribuir para o EPOC. Ver ainda no Quadro "Uma visão mais detalhada 4.1" mais pormenores sobre a remoção do lactato após o exercício.

Uma visão mais detalhada 4.1

Remoção do lactato após o exercício

O que acontece com o lactato formado durante o exercício? A teoria clássica propunha que a maioria do lactato pós-exercício era convertida em glicose no fígado e acarretava um elevado consumo de oxigênio pós-exercício (i. e., débito de O_2). Entretanto, evidências recentes sugerem que isso não ocorre e, após o exercício, o lactato é principalmente oxidado.[13,16] Ou seja, o lactato é convertido em piruvato e usado como substrato pelo coração e músculo esquelético. Estima-se que cerca de 70% do lactato produzido durante o exercício seja oxidado, enquanto 20% são convertidos em glicose e os 10% restantes são convertidos em aminoácidos.

A Figura 4.4 mostra o curso temporal da remoção de lactato do sangue após o exercício extenuante. Observe que a remoção de lactato é mais rápida durante o exercício leve e contínuo em comparação ao observado na recuperação em repouso. A explicação para esses achados está associada ao fato de o exercício leve intensificar a oxidação do lactato pelo músculo ativo.[33,45,60] Estima-se que a intensidade ideal do exercício de recuperação para promoção da remoção do lactato do sangue seja ao redor de 30-40%

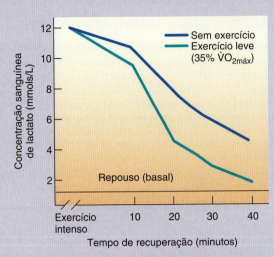

Figura 4.4 Remoção de lactato do sangue após o exercício extenuante. Observe que o lactato pode ser removido mais rapidamente do sangue durante a recuperação se o indivíduo se engajar no exercício leve e contínuo.

do $\dot{V}O_{2máx}$.[33] Intensidades de exercício mais altas provavelmente ocasionariam uma produção muscular aumentada de lactato e, assim, dificultariam a remoção.

Um estudo recente estabeleceu a intensidade da recuperação ativa a um percentual do limiar de lactato (LL) em vez de um percentual de $\dot{V}O_{2máx}$. Nesse estudo, quando os indivíduos realizavam a recuperação ativa a intensidades logo abaixo do LL (o ponto em que há acúmulo de lactato), o lactato presente no sangue era removido mais rápido do que a intensidades de recuperação menores (p. ex., 40-60% do LL).[87]

Em virtude do aumento da capacidade oxidativa muscular observado com o treinamento de resistência, alguns autores especularam que os indivíduos treinados poderiam ter uma capacidade maior de remoção de lactato durante a recuperação do exercício intenso.[6,8] Entretanto, dois estudos adequadamente delineados relataram que não há diferença em termos de desaparecimento do lactato do sangue entre indivíduos treinados e não treinados durante a recuperação em repouso de uma série de exercício máximo.[6,41]

Em resumo

- O débito de oxigênio (também denominado consumo excessivo de oxigênio pós-exercício [EPOC]) consiste em um consumo de O_2 superior ao observado em repouso após o exercício.
- Vários fatores contribuem para o EPOC. Primeiro, um pouco do O_2 consumido no início do período de recuperação é usado para ressintetizar PC armazenado no músculo e repor as reservas de O_2 musculares e sanguíneas. Outros fatores que contribuem para a parte "lenta" do EPOC incluem a temperatura corporal elevada, a quantidade de O_2 necessária para converter lactato em glicose (gliconeogênese) e níveis sanguíneos altos de adrenalina e noradrenalina.

Respostas metabólicas ao exercício: influência da duração e da intensidade

No Capítulo 3, foi dito que o exercício de alta intensidade e curta duração (<10 segundos) usa primariamente as vias metabólicas anaeróbias para produzir ATP. Em contrapartida, um evento como uma maratona envolve o uso primário da produção aeróbia de ATP para suprir o ATP necessário à realização do trabalho. Contudo, os eventos com duração acima de 10-20 segundos e inferior a 10 minutos geralmente produzem o ATP necessário à contração muscular usando uma combinação de vias anaeróbias e aeróbias. De fato, a maioria dos esportes usa uma combinação de vias anaeróbias e aeróbias para produzir o ATP necessário à contração muscular. As três seções subsequentes consideram quais vias bioenergéticas estão envolvidas na produção energética durante a realização de tipos específicos de exercício.

Figura 4.5 Resumo dos fatores que poderiam contribuir para o consumo excessivo de oxigênio pós-exercício (EPOC). Ver detalhes no texto.

Exercício intenso e de curta duração

A energia usada para realizar um exercício de curta duração e alta intensidade é fornecida primariamente pelas vias metabólicas anaeróbias. Se a produção de ATP é dominada pelo sistema ATP-CP ou pela glicólise, depende primariamente da duração da atividade.[1,3,69,75] Exemplificando, a energia para correr 50 m ou concluir uma única partida de futebol é fornecida principalmente pelo sistema ATP-CP. Em contrapartida, a energia necessária para concluir uma corrida de 400 m (i. e., 55 segundos) é fornecida por uma combinação do sistema ATP-CP, glicólise e metabolismo aeróbio, em que a glicólise produz a maior parte do ATP. Em geral, o sistema ATP-CP pode suprir quase todas as necessidades de ATP para realização de trabalho em eventos com duração de 1-5 segundos. O exercício intenso com duração superior a 5 segundos começa a usar a capacidade de produção de ATP por glicólise. É preciso enfatizar que a transição do sistema ATP-CP para uma maior dependência da glicólise durante o exercício não constitui uma alteração abrupta e sim uma mudança gradual de uma via para outra.

Os eventos com duração superior a 45 segundos usam uma combinação de todos os três sistemas de energia (i. e., sistemas de ATP-CP, de glicólise e aeróbio). Esse aspecto foi enfatizado na Figura 3.23, no Capítulo 3. Em geral, o exercício intenso com duração aproximada de 60 segundos usa uma proporção de produção de energia anaeróbia/aeróbia da ordem de 70%/30%, enquanto os eventos competitivos com duração de 2-3 minutos empregam vias bioenergéticas anaeróbias e aeróbias praticamente na mesma proporção para suprir o ATP necessário (Fig. 3.23). Fica claro que a contribuição da produção de energia aeróbia para atender às necessidades energéticas totais aumenta com a duração da competição.

Em resumo

- Durante o exercício de alta intensidade e curta duração (i. e., 2-20 segundos), a produção de ATP muscular é dominada pelo sistema ATP-CP.
- O exercício intenso com duração superior a 20 segundos conta mais com a glicólise anaeróbia para produzir uma parte significativa do ATP necessário.
- Enfim, os eventos de alta intensidade com duração superior a 45 segundos usam uma combinação de sistema ATP-CP, glicólise e sistema aeróbio para produzir o ATP necessário à contração muscular. Os exercícios com duração entre 2 e 3 minutos necessitam de uma proporção 50%/50% de contribuição anaeróbia/aeróbia.

Exercício prolongado

A energia necessária à realização do exercício prolongado (i. e., duração >10 minutos) é fornecida primariamente pelo metabolismo aeróbio. Um consumo de oxigênio em estado estável em geral pode ser mantido durante o exercício submáximo de intensidade moderada. Entretanto, essa regra apresenta duas exceções. Primeiro, o exercício prolongado realizado em ambiente quente/úmido acarreta uma "tendência" crescente de consumo de oxigênio. Assim, um estado estável não é mantido nesse tipo de exercício ainda que a taxa de trabalho seja constante (Fig. 4.6a).[95] Em segundo lugar, o exercício contínuo a uma taxa de trabalho relativa alta (i. e., >75% $\dot{V}O_{2máx}$) ocasiona uma elevação lenta do consumo de oxigênio com o passar do tempo (Fig. 4.6b).[55] Em cada um desses tipos de exercício, a tendência crescente de $\dot{V}O_2$ é devida principalmente aos efeitos da temperatura corporal crescente e à elevação dos níveis sanguíneos dos hormônios adrenalina e noradrenalina.[18,44,46,55,73] Essas duas variáveis tendem a aumentar a taxa metabólica, provocando um consumo de oxigênio aumentado ao longo do tempo. O uso de um fármaco que bloqueia os receptores aos quais se ligam a adrenalina e a noradrenalina (para bloquear seus efeitos) resulta na eliminação da tendência do $\dot{V}O_2$, confirmando a ligação existente entre ambos.[73] Por outro lado, ainda que tenha sido demonstrado que o treinamento de resistência de 8 semanas diminui a tendência do $\dot{V}O_2$ durante o exercício intenso, sua associação a uma temperatura corporal mais baixa não foi estabelecida.[20] Os níveis reduzidos de adrenalina e noradrenalina poderiam ser a causa, como foi demonstrado para o menor EPOC após o treinamento de resistência?[104] Nitidamente, pesquisas adicionais se fazem necessárias para explicar as causas dessa tendência do $\dot{V}O_2$ no exercício intenso.

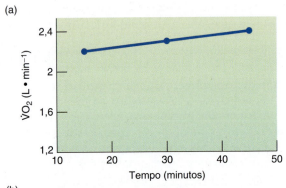

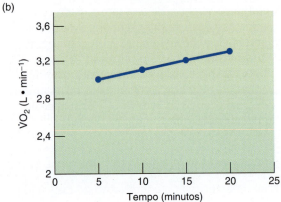

Figura 4.6 Comparação do consumo de oxigênio ($\dot{V}O_2$) ao longo do tempo durante o exercício prolongado realizado em condições ambientais de calor e umidade (*a*) e no exercício prolongado a uma taxa de trabalho relativa alta (>75% do $\dot{V}O_{2máx}$) (*b*). Observe que, em ambas as condições, o $\dot{V}O_2$ apresenta uma "tendência" ascendente estável. Ver detalhes no texto.

Em resumo

- A energia necessária para a realização do exercício prolongado (i. e., duração >10 minutos) é fornecida primariamente pelo metabolismo aeróbio.
- Um consumo de oxigênio em estado estável geralmente pode ser mantido durante o exercício de intensidade moderada prolongado.
Entretanto, o exercício realizado em um ambiente quente/úmido ou exercício realizado a uma taxa de trabalho relativa alta acarreta uma "tendência" crescente do consumo de oxigênio com o passar do tempo. Dessa forma, um estado estável não é alcançado nesses tipos de exercício.

Exercício incremental

Testes com exercício incremental (também denominados **testes com exercício graduado**) são empregados com frequência pelos médicos para examinar pacientes quanto à possibilidade de cardiopatia, bem como por cientistas do exercício para determinar o condicionamento cardiovascular de um indivíduo. Esses testes geralmente são conduzidos em uma esteira ou cicloergômetro. No entanto, um braço ergométrico com pedal pode ser usado para testar indivíduos que perderam a funcionalidade de suas pernas ou atletas praticantes de esportes que envolvam trabalho dos braços (p. ex., nadadores). O teste em geral começa com o indivíduo realizando um breve aquecimento, seguido de aumento da taxa de trabalho a cada 1-3 minutos até o indivíduo não conseguir manter o débito de potência desejado. Esse aumento da taxa de trabalho pode ser alcançado na esteira, aumentando-se sua velocidade ou inclinação. No cicloergômetro ou braço ergométrico, o aumento do débito de potência é obtido por meio do aumento da resistência contra o volante.

Consumo máximo de oxigênio. A capacidade máxima de transporte e utilização de oxigênio durante o exercício (consumo máximo de oxigênio ou $\dot{V}O_{2máx}$) é considerada por muitos cientistas do exercício como a mensuração mais válida do condicionamento cardiovascular.

A Figura 4.7 ilustra a alteração do consumo de oxigênio durante um teste com exercício incremental típico realizado em um cicloergômetro. O consumo de oxigênio aumenta como uma função linear da taxa de trabalho até o $\dot{V}O_{2máx}$ ser alcançado. Quando o $\dot{V}O_{2máx}$ é alcançado, um aumento do débito de potência não provoca aumento do consumo de oxigênio. Assim, o $\dot{V}O_{2máx}$ representa um "teto fisiológico" da capacidade do sistema de transporte de oxigênio distribuir O_2 aos músculos em contração. Na forma clássica desse teste, o $\dot{V}O_2$ é nivelado ou exibe um "platô" quando o indivíduo completa um estágio a mais do teste. Na Figura 4.7, esse aspecto está ilustrado com uma linha tracejada. Essa linha tracejada foi usada porque muitos indivíduos não apresentam o platô ao final de um teste incremental; eles simplesmente não conseguem atingir um estágio além daquele em que o $\dot{V}O_{2máx}$ foi alcançado. Entretanto, existem formas de mostrar que o valor mais alto alcançado é o $\dot{V}O_{2máx}$[31,67,68,100] (ver detalhes no Cap. 17). Os fatores fisiológicos que influenciam o $\dot{V}O_{2máx}$ incluem: (1) a capacidade máxima do sistema cardiorrespiratório de distribuir oxigênio ao músculo em contração e (2) a capa-

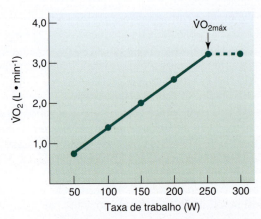

Figura 4.7 Alterações no consumo de oxigênio ($\dot{V}O_2$) durante um teste com exercício incremental. A linha tracejada indica um platô observado em $\dot{V}O_2$ em uma taxa de trabalho mais elevada; no entanto, isso não é observado em muitos casos.

cidade do músculo de captar oxigênio e produzir ATP de modo aeróbio. Tanto a genética como o treinamento físico comprovadamente influenciam o $\dot{V}O_{2máx}$. Esse aspecto é discutido no Capítulo 13.

Limiar de lactato. Em geral, acredita-se que a maior parte da produção de ATP destinada ao fornecimento de energia para realização de contração muscular durante os estágios iniciais de um teste com exercício incremental seja oriunda de fontes aeróbias.[81,92,105] Entretanto, à medida que a intensidade do exercício aumenta, os níveis sanguíneos de lactato começam a subir de modo exponencial (Fig. 4.8). Isso ocorre em indivíduos sem treinamento em torno de 50-60% do $\dot{V}O_{2máx}$, e nos indivíduos treinados é observado a taxas de trabalho maiores (i. e., 65-80% de $\dot{V}O_{2máx}$).[49] No passado, um termo comum usado para descrever o ponto de elevação sistemática dos níveis sanguíneos de lactato durante o exercício incremental era o **limiar anaeróbio**[15,30,39,63,72,94,116,118,122] por causa da ligação evidente entre o metabolismo anaeróbio e o aparecimento de lactato. Entretanto, por causa dos argumentos acerca da terminologia (discutidos em seguida), um termo mais neutro – **limiar de lactato** – passou a ser amplamente adotado.[29,33,110]

Outro termo comumente usado e que está relacionado à elevação sistemática da concentração sanguínea de lactato é *início de acúmulo de lactato no sangue* (cuja abreviação é OBLA). O termo OBLA é significativamente diferente de "limiar de lactato". Em vez de descrever o ponto de inflexão do lactato sanguíneo, o OBLA é definido como a intensidade do exercício (ou consumo de oxigênio) em que uma concentração sanguínea de lactato específica é alcançada (p. ex., 4 mmols/L).[14,58,110] Para evitar confusão, iremos nos referir à elevação súbita dos níveis sanguíneos de lactato durante o exercício incremental como limiar de lactato.

Alguns pesquisadores acreditam que essa elevação abrupta da concentração de lactato durante o exercício incremental represente um ponto de dependência crescente do metabolismo anaeróbio (i. e., glicólise).[28,114-118] Consequentemente, o termo limiar anaeróbio foi adotado. O argumento básico contra o termo *limiar anaeróbio* gira em torno da dúvida sobre a elevação do lactato sanguíneo durante o exercício incremental ser devida a uma falta de oxigênio (hipóxia) no músculo ativo ou ocorrer por outros motivos. Historicamente, os crescentes níveis sanguíneos de lactato foram considerados uma indicação de metabolismo anaeróbio aumentado no músculo em contração por causa dos níveis baixos de O_2 nas células musculares individuais.[116,118] Entretanto, se a glicólise terá como produto final o piruvato ou o lactato, isso depende de uma variedade de fatores. Primeiro, se a taxa de glicólise for rápida, a produção de NADH pode exceder a capacidade de transporte dos mecanismos de transporte que deslocam hidrogênios do sarcoplasma para dentro da mitocôndria.[107,109,121] De fato, os níveis sanguíneos de adrenalina e noradrenalina começam a subir a 50-65% do $\dot{V}O_{2máx}$ durante o exercício incremental, além de comprovadamente estimularem a taxa glicolítica. Esse aumento da glicólise eleva a taxa de produção de NADH.[109] A falha do sistema de transporte em sustentar a taxa de produção de NADH por glicólise resultaria no piruvato aceitar uma parte dos hidrogênios "não transportados"; além disso, a formação de lactato poderia ocorrer de modo independente de a célula muscular ter ou não oxigênio suficiente para produção aeróbia de ATP (Fig. 4.9).

Uma segunda explicação para a formação de lactato no músculo exercitado está relacionada à enzima que catalisa a conversão do piruvato em lactato. A enzima responsável por essa reação é a lactato desidrogenase (LDH), que é encontrada em várias formas (as diferentes formas da mesma enzima são denominadas isozimas). Lembre-se de que a reação é a seguinte:

$$\begin{array}{c} CH_3 \\ | \\ C=O \\ | \\ COO^- \\ \text{Piruvato} \end{array} + NADH + H^+ \overset{LDH}{\leftrightarrow} \begin{array}{c} CH_3 \\ | \\ H-C-OH \\ | \\ COO^- \\ \text{Lactato} \end{array} + NAD$$

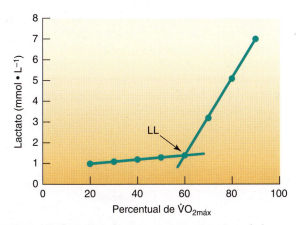

Figura 4.8 Alterações da concentração sanguínea de lactato durante o exercício incremental. A elevação abrupta do lactato é conhecida como limiar de lactato (LL).

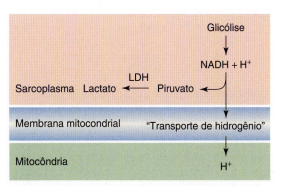

Figura 4.9 A falha do sistema mitocondrial de "transporte de hidrogênio" em acompanhar o ritmo da produção glicolítica de NADH + H^+ resulta na conversão do piruvato em lactato.

Essa reação é reversível, uma vez que o lactato pode ser convertido de volta a piruvato em condições apropriadas. O músculo esquelético humano pode ser classificado em três tipos de fibras (ver Cap. 8). Um desses tipos é uma fibra "lenta" (às vezes denominada fibra de contração lenta), enquanto os outros dois tipos são denominados fibras "rápidas" (por vezes chamadas de fibras de contração rápida). Como os nomes indicam, as fibras rápidas são recrutadas durante o exercício intenso e rápido, enquanto as fibras lentas são usadas primariamente durante a atividade de baixa intensidade. A isozima LDH encontrada nas fibras rápidas possui maior afinidade de ligação ao piruvato, promovendo formação de lactato.[65,105] Em contrapartida, as fibras de contração lenta contêm uma forma de LDH que promove a conversão de lactato em piruvato. Assim, a formação de lactato poderia ocorrer nas fibras rápidas durante o exercício simplesmente por causa do tipo de LDH presente. Assim, a produção de lactato seria novamente independente da disponibilidade de oxigênio na célula muscular. No início de um teste com exercício incremental, é provável que as fibras lentas sejam as primeiras a serem recrutadas para ação. Entretanto, à medida que a intensidade do exercício aumenta, torna-se necessário produzir uma quantidade de força muscular maior. Essa força muscular aumentada é suprida por meio do recrutamento de mais e mais fibras rápidas. Assim, o envolvimento de mais fibras rápidas pode ocasionar uma produção de lactato aumentada e, portanto, ser responsável pelo limiar de lactato.

Uma explicação final para o limiar de lactato pode estar relacionada à remoção do lactato do sangue durante o exercício incremental. Quando um pesquisador obtém uma amostra de sangue de um indivíduo durante um teste de exercício, a concentração de lactato presente na amostra consiste na diferença entre a taxa de entrada de lactato no sangue e a taxa de remoção de lactato do sangue. A qualquer momento, durante o exercício, sempre há alguns músculos produzindo e liberando lactato no sangue, assim como alguns tecidos (p. ex., fígado, músculos esqueléticos, coração) removendo lactato. Dessa forma, a concentração de lactato no sangue em um dado momento qualquer pode ser expressa matematicamente do seguinte modo:

$$\begin{array}{ccc} \text{Concentração} & \text{Entrada} & \text{Remoção} \\ \text{de lactato} = \text{de lactato} - \text{de lactato} \\ \text{no sangue} & \text{no sangue} & \text{do sangue} \end{array}$$

Assim, uma elevação da concentração de lactato no sangue pode ocorrer em decorrência de um aumento da produção de lactato ou diminuição da remoção de lactato. Evidências recentes sugerem que a elevação dos níveis sanguíneos de lactato em animais durante o exercício incremental pode decorrer de um aumento da produção de lactato e de uma diminuição da taxa de remoção de lactato.[16,36] Ver no Capítulo 13 uma discussão sobre o modo como o treinamento de resistência afeta a produção de lactato. Ver ainda o Quadro "Vencendo limites 4.1".

Resumindo, há controvérsias sobre a terminologia e o mecanismo que explicam a elevação abrupta da concentração sanguínea de lactato durante o exercício incremental. É possível que qualquer explicação isolada ou uma combinação de explicações (inclusive a falta de O_2) consiga esclarecer o limiar de lactato. A Figura 4.10 contém um resumo dos possíveis mecanismos que explicam o limiar de lactato. A busca por evidências definitivas que expliquem o(s) mecanismo(s) que altera(m) a concentração sanguínea de lactato durante o exercício incremental ainda seguirá pelos anos vindouros.

Uso prático do limiar de lactato. Independentemente do mecanismo fisiológico que explica o limiar de lactato, este possui implicações significativas para a previsão do desempenho esportivo e, talvez, para o planejamento de programas de treinamento destinados a atletas de resistência. Exemplificando, vários estudos demonstraram que o limiar de lactato combinado a outras mensurações fisiológicas (p. ex., $\dot{V}O_{2máx}$) é útil como preditor do sucesso de maratonistas.[42,82] Além disso, o limiar de lactato poderia servir como guia para treinadores e atletas planejarem o nível de intensidade de exercício necessário para otimizar os resultados do treinamento (p. ex., escolher uma frequência cardíaca de treinamento com base no limiar de lactato [LL]). Isso é discutido em mais detalhes nos Capítulos 16 e 21.

Em resumo

- O consumo de oxigênio aumenta de maneira linear durante o exercício incremental até o $\dot{V}O_{2máx}$ ser alcançado.
- O ponto em que a concentração sanguínea de lactato total aumenta repentinamente durante o teste com exercício incremental (graduado) é denominado *limiar de lactato*.
- Há controvérsias quanto ao mecanismo que explica a elevação súbita da concentração sanguínea de lactato durante o exercício incremental. É possível que qualquer um ou uma combinação dos seguintes fatores explique o limiar de lactato: (1) níveis baixos de oxigênio no músculo; (2) glicólise acelerada por ação da adrenalina e da noradrenalina; (3) recrutamento das fibras musculares rápidas; e (4) taxa de remoção do lactato diminuída.
- O limiar de lactato tem usos práticos, como na previsão do desempenho de resistência e como marcador da intensidade do treinamento.

Estimativa da utilização de combustível durante o exercício

Uma técnica não invasiva comumente empregada para estimar o percentual de contribuição dos carboidratos ou gorduras para o metabolismo energético durante o

Vencendo limites 4.1

Fisiologia do exercício aplicada ao esporte

O lactato causa sensibilidade muscular?

Entre alguns atletas e treinadores, existe uma crença de que a produção de lactato durante o exercício é uma causa primária de dor muscular de aparecimento tardio (i. e., a dor que surge em 24-48 horas após o exercício). Mesmo assim, evidências fisiológicas indicam que o lactato não é causa primária desse tipo de dor muscular. Várias linhas de "lógica fisiológica" podem ser usadas para sustentar essa posição. Primeiramente, embora a produção de lactato ocorra no músculo esquelético ativo durante o exercício de alta intensidade, a remoção do lactato do músculo e do sangue ocorre rapidamente após uma sessão de exercício. De fato, os níveis sanguíneos de lactato voltam aos níveis de repouso dentro de 60 minutos após o exercício (ver o Quadro 4.1 "Uma visão mais detalhada"). Dessa forma, parece improvável que a produção de lactato durante uma única série de exercícios provoque o aparecimento de dor muscular após 1-2 dias.

Um segundo argumento contra o lactato como causa de dor muscular de início tardio está no fato de que, se a produção de lactato causasse dor muscular, os atletas de potência sentiriam dor após cada treinamento. Nitidamente, não é isso que ocorre. De fato, os atletas de potência bem condicionados (p. ex., velocistas) raramente sentem dor muscular após uma sessão de treinamento de rotina.

Se o lactato não é causador do aparecimento tardio de dor muscular, qual é sua causa verdadeira? Evidências crescentes indicam que esse tipo de dor muscular tem origem em lesões microscópicas nas fibras musculares. Esse tipo de lesão resulta em uma cascata lenta de eventos biomecânicos que levam ao desenvolvimento de inflamação e edema nos músculos lesionados. Como esses eventos se desenvolvem lentamente, a dor decorrente em geral não aparece antes de 24-48 horas após o exercício. Os detalhes sobre os eventos que levam ao aparecimento tardio de dor muscular são discutidos no Capítulo 21.

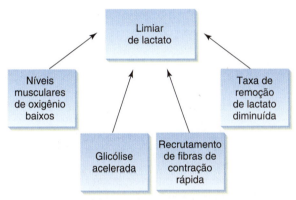

Figura 4.10 Mecanismos que possivelmente explicam o limiar de lactato durante o exercício incremental. Ver detalhes no texto.

exercício é a razão entre o débito de dióxido de carbono ($\dot{V}CO_2$) e o volume de oxigênio consumido ($\dot{V}O_2$).[43,120] A razão $\dot{V}CO_2/\dot{V}O_2$ é chamada de **razão de troca respiratória (R)**. Em condições de estado estável, a razão frequentemente é denominada quociente respiratório (QR), pois é considerada um reflexo da produção de CO_2 e do consumo de O_2 pelas mitocôndrias dos músculos ativos. Para fins de simplificação, iremos nos referir à razão $\dot{V}CO_2/\dot{V}O_2$ como razão de troca respiratória (R). Como a R pode ser usada para estimar se gordura ou carboidrato estão sendo usados como combustível? A resposta está relacionada ao fato de a gordura e o carboidrato diferirem em termos de quantidade de O_2 usada e CO_2 produzido durante a oxidação. Quando a R é usada como fator preditivo da utilização de combustível durante o exercício, o papel contribuidor das proteínas para a produção de ATP durante o exercício é ignorado. Esse aspecto é razoável, pois as proteínas geralmente exercem um pequeno papel como substrato durante a atividade física. Assim, a R durante o exercício é frequentemente denominada uma "R não proteica".

Vamos considerar primeiro a R para gordura. Quando a gordura é oxidada, o O_2 se combina com o carbono para formar CO_2 e se liga ao hidrogênio para formar água. A relação química é a seguinte:

Gordura (ácido palmítico) $C_{16}H_{32}O_2$

Oxidação: $C_{16}H_{32}O_2 + 23\ O_2 \rightarrow 16\ CO_2 + 16\ H_2O$

Portanto, $R = \dot{V}CO_2/\dot{V}O_2 = 16\ CO_2/23\ O_2$

$= 0{,}70$

Para a R ser usada como estimativa de uso de substrato durante o exercício, o indivíduo deve ter alcançado o estado estável. Isso é importante, pois é somente durante o exercício realizado em estado estável que $\dot{V}CO_2$ e $\dot{V}O_2$ refletem a captação de O_2 e a produção de CO_2 nos tecidos. Exemplificando, quando um indivíduo apresenta hiperventilação (i. e., respiração excessiva para uma determinada taxa metabólica), a perda excessiva de CO_2 a partir das reservas corporais (Cap. 10) poderia distorcer a razão $\dot{V}CO_2/\dot{V}O_2$ e invalidar o uso da R para estimar qual combustível está sendo usado.

A oxidação de carboidratos também acarreta uma razão previsível do volume de oxigênio consumido pela quantidade de CO_2 produzida. A oxidação de carboidratos ocasiona uma R igual a 1,0:

Glicose = $C_6H_{12}O_6$

Oxidação: $C_6H_{12}O_6 + 6\ O_2 \rightarrow 6\ CO_2 + 6\ H_2O$

$R = \dot{V}CO_2/\dot{V}O_2 = 6\ CO_2/6\ O_2 = 1{,}0$

A oxidação de gorduras requer mais O_2 do que a oxidação de carboidratos, pois estes contêm mais O_2 do que aquelas.[110] O equivalente calórico de 1 L de oxigênio é aproximadamente 4,7 kcal, com o uso apenas de gordura, e de 5,0 kcal, com o uso apenas de carboidratos. Por consequência, cerca de 6% mais de energia (ATP) para cada litro de oxigênio são obtidos quando se usam carboidratos, em comparação ao uso da gordura, como único combustível para o exercício.

É improvável que gordura ou carboidrato seja o único substrato usado durante a realização da maioria dos tipos de exercício submáximo. Dessa forma, a R do exercício provavelmente seria algo entre 1,0 e 0,70. A Tabela 4.1 lista uma gama de valores da R e seus respectivos percentuais metabólicos de gordura ou carboidrato. Observe que uma R não proteica igual a 0,85 representa uma condição em que gordura e carboidratos contribuem igualmente como substratos energéticos. Além disso, observe que quanto maior é o valor da R, maior é o papel dos carboidratos como fonte de energia, e, quanto menor o valor da R, maior a contribuição das gorduras. A Tabela 4.1 mostra como o equivalente calórico de oxigênio muda com a mistura de combustíveis utilizada.[74]

Tabela 4.1	Percentual de gorduras e carboidratos metabolizados, determinado pela razão de troca respiratória não proteica (R) e pelo equivalente calórico de oxigênio (kcal/L de O_2)		
R	% de gordura	% de carboidrato	kcal/L de O_2
0,70	100	0	4,69
0,75	83	17	4,74
0,80	67	33	4,80
0,85	50	50	4,86
0,90	33	67	4,92
0,95	17	83	4,99
1,00	0	100	5,05

Nota: valores de Knoebel.[74]

Em resumo

- A razão de troca respiratória (R) consiste na razão entre dióxido de carbono produzido e oxigênio consumido ($\dot{V}CO_2/\dot{V}O_2$).
- Para usar a R como estimativa da utilização de substrato durante o exercício, o indivíduo deve ter alcançado um estado estável. Isso é importante porque é apenas durante o exercício realizado em estado estável que $\dot{V}CO_2$ e $\dot{V}O_2$ refletem a troca metabólica de gases nos tecidos.
- O equivalente calórico para o oxigênio vale 4,7 kcal/L com o uso apenas de gordura e 5,0 kcal/L com o uso apenas de carboidrato, havendo uma diferença aproximada de 6%.

Fatores determinantes da seleção de combustível

As proteínas contribuem com menos de 2% do substrato usado durante o exercício com duração máxima de 1 hora. Entretanto, o papel das proteínas como fonte de combustível pode se tornar discretamente maior durante o exercício prolongado (i. e., 3-5 horas de duração). Durante esse tipo de exercício, a contribuição proteica total para o suprimento energético pode chegar a 5-10% durante os últimos minutos de trabalho.[10,14,66,78,79,97,119] Assim, as proteínas exercem apenas um papel minoritário como substrato durante o exercício, enquanto a gordura e os carboidratos são as principais fontes de energia durante a atividade em indivíduos saudáveis que consomem uma dieta equilibrada. Vários fatores determinam se o substrato primário usado durante o trabalho é gordura

ou carboidrato, tais como a dieta, a intensidade e a duração do exercício, e se o indivíduo passou por treinamento de resistência. Exemplificando, as dietas ricas em gordura e pobres em carboidrato promovem uma alta taxa de metabolismo de gordura. Com relação à intensidade do exercício, o exercício de baixa intensidade usa primariamente gordura como combustível, enquanto o carboidrato constitui a fonte energética primária durante o exercício de alta intensidade. A seleção do combustível também é influenciada pela duração do exercício. Durante o exercício de baixa intensidade e longa duração, há um aumento progressivo da quantidade de gordura oxidada pelos músculos exercitados. Os indivíduos submetidos ao treinamento de resistência usam mais gordura e menos carboidrato do que os indivíduos menos condicionados durante o exercício prolongado realizado a uma mesma intensidade. Nas duas seções a seguir, discutiremos os pormenores da influência da intensidade e duração do exercício sobre a seleção de combustível. O papel do treinamento de resistência é discutido em detalhes no Capítulo 13. A dieta e o desempenho são abordados no Capítulo 23.

Intensidade do exercício e seleção de combustível

Novamente, as gorduras são uma fonte de combustível primária para os músculos durante o exercício de baixa intensidade (i. e., 30% de $\dot{V}O_{2máx}$), enquanto os carboidratos são o substrato dominante durante o exercício de alta intensidade (i. e., 70% de $\dot{V}O_{2máx}$).[19,24,88,103] Consequentemente, R aumenta à medida que a intensidade do exercício aumenta. A influência da intensidade do exercício sobre a seleção do combustível muscular é ilustrada na Figura 4.11. Observe que, à medida que a intensidade do exercício aumenta, ocorre um aumento progressivo do metabolismo de carboidratos e

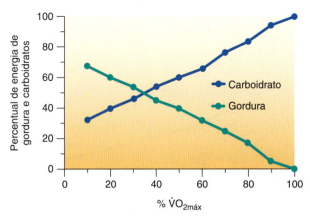

Figura 4.11 Ilustração do conceito de "cruzamento". Observe que, conforme a intensidade do exercício aumenta, há um aumento progressivo da contribuição dos carboidratos como fonte de combustível.

uma diminuição do metabolismo de gorduras. Perceba ainda que, conforme a intensidade do exercício aumenta, existe uma intensidade de exercício em que a energia derivada dos carboidratos excede a energia derivada das gorduras. Essa taxa de trabalho foi denominada *ponto de cruzamento*.[19] Ou seja, à medida que a intensidade do exercício aumenta, ultrapassando o ponto de cruzamento, ocorre um deslocamento progressivo do metabolismo de gordura para o metabolismo de carboidrato.

Qual é a causa do deslocamento do metabolismo de gordura para o metabolismo de carboidrato, que ocorre com o aumento da intensidade do exercício? Existem dois fatores primários envolvidos: (1) o recrutamento das fibras rápidas e (2) os níveis sanguíneos crescentes de adrenalina. Conforme a intensidade do exercício aumenta, cada vez mais fibras musculares rápidas são recrutadas.[48] Essas fibras possuem enzimas glicolíticas em abundância, todavia, poucas enzimas mitocondriais e lipolíticas (enzimas responsáveis pela quebra de gorduras). Em suma, isso significa que as fibras rápidas são mais bem equipadas para metabolizar carboidratos do que para metabolizar gorduras. Dessa forma, o recrutamento aumentado das fibras rápidas provoca um maior metabolismo de carboidratos e um metabolismo de gorduras menor.[19]

Um segundo fator regulador do metabolismo de carboidratos durante o exercício é a adrenalina. Conforme a intensidade do exercício aumenta, há uma elevação progressiva dos níveis sanguíneos de adrenalina. Níveis altos de adrenalina aumentam a atividade de fosforilase, o que, por sua vez, provoca aumento da quebra de glicogênio muscular. O resultado é um aumento da taxa de glicólise e produção de lactato.[19] Notavelmente, há alguns indivíduos que não possuem fosforilase e são incapazes de produzir lactato (ver Quadro "Aplicações clínicas 4.1"). A produção de lactato aumentada inibe o metabolismo de gordura, diminuindo a disponibilidade de gordura a ser usada como substrato.[112] A falta de gordura para ser usada como substrato pelos músculos ativos, nessas condições, determina o uso dos carboidratos como combustível primário (ver no Cap. 5 mais detalhes sobre o modo como isso ocorre).

Muitos indivíduos usam o exercício como forma de manter o peso e a gordura corporais controlados. É provável que você esteja familiarizado com as peças de equipamento usadas na prática de exercícios e selecione algumas para os treinamentos de "queima de gordura". Esse tipo de treinamento enfatiza a baixa intensidade e a duração prolongada. Mas essa é realmente a melhor forma de queimar gordura? Ver a resposta no Quadro "Uma visão mais detalhada 4.2".

Aplicações clínicas 4.1

Síndrome de McArdle: um erro genético no metabolismo do glicogênio muscular

A síndrome de McArdle é uma doença genética em que o indivíduo afetado nasce com uma mutação genética e é incapaz de sintetizar a enzima fosforilase. Esse distúrbio metabólico impede o indivíduo de quebrar glicogênio muscular como fonte de combustível durante o exercício. Essa incapacidade de usar glicogênio durante o exercício também impede o músculo de produzir lactato, e isso é indicado pela observação de que os níveis sanguíneos de lactato não aumentam em pacientes com síndrome de McArdle durante o exercício de alta intensidade. Não surpreende então que, durante o exercício submáximo, os pacientes com síndrome de McArdle usem mais gordura como combustível em comparação aos indivíduos do grupo-controle.[90] Entretanto, apesar dos níveis crescentes de ácidos graxos no sangue, os pacientes com a síndrome são incapazes de oxidar mais gordura. Isso indica que a disponibilidade de carboidrato limita a oxidação de gorduras até mesmo durante o exercício em estado estável nesses pacientes. Leia mais sobre esse assunto na seção "Interação do metabolismo de gordura/carboidrato".

Um efeito colateral indesejado desse distúrbio genético são as queixas frequentes dos pacientes com síndrome de McArdle de intolerância ao exercício e dor muscular ao esforço. Essa observação clínica fornece uma representação prática da importância do glicogênio muscular como fonte de energia durante o exercício. A síndrome de McArdle é apenas um dos numerosos distúrbios genéticos do metabolismo. Ver a revisão de van Adel e Tarnopolsky, em "Sugestões de leitura", sobre essas miopatias metabólicas.

Capítulo 4 Metabolismo no exercício

Duração do exercício e seleção de combustível

Durante o exercício prolongado (i. e., duração superior a 30 minutos) e de intensidade moderada (40-59% de $\dot{V}O_{2máx}$), a R diminui ao longo do tempo, indicando um deslocamento gradual do metabolismo de carboidrato para um uso crescente das gorduras como substrato.[4,47,64,76,88,96] A Figura 4.12 ilustra esse aspecto.

Quais fatores controlam a taxa de metabolismo de gordura durante o exercício prolongado? O metabolismo de gorduras é regulado pelas variáveis que controlam a taxa de quebra de gordura (um processo chamado lipólise). Os triglicerídios são quebrados em **ácidos graxos livres (AGL)** e glicerol pela ação de enzimas chamadas **lipases**. As lipases geralmente estão inativas até serem estimuladas pelos hormônios adrenalina, noradrenalina e glucagon.[64] Durante o exercício de baixa intensidade e pro-

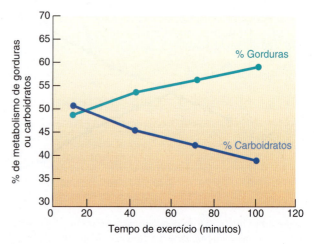

Figura 4.12 Deslocamento do metabolismo de carboidratos para o metabolismo de gorduras durante o exercício prolongado.

Uma visão mais detalhada 4.2

Exercício e metabolismo de gordura: o exercício de baixa intensidade é melhor para queimar gordura?

Qual intensidade de exercício é ideal para queimar gordura? À primeira vista, o exercício de baixa intensidade pareceria melhor porque um alto percentual de gasto energético é derivado da oxidação de gordura (Fig. 4.11.). Entretanto, deve-se ter em mente que, como o gasto energético total também é muito baixo nesses exercícios de baixa intensidade, apenas uma pequena quantidade de gordura é oxidada. Por exemplo, vamos considerar que um indivíduo esteja trabalhando a 20% do $\dot{V}O_{2máx}$ e que a taxa metabólica seja 3 kcal · min⁻¹. Se R é 0,80, dois terços da energia (2 kcal · min⁻¹) são provenientes da gordura e um terço (1 kcal · min⁻¹) provém do carboidrato (ver Quadro 4.1). Agora, se o indivíduo está trabalhando a 60% do $\dot{V}O_{2máx}$, a taxa metabólica é 9 kcal · min⁻¹. Se R é 0,90, apenas um terço da energia vem da gordura. Entretanto, como a taxa metabólica é três vezes maior, 3 kcal · min⁻¹ são derivados de gordura – 50% mais oxidação de gordura do que em 20% do $\dot{V}O_{2máx}$. A Figura 4.13 mostra mudanças na R e na oxidação de gordura em uma ampla faixa de intensidades de exercícios. A oxidação de gordura aumentou em cerca de 60% do $\dot{V}O_{2máx}$

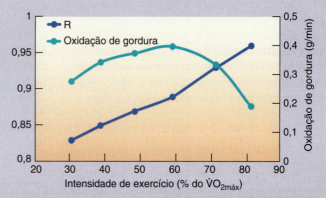

Figura 4.13 Mudanças na razão de troca respiratória (R) e na oxidação de gordura com aumento da intensidade de exercício em homens e mulheres ativos. A oxidação de gordura aumentou a partir do exercício leve e alcançou um pico em cerca de 60% do $\dot{V}O_{2máx}$.

e então reduziu daí em diante. Esse padrão é justamente o padrão da oxidação de gordura.

A maior taxa de oxidação de gordura é chamada de $FAT_{máx}$ e existe suporte para uma conexão entre LL e $FAT_{máx}$. Na verdade, a aceleração da glicólise que está relacionada com o aumento da concentração de lactato no sangue significa um aumento global na oxidação de carboidrato. Consistente com isso, a $FAT_{máx}$ parece ser alcançada logo após o LL.[101]

Além disso, a oxidação da gordura parece ser maior na mesma carga de trabalho relativa (%$\dot{V}O_{2máx}$) durante uma corrida comparada com o ciclismo em adultos[23] e crianças.[123] Ao discutir sobre qual exercício ou intensidade de exercício é melhor para a oxidação de gordura, deve-se ter em mente que o gasto energético total é a chave para qualquer programa de manutenção ou perda de peso. Veja o Capítulo 16 para detalhes sobre a prescrição de exercícios.

longado, por exemplo, os níveis sanguíneos de adrenalina aumentam, o que eleva a atividade das lipases e assim promove a lipólise. Esse aumento da lipólise ocasiona aumento dos níveis sanguíneos e musculares de AGL, além de promover o metabolismo de gorduras. De modo geral, a **lipólise** é um processo lento, e um aumento do metabolismo de gorduras ocorre somente após vários minutos de exercício. Esse aspecto é ilustrado na Figura 4.12 pelo aumento lento do metabolismo de gorduras que ocorre com o passar do tempo durante o exercício submáximo prolongado.

A mobilização de AGL para o sangue é inibida pelo hormônio insulina e por níveis sanguíneos de lactato elevados. A insulina inibe a lipólise por inibição direta da atividade da lipase. Normalmente, os níveis sanguíneos de insulina declinam durante o exercício prolongado (ver Cap. 5). Entretanto, quando uma refeição ou uma bebida ricas em carboidratos são consumidas em 30-60 minutos antes do exercício, os níveis sanguíneos de glicose aumentam e mais insulina é liberada pelo pâncreas. Essa elevação da insulina no sangue pode levar à diminuição da lipólise e redução do metabolismo de gordura, ocasionando maior utilização de carboidratos como combustível (ver mais sobre esse assunto no Cap. 23).

Interação do metabolismo de gordura/carboidrato

Durante o exercício de curta duração, é improvável que as reservas musculares de glicogênio ou os níveis de glicemia sejam depletados. Contudo, durante o exercício prolongado (p. ex., duração superior a 2 horas), as reservas musculares e hepáticas de glicogênio podem atingir níveis baixíssimos.[14,25,48,53,59] Isso é importante porque a depleção das reservas musculares e sanguíneas de carboidrato provoca fadiga muscular.[53] Por que níveis baixos de glicogênio no músculo produzem fadiga? Evidências recentes sugerem a seguinte resposta. A depleção do carboidrato disponível diminui a taxa de glicólise e, com isso, a concentração de piruvato no músculo também diminui.[53] Isso diminui a taxa de produção aeróbia de ATP pela redução do número de compostos (intermediários) do ciclo de Krebs. No músculo humano cujas reservas de glicogênio são adequadas, o exercício submáximo (i. e., 70% do $\dot{V}O_{2máx}$) aumenta (acima dos valores de repouso) em nove vezes o número de intermediários do ciclo de Krebs.[102] Esse número aumentado de intermediários é necessário para que o ciclo de Krebs "acelere" em uma tentativa de atender às altas demandas de ATP durante o exercício. O piruvato (produzido por glicólise) é importante para a promoção do aumento da concentração de intermediários do ciclo de Krebs. Exemplificando, o piruvato é precursor de vários intermediários do ciclo de Krebs (p. ex., oxaloacetato, malato). Quando a taxa de glicólise diminui em decorrência da indisponibilidade de glicose ou de glicogênio, os níveis de piruvato no sarcoplasma caem e os níveis de intermediários do ciclo de Krebs também diminuem. Esse declínio da quantidade de intermediários do ciclo de Krebs retarda a taxa de atividade do ciclo, de modo que o resultado final é uma redução da taxa de produção aeróbia de ATP. Essa taxa diminuída de produção de ATP muscular limita o desempenho muscular e pode acarretar fadiga.

É importante notar que uma diminuição da quantidade de intermediários do ciclo de Krebs (em decorrência da depleção de glicogênio) acarreta uma taxa diminuída de produção de ATP a partir do metabolismo de gordura, pois as gorduras podem ser metabolizadas apenas por meio da oxidação no ciclo de Krebs. Dessa forma, quando as reservas de carboidratos são depletadas no corpo, a taxa de metabolização de gordura também diminui.[102] Portanto, "as gorduras são queimadas na chama dos carboidratos".[109] O papel que a depleção das reservas corporais de carboidratos pode exercer na limitação do desempenho durante o exercício prolongado é apresentado no Quadro "Vencendo limites 4.2" e além disso é discutido nos Capítulos 19 e 23.

Vencendo limites 4.2

Fisiologia do exercício aplicada ao esporte

A alimentação à base de carboidratos por meio da ingestão de bebidas esportivas melhora o desempenho de resistência

A depleção das reservas de carboidrato musculares e sanguíneas pode contribuir para a fadiga muscular durante o exercício prolongado. Sendo assim, a ingestão de carboidratos durante o exercício prolongado pode melhorar o desempenho de resistência? É claro que a resposta a essa pergunta é sim! Estudos que investigaram os efeitos da ingestão de carboidratos por meio de "bebidas esportivas" demonstraram de modo convincente que as ingestões de carboidrato durante o exercício submáximo (i. e., 70% do $\dot{V}O_{2máx}$) e prolongado (p. ex., 90 minutos) podem melhorar o desempenho de resistência.[27,84] E quanto carboidrato é necessário para melhorar o desempenho? Em geral, ingestões de carboidrato de 30-60 g/h são necessárias para melhorar o desempenho de resistência.

Atualmente, não está esclarecido se a adição de proteína a essas bebidas esportivas promoverá benefícios extras ao desempenho. O Capítulo 23 traz mais informações sobre esse assunto, bem como sobre o papel da carga de carboidrato nos dias que antecedem a participação em corridas de resistência (p. ex., maratona).

Reservas de energia do organismo

Nesta seção, destacamos os sítios corporais de armazenamento de carboidratos, gorduras e proteínas. Além disso, definimos o papel que cada um desses sítios de armazenamento de combustível exerce no fornecimento de energia durante o exercício. Por fim, discutimos o uso do lactato como fonte de combustível durante o trabalho.

Fontes de carboidrato durante o exercício. Os carboidratos são armazenados como glicogênio tanto no músculo como no fígado (Tab. 4.2). As reservas musculares de glicogênio fornecem uma fonte direta de carboidratos para o metabolismo energético muscular, enquanto as reservas de glicogênio hepáticas atuam como forma de reposição da glicose sanguínea. Exemplificando, quando os níveis de glicemia caem durante o exercício prolongado, a glicogenólise hepática é estimulada e há liberação de glicose no sangue. Essa glicose, então, pode ser transportada para o músculo em contração e usada como combustível.

O carboidrato usado como substrato durante o exercício é oriundo das reservas de glicogênio existentes na musculatura e da glicose sanguínea.[22,26,48,70,108] A contribuição relativa do glicogênio muscular e da glicose sanguínea para o metabolismo energético durante o exercício varia em função da intensidade e da duração do exercício. A glicose sanguínea exerce o papel mais significativo durante o exercício de baixa intensidade, enquanto o glicogênio muscular é a fonte primária de carboidrato durante o exercício de alta intensidade (Fig. 4.14). Como mencionado anteriormente, o uso aumentado de glicogênio durante o exercício de alta intensidade pode ser explicado pela taxa aumentada de glicogenólise por causa do recrutamento das fibras de contração rápida e dos altos níveis sanguíneos de adrenalina.

Durante a primeira hora de exercício submáximo prolongado, uma parte significativa do carboidrato metabolizado pelo músculo é oriunda do glicogênio muscular. Entretanto, conforme os níveis musculares de glicogênio vão declinando com o passar do tempo, a glicose sanguínea passa a ser uma fonte de combustível cada vez mais importante (Fig. 4.15).

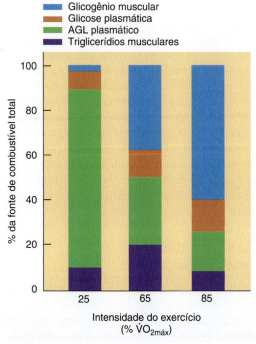

Figura 4.14 Influência da intensidade do exercício sobre a fonte de combustível muscular. Dados obtidos de atletas de resistência altamente treinados.

Tabela 4.2	Principais sítios de armazenamento de carboidrato e gordura no corpo de um homem sadio, não obeso (20% de gordura corporal), com peso de 70 kg

Observe que a ingestão dietética de carboidratos influencia a quantidade de glicogênio armazenado no fígado e na musculatura. As unidades de massa para armazenamento são o grama (g) e o quilograma (kg). As unidades de energia são a quilocaloria (kcal) e o quilojoule (kJ). Os dados são oriundos das referências 30, 32 e 65.

		Carboidratos (CHO)	
Sítio de armazenamento	Dieta mista	Dieta rica em CHO	Dieta pobre em CHO
Glicogênio hepático	60 g (240 kcal ou 1.005 kJ)	90 g (360 kcal ou 1.507 kJ)	<30 g (120 kcal ou 502 kJ)
Glicose presente no sangue e líquido extracelular	10 g (40 kcal ou 167 kJ)	10 g (40 kcal ou 167 kJ)	10 g (40 kcal ou 167 kJ)
Glicogênio muscular	350 g (1.400 kcal ou 5.860 kJ)	600 g (2.400 kcal ou 10.046 kJ)	300 g (1.200 kcal ou 5.023 kJ)

	Gorduras	
Sítio de armazenamento	Dieta mista	
Adipócitos	14 kg (107.800 kcal ou 451.251 kJ)	
Músculos	0,5 kg (3.850 kcal ou 16.116 kJ)	

Fontes de gordura durante o exercício. Quando alguém consome mais energia (i. e., alimentos) do que gasta, essa energia extra é armazenada na forma de gordura. Um ganho de 3.500 kcal de energia ocasiona o armazenamento de 453,6 g de gordura. A maior parte da gordura é armazenada na forma de triglicerídios nos adipócitos (células de gordura), mas uma pequena parte também é armazenada nas células musculares (Tab. 4.2). Como mencionado, o principal fator que determina o papel da gordura como substrato durante o exercício é sua disponibilidade para a célula muscular. Para serem metabolizados, os triglicerídios devem ser degradados em AGL (três moléculas) e glicerol (uma molécula). Quando os triglicerídios são quebrados, o AGL pode ser convertido em acetil-CoA e entrar no ciclo de Krebs.

As reservas de gordura a serem usadas como fonte de combustível variam em função da intensidade e da duração do exercício. Exemplificando, os AGL plasmáticos (i. e., AGL oriundo dos adipócitos) constituem a fonte primária de gordura durante o exercício de baixa intensidade. Em taxas de trabalho mais altas, o metabolismo dos triglicerídios musculares aumenta (Fig. 4.14). Em intensidades de exercício da ordem de 65-85% do $\dot{V}O_{2máx}$, a contribuição da gordura como fonte de combustível muscular é aproximadamente igual entre os AGL plasmáticos e os triglicerídios musculares.[24,56,99]

A contribuição dos AGL plasmáticos e dos triglicerídios musculares para o metabolismo durante o exercício prolongado está resumida na Figura 4.15. Observe que, no início do exercício, a contribuição dos AGL plasmáticos e dos triglicerídios musculares é igual. Entretanto, à medida que a duração do exercício aumenta, há um aumento progressivo do papel dos AGL plasmáticos como fonte de combustível.

Fontes de proteína durante o exercício. Para serem usadas como fonte de combustível, as proteínas devem primeiro ser degradadas em aminoácidos. Estes podem ser fornecidos ao músculo a partir do sangue ou do estoque de aminoácidos da própria fibra. Mais uma vez, o papel exercido pela proteína como substrato durante o exercício é pequeno e depende sobretudo da disponibilidade de aminoácidos de cadeia ramificada e do aminoácido alanina.[7,52] O músculo esquelético pode metabolizar diretamente os aminoácidos de cadeia ramificada (p. ex., valina, leucina, isoleucina) para produzir ATP.[50,66] Além disso, no fígado, a alanina pode ser convertida em glicose e devolvida pelo sangue ao músculo esquelético para ser usada como substrato.

Qualquer fator que amplie o estoque de aminoácidos (quantidade de aminoácidos disponível) no fígado ou na musculatura esquelética pode, teoricamente, intensificar o metabolismo de proteínas.[66,80] Um desses fatores é o exercício prolongado (i. e., mais de 2 horas). Numerosos pesquisadores demonstraram que as enzimas capazes de degradar as proteínas musculares (proteases) são ativadas durante o exercício prolongado.[2,34,35,89] Durante o exercício de longa duração, o mecanismo responsável pela ativação dessas proteases parecem ser as elevações induzidas pelo exercício dos níveis de cálcio nas fibras musculares.[2,86] De fato, várias famílias de proteases são ativadas por elevações dos níveis celulares de cálcio.[2,86] Como resultado dessa ativação, os aminoácidos são liberados de suas proteínas "parentes", e o uso dos aminocácidos como combustível durante o exercício é aumentado.[88]

Lactato como fonte de combustível durante o exercício. Por muitos anos, o lactato foi considerado um produto de descarte da glicólise, de uso metabólico limitado. Entretanto, novas evidências mostraram que o lactato não é necessariamente um produto de descarte e pode exercer um papel benéfico durante o exercício, servindo de substrato para a síntese hepática de glicose (ver Quadro "Uma visão mais detalhada 4.3") e atuando como fonte de combustível direta para a musculatura esquelética e o coração.[12,16,56] Ou seja, nas fibras de músculo esquelético lentas e no coração, o lactato removido do sangue pode ser convertido a piruvato, que, por sua vez, pode ser transformado em acetil-CoA, que, então, pode entrar no ciclo de Krebs e contribuir para o metabolismo oxidativo. O conceito de que o lactato pode ser produzido em um dado tecido e transportado deste para outro, onde será usado como fonte de energia, é conhecido como *transporte do lactato*.[12,13,15-17] Isso tem implicações muito além do lactato usado como um combustível ou participante na gliconeogênese. O transporte de lactato está envolvido no crescimento de células cancerígenas.[37] Ver mais detalhes sobre o transporte de lactato no Quadro "Pergunte ao especialista 4.2".

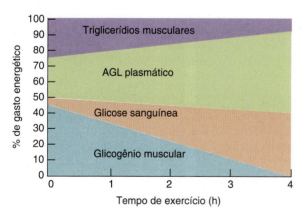

Figura 4.15 Percentual da energia derivada das quatro fontes principais de combustível durante o exercício submáximo (i. e., 65-75% do $\dot{V}O_{2máx}$). Dados obtidos de atletas de resistência treinados.

Uma visão mais detalhada 4.3

O ciclo de Cori: o lactato como fonte de combustível

Durante o exercício, uma parte do lactato produzido pelos músculos esqueléticos é transportada para o fígado por meio do sangue.[51,111] Entrando no fígado, o lactato pode ser convertido em glicose por meio de gliconeogênese. Essa glicose "nova" pode ser liberada no sangue e transportada de volta para a musculatura esquelética, para ser usada como fonte de energia durante o exercício. O ciclo de lactato-glicose entre o músculo e o fígado é chamado de **ciclo de Cori** e está ilustrado na Figura 4.16. Evidências recentes indicam que a gliconeogênese tem um papel essencial na manutenção da produção total de glicose durante o exercício em pessoas em jejum, independentemente do estado de treinamento.[38]

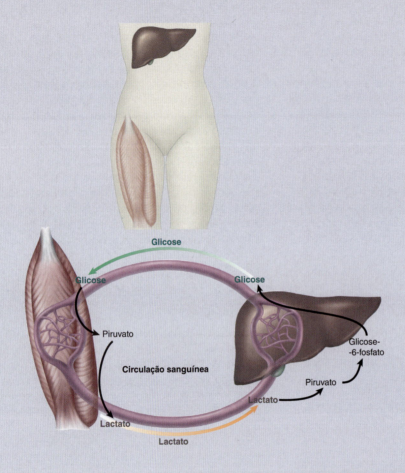

Figura 4.16 Ciclo de Cori. Durante o exercício intenso, há formação de lactato nas fibras musculares. O lactato formado no músculo pode então ser transportado pelo sangue até o fígado e convertido em glicose por meio de gliconeogênese.

Em resumo

- A regulação da seleção de combustível durante o exercício está sujeita a um controle complexo e depende de vários fatores como dieta, intensidade e duração do exercício.
- Em geral, os carboidratos são usados como principal fonte de combustível durante o exercício de alta intensidade.
- Durante o exercício prolongado, há um deslocamento gradual do metabolismo de carboidratos para o metabolismo de gorduras.
- As proteínas contribuem com menos de 2% do combustível usado durante o exercício de duração inferior a uma hora. Durante o exercício prolongado (i. e., duração de 3-5 horas), a contribuição total das proteínas para o suprimento energético pode chegar a 5-10% nos últimos minutos de trabalho prolongado.

Pergunte ao especialista 4.2

O transporte do lactato: um conceito importante no metabolismo muscular durante o exercício – perguntas e respostas com o dr. George Brooks

*O **dr. George Brooks** é professor do departamento de fisiologia integrativa da University of California-Berkeley. O professor Brooks é um fisiologista do exercício reconhecido em âmbito internacional, que publicou mais de duzentos artigos científicos sobre uma variedade de tópicos relacionados ao metabolismo do exercício. O dr. Brooks foi o primeiro a cunhar o termo "transporte de lactato", em 1985, e seu laboratório realizou uma parte significativa da pesquisa original que definiu o papel do lactato como fonte de combustível durante o exercício. O dr. Brooks recebeu o American College of Sports Medicine's Honor Award, que é o prêmio mais importante oferecido por aquela instituição, por suas contribuições essenciais ao nosso conhecimento acerca do metabolismo no exercício. Aqui, o dr. Brooks responde a perguntas relacionadas à produção e ao destino do lactato gerado no músculo esquelético durante o exercício.*

PERGUNTA: O conceito de transporte de lactato teve origem em seu trabalho, realizado há mais de 20 anos, e seu grupo de pesquisa continua fornecendo informações novas sobre esse tópico importante. Como o conceito de transporte de lactato continua em desenvolvimento, qual é sua definição contemporânea de "transporte de lactato"?

RESPOSTA: No sentido amplo, o transporte de lactato é definido como a formação de lactato em um compartimento celular e seu uso em outro compartimento. Ou seja, os compartimentos podem estar na célula que produziu lactato, em uma célula adjacente ou, ainda, em células remotas no corpo. Originalmente, acreditávamos que as principais funções do transporte do lactato eram o fornecimento de combustível oxidável e precursor neoglicogênico. Agora, também admitimos que o lactato é uma molécula sinalizadora e capaz de exercer outras funções no corpo.

PERGUNTA: Quais tecidos corporais são mais beneficiados pelo lactato circulante durante o exercício prolongado?

RESPOSTA: É difícil responder a essa pergunta. Mesmo assim, a maior parte do lactato formado durante o exercício é usada como combustível nas fibras musculares esqueléticas lentas (tipo I) e no coração. Além disso, a captação hepática de lactato a partir do sangue é importante, porque o uso de lactato para formação de glicose (i. e., gliconeogênese) no fígado é um processo fisiológico básico e importante, sem o qual poderia haver desenvolvimento de hipoglicemia durante o exercício prolongado.

PERGUNTA: Além do seu conceito original de transporte de lactato célula-célula, seu grupo recentemente descobriu a existência de um "transporte de lactato intracelular". O senhor poderia, por favor, descrever brevemente esse transporte de lactato intracelular?

RESPOSTA: O transporte de lactato célula-célula original era baseado no conceito de heterogeneidade do tipo de fibra. A ideia original era que o recrutamento das fibras rápidas (tipo II) acarretaria produção de lactato e, assim, o fornecimento de combustível para as fibras musculares lentas (tipo I) adjacentes e o coração. Entretanto, ficou evidente que o transporte de lactato operava o tempo todo, até mesmo em repouso, quando as fibras musculares de tipo II não estavam em contração ativa. Por isso, reconhecemos a existência de outro componente do transporte de lactato – um componente intracelular. Dito nos termos mais simples possíveis, o transporte do lactato se refere ao conceito de que o lactato pode ser produzido no citoplasma de uma fibra muscular e, então, ser captado pela mitocôndria contida na mesma fibra para ser usado como fonte de combustível.

PERGUNTA: O transporte de lactato é sempre benéfico?

RESPOSTA: Até onde podemos afirmar, na fisiologia normal, a resposta parece ser "sim". Entretanto, recentemente demonstramos que existem transportadores de lactato em células cancerosas, incluindo-se as mitocôndrias dessas células.[71] Uma forma de considerar as células cancerosas é perceber que o combustível para sua proliferação descontrolada é fornecido por mecanismos de transporte de lactato. De fato, partindo desse princípio, um grupo[106] demonstrou que o envenenamento das proteínas de transporte do lactato é uma forma de matar as células cancerosas. E por esse motivo, hoje, nós e outros pesquisadores estamos tentando imaginar meios de romper o transporte de lactato em tumores. Em nosso laboratório, Rajaa Hussien foi o primeiro a explorar formas para identificar mutações em células cancerígenas que dão origem a mudanças na expressão das isoformas de MCT e LDH e, dessa forma, no efeito Warburg nas células de proliferação rápida. No momento, Rajaa está explorando o uso de métodos, incluindo agentes químicos e transfecção viral, para transformar de novo as células cancerígenas em células com um fenótipo normal. Essa abordagem é perspicaz e importante, pois é essencial para matar células cancerígenas sem prejudicar o hospedeiro.

Atividades para estudo

1. Identifique os sistemas energéticos predominantes usados para produção de ATP durante os seguintes tipos de exercício:
   a. exercício intenso, de curta duração (i. e., duração <10 segundos)
   b. corrida de 400 m
   c. corrida de 20 km
2. Represente em um gráfico as alterações do consumo de oxigênio durante a transição do repouso para o exercício submáximo em estado estável. Indique o déficit de oxigênio. De onde vem o ATP durante o período de transição do repouso para o estado estável?
3. Represente graficamente as alterações do consumo de oxigênio durante a recuperação do exercício. Indique o consumo excessivo de oxigênio pós-exercício (EPOC) (i. e., débito de oxigênio).
4. Represente graficamente a mudança no consumo de oxigênio e na concentração sanguínea de lactato durante o exercício incremental. Marque o ponto no gráfico que possa ser considerado o limiar do lactato.
5. Discuta várias possíveis razões por que o lactato no sangue começa a aumentar rapidamente durante o exercício incremental.
6. Explique brevemente como a razão de troca respiratória é empregada para estimar qual substrato está sendo usado durante o exercício. Qual é o significado do termo R não proteica?
7. Liste os fatores que atuam na regulação do metabolismo de carboidratos durante o exercício.
8. Discuta a influência da intensidade do exercício sobre a seleção do combustível muscular.
9. Como a duração do exercício influencia a seleção do combustível muscular?
10. Liste as variáveis que regulam o metabolismo de gorduras durante o exercício.
11. O que é "transporte de lactato"?

Sugestões de leitura

Bassett, D. R. 2002. Scientific contributions of A. V. Hill: Exercise physiology pioneer. *Journal of Applied Physiology*. 93: 1567–82.

Brooks, G., T. Fahey, and K. Baldwin. 2005. *Exercise Physiology: Human Bioenergetics and Its Applications*, 4th ed. New York, NY: McGraw-Hill.

Fox, S. 2011. *Human Physiology*. New York, NY: McGraw-Hill. Gladden, L. B. 2004. Lactate metabolism: A new paradigm for the third millennium. *Journal of Physiology*. 558: 5–30.

Mooren, F., and K. Volker, eds. 2011. *Molecular and Cellular Exercise Physiology*. Champaign, IL: Human Kinetics.

Svedahl, K., and B. MacIntosh. 2003. Anaerobic threshold: the concept and methods of measurement. *Canadian Journal of Applied Physiology*. 28: 299–323.

Van Adel, B. A. and M. A. Tarnopolsky. 2009. Metabolic myopathies: Update 2009. J *Clin Neuromusc Dis*.10: 97–121.

Widmaier, E., H. Raff, and K. Strang. 2014. *Vander's Human Physiology*, 13th ed. New York, NY: McGraw-Hill.

Referências bibliográficas

1. Armstrong R. Biochemistry: energy liberation and use. In: *Sports Medicine and Physiology*, edited by Strauss R. Philadelphia, PA: W. B. Saunders, 1979.
2. Arthur GD, Booker TS, and Belcastro AN. Exercise promotes a subcellular redistribution of calcium-stimulated protease activity in striated muscle. *Can J Physiol Pharmacol* 77: 42–47, 1999.
3. Åstrand P. *Textbook of Work Physiology*. Champaign, IL: Human Kinetics, 2003.
4. Ball-Burnett M, Green HJ, and Houston ME. Energy metabolism in human slow and fast twitch fibres during prolonged cycle exercise. J *Physiol* 437: 257–267, 1991.
5. Barnard RJ, and Foss ML. Oxygen debt: effect of beta-adrenergic blockade on the lactacid and alactacid components. J *Appl Physiol* 27: 813–816, 1969.
6. Bassett DR, Jr., Merrill PW, Nagle FJ, Agre JC, and Sampedro R. Rate of decline in blood lactate after cycling exercise in endurance-trained and untrained subjects. J *Appl Physiol* 70: 1816–1820, 1991.
7. Bates P. Exercise and protein turnover in the rat. *Journal of Physiology* (London). 303: 41P, 1980.
8. Belcastro AN, and Bonen A. Lactic acid removal rates during controlled and uncontrolled recovery exercise. J *Appl Physiol* 39: 932–936, 1975.
9. Bendahan D, Mattei JP, Ghattas B, Confort-Gouny S, Le-Guern ME, and Cozzone PJ. Citrulline/malate promotes aerobic energy production in human exercising muscle. Br J *Sports Med* 36: 282–289, 2002.
10. Berg A, and Keul J. Serum alanine during long-lasting exercise. *International Journal of Sports Medicine*. 1: 199–202, 1980.
11. Boutellier U, Giezendanner D, Cerretelli P, and di Prampero PE. After effects of chronic hypoxia on $\dot{V}O_2$ kinetics and on O_2 deficit and debt. *Eur J Appl Physiol Occup Physiol* 53: 87–91, 1984.
12. Brooks G. Lactate production under fully aerobic conditions: the lactate shuttle during rest and exercise. *Federation Proceedings*. 45: 2924–2929, 1986.
13. Brooks G. Lactate: glycolytic end product and oxidative substrate during sustained exercise in mammals—the lactate shuttle. In: Comparative Physiology and Biochemistry: Current Topics and Trends, Volume A, Respiration-Metabolism-Circulation, R. Gilles (Ed.). Berlin: Springer-Verlag, 1985, pp. 208 –218.
14. Brooks G, Fahey T, and Baldwin K. *Exercise Physiology: Human Bioenergetics and Its Applications*. New York, NY: McGraw-Hill, 2005.
15. Brooks GA. Anaerobic threshold: review of the concept and directions for future research. *Med Sci Sports Exerc* 17: 22–34, 1985.
16. Brooks GA. The lactate shuttle during exercise and recovery. *Med Sci Sports Exerc* 18: 360–368, 1986.
17. Brooks GA, Dubouchaud H, Brown M, Sicurello JP, and Butz CE. Role of mitochondrial lactate dehydrogenase and lactate oxidation in the intracellular lactate shuttle. *Proc Natl Acad Sci USA* 96: 1129–1134, 1999.
18. Brooks GA, Hittelman KJ, Faulkner JA, and Beyer RE. Temperature, skeletal muscle mitochondrial functions, and oxygen debt. *Am J Physiol* 220: 1053–1059, 1971.
19. Brooks GA, and Mercier J. Balance of carbohydrate and lipid utilization during exercise: the "crossover" concept. J *Appl Physiol* 76: 2253–2261, 1994.

20. Casaburi R, Storer TW, Ben-Dov I, and Wasserman K. Effect of endurance training on possible determinants of $\dot{V}O_2$ during heavy exercise. J Appl Physiol 62: 199–207, 1987.

21. Cerretelli P, Shindell D, Pendergast DP, Di Prampero PE, and Rennie DW. Oxygen uptake transients at the onset and offset of arm and leg work. Respir Physiol 30: 81–97, 1977.

22. Coggin A. Plasma glucose metabolism during exercise in humans. Sports Medicine. 11: 102–124, 1991.

23. Capostagno B, and Bosch A. Higher fat oxidation in running than cycling at the same exercise intensities. International Journal of Sport Nutrition and Exercise Metabolism. 20: 44–55, 2010.

24. Coyle EF. Substrate utilization during exercise in active people. Am J Clin Nutr 61: 968S–979S, 1995.

25. Coyle EF, Coggan AR, Hemmert MK, and Ivy JL. Muscle glycogen utilization during prolonged strenuous exercise when fed carbohydrate. J Appl Physiol 61: 165–172, 1986.

26. Coyle EF, Hamilton MT, Alonso JG, Montain SJ, and Ivy JL. Carbohydrate metabolism during intense exercise when hyperglycemic. J Appl Physiol 70: 834–840, 1991.

27. Coyle EF, and Montain SJ. Carbohydrate and fluid ingestion during exercise: are there trade-offs? Med Sci Sports Exerc 24: 671–678, 1992.

28. Davis JA. Anaerobic threshold: review of the concept and directions for future research. Med Sci Sports Exerc 17: 6–21, 1985.

29. Davis JA, Rozenek R, DeCicco DM, Carizzi MT, and Pham PH. Comparison of three methods for detection of the lactate threshold. Clin Physiol Funct Imaging 27: 381–384, 2007.

30. Davis JA, Vodak P, Wilmore JH, Vodak J, and Kurtz P. Anaerobic threshold and maximal aerobic power for three modes of exercise. J Appl Physiol 41: 544–550, 1976.

31. Day JR, Rossiter HB, Coats EM, Skasick A, and Whipp BJ. The maximally attainable $\dot{V}O_2$ during exercise in humans: the peak vs. maximal issue. J Appl Physiol 95: 1910–1907, 2003.

32. Dodd S, Powers S, O'Malley N, Brooks E, and Sommers H. Effects of beta-adrenergic blockade on ventilation and gas exchange during incremental exercise. Aviat Space Environ Med 59: 718–722, 1988.

33. Dodd S, Powers SK, Callender T, and Brooks E. Blood lactate disappearance at various intensities of recovery exercise. J Appl Physiol 57: 1462–1465, 1984.

34. Dohm GL, Beecher GR, Warren RQ, and Williams RT. Influence of exercise on free amino acid concentrations in rat tissues. J Appl Physiol 50: 41–44, 1981.

35. Dohm GL, Puente FR, Smith CP, and Edge A. Changes in tissue protein levels as a result of endurance exercise. Life Sci 23: 845–849, 1978.

36. Donovan CM, and Brooks GA. Endurance training affects lactate clearance, not lactate production. Am J Physiol 244: E83–92, 1983.

37. Draoui N, and Feron O. Lactate shuttles at a glance: from physiological paradigms to anti-cancer treatment. Disease Models & Mechanisms. 4: 727–732, 2011.

38. Emhoff CW, Messonnier LA, Horning MA, Fattor JA, Carlson TJ, and Brooks GA. Gluconeogenesis and hepatic glycogenolysis during exercise at the lactate threshold. Journal of Applied Physiology 114: 297–306, 2013.

39. England P. The effect of acute thermal dehydration on blood lactate accumulation during incremental exercise. Journal of Sports Sciences 2: 105–111, 1985.

40. Essen B, and Kaijser L. Regulation of glycolysis in intermittent exercise in man. J Physiol 281: 499–511, 1978.

41. Evans BW, and Cureton KJ. Effect of physical conditioning on blood lactate disappearance after supramaximal exercise. Br J Sports Med 17: 40–45, 1983.

42. Farrell PA, Wilmore JH, Coyle EF, Billing JE, and Costill DL. Plasma lactate accumulation and distance running performance. Med Sci Sports 11: 338–344, 1979.

43. Fox S. Human Physiology. New York, NY: McGraw-Hill, 2011.

44. Gaesser GA, and Brooks GA. Metabolic bases of excess post-exercise oxygen consumption: a review. Med Sci Sports Exerc 16: 29–43, 1984.

45. Gladden LB. Net lactate uptake during progressive steady-level contractions in canine skeletal muscle. J Appl Physiol 71: 514–520, 1991.

46. Gladden LB, Stainsby WN, and MacIntosh BR. Norepinephrine increases canine skeletal muscle $\dot{V}O_2$ during recovery. Med Sci Sports Exerc 14: 471–476, 1982.

47. Gollnick P, and Saltin B. Fuel for muscular exercise: role of fat. In: Exercise, Nutrition, and Energy Metabolism, edited by Horton E, and Terjung R. New York, NY: Macmillan, 1988.

48. Gollnick PD. Metabolism of substrates: energy substrate metabolism during exercise and as modified by training. Fed Proc 44: 353–357, 1985.

49. Gollnick PD, Bayly WM, and Hodgson DR. Exercise intensity, training, diet, and lactate concentration in muscle and blood. Med Sci Sports Exerc 18: 334–340, 1986.

50. Goodman M. Amino acid and protein metabolism. In: Exercise, Nutrition, and Energy Metabolism, edited by Horton E, and Terjung R. New York, NY: Macmillan, 1988.

51. Gore CJ, and Withers RT. Effect of exercise intensity and duration on postexercise metabolism. J Appl Physiol 68: 2362–2368, 1990.

52. Graham T. Skeletal muscle amino acid metabolism and ammonia production during exercise. In: Exercise Metabolism. Champaign, IL: Human Kinetics, 1995.

53. Green H. How important is endogenous muscle glycogen to fatigue during prolonged exercise? Canadian Journal of Physiology and Pharmacology. 69: 290–297, 1991.

54. Green H, Halestrap A, Mockett C, O'Toole D, Grant S, and Ouyang J. Increases in muscle MCT are associated with reductions in muscle lactate after a single exercise session in humans. Am J Physiol Endocrinol Metab 282: E154–160, 2002.

55. Hagberg JM, Mullin JP, and Nagle FJ. Oxygen consumption during constant-load exercise. J Appl Physiol 45: 381–384, 1978.

56. Hargreaves M. Skeletal muscle carbohydrate metabolism during exercise. In: Exercise Metabolism. Champaign, IL: Human Kinetics, 1995.

57. Harris RC, Edwards RH, Hultman E, Nordesjo LO, Nylind B, and Sahlin K. The time course of phosphorylcreatine resynthesis during recovery of the quadriceps muscle in man. Pflugers Arch 367: 137–142, 1976.

58. Heck H, Mader A, Hess G, Mucke S, Muller R, and Hollmann W. Justification of the 4-mmol/l lactate threshold. Int J Sports Med 6: 117–130, 1985.

59. Helge JW, Rehrer NJ, Pilegaard H, Manning P, Lucas SJ, Gerrard DF, et al. Increased fat oxidation and regulation of metabolic genes with ultraendurance exercise. Acta Physiol (Oxf) 191: 77–86, 2007.

60. Hermansen L, and Stensvold I. Production and removal of lactate during exercise in man. Acta Physiol Scand 86: 191–201, 1972.

61. Hickson RC, Bomze HA, and Hollozy JO. Faster adjustment of O_2 uptake to the energy requirement of exercise in the trained state. J Appl Physiol 44: 877–881, 1978.

62. Hill A. The oxidative removal of lactic acid. Journal of Physiology (London). 48: x–xi, 1914.

63. Hollmann W. Historical remarks on the development of the aerobic-anaerobic threshold up to 1966. Int J Sports Med 6: 109–116, 1985.

64. Holloszy J. Utilization of fatty acids during exercise. In: Biochemistry of Exercise VII, edited by Taylor A. Champaign, IL: Human Kinetics, 1990, pp. 319–328.

65. Holloszy JO. Muscle metabolism during exercise. Arch Phys Med Rehabil 63: 231–234, 1982.

66. Hood DA, and Terjung RL. Amino acid metabolism during exercise and following endurance training. *Sports Med* 9: 23–35, 1990.
67. Howley ET. $\dot{V}O_2$ max and the plateau—needed or not? *Med Sci Sports Exer* 39: 101–102, 2007.
68. Howley ET, Bassett DR, and Welch HG. Criteria for maximal oxygen uptake: review and commentary. *Med Sci Sports Exer* 27: 1292–1301, 1995.
69. Hultman E. Energy metabolism in human muscle. *J Physiol* 231: 56P, 1973.
70. Hultman E, and Sjoholm H. Substrate availability. In: *Biochemistry of Exercise*, edited by Knuttgen H, Vogel J, and Poortmans J. Champaign, IL: Human Kinetics, 1983.
71. Hussien R, and Brooks GA. Mitochondrial and plasma membrane lactate transporter and lactate dehydrogenase isoform expression in breast cancer cell lines. *Physiological Genomics* doi:10.1152: PG-00177–02010, 2010.
72. Jones NL, and Ehrsam RE. The anaerobic threshold. *Exerc Sport Sci Rev* 10: 49–83, 1982.
73. Kalis JK, Freund BJ, Joyner MJ, Jilka SM, Nittolo J, and Wilmore JH. Effect of β-blockade on the drift in O_2 consumption during prolonged exercise. *J Appl Physiol* 64: 753–758, 1988.
74. Knoebel KL. Energy metabolism. In: *Physiology*, edited by Selkurt E. Boston, MA: Little Brown & Co., 1984, pp. 635–650.
75. Knuttgen HG, and Saltin B. Muscle metabolites and oxygen uptake in short-term submaximal exercise in man. *J Appl Physiol* 32: 690–694, 1972.
76. Ladu MJ, Kapsas H, and Palmer WK. Regulation of lipoprotein lipase in muscle and adipose tissue during exercise. *J Appl Physiol* 71: 404–409, 1991.
77. Lai N, Gladden LB, Carlier PG, and Cabrera ME. Models of muscle contraction and energetics. *Drug Discovery Today: Disease Models, Kinetic Models.* 5: 273–288, 2009.
78. Lemon PW, and Mullin JP. Effect of initial muscle glycogen levels on protein catabolism during exercise. *J Appl Physiol* 48: 624–629, 1980.
79. Lemon PW, and Nagle FJ. Effects of exercise on protein and amino acid metabolism. *Med Sci Sports Exerc* 13: 141–149, 1981.
80. MacLean DA, Spriet LL, Hultman E, and Graham TE. Plasma and muscle amino acid and ammonia responses during prolonged exercise in humans. *J Appl Physiol* 70: 2095–2103, 1991.
81. Mader A, and Heck H. A theory of the metabolic origin of "anaerobic threshold." *Int J Sports Med* 7 Suppl 1: 45–65, 1986.
82. Marti B, Abelin T, and Howald H. A modified fixed blood lactate threshold for estimating running speed for joggers in 16-km races. *Scandinavian Journal of Sports Sciences.* 9: 41–45, 1987.
83. Marwood S, Roche D, Rowland T, Garrard M, and Unnithan VB. Faster pulmonary oxygen uptake kinetics in trained versus untrained male adolescents. *Medicine and Science in Sports and Exercise.* 42: 127–134, 2010.
84. Maughan R. Carbohydrate-electrolyte solutions during prolonged exercise. Perspectives in exercise science and sports medicine. In: *Ergogenics: Enhancements of Performance in Exercise and Sport*, edited by Lamb D, and Williams MH. New York, NY: McGraw-Hill, 1991.
85. Medbo JI, Mohn AC, Tabata I, Bahr R, Vaage O, and Sejersted OM. Anaerobic capacity determined by maximal accumulated O_2 deficit. *J Appl Physiol* 64: 50–60, 1988.
86. Menconi MJ, Wei W, Yang H, Wray CJ, and Hasselgren PO. Treatment of cultured myotubes with the calcium ionophore A23187 increases proteasome activity via a CaMK II-caspase-calpain-dependent mechanism. *Surgery.* 136: 135–142, 2004.
87. Menzies P, Menzies C, McIntyre L, Paterson P, Wilson J, and Kemi OJ. Blood lactate clearance during active recovery after an intense running bout depends on the intensity of the active recovery. *J Sport Sciences.* 28: 975–982, 2010.
88. Mooren F, and Volker K. *Molecular and Cellular Exercise Physiology.* Champaign, IL: Human Kinetics, 2011.
89. Ordway GA, Neufer PD, Chin ER, and DeMartino GN. Chronic contractile activity upregulates the proteasome system in rabbit skeletal muscle. *J Appl Physiol* 88: 1134–1141, 2000.
90. Ørngreen MC, Jeppesen TD, Andersen ST, Taivassalo T, Hauerslev S, Preisler N, et al. Fat metabolism during exercise in patients with McArdle disease. *Neurology.* 72: 718–724, 2009.
91. Powers S. Oxygen deficit-debt relationships in ponies during submaximal treadmill exercise. *Respiratory Physiology.* 70: 251–263, 1987.
92. Powers SK, Byrd RJ, Tulley R, and Callender T. Effects of caffeine ingestion on metabolism and performance during graded exercise. *Eur J Appl Physiol Occup Physiol* 50: 301–307, 1983.
93. Powers SK, Dodd S, and Beadle RE. Oxygen uptake kinetics in trained athletes differing in $\dot{V}O_2$ max. *Eur J Appl Physiol Occup Physiol* 54: 306–308, 1985.
94. Powers SK, Dodd S, and Garner R. Precision of ventilatory and gas exchange alterations as a predictor of the anaerobic threshold. *Eur J Appl Physiol Occup Physiol* 52: 173–177, 1984.
95. Powers SK, Howley ET, and Cox R. Ventilatory and metabolic reactions to heat stress during prolonged exercise. *J Sports Med Phys Fitness* 22: 32–36, 1982.
96. Powers SK, Riley W, and Howley ET. Comparison of fat metabolism between trained men and women during prolonged aerobic work. *Res Q Exerc Sport* 51: 427–431, 1980.
97. Refsum HE, Gjessing LR, and Stromme SB. Changes in plasma amino acid distribution and urine amino acids excretion during prolonged heavy exercise. *Scand J Clin Lab Invest* 39: 407–413, 1979.
98. Riley WW, Jr., Powers SK, and Welch HG. The effect of two levels of muscular work on urinary creatinine excretion. *Res Q Exerc Sport* 52: 339–347, 1981.
99. Romijn JA, Coyle EF, Sidossis LS, Gastaldelli A, Horowitz JF, Endert E, et al. Regulation of endogenous fat and carbohydrate metabolism in relation to exercise intensity and duration. *Am J Physiol* 265: E380–391, 1993.
100. Rossiter HB, Kowalchuk JM, and Whipp BJ. A test to establish maximum O_2 uptake despite no plateau in the O_2 uptake response to ramp incremental exercise. *J Appl Physiol* 100: pp. 764–770, 2006.
101. Rynders CA, Angadi SS, Weltman NY, Gaesser GA, and Weltman A. Oxygen uptake and ratings of perceived exertion at the lactate threshold and maximal fat oxidation rate in untrained adults. *European Journal of Applied Physiology.* 111: 2063–2068, 2011.
102. Sahlin K, Katz A, and Broberg S. Tricarboxylic acid cycle intermediates in human muscle during prolonged exercise. *Am J Physiol* 259: C834–841, 1990.
103. Saltin B, and Gollnick P. Fuel for muscular exercise: Role of carbohydrate. In: *Exercise, Nutrition, and Energy Metabolism*, edited by Horton E, and Terjung R. New York, NY: Macmillan, 1988, pp. 45–71.
104. Sedlock, DA, Lee MG, Flynn, MG, Park KS, and Kamimori, GH. Excess postexercise oxygen consumption after aerobic exercise training. *International Journal of Sport Nutrition and Exercise Metabolism.* 20: 336–349, 2010.
105. Skinner JS, and McLellan TH. The transition from aerobic to anaerobic metabolism. *Res Q Exerc Sport* 51: 234–248, 1980.
106. Sonveaux P, Végran F, Schroeder T, Wergin MC, Verrax J, Rabbani ZN, et al. Targeting lactate-fueled respiration selectively kills hypoxic tumor cells in mice. *Journal of Clinical Investigation.* 118: 3930–3942, 2008.

107. Stainsby WN. Biochemical and physiological bases for lactate production. *Med Sci Sports Exerc* 18: 341–343, 1986.

108. Stanley WC, and Connett RJ. Regulation of muscle carbohydrate metabolism during exercise. *Faseb J* 5: 2155–2159, 1991.

109. Stryer L. *Biochemistry*. New York, NY: W. H. Freeman, 2002.

110. Svedahl K, and MacIntosh BR. Anaerobic threshold: the concept and methods of measurement. *Can J Appl Physiol* 28: 299–323, 2003.

111. Tonouchi M, Hatta H, and Bonen A. Muscle contraction increases lactate transport while reducing sarcolemmal MCT4, but not MCT1. *Am J Physiol Endocrinol Metab* 282: E1062–1069, 2002.

112. Turcotte L. Lipid metabolism during exercise. In: *Exercise Metabolism*. Champaign, IL: Human Kinetics, 1995, pp. 99–130.

113. van Hall G. Lactate kinetics in human tissues at rest and during exercise. *Acta Physiol* 199: 499–508, 2010.

114. Wasserman K. Anaerobiosis, lactate, and gas exchange during exercise: the issues. *Federation Proceedings*. 45: 2904–2909, 1986.

115. Wasserman K, Beaver WL, and Whipp BJ. Mechanisms and patterns of blood lactate increase during exercise in man. *Med Sci Sports Exerc* 18: 344–352, 1986.

116. Wasserman K, and McIlroy MB. Detecting the threshold of anaerobic metabolism in cardiac patients during exercise. *Am J Cardiol* 14: 844–852, 1964.

117. Wasserman K, Whipp BJ, and Davis JA. Respiratory physiology of exercise: metabolism, gas exchange, and ventilatory control. *Int Rev Physiol* 23: 149–211, 1981.

118. Wasserman K, Whipp BJ, Koyl SN, and Beaver WL. Anaerobic threshold and respiratory gas exchange during exercise. *J Appl Physiol* 35: 236–243, 1973.

119. White TP, and Brooks GA. [U-14C]glucose, -alanine, and -leucine oxidation in rats at rest and two intensities of running. *Am J Physiol* 240: E155–165, 1981.

120. Widmaier E, Raff H, and Strang K. *Vander's Human Physiology*. New York, NY: McGraw-Hill, 2006.

121. Wilson DF, Erecinska M, Drown C, and Silver IA. Effect of oxygen tension on cellular energetics. *Am J Physiol* 233: C135–140, 1977.

122. Yoshida T. Effect of dietary modifications on the anaerobic threshold. *Sports Medicine*. 3: 4–9, 1986

123. Zakrezewski JK, and Tolfrey K. Comparison of fat metabolism over a range of intensities during treadmill and cycling exercise in children. *European Journal of Applied Physiology*. 112: 163–171, 2012.

Capítulo 4 Metabolismo no exercício **89**

5

Sinalização celular e respostas hormonais ao exercício

■ Objetivos

Ao estudar este capítulo, você deverá ser capaz de:

1. Descrever o conceito de interação hormônio-receptor.
2. Identificar os quatro fatores que influenciam a concentração de um hormônio no sangue.
3. Descrever os mecanismos pelos quais os hormônios atuam nas células.
4. Descrever o papel do hipotálamo no controle da secreção hormonal pelas glândulas hipófises anterior e posterior. Descrever a hipótese do "segundo mensageiro" da ação hormonal.
5. Identificar o local de liberação, estímulo para liberação e ação predominante dos seguintes hormônios: adrenalina, noradrenalina, glucagon, insulina, cortisol, aldosterona, tiroxina, hormônio do crescimento, estrogênio e testosterona.
6. Discutir o uso da testosterona (e seus análogos sintéticos) e do hormônio do crescimento no crescimento muscular e seus efeitos colaterais potenciais.
7. Contrastar o papel das catecolaminas plasmáticas com fatores intracelulares na mobilização do glicogênio muscular durante o exercício.
8. Discutir os quatro mecanismos pelos quais a homeostase da glicose sanguínea é mantida.
9. Descrever graficamente as mudanças nos seguintes hormônios durante o exercício gradativo e prolongado: insulina, glucagon, cortisol, hormônio do crescimento, adrenalina e noradrenalina.
10. Descrever o efeito da mudança dos níveis hormonais e do substrato no sangue na mobilização dos ácidos graxos livres do tecido adiposo.

■ Conteúdo

Neuroendocrinologia 91
Concentração sanguínea dos hormônios 92
Interação hormônio-receptor 93

Hormônios: regulação e ação 96
Hipotálamo e hipófise 96
Tireoide 99

Paratireoide 99
Glândula suprarrenal 99
Pâncreas 103
Testículos e ovários 104

Controle hormonal da mobilização do substrato durante o exercício 107

Utilização do glicogênio muscular 111
Homeostase da glicose sanguínea durante o exercício 112
Interação hormônio--substrato 119

■ Palavras-chave

acromegalia
adenilato ciclase
adiponectina
adrenalina (A)
aldosterona
AMP cíclico
andrógenos
angiotensina I e II
calcitonina
calmodulina
catecolaminas
córtex suprarrenal
cortisol
diabetes melito
diacilglicerol
endorfina
esteroide anabólico
esteroide androgênico
esteroides
esteroides sexuais
estrogênio

fatores de crescimento semelhantes
    à insulina (IGF)
fosfodiesterase
fosfolipase C
glândula tireoide
glândulas endócrinas
glicocorticoides
glucagon
hipófise
hipófise anterior
hipófise posterior
hipotálamo
hormônio
hormônio adrenocorticotrófico (ACTH)
hormônio antidiurético (ADH)
hormônio do crescimento (GH)
hormônio estimulador da tireoide (TSH)
hormônio estimulante de melanóci-
    tos (MSH)
hormônio foliculoestimulante (FSH)
hormônio liberador

hormônio luteinizante (LH)
insulina
leptina
mineralocorticoides
neuroendocrinologia
noradrenalina (NA)
pâncreas
prolactina
proteína G
proteína quinase C
receptores alfa
receptores beta
renina
segundo mensageiro
somatostatina
somatostatina hipotalâmica
testosterona
tiroxina (T_4)
tri-iodotironina (T_3)
trifosfato de inositol

Conforme foi apresentado no Capítulo 4, os combustíveis para o exercício muscular são glicogênio muscular e gordura, glicose plasmática e ácidos graxos livres e, em menor grau, aminoácidos. Esses combustíveis devem ser providenciados em percentuais ideais para atividades tão diversas como a corrida de 400 m e a maratona de 42 km, ou o desempenho será afetado. O que controla a mistura de combustíveis utilizada pelos músculos? O que estimula o tecido adiposo a liberar mais AGL? Como o fígado percebe a necessidade de repor a glicose que está sendo removida do sangue pelos músculos que estão se exercitando? Se a glicose não for reposta, ocorrerá uma condição hipoglicêmica (baixa glicose sanguínea). A hipoglicemia é um tópico de crucial importância na discussão do exercício como provocação para a homeostase. A glicose sanguínea é o combustível principal para o sistema nervoso central (SNC); sem um funcionamento ideal do SNC durante o exercício, aumentam-se as probabilidades de fadiga e o risco de lesão grave. Embora a glicemia tenha sido utilizada como exemplo, deve-se ter em mente que as concentrações de sódio, cálcio, potássio e água, bem como a pressão arterial e o pH, também são mantidos dentro de limites estreitos durante o exercício. Então, não deve surpreender a existência de uma série de sistemas de controle automático que mantêm essas variáveis dentro desses limites.

O Capítulo 2 apresentou uma visão geral dos sistemas de controle automático que mantêm a homeostase. Nesse contexto, o leitor também foi apresentado à sinalização celular – o fato de que há necessidade de uma ampla variedade de sinais, alguns com ação local e outros alcançando todos os tecidos, para a adaptação do organismo a uma

simples série de exercícios, ou a séries repetidas (treinamento), que levarão a mudanças na estrutura e funcionamento dos músculos. Embora este capítulo se concentre principalmente em uma categoria de sinalização celular, os sinais endócrinos, os demais tipos de sinais (i. e. autócrinos, parácrinos e sinápticos) são também cruciais – não apenas para adaptações musculares, mas também para os benefícios ligados à saúde, como a redução nos riscos de diabetes do tipo 2 e de doença coronariana. Este capítulo oferece informações adicionais sobre a sinalização celular, com ênfase na **neuroendocrinologia,** um ramo da fisiologia dedicado ao estudo sistemático dos sistemas de controle. A primeira parte do capítulo apresenta uma breve introdução de cada hormônio, indica os fatores que controlam sua secreção e discute seu papel na homeostase. Em seguida, será discutido como os **hormônios** controlam a liberação de carboidratos e gorduras durante o exercício.

Neuroendocrinologia

Dois dos principais sistemas homeostáticos envolvidos no controle e na regulação das diversas funções (cardiovascular, renal, metabólica, etc.) são os sistemas nervoso e endócrino. Ambos estão estruturados de modo a perceber as informações, organizar uma resposta apropriada e, em seguida, enviar a mensagem até o órgão ou tecido correspondente. Frequentemente os dois sistemas trabalham em conjunto para manter a homeostase; o termo resposta neuroendócrina reflete essa interdependência. Os dois sistemas diferem na forma de emissão da mensagem: o sistema endócrino libera hormônios (sinais endócrinos) no sangue para que circulem até os tecidos, enquanto os nervos usam neurotransmissores (sinais sinápticos) para transmitir mensagens de um nervo para outro, ou de um nervo para um tecido.

As glândulas endócrinas liberam hormônios (mensageiros químicos) diretamente no sangue, que transporta o hormônio até um tecido para exercer determinado efeito. É a ligação do hormônio a um receptor proteico específico que permite ao hormônio exercer seu efeito. Dessa maneira, o hormônio pode circular em todos os tecidos, embora afete apenas alguns – aqueles possuidores do receptor específico.

Os hormônios podem ser divididos em várias classes, com base em sua estrutura química: derivados dos aminoácidos, peptídios, proteínas e **esteroides**. A estrutura química influencia a forma como o hormônio é transportado no sangue e a maneira como este exerce seus efeitos no tecido. Exemplificando, embora a estrutura lipidiforme dos hormônios esteroides requeira que essas moléculas sejam transportadas ligadas a uma proteína plasmática (para se "dissolverem" no plasma), a mesma estrutura lipidiforme permite que os hormônios se difundam através das membranas celulares para que possam exercer seus efeitos. Esse tópico será discutido em detalhes em uma seção mais adiante, "Alteração da atividade do DNA no núcleo". Os hormônios existem em pequenas quantidades no sangue, e são mensurados em microgramas (10^{-6} g), nanogramas (10^{-9} g) e picogramas (10^{-12} g). Não foi senão nos anos 1950 que as técnicas analíticas foram aprimoradas até o ponto de permitirem a mensuração dessas baixas concentrações plasmáticas.[94]

Concentração sanguínea dos hormônios

O efeito que um hormônio exerce em determinado tecido está diretamente relacionado à concentração do hormônio no plasma e ao número de receptores ativos aos quais ele pode se ligar. A concentração plasmática hormonal depende dos seguintes fatores:

- A velocidade de secreção do hormônio pela glândula endócrina.
- A velocidade do metabolismo ou excreção do hormônio.
- A quantidade de proteína de transporte (para alguns hormônios).
- Mudanças no volume plasmático.

Controle da secreção hormonal. A velocidade de secreção de determinado hormônio pela glândula endócrina depende da magnitude do estímulo e da natureza do hormônio – se estimulante ou inibidora. O estímulo (ou informação a ser passada) em cada um dos casos é químico, seja um íon (p. ex., Ca^{++}), seja um substrato (p. ex., glicose) no plasma, um neurotransmissor, como a acetilcolina ou noradrenalina, ou outro hormônio. Quase todas as glândulas endócrinas estão sob influência direta de mais de um tipo de estímulo, que pode reforçar o efeito do outro ou nele interferir. Um exemplo dessa interação pode ser visto no controle da liberação de **insulina** pelo pâncreas. A Figura 5.1 demonstra que o **pâncreas**, que produz insulina, responde a mudanças na glicose e nos aminoácidos plasmáticos, à noradrenalina (liberada por neurônios simpáticos) e também à adrenalina circulante, aos neurônios parassimpáticos (que liberam acetilcolina) e a uma série de hormônios. Elevações da glicose e dos aminoácidos plasmáticos aumentam a secreção de insulina (+), enquanto um aumento na atividade do sistema nervoso simpático (adrenalina e noradrenalina) diminui (-) a secreção de insulina. Essa magnitude de estímulo inibidor *versus* estimulador determina se haverá aumento ou diminuição na secreção de insulina.

Metabolismo e excreção de hormônios. A concentração de um hormônio no plasma também é influenciada pela velocidade de sua metabolização (i. e., inativação) e/ou excreção. A inativação pode ocorrer junto às ou nas proximidades do receptor, ou no fígado, o principal local para o metabolismo hormonal. Além disso, os rins podem metabolizar uma série de hormônios ou excretá-los em sua forma livre (ativa). Com efeito, a velocidade de excreção de um hormônio na urina tem sido utilizada como indicador de sua velocidade de secreção durante o exercício.[8,34,61,62] Tendo em vista que o fluxo sanguíneo para os rins e o fígado diminui durante o exercício, a velocidade a que os hormônios são inativados ou excretados diminui. Isso resulta em uma elevação do nível plasmático do hormônio, além da elevação decorrente de velocidades mais elevadas de secreção.

Proteína de transporte. A concentração de alguns hormônios é influenciada pela quantidade de proteína de transporte no plasma. Hormônios esteroides e tiroxina são transportados ligados a proteínas plasmáticas. Para que exerça seu efeito na célula, o hormônio precisa estar "livre" para interagir com o receptor e não "preso" à proteína de transporte. A quantidade de hormônio livre depende da quantidade de proteína de transporte e da capacidade e afinidade da proteína de se ligar às moléculas do hormônio. *Capacidade* se refere à quantidade máxima de hormônio que pode ser ligada à proteína de transporte, e *afinidade* se refe-

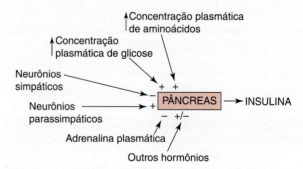

Figura 5.1 A secreção de um hormônio pode ser modificada por diversos fatores; alguns exercem influência positiva e outros influência negativa. De A. J. Vander et al., *Human Physiology: The Mechanisms of Body Function*, 4.ed. Copyright © 1985 McGraw-Hill, Inc., New York. Reproduzido com autorização.

re à tendência da proteína de transporte em se ligar ao hormônio. Um aumento na quantidade, capacidade, ou afinidade da proteína de transporte reduziria a quantidade de hormônio livre e seu efeito no tecido.[37,74] Por exemplo, níveis elevados de estrogênio durante a gravidez aumentam a quantidade de proteína de transporte de tiroxina, causando redução na tiroxina livre. A **glândula tireoide** produz mais tiroxina para contrabalançar esse efeito.

Volume plasmático. Mudanças no volume plasmático mudarão a concentração hormonal, independentemente das mudanças na velocidade de secreção ou de inativação do hormônio. Durante o exercício, o volume plasmático diminui em virtude do movimento da água para fora do sistema cardiovascular. Isso causa um pequeno aumento na concentração de hormônios no plasma. Ao mensurar as mudanças no volume plasmático, é possível "corrigir" a concentração do hormônio para obter uma avaliação mais precisa da atividade da glândula endócrina.[74]

> ### Em resumo
>
> - As glândulas endócrinas liberam hormônios diretamente no sangue para alterar a atividade dos tecidos que possuem receptores aos quais o hormônio pode se ligar.
> - A concentração plasmática de hormônio livre determina a magnitude do efeito ao nível do tecido.
> - A concentração de hormônio livre pode ser mudada mediante alteração da velocidade de secreção ou de inativação do hormônio, a quantidade de proteína de transporte e o volume plasmático.

Interação hormônio-receptor

Os hormônios são transportados pela circulação para todos os tecidos, mas afetam apenas alguns deles. Os tecidos que respondem a hormônios específicos possuem receptores proteicos capazes de ligar-se a esses hormônios. Esses receptores proteicos não devem ser considerados artefatos estáticos associados a essas células, mas, como qualquer estrutura celular, estão sujeitos a mudança. O número de receptores varia de 500 a 100.000 por célula, dependendo do receptor. O número de receptores pode diminuir quando essas moléculas ficam expostas a um nível cronicamente elevado de um hormônio (subregulação), resultando em diminuição da resposta para a mesma concentração hormonal. O caso oposto – exposição crônica a baixas concentrações de determinado hormônio – pode acarretar aumento no número de receptores (suprarregulação), e o tecido se torna muito reativo ao hormônio disponível. Considerando-se que existe um número finito de receptores na superfície ou no interior da célula, pode emergir uma situação em que a concentração hormonal seja tão elevada que todos os receptores fiquem ligados ao hormônio; esse fenômeno é chamado saturação. Qualquer aumento adicional na concentração plasmática do hormônio não terá efeito extra.[37] Além disso, considerando-se que os receptores são específicos para o hormônio, qualquer agente químico de "forma" similar competirá pelos limitados sítios receptores. Um importante método de estudo da função endócrina consiste em usar agentes químicos (medicamentos) para bloquear os receptores e observar as consequências. Por exemplo, pacientes com doença cardíaca podem tomar um medicamento que bloqueie os receptores aos quais a epinefrina (adrenalina) se liga; isso impede a demasiada elevação da frequência cardíaca durante o exercício. Depois que o hormônio se liga a um receptor, a atividade celular é alterada por uma série de mecanismos.

Mecanismo de ação hormonal. Os mecanismos pelos quais os hormônios modificam a atividade celular são:

- Alteração da atividade do DNA no núcleo para iniciar ou suprimir a síntese de uma proteína específica.
- Ativação de proteínas especiais nas células por "segundos mensageiros".
- Alteração dos mecanismos de transporte de membrana.

Alteração da atividade do DNA no núcleo. Em decorrência de sua estrutura lipidiforme, os hormônios esteroides se difundem com facilidade através das membranas celulares, onde se ligam a um receptor de proteína no citoplasma da célula. A Figura 5.2 revela que o complexo esteroide-receptor entra no núcleo e se liga a elementos responsivos a hormônios no DNA, que contém os códigos de instrução para a síntese de proteínas. Isso ativa (ou, em alguns casos, suprime) os genes que levam à síntese de um RNA mensageiro (mRNA) específico que transporta os códigos do núcleo para o citoplasma, onde será sintetizada a proteína específica. Embora os hormônios tireoidianos não sejam hormônios esteroides, funcionam de maneira parecida. Esses processos – a ativação do DNA e a síntese de uma proteína específica – levam tempo para serem "ligados" (o que faz com que os hormônios envolvidos sejam do tipo de "ação lenta"), mas seus efeitos são mais duradouros do que os gerados por "segundos mensageiros".[37]

Segundos mensageiros. Muitos hormônios, em virtude do seu tamanho ou estrutura intensamente carregada, não podem atravessar com facilidade as membranas. Esses hormônios exercem seus efeitos ao se ligarem a um receptor na superfície da membrana e ao ativarem uma **proteína G** localizada na membrana celular. A proteína G é o elo entre a interação hormônio-receptor na superfície da membrana e os subsequentes eventos no interior da célula. Essa proteína pode abrir um canal iônico para permitir que o Ca^{++} ingresse na célula ou pode ativar uma enzima na membrana. Se a proteína G ativar a **adenilato ciclase**, então ocorrerá a formação de **AMP cíclico** (adenosina 3',5'-monofosfato cíclico) a partir do ATP (ver Fig. 5.3). A concentração de AMP cíclico aumenta na célula e ativa a proteína quinase A, que, por sua vez, ativa a resposta às proteínas para alterar a atividade celular. Esse me-

Capítulo 5   Sinalização celular e respostas hormonais ao exercício   **93**

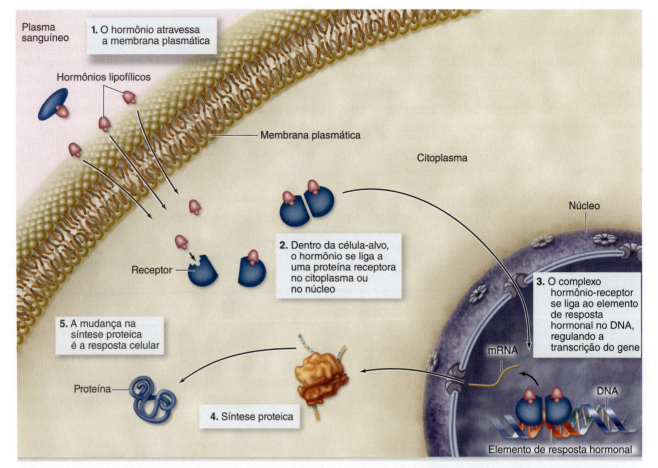

Figura 5.2 Mecanismo pelo qual os hormônios esteroides atuam nas células-alvo. Um hormônio lipofílico (p. ex., hormônio esteroide) se difunde pela membrana plasmática (1) e se liga a um receptor citoplasmático (2). Este complexo hormônio-receptor se desloca para o núcleo, onde se liga a elementos de resposta hormonal no DNA que regulam a produção de mRNA (3). O resultado pode tanto aumentar como reduzir a síntese proteica (4), que altera a atividade celular (5).

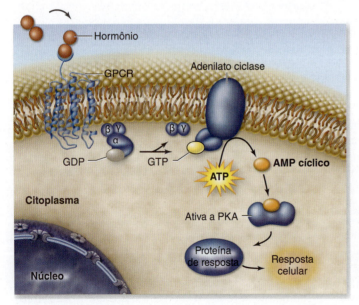

Figura 5.3 Mecanismo do "segundo mensageiro" AMP cíclico ao qual os hormônios se ligam em células-alvo. Um hormônio se liga a um receptor acoplado à proteína G (GPCR) na membrana plasmática, que ativa uma proteína G. A proteína G ativa a adenilato ciclase, que faz o ATP ser convertido em AMP cíclico. O AMP cíclico ativa a proteína quinase A (PKA) que, por sua vez, ativa as proteínas de resposta para alterar a atividade celular.

canismo é utilizado, por exemplo, para a degradação do glicogênio até a glicose (mediante a ativação da fosforilase) e pela degradação de moléculas de triglicérides até ácidos graxos livres (mediante a ativação da lipase sensível a hormônio [HSL]). O AMP cíclico é inativado pela **fosfodiesterase**, uma enzima que converte essa molécula em 5'AMP. Fatores que interferem na atividade da fosfodiesterase, como a cafeína, aumentam o efeito do hormônio por permitir que o AMP cíclico exerça seu efeito durante mais tempo. Por exemplo, a cafeína pode exercer esse efeito no tecido adiposo, fazendo com que os ácidos graxos livres sejam mobilizados mais rapidamente (ver Cap. 25).

Uma proteína G pode ativar uma enzima ligada à membrana, a **fosfolipase C**. Quando isso ocorre, um fosfolipídio na membrana, o fosfatidilinositol (PIP$_2$) é hidrolisado em duas moléculas intracelulares, o **trifosfato de inositol** (IP$_3$), que provoca a liberação de Ca^{++} dos estoques intracelulares, e o **diacilglicerol** (DAG). O cálcio se liga e ativa uma proteína chamada calmodulina, que altera a atividade celular da mesma forma que o AMP cíclico faz. O diacilglicerol ativa a **proteína quinase C** (PKC) que, por sua vez, ativa as proteínas na célula (ver Fig. 5.4). AMP cíclico, Ca^{++}, trifosfato de inositol e diacilglicerol são considerados **segundos mensageiros** nos eventos que se seguem à ligação do hormônio a um receptor na membrana celular. Esses segundos mensageiros não devem ser vistos como independentes um do outro porque as mudanças em um afetam a ação dos outros.[107,138]

Transporte de membrana. Após se ligar a um receptor em uma membrana, o principal efeito de alguns hormônios é ativar as moléculas de transporte presentes no interior da membrana ou próximo a ela, para aumentar o movimento de substratos ou íons de fora para dentro da célula. Por exemplo, a insulina se liga a receptores na superfície da célula e mobiliza os transportadores de glicose para a membrana da célula. Os transportadores se conectam com a glicose no lado externo da membrana celular, onde a concentração é alta e a glicose se difunde para o lado interno da membrana para ser usada pela célula.[69] Se o indivíduo não tem uma quantidade adequada de insulina, como ocorre no diabetes não controlado, a glicose se acumula no plasma porque os transportadores de glicose na membrana não são ativados. Por outro lado, a insulina não usa os mecanismos de segundo mensageiro para gerar seus efeitos na célula. A insulina se liga às subunidades alfa (α) do receptor da tirosina quinase que residem no lado externo da célula (ver Fig. 5.5). Essa ligação faz com que as subunidades beta (β) localizadas dentro da célula se fosforilem. A tirosina quinase ativada fosforila proteínas de resposta à insulina que levam ao movimento dos transportadores de glicose (chamados GLUT4) do citoplasma para a membrana, de modo que a glicose possa entrar na célula. A proteína de resposta à insulina também ativa a enzima glicogênio sintase para formar glicogênio a partir de moléculas de glicose trazidas para dentro da célula, como mostra a Figura 5.5.[107]

> **Em resumo**
> - A interação hormônio-receptor dá início a eventos na célula, e a mudança da concentração do hormônio, o número de receptores na célula ou a afinidade do receptor pelo hormônio são fatores que irão influenciar a magnitude do efeito.
> - Os hormônios realizam seus efeitos mediante a ativação/supressão de genes para alteração da síntese de proteínas e a ativação de segundos mensageiros (p. ex., AMP cíclico, Ca^{++}, trifosfato de inositol e diacilglicerol) e a modificação do transporte de membrana (p. ex., tirosina quinase).

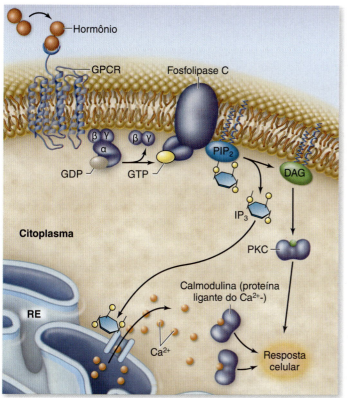

Figura 5.4 Mecanismo do segundo mensageiro fosfolipase C pelo qual os hormônios atuam nas células-alvo. Um hormônio se liga a um receptor acoplado à proteína G (GPCR) na membrana plasmática e ativa uma proteína G. A proteína G ativa a proteína efetora fosfolipase C, que faz com que o fosfatidilinositol (PIP$_2$) seja degradado em trifosfato de inositol (IP$_3$) e diacilglicerol (DAG). O IP$_3$ provoca a liberação de cálcio das organelas intracelulares que ativa a proteína ligante do cálcio, a calmodulina, e o DAG ativa a proteína quinase C para produzir respostas celulares adicionais.

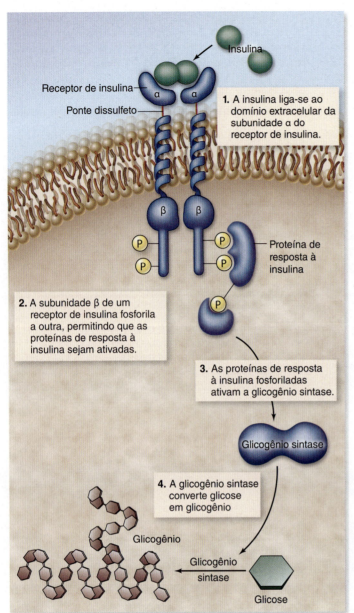

Figura 5.5 Receptor de insulina. A insulina se liga às subunidades alfa (α) do receptor da tirosina quinase, que estão no lado externo da célula. Essa ligação faz com que as subunidades beta (β), localizadas dentro da célula, se fosforilem e ativem as proteínas sinalizadoras. As proteínas de resposta à insulina ativam a glicogênio sintase para sintetizar glicogênio a partir da glicose.

Hormônios: regulação e ação

Esta seção apresenta as principais **glândulas endócrinas**, seus hormônios e como eles são regulados, os efeitos dos hormônios nos tecidos, e como alguns dos hormônios respondem ao exercício. Essa informação é essencial para que se possa discutir o papel do sistema neuroendócrino na mobilização de combustível para a prática do exercício.

Hipotálamo e hipófise

A **hipófise** está localizada na base do cérebro, acoplada ao hipotálamo. A glândula possui dois lobos – lobo anterior (adeno-hipófise), que é uma glândula endócrina verdadeira, e o lobo posterior (neuro-hipófise), que é tecido nervoso que se projeta desde o hipotálamo. Os dois lobos estão sob controle direto do hipotálamo. No caso da **hipófise anterior,** a liberação hormonal é controlada principalmente por agentes químicos (**hormônios** ou fatores **liberadores**) que têm origem em neurônios localizados no hipotálamo. Esses hormônios liberadores estimulam ou inibem a liberação de hormônios específicos da hipófise anterior. A **hipófise posterior** recebe seus hormônios de neurônios especiais originados no hipotálamo. Os hormônios avançam pelo axônio até vasos sanguíneos localizados no hipotálamo posterior, onde são lançados à circulação geral.[37,75]

Hipófise anterior. Os hormônios da hipófise anterior são: **hormônio adrenocorticotrófico (ACTH)**, **hormônio foliculoestimulante (FSH)**, hormônio luteinizante (LH), hormônio estimulante de melanócitos (MSH), hormônio estimulador da tireoide (TSH), hormônio do crescimento (GH) e prolactina. Embora a prolactina estimule diretamente a mama para produzir leite, a maioria dos hormônios secretados pela hipófise anterior controla a liberação de outros hormônios. O TSH controla a velocidade de formação dos hormônios tireoidianos e a secreção de **cortisol** no córtex suprarrenal; o LH estimula a produção de testosterona nos testículos e de estrogênio nos ovários; e o GH estimula a liberação de **fatores de crescimento semelhantes à insulina (IGF)** pelo fígado e por outros tecidos. Contudo, os IGF podem ser produzidos por diversos outros meios. Com efeito, o IGF-1 sintetizado no músculo em decorrência da contração muscular atua localmente por meio de mecanismos autócrinos e parácrinos e é o principal fator associado à hipertrofia muscular.[49,78,122] Entretanto, como será visto, o hormônio do crescimento exerce efeitos importantes no metabolismo das proteínas, gorduras e carboidratos.

Hormônio do crescimento. O GH é secretado pela hipófise anterior e exerce profundos efeitos no crescimento de todos os tecidos, por meio da ação dos IGF. A secreção do hormônio do crescimento é controlada pela liberação de hormônios secretados pelo **hipotálamo.** O hormônio liberador do hormônio do crescimento (GHRH) estimula a liberação do GH pela hipófise anterior, enquanto outro fator, a **somatostatina hipotalâmica**, tem ação inibidora. Os níveis sanguíneos de GH e IGF exercem um efeito de *feedback* negativo na secreção contínua de GH. Conforme está ilustrado na Figura 5.6, o estímulo extra ao hipotálamo que pode influenciar a secreção de GH consiste em exercício, estresse (em definição ampla), baixa concentração plasmática de glicose e sono.[146] Mas o exercício é o estímulo mais potente.[144] O GH e os IGF estimulam a captação de aminoácidos pelos tecidos, a síntese de proteína *de novo* e o crescimento dos ossos longos. Além isso, o GH preserva (i. e., poupa) a glicose plasmática por:

- Opor-se à ação da insulina para redução da glicose plasmática.
- Aumentar a síntese de glicose *de novo* no fígado (gliconeogênese).
- Aumentar a mobilização de ácidos graxos do tecido adiposo.

Diante de tais características, não deve surpreender que o GH aumente com o exercício para ajudar na manutenção da concentração plasmática de glicose (esse tópico será abordado com detalhes em uma seção mais adiante, "Hormônios permissivos e de ação lenta"). Em razão do seu papel na síntese das proteínas, o hormônio do crescimento está sendo utilizado por alguns atletas para aumentar a massa muscular e pelos idosos para retardar o processo de envelhecimento. Porém, existem problemas com essa abordagem (ver Quadro "Uma visão mais detalhada 5.1").

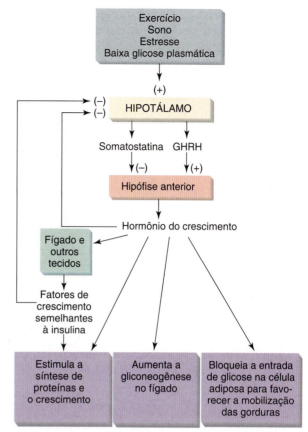

Figura 5.6 Resumo dos estímulos positivos e negativos para o hipotálamo, influenciando a secreção do hormônio do crescimento. De A. J. Vander et al., *Human Physiology: The Mechanisms of Body Function*, 4. ed. Copyright © 1985 McGraw-Hill, Inc., New York. Reproduzido com autorização.

Em resumo

- O hipotálamo controla a atividade da hipófise (anterior e posterior).
- O GH é liberado pela hipófise anterior, sendo essencial para o crescimento normal.
- O GH aumenta durante o exercício, para mobilização dos ácidos graxos do tecido adiposo e para auxiliar na manutenção da glicemia.

Hipófise posterior. A hipófise posterior propicia um local de armazenamento para dois hormônios, a ocitocina e o hormônio antidiurético (ADH, também denominado vasopressina arginina), que são produzidos no hipotálamo, ao qual está acoplada a hipófise posterior. A ocitocina é um estimulante poderoso da musculatura lisa, especialmente por ocasião do parto, estando também envolvida na resposta da "descida do leite", fenômeno necessário para a liberação do leite da mama.

Hormônio antidiurético. O **hormônio antidiurético (ADH)** faz o que seu nome sugere: reduz a perda de água

Uma visão mais detalhada 5.1

Hormônio do crescimento e desempenho

Um excesso de hormônio do crescimento (GH) durante a infância está ligado ao gigantismo, enquanto a secreção inadequada desse hormônio causa nanismo. Essa última condição exige a administração de GH (com outros hormônios promotores do crescimento) durante os anos de crescimento para que a criança readquira sua posição normal no gráfico de crescimento. Já em adultos deficientes em GH, doses terapêuticas do hormônio provocam aumentos na oxidação das gorduras, no $\dot{V}O_{2máx}$ e na força e melhoram a composição corporal.[144] Entretanto, o ganho de força nesses adultos deficientes de GH é tipicamente observado em estudos de longa duração (>1 ano); estudos de curta duração mostram pouco ou nenhum ganho na força.[145] O GH foi obtido originalmente por sua extração da glândula hipófise de cadáveres a um custo alto e grande consumo de tempo. Em virtude do sucesso da engenharia genética, atualmente está disponível o GH recombinante (rhGH).

Caso ocorra um excesso de GH durante a vida adulta, ocorrerá uma condição conhecida como **acromegalia**. O GH adicional durante a vida adulta não afeta o crescimento na altura porque já se fecharam as placas de crescimento epifisárias nas extremidades dos ossos longos. Infelizmente, o GH em excesso causa deformidades permanentes, conforme pode ser observado em um espessamento dos ossos na face, mãos e pés. Até recentemente, a causa habitual de acromegalia era um tumor na hipófise anterior que resultava em um excesso de secreção de GH. Atualmente, esse não é mais o caso. Em um impulso de tirar vantagem dos efeitos anabólicos do GH, adultos jovens com níveis normais desse hormônio estão injetando o GH humano de fácil aquisição, combinado a outros hormônios (ver Quadro "Uma visão mais detalhada 5.3"). O GH funciona nesses indivíduos? Com base em três revisões recentemente publicadas, parece haver consenso com relação ao seguinte:[58,82,144]

■ Adultos normais exibem aumento na massa corporal magra, mas isso se deve mais à retenção de água do que a um aumento na massa celular.
■ Há mínimos ganhos em massa corporal magra, em massa muscular e em força em homens normais e saudáveis quando o GH é utilizado com o treinamento de resistência, em comparação com o uso exclusivo do treinamento de resistência.
■ Há diversos eventos adversos nos casos de uso de GH, e esses eventos dependem da dose. Os eventos adversos são: supressão do eixo GH/IGF, retenção de água e edema, dores articulares e musculares, bem como maior risco de doenças ligadas à aplicação de injeções (p. ex., HIV/AIDS).

Além disso, uma revisão sistemática recente da pesquisa sobre a segurança e eficácia do GH em adultos saudáveis mais velhos (idade média: 69 anos) encontrou muito mais efeitos adversos do que benefícios e recomendou que o GH não seja usado como terapia antienvelhecimento.[83] É importante lembrar que, enquanto o foco dessa discussão é sobre o GH e a síntese de proteínas, está claro que os IGF são produzidos pelos músculos esqueléticos contráteis, assim como são secretados pelo fígado, que são responsáveis por produzir as adaptações musculares.[122,123]

---

do corpo. O ADH favorece a reabsorção de água dos túbulos renais, com seu retorno para os capilares e consequente manutenção dos líquidos corporais. São dois os estímulos principais que provocam aumento da secreção de ADH:

■ Elevada osmolalidade plasmática (baixa concentração hídrica), que pode ser causada por suor excessivo sem reposição de água.
■ Baixo volume plasmático, que pode ser decorrente da perda de sangue ou de uma reposição inadequada de líquido.

Existem osmoceptores no hipotálamo que "percebem" a concentração de água no líquido intersticial. Quando o plasma se apresenta com uma concentração elevada de partículas (baixa concentração hídrica), os osmoceptores encolhem e um reflexo neural ao hipotálamo estimula a liberação de ADH, promovendo a redução na perda de água pelos rins. Se a osmolalidade do plasma estiver normal, mas na situação de um volume plasmático baixo, receptores de estiramento existentes no átrio esquerdo iniciam um reflexo, que resulta na liberação de ADH na tentativa de manter o líquido corporal. Durante o exercício, o volume plasmático diminui e a osmolalidade aumenta; no caso de intensidades de exercício superiores a 60% do $\dot{V}O_{2máx}$, ocorre aumento da secreção de ADH, conforme está ilustrado na Figura 5.7.[23] Isso favorece a conservação de água para que haja manutenção do volume plasmático.[140] Recentemente, foi proposta a hipótese de que sinais não osmóticos asso-

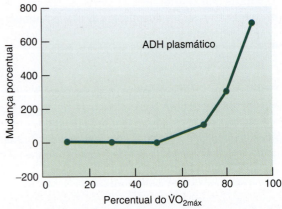

Figura 5.7 Mudança porcentual na concentração plasmática do hormônio antidiurético (ADH), com o aumento da intensidade do exercício.

ciados ao exercício podem suplantar os controles habituais que levam à excessiva retenção de água e diluição da concentração de sódio corporal, o que pode resultar em hiponatremia (baixa concentração de sódio sanguíneo). Isso traz consequências potencialmente mortais (ver Cap. 23 para mais informações sobre esse tópico).[53]

Tireoide

A glândula tireoide é estimulada pelo TSH para sintetizar dois hormônios que contêm o iodo, a **tri-iodotironina (T_3)** e a **tiroxina (T_4)**. A T_3 contém três átomos de iodo e a T_4 quatro. O TSH é também o principal estímulo para a liberação de T_3 e T_4 na circulação, onde esses hormônios estão ligados a proteínas plasmáticas. Deve-se ter em mente que, para promover um efeito no tecido, a fração importante é a concentração de hormônio "livre" (aquela que não está ligada às proteínas plasmáticas). A T_4 é liberada pela tireoide em quantidades muito maiores em comparação com a T_3. Porém, depois da liberação, a maior parte da T_4 é convertida em T_3, o mais potente dos hormônios tireoidianos.

Hormônios tireoidianos. Os hormônios tireoidianos são fundamentais para o estabelecimento da taxa metabólica geral (i. e., um indivíduo hipotireóideo [baixa T_3] seria caracterizado como letárgico e hipocinético). É esse efeito hormonal que foi ligado aos problemas de controle do peso, mas apenas um pequeno percentual de indivíduos obesos é hipotireóideo. A T_3 e T_4 funcionam como hormônios permissivos por permitirem que outros hormônios exerçam completamente seus efeitos. Existe um período latente relativamente longo entre o tempo de elevação de T_3 e T_4 e o período de observação de seus efeitos. O período de latência varia de 6-12 horas para a T_3 e de 2-3 dias para a T_4. Entretanto, uma vez iniciados, seus efeitos são duradouros.[37] O controle da secreção de T_3 e T_4 é outro exemplo do mecanismo de *feedback* negativo apresentado no Capítulo 2. Em repouso, com o aumento das concentrações plasmáticas de T_3 e T_4, ocorre a inibição da liberação do hormônio liberador de TSH pelo hipotálamo, bem como a liberação do próprio TSH. Esse sistema de autorregulação assegura o nível necessário de T_3 e T_4 para a manutenção de uma taxa metabólica normal. Durante o exercício, a concentração "livre" do hormônio aumenta em decorrência de mudanças na característica de ligação da proteína de transporte, e os hormônios são captados em maior velocidade pelos tecidos. Para contrabalançar a velocidade mais rápida de remoção da T_3 e T_4, aumenta a secreção de TSH, provocando maior secreção desses hormônios pela tireoide.[134] Existe evidência que sugere que os aumentos induzidos por exercício na prolactina e no cortisol (ver adiante) também influenciam a liberação de TSH.[48] Por último, a evidência sugere que o treinamento de resistência tem pouco efeito sobre a função hipofisária (TSH)-tireoide (T_3, T_4).[2]

> ### Em resumo
>
> - Os hormônios tireoidianos T_3 e T_4 são importantes para a manutenção da taxa metabólica e por permitirem que outros hormônios exerçam completamente seus efeitos.

Calcitonina. A tireoide também secreta **calcitonina**, que está envolvida secundariamente na regulação do cálcio (Ca^{++}) plasmático, um íon crucial para o funcionamento normal dos músculos e nervos. A secreção desse hormônio é controlada por outro mecanismo de *feedback* negativo. À medida que aumenta a concentração do Ca^{++}, aumenta a liberação de calcitonina. A calcitonina bloqueia a liberação de Ca^{++} dos ossos e estimula a excreção desse íon nos rins para que ocorra redução da concentração plasmática de Ca^{++}. À medida que a concentração desse íon vai baixando, ocorre redução da velocidade de secreção de calcitonina. A calcitonina não é aumentada como resultado de exercício, uma resposta apropriada dada a sua função.[86]

Paratireoide

O hormônio paratireóideo (paratormônio) é o principal hormônio envolvido na regulação do Ca^{++} plasmático. A glândula paratireoide libera o paratormônio em resposta a baixas concentrações plasmáticas de Ca^{++}. O hormônio estimula o osso a liberar Ca^{++} no plasma e, simultaneamente, aumenta a absorção renal desse íon; ambas as ações elevam o nível plasmático de Ca^{++}. O paratormônio também estimula os rins a converterem uma forma de vitamina D (vitamina D_3) em um hormônio que aumenta a absorção do Ca^{++} do trato gastrintestinal. O paratormônio aumenta durante o exercício intenso e prolongado.[10,88] Esse aumento está relacionado a uma concentração mais baixa de Ca^{++} e a aumentos plasmáticos das catecolaminas e do H^+ induzidos pelo exercício.[86]

Glândula suprarrenal

Na realidade, a glândula suprarrenal se compõe de duas glândulas – a medula suprarrenal, que secreta as **catecolaminas (adrenalina [A] e noradrenalina [NA])**, e o **córtex suprarrenal**, que secreta hormônios esteroides.

Medula suprarrenal. A medula suprarrenal faz parte do sistema nervoso simpático. Oitenta por cento da secreção hormonal da glândula consistem em adrenalina, que afeta receptores nos sistemas cardiovascular e respiratório, trato gastrintestinal (GI), fígado, outras glândulas endócrinas, músculo e tecido adiposo. A e NA estão envolvidas na manutenção da pressão arterial e na concentração plasmática de glicose. O papel dessas moléculas no sistema cardiovascular foi discutido no Capítulo 9, e seu envolvimento na mobilização de substrato para exercício será discutido mais adiante, ainda neste capítulo, na seção "Hormônios de ação rápida". A e NA também respondem a fortes estímulos emocionais e formam a base para a hipótese de Cannon, de "luta ou fuga" sobre o modo de resposta do corpo aos desafios oriundos do ambiente.[14] Cannon propôs que a ativação do sistema nervoso simpático prepara a pessoa para enfrentar um perigo, ou para fugir dele. Declarações dos locutores esportivos, por exemplo, "a adrenalina deve estar realmente bombeando", constituem uma tradução aproximada dessa hipótese. Ver Quadro "Um olhar no passado – nomes importantes na ciência", para aprender mais sobre o dr. Walter B. Cannon.

A e NA se ligam a receptores adrenérgicos (de adrenalina, o nome europeu para epinefrina) nos tecidos-alvo. Os **receptores** estão divididos em duas classes principais: **alfa** (α) e **beta** (β), com subgrupos (α_1 e α_2; β_1, β_2 e β_3). A e NA exercem seus efeitos por meio dos mecanismos de segundo mensageiro, anteriormente mencionados. A resposta gerada no tecido-alvo, tanto em proporção como em direção (inibitória ou excitadora), depende do tipo de receptor e se há envolvimento de A ou NA. Esse é um exemplo do grau de importância dos receptores na determinação da resposta celular a um hormônio. A Tabela 5.1 resume os efeitos da A e NA em relação ao tipo de receptor adrenérgico envolvido.[127] Os diferentes receptores provocam mudanças na atividade celular ao aumentarem ou diminuírem as concentrações do AMP cíclico ou de Ca^{++}. Com base nessa tabela, pode-se observar que, se a célula sofresse uma perda de receptores β_1 e ganhasse receptores α_2, a mesma concentração de adrenalina exerceria efeitos muito diferentes na célula.

> **Em resumo**
>
> ■ A medula suprarrenal secreta as catecolaminas adrenalina (A) e noradrenalina (NA). A é a principal secreção da medula suprarrenal (80%), e NA é basicamente secretada pelos neurônios adrenérgicos do sistema nervoso simpático.
> ■ Adrenalina e noradrenalina se ligam a α-receptores e a β-receptores adrenérgicos, promovendo mudanças na atividade celular (p. ex., aumento da frequência cardíaca, mobilização de ácidos graxos do tecido adiposo) por meio de segundos mensageiros.

Córtex suprarrenal. O córtex suprarrenal secreta uma série de hormônios esteroides, que exercem fun-

Um olhar no passado – nomes importantes na ciência

Walter B. Cannon (1871-1945) e a resposta de luta ou fuga

Walter B. Cannon nasceu e foi criado em Wisconsin e frequentou o Harvard College de 1892 a 1896. Em seguida, ingressou na Harvard University para estudar medicina. Durante esse primeiro ano, trabalhou no laboratório do dr. Henry Bowditch e começou a usar a nova técnica dos raios X para estudar a motilidade gastrintestinal. O dr. Cannon se formou em medicina em 1900 e permaneceu como instrutor no Departamento de Fisiologia, do qual Bowditch era chefe. O dr. Bowditch era um fisiologista renomado, tendo sido um dos fundadores da American Physiological Society. Dois anos depois, o dr. Cannon foi promovido a professor-assistente e em 1906 sucedeu o dr. Bowditch como chefe do departamento – um posto que manteve até sua aposentadoria em 1942.

A pesquisa do dr. Cannon envolvia seu trabalho sobre motilidade gastrintestinal e fisiologia das emoções. Ele desenvolveu o conceito da função de emergência do sistema nervoso simpático – a resposta de "luta ou fuga", a importância da adrenalina e da noradrenalina na mobilização dos recursos para que o corpo fique e lute, ou fuja em momentos de estresse extremo. Além dessas importantes contribuições, o dr. Cannon também foi responsável pela elaboração do conceito de homeostase – a ideia de que existe uma constância dinâmica no ambiente interno que é mantida por sistemas reguladores complexos, dos quais o sistema neuroendócrino, descrito neste capítulo, é parte importante. A homeostase é uma das teorias mais fundamentais na biologia, sendo o tema utilizado ao longo deste livro.

O dr. Cannon teve liderança excepcional não só no departamento de fisiologia em Harvard, mas também no campo mais amplo da fisiologia. Foi o sexto presidente da American Physiological Society (1914-16), tendo discorrido enfaticamente sobre uma série de assuntos políticos e sociais, inclusive combatendo os antivivisseccionistas, como antes dele tinha feito seu mentor, o dr. Bowditch. O dr. Cannon publicou vários livros importantes, inclusive *Bodily Changes in Pain, Fear, and Rage* (1915), *The Wisdom of the Body* (1932) e *The Way of an Investigator* (1945). Esse último livro é uma autobiografia que descreve suas experiências pessoais como cientista. O livro oferece importantes dicas para aqueles interessados em seguir a carreira de cientista. O dr. Cannon é considerado o maior fisiologista norte-americano da primeira metade do século XX.

Para aqueles interessados em obter mais detalhes da vida desse grande homem, ler *Walter B. Cannon, The Life and Times of a Young Scientist* (1987) e *Walter B. Cannon, Science and Society* (2000), ambos publicados pela Harvard University Press.

American Physiological Society (http: www.the-aps.org/fron/presidents/introwbc. html).

Tabela 5.1 — Subtipos de receptores adrenérgicos: respostas fisiológicas à adrenalina e à noradrenalina

Tipo de receptor	Efeito da A/NA	Enzima ligada a membrana	Mediador intracelular	Efeitos em diversos tecidos
β_1	A = NA	Adenilato ciclase	↑AMP cíclico	↑Frequência cardíaca ↑Glicogenólise ↑Lipólise
β_2	A >>> NA	Adenilato ciclase	↑AMP cíclico	↑Broncodilatação ↑Vasodilatação
β_3	NA > A	Adenilato ciclase	↑AMP cíclico	↑Lipólise
α_1	A ≥ NA	Fosfolipase C	↑Ca^{++}	↑Fosfodiesterase ↑Vasoconstrição
α_2	A ≥ NA	Adenilato ciclase	↓AMP cíclico	Opõe-se à ação de receptores β_1 e β_2 ↓Secreção de insulina

De J. Tepperman e H.M. Tepperman;[133] Brunton, Lazo e Parker[12] e Zouhal, et al.[156]

ções fisiológicas bastante diferentes. Os hormônios podem ser agrupados em três categorias:

- **Mineralocorticoides** (aldosterona), envolvidos na manutenção das concentrações plasmáticas de Na^+ e K^+.
- **Glicocorticoides** (cortisol), envolvidos na regulação da glicose plasmática.
- **Esteroides sexuais** (andrógenos e estrógenos), que dão sustentação ao crescimento na pré-pubescência; andrógenos estão associados ao impulso sexual da pós-puberdade em mulheres.

O colesterol é o precursor químico comum para todos esses hormônios esteroides; embora os hormônios ativos finais possuam pequenas diferenças estruturais, suas funções fisiológicas diferem muito.

Aldosterona. A **aldosterona** (um mineralocorticoide) é um importante regulador da reabsorção de Na^+ e da secreção de K^+ nos rins. A aldosterona está diretamente envolvida no equilíbrio Na^+/H_2O e, por consequência, no volume plasmático e na pressão arterial (ver Cap. 9). Existem dois níveis de controle sobre a secreção de aldosterona. A liberação da aldosterona do córtex suprarrenal é controlada diretamente pela concentração plasmática de K^+. Um aumento na concentração aumenta a secreção de aldosterona, o que estimula o mecanismo renal de transporte ativo para a secreção de íons K^+. Esse sistema de controle utiliza a alça de *feedback* negativo já descrita anteriormente. A secreção de aldosterona também é controlada por outro mecanismo mais complicado. Reduções no volume plasmático, uma queda na pressão arterial no rim ou um aumento na atividade simpática nervosa para os rins estimulam células renais especiais a secretarem uma enzima chamada **renina**. Essa enzima ingressa no plasma e converte seu substrato (angiotensinogênio) em **angiotensina I**, que, por sua vez, é convertida nos pulmões em **angiotensina II** pela enzima conversora de angiotensina (ACE). A angiotensina II é um vasoconstritor poderoso; pode-se receitar um inibidor da ACE para indivíduos hipertensos, com o objetivo de baixar a pressão arterial. A angiotensina II estimula a liberação de aldosterona, o que aumenta a reabsorção de Na^+. Os estímulos para a secreção de aldosterona e ADH também são os sinais para a estimulação da sede, um ingrediente necessário para a restauração do volume dos líquidos. Durante a prática de exercício leve, ocorre pouca ou nenhuma mudança na atividade plasmática de renina ou na aldosterona.[100] Contudo, ao ser imposta uma carga térmica durante o exercício leve, ocorre aumento da secreção de renina e também de aldosterona.[38] Quando a intensidade do exercício se aproxima de 50% do $\dot{V}O_{2máx}$ (Fig. 5.8), ocorre aumento paralelo nas concentrações de renina, angiotensina e aldosterona, o que demonstra as interligações no seio desse sistema homeostásico.[85,134] Além disso, aumenta a produção hepática de substrato de renina para que seja mantida a concentração plasmática.[91] Em con-

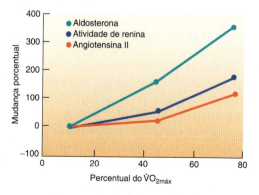

Figura 5.8 Aumentos paralelos na atividade de renina, angiotensina II e aldosterona com o aumento das intensidades do exercício. Os dados estão expressos como mudança percentual com relação aos valores em repouso.

traste, uma elevação constante do volume de sangue dispara a liberação do hormônio natriurético atrial (ANH) das células musculares do coração (não de uma glândula endócrina). O ANH se opõe à ação da aldosterona para reduzir o volume de sangue.

Cortisol. Trata-se do principal glicocorticoide secretado pelo córtex suprarrenal. Por diversos mecanismos, o cortisol contribui para a manutenção da glicose plasmática durante o jejum/exercício prolongado. Esses mecanismos:

- Promovem a degradação de proteínas nos tecidos (ao inibirem a síntese proteica) para a formação de aminoácidos, que, em seguida, são utilizados pelo fígado para formar glicose *de novo* (gliconeogênese).
- Estimulam a mobilização de ácidos graxos livres do tecido adiposo.
- Estimulam as enzimas hepáticas envolvidas na via metabólica que resulta na síntese de glicose.
- Bloqueiam a entrada da glicose nos tecidos, forçando-os a utilizarem mais ácidos graxos como combustível.[37,146]

A Figura 5.9 apresenta um resumo das ações do cortisol e de sua regulação. A secreção de cortisol é controlada da mesma maneira que a secreção de tiroxina. O hipotálamo secreta hormônio liberador corticotrófico (CRH), que faz com que a hipófise secrete mais ACTH para a circulação geral. O ACTH se liga aos receptores no córtex suprarrenal e aumenta a secreção de cortisol. À medida que o nível de cortisol vai aumentando, o CRH e o ACTH são inibidos em outro sistema de *feedback* negativo. Entretanto, o hipotálamo, como qualquer centro cerebral, recebe informações nervosas de outras áreas do cérebro. Essa informação pode influenciar a secreção de hormônios liberadores hipotalâmicos além do nível observado em um sistema de *feedback* negativo. Há mais de 70 anos, Hans Selye observou que uma grande variedade de eventos estressantes, como queimaduras, fraturas ósseas e exercício intenso, levavam a aumentos previsíveis no ACTH e no cortisol; ele chamou essa resposta de síndrome da adaptação geral (SAG). Um ponto essencial nessa resposta é a liberação de ACTH e cortisol, como ajuda na adaptação. A SAG de Selye têm três estágios: (1) a reação de alarme, que envolve a secreção de cortisol, (2) o estágio de força, em que são feitos reparos, e (3) o estágio de exaustão, em que os reparos não são adequados, advindo enfermidade ou morte.[125] A utilidade da SAG pode ser observada em momentos de "estresse" causado por lesão tecidual. O cortisol estimula a degradação da proteína dos tecidos para a formação de aminoácidos, que, em seguida, podem ser utilizados no reparo do local da lesão tecidual. Embora já tenha ficado esclarecido que o tecido muscular é fonte primária de aminoácidos, a sobrecarga funcional do mús-

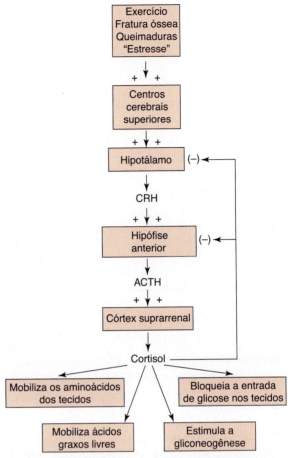

Figura 5.9 Controle da secreção de cortisol, que ilustra o equilíbrio dos estímulos positivos e negativos para o hipotálamo e a influência do cortisol no metabolismo.

culo com o treinamento de força ou de resistência pode prevenir a atrofia muscular que pode ser causada pelos glicocorticoides.[3,54,55] Ao longo desta seção, o leitor terá um resumo do papel dos hormônios secretados por diversas glândulas endócrinas. O Quadro "Uma visão mais detalhada 5.2" proporciona um novo acréscimo a essa lista, que terá profundas implicações na compreensão da obesidade e de suas consequências ligadas à doença.

> **Em resumo**
>
> - O córtex suprarrenal secreta aldosterona (mineralocorticoide), cortisol (glicocorticoide) e estrógenos e andrógenos (esteroides sexuais).
> - A aldosterona regula o equilíbrio entre Na^+ e K^+. A secreção de aldosterona aumenta com o exercício intenso, impulsionada pelo sistema renina-angiotensina.
> - O cortisol responde a uma série de estressores, inclusive o exercício, para assegurar a disponibilidade de combustível (glicose e ácidos graxos livres) e para disponibilizar aminoácidos para reparo dos tecidos.

Uma visão mais detalhada 5.2

O tecido adiposo é um órgão endócrino

Muitos sabem da existência de uma conexão entre a epidemia de obesidade nos Estados Unidos e o drástico aumento do número de pessoas com diabetes tipo 2 e outras doenças crônicas (p. ex., doença coronariana, câncer). Mas, até recentemente, a ligação ou causa direta entre obesidade e essas doenças permanecia um mistério. Felizmente, novas evidências fornecem indícios que explicam por que o excesso de tecido adiposo tem impacto negativo na saúde.

O tecido adiposo vinha sendo considerado apenas o principal local de armazenamento para a gordura, sobretudo triglicérides. Quando a ingestão calórica excede o gasto, aumentam as reservas de gordura. Por outro lado, quando a ingestão calórica não pode atender às demandas energéticas, o tecido adiposo libera ácidos graxos livres na circulação a fim de fornecer energia para as células. Nos últimos 15 anos, essa imagem do tecido adiposo como um depósito passivo de suprimento de energia mudou muito à medida que ficou claro que ele secreta uma variedade de hormônios e outros fatores que têm efeito direto sobre o metabolismo e o equilíbrio energético; eles atuam por meio de mecanismos endócrinos, parácrinos ou autócrinos.

Em meados dos anos 1990, foi descoberto o hormônio **leptina**. Esse hormônio, secretado pelas células adiposas (adipócitos), influencia o apetite por meio de um efeito direto nos "centros alimentares" no hipotálamo. Duas linhas de evidência apoiam essa posição. Camundongos que não possuem o gene para a síntese de leptina não podem regular seu apetite, comem demasiadamente e ficam obesos. Dentro dessa linha, quando é injetada leptina nesses camundongos, os roedores reduzem a ingestão de alimento, aumentam o gasto energético e perdem peso. Além disso, a leptina atua nos tecidos periféricos para aumentar a sensibilidade à insulina (permitindo que a insulina funcione) e promover a oxidação de ácidos graxos livres no músculo. A **adiponectina** é outro hormônio secretado pelos adipócitos. Esse hormônio também aumenta a sensibilidade da insulina e a oxidação dos ácidos graxos no músculo.[36,45,141]

Com o aumento da massa adiposa, a secreção de leptina também aumenta, mas, curiosamente, a ingestão de alimentos não fica restringida. Também é produzida outra molécula que bloqueia o sinal da leptina, impedindo-o de chegar ao hipotálamo; isso leva ao que é conhecido como resistência à leptina. Por outro lado, a secreção de adiponectina diminui com o aumento da massa adiposa, levando a uma redução da sensibilidade dos tecidos à insulina (resistência à insulina) e à ocorrência do diabetes tipo 2 (uma doença em que há grande quantidade de insulina, mas os tecidos não respondem a esse hormônio).

Além disso, à medida que a massa adiposa vai aumentando, os adipócitos produzem uma série de citocinas proinflamatórias – p. ex., fator alfa de necrose tumoral [TNF-α e interleucina [IL-6] –, e atualmente a obesidade é reconhecida como fator contributivo para um estado de inflamação sistêmica de baixa intensidade.[96,117] O leitor deve consultar o Capítulo 6 para mais informações sobre inflamação e o Capítulo 14 acerca da conexão entre inflamação e doença crônica. A adiponectina tem a propriedade de suprimir a inflamação sistêmica, mas, considerando-se que sua secreção fica reduzida na obesidade, esse hormônio não pode desempenhar esse papel. Essas citocinas proinflamatórias (também chamadas adipocinas ou adipocitocinas no tecido adiposo) podem levar tanto à resistência à insulina como à aterosclerose.[36,45,141] O que provoca essas mudanças no adipócito? Um potencial gatilho é a hipóxia (uma relativa falta de oxigênio). À medida que a massa de tecido adiposo aumenta na obesidade, alguns adipócitos estarão distantes dos capilares existentes e o O_2 não estará muito disponível. Foi demonstrado que quando os adipócitos normais se tornam hipóxicos, o metabolismo anaeróbio é aumentado, os níveis de lactato se elevam e as células respondem com uma redução na secreção de adiponectina e um aumento na secreção de leptina e IL-6.[136]

Tendo-se em vista a importância da adiponectina na sensibilidade à insulina, seria de se esperar que o exercício, que sabidamente melhora a sensibilidade à insulina (ver Cap. 17), aumentasse sua concentração. Curiosamente, nem uma série aguda de exercício nem o treinamento físico têm qualquer efeito na concentração sanguínea de adiponectina. Por outro lado, o nível de adiponectina aumenta quando ocorre redução na massa adiposa, seja graças ao exercício, dieta, ou por uma intervenção combinada. Isso sugere que os efeitos positivos do exercício e da perda de peso na sensibilidade à insulina são independentes e ocorrem por vias diferentes. O mesmo parece ser válido para a leptina; esse hormônio responde mais a mudanças no peso corporal do que a qualquer intervenção com exercício.[6,9,79,131]

Recentemente foi demonstrado que o tecido adiposo libera outros fatores (p. ex., resistina, visfatina) que também influenciam a saúde e a doença.[19] Ficou evidente que o tecido adiposo não é apenas um depósito passivo para o armazenamento de energia, mas está diretamente envolvido no apetite, no gasto energético e na ocorrência de doenças ligadas à inflamação, inclusive doença cardiovascular e diabetes tipo 2. Está claro que ser fisicamente ativo e manter um peso normal são objetivos razoáveis para aqueles que desejam ver minimizados os riscos de ocorrência de doenças crônicas. Leia Uma visão mais detalhada 5.4 para mais informações sobre como o músculo reage à tendência do tecido adiposo de promover inflamação.

Pâncreas

O pâncreas é uma glândula exócrina e endócrina. As secreções exócrinas são enzimas digestivas e bicarbonato, que são secretados no interior dos ductos conducentes ao intestino delgado. Os hormônios, liberados de grupos de células na parte endócrina do pâncreas (denominadas ilhotas de Langerhans) são a insulina, o **glucagon** e a **somatostatina**.

Insulina. A insulina é secretada pelas células beta (β) das ilhotas de Langerhans. Trata-se do hormônio mais importante durante o estado de absorção, quando os nutrientes estão ingressando no sangue, vindos do intestino delgado. A insulina estimula os tecidos a absorver moléculas de nutrientes, como a glicose e os aminoácidos, armazenando-as nas formas de glicogênio, proteínas e gorduras. O papel mais notório da insulina é a difusão facilitada da glicose através das membranas celulares. A falta de insulina causa acúmulo de glicose no plasma, porque os tecidos não podem absorvê-la. A concentração plasmática de glicose pode se tornar tão alta a ponto de suplantar os mecanismos de reabsorção nos rins, ocorrendo perda de glicose na urina e, com isso, carregando grandes volumes de água com o açúcar. Essa condição é denominada **diabetes melito.**

Conforme já foi mencionado anteriormente neste capítulo, a secreção de insulina é influenciada por diversos fatores: pela concentração plasmática de glicose e de aminoácidos, pela estimulação nervosa simpática e parassimpática e por diversos hormônios. A velocidade de secreção de insulina depende do nível de estímulo excitatório ou inibitório que chega às células pancreáticas (ver Fig. 5.1). A concentração sanguínea de glicose é fonte importante de informações, fazendo parte de uma alça de *feedback* negativo simples; com o aumento da concentração plasmática de glicose (em seguida a uma refeição), as células beta monitorizam diretamente esse aumento e secretam mais insulina para promover a absorção da glicose pelos tecidos. Essa maior absorção baixa a concentração plasmática de glicose, com consequente redução da insulina.[37,94]

Glucagon. O glucagon, secretado pelas células alfa (α) das ilhotas de Langerhans, exerce efeitos opostos aos da insulina. A secreção de glucagon aumenta em resposta à baixa concentração plasmática de glicose, que é monitorizada pelas células alfa. O glucagon estimula tanto a mobilização da glicose das reservas hepáticas (glicogenólise) quanto dos ácidos graxos livres do tecido adiposo (para preservar a glicose sanguínea como combustível), usando o mecanismo de segundo mensageiro adenilato ciclase mencionado anteriormente. Por último, com o cortisol, o glucagon estimula a gliconeogênese hepática. A secreção de glucagon é também influenciada por outros fatores, além da concentração de glicose – notavelmente o sistema nervoso simpático.[133] Mais adiante neste capítulo, será apresentada uma descrição completa do papel da insulina e do glucagon na manutenção da glicemia durante o exercício, na seção "Hormônios de ação rápida".

Em resumo

- A insulina é secretada pelas células β das ilhotas de Langerhans no pâncreas e promove o armazenamento de glicose, aminoácidos e gorduras.
- O glucagon é secretado pelas células α das ilhotas de Langerhans no pâncreas e promove a mobilização de glicose e de ácidos graxos.

Somatostatina. A somatostatina pancreática é secretada pelas células delta das ilhotas de Langerhans. A secreção da somatostatina pelo pâncreas fica aumentada durante a fase de absorção; esse hormônio modifica a atividade do trato gastrintestinal para o controle da velocidade de ingresso das moléculas de nutrientes na circulação. A somatostatina também pode estar envolvida na regulação da secreção de insulina.[133]

Testículos e ovários

Testosterona e **estrogênio** são os principais esteroides sexuais secretados pelos testículos e ovários, respectivamente. Esses hormônios não são apenas importantes no estabelecimento e na manutenção da função reprodutiva; eles também determinam as características sexuais secundárias associadas à masculinidade e à feminilidade.

Testosterona. A testosterona é secretada pelas células intersticiais dos testículos, sendo controlada pelo hormônio estimulador das células intersticiais (ICSH – também conhecido como LH), que é sintetizado na hipófise anterior. Por sua vez, o LH é controlado por um hormônio liberador secretado pelo hipotálamo. A produção de espermatozoides pelos túbulos seminíferos dos testículos depende do hormônio foliculoestimulante (FSH), proveniente da hipófise anterior e da testosterona. A Figura 5.10 mostra que a secreção de testosterona é controlada por uma alça de *feedback* negativo que envolve a hipófise anterior e o hipotálamo. A produção dos espermatozoides é controlada, em parte, por outra alça de *feedback* negativo que envolve o hormônio inibina.[94,146]

A testosterona é tanto um esteroide anabólico (construção de tecidos) como androgênico (promoção de características masculinas), por estimular a síntese de proteínas e ser responsável pelas mudanças características

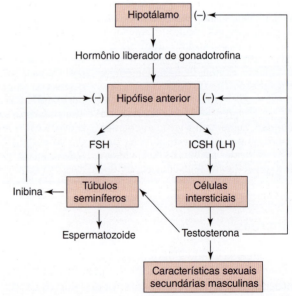

Figura 5.10 Controle da secreção de testosterona e da produção de espermatozoides pelo hipotálamo e hipófise anterior.

ocorridas em meninos durante a adolescência e conducentes à alta relação entre massa muscular/massa de gordura. A concentração plasmática de testosterona aumenta 10-37% durante o treinamento submáximo prolongado,[139] durante o exercício levado aos níveis máximos,[26] e durante práticas de treinamento de resistência ou de força.[71] Alguns estudiosos acreditam que essas pequenas mudanças sejam decorrentes de uma redução no volume plasmático ou de um aumento na velocidade de inativação e remoção da testosterona.[134] Mas outros concluíram, com base em um aumento paralelo da concentração de LH, que o aumento da testosterona plasmática se deve a um aumento da velocidade de produção.[26] O aumento na testosterona induzido por exercício é visto com um estímulo primário da síntese de proteína muscular e hipertrofia, mas novas informações sugerem que a testosterona sozinha responde por ~10% de variação na hipertrofia observada como resultado do treino de resistência. Sendo assim, existe considerável variação individual na hipertrofia como resultado do treino de resistência e parte dessa variação ocorre em função de diferenças na resposta da testosterona ao exercício. Como esse assunto ainda está em desenvolvimento, certamente ouviremos mais sobre essa questão.[123] Quase todos os leitores provavelmente identificarão na testosterona, ou em um de seus análogos sintéticos, uma das drogas mais excessivamente utilizadas para aumentar a massa muscular e o desempenho. Esse uso não está isento de problemas (ver Quadro "Uma visão mais detalhada 5.3").

Estrogênio e progesterona. Os estrogênios constituem um grupo de hormônios que exercem efeitos fisiológicos parecidos. Esses hormônios são estradiol, estrona e estriol, com o estradiol sendo o estrogênio primário. O estrogênio estimula o desenvolvimento das mamas, a deposição de gordura na mulher e outras características sexuais secundárias (ver Fig. 5.11). Durante a parte inicial do ciclo menstrual, denominada fase folicular, o LH estimula a produção de **andrógenos** no folículo, que são subsequentemente convertidos em estrógenos sob a influência do FSH. Em seguida à ovulação, tem início a fase lútea do ciclo menstrual e tanto estrógenos como progesterona são produzidos pelo corpo lúteo, uma estrutura secretória que ocupa o espaço onde estava localizado o óvulo.[146] De que maneira o exercício afeta esses hormônios e vice-versa? Em um estudo,[72] foram mensurados os níveis plasmáticos de LH, FSH, estradiol e progesterona em repouso e a três taxas de trabalho diferentes durante as fases folicular e lútea do ciclo menstrual. Os padrões de resposta desses hormônios durante o exercício progressivo foram muito parecidos nas duas fases do ciclo menstrual.[72] A Figura 5.12 ilustra apenas pequenas mudanças na progesterona e no estradiol com o aumento das intensidades de trabalho. Considerando-se que o LH e o FSH mudaram pouco ou nada durante a fase lútea, acreditava-se que os pequenos aumentos de progesterona e estradiol se deviam a mudanças no volume plasmático e a uma dimi-

nuição da velocidade de remoção, em vez de um aumento da velocidade de secreção.[13,134]

O efeito da fase do ciclo menstrual no metabolismo do exercício ainda não ficou totalmente esclarecido. Isso se deve em parte a variações no modelo de pesquisa, métodos de mensuração e à intensidade do exercício utilizado nos estudos. Com base em periódico publicado recentemente, podem ser feitas as seguintes afirmativas:[97]

- Os desempenhos anaeróbios não são afetados pela fase do ciclo menstrual.
- O efeito da fase do ciclo menstrual nas tomadas de tempo nos desempenhos de resistência é variável; foi sugerido que o enfoque de futuras pesquisas deverá recair em eventos de ultrarresistência.
- A mobilização da glicose é mais baixa durante a fase lútea, quando a intensidade do exercício é suficientemente elevada para gerar uma demanda energética por carboidrato. Mas quando o exercício ocorre logo em seguida a uma refeição, ou nos casos em que há fornecimento de glicose durante o exercício, ocorre redução ou eliminação do impacto da fase do ciclo menstrual.
- Embora estudos em animais tenham demonstrado que o estrogênio aumenta a lipólise e os AGL plasmáticos, estudos em humanos não sustentam esses achados.
- Na fase lútea, ocorre aumento no catabolismo proteico em repouso e durante o exercício. Isso parece ser decorrente do efeito da progesterona, pois o estrogênio exerce o efeito oposto.

Consistente com essa questão, existe forte indício de que a resposta dos hormônios reguladores de glicose ao exercício prolongado não é afetada pela fase do ciclo menstrual.[80] Além disso, há concordância geral de que não ocorrem efeitos de fase do ciclo menstrual no $\dot{V}O_{2máx}$ e nas respostas do lactato, volume plasmático, frequência cardíaca e ventilação.[151] Finalmente, parece não haver maior risco de enfermidade térmica durante a fase lútea do ciclo menstrual, embora a temperatura corporal esteja mais alta.[87]

Atualmente, é discutido se o estrogênio influencia os índices de lesão muscular, inflamação e reparo dos tecidos. Estudos em animais forneceram evidências consistentes de que o estrogênio oferece benefícios protetores, mas estudos em seres humanos não conseguiram confirmar esses resultados.[32] Para o leitor interessado em ter as informações mais recentes desse debate, consultar a referência 135 sobre esse tópico, em que Tiidus e Enns discutem Hubal e Clarkson.

Tendo-se em vista que, em comparação com homens atletas, mulheres atletas estão em risco 4-6 vezes superior de lesão ao cruzado anterior, interessa saber se a fase do ciclo menstrual poderia influenciar o risco. Uma revisão de Zazulak et al.[155] sugere a ocorrência de maior lassidão (frouxidão) do joelho por volta de 10-14 dias do ciclo em comparação com os dias 15-28; a lassidão

Capítulo 5   Sinalização celular e respostas hormonais ao exercício   **105**

Uma visão mais detalhada 5.3

Esteroides anabólicos e desempenho

A testosterona, como anabólico e também como **esteroide androgênico**, causa mudanças de volume e das características sexuais secundárias do homem, respectivamente. Em razão desses efeitos combinados, os cientistas desenvolveram esteroides com o objetivo de maximizar os efeitos anabólicos e minimizar os efeitos androgênicos. No entanto, esses efeitos nunca podem ser separados por completo. Esses esteroides sintéticos foram desenvolvidos originalmente para a promoção do crescimento dos tecidos em pacientes que sofreram atrofia como resultado de repouso prolongado no leito. Logo em seguida, alguém teve a ideia de que esses **esteroides anabólicos** poderiam ter utilidade no desenvolvimento da massa e da força muscular em atletas.

Foram publicados numerosos estudos visando-se a determinar se esses esteroides podiam ou não realizar as mudanças desejadas, mas não se chegou a um consenso.[4,149,150] A variação nos resultados dos estudos publicados teve relação com os diferentes testes empregados na mensuração da composição corporal e da força, participantes nos estudos (neófitos ou experientes), duração do estudo e métodos de treinamento.[153] Na maioria desses estudos, os cientistas utilizaram a dose terapêutica recomendada, conforme o exigido pelas comissões que aprovam pesquisas com seres humanos. Infelizmente, os "resultados" de muitos estudos pessoais realizados em vários ginásios e em instalações para treinamento com pesos por todo o mundo discordaram dos resultados científicos. Qual foi a causa dessa discordância nos resultados entre os estudos científicos controlados e esses últimos "estudos"? Na sala de pesos, não era raro que um indivíduo, em sua procura por maior "força por meio da química", tomasse 10-100 vezes a dose terapêutica recomendada! Com efeito, era difícil comparar os resultados dos estudos científicos controlados com aqueles realizados no ginásio.

Em meados dos anos 1980, o problema dos esteroides tinha atingido um nível que forçou as equipes profissionais e universitárias a instituir os exames de atletas para controle do uso da droga. Atletas olímpicos e pan-americanos também foram testados; os atletas positivos para esteroides eram desqualificados. Ocorreu uma escalada do problema quando os atletas começaram a tomar testosterona pura em vez do esteroide anabólico. Parte da razão para essa troca foi reduzir a probabilidade de detecção durante a realização dos testes, e parte estava ligada à disponibilidade da testosterona. As seguintes afirmações, recolhidas de recente posicionamento oficial, oferecem um bom resumo do que se sabe atualmente sobre o uso desses esteroides e sobre o que deveria ser feito para limitar seu abuso:[58]

- Dependendo da concentração, o uso de andrógenos causa aumentos na massa corporal magra, massa muscular e força dos homens.
- Quando andrógenos e treinamento de resistência são combinados, ocorrem maiores ganhos do que os obtidos com o uso exclusivo de qualquer dessas intervenções.
- Nos homens, os efeitos adversos são: supressão do eixo hipotalâmico-hipofisário-gonadal, distúrbios do humor e do comportamento, maior risco de doença cardiovascular, disfunção hepática (com andrógenos orais), resistência à insulina, intolerância à glicose, acne e ginecomastia (desenvolvimento das mamas). Os resultados de um recente estudo sobre déficits cognitivos nos usuários de esteroides anabólicos de longo prazo suportam essas questões.[73]
- Nas mulheres, os efeitos adversos são parecidos com os dos homens, mas os andrógenos podem ter efeitos virilizantes como aumento do clitóris, aprofundamento da voz, hirsutismo e mudança na forma do corpo. Essas alterações podem não ser revertidas com a interrupção do andrógeno.

Pesquisas com aqueles que usam esteroides anabólicos lançam algumas luzes sobre o problema: a maioria dos usuários era constituída de fisiculturistas não competidores e de não atletas, usavam mais de um esteroide anabólico e consumiam os produtos em megadoses em comparação com o recomendado.[5,98,103] Contudo, há evidência de uma redução na prevalência do uso entre adolescentes.[58] Embora os meios de comunicação destaquem o abuso perpetrado pelos "vencedores" do Tour de France (Floyd Landis) ou de medalhistas de ouro olímpico (Marion Jones), fica claro que o problema é muito mais amplo do que o percebido pelo público em geral. O mesmo posicionamento oficial mencionado anteriormente enfatiza a necessidade de um esforço contínuo para educar atletas, técnicos, pais, médicos, treinadores esportivos e o público em geral sobre o uso e abuso dos andrógenos.[58] Para mais informações sobre uma lista de substâncias proibidas, consultar o site da World Anti-Doping Agency: (www.wada-ama.org).

---

foi maior que a mensurada durante os dias 1-9. Entretanto, a análise biomecânica das forças e da magnitude da flexão do joelho que ocorrem quando são praticadas tarefas de salto não demonstrou diferenças entre fases do ciclo menstrual ou entre gêneros.[17]

Embora sejam pequenas as mudanças no estrogênio e na progesterona durante uma série aguda de exercício, tem havido preocupação sobre o ciclo menstrual das atletas. Os dois principais distúrbios menstruais são amenorreia primária (ausência de ciclos menstruais em uma menina que ainda não menstruou por volta dos 15 anos de idade) e amenorreia secundária (surgimento de amenorreia em algum momento após a menarca). A incidência de distúrbios menstruais em atletas varia muito; entretanto, essa incidência é mais elevada em esportes estéticos, de resistência e de classes de peso e em indivíduos mais jovens, com volumes de treinamento maiores e com menor peso corporal. Tipicamente, a prevalência de amenorreia em mulheres universitárias é de 2-5%. Em contrapartida, em corredoras de escolas secundárias, a incidência variou de 3-60% à medida que

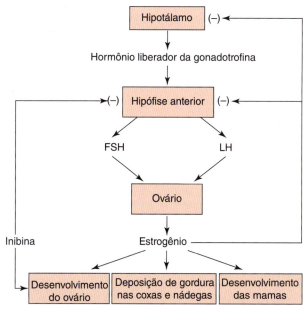

Figura 5.11 Papel do estrogênio no desenvolvimento das características sexuais secundárias femininas e na maturação do óvulo.

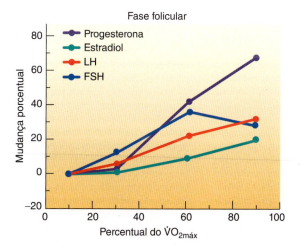

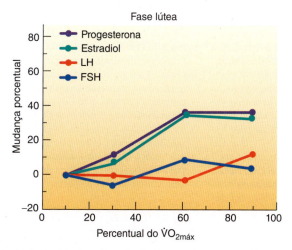

Figura 5.12 Mudança porcentual (em relação aos valores em repouso) nas concentrações plasmáticas de FSH, LH, progesterona e estradiol durante o exercício gradativo nas fases folicular e lútea do ciclo menstrual.

o volume de treinamento aumentou de <16 km para >113 km por semana e o peso corporal diminuiu de >60 kg para <50 kg. Além disso, a incidência é muito mais alta em corredoras jovens (69%) do que em corredoras mais velhas (9%).[108] Existe evidência de que as atletas amenorreicas demonstram respostas hormonais atenuadas ao exercício aeróbio[121] e de resistência.[95] Atualmente, vem sendo dada especial atenção ao problema da amenorreia secundária, porque os níveis cronicamente baixos de estradiol podem ter efeito deletério no conteúdo de minerais ósseos. A osteoporose, habitualmente associada às idosas (ver Cap. 17), é comum em atletas com amenorreia.[56] O leitor interessado deve consultar a revisão de Redman e Loucks sobre as possíveis causas de irregularidades do ciclo menstrual induzidas pelo exercício.[108] O que é mais curioso é que o próprio exercício talvez não reprima a função reprodutiva, mas sim o impacto do gasto energético do exercício na disponibilidade energética. Para alguns detalhes em primeira mão sobre esse tópico, ver Quadro "Pergunte ao especialista 5.1".

A Tabela 5.2 contém um resumo das informações sobre cada uma das glândulas endócrinas, sua(s) secreção(ões), ações, fatores de controle, os estímulos que promovem uma resposta e o efeito do exercício na resposta hormonal. Este seria um bom momento para interromper a leitura e fazer uma revisão antes de prosseguir a discussão do controle hormonal da mobilização do glicogênio muscular e da manutenção da concentração plasmática de glicose durante o exercício. No entanto, antes de deixar esta seção, é preciso apresentar um novo membro da família das glândulas endócrinas – o próprio músculo (ver Quadro "Uma visão mais detalhada 5.4").

> **Em resumo**
>
> ■ A testosterona e o estrogênio estabelecem e mantêm a função reprodutiva e determinam as características sexuais secundárias.
> ■ O exercício crônico (treinamento) pode diminuir os níveis de testosterona em homens e de estrogênio em mulheres. Essa última adaptação traz consequências potencialmente negativas em relação à osteoporose.

Controle hormonal da mobilização do substrato durante o exercício

O tipo de substrato e a velocidade de sua utilização durante o exercício dependem em grande parte da intensidade e da duração do esforço. Durante o exercício muito intenso, há uma demanda obrigatória para oxidação dos carboidratos, que deve ser atendida; a oxidação dos ácidos graxos livres não serve como substituto. Por outro lado, com a depleção dos combustíveis de carboidrato, ocorre um aumento da oxidação durante o exercício moderado prolongado.[59] Embora a dieta e o estado de treinamento da

(O texto continua na p. 111.)

Pergunte ao especialista 5.1

Distúrbios reprodutivos e baixa massa óssea em mulheres atletas
Perguntas e respostas com a dra. Anne B. Loucks

A **dra. Loucks** é professora de ciências biológicas na Ohio University. É uma produtiva pesquisadora na área dos distúrbios reprodutivos e esqueléticos em mulheres atletas, autora de numerosos artigos de pesquisa e de periódicos sobre esses tópicos; além disso, tem renome internacional como especialista nesse campo. A dra. Loucks esteve envolvida no desenvolvimento e revisão do posicionamento oficial do American College of Sports Medicine sobre a tríade da mulher atleta. Os muitos feitos acadêmicos e de pesquisa da dra. Loucks foram reconhecidos pelo American College of Sports Medicine em 2008, quando recebeu o prestigiado Prêmio de Citação dessa organização.

PERGUNTA: Os distúrbios reprodutivos em mulheres atletas são causados pelo baixo teor de gordura corporal?

RESPOSTA: Não. Poucos estudos encontraram alguma diferença na composição corporal entre atletas amenorreicas e eumenorreicas. Os sistemas fisiológicos, incluindo o sistema reprodutor, dependem de disponibilidade de energia, que é a quantidade de energia alimentar remanescente após o exercício para todas as outras funções fisiológicas. O gasto energético em repouso é cerca de 30 kcal/kilograma de massa livre de gordura/dia. Quando a disponibilidade de energia é menos de 30 kcal/kilograma de massa livre de gordura/dia, o cérebro ativa mecanismos que reduzem o gasto energético. No sistema reprodutor, a secreção pulsátil do hormônio liberador de gonadotrofina pelo hipotálamo reduz e isso suprime a função ovariana. Os distúrbios reprodutivos foram induzidos, evitados e revertidos experimentalmente ao mudar a disponibilidade de energia sem qualquer mudança na composição corporal. Como os distúrbios menstruais também são sintomas de muitas doenças, entretanto, são necessários exame médico e medição dos hormônios endócrinos para diagnosticá-los adequadamente.

PERGUNTA: A baixa massa óssea em algumas mulheres atletas é causada por amenorreia?

RESPOSTA: Em parte, mas não inteiramente. A massa óssea declina em proporção ao número de ciclos menstruais perdidos, e os baixos níveis de estrogênio aumentam na velocidade da reabsorção óssea. Entretanto, a baixa disponibilidade energética também suprime os hormônios anabólicos (p. ex., hormônio tireoidiano, insulina e IGF-1) que estimulam a formação óssea. Esse risco é especialmente perigoso na adolescência, quando é necessária uma velocidade mais rápida de formação do que reabsorção para o desenvolvimento do esqueleto.

PERGUNTA: O que a pesquisa nos ensina sobre o porquê de as mulheres atletas não comerem o suficiente?

RESPOSTA: Ao que parece, existem quatro origens para a baixa disponibilidade energética. Duas se originam fora dos esportes. Algumas atletas, como parte de um distúrbio alimentar, alimentam-se de forma insuficiente e têm obsessão por esse comportamento. Como os distúrbios alimentares têm uma das maiores taxas de morte prematura de todas as enfermidades mentais, os programas de esportes devem instituir procedimentos para identificar os casos de distúrbios alimentares, encaminhando-as para um psiquiatra e excluindo-as de participar até que recebam alta médica. Outras atletas se alimentam mal em razão de esforços intencionais de melhorar a aparência por motivos sociais. Em todo o mundo, em todos os percentis de IMC, cerca de duas vezes mais mulheres jovens do que homens jovens acham que estão com sobrepeso; e o número de mulheres jovens em comparação com homens jovens que estão ativamente tentando perder peso aumenta para 5 a 9 vezes à medida que o IMC decai. De fato, mais atletas relatam melhora na aparência do que melhora no desempenho para justificar a dieta. As duas outras origens para a baixa disponibilidade energética estão dentro das atividades esportivas. Muitas atletas se alimentam mal como um esforço intencional para melhorar o desempenho, pois este é otimizado ao adquirir um tamanho e composição corporal específicos para o esporte. Para as atletas, esse quadro requer uma redução no peso corporal ou na gordura e muitas recebem má orientação sobre como alcançar esses objetivos. Diferentemente das atletas com distúrbios alimentares, essas atletas vão modificar seu comportamento em resposta a uma orientação profissional de uma fonte confiável. Como as atletas relatam que a fonte mais confiável para orientação é seu treinador, os nutricionistas esportivos devem educar os treinadores, assim como as atletas, sobre nutrição. A baixa disponibilidade energética também é o resultado da supressão inadvertida e imperceptível do apetite pelo exercício prolongado e uma dieta rica em carboidratos recomendada para atletas de resistência. Juntos, esses dois fatores podem suprimir a vontade de ingestão de energia o suficiente para reduzir a disponibilidade energética abaixo de 30 kcal/kilograma de massa livre de gordura/dia. Então, os atletas de esportes de resistência precisam se alimentar de maneira disciplinada (ou seja, porções específicas de determinados alimentos em momentos planejados) em vez de esperar pela chegada do apetite.

PERGUNTA: Quais são os problemas mais importantes ainda por solucionar?

RESPOSTA: Pensamos que sabemos o quanto os atletas precisam ingerir para compensar a energia que eles gastam no exercício, mas precisamos de pesquisa aplicada para desenvolver procedimentos práticos a fim de monitorar e controlar a disponibilidade energética para alcançar os objetivos do esporte sem comprometer a saúde.

Tabela 5.2	Resumo das glândulas endócrinas, seus hormônios, sua ação, fatores que controlam sua secreção, estímulos que provocam uma resposta e o efeito do exercício				
Glândula endócrina	**Hormônio**	**Ação**	**Fatores controladores**	**Estímulos**	**Efeito do exercício**
Hipófise anterior	Hormônio do crescimento (GH)	Promove o crescimento, mobilização de AGL e gliconeogênese; diminui a absorção de glicose	Hormônio liberador de GH hipotalâmico; somatostatina	Exercício: "estresse"; baixa glicose sanguínea	↑
	Hormônio estimulador da tireoide	Aumenta a produção e secreção de T_3 e T4	Hormônio liberador de TSH hipotalâmico (TSH)	T_3 e T_4 plasmáticos baixos	↑
	Hormônio adrenocorticotrófico (ACTH)	Aumenta a secreção/síntese de cortisol	Hormônio liberador de ACTH hipotalâmico	"Estresse"; fraturas ósseas; exercício intenso; queimaduras, etc.	?
	Gonadotrofinas: hormônio foliculoestimulante (FSH); hormônio luteinizante (LH)	Mulher: produção de estrogênio e progesterona e desenvolvimento dos óvulos Homem: produção de testosterona e desenvolvimento dos espermatozoides	Hormônio liberador gonadotrófico hipotalâmico Mulheres: estrogênio e progesterona plasmáticos Homens: testosterona plasmática	Disparo cíclico ou intermitente de neurônios no hipotálamo	Mudança pequena ou sem mudança
	Endorfinas	Bloqueiam a dor pela atuação nos receptores de opiatos no cérebro	Hormônio liberador de ACTH	"Estresse"	↑para exercício ≥70% do $\dot{V}O_{2máx}$
Hipófise posterior	Hormônio antidiurético (ADH) (vasopressina)	Diminui a perda de água renal; aumenta a resistência periférica	Neurônios hipotalâmicos	Volume plasmático; osmolalidade plasmática	↑
Tireoide	Tri-iodotironina (T_3); tiroxina (T_4)	Aumenta a taxa metabólica, mobilização dos combustíveis, crescimento	TSH; T_3 e T_4 plasmáticos	T_3 e T_4 baixos	↑T_3 e T_4 "livres"
	Calcitonina	Diminui o cálcio plasmático	Cálcio plasmático	Cálcio plasmático elevado	?
Paratireoide	Hormônio paratireoide	Aumenta o cálcio plasmático	Cálcio plasmático	Cálcio plasmático baixo	↑
Córtex suprarrenal	Cortisol	Aumenta a gliconeogênese, a mobilização dos AGL e a síntese de proteína; diminui a utilização da glicose	ACTH	Ver ACTH nesta tabela	↑Exercício intenso; ↓exercício leve
	Aldosterona	Aumenta a secreção de potássio e a reabsorção de sódio nos rins	Concentração plasmática de potássio e sistema renina-angiotensina	Pressão arterial e volume plasmático baixos; potássio plasmático elevado e atividade simpática elevada nos rins	↑
Medula suprarrenal	Adrenalina (80%); noradrenalina (20%)	Aumenta a glicogenólise, mobilização dos AGL, frequência cardíaca, volume sistólico e resistência periférica	Informação dos baroceptores; receptor de glicose no hipotálamo; centros cerebral e espinal	Pressão arterial e glicose sanguínea baixas; excesso de "estresse"; emoção	↑
Pâncreas	Insulina	Aumenta a absorção de glicose, aminoácidos e AGL nos tecidos	Concentrações plasmáticas de glicose e aminoácidos; sistema nervoso autônomo	Concentrações plasmáticas de glicose e aminoácidos elevadas; redução da adrenalina e da noradrenalina	↓

(continua)

Tabela 5.2 — Resumo das glândulas endócrinas, seus hormônios, sua ação, fatores que controlam sua secreção, estímulos que provocam uma resposta e o efeito do exercício (continuação)

Glândula endócrina	Hormônio	Ação	Fatores controladores	Estímulos	Efeito do exercício
	Glucagon	Aumenta a mobilização da glicose e dos AGL; gliconeogênese	Concentrações plasmáticas de glicose e aminoácidos; sistema nervoso autônomo	Baixas concentrações plasmáticas de glicose e aminoácidos; elevação da adrenalina e da noradrenalina	↑
Testículos	Testosterona	Síntese de proteína; características sexuais secundárias; impulso sexual; produção de espermatozoides	FSH e LH (ICSH)	Aumento do FSH e LH	Pequeno ↑
Ovários	Estrogênio	Deposição de gordura; características sexuais secundárias; desenvolvimento do óvulo	FSH e LH	Aumento do FSH e LH	Pequeno ↑

Uma visão mais detalhada 5.4

O músculo como glândula endócrina

Três das principais causas de morte são doença cardiovascular, diabetes e câncer. Essas doenças estão ligadas à presença de uma inflamação crônica de baixa intensidade, conforme fica demonstrado por níveis sanguíneos elevados de citocinas proinflamatórias, como o fator de necrose tumoral alfa (TNF-α). Importa saber que a prática regular de atividade física moderada a vigorosa (p. ex., 3-5 dias/semana) está associada a resultados positivos para a saúde, inclusive redução no risco de diabetes tipo 2, cardiopatia e certos cânceres. Qual é a conexão entre exercício e o risco reduzido dessas doenças? Até recentemente, pouco se sabia sobre a conexão, mas agora parece que é o próprio músculo que promove essas mudanças favoráveis.[11,88,101] Ao longo dos últimos 10 anos, ficou claro que o músculo é um órgão endócrino – isto é, produz durante sua contração pequenas moléculas de sinalização chamadas miocinas (citocinas musculares). O número e tipos dessas miocinas continuam a crescer,[106] indicando que a contração muscular tem um papel muito maior do que simplesmente nos tirar do lugar. Algumas dessas miocinas atuam localmente como agentes autócrinos para estimular a absorção de glicose e aumentar a oxidação dos ácidos graxos e, como agentes parácrinos para promover o crescimento de vasos sanguíneos no músculo. Contudo, outras miocinas são liberadas no sangue, de modo que essas substâncias podem atuar como hormônios e afetar uma série de tecidos e órgãos. Exemplificando, algumas miocinas podem aumentar a produção de glicose hepática e estimular a degradação de triglicérides para o fornecimento de ácidos graxos livres para combustível.[11,88,101]

A interleucina 6 (IL-6) é a principal miocina produzida pelo músculo durante o exercício. A IL-6 pode funcionar como citocina proinflamatória e como citocina anti-inflamatória – ou seja, pode promover e reduzir a inflamação. A IL-6 é a primeira miocina a surgir no músculo e no sangue durante o exercício, e seus níveis plasmáticos podem aumentar até 100 vezes em comparação com as condições em repouso, embora alterações menores sejam mais típicas.[102] É importante ter em mente que outras citocinas proinflamatórias associadas com inflamação crônica (p. ex., TNF-α) normalmente não aumentam com o exercício; isso sugere que a IL-6 liberada durante o exercício promove um ambiente anti-inflamatório. Com esse raciocínio, foi demonstrado que a IL-6 inibe a produção de TNF-α e estimula a produção de outras citocinas anti-inflamatórias.[101]

De fato, as respostas hormonais relativas de longa e curta duração (p. ex., adrenalina, cortisol) e da citocina (p. ex., IL-6) ao exercício são adaptativas, ou seja, elas ajudam a manter a homeostasia. Por outro lado, a elevação crônica prolongada de citocinas pró-inflamatórias leva à doença crônica.[106] Existe um grupo crescente de evidências de que o músculo esquelético é capaz de responder pela liberação de citocinas a numerosos fatores estressantes externos e internos.[143] Consequentemente, manter uma quantidade saudável de gordura corporal e um programa regular de exercícios possibilitará um resultado bem-sucedido na prevenção de doenças crônicas (ver Cap. 14 para mais informações).

pessoa sejam importantes (ver Caps. 13, 21 e 23), os fatores de intensidade e duração do exercício se sobressaem. Por causa disso, a discussão do controle hormonal da mobilização do substrato durante o exercício será dividida em duas partes. A primeira parte abordará o controle da utilização do glicogênio muscular, e a segunda analisará o controle da mobilização da glicose hepática e dos ácidos graxos livres (AGL) do tecido adiposo.

Utilização do glicogênio muscular

No início da maioria dos tipos de exercício, e ao longo de toda a duração de um exercício muito extenuante, o glicogênio muscular é o principal combustível de carboidrato para o treinamento muscular.[119] A intensidade do exercício, que está inversamente relacionada à sua duração, determina a velocidade de utilização do glicogênio muscular como combustível. A Figura 5.13 exibe uma série de linhas que descrevem as velocidades de degradação do glicogênio para várias intensidades de exercício expressas como percentual de $\dot{V}O_{2máx}$.[119] Quanto mais intenso o exercício, mais rápida é a degradação do glicogênio. Esse processo de degradação (glicogenólise) é iniciado por segundos mensageiros, que ativam as proteínas quinases na célula muscular (descrito na Fig. 5.3). Acreditava-se que a adrenalina plasmática, um poderoso estimulante da formação do AMP cíclico quando ligada a receptores β-adrenérgicos na célula, seria a principal responsável pela glicogenólise. A Figura 5.14 também mostra uma família de linhas, cujas inclinações descrevem a rapidez das mudanças da A plasmática diante de intensidades crescentes de exercício.[76] Evidentemente, os dados apresentados nas Figuras 5.13 e 5.14 são consistentes com o ponto de vista que defende a existência de uma ligação entre mudanças na A plasmática durante o exercício e o aumento da degradação do glicogênio. No entanto, ainda há mais a ser dito sobre esse tópico.

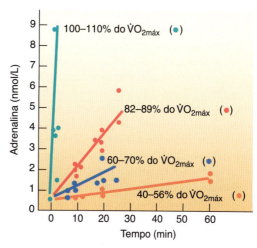

Figura 5.14 Mudanças na concentração plasmática de adrenalina durante exercícios de diferentes intensidades e durações.

Para que fosse testada a hipótese de que a glicogenólise muscular é controlada pela A circulante durante o exercício, os pesquisadores fizeram com que voluntários tomassem propranolol, uma droga que bloqueia os receptores $β_1$- e $β_2$-adrenérgicos na membrana celular. Esse procedimento deve bloquear a glicogenólise porque a formação do AMP cíclico seria afetada. No experimento de controle, os voluntários trabalharam durante 2 minutos a uma intensidade de exercício que provocou a depleção do glicogênio muscular até metade de seu valor inicial e fez com que a concentração muscular de lactato ficasse elevada 10 vezes. Surpreendentemente, conforme ilustra a Figura 5.15, quando os voluntários tomaram a dose de propranolol e repetiram o teste em outro

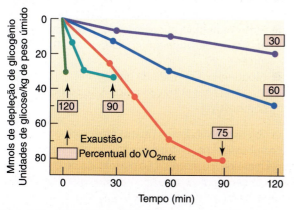

Figura 5.13 Depleção de glicogênio no músculo quadríceps durante o exercício em bicicleta ergométrica com intensidades crescentes.

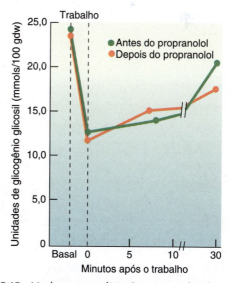

Figura 5.15 Mudanças no glicogênio muscular decorrentes de 2 minutos de trabalho a 1.200 kpm/min antes e depois da administração de propranolol. O bloqueio dos receptores β-adrenérgicos não teve efeito na degradação do glicogênio.

dia, não foi observada diferença na depleção de glicogênio ou na formação de lactato.[50] Outros experimentos também demonstraram que as drogas bloqueadoras dos receptores β-adrenérgicos exercem pouco efeito em retardar a velocidade de degradação do glicogênio durante o exercício.[137] Como isso pode ter ocorrido?

Conforme foi mencionado no Capítulo 3, reações enzimáticas em uma célula estão sob o controle de fatores intracelulares e extracelulares. No exemplo citado com propranolol, a A plasmática pode não ter sido capaz de ativar a adenilato ciclase para formar o AMP cíclico necessário para a ativação das proteínas quinases a fim de dar início à degradação do glicogênio. No entanto, quando uma célula muscular é estimulada a se contrair, o Ca^{++}, que é armazenado no retículo sarcoplasmático, inunda a célula. Alguns íons Ca^{++} são utilizados para iniciar eventos contráteis (ver Cap. 8), mas outros íons Ca^{++} se ligam à **calmodulina**, que por sua vez ativa as proteína quinases necessárias para a glicogenólise (ver Fig. 5.4). Nesse caso, o aumento do Ca^{++} intracelular (e não o AMPc) é o evento inicial estimulador da degradação do glicogênio muscular. A Figura 5.16 resume esses eventos. Experimentos nos quais o aumento da secreção de catecolaminas foi bloqueado durante o exercício confirmaram os experimentos com propranolol, demonstrando não haver necessidade de um sistema simpatoadrenal intacto para dar início à glicogenólise no músculo esquelético.[16]

Observações de padrões de depleção de glicogênio dão base a esse ponto de vista. Indivíduos que praticam exercício extenuante com uma perna causarão elevações na A plasmática, que circula em todas as células musculares. No entanto, ocorre depleção do glicogênio muscular apenas na perna exercitada,[64] o que sugere que fatores intracelulares (p. ex., Ca^{++}) assumem maior responsabilidade por esses eventos. Além disso, em experimentos nos quais indivíduos praticaram exercício físico intenso e intermitente mesclado com um período de repouso (treinamento intervalado), ocorreu depleção mais rápida do glicogênio das fibras de contração rápida.[31,33,43] Externamente às fibras de contração rápida e lenta, a concentração plasmática de A deve ser a mesma, mas o glicogênio sofre depleção mais velozmente nas fibras utilizadas na atividade. Isso é razoável, porque uma fibra muscular "em repouso" não deve estar utilizando glicogênio (ou qualquer outro combustível) a alta velocidade. Seria de se esperar que a velocidade da glicogenólise acompanhasse a velocidade de uso do ATP pelo músculo, e foi demonstrado que isso realmente ocorre, independentemente de A.[108] Essa discussão não significa que A não possa causar, ou não cause, glicogenólise.[18,152] São muitas as evidências que demonstram que um aumento repentino de A irá de fato fazer com que isso ocorra.[70,127-129]

> **Em resumo**
>
> ■ A degradação de glicogênio até glicose no músculo se encontra sob o duplo controle de adrenalina-AMP cíclico e de Ca^{++}-calmodulina. O papel dessas últimas substâncias fica reforçado durante o exercício em virtude do aumento no Ca^{++} proveniente do retículo sarcoplasmático. Dessa forma, a liberação de combustível (glicose) acompanha a ativação da contração.

Homeostase da glicose sanguínea durante o exercício

Conforme mencionado na introdução, um ponto focal dos sistemas de controle hormonal é a manutenção da concentração plasmática da glicose durante ocasiões de ingestão inadequada de carboidratos (jejum/inanição) e de remoção acelerada da glicose da circulação (exercício). Nos dois casos, as reservas energéticas do corpo são utilizadas para enfrentar a carência, e a resposta hormonal a essas duas situações diferentes – exercício e inanição – é bastante parecida.

A concentração plasmática de glicose é mantida por meio de quatro processos que:

- Mobilizam glicose das reservas de glicogênio hepático.
- Mobilizam os AGL plasmáticos do tecido adiposo para poupar a glicose plasmática.
- Sintetizam nova glicose hepática (gliconeogênese) a partir de aminoácidos, lactato e glicerol.
- Bloqueiam a entrada da glicose nas células para forçar sua substituição pelos AGL como combustível.

O objetivo geral desses quatro processos é proporcionar combustível para o treinamento, ao mesmo tempo em que é mantida a concentração plasmática de glicose. Essa é uma tarefa importante ao se considerar que o fígado pode ter apenas 80 g de glicose antes do início do exercício, e que a velocidade de oxidação da glicose sanguínea se aproxima de 1 g/min em condições de exercício intenso ou de exercício moderado prolongado (≥3 horas).[21,25]

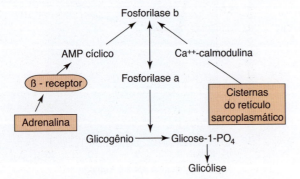

Figura 5.16 A degradação do glicogênio muscular, ou glicogenólise, pode ser iniciada pelo mecanismo do Ca^{++}-calmodulina ou pelo mecanismo do AMP cíclico. Quando uma droga bloqueia o β-receptor, ainda poderá ocorrer glicogenólise.

Embora a apresentação dos hormônios venha a ser feita separadamente, é preciso ter em mente que cada um dos quatro processos é controlado por mais de um hormônio, e que todos os quatro processos estão envolvidos na adaptação ao exercício. Alguns hormônios funcionam de maneira "permissiva" ou são de "ação lenta", enquanto outros são controladores de "ação rápida" da mobilização do substrato. Por essa razão, a discussão do controle hormonal da glicose plasmática será dividida em duas seções – uma aborda os hormônios permissivos e de ação lenta e a outra reflete sobre os hormônios de ação rápida.

Hormônios permissivos e de ação lenta. A tiroxina, o cortisol e o hormônio do crescimento estão envolvidos na regulação do metabolismo dos carboidratos, gorduras e proteínas. Esses hormônios são discutidos nesta seção porque facilitam as ações de outros hormônios ou respondem a estímulos de maneira lenta. Deve-se ter em mente que, para ter ação permissiva, a concentração hormonal não tem que mudar. Contudo, como será visto mais adiante, em certas situações estressantes, os hormônios permissivos podem alcançar tamanhas concentrações plasmáticas que passam a atuar diretamente, influenciando o metabolismo dos carboidratos e das gorduras em vez de simplesmente facilitarem as ações de outros hormônios.

Hormônios da tireoide. A discussão da mobilização do substrato durante o exercício deve incluir os hormônios tireoidianos T_3 e T_4, cujas concentrações livres não mudam drasticamente do estado de repouso para o estado de exercício. Conforme mencionado anteriormente, T_3 e T_4 são importantes para o estabelecimento da taxa metabólica geral e por permitirem que outros hormônios exerçam completamente seus efeitos (hormônio permissivo). Esses hormônios desempenham essa última função ao influenciarem o número de receptores na superfície celular (para possibilitarem a interação de outros hormônios) ou a afinidade do receptor pelo hormônio. Exemplificando, sem T_3, a adrenalina teria pouco efeito na mobilização dos ácidos graxos livres do tecido adiposo. Durante o exercício, ocorre aumento no T_3 "livre", em razão das mudanças nas características de ligação da proteína de transporte.[134] T_3 e T_4 são removidos a maior velocidade do plasma pelos tecidos durante o exercício do que em condições de repouso. Por sua vez, a secreção de TSH pela hipófise anterior aumenta a fim de estimular a secreção de T_3 e T_4 pela glândula tireoide para a manutenção do nível plasmático.[42] Baixos níveis de T_3 e T_4 (estado hipotireóideo) interfeririam na capacidade de outros hormônios de mobilizar combustível para o exercício.[100,134]

Cortisol. Em humanos, o principal glicocorticoide é o cortisol. Como mostra a Figura 5.17, o cortisol:[37]

■ Estimula a mobilização dos AGL do tecido adiposo.

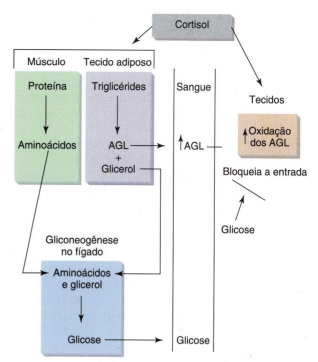

Figura 5.17 Papel do cortisol na manutenção da glicose plasmática.

■ Mobiliza a proteína dos tecidos para produção de aminoácidos para a síntese de glicose hepática (gliconeogênese).
■ Diminui a velocidade de utilização da glicose pelas células.

Entretanto, ocorrem problemas ao ser tentada uma descrição da resposta do cortisol ao exercício. Considerando-se a síndrome da adaptação geral (SAG) de Selye, outros eventos além do exercício podem influenciar a resposta do cortisol. Imagine como um indivíduo que jamais treinou poderia considerar um teste na esteira rolante em uma primeira exposição. Os fios, o ruído, o clipe nasal, a peça bucal e as coletas de amostras de sangue são aspectos que, sem exceção, poderiam influenciar o nível de excitação do indivíduo e resultar em uma resposta do cortisol não ligada a uma necessidade de mobilizar substrato extra.

Diante de um aumento na intensidade do exercício, pode-se esperar por um aumento da secreção do cortisol. Isso é verdadeiro, mas apenas dentro de certos limites. Por exemplo, Bonen[8] demonstrou que a excreção urinária de cortisol não mudava pelo exercício a 76% do $\dot{V}O_{2máx}$ durante 10 minutos, mas aproximadamente dobrou quando a duração foi estendida para 30 minutos. Davies e Few[27] ampliaram nossa compreensão da resposta do cortisol ao exercício, ao estudarem indivíduos que completaram várias séries de exercício de 1 hora. Cada teste foi regulado para uma intensidade constante entre 40-80% do $\dot{V}O_{2máx}$. O exercício a 40% do $\dot{V}O_{2máx}$ resultou em decréscimo do cortisol plasmático ao longo do tempo, enquanto houve considerável aumento da resposta para o exercício a 80% do $\dot{V}O_{2máx}$. A Figura 5.18 ilustra a concentração plasmática de cortisol mensurada a 60 minutos em cada um dos testes físicos plotados contra % do $\dot{V}O_{2máx}$. Quando a intensidade do exercício excedeu 60% do $\dot{V}O_{2máx}$, houve aumento da concentração de cortisol; abaixo desse percentual, a concentração de cortisol diminuiu. O que causou essas mudanças? Com a utilização de cortisol radioativo como traçador, os pesquisadores verificaram que durante o exercício leve o cortisol era removido mais rapidamente em comparação com sua secreção pelo córtex suprarrenal; e, durante o exercício intenso, o aumento do cortisol plasmático se deveu a uma velocidade maior de secreção, capaz de mais do que equilibrar a velocidade de remoção que tinha duplicado.

Interessa saber que, no caso do exercício a baixa intensidade e longa duração, em que os efeitos do cortisol contribuiriam muito para a manutenção da concentração plasmática de glicose, a concentração de cortisol não muda consideravelmente. Mesmo se mudasse, os efeitos no metabolismo não seriam imediatamente percebidos. O efeito direto do cortisol é mediado pela estimulação do DNA e pela resultante formação de mRNA, levando à síntese de proteína – um processo lento. Essencialmente, o cortisol, como a tiroxina, exerce efeito permissivo na mobilização do substrato durante o exercício agudo, permitindo que outros hormônios de ação rápida, como a adrenalina e o glucagon, se ocupem com a mobilização da glicose e dos AGL. O apoio para esse ponto de vista foi proporcionado em um estudo no qual foi utilizada uma droga para reduzir o cortisol plasmático antes do e durante o exercício submáximo; a resposta metabólica geral não foi afetada em comparação com uma condição normal de cortisol.[29] Considerando-se que competições esportivas (triatlo, ultramaratona, a maioria dos esportes de equipe) podem resultar em lesão tecidual, a razão para mudanças na concentração plasmática de cortisol talvez não seja a mobilização de combustível para exercitar os músculos. Nessas situações, pode passar a ser destacado o papel do cortisol em termos de reparo dos tecidos.

Hormônio do crescimento. O hormônio do crescimento desempenha papel essencial na síntese das proteínas dos tecidos, funcionando diretamente ou por meio da promoção da secreção de IGF pelo fígado. No entanto, o GH também pode influenciar o metabolismo das gorduras e dos carboidratos. A Figura 5.19 mostra que o hormônio do crescimento ajuda a ação do cortisol; o GH:

- Diminui a absorção da glicose pelos tecidos.
- Aumenta a mobilização dos AGL.
- Promove a gliconeogênese hepática.

O efeito final é a preservação da concentração plasmática de glicose.

Descrever a resposta do GH plasmático ao exercício é tão difícil como descrever a resposta do cortisol ao exercício, pois o GH também pode ser alterado por uma série de estressores físicos, químicos e psicológicos.[24,46,132] Isso posto, devem ser recordados os comentários anteriores sobre o cortisol. A Figura 5.20a mostra um aumento do GH plasmático com elevações nas intensidades do exercício, atingindo em regime de treinamento máximo valores 25 vezes superiores àqueles em repouso.[132] A Figura 5.20b mostra que a concentração plasmática do GH aumenta ao longo do tempo durante 60 minutos de exercício a 60% do $\dot{V}O_{2máx}$.[13] O que é interessante, comparativamente a outras respostas hormonais, é que os corredores treinados tiveram uma resposta maior em comparação com um grupo de não corredores (ver "Hormônios de ação rápida"). Depois de 60 minutos, os valores para os dois grupos eram cerca de 5-6 vezes acima daqueles mensurados em repouso. Deve ser acrescentado que o aumento da resposta do GH à mesma carga de trabalho, demonstrada por indivíduos treinados, não foi universalmente observado. Alguns informam respostas mais baixas em seguida ao treinamento.[89,130] Concluindo, o GH, um hormônio envolvido principalmente com a síntese de proteínas, pode alcançar concentrações plasmáticas durante o exercício capazes de exercer um efeito direto, mas de "ação lenta", no metabolismo de carboidratos e gorduras.

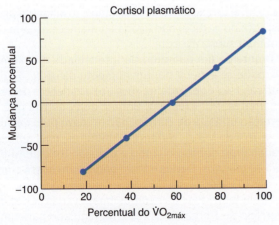

Figura 5.18 Mudança porcentual (em relação aos valores em repouso) na concentração plasmática de cortisol com o aumento da intensidade do exercício.

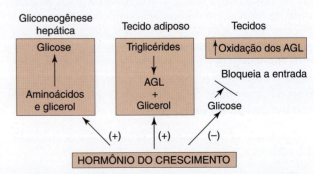

Figura 5.19 Papel do hormônio do crescimento plasmático na manutenção da glicose plasmática.

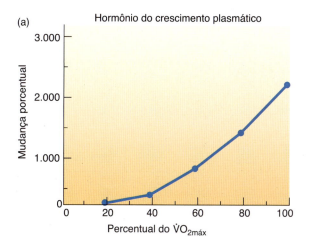

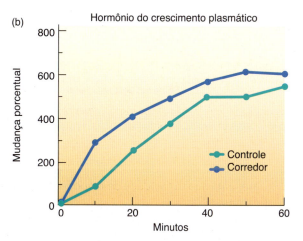

Figura 5.20 (*a*) Mudança porcentual (em relação aos valores em repouso) na concentração plasmática do hormônio do crescimento com o aumento da intensidade do exercício. (*b*) Mudança porcentual (em relação aos valores em repouso) na concentração plasmática do hormônio do crescimento durante o exercício a 60% do $\dot{V}O_{2máx}$ para corredores e não corredores (controles).

Em resumo

- Os hormônios tiroxina, cortisol e hormônio do crescimento funcionam de maneira permissiva, para auxiliar as ações de outros hormônios durante o exercício.
- O hormônio do crescimento e o cortisol também proporcionam um efeito de "ação lenta" no metabolismo dos carboidratos e gorduras durante o exercício.

Hormônios de ação rápida. Em oposição aos hormônios "permissivos" e de ação lenta mencionados anteriormente, há hormônios de resposta muito rápida cujas ações fazem com que a glicose plasmática retorne rapidamente ao normal. Também nesse caso, embora cada um desses hormônios seja apresentado à parte, eles se comportam coletivamente e de maneira previsível durante o exercício para manter a concentração plasmática de glicose.[20]

Adrenalina e noradrenalina. A adrenalina e a noradrenalina já foram discutidas na seção sobre mobilização de glicogênio muscular. Contudo, como mostra a Figura 5.21, esses hormônios também estão envolvidos nos seguintes eventos:[22,114]

- Mobilização da glicose hepática.
- Mobilização de AGL do tecido adiposo.
- Interferência na absorção de glicose pelos tecidos.

Embora a NA plasmática possa aumentar 10-20 vezes durante o exercício e possa chegar a uma concentração plasmática capaz de exercer um efeito fisiológico,[126] o principal modo de ação desse hormônio ocorre por sua liberação pelos neurônios simpáticos na superfície do tecido sob consideração. Comumente, o nível plasmático de NA é tomado como indicador da atividade nervosa simpática geral, mas há evidência de que a atividade dos nervos simpáticos no músculo durante o exercício pode ser melhor indicador em comparação com a NA plasmática.[124] A adrenalina, liberada pela medula suprarrenal, é considerada a principal catecolamina na mobilização da glicose hepática e dos AGL do tecido adiposo.[28,39]

A Figura 5.22 mostra que as concentrações plasmáticas de A e NA aumentam linearmente com a duração do exercício.[63,104,156] Essas mudanças estão relacionadas a ajustes cardiovasculares decorrentes do exercício (aumentos da frequência cardíaca e da pressão arterial) e também à mobilização do combustível. Essas respostas favorecem a mobilização da glicose e dos AGL para a manutenção da concentração plasmática de glicose. Embora algumas vezes seja difícil separar o efeito da A do efeito da NA, a A parece responder melhor às mudanças na concentração plasmática de glicose. Baixos níveis plasmáticos de glicose estimulam os receptores no hipotálamo a aumentarem a secreção de A, mas exercem apenas modesto efeito na NA plasmática. Em contrapartida, quando a pressão arterial é provocada (como pode ocorrer durante um aumento na carga térmica), a principal catecolamina envolvida é a noradrenalina.[104] A adrenalina se liga a

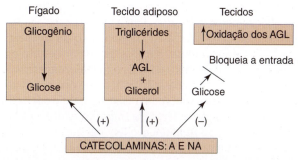

Figura 5.21 Papel das catecolaminas na mobilização do substrato.

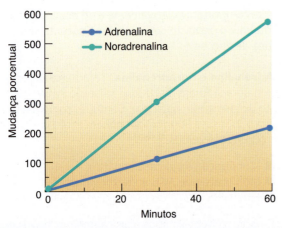

Figura 5.22 Mudança porcentual (em relação aos valores em repouso) na concentração plasmática de adrenalina e noradrenalina durante o exercício a ~60% do $\dot{V}O_{2máx}$.

receptores β-adrenérgicos no fígado e estimula a degradação do glicogênio hepático para a formação de glicose para liberação no plasma. Por exemplo, quando o exercício de braço é acrescentado ao exercício de perna que está sendo realizado, a medula suprarrenal secreta grande quantidade de A. Isso faz com que o fígado libere mais glicose do que a utilizada pelos músculos; em decorrência disso, a concentração sanguínea de glicose realmente aumenta.[77] O que ocorre se forem bloqueados os efeitos da A e NA? Se os receptores β-adrenérgicos forem bloqueados com propranolol (um medicamento bloqueador dos receptores β-adrenérgicos), será mais difícil manter a concentração plasmática de glicose durante o exercício, especialmente se a pessoa estiver em jejum.[137] Além disso, considerando-se que o propranolol bloqueia os receptores β-adrenérgicos nas células do tecido adiposo, ocorre menor liberação de AGL, e os músculos têm que depender mais de seu limitado suprimento de glicogênio para obtenção de combustível.[41]

A Figura 5.23 demonstra que o treinamento de resistência causa decréscimo muito rápido nas respostas de A e NA plasmáticas a uma série fixa de exercício. Dentro de 3 semanas, a concentração das duas catecolaminas fica muito reduzida.[147] Paralelamente a esse rápido decréscimo de A e NA com o treinamento físico de resistência, ocorre redução na mobilização de glicose.[90] Apesar disso, a concentração plasmática de glicose fica mantida, porque também ocorre redução na absorção de glicose pelos músculos a uma mesma carga de trabalho fixa, em seguida ao treinamento de resistência.[113,148] Curiosamente, durante um evento muito estressante, um indivíduo treinado tem maior capacidade de secretar A em comparação com o que ocorre em um indivíduo não treinado. Além disso, quando o exercício é realizado à mesma carga de trabalho relativa (% do $\dot{V}O_{2máx}$) depois do treinamento (em oposição a mesma carga fixa da Fig. 5.23), a concentração plasmática de NA fica mais elevada. Isso sugere que o treinamento físico, que estimula regularmente o sistema nervoso sim-

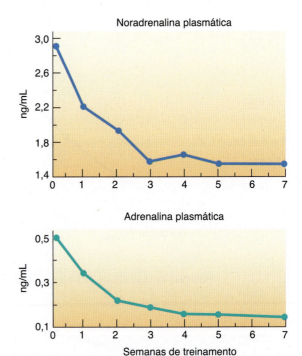

Figura 5.23 Mudanças nas respostas da adrenalina e noradrenalina plasmática a uma carga de trabalho fixa ao longo de 7 semanas de treinamento de resistência.

pático, aumenta sua capacidade de responder a provocações extremas.[156]

Insulina e glucagon. Esses dois hormônios serão discutidos conjuntamente porque respondem aos mesmos estímulos, mas exercem ações opostas com relação à mobilização da glicose hepática e dos AGL do tecido adiposo. Com efeito, a relação entre glucagon e insulina propicia controle sobre a mobilização desses combustíveis.[20,138] Ademais, esses hormônios são responsáveis pela maior parte da glicose mobilizada do fígado durante o exercício moderado a vigoroso.[22] A Figura 5.24 mostra que a insulina é o principal hormônio envolvido na absorção e no armazenamento de glicose e AGL, e o glucagon promove a mobilização desses combustíveis para fora de seus locais de armazenamento, além de aumentar a gliconeogênese.

Considerando-se que a insulina está diretamente envolvida na absorção de glicose pelos tecidos e que a absorção da glicose pelos músculos pode aumentar 7-20 vezes durante o exercício,[35] o que deve ocorrer com a concentração de insulina durante o exercício? A Figura 5.25a mostra que a concentração de insulina diminui durante o exercício com intensidade crescente;[40,51,105] essa certamente é uma resposta apropriada. Se o exercício estivesse associado a um aumento da insulina, a glicose plasmática seria absorvida por todos os tecidos (inclusive pelo tecido adiposo) a maior velocidade, causando imediata hipoglicemia. A concentração mais baixa de insulina durante o exercício favorece a mobilização da glicose hepática e dos AGL do tecido adiposo – e ambos são

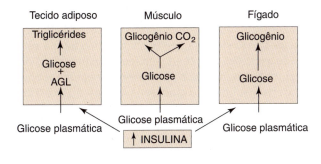

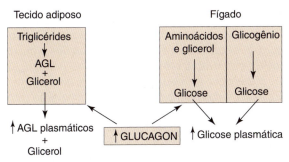

Figura 5.24 Efeito da insulina e do glucagon na absorção e mobilização da glicose e dos ácidos graxos livres.

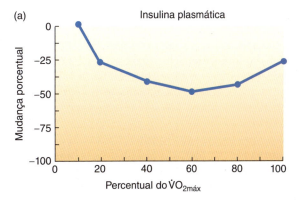

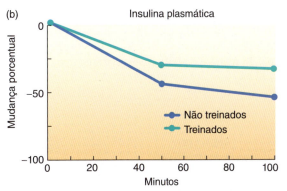

Figura 5.25 (a) Mudança porcentual (em relação aos valores em repouso) na concentração plasmática de insulina com intensidades crescentes de exercício. (b) Mudança porcentual (em relação aos valores em repouso) na concentração plasmática de insulina durante o exercício prolongado a 60% do $\dot{V}O_{2máx}$, que mostra o efeito do treinamento de resistência nessa resposta.

necessários para a manutenção da concentração plasmática de glicose. A Figura 5.25b demonstra que a concentração plasmática de insulina diminui durante o exercício de intensidade moderada e longa duração.[47]

Com a diminuição da insulina plasmática com o exercício prolongado, não deve surpreender que a concentração plasmática de glucagon aumente.[47] Esse aumento do glucagon plasmático (ilustrado na Fig. 5.26) favorece a mobilização de AGL do tecido adiposo e da glicose hepática e também um aumento da gliconeogênese. Em geral, as respostas recíprocas de insulina e glucagon favorecem a manutenção da concentração plasmática de glicose em uma ocasião em que o músculo está utilizando maior quantidade de glicose plasmática. A Figura 5.26 também mostra que, em seguida a um programa de treinamento de resistência, a resposta do glucagon a uma tarefa fixa de exercício fica diminuída até o ponto em que não ocorre aumento durante o exercício. Com efeito, o treinamento de resistência permite que a concentração plasmática de glicose seja mantida com pouca ou nenhuma mudança na insulina e no glucagon. Isso está ligado em parte ao aumento na sensibilidade do glucagon no fígado,[30,81] ao decréscimo na absorção de glicose pelos músculos[113] e ao aumento no uso de gordura como combustível pelos músculos.

Esses achados levantam várias questões. Se a glicose plasmática fica relativamente constante durante o exercício e se essa concentração é um estímulo primário para a secreção de insulina e glucagon, o que causa a diminuição da secreção de insulina e o aumento da secreção de glucagon? A resposta está nos vários níveis de controle sobre a secreção hormonal, mencionados anteriormente neste capítulo (ver Fig. 5.1). Não há dúvida de que mudanças na concentração plasmática de

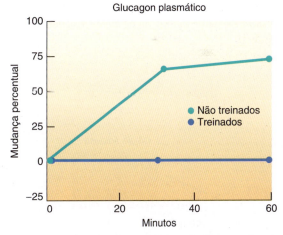

Figura 5.26 Mudança porcentual (em relação aos valores em repouso) na concentração plasmática de glucagon durante o exercício prolongado a 60% do $\dot{V}O_{2máx}$, que mostra o efeito do treinamento de resistência nessa resposta.

glicose funcionam como importante nível de controle sobre a secreção de glucagon e insulina.[41] Porém, quando a glicose plasmática fica relativamente constante, o sistema nervoso simpático pode modificar a secreção de insulina e glucagon. A Figura 5.27 mostra que A e NA estimulam os receptores α-adrenérgicos nas células beta do pâncreas para que ocorra redução da secreção de insulina durante o exercício, quando a concentração plasmática de glicose está normal; a Figura 5.27 também mostra que aquelas catecolaminas estimulam os receptores β-adrenérgicos nas células alfa do pâncreas para que ocorra aumento da secreção de glucagon quando a glicose plasmática está normal.[22] Esses efeitos foram confirmados por meio do uso de drogas bloqueadoras de receptores adrenérgicos. Ao ser administrada fentolamina, um bloqueador dos receptores α-adrenérgicos, a secreção de insulina aumenta com o exercício. Já com a administração de propranolol, um bloqueador dos receptores β-adrenérgicos, a concentração de glucagon permanece a mesma ou diminui com o exercício.[84] A Figura 5.28 resume o efeito que o sistema nervoso simpático exerce na mobilização de combustível para o treinamento muscular. O treinamento de resistência diminui a resposta do sistema nervoso simpático a uma série fixa de exercício, resultando em menor estimulação dos receptores adrenérgicos pancreáticos e em menor mudança na insulina e no glucagon (ver Figs. 5.25b e 5.26).

A observação de que a insulina plasmática diminui com o exercício submáximo prolongado levanta outra questão. Como o músculo que está sendo exercitado absorve glicose 7-20 vezes mais rápido do que em repouso, se a concentração de insulina está diminuindo? Parte da resposta está no grande (10-20 vezes) aumento no fluxo sanguíneo para o músculo durante o exercício. A liberação de glicose é igual ao produto do fluxo sanguíneo muscular pela concentração sanguínea de glicose. Portanto, durante o exercício, maiores quantidades de glicose e insulina são liberadas para o músculo em comparação com o que ocorre em repouso; e, considerando-se que o músculo está utilizando glicose a maior velocidade, fica criado um gradiente para sua difusão facilitada.[67,113,148] Outra parte da resposta está ligada a mudanças induzidas pelo exercício no número de transportadores de glicose na membrana. Há algum tempo se sabe que exercícios agudos (apenas uma série) e crônicos (programa de treinamento) aumentam a sensibilidade muscular à insulina; com isso, uma concentração mais baixa de insulina exercerá o mesmo efeito na absorção de glicose pelos tecidos.[7,52b,68] Os efeitos da insulina e do exercício no transporte de glicose são aditivos, sugerindo que são ativados ou translocados dois reservatórios distintos de transportadores de glicose na membrana.[44,66,68,142] Curiosamente, a hipóxia promove o mesmo efeito do exercício, mas esse não é um efeito aditivo, sugerindo que hipóxia e exercício recrutam os mesmos transportadores.[15] O que há no exercício que poderia promover essas mudanças nos transportadores de glicose?

Parte da resposta está na elevada concentração muscular de Ca^{++} durante o exercício. Aparentemente, Ca^{++} recruta transportadores de glicose inativos para que mais glicose seja transportada diante da mesma concentração de insulina.[15,60,67] Esse transporte mais eficiente da glicose permanece depois do exercício e facilita a reposição das reservas de glicogênio muscular (ver Cap. 23). Séries repetidas de exercício (treinamento) reduzem a resistência corporal total à insulina, fazendo do exercício uma parte importante do tratamento para pessoas com diabetes.[67,93,154] Nessa mesma linha, repouso na cama[92] e imobilização do membro[112] aumentam a resistência à insulina. No entanto, fica claro que na contração muscular os transportadores de glicose são regulados por algo mais do que mudanças na concentração de cálcio. Fatores como a proteína quinase C, óxido nítrico, proteína quinase ativada por AMP e outros desempenham algum papel.[111,116,118]

Em suma, as Figuras 5.29a e 5.29b ilustram as mudanças na adrenalina, noradrenalina, hormônio do crescimento, cortisol, glucagon e insulina no exercício de intensidade e duração variáveis. A redução da insulina

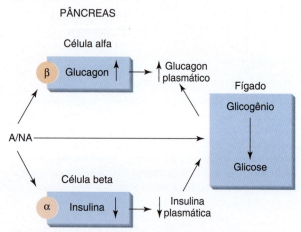

Figura 5.27 Efeito da adrenalina e da noradrenalina na secreção de insulina e glucagon pelo pâncreas durante o exercício.

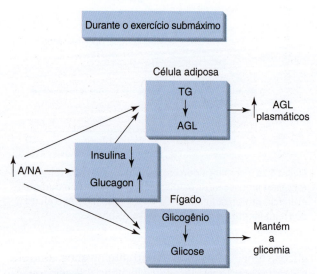

Figura 5.28 Efeito do aumento da atividade do sistema nervoso simpático na mobilização dos ácidos graxos livres e da glicose durante o exercício submáximo.

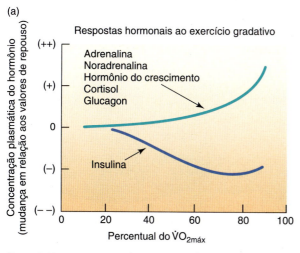
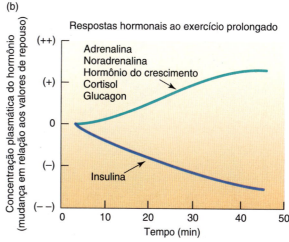

Figura 5.29 (*a*) Resumo das respostas hormonais ao exercício de intensidade crescente. (*b*) Resumo das respostas hormonais ao exercício moderado de longa duração.

e o aumento em todos os demais hormônios favorecem a mobilização da glicose hepática e dos AGL do tecido adiposo e a gliconeogênese no fígado; ao mesmo tempo, inibem a absorção de glicose. Essas ações combinadas mantêm a homeostase em relação à concentração plasmática de glicose para que o sistema nervoso central e os músculos possam contar com o combustível que necessitam.

Em resumo

- A glicose plasmática é mantida durante o exercício pelo aumento da mobilização da glicose hepática, utilização de mais AGL plasmáticos, aumento da gliconeogênese e redução da absorção de glicose pelos tecidos. O decréscimo da insulina plasmática e o aumento de A, NA, GH, glucagon e cortisol plasmáticos durante o exercício controlam esses mecanismos para manter a concentração de glicose.
- A glicose é absorvida 7-20 vezes mais rapidamente durante o exercício em comparação com a situação em repouso — mesmo com a diminuição da insulina plasmática. Aumentos do Ca^{++} intracelular e outros fatores estão associados a um aumento do número de transportadores de glicose que promovem o transporte de membrana de glicose.
- O treinamento causa redução nas respostas da A, NA, glucagon e insulina ao exercício.

Interação hormônio-substrato

Nos exemplos mencionados anteriormente, insulina e glucagon responderam da mesma forma que fizeram durante o exercício com uma concentração plasmática normal de glicose em razão da influência do sistema nervoso simpático. Deve ser mencionado que, se ocorresse uma mudança súbita na concentração plasmática de glicose durante o exercício, esses hormônios responderiam a essa mudança. Exemplificando, se a ingestão de glicose antes do exercício causasse elevação no seu nível plasmático, a concentração plasmática de insulina aumentaria. Essa mudança hormonal reduziria a mobilização dos AGL e forçaria o músculo a utilizar glicogênio muscular extra.[1]

Durante o exercício intenso, os níveis plasmáticos de glucagon, GH, cortisol, A e NA estão elevados, e a insulina está diminuída. Essas mudanças hormonais favorecem a mobilização dos AGL do tecido adiposo, o que pouparia carboidratos e ajudaria a manter a concentração plasmática de glicose. Se é isso que ocorre, por que o uso de AGL diminui diante de intensidades maiores de exercício?[115] Parte da resposta parece ser a existência de um limite superior na capacidade da célula adiposa de fornecer AGL à circulação durante o exercício. Exemplificando: em indivíduos treinados, a velocidade de liberação dos AGL do tecido adiposo foi mais elevada a 25% do $\dot{V}O_{2máx}$, tendo diminuído a 65-85% do $\dot{V}O_{2máx}$.[115] Considerando-se que a lipase sensível a hormônio (HSL) envolvida na degradação dos AGL e do glicerol se encontra sob estimulação hormonal mais vigorosa às taxas de treinamento mais elevadas, os AGL efetivamente parecem ficar "encarcerados" na célula adiposa.[57,115] Isso pode se dever a uma série de fatores, um dos quais é o lactato. A Figura 5.30*a* mostra que, à medida que aumenta a concentração sanguínea de lactato, a concentração plasmática de AGL diminui.[65] Níveis elevados de lactato foram ligados a um aumento no alfa-fosfato glicerol, a forma ativada de glicerol necessária para a síntese de triglicérides. Com efeito, à medida que vai ocorrendo disponibilização de AGL em razão da degradação dos triglicérides, o alfa-fosfato glicerol recicla rapidamente os AGL para a geração de uma nova molécula de triglicéride (ver Fig.

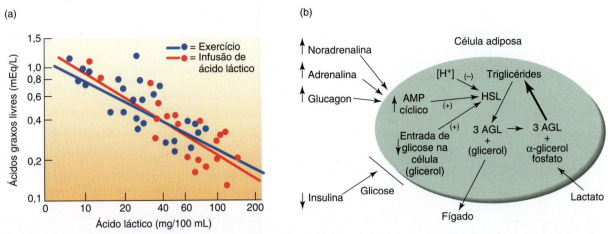

Figura 5.30 (a) Mudanças nos ácidos graxos livres plasmáticos em decorrência de aumentos no ácido láctico. (b) Efeito do lactato e do H⁺ na mobilização dos ácidos graxos livres da célula adiposa.

5.30b). Além disso, a elevada concentração de H⁺ (associada ao elevado nível de lactato) pode inibir a lipase sensível a hormônio. O resultado é que os AGL não são liberados do tecido adiposo.[99] Outras explicações para a reduzida disponibilidade dos AGL do tecido adiposo durante o exercício extenuante são: redução da irrigação sanguínea ao tecido adiposo, resultando em menos AGL para transporte até o músculo[39,115] e uma quantidade inadequada de albumina, a proteína plasmática necessária para o transporte dos AGL no plasma.[57] O resultado é que os AGL não são liberados da célula adiposa, o nível plasmático de AGL cai, e o músculo precisa usar mais carboidrato como combustível. Um dos efeitos do treinamento de resistência é a redução da concentração de lactato a qualquer taxa de trabalho fixa, o que diminui essa inibição à mobilização de AGL do tecido adiposo. Quando esses eventos se combinam com o aumento nas mitocôndrias induzido pelo treinamento, a pessoa treinada pode usar mais gordura como combustível, poupar as limitadas reservas de carboidrato e melhorar o desempenho.

Em resumo

■ A concentração plasmática de AGL diminui durante o exercício intenso, embora a célula adiposa seja estimulada por uma série de hormônios para aumentar a degradação de triglicérides até AGL e glicerol. Isso pode ser decorrente de (1) uma concentração mais elevada de H⁺, que pode inibir a lipase sensível a hormônio, (2) elevados níveis de lactato durante o exercício intenso, com promoção da ressíntese de triglicérides, (3) um fluxo sanguíneo inadequado até o tecido adiposo ou (4) uma quantidade insuficiente da albumina necessária para o transporte dos AGL no plasma.

Atividades para estudo

1. Trace e marque um diagrama de um mecanismo de *feedback* negativo para controle hormonal, utilizando o cortisol como exemplo.
2. Liste os fatores que podem influenciar a concentração sanguínea de um hormônio.
3. Discuta o uso de testosterona e de hormônio do crescimento como meios auxiliares para o aumento do tamanho e da força musculares e discuta as possíveis consequências a longo prazo de tal uso.
4. Liste cada glândula endócrina, o(s) hormônio(s) secretado(s) pela glândula e sua(s) ação(ões).
5. Descreva os dois mecanismos pelos quais o glicogênio muscular é degradado até a glicose (glicogenólise) para uso na glicólise. Qual desses mecanismos é ativado simultaneamente com a contração muscular?
6. Identifique os quatro mecanismos envolvidos na manutenção da concentração sanguínea de glicose.
7. Trace um gráfico de resumo das mudanças nos seguintes hormônios com o exercício de intensidade ou duração crescente: adrenalina, noradrenalina, cortisol, hormônio do crescimento, insulina e glucagon.
8. Qual é o efeito do treinamento nas respostas da adrenalina, noradrenalina e glucagon à mesma tarefa física?
9. Resumidamente, explique como a glicose pode ser absorvida pelo músculo a alta velocidade durante o exercício, quando a insulina plasmática está reduzida. Descreva o papel dos transportadores de glicose.
10. Explique como a mobilização dos ácidos graxos livres da célula adiposa diminui durante o treinamento máximo, apesar da estimulação da célula por todos os hormônios para a degradação dos triglicérides.

Referências bibliográficas

1. Ahlborg G, and Felig P. Influence of glucose ingestion on fuel-hormone response during prolonged exercise. *Journal of Applied Physiology: Respiratory, Environmental and Exercise Physiology*. 41: 683–688, 1976.
2. Alen M, Pakarinen A, and Hakkinen K. Effects of prolonged training on serum thyrotropin and thyroid hormones in elite strength athletes. *Journal of Sports Sciences*. 11: 493–497, 1993.
3. Almon RR, and Dubois DC. Fiber-type discrimination in disuse and glucocorticoid-induced atrophy. *Medicine and Science in Sports and Exercise*. 22: 304–311, 1990.
4. American College of Sports Medicine. The use of anabolic-androgenic steroids in sports. In: Position Stands and Opinion Statements. Indianapolis: The American College of Sports Medicine, 1984.
5. Angell P, Chester N, Green D, Somauroo J, Whyte G, and George K. Anabolic steroids and cardiovascular risk. *Sports Medicine*. 42: 119–134, 2012.
6. Berggren JR, Hulver MW, and Houmard JA. Fat as an endocrine organ: influence of exercise. *Journal of Applied Physiology: Respiratory, Environmental and Exercise Physiology*. 99: 757–764, 2005.
7. Berggren JR, Tanner CJ, Koves TR, Muoio DM, and Houmard JA. Glucose uptake in muscle cell cultures from endurance-trained men. *Medicine and Science in Sports and Exercise*. 37: 579–584, 2005.
8. Bonen A. Effects of exercise on excretion rates of urinary free cortisol. *Journal of Applied Physiology: Respiratory, Environmental and Exercise Physiology*. 40: 155–158, 1976.
9. Bouassida A, Chamari K, Zaouali M, Feki Y, Zbidi A, and Tabka Z. Review on leptin and adiponectin responses and adaptations to acute and chronic exercise. *British Journal of Sports Medicine*. 44: 620–630, 2010.
10. Bouassida A, Latiri I, Bouassida S, Zalleg D, Zaouali M, Feki Y, et al. Parathyroid hormone and physcial exercise: a brief review. *J Sport Science and Medicine*. 5: 367–374, 2006.
11. Brandt C, and Pedersen BK. The role of exercise-induced myokines in muscle homeostasis and the defense against chronic disease. *Journal of Biomedicine and Biotechnology*. 2010: Article ID: 520258, 2010.
12. Brunton L, Lazo JS, and Parker KL, editors. *Goodman & Gilman's The Pharmacological Basis of Therapeutics*. New York, NY: McGraw-Hill, 2005.
13. Bunt JC, Boileau RA, Bahr JM, and Nelson RA. Sex and training differences in human growth hormone levels during prolonged exercise. *Journal of Applied Physiology: Respiratory, Environmental and Exercise Physiology*. 61: 1796–1801, 1986.
14. Cannon W. *Bodily Changes in Pain, Hunger, Fear and Rage*. Boston, MA: Charles T. Branford Company, 1983.
15. Cartee GD, Douen AG, Ramlal T, Klip A, and Holloszy JO. Stimulation of glucose transport in skeletal muscle by hypoxia. *Journal of Applied Physiology: Respiratory, Environmental and Exercise Physiology*. 70: 1593–1600, 1991.
16. Cartier LJ, and Gollnick PD. Sympathoadrenal system and activation of glycogenolysis during muscular activity. *Journal of Applied Physiology: Respiratory, Environmental and Exercise Physiology*. 58: 1122–1127, 1985.
17. Chaudhari AM, Lindenfeld TN, Andriacchi TP, Hewett TE, Riccobene J, Myer GD, et al. Knee and hip loading patterns at different phases in the menstrual cycle: implications for the gender difference in anterior cruciate ligament injury rates. *The American Journal of Sports Medicine*. 35: 793–800, 2007.
18. Christensen NJ, and Galbo H. Sympathetic nervous activity during exercise. *Annual Review of Physiology*. 45: 139–153, 1983.
19. Coelho M, Oliveira T, and Fernandes R. Biochemistry of adipose tissue: an endocrine organ. *Arch Med Sci*. 2: 191–200, 2013.
20. Coggan AR. Plasma glucose metabolism during exercise in humans. *Sports Medicine*. 11: 102–124, 1991.
21. Coggan AR, and Coyle EF. Carbohydrate ingestion during prolonged exercise: effects on metabolism and performance. *Exercise and Sport Sciences Reviews*. 19: 1–40, 1991.
22. Coker RH, and Kjaer M. Glucoregulation during exercise: the role of the neuroendocrine system. *Sports Medicine*. 35: 575–583, 2005.
23. Convertino VA, Keil LC, and Greenleaf JE. Plasma volume, renin, and vasopressin responses to graded exercise after training. *Journal of Applied Physiology: Respiratory, Environmental and Exercise Physiology*. 54: 508–514, 1983.
24. Copinschi G, Hartog M, Earll JM, and Havel RJ. Effect of various blood sampling procedures on serum levels of immunoreactive human growth hormone. *Metabolism: Clinical and Experimental*. 16: 402–409, 1967.
25. Coyle EF. Substrate utilization during exercise in active people. *American Journal of Clinical Nutrition*. 61: 968S–979S, 1995.
26. Cumming DC, Brunsting LA, 3rd, Strich G, Ries AL, and Rebar RW. Reproductive hormone increases in response to acute exercise in men. *Medicine and Science in Sports and Exercise*. 18: 369–373, 1986.
27. Davies CT, and Few JD. Effects of exercise on adrenocortical function. *Journal of Applied Physiology: Respiratory, Environmental and Exercise Physiology*. 35: 887–891, 1973.
28. De Glisezinski I, Larrouy D, Bajzova M, Koppo K, Polak J, Berlan M, et al. Adrenaline but not noradrenaline is a determinant of exercise-induced lipid mobilization in human subcutaneous adipose tissue. *Journal of Physiology*. 13: 3393–3404, 2009.
29. Del Corral P, Howley ET, Hartsell M, Ashraf M, and Younger MS. Metabolic effects of low cortisol during exercise in humans. *Journal of Applied Physiology: Respiratory, Environmental and Exercise Physiology* 84: 939–947, 1998.
30. Drouin R, Lavoie C, Bourque J, Ducros F, Poisson D, and Chiasson JL. Increased hepatic glucose production response to glucagon in trained subjects. *American Journal of Physiology*. 274: E23–28, 1998.
31. Edgerton VR. *Glycogen Depletion in Specific Types of Human Skeletal Muscle Fibers in Intermittent and Continuous Exercise*. Verlag Basel: Birkhauser, 1975, pp. 402–415.
32. Enns DL, and Tiidus PM. The influence of estrogen on skeletal muscle-sex matters. *Sports Medicine*. 40: 41–58, 2010.
33. Essen B. Glycogen depletion of different fibre types in human skeletal muscle during intermittent and continuous exercise. *Acta Physiologica Scandinavica*. 103: 446–455, 1978.
34. Euler U. *Sympatho-Adrenal Activity and Physical Exercise*. New York, NY: Karger, Basal, 1969, pp. 170–181.
35. Felig P, and Wahren J. Fuel homeostasis in exercise. *New England Journal of Medicine*. 293: 1078–1084, 1975.
36. Fischer-Posovszky P, Wabitsch M, and Hochberg Z. Endocrinology of adipose tissue—an update. *Hormone and Metabolic Research (Hormon- und Stoffwechselforschung = Hormones et metabolisme)*. 39: 314–321, 2007.
37. Fox SI. *Human Physiology*, 12th ed. New York, NY: McGraw-Hill, 2011.
38. Francesconi RP, Sawka MN, and Pandolf KB. Hypohydration and heat acclimation: plasma renin and aldosterone during exercise. *Journal of Applied Physiology: Respiratory, Environmental and Exercise Physiology*. 55: 1790–1794, 1983.
39. Frayn KN. Fat as a fuel: emerging understanding of the adipose tissue-skeletal muscle axis. *Acta Physiologica Scandinavica*. 199: 509–518, 2010.
40. Galbo H, Holst JJ, and Christensen NJ. Glucagon and plasma catecholamine responses to graded and prolonged

exercise in man. *Journal of Applied Physiology: Respiratory, Environmental and Exercise Physiology*. 38: 70–76, 1975.

41. Galbo H, Holst JJ, Christensen NJ, and Hilsted J. Glucagon and plasma catecholamines during beta-receptor blockade in exercising man. *Journal of Applied Physiology: Respiratory, Environmental and Exercise Physiology*. 40: 855–863, 1976.

42. Galbo H, Hummer L, Peterson IB, Christensen NJ, and Bie N. Thyroid and testicular hormone responses to graded and prolonged exercise in man. *European Journal of Applied Physiology and Occupational Physiology*. 36: 101–106, 1977.

43. Gollnick PD. *Glycogen Depletion Patterns in Human Skeletal Muscle Fibers after Varying Types and Intensities of Exercise*. Verlag Basel: Birkhauser, 1975.

44. Goodyear LJ, and Kahn BB. Exercise, glucose transport, and insulin sensitivity. *Annual Review of Medicine*. 49: 235–261, 1998.

45. Greenberg AS, and Obin MS. Obesity and the role of adipose tissue in inflammation and metabolism. *American Journal of Clinical Nutrition*. 83: 461S–465S, 2006.

46. Greenwood FC, and Landon J. Growth hormone secretion in response to stress in man. *Nature*. 210: 540–541, 1966.

47. Gyntelberg F, Rennie MJ, Hickson RC, and Holloszy JO. Effect of training on the response of plasma glucagon to exercise. *Journal of Applied Physiology: Respiratory, Environmental and Exercise Physiology*. 43: 302–305, 1977.

48. Hackney AC, and Dobridge JD. Thyroid hormones and the relationship of cortisol and prolactin: influence of prolonged, exhaustive exercise. *Polish Journal of Endocrinology*. 60: 252–257, 2009.

49. Hameed M, Harridge SD, and Goldspink G. Sarcopenia and hypertrophy: a role for insulin-like growth factor-1 in aged muscle? *Exercise and Sport Sciences Reviews*. 30: 15–19, 2002.

50. Harris RC, Bergström J, and Hultman E. *The Effect of Propranolol on Glycogen Metabolism during Exercise*. New York, NY: Plenum Press, 1971, pp. 301–305.

51. Hartley LH, Mason JW, Hogan RP, Jones LG, Kotchen TA, Mougey EH, et al. Multiple hormonal responses to prolonged exercise in relation to physical training. *Journal of Applied Physiology: Respiratory, Environmental and Exercise Physiology*. 33: 607–610, 1972.

52. Heath GW, Gavin JR, 3rd, Hinderliter JM, Hagberg JM, Bloomfield SA, and Holloszy JO. Effects of exercise and lack of exercise on glucose tolerance and insulin sensitivity. *Journal of Applied Physiology: Respiratory, Environmental and Exercise Physiology*. 55: 512–517, 1983.

53. Hew-Butler T. Arginine vasopressin, fluid balance and exercise. *Sports Medicine*. 40: 459–479, 2010.

54. Hickson RC, Czerwinski SM, Falduto MT, and Young AP. Glucocorticoid antagonism by exercise and androgenic-anabolic steroids. *Medicine and Science in Sports and Exercise*. 22: 331–340, 1990.

55. Hickson RC, and Marone JR. Exercise and inhibition of glucocorticoid-induced muscle atrophy. *Exercise and Sport Sciences Reviews*. 21: 135–167, 1993.

56. Highet R. Athletic amenorrhoea. An update on aetiology, complications and management. *Sports Medicine*. 7: 82–108, 1989.

57. Hodgetts V, Coppack S, Frayn K, and Hockaday T. Factors controlling fat mobilization from human subcutaneous adipose tissue during exercise. *Journal of Applied Physiology*. 71: 445–451, 1991.

58. Hoffman JR, Kraemer WJ, Bhasin S, Storer T, Ratamess NA, Haff GG, et al. Position stand on androgen and human growth hormone use. *J Strength and Conditioning Research*. 23 (Supplement 5): S1–59, 2009.

59. Holloszy JO, Kohrt WM, and Hansen PA. The regulation of carbohydrate and fat metabolism during and after exercise. *Front Biosci* 3: D1011–1027, 1998.

60. Holloszy JO, and Narahara HT. Enhanced permeability to sugar associated with muscle contraction. Studies of the role of Ca++. *Journal of General Physiology*. 50: 551–562, 1967.

61. Howley ET. The effect of different intensities of exercise on the excretion of epinephrine and norepinephrine. *Medicine and Science in Sports*. 8: 219–222, 1976.

62. Howley ET. *The Excretion of Catecholamines as an Index of Exercise Stress*. Springfield, MA: Charles C Thomas, 1980, pp. 171–183.

63. Howley ET, Cox RH, Welch HG, and Adams RP. Effect of hyperoxia on metabolic and catecholamine responses to prolonged exercise. *Journal of Applied Physiology: Respiratory, Environmental and Exercise Physiology*. 54: 59–63, 1983.

64. Hultman E. *Physiological Role of Muscle Glycogen in Man with Special Reference to Exercise*. New York, NY: The American Heart Association, 1967, pp. 1–114.

65. Issekutz B, and Miller H. Plasma free fatty acids during exercise and the effect of lactic acid. *Proceedings of the Society of Experimental Biology and Medicine*. 110: 237–239, 1962.

66. Ivy JL. Role of exercise training in the prevention and treatment of insulin resistance and non-insulin-dependent diabetes mellitus. *Sports Medicine*. 24: 321–336, 1997.

67. Ivy JL. The insulin-like effect of muscle contraction. *Exercise and Sport Sciences Reviews*. 15: 29–51, 1987.

68. Ivy JL, Young JC, McLane JA, Fell RD, and Holloszy JO. Exercise training and glucose uptake by skeletal muscle in rats. *Journal of Applied Physiology: Respiratory, Environmental and Exercise Physiology*. 55: 1393–1396, 1983.

69. James DE. The mammalian facilitative glucose transporter family. *News Physiol. Sci.* 10, 67–71, 1995.

70. Jansson E, Hjemdahl P, and Kaijser L. Epinephrine-induced changes in muscle carbohydrate metabolism during exercise in male subjects. *Journal of Applied Physiology: Respiratory, Environmental and Exercise Physiology*. 60: 1466–1470, 1986.

71. Jensen J, Oftebro H, Breigan B, Johnsson A, Ohlin K, Meen HD, et al. Comparison of changes in testosterone concentrations after strength and endurance exercise in well trained men. *European Journal of Applied Physiology and Occupational Physiology*. 63: 467–471, 1991.

72. Jurkowski JE, Jones NL, Walker C, Younglai EV, and Sutton JR. Ovarian hormonal responses to exercise. *Journal of Applied Physiology: Respiratory, Environmental and Exercise Physiology*. 44: 109–114, 1978.

73. Kanayama G, Kean J, Hudson JI, and Pope Jr. HG. Cognitive deficits in long-term anabolic-androgenic steroid users. *Drug and Alcohol Dependence*. 130: 208–214, 2013.

74. Kargotich S, Goodman C, Keast D, Fry RW, Garcia-Webb P, Crawford PM, et al. Influence of exercise-induced plasma volume changes on the interpretation of biochemical data following high-intensity exercise. *Clin J Sport Med* 7: 185–191, 1997.

75. Keizer HA, and Rogol AD. Physical exercise and menstrual cycle alterations. What are the mechanisms? *Sports Medicine*. 10: 218–235, 1990.

76. Kjaer M. Epinephrine and some other hormonal responses to exercise in man: with special reference to physical training. *Int J Sports Med* 10: 2–15, 1989.

77. Kjaer M, Kiens B, Hargreaves M, and Richter EA. Influence of active muscle mass on glucose homeostasis during exercise in humans. *Journal of Applied Physiology: Respiratory, Environmental and Exercise Physiology*. 71: 552–557, 1991.

78. Kostek MC, Delmonico MJ, Reichel JB, Roth SM, Douglass L, Ferrell RE, et al. Muscle strength response to strength training is influenced by insulin-like growth factor 1 genotype in older adults. *Journal of Applied Physiology: Respiratory, Environmental and Exercise Physiology*. 98: 2147–2154, 2005.

79. Kraemer RR, and Castracane VD. Exercise and humoral mediators of peripheral energy balance: ghrelin and adiponectin. *Exp Biol Med* 232: 184–194, 2007.

80. Kraemer RR, Francois M, Webb ND, Worley JR, Rogers SN, Norman RL, et al. No effect of menstrual cycle phase on glucose and glucoregulatory endocrine responses to prolonged exercise. *European Journal of Applied Physiology*. 113: 2401–2408, 2013.

81. Lavoie C. Glucagon receptors: effect of exercise and fasting. *Canadian Journal of Applied Physiology (Revue canadienne de physiologie appliquee)*. 30: 313–327, 2005.

82. Liu H, Bravata DM, Olkin I, Friedlander AL, Liu V, Roberts B, et al. Systematic review: the effects of growth hormone on athletic performance. *Annals of Internal Medicine*. 148: 2008.

83. Liu H, Bravata DM, Olkin I, Nayak S, Roberts B, Garber AM, et al. Systematic review: the safety and efficacy of growth hormone in the healthy elderly. *Annals of Internal Medicine*. 146: 104–115, 2007.

84. Luyckx AS, and Lefebvre PJ. Mechanisms involved in the exercise-induced increase in glucagon secretion in rats. *Diabetes*. 23: 81–93, 1974.

85. Maher JT, Jones LG, Hartley LH, Williams GH, and Rose LI. Aldosterone dynamics during graded exercise at sea level and high altitude. *Journal of Applied Physiology: Respiratory, Environmental and Exercise Physiology*. 39: 18–22, 1975.

86. Maïmoun L, and Sultan C. Effect of physical activity on calcium homeostasis and calciotrophic hormones: a review. *Calcif Tissue Int* 85: 277–286, 2009.

87. Marsh SA, and Jenkins DG. Physiological responses to the menstrual cycle: implications for the development of heat illness in female athletes. *Sports Medicine*. 32: 601–614, 2002.

88. Mathur N, and Pedersen BK. Exercise as a means to control low-grade systemic inflammation. *Mediators of Inflammation*. 2008: 1–6, 2008.

89. McMurray RG, and Hackney AC. Interactions of metabolic hormones, adipose tissue and exercise. *Sports Medicine*. 35: 393–412, 2005.

90. Mendenhall LA, Swanson SC, Habash DL, and Coggan AR. Ten days of exercise training reduces glucose production and utilization during moderate-intensity exercise. *American Journal of Physiology*. 266: E136–143, 1994.

91. Metsarinne K. Effect of exercise on plasma renin substrate. *Int J Sports Med* 9: 267–269, 1988.

92. Mikines KJ, Richter EA, Dela F, and Galbo H. Seven days of bed rest decrease insulin action on glucose uptake in leg and whole body. *Journal of Applied Physiology: Respiratory, Environmental and Exercise Physiology*. 70: 1245–1254, 1991.

93. Mikines KJ, Sonne B, Tronier B, and Galbo H. Effects of acute exercise and detraining on insulin action in trained men. *Journal of Applied Physiology: Respiratory, Environmental and Exercise Physiology*. 66: 704–711, 1989.

94. Molina PE. *Endocrine Physiology*. New York, NY: McGraw-Hill. 2013.

95. Nakamura Y, Aizawa K, Imai T, Kono I, and Mesaki N. Hormonal responses to resistance exercise during different menstrual cycle phases. *Medicine and Science in Sports and Exercise*. 43: 967–973, 2011.

96. Ogawa W, and Kasuga M. Fat stress and liver resistance. *Science*. 322: 1483–1484, 2008.

97. Oosthuyse T, and Bosch AN. The effect of the menstrual cycle on exercise metabolism. *Sports Medicine*. 40: 207–227, 2010.

98. Parkinson AB, and Evans NA. Anabolic androgenic steroids: a survey of 500 users. *Medicine and Science in Sports and Exercise*. 38: 644–651, 2006.

99. Paul P. FFA metabolism of normal dogs during steady-state exercise at different work loads. *Journal of Applied Physiology: Respiratory, Environmental and Exercise Physiology*. 28: 127–132, 1970.

100. Paul P. *Uptake and Oxidation of Substrates in the Intact Animal during Exercise*. New York, NY: Plenum Press, 1971, pp. 225–248.

101. Pedersen BK. Edward F. Adolph Distinguished Lecture: Muscle as an endocrine organ: IL-6 and other myokines. *Journal of Applied Physiology: Respiratory, Environmental and Exercise Physiology*. 107: 1006–1014, 2009.

102. Pedersen BK, and Febbraio MA. Muscles, exercise and obesity: skeletal muscle as a secretory organ. *Nature Reviews—Endocrinology*. 8: 457–465, 2012.

103. Perry PJ, Lund BC, Deninger MJ, Kutscher EC, and Schneider J. Anabolic steroid use in weightlifters and bodybuilders: an internet survey of drug utilization. *Clin J Sport Med* 15: 326–330, 2005.

104. Powers SK, Howley ET, and Cox R. A differential catecholamine response during prolonged exercise and passive heating. *Medicine and Science in Sports and Exercise*. 14: 435–439, 1982.

105. Pruett ED. Glucose and insulin during prolonged work stress in men living on different diets. *Journal of Applied Physiology: Respiratory, Environmental and Exercise Physiology*. 28: 199–208, 1970.

106. Raschke S, and Eckel J. Adipo-Myokines: two sides of the same coin: mediators of inflammation and mediators of exercise. *Mediators of Inflammation*. DOI: 10.1155/2013/320724, 2013.

107. Raven PH, Johnson GB, Losos JB, Mason KA, and Singer SR. *Biology*. New York, NY: McGraw-Hill, 2008.

108. Redman LM, and Loucks AB. Menstrual disorders in athletes. *Sports Medicine*. 35: 747–755, 2005.

109. Ren JM, and Hultman E. Regulation of glycogenolysis in human skeletal muscle. *Journal of Applied Physiology: Respiratory, Environmental and Exercise Physiology*. 67: 2243–2248, 1989.

110. Rennie MJ. Claims for the anabolic effects of growth hormone: a case of the emperor's new clothes? *British Journal of Sports Medicine*. 37: 100–105, 2003.

111. Richter EA, Derave W, and Wojtaszewski JF. Glucose, exercise and insulin: emerging concepts. *Journal of Physiology*. 535: 313–322, 2001.

112. Richter EA, Kiens B, Mizuno M, and Strange S. Insulin action in human thighs after one-legged immobilization. *Journal of Applied Physiology: Respiratory, Environmental and Exercise Physiology*. 67: 19–23, 1989.

113. Richter EA, Kristiansen S, Wojtaszewski J, Daugaard JR, Asp S, Hespel P, et al. Training effects on muscle glucose transport during exercise. *Advances in Experimental Medicine and Biology*. 441: 107–116, 1998.

114. Rizza R, Haymond M, Cryer P, and Gerich J. Differential effects of epinephrine on glucose production and disposal in man. *American Journal of Physiology*. 237: E356–362, 1979.

115. Romijn JA, Coyle EF, Sidossis LS, Gastaldelli A, Horowitz JF, Endert E, et al. Regulation of endogenous fat and carbohydrate metabolism in relation to exercise intensity and duration. *American Journal of Physiology*. 265: E380–391, 1993.

116. Ryder JW, Chibalin AV, and Zierath JR. Intracellular mechanisms underlying increases in glucose uptake in response to insulin or exercise in skeletal muscle. *Acta Physiologica Scandinavica*. 171: 249–257, 2001.

117. Sabio G, Das M, Mora A, Zhang Z, Jun JY, Ko HJ, et al. A stress signaling pathway in adipose tissue regulates hepatic insulin resistance. *Science*. 322: 1539–1543, 2008.

118. Sakamoto K, and Goodyear LJ. Invited review: intracellular signaling in contracting skeletal muscle. *Journal of Applied Physiology: Respiratory, Environmental and Exercise Physiology*. 93: 369–383, 2002.

119. Saltin B, and Karlsson J. *Muscle Glycogen Utilization during Work of Different Intensities*. New York, NY: Plenum Press, 1971.

120. Saugy M, Robinson N, Saudan C, Baume N, Avois L, and Mangin P. Human growth hormone doping in sport. *British Journal of Sports Medicine*. 40 Suppl 1: i35–39, 2006.

121. Schaal K, Van Loan MD, and Casazza GA. Reduced catecholamine response to exercise in amenorrheic athletes. *Medicine and Science in Sports and Exercise*. 43: 34–43, 2011.

122. Schoenfeld BJ. Potential mechanisms for a role of metabolic stress in hypertrophic adaptations to resistance training. *Sports Medicine*. 43: 179–194, 2013a.

123. Schoenfeld BJ. Postexercise hypertrophic adaptations: a reexamination of the hormone hypothesis and its applicability to resistance training program design. *Journal of Strength and Conditioning Research*. 27: 1720–1730, 2013b.

124. Seals DR, Victor RG, and Mark AL. Plasma norepinephrine and muscle sympathetic discharge during rhythmic exercise in humans. *Journal of Applied Physiology: Respiratory, Environmental and Exercise Physiology*. 65: 940–944, 1988.

125. Selye H. *The Stress of Life*. New York, NY: McGraw-Hill, 1976.

126. Silverberg AB, Shah SD, Haymond MW, and Cryer PE. Norepinephrine: hormone and neurotransmitter in man. *American Journal of Physiology*. 234: E252–256, 1978.

127. Spriet LL, Ren JM, and Hultman E. Epinephrine infusion enhances muscle glycogenolysis during prolonged electrical stimulation. *Journal of Applied Physiology: Respiratory, Environmental and Exercise Physiology*. 64: 1439–1444, 1988.

128. Stainsby WN, Sumners C, and Andrew GM. Plasma catecholamines and their effect on blood lactate and muscle lactate output. *Journal of Applied Physiology: Respiratory, Environmental and Exercise Physiology*. 57: 321–325, 1984.

129. Stainsby WN, Sumners C, and Eitzman PD. Effects of catecholamines on lactic acid output during progressive working contractions. *Journal of Applied Physiology: Respiratory, Environmental and Exercise Physiology*. 59: 1809–1814, 1985.

130. Stokes K. Growth hormone responses to sub-maximal and sprint exercise. *Growth Horm IGF Res* 13: 225–238, 2003.

131. Sun Y, Xun K, Wang C, Zhao H, Bi H, Chen X, et al. Adiponectin, an unlocking adipocytokine. *Cardiovascular Therapeutics*. 27: 59–75, 2009.

132. Sutton J, and Lazarus L. Growth hormone in exercise: comparison of physiological and pharmacological stimuli. *Journal of Applied Physiology: Respiratory, Environmental and Exercise Physiology*. 41: 523–527, 1976.

133. Tepperman J, and Tepperman HM. *Metabolic and Endocrine Physiology*. Chicago, IL: Year Book Medical Publishers, 1987.

134. Terjung R. *Endocrine Response to Exercise*. New York, NY: Macmillan, 1979.

135. Tiidus PM, Enns DL, Hubal MJ, and Clarkson PM. Point: counterpoint: estrogen and sex do/do not influence post-exercise indexes of muscle damage, inflammation, and repair. *Journal of Applied Physiology: Respiratory, Environmental and Exercise Physiology*. 106: 1010–1015, 2009.

136. Trayhurn P. Hypoxia and adipose tissue function and dysfunction in obesity. *Physiological Reviews*. 93: 1–21, 2013.

137. Van Baak MA. β-adrenoceptor blockade and exercise: an update. *Sports Medicine*. 5: 209–225, 1988.

138. Voet D, and Voet JG. *Biochemistry*. New York, NY: John Wiley & Sons, 1995.

139. Vogel RB, Books CA, Ketchum C, Zauner CW, and Murray FT. Increase of free and total testosterone during submaximal exercise in normal males. *Medicine and Science in Sports and Exercise*. 17: 119–123, 1985.

140. Wade CE. Response, regulation, and actions of vasopressin during exercise: a review. *Medicine and Science in Sports and Exercise*. 16: 506–511, 1984.

141. Waki H, and Tontonoz P. Endocrine functions of adipose tissue. *Annual Review of Pathology*. 2: 31–56, 2007.

142. Wallberg-Henriksson H, Constable SH, Young DA, and Holloszy JO. Glucose transport into rat skeletal muscle: interaction between exercise and insulin. *Journal of Applied Physiology: Respiratory, Environmental and Exercise Physiology*. 65: 909–913, 1988.

143. Welc SS, and Clanton TL. The regulation of interleukin-6 implicates skeletal muscle as an integrative stress sensor and endocrine organ. *Experimental Physiology*. 98: 359–371, 2013.

144. Widdowson WM, Healy M-L, Sönksen PH, and Gibney J. The physiology of growth hormone and sport. *Growth Hormone & IGF Research*. 19: 308–319, 2009.

145. Widdowson WM, and Gibney J. The effect of growth hormone (GH) replacement on muscle strength in patients with GH-deficiency: a meta-analysis. *Clinical Endocrinology*. 72: 787–792, 2010.

146. Widmaier EP, Raff H, and Strang KT. *Vander's Human Physiology*. New York, NY: McGraw-Hill, 2014.

147. Winder WW, Hagberg JM, Hickson RC, Ehsani AA, and McLane JA. Time course of sympathoadrenal adaptation to endurance exercise training in man. *Journal of Applied Physiology: Respiratory, Environmental and Exercise Physiology*. 45: 370–374, 1978.

148. Wojtaszewski JF, and Richter EA. Glucose utilization during exercise: influence of endurance training. *Acta Physiologica Scandinavica*. 162: 351–358, 1998.

149. Wright JE. *Anabolic Steroids and Athletics*. New York, NY: Macmillan, 1980.

150. Wright JE. *Anabolic Steroids and Sports*. New York, NY: Sports Science Consultants, 1982.

151. Xanne A, and Janse de Jonge X. Effects of the menstrual cycle on exercise performance. *Sports Medicine*. 33: 833–851, 2003.

152. Yakovlev NN, and Viru AA. Adrenergic regulation of adaptation to muscular activity. *Int J Sports Med* 6: 255–265, 1985.

153. Yesalis CE, and Bahrke MS. Anabolic-androgenic steroids. Current issues. *Sports Medicine*. 19: 326–340, 1995.

154. Young JC, Enslin J, and Kuca B. Exercise intensity and glucose tolerance in trained and nontrained subjects. *Journal of Applied Physiology: Respiratory, Environmental and Exercise Physiology*. 67: 39–43, 1989.

155. Zazulak BT, Paterno M, Myer GD, Romani WA, and Hewett TE. The effects of the menstrual cycle on anterior knee laxity: a systematic review. *Sports Medicine*. 36: 847–862, 2006.

156. Zouhal H, Jacob C, Delamarche P, and Gratas-Delamarche A. Catecholamines and the effects of exercise, training, and gender. *Sports Medicine*. 38: 401–423, 2008.

6

Exercício e o sistema imune

■ Objetivos

Ao estudar este capítulo, você deverá ser capaz de:

1. Descrever como os sistemas imunes inato e adquirido atuam juntos para conferir proteção contra infecções.
2. Discutir os componentes básicos do sistema imune inato e descrever como os seus principais elementos protegem o corpo contra as infecções.
3. Destacar os componentes primários que constituem o sistema imune adquirido e explicar como eles conferem proteção contra as infecções.
4. Explicar as diferenças existentes entre as formas aguda e crônica de inflamação.
5. Discutir os efeitos do treinamento físico moderado sobre o sistema imune e o risco de infecção.
6. Explicar como uma série de exercícios intensa e prolongada (>90 minutos) exerce impacto sobre a função imunológica e o risco de infecção.
7. Discutir como o exercício praticado sob condições ambientais extremas (calor, frio e altitude elevada) influencia a função imune.
8. Explicar as diretrizes para a prática de exercício em caso de resfriado.

■ Conteúdo

Descrição geral do sistema imune 126
Sistema imune inato 126
Sistema imune adquirido 130

Exercício físico e o sistema imune 131
Exercício físico e resistência à infecção 131
O exercício aeróbio de alta intensidade/longa duração aumenta o risco de infecção 133

A prática de exercício sob condições ambientais extremas: risco aumentado de infecção? 135

Você deve se exercitar quando está resfriado? 136

■ Palavras-chave

célula *natural killer*
células B
células T
citocinas
fagócitos
imunidade
imunologia do exercício
inflamação
leucócitos
macrófagos
neutrófilos
sistema complemento

125

O conceito de homeostasia e o controle dos sistemas que regulam o ambiente interno foram introduzidos no Capítulo 2. O sistema imune é um sistema homeostático essencial, que reconhece, ataca e destrói agentes estranhos presentes no corpo. Essa atuação sem dúvida é importante, pois o corpo é constantemente atacado por agentes estranhos (p. ex., bactérias, vírus e fungos) causadores de infecção. Ao proteger o corpo contra as infecções, o sistema imune exerce papel fundamental na manutenção da homeostasia corporal.

Qualquer pessoa já manifestou os sintomas desagradáveis (i. e., congestão nasal e febre) de uma infecção no trato respiratório superior (ITRS). Essas ITRS costumam ser chamadas de resfriados e são causadas por mais de 200 vírus diferentes.[16] Atualmente, as ITRS são os tipos mais comuns de infecções em todo o mundo, e um indivíduo adulto chega a sofrer em média dois a cinco resfriados por ano.[10,25] Embora em geral não sejam prejudiciais à vida de indivíduos saudáveis, os resfriados produzem muitas consequências negativas em razão do aumento das despesas com tratamento de saúde e da perda de dias de trabalho, escola e treinamento físico.[12] Em vista da elevada incidência dos resfriados, essas doenças são verdadeiramente preocupantes no que se refere à saúde dos atletas e da população em geral. Como o exercício, entre outros estresses (p. ex., estresse emocional, insônia, etc.), comprovadamente influencia o sistema imune, é importante compreender a relação existente entre a atividade física e o sistema imune. Portanto, este capítulo é dedicado à introdução dos principais componentes do sistema imune e à discussão sobre como o treinamento físico afeta esse importante sistema homeostático. Iniciamos então uma breve revisão sobre o modo como o sistema imune atua no sentido de prevenir a infecção.

Descrição geral do sistema imune

O termo **imunidade** refere-se a todos os mecanismos que conferem proteção ao corpo contra os agentes estranhos. Esse termo tem origem no latim (*immunitas*, que significa "libertar-se de").[4] A imunidade resulta de um sistema imune bem coordenado, constituído por complexos componentes celulares e químicos. Esses componentes conferem proteção sobreposta contra a ação de agentes infecciosos. Essa sobreposição dos componentes do sistema imune é projetada para garantir que esses sistemas redundantes sejam eficientes em proteger o corpo contra a infecção causada por patógenos (agentes causadores de doença), como bactérias, vírus e fungos. A redundância do sistema imune é promovida pela atuação conjunta dos seus dois ramos, referidos como sistema imune inato e sistema imune adquirido (também conhecido como sistema imune adaptativo ou específico). Ambos serão brevemente introduzidos a seguir.

Sistema imune inato

Os seres humanos e os outros animais nascem com um sistema imune inespecífico inato, que é um sistema constituído por uma coleção diversificada de elementos celulares e proteicos. Ele confere ao corpo as defesas externas e internas contra os agentes estranhos invasores (Fig. 6.1). A defesa externa é a primeira linha de defesa inata e é composta pelas barreiras físicas, como a pele e as membranas mucosas (i. e., mucosa) que revestem nossos tratos respiratório, digestivo (intestinos) e geniturinário. Dessa forma, para causar algum problema, as bactérias e outros agentes estranhos precisam transpor essas barreiras. Um invasor que atravessa a barreira física da pele ou das mucosas se depara com uma segunda linha de defesa inata. Essa defesa interna é composta tanto por células especializadas (p. ex., fagócitos e células *natural killer*), que são destinadas a destruir o invasor, como por um grupo de proteínas denominado sistema complemento, localizado no sangue e nos tecidos. O sistema complemento é composto por mais de 20 proteínas diferentes que atuam juntas para destruir invasores estranhos. Esse sistema também sinaliza para outros componentes do sistema imune quando o corpo é atacado. Vamos discutir com mais detalhes cada um desses componentes da imunidade inata.

Barreiras físicas. Mais um vez, a primeira linha de defesa contra invasores estranhos é a barreira física da pele e das mucosas. Embora tendamos a considerar a pele como sendo a principal barreira contra agentes estranhos, a área que ela abrange equivale a apenas 2 m^2.[29] Em contrapartida, a área abrangida pelas mucosas (i. e., tratos respiratório, digestivo e geniturinário) mede cerca de 400 m^2 (uma área equivalente a aproximadamente duas quadras de tênis).[29] Com relação a esse aspecto, o fator crucial é a existência de um perímetro maior

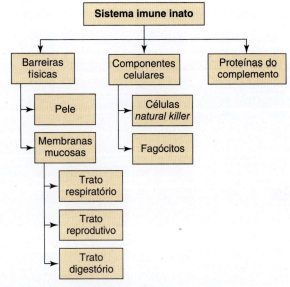

Figura 6.1 Principais componentes da imunidade inata. (Consulte os detalhes completos no texto.)

que precisa ser defendido para que os agentes estranhos sejam impedidos de entrar no corpo.

Componentes celulares. Numerosos tipos de células imunológicas existem para proteger o corpo contra infecções, mas uma discussão completa de todas essas células está além do escopo deste capítulo. Portanto, vamos nos concentrar na discussão de alguns tipos de células que têm um papel importante no sistema imune. Especificamente, vamos direcionar nossa atenção para selecionar membros da família de leucócitos das células imunes que trabalham juntas com outra célula-chave do sistema imune, os macrófagos, para proteger o corpo contra infecções. Os **leucócitos** (também chamados de células brancas do sangue) constituem uma classe importante de células imunes projetada para reconhecer e remover invasores estranhos (p. ex., bactérias) no corpo. Da mesma forma, os **macrófagos** são outro tipo de célula imune capaz de fagocitar as bactérias e proteger contra infecções. Vamos começar com uma discussão de como o corpo produz essas peças celulares importantes na função imunológica.

De onde vêm os leucócitos? Todas as células sanguíneas (vermelhas e brancas) são produzidas na medula óssea a partir das células-tronco "autorrenovadoras". Essas células são autorrenovadoras porque, quando as células-tronco se dividem em duas células-filhas, uma delas permanece como célula-tronco enquanto a outra se torna uma célula sanguínea madura. Essa estratégia de renovação assegura que sempre haverá células-tronco disponíveis para produzir células sanguíneas maduras.

Quando as células-tronco se dividem, a célula-filha que amadurece deve escolher o tipo de célula sanguínea em que irá se transformar quando amadurecer. Essa escolha não ocorre ao acaso e é altamente regulada por sistemas de controle complexos. A Figura 6.2 ilustra o processo em que as células-tronco originam uma célula-tronco bipotente que, então, pode formar uma variedade de leucócitos diferentes. A Tabela 6.1 descreve brevemente a função de cada um desses leucócitos. Também observe que os macrófagos são derivados de um tipo específico de leucócito chamado monócito (Fig. 6.2). Nos próximos segmentos, discutiremos a função tanto dos leucócitos como dos monócitos na imunidade inata, conferindo proteção contra infecções bacterianas e virais.

As células imunes que destroem (i. e., fagocitam) as bactérias são classificadas como fagócitos. Especificamente, **fagócitos** são células que englobam agentes estranhos em um processo denominado fagocitose. Para remover as bactérias indesejadas, o corpo produz vários tipos de fagócitos que participam do sistema imune inato. Dois fagócitos centrais são os macrófagos e os neutrófilos. Juntos, esses fagócitos importantes constituem uma linha de defesa imprescindível contra as infecções.

Conforme ilustra a Figura 6.2, os macrófagos são derivados dos monócitos. Os macrófagos ficam localizados nos tecidos, em todo o corpo, e com frequência são chamados de fagócitos "profissionais", pois passam a vida destruindo bactérias.[29] Quando as bactérias entram no corpo, os macrófagos as reconhecem como células invasoras e se aproximam para atacá-las. Como resultado, as bactérias são englobadas dentro de uma bolsa (vesícula), que então se desloca no interior do macrófago. Ao ser englobada pelo macrófago, a bactéria é destruída por potentes enzimas e compostos químicos contidos no macrófago.[4]

Existem ainda outras duas formas importantes pelas quais os macrófagos podem contribuir para a imunidade inata. Primeiramente, quando os macrófagos estão destruindo as bactérias, liberam compostos químicos que intensificam o fluxo sanguíneo no sítio de infecção. Esse fluxo sanguíneo aumentado traz leucócitos adicio-

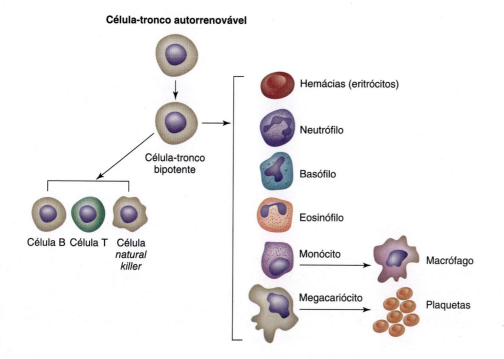

Figura 6.2 Formação das células imunes a partir das células-tronco na medula óssea. (Consulte o texto para mais detalhes.)

Capítulo 6 Exercício e o sistema imune **127**

Tabela 6.1	Breve revisão sobre os leucócitos (células brancas do sangue) e sua função na proteção contra invasores estranhos		
Leucócito (célula branca do sangue)	**Local de produção**	**Imunidade inata ou adquirida**	**Funções**
Neutrófilos	Medula óssea	Inata	1. Fagocitose 2. Libera as moléculas envolvidas na inflamação (vasodilatadores, quimiotaxinas, etc.)
Basófilos	Medula óssea	Inata	Libera moléculas (p. ex., histamina) envolvidas na inflamação
Eosinófilos	Medula óssea	Inata	1. Destrói parasitas multicelulares 2. Envolvidos nas reações de hipersensibilidade
Monócitos	Medula óssea	Inata	Precursores de macrófagos – que são fagócitos importantes envolvidos na imunidade inata
Megacariócitos	Medula óssea	Sem envolvimento na função imune	Precursores de plaquetas – que exercem papel importante na coagulação sanguínea
Célula B (também chamada de linfócito B)	Medula óssea	Adquirida	1. Iniciam as reações mediadas por anticorpos 2. Precursoras dos plasmócitos – que, quando maduros, secretam anticorpos
Célula T (também chamada de linfócito T)	Medula óssea; ativada no timo	Adquirida	Vários tipos de células T coexistem coletivamente e participam das respostas mediadas por células do sistema imune adquirido
Células *natural killer*	Medula óssea	Inata	1. Ligam-se diretamente às células infectadas por vírus e às células cancerosas para destruí-las 2. Atuam como células *killer* (matadoras) na resposta imune dependente de anticorpo

nais para a área a fim de auxiliarem na batalha de remoção das bactérias invasoras.

Além disso, durante a batalha com as bactérias, os macrófagos também produzem proteínas denominadas citocinas. As **citocinas** são sinais celulares que regulam o sistema imune, facilitando a comunicação intercelular junto a ele.[4] Existem citocinas que, por exemplo, alertam as células do sistema imune de que uma batalha está em andamento e, assim, as fazem sair do sangue para ajudar a deter as bactérias que se multiplicam rapidamente.[29] Nesse caso, as citocinas atuam como agentes quimiotáticos. Estes são compostos químicos que recrutam outros "soldados" do sistema imune para o sítio de batalha a fim de ajudarem a proteger o corpo contra a infecção. Outras citocinas provocam febre, estimulam a produção de outros componentes da resposta imunológica e causam inflamação.[8]

Os macrófagos não são os únicos fagócitos envolvidos na imunidade inata. Na realidade, os neutrófilos podem ser os fagócitos mais importantes dessa imunidade.[29] Os **neutrófilos** são leucócitos que também atuam como fagócitos durante uma invasão bacteriana. Os neutrófilos são conhecidos como "matadores profissionais" que ficam "de plantão" no sangue.[29] Depois de serem convocados para a área infectada, os neutrófilos, que são fagócitos importantes, saem do sangue e são acionados para começarem a destruir os invasores estranhos. Similarmente aos macrófagos, os neutrófilos também produzem citocinas capazes de alertar outras células imunes. Além disso, os neutrófilos acionados também liberam compostos químicos que promovem o aumento do fluxo sanguíneo para a área de infecção.

Além dos fagócitos profissionais (i. e., macrófagos e neutrófilos), outro componente celular do sistema imune inato é a **célula *natural killer.*** Essas células são produzidas na medula óssea a partir das células-tronco (Fig. 6.2) e permanecem "de plantão" para combater uma infecção. A maioria das células *natural killer* é encontrada no sangue, fígado ou baço e, quando são chamadas para deter uma infecção, saem do sangue e se deslocam ao local da batalha para participar da luta. Ao chegarem no sítio de batalha (i. e., no local onde estão as bactérias), as células *natural killer* exercem dois papéis essenciais para nos defender contra as infecções. Primeiramente, essas células conseguem destruir as células infectadas por vírus, bactérias, parasitas e fungos, bem como as células cancerosas. Em segundo lugar, as células *natural killer* também liberam citocinas que auxiliam a defesa imunológica. Desse modo, as células *natural killer* são parte importante do sistema imune inato, pois são "destruidoras" versáteis de agentes estranhos, tais como bactérias, vírus, células cancerosas e outros invasores indesejados no corpo.

Em resumo, os fagócitos (macrófagos e neutrófilos) e as células *natural killer* são componentes celulares importantes do sistema imune inato e formam a segunda linha de defesa contra as infecções. De maneira coletiva, essas células removem agentes invasores perigosos e protegem o corpo contra a infecção sempre que as barreiras físicas de defesa estão comprometidas (p. ex., ferida na pele). Quando esses componentes celulares do sistema imune inato são acionados após uma infecção, instala-se uma resposta fisiológica conhecida como inflamação. Os sinais cardinais da inflamação são o rubor,

128 Seção I Fisiologia do exercício

Uma visão mais detalhada 6.1

A inflamação é parte normal da resposta imune

A palavra *inflamação* tem origem na palavra latina *inflammare*, que significa "incendiar". A **inflamação** é parte normal da resposta biológica a estímulos danosos, como a entrada de bactérias no corpo. Em resumo, o objetivo da inflamação é restaurar a homeostasia, ajudando o tecido lesionado a voltar ao estado normal. A inflamação pode ser classificada como aguda ou crônica. A seguir, as diferenças existentes entre as formas aguda e crônica da inflamação são explicadas de maneira sucinta.

Inflamação aguda. A resposta inflamatória aguda pode ser ilustrada pelo seguinte exemplo. Em algum momento da vida, é provável que você já tenha sofrido um pequeno corte no dedo ou na mão. Quando isso ocorreu, a ruptura de sua pele permitiu a entrada de bactérias através da ferida e então você desenvolveu uma resposta inflamatória localizada e aguda (i. e., breve). Os sinais clínicos da inflamação localizada são o rubor, inchaço, calor e dor. Isso ocorre como consequência da deflagração de uma cascata de eventos por ação do sistema imune. O rubor, inchaço e calor em torno do tecido lesionado resultam da intensificação do fluxo sanguíneo para a área danificada. Esse fluxo sanguíneo aumentado é deflagrado por moléculas liberadas pelos fagócitos que são atraídos para a área infeccionada. Na realidade, macrófagos e neutrófilos liberam compostos químicos (p. ex., bradicinina) que promovem vasodilatação (i. e., ampliação do diâmetro dos vasos sanguíneos). Essa vasodilatação intensifica o fluxo sanguíneo e também o acúmulo de líquidos (i. e., edema) ao redor do tecido lesionado. A dor associada a esse tipo de resposta inflamatória local é produzida por moléculas (p. ex., cininas) que estimulam os receptores da dor existentes na área inflamada.

Inflamação crônica. Tipicamente, um pequeno corte no dedo da mão resulta numa inflamação aguda que é resolvida em questão de dias. Então, o sistema imune remove as bactérias invasoras, há formação de uma crosta e o tecido volta ao normal. Entretanto, uma inflamação sistêmica crônica (i. e., interminável) se estabelece nos casos de infecção persistente (p. ex., tuberculose) ou ativação constante da resposta imune, como se observa em doenças como o câncer, insuficiência cardíaca, artrite reumatoide ou doença pulmonar obstrutiva crônica. Notavelmente, tanto a obesidade como o envelhecimento estão associados à inflamação crônica.[1,2] Independentemente da causa, a inflamação crônica está associada a uma concentração circulante aumentada de citocinas e também às conhecidas "proteínas de fase aguda", entre as quais está a proteína C reativa. Esse aspecto é significativo, pois os níveis sanguíneos cronicamente elevados de citocinas e proteína C reativa são considerados fatores que contribuem para o risco de desenvolvimento de muitas doenças, inclusive cardiopatias.[1]

É importante ainda considerar que a inflamação sistêmica crônica não é um fenômeno do tipo "tudo ou nada", podendo ocorrer em diversos níveis que frequentemente são descritos como inflamação "de alto grau" ou inflamação "de baixo grau". Um nível de inflamação "de alto grau" severo pode ser observado em pacientes com certos tipos de câncer ou artrite reumatoide. Em contrapartida, mesmo na ausência de doenças diagnosticadas, a inflamação de baixo grau pode ocorrer em indivíduos idosos e obesos.[2] A importância para a saúde da inflamação sistêmica "de baixo grau" é um tema polêmico na medicina, pois a inflamação de baixo grau foi associada ao risco aumentado de câncer, doença de Alzheimer, diabetes e cardiopatia.[1,2] No entanto, ainda falta esclarecer se a inflamação crônica na verdade causa todas essas doenças ou apenas as acompanha.

---

inchaço, calor e dor. O Quadro "Uma visão mais detalhada 6.1" fornece mais detalhes sobre a inflamação.

Sistema complemento. O **sistema complemento** exerce papel importante na imunidade inata e é constituído por numerosas proteínas que circulam no sangue em suas formas inativas. Assim como os fagócitos e as células *natural killer*, o sistema complemento é outro componente da defesa inata contra as infecções. As mais de 20 proteínas que o compõem são produzidas principalmente pelo fígado e estão presentes em altas concentrações tanto no sangue como nos tecidos.[29] Quando o sangue é exposto a um agente estranho (p. ex., bactéria), o sistema complemento é acionado para atacar o invasor. Essas proteínas do complemento ativadas reconhecem a superfície bacteriana como um agente estranho, e então se fixam à superfície da célula estranha. Esse processo deflagra uma rápida sequência de eventos que resultam na ligação de mais e mais proteínas do complemento à superfície da bactéria. A adição de múltiplas proteínas do complemento à superfície bacteriana produz um "orifício" (i. e., canal) na superfície da bactéria. E, a partir do momento em que esse orifício é aberto na membrana bacteriana, a bactéria morre.

Além de formar complexos de ataque à membrana, o sistema complemento realiza outros dois tipos de trabalho na imunidade inata. Sua segunda função consiste em "marcar" a superfície celular da bactéria invasora para que outros componentes celulares (p. ex., fagócitos) do sistema imune inato possam reconhecer e matar o invasor. O terceiro e último papel das proteínas do complemento é atuar como agentes quimiotáticos. Conforme já mencionado, um agente quimiotático atrai outros elementos imunológicos para o campo de batalha com o objetivo de auxiliar na proteção do corpo contra a infecção.

Em suma, o sistema complemento realiza três trabalhos importantes quando o corpo é invadido por agentes estranhos. Em primeiro lugar, esse sistema pode destruir os invasores por meio da formação do complexo de ataque à membrana que, por sua vez, produz um orifício na superfície da bactéria invasora. Em segundo, o complemento pode intensificar a função de outras células (p. ex., fagócitos) do sistema imune ao marcar o agente invasor como alvo de destruição. Em terceiro lugar, ele pode alertar outras células do sistema imune de que o corpo está sendo atacado. O mais importante é que todas essas funções do sistema complemento podem reagir de forma rápida para proteger o corpo durante uma invasão.

Sistema imune adquirido

Mais de 95% de todos os animais sobrevivem bem contando com a proteção apenas do sistema imune inato.[29] Entretanto, para os seres humanos e outros vertebrados, a natureza desenvolveu outra camada de proteção contra doenças – o sistema imune adquirido. Esse sistema de imunidade se adapta para nos proteger contra quase qualquer tipo de invasor. O principal propósito desse sistema imune adquirido é nos proteger contra os vírus, pois o sistema imune inato não consegue eliminar muitos vírus.[29] A primeira evidência da existência do sistema imune adquirido foi fornecida pelo dr. Edward Jenner nos anos 1790 (ver Quadro "Um olhar no passado – nomes importantes na ciência").

O sistema imune adquirido é constituído de células altamente especializadas e processos que previnem ou eliminam os patógenos invasores. Essa resposta imune adaptativa nos confere a capacidade de reconhecer e lembrar de patógenos específicos (i. e., de gerar imunidade), bem como de montar ataques mais fortes sempre que um patógeno reincidente é encontrado. Por essa razão, o sistema muitas vezes é denominado *sistema imune adaptativo*, uma vez que se autoprepara para futuros desafios de patógenos.

As principais células envolvidas no sistema imune adquirido são as células B (também denominadas linfócitos B) e as células T (também chamadas de linfócitos T). Ambas as células, B e T, são membros da família de células sanguíneas conhecidas como leucócitos, cuja origem são as células-tronco localizadas na medula óssea (Fig. 6.2). A seguir, o modo como as células B e T funcionam na imunidade adquirida é brevemente revisto.

Células B. Estas células exercem papel central na imunidade específica, e combatem tanto as infecções bacterianas como as infecções virais por meio da secreção de anticorpos no sangue. As **células B** atuam como fábricas de anticorpos e podem produzir mais de 100 milhões de tipos diferentes de anticorpos necessários à nossa proteção contra uma ampla gama de antígenos invasores. Os anticorpos (também denominados imunoglobulinas) são proteínas fabricadas pelas células B para auxiliar na luta contra substâncias estranhas denominadas *antígenos*. Os antígenos são qualquer substância que estimule o sistema imune a produzir anticorpos. Exemplificando, as bactérias, vírus ou fungos são todos antígenos. Além disso, os antígenos também podem ser substâncias denominadas alérgenos, que promovem respostas alérgicas. Os alérgenos comuns incluem o pólen, pelos de animais, poeira e conteúdos de determinados alimentos. Quando o corpo é confrontado por esses antígenos, as células B respondem produzindo anticorpos para conferir proteção contra essa invasão.

Embora o corpo possa produzir mais de 100 milhões de anticorpos distintos, existem cinco classes gerais de

Um olhar no passado – nomes importantes na ciência

Edward Jenner foi o pioneiro na vacina contra a varíola

Edward Jenner (1749--1823) foi um médico inglês que exerceu papel importante no desenvolvimento da vacina contra a varíola. Por causa desse feito, Jenner às vezes é referido como o "pai da imunologia". Eis a história por trás de sua descoberta da vacina contra a varíola.

Depois da descoberta de que o sistema imune era adaptativo, Jenner começou a vacinar os ingleses contra a varíola em 1796. Ao longo de toda a vida desse médico, a varíola fora um enorme problema de saúde, e cerca de 30% dos indivíduos infectados pela varíola morriam. Na verdade, centenas de milhares de pessoas morreram por causa dessa doença e outras tantas ficaram terrivelmente desfiguradas.[29] Duas observações levaram Edward Jenner a desenvolver um procedimento de vacinação contra a varíola. Primeiramente, Jenner observou que as amas de leite com frequência contraiam uma doença conhecida como varíola bovina (vacínia), que as fazia desenvolver lesões similares às feridas relacionadas à varíola. Em segundo lugar, Jenner constatou que as amas de leite que contraíam varíola bovina quase nunca desenvolviam infecção pelo vírus da varíola (humana) que, conforme veio a ser comprovado, era parente próximo do vírus da varíola bovina.[29] Com base nessas observações, Jenner concluiu que a exposição a uma pequena concentração de vírus da varíola bovina era capaz de conferir imunidade contra a varíola.

Para testar essa hipótese, Jenner decidiu realizar um experimento audacioso. Ele coletou pus das feridas das amas de leite infectadas pelo vírus da vacínia. Em seguida, injetou o líquido purulento no braço de um menino chamado James Phipps. Essa inoculação produziu febre, mas não causou doença significativa. Decorridas algumas semanas desse tratamento, Jenner inoculou em Phipps o pus coletado das feridas de um paciente infectado pelo vírus da varíola. Esse experimento arriscado alcançou um tremendo sucesso, pois de modo notável o menino não contraiu varíola. Entretanto, Phipps continuou suscetível ao desenvolvimento de outras doenças da infância (p. ex., sarampo). Isso ilustra uma das principais características do sistema imune adaptativo. Dito de outro modo, o sistema imune adquirido se adapta para defender o corpo contra invasores específicos.

Evidentemente, os experimentos que Jenner realizou com esse menino não teriam sido permitidos hoje por questões éticas. Mesmo assim, podemos ser gratos pelo fato de os experimentos de Jenner terem sido bem-sucedidos, pois pavimentaram as vias para o desenvolvimento das futuras vacinas que salvaram incontáveis vidas em todo o mundo.

anticorpos, cada qual associada a uma função diferente. As cinco classes de anticorpos são a IgG, IgA, IgM, IgD e IgE. A abreviação "Ig" denota "imunoglobulina" (i. e., anticorpo). Uma discussão detalhada sobre a função específica de cada uma dessas classes de anticorpos está além do escopo deste capítulo. Entretanto, um exemplo de como duas classes de anticorpos atuam é útil para compreender o papel dos anticorpos na proteção contra doenças.

Quando as células B são ativadas por um antígeno invasor, a IgM é um dos primeiros anticorpos a serem produzidos. A produção desse anticorpo grande logo no início de uma infecção é uma estratégia eficiente, pois os anticorpos IgM podem conferir proteção contra os invasores, atuando de duas formas importantes. Primeiro, os anticorpos IgM conseguem ativar a cascata do complemento para ajudar a remover os invasores indesejáveis. De fato, o termo *complemento* foi consagrado pelos imunologistas diante da descoberta de que os anticorpos lidavam de forma bem mais eficaz com os invasores quando eram complementados por outras proteínas – o sistema complemento.[29] Segundo, os anticorpos IgM são eficientes em neutralizar vírus. Para tanto, a IgM liga-se aos vírus e os impede de infectar as células. Dessa forma, graças a essas propriedades combinadas, a IgM é perfeita como "primeiro" anticorpo para conferir proteção contra invasões virais ou bacterianas.[29]

Os anticorpos IgG constituem outra classe importante de anticorpos. Eles circulam no sangue e em outros líquidos corporais e defendem contra bactérias e vírus invasores.[33] A ligação dos anticorpos IgG a antígenos bacterianos ou virais aciona outras células imunes (p. ex., macrófagos, neutrófilos e células *natural killer*), que então destroem esses invasores e nos protegem contra as doenças.

Células T. As **células T** constituem uma família de células imunes produzidas na medula óssea. As células T e B diferem quanto a vários aspectos. Primeiramente, enquanto as células B amadurecem na medula óssea, as células T maturam em um órgão imune especializado conhecido como timo, sendo por isso chamadas de células T. Além disso, as células T não produzem anticorpos, mas são especializadas em reconhecer antígenos proteicos presentes no corpo. Existem três tipos principais de células T: (1) células T *killer* (também chamadas de células T citotóxicas); (2) células T auxiliares; e (3) células T regulatórias. As células T *killer* são uma arma poderosa contra os vírus, pois conseguem reconhecer e matar as células infectadas por vírus.[6] As células T auxiliares secretam citocinas que exercem efeitos dramáticos sobre outras células do sistema imune. Dessa forma, as células T auxiliares atuam como organizadoras do sistema imune, direcionando a ação de outras células imunes. Por fim, como implica o nome, as células T regulatórias estão envolvidas na regulação da função imune. Especificamente, essas células atuam na inibição das

respostas tanto aos autoantígenos (i. e., evitando que o sistema imune ataque as células normais do próprio corpo) como aos antígenos estranhos. Desse modo, as células T regulatórias ajudam a regular a autotolerância e previnem as doenças autoimunes.[4]

> ### Em resumo
>
> - O sistema imune humano é um sistema complexo e redundante, destinado a nos proteger contra os patógenos invasores.
> - Um sistema imune saudável requer o trabalho em conjunto de duas camadas de imunoproteção: (1) o sistema imune inato e (2) o sistema imune adquirido.
> - O sistema inato protege contra os invasores estranhos e é composto por três componentes principais: (1) barreiras físicas, como a pele e as membranas mucosas que revestem nossos tratos respiratório, digestivo e geniturinário; (2) células especializadas (p. ex., fagócitos e células *natural killer*) projetadas para destruir os invasores; e (3) um grupo de proteínas denominadas sistema complemento, encontrado em todo o corpo e que confere proteção contra os invasores.
> - O sistema imune adquirido adapta-se para conferir proteção contra quase todo tipo de patógeno invasor. O propósito primário do sistema imune adquirido é conferir proteção contra vírus que o sistema imune inato é incapaz de proporcionar. As células B e T são as principais células envolvidas no sistema imune adquirido. As células B produzem anticorpos, enquanto as células T são especializadas no reconhecimento e na remoção dos antígenos do corpo

Exercício físico e o sistema imune

O campo da **imunologia do exercício** é definido como o estudo da influência do exercício, fatores psicológicos e ambientais, sobre a função imunológica. Em comparação a outras áreas de pesquisa sobre fisiologia do exercício, a imunologia do exercício é relativamente nova. Entretanto, o interesse pelo campo da imunologia do exercício cresceu rapidamente ao longo das últimas duas décadas. Nas próximas seções, serão discutidos vários tópicos importantes relacionados aos efeitos do exercício sobre a resistência à infecção.

Exercício físico e resistência à infecção

O conceito de que o exercício físico pode produzir efeitos tanto positivos como negativos sobre o risco de infecção existe há quase duas décadas. Essa ideia foi introduzida pelo dr. David Nieman, ao descrever o risco de ITRS como uma curva em forma de "J" que mudava em função da intensidade e da quantidade de exercício realizado (Fig. 6.3). Observe que, na Figura 6.3, as pessoas engajadas na prática de séries regulares de exercício moderado apresentam menor risco de ITRS em comparação aos indivíduos sedentários e às pessoas envolvidas na prática de sessões de exercício intenso e/ou prolongado. Exemplificando, os maratonistas estão representados no extremo superior da escala de intensidade e duração do exercício. De fato, correr uma maratona aumenta o risco de ITRS durante os dias subsequentes à corrida.[24] Nos próximos dois segmentos, discutiremos os motivos pelos quais o exercício de intensidade moderada a alta produz efeitos distintos sobre o risco de infecção.

O exercício aeróbio moderado protege contra a infecção. Muitos estudos sustentam o conceito de que as pessoas engajadas em séries regulares de exercício aeróbio moderado ficam menos resfriadas (i. e., têm menos ITRS) do que os indivíduos sedentários e as pessoas engajadas na prática de exercícios de alta intensidade/longa duração.[22,23] Por exemplo, estudos epidemiológicos e randomizados relatam de modo consistente que o exercício regular resulta em uma redução de 18 a 67% do risco de ITRS.[9] Notavelmente, essa proteção induzida pelo exercício contra a infecção pode ser obtida por meio de vários tipos de atividade aeróbia (p. ex., caminhada, pedestrianismo, ciclismo, natação, jogos esportivos e dança aeróbica). De uma forma geral, parece que 20 a 40 minutos de exercício de intensidade moderada (i. e., 40 a 60% do $\dot{V}O_{2máx.}$) por dia são adequados à promoção de um efeito benéfico sobre o sistema imune. É importante notar que essa redução do risco de ITRS induzida pelo exercício ocorre em homens e mulheres jovens e de meia-idade.[22] Além disso, parece que o exercício aeróbio regular beneficia o sistema imune em indivíduos mais velhos também.[28] Consulte a seção Aplicações Clínicas 6.1 para obter mais detalhes sobre o impacto do exercício no envelhecimento do sistema imune.

A explicação do motivo pelo qual o exercício de intensidade moderada confere proteção contra a ITRS continua sendo um tópico de discussão. Não obstante, existem várias razões possíveis para explicar esse fato. Primeiramente, cada série de exercício aeróbio moderado causa aumento das concentrações sanguíneas de células *natural killer*, neutrófilos e anticorpos.[9] Dessa forma, uma série intensa de exercícios proporciona um reforço positivo tanto para o sistema imune inato (células *natural killer* e neutrófilos) como para o sistema imune adquirido (anticorpos). Observe que esse reforço induzido pelo exercício na função imunológica é transiente, e o sistema imune retorna aos níveis pré-exercício dentro de 3 horas. Ainda assim, parece que cada série de exercícios melhora a função imunológica contra os patógenos por um breve período, e isso resulta em um menor risco de infecção.[22] Outros fatores possivelmente também contribuem para o impacto positivo da prática rotineira de exercícios so-

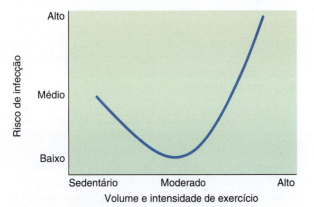

Figura 6.3 Modelo em forma de "J" da relação existente entre quantidades variáveis de exercício e risco de ITRS. Esse modelo sugere que o exercício aeróbio moderado diminui o risco de infecção, enquanto o exercício de alta intensidade/prolongado pode aumentar o risco de infecção.[19]

Aplicações clínicas 6.1

O exercício regular é amigo ou inimigo do envelhecimento do sistema imune?

O envelhecimento está associado a um declínio na função normal do sistema imune, que é chamado de "envelhecimento imunológico". Por exemplo, indivíduos idosos (p. ex., >70 anos) têm respostas ruins para vacina e maior risco de infecção e câncer.[28] Embora exista a possibilidade de que o exercício de alta intensidade possa suprimir o sistema imune em indivíduos idosos, a maioria das pesquisas sugere que sessões regulares de exercício aeróbio de intensidade moderada pode melhorar a função imunológica em indivíduos idosos.[28,32] Os efeitos positivos do exercício sobre o sistema imune nas pessoas mais idosas é evidenciado por respostas potencializadas a vacinas, aumento no número de células T, menores níveis circulatórios de citocinas inflamatórias e aumento da atividade fagocítica dos neutrófilos.[28] Contudo, se o exercício pode reverter ou evitar completamente o envelhecimento imunológico ainda é um assunto em debate e é necessário mais pesquisa para revelar o volume e intensidade de exercício ideias para melhorar a função imunológica em indivíduos idosos.

bre o risco diminuído de infecção. Por exemplo, as pessoas engajadas na prática de exercício regular também podem ser beneficiadas por uma sensação psicológica de bem-estar intensificada (i. e., menos estresse emocional), bom estado nutricional e estilo de vida saudável (p. ex., sono adequado). Cada um desses fatores foi associado ao risco diminuído de infecção e, portanto, também pode colaborar para a conexão entre o exercício regular e o menor risco de ITRS.

Embora esteja comprovado que o exercício aeróbio confere proteção contra resfriados, ainda não foi esclarecido se o treino com exercícios de resistência confere o mesmo nível de proteção contra infecções. Isso ocorre porque poucos estudos investigaram sistematicamente o impacto do exercício de resistência sobre a função imunológica. Não obstante, com base nas evidências disponíveis, parece que uma série intensa de exercícios de resistência produz um aumento transiente no número de células *natural killer*.[15] Entretanto, esse reforço imunológico é temporário, uma vez que as concentrações sanguíneas de células imunes primárias voltam ao normal em pouco tempo após a sessão de treinamento de resistência.[5] Em resumo, parece possível que séries regulares de exercícios de resistência confiram proteção contra infecções, mas pesquisas adicionais se fazem necessárias para estabelecer firmemente que o exercício de resistência isolado é eficaz em termos de proteção contra ITRS.

O exercício aeróbio de alta intensidade/ longa duração aumenta o risco de infecção

A ideia de que os atletas engajados em treinos intensos são mais suscetíveis às infecções é oriunda de relatos pouco confiáveis de técnicos e atletas. Exemplificando, o maratonista Alberto Salazar relatou que teve 12 resfriados nos 12 meses em que treinou para a maratona olímpica de 1984.[17] Como Salazar estava engajado em um treinamento físico intenso, muitas pessoas concluíram que o alto nível de treinamento foi o responsável por esse número aumentado de resfriados. Entretanto, relatos pouco confiáveis não provam causa nem efeito, e por isso houve necessidade de realizar estudos científicos para determinar se o treinamento físico intenso resultou em aumento do risco de infecção. Em geral, muitos estudos sustentam o conceito de que os atletas engajados em treinamentos de resistência intensivos apresentam maior incidência de ITRS em comparação aos indivíduos sedentários ou àqueles que se engajam na prática de exercícios moderados (Fig. 6.3).[9,21,24] Por exemplo, em comparação à população em geral, evidências indicam que as dores de garganta e os sintomas do tipo gripe são mais comuns em atletas envolvidos em treinamentos intensos.[11,24] Na realidade, o risco de desenvolvimento de ITRS é duas a seis vezes maior em atletas no período subsequente a uma maratona quando comparado ao observado na população em geral.[24] Esse risco aumentado de doença é preocupante para os atletas, pois até mesmo pequenas infecções podem comprometer o desempenho no exercício e a capacidade de sustentar um treinamento físico de alta intensidade.[27] Além disso, as infecções virais prolongadas com frequência estão associadas ao desenvolvimento de fadiga persistente, que representa outra ameaça para o atleta.[7]

Existem diversos motivos pelos quais o exercício de alta intensidade e longa duração promove aumento do risco de infecção.[9] Primeiro, o exercício prolongado (> 90 minutos) e intenso produz um efeito depressivo temporário sobre o sistema imune. Após uma maratona, por exemplo, a função imunológica sofre as seguintes alterações significativas:

- Concentrações sanguíneas diminuídas de células B, células T e células *natural killer*.
- Diminuição da atividade das células *natural killer* e da função das células T.
- Diminuição da fagocitose nasal realizada por neutrófilos.
- Diminuição dos níveis nasais e salivares de IgA.
- Aumento das citocinas pró- e anti-inflamatórias.

De forma coletiva, essas alterações resultam na depressão da capacidade do sistema imune de defender o corpo contra patógenos invasores. Argumentou-se que essa imunossupressão subsequente a uma maratona cria uma "janela aberta", durante a qual os vírus e bactérias podem conseguir um ponto de apoio, e que aumenta o risco de infecção (Fig. 6.4).

O motivo biológico que explica porque o exercício intenso promove imunodepressão provavelmente está relacionado aos efeitos imunossupressores dos hormônios do estresse, entre os quais o cortisol.[8] A partir do que foi visto no Capítulo 5, você pode lembrar que o

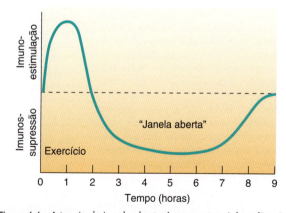

Figura 6.4 A teoria da janela aberta é uma potencial explicação para o aumento do risco de infecção produzido pelo exercício de alta intensidade. Em resumo, o exercício prolongado (i. e., um esforço como uma maratona) acarreta uma imunodepressão que aumenta a probabilidade de ITRS oportunistas.[21]

exercício extenuante e prologando resulta em aumentos significativos dos níveis circulantes de cortisol. Foi relatado que níveis altos de cortisol deprimem a função do sistema imune de vários modos.[8] Exemplificando, níveis de cortisol elevados podem inibir a função de citocinas específicas, suprimir a função das células *natural killer* e deprimir tanto a produção como a função das células T.[20]

Embora o exercício extenuante possa inibir a função imunológica, existem outros fatores que também contribuem para o risco aumentado de infecção entre os atletas engajados em treinamentos intensivos. Esses atletas, por exemplo, também podem se expor a outros agentes potencialmente estressores como a falta de sono, estresse mental, exposição aumentada a patógenos em consequência de grandes aglomerações de pessoas, viagens aéreas e dieta inadequada à sustentação da saúde imunológica (ver mais detalhes sobre dieta e saúde imunológica no Quadro "Pergunte ao especialista 6.1"). Cada um desses fatores foi relatado como exercendo um impacto negativo sobre a função imune e, portanto, capaz de contribuir para a incidência aumentada de ITRS entre atletas.[9] A Figura 6.5 resume os fatores que podem explicar por que os atletas engajados em treinamentos intensivos apresentam maior risco de infecção.

Por fim, um treinamento físico de alta intensidade e duração de algumas semanas resulta em um estado crônico de imunodepressão? A resposta a essa pergunta é não, uma vez que após uma série intensa de exercícios, o número e a função dos leucócitos retorna aos níveis pré-exercício em cerca de 3 a 24 horas.[8] Além disso, as comparações do número de leucócitos e outros marcadores da função imune entre atletas e não atle-

Pergunte ao especialista 6.1

Dr. David Nieman, *professor do Department of Health, Leisure, and Exercise Science, Appalachian State University, é um especialista em estresse e função imunológica reconhecido em todo o mundo. Especificamente, as pesquisas conduzidas pelo dr. Nieman abordam numerosas questões importantes relacionadas ao impacto do exercício e da nutrição sobre o risco de infecção em atletas. Nesta seção, o dr. Nieman responde perguntas sobre o impacto da dieta e dos suplementos nutricionais sobre a função imunológica dos atletas.*

PERGUNTA: Foi demonstrado que as deficiências nutricionais comprometem a função imunológica. Quais recomendações nutricionais você poderia dar aos atletas com relação à importância de um consumo calórico adequado e do consumo equilibrado de macronutrientes durante os períodos de treinamento intensivo?

RESPOSTA: O baixo consumo energético que leva a uma rápida perda de peso e desgaste muscular produz um profundo efeito negativo sobre a função imunológica. Entretanto, quando o consumo calórico corresponde ao gasto energético, uma ampla gama de conteúdos de macro- e micronutrientes da dieta é compatível com uma função imune saudável. O baixo consumo energético é apenas um dentre vários fatores relacionados ao estilo de vida que influenciam a função imunológica. Os demais incluem o esforço intenso, estresse mental, interrupção do sono e hábitos de higiene precários. Todos esses fatores juntos podem debilitar seriamente a função imune, aumentando o risco de certas infecções, incluindo as infecções do trato respiratório superior (ITRS).

PERGUNTA: Alguns relatos sugerem que o consumo de carboidratos (30-60 g de CHO/hora) durante o exercício prolongado pode diminuir o grau de imunossupressão induzida pelo exercício. As evidências experimentais são fortes o bastante para sustentar essa afirmativa?

RESPOSTA: Múltiplas equipes de pesquisa investigam essa questão desde meados da década de 1990. Em geral, o consumo de 30 a 60 g de carboidratos por hora de corrida, ciclismo ou prática de um exercício aeróbio similar mantém os níveis sanguíneos de glicose mais altos do que na ausência de carboidratos, diminui os níveis sanguíneos de hormônios do estresse (p. ex., cortisol e adrenalina) e, como resultado, atenua as respostas inflamatórias pós-exercício. Não obstante, o consumo de carboidratos durante o exercício não confere proteção contra a diminuição transiente da função imune que ocorre nos atletas após longas séries de exercícios.

PERGUNTA: Numerosas propagandas afirmam que suplementos nutricionais específicos podem melhorar a função imunológica e diminuir o risco de infecção. Na sua opinião, existem suplementos nutricionais capazes de conferir aos atletas maior proteção contra o risco de ITRS?

RESPOSTA: Existe uma percepção crescente de que o consumo extra de vitaminas, minerais e aminoácidos não proporciona benefícios imunológicos de contramedida para atletas saudáveis e bem nutridos durante os treinos intensos. Como resultado, o foco foi direcionado a outros tipos de componentes nutricionais, como os probióticos, colostro bovino, betaglucana, flavonoides e polifenóis, como a quercetina, resveratrol, curcumina e epigalocatequina-3-galato (EGCG), ácidos graxos poli-insaturados N-3 (N-3 PUFAs ou óleo de peixe), suplementos à base de plantas medicinais e extratos de plantas raras (p. ex., extrato de chá verde, extrato de groselha preta, extrato de tomate com licopeno, extrato rico em antocianina do mirtilo, extrato de romã rico em polifenóis). Estudos mais bem planejados envolvendo seres humanos ainda se fazem necessários, antes que seja possível sustentar com entusiasmo qualquer um desses suplementos. Alguns exercem efeitos impressionantes ao serem cultivados com células especializadas e também em modelos de experimentação animal, mas então falham ao serem avaliados em estudos duplo-cegos e placebo-controlados realizados com atletas.

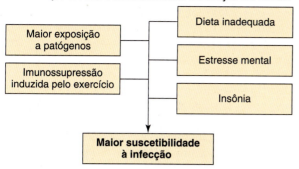

Figura 6.5 Vários fatores podem explicar por que os atletas engajados em treinos intensos apresentam maior risco de infecção. Esses fatores incluem a exposição aumentada a patógenos, imunossupressão induzida pelo exercício, dieta inadequada, estresse mental e insônia.

tas não apontaram diferenças significativas.[8] Portanto, no estado de repouso, a função imunológica não difere entre atletas e não atletas.

Em resumo

- O exercício pode produzir efeitos tanto positivos como negativos sobre o risco de infecção. A relação existente entre a intensidade/quantidade de exercício e o risco de desenvolvimento de ITRS é descrita por uma curva em forma de "J" (Fig. 6.3). Essa curva ilustra que o exercício aeróbio de intensidade moderada diminui o risco de infecção, enquanto o exercício de alta intensidade/prolongado aumenta esse risco.
- O exercício aeróbio regular pode diminuir o risco de infecção de várias formas. Em particular, uma série intensa de exercícios de intensidade moderada aumenta os níveis sanguíneos de anticorpos, células *natural killer* e neutrófilos que conferem um reforço positivo ao sistema imune.
- O fato de o exercício aeróbio moderado conferir um reforço transiente ao sistema imune é outro exemplo de como o exercício regular pode melhorar o sistema de controle corporal para a preservação da homeostase. Na realidade, ao proteger o corpo contra as infecções, o sistema imune exerce papel importante na manutenção da homeostase.
- Foi demonstrado que o exercício de alta intensidade/longa duração produz um efeito depressor temporário sobre o sistema imune. Essa imunossupressão aguda subsequente a uma sessão de exercícios intensos cria uma "janela aberta", durante a qual vírus e bactérias podem crescer, com consequente desenvolvimento de infecção.

A prática de exercício sob condições ambientais extremas: risco aumentado de infecção?

A prática de exercícios sob condições ambientais extremas (p. ex., de calor, frio e altitudes elevadas) pode aumentar os níveis circulantes de hormônios do estresse como o cortisol.[31] Considerando que níveis altos de cortisol podem deprimir a função imunológica, será que o exercício praticado sob condições ambientais extremadas resulta em imunodepressão e risco aumentado de infecção? Vamos rever as evidências relacionadas aos efeitos do exercício praticado em ambientes quentes, frios e em altas altitudes sobre o sistema imune.

Exercitar-se em um ambiente quente em oposição a um ambiente frio resulta em aumentos significativos da temperatura corporal e eleva os níveis circulantes de hormônios do estresse.[31] Teoricamente, esse aumento dos níveis circulantes de hormônios do estresse poderia ameaçar a função imunológica. Ainda assim, estudos laboratoriais indicam que a prática de exercícios em ambientes quentes não causa comprometimento funcional significativo nas células envolvidas na função imunológica (p. ex., neutrófilos e células *natural killer*).[26,31] Portanto, exercitar-se em um ambiente quente não é mais perigoso para a função imune do que praticar exercícios em um ambiente frio.

Comumente, acredita-se que a exposição ao tempo frio aumenta a suscetibilidade às ITRS. Na realidade, o uso do termo "resfriado" deriva da crença de que essa exposição ao frio causa ITRS.[31] Vários estudos investigaram o impacto da exposição breve ou prolongada ao frio, com ou sem exercício, sobre elementos fundamentais do sistema imune. De forma coletiva, esses estudos fornecem evidências limitadas que indicam que a exposição ao frio aumenta o risco de infecção. Exemplificando, tanto a exposição aguda como as séries repetidas de exposição ao frio aumentam o número de neutrófilos circulantes, células T e B e células *natural killer* em indivíduos que não se exercitam.[13] Dessa forma, apenas a exposição ao frio não exerce impacto negativo sobre o sistema imune e, de fato, parece até produzir um efeito positivo sobre ele.[31] Estudos demonstraram ainda que a prática de exercício em um ambiente frio não causa imunossupressão.[31] Portanto, as evidências atualmente disponíveis não sustentam a crença popular de que a exposição breve ou prolongada ao frio, com ou sem exercício, ocasiona supressão da função imune e aumenta o risco de infecção.[31]

O exercício de resistência praticado em locais de altitude elevada (p. ex., >1.830 m acima do nível do mar) compromete o desempenho e está associado a níveis aumentados de hormônios do estresse que podem inibir a função imunológica. Ainda assim, estudos laboratoriais indicam que o exercício agudo praticado sob condições que simulam uma altitude elevada não compromete a função imune. De fato, uma única série de exercícios sob condições simuladas de alta altitude resulta no aumento dos níveis circulantes de leucócitos.[14] Em contraste com esses estudos laboratoriais, os estudos de campo realizados nas montanhas sugerem que viver e se exercitar em locais de altas altitudes deprime a função imune e aumenta o risco de ITRS.[3,30] O risco aumentado de infecção observado durante a exposição prolongada a altitudes elevadas pode ser produzido por uma combinação de estresses, como níveis baixos de oxigênio arterial; distúrbios do sono relacionados a altitudes elevadas; e doença aguda das montanhas. Sejam quais forem os mecanismos envolvidos, a exposição prolongada a altas altitudes combinada ao exercício parece comprometer o sistema imune e aumentar o risco de ITRS.[31]

> ### Em resumo
>
> - Embora a prática de exercício em ambiente quente possa aumentar os níveis circulantes de hormônios do estresse, exercitar-se em um ambiente quente não é mais prejudicial para a função imune do que praticar exercícios em um ambiente frio.
> - As pesquisas até então conduzidas não sustentam a crença popular de que a exposição breve ou prolongada ao frio, com ou sem exercício, suprime a função imunológica e aumenta o risco de infecção.
> - A exposição prolongada a altitudes elevadas (i. e., viver nas montanhas) combinada ao exercício pode aumentar o risco de ITRS.

Você deve se exercitar quando está resfriado?

Qualquer indivíduo que se exercite regularmente em algum momento terá que decidir entre faltar ao treino ou se exercitar durante um resfriado. Essa costuma ser uma decisão dificultada pela incerteza quanto a uma série de exercícios piorar sua condição ou talvez fazê-lo(a) se sentir melhor. Da próxima vez que contrair um resfriado, siga essas diretrizes gerais para decidir se você deve se exercitar ou tirar o dia para descansar. Geralmente, não há problemas em se exercitar durante um resfriado, desde que os sintomas estejam localizados acima do pescoço[18] – em outras palavras, se você manifestar sintomas que se limitem a um nariz escorrendo, congestão nasal e dor de garganta leve.[18] Mesmo assim, durante um resfriado, você provavelmente deverá diminuir a intensidade do treino e evitar aqueles de alta intensidade/longa duração. Caso seus sintomas de resfriado sejam intensificados com a prática de atividade física, pare de se exercitar e repouse. Você poderá retomar sua rotina de treinos gradualmente à medida que começar a se sentir melhor.

Em contraste com essas recomendações, existem algumas situações em que você não deve se exercitar. Por exemplo, você deve adiar o treino se apresentar sintomas de resfriado localizados abaixo do pescoço (i. e., congestão torácica, tosse ou dor gástrica). Além disso, não se exercite caso esteja febril, com fadiga geral ou dores musculares amplamente disseminadas.[18] Você poderá retomar o treinamento quando os sintomas localizados abaixo do pescoço tiverem passado e a febre tiver desaparecido.

> ### Em resumo
>
> - É razoável exercitar-se durante um resfriado caso seus sintomas estejam limitados a um corrimento nasal, congestão nasal e dor de garganta leve.
> - É desaconselhável se exercitar caso seus sintomas estejam localizados abaixo do pescoço (i. e., congestão torácica, tosse ou dor de estômago). Do mesmo modo, não pratique exercícios quando tiver febre, fadiga geral ou dores musculares amplamente disseminadas.

Atividades para estudo

1. Descreva como os sistemas imune inato e adquirido atuam como uma unidade para proteger o corpo contra infecções.
2. Defina os componentes essenciais do sistema imune inato (p. ex., macrófagos, neutrófilos, células *natural killer* e sistema complemento) e descreva como esses elementos conferem proteção contra as infecções.
3. Liste os componentes primários do sistema imune adquirido (p. ex., células B, anticorpos, células T) e explique como eles conferem proteção contra infecções.
4. Descreva as diferenças existentes entre as formas aguda e crônica de inflamação.
5. Destaque os efeitos do treinamento físico moderado sobre o sistema imune e o risco de infecção.
6. Explique como uma série de exercícios intensa e prolongada (> 90 minutos) influencia a função imunológica e o risco de infecção.
7. Discuta o impacto do exercício praticado sob condições ambientais de calor, frio e altitudes elevadas sobre o sistema imune e o risco de infecção.
8. Discuta as diretrizes a serem seguidas ao decidir se é prudente praticar exercícios quando se está resfriado.

Sugestões de leitura

Coico, R., and G. Sunshine 2009. *Immunology: A Short Course*. Hoboken, NJ: Wiley-Blackwell.

Gleeson, M., and N. Walsh. 2012. The BASES expert statement on exercise, Immunity, and Infection. *Journal of Sports Science*. 30: 321–324.

Simpson, R. J., T. Lowder, G. Spielmann, A. Bigley, and E. LaVoy. 2012. Exercise and the aging immune system. *Ageing Research Reviews*. 11: 404–420.

Somppayrac, L. 2012. *How the Immune System Works*. Hoboken, NJ: Wiley-Blackwell.

University of California, Berkeley. 2008, January. Is inflammation the root of all disease? *Wellness Newsletter*.

Referências bibliográficas

1. Ahmad A, Banerjee S, Wang Z, Kong D, Majumdar AP, and Sarkar FH. Aging and inflammation: etiological culprits of cancer. *Current Aging Science* 2: 174–186, 2009.
2. Balistreri CR, Caruso C, and Candore G. The role of adipose tissue and adipokines in obesity-related inflammatory diseases. *Mediators of Inflammation* 2010: 802078, 2010.
3. Chouker A, Demetz F, Martignoni A, Smith L, Setzer F, Bauer A, et al. Strenuous physical exercise inhibits granulocyte activation induced by high altitude. *J Appl Physiol* 98: 640–647, 2005.
4. Coico R, and Sunshine G. *Immunology: A Short Course*. Hoboken, NJ: Wiley-Blackwell, 2009.
5. Flynn MG, Fahlman M, Braun WA, Lambert CP, Bouillon LE, Brolinson PG, et al. Effects of resistance training on selected indexes of immune function in elderly women. *J Appl Physiol* 86: 1905–1913, 1999.
6. Fox S. *Human Physiology*. Boston, MA: McGraw-Hill, 2013.
7. Friman G, and Ilback NG. Acute infection: metabolic responses, effects on performance, interaction with exercise, and myocarditis. *International Journal of Sports Medicine* 19 (Suppl 3): S172–182, 1998.
8. Gleeson M. *Immune Function in Sport and Exercise*. Philadelphia, PA: Elsevier, 2006.
9. Gleeson M. Immune function in sport and exercise. *J Appl Physiol* 103: 693–699, 2007.
10. Graham N. The epidemiology of acute respiratory tract infections in children and adults: a global perspective. *Epidemiological Reviews* 12: 149–178, 1990.
11. Heath GW, Ford ES, Craven TE, Macera CA, Jackson KL, and Pate RR. Exercise and the incidence of upper respiratory tract infections. *Medicine and Science in Sports and Exercise* 23: 152–157, 1991.
12. Heath GW, Macera CA, and Nieman DC. Exercise and upper respiratory tract infections. Is there a relationship? *Sports Medicine* 14: 353–365, 1992.
13. Jansky L, Pospisilova D, Honzova S, Ulicny B, Sramek P, Zeman V, et al. Immune system of cold-exposed and cold-adapted humans. *European Journal of Applied Physiology and Occupational Physiology* 72: 445–450, 1996.
14. Klokker M, Kjaer M, Secher NH, Hanel B, Worm L, Kappel M, et al. Natural killer cell response to exercise in humans: effect of hypoxia and epidural anesthesia. *J Appl Physiol* 78: 709–716, 1995.
15. Miles MP, Kraemer WJ, Grove DS, Leach SK, Dohi K, Bush JA, et al. Effects of resistance training on resting immune parameters in women. *European Journal of Applied Physiology* 87: 506–508, 2002.
16. Monto A. Epidemiology of viral infections. *American Journal of Medicine* 112: 4S–12S, 2002.
17. Nieman DC. Can too much exercise increase the risk of sickness? *Sports Science Exchange* 11 (suppl): 69, 1998.
18. Nieman DC. Current perspective on exercise immunology. *Current Sports Medicine Reports* 2: 239–242, 2003.
19. Nieman DC. Exercise, upper respiratory tract infection, and the immune system. *Medicine and Science in Sports and Exercise* 26: 128–139, 1994.
20. Nieman DC. Immune response to heavy exertion. *J Appl Physiol* 82: 1385–1394, 1997.
21. Nieman DC. Marathon training and immune function. *Sports Medicine* 37: 412–415, 2007.
22. Nieman DC, Henson DA, Austin MD, and Sha W. Upper respiratory tract infection is reduced in physically fit and active adults. *British Journal of Sports Medicine* 45: 987–992, 2011.
23. Nieman DC, Henson DA, Gusewitch G, Warren BJ, Dotson RC, Butterworth DE, et al. Physical activity and immune function in elderly women. *Medicine and Science in Sports and Exercise* 25: 823–831, 1993.
24. Nieman DC, Johanssen LM, Lee JW, and Arabatzis K. Infectious episodes in runners before and after the Los Angeles Marathon. *Journal of Sports Medicine and Physical Fitness* 30: 316–328, 1990.
25. NIH. The common cold. http://wwwniaidnihgov/topics/commoncold, 2010.
26. Peake J, Peiffer JJ, Abbiss CR, Nosaka K, Okutsu M, Laursen PB, et al. Body temperature and its effect on leukocyte mobilization, cytokines and markers of neutrophil activation during and after exercise. *European Journal of Applied Physiology* 102: 391–401, 2008.
27. Roberts JA. Viral illnesses and sports performance. *Sports Medicine* 3: 298–303, 1986.
28. Simpson RJ, Lowder T, Spielmann G, Bigley A, and LaVoy E. Exercise and the aging immune system. *Ageing Research Reviews* 11: 404–420, 2012.
29. Somppayrac, L. 2012. *How the Immune System Works*. Hoboken, NJ: Wiley-Blackwell.
30. Tiollier E, Schmitt L, Burnat P, Fouillot JP, Robach P, Filaire E, et al. Living high-training low altitude training: effects on mucosal immunity. *European Journal of Applied Physiology* 94: 298–304, 2005.
31. Walsh NP, and Whitham M. Exercising in environmental extremes: a greater threat to immune function? *Sports Medicine* 36: 941–976, 2006.
32. Walsh, N. et al. 2011. Position statement. Part one. Immune system and exercise. *Exercise Immunology Reviews*. 17: 6–63.
33. Widmaier E, Raff H, and Strang K. *Vander's Human Physiology*. Boston, MA: McGraw-Hill, 2013.

7

Sistema nervoso: estrutura e controle do movimento

■ Objetivos

Ao estudar este capítulo, você deverá ser capaz de:

1. Discutir a organização geral do sistema nervoso.
2. Descrever a estrutura e função de um nervo.
3. Esquematizar e identificar as vias envolvidas em um reflexo de retirada.
4. Definir despolarização, potencial de ação e repolarização.
5. Discutir o papel dos receptores de posição no controle do movimento.
6. Descrever o papel do aparelho vestibular na manutenção do equilíbrio.
7. Discutir os centros encefálicos envolvidos no controle voluntário do movimento.
8. Descrever a estrutura e função do sistema nervoso autônomo.

■ Conteúdo

Funções gerais do sistema nervoso 139

Organização do sistema nervoso 139
Estrutura do neurônio 139
Atividade elétrica em neurônios 140

Informação sensorial e reflexos 147
Proprioceptores articulares 147
Proprioceptores musculares 147

Quimioceptores musculares 150

Função motora somática e neurônios motores 150

Aparelho vestibular e equilíbrio 151

Funções encefálicas de controle motor 153
Cérebro 153
Cerebelo 153
Tronco encefálico 155

Funções motoras da medula espinal 156

Controle das funções motoras 156

Sistema nervoso autônomo 158

O exercício melhora a saúde do encéfalo 159

■ Palavras-chave

aparelho vestibular
axônio
células de Schwann
cerebelo
cérebro
cinestesia
condutividade
corpo celular
córtex motor
dendritos
fibras aferentes
fibras eferentes
fuso muscular
homeostasia
inibição recíproca
irritabilidade
motoneurônio
neurônio
neurotransmissor
órgãos tendinosos de Golgi (OTG)
potenciais excitatórios pós-sinápticos (PEPS)
potencial inibitório pós-sináptico (PIPS)
potencial de ação
potencial de repouso da membrana
princípio do tamanho
proprioceptores
sinapses
sistema nervoso autônomo
sistema nervoso central (SNC)
sistema nervoso parassimpático
sistema nervoso periférico (SNP)
sistema nervoso simpático
somação espacial
somação temporal
tronco encefálico
unidade motora

138

O sistema nervoso fornece ao corpo um meio rápido de comunicação interna, que nos permite movimentar, conversar e coordenar a atividade de bilhões de células. Assim, a atividade neural é essencialmente importante para a capacidade corporal de manter a homeostasia. O propósito deste capítulo é apresentar uma visão geral do sistema nervoso, enfatizando o controle neural do movimento voluntário, começando por uma breve discussão acerca da função geral do sistema nervoso central.

Funções gerais do sistema nervoso

O sistema nervoso é o meio que o corpo tem de perceber e responder aos eventos que ocorrem nos ambientes interno e externo. Receptores capazes de perceber toque, dor, mudanças de temperatura e estímulos químicos enviam informações para o **sistema nervoso central (SNC)**, relacionadas às mudanças que ocorrem em nosso ambiente.[5] O SNC pode responder a esses estímulos de vários modos. A resposta pode ser um movimento involuntário (p. ex., retirar rapidamente a mão de uma superfície quente) ou uma alteração na taxa de liberação de alguns hormônios pelo sistema endócrino (ver Cap. 5). Além de integrar as atividades corporais e controlar o movimento voluntário, o sistema nervoso é responsável pelas experiências de armazenamento (memória) e padrões estabelecidos de resposta com base em experiências prévias (aprendizado). Vamos começar a nossa discussão revisando a organização geral do sistema nervoso.

Organização do sistema nervoso

Anatomicamente, o sistema nervoso pode ser dividido em duas partes principais: o SNC e o **sistema nervoso periférico (SNP)**. O SNC é a parte do sistema nervoso contida no crânio (encéfalo) e na medula espinal. O SNP consiste nas células nervosas (neurônios) localizados fora do SNC (ver Fig. 7.1). Relembrando os cursos de fisiologia já realizados, o termo *inervação* refere-se ao suprimento de nervos para um determinado órgão (p. ex., músculo esquelético). Em outras palavras, inervação implica conexão dos nervos a um determinado órgão em particular.

O SNP pode ser adicionalmente subdividido em duas partes: (1) parte sensorial e (2) parte motora. A divisão sensorial é responsável pela transmissão dos impulsos neuronais, a partir dos órgãos sensores (receptores) para o SNC. As fibras nervosas sensoriais, que conduzem informação para o SNC, são chamadas **fibras aferentes**. A parte motora do SNP pode ser adicionalmente subdividida em parte motora somática (que inerva o músculo esquelético) e parte motora autônoma (que inerva os órgãos efetores involuntários, como a musculatura lisa intestinal, miocárdica e glandular). As fibras

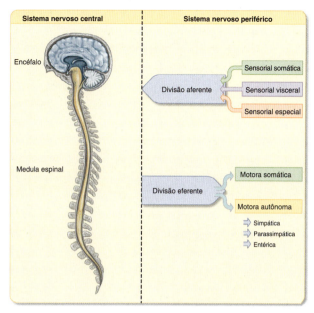

Figura 7.1 Visão geral das divisões anatômicas do sistema nervoso.

nervosas motoras, que conduzem os impulsos para longe do SNC, são denominadas **fibras eferentes**. As relações existentes entre o SNC e o SNP são visualizadas na Figura 7.2.

> **Em resumo**
>
> - O sistema nervoso é o meio que o corpo tem de perceber e responder aos eventos que ocorrem nos ambientes interno e externo. Receptores capazes de perceber toque, dor, mudanças de temperatura e estímulos químicos enviam informações para o SNC, relacionadas às alterações que ocorrem em nosso ambiente. O SNC pode responder com um movimento voluntário ou uma mudança na taxa de liberação de alguns hormônios pelo sistema endócrino, dependendo de qual resposta seja apropriada.
> - O sistema nervoso pode ser dividido em duas partes principais: (1) o SNC e (2) o SNP. O SNC inclui o encéfalo e a medula espinal, enquanto o SNP consiste em nervos localizados fora do SNC.
> - O SNP é dividido em partes aferentes e eferentes.

Estrutura do neurônio

A unidade funcional do sistema nervoso é o **neurônio**. Anatomicamente, os neurônios são células que podem ser divididas em três regiões: (1) **corpo celular**, (2) **dendritos**, e (3) **axônio** (ver Fig. 7.3). O centro de operação do neurônio é o corpo celular, que contém o núcleo. Os estreitos pontos de fixação citoplasmáticos se estendem do **corpo celular** e são denominados den-

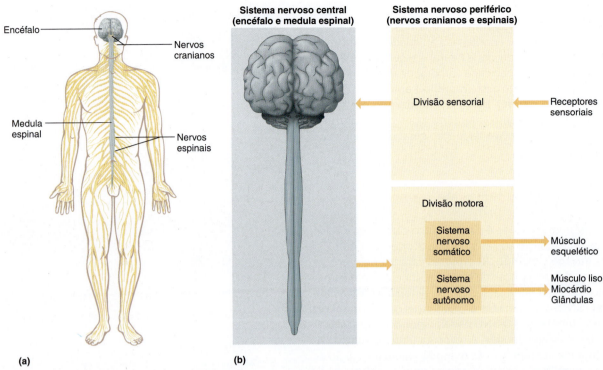

Figura 7.2 Relação entre as fibras motoras e sensoriais do sistema nervoso periférico (SNP) e do sistema nervoso central (SNC).

dritos. Os **dendritos** atuam como área receptora, capaz de conduzir os impulsos elétricos em direção ao corpo celular. O **axônio,** também chamado fibra nervosa, transporta a mensagem elétrica para longe do corpo celular, em direção a outro neurônio ou órgão efetor. Os axônios possuem comprimento variável, que pode ser de alguns milímetros a um metro.[14] Cada neurônio tem apenas um único axônio, porém, o axônio pode se dividir em vários ramos colaterais que terminam em outros neurônios, células musculares ou glândulas (ver Fig. 7.3). Os pontos de contato entre o axônio de um neurônio e o dendrito de outro neurônio são chamados **sinapses** (ver Fig. 7.4).

Nas fibras nervosas amplas, como aquelas que inervam a musculatura esquelética, os axônios são cobertos por uma camada isoladora de células chamadas **células de Schwann**. As membranas das células de Schwann contêm grande quantidade de uma substância lipoproteica denominada mielina, que forma uma bainha descontínua de revestimento no lado externo do axônio. Os hiatos ou espaços existentes entre os segmentos de mielina ao longo do axônio são denominados nodos de Ranvier, e exercem papel importante na transmissão neural. De uma forma geral, quanto maior o diâmetro do axônio, maior a velocidade da transmissão neural.[14] Assim, os axônios que possuem bainhas mielínicas amplas conduzem os impulsos mais rapidamente que as fibras pequenas e não mielinizadas. O dano ou destruição da mielina ao longo das fibras nervosas mielinizadas resulta na disfunção do sistema nervoso. De fato, o dano à mielina é a base da doença neurológica conhecida como esclerose múltipla (ver mais informações sobre esclerose múltipla no Quadro "Aplicações clínicas 7.1").

Atividade elétrica em neurônios

Os neurônios são considerados "tecidos excitáveis", por suas propriedades especializadas de irritabilidade e condutividade. A **irritabilidade** consiste na capacidade dos dendritos e corpo celular dos neurônios de responder a um estímulo e convertê-lo em um impulso neural. A **condutividade** refere-se à transmissão do impulso ao longo do axônio. Dito de forma simples, um impulso nervoso consiste em um sinal elétrico transportado ao longo de todo o comprimento do axônio. Esse sinal elétrico é iniciado por um estímulo que altera a carga elétrica do neurônio. Vamos iniciar a nossa discussão sobre esse processo com uma definição de potencial de repouso da membrana.

Potencial de repouso da membrana. Em repouso, todas as células (incluindo os neurônios) estão negativamente carregadas no lado interno com relação à carga existente do lado de fora da célula. Essa carga negativa resulta de uma distribuição desigual dos íons carregados (íons são elementos dotados de carga positiva ou negativa) ao longo da membrana celular. Assim, um neurônio é polarizado e essa diferença de carga elétrica é denominada **potencial de repouso da membrana**. A magnitude do potencial de repouso da membrana varia entre -5 a -100mV dependendo do tipo celular. O potencial de repouso da membrana dos neurônios em geral varia entre -40 a -75 mV.[58] (ver Fig. 7.5.)

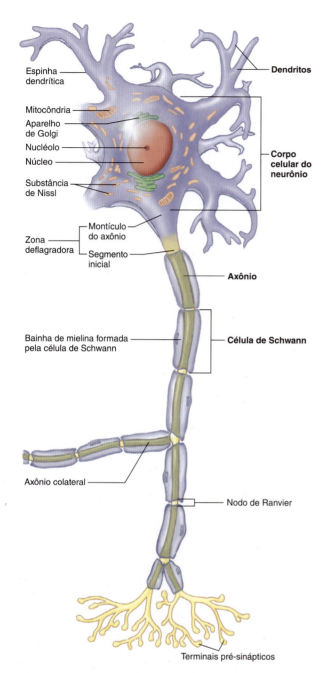

Figura 7.3 As partes de um neurônio.

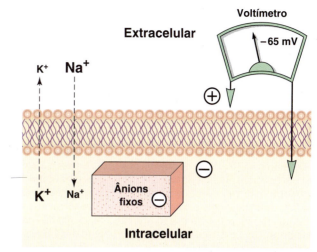

Figura 7.5 Ilustração do potencial de repouso da membrana nas células. Em comparação ao lado externo da célula, há íons mais negativamente carregados (fixos) no meio intracelular. Isso resulta em um potencial de repouso negativo da membrana. Do mesmo modo, percebe-se também que tanto o sódio como o potássio podem se difundir através da membrana plasmática, sendo que o potássio se difunde de dentro da célula para o líquido extracelular, enquanto a difusão do sódio ocorre no sentido contrário.

Agora se discutirá com mais detalhes o potencial de repouso da membrana. As proteínas celulares, grupos fosfato e outros nucleotídeos estão negativamente carregados (ânions) e fixos no interior da célula, porque são incapazes de atravessar a membrana celular. Como essas moléculas de carga negativa são incapazes de sair da célula, atraem íons de carga positiva (cátions) presentes no líquido extracelular. Isso resulta no acúmulo de uma carga líquida positiva na parte externa da superfície da membrana e em uma carga líquida negativa na face interna da superfície da membrana.

A magnitude do potencial de repouso da membrana é determinada principalmente por dois fatores: (1) a permeabilidade da membrana celular a diferentes espécies iônicas e (2) a diferença de concentrações iônicas existente entre os líquidos intra e extracelulares.[64] Embora

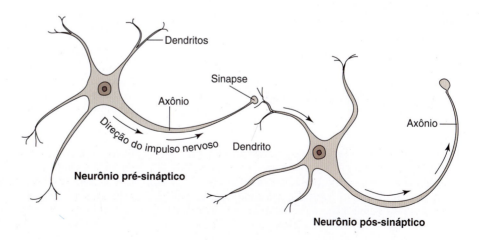

Figura 7.4 Ilustração da transmissão sináptica. Para um impulso nervoso seguir de um neurônio a outro, deve cruzar a fenda sináptica em uma sinapse.

Capítulo 7 Sistema nervoso: estrutura e controle do movimento 141

Aplicações clínicas 7.1

Esclerose múltipla e função do sistema nervoso

A esclerose múltipla (EM) é uma doença neurológica que destrói progressivamente as bainhas de mielina dos axônios em múltiplas áreas do SNC. Embora a causa exata da EM seja desconhecida, a destruição EM-mediada da mielina possui um componente hereditário (i. e., genético) e se deve ao ataque do sistema imune à mielina. A destruição da bainha de mielina impede a condução normal dos impulsos nervosos, resultando na perda progressiva da função do sistema nervoso. A patologia da EM é caracterizada por fadiga geral, enfraquecimento muscular, controle motor precário, perda do equilíbrio e depressão mental.[62] Desta forma, os pacientes com EM costumam ter dificuldade para realizar as atividades diárias e sofrem com uma baixa qualidade de vida.

Embora a EM seja incurável, evidências crescentes indicam que o exercício regular, incluindo exercícios de resistência e força, pode melhorar a capacidade funcional dos pacientes que sofrem com esse distúrbio neurológico.[60-63] Exemplificando, estudos recentes revelaram que os pacientes com EM engajados em programas de exercícios regulares apresentam resistência e força muscular aumentadas, com consequente melhora da qualidade de vida.[9,60] De modo significativo, o exercício regular também pode amenizar a depressão mental associada à EM.[60,62] Por outro lado, dada a pesquisa limitada, a quantidade e os tipos de exercício que proporcionam benefícios ótimos aos pacientes com EM continuam indeterminados.[1] Contudo, uma revisão recente desenvolveu uma diretriz com base em evidência para a atividade física em adultos com EM. Para obter mais detalhes, consulte Latimer-Cheung et al. (2013) na lista de sugestões para leitura.

---

existam numerosos íons intra e extracelulares, os íons de sódio, potássio e cloreto estão presentes nas maiores concentrações e, dessa forma, exercem um papel mais importante na geração do potencial de repouso da membrana.[64] As concentrações intracelulares (dentro da célula) e extracelulares (fora da célula) de sódio, potássio, cloreto e cálcio estão ilustradas na Figura 7.6. Deve-se notar que a concentração de sódio é significativamente maior no lado externo da célula, enquanto a concentração de potássio é bem maior dentro da célula. Para fins de comparação, as concentrações intra e extracelular de cálcio e cloreto também são ilustradas (ver Fig. 7.6).

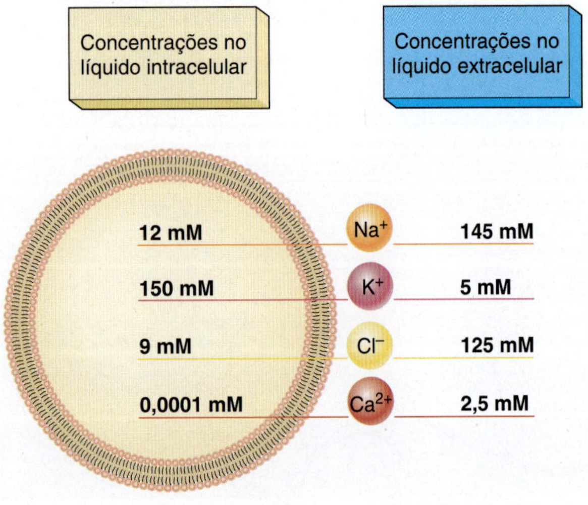

A permeabilidade da membrana neuronal aos íons de potássio e sódio, entre outros, é regulada pelas proteínas localizadas na membrana, que funcionam como canais que podem ser abertos ou fechados por "portões" a eles acoplados. Esse conceito é ilustrado na Figura 7.7. Deve-se notar que os íons podem passar livremente pela membrana celular quando o canal está aberto. Por outro lado, o fechamento do portão do canal impede a mo-

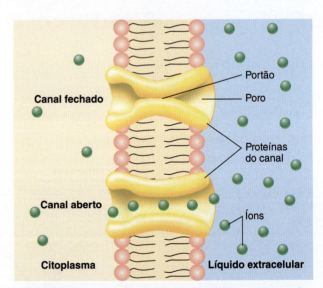

Figura 7.6 Concentrações de íons ao longo de uma membrana celular típica. Embora o corpo contenha muitos íons diferentes, os de sódio, potássio e cloreto estão presentes nas maiores concentrações e, portanto, exercem os papéis mais significativos na determinação do potencial de repouso da membrana nas células.

Figura 7.7 Ilustração dos canais que regulam a passagem de íons através da membrana plasmática. Os canais iônicos são compostos por proteínas que se estendem por toda a membrana, de dentro para a superfície externa. A passagem dos íons pelos canais é regulada pela abertura ou fechamento de "portões" que servem como "portas" posicionadas no meio do canal. Exemplificando, quando os canais estão abertos (i. e., o portão está aberto) os íons são liberados para passar pelo canal (parte inferior da figura). Em contraste, quando o portão do canal é fechado, o movimento dos íons através do canal é interrompido (parte superior da figura).

vimentação dos íons. Um ponto-chave para se lembrar é que, quando os canais estão abertos, os íons se movem de uma área de alta concentração na direção de uma área de baixa concentração. Portanto, como a concentração de potássio (carga +) é alta dentro da célula e a concentração de sódio (carga +) é elevada fora da célula, uma alteração na permeabilidade da membrana ao potássio ou ao sódio resultaria na movimentação desses íons carregados segundo seus gradientes de concentração. Ou seja, o sódio entraria na célula e o potássio sairia. Em repouso, quase todos os canais de sódio estão fechados, enquanto alguns canais de potássio estão abertos. Isso significa que a quantidade de íons de potássio saindo da célula é maior que a quantidade de íons de sódio "vazando" para dentro da célula, resultando em cargas positivas de dentro da membrana, o que torna o potencial de repouso da membrana negativo. Em resumo, o potencial de membrana negativo em um neurônio em repouso se deve principalmente à difusão do potássio para fora da célula, causada pela (1) maior permeabilidade da membrana ao potássio do que ao sódio e (2) o gradiente de concentração para o potássio promove o movimento dos íons de potássio para fora da célula.

Como mencionado, um pequeno número de íons está sempre se movendo através da membrana celular. Se os íons de potássio continuassem a se difundir para fora da célula e os íons de sódio se difundissem para dentro da célula, os gradientes de concentração destes íons diminuiriam. Isso resultaria na perda do potencial de membrana negativo. O que impede que isso ocorra? A membrana celular possui uma bomba de sódio e potássio que usa a energia do ATP para manter as concentrações iônicas intra e extracelular, bombeando sódio para fora da célula e potássio para o meio intracelular. Notavelmente, essa bomba não só mantém os gradientes de concentração necessários à manutenção do potencial de repouso da membrana como também ajuda a gerar potencial, pois troca cada três íons de sódio por dois íons de potássio.[5,62] (ver Fig. 7.8.)

Potencial de ação. A pesquisa que explicou o modo como os neurônios transmitem os impulsos vindos da periferia para o encéfalo foi concluída na Inglaterra, há mais de cinquenta anos. Uma mensagem neural é gerada quando um estímulo de força suficiente atinge a membrana neuronal e abre os portões dos canais de sódio. Isso permite que os íons de sódio se difundam para dentro do neurônio, tornando o meio intracelular cada vez mais positivo (despolarizando a célula). Quando a despolarização atinge um valor crítico – denominado "limiar" – mais portões dos canais de sódio se abrem e há formação de um **potencial de ação**, ou impulso nervoso (ver Figs. 7.9 e 7.10b). Depois que um potencial de ação é gerado, uma sequência de trocas iônicas ocorre ao longo do axônio para propagar o impulso nervoso. Essa troca iônica ao longo do neurônio ocorre de modo sequencial, junto aos nodos de Ranvier (ver Fig. 7.3).

A repolarização ocorre imediatamente após a despolarização, resultando no retorno do potencial de repouso da membrana, com o nervo pronto para ser estimulado novamente (ver Figs. 7.9 e 7.10). Como ocorre a repolarização? Para explicar, vamos olhar mais de perto a despolarização. A despolarização da célula, discretamente retardada, provoca um breve aumento da permeabilidade da membrana ao potássio. Como resultado, o potássio sai rapidamente da célula, tornando o meio intracelular mais negativo (ver Fig. 7.10c). Além disso, uma vez removido o estímulo de despolarização, os portões dos canais de sódio localizados na membrana celular se fecham e a entrada de sódio na célula é retardada (nesse momento, portanto, poucas cargas positivas estão entrando na célula). O resultado combinado dessas atividades rapidamente restaura o potencial de repouso da membrana à carga negativa original, repolarizando, assim, a célula. Resumindo, os eventos que levam à despolarização e repolarização do neurônio são ilustrados passo a passo na Figura 7.10a-c. Especificamente, o potencial de repouso da membrana é ilustrado na Figura 7.10a, enquanto os eventos que levam a um potencial de ação são destacados na Figura 7.10b. Por fim, os movimentos iônicos que levam à repolarização do neurônio são ilustrados na Figura 7.10c.

Lei do tudo ou nada. O desenvolvimento de um impulso nervoso é considerado uma resposta do tipo "tudo ou nada", sendo referido como a lei do "tudo ou nada" dos potenciais de ação. Isso significa que, ao ser identificado, um impulso nervoso percorre toda a extensão do axônio sem que ocorra diminuição de voltagem. Em outras palavras, após viajar por todo o comprimento do axônio, o impulso neural permanece tão forte quanto era no ponto de estimulação inicial.

Neurotransmissores e transmissão sináptica. Como mencionado anteriormente, os neurônios comunicam-se uns com os outros em junções denominadas sinapses. Uma **sinapse** consiste em um pequeno hiato (20-30 nm) situado entre a terminação sináptica do neurônio pré-sináptico e um dendrito de um neurônio pós-sináptico (ver Fig. 7.11).

A comunicação entre os neurônios ocorre por meio de um processo denominado transmissão sináptica. A transmissão sináptica ocorre quando quantidades suficientes de um **neurotransmissor** específico (um neurotransmissor é um mensageiro bioquímico que os neurônios usam para se comunicar entre si) são liberadas das vesículas sinápticas contidas no neurônio pré-sináptico (ver Fig. 7.11). O impulso nervoso resulta na transmissão, por parte das vesículas sinápticas, de neurotransmissores armazenados dentro da fenda sináptica (espaço existente entre o neurônio pré-sináptico e a membrana pós-sináptica; ver Fig. 7.11). Os neurotransmissores causadores de despolarização de membranas são denominados transmissores excitatórios. Após a liberação na fenda sináptica, esses neurotransmissores

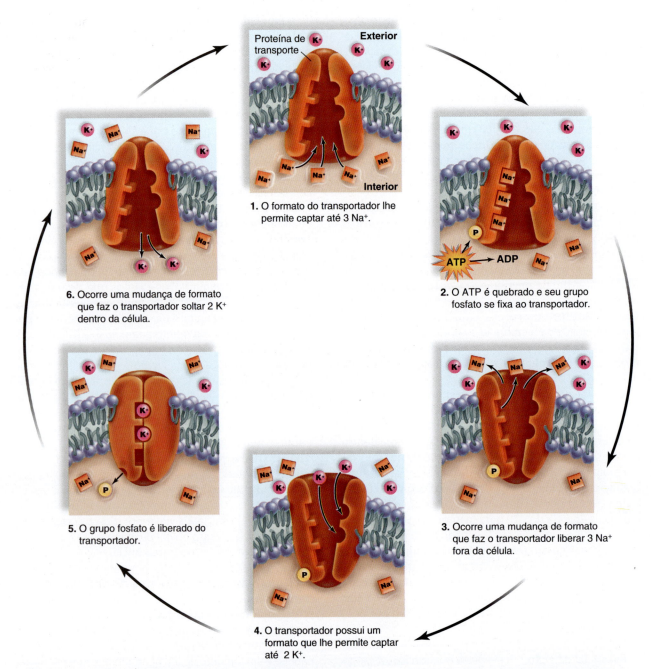

Figura 7.0 Troca de sódio e potássio através da membrana plasmática, pela bomba de sódio/potássio. A bomba de sódio/potássio requer energia (ATP) e, portanto, é uma bomba de transporte ativo que desloca três moléculas de sódio para fora da célula e retorna duas moléculas de potássio para dentro da célula. O processo da bomba de sódio/potássio é resumido nas etapas 1 a 6.

se ligam a "receptores" existentes na membrana-alvo. Essa ligação produz uma série de despolarizações graduadas nos dendritos e no corpo celular.[3,4,25,30,39,53] Tais despolarizações graduadas são conhecidas como **potenciais excitatórios pós-sinápticos (PEPS)**. Se quantidades suficientes de neurotransmissor forem liberadas, o neurônio pós-sináptico é despolarizado até o limiar e um potencial de ação é gerado.

Os PEPS podem trazer o neurônio pós-sináptico até o limiar, de dois modos: (1) somação temporal e (2) somação espacial. A somação de vários PEPS de um único neurônio pré-sináptico ao longo de um curto período é denominada **somação temporal** ("temporal" refere-se ao tempo). O número de PEPS requerido para levar o neurônio pós-sináptico ao limiar é variável. Entretanto, foi estimado que a adição de até 50 PEPS poderia ser necessária à produção de um potencial de ação em alguns neurônios. Independentemente de quantos PEPS são necessários, um meio pelo qual um potencial de ação pode ser gerado é via excitação rápida e repeti-

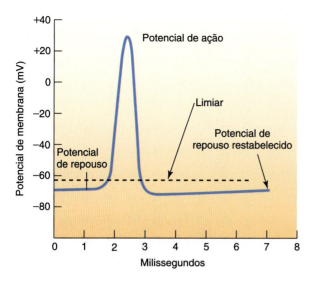

Figura 7.9 Um potencial de ação é produzido por um aumento da condutância de sódio dentro do neurônio. Conforme mais sódio entra no neurônio, a carga vai se tornando cada vez mais positiva, e um potencial de ação é gerado.

tiva a partir de um único neurônio pré-sináptico excitatório (i. e., somação temporal).

Uma segunda forma de alcançar um potencial de ação na membrana pós-sináptica é pela somação de PEPS a partir da chegada de vários impulsos pré-sinápticos (i. e., vários axônios distintos), conhecida como somação espacial. Na **somação espacial**, PEPS concomitantes chegam a um neurônio pós-sináptico vindos de numerosas estimulações excitatórias diferentes. Assim como na somação temporal, a chegada simultânea de até 50 PEPS na membrana pós-sináptica pode ser necessária à produção de um potencial de ação.[5]

Um neurotransmissor comum, que também é o transmissor encontrado na junção nervo/músculo, é a acetilcolina. Ao ser liberada no interior da fenda sináptica, a acetilcolina se liga aos receptores localizados na membrana pós-sináptica e abre os "canais" que permitem a entrada de sódio no nervo ou na célula muscular. Como discutido anteriormente, quando uma quantidade suficiente de sódio entra na membrana pós-sináptica de um neurônio ou músculo, ocorre despolarização. Para

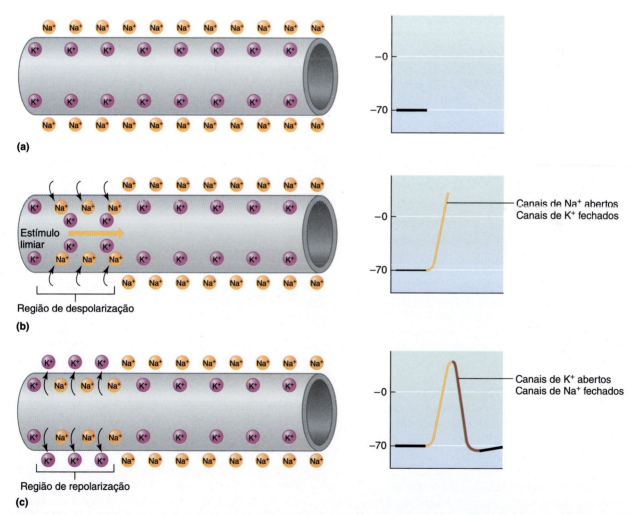

Figura 7.10 (*a*) Em repouso, o potencial da membrana é em torno de -70 mV. (*b*) Quando a membrana atinge o limiar, os canais de sódio são abertos, alguns íons de sódio se difundem para dentro e a membrana é despolarizada. (*c*) Quando os canais de potássio se abrem, eles se difundem para fora e a membrana é repolarizada.

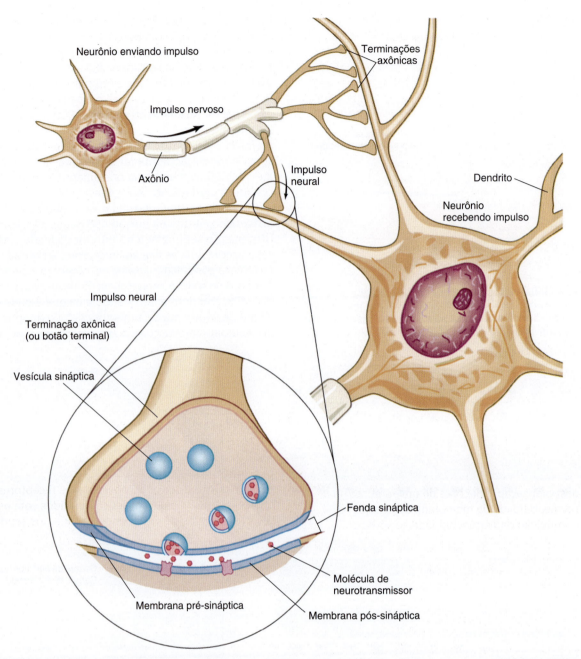

Figura 7.11 Estrutura básica de uma sinapse bioquímica. Nesta ilustração, é possível ver os elementos básicos da sinapse: a porção terminal do axônio pré-sináptico (i. e., neurônio enviando impulso) contendo vesículas sinápticas, a fenda sináptica e a membrana pós-sináptica (neurônio recebendo impulso). De A. J. Vander et al., *Human Physiology: The Mechanisms of Body Function*, 8.ed. Copyright 2001 McGraw-Hill, Inc., New York. Reproduzido com permissão.

prevenir a despolarização crônica do neurônio pós-sináptico, o neurotransmissor deve ser quebrado em moléculas menos ativas por enzimas presentes na fenda sináptica. No caso da acetilcolina, a enzima degradadora é chamada de acetilcolinesterase. Essa enzima quebra a acetilcolina em acetil e colina, removendo assim o estímulo para despolarização.[14] Após a quebra do neurotransmissor, a membrana pós-sináptica repolariza e é preparada para receber neurotransmissores adicionais e gerar um novo potencial de ação. Observa-se que nem todos os neurotransmissores são excitatórios. De fato, alguns neurotransmissores exercem o efeito exatamente oposto ao dos neurotransmissores excitatórios.[5] Esses transmissores inibitórios causam hiperpolarização (negatividade aumentada) da membrana pós-sináptica. Essa hiperpolarização da membrana é denominada **potencial inibitório pós-sináptico (PIPS)**. Como resultado final de um PIPS, o neurônio desenvolve um potencial de repouso da membrana mais negativo, é empurrado para mais longe do limiar e, desta forma, resiste à despolarização. Em geral, o fato de um neurônio atingir ou não um limiar independe da proporção entre o número de PEPS e PIPS. Exemplificando, um neurônio que é simultaneamente bombardeado por um mesmo número de PEPS e PIPS não alcançará o limiar nem gerará um potencial de ação. Por outro lado, se os PEPS superarem numericamente os PIPS, o neurônio é movido rumo ao limiar e um potencial de ação pode ser gerado.

Em resumo

- As células nervosas são denominadas neurônios e estão anatomicamente divididas em três partes: (1) corpo celular, (2) dendritos e (3) axônio. Os axônios geralmente são cobertos pelas células de Schwann, entre as quais existem hiatos chamados nodos de Ranvier.
- Os neurônios são células especializadas que respondem a alterações físicas ou bioquímicas em seu ambiente. Em repouso, os neurônios apresentam carga negativa em seu interior, em relação à carga elétrica existente no lado externo. Essa diferença de carga elétrica é denominada potencial de repouso da membrana.
- Um neurônio "dispara" quando um estímulo altera a permeabilidade da membrana e permite a entrada de sódio em alta velocidade, com consequente despolarização. Quando a despolarização atinge o limiar, um potencial de ação ou impulso nervoso é iniciado. A repolarização ocorre imediatamente após a despolarização, por conta de um aumento da permeabilidade da membrana ao potássio e da diminuição da permeabilidade ao sódio.
- Os neurônios comunicam-se uns com os outros em junções denominadas sinapses. A transmissão sináptica ocorre quando quantidades suficientes de um neurotransmissor específico são liberadas pelo neurônio pré-sináptico. Uma vez liberado, o neurotransmissor se liga a um receptor localizado na membrana pós-sináptica e faz com que os canais iônicos se abram.
- Os neurotransmissores podem ser excitatórios ou inibitórios. Um transmissor excitatório aumenta a permeabilidade neuronal ao sódio e resulta em PEPS. Os neurotransmissores inibitórios fazem o neurônio se tornar mais negativo (hiperpolarizado). Essa hiperpolarização da membrana é chamada de PIPS.

Informação sensorial e reflexos

O SNC é constantemente bombardeado por mensagens oriundas dos receptores existentes em todo o corpo, contendo informações sobre as alterações ocorridas nos ambientes interno e externo. Esses receptores são órgãos dos sentidos que modificam as formas de energia existentes no "mundo real" e as transformam na energia dos impulsos nervosos que, por sua vez, é conduzida até o SNC pelos neurônios sensoriais. Uma discussão completa sobre os órgãos dos sentidos foge ao escopo deste capítulo, por isso a discussão em torno deles se limitará aos receptores responsáveis pela percepção espacial. Os receptores que fornecem informação ao SNC acerca da posição do corpo são chamados **proprioceptores**, ou receptores cinestésicos, e incluem os fusos musculares, órgãos tendinosos de Golgi e receptores articulares.

Proprioceptores articulares

O termo **cinestesia** significa o reconhecimento consciente da posição das partes do corpo entre si, bem como o reconhecimento das taxas de membro-movimento.[32,33,42,48,49] Essas funções são realizadas por extensivos dispositivos sensoriais posicionados tanto nas articulações como ao seu redor. Existem três tipos principais de proprioceptores articulares: (1) terminações nervosas livres, (2) receptores do tipo Golgi e (3) corpúsculos de Pacini. Desses, as terminações nervosas livres são as mais abundantes, sendo sensíveis ao toque e à pressão. Esses receptores são fortemente estimulados no início do movimento e primeiro sofrem uma adaptação (i. e., tornam-se menos sensíveis aos estímulos) discreta para, então, transmitirem um sinal estável até o movimento ser concluído.[7,17,29,34,48] Um segundo tipo de receptor de posição – os receptores do tipo Golgi (que não devem ser confundidos com os órgãos tendinosos de Golgi encontrados nos tendões musculares) –, é encontrado nos ligamentos situados ao redor das articulações. Tais receptores não são tão abundantes quanto as terminações nervosas livres, mas trabalham de modo semelhante. Os corpúsculos de Pacini são encontrados nos tecidos localizados em torno das articulações e se adaptam rápido, após a iniciação do movimento. Essa adaptação rápida provavelmente ajuda a detectar a taxa de rotação articular.[29] Em resumo, os receptores articulares atuam juntos para proporcionar um meio consciente de reconhecimento da orientação de suas partes, bem como um *feedback* sobre as taxas de movimento dos membros.

Proprioceptores musculares

O músculo esquelético contém vários tipos de receptores sensoriais. Esses incluem os fusos musculares e órgãos tendinosos de Golgi.[29,34,49]

Para controlar adequadamente os movimentos da musculatura esquelética, o sistema nervoso deve receber *feedback* sensorial contínuo dos músculos em contração. Esse *feedback* sensorial inclui (1) informação sobre a tensão desenvolvida por um músculo e (2) um cálculo do comprimento do músculo. Os órgãos tendinosos de Golgi fornecem ao SNC *feedback* sobre a ten-

Capítulo 7   Sistema nervoso: estrutura e controle do movimento   **147**

são desenvolvida pelo músculo, enquanto o fuso muscular fornece informação sensorial referente ao comprimento muscular relativo.[8,34,49] A seguir, cada órgão sensorial é discutido.

Fuso muscular. Conforme dito, o **fuso muscular** atua como detector de comprimento. Os fusos musculares são encontrados em grandes números na maioria dos músculos locomotores humanos.[24,49] Os músculos que requerem o grau mais fino de controle, como os músculos da mão, possuem a maior densidade de fusos. Em contraste, os músculos responsáveis pelos movimentos grosseiros (p. ex., quadríceps) contêm relativamente poucos fusos.

O fuso muscular é composto por várias células musculares delgadas (denominadas fibras intrafusais) circundadas por uma bainha de tecido conjuntivo. Assim como as fibras musculares esqueléticas normais (chamadas fibras extrafusais), os fusos musculares se inserem no tecido conjuntivo localizado junto ao músculo. Dessa forma, os fusos musculares seguem paralelamente às fibras musculares (ver Fig. 7.12).

Os fusos musculares contêm dois tipos de terminações nervosas sensoriais. As terminações primárias respondem às alterações dinâmicas do comprimento muscular. O segundo tipo de terminação sensorial, denominado terminação secundária, é irresponsivo às alterações rápidas do comprimento muscular, mas fornece continuamente ao SNC informações referentes ao comprimento muscular estático.

Em adição aos neurônios sensoriais, os fusos musculares são inervados por motoneurônios gama, que estimulam as fibras intrafusais a se contraírem simultaneamente ao longo das fibras extrafusais. A estimulação dos motoneurônios gama faz a região central das fibras intrafusais encurtar e isso serve para entesar o fuso. A necessidade de contração das fibras intrafusais pode ser explicada da seguinte forma: quando os músculos esqueléticos são encurtados pela estimulação do motoneurônio, os fusos musculares são passivamente encurtados com as fibras de músculo esquelético. Se as fibras intrafusais não fizerem a devida compensação, o encurtamento resulta no "bambeamento" do fuso e na diminuição de sua sensibilidade. Com isso, a função das fibras como detectores de comprimento seria comprometida.

Os fusos musculares são responsáveis pela observação de que o rápido estiramento dos músculos esqueléticos resulta em contração reflexa. Isso é chamado de reflexo do estiramento ou reflexo miotático. Tal reflexo está presente em todos os músculos, contudo, mais notavelmente nos músculos extensores dos membros. O conhecido reflexo da percussão do joelho costuma ser avaliado pelo médico com golpes leves sobre o tendão patelar, usando um martelo de borracha. O golpe do martelo estira todo o músculo e, assim, "excita" as terminações nervosas primárias localizadas nos fusos musculares. O impulso neural oriundo dos fusos musculares faz sinapse ao nível da medula espinal com um motoneurônio que, então, estimula as fibras extrafusais do músculo extensor, resultando em contração isotônica.

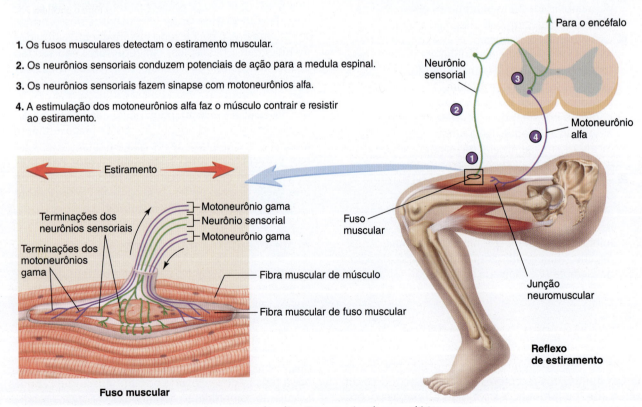

Figura 7.12 Estrutura dos fusos musculares e suas localizações no músculo esquelético.

A função do fuso muscular é auxiliar na regulação do movimento e manter a postura. Para tanto, o fuso muscular conta com a capacidade de detectar e promover uma resposta do SNC às alterações do comprimento das fibras de músculo esquelético. Os exemplos práticos a seguir mostram como o fuso muscular auxilia no controle do movimento. Suponha-se que um estudante esteja segurando um livro na frente dele, com o braço estendido. Esse tipo de carga impõe um estiramento tônico sobre o fuso muscular, que informa ao SNC o comprimento final das fibras musculares extrafusais. Se um segundo livro fosse repentinamente colocado sobre o primeiro, os músculos seriam estirados de repente (o braço cairia) e uma explosão de impulsos oriundos do fuso muscular alertaria o SNC da mudança de comprimento do músculo decorrente da carga aumentada. O reflexo consequente recrutaria unidades motoras adicionais para erguer o braço e trazê-lo de volta à posição original. Em geral, esse tipo de ação reflexa resulta em uma compensação excessiva, ou seja, mais unidades motoras são recrutadas do que o necessário para trazer o braço de volta à posição original. Entretanto, logo após a supercompensação do movimento, um ajuste adicional ocorre rapidamente e o braço volta depressa à posição original.

Órgãos tendinosos de Golgi (OTG). Os **OTG** monitoram continuamente a tensão produzida pela contração muscular. Os OTG estão localizados junto ao tendão e, portanto, em série com as fibras extrafusais (ver Fig. 7.13). Essencialmente, os OTG atuam como "dispositivos de segurança" que ajudam a prevenir forças excessivas durante a contração muscular. Quando ativados, os OTG enviam informação à medula espinal por meio dos neurônios sensoriais que, por sua vez, excitam os neurônios inibitórios (i. e., enviam PIPS). O reflexo inibitório evita que os neurônios motores disparem, diminui a produção de força muscular e, assim, protege o músculo contra lesões induzidas por contração. Esse processo é representado na Figura 7.13.

Aparentemente, é possível que os OTG exerçam um papel importante no desempenho das atividades que envolvem força. A quantidade de força que pode ser produzida por um grupo muscular, por exemplo, pode depender da capacidade do indivíduo de contrapor voluntariamente a inibição do OTG. Parece ser possível que as influências inibitórias do OTG sejam gradualmente diminuídas em resposta ao treino de força,[20] o que permitiria a um indivíduo produzir uma quantidade maior de força muscular e, em muitos casos, melhorar o desempenho no esporte.

Por fim, o OTG também é responsável por um reflexo conhecido como reflexo de estiramento inverso (também denominado reflexo miotático invertido). Como o nome indica, o reflexo de estiramento inverso é o oposto do reflexo de estiramento e resulta em uma tensão muscular diminuída pela inibição OTG-mediada dos neurônios motores localizados na medula espinal que suprem o músculo. O modo como o reflexo do estiramento inverso atua é explicado adiante. Uma contração vigorosa de um grupo muscular ativa o OTG. O OTG responde enviando uma mensagem à medula espinal para

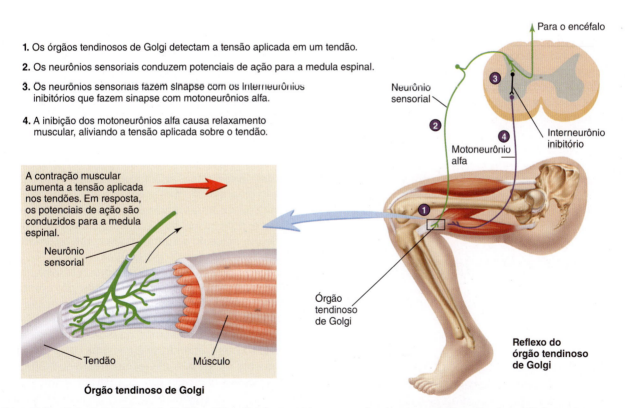

Figura 7.13 O órgão tendinoso de Golgi está localizado em série com o músculo e serve de "monitor de tensão" que atua como dispositivo protetor para o músculo. Ver os detalhes no texto.

inibir os disparos do motoneurônio e reduzir a quantidade de força gerada pelo músculo. Notavelmente, o estiramento passivo de um músculo também ativa o OTG e resulta no relaxamento do músculo estirado.

Em resumo

- Os proprioceptores são receptores de posição localizados em cápsulas articulares, ligamentos e músculos. Os três tipos de receptores mais abundantes nas articulações e ligamentos são as terminações nervosas livres, receptores do tipo Golgi e corpúsculos de Pacini. Esses receptores proporcionam ao corpo uma forma de reconhecer a orientação das partes do corpo, além de um *feedback* do movimento dos membros.
- O fuso muscular atua como detector de comprimento no músculo.
- Os OTG monitoram continuamente a tensão desenvolvida durante a contração muscular. Em essência, os OTG atuam como dispositivos de segurança que ajudam a prevenir a força excessiva durante as contrações musculares.

Quimioceptores musculares

Além dos proprioceptores, os músculos esqueléticos contêm quimioceptores que respondem a alterações bioquímicas ocorridas na musculatura.[26,28,35] Especificamente, esses receptores são um tipo de terminação nervosa livre e são sensíveis às alterações que ocorrem no ambiente ao redor do músculo. Quando estimulados pelas mudanças nas concentrações dos íons hidrogênio (ou seja, mudanças no pH), dióxido de carbono e potássio ao redor do músculo, esses receptores enviam informações para o SNC por meio de fibras nervosas classificadas como fibras do grupo III (mielínicas) e do grupo IV (não mielínicas). O papel fisiológico dos quimioceptores musculares consiste em informar ao SNC a taxa metabólica de atividade muscular (ou seja, a intensidade com a qual o músculo está trabalhando). Essa informação é importante para a regulação das respostas cardiovascular e pulmonar ao exercício,[6,27,28,35] e será discutida nos Capítulos 9 e 10.

Em resumo

- Os quimioceptores musculares são sensíveis às alterações bioquímicas em torno das fibras musculares.
- Quando estimulados, os quimioceptores musculares enviam informações de volta para o SNC sobre a taxa metabólica da atividade muscular e essas mensagens são importantes na regulação das respostas cardiovascular e pulmonar ao exercício.

Função motora somática e neurônios motores

O termo *somático* refere-se às regiões externas (i. e., não viscerais) do corpo. A porção motora somática do SNP é responsável pelo transporte das mensagens neurais da medula espinal até as fibras de músculo esquelético. Essas mensagens neurais são os sinais que determinam a ocorrência da contração muscular. A contração muscular será discutida em detalhes no Capítulo 8.

A organização do sistema nervoso motor somático é ilustrada na Figura 7.14. O neurônio somático que inerva as fibras de músculo esquelético é denominado **motoneurônio** (também chamado de motoneurônio alfa). Nota-se que o corpo celular dos neurônios está localizado junto à medula espinal (ver Fig. 7.14). O axônio do motoneurônio sai da medula espinal como nervo espinal e se estende para o músculo que deve inervar. Depois de chegar ao músculo, o axônio se divide em ramos colaterais. Cada ramo colateral inerva uma única fibra muscular. Cada motoneurônio e todas as fibras musculares por ele inervadas formam a chamada **unidade motora**.

Quando um único motoneurônio é ativado, todas as fibras musculares por ele inervadas são estimuladas a se contrair. Entretanto, é importante notar que o número de fibras musculares inervadas por um motoneurônio varia de um músculo para outro. O número de fibras musculares inervadas por um único motoneurônio é denominado razão de inervação (i. e., número de fibras musculares/motoneurônio). Nos grupos musculares que requerem controle motor fino, a razão de inervação é baixa. Exemplificando, a razão de inervação dos músculos extraoculares (i. e., músculos que regulam o movimento ocular) é igual a 23/1. Em contraste, as razões de inervação dos músculos amplos não envolvidos no controle motor fino (p. ex., músculos da perna) pode variar de 1.000/1 a 2.000/1.

Uma das formas pelas quais o SNC pode aumentar a força de contração muscular é aumentando o número de unidades motoras recrutadas. O termo *recrutamento de unidade motora* refere-se à ativação progressiva de um número crescente de motoneurônios. O recrutamento de unidades motoras adicionais ativa mais fibras musculares e, por conseguinte, aumenta a força de contração de um músculo voluntário. Em geral, as unidades motoras são recrutadas de maneira ordenada, em função de seus tamanhos. Quando um músculo inicialmente é ativado para erguer uma carga leve, por exemplo, as primeiras unidades motoras a dispararem são pequenas. Isso resulta em uma quantidade limitada de geração de força. No entanto, quando mais força é requerida (ou seja, quando se ergue uma carga pesada), há aumento progressivo do recrutamento de motoneurônios maiores para aumentar a produção de força muscular. Esse recrutamento ordenado e sequencial de unidades motoras maiores é chamado **princípio do tamanho**.[37] Para detalhes adicionais sobre o princípio

150 Seção I Fisiologia do exercício

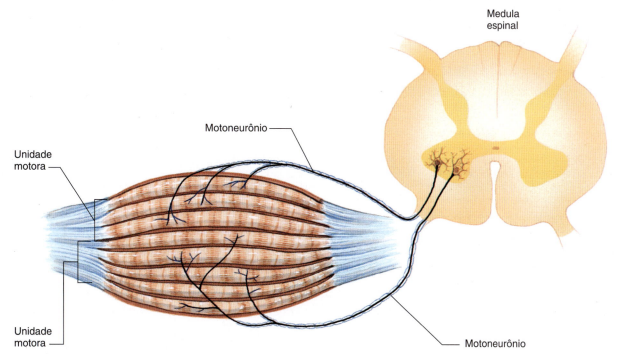

Figura 7.14 Ilustração de uma unidade motora. Uma unidade motora é definida como um motoneurônio e todas as fibras musculares por ele inervadas.

do tamanho, ver o Quadro "Uma visão mais detalhada 7.1". Informações sobre o cientista que descobriu esse importante princípio de neurofisiologia são encontradas no Quadro "Um olhar no passado – nomes importantes na ciência".

Em resumo

- A parte motora somática do SNP é responsável pelo transporte das mensagens neurais da medula espinal até as fibras de músculo esquelético.
- Um motoneurônio e todas as fibras musculares por ele inervadas formam a chamada unidade motora.
- O número de fibras musculares inervadas por um único motoneurônio é denominado razão de inervação (i. e., número de fibras musculares/motoneurônio).
- O princípio do tamanho é definido como o recrutamento progressivo de unidades motoras, começando pelos menores motoneurônios e progredindo para motoneurônios cada vez maiores.

Aparelho vestibular e equilíbrio

Antes de iniciar uma discussão sobre o modo como o encéfalo controla as funções motoras, é importante avaliar como o corpo mantém o equilíbrio. O **aparelho vestibular**, um órgão localizado na orelha interna (ou labirinto), é responsável pela manutenção geral do equilíbrio. Embora uma discussão detalhada acerca da anatomia do aparelho vestibular não seja apresentada aqui, uma breve discussão sobre a função do aparelho vestibular se faz apropriada. Os receptores contidos no aparelho vestibular são sensíveis a qualquer tipo de mudança na direção do movimento ou posição da cabeça.[5,25,47] O movimento da cabeça excita esses receptores, e impulsos nervosos são enviados ao SNC comunicando uma mudança de posição. Especificamente, os receptores fornecem informação sobre as acelerações linear e angular. Tal mecanismo permite que se tenha uma sensação de aceleração ou desaceleração correndo ou andando de carro. Em adição, uma sensação de aceleração angular nos ajuda a manter o equilíbrio ao virarmos ou rotacionarmos a cabeça (p. ex., durante a ginástica artística ou mergulho).

As vias neurais envolvidas no controle do equilíbrio são destacadas na Figura 7.15. Qualquer movimento de cabeça resulta na estimulação dos receptores localizados no aparelho vestibular, com consequente transmissão de informação neural ao cerebelo e núcleos vestibulares localizados no tronco encefálico. Em adição, os núcleos vestibulares retransmitem uma mensagem ao centro oculomotor (controle do movimento ocular) e aos neurônios localizados na medula espinal responsáveis pelo controle dos movimentos da cabeça e dos membros. Assim, o aparelho vestibular controla o movimento da cabeça e dos olhos durante a atividade física, o que serve para manter o equilíbrio e a persegui-

Uma visão mais detalhada 7.1

Recrutamento da unidade motora e princípio do tamanho

Como introduzido no texto, o recrutamento da unidade motora consiste na ativação progressiva de um número crescente de fibras musculares, via recrutamentos sucessivos de unidades motoras adicionais. Deve-se lembrar de que uma unidade motora consiste em um motoneurônio e todas as fibras musculares por ele ativadas. Todos os músculos do corpo contêm muitas unidades motoras, e as fibras pertencentes a uma unidade motora estão espalhadas ao longo de todo músculo. Quando uma única unidade motora é ativada, todas as fibras musculares inervadas pelos motoneurônios são estimuladas a se contraírem. A ativação de uma única unidade motora resulta em uma contração muscular fraca (i. e., produção de força limitada). Para aumentar a produção de força muscular, mais unidades motoras devem ser recrutadas. Esse processo de recrutamento de unidade motora ocorre de maneira ordenada, começando pelos motoneurônios menores e eventualmente ativando motoneurônios cada vez maiores.[37] Esse conceito foi desenvolvido por Elwood Henneman e é conhecido como **princípio do tamanho**.

Henneman propôs que o mecanismo responsável pelo princípio do tamanho implicava os menores neurônios motores como tendo uma área de superfície menor e produzindo um PEPS maior, que atingiria o limiar mais cedo, com consequente geração de um potencial de ação. Além disso, ele previu que os motoneurônios maiores (com área de superfície maior) produziriam PEPS menores. Portanto, estes motoneurônios teriam mais dificuldade para despolarizar e alcançar um potencial de ação. Conjuntamente, o princípio do tamanho prediz que o recrutamento da unidade motora ocorrerá em ordem crescente de tamanho, com os motoneurônios menores disparando primeiro, seguidos dos motoneurônios progressivamente maiores.

Para melhor entender como o princípio do tamanho atua, serão discutidos os três tipos principais de unidades motoras existentes no corpo:

1. Tipo S (lenta) – Esses motoneurônios pequenos inervam fibras musculares lentas e altamente oxidativas. Essas fibras são chamadas de fibras musculares de tipo I. As fibras musculares são discutidas em mais detalhes no Capítulo 8.
2. Tipo FR (rápida, resistente à fadiga) – Esses motoneurônios maiores inervam as fibras musculares "intermediárias" (chamadas fibras de tipo IIa).
3. Tipo FF (rápida, fadigável) – Esses são os maiores motoneurônios e inervam as fibras musculares "rápidas" (denominadas fibras de tipo IIx).

Um teste de exercício incremental é um bom exemplo para ilustrar como o princípio do tamanho atua durante o exercício. Como visto no Capítulo 4, um teste de exercício incremental consiste em numerosos estágios com duração de 1-3 minutos/estágio. O teste começa a uma baixa frequência de trabalho e, a cada estágio progressivo, a taxa de trabalho aumenta até o indivíduo se tornar incapaz de manter o débito de potência desejado. Assim, durante o primeiro estágio de um teste de exercício graduado, apenas um baixo nível de produção de força muscular é requerido. Dessa forma, você recrutaria apenas as unidades motoras de tipo S (lentas). Conforme o teste avança, você terá que produzir mais força muscular e, portanto, recrutará cada vez mais unidades motoras de tipo S, eventualmente progredindo para o recrutamento de unidades motoras do tipo FR. À medida que o teste de exercício se torna mais difícil, qualquer incremento na produção de força muscular viria do recrutamento de unidades motoras do tipo FF. O princípio do tamanho e seu papel na produção de força muscular são retomados no Capítulo 8 e ilustrados na Figura 19.3, no Capítulo 19.

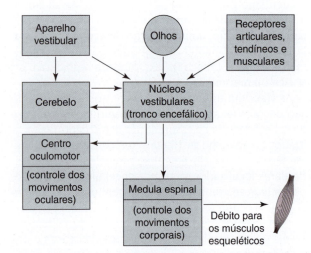

Figura 7.15 Papel do aparelho vestibular na manutenção do equilíbrio.

ção visual dos eventos associados ao movimento. Em resumo, o aparelho vestibular é sensível à posição da cabeça no espaço e às mudanças súbitas de direção do movimento corporal. Sua função principal consiste em manter o equilíbrio e preservar um plano constante de posição da cabeça. A falha do aparelho vestibular em funcionar corretamente impediria o desempenho acurado em qualquer tarefa atlética que exija movimentação da cabeça. Como a maioria dos eventos esportivos requer ao menos alguns movimentos da cabeça, a importância do aparelho vestibular é evidente.

Em resumo

- O aparelho vestibular é responsável pela manutenção geral do equilíbrio e está localizado dentro do labirinto. Especificamente, esses receptores fornecem informação sobre as acelerações linear e angular.

Um olhar no passado – nomes importantes na ciência

Elwood Henneman descobriu o princípio do tamanho no recrutamento do motoneurônio

Elwood Henneman (1915-1995) foi um cientista norte-americano que se interessou em entender o modo como o sistema nervoso controla as ações da musculatura esquelética. O dr. Henneman concluiu sua graduação em medicina na McGill University e, após um treinamento de pós-dourado no Johns Hopkins, tornou-se membro do corpo docente em Harvard.

Embora a pesquisa do dr. Henneman tenha ampliado o conhecimento sobre muitos aspectos do sistema nervoso, uma de suas descobertas mais importantes foi o fato de a suscetibilidade de um motoneurônio ao "disparo" depender de seu tamanho. Ou seja, os motoneurônios menores são mais facilmente excitados, enquanto os motoneurônios maiores são menos suscetíveis à excitação. Essa descoberta importante é referida como *princípio do tamanho* (também conhecido como *princípio do tamanho de* Henneman) e discutida no Quadro "Uma visão mais detalhada 7.1".

O interesse científico do dr. Henneman pelos músculos esqueléticos desenvolveu-se a partir de sua busca vitalícia pelos esportes e pela atividade física. Nos tempos de estudante universitário, ele era uma das estrelas da equipe de tênis de Harvard. O dr. Henneman também era um excelente esquiador e se manteve fisicamente ativo ao longo de toda a sua vida. De fato, o físico forte lhe permitiu sobreviver a uma série de cirurgias importantes, incluindo a instalação de uma valva aórtica artificial, uma cirurgia de desvio coronariano e um aneurisma aórtico (i. e., ruptura na aorta). Essa última operação foi descrita como "pitoresca", pois o aneurisma ocorreu enquanto o dr. Henneman apresentava uma palestra aos estudantes de medicina de Harvard. Ele mesmo autodiagnosticou o problema enquanto estava atrás do pódio de palestrantes e solicitou a um estudante que estava na primeira fila para telefonar para o hospital e avisar ao departamento cirúrgico que o professor Henneman chegaria à sala de emergência com um aneurisma aórtico. Embora, dessa vez, ele tenha escapado por pouco, o dr. Hanneman sobreviveu à cirurgia e permaneceu ativo na ciência até sua morte.

Funções encefálicas de controle motor

O encéfalo pode ser convenientemente subdividido em três partes: cérebro, cerebelo e tronco encefálico. A Figura 7.16 mostra a relação anatômica existente entre esses componentes. Cada uma dessas estruturas faz contribuições importantes para a regulação do movimento. Os próximos parágrafos destacarão o papel do encéfalo na regulação do desempenho das habilidades esportivas.

Cérebro

O **cérebro** consiste na ampla abóbada encefálica, que está dividida nos hemisférios encefálicos direito e esquerdo. A camada mais externa do cérebro é chamada córtex cerebral e é composta por neurônios firmemente arranjados. Embora tenha uma espessura aproximada de apenas 6,35 mm, o córtex contém mais de 8 milhões de neurônios. Ele realiza três funções de comportamento motor muito importantes:[14] (1) organização do movimento complexo, (2) armazenamento das experiências aprendidas, e (3) recepção de informação sensorial. A discussão aqui presente estará limitada ao seu papel na organização do movimento. A porção do córtex cerebral mais relacionada ao movimento voluntário é o córtex motor. Embora ele exerça papel significativo no controle motor, parece que sua estimulação a partir das estruturas subcorticais (i. e., cerebelo, etc.) é absolutamente essencial para que o movimento coordenado ocorra.[14,23,55] Assim, o **córtex motor** pode ser descrito como ponto de retransmissão final, onde os estímulos subcorticais são concentrados. Depois que o córtex motor soma esses estímulos, o plano de movimento final é formulado e os comandos motores são enviados para a medula espinal. Esse "plano de movimento" pode ser modificado por ambos os centros, subcortical e espinal, que supervisionam os detalhes finos do movimento. Consultar o Quadro "Vencendo limites 7.1" para uma discussão sobre o papel que o SNC exerce sobre a fadiga induzida por exercício.

Cerebelo

O **cerebelo** está situado atrás da ponte e da medula (ver Fig. 7.16). Embora o nível atual de conhecimento sobre a função cerebelar seja incompleto, uma parte significativa do papel dessa estrutura no controle do movimento é conhecida. Está claro que o cerebelo exerce papel importante na coordenação e no monitoramento do movimento complexo. Esse trabalho é realizado por meio de conexões que seguem do cerebelo até o córtex motor, tronco encefálico e medula espinal. Evidências sugerem que o principal papel do cerebelo consiste em auxiliar o controle do movimento em reposta ao *feedback* dos proprioceptores.[29,55] Ele pode iniciar os movimentos balísticos rápidos por meio de sua conexão com o córtex motor.[5] Os danos cerebelares resultam em controle precário do movimento e tremores musculares que são mais sérios durante o movimento rápido. As lesões na cabeça decorrentes de lesões ligadas a práticas esportivas podem causar danos e disfunção ao cérebro e/ou ao cerebelo. Para uma visão geral sobre concussões relacionadas ao esporte, ver Quadro "Aplicações clínicas 7.2".

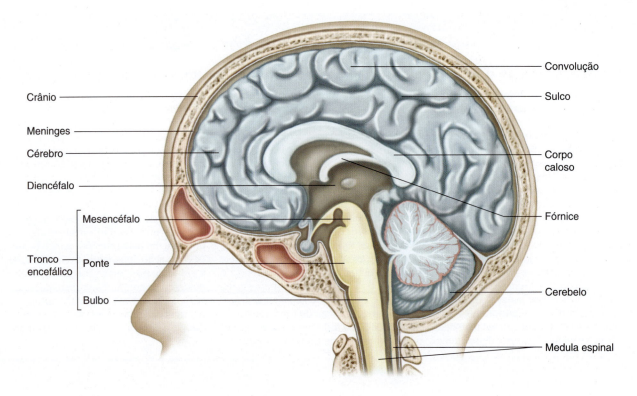

Figura 7.16 Relação anatômica existente entre cérebro, cerebelo e tronco encefálico.

Vencendo limites 7.1

O cérebro e o sistema nervoso são importantes na fadiga induzida por exercícios?

Todos que já participaram de uma sessão de treinamento de alta intensidade ou longa duração, já vivenciaram fadiga. Em teoria, a fadiga induzida pelo exercício poderia ser causada por fatores centrais (p. ex., centros encefálicos superiores e/ou motoneurônios) ou fatores periféricos (fadiga dentro das fibras musculares esqueléticas). Vamos discutir a fadiga central e a fadiga periférica durante o exercício com mais detalhes. Com relação à fadiga periférica, está claro que o exercício prolongado ou intenso pode alterar a homeostasia dentro das fibras musculares contráteis, resultando na redução da produção da força.[45,46] Entretanto, é possível que a fadiga induzida pelo exercício possa ser o resultado de disfunção do sistema nervoso central (ou seja, fadiga central), resultando em um menor débito motor para os músculos esqueléticos em exercício.[43,52,56] Esse tipo de fadiga central poderia ocorrer durante exercício de resistência prolongado em virtude da depleção de neurotransmissores excitatórios no córtex motor. Essa depleção de neurotransmissores excitatórios limitaria a ativação dos motoneurônios e das fibras musculares por eles inervadas. Na verdade, alguns investigadores propuseram que os centros encefálicos superiores atuam como um "regulador" para controlar a tolerância ao exercício.[40,41] Essa teoria de fadiga pelo "regulador central" propõe que a fadiga induzida pelo exercício é regulada pela ação de um centro de controle central (encéfalo) que regula o desempenho do exercício.[40] Ela propõe que esse tipo de sistema de controle limitaria a ativação muscular durante o exercício ao reduzir o débito motor a partir de centros encefálicos superiores. Uma vantagem presumida da teoria do governador central sobre a fadiga induzida pelo exercício é que esse sistema protegeria o corpo contra perturbações catastróficas na homeostasia ao promover a fadiga e o término do exercício antes que ocorra dano aos músculos em atividade.

Então, a fadiga induzida pelo exercício é controlada apenas pelo encéfalo, como é previsto pela teoria do regulador central? Infelizmente, essa pergunta permanece sem resposta porque é um problema difícil de se estudar. Contudo, a evidência atual sugere que os fatores centrais e periféricos podem contribuir para a fadiga induzida pelo exercício e que a contribuição relativa aos fatores centrais ou periféricos pode depender das condições ambientais e do tipo de exercício (ou seja, a intensidade e duração) desempenhado para induzir a fadiga. Portanto, a teoria do "regulador central" da fadiga induzida pelo exercício permanece como teoria, e é necessária mais pesquisa no futuro para sustentar ou rejeitar tal conceito.[57] O Capítulo 8 discute com mais detalhes a fadiga muscular.[8]

Aplicações clínicas 7.2

Concussões associadas ao esporte

Embora as lesões na cabeça possam ocorrer em muitas atividades, os esportes que apresentam maior risco de lesão na cabeça são futebol americano, ginástica artística, hóquei no gelo, luta romana e boxe. Outras atividades esportivas que impõe risco significativo de lesão na cabeça incluem corrida de cavalo, corridas de motocicleta e automóvel, artes marciais, futebol e rúgbi.

Um golpe de força desferido contra a cabeça durante uma prática esportiva (p. ex., uma colisão durante uma partida de futebol americano) pode resultar em uma lesão encefálica, que é classificada pela quantidade de dano causado ao tecido encefálico. Uma das lesões encefálicas mais frequentes no esporte é a concussão. Estima-se que cerca de 3,8 milhões de concussões associadas ao esporte ocorram anualmente, nos Estados Unidos.[22,51] Uma concussão é definida como sendo uma lesão encefálica complexa resultante da aplicação de uma força traumática sobre a cabeça, pescoço ou corpo.[36] As concussões diferem quanto ao grau de severidade, porém a maioria delas compartilha vários aspectos comuns (ver Tab. 7.1). Uma concussão nem sempre resulta na perda da consciência. De fato, apenas 10% dos atletas que sofrem concussões relacionadas ao esporte perdem a consciência.[2]

É interessante perceber que, aparentemente, a frequência de concussões é maior entre as meninas do que entre os meninos em um mesmo esporte (p. ex., basquete).[11,22] O motivo dessa diferença é desconhecido, mas alguns especialistas sugerem que há diferenças de gêneros em termos de capacidade de resistir a golpes equivalentes desferidos contra a cabeça e o pescoço.[11,22] Outra possibilidade é a de que, em comparação às mulheres atletas, alguns homens atletas possam relutar em relatar as lesões sofridas na cabeça aos técnicos e parentes, por temerem a eliminação das competições atléticas.[22] Dessa forma, a incidência das concussões em atletas do sexo masculino pode estar sendo subestimada.[22] Se for esse o caso, a ocorrência de concussões talvez seja a mesma entre os atletas de ambos os sexos.

Quais riscos à saúde estão associados à manutenção de uma concussão? Em geral, a maioria das concussões resulta em um comprometimento de curta duração da função encefálica, que tipicamente se resolve de modo natural, dentro de alguns dias.[36] Mesmo assim, existem alguns resultados atípicos de concussão que impõem sérios riscos à saúde. Estes riscos significativos à saúde associados a uma concussão incluem:[51] (1) dano encefálico permanente ou morte associados ao inchaço encefálico tardio, (2) síndrome do segundo impacto, (3) concussão repetida de mesma época e (4) consequências vitalícias de concussões repetidas. Tais riscos associados às concussões são discutidos brevemente a seguir.

Na maioria dos esportes, o risco de dano encefálico permanente ou morte é baixo. Exemplificando, embora o futebol americano seja considerado um esporte de alto risco de lesão na cabeça, estima-se que apenas 1 a cada 20.500 jogadores desenvolva uma lesão encefálica permanente a cada ano.[51] A síndrome do segundo impacto ocorre quando um atleta que já sustenta uma concussão inicial sofre uma segunda lesão na cabeça antes de a primeira lesão ter cicatrizado. Essa síndrome do segundo impacto promove uma congestão vascular encefálica que pode evoluir para inchaço encefálico e morte. Do mesmo modo, após sustentar uma concussão, o encéfalo fica em estado de vulnerabilidade por um longo período. Por esse motivo, um risco adicional de concussão associada ao esporte é a vulnerabilidade aumentada a uma segunda concussão que ocorra ainda na mesma época.[51] Esse risco à saúde associado à concussão costuma ser referido como *concussão repetida de mesma época*. Um último risco à saúde de sofrer concussão é a possibilidade de que a ocorrência de uma lesão encefálica em fases iniciais da vida aumente o risco de distúrbios encefálicos degenerativos em fases tardias da vida (p. ex., doença de Alzheimer).[51] De fato, um estudo sugere que os jogadores de futebol americano profissionais aposentados apresentam maior risco de aparecimento precoce de doença de Alzheimer, em comparação à população de não atletas.[19] Dessa forma, embora uma concussão típica não represente uma lesão aguda prejudicial à vida, há vários riscos à saúde implicados no pós-concussão. Mais detalhes sobre o assunto podem ser encontrados na referência de Halstead e Walter (2010), listada em "Sugestões de leitura".

Tabela 7.1 Sinais e sintomas de concussão

Físicos	Cognitivos	Emocionais	Sono
Cefaleia	Dificuldade de recordar	Irritabilidade	Sonolência
Náusea	Dificuldade de concentração	Tristeza	Dormir mais do que o usual
Vômito	Sentir-se mentalmente confuso	Emotividade	Dormir menos do que o usual
Problemas visuais	Resposta lenta a perguntas	Nervosismo	Dificuldade para adormecer

Tronco encefálico

O **tronco encefálico** está localizado dentro da base do crânio, logo acima da medula espinal. Consiste em uma série complicada de tratos nervosos e núcleos (agrupamentos de neurônios), além de ser responsável por muitas funções metabólicas, controle cardiorrespiratório e alguns reflexos altamente complexos. As principais estruturas do tronco encefálico são medula, ponte e mesencéfalo. Em adição, existe uma série de neurônios complexos dispersos por todo o tronco encefálico, que são coletivamente denominados formação reticular. A formação reticular recebe e integra informações oriundas de todas as regiões do SNC, atuando com os centros encefálicos superiores no controle da atividade muscular.[5]

Em geral, os circuitos neuronais existentes no tronco encefálico são considerados responsáveis pelo controle do movimento ocular e do tônus muscular, equilíbrio, sustentação do corpo contra a gravidade e muitos reflexos especiais. Um dos papéis mais importantes do tronco encefálico no controle da locomoção é a manutenção do tônus postural. Ou seja, os centros existentes no tronco encefálico fornecem a atividade nervosa necessária à manutenção da postura vertical normal e, consequentemente, sustentam o corpo contra a gravidade. Está claro que a manutenção da postura vertical requer que o tronco encefálico receba informação de várias modalidades sensoriais (p. ex., receptores vestibulares, baroceptores da pele, visão). Danos a qualquer parte do tronco encefálico resultam no comprometimento do controle do movimento.[5,13,25]

> ### Em resumo
>
> - O encéfalo pode ser subdividido em três partes: (1) cérebro, (2) cerebelo e (3) tronco encefálico.
> - O córtex motor controla a atividade motora com ajuda dos estímulos oriundos das áreas subcorticais.

Funções motoras da medula espinal

Evidências emergentes indicam que a medula espinal contribui para o controle do movimento, mas o papel preciso dos reflexos espinais no controle do movimento continua sendo debatido. Entretanto, há evidências crescentes de que a função motora normal é influenciada pelos reflexos espinais. De fato, alguns autores argumentam que os reflexos exercem papel significativo no controle dos movimentos voluntários. Esses pesquisadores acreditam que os eventos subjacentes ao movimento volitivo são construídos com base em diversos reflexos espinais.[5,23,59] O suporte para essa ideia é dado pela demonstração de que os neurônios de reflexo espinal são diretamente afetados pelo trânsito neural descendente do tronco encefálico e dos centros corticais.

A medula espinal contribui de forma significativa para o controle do movimento, preparando os centros espinais para a realização do movimento desejado. O mecanismo espinal pelo qual um movimento voluntário é traduzido em uma ação muscular apropriada é denominado *sintonização espinal*. A sintonização espinal parece operar do seguinte modo: os centros encefálicos superiores do sistema motor estão ocupados apenas com os parâmetros gerais do movimento. Os detalhes específicos do movimento são refinados ao nível da medula espinal, via interação entre os neurônios da medula espinal e os centros encefálicos superiores. Em outras palavras, embora o padrão geral do movimento antecipado seja controlado pelos centros motores superiores, o refinamento adicional desse movimento pode ocorrer por meio de uma interação complexa entre os neurônios da medula espinal e os centros superiores.[5] Assim, parece que os centros espinais exercem papel importante no movimento volitivo.

Outra função do controle motor da medula espinal é o reflexo de retirada que ocorre por meio do arco reflexo. Um arco reflexo é uma via nervosa do receptor para o SNC e do SNC ao longo da via motora de volta para o órgão efetor. A contração dos músculos esqueléticos por reflexo pode ocorrer em resposta a um sinal sensorial e não é dependente da ativação dos centros cerebrais superiores. Um propósito do reflexo é fornecer um meio rápido de remover o membro de uma fonte de dor. Considere o caso de uma pessoa que toca um objeto pontiagudo. A reação evidente a esse estímulo doloroso é remover rapidamente a mão da fonte da dor. Esse movimento rápido é feito por meio da ação reflexa. Novamente, as vias para esse reflexo neural são:[21] (1) um nervo sensorial (receptor da dor) envia um impulso nervoso à medula espinal; (2) interneurônios situados juntos à medula espinal são excitados e, por sua vez, estimulam os neurônios motores; (3) os interneurônios excitados provocam a despolarização dos neurônios motores específicos, que controlam os músculos flexores necessários para retirar o membro do ponto de lesão. O grupo muscular antagonista (p. ex., extensores) é simultaneamente inibido via PIPS. Essa atividade excitatória e inibitória simultânea é conhecida como **inibição recíproca** (ver Fig. 7.17).

Outro aspecto interessante do reflexo de retirada é que o membro oposto é estendido para suportar o corpo durante a remoção do membro lesionado. Esse evento é chamado de reflexo de extensão cruzado e está ilustrado na parte esquerda da Figura 7.17. Observe que os extensores estão se contraindo à medida que os flexores são inibidos.

> ### Em resumo
>
> - Há evidências de que a medula espinal exerce papel importante no movimento voluntário, com grupos de neurônios controlando certos aspectos da atividade motora.
> - O mecanismo espinal pelo qual um movimento voluntário é traduzido em ação muscular apropriada é denominado *sintonização espinal*.
> - Os reflexos fornecem ao corpo um meio rápido e inconsciente de reagir a estímulos dolorosos.

Controle das funções motoras

Observar o desempenho de um atleta altamente habilidoso em um determinado esporte é empolgante. Por outro lado, realmente é inútil apreciarmos a complexa integração das numerosas partes do sistema nervoso necessárias à execução dessa prática. Para o espectador,

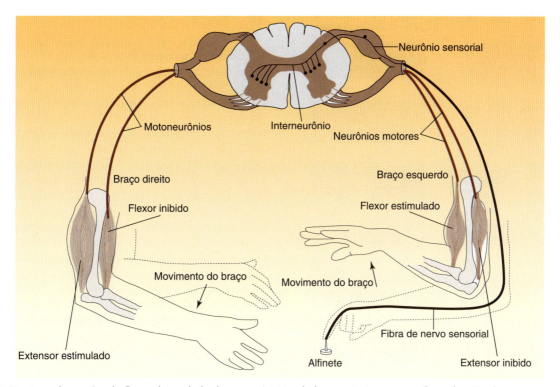

Figura 7.17 Quando o músculo flexor de um lado do corpo é estimulado a contrair por um reflexo de retirada, o extensor do lado oposto também se contrai.

O lançamento de uma bola de beisebol pelo lançador parece ser um ato simples, mas na verdade esse movimento consiste em uma interação complexa entre os centros encefálicos superiores e os reflexos espinais produzidos juntos, com sincronização precisa. O modo como o sistema nervoso produz um movimento coordenado tem sido um dos maiores mistérios sem solução enfrentado pelos neurofisiologistas, há muitas décadas. Apesar do progresso alcançado no sentido de responder à pergunta básica sobre "como os seres humanos controlam o movimento voluntário?", ainda há muito para ser descoberto acerca desse processo. O objetivo, aqui, é fornecer ao leitor uma visão geral simplificada do encéfalo e do controle do movimento.

Tradicionalmente, acreditava-se que o córtex motor controlava o movimento voluntário com pouca estimulação oriunda das áreas subcorticais. Entretanto, evidências sugerem que a situação é outra.[23,55] Embora seja o executor final dos programas de movimento, o córtex motor aparentemente não fornece o sinal inicial para o movimento e, em vez disso, atua no final da cadeia de eventos neurofisiológicos envolvidos no movimento volitivo.[44] A primeira etapa da realização de um movimento voluntário ocorre junto às áreas subcortical e cortical motivacional, que exercem papel central na consciência. Esse "impulso primordial" envia sinais para as conhecidas áreas de associação do córtex (diferentes do córtex motor), que formam um "esboço grosseiro" do movimento planejado a partir das sub-rotinas armazenadas.[12,38] Em seguida, as informações referentes à natureza do plano de movimento são enviadas ao cerebelo e aos núcleos basais (agrupamentos de neurônios localizados nos hemisférios cerebrais) (ver Fig. 7.18). Essas estruturas cooperam para converter o "esboço grosseiro" em programas de excitação espacial e temporal precisos.[23] O cerebelo é possivelmente mais importante para a realização dos movimentos rápidos, enquanto os núcleos basais são mais responsáveis pelos movimentos lentos ou deliberados. A partir do cerebelo e dos núcleos basais, o programa preciso é enviado por meio do tálamo ao córtex motor, que encaminha a mensagem aos neurônios espinais, para a "sintonização espinal" e, por fim, à musculatura esquelética.[16,18] O *feedback* enviado pelos proprioceptores e receptores musculares ao SNC permite a modificação dos programas motores, quando necessário. A capacidade de modificar os padrões de movimento permite ao indivíduo corrigir os "erros" contidos no plano de movimento original.

Em resumo, o controle do movimento voluntário é complexo e requer a cooperação de muitas áreas do encéfalo, bem como de várias áreas subcorticais. Evidências recentes sugerem que o córtex motor por si só não formula os sinais necessários à iniciação do movimento voluntário. Em vez disso, o córtex motor recebe estimulação de uma variedade de estruturas corticais e subcorticais. O *feedback* dos receptores musculares e articulares para o SNC permite que ajustes melhorem o padrão de movimento. Ainda há muito para ser descoberto acerca dos detalhes do controle do movimento complexo e esse tópico proporciona uma fronteira empolgante para pesquisas futuras.

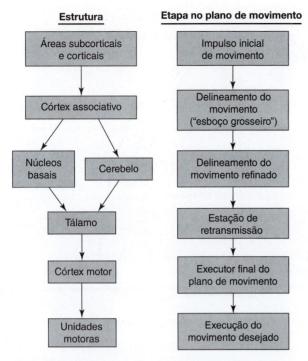

Figura 7.18 Diagrama em blocos esquematizando as estruturas e processos que levam ao movimento voluntário.

Em resumo

- O controle do movimento voluntário é complexo e requer a cooperação de muitas áreas do encéfalo, bem como de várias áreas subcorticais.
- A primeira etapa da execução de um movimento voluntário ocorre junto às áreas subcortical e cortical motivacional, que enviam sinais para o córtex associativo. Esse, então, forma um "esboço grosseiro" do movimento planejado.
- O plano de movimento é então enviado ao cerebelo e aos núcleos basais. Essas estruturas cooperam para converter o "esboço grosseiro" em programas precisos de excitação temporal e espacial.
- O cerebelo é importante para a execução dos movimentos rápidos, enquanto os núcleos basais são responsáveis predominantemente pelos movimentos lentos ou deliberados.
- A partir do cerebelo e núcleos basais, o programa preciso é enviado através do tálamo para o córtex motor, que passa adiante a mensagem aos neurônios espinais, para a "sintonização espinal", e finalmente ao músculo esquelético.
- O *feedback* enviado pelos proprioceptores e receptores musculares ao SNC permite que os programas motores sejam modificados, quando necessário.

Sistema nervoso autônomo

O **sistema nervoso autônomo** (SNA) exerce papel importante na manutenção da **homeostasia**. Em contraste com os nervos motores somáticos, os nervos motores autônomos inervam os órgãos efetores, que em geral não estão sob controle voluntário. Por exemplo, os nervos motores autônomos inervam o miocárdio, glândulas e músculo liso encontrados nas vias aéreas, intestino e vasos sanguíneos. De um modo geral, o sistema nervoso autônomo opera abaixo do nível de consciência, embora alguns indivíduos aparentemente sejam capazes de aprender a controlar algumas partes desse sistema. Ainda que de modo involuntário, parece que a função do SNA está estreitamente associada à emoção. Exemplificando, todos nós sofremos aumento da frequência cardíaca após uma excitação ou medo extremos. Em adição, as secreções das glândulas digestivas e sudoríparas são afetadas pelos períodos de excitação. Seria de se esperar que a participação em exercícios intensos resulte em aumento da atividade autônoma.

O SNA pode ser separado funcional e anatomicamente em duas divisões: (1) **divisão simpática** e (2) **divisão parassimpática** (ver Fig. 7.19). A maioria dos órgãos recebe inervação através dos ramos parassimpático e simpático do SNA.[62] Em geral, a parte simpática do SNA tende a ativar um órgão (p. ex., aumenta a frequência cardíaca), enquanto os impulsos parassimpáticos tendem a inibi-lo (p. ex., diminuem a frequência cardíaca). Dessa forma, a atividade de um órgão em particular pode ser regulada de acordo com a proporção de impulsos simpáticos/impulsos parassimpáticos no tecido. Nesse sentido, o SNA pode regular as atividades dos músculos involuntários (i. e., músculo liso) e glândulas, de acordo com as necessidades corporais (ver Cap. 5).

A divisão simpática do SNA possui seus próprios corpos celulares de neurônios pré-ganglionares localizados nas regiões torácica e lombar da medula espinal. Essas fibras saem da medula óssea e entram nos gânglios simpáticos (ver Fig. 7.19). O neurotransmissor encontrado entre os neurônios pré- e pós-ganglionares é a acetilcolina. As fibras simpáticas pós-ganglionares saem desses gânglios simpáticos e inervam uma ampla variedade de tecidos. O neurotransmissor liberado no órgão efetor é primariamente a noradrenalina. Recordando-se do Capítulo 5, a noradrenalina atua sobre o órgão efetor ligando-se a receptores alfa ou beta existentes na membrana do órgão-alvo.[21] Após a estimulação simpática, a noradrenalina é removida de duas formas: (1) recaptação dentro da fibra pós-ganglionar e/ou (2) quebra em derivados inativos.[21]

A divisão parassimpática do SNA tem seus corpos celulares localizados no tronco encefálico e parte sacral da medula espinal. As fibras parassimpáticas saem do tronco encefálico e medula espinal e convergem nos gânglios em uma ampla variedade de áreas ana-

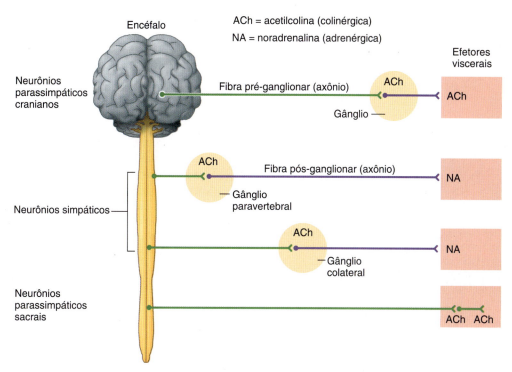

Figura 7.19 Esquema simplificado, representando os neurotransmissores do sistema nervoso autônomo.

tômicas. A acetilcolina é o neurotransmissor encontrado nas fibras pré- e pós-ganglionares. Após a estimulação do nervo parassimpático, a acetilcolina é liberada e rapidamente degradada pela enzima acetilcolinesterase.

Em repouso, as atividades das divisões simpática e parassimpática do SNA estão em equilíbrio. No entanto, durante uma série de exercício, a atividade do sistema nervoso parassimpático diminui e a ativação do sistema nervoso simpático aumenta. Um dos principais papéis do sistema nervoso simpático durante o exercício é regular o fluxo sanguíneo para os músculos ativos.[54] Para tanto, o débito cardíaco é aumentado e o fluxo sanguíneo é redistribuído para os músculos em contração (ver Cap. 9). Quando o exercício termina, a atividade simpática diminui e a atividade parassimpática aumenta, permitindo que o corpo volte ao estado de repouso.[15]

O exercício melhora a saúde do encéfalo

Embora esteja comprovado que o exercício regular pode beneficiar a saúde de uma forma geral, pesquisas indicam que o exercício também pode melhorar a função encefálica (cognitiva), em particular nas fases mais tardias da vida. Manter o encéfalo saudável ao longo da vida é uma meta importante, e tanto a estimulação mental (p. ex., leitura) como o exercício são intervenções que podem contribuir para uma boa saúde encefálica. Por esse motivo, o exercício diário é uma forma simples e econômica de ajudar a manter a saúde do SNC.

Quão forte é a evidência que sugere que o exercício regular melhora a função encefálica e confere proteção contra a deterioração associada ao avanço da idade? Em resumo, essa evidência é extremamente forte. Especificamente, numerosos estudos revelam que o exercício visa a muitos aspectos da função encefálica e produz amplos efeitos sobre sua saúde geral, aprendizado, memória e depressão, em particular nas populações de idade mais avançada.[8] Em adição, o exercício regular pode proteger contra vários tipos de demência (p. ex., doença de Alzheimer) e certos tipos de lesão do encéfalo (p. ex., acidente vascular encefálico).[8,50] Sendo assim, o exercício aumenta a saúde encefálica, bem como a saúde corporal e, portanto, representa uma intervenção de estilo de vida importante para melhorar a função encefálica e a resistência às doenças neurodegenerativas.[10,31,50]

Como o exercício melhora a saúde encefálica? O exercício aeróbio regular promove uma cascata de sinalização de fatores de crescimento encefálicos que (1) melhora o aprendizado e a memória, (2) estimula a neurogênese (i. e., formação de novos neurônios), (3) melhora o fluxo sanguíneo e a função vascular encefálica, e (4) atenua os mecanismos que conduzem à depressão.[7] Além desses mecanismos centrais, o exercício também diminui vários fatores de risco periféricos de declínio cognitivo, incluindo inflamação, hipertensão e resistência à insulina.[8] A Figura 7.20 resume a cascata de eventos induzida por exercício que leva a uma função e saúde encefálica melhoradas.

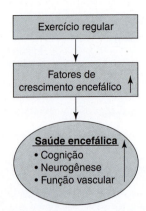

Figura 7.20 O exercício regular visa muitos aspectos da função encefálica e promove amplos benefícios para a saúde encefálica geral. Especificamente, o exercício promove aumento dos níveis de vários fatores de crescimento encefálico que levam à melhora da saúde encefálica, por aperfeiçoarem cognição, neurogênese e função vascular.

Em resumo

- O sistema nervoso autônomo é responsável pela manutenção da constância do ambiente corporal interno.
- Anatômica e funcionalmente, o SNA pode ser dividido em duas partes: (1) divisão simpática e (2) divisão parassimpática.
- Em geral, a parte simpática (liberadora de noradrenalina) tende a excitar um órgão, enquanto a parte parassimpática (liberadora de acetilcolina) tende a inibir este mesmo órgão.
- Pesquisas indicam que o exercício pode melhorar a função encefálica (cognitiva), particularmente em indivíduos de idade mais avançada.

Atividades para estudo

1. Identifique a localização e as funções do SNC.
2. Crie um esquema simples representando a organização do sistema nervoso.
3. Defina *sinapses*.
4. Defina *potencial de membrana* e *potencial de ação*.
5. Discuta um PIPS e um PEPS. Quais são as diferenças entre ambos?
6. O que são proprioceptores? Dê alguns exemplos.
7. Descreva a localização e função do aparelho vestibular.
8. Qual é o significado do termo *sintonização espinal*?
9. Liste as possíveis funções motoras exercidas pelo tronco encefálico, córtex motor e cerebelo.
10. Descreva as divisões e funções do SNA.
11. Defina os termos *unidade motora* e *razão de inervação*.
12. Descreva brevemente os benefícios proporcionados pelo exercício no que se refere à função encefálica.
13. Como o exercício regular mantém a saúde neuronal?
14. Descreva o reflexo de retirada.
15. Destaque as funções dos fusos musculares e do OTG.
16. Descreva o projeto anatômico geral de um fuso muscular e discuta sua função fisiológica.
17. Discuta a função dos OTG no monitoramento da tensão muscular.

Sugestões de leitura

Colcombe, S. J. et al. Aerobic exercise training increases brain volume in aging humans. *The Journals of Gerontology. Series A, Biological Sciences and Medical Sciences* 61:1166–70, 2006.

Cotman, C. W., N. Berchtold, and L. Christie. Exercise builds brain health: Key roles of growth factor cascades and inflammation. *Trends in Neuroscience* 30: 464–72, 2007.

Fox, S. *Human Physiology*. New York, NY: McGraw-Hill Companies, 2013.

Halstead, M. E., and Walter, K. D. American Academy of Pediatrics. Clinical report—sport-related concussion in children and adolescents. *Pediatrics* 126: 597–615, 2010.

Latimer-Cheung, A. et al. Development of evidence-informed physical activity guidelines for adults with multiple sclerosis. Archives of Physical Medicine and Rehabilitation. In press 94: 1829–1836, 2013.

Noakes, T. Time to move beyond a brainless exercise physiology: the evidence for complex regulation of human exercise performance. *Applied Physiology, Nutrition, and Metabolism*. 36: 23–35, 2011.

Roatta, S., and Farina, D. Sympathetic actions on the skeletal muscle. *Exercise and Sport Science Reviews* 38: 31–35, 2011.

Referências bibliográficas

1. Asano M, Dawes DJ, Arafah A, Moriello C, and Mayo NE. What does a structured review of the effectiveness of exercise interventions for persons with multiple sclerosis tell us about the challenges of designing trials? Multiple Sclerosis (Houndmills, UK) 15: 412–421, 2009.
2. Bailes J. Sports-related concussion: what we know in 2009—a neurosurgeon's perspective. Journal of the International Neuropsychological Society 15: 509–511, 2009.
3. Barchas JD, Akil H, Elliott GR, Holman RB, and Watson SJ. Behavioral neurochemistry: neuroregulators and behavioral states. Science 200: 964–973, 1978.
4. Barde YA, Edgar D, and Thoenen H. New neurotrophic factors. Annu Rev Physiol 45: 601–612, 1983.
5. Brodal P. Central Nervous System. New York, NY: Oxford University Press, 2010.
6. Busse MW, Maassen N, and Konrad H. Relation between plasma K^+ and ventilation during incremental exercise after glycogen depletion and repletion in man. The Journal of Physiology 443: 469–476, 1991.
7. Clark FJ, and Burgess PR. Slowly adapting receptors in cat knee joint: can they signal joint angle? Journal of Neurophysiology 38: 1448–1463, 1975.

8. Cotman CW, Berchtold NC, and Christie LA. Exercise builds brain health: key roles of growth factor cascades and inflammation. *Trends Neurosci* 30: 464–472, 2007.

9. De Souza-Teixeira F, Costilla S, Ayan C, Garcia-Lopez D, Gonzalez-Gallego J, and de Paz JA. Effects of resistance training in multiple sclerosis. *International Journal of Sports Medicine* 30: 245–250, 2009.

10. Desai AK, Grossberg GT, and Chibnall JT. Healthy brain aging: a road map. *Clinics in Geriatric Medicine* 26: 1–16, 2010.

11. Dick RW. Is there a gender difference in concussion incidence and outcomes? *British Journal of Sports Medicine* 43 (Suppl 1): i46–50, 2009.

12. Dietz V. Human neuronal control of automatic functional movements: interaction between central programs and afferent input. *Physiological Reviews* 72: 33–69, 1992.

13. Eccles JC. *The Understanding of the Brain*. New York: McGraw-Hill, 1977.

14. Fox S. *Human Physiology*. New York, NY: McGraw-Hill, 2009.

15. Freeman JV, Dewey FE, Hadley DM, Myers J, and Froelicher VF. Autonomic nervous system interaction with the cardiovascular system during exercise. *Prog Cardiovasc Dis* 48: 342–362, 2006.

16. Fregni F, and Pascual-Leone A. Hand motor recovery after stroke: tuning the orchestra to improve hand motor function. *Cogn Behav Neurol* 19: 21–33, 2006.

17. Goodwin GM, McCloskey DI, and Matthews PB. The contribution of muscle afferents to kinaesthesia shown by vibration induced illusions of movement and by the effects of paralysing joint afferents. *Brain* 95: 705–748, 1972.

18. Grillner S. Control of locomotion in bipeds, tetrapods, and fish. In: *Handbook of Physiology: The Nervous System Motor Control*. Washington, DC: American Physiological Society, 1981, p. 1179–1236.

19. Guskiewicz KM, Marshall SW, Bailes J, McCrea M, Cantu RC, Randolph C, and Jordan BD. Association between recurrent concussion and late-life cognitive impairment in retired professional football players. *Neurosurgery* 57: 719–726; discussion 719–726, 2005.

20. Hakkinen K, Pakarinen A, Kyrolainen H, Cheng S, Kim DH, and Komi PV. Neuromuscular adaptations and serum hormones in females during prolonged power training. *International Journal of Sports Medicine* 11: 91–98, 1990.

21. Hall I. *Guyton and Hall: Texbook of Medical Physiology*. Philadelphia, PA: Saunders, 2011.

22. Halstead ME, and Walter KD. American Academy of Pediatrics. Clinical report—sport-related concussion in children and adolescents. *Pediatrics* 126: 597–615, 2010.

23. Henatsch HD, and Langer HH. Basic neurophysiology of motor skills in sport: a review. *International Journal of Sports Medicine* 6: 2–14, 1985.

24. Hunt CC. Mammalian muscle spindle: peripheral mechanisms. *Physiological Reviews* 70: 643–663, 1990.

25. Kandel E, Schwartz J, and Jessell D. *Principles of Neural Science*. Stamford, CT: Appleton & Lange, 2000.

26. Kaufman MP, Rybicki KJ, Waldrop TG, and Ordway GA. Effect of ischemia on responses of group III and IV afferents to contraction. *J Appl Physiol* 57: 644–650, 1984.

27. Kaufman MP, Waldrop TG, Rybicki KJ, Ordway GA, and Mitchell JH. Effects of static and rhythmic twitch contractions on the discharge of group III and IV muscle afferents. *Cardiovasc Res* 18: 663–668, 1984.

28. Kniffki K, Mense S, and Schmidt R. Muscle receptors with fine afferent fibers which may evoke circulatory reflexes. *Circulation Research* 48 (Suppl.): 25–31, 1981.

29. Konczak J, Corcos DM, Horak F, Poizner H, Shapiro M, Tuite P, Volkmann J, and Maschke M. Proprioception and motor control in Parkinson's disease. *Journal of Motor Behavior* 41: 543–552, 2009.

30. Krieger DT, and Martin JB. Brain peptides (first of two parts). *N Engl J Med* 304: 876–885, 1981.

31. Marks BL, Katz LM, and Smith JK. Exercise and the aging mind: buffing the baby boomer's body and brain. *The Physician and Sportsmedicine* 37: 119–125, 2009.

32. Matthews PB. Muscle afferents and kinaesthesia. *Br Med Bull* 33: 137–142, 1977.

33. McAuley E, Kramer AF, and Colcombe SJ. Where does Sherrington's muscle sense originate? *Annual Review of Neuroscience* 5: 189–218, 1982.

34. McCloskey D. Sensing position and movements of the fingers. *News in Physiological Sciences* 2: 226–230, 1987.

35. McCloskey DI, and Mitchell JH. Reflex cardiovascular and respiratory responses originating in exercising muscle. *The Journal of Physiology* 224: 173–186, 1972.

36. McCrory P, Meeuwisse W, Johnston K, Dvorak J, Aubry M, Molloy M, and Cantu R. Consensus statement on concussion in sport—the Third International Conference on Concussion in Sport held in Zurich, November 2008. *The Physician and Sportsmedicine* 37: 141–159, 2009.

37. Mendell LM. The size principle: a rule describing the recruitment of motoneurons. *Journal of Neurophysiology* 93: 3024–3026, 2005.

38. Morton SM, and Bastian AJ. Cerebellar contributions to locomotor adaptations during splitbelt treadmill walking. *J Neurosci* 26: 9107–9116, 2006.

39. Nicoll RA, Malenka RC, and Kauer JA. Functional comparison of neurotransmitter receptor subtypes in mammalian central nervous system. *Physiological Reviews* 70: 513–565, 1990.

40. Noakes, T. Time to move beyond a brainless exercise physiology: the evidence for complex regulation of human exercise performance. *Applied Physiology, Nutrition, and Metabolism* 36: 23–35, 2011.

41. Noakes TD, St Clair Gibson A, and Lambert EV. From catastrophe to complexity: a novel model of integrative central neural regulation of effort and fatigue during exercise in humans: summary and conclusions. *British Journal of Sports Medicine* 39: 120–124, 2005.

42. O'Donovan MJ. Developmental regulation of motor function: an uncharted sea. *Med Sci Sports Exerc* 17: 35–43, 1985.

43. Ogoh S, and Ainslie PN. Cerebral blood flow during exercise: mechanisms of regulation. *J Appl Physiol* 107: 1370–1380, 2009.

44. Petersen TH, Rosenberg K, Petersen NC, and Nielsen JB. Cortical involvement in anticipatory postural reactions in man. *Experimental Brain Research Experimentelle Hirnforschung* 193: 161–171, 2009.

45. Place N, Bruton JD, and Westerblad H. Mechanisms of fatigue induced by isometric contractions in exercising humans and in mouse isolated single muscle fibres. *Clinical and Experimental Pharmacology & Physiology* 36: 334–339, 2009.

46. Powers SK, and Jackson MJ. Exercise-induced oxidative stress: cellular mechanisms and impact on muscle force production. *Physiological Reviews* 88: 1243–1276, 2008.

47. Pozzo T, Berthoz A, Lefort L, and Vitte E. Head stabilization during various locomotor tasks in humans. II. Patients with bilateral peripheral vestibular deficits. *Experimental Brain Research Experimentelle Hirnforschung* 85: 208–217, 1991.

48. Proske U. Kinesthesia: the role of muscle receptors. *Muscle & Nerve* 34: 545–558, 2006.

49. Proske U, and Gandevia SC. The kinaesthetic senses. *The Journal of Physiology* 587: 4139–4146, 2009.

50. Radak Z, Hart N, Sarga L, Koltai E, Atalay M, Ohno H, and Boldogh I. Exercise plays a preventive role against Alzheimer's disease. *J Alzheimers Dis* 20: 777–783, 2010.

51. Randolph C, and Kirkwood MW. What are the real risks of sport-related concussion, and are they modifiable? *J Int Neuropsychol Soc* 15: 512–520, 2009.

52. Rasmussen P, Nielsen J, Overgaard M, Krogh-Madsen R, Gjedde A, Secher NH, and Petersen NC. Reduced muscle activation during exercise related to brain oxygenation and metabolism in humans. *The Journal of Physiology* 588: 1985–1995.

53. Redman S. Monosynaptic transmission in the spinal cord. *News in Physiological Sciences* 1: 171–174, 1986.

54. Roatta S, and Farina D. Sympathetic actions on the skeletal muscle. *Exerc Sport Sci Rev* 38: 31–35, 2010.

55. Sage GH. *Motor Learning and Control: A Neuropsychological Approach*. New York, NY: McGraw-Hill, 1984.

56. Saldanha A, Nordlund Ekblom MM, and Thorstensson A. Central fatigue affects plantar flexor strength after prolonged running. *Scandinavian Journal of Medicine & Science in Sports* 18: 383–388, 2008.

57. Shephard RJ. Is it time to retire the "central governor"? *Sports Medicine* (Auckland, NZ) 39: 709–721, 2009.

58. Shier D, Butler J, and Lewis R. *Hole's Human Anatomy and Physiology*. New York, NY: McGraw-Hill, 2007.

59. Soechting J, and Flanders M. Arm movements in three-dimensional space: computation, theory, and observation. In: *Exercise and Sport Science Reviews*, edited by Holloszy J. Baltimore, MD: Lippincott Williams & Wilkins, 1991, p. 389–418.

60. Stroud NM, and Minahan CL. The impact of regular physical activity on fatigue, depression and quality of life in persons with multiple sclerosis. *Health and Quality of Life Outcomes* 7: 68, 2009.

61. White LJ, and Castellano V. Exercise and brain health—implications for multiple sclerosis: part 1—neuronal growth factors. *Sports Medicine* (Auckland, NZ) 38: 91–100, 2008.

62. White LJ, and Dressendorfer RH. Exercise and multiple sclerosis. *Sports Medicine* (Auckland, NZ) 34: 1077–1100, 2004.

63. White LJ, McCoy SC, Castellano V, Gutierrez G, Stevens JE, Walter GA, and Vandenborne K. Resistance training improves strength and functional capacity in persons with multiple sclerosis. *Multiple Sclerosis* (Houndmills, UK) 10: 668–674, 2004.

64. Widmaier E, Raff H, and Strang K. *Vander's Human Physiology*. New York, NY: McGraw-Hill, 2006.

8

Músculo esquelético: estrutura e função

■ Objetivos

Ao estudar este capítulo, você deverá ser capaz de:

1. Esboçar e identificar a microestrutura de uma fibra de músculo esquelético.
2. Definir as células-satélite. Qual o papel das células-satélite no reparo de uma lesão muscular?
3. Listar a cadeia de eventos que ocorrem durante a contração muscular.
4. Definir os exercícios dinâmicos e estáticos. Quais tipos de ação muscular ocorrem durante cada forma de exercício?
5. Descrever os três fatores que determinam a quantidade de força produzida durante a contração muscular.
6. Comparar e indicar as diferenças das principais propriedades bioquímicas e mecânicas dos três tipos primordiais de fibras musculares encontrados no músculo esquelético humano.
7. Descrever como os tipos de fibras de músculo esquelético influenciam o desempenho atlético.
8. Representar esquematicamente e descrever a relação existente entre a velocidade do movimento e a quantidade de força exercida durante a contração muscular.

■ Conteúdo

Estrutura do músculo esquelético 164
Junção neuromuscular 166
Contração muscular 168
Visão geral da teoria dos filamentos deslizantes/ alavanca oscilatória 168
Energia para contração 168
Regulação do acoplamento excitação-contração 170
Exercício e fadiga muscular 173
Cãibras musculares associadas ao exercício 174
Tipos de fibras 175
Visão geral das características bioquímicas e contráteis do músculo esquelético 176
Características funcionais dos tipos de fibras musculares 177
Tipos de fibras e desempenho 178
Ações musculares 179
Velocidade da ação muscular e relaxamento 180
Regulação da força no músculo 181
Relações força--velocidade/potência--velocidade 182

■ Palavras-chave

ação concêntrica
ação excêntrica
ação isométrica
ação muscular
actina
células-satélite
cisternas terminais
contração
dinâmica
endomísio
epimísio
extensores
fascículo
fibras de contração lenta
fibras de contração rápida
fibras de tipo I
fibras de tipo IIa
fibras de tipo IIx
fibras intermediárias
flexores
junção neuromuscular
miofibrilas
miosina
modelo da alavanca oscilatória
motoneurônios
perimísio
potencial de placa terminal (PPT)
retículo sarcoplasmático
saco lateral
sarcolema
sarcômeros
soma
teoria dos filamentos deslizantes
tetania
tropomiosina
troponina
túbulos transversos
unidade motora

163

O corpo humano contém mais de 600 músculos esqueléticos, que constituem de 40 a 50% do peso corporal total.[61] O músculo esquelético exerce três funções importantes: (1) geração de força para locomoção e respiração; (2) geração de força para a sustentação postural; e (3) produção de calor durante os períodos de estresse frio. A função mais evidente do músculo esquelético é permitir que o indivíduo se mova livremente e respire. Novas evidências também sugerem que os músculos esqueléticos são órgãos endócrinos e exercem papel importante na regulação de vários sistemas orgânicos do corpo. Esse conceito foi introduzido no Capítulo 5 e será retomado novamente neste capítulo.

Os músculos esqueléticos estão presos aos ossos por meio de um tecido conjuntivo robusto, os chamados tendões. Uma das extremidades do músculo está fixada a um osso imóvel (origem), enquanto a extremidade oposta está fixada a um osso (inserção) que se move durante a contração muscular. Existem diversos movimentos que podem ser realizados, dependendo do tipo de articulação e dos músculos envolvidos. Os músculos que diminuem os ângulos articulares são chamados de **flexores** e aqueles que aumentam esses ângulos são conhecidos como **extensores**.

Considerando o papel dos músculos esqueléticos na determinação do desempenho esportivo, um amplo conhecimento acerca de estrutura e função musculares é importante para pesquisadores da área do exercício, professores de educação física, fisioterapeutas e instrutores. Assim, o presente capítulo discutirá a estrutura e a função do músculo esquelético.

Estrutura do músculo esquelético

O músculo esquelético é composto por vários tipos de tecido. Entre eles, estão as próprias células musculares (também conhecidas como fibras musculares), tecido nervoso, sangue e diversos tipos de tecido conjuntivo. A Figura 8.1 ilustra a relação existente entre o músculo e vários tecidos conjuntivos. Os músculos in-

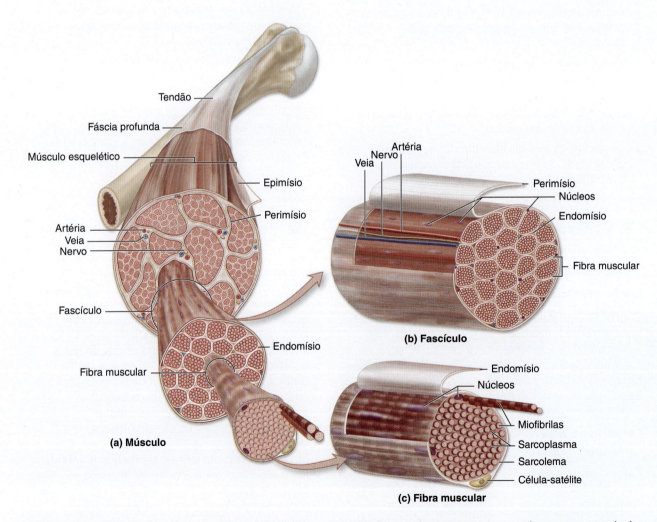

Figura 8.1 Organização estrutural do músculo esquelético. (*a*) Um músculo esquelético inteiro é revestido por uma camada de tecido conjuntivo chamada de epimísio. (*b*) Cada fascículo (ou seja, feixe de fibras musculares) é envolvido dentro de uma camada de tecido conjuntivo chamada perimísio. (*c*) Cada fibra muscular é circundada por uma camada delicada de tecido conjuntivo chamada endomísio.

dividuais estão separados uns dos outros e são mantidos em posição por um tecido conjuntivo chamado fáscia. No músculo esquelético existem três camadas separadas de tecido conjuntivo. A camada mais externa, que circunda todo o músculo, é denominada **epimísio**. De fora para dentro, a próxima camada de tecido conjuntivo é o **perimísio**, que circunda os feixes individuais de fibras musculares. Cada feixe individual de fibras musculares é denominado **fascículo**. Cada uma das fibras musculares que compõem um fascículo é cercada por um tecido conjuntivo chamado **endomísio**. Logo abaixo do endomísio, circundando cada fibra muscular, está outra camada de tecido protetor denominada lâmina basal ou membrana basal.

Apesar de seu formato exclusivo, as fibras musculares possuem muitas organelas que também estão presentes em outras células. Ou seja, contêm mitocôndrias, lisossomos e assim por diante. Entretanto, diferentemente da maioria das outras células do corpo, as células musculares são multinucleadas (i. e., possuem muitos núcleos). Uma das características mais distintivas da aparência microscópica dos músculos esqueléticos são as estrias (ver Fig. 8.2). Essas estrias são produzidas por faixas claras e escuras que se alternam ao longo de toda a extensão da fibra. As faixas escuras contêm as proteínas contráteis musculares primárias e serão discutidas em detalhes adiante.

Cada fibra muscular individual consiste em um cilindro estreito e alongado, que geralmente se estende por todo o comprimento do músculo. A membrana celular que circunda a fibra muscular é denominada **sarcolema**. Localizado acima do sarcolema e abaixo da lâmina basal, existe um grupo de células precursoras musculares chamadas de células-satélite. As **células-satélite** são células indiferenciadas que exercem papel central no crescimento e reparo musculares.[81] Por exemplo, as células-satélite podem contribuir para o crescimento muscular durante o treino de força, ao se dividirem e fornecerem núcleos para as fibras musculares já existentes. O aumento do número de núcleos no interior das fibras musculares intensifica a capacidade das fibras de sintetizar proteínas e, desse modo, auxilia o crescimento do músculo.[81]

A adição de núcleos às fibras musculares em crescimento é uma estratégia usada para que as fibras mantenham uma proporção constante de volume celular por núcleo. O volume de citoplasma que circunda um núcleo individual é denominado domínio mionuclear.[1] A importância biológica do domínio mionuclear reside no fato de um único núcleo ser capaz de sustentar a expressão genética necessária (i. e., produção de proteínas) somente em uma área limitada de volume celular. Dessa forma, para manter um domínio mionuclear constante, novos núcleos (obtidos das células-satélite) são incor-

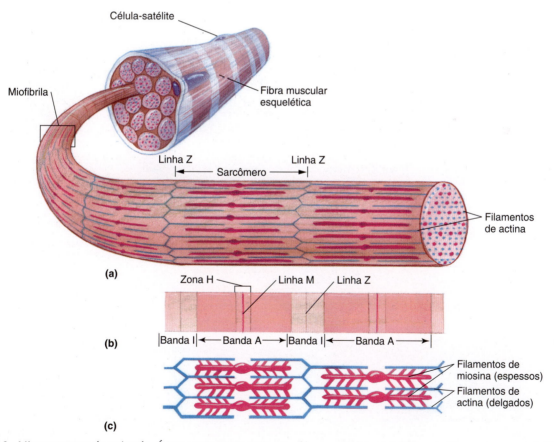

Figura 8.2 Microestrutura do músculo. É importante notar que uma fibra muscular esquelética contém numerosas miofibrilas, cada uma consiste em unidades denominadas sarcômeros.

porados dentro das fibras de músculo esquelético durante o crescimento.[47,49,79] Acontece que, para manter um domínio mionuclear estável, os núcleos são perdidos das fibras quando uma redução no tamanho da fibra muscular ocorre (i. e., atrofia muscular).

Embaixo do sarcolema, está o sarcoplasma (também denominado citoplasma), que contém as proteínas, as organelas celulares e as miofibrilas. As **miofibrilas** são numerosas estruturas filamentosas, onde estão contidas as proteínas contráteis (Fig. 8.2). Em geral, as miofibrilas são compostas por dois tipos de proteínas filamentares principais: (1) os filamentos espessos, que são constituídos pela proteína **miosina**; e (2) os filamentos delgados, constituídos primariamente pela proteína **actina**. O arranjo desses dois filamentos proteicos confere ao músculo esquelético sua aparência estriada (Fig. 8.2). Localizadas na própria molécula de actina, estão outras duas proteínas adicionais – a troponina e a tropomiosina. Essas proteínas constituem apenas uma pequena parte do músculo, mas exercem papel importante na regulação do processo contrátil.

As miofibrilas podem ser subdivididas em segmentos individuais chamados **sarcômeros**. Os sarcômeros estão separados uns dos outros por uma lâmina delgada de proteínas estruturais denominadas *linha* Z ou *disco* Z. Os filamentos de miosina estão localizados principalmente na parte escura do sarcômero, que é denominada *banda* A, enquanto os filamentos de actina ocorrem sobretudo nas regiões claras do sarcômero, denominadas *bandas* I (Fig. 8.2). No centro do sarcômero, é encontrada uma parte do filamento de miosina que não se sobrepõe ao filamento de actina. Essa é a *zona* H.

No interior do sarcoplasma do músculo, existe uma rede de canais membranosos que cerca cada miofibrila. Esses canais são conhecidos como **retículo sarcoplasmático** e constituem os locais de armazenamento de cálcio (Fig. 8.3). Do(s) curso(s) de fisiologia anterior(es), lembre-se de que a liberação de cálcio a partir do retículo sarcoplasmático exerce papel importante na deflagração da contração muscular. Outro conjunto de canais membranosos, chamados de **túbulos transversos**, estende-se do sarcolema para dentro da fibra muscular e atravessa totalmente a fibra. Esses túbulos transversos passam entre duas partes amplas do retículo sarcoplasmático, denominadas **cisternas terminais**. Todas essas partes desempenham uma função na contração muscular e são discutidas em mais detalhes neste capítulo.

Junção neuromuscular

Relembrando o Capítulo 7, cada célula muscular esquelética está conectada a um ramo de fibra nervosa oriundo de uma célula nervosa. Essas células nervosas

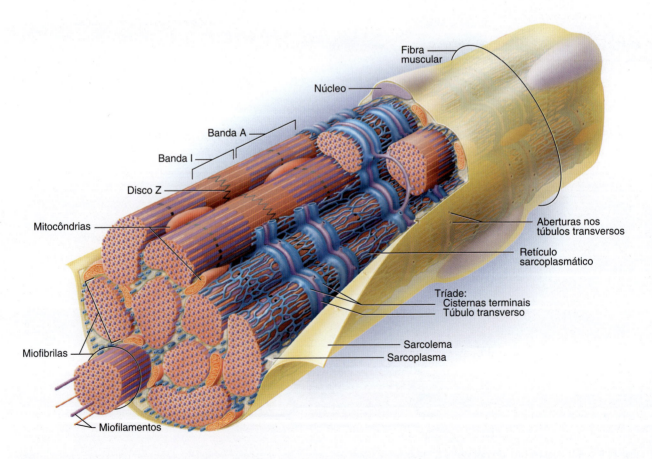

Figura 8.3 Estrutura de uma fibra muscular esquelética individual. Consulte o texto para os detalhes.

são chamadas **motoneurônios** e se estendem para fora da medula espinal. O conjunto composto pelo motoneurônio e todas as fibras musculares por ele inervadas é denominado **unidade motora**. A estimulação a partir dos motoneurônios inicia o processo de contração. O local onde o motoneurônio e a célula muscular se encontram é chamado **junção neuromuscular**. Nessa junção, o sarcolema forma um bolso que é denominado placa motora terminal (ver Fig. 8.4).

A extremidade do motoneurônio não está fisicamente em contanto com a fibra muscular, ambos são separados por um pequeno hiato denominado fenda sináptica (conhecido também como fenda neuromuscular). Quando um impulso nervoso atinge a extremidade do nervo motor, o neurotransmissor acetilcolina é liberado, difunde-se pela fenda sináptica e se liga a sítios de receptores existentes na placa motora terminal. Isso causa um aumento da permeabilidade do sarcolema ao sódio, resultando em uma despolarização chamada **potencial de placa terminal (PPT)**. O PPT é sempre amplo o suficiente para exceder o limiar e constitui o sinal que inicia o processo de contração.

Em resumo

- O corpo contém mais de 600 músculos esqueléticos voluntários, que correspondem entre 40 e 50% do peso corporal total. O músculo esquelético realiza três funções essenciais: (1) produção de força para locomoção e respiração; (2) produção de força para sustentação da postura; e (3) produção de calor diante do estresse frio.
- As fibras musculares individuais são compostas por centenas de filamentos proteicos semelhantes a fios denominados miofibrilas. As miofibrilas contêm dois tipos principais de proteína contrátil: (1) actina (parte dos filamentos delgados) e (2) miosina (principal componente dos filamentos espessos).
- A região do citoplasma que circunda cada núcleo individualmente é denominada domínio mionuclear. A importância do domínio mionuclear está no fato de um único núcleo ser

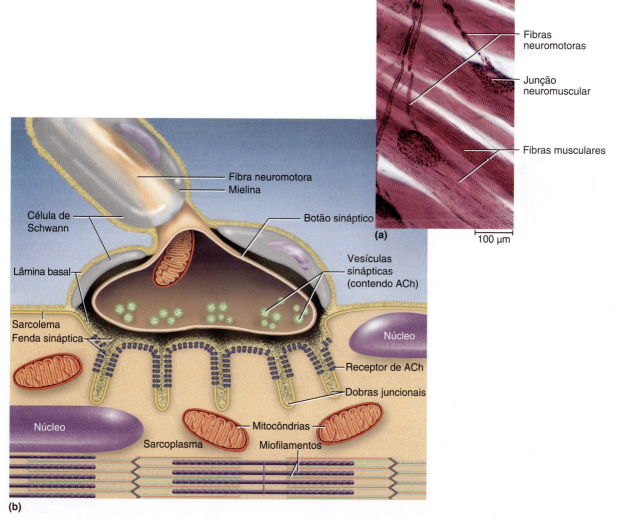

Figura 8.4 O ponto de conexão entre um motoneurônio e a fibra muscular é chamado de junção neuromuscular. O neurotransmissor acetilcolina é armazenado em vesículas sinápticas, na extremidade da fibra nervosa.

responsável pela expressão genética correspondente ao citoplasma circundante.
- Os motoneurônios estendem-se para fora da medula espinal e inervam fibras musculares individuais. O local onde o motoneurônio e a célula muscular se encontram é denominado junção neuromuscular. A acetilcolina é o neurotransmissor que estimula a fibra muscular a se despolarizar e este é o sinal que inicia o processo de contração.

Contração muscular

A contração muscular é um processo complexo que envolve certo número de proteínas celulares e sistemas de produção de energia. O resultado final é o deslizamento da actina sobre a miosina, com consequente encurtamento do músculo e desenvolvimento de tensão. Embora os detalhes completos da contração muscular ao nível molecular continuem sendo investigados, o processo básico de contração muscular está bem definido. Ele é explicado pela **teoria dos filamentos deslizantes** da contração, que muitas vezes é chamado de **modelo da alavanca oscilatória** da contração muscular.[31,40,69] Ver uma perspectiva histórica geral da teoria dos filamentos deslizantes da contração muscular no Quadro "Um olhar no passado – nomes importantes na ciência".

Visão geral da teoria dos filamentos deslizantes/alavanca oscilatória

O processo geral ou panorama completo de contração muscular está ilustrado na Figura 8.5. As fibras musculares se contraem por meio do encurtamento de suas miofibrilas, que se deve ao deslizamento da actina sobre a miosina. Isso resulta na diminuição da distância entre uma linha Z e outra. Entender os detalhes sobre como ocorre a contração muscular requer a apreciação da estrutura microscópica da miofibrila. Observe que as "cabeças" das pontes cruzadas de miosina estão orientadas na direção da molécula de actina (ver Fig. 8.6). Os filamentos de actina e miosina deslizam uns nos outros durante a contração muscular, em decorrência da ação de numerosas pontes cruzadas que se estendem como "braços" a partir da miosina e se prendem à actina. A ligação da miosina à actina resulta na formação da ponte cruzada de miosina que move a molécula de actina na direção do centro do sarcômero. Esse "puxão" da actina sobre a molécula de miosina ocasiona o encurtamento do músculo e gera força.

O termo "acoplamento excitação-contração" refere-se à sequência de eventos em que um impulso nervoso (potencial de ação) atinge a membrana muscular e causa encurtamento do músculo via atividade de ponte cruzada. Esse processo será discutido a seguir, etapa por etapa. Vamos começar com uma discussão sobre a fonte de energia para contração.

Energia para contração

A energia para a contração muscular é obtida da quebra do ATP pela enzima miosina ATPase.[21,32,36,37,41,43] Essa enzima está localizada na "cabeça" da ponte cruzada de miosina. Lembre-se de que as vias bioenergéticas responsáveis pela síntese de ATP foram discutidas no Capítulo 3 e estão resumidas na Figura 8.7. A quebra de ATP em ADP e fosfato inorgânico (P_i) com liberação de energia serve para energizar as pontes cruzadas de mio-

Um olhar no passado – nomes importantes na ciência

Andrew F. Huxley desenvolveu a "Teoria dos filamentos deslizantes da contração muscular"

Andrew Huxley (1917–2012) recebeu o Prêmio Nobel de Fisiologia e Medicina em 1963, por sua pesquisa sobre transmissão nervosa. Huxley nasceu em Londres, Inglaterra, e se formou na Universidade de Cambridge.

Ao longo de sua distinta carreira de pesquisador, Huxley deu muitas contribuições importantes para a área da fisiologia. Uma de suas primeiras áreas de pesquisa relevantes foi o processo de transmissão neural. Trabalhando com Alan Hodgkin, ambos hipotetizaram que a transmissão neural (i. e., o desenvolvimento de um potencial de ação) ocorria por causa da passagem de íons por canais iônicos existentes nas membranas celulares. Essa hipótese foi confirmada anos depois e, em 1963, o dr. Huxley e o dr. Hodgkin compartilharam o Prêmio Nobel por esse trabalho.

Apesar de ter conquistado o Prêmio Nobel por sua pesquisa sobre transmissão neural, o professor Huxley é provavelmente mais conhecido por seu trabalho sobre o modo como ocorre a contração do músculo esquelético. O dr. Huxley e seus colaboradores desenvolveram a "teoria dos filamentos deslizantes da contração muscular" e, desde então, muitos pesquisadores têm confirmado os princípios básicos dessa teoria original.

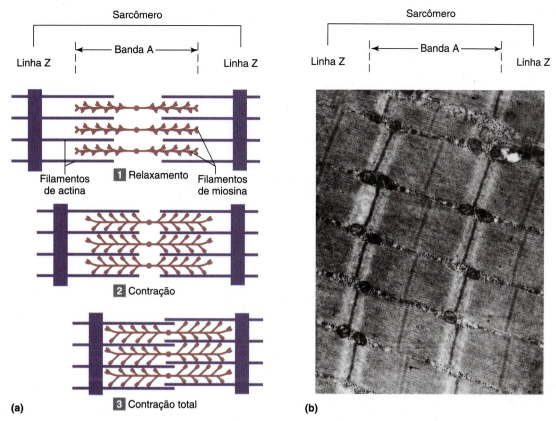

Figura 8.5 Quando um músculo esquelético se contrai, (a) os sarcômeros individuais se encurtam, à medida que os filamentos espessos (miosina) e delgados (actina) deslizam uns sobre os outros. (b) Fotografia tirada com um microscópio eletrônico ilustrando o encurtamento de um sarcômero durante a contração muscular (aumento de 40.000 vezes).

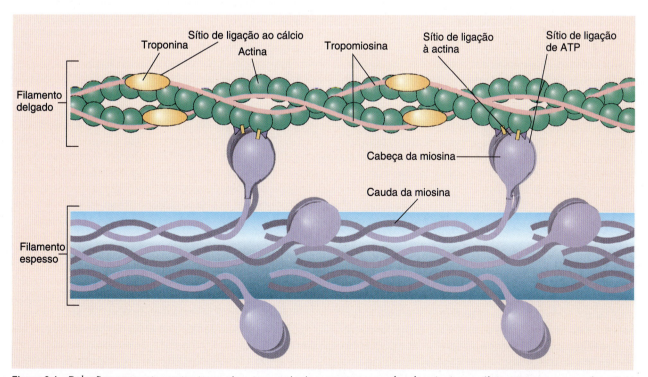

Figura 8.6 Relações propostas entre troponina, tropomiosina, pontes cruzadas de miosina e cálcio. Note que, quando o Ca^{++} se liga à troponina, a tropomiosina é removida dos sítios ativos existentes na actina e a fixação da ponte cruzada se torna possível.

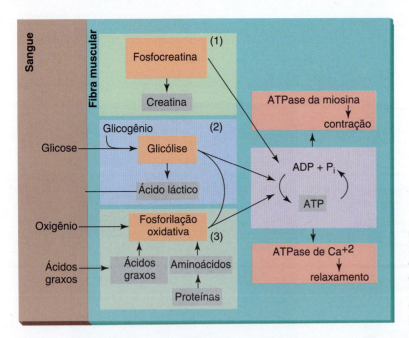

Figura 8.7 As três fontes de produção de ATP no músculo durante a contração: (1) fosfocreatina; (2) glicólise; e (3) fosforilação oxidativa. De: A.J. Vander et al., *Human Physiology: The Mechanisms of Body Function*, 8. ed. Copyright © 2001 McGraw-Hill, Inc., New York. Reproduzido com permissão.

sina que, por sua vez, puxam as moléculas de actina sobre a miosina e, assim, encurtam o músculo.[25,37,50,75]

Um único ciclo de contração ou "movimento de potência" de todas as pontes cruzadas em um músculo produziria neste um encurtamento equivalente a apenas 1% de seu comprimento em repouso. Como alguns músculos podem sofrer encurtamentos de até 60% de seu comprimento em repouso, está evidente que o ciclo de contração precisa ser repetido várias vezes.

Regulação do acoplamento excitação-contração

Novamente, o termo acoplamento excitação-contração refere-se à sequência de eventos que produzem a despolarização do músculo (excitação), que leva ao encurtamento do músculo e à produção da força (contração). Nas seções a seguir, forneceremos uma visão mais ampla do processo de acoplamento excitação-contração, seguida por uma discussão dos eventos que levam ao relaxamento muscular. Vamos começar com o processo de excitação.

Excitação. O processo de excitação começa com a chegada do impulso nervoso à junção neuromuscular. O potencial de ação oriundo do motoneurônio causa a liberação de acetilcolina na fenda sináptica da junção neuromuscular. A acetilcolina liga-se aos receptores existentes na placa motora terminal, produzindo um potencial de placa terminal que leva à despolarização da célula muscular.[61] Essa despolarização (i. e., excitação) é conduzida adiante ao longo dos túbulos transversos, profundamente localizados na fibra muscular. Em resumo, o processo de excitação leva à despolarização do músculo, que resulta na liberação de cálcio do retículo sarcoplasmático. O "conjunto" de como o cálcio livre resulta na contração muscular está resumido na próxima seção.

Contração. Quando o potencial de ação atinge o retículo sarcoplasmático, o cálcio é liberado e se difunde dentro do músculo, ligando-se a uma proteína denominada troponina. Essa é a etapa deflagradora do controle da contração muscular, pois a regulação da contração é dependente de duas proteínas regulatórias (**troponina** e **tropomiosina**) localizadas na molécula de actina. A troponina e a tropomiosina regulam a contração muscular, controlando a interação entre actina e miosina.

Para compreender como a liberação de cálcio do retículo sarcoplasmático interage com a troponina e a tropomiosina para controlar a contração muscular, vamos examinar a relação anatômica entre actina, troponina e tropomiosina (ver Fig. 8.6). Observe que o filamento de actina é formado a partir de muitas subunidades proteicas dispostas em fila dupla e torcidas. A tropomiosina é uma molécula fina, que repousa em um sulco existente entre as filas duplas de actina. E presa diretamente à tropomiosina, está a troponina. Esse arranjo permite que a troponina e a tropomiosina atuem juntas para regular a fixação das pontes cruzadas de actina e miosina. Em um músculo relaxado, a tropomiosina bloqueia os sítios ativos da molécula de actina, onde as pontes cruzadas de miosina devem se fixar para produzir uma contração. O fator deflagrador da contração está associado à liberação do cálcio armazenado (Ca^{++}) a partir de uma região do retículo sarcoplasmático denominada **saco lateral**, ou, por vezes, chamada de *cisterna terminal*.[51,72] No músculo em repouso (relaxado), a concentração de Ca^{++} no sarcoplasma é muito baixa. Entretanto, quando o impulso nervoso chega na junção neuromuscular, viaja até os túbulos transversos e segue para o retículo sarcoplasmático, causando liberação de Ca^{++}. Uma parte significativa desse Ca^{++} se liga à troponina (ver Fig. 8.6) e produz uma mudança de posição na tropomiosina, de modo que os sítios ativos existentes na actina são expostos. Isso permite a ligação de uma ponte cruzada de miosina na molécula de actina. A ligação da ponte cruzada inicia a liberação da energia armazenada no interior da molécula de miosina. Isso produz um movimento em cada ponte cruzada, ocasionando o encurtamento do músculo. A fixação de ATP "fresco" às pontes cruzadas de miosina quebra a ponte cruzada de miosina ligada à actina. A enzima ATPase mais uma vez hidroliza (i. e., quebra) o ATP ligado à ponte cruzada de miosina e fornece a energia necessária ao posicionamento da ponte cruzada de miosina para refixação a outro sítio ativo na molécula de actina. Esse ciclo de contração pode ser repetido enquanto houver Ca^{++} livre disponível para se ligar à troponina e o ATP puder ser hidrolisado para fornecer energia. A falha do músculo em manter a homeostase (p. ex., em decorrência de níveis inadequados de Ca^{++} e níveis altos de íons hidrogênio) acarreta o comprometimento do movimento das pontes cruzadas, e a fibra muscular perde a capacidade de gerar força (ou seja, fadiga muscular). As causas da fadiga muscular induzida pelo exercício serão introduzidas em outro segmento. Consulte "Uma visão mais detalhada 8.1" e as Figuras 8.8 e 8.9 associadas para uma descrição passo a passo da contração muscular.

Relaxamento muscular. O sinal de parada da contração é a ausência de impulso nervoso na junção neuromuscular. Quando isso ocorre, uma bomba de Ca^{++} dependente de energia localizada no retículo sarcoplasmático começa a deslocar o Ca^{++} de volta para o retículo sarcoplasmático. Essa remoção do Ca^{++} da troponina faz com que a tropomiosina se desloque de volta para a cobertura dos sítios de ligação existentes na molécula de actina e a interação das pontes cruzadas cesse.

O Quadro "Uma visão mais detalhada 8.1" traz um resumo de cada etapa dos eventos que ocorrem durante excitação, contração e relaxamento musculares. Para uma abordagem mais detalhada dos eventos moleculares envolvidos na contração do músculo esquelético, consulte as referências.[9,25,28,30,31,37-39,75] O tempo dedicado ao aprendizado da microestrutura muscular e dos eventos que levam à contração se mostrará proveitoso futuramente, pois este material é importante para um completo entendimento acerca da fisiologia do exercício.

Uma visão mais detalhada 8.1

Resumo passo a passo do acoplamento excitação-contração e relaxamento

Nas seções a seguir, vamos destacar as etapas envolvidas na excitação, contração e relaxamento musculares. Observe que cada etapa numerada abaixo corresponde aos eventos numerados ilustrados na Figura 8.8.

Excitação

A excitação está ilustrada nas primeiras três etapas da Figura 8.8.

1. Um sinal nervoso chega ao botão sináptico.

2. As vesículas sinápticas liberam acetilcolina (ACh) que se difunde pela fenda sináptica e se liga a receptores no sarcolema da fibra muscular. Esse efeito abre os canais iônicos no sarcolema que resulta no movimento do sódio para a fibra.

3. O movimento interno dos íons sódio positivos despolariza a fibra e envia uma onda de despolarização através dos túbulos T.

Contração

A contração muscular ocorre após a despolarização (ou seja, excitação) da fibra muscular e está ilustrada nas etapas 4 a 8 da Figura 8.8.

4. A despolarização dos túbulos T resulta na liberação do cálcio do retículo sarcoplasmático (RS) no citosol da fibra muscular.

5. Os íons cálcio se ligam à troponina (localizada na molécula de actina). A ligação do cálcio à troponina resulta em uma mudança na posição da tropomiosina, de modo que os locais de ligação da miosina com a actina são expostos.

6-8. As etapas 6 a 8 ilustram o ciclo de ponte cruzada e o desenvolvimento da produção da força muscular. Resumidamente, uma ponte cruzada de miosina energizada se liga ao local ativo na actina e puxa a molécula de actina para produzir o movimento (ou seja, a fibra se encurta). As etapas 6 a 8 ocorrem repetidamente desde que a estimulação neurológica para o músculo continue. Observe a Figura 8.9, que ilustra os eventos passo a passo envolvidos no ciclo de ponte cruzada de miosina, para uma compreensão detalhada da contração muscular.

Relaxamento

9. A primeira etapa no relaxamento muscular ocorre quando o motoneurônio para de disparar. De fato, quando a estimulação neurológica do músculo cessa, ACh não é mais liberada e a fibra muscular é repolarizada.

10. Quando o motoneurônio interrompe o disparo e a excitação muscular cessa, o cálcio é bombeado do citosol para o RS para ser armazenado. Sem o cálcio livre no citosol, a troponina move a tropomiosina de volta para a posição para cobrir os locais de ligação da miosina com a actina. Esse revestimento de tropomiosina dos locais ativos com a actina evita a formação da ponte cruzada miosina-actina e, portanto, ocorre o relaxamento muscular.

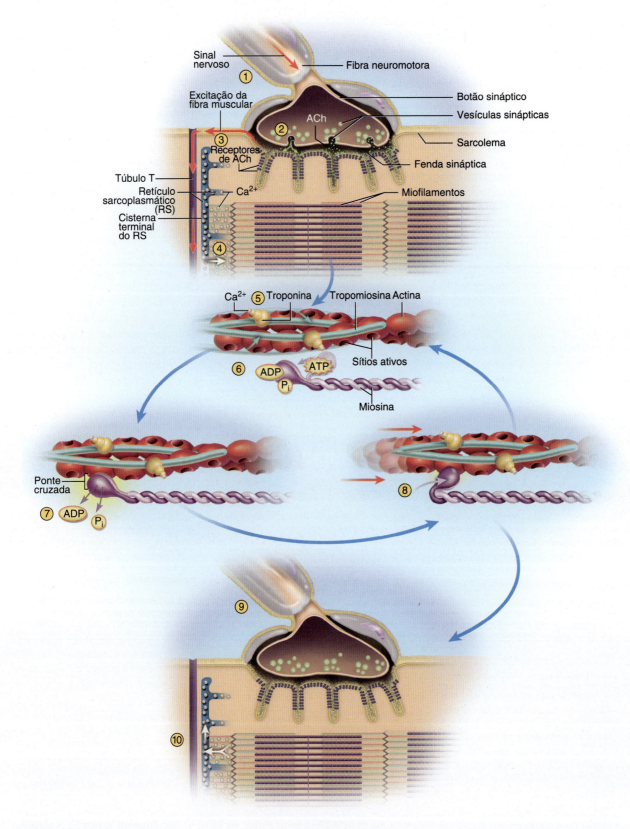

Figura 8.8 Eventos principais que levam à excitação, à contração e ao relaxamento musculares. As etapas 1 a 3 ilustram a fase de excitação. As etapas 4 a 8 representam os eventos que levam à contração muscular, e as etapas 9 e 10 ilustram o relaxamento muscular após uma contração. Consulte o texto para ter uma explicação completa dos processos de excitação, contração e relaxamento.

> **Em resumo**
>
> - O processo de contração muscular pode ser mais bem explicado pela teoria dos filamentos deslizantes/ponte cruzada oscilatória. Esses modelos propõem que o encurtamento do músculo se deve à movimentação do filamento de actina sobre o filamento de miosina.
> - O acoplamento excitação-contração refere-se a uma sequência de eventos na qual o impulso nervoso (potencial de ação) despolariza a fibra muscular, levando ao encurtamento muscular pelo ciclo de ponte cruzada. O gatilho para iniciar a contração muscular é a liberação de cálcio induzida pela despolarização a partir do retículo sarcoplasmático.
> - A contração muscular ocorre por meio da ligação da ponte cruzada da miosina à actina e o ciclo repetido de puxar a miosina sobre a molécula de actina, que resulta no encurtamento da fibra muscular.
> - O relaxamento muscular ocorre quando o motoneurônio para de excitar a fibra muscular e o cálcio é bombeado de volta para o retículo sarcoplasmático. Essa remoção do cálcio do citosol provoca uma mudança positiva na tropomiosina, que bloqueia o local de ligação da ponte cruzada de miosina sobre a molécula de actina; essa ação leva ao relaxamento do músculo.

Exercício e fadiga muscular

O exercício de alta intensidade ou o exercício submáximo e prolongado acarreta o declínio da capacidade muscular de gerar potência. Essa diminuição na produ-

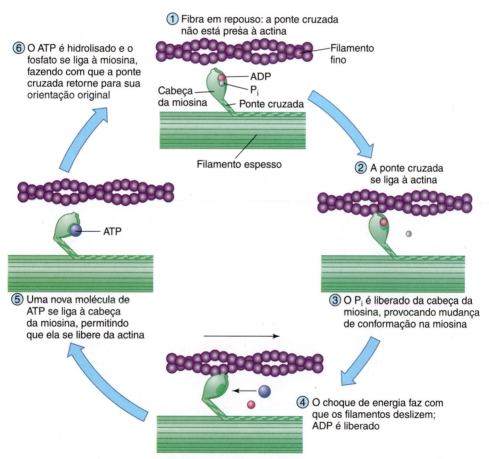

Figura 8.9 Etapas moleculares que levam à contração muscular por meio do ciclo de ponte cruzada. A etapa 1 ilustra uma fibra muscular em repouso quando as pontes cruzadas não estão presas (ou seja, o cálcio permanece no retículo sarcoplasmático). A etapa 2 ilustra a ligação da ponte cruzada de miosina à actina, que ocorre após o cálcio ser liberado do retículo sarcoplasmático. A etapa 3 ilustra a liberação de fosfato inorgânico (P_i) da cabeça da miosina, isso provoca uma mudança na posição da miosina. A etapa 4 ilustra a explosão de energia. A explosão de energia faz com que a ponte cruzada de miosina puxe a actina para dentro e os filamentos actina/miosina deslizem um sobre o outro, resultando no encurtamento da fibra. Observe que o ADP também é liberado nessa etapa. A etapa 5 envolve a ligação de uma nova molécula de ATP à cabeça da miosina; o que resulta na liberação da ponte cruzada de miosina a partir da actina. A etapa 6 envolve a degradação do ATP (hidrólise), o que faz com que a ponte cruzada de miosina retorne para sua posição original.

ção de potência muscular é denominada fadiga. De modo específico, a fadiga muscular é definida como a redução da produção de potência muscular que pode ocasionar uma diminuição, tanto da geração de força como da velocidade de encurtamento do músculo. O início da fadiga muscular durante o exercício está ilustrado na Figura 8.10. Note que a fadiga muscular difere da lesão muscular, pois a fadiga é reversível com algumas horas de repouso, enquanto a recuperação total de uma lesão muscular pode demorar de dias a semanas.[30]

As causas de fadiga muscular induzida pelo exercício são complexas e pouco conhecidas. Dependendo do tipo de exercício e das condições ambientais, a fadiga pode provocar perturbações no sistema nervoso central e/ou fatores periféricos junto ao músculo esquelético.[2] O conceito de "fadiga do sistema nervoso central" foi introduzido no Capítulo 7 e, aqui, o foco será a fadiga ao nível periférico (i. e., na musculatura esquelética).

Embora as causas exatas da fadiga muscular ainda estejam sendo investigadas, é evidente que o estado de condicionamento individual, estado nutricional, tipo de composição de fibra e intensidade e duração do exercício são fatores que afetam o processo da fadiga.[30,53] Além disso, independentemente da causa de fadiga muscular, o resultado final é o declínio da geração de força muscular em decorrência do comprometimento da produção de força ao nível da ponte cruzada. Uma visão geral dos fatores potencialmente contribuidores para o desenvolvimento de fadiga muscular é abordada a seguir.

As causas de fadiga muscular são complexas e variáveis, dependendo do tipo de exercício realizado. Exemplificando, a fadiga muscular que decorre de um exercício de alta intensidade, com duração aproximada de 60 s (p. ex., corrida de velocidade de 400 m) pode ser causada por diversos fatores, como o acúmulo de lactato, íons hidrogênio, ADP, fosfato inorgânico e radicais livres nas fibras musculares ativas.[30] Coletivamente, o acúmulo desses metabólitos rompe a homeostase muscular e diminui o número de pontes cruzadas ligadas à actina, ocasionando a diminuição da produção de força.[30,46,76,78]

A fadiga muscular que ocorre nos estágios mais tardios de um evento de resistência com duração de 2 a 4 horas (i. e., corrida de maratona) também pode envolver acúmulo de radicais livres no músculo. Entretanto, outros fatores como perturbações na homeostase eletrolítica extracelular/muscular e depleção do glicogênio muscular também contribuem para esse tipo de fadiga muscular.[30,55,56,58,59,78] A fadiga muscular e os fatores limitantes do desempenho nos exercícios são discutidos em detalhes no Capítulo 19.

Em resumo

- A fadiga muscular é definida como uma diminuição da produção de potência muscular, que acarreta a diminuição de geração de força muscular e da velocidade de encurtamento.
- As causas da fadiga muscular induzida por exercício são complexas e variadas, dependendo do tipo de exercício realizado.

Cãibras musculares associadas ao exercício

Quase todo mundo já sofreu cãibra muscular durante ou após uma sessão de exercícios intensos ou prolongados. As cãibras musculares podem ser dolorosas e decorrem de contrações involuntárias e espasmódicas da musculatura esquelética. Embora numerosas teorias tenham sido propostas para explicar a causa das cãibras, a causa exata das cãibras musculares induzidas por exercício ainda está aberta à discussão. Atualmente, existem duas teorias principais que explicam o desenvolvimento de cãibras induzidas pelo exercício: (1) a teoria da depleção de eletrólitos e desidratação; e a (2) teoria do controle neuromuscular alterado.

Segundo a teoria da depleção de eletrólitos e desidratação, as cãibras musculares induzidas pelo exercício se devem aos desequilíbrios eletrolíticos no sangue e no líquido extracelular.[7,8] Os adeptos dessa teoria argumentam que a perda de água e sódio corporal por meio do suor, induzida pelo exercício, resulta em desequilíbrios eletrolíticos que deflagram contrações musculares ao fazerem os nervos motores terminais descarregarem espontaneamente. Até o momento, a maior parte dos achados que sustentam a teoria dos eletrólitos/desidratação é oriunda de observações clínicas pouco confiáveis.[66] Além disso, vários estudos científicos recentes não sustentam essa teoria.[66] Mesmo assim, estudos adicionais são necessários para que esta teoria possa ser totalmente rejeitada.

A teoria do controle neuromuscular alterado argumenta que as cãibras musculares associadas ao exercício são causadas por atividade anormal, tanto dos fusos musculares como do órgão tendinoso de Golgi. Em resumo, essa teoria propõe que a fadiga muscular induzida pelo exercício provoca aumento da atividade do fuso muscular e diminuição da atividade do órgão tendinoso de Golgi.[67] Essa função anormal desses dois órgãos sensores musculares acarreta o aumento dos disparos dos motoneurônios localizados na medula espinal e, consequentemente, contrações musculares involuntárias (i. e., cãi-

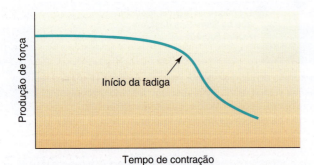

Figura 8.10 A fadiga muscular é caracterizada por uma capacidade diminuída de geração de força.

bras). Evidências crescentes sustentam essa teoria e é provável que uma atividade reflexa anormal atue como fator decisivo na promoção das cãibras musculares induzidas pelo exercício. Exemplificando, essa teoria é sustentada por evidências oriundas da observação de que o alongamento passivo do músculo com cãibra pode aliviar a cãibra. Parece que o alongamento passivo alivia as cãibras musculares ao invocar o reflexo de alongamento inverso. Recordando o exposto no Capítulo 7, vemos que a ativação do órgão tendinoso de Golgi promove o reflexo de alongamento inverso. Ou seja, o alongamento de um músculo ativa o órgão tendinoso de Golgi que, por sua vez, inibe os motoneurônios na medula espinal, ocasionando relaxamento muscular. Dessa forma, o fato de o alongamento do músculo com cãibra frequentemente aliviar a cãibra fornece evidência que sustenta a concepção de que o controle neuromuscular está comprometido nas cãibras musculares induzidas pelo exercício.

Em resumo, a causa exata das cãibras musculares associadas ao exercício ainda é um tópico discutido. Evidências crescentes, porém, indicam que esse tipo de cãibra muscular se deve a uma atividade reflexa espinal anormal, que está associada à fadiga muscular. Mesmo assim, após o exercício prolongado em um ambiente quente, aparentemente é possível que os desequilíbrios eletrolíticos também sejam um fator contribuidor para o aparecimento de cãibras musculares, sob as condições desse tipo de exercício.

Em resumo

- As cãibras musculares são contrações espasmódicas e involuntárias da musculatura esquelética.
- A causa exata das cãibras musculares induzidas pelo exercício é obscura. Mesmo assim, um número crescente de pesquisas sobre o assunto indica que muitos casos de cãibras musculares associadas ao exercício são causados por atividade reflexa espinal anômala que deriva da fadiga muscular.

Tipos de fibras

O músculo esquelético humano pode ser dividido em classes principais, com base nas características histoquímicas ou bioquímicas das fibras individuais. O modo como essas fibras são "tipificadas" é discutido no Quadro "Uma visão mais detalhada 8.2". De modo específico, as

Uma visão mais detalhada 8.2

Como as fibras musculares esqueléticas são tipificadas?

O percentual relativo de fibras rápidas ou lentas contidas em um determinado músculo pode ser estimado com a remoção de um pequeno pedaço de músculo (por meio de um procedimento de biópsia) para realização de análise histoquímica das células musculares individuais. Um método comum emprega um procedimento histoquímico que divide as fibras musculares em três categorias, com base na "isoforma" específica de miosina encontrada na fibra. Essa técnica usa anticorpos seletivos que reconhecem e "marcam" cada uma das diferentes proteínas miosina (p. ex., tipos I, IIa e IIx) encontradas nas fibras musculares humanas. Especificamente, esse método envolve a ligação de um anticorpo de alta afinidade a cada proteína de miosina isolada. Essa técnica, então, consegue identificar diferentes fibras musculares por causa das diferenças de cor entre os vários tipos de fibras musculares. A Figura 8.11 é um exemplo de corte transversal de músculo após a coloração por imuno-histoquímica para uma proteína de membrana muscular esquelética (distrofina), bem como após a coloração por imuno-histoquímica para as fibras musculares esqueléticas de tipos I, IIa e IIx.[9,10,41,45]

Um dos problemas inerentes à tipagem de fibras humanas é o fato de a biópsia de músculo geralmente ser realizada em apenas um grupo muscular. Dessa forma, uma única amostra de um

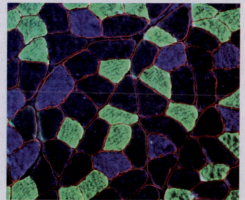

Figura 8.11 Coloração imuno-histoquímica de uma área de corte transversal do músculo esquelético. A cor vermelha corresponde à proteína distrofina, que está localizada na membrana que circunda uma fibra de músculo esquelético. A cor azul corresponde às fibras de tipo I, enquanto a cor verde está representando as fibras de tipo IIa. As estruturas que aparecem em preto são as fibras musculares de tipo IIx.

músculo não é representativa do corpo inteiro. Outra complicação adicional é que uma pequena amostra de fibras obtida de uma única área do músculo pode não ser de fato representativa da população de fibras total do músculo submetido à biópsia.[3,71] Assim, é difícil estabelecer considerações definitivas sobre o percentual total de tipos de fibras musculares do corpo com base na coloração de uma única biópsia de músculo.

fibras musculares são classificadas em duas categorias gerais: (1) fibras lentas, de tipo I (também denominadas fibras de contração lenta); e (2) fibras rápidas, de tipo II (também chamadas de fibras de contração rápida).[16,18,26,27] O músculo humano possui apenas um tipo de fibra muscular lenta (tipo I), porém existem duas subcategorias de fibras musculares rápidas (tipo II): (a) as fibras do tipo IIa e (b) as fibras de tipo IIx. Embora alguns músculos sejam compostos predominantemente por fibras rápidas ou por fibras lentas, a maioria dos músculos do corpo contém uma mistura de tipos de fibras lentas e rápidas. O percentual dos respectivos tipos de fibras contidos nos músculos esqueléticos pode ser influenciado pela genética por níveis sanguíneos de hormônios e por hábitos de exercício do indivíduo. Do ponto de vista prático, a composição de fibras dos músculos esqueléticos exerce papel importante no desempenho dos eventos que envolvem potência e resistência.[11,70]

Visão geral das características bioquímicas e contráteis do músculo esquelético

Antes de discutir as características específicas dos tipos de fibras musculares específicos, vamos discutir as propriedades bioquímicas e contráteis gerais do músculo esquelético que são importantes para a função muscular.

Propriedades bioquímicas do músculo. As três características bioquímicas principais do músculo, importantes para a função muscular, são: (1) capacidade oxidativa; (2) tipo de isoforma de miosina; e (3) abundância de proteína contrátil na fibra. A capacidade oxidativa de uma fibra muscular é determinada por número de mitocôndrias, número de capilares que circundam a fibra e quantidade de mioglobina no interior da fibra. Uma grande quantidade de mitocôndrias confere maior capacidade de produção aeróbia de ATP. Um número maior de capilares circundando uma fibra muscular garante a esta uma oxigenação adequada durante os períodos de atividade contrátil. A mioglobina é similar à hemoglobina presente no sangue, porque se liga ao O_2 e também atua como mecanismo de "transferência" de O_2 entre a membrana celular e a mitocôndria. Dessa forma, uma alta concentração de mioglobina melhora a distribuição do oxigênio dos capilares para as mitocôndrias, onde será utilizado. Como um todo, a importância dessas características bioquímicas reside no fato de que uma fibra muscular com alta concentração de mioglobina, aliada à presença de numerosas mitocôndrias e capilares, terá alta capacidade aeróbia e, consequentemente, será resistente à fadiga durante as séries prolongadas de exercício submáximo.

A segunda característica bioquímica mais importante da fibra muscular está no fato de as diferentes isoformas de miosina diferirem quanto à atividade de ATPase. Em seres humanos, existem três principais isoformas de miosina e estas isoformas diferem quanto à atividade (i. e., velocidade com que quebram ATP). As fibras musculares que contêm isoformas de ATPase de alta atividade degradam rapidamente o ATP e isso resulta em uma alta velocidade de encurtamento muscular. Ao contrário, nas fibras musculares com ATPases de baixa atividade, a velocidade de encurtamento é menor.

Por fim, a terceira característica bioquímica mais importante das fibras musculares a influenciar as propriedades contráteis é a abundância de proteínas contráteis (i. e., actina e miosina) na fibra muscular. De fato, as fibras que contêm grandes quantidades de actina e miosina geram mais força que as fibras com baixos níveis destas proteínas contráteis essenciais. Os detalhes sobre as diferenças existentes entre os tipos de fibra, em termos de níveis de actina e miosina, serão discutidos adiante.

Propriedades contráteis do músculo esquelético. Ao comparar as propriedades contráteis dos tipos de fibras musculares, devem ser considerados quatro características de desempenho importantes: (1) produção de força máxima; (2) velocidade da contração; (3) produção de potência máxima; e (4) eficiência da contração. Vamos discutir brevemente cada uma dessas características.

Em geral, fibras musculares maiores produzem mais força que as fibras menores porque elas têm mais actina e miosina que as fibras menores. Isso significa que as pontes cruzadas de miosina estão disponíveis para ligação à actina e para produzir força. Observe também que a produção de força máxima pela fibra muscular é sempre normalizada ao tanto de força que a fibra gera por área transversal da fibra. Essa propriedade de uma fibra de músculo esquelético é denominada tensão específica ou produção de força específica da fibra. Em outras palavras, a tensão específica é a produção de força dividida pelo tamanho da fibra (p. ex., força específica = força/área de corte transversal da fibra). A produção de força específica da fibra muscular varia conforme os tipos de fibras musculares e será discutida posteriormente.

Uma segunda propriedade contrátil essencial das fibras musculares é a velocidade de contração. A velocidade de contração das fibras musculares é comparada pela medida da velocidade de encurtamento máxima (chamada $V_{máx}$) das fibras individuais. A $V_{máx}$ representa a maior velocidade com que uma fibra pode se encurtar. Como as fibras musculares são encurtadas com o movimento da ponte cruzada (denominado ciclo de pontes cruzadas), a $V_{máx}$ é determinada pela velocidade do ciclo de pontes cruzadas. Um fator bioquímico central que regula a $V_{máx}$ da fibra é a atividade de ATPase da miosina. Por esse motivo, as fibras com altas atividades de ATPase (p. ex., fibras rápidas) apresentam $V_{máx}$ alta, enquanto aquelas com baixas atividades de ATPase têm $V_{máx}$ baixa (p. ex., fibras lentas).

Uma terceira propriedade contrátil relevante da fibra muscular é a produção de potência máxima. A potência de uma fibra muscular é determinada tanto pela geração de força como pela velocidade de encurtamento. Especificamente, a produção de potência máxima de uma fibra muscular é definida pelo produto da geração de força multiplicada pela velocidade de encurtamento (i. e., potência = força × velocidade de encurtamento). Dessa forma, as fibras musculares com alta capacidade de geração de força e velocidade de encurtamento rápida conseguem produzir alta potência. Por outro lado, as fibras musculares com velocidades lentas de encurtamento e/ou uma capacidade menor de gerar força não são capazes de produzir potências extremamente elevadas.

A quarta e última propriedade contrátil importante de uma fibra de músculo esquelético é a eficiência da fibra. A eficiência de uma fibra de músculo esquelético é uma medida da economia da fibra muscular. Ou seja, uma fibra eficiente necessita de menos energia para realizar determinada quantidade de trabalho, em comparação com uma fibra menos eficiente. Na prática, essa medida é obtida dividindo a quantidade de energia usada (i. e., o ATP usado) pela quantidade de força produzida. No próximo segmento, discutiremos como os tipos de fibras individuais diferem quanto a essas quatro propriedades contráteis.

Características funcionais dos tipos de fibras musculares

O músculo esquelético humano apresenta três tipos principais de fibras musculares (dois subtipos de fibras rápidas – identificadas como tipos IIx e IIa; e um tipo de fibra lenta – identificado como tipo I). Vamos iniciar nossa discussão sobre os tipos de fibras musculares analisando as propriedades bioquímicas e contráteis das fibras lentas e rápidas.

Fibras lentas (tipo I). Nos seres humanos, existe apenas um tipo de fibra lenta: o tipo I. As **fibras de tipo I** (também chamadas de fibras oxidativas lentas ou **fibras de contração lenta**) contêm alta concentração de enzimas oxidantes (i. e., amplo volume mitocondrial) e são circundadas por mais capilares do que as fibras rápidas de tipo II. Além disso, as fibras de tipo I contêm concentrações maiores de mioglobina do que as fibras rápidas. A alta concentração de mioglobina, o número elevado de capilares e as altas atividades de enzimas mitocondriais conferem às fibras de tipo I alta capacidade de metabolismo aeróbio e alta resistência à fadiga.

Com relação às propriedades contráteis (velocidade de encurtamento e geração de força), as fibras de tipo I apresentam uma $V_{máx}$ mais baixa, em comparação com as fibras rápidas (Fig. 8.12).[13,19,57] O mecanismo que explica isso já foi exposto (i. e., as fibras de tipo I apresentam menor atividade de ATPase de miosina, em comparação com as fibras rápidas).

Adicionalmente, as fibras de tipo I produzem menos tensão específica que as fibras rápidas (Fig. 8.13a).[19] A explicação para essa observação é que as fibras de tipo I contêm menos actina e miosina por área de corte transversal, comparadas às fibras de tipo II. Isso é importante, pois a quantidade de força gerada por uma fibra muscular está diretamente relacionada ao número de pontes cruzadas de

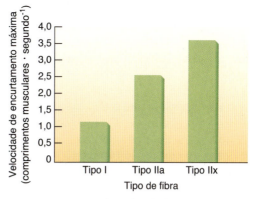

Figura 8.12 Comparação das velocidades de encurtamento máximas entre os tipos de fibras. (Dados de Canepari et al.[19])

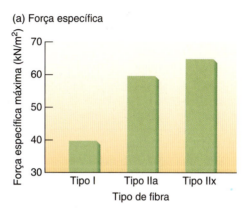

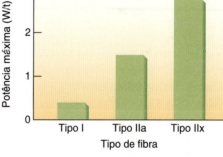

Figura 8.13 Comparação de (a) produção de força específica máxima e (b) produção de potência máxima entre os tipos de fibras musculares. (Dados de Canepari et al.[19])

miosina ligadas à actina (i. e., o estado de geração de força) em um dado momento. De forma simplificada, quanto mais pontes cruzadas estiverem gerando força, maior será a produção de força. Portanto, as fibras rápidas exercem mais força que as fibras lentas, pois contêm mais pontes cruzadas de miosina por área de corte transversal de fibra, em comparação com as fibras lentas.

Por fim, as fibras de tipo I são mais eficientes que as fibras rápidas.[23] Esse aspecto é importante porque, seja qual for a velocidade de trabalho, as fibras musculares altamente eficientes requererem menos energia (i. e., ATP) que as fibras menos eficientes. A diferença de eficiência entre as fibras lentas e rápidas provavelmente é ocasionada por uma taxa menor de renovação de ATP nas fibras lentas.[23]

Fibras rápidas (tipos IIa e IIx). Nos seres humanos, existem dois subtipos de fibras rápidas: (1) tipo IIx e (2) tipo IIa. As **fibras de tipo IIx** (às vezes chamadas de **fibras de contração rápida** ou fibras glicolíticas rápidas) possuem um número relativamente pequeno de mitocôndrias, têm capacidade limitada de metabolismo aeróbio e são menos resistentes à fadiga que as fibras lentas.[33] Entretanto, essas fibras são ricas em enzimas glicolíticas, que lhes conferem uma alta capacidade anaeróbia.[54]

Em muitos animais pequenos (p. ex., ratos), a fibra muscular esquelética mais rápida é a de tipo IIb. Por anos, acreditou-se que as fibras mais rápidas do músculo esquelético humano também eram as fibras do tipo IIb. Entretanto, atualmente está estabelecido que a fibra muscular humana mais rápida é a fibra de tipo IIx. A história por traz dessa mudança de pensamento científico é a seguinte: no final dos anos 1980, cientistas alemães e italianos que trabalhavam de modo independente descobriram uma nova fibra muscular rápida, chamada de fibra do tipo IIx, na musculatura esquelética de roedores.[5,64] Desde a descoberta desse tipo de fibra IIx nos roedores, foi determinado que esse tipo de miosina é estruturalmente semelhante àquele contido nas fibras musculares mais rápidas humanas.[63,65] Por esse motivo, ao longo deste livro, nos referiremos às fibras de tipo IIx como o tipo de fibra muscular esquelética mais rápida dos seres humanos.[24]

A tensão específica das fibras de tipo IIx é similar à das fibras de tipo IIa, mas é maior que a das fibras de tipo I (Fig. 8.13).[19] Além disso, a atividade da ATPase de miosina nas fibras de tipo IIx é maior que nos demais tipos de fibras, acarretando maior $V_{máx}$ entre todos os tipos de fibras (Fig. 8.12). Portanto, as fibras de tipo IIx são as que geram a maior produção de potência entre todos os tipos de fibras musculares (Fig. 8.13b).[19]

As fibras de tipo IIx são menos eficientes que as fibras dos outros tipos. Essa baixa eficiência se deve à alta atividade de ATPase de miosina, que ocasiona um maior gasto energético por unidade de trabalho realizado.[23]

O segundo tipo de fibra rápida é composto pelas **fibras de tipo IIa** (também chamadas **fibras intermediárias** ou fibras glicolíticas oxidativas rápidas). Essas fibras contêm características bioquímicas e de fadiga intermediárias entre as características das fibras de tipo IIx e I. Por esse motivo, teoricamente, as fibras de tipo IIa podem ser vistas como fibras que exibem uma mistura de características das fibras de tipos I e IIx. As comparações das propriedades contráteis entre as fibras de tipos IIa e IIx estão ilustradas nas Figuras 8.12 e 8.13.

Por fim, é importante considerar que o treinamento físico regular pode modificar ambas as propriedades bio-

químicas e contráteis das fibras musculares humanas e isso pode resultar na conversão das fibras rápidas em fibras lentas.[12,35] Uma discussão detalhada sobre as alterações induzidas pelo exercício nas fibras de músculo esquelético é apresentada no Capítulo 13.

Finalmente, é importante observar que enquanto a classificação das fibras musculares esqueléticas em três grupos distintos é uma forma conveniente de agrupar as propriedades funcionais das fibras musculares, cada classificação exibe uma ampla faixa de propriedades contráteis e bioquímicas. De fato, as propriedades bioquímicas e contráteis das fibras tipo IIx, IIa e I representam uma sequência contínua. Além disso, uma fibra muscular individual pode exibir as qualidades mistas de mais de um único tipo de fibra. Por exemplo, algumas fibras têm mais de um tipo de miosina ATPase (p. ex., fibras podem ter as miosinas ATPases tipo I e IIa, enquanto outras podem ter ambas as miosina ATPases tipo IIa e IIx).

Em resumo

- Os tipos de fibras musculares esqueléticas humanas podem ser divididos em três classes gerais de fibras, com base em suas propriedades bioquímicas e contráteis. Existem duas categorias de fibras rápidas, as de tipo IIx e de tipo IIa. E existe apenas um tipo de fibras lentas, o tipo I.
- As propriedades bioquímicas e contráteis características de todos os tipos de fibras musculares estão resumidas na Tabela 8.1.
- Embora a classificação das fibras de músculo esquelético em três grupos gerais seja um sistema conveniente para estudar as propriedades das fibras musculares, é importante considerar o fato de que as fibras musculares esqueléticas humanas exibem uma ampla gama de propriedades contráteis e bioquímicas. Ou seja, as propriedades bioquímicas e contráteis das fibras de tipos IIx, IIa e I representam um *continuum*, e não três conjuntos organizados.

Tipos de fibras e desempenho

Numerosos estudos investigaram a composição do tipo de fibra muscular dos músculos esqueléticos humanos e surgiram vários fatos interessantes. Primeiramente, inexistem diferenças evidentes associadas ao gênero ou à idade em termos de distribuição de fibras.[54] Em segundo lugar, homens e mulheres sedentários posuem, em média, cerca de 50% de fibras lentas. Em terceiro lugar, os atletas de potência altamente bem-sucedidos (p. ex., velocistas, etc.) tipicamente possuem um alto percentual de fibras rápidas, enquanto os atletas fundistas em geral têm um alto percentual de fibras lentas.[22,26,73] A Tabela 8.2 apresenta alguns exemplos de percentual de fibras lentas e rápidas encontrados em atletas bem-sucedidos e não atletas.

Tabela 8.1 — Características dos tipos de fibras musculares esqueléticas humanas

| Característica | Fibras rápidas | | Fibras lentas |
	Tipo IIx	Tipo IIa	Tipo I
Número de mitocôndrias	Baixo	Alto/moderado	Alto
Resistência à fadiga	Baixa	Alta/moderada	Alta
Sistema energético predominante	Anaeróbio	Combinado	Aeróbio
Atividade de ATPase	Mais alta	Alta	Baixa
$V_{máx}$ (velocidade de encurtamento)	Mais alta	Alta	Baixa
Eficiência	Baixa	Moderada	Alta
Tensão específica	Alta	Alta	Moderada

Tabela 8.2 — Composição típica da fibra muscular em atletas de elite

Esporte	% de fibras lentas (tipo I)	% de fibras rápidas (tipos IIx e IIa)
Maratonistas	70–80	20–30
Velocistas	25–30	70–75
Não atletas	47–53	47–53

Dados de Carlson e Wilkie.[20]

Pela análise dos dados apresentados na Tabela 8.2, fica claro que existe uma variação considerável do percentual de vários tipos de fibras, até mesmo em atletas bem-sucedidos que competem em um mesmo evento ou esporte. De fato, embora o percentual das fibras musculares de tipo I (lentas) esteja altamente correlacionado com o $\dot{V}O_{2máx}$ do indivíduo, o percentual de fibras de tipo I pode explicar apenas 40% da variação de $\dot{V}O_{2máx}$ observada entre os indivíduos.[68] Além disso, está comprovado que dois corredores de 10.000 m igualmente bem-sucedidos diferem quanto ao percentual de fibras lentas encontradas em cada um. Exemplificando, é possível constatar que um corredor possua 70% de fibras lentas, enquanto um corredor de sucesso similar tenha 85% de fibras lentas. Essa observação demonstra que a composição da fibra muscular de um indivíduo não é a única variável que determina o sucesso nos eventos esportivos.[22] De fato, o sucesso do desempenho atlético se deve a uma interação complexa de fatores psicológicos, bioquímicos, neurológicos, cardiopulmonares e biomecânicos.[14,15,80]

Em resumo

■ Os atletas de potência bem-sucedidos (p. ex., velocistas) geralmente possuem um alto percentual de fibras musculares rápidas e, portanto, um baixo percentual de fibras lentas (de tipo I).

■ Em contraste com os atletas de potência, os atletas fundistas (p. ex., maratonistas) normalmente possuem um alto percentual de fibras musculares lentas e um baixo percentual de fibras rápidas.

■ Embora os tipos de fibras musculares comprovadamente exerçam um papel no desempenho esportivo, existe uma variação considerável entre os atletas bem-sucedidos que competem em um mesmo esporte.

Ações musculares

O processo de geração de força no músculo esquelético é referido como "contração muscular". Entretanto, pode ser confuso descrever ambas as ações – de alongamento e de encurtamento de um músculo – como uma contração. Por esse motivo, o termo **ação muscular** foi proposto para descrever o processo de desenvolvimento de força muscular. Esse termo agora é comumente empregado para descrever os diferentes tipos de contrações musculares (i. e., contrações de alongamento e encurtamento).

Existem vários tipos de ações musculares. Uma possibilidade, por exemplo, é o músculo esquelético gerar força sem que haja um encurtamento muscular significativo. Isso poderia ocorrer quando um indivíduo tenta realizar uma "flexão" com um haltere que é incapaz de mover (Fig. 8.14a). Nessa situação, a tensão muscular aumenta, contudo, o haltere não se move e, portanto, a parte do corpo que aplica a força também permanece imóvel. Esse tipo de desenvolvimento de força muscular é denominado **ação isométrica** e é referido como um exercício estático. As ações isométricas são comuns nos músculos posturais do corpo, que atuam para manter uma posição corporal estática durante os períodos em que o indivíduo permanece em pé ou sentado.

Em contraste com as ações musculares isométricas, a maioria dos tipos de exercício ou atividades esportivas requer ações musculares que acarretam o movimento de partes do corpo. O exercício que envolve o movimento de

Figura 8.14 (*a*) As ações isométricas ocorrem quando um músculo exerce força, mas não encurta. (*b*) As ações concêntricas ocorrem quando um músculo se contrai e encurta.

partes do corpo é chamado exercício **dinâmico** (formalmente denominado exercício isotônico). Dois tipos de ações musculares podem ocorrer durante o exercício dinâmico: (1) concêntricas e (2) excêntricas. Uma ação muscular que ocasiona o encurtamento do músculo com movimento de uma parte do corpo é chamada de **ação concêntrica** (Fig. 8.14*b*). Uma **ação excêntrica** ocorre quando um músculo é ativado e há produção de força, porém, o músculo é alongado. A Tabela 8.3 resume as classificações do exercício e os tipos de ação muscular.

Observe que as ações musculares excêntricas podem acarretar um estresse intenso no nível do sarcômero. Esse estresse induzido por ação excêntrica muitas vezes está associado à lesão da fibra muscular, provocando perda de capacidade de geração de força muscular e dor muscular causada por inflamação e inchaço da fibra muscular. Mais detalhes sobre lesão e dor muscular induzidas pelo exercício são apresentados no Capítulo 21.

Velocidade da ação muscular e relaxamento

Quando um músculo recebe um único estímulo, como a aplicação de um breve choque elétrico no nervo que o inerva, a resposta muscular é uma **contração** simples. O movimento do músculo pode ser registrado por um dispositivo registrador especial, e os períodos de tempo para contração e relaxamento podem ser estudados. A Figura 8.15 representa o curso temporal de uma contração simples em um músculo isolado de sapo. Note que a contração pode ser dividida em três fases. Primeiro, imediatamente após o estímulo, observa-se um breve período de latência (com duração de alguns milissegundos), que antecede o início do encurtamento muscular. A segunda fase é a de contração propriamente dita, que dura cerca de 40 milissegundos. Por fim, o músculo retorna a seu comprimento original durante o período de relaxamento, que dura cerca de 50 milissegundos e, portanto, é a mais longa das três fases.

O curso temporal das fases em uma contração simples varia entre os diferentes tipos de fibras musculares. A variabilidade da velocidade de contração tem origem nas diferenças de resposta dos tipos de fibras individuais que constituem os músculos. As fibras musculares individuais comportam-se de modo bastante semelhante aos neurônios individuais, pois exibem respostas de "tudo ou nada" à estimulação. Para se contrair, uma fibra muscular individual deve receber uma quantidade de estimulação adequada. Entretanto, as fibras rápidas se contraem em um

Tabela 8.3	Resumo das classificações do exercício e dos tipos de ação muscular	
Tipo de exercício	**Ação muscular**	**Mudança de comprimento do músculo**
Dinâmico	Concêntrica	Diminui
	Excêntrica	Aumenta
Estático	Isométrica	Não muda

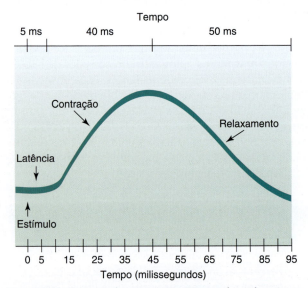

Figura 8.15 Registro de uma contração simples. Observe os três períodos de tempo (latência, contração e relaxamento) que se seguem ao estímulo.

intervalo de tempo menor ao serem estimuladas, em comparação às fibras lentas. A explicação para essa observação é a seguinte: a velocidade do encurtamento é maior nas fibras rápidas do que nas fibras lentas, porque o retículo sarcoplasmático das fibras rápidas libera Ca^{++} mais rápido e, além disso, as fibras rápidas possuem atividade de ATPase mais alta, em comparação ao observado nos tipos de fibras lentas.[19,26,29,62] A atividade de ATPase mais alta acarreta uma quebra de ATP mais rápida e a liberação também mais rápida da energia requerida para a contração.

Regulação da força no músculo

Conforme já mencionado, a quantidade de força gerada em uma única fibra muscular está relacionada ao número de pontes cruzadas de miosina em contato com a actina. Entretanto, a quantidade de força exercida durante a contração muscular em um grupo de músculos é complexa e depende de três fatores primários: (1) número e tipos de unidades motoras recrutadas; (2) comprimento inicial do músculo; e (3) natureza da estimulação neural das unidades motoras.[4,18,20,29] A seguir, cada um desses fatores será discutido.

Primeiramente, as variações na força de contração no interior de um músculo inteiro dependem tanto do tipo como do número de fibras musculares estimuladas ao se contraírem (i. e., recrutadas). Lembre-se do exposto no Capítulo 7, que as unidades motoras são recrutadas conforme o princípio do tamanho e, quando apenas algumas unidades motoras são recrutadas, a força é pequena. Então, se um número maior de unidades motoras for estimulado, a força aumentará. A Figura 8.16 ilustra esse aspecto. Note que, conforme o estímulo aumenta, a força de contração aumenta em decorrência do recrutamento de unidades motoras adicionais. Do mesmo modo, lembre-se de que as fibras rápidas exercem uma força específica maior do que aquela exercida pelas fibras lentas. Por esse motivo, os tipos de unidades motoras recrutadas também influenciam a produção de força.

O segundo fator determinante da força exercida por um músculo é o comprimento inicial do músculo no momento da contração. Existe um comprimento "ideal" de fibra muscular. A explicação para a existência desse comprimento ideal está relacionada à sobreposição entre actina e miosina. Quando o comprimento em repouso é maior que o comprimento ideal, por exemplo, a sobreposição entre actina e miosina é limitada e poucas pontes cruzadas conseguem se fixar. Esse conceito está ilustrado na Figura 8.17. Observe que, quando o músculo é alongado a ponto de não mais haver sobreposição de actina e miosina, as pontes cruzadas não conseguem se fixar e isso impossibilita o desenvolvimento de tensão. No outro extremo, quando o músculo é encurtado a cerca de 60% de seu comprimento em repouso, as linhas Z se aproximam bastante dos filamentos espessos de miosina; assim, pode ocorrer apenas um encurtamento adicional limitado.

O fator final capaz de afetar a quantidade de força exercida pelo músculo mediante contração é a natureza da estimulação neural. O estudo de contrações musculares simples sob condições experimentais revela algumas propriedades fundamentais interessantes sobre o modo como os músculos funcionam. Entretanto, os movimentos corporais normais envolvem contrações sustentadas que não são contrações simples. As contrações sustentadas envolvidas nos movimentos corporais normais podem ser fielmente reproduzidas em laboratório, desde que uma série de estímulos seja aplicada ao músculo. O registro ilustrado na Figura 8.18 representa o que ocorre quando estímulos sucessivos são aplicados ao músculo. As primeiras contrações representam contrações simples. Note que, conforme a frequência de estímulos neurais aumenta, o músculo não tem tempo de relaxar entre os estímulos, e a força parece ser aditiva. Essa resposta é chamada **soma** (adição de contrações sucessivas). Se a frequência de estímulos aumentar ainda mais, as contrações individuais se fundem em uma única contração sustentada denominada **tetania**. Uma contração tetânica continua até que o estímulo seja suspenso ou o músculo fique fatigado.

Em adição à discussão prévia sobre os fatores fisiológicos que exercem impacto sobre a produção de força muscular, tanto o envelhecimento como a doença também podem afetar a capacidade muscular de geração de força. De fato, está bem estabelecido que o envelhecimento provoca perda de massa muscular e consequente diminuição da produção de força. Do mesmo modo, várias doenças comuns, como o diabetes e o câncer, também podem comprometer a função muscular. Por fim, as doenças musculares específicas (p. ex., distrofia muscular) também podem exercer um impacto negativo sobre a produção de força muscular (ver mais detalhes no Quadro "Aplicações clínicas 8.1").

As contrações musculares que ocorrem durante os movimentos corporais normais são contrações tetânicas.

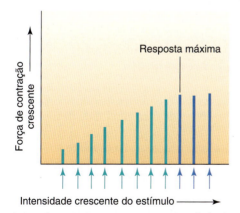

Figura 8.16 Relação existente entre a intensidade de estímulo crescente e a força da contração. Estímulos fracos não ativam muitas unidades motoras e não produzem grande força. Em contraste, estímulos de intensidades crescentes recrutam mais e mais unidades motoras e, portanto, produzem mais força.

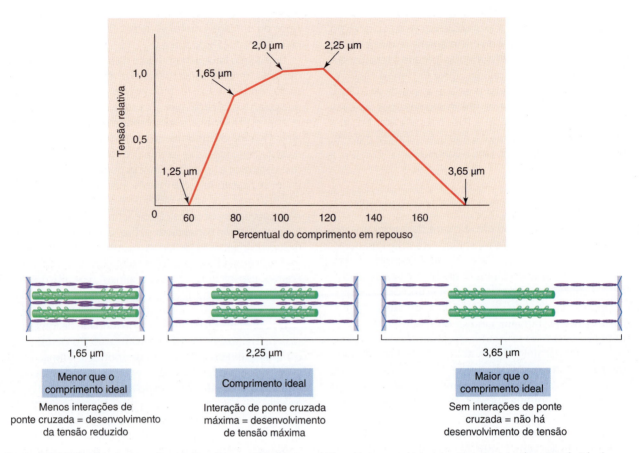

Figura 8.17 Relações de comprimento-tensão no músculo esquelético. Note que existe um comprimento de músculo ideal, que produzirá força máxima ao ser estimulado. Os comprimentos maiores ou menores do que este comprimento ideal resultam em quantidades de força menores quando há estimulação.

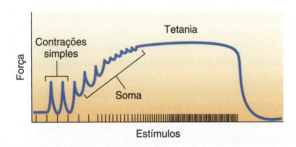

Figura 8.18 Registro mostrando a mudança de contrações simples para a soma e, finalmente, para a tetania. Os picos à esquerda representam contrações simples, enquanto a frequência crescente do estímulo (como apresentado no eixo x pelas linhas mais próximas) resulta na soma das contrações e, por fim, em tetania.

Essas contrações sustentadas decorrem de uma série de impulsos neurais rapidamente repetidos conduzidos pelos motoneurônios que inervam as unidades motoras envolvidas no movimento. É importante considerar o fato de que, no corpo, os impulsos neurais para várias unidades motoras não chegam ao mesmo tempo, como ocorre na contração tetânica induzida em laboratório. Em vez disso, as várias unidades motoras são estimuladas a se contraírem em momentos diferentes. Dessa forma, enquanto algumas unidades motoras estão se contraindo, outras estão relaxadas. Esse tipo de contração tetânica resulta em uma contração suave e ajuda a sustentar uma contração muscular coordenada.

Relações força-velocidade/potência-velocidade

Na maioria das atividades físicas, a força muscular é aplicada ao longo de uma amplitude de movimento. Um atleta que faz o lançamento de um peso, por exemplo, aplica uma força oposta ao lançamento ao longo de uma amplitude de movimento específica, antes de soltar o peso. A distância percorrida pelo peso depende da velocidade do peso ao ser liberado e do ângulo em que é lançado. Como o sucesso de muitos eventos atléticos depende da velocidade, é importante considerar alguns conceitos básicos subjacentes à relação existente entre força muscular e velocidade do movimento. A relação entre velocidade do movimento e força muscular está representada na Figura 8.19.

Aplicações clínicas 8.1

As doenças e o envelhecimento podem exercer impacto negativo sobre a função muscular

Muitas doenças comuns e a idade avançada podem ter influência negativa sobre a capacidade do músculo esquelético de exercer força. Vamos discutir o impacto da idade avançada e de diversas doenças amplamente disseminadas sobre a função muscular.

Idade avançada e perda muscular. O envelhecimento está associado à perda de massa muscular (denominada sarcopenia).[48,77] O declínio da massa muscular associado à idade começa por volta dos 25 anos de idade e continua a ocorrer pelo resto da vida. Entretanto, a taxa de perda muscular associada à idade ocorre em duas fases distintas. A primeira é a fase de perda muscular "lenta", em que 10% da massa muscular é perdida dos 25 aos 50 anos de idade. Subsequentemente, ocorre uma rápida perda de massa muscular. De fato, dos 50 aos 80 anos de idade, ocorre uma perda adicional de 40% da massa muscular. Assim, por volta dos 80 anos, metade de toda a massa muscular esquelética é perdida. O envelhecimento também acarreta uma perda de fibras rápidas (particularmente do tipo IIx) e o aumento do número de fibras lentas.[52] Do ponto de vista clínico, uma grave sarcopenia associada à idade pode ter consequências negativas para a saúde, pois aumenta o risco de quedas entre os idosos e diminui a capacidade de realizar atividades do dia a dia, acarretando perda da independência.[52] Pesquisadores estão estudando ativamente os mecanismos envolvidos, para tentar explicar a sarcopenia associada à idade e com esperanças de descobrir tratamentos terapêuticos. É importante notar que as séries regulares de exercícios de resistência ainda são uma das formas mais úteis e práticas de retardar a perda muscular que acompanha o avanço da idade. Para mais detalhes sobre o impacto do envelhecimento sobre o músculo esquelético, consulte Mitchell et al. (2012) em "Sugestões de leitura".

Diabetes. A incidência do diabetes de tipo II está aumentando rapidamente no mundo inteiro. Infelizmente, o diabetes não controlado está associado à perda progressiva de massa muscular. Dessa forma, o diabetes não controlado combinado ao envelhecimento tem o potencial de acelerar a perda de massa muscular esquelética associada à idade.[17] Notavelmente, está comprovado que o treinamento físico aeróbio e de resistência confere proteção contra a perda muscular induzida pelo diabetes.

Câncer. Até 50% dos pacientes com câncer sofrem uma rápida perda de massa muscular esquelética.[74] Esse tipo de perda muscular associada à doença é denominado caquexia.[6] A perda de músculo esquelético mediada pelo câncer ocasiona o enfraquecimento do paciente e pode contribuir para até 20% das mortes de pacientes com câncer.[34] Na verdade, o câncer provoca a atrofia dos músculos respiratórios (p. ex., diafragma), o que pode levar à insuficiência respiratória e morte do paciente.[60] Em virtude da importância clínica da caquexia, os pesquisadores estão desenvolvendo métodos de neutralização da caquexia induzida pelo câncer. Algumas das terapias mais promissoras incluem o exercício regular combinado com intervenções nutricionais.[44]

Distrofia muscular. A distrofia muscular refere-se a um grupo de doenças musculares hereditárias que enfraquecem os músculos esqueléticos. Tomadas em conjunto, essas doenças são caracterizadas por defeitos que envolvem proteínas musculares, que resultam em um progressivo enfraquecimento muscular e na perda de fibras musculares. Embora existam mais de 100 tipos diferentes de distrofia muscular, a distrofia muscular de Duchene é a forma mais comum desta doença na infância. O prognóstico dos indivíduos com distrofia muscular varia de acordo com o tipo de distrofia. Algumas formas de distrofia muscular podem ser leves e progredir lentamente em indivíduos com uma expectativa de vida normal. Em contraste, outras formas dessa doença produzem um grave enfraquecimento muscular aliado à perda da capacidade de andar e respirar sem auxílio. Embora os cientistas continuem estudando a distrofia muscular, atualmente existem poucas alternativas clínicas para tratar com sucesso as formas mais graves desta condição.

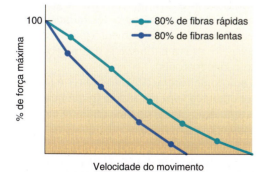

Figura 8.19 Relações de força-velocidade no músculo. Note que, em qualquer velocidade de movimento, os grupos musculares com alto percentual de fibras rápidas exercem mais *força* que os grupos musculares que contêm principalmente fibras lentas.

A análise da Figura 8.19 revela a existência de dois aspectos importantes:

1. A qualquer força absoluta exercida pelo músculo, a velocidade ou rapidez do movimento é maior nos músculos que contêm um alto percentual de fibras rápidas, em comparação aos músculos com fibras predominantemente lentas.
2. A velocidade máxima do encurtamento muscular é maior com a aplicação de forças menores (i. e., resistência contra o músculo). Em resumo, a maior velocidade de movimento é gerada com as menores cargas de trabalho.[11,42] Esse princípio é válido para as fibras lentas e rápidas.

Qual é a explicação fisiológica para a curva de força-velocidade? A resposta está na análise das conexões de ponte cruzada entre actina e miosina. Lembre-se de que a quantidade de força gerada por um músculo é determinada pelo número de pontes cruzadas fixas entre a actina e a miosina. Do mesmo modo, note que as conexões de ponte cruzada entre actina e miosina requerem certo tempo para o estabelecimento da conexão. Por esse motivo, durante o encurtamento muscular rápido (i. e., movimento de alta velocidade), os filamentos de actina-miosina se movem uns após os outros em alta velocidade. Esse encurtamento rápido restringe o número de pontes cruzadas que podem estabelecer uma conexão e, portanto, limita a produção de força muscular. Ao contrário, à medida que a velocidade de encurtamento muscular diminui, mais pontes cruzadas têm tempo de se conectar, e a produção de força muscular aumenta.

Os dados contidos na Figura 8.19 também mostram que as fibras rápidas são capazes de produzir mais força muscular a uma velocidade maior, em comparação com as fibras lentas. O mecanismo bioquímico que explica essa observação está relacionado ao fato de as fibras rápidas apresentarem maior atividade de ATPase do que as fibras lentas.[26,29] Por esse motivo, o ATP é quebrado mais rapidamente nas fibras rápidas do que nas fibras lentas. Além disso, após a estimulação neural, a liberação de cálcio a partir do retículo sarcoplasmático é mais rápida nas fibras rápidas do que nas fibras lentas.[29]

A relação existente entre força e velocidade do movimento tem importância prática para os fisioterapeutas, atletas ou professores de educação física. A mensagem é simplesmente a de que os atletas dotados de um alto percentual de fibras rápidas parecem levar vantagem nos eventos atléticos de potência. Isso pode explicar porque os velocistas e levantadores de peso bem-sucedidos tipicamente possuem um percentual de fibras rápidas relativamente alto.

Como seria esperado, a composição muscular em termos de tipo de fibra influencia a curva de potência-velocidade (ver Fig. 8.20). A potência de pico que pode ser gerada pelo músculo é maior nos músculos que contêm alto percentual de fibras rápidas do que nos músculos amplamente compostos por fibras lentas. Assim como a curva de força-velocidade, dois pontos importantes devem ser lembrados, a partir da análise da curva de potência-velocidade:

1. A uma determinada velocidade de movimento, a potência de pico gerada é maior no músculo que contém um alto percentual de fibras rápidas do que no músculo com percentual elevado de fibras lentas. Essa diferença é devida às diferenças bioquímicas existentes entre as fibras rápidas e lentas, mencionadas anteriormente. Novamente, os atletas que possuem um alto percentual de fibras rápidas conseguem gerar mais potência do que os atletas com predominância de fibras lentas.
2. A potência de pico gerada por qualquer músculo aumenta com as velocidades de movimento crescentes, até uma velocidade de movimento de 200-300 graus/s. O motivo para a ocorrência do platô de produção de potência com o aumento da velocidade de movimento está no fato de a força muscular diminuir com o aumento da velocidade de movimento (ver Fig. 8.19). Dessa forma, para qualquer grupo muscular considerado, existe uma velocidade de movimento ideal que deflagrará a maior produção de potência.

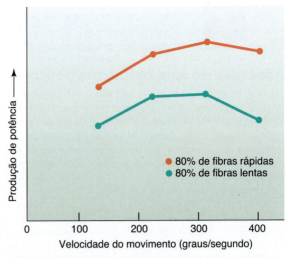

Figura 8.20 Relações de potência-velocidade no músculo. Em geral, a potência produzida por um grupo muscular aumenta em função da velocidade do movimento. Em uma velocidade de movimento qualquer, os músculos que contêm alto percentual de fibras rápidas produzem mais *potência* que os músculos que contêm principalmente fibras lentas.

Em resumo

- A quantidade de força gerada durante a contração muscular depende dos seguintes fatores: (1) tipos e número de unidades motoras recrutadas; (2) o comprimento inicial do músculo; e (3) a natureza da estimulação das unidades motoras.
- A adição de contrações musculares é denominada *soma*. Quando a frequência da estimulação neural de uma unidade motora aumenta, as contrações individuais se fundem em uma contração sustentada chamada *tetania*.
- A força de pico gerada pelo músculo diminui com o aumento da velocidade do movimento. Entretanto, em geral, a quantidade de potência gerada por um grupo muscular aumenta em função da velocidade do movimento.

Atividades para estudo

1. Liste as principais funções dos músculos esqueléticos.
2. Liste as principais proteínas contidas no músculo esquelético.
3. Destaque o processo contrátil. Use uma abordagem passo a passo para ilustrar todo o processo, começando pela chegada do impulso nervoso na junção neuromuscular.
4. Destaque as propriedades mecânicas e bioquímicas dos tipos de fibras musculares esqueléticas humanas.
5. Discuta os fatores considerados responsáveis pela regulação da força durante as contrações musculares.
6. Defina o termo *soma*.
7. Faça um gráfico de contração muscular simples e outro de uma contração que resulte em tetania.
8. Discuta a relação existente entre força e velocidade do movimento durante a contração muscular.

Sugestões de leitura

Fox, S. 2013. *Human Physiology*. New York, NY: McGraw-Hill.
Leiber, R. 2010. *Skeletal Muscle Structure, Function, and Plasticity: The Physiological Basis of Rehabilitation*. New York, NY: Lippincott Williams & Wilkins.
MacIntosh, B. R., R. Holash, and J. Renaud. 2012. Skeletal muscle fatigue-regulation of excitation contraction coupling to avoid metabolic catastrophe. *Journal of Cell Science*. 125: 2105-2114.
Mitchell, W., J. Williams, P. Atherton, M. Larvin, and M. Narici. 2012. Sarcopenia, dynapenia, and the impact of advancing age on human skeletal muscle size and strength; a quantative review. *Frontiers in Physiology* 3: 1-18.
Schiaffino, S. 2010. Fibre types in skeletal muscles: a personal account. *Acta Physiol* 199: 451-463.
Segerstrom, A. B., et al. 2011. Relation between cycling exercise capacity, fi ber-type composition, and lower extremity muscle strength and muscle endurance. *J Strength Cond Res* 25: 16-22.
Widmaier, E., H. Raff, and K. Strang. 2014. *Vander's Human Physiology* (10th ed.). New York, NY: McGraw-Hill.

Referências bibliográficas

1. Allen DL, Roy RR, and Edgerton VR. Myonuclear domains in muscle adaptation and disease. *Muscle Nerve* 22: 1350–1360, 1999.
2. Ament W, and Verkerke GJ. Exercise and fatigue. *Sports Med* 39: 389–422, 2009.
3. Armstrong R. Differential inter- and intramuscular responses to exercise: considerations in use of the biopsy technique. In: *Biochemistry of Exercise*, edited by Knuttgen H, Vogel J, and Poortmans J. Champaign, IL: Human Kinetics, 1983.
4. Armstrong R, and Laughlin H. Muscle function during locomotion in mammals. In: *Circulation, Respiration, and Metabolism*, edited by Giles R. New York, NY: Springer-Verlag, 1985, pp. 56–63.
5. Bar A, and Pette D. Three fast myosin heavy chains in adult rat skeletal muscle. *FEBS Lett* 235: 153–155, 1988.
6. Bennani-Baiti N, and Walsh D. What is cancer anorexia-cachexia syndrome? A historical perspective. *Journal of the Royal College of Physicians of Edinburgh* 39: 257–262, 2009.
7. Bergeron MF. Exertional heat cramps: recovery and return to play. *J Sport Rehabil* 16: 190–196, 2007.
8. Bergeron MF. Heat cramps: fl uid and electrolyte challenges during tennis in the heat. *J Sci Med Sport* 6: 19–27, 2003.
9. Billeter R, and Hoppeler H. Muscular basis of strength. In: *Strength and Power in Sport*, edited by Komi P. Oxford: Blackwell Scientifi c Publishing, 1992.
10. Blaauw B, Schiaffi no S, and Reggiani C. Mechanisms modulating skeletal muscle phenotype. *Compr Physiol* 3: 1645–1687, 2013.
11. Bobbert MF, Ettema GC, and Huijing PA. The force-length relationship of a muscle-tendon complex: experimental results and model calculations. *Eur J Appl Physiol Occup Physiol* 61: 323–329, 1990.
12. Booth FW, and Thomason DB. Molecular and cellular adaptation of muscle in response to exercise: perspectives of various models. *Physiol Rev* 71: 541–585, 1991.
13. Bottinelli R, Canepari M, Reggiani C, and Stienen GJ. Myofi brillar ATPase activity during isometric contraction and isomyosin composition in rat single skinned muscle fi bres. *J Physiol* 481 (Pt 3): 663–675, 1994.
14. Brooks G, Fahey T, White T, and Baldwin KM. *Exercise Physiology: Human Bioenergetics and Its Applications*. New York, NY: McGraw-Hill, 1985.
15. Brooks G, Fahey T, White T, and Baldwin KM. *Fundamentals of Human Performance*. New York, NY: Macmillan, 1987.
16. Buchthal F, and Schmalbruch H. Contraction times and fi bre types in intact human muscle. Acta Physiol Scand 79: 435–452, 1970.
17. Buford TW, Anton SD, Judge AR, Marzetti E, Wohlgemuth SE, Carter CS, et al. Models of accelerated sarcopenia: critical pieces for solving the puzzle of age-related muscle atrophy. *Ageing Research Reviews* 9: 369–383, 2010.
18. Burke R. The control of muscle force: motor unit recruitment and fi ring pattern. In: *Human Muscle Power*, edited by Jones N, McCartney N, and McComas A. Champaign, IL: Human Kinetics, 1986.
19. Canepari M, Pellegrino MA, D'Antona G, and Bottinelli R. Single muscle fiber properties in aging and disuse. *Scand J Med Sci Sports* 20: 10–19, 2010.
20. Carlson F, and Wilkie D. *Muscle Physiology*. Englewood Cliffs, NJ: Prentice-Hall, 1974.
21. Conley KE. Cellular energetics during exercise. *Adv Vet Sci Comp Med* 38A: 1–39, 1994.
22. Costill DL, Fink WJ, and Pollock ML. Muscle fi ber composition and enzyme activities of elite distance runners. *Med Sci Sports* 8: 96–100, 1976.
23. Coyle EF, Sidossis LS, Horowitz JF, and Beltz JD. Cycling effi ciency is related to the percentage of type I muscle fi bers. *Med Sci Sports Exerc* 24: 782–788, 1992.
24. D'Antona G, Lanfranconi F, Pellegrino MA, Brocca L, Adami R, Rossi R, et al. Skeletal muscle hypertrophy and structure and function of skeletal muscle fibres in male body builders. *J Physiol* 570: 611-627, 2006..
25. Ebashi S. Excitation-contraction coupling and the mechanism of muscle contraction. *Annu Rev Physiol* 53: 1–16, 1991.

26. Edgerton V. Morphological basis of skeletal muscle power output. In: *Human Muscle Power*, edited by Jones N, McCartney N, and McComas A. Champaign, IL: Human Kinetics, 1986, pp. 43–58.
27. Edgerton V. Muscle fi ber activation and recruitment. In: *Biochemistry of Exercise*, edited by Knuttgen H, Vogel J, and Poortmans J. Champaign, IL: Human Kinetics, 1983.
28. Edman K. Contractile performance of skeletal muscle fi bers. In: *Strength and Power in Sport*, edited by Komi P. Oxford: Blackwell Scientifi c Publishing, 1992, pp. 96–114.
29. Faulker J, Clafl in D, and McCully K. Power output of fast and slow fi bers from human skeletal muscles. In: *Human Muscle Power*, edited by Jones N, McCartney N, and McComas A. Champaign, IL: Human Kinetics, 1986.
30. Fitts RH. The cross-bridge cycle and skeletal muscle fatigue. J *Appl Physiol* 104: 551–558, 2008.
31. Geeves MA, and Holmes KC. The molecular mechanism of muscle contraction. Adv Protein Chem 71: 161–193, 2005.
32. Gollnick PD, and Saltin B. Signifi cance of skeletal muscle oxidative enzyme enhancement with endurance training. *Clin Physiol* 2: 1–12, 1982.
33. Green H. Muscle power: fi ber type recruitment, metabolism, and fatigue. In: *Human Muscle Power*, edited by Jones N, McCartney N, and McComas A. Champaign, IL: Human Kinetics, 1986.
34. Gullett N, Rossi P, Kucuk O, and Johnstone PA. Cancer-induced cachexia: a guide for the oncologist. *Journal of the Society for Integrative Oncology* 7: 155–169, 2009.
35. Gunning P, and Hardeman E. Multiple mechanisms regulate muscle fi ber diversity. *Faseb J* 5: 3064–3070, 1991.
36. Holloszy JO. Muscle metabolism during exercise. *Arch Phys Med Rehabil* 63: 231–234, 1982.
37. Holmes KC. The swinging lever-arm hypothesis of muscle contraction. *Curr Biol* 7: R112–118, 1997.
38. Holmes KC, and Geeves MA. The structural basis of muscle contraction. *Philosophical Transactions of the Royal Society of London* 355: 419–431, 2000.
39. Holmes KC, Schroder RR, Sweeney HL, and Houdusse A. The structure of the rigor complex and its implications for the power stroke. *Philosophical Transactions of the Royal Society of London* 359: 1819–1828, 2004.
40. Huxley HE. Past, present and future experiments on muscle. *Philosophical Transactions of the Royal Society of London* 355: 539–543, 2000.
41. Kodama T. Thermodynamic analysis of muscle ATPase mechanisms. *Physiol Rev* 65: 467–551, 1985.
42. Kojima T. Force-velocity relationship of human elbow fl exors in voluntary isotonic contraction under heavy loads. *Int J Sports Med* 12: 208–213, 1991.
43. Lieber RL. *Skeletal Muscle Structure, Function, and Plasticity*. Philadelphia, PA: Lippincott Williams & Wilkins, 2010.
44. Lowe SS. Physical activity and palliative cancer care. *Recent Results in Cancer Research (Fortschritte der Krebsforschung)* 186: 349–365, 2011.
45. Lowey S. Cardiac and skeletal muscle myosin polymorphism. *Med Sci Sports Exerc* 18: 284–291, 1986.
46. MacIntosh BR, Holash R, and Renaud J. Skeletal muscle fatigue-regulation of excitation contraction coupling to avoid metabolic catastrophe. *Journal of Cell Science* 125: 2105-2114, 2012
47. Mantilla CB, Sill RV, Aravamudan B, Zhan WZ, and Sieck GC. Developmental effects on myonuclear domain size of rat diaphragm fi bers. J *Appl Physiol* 104: 787–794, 2008.
48. Marzetti E, Calvani R, Cesari M, Buford TW, Lorenzi M, Behnke BJ, et al. Mitochondrial dysfunction and sarcopenia of aging: from signaling pathways to clinical trials. Int J *Biochem Cell Biol* 45: 2288–2301, 2013.
49. McClung JM, Kavazis AN, DeRuisseau KC, Falk DJ, Deering MA, Lee Y, et al. Caspase-3 regulation of diaphragm myo-

nuclear domain during mechanical ventilation-induced atrophy. Am J *Respir Crit Care Med* 175: 150–159, 2007.
50. Metzger J. Mechanism of chemomechanical coupling in skeletal muscle during work. In: *Energy Metabolism in Exercise and Sport*, edited by Lamb D, and Gisolfi C. New York, NY: McGraw-Hill, 1992, pp. 1–43.
51. Moss RL, Diffee GM, and Greaser ML. Contractile properties of skeletal muscle fi bers in relation to myofi brillar protein isoforms. *Rev Physiol Biochem Pharmacol* 126: 1–63, 1995.
52. Narici MV, and Maffulli N. Sarcopenia: characteristics, mechanisms and functional signifi cance. *British Medical Bulletin* 95: 139–159, 2010.
53. Noakes TD, and St Clair Gibson A. Logical limitations to the "catastrophe" models of fatigue during exercise in humans. Br J *Sports Med* 38: 648–649, 2004.
54. Pette D. *Plasticity of Muscle*. New York, NY: Walter de Gruyter, 1980.
55. Powers SK, Talbert EE, and Adhihetty PJ. Reactive oxygen species as intracellular signals in skeletal muscle. J *Physiol* 589: 2129–2138, 2011.
56. Powers SK, Ji LL, Kavazis AN, and Jackson MJ. Reactive oxygen species: impact on skeletal muscle. *Compr Physiol* 1: 941–969, 2011.
57. Powers SK, Criswell D, Herb RA, Demirel H, and Dodd S. Age-related increases in diaphragmatic maximal shortening velocity. J *Appl Physiol* 80: 445–451, 1996.
58. Powers SK, Nelson WB, and Hudson MB. Exerciseinduced oxidative stress in humans: cause and consequences. *Free Radic Biol Med* 51: 942–950, 2011.
59. Powers SK, and Jackson MJ. Exercise-induced oxidative stress: cellular mechanisms and impact on muscle force production. *Physiol Rev* 88: 1243–1276, 2008.
60. Roberts BM, Ahn B, Smuder AJ, Al-Rajhi M, Gill LC, Beharry AW, et al. Diaphragm and ventilatory dysfunction during cancer cachexia. FASEB J. 27: 2600–2610, 2013.
61. Saladin K. *Anatomy and Physiology*. Boston, MA: McGraw-Hill, 2012.
62. Saltin B, and Gollnick PD. Skeletal muscle adaptability: signifi cance for metabolism and performance. In: *Handbook of Physiology*, edited by Peachy L, Adrian R, and Geiger S. Bethesda, MD: American Physiological Society, 1983.
63. Sant'Ana Pereira J, Ennion S, Moorman A, Goldspink G, and Sargeant A. The predominant fast myHC's in human skeletal muscle corresponds to the rat IIa and IIx and not IIb (A26). In: *Annual Meeting of Society for Neuroscience*, 1994.
64. Schiaffi no S, Gorza L, Sartore S, Saggin L, Ausoni S, Vianello M, et al. Three myosin heavy chain isoforms in type 2 skeletal muscle fi bres. J *Muscle Res Cell Motil* 10: 197–205, 1989. muscle fi bres in male body builders. J *Physiol* 570: 611–627, 2006.
65. Schiaffino S, and Reggiani C. Fiber types in mammalian skeletal muscles. *Physiol Rev* 91: 1447–1531, 2011.
66. Schwellnus MP. Cause of exercise associated muscle cramps (EAMC)—altered neuromuscular control, dehydration or electrolyte depletion? Br J *Sports Med* 43: 401–408, 2009.
67. Schwellnus MP, Derman EW, and Noakes TD. Aetiology of skeletal muscle "cramps" during exercise: a novel hypothesis. J *Sports Sci* 15: 277–285, 1997.
68. Segerstrom AB, Holmback AM, Hansson O, Elgzyri T, Eriksson KF, Ringsberg K, et al. Relation between cycling exercise capacity, fi ber-type composition, and lower extremity muscle strength and muscle endurance. J *Strength Cond Res* 25: 16–22, 2011.
69. Sellers JR. Fifty years of contractility research post sliding fi lament hypothesis. J *Muscle Res Cell Motil* 25: 475–482, 2004.
70. Simoneau JA, Lortie G, Boulay MR, Marcotte M, Thibault MC, and Bouchard C. Inheritance of human skeletal mus-

cle and anaerobic capacity adaptation to high-intensity intermittent training. *Int J Sports Med* 7: 167–171, 1986.

71. Snow D, and Harris R. Thoroughbreds and greyhounds: biochemical adaptations in creatures of nature and man. In: *Circulation, Respiration, and Metabolism*, edited by Giles R. New York, NY: Springer-Verlag, 1985, pp. 227–239.

72. Tate CA, Hyek MF, and Taffet GE. The role of calcium in the energetics of contracting skeletal muscle. *Sports Med* 12: 208–217, 1991.

73. Tesch PA, Thorsson A, and Kaiser P. Muscle capillary supply and fi ber type characteristics in weight and power lifters. *J Appl Physiol* 56: 35–38, 1984.

74. Tisdale MJ. Mechanisms of cancer cachexia. *Physiol Rev* 89: 381–410, 2009.

75. Vale RD. Getting a grip on myosin. *Cell* 78: 733–737, 1994.

76. Vandenboom R. The myofi brillar complex and fatigue: a review. *Can J Appl Physiol* 29: 330–356, 2004.

77. Vinciguerra M, Musaro A, and Rosenthal N. Regulation of muscle atrophy in aging and disease. *Adv Exp Med Biol* 694: 211–233, 2010.

78. Westerblad H, and Allen DG. Cellular mechanisms of skeletal muscle fatigue. *Adv Exp Med Biol* 538: 563–570; discussion 571, 2003.

79. White RB, Bierinx AS, Gnocchi VF, and Zammit PS. Dynamics of muscle fi bre growth during postnatal mouse development. BMC *Developmental Biology* 10: 21, 2010.

80. Wilmore J, and Costill DL. *Training for Sport and Activity: The Physiological Basis of the Conditioning Process*. Champaign, IL: Human Kinetics, 1993.

81. Wozniak AC, Kong J, Bock E, Pilipowicz O, and Anderson JE. Signaling satellite-cell activation in skeletal muscle: markers, models, stretch, and potential alternate pathways. *Muscle Nerve* 31: 283–300, 2005.

9

Respostas circulatórias ao exercício

■ Objetivos

Ao estudar este capítulo, você deverá ser capaz de:

1. Fornecer uma visão geral da estrutura e da função do sistema circulatório.
2. Descrever o ciclo cardíaco e a atividade elétrica associada registrada pelo eletrocardiograma.
3. Discutir o padrão de redistribuição do fluxo sanguíneo durante o exercício.
4. Destacar as respostas circulatórias a vários tipos de exercício.
5. Identificar os fatores que regulam o fluxo sanguíneo local durante o exercício.
6. Listar e discutir os fatores responsáveis pela regulação do volume sistólico durante o exercício.
7. Discutir a regulação do débito cardíaco durante o exercício.

■ Conteúdo

Organização do sistema circulatório 189
Estrutura do coração 190
Circuitos pulmonar e sistêmico 190

Coração: miocárdio e ciclo cardíaco 190
Miocárdio 191
Ciclo cardíaco 192
Pressão arterial 194
Fatores que influenciam a pressão arterial 196
Atividade elétrica do coração 197

Débito cardíaco 199
Regulação da frequência cardíaca 199
Variabilidade da frequência cardíaca 202
Regulação do volume sistólico 203

Hemodinâmica 205
Características físicas do sangue 205
Relações entre pressão, resistência e fluxo 206
Fontes de resistência vascular 206

Alterações na distribuição de oxigênio para o músculo durante o exercício 207
Alterações do débito cardíaco durante o exercício 207
Alterações no conteúdo arteriovenoso misto de oxigênio durante o exercício 208
Redistribuição do fluxo sanguíneo durante o exercício 208
Regulação do fluxo sanguíneo local durante o exercício 209

Respostas circulatórias ao exercício 211
Influência emocional 211
Transição do repouso para o exercício 211
Recuperação do exercício 212
Exercício incremental 212
Exercício para o braço *versus* exercício para a perna 213
Exercício intermitente 213
Exercício prolongado 213

Regulação dos ajustes cardiovasculares ao exercício 215

■ Palavras-chave

artérias
arteríolas
autorregulação
capilares
centro de controle cardiovascular
circuito pulmonar
comando central
débito cardíaco
diástole
discos intercalados
eletrocardiograma (ECG)
miocárdio
nervo vago
nervos aceleradores cardíacos
nodo atrioventricular (nodo AV)
nodo sinoatrial (nodo SA)
pressão arterial diastólica
pressão arterial sistólica
produto duplo
sangue venoso misto
sístole
variabilidade da frequência cardíaca
veias
vênulas
volume sistólico

Um dos principais desafios à homeostase imposto pelo exercício é o aumento da demanda muscular por oxigênio. Durante o exercício intenso, a demanda pode se tornar 15-25 vezes maior do que no repouso. O principal propósito do sistema cardiorrespiratório é distribuir quantidades adequadas de oxigênio e eliminar os resíduos formados nos tecidos corporais. Além disso, o sistema circulatório também transporta nutrientes e ajuda a regular a temperatura. É importante lembrar que o sistema respiratório e o sistema circulatório atuam juntos, como uma "unidade acoplada". O sistema respiratório adiciona oxigênio e remove dióxido de carbono do sangue, enquanto o sistema circulatório é responsável pela distribuição do sangue oxigenado e dos nutrientes aos tecidos, de acordo com suas necessidades. De forma simplificada, o "sistema cardiopulmonar" atua como uma unidade para manter a homeostasia do oxigênio e do dióxido de carbono nos tecidos corporais. O médico inglês William Harvey propôs a primeira teoria completa sobre o modo como o sistema cardiovascular atua nos seres humanos (ver Quadro "Um olhar no passado – nomes importantes na ciência").

Para atender às demandas musculares por oxigênio aumentadas durante o exercício, são necessários dois ajustes principais do fluxo sanguíneo: (1) um **débito cardíaco** aumentado (i. e., maior quantidade de sangue bombeado por minuto pelo coração) e (2) uma redistribuição do fluxo sanguíneo dos órgãos inativos para os músculos esqueléticos ativos. Entretanto, enquanto as necessidades dos músculos são atendidas, outros tecidos, como o encéfalo, não podem ficar sem receber fluxo sanguíneo. Essas necessidades são atendidas por meio da manutenção da pressão arterial, que constitui a força motriz por trás do fluxo sanguíneo. É importante que o estudante de fisiologia do exercício tenha uma compreensão abrangente acerca das respostas cardiovasculares ao exercício. Por isso, este capítulo descreve a estrutura e a função do sistema circulatório, e também o modo como este sistema responde ao exercício.

Organização do sistema circulatório

O sistema circulatório humano consiste em uma alça fechada, por meio da qual o sangue circula por todos os tecidos corporais. A circulação sanguínea requer a ação de uma bomba muscular – o coração – que cria a "pressão hidrostática" necessária para deslocar o sangue ao longo do sistema. O sangue viaja pelo corpo saindo do coração pelas **artérias** e retornando pelas **veias**. O sistema é considerado "fechado" porque as artérias e veias permanecem em continuidade entre si através de vasos menores. As artérias ramificam-se extensivamente para formar uma "árvore" de vasos menores. À medida que se tornam microscópicos, os vasos formam **arteríolas**, que eventualmente se desenvolvem em "leitos" de vasos bem menores denominados **capilares**. Os capilares são os menores e mais numerosos vasos sanguíneos do corpo. Todas as trocas de oxigênio, dióxido de carbono e nutrientes realizadas entre os tecidos e o sistema circulatório ocorrem através dos leitos capilares. O sangue passa dos leitos capilares para pequenos vasos chamados **vênulas**. Conforme as vênulas seguem de volta ao coração, aumentam de tamanho e transformam-se em veias. As veias principais esvaziam diretamente dentro do coração. A mistura de sangue venoso oriundo das partes superior e inferior do corpo, que se acumula no lado direito do coração, é denominada **sangue venoso misto**. O sangue venoso misto, portanto, representa uma média do sangue venoso de todo o corpo.

Um olhar no passado – nomes importantes na ciência

William Harvey desenvolveu a primeira teoria completa sobre o sistema circulatório

William Harvey (1578-1657) nasceu na Inglaterra, em 1578. Foi educado no King's College e na Universidade de Cambridge. Mais tarde, estudou medicina na Universidade de Pádua, na Itália. Após concluir a graduação em medicina, voltou à Inglaterra e se tornou médico particular do rei James I.

O dr. Harvey era fascinado pelo estudo da anatomia, então, o rei James I o incentivou a seguir a carreira científica para aprimorar a prática médica. Como pesquisador, William Harvey fez numerosas descobertas importantes sobre o modo como o sistema cardiovascular funciona. Primeiro, observando a ação do coração em pequenos animais, Harvey provou que o coração expelia sangue a cada contração. Ele também descobriu que havia valvas nas veias e as identificou de forma correta, como sendo as responsáveis pela restrição do fluxo sanguíneo a uma única direção. O trabalho do dr. Harvey sobre o sistema circulatório foi resumido em um livro publicado em 1628, intitulado *An Anatomical Study of the Motion of the Heart and of the Blood in Animals* (Estudo anatômico do movimento do coração e do sangue em animais). Esse livro explicava as teorias de Harvey sobre como o coração impulsionava o sangue ao longo de um curso circular por todo o corpo, tendo sido o primeiro registro publicado a descrever, com acurácia, o modo como o sistema circulatório trabalha nos seres humanos e em outros animais.

Capítulo 9 Respostas circulatórias ao exercício **189**

Estrutura do coração

O coração está dividido em quatro câmaras e, frequentemente, é descrito como sendo duas bombas em uma. O átrio e o ventrículo direitos formam a bomba direita, enquanto o átrio e ventrículo esquerdos constituem a bomba esquerda (ver Fig. 9.1). O lado direito do coração é separado do lado esquerdo por uma parede muscular denominada septo interventricular. Esse septo evita a mistura do sangue contido em cada lado do coração.

Junto ao coração, o sangue move-se dos átrios para os ventrículos. E, a partir dos ventrículos, o sangue é bombeado para dentro das artérias. Para prevenir o movimento retrógrado do sangue, o coração conta com quatro valvas de mão única. As valvas atrioventriculares da direita e da esquerda conectam os átrios com os ventrículos direito e esquerdo, respectivamente (Fig. 9.1). Essas valvas também são conhecidas como valva tricúspide (valva atrioventricular direita) e valva bicúspide (valva atrioventricular esquerda). O fluxo de volta das artérias para dentro dos ventrículos é evitado pela valva semilunar pulmonar (ventrículo direito) e valva semilunar aórtica (ventrículo esquerdo).

Circuitos pulmonar e sistêmico

Conforme mencionado anteriormente, o coração pode ser considerado duas bombas em uma. O lado direito do coração bombeia o sangue que é parcialmente depletado de seu conteúdo de oxigênio e contém alto teor de dióxido de carbono, resultado das trocas gasosas ocorridas nos vários tecidos corporais. Este sangue é distribuído do lado direito do coração para dentro dos pulmões por meio do **circuito pulmonar**. Nos pulmões, o oxigênio passa para o sangue, e o dióxido de carbono é liberado. Esse sangue "oxigenado", então, viaja para o lado esquerdo do coração e é bombeado aos vários tecidos do corpo por meio da circulação sistêmica (Fig. 9.2).

Em resumo

- Os propósitos do sistema cardiovascular são: (1) transportar O_2 para os tecidos e eliminar os resíduos; (2) transportar os nutrientes para os tecidos; e (3) regular a temperatura corporal.
- O coração consiste em duas bombas em uma. O lado direito do coração bombeia sangue pela circulação pulmonar, e o lado esquerdo distribui o sangue para a circulação sistêmica.

Coração: miocárdio e ciclo cardíaco

Para melhor avaliar o modo como o sistema circulatório se adapta ao estresse do exercício, é importante compreender os detalhes básicos da estrutura miocárdica, bem como as atividades elétricas e mecânicas do coração.

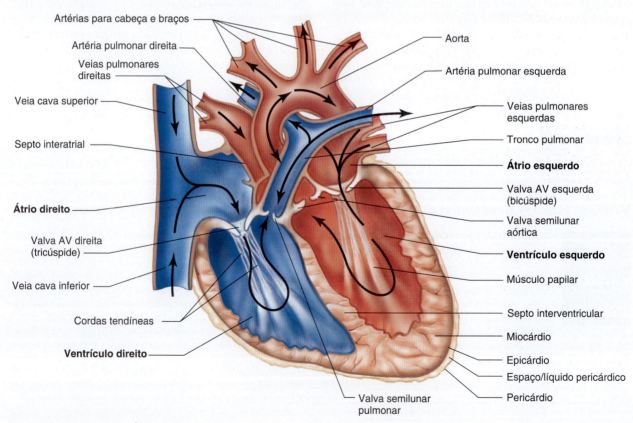

Figura 9.1 Vista anterior do coração.

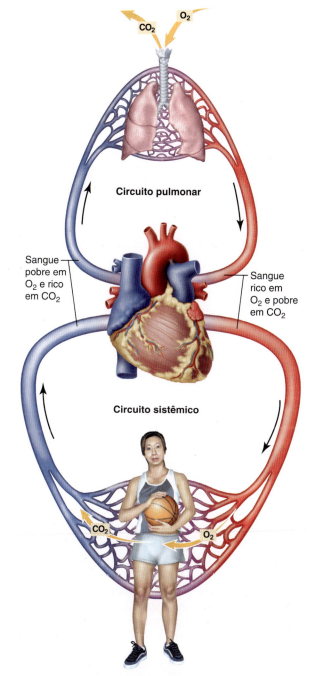

Figura 9.2 Ilustração das circulações sistêmica e pulmonar. Conforme representa a mudança de cor do azul para o vermelho, o sangue vai se tornando totalmente oxigenado à medida que flui pelos pulmões. Em seguida, perde um pouco de oxigênio (a cor muda do vermelho para o azul) ao fluir pelos outros órgãos e tecidos.

Miocárdio

A parede do coração é composta por três camadas: (1) uma camada externa, denominada epicárdio; (2) uma camada média muscular, que é o miocárdio; e (3) uma camada interna conhecida como endocárdio (Fig. 9.3). O **miocárdio**, ou músculo cardíaco, é responsável pela contração cardíaca e por impulsionar o sangue para fora do coração. O miocárdio recebe seu suprimento sanguíneo via artérias coronárias direita e esquerda, que se ramificam da aorta e circundam o coração. As veias coronarianas acompanham lateralmente as artérias e drenam todo o sangue coronariano para dentro de uma veia maior, chamada seio coronário, que deposita o sangue dentro do átrio direito.

A manutenção de um suprimento sanguíneo constante para o coração por meio das artérias coronárias é essencial, pois, até mesmo durante o repouso, o coração apresenta alta demanda por oxigênio e nutrientes. Quando o fluxo sanguíneo coronariano é interrompido (i. e., bloqueio de um vaso sanguíneo coronariano) por mais de alguns minutos, o coração sofre danos permanentes. Esse tipo de lesão resulta na morte das células do miocárdio e é comumente denominado ataque cardíaco ou infarto do miocárdio (ver Cap. 17). O número de células cardíacas (i. e., fibras musculares) que morrem em decorrência desta agressão determina a gravidade de um ataque cardíaco. Ou seja, um ataque cardíaco "leve" pode envolver danos apenas a uma pequena parte do coração, enquanto um ataque cardíaco "grave" pode envolver a destruição de um amplo número de células (fibras) cardíacas. Um ataque cardíaco grave diminui significativamente a capacidade de bombeamento do coração. Por esse motivo, é importante minimizar a extensão da lesão ao coração durante um ataque cardíaco. De modo significativo, fortes evidências indicam que o treinamento físico pode proteger o coração durante um ataque (ver o Quadro "Aplicações clínicas 9.1").

O miocárdio difere do músculo esquelético em vários aspectos. Primeiro, as fibras do miocárdio são mais curtas que as fibras do músculo esquelético e estão conectadas firmemente em série. Além disso, as fibras cardíacas são tipicamente ramificadas, enquanto as fibras de músculo esquelético são alongadas e não se ramificam. Também, a contração do miocárdio é involuntária, enquanto as contrações da musculatura esquelética estão submetidas ao controle voluntário.

Outra diferença entre as fibras cardíacas e as fibras de músculo esquelético reside no fato de que, ao contrário das fibras de músculo esquelético, as fibras do miocárdio estão todas interconectadas por **discos intercalados**. Essas conexões intercelulares permitem a transmissão dos impulsos elétricos de uma fibra a outra. Os discos intercalados permitem a passagem de íons de uma fibra cardíaca para outra. Dessa forma, quando uma fibra cardíaca é despolarizada para contrair, todas as fibras cardíacas em conexão também são excitadas e contraem-se como uma unidade. Essa disposição é chamada de sincício funcional. As células do miocárdio localizadas nos átrios estão separadas das células musculares ventriculares por uma camada de tecido conjuntivo que impede a transmissão dos impulsos elétricos. Dessa forma, os átrios contraem-se à parte dos ventrículos.

Uma diferença adicional entre as fibras musculares cardíacas e esqueléticas é que as fibras cardíacas huma-

Capítulo 9 Respostas circulatórias ao exercício

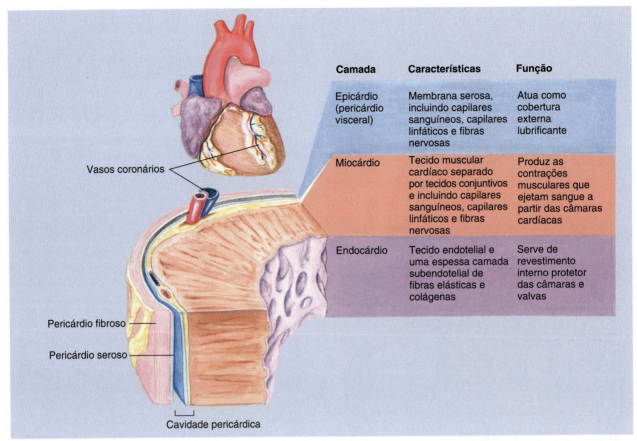

Figura 9.3 A parede do coração é composta por três camadas distintas: (1) epicárdio, (2) miocárdio e (3) endocárdio.

nas são incapazes de se dividir em tipos distintos de fibras. O miocárdio ventricular é considerado um músculo homogêneo, que contém um tipo de fibra primário dotado de similaridades com as fibras lentas de tipo I encontradas no músculo esquelético. Nesse sentido, as fibras de miocárdio são altamente aeróbias e contêm um grande número de mitocôndrias. Observa-se, porém, que as fibras do músculo cardíaco são bem mais ricas em mitocôndrias do que as fibras de músculo esquelético lentas de tipo I. Esse aspecto destaca a importância do metabolismo aeróbio contínuo no coração.

Uma diferença final entre as fibras musculares cardíacas e esqueléticas é a capacidade de se recuperar após uma lesão nas fibras musculares. Lembre-se, do Capítulo 8, que as fibras do músculo esquelético são circundadas por células precursoras de músculos chamadas de células-satélite. Essas células-satélite são importantes porque permitem que o músculo esquelético se regenere (ou seja, se recupere) de lesões. Entretanto, as fibras musculares cardíacas não têm células-satélite e, dessa forma, essas células do músculo cardíaco têm capacidade de regeneração limitada.

Embora o miocárdio e o músculo esquelético sejam distintos em vários aspectos, também apresentam diversas semelhanças. As fibras de músculo cardíaco e esquelético, por exemplo, são ambas estriadas e contêm as mesmas proteínas contráteis: actina e miosina. Além disso, as fibras musculares cardíacas e esqueléticas necessitam de cálcio para ativação dos miofilamentos,[17] e ambas se contraem segundo o modelo de contração por filamentos deslizantes (ver Cap. 8). Além disso, como o músculo esquelético, o miocárdio pode alterar sua força de contração em função do grau de sobreposição dos filamentos de actina-miosina, devido às alterações no comprimento da fibra. A Tabela 9.1 contém uma comparação ponto a ponto das similaridades e diferenças estruturais/funcionais entre as fibras musculares cardíacas e esqueléticas.

Ciclo cardíaco

O ciclo cardíaco refere-se ao padrão repetitivo de contração e relaxamento do coração. A fase de contração é denominada **sístole**, e o período de relaxamento é chamado de **diástole**. Em geral, quando esses termos são usados de modo isolado, referem-se à contração e ao relaxamento dos ventrículos. Entretanto, é preciso notar que os átrios também se contraem e relaxam; portanto, há também sístole e diástole atriais. A contração atrial ocorre durante a diástole ventricular, enquanto o relaxamento atrial ocorre durante a sístole ventricular. O coração, então, exibe uma ação de bombeamento em duas etapas. Os átrios direito e esquerdo contraem-se juntos, esvaziando o sangue atrial

Aplicações clínicas 9.1

O treinamento físico protege o coração

Hoje, está bem estabelecido que o treino com exercícios regulares é cardioprotetor. De fato, muitos estudos epidemiológicos forneceram evidências de que o exercício regular pode diminuir a incidência de ataques cardíacos e de que a taxa de sobrevida das vítimas de ataque cardíaco é maior na população ativa do que entre os sedentários. Experimentos recentes fornecem evidências diretas de que o treino com exercícios regulares de resistência diminui a quantidade de dano cardíaco produzida durante um ataque cardíaco.[26,28,29] O efeito protetor do exercício é ilustrado na Figura 9.4. É interessante perceber que o treinamento físico pode diminuir em aproximadamente 60% a magnitude da lesão cardíaca durante um ataque cardíaco. Esse efeito é significativo, pois o número de células cardíacas destruídas durante um ataque cardíaco determina as chances do paciente de recuperação funcional total.

Os experimentos realizados com animais indicam que a proteção induzida pelo exercício contra a lesão miocárdica durante um ataque cardíaco pode ser alcançada rapidamente.[29] Por exemplo, aparentemente, pelo menos 3-5 dias consecutivos de exercício aeróbio (~ 60 minutos/dia) podem conferir proteção cardíaca significativa contra danos miocárdicos mediados por ataque cardíaco.[29]

Como o treinamento físico altera o coração e proporciona cardioproteção durante um ataque cardíaco? Não existe uma resposta definitiva para esta questão. No entanto, evidências sugerem que a melhora induzida pelo treinamento físico da capacidade cardíaca de resistir à lesão permanente durante um ataque cardíaco está ligada a melhoras na capacidade antioxidante do coração (i. e., a capacidade de remover radicais livres).[26,28,29] Além disso, evidências recentes sugerem que as alterações envolvendo as mitocôndrias cardíacas também exercem um papel na cardioproteção induzida pelo exercício.[18] O leitor poderá encontrar mais detalhes sobre este assunto na referência Powers et al. (2008), listada em "Sugestões de leitura".

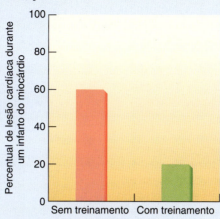

Figura 9.4 O exercício de resistência regular protege o coração contra a morte celular durante um ataque cardíaco. Notar que durante um infarto do miocárdio (i. e., ataque cardíaco), os indivíduos fisicamente treinados com exercícios sofrem menos lesões cardíacas quando comparados com os indivíduos sem treinamento.[29]

Tabela 9.1 Comparação das diferenças/similaridades estruturais e funcionais entre o miocárdio e o músculo esquelético

Comparação estrutural	Miocárdio	Músculo esquelético
Proteínas contráteis: actina e miosina	Presente	Presente
Formato das fibras musculares	Mais curtas do que as fibras musculares esqueléticas; com ramificações	Alongadas; sem ramificações
Núcleos	Únicos	Múltiplos
Discos Z	Presentes	Presentes
Estrias	Sim	Sim
Junções celulares	Sim; discos intercalados	Sem complexos juncionais
Tecido conjuntivo	Endomísio	Epimísio, perimísio e endomísio
Comparação funcional		
Produção energética	Aeróbia (principalmente)	Aeróbia e anaeróbia
Fonte de cálcio (para contração)	Retículo sarcoplasmático e cálcio extracelular	Retículo sarcoplasmático
Controle neural	Involuntário	Voluntário
Potencial regenerativo	Não há; sem células-satélite	Algumas possibilidades, via células-satélite

Capítulo 9 Respostas circulatórias ao exercício

dentro dos ventrículos. Cerca de 0,1 segundo após a contração atrial, os ventrículos contraem-se e distribuem o sangue para dentro dos circuitos sistêmico e pulmonar.

Em repouso, a contração ventricular durante a sístole ejeta cerca de 2/3 do sangue contido nos ventrículos, deixando aproximadamente 1/3, ainda, nos ventrículos. Estes, então, enchem-se de sangue durante a diástole seguinte. Uma mulher saudável, de 21 anos de idade, poderia apresentar uma frequência cardíaca em repouso média de 75 batimentos por minuto. Isso significa que o ciclo cardíaco total dura 0,8 segundo, com 0,5 segundo de diástole e 0,3 segundo em sístole (ver Fig. 9.5).[17] Se a frequência cardíaca aumentar de 75 batimentos por minuto para 180 batimentos por minuto (p. ex., exercício intenso), haverá diminuição da duração da sístole e da diástole.[11] Esse aspecto é ilustrado na Figura 9.5. É importante observar que uma frequência cardíaca em elevação resulta em uma diminuição mais significativa do tempo de diástole, enquanto a sístole é menos afetada.

Alterações da pressão durante o ciclo cardíaco.
Durante o ciclo cardíaco, a pressão junto às câmaras cardíacas aumenta e diminui. Quando os átrios estão relaxados, o sangue flui para dentro deles, vindo da circulação venosa. Conforme as câmaras se enchem, a pressão em seu interior aumenta gradualmente. Cerca de 70% do sangue que entra nos átrios durante a diástole flui diretamente para dentro dos ventrículos por meio das valvas atrioventriculares, antes de os átrios se contraírem. Com a contração atrial, a pressão atrial sobe e força a maior parte dos restantes 30% de sangue atrial para dentro dos ventrículos.

Durante o enchimento ventricular, a pressão dentro dos ventrículos é baixa. Quando os átrios se contraem, porém, a pressão ventricular sofre um aumento discreto. Assim, conforme os ventrículos se contraem, a pressão aumenta abruptamente e isso fecha as valvas atrioventriculares e evita o fluxo de volta para dentro dos átrios. Assim que a pressão ventricular excede a pressão das artérias pulmonar e aorta, as valvas pulmonar e aórtica abrem-se e o sangue é forçado para dentro das circulações pulmonar e sistêmica. A Figura 9.6 ilustra as alterações na pressão ventricular em função do tempo durante o ciclo cardíaco em repouso. Observar a ocorrência de dois sons cardíacos produzidos pelo fechamento das valvas atrioventriculares (primeiro som cardíaco) e pelo fechamento das valvas aórtica e pulmonar (segundo som cardíaco).

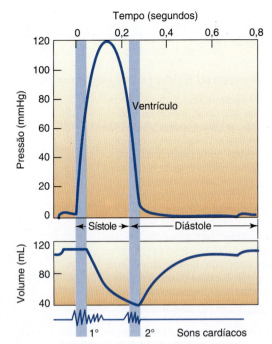

Figura 9.6   Relação existente entre pressão, volume e sons cardíacos durante o ciclo cardíaco. É importante observar a alteração do volume e pressão ventricular durante a transição da sístole para a diástole.

Pressão arterial

O sangue exerce pressão ao longo de todo o sistema vascular, contudo, esta pressão é mais intensa junto às artérias, onde, em geral, é medida e usada como indicação da condição de saúde. A pressão arterial consiste na força exercida pelo sangue contra as paredes arteriais e é determinada pela quantidade de sangue bombeada e intensidade da resistência ao fluxo sanguíneo.

A pressão arterial pode ser estimada com o uso de um esfigmomanômetro (ver o Quadro "Uma visão mais detalhada 9.1"). A pressão arterial normal de um homem adulto é 120/80, enquanto a pressão de mulheres adultas tende a ser menor (110/70). O número maior na expressão da pressão arterial é a pressão sistólica expressa em milímetros de mercúrio (mmHg). O número menor

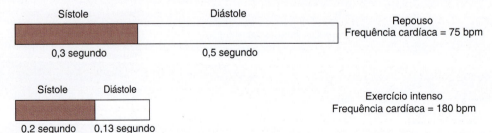

Figura 9.5   Ilustração do ciclo cardíaco em repouso e durante o exercício. As elevações da frequência cardíaca durante o exercício são alcançadas principalmente por meio da redução do tempo gasto na diástole. Entretanto, em frequências cardíacas altas, a duração do tempo gasto na sístole também diminui.

Uma visão mais detalhada 9.1

Mensuração da pressão arterial

A pressão arterial não costuma ser medida diretamente, mas é estimada com auxílio de um instrumento denominado esfigmomanômetro (ver Fig. 9.7). Esse aparelho consiste em um manguito de braço inflável conectado a uma coluna de mercúrio. O manguito pode ser inflado por uma bomba em forma de bulbo, e a medida da pressão no manguito é dada pela elevação da coluna de mercúrio. Assim, uma pressão de 100 mm de mercúrio (mmHg), por exemplo, exerceria força suficiente para elevar a coluna de mercúrio a uma distância de 100 mm.

A pressão arterial é medida da seguinte forma: o manguito de borracha é colocado ao redor da porção superior do braço, circundando a artéria braquial.

O ar, então, é bombeado para dentro do manguito, de modo que a pressão em torno do braço exceda a pressão arterial. Como a pressão aplicada em volta do braço é maior que a pressão arterial, a artéria braquial é comprimida até fechar, e o fluxo sanguíneo é interrompido. Se um estetoscópio for colocado sobre a artéria braquial (logo abaixo do manguito), nenhum som será ouvido, pois não haverá fluxo sanguíneo. Entretanto, se a válvula de controle de ar for lentamente aberta para liberar o ar, a pressão no manguito começará a declinar e a pressão em torno do braço logo atingirá um ponto em que será igual ou um pouco menor que a pressão arterial. Neste ponto, o sangue começará a jorrar pela artéria, produzindo um fluxo turbulento, e um som agudo (conhecido como sons de Korotkoff) poderá ser ouvido com o estetoscópio. A pressão (i. e., a altura da coluna de mercúrio) em que o primeiro som de esvaziamento é ouvido representa a pressão arterial sistólica.

Conforme a pressão no manguito continua declinando, uma série de sons progressivamente mais altos pode ser ouvida. Quando a pressão no manguito se iguala ou se torna um pouco menor que a pressão arterial diastólica, os sons ouvidos com o estetoscópio desaparecem, porque o fluxo turbulento cessa. Portanto, uma pressão arterial diastólica em repouso representa a altura da coluna de mercúrio no momento do desaparecimento dos sons.

1. Nenhum som é ouvido porque não há fluxo sanguíneo quando o manguito de pressão está alto o bastante para manter a artéria braquial fechada.

2. A **pressão sistólica** é a pressão em que um som de Korotkoff é ouvido pela primeira vez. Quando a pressão no manguito diminui e se torna insuficiente para manter a artéria braquial fechada durante a sístole, o sangue é empurrado por meio da artéria braquial parcialmente aberta, para produzir um fluxo sanguíneo turbulento e um som. A artéria braquial continua fechada durante a diástole.

3. À medida que a pressão no manguito continua caindo, a artéria braquial se abre ainda mais durante a sístole. Inicialmente, a artéria é fechada durante a diástole, porém, conforme a pressão no manguito continua diminuindo, a artéria braquial se abre parcialmente durante a diástole. O fluxo sanguíneo turbulento durante a sístole produz sons de Korotkoff, embora o volume desses sons mude conforme a abertura da artéria aumenta.

4. A **pressão distólica** é a pressão em que o som desaparece. Eventualmente, a pressão no manguito atinge valores inferiores à pressão na artéria braquial, e esta permanece aberta durante a sístole e a diástole. O fluxo não turbulento é restabelecido e nenhum som é ouvido.

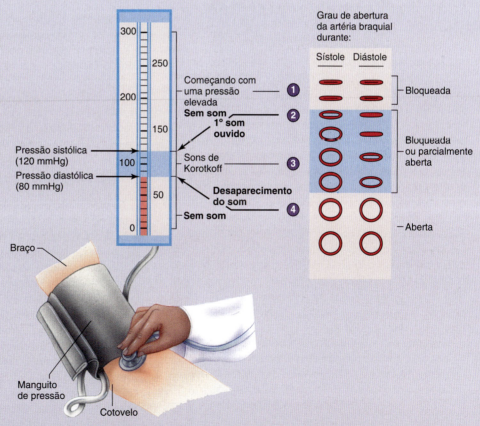

Figura 9.7 Um esfigmomanômetro é usado para mensurar a pressão arterial.

na proporção da pressão arterial representa a pressão diastólica, também expressa em mmHg. A **pressão arterial sistólica** é a pressão gerada com a injeção do sangue a partir do coração, durante a sístole ventricular. Durante o relaxamento ventricular (diástole), a pressão arterial diminui e representa a **pressão arterial diastólica**. A diferença entre pressão arterial sistólica e diastólica é denominada pressão de pulso.

A pressão média durante um ciclo cardíaco é chamada *pressão arterial média*. A pressão arterial média é importante por determinar a velocidade do fluxo sanguíneo ao longo do circuito sistêmico.

Não é fácil determinar a pressão arterial média. Não se trata simplesmente da média das pressões sistólica e diastólica, pois a diástole geralmente é mais longa que a sístole. Entretanto, a pressão arterial média pode ser estimada em repouso, do seguinte modo:

Pressão arterial média = PAD + 0,33 (pressão de pulso)

Aqui, PAD é a pressão arterial diastólica, e a pressão de pulso consiste na diferença entre as pressões sistólica e diastólica. É importante considerar um cálculo como exemplo da pressão arterial média em repouso.

Supõe-se, por exemplo, que um indivíduo tenha pressão arterial de 120/80 mmHg. A pressão arterial média seria:

Pressão arterial média = 80 mmHg + 0,33 (120 − 80)
= 80 mmHg + 13
= 93 mmHg

Essa equação não pode ser usada para calcular a pressão arterial média durante o exercício, pois se baseia no momento do ciclo cardíaco em repouso. Ou seja, a pressão arterial aumenta durante a sístole e diminui durante a diástole, ao longo do ciclo cardíaco. Dessa forma, para estimar com acurácia a pressão arterial média em qualquer momento, as pressões arteriais sistólica e diastólica devem ser medidas, e os tempos de sístole e diástole precisam ser conhecidos. É importante lembrar que o tempo em sístole e o tempo em diástole são diferentes em repouso e no exercício. Por exemplo, a fórmula estima que o tempo em sístole ocupa 33% do ciclo cardíaco total em repouso. Entretanto, durante o exercício máximo, a sístole pode representar 66% do tempo do ciclo cardíaco total. Por esse motivo, qualquer fórmula projetada para estimar a pressão arterial média deve ser ajustada para refletir o tempo em sístole e o tempo em diástole.

Uma pressão arterial alta (denominada hipertensão) é classificada como pressões superiores a 140/90 mmHg. Infelizmente, cerca de 31% de todos os adultos (>18 anos de idade) nos Estados Unidos têm hipertensão.[13] A hipertensão, em geral, é classificada em uma dentre duas categorias: (1) hipertensão primária ou essencial; e (2) hipertensão secundária. A causa da hipertensão primária é multifatorial, ou seja, existem vários fatores cujos efeitos combinados produzem a hipertensão. Esse tipo de hipertensão constitui 95% de todos os casos relatados de hipertensão nos Estados Unidos. A hipertensão secundária resulta de alguns processos patológicos comprovados e, portanto, é "secundária" a outra doença.

A hipertensão pode levar a uma variedade de problemas de saúde. Por exemplo, a hipertensão aumenta a carga de trabalho no ventrículo esquerdo e isso resulta no aumento adaptativo da massa muscular do lado esquerdo do coração (denominado hipertrofia ventricular esquerda). Nas fases iniciais da hipertrofia ventricular esquerda induzida por hipertensão, o aumento da massa cardíaca ajuda a manter a capacidade de bombeamento do coração. No entanto, com o passar do tempo, essa hipertrofia ventricular esquerda modifica a organização e a função das fibras de miocárdio, com uma consequente diminuição da capacidade de bombeamento do coração que pode levar à insuficiência cardíaca. Além disso, a existência de hipertensão constitui um dos principais fatores de risco de desenvolvimento de aterosclerose e ataques cardíacos. Por fim, a hipertensão também aumenta o risco de dano renal e de ruptura de um vaso sanguíneo no cérebro, com consequente lesão cerebral localizada (i. e., acidente vascular encefálico).

Fatores que influenciam a pressão arterial

A pressão arterial média é determinada por dois fatores: (1) débito cardíaco; e (2) resistência vascular total. O débito cardíaco é a quantidade de sangue bombeado do coração, e a resistência vascular total consiste na soma da resistência ao fluxo sanguíneo exercida por todos os vasos sanguíneos sistêmicos. Do ponto de vista matemático, a pressão arterial média é definida pelo produto do débito cardíaco multiplicado pela resistência vascular total, de acordo com a seguinte equação:

Pressão arterial média =
(débito cardíaco × resistência vascular total)

Dessa forma, um aumento do débito cardíaco ou da resistência vascular resulta em aumento da pressão arterial média. No corpo, a pressão arterial média depende de uma variedade de fatores fisiológicos, incluindo débito cardíaco, volume de sangue, resistência ao fluxo e viscosidade sanguínea. Essas relações são resumidas na Figura 9.8. O aumento de qualquer uma dessas variáveis resulta em aumento da pressão arterial. Da mesma maneira, a diminuição de qualquer uma dessas variáveis acarreta diminuição da pressão arterial. As relações entre esses fatores serão discutidas com mais detalhes em uma seção adiante.

Como a pressão arterial é regulada? A regulação aguda (em curto prazo) da pressão arterial é realizada pelo sistema nervoso simpático, enquanto a regulação em longo prazo é, essencialmente, uma função dos rins.[4] Os rins regulam a pressão arterial controlando o volume sanguíneo.

196 Seção I Fisiologia do exercício

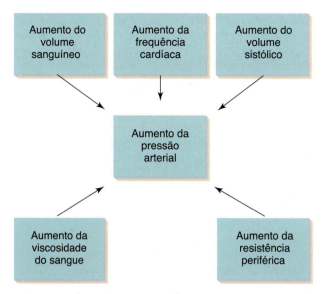

Figura 9.8 Alguns fatores que influenciam a pressão arterial.

Os receptores de pressão (denominados baroceptores) presentes nas artérias carótida e aorta são sensíveis às alterações da pressão arterial. Um aumento da pressão arterial deflagra esses receptores, que, então, enviam impulsos para o **centro de controle cardiovascular**. Este centro, por sua vez, responde diminuindo a atividade simpática. Uma diminuição da atividade simpática pode reduzir o débito cardíaco e/ou a resistência vascular, o que baixa a pressão arterial. De maneira recíproca, uma diminuição da pressão arterial resulta em diminuição da atividade dos baroceptores para o encéfalo. Isso faz o centro de controle cardiovascular responder aumentando a descarga simpática, que eleva a pressão arterial, trazendo-a de volta ao normal. As referências de Courneya (2011) ou Fox (2013), citadas nas "Sugestões de leitura", trazem uma discussão completa sobre a regulação da pressão arterial.

Atividade elétrica do coração

Muitas células miocárdicas têm o potencial exclusivo de atividade elétrica espontânea (i. e., cada célula tem um ritmo intrínseco). Entretanto, no coração normal, a atividade elétrica espontânea limita-se a uma região específica localizada no átrio direito. Essa região, chamada **nodo sinoatrial (nodo SA)**, atua como marca-passo cardíaco (ver Fig. 9.9). A atividade elétrica espontânea no nodo SA ocorre em função de uma queda do potencial de repouso da membrana, mediada pela difusão do sódio para dentro, durante a diástole. Quando o nodo SA atinge o limiar de despolarização e "dispara", a onda de despolarização dissemina-se ao longo dos átrios e resulta na contração atrial. A onda de despolarização atrial não pode atravessar diretamente para

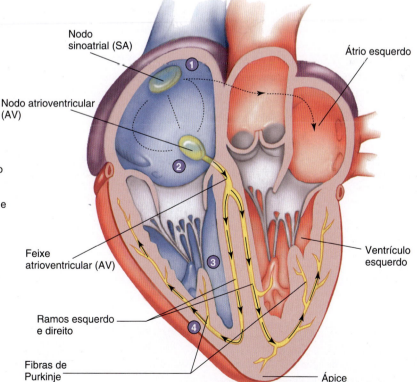

1. Potenciais de ação são originados no nodo sinoatrial (SA) (o marca-passo) e percorrem a parede do átrio (setas) desde o nodo SA até o nodo atrioventricular (AV).

2. Os potenciais de ação atravessam o nodo AV e passam ao longo do feixe AV, que se estende desde o nodo AV, passa pelo esqueleto fibroso e entra no septo interventricular.

3. O feixe AV divide-se nos ramos direito e esquerdo. Os potenciais de ação descem para o ápice de cada ventrículo, ao longo dos ramos.

4. Os potenciais de ação são conduzidos pelas fibras de Purkinje, a partir dos ramos até as paredes ventriculares.

Figura 9.9 Sistema condutor do coração.

dentro dos ventrículos, mas deve ser transportada por meio de um tecido condutor especializado. Esse tecido condutor especializado irradia a partir de uma pequena massa de tecido muscular denominada **nodo atrioventricular (nodo AV)**. Esse nodo, localizado no assoalho do átrio direito, conecta os átrios aos ventrículos por um par de vias condutoras denominadas *feixes direito e esquerdo* (Fig. 9.9). É interessante notar que a despolarização átrio-mediada do nodo AV é retardada em cerca de 0,10 segundo. Esse atraso é importante porque permite que a contração atrial esvazie o sangue atrial para dentro dos ventrículos antes da despolarização e contração ventriculares. Ao chegarem nos ventrículos, essas vias condutoras ramificam-se em fibras menores denominadas fibras de Purkinje. As fibras de Purkinje, então, espalham a onda de despolarização totalmente pelos ventrículos.

Um registro das alterações elétricas ocorridas no miocárdio durante o ciclo cardíaco é chamado de **eletrocardiograma (ECG)**. A análise das ondas de um ECG permite ao médico avaliar a capacidade do coração de conduzir impulsos e, com isso, determinar se há problemas elétricos. Além disso, a análise do ECG durante o exercício é utilizada, com frequência, no diagnóstico da arteriopatia coronariana (ver o Quadro "Uma visão mais detalhada 9.2"). A Figura 9.11 ilustra um padrão de ECG normal. É interessante observar que o padrão de ECG apresenta variadas deflexões (ou ondas) que ocorrem a cada ciclo cardíaco. Cada uma dessas ondas distintas é identificada por letras diferentes. A primeira deflexão no ECG é denominada onda P e representa a despolarização dos átrios. A segunda onda, chamada de complexo QRS, representa a despolarização dos ventrículos e ocorre em aproximadamente 0,10 segundo após a onda P. A deflexão final, denominada onda T, resulta da repolarização ventricular. Nota-se que a repolarização atrial, geralmente, é invisível ao ECG, pois ocorre ao mesmo tempo que o complexo QRS (Fig. 9.12). Em outras palavras, a repolarização atrial é "escondida" pelo complexo QRS.

Por fim, a Figura 9.13 ilustra a relação existente entre as alterações da pressão intraventricular e o ECG. Observa-se que o complexo QRS (i. e., despolarização dos ventrículos) ocorre no início da sístole, enquanto a onda T (i. e., repolarização ventricular) ocorre no começo da diástole. Além disso, a elevação da pressão intraventricular no início da sístole resulta no primeiro som cardíaco, como consequência do fechamento das valvas atrioventriculares (valvas AV), e a queda da pressão intraventricular ao final da sístole resulta no segundo som cardíaco, como consequência do fechamento das valvas semilunares aórtica e pulmonar.

Uma visão mais detalhada 9.2

Uso diagnóstico do ECG durante o exercício

Os cardiologistas são médicos especializados em doenças do coração e do sistema vascular. Um dos procedimentos diagnósticos comumente usados para avaliar a função cardíaca consiste na obtenção de medidas do ECG durante um teste de exercício incremental (em geral, chamado de teste de estresse). Isso permite ao médico observar as alterações da pressão arterial, bem como as alterações ocorridas no ECG do paciente durante os períodos de estresse induzido pelo exercício.

A causa mais frequente de cardiopatia é o acúmulo de placas gordurosas (denominado aterosclerose) no interior dos vasos coronarianos. Esse acúmulo de placas diminui o fluxo sanguíneo para o miocárdio. A adequação do fluxo sanguíneo para o coração é relativa – depende da demanda metabólica imposta ao coração. A obstrução de uma artéria coronária, por exemplo, pode permitir um fluxo de sangue suficiente em repouso, mas pode ser impediente durante o exercício, em razão da aumentada demanda metabólica imposta ao coração. Sendo assim, um teste de exercício incremental pode servir de "teste de estresse" para avaliação da função cardíaca.

Um exemplo de ECG anormal é ilustrado na Figura 9.10. A isquemia miocárdica (fluxo sanguíneo reduzido) pode ser detectada por meio das alterações do segmento S-T no ECG. Observa-se como o segmento S-T está deprimido no gráfico à direita, em comparação ao ECG normal representado no gráfico à esquerda. Esta depressão do segmento S-T sugere ao médico que o paciente pode ter uma cardiopatia isquêmica e, portanto, justifica a realização de procedimentos diagnósticos adicionais.

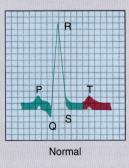
Normal

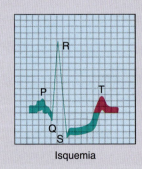
Isquemia

Figura 9.10 Depressão do segmento S-T do eletrocardiograma, como resultado de isquemia miocárdica.

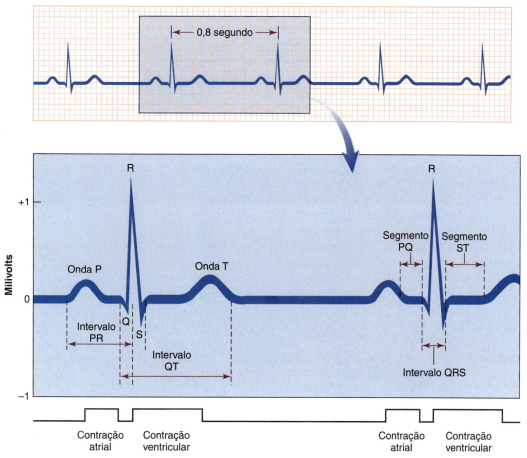

Figura 9.11 Eletrocardiograma normal durante o repouso.

Em resumo

- O miocárdio é composto por três camadas: (1) epicárdio (camada externa); (2) miocárdio (camada média composta de fibras musculares cardíacas) e (3) endocárdio (camada interna).
- A fase de contração do ciclo cardíaco é denominada *sístole* e o período de relaxamento é chamado de *diástole*.
- A média da pressão arterial durante um ciclo cardíaco é denominada *pressão arterial média*.
- A pressão arterial pode ser aumentada por um ou por todos os seguintes fatores:
  a. aumento do volume sanguíneo;
  b. aumento da frequência cardíaca;
  c. aumento da viscosidade do sangue;
  d. aumento do volume sistólico;
  e. aumento da resistência periférica.
- O marca-passo cardíaco é o nodo SA.
- Um registro da atividade elétrica do coração durante um ciclo cardíaco é denominado *eletrocardiograma* (ECG).

Débito cardíaco

O débito cardíaco ($\dot{Q}$) é o produto da frequência cardíaca (FC) pelo **volume sistólico** (VS) (quantidade de sangue bombeado por batimento cardíaco):

$$\dot{Q} = FC \times VS$$

Dessa forma, o débito cardíaco pode aumentar em decorrência da elevação da frequência cardíaca ou do volume sistólico. Durante o exercício realizado em posição vertical (p. ex., corrida, ciclismo, etc.), o aumento do débito cardíaco acontece em decorrência de um aumento tanto da frequência cardíaca como do volume sistólico. A Tabela 9.2 apresenta os valores típicos, em repouso e durante o exercício máximo, para frequência cardíaca, volume sistólico e débito cardíaco, em atletas sem treinamento e altamente treinados. As diferenças de volume sistólico e débito cardíaco associadas ao gênero são decorrentes, principalmente, das diferenças de tamanho corporal existentes entre homens e mulheres (ver Tab. 9.2).[2]

Regulação da frequência cardíaca

Durante o exercício, a quantidade de sangue bombeado pelo coração deve mudar em função da alta demanda

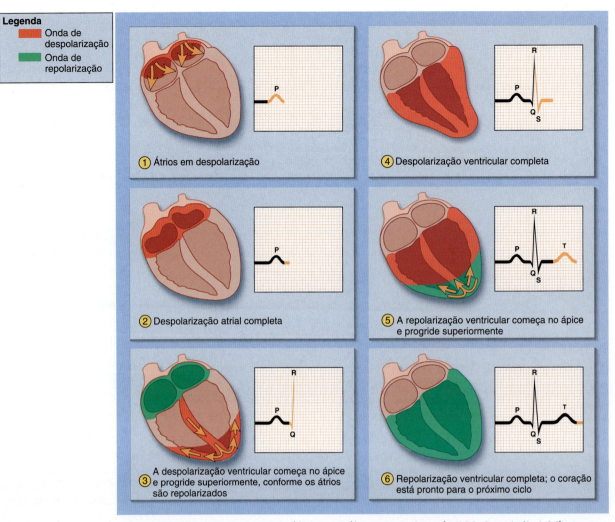

Figura 9.12 Ilustração da relação existente entre os eventos elétricos cardíacos e o registro do ECG. Os painéis 1-2 ilustram a despolarização atrial e a formação da onda P. Os painéis 3-4 ilustram a despolarização ventricular e a formação do complexo QRS. Por fim, os painéis 5-6 ilustram a repolarização dos ventrículos e a formação da onda T.

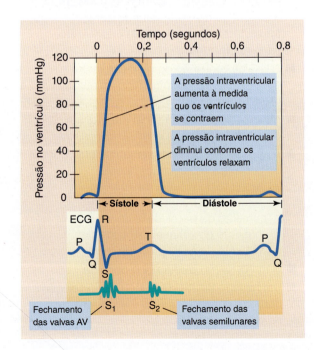

Figura 9.13 Relação existente entre as alterações da pressão intraventricular e o ECG. Nota-se que o complexo QRS (i. e., despolarização ventricular) ocorre no início da sístole e da elevação da pressão ventricular. Além disso, nota-se que a onda T (repolarização dos ventrículos) ocorre ao mesmo tempo que os ventrículos relaxam, no início da diástole.

200 Seção I Fisiologia do exercício

Tabela 9.2	Valores típicos de volume sistólico (VS), frequência cardíaca (FC) e débito cardíaco ($\dot{Q}$) durante o repouso e no exercício máximo, para indivíduos em idade universitária sem treinamento e atletas submetidos ao treinamento de resistência (pesos corporais: homem = 70 kg; mulher = 50 kg)				
Indivíduo	FC (bpm)		VS (mL/batimento)		$\dot{Q}$ (L/min)
Repouso					
Homem sem treinamento	72	×	70	=	5,00
Mulher sem treinamento	75	×	60	=	4,50
Homem treinado	50	×	100	=	5,00
Mulher treinada	55	×	80	=	4,40
Exercício máximo					
Homem sem treinamento	200	×	110	=	22,0
Mulher sem treinamento	200	×	90	=	18,0
Homem treinado	190	×	180	=	34,2
Mulher treinada	190	×	125	=	23,8

É importante notar que os valores estão arredondados.[3, 22, 68]

da musculatura esquelética por oxigênio. Como o nodo SA controla a frequência cardíaca, as alterações desta, frequentemente, envolvem fatores que influenciam o nodo SA. Os dois fatores mais proeminentes que influenciam a frequência cardíaca são os sistemas nervosos parassimpático e simpático.[25]

As fibras parassimpáticas que suprem o coração surgem dos neurônios do centro de controle cardiovascular, situado no bulbo, e constituem uma parte do **nervo vago**.[4] Ao chegarem ao coração, essas fibras entram em contato com os nodos SA e AV (ver Fig. 9.14). Quando estimuladas, essas terminações nervosas liberam acetilcolina, que causa diminuição da atividade dos nodos SA e AV em consequência da hiperpolarização (i. e., deslocamento do potencial de repouso da membrana além do limiar). O resultado final é uma diminuição da frequência cardíaca. Dessa forma, o sistema nervoso parassimpático atua como sistema de freio para diminuir a frequência cardíaca.

Mesmo em repouso, o nervo vago traz impulsos para os nodos SA e AV.[25] Isso costuma ser referido como tônus parassimpático. Como consequência, as alterações na atividade parassimpática podem causar aumento ou diminuição da frequência cardíaca. Uma diminuição do tônus parassimpático no coração, por exemplo, pode elevar a frequência cardíaca. Um aumento da atividade parassimpática, por outro lado, diminui a frequência cardíaca.

Estudos mostraram que o aumento inicial da frequência cardíaca durante o exercício, para até cerca de 100 bpm, ocorre em razão da retirada do tônus parassimpático.[34] A velocidades de trabalho maiores, a estimulação dos nodos SA e AV pelo sistema nervoso simpático é responsável pelo aumento da frequência cardíaca.[34] As fibras simpáticas atingem o coração por meio dos **nervos aceleradores cardíacos**, que inervam o nodo SA e os

ventrículos (Fig. 9.14). Mediante estimulação, as terminações dessas fibras liberam noradrenalina, que atua sobre os betaceptores existentes no coração e aumenta tanto a frequência cardíaca como a força de contração miocárdica (ver o Quadro "Aplicações clínicas 9.2").

Em repouso, o equilíbrio normal entre o tônus parassimpático e a atividade simpática para o coração é mantido pelo centro de controle cardiovascular, junto ao bulbo. O centro de controle cardiovascular recebe impulsos oriundos de várias partes do sistema circulatório, que se destinam a mudanças em parâmetros importantes (p. ex., pressão arterial, tensão de oxigênio no sangue), e retransmite impulsos motores ao coração em resposta à mudança de uma necessidade cardiovascular. Por exemplo, um aumento da pressão arterial em repouso acima do normal estimula os receptores de pressão existentes nas artérias carótidas e arco aórtico, os quais, por sua vez, enviam impulsos ao centro de controle cardiovascular (Fig. 9.14). Em resposta, o centro de controle cardiovascular aumenta a atividade parassimpática para o coração, a fim de diminuir a frequência cardíaca e o débito cardíaco. Essa redução do débito cardíaco acarreta o declínio da pressão arterial de volta aos níveis normais.

Outro reflexo regulatório envolve os receptores de pressão localizados no átrio direito. Nesse caso, um aumento da pressão atrial direita sinaliza para o centro de controle cardiovascular a ocorrência de um aumento do retorno venoso. Em consequência, para prevenir o retorno do sistema venoso sistêmico com sangue, o débito cardíaco deve ser aumentado. O centro de controle cardiovascular responde enviando impulsos do nervo acelerador simpático para o coração, o que resulta em aumento da frequência cardíaca e do débito cardíaco. Como resultado final, o aumento do débito cardíaco diminui e normaliza a pressão atrial direita, e a pressão venosa é reduzida.

Aplicações clínicas 9.2

Betabloqueio e frequência cardíaca no exercício

As medicações que promovem o bloqueio beta-adrenérgico (betabloqueadores) são comumente prescritas para pacientes com arteriopatia coronariana e/ou hipertensão. Embora existam em muitas classes distintas, todos estes fármacos competem com a adrenalina e a noradrenalina pela ligação com os receptores beta-adrenérgicos existentes no coração. Como resultado final, os beta-bloqueadores diminuem a frequência cardíaca e o vigor da contração miocárdica, reduzindo, assim, a necessidade de oxigênio do coração.

Na fisiologia clínica do exercício, é importante considerar o fato de que todos os fármacos betabloqueadores diminuirão a frequência cardíaca não só em repouso como também durante o exercício. De fato, os indivíduos que tomam medicações betabloqueadoras apresentarão frequências cardíacas menores durante o exercício submáximo e também durante o exercício máximo. Esse é um aspecto importante, que deve ser considerado ao prescrever exercícios e interpretar os resultados dos testes de exercício de indivíduos que tomam betabloqueadores.

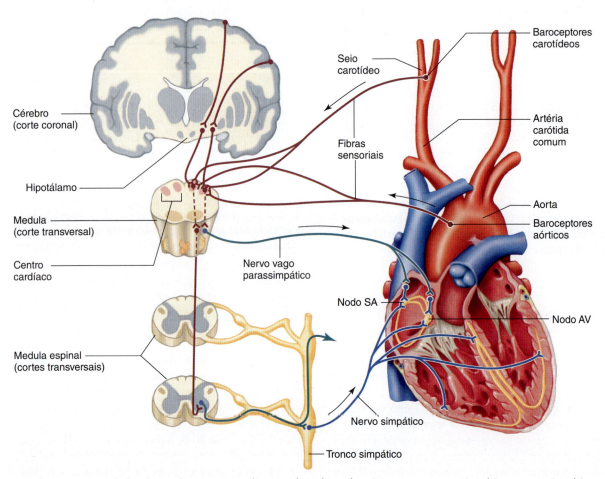

Figura 9.14 As atividades dos nodos SA e AV podem ser alteradas pelos sistemas nervosos simpático e parassimpático.

Por fim, uma mudança na temperatura corporal pode influenciar a frequência cardíaca. Um aumento da temperatura corporal para níveis acima do normal resulta no aumento da frequência cardíaca, enquanto a queda da temperatura corporal a valores abaixo do normal provoca redução da frequência cardíaca.[34] Praticar exercícios em um ambiente quente, por exemplo, resulta em elevações da temperatura corporal e frequências cardíacas mais altas do que durante a prática do mesmo exercício em um ambiente frio. Esse tópico é discutido com mais detalhes no Capítulo 12.

Variabilidade da frequência cardíaca

Conforme já discutido, a frequência cardíaca é regulada pelo sistema nervoso autônomo (i. e., o equilíbrio

202 Seção I Fisiologia do exercício

existente entre os sistemas nervoso parassimpático e simpático). O termo **variabilidade da frequência cardíaca** (VFC) refere-se à variação do intervalo de tempo decorrido entre os batimentos cardíacos.[19] Na prática, o intervalo de tempo (expresso em milissegundos) decorrido entre dois batimentos cardíacos pode ser medido como intervalo de tempo R-R com auxílio do traçado de ECG, conforme ilustra a Figura 9.11. A VFC, então, é calculada como desvio padrão do intervalo de tempo R-R durante um período selecionado. Uma ampla variação de VFC é considerada um índice satisfatório de equilíbrio de "saúde" entre os sistemas nervosos simpático e parassimpático, enquanto uma VFC baixa indica a existência de desequilíbrio na regulação autônoma.

A importância fisiológica da VFC está no fato de a variação de tempo entre os batimentos cardíacos refletir o equilíbrio autônomo e ser uma excelente ferramenta de triagem não invasiva para muitas doenças. Uma VFC baixa, por exemplo, tem se mostrado preditiva de eventos cardiovasculares futuros, como a morte súbita por causa cardíaca. Além disso, uma VFC baixa constitui um fator de risco independente para o desenvolvimento de doença cardiovascular, incluindo insuficiência cardíaca, infarto do miocárdio e hipertensão.[20] Estudos epidemiológicos também estabeleceram que uma VFC baixa é excelente como fator preditor de mortalidade e morbidade cardiovascular aumentadas em pacientes com doença cardiovascular.

Qual é a causa fisiológica da variabilidade da VFC baixa? Mais uma vez, o sistema nervoso autônomo regula numerosos parâmetros cardiovasculares, entre os quais a frequência cardíaca e a VFC. Vale lembrar que a frequência cardíaca pode ser elevada pelo aumento da atividade simpática ou diminuída pelo aumento da atividade parassimpática (vagal). O equilíbrio entre os efeitos dos sistemas simpático e parassimpático, que são os dois ramos de ação oposta do sistema nervoso autônomo, é referido como *equilíbrio simpatovagal* e reflete-se nas alterações batimento-batimento do ciclo cardíaco.[19]

Muitos fatores podem influenciar o equilíbrio simpatovagal e, assim, exercer impacto sobre a VFC. O avanço da idade ou algumas condições patológicas, por exemplo, estão associados a uma diminuição no tônus parassimpático em repouso[19] ou a um aumento da descarga do sistema nervoso simpático.[8] Isso resulta em uma perturbação do equilíbrio simpatovagal e na diminuição da VFC. Alguns exemplos de pacientes com doenças que promovem uma diminuição da VFC são aqueles que sofrem de depressão, hipertensão e cardiopatia, bem como os que passaram por um evento de infarto do miocárdio.[19] De modo significativo, pesquisas indicam que a inatividade física promove uma diminuição da VFC, enquanto a prática regular de exercício aeróbio resulta no aumento da VFC.[19] Dessa forma, a investigação dos tipos de exercício e programas de treino específicos que podem exercer influência positiva sobre a VFC se torna uma importante área de pesquisa.

Regulação do volume sistólico

O volume sistólico, em repouso ou durante o exercício, é regulado por três variáveis: (1) volume diastólico final (VDF), que consiste no volume de sangue contido nos ventrículos ao final da diástole; (2) pressão arterial aórtica média; e (3) força da contração ventricular.

O VDF costuma ser referido como "pré-carga" e influencia o volume sistólico da maneira descrita a seguir. Dois fisiologistas, Frank e Starling, demonstraram que a força da contração ventricular aumentava com a ampliação do VDF (i. e., força dos ventrículos). Essa relação tornou-se conhecida como lei de Frank-Starling do coração. O aumento do VDF resulta no alongamento das fibras cardíacas e isso melhora a força de contração de modo semelhante ao que ocorre na musculatura esquelética (discutido no Cap. 8). Segundo o mecanismo que explica a influência do comprimento das fibras sobre a contratilidade cardíaca, um aumento do comprimento das fibras cardíacas aumenta o número de interações de ponte cruzada de miosina com actina, resultando em aumento da produção da força. Uma elevação da contratilidade cardíaca resulta em aumento da quantidade de sangue bombeado por batimento. A Figura 9.15 ilustra a relação existente entre o VDF e o volume sistólico.

A principal variável que influencia o VDF é a taxa de retorno venoso para o coração. Um aumento do retorno venoso resulta em elevação do VDF e, portanto, no aumento do volume sistólico. O retorno venoso aumentado e o resultante aumento do VDF exercem papel essencial no aumento do volume sistólico observado durante o exercício realizado em posição vertical.

Quais fatores regulam o retorno venoso durante o exercício? Existem três mecanismos principais: (1) a constrição das veias (venoconstrição); (2) a ação de bombeamento da musculatura esquelética em contração (denominada bomba muscular); e (3) a ação bombeadora do sistema respiratório (difusão respiratória).

1. Venoconstrição. A venoconstrição aumenta o retorno venoso ao diminuir a capacidade de volume das veias de armazenamento de sangue. O resultado final de uma capacidade de volume reduzida nas

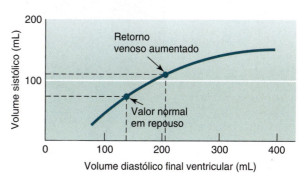

Figura 9.15 Ilustração da relação existente entre o volume diastólico final ventricular e o volume sistólico. Nota-se o aumento do volume sistólico quando o retorno venoso aumenta e atinge valores acima do nível de repouso normal.

veias é a movimentação do sangue de volta para o coração. A venoconstrição ocorre por meio de uma constrição simpática reflexa da musculatura lisa nas veias que drenam a musculatura esquelética, controlada pelo centro de controle cardiovascular.[4]

2. Bomba muscular. A bomba muscular é resultado da ação mecânica de contrações musculares esqueléticas rítmicas. Dessa forma, ao se contraírem durante o exercício, os músculos comprimem as veias e impulsionam o sangue de volta para o coração. Entre as contrações, o sangue volta a encher as veias, e o processo se repete. O sangue é impedido de fluir para fora do coração entre as contrações graças às valvas de mão única localizadas nas veias de grande calibre (Fig. 9.16). Durante as contrações musculares sustentadas (exercício isométrico), a bomba muscular fica inoperante e o retorno venoso para o coração diminui.

3. Difusão respiratória. O padrão rítmico da respiração também atua como bomba mecânica, por meio da qual o retorno venoso é promovido. A difusão respiratória atua como descrito a seguir. Durante a inspiração, a pressão junto ao tórax diminui e a pressão abdominal aumenta. Isso cria um fluxo de sangue venoso oriundo da região abdominal para dentro do tórax, provendo, assim, o retorno venoso. Embora a respiração calma (em repouso) auxilie o retorno venoso, o papel da difusão respiratória é intensificado durante o exercício, em razão da maior frequência e profundidade respiratórias. De fato, evidências recentes indicam que a difusão respiratória é o fator predominante a promover o retorno venoso para o coração durante o exercício realizado na posição vertical.[22]

Uma segunda variável que afeta o volume sistólico é a pressão aórtica (pressão arterial média). Para ejetar sangue, a pressão gerada pelo ventrículo esquerdo deve exceder a pressão na aorta. Dessa forma, a pressão aórtica ou pressão arterial média (chamada de pós-carga) representa uma barreira à ejeção de sangue a partir dos ventrículos. O volume sistólico, então, é inversamente proporcional à pós-carga – ou seja, um aumento da pressão aórtica produz uma diminuição do volume sistólico. Entretanto, é notável que a pós-carga é minimizada durante o exercício, em consequência da dilatação arteriolar. Essa dilatação arteriolar nos músculos ativos reduz a pós-carga e facilita o bombeamento cardíaco de um volume maior de sangue.

O último fator que influencia o volume sistólico é o efeito das catecolaminas circulantes (i. e., adrenalina e noradrenalina) e a estimulação simpática direta do coração pelos nervos aceleradores cardíacos. Ambos os mecanismos aumentam a contratilidade cardíaca ao aumentarem a quantidade de cálcio disponível para a célula miocárdica.[34] Em particular, a adrenalina e a noradrenalina aumentam na entrada do cálcio extracelular na fibra miocárdica, o que aumenta a ativação da ponte cruzada e a produção de força. A relação existente entre a estimulação simpática do coração e o volume sistólico é ilustrada na Figura 9.17. Observa-se que, em comparação às condições-controle (i. e., estimulação simpática limitada), a estimulação simpática aumentada do coração eleva o volume sistólico em qualquer nível de VDF.

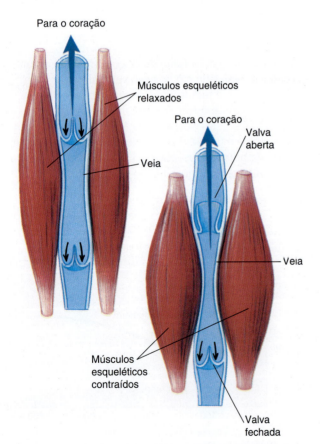

Figura 9.16 Ação das valvas venosas unidirecionais. A contração dos músculos esqueléticos ajuda a bombear o sangue em direção ao coração, contudo o fechamento das valvas venosas a impede de impulsionar o sangue para longe do coração.

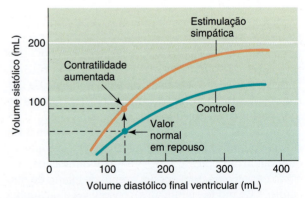

Figura 9.17 Efeitos da estimulação simpática cardíaca sobre o volume sistólico. Nota-se que a estimulação simpática resulta em aumento do volume sistólico em um dado volume diastólico qualquer. Isso significa que a estimulação simpática aumenta a contratilidade ventricular por meio de um nível aumentado de cálcio intracelular, com consequente aumento das interações de ponte cruzada de miosina com actina.

Em resumo, o volume sistólico é regulado por três fatores: VDF, contratilidade cardíaca e pós-carga cardíaca. Durante o exercício realizado em posição vertical, os aumentos de volume sistólico induzidos pelo exercício ocorrem em razão tanto das elevações do VDF como da contratilidade cardíaca aumentada por ação das catecolaminas circulantes e/ou estimulação simpática. Em contraste, um aumento da pós-carga cardíaca resulta em uma diminuição do volume sistólico.

> **Em resumo**
>
> - O débito cardíaco é o produto da frequência cardíaca pelo volume sistólico ($\dot{Q} = FC \times VS$). A Figura 9.18 resume as variáveis que influenciam o débito cardíaco durante o exercício.
> - O marca-passo cardíaco é o nodo SA. A atividade do nodo SA é modificada pelo sistema nervoso parassimpático (desacelera a FC) e pelo sistema nervoso simpático (aumenta a FC).
> - A frequência cardíaca aumenta no início do exercício, em razão de uma retirada do tônus parassimpático. A taxas de trabalho mais altas, o aumento da frequência cardíaca é alcançado por meio do aumento da descarga simpática para os nodos SA.
> - O volume sistólico é regulado via (1) volume diastólico final, (2) pós-carga (i. e., pressão arterial aórtica) e (3) força da contração ventricular.
> - O retorno venoso aumenta durante o exercício, por causa (1) da venoconstrição, (2) da bomba muscular e (3) da difusão respiratória.

Hemodinâmica

Um dos aspectos mais importantes do sistema circulatório é sua característica de sistema em "alça fechada" contínua. O fluxo sanguíneo através do sistema circulatório resulta das diferenças de pressão existentes entre as duas extremidades do sistema. Para entender a regulação física do fluxo sanguíneo para os tecidos, é necessário avaliar as inter-relações existentes entre pressão, fluxo e resistência. O estudo desses fatores e dos princípios físicos do fluxo sanguíneo é chamado de *hemodinâmica*.

Características físicas do sangue

O sangue é composto por dois componentes principais: plasma e células. O plasma é a porção "aquosa" do sangue, que contém numerosos íons, proteínas e hormônios. As células que constituem o sangue são as hemácias, plaquetas e leucócitos sanguíneos. As hemácias contêm hemoglobina, que é usada para transportar oxigênio (ver Cap. 10). As plaquetas exercem um papel importante na coagulação sanguínea, enquanto os leucócitos são importantes na prevenção de infecção (Cap. 6).

O percentual do sangue constituído por células é denominado hematócrito. Ou seja, se 42% do sangue é constituído por células e o restante é plasma, o hematócrito é igual a 42% (ver Fig. 9.19). Com base no percentual, as he-

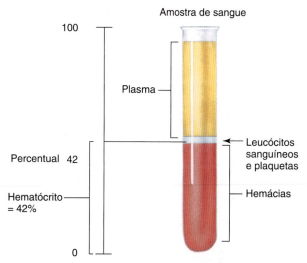

Figura 9.19 As células sanguíneas se concentram no fundo do tubo de ensaio quando o sangue é centrifugado. Isso faz o plasma subir para a parte de cima do tubo. O percentual de sangue total composto por células sanguíneas é denominado hematócrito.

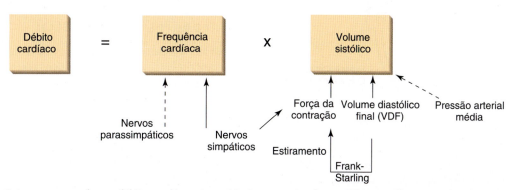

Figura 9.18 Fatores que regulam o débito cardíaco. As variáveis que estimulam o débito cardíaco são representadas pelas setas sólidas, enquanto os fatores que diminuem o débito cardíaco são representados pelas setas pontilhadas.

Capítulo 9 Respostas circulatórias ao exercício **205**

mácias constituem a maior fração de células encontrada no sangue. Dessa forma, o hematócrito é influenciado principalmente por aumentos ou diminuições do número de hemácias. O hematócrito de um indivíduo adulto normal, do sexo masculino e em idade universitária é, em média, de 42%. O hematócrito de um indivíduo adulto normal, do sexo feminino e em idade universitária é, em média, de aproximadamente 38%. Esses valores variam de um indivíduo para outro e dependem de diversas variáveis.

O sangue é várias vezes mais viscoso que a água e essa viscosidade aumenta o grau de dificuldade com que ele flui pelo sistema circulatório. Um dos principais fatores que contribuem para a viscosidade é a concentração de hemácias encontrada no sangue. Portanto, durante os períodos de anemia (diminuição de hemácias), a viscosidade do sangue diminui. De maneira recíproca, um aumento do hematócrito resulta em uma elevação da viscosidade sanguínea. A potencial influência exercida pela alteração da viscosidade do sangue sobre o desempenho é discutida no Capítulo 25.

Relações entre pressão, resistência e fluxo

Conforme mencionado anteriormente, o fluxo sanguíneo através do sistema vascular depende da diferença de pressão existente entre as duas extremidades do sistema. Por exemplo, se as pressões forem iguais nas duas extremidades do vaso, o sangue não flui. De maneira contrária, se a pressão for maior em uma das extremidades do vaso do que na outra, o sangue fluirá da região de maior pressão para a região de menor pressão. A velocidade do fluxo é proporcional à diferença de pressão ($P_1 - P_2$) existente entre as duas extremidades do tubo. A Figura 9.20 ilustra a "pressão hidrostática" que dirige o fluxo sanguíneo no sistema circulatório sistêmico sob condições de repouso. Aqui, a pressão arterial média é igual a 100 mmHg (i. e., a pressão do sangue na aorta), enquanto a pressão na extremidade oposta do circuito (i. e., pressão no átrio direito) é igual a 0 mmHg. Dessa forma, a pressão motriz ao longo do sistema circulatório é igual a 100 mmHg (100 − 0 = 100).

É preciso destacar que a velocidade do fluxo sanguíneo pelo sistema vascular é proporcional à diferença de pressão ao longo do sistema, mas é inversamente proporcional à resistência. Essa proporcionalidade inversa é matematicamente expressa pela colocação dessa variável no denominador de uma fração, pois uma fração diminui quando o denominador aumenta. Dessa forma, a relação existente entre fluxo sanguíneo, pressão e resistência é dada pela equação:

$$\text{Fluxo sanguíneo} = \frac{\Delta \text{ Pressão}}{\text{Resistência}}$$

em que, Δ pressão é a diferença de pressão existente entre as duas extremidades do sistema circulatório. Observa-se que o fluxo sanguíneo pode ser elevado por um aumento de pressão arterial ou por uma diminuição da resistência. Um aumento de fluxo sanguíneo equivalente a cinco vezes poderia ser gerado com um aumento de pressão da ordem de cinco vezes; entretanto, esse amplo aumento da pressão arterial seria perigoso à saúde. Felizmente, as elevações do fluxo sanguíneo durante o exercício são alcançadas, sobretudo, por uma diminuição da resistência com um pequeno aumento da pressão arterial.

Quais fatores contribuem para a resistência ao fluxo sanguíneo? A resistência ao fluxo é diretamente proporcional ao comprimento do vaso e à viscosidade do sangue. No entanto, a mais importante variável que determina a resistência vascular é o diâmetro do vaso sanguíneo, pois a resistência vascular é inversamente proporcional à quarta potência do raio do vaso:

$$\text{Resistência} = \frac{\text{Comprimento} \times \text{Viscosidade}}{\text{Raio}^4}$$

Em outras palavras, um aumento do comprimento do vaso ou da viscosidade sanguínea resulta em um aumento proporcional da resistência. Por outro lado, a diminuição do raio de um vaso sanguíneo pela metade aumentaria a resistência em 16 vezes (i. e., $2^4 = 16$)!

Fontes de resistência vascular

Na maioria das circunstâncias, a viscosidade do sangue e o comprimento dos vasos sanguíneos não são manipulados em condições fisiológicas normais. Dessa forma, o fator primário que regula o fluxo sanguíneo ao longo dos órgãos deve ser o raio do vaso sanguíneo. Como o efeito das alterações do raio sobre as mudanças de velocidade de fluxo é intensificado à quarta potência, o sangue pode ser desviado de um sistema orgânico para outro por meio de graus variados de vasoconstrição e vasodilatação. Esse princípio é aplicado durante o exercício intenso, para desviar o sangue na direção da musculatura esquelética em contração e

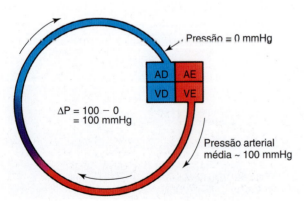

Figura 9.20 O fluxo sanguíneo ao longo do circuito sistêmico depende da diferença de pressão (ΔP) existente entre a aorta e o átrio direito. Nesta ilustração, a pressão média na aorta é de 100 mmHg, enquanto a pressão no átrio direito é de 0 mmHg. Dessa forma, a pressão "motriz" ao longo do circuito vale 100 mmHg (100 − 0 = 100).

afastá-lo do tecido menos ativo. Esse conceito é discutido em detalhes na próxima seção, "Alterações na distribuição de oxigênio para o músculo durante o exercício".

A maior resistência vascular ao fluxo sanguíneo ocorre nas arteríolas. Esse ponto é ilustrado na Figura 9.21. Observa-se a queda ampla da pressão arterial que ocorre ao longo das arteríolas; cerca de 70-80% do declínio da pressão arterial média ocorre ao longo das arteríolas.

Em resumo

- O sangue é composto por dois elementos principais: plasma e células.
- O fluxo sanguíneo pelo sistema vascular é diretamente proporcional à pressão entre as duas extremidades do sistema e inversamente proporcional à resistência:

$$\text{Fluxo sanguíneo} = \frac{\Delta \text{ Pressão}}{\text{Resistência}}$$

- O fator mais importante que determina a resistência do fluxo sanguíneo é o raio do vaso sanguíneo. A relação entre raio vascular, comprimento vascular, viscosidade do sangue e fluxo sanguíneo é:

$$\text{Resistência} = \frac{\text{Comprimento} \times \text{Viscosidade}}{\text{Raio}^4}$$

- A maior resistência vascular ao fluxo sanguíneo é oferecida nas arteríolas.

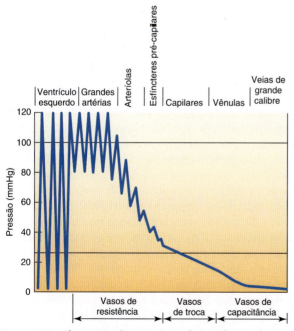

Figura 9.21 Alterações da pressão ao longo da circulação sistêmica. Nota-se a ampla queda de pressão ao longo das arteríolas.

Alterações na distribuição de oxigênio para o músculo durante o exercício

Durante o exercício intenso, a necessidade metabólica de oxigênio na musculatura esquelética aumenta em muitas vezes, em relação ao valor em repouso. Para atender a essa demanda elevada por oxigênio, o fluxo sanguíneo para o músculo em contração deve aumentar. Como mencionado anteriormente, a distribuição de oxigênio aumentada para o músculo esquelético que está sendo exercitado é realizada por meio de dois mecanismos: (1) aumento do débito cardíaco e (2) redistribuição do fluxo sanguíneo dos órgãos inativos para a musculatura esquelética em trabalho.

Alterações do débito cardíaco durante o exercício

O débito cardíaco aumenta durante o exercício de forma diretamente proporcional à taxa metabólica necessária à realização do exercício. Isso é ilustrado na Figura 9.22. Observa-se que a relação existente entre o débito cardíaco e o percentual de consumo máximo de oxigênio é essencialmente linear. O aumento do débito cardíaco que ocorre durante o exercício realizado em posição vertical é mediado por um aumento do volume sistólico e da frequência cardíaca. Entretanto, em indivíduos sem treinamento ou moderadamente treinados, o volume sistólico não aumenta além de uma carga de trabalho de 40-60% do $\dot{V}O_{2máx}$ (Fig. 9.22). Portanto, as taxas de trabalho maiores que 40-60% de $\dot{V}O_{2máx}$, a elevação do débito cardíaco desses indivíduos se dá por meio de elevações apenas da frequência cardíaca. Os exemplos apresentados na Figura 9.22 para frequência cardíaca máxima, volume sistólico e débito cardíaco são os valores típicos para um indivíduo de 70 kg, ativo (mas não altamente treinado), em idade universitária e do sexo masculino. Há na Tabela 9.2 exemplos de volume sistólico máximo e débito cardíaco para homens e mulheres treinados.

É importante observar que, embora a maioria dos especialistas concorde que o volume sistólico atinge um platô entre 40 e 60% de $\dot{V}O_{2máx}$ em indivíduos sem treinamento ou moderadamente treinados, há evidências de que o volume sistólico não chega a um platô em atletas altamente treinados durante o exercício de corrida. Esse aspecto é discutido com mais detalhes no Quadro "Foco de pesquisa 9.1".

O débito cardíaco máximo tende a diminuir de modo linear tanto em homens como em mulheres após os 30 anos de idade.[12,16] Isso se deve principalmente a uma diminuição da frequência cardíaca máxima que ocorre com o avanço da idade.[12] Por exemplo, como o débito cardíaco é igual à frequência cardíaca multiplicada pelo volume sistólico, qualquer diminuição da frequência cardíaca resultaria em diminuição do débito cardíaco. A diminuição da frequência cardíaca máxima com o avanço da idade pode ser estimada pela seguinte fórmula:

$$FC_{máx} = 220 - \text{idade (anos)}$$

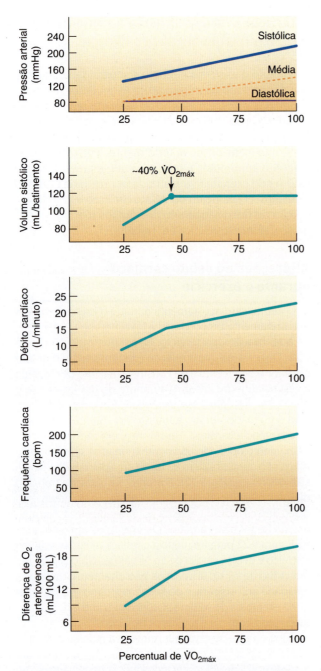

Figura 9.22 Alterações de pressão arterial, volume sistólico, débito cardíaco, frequência cardíaca e diferença arteriovenosa mista de oxigênio em função das taxas de trabalho relativas. Ver mais detalhes no texto.

De acordo com essa fórmula, um indivíduo de 20 anos de idade poderia apresentar uma frequência cardíaca máxima de 200 bpm (220 − 20 = 200), enquanto alguém de 50 anos teria uma frequência cardíaca máxima de 170 bpm (220 − 50 = 170). Entretanto, isso se trata apenas de uma estimativa, e os valores podem ser 20 batimentos × min⁻¹ mais altos ou mais baixos.

A fórmula anterior, aplicável a adultos, não é eficiente para prever a frequência cardíaca máxima em crianças. Para estas (faixa etária de 7 a 17 anos), a seguinte fórmula pode ser usada a fim de se prever a frequência cardíaca máxima:[21]

$$FC_{máx} = 208 - 0,7 \times idade\ (anos)$$

De acordo com essa fórmula para crianças, uma criança de 12 anos de idade teria uma frequência cardíaca máxima de 200 batimentos (208 − 8 = 200). De modo semelhante à fórmula usada para prever as frequências cardíacas máximas em adultos, a fórmula para crianças fornece apenas uma estimativa de frequências cardíacas máximas, e pode haver uma ampla variabilidade de frequências cardíacas máximas entre crianças diferentes.[21]

Alterações no conteúdo arteriovenoso misto de oxigênio durante o exercício

Na Figura 9.22, observa-se a mudança na diferença arteriovenosa mista de oxigênio [(a − $\bar{v}O_2$)dif] que ocorre durante o exercício. A diferença (a − $\bar{v}O_2$) representa a quantidade de O_2 captada de 100 mL de sangue pelos tecidos durante uma viagem pelo circuito sistêmico. Um aumento da diferença (a − $\bar{v}O_2$) durante o exercício decorre de um aumento da quantidade de O_2 captada e usada para produção oxidativa de ATP pelo músculo esquelético. A relação existente entre o débito cardíaco ($\dot{Q}$), [(a − $\bar{v}O_2$)dif] e o consumo de oxigênio é dada pela equação de Fick:

$$\dot{V}O_2 = \dot{Q} \times [(a - \bar{v}O_2)\ dif]$$

De forma simplificada, a equação de Fick estabelece que $\dot{V}O_2$ é igual ao produto do débito cardíaco pela [(a − $\bar{v}O_2$)dif]. Isso significa que um aumento do débito cardíaco ou da [(a − $\bar{v}O_2$)dif] elevaria $\dot{V}O_2$.

Redistribuição do fluxo sanguíneo durante o exercício

Para atender à demanda aumentada por oxigênio dos músculos esqueléticos durante o exercício, é necessário aumentar o fluxo sanguíneo para o músculo e, ao mesmo tempo, reduzir o fluxo de sangue para os órgãos menos ativos, como fígado, rins e trato GI. A Figura 9.23 indica que a mudança do fluxo sanguíneo para o músculo e circulação esplâncnica (pertencente às vísceras) é determinada pela intensidade do exercício (taxa metabólica). Isso significa que o aumento do fluxo sanguíneo muscular durante o exercício e a diminuição do fluxo sanguíneo esplâncnico mudam linearmente em função do %$\dot{V}O_{2máx}$.[34]

A Figura 9.24 ilustra a mudança do fluxo sanguíneo para vários sistemas orgânicos, que ocorre entre as condições de repouso e durante o exercício máximo. É preciso enfatizar vários pontos importantes. Primeiro, durante o repouso, cerca de 15-20% do débito cardíaco total é dirigido para o músculo esquelético.[2,34] Entretanto, durante o exercício máximo, 80-85% do débito cardíaco total é destinado ao músculo esquelético em contração.[34] Isso se faz necessário para atender ao enorme aumento da exigência de oxigênio pela musculatura durante o exer-

Foco de pesquisa 9.1

O volume sistólico não atinge o platô em atletas fundistas

É amplamente aceito que, durante o exercício incremental, o volume sistólico de indivíduos ativos ou sem treinamento atinge um platô a uma taxa de trabalho submáxima (i. e., cerca de 40-60% de $\dot{V}O_{2máx}$) (ver Fig. 9.22). A explicação fisiológica para este platô de volume sistólico está no fato de que, a frequências cardíacas elevadas, o tempo disponível para enchimento ventricular é menor. Por isso, a diástole e o volume diastólico final diminuem. Entretanto, novas evidências sugerem que, durante as taxas de trabalho incrementais, o volume sistólico dos atletas fundistas (p. ex., maratonistas altamente treinados) não atinge um platô e, em vez disso, continua aumentando até o $\dot{V}O_{2máx}$.[14,44] Qual é a explicação para essa observação? Aparentemente, em comparação aos indivíduos sem treinamento, os atletas fundistas apresentam um enchimento ventricular mais efetivo durante o exercício intenso, em consequência de um retorno venoso maior. Esse aumento do volume diastólico final resulta em uma força de contração ventricular aumentada (lei de Frank-Starling) e no aumento do volume sistólico.

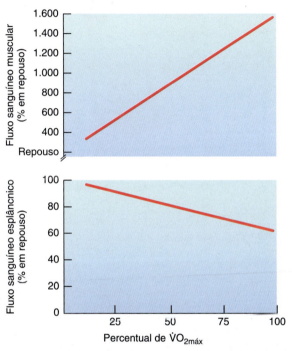

Figura 9.23 Alterações do fluxo sanguíneo muscular e esplâncnico em função da intensidade do exercício. Nota-se o amplo aumento do fluxo sanguíneo muscular que acompanha o aumento da frequência de trabalho. Dados de LB. Rowell, H*uman Circulation: Regulation During Physical Stress.* New York, NY: Oxford University Press, 1986.[34]

cício intenso. Em segundo lugar, o percentual do débito cardíaco total destinado ao encéfalo diminui em comparação ao observado em repouso. Entretanto, o fluxo sanguíneo absoluto que chega ao encéfalo é levemente maior que os valores observados em repouso. Isso é uma consequência do débito cardíaco elevado durante o exercício.[6,45] Além disso, embora o percentual do débito cardíaco total que chega ao miocárdio seja o mesmo durante o repouso e durante o exercício máximo, o fluxo arterial coronariano total é maior em consequência do aumento do débito cardíaco que ocorre durante o exercício intenso. É interessante observar, ainda, que o fluxo sanguíneo cutâneo aumenta durante o exercício leve e durante o exercício moderado, mas diminui durante o exercício máximo.[6] Por fim, em comparação ao observado em repouso, o fluxo sanguíneo para os órgãos abdominais também é menor durante o exercício máximo (Fig. 9.24). Essa diminuição do fluxo sanguíneo abdominal durante o exercício intenso é um meio importante de desviar o fluxo sanguíneo para longe dos tecidos "menos ativos" e na direção dos músculos esqueléticos em trabalho.

Regulação do fluxo sanguíneo local durante o exercício

O que regula o fluxo sanguíneo para os vários órgãos durante o exercício? O músculo, assim como outros tecidos corporais, tem a capacidade exclusiva de regular seu próprio fluxo sanguíneo de forma diretamente proporcional às suas necessidades metabólicas. O fluxo sanguíneo para o músculo esquelético durante o exercício é regulado como descrito a seguir. Primeiro, as arteríolas existentes no músculo esquelético apresentam uma alta resistência vascular em repouso. Isso se deve à estimulação simpática adrenérgica, que faz a musculatura lisa arteriolar se contrair (vasoconstrição).[41] Isso produz um fluxo sanguíneo relativamente baixo para o músculo durante o repouso (4-5 mL/minuto/100 g de músculo). Entretanto, como os músculos possuem uma massa ampla, isto contribui para 20-25% do fluxo sanguíneo total vindo do coração.

No começo do exercício, a vasodilatação muscular esquelética que ocorre inicialmente é devida a um controle metabólico intrínseco.[41] Esse tipo de regulação do fluxo sanguíneo, denominado **autorregulação**, é considerado o mais importante dos fatores de regulação do fluxo sanguíneo para o músculo durante o exercício. A taxa metabólica aumentada do músculo esquelético durante o exercício acarreta modificações locais, como: reduções da tensão de oxigênio; elevações da tensão de CO_2 e das concentrações de óxido nítrico, potássio e adenosina; além de uma diminuição do pH (aumento da acidez). Essas alterações locais atuam juntas para causar vasodilatação das arteríolas que nutrem a musculatura

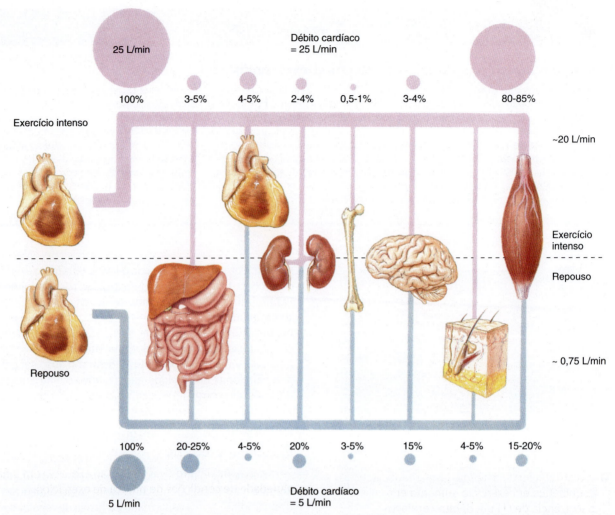

Figura 9.24 Distribuição do débito cardíaco durante o repouso e o exercício máximo. Em repouso, o débito cardíaco é igual a 5 L/min (parte inferior da figura). Durante o exercício máximo, o débito cardíaco sofreu um aumento de 5 vezes e chegou a 25 L/min (parte superior da figura). Observar as amplas elevações do fluxo sanguíneo para o músculo esquelético e a diminuição do fluxo para o fígado/trato gastrintestinal. De P. Åstrand e K. Rodahl, *Textbook of Work Physiology*, 3.ed. Copyright © 1986 McGraw-Hill, Inc., New York.[2] Reproduzido com permissão dos autores.

esquelética em contração.[41] A vasodilatação diminui a resistência vascular e, portanto, aumenta o fluxo sanguíneo. Como resultado dessas alterações, a distribuição de sangue para o músculo esquelético em contração durante o exercício intenso pode sofrer um aumento de 15-20 vezes acima dos valores vigentes durante o repouso.[41] Além disso, a vasodilatação arteriolar é combinada com o "recrutamento" dos capilares na musculatura esquelética. Em repouso, apenas 50-80% dos capilares existentes no músculo esquelético estão sempre abertos. Contudo, durante o exercício intenso, quase todos os capilares existentes no músculo em contração podem estar abertos.[34]

O nível de vasodilatação que ocorre nas arteríolas e pequenas artérias que conduzem ao músculo esquelético é regulado pela necessidade metabólica muscular. Isto é, a intensidade do exercício e o número de unidades motoras recrutadas determinam a necessidade geral de fluxo sanguíneo para o músculo. Durante o exercício de baixa intensidade, por exemplo, um número relativamente pequeno de unidades motoras será recrutado à ação, resultando em uma demanda relativamente pequena de fluxo sanguíneo para estas fibras musculares ativas. Em contraste, o exercício de alta intensidade resultaria no recrutamento de um amplo número de unidades motoras e, portanto, na produção aumentada de fatores vasodilatadores locais. De modo específico, a atividade muscular contrátil aumentada está associada à produção de numerosos fatores que promovem a vasodilatação sanguínea, como os aumentos da liberação de potássio a partir do músculo, produção de CO_2, níveis de adenosina e concentração de lactato/íons hidrogênio.[37] Além disso, um aumento da produção e liberação de óxido nítrico pelas células endoteliais dos vasos sanguíneos também promove vasodilatação durante o exercício (ver Quadro "Foco de pesquisa 9.2"). Tomadas em conjunto, essas alterações resultam em maior vasodilatação das arteríolas/artérias pequenas e

Foco de pesquisa 9.2

O óxido nítrico é um importante vasodilatador

As pesquisas conduzidas no início da década de 1990 levaram à descoberta de um importante agente vasodilatador, chamado *óxido nítrico*. O óxido nítrico é produzido no endotélio das arteríolas. Após ser produzido, o óxido nítrico promove relaxamento da musculatura lisa arteriolar e isso resulta em vasodilatação, com consequente aumento do fluxo sanguíneo. Evidências atuais sugerem que o óxido nítrico atua em paralelo com outros fatores locais na autorregulação do fluxo sanguíneo.[41]

Qual é a importância do óxido nítrico na autorregulação do fluxo sanguíneo muscular durante o exercício? Em geral, é consenso que a produção de óxido nítrico se faz necessária à regulação ótima do fluxo sanguíneo muscular durante o exercício.[41] Mesmo assim, parece que o óxido nítrico é um dos vários fatores envolvidos na regulação do fluxo sanguíneo muscular durante o exercício.[37]

---

promovem aumento do fluxo sanguíneo para o músculo em contração, para atender à demanda metabólica.

Enquanto a resistência vascular no músculo esquelético diminui durante o exercício, a resistência vascular ao fluxo aumenta nos órgãos viscerais e outros tecidos inativos. Isso se deve ao aumento do débito simpático para estes órgãos, que é regulado pelo centro de controle cardiovascular. Como resultado da vasoconstrição visceral aumentada durante o exercício (i. e., aumentos da resistência), o fluxo sanguíneo para as vísceras pode cair para apenas 20-30% dos valores de repouso.[34]

Em resumo

- A distribuição de oxigênio para o músculo esquelético em exercício aumenta em decorrência de (1) um débito cardíaco aumentado e de (2) uma redistribuição do fluxo sanguíneo dos órgãos inativos para os músculos esqueléticos em contração.
- O débito cardíaco aumenta linearmente em função do consumo de oxigênio durante o exercício. Durante o exercício realizado em posição vertical, o volume sistólico atinge um platô a aproximadamente 40-60% de $\dot{V}O_{2máx}$, e, consequentemente, em taxas de trabalho superiores a esse valor, o aumento do débito cardíaco acontece apenas em razão dos aumentos da frequência cardíaca.
- Durante o exercício, o fluxo sanguíneo para o músculo em contração aumenta, enquanto o fluxo sanguíneo para os tecidos menos ativos diminui.
- A regulação do fluxo sanguíneo muscular durante o exercício é mediada principalmente por fatores locais (denominada autorregulação). A autorregulação refere-se ao controle intrínseco do fluxo sanguíneo por meio de alterações nos metabólitos locais (p. ex., tensão de oxigênio, pH, potássio, adenosina e óxido nítrico), em torno das arteríolas.

Respostas circulatórias ao exercício

As alterações na frequência cardíaca e pressão arterial que ocorrem durante o exercício refletem o tipo e a intensidade do exercício realizado, a duração do exercício e as condições ambientais sob as quais o trabalho foi realizado. Por exemplo, a frequência cardíaca e a pressão arterial são mais altas durante o trabalho com os braços, em comparação ao observado durante o trabalho com as pernas, a determinado consumo de oxigênio. Além disso, o exercício realizado sob condições de calor/umidade resulta em frequências cardíacas mais altas, se comparado ao mesmo exercício realizado sob condições ambientais frias. As próximas seções discutem as respostas cardiovasculares ao exercício em uma variedade de condições de prática de exercícios.

Influência emocional

O exercício submáximo realizado em uma atmosfera emocionalmente carregada resulta em frequências cardíacas e pressões arteriais mais altas, em comparação ao observado quando o mesmo trabalho é realizado em um ambiente psicologicamente "neutro". Essa elevação emocional da frequência cardíaca e pressão arterial em resposta ao exercício é mediada por um aumento da atividade do sistema nervoso simpático. Se o exercício é máximo (p. ex., corrida de 400 m), um alto nível emocional eleva a frequência cardíaca e a pressão arterial pré--exercício, mas, geralmente, sem alterar o pico de frequência cardíaca nem a pressão arterial observados durante o exercício propriamente dito.

Transição do repouso para o exercício

No início do exercício, há um rápido aumento da frequência cardíaca, volume sistólico e débito cardíaco. Foi demonstrado que a frequência cardíaca e o débito cardíaco começam a aumentar no primeiro segundo após o início da contração muscular (ver Fig. 9.25). Se a taxa de trabalho for constante e estiver abaixo do limiar do lactato, um platô de estado estável em termos de frequência cardíaca, vo-

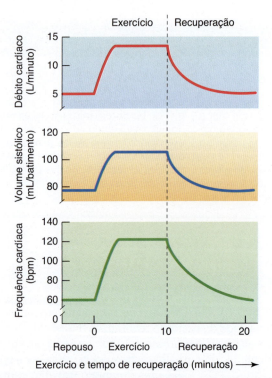

Figura 9.25 Alterações de débito cardíaco, volume sistólico e frequência cardíaca durante a transição do repouso para o exercício de intensidade constante submáximo e durante a recuperação. Ver a discussão no texto. Dados de L. Rowell, *Human Circulation: Regulation During Physical Stress*. 1986: Oxford University Press, New York, NY.

lume sistólico e débito cardíaco é alcançado dentro de 2-3 minutos. Essa resposta é similar à observada no consumo de oxigênio no início do exercício (ver Cap. 4).

Recuperação do exercício

A recuperação do exercício de baixa intensidade e de curta duração, geralmente, é rápida. Isso é ilustrado na Figura 9.25. Observa-se que a frequência cardíaca, o volume sistólico e o débito cardíaco caem, todos, rapidamente de volta aos níveis de repouso após este tipo de exercício. A velocidade de recuperação varia de um indivíduo para outro. Os indivíduos com bom nível de condicionamento apresentam potências de recuperação melhores que aqueles sem treinamento. Com relação às frequências cardíacas de recuperação, as inclinações da redução de frequência cardíaca subsequente ao exercício, geralmente, são iguais para indivíduos treinados e não treinados. Entretanto, os indivíduos treinados recuperam-se mais rápido após o exercício, porque não atingem frequências cardíacas tão altas quanto aquelas alcançadas pelos indivíduos sem treinamento, durante a realização de um exercício em particular.

A recuperação do exercício prolongado é bem mais lenta do que a resposta representada na Figura 9.25. Isso é particularmente válido quando o exercício é realizado sob condições de calor/umidade, pois a temperatura corporal elevada retarda a queda da frequência cardíaca durante a recuperação do exercício.[36]

Exercício incremental

As respostas cardiovasculares ao exercício incremental dinâmico são ilustradas na Figura 9.22. A frequência cardíaca e o débito cardíaco aumentam em proporção direta ao consumo de oxigênio. Além disso, o fluxo sanguíneo para o músculo aumenta em função do consumo de oxigênio (ver Fig. 9.23). Isso garante que, conforme a necessidade de sintetizar ATP (para suprir a energia usada na contração muscular) aumenta, o suprimento de O_2 que chega no músculo também aumenta. Entretanto, tanto o débito cardíaco como a frequência cardíaca atingem um platô a cerca de 100% de $\dot{V}O_{2máx}$ (ver Fig. 9.22). Esse ponto representa um teto máximo para o transporte de oxigênio até a musculatura esquelética que está sendo exercitada. Acredita-se que isso ocorra ao mesmo tempo que o consumo máximo de oxigênio é alcançado.

O aumento do débito cardíaco que ocorre durante o exercício incremental é alcançado via diminuição da resistência vascular ao fluxo e aumento da pressão arterial média. A elevação da pressão arterial média que ocorre durante o exercício deve-se ao aumento da pressão sistólica, pois a pressão diastólica permanece bastante constante durante o trabalho incremental (ver Fig. 9.22).

Conforme mencionado anteriormente, o aumento da frequência cardíaca e da pressão arterial sistólica que ocorre durante o exercício resulta em aumento da carga de trabalho sobre o coração. A demanda metabólica aumentada imposta ao coração durante o exercício pode ser estimada por meio do exame do produto duplo. O **produto duplo** (também conhecido como produto de frequência-pressão) é calculado multiplicando-se a frequência cardíaca pela pressão arterial sistólica.

**Produto duplo =
frequência cardíaca × pressão arterial sistólica**

A Tabela 9.3 contém uma ilustração das alterações do produto duplo durante um teste de exercício incremental. A mensagem contida nessa tabela é simplesmente a de que os aumentos de intensidade do exercício resultam na elevação da frequência cardíaca e da pressão arterial sistólica, e cada um desses fatores aumenta a carga de trabalho imposta ao coração.

A análise atenta da Tabela 9.3 mostra que o produto duplo durante o exercício realizado em $\dot{V}O_{2máx}$ é cinco vezes maior que o produto duplo em repouso. Isso implica que o exercício máximo aumenta a carga de trabalho sobre o coração em 500%, em relação ao observado em repouso.

A aplicação prática do produto duplo baseia-se na possibilidade de usar esta medida como guia para prescrever exercícios a pacientes com bloqueio de artéria coronária. Por exemplo, supondo que um paciente desenvolva dor torácica (conhecida como angina de peito) a certa intensidade de exercício, em decorrência de isque-

| Tabela 9.3 | Alterações do produto duplo (i. e., frequência cardíaca × pressão arterial sistólica) durante um teste de exercício incremental, em uma jovem saudável de 21 anos |

Observar que o produto duplo é um termo adimensional, que reflete as alterações relativas da carga de trabalho imposta ao coração durante o exercício e em outras formas de estresse.

Condição	Frequência cardíaca (bpm)	Pressão arterial sistólica (mmHg)	Produto duplo
Repouso	75	110	8.250
Exercício			
25% de $\dot{V}O_{2máx}$	100	130	13.000
50% de $\dot{V}O_{2máx}$	140	160	22.400
75% de $\dot{V}O_{2máx}$	170	180	30.600
100% de $\dot{V}O_{2máx}$	200	210	42.000

mia miocárdica, a um produto duplo igual a 30 mil. Diante do aparecimento da dor torácica a um produto duplo de 30 mil, o cardiologista ou fisiologista do exercício recomendaria que esse paciente realizasse tipos de exercício que resultassem em um produto duplo igual a 30 mil. Isso reduziria o risco de o paciente desenvolver dor torácica em consequência de uma alta demanda metabólica sobre o coração.

Exercício para o braço *versus* exercício para a perna

Conforme mencionado anteriormente, a qualquer nível de consumo de oxigênio, a frequência cardíaca e a pressão arterial são maiores durante um exercício para braços, do que no exercício para pernas (ver Fig. 9.26).[1,24,33] A explicação para a frequência cardíaca aumentada parece estar ligada a uma descarga simpática aumentada para o coração durante o trabalho para braços, em comparação ao observado no exercício para pernas.[2] Além disso, o exercício isométrico também eleva a frequência cardíaca para níveis acima dos valores esperados com base no consumo de oxigênio relativo.[1]

O aumento relativamente amplo da pressão arterial que ocorre durante o exercício para braços deve-se à ocorrência de uma vasoconstrição nos grupos musculares inativos.[2] Por outro lado, quanto maior for o grupo muscular (p. ex., pernas) envolvido na execução do exercício, mais vasos de resistência (arteríolas) são dilatados. Dessa forma, essa resistência periférica diminuída reflete-se na pressão arterial mais baixa (débito cardíaco × resistência = pressão).

Exercício intermitente

Quando o exercício é descontínuo (p. ex., treino com intervalos), a extensão da recuperação da frequência cardíaca e da pressão arterial entre cada série de exercícios depende do nível de condicionamento do indivíduo, das condições ambientais (temperatura, umidade) e da duração e intensidade do exercício. Com a realização de

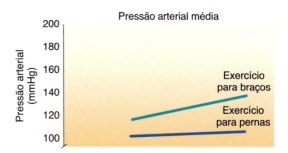
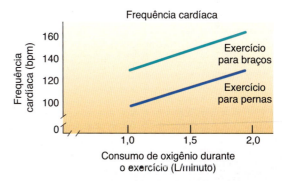

Figura 9.26 Comparação entre pressão arterial média e frequência cardíaca durante o exercício rítmico submáximo para pernas e para braços.

um esforço relativamente leve em um ambiente frio, em geral, há recuperação completa entre as séries de exercício em poucos minutos. Contudo, se o exercício for intenso ou o trabalho for realizado em um ambiente quente/úmido, há um aumento cumulativo da frequência cardíaca entre os esforços e, por isso, a recuperação não é completa.[38] A consequência prática de realizar séries repetidas de exercícios leves é a possibilidade de realizar muitas repetições. Em contraste, a natureza do exercício de alta intensidade determina que um número limitado de esforços possa ser tolerado.

Exercício prolongado

A Figura 9.27 ilustra a alteração da frequência cardíaca, do volume sistólico e do débito cardíaco que ocorre

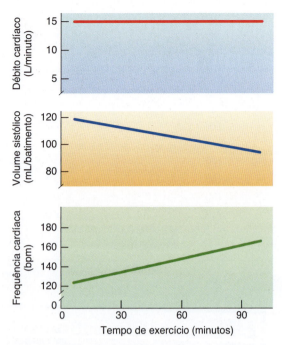

Figura 9.27 Alterações do débito cardíaco, do volume sistólico e da frequência cardíaca durante o exercício prolongado, a uma intensidade constante. Nota-se que o débito cardíaco é mantido por um aumento da frequência cardíaca que compensa a queda do volume sistólico ocorrida durante este tipo de trabalho.

durante o exercício prolongado, a uma taxa de trabalho constante. Nota-se que o débito cardíaco é mantido em um nível constante ao longo de toda a duração do exercício. Entretanto, conforme a duração do exercício aumenta, o volume sistólico declina e a frequência cardíaca aumenta.[6] A Figura 9.27 mostra que a capacidade de manter um débito cardíaco constante diante do declínio do volume sistólico é decorrente do fato de o aumento da frequência cardíaca ter a mesma magnitude do declínio do volume sistólico.

O aumento da frequência cardíaca e a diminuição do volume sistólico observados durante o exercício prolongado são frequentemente referidos como *drift cardiovascular* e são decorrentes da influência da temperatura corporal em elevação sobre a desidratação e da diminuição do volume plasmático.[5,30,34] Uma redução do volume de plasma atua diminuindo o retorno venoso para o coração e, portanto, diminui o volume sistólico. Quando o exercício prolongado é realizado em ambiente quente/úmido, o aumento da frequência cardíaca e a diminuição do volume sistólico são exagerados, até mais do que na representação da Figura 9.27.[27,32] Na verdade, não surpreende que frequências cardíacas quase máximas sejam observadas durante o exercício submáximo realizado sob calor. Por exemplo, foi demonstrado que durante uma maratona com duração de 2,5 horas, realizada a uma taxa de trabalho de 70-75% de $\dot{V}O_{2máx}$, frequências cardíacas máximas podem ser mantidas na última hora da corrida.[10]

O exercício prolongado a frequências cardíacas elevadas impõe risco de lesão cardíaca? A resposta a essa pergunta é quase sempre "não", para indivíduos saudáveis. Entretanto, mortes súbitas por causas cardíacas ocorrem entre indivíduos de todas as idades, durante o exercício. Ver mais detalhes sobre morte súbita durante o exercício no Quadro "Aplicações clínicas 9.3".

Aplicações clínicas 9.3

Morte súbita cardíaca durante o exercício

A morte súbita é definida como uma morte inesperada, natural e não violenta, que ocorre nas primeiras seis horas subsequentes ao aparecimento dos sintomas. É importante notar que nem todas as mortes súbitas são decorrentes de eventos cardíacos. De fato, nos Estados Unidos, apenas 30% das mortes súbitas de indivíduos na faixa etária de 14 a 21 anos têm origem cardíaca.[40] E quantos desses casos de morte súbita ocorrem durante o exercício? A cada ano, menos de 20 ocorrências de morte súbita por causa cardíaca durante o exercício são relatadas nos Estados Unidos. Por esse motivo, considerando que existem milhões de pessoas ativamente engajadas na prática de esportes e exercícios regulares naquele país, a probabilidade de um indivíduo saudável ter morte súbita cardíaca é extremamente baixa. Em nível mundial, estima-se que a morte súbita ocorra em 1 a cada 200 mil atletas jovens.[9] Mais uma vez, o risco de morte súbita cardíaca em atletas jovens é baixo.

As causas de morte súbita cardíaca são diversas e variam em função da idade. Em crianças e adolescentes, por exemplo, a maioria das mortes súbitas cardíacas ocorre em razão de arritmias cardíacas letais (ritmo cardíaco anormal). Essas arritmias podem ter origem em anormalidades genéticas envolvendo as artérias coronárias, miocardiopatia (desgaste do miocárdio causado por doença) e/ou miocardite (inflamação do coração).[3,9,40] Em adultos, a cardiopatia coronariana e a miocardiopatia são as causas mais comuns de morte súbita cardíaca.[40] De modo similar às mortes súbitas em crianças, as mortes súbitas cardíacas em adultos também costumam estar associadas a arritmias cardíacas letais.

Um exame médico consegue identificar os indivíduos que apresentam risco de terem morte súbita cardíaca durante o exercício? A resposta é "sim". A combinação de um histórico médico e um exame médico completo realizado por um médico qualificado pode, geralmente, identificar indivíduos com cardiopatia não detectada ou defeitos genéticos que os colocariam em risco de terem morte súbita durante a prática de exercícios.

> **Em resumo**
>
> - As alterações de frequência cardíaca e pressão arterial que ocorrem durante o exercício são uma função do tipo e da intensidade do exercício realizado, de sua duração e das condições ambientais.
> - A demanda metabólica aumentada imposta ao coração durante o exercício pode ser estimada por meio da avaliação do produto duplo.
> - A um mesmo nível de consumo de oxigênio, a frequência cardíaca e a pressão arterial são maiores durante o exercício para braço do que no exercício para perna.
> - O aumento da frequência cardíaca que ocorre durante o exercício prolongado é denominado *drift* cardiovascular.

Regulação dos ajustes cardiovasculares ao exercício

Os ajustes cardiovasculares que ocorrem no início do exercício são rápidos. Um segundo após o começo da contração muscular, a descarga vagal para o coração desaparece, seguida por um aumento da estimulação simpática do coração.[34] Ao mesmo tempo, há a vasodilatação das arteríolas nos músculos esqueléticos ativos e um aumento reflexo na resistência dos vasos em áreas menos ativas. O resultado final é um aumento do débito cardíaco para garantir que o fluxo sanguíneo para os músculos corresponda às necessidades metabólicas (ver Fig. 9.28). Qual é o sinal para "ligar" o sistema cardiovascular no início do exercício? Essa pergunta tem confundido os fisiologistas há muitos anos.[15] Atualmente, não há nenhuma resposta completa disponível. Entretanto, os avanços recentes no conhecimento do controle cardiovascular levaram ao desenvolvimento da *teoria do comando central*.[42]

O termo **comando central** refere-se a um sinal motor desenvolvido junto ao encéfalo.[42] A teoria do comando central do controle cardiovascular argumenta que as alterações cardiovasculares iniciais que ocorrem no começo da execução do exercício dinâmico (p. ex., exercício ergométrico cíclico) são decorrentes dos sinais motores cardiovasculares centralmente gerados, que estabelecem o padrão geral da resposta cardiovascular. Entretanto, acredita-se que a atividade cardiovascular possa ser e seja modificada pelos mecanoceptores cardíacos, quimioceptores musculares, mecanoceptores musculares e receptores sensíveis à pressão (baroceptores) localizados nas artérias carótidas e no arco aórtico.[31,42] Os quimioceptores musculares são sensíveis a aumentos de concentração dos metabólitos musculares (p. ex., potássio, ácido láctico, etc.) e enviam mensagens aos centros cerebrais superiores para o "ajuste fino" das respostas cardiovasculares ao exercício.[42] Esse tipo de *feedback* periférico para o centro de controle cardiovascular (bulbo) é denominado *reflexo pressor do exercício*.[7,23]

Os mecanoceptores musculares (p. ex., fusos musculares, órgão tendinoso de Golgi) são sensíveis à força e à velocidade do movimento muscular. Esses receptores, assim como os quimioceptores musculares, enviam informação aos centros cerebrais superiores para auxiliar a modificação das respostas cardiovasculares a um determinado exercício.[34,35,39,43]

Por fim, os baroceptores (que são sensíveis às alterações de pressão arterial) também podem enviar informação aferente de volta ao centro de controle cardiovascular, para acrescentar precisão à atividade cardiovascular durante o exercício. Esses receptores de pressão são importantes porque regulam a pressão arterial em torno de uma pressão sistêmica elevada durante o exercício.[34]

Recapitulando, a teoria do comando central propõe que o sinal inicial, para o sistema cardiovascular gerado no início do exercício, é oriundo dos centros cerebrais superiores. Por outro lado, o ajuste fino da resposta cardiovascular a um determinado teste de exercício é realizado por meio de uma série de circuitos de *feedback* a partir dos quimioceptores musculares, mecanoceptores musculares e baroceptores arteriais (ver Fig. 9.29). O fato de aparentemente haver alguma sobreposição entre esses três sistemas de *feedback* durante o exercício submáximo sugere que há redundância no controle cardiovascular.[34] Isso não é surpreendente, considerando a importância da correspondência entre o fluxo sanguíneo e as necessidades metabólicas da musculatura esquelética que está sendo exercitada. Atualmente, não se sabe se um ou muitos desses circuitos de *feedback* adquirem maior importância durante o exercício intenso. Esse aspecto propõe uma questão interessante para pesquisas futuras.

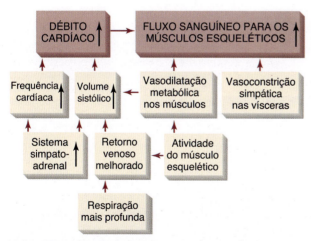

Figura 9.28 Resumo das respostas cardiovasculares ao exercício.

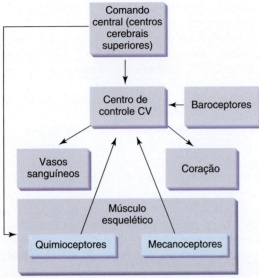

Figura 9.29 Resumo do controle cardiovascular durante o exercício. Ver discussão no texto.

> **Em resumo**
>
> - A teoria do comando central do controle cardiovascular durante o exercício propõe que o sinal inicial para "direcionar" o sistema cardiovascular no começo do exercício seja oriundo dos centros cerebrais superiores.
> - Embora o comando central seja o principal impulso para aumentar a frequência cardíaca durante o exercício, a resposta cardiovascular ao exercício recebe ajuste fino do *feedback* dos quimioceptores musculares, mecanoceptores musculares e baroceptores arteriais para o centro de controle cardiovascular.

Atividades para estudo

1. Quais são os principais propósitos do sistema cardiovascular?
2. Descreva brevemente a estrutura do coração. Por que o coração costuma ser chamado de "duas bombas em uma"?
3. Descreva o ciclo cardíaco e a atividade elétrica associada registrada por meio do eletrocardiograma.
4. Faça uma representação gráfica das respostas de frequência cardíaca, volume sistólico e débito cardíaco ao exercício incremental.
5. Quais fatores regulam a frequência cardíaca durante o exercício? E o volume sistólico?
6. Como o exercício influencia o retorno venoso?
7. Quais fatores determinam o fluxo sanguíneo local durante o exercício?
8. Elabore em um gráfico as alterações que ocorrem na frequência cardíaca, volume sistólico e débito cardíaco durante o exercício prolongado. O que acontece a essas variáveis quando o exercício é realizado em um ambiente quente/úmido?
9. Compare as respostas de frequência cardíaca e pressão arterial para os trabalhos de braços e de pernas, realizados a um mesmo consumo de oxigênio. Quais fatores poderiam explicar as diferenças observadas?
10. Explique a teoria do comando central da regulação cardiovascular durante o exercício.

Sugestões de leitura

Borjesson, M., and A. Pelliccia. Incidence and aetiology of sudden cardiac death in young athletes: An international perspective. *British Journal of Sports Medicine* 43: 644–48, 2009.

Courneya, C., and M. Parker. *Cardiovascular Physiology: A Clinical Approach*. Philadelphia, PA: Wolters Kluwer, 2011.

Crandall, C., and J. Gonzalez-Alonso. Cardiovascular function in the heat-stressed human. *Acta Physiol (Oxf)* 199: 407–23, 2010.

Fox, S. *Human Physiology*. New York, NY: McGraw-Hill Companies, 2014.

Golbidi, S., and I. Laher. Exercise and the cardiovascular system. *Cardiology Research and Practice*. Article ID 210852, 2012.

Korthuis, R. J. Skeletal muscle circulation. San Rafael, CA: Morgan and Claypool Life Sciences, 2011.

Powers, S. K., A. J. Smuder, A. N. Kavazis, and J. C. Quindry. Mechanisms of exercise-induced cardioprotection. *Physiology*. 29: 27–38, 2014.

Sarelius, I., and U. Pohl. Control of muscle blood flow during exercise: Local factors and integrative mechanisms. *Acta Physiol (Oxf)* 199: 349–65, 2010.

Williamson, J. W., P. J. Fadel, and J. H. Mitchell. New insights into central cardiovascular control during exercise in humans: A central command update. *Exp Physiol* 91: 51–58, 2006.

Referências bibliográficas

1. Asmussen E. Similarities and dissimilarities between static and dynamic exercise. *Circulation Research* 48: 3–10, 1981.
2. Åstrand P. *Textbook of Work Physiology*. Champaign, IL: Human Kinetics, 2003.
3. Borjesson M, and Pelliccia A. Incidence and aetiology of sudden cardiac death in young athletes: an international perspective. *British Journal of Sports Medicine* 43: 644–648, 2009.
4. Courneya C, and Parker M. *Cardiovascular Physiology: A Clinical Approach*. Philadelphia, PA: Wolters Kluwer, 2010.
5. Coyle EF, and Gonzalez-Alonso J. Cardiovascular drift during prolonged exercise: new perspectives. *Exerc Sport Sci Rev* 29: 88–92, 2001.
6. Crandall C, and Gonzalez-Alonso J. Cardiovascular function in the heat-stressed human. *Acta Physiol (Oxf)* 199: 407–423, 2010.

7. Duncan G, Johnson RH, and Lambie DG. Role of sensory nerves in the cardiovascular and respiratory changes with isometric forearm exercise in man. *Clin Sci (Lond)* 60: 145–155, 1981.

8. Feldman D, Elton TS, Menachemi DM, and Wexler RK. Heart rate control with adrenergic blockade: clinical outcomes in cardiovascular medicine. *Vasc Health Risk Manag* 6: 387–397, 2010.

9. Ferreira M. Sudden cardiac death athletes: a systematic review. *Sports Medicine, Rehabilitation, Therapy, and Technology* 2: 1–6, 2010.

10. Fox EL, and Costill DL. Estimated cardiorespiratory response during marathon running. *Arch Environ Health* 24: 316–324, 1972.

11. Fox S. *Human Physiology*. New York, NY: McGraw-Hill, 2010.

12. Gerstenblith G, Renlund DG, and Lakatta EG. Cardiovascular response to exercise in younger and older men. *Fed Proc* 46: 1834–1839, 1987.

13. Gillespie C, Kuklina EV, Briss PA, Blair NA, and Hong Y. Vital signs: prevalence, treatment, and control of hypertension—United States, 1999–2002 and 2005–2008. *Morbidity and Mortality Weekly Report* 60: 103–108, 2011.

14. Gledhill N, Cox D, and Jamnik R. Endurance athletes' stroke volume does not plateau: major advantage is diastolic function. *Med Sci Sports Exerc* 26: 1116–1121, 1994.

15. Gorman M, and Sparks H. The unanswered question. *News in Physiological Sciences* 6: 191–193, 1991.

16. Hagberg JM. Effect of training on the decline of V˙O2 max with aging. *Fed Proc* 46: 1830–1833, 1987.

17. Katz A. *Physiology of the Heart*. Philadelphia, PA: Wolters Kluwer Lippincott Williams and Wilkins, 2010.

18. Kavazis AN, McClung JM, Hood DA, and Powers SK. Exercise induces a cardiac mitochondrial phenotype that resists apoptotic stimuli. *Am J Physiol Heart Circ Physiol* 294: H928–935, 2008.

19. Levy WC, Cerqueira MD, Harp GD, Johannessen KA, Abrass IB, Schwartz RS, and Stratton JR. Effect of endurance exercise training on heart rate variability at rest in healthy young and older men. *Am J Cardiol* 82: 1236–1241, 1998.

20. Liew R, and Chiam PT. Risk stratification for sudden cardiac death after acute myocardial infarction. *Ann Acad Med Singapore* 39: 237–246, 2010.

21. Mahon AD, Marjerrison AD, Lee JD, Woodruff ME, and Hanna LE. Evaluating the prediction of maximal heart rate in children and adolescents. *Res Q Exerc Sport* 81: 466–471, 2010.

22. Miller JD, Pegelow DF, Jacques AJ, and Dempsey JA. Skeletal muscle pump versus respiratory muscle pump: modulation of venous return from the locomotor limb in humans. *J Physiol* 563: 925–943, 2005.

23. Mitchell JH. J. B. Wolffe memorial lecture. Neural control of the circulation during exercise. *Med Sci Sports Exerc* 22: 141–154, 1990.

24. Mitchell JH, Payne FC, Saltin B, and Schibye B. The role of muscle mass in the cardiovascular response to static contractions. *J Physiol* 309: 45–54, 1980.

25. Mohrman D, and Heller L. *Cardiovascular Physiology*. New York, NY: McGraw-Hill Lange, 2010.

26. Powers SK, Demirel HA, Vincent HK, Coombes JS, Naito H, Hamilton KL, Shanely RA, and Jessup J. Exercise training improves myocardial tolerance to in vivo ischemia-reperfusion in the rat. *Am J Physiol* 275: R1468–1477, 1998.

27. Powers SK, Howley ET, and Cox R. A differential catecholamine response during prolonged exercise and passive heating. *Med Sci Sports Exerc* 14: 435–439, 1982.

28. Powers SK, Locke M, and Demirel HA. Exercise, heat shock proteins, and myocardial protection from I-R injury. *Med Sci Sports Exerc* 33: 386–392, 2001.

29. Powers SK, Smuder AJ, Kavazis AN, and Quindry JC. Mechanisms of exercise-induced cardioprotection. *Physiology*. 29: 27–38, 2014.

30. Raven P, and Stevens G. Cardiovascular function during prolonged exercise. In: *Perspectives in Exercise Science and Sports Medicine: Prolonged Exercise*, edited by Lamb D, and Murray R. Indianapolis: Benchmark Press, 1988, p. 43–71.

31. Raven PB, Fadel PJ, and Ogoh S. Arterial baroreflex resetting during exercise: a current perspective. *Exp Physiol* 91: 37–49, 2006.

32. Ridge B, and Pyke F. Physiological responses to combinations of exercise and sauna. *Australian Journal of Science and Medicine in Sport* 18: 25–28, 1986.

33. Rosiello RA, Mahler DA, and Ward JL. Cardiovascular responses to rowing. *Med Sci Sports Exerc* 19: 239–245, 1987.

34. Rowell LB. *Human Circulation: Regulation During Physical Stress*. New York, NY: Oxford University Press, 1986.

35. Rowell LB. What signals govern the cardiovascular responses to exercise? *Med Sci Sports Exerc* 12: 307–315, 1980.

36. Rubin SA. Core temperature regulation of heart rate during exercise in humans. *J Appl Physiol* 62: 1997–2002, 1987.

37. Sarelius I, and Pohl U. Control of muscle blood flow during exercise: local factors and integrative mechanisms. *Acta Physiol (Oxf)* 199: 349–365, 2010.

38. Sawka MN, Knowlton RG, and Critz JB. Thermal and circulatory responses to repeated bouts of prolonged running. *Med Sci Sports* 11: 177–180, 1979.

39. Tibes U. Reflex inputs to the cardiovascular and respiratory centers from dynamically working canine muscles. Some evidence for involvement of group III or IV nerve fibers. *Circ Res* 41: 332–341, 1977.

40. Virmani R, Burke AP, and Farb A. Sudden cardiac death. *Cardiovasc Pathol* 10: 211–218, 2001.

41. Whyte J, Laughlin, MH. The effects of acute and chronic exercise on the vasculature. *Acta Physiologica* 199: 441–450, 2010.

42. Williamson JW, Fadel PJ, and Mitchell JH. New insights into central cardiovascular control during exercise in humans: a central command update. *Exp Physiol* 91: 51–58, 2006.

43. Wyss CR, Ardell JL, Scher AM, and Rowell LB. Cardiovascular responses to graded reductions in hindlimb perfusion in exercising dogs. *Am J Physiol* 245: H481–486, 1983.

44. Zhou B, Conlee RK, Jensen R, Fellingham GW, George JD, and Fisher AG. Stroke volume does not plateau during graded exercise in elite male distance runners. *Med Sci Sports Exerc* 33: 1849–1854, 2001.

45. Zobl E. Effect of exercise on the cerebral circulation and metabolism. *Journal of Applied Physiology* 20: 1289–1293, 1965.

10

Respiração durante o exercício

■ Objetivos

Ao estudar este capítulo, você deverá ser capaz de:

1. Explicar a função primária do sistema pulmonar.
2. Destacar os principais componentes anatômicos do sistema respiratório.
3. Listar os principais músculos envolvidos na inspiração e na expiração, em repouso e durante o exercício.
4. Discutir a importância da correspondência entre o fluxo sanguíneo e a ventilação alveolar no pulmão.
5. Explicar como os gases são transportados por meio da interface hematogasosa no pulmão.
6. Discutir os principais meios de transporte de O_2 e CO_2 no sangue.
7. Discutir os efeitos do aumento de temperatura, diminuição do pH e aumento dos níveis de 2,3-DPG sobre a curva de dissociação de oxigênio-hemoglobina.
8. Descrever a resposta ventilatória ao exercício com carga constante e estado estável. O que acontece à ventilação se o exercício for prolongado e realizado sob condições ambientais de alta temperatura/umidade?
9. Descrever a resposta ventilatória ao exercício incremental. Quais fatores considera-se que contribuem para a elevação não linear da ventilação a taxas de trabalho superiores a 50-70% de $\dot{V}O_{2máx}$?
10. Identificar a localização e função dos quimioceptores e mecanoceptores que atuam na regulação da respiração.
11. Discutir a teoria neuro-humoral do controle da respiração durante o exercício.

■ Conteúdo

Função pulmonar 219

Estrutura do sistema respiratório 219
Zona condutora 220
Zona respiratória 221

Mecânica da respiração 222
Inspiração 222
Expiração 224
Resistência das vias aéreas 224

Ventilação pulmonar 224

Volumes e capacidades pulmonares 225

Difusão de gases 227

Fluxo sanguíneo para os pulmões 228

Relações de ventilação--perfusão 230

Transporte de O_2 e CO_2 no sangue 231
Hemoglobina e transporte de O_2 231
Curva de dissociação da oxiemoglobina 231
Transporte de O_2 no músculo 233
Transporte de CO_2 no sangue 234

Ventilação e equilíbrio acidobásico 235

Respostas ventilatórias e hematogasosas ao exercício 235
Transições do repouso ao trabalho 235
Exercício prolongado em ambiente quente 236
Exercício incremental 236

Controle da ventilação 237
Regulação ventilatória durante o repouso 237
Centro de controle respiratório 238
Efeitos da PCO_2, da PO_2 e do potássio sanguíneos sobre a ventilação 239
Estimulação neural do centro de controle respiratório 240
Controle ventilatório durante o exercício submáximo 240
Controle ventilatório durante o exercício intenso 241

Os pulmões se adaptam ao treinamento físico? 243

O sistema pulmonar limita o desempenho máximo no exercício? 243

■ Palavras-chave

alvéolos
capacidade pulmonar total (CPT)
capacidade vital (CV)
corpos aórticos
corpos carotídeos
desoxiemoglobina
diafragma
difusão
efeitos de Bohr

espaço morto anatômico
espirometria
fluxo de massa (*bulk flow*)
hemoglobina
limiar ventilatório (Lvent)
mioglobina
oxiemoglobina
pleura
pressão parcial

respiração
respiração celular
respiração pulmonar
ventilação
ventilação alveolar ($\dot{V}_A$)
volume corrente
volume residual (VR)

A palavra **respiração**, em fisiologia, pode ter duas definições. Essas definições podem ser divididas em dois subgrupos separados, porém relacionados: (1) **respiração pulmonar** e (2) **respiração celular**. A respiração pulmonar refere-se à ventilação (respiração propriamente dita) e à troca de gases (O_2 e CO_2) nos pulmões. A respiração celular está relacionada à utilização de O_2 e à produção de CO_2 pelos tecidos (ver Cap. 3). Este capítulo enfoca a respiração pulmonar, de modo que o termo "respiração" é empregado como sinônimo de respiração pulmonar. Como o sistema pulmonar exerce papel central na manutenção da homeostase hematogasosa (i. e., tensões de O_2 e CO_2) durante o exercício, é importante que o estudante de fisiologia do exercício entenda a função do pulmão durante o trabalho. Por esse motivo, o presente capítulo discutirá o *design* e a função do sistema respiratório durante o exercício.

Função pulmonar

O principal propósito do sistema respiratório é fornecer um meio de trocas gasosas entre o ambiente externo e o corpo. Ou seja, o sistema respiratório fornece ao indivíduo um meio de repor O_2 e eliminar o CO_2 presente no sangue. A troca de O_2 e CO_2 entre o pulmão e o sangue resulta de dois processos: (1) ventilação e (2) difusão. O termo **ventilação** refere-se ao processo mecânico de deslocamento de ar para dentro e para fora dos pulmões. A **difusão** consiste no movimento aleatório das moléculas, de uma área de alta concentração para outra de menor concentração. Como a tensão de O_2 nos pulmões é maior do que no sangue, o O_2 move-se dos pulmões para o sangue. Similarmente, a tensão de CO_2 no sangue é maior que a tensão de CO_2 nos pulmões e, portanto, o CO_2 move-se do sangue para dentro dos pulmões e é expirado. A difusão que ocorre no sistema respiratório é rápida, em virtude da ampla área de superfície existente nos pulmões e da distância de difusão muito pequena entre o sangue e os gases presentes nos pulmões. O fato de as tensões de O_2 e CO_2 no sangue que sai dos pulmões estar quase em total equilíbrio com as tensões de O_2 e CO_2 encontradas no interior dos pulmões testemunha a alta eficiência do funcionamento pulmonar normal.

O sistema respiratório também exerce um papel importante na regulação do equilíbrio acidobásico durante o exercício intenso. Esse tópico importante é introduzido neste capítulo e discutido em mais detalhes no Capítulo 11.

> ### Em resumo
>
> ■ A principal função do sistema pulmonar é fornecer um meio de troca de gases entre o ambiente e o corpo.
> ■ O sistema respiratório também exerce papel importante na regulação do equilíbrio acidobásico durante o exercício.

Estrutura do sistema respiratório

O sistema respiratório humano é composto por um grupo de passagens que filtram e transportam o ar até os pulmões, onde ocorrem trocas gasosas no interior de delgados sacos aéreos chamados de **alvéolos**. Os principais componentes do sistema respiratório estão representados na Figura 10.1. Os órgãos do sistema respiratório incluem: nariz, cavidade nasal, faringe, laringe, traqueia, árvore brônquica e os próprios pulmões. A posição anatômica dos pulmões em relação ao principal músculo respiratório – o diafragma – está ilustrada na Figura 10.2. Note que ambos os pulmões, direito e esquerdo, são envolvidos por um conjunto de membranas denominado **pleura**. A pleura visceral adere à superfície externa do pulmão, enquanto a pleura parietal reveste as paredes torácicas e o diafragma. Essas duas pleuras estão separadas por uma fina camada de líquido, que atua como lubrificante e permite o deslizamento suave de uma pleura sobre a outra. A pressão existente na cavidade pleural (pressão intrapleural) é menor que a pressão atmosférica e se torna ainda mais baixa durante a inspiração, fazendo o ar inflar os pulmões. O fato de a pressão intrapleural ser menor que a pressão atmosférica é importante, pois evita o colapso dos frágeis sacos de ar (i. e., alvéolos) no interior dos pulmões. Esse assunto será retomado adiante.

Capítulo 10 Respiração durante o exercício **219**

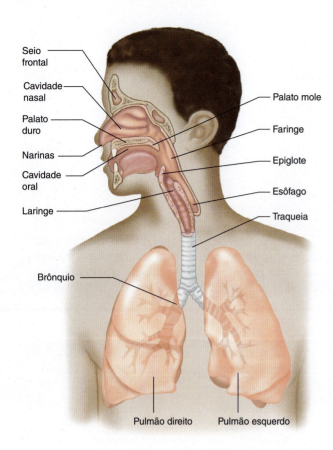

Figura 10.1 Principais órgãos do sistema respiratório.

As passagens de ar do sistema respiratório estão divididas em duas zonas funcionais: (1) a zona condutora e (2) a zona respiratória (ver Fig. 10.3). A zona condutora inclui todas as estruturas anatômicas (p. ex., traqueia, árvore brônquica, bronquíolos) por meio das quais o ar passa até chegar à zona respiratória. A região pulmonar onde ocorrem as trocas gasosas é denominada zona respiratória e inclui os bronquíolos respiratórios, ductos alveolares e os sacos alveolares. Os bronquíolos respiratórios estão incluídos nesta região, pois contêm pequenos aglomerados de alvéolos.

Zona condutora

O ar entra na traqueia pela faringe (garganta), que recebe ar das cavidades nasal e oral. Durante o repouso, os indivíduos saudáveis respiram pelo nariz. Entretanto, durante o exercício moderado a intenso, a boca passa a ser a principal via de passagem do ar.[33] Para entrar ou sair da traqueia, o gás deve passar por uma abertura semelhante a uma válvula, denominada *epiglote*, que está localizada entre as cordas vocais.

A traqueia ramifica-se em dois brônquios primários (direito e esquerdo), que entram em cada pulmão. A árvore brônquica, então, ramifica-se várias vezes até formar os bronquíolos (que são pequenos ramos da árvore brônquica). Os bronquíolos, por sua vez, ramificam-se várias vezes antes de se transformarem nos ductos alveo-

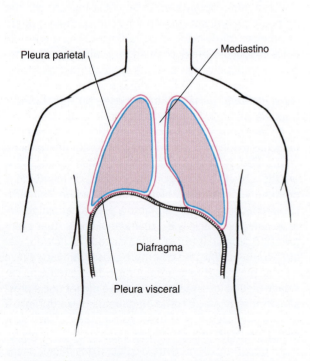

Figura 10.2 Posição dos pulmões, do diafragma e da pleura.

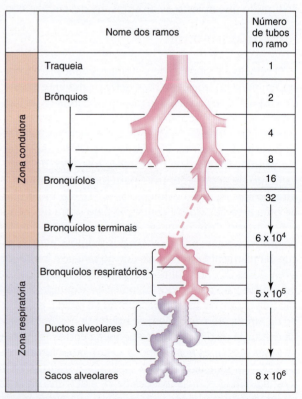

Figura 10.3 Zonas condutoras e zonas respiratórias do sistema pulmonar.

lares que levam aos sacos alveolares e à zona respiratória do pulmão (ver Fig. 10.4).

A zona condutora do sistema respiratório não serve apenas de passagem de ar, como também filtra e umidifica o ar que passa pela zona respiratória do pulmão. Independentemente da temperatura ou da umidade do ambiente, o ar que chega ao pulmão é aquecido e saturado com vapor de água.[67,69] O aquecimento e a umidificação do ar previnem a desidratação (ressecamento) do delicado tecido pulmonar durante o exercício, quando a respiração aumenta.[67,98]

Zona respiratória

Nos pulmões, as trocas gasosas ocorrem através de cerca de 300 milhões de alvéolos delgados. O enorme número dessas estruturas confere ao pulmão uma ampla área de superfície para difusão. Estima-se que a área de superfície total disponível para difusão no pulmão humano seja de 60-80 m^2 (i. e., o tamanho de uma quadra de tênis). A taxa de difusão é favorecida ainda mais pelo fato de os alvéolos terem a espessura de uma única camada celular, de modo que a barreira hematogasosa total tem uma espessura de apenas duas camadas celulares (a célula alveolar e a célula do capilar) (ver Fig. 10.5).

Embora os alvéolos constituam a estrutura ideal para as trocas gasosas, a fragilidade dessas "bolhas" delgadas impõe alguns problemas ao pulmão. Exemplificando, por causa da tensão superficial (pressão exercida em decorrência das propriedades da água) do líquido que reveste os alvéolos, há desenvolvimento de forças de intensidade relativa que tendem a causar o colapso dos alvéolos. Felizmente, algumas das células alveolares (denominadas de tipo II; Fig. 10.5) sintetizam e liberam um material chamado de *surfactante*, que diminui a tensão superficial e previne o colapso dos alvéolos.[60]

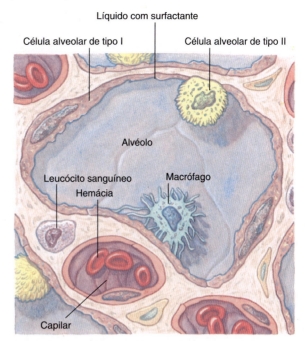

Figura 10.5 Relação existente entre as células alveolares de tipo II e o alvéolo.

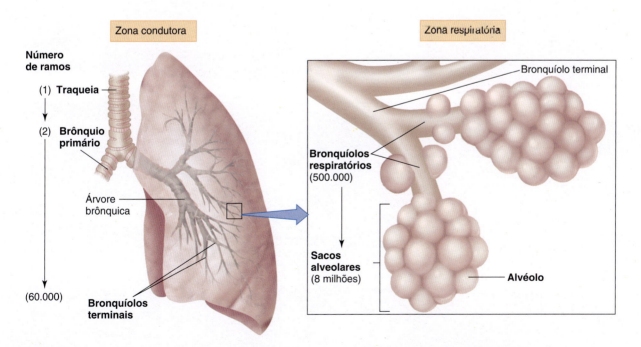

Figura 10.4 A árvore brônquica é constituída por passagens que conectam a traqueia e os alvéolos.

> **Em resumo**
>
> ■ Anatomicamente, o sistema pulmonar consiste em um grupo de passagens que filtram e transportam o ar para dentro dos pulmões, onde as trocas gasosas ocorrem no interior de minúsculos sacos aéreos, denominados *alvéolos*.
> ■ As passagens de ar do sistema respiratório são divididas em duas zonas funcionais: (1) a zona de condução e (2) a zona respiratória.

Mecânica da respiração

O movimento do ar indo do meio ambiente para dentro dos pulmões é chamado de ventilação pulmonar e ocorre por meio de um processo conhecido como **fluxo de massa** (*bulk flow*). O fluxo de massa refere-se ao movimento das moléculas ao longo de uma passagem em decorrência de uma diferença de pressão entre as duas extremidades desta via. Sendo assim, a inspiração ocorre porque a pressão no interior dos pulmões (intrapulmonar) cai a níveis inferiores à pressão atmosférica. Ao contrário, a expiração ocorre quando a pressão dentro dos pulmões ultrapassa a pressão atmosférica. Os meios pelos quais esta mudança de pressão no interior dos pulmões é alcançada são discutidos nos próximos parágrafos.

Inspiração

Qualquer músculo capaz de aumentar o volume torácico é considerado um músculo inspiratório. O **diafragma** é o músculo mais importante para a inspiração, sendo considerado o único músculo esquelético essencial à vida.[32,33,66,67,89,91,93] Esse músculo delgado e em forma de cúpula se insere nas costelas inferiores e é inervado pelos nervos frênicos. Quando se contrai, o diafragma força os conteúdos abdominais para baixo e adiante. Além disso, as costelas são erguidas para fora. O resultado dessas duas ações é a diminuição da pressão intrapleural que, por sua vez, causa a expansão dos pulmões. Essa expansão acarreta uma diminuição da pressão intrapulmonar a níveis inferiores à pressão atmosférica, o que possibilita o fluxo de ar para dentro dos pulmões (Fig. 10.6).

Durante a respiração normal e tranquila, o diafragma realiza a maior parte do trabalho de inspiração. Entretanto, durante o exercício, os músculos auxiliares da inspiração são requisitados e passam a auxiliar a respiração.[71,73,97] Esses músculos incluem músculos intercostais externos, peitoral menor, músculos escalenos e esternocleidomastóideo (ver Fig. 10.7). Em conjunto, esses músculos ajudam o diafragma a aumentar o volume torácico, e isso favorece a inspiração (ver Quadro "Uma visão mais detalhada 10.1").

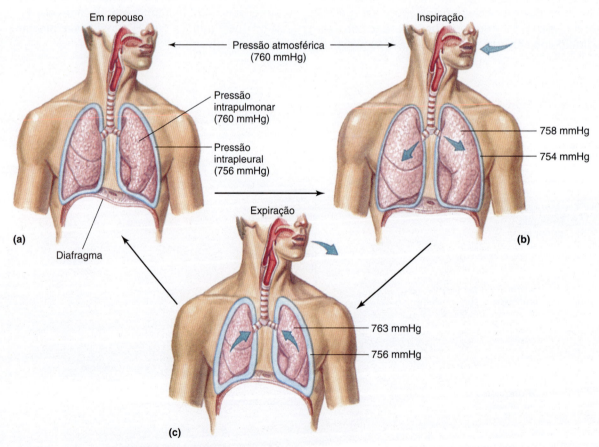

Figura 10.6 Ilustração da mecânica da inspiração e da expiração.

Músculos da inspiração   Músculos da expiração

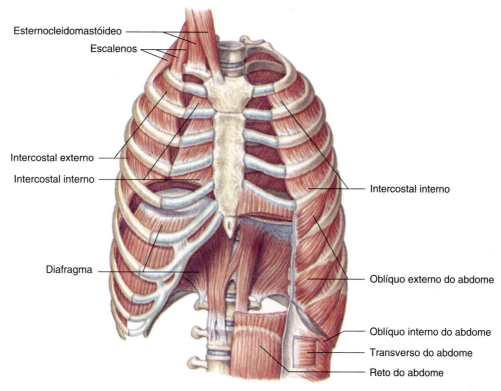

Figura 10.7 Os músculos da respiração. Os principais músculos da inspiração são mostrados no lado esquerdo do tronco. Os principais músculos da expiração são mostrados à direita.

Uma visão mais detalhada 10.1

Músculos respiratórios e exercício

Os músculos respiratórios são músculos esqueléticos funcionalmente similares aos músculos locomotores. A tarefa primária desses músculos é atuar sobre a parede torácica para mover os gases para dentro e para fora dos pulmões e, assim, manter a homeostase do pH e dos gases no sangue arterial. A importância da função normal do músculo respiratório pode ser avaliada se considerarmos que a falha muscular respiratória decorrente de doença ou lesão na medula espinal acarretaria a incapacidade de ventilar os pulmões e de manter os níveis sanguíneos de gases e pH dentro da faixa considerada aceitável.

O exercício muscular ocasiona aumento da ventilação pulmonar e, portanto, a imposição de uma carga de trabalho maior aos músculos respiratórios. Historicamente, acreditava-se que os músculos respiratórios não sofriam fadiga durante o exercício. Entretanto, evidências crescentes indicam que tanto o exercício prolongado (p. ex., 120 min) como o exercício de alta intensidade (80-100% de $\dot{V}O_{2máx}$) podem causar fadiga muscular respiratória.[110] O impacto da fadiga muscular respiratória sobre o desempenho nos exercícios será discutido adiante, neste capítulo.

Os músculos respiratórios se adaptam ao treinamento físico regular de modo semelhante aos músculos esqueléticos locomotores? A resposta a essa pergunta é "sim"! O treinamento físico de resistência regular aumenta a capacidade oxidativa do músculo respiratório e melhora a resistência muscular respiratória.[81,82,94,106,107] Além disso, o treinamento físico também aumenta a capacidade oxidativa dos músculos das vias aéreas superiores.[108] Isso é importante, pois esses músculos exercem papel central na manutenção das vias aéreas abertas para diminuição do trabalho respiratório durante o exercício. Para obter mais informações sobre as adaptações musculares respiratórias ao exercício, consultar a referência McKenzie (2012), na lista de "Sugestões de leitura".

Expiração

A expiração é passiva durante a respiração normal e tranquila. Ou seja, em repouso, nenhum esforço muscular é necessário para que a expiração ocorra. Isso é verdadeiro porque os pulmões e as paredes torácicas são elásticas e tendem a voltar à posição de equilíbrio após se expandirem durante a inspiração.[101] No decorrer do exercício, entretanto, a expiração se torna ativa. Os músculos mais importantes envolvidos na expiração são aqueles encontrados na parede abdominal, que incluem o reto do abdome e o oblíquo interno.[67] Quando esses músculos se contraem, o diafragma é empurrado para cima e as costelas são puxadas para baixo e para dentro. Isso resulta em uma redução no volume do peito e ocorre a expiração.

Resistência das vias aéreas

A qualquer velocidade de fluxo de ar para dentro dos pulmões, a diferença de pressão que deve ser desenvolvida depende da resistência das vias aéreas. O fluxo de ar através das vias aéreas do sistema respiratório pode ser matematicamente definido pela seguinte relação:

$$\text{Fluxo de ar} = \frac{(P_1 - P_2)}{\text{Resistência}}$$

Onde $(P_1 - P_2)$ é a diferença de pressão entre as duas extremidades da via aérea, e resistência é a resistência ao fluxo oferecida pela via aérea. O fluxo de ar aumenta sempre que houver aumento do gradiente de pressão ao longo do sistema pulmonar, ou se houver diminuição da resistência oferecida pela via aérea. Essa mesma relação associada ao fluxo sanguíneo foi discutida no Capítulo 9.

Quais fatores contribuem para a resistência das vias aéreas? Sem dúvida, a variável mais importante que contribui para a resistência das vias aéreas é o diâmetro da via aérea. As vias aéreas que diminuem de tamanho em consequência de doenças (doença pulmonar obstrutiva crônica [DPOC], asma, etc.) oferecem mais resistência ao fluxo do que as vias saudáveis e desobstruídas. Quando o raio de uma via aérea diminui, a resistência ao fluxo nesta via aumenta acentuadamente. Dessa forma, é fácil compreender o efeito das doenças pulmonares obstrutivas (p. ex., asma induzida pelo exercício) sobre o aumento do trabalho respiratório, em especial durante o exercício, quando a ventilação pulmonar é 10-20 vezes maior que no repouso (ver Quadros "Aplicações clínicas 10.1 e 10.2").

Em resumo

- O principal músculo da inspiração é o diafragma.
- O ar entra no sistema pulmonar quando a pressão intrapulmonar se torna inferior à pressão atmosférica (fluxo de massa).
- Em repouso, a expiração é passiva. Entretanto, durante o exercício, a expiração se torna ativa, com utilização dos músculos situados na parede abdominal (p. ex., reto do abdome e oblíquo interno do abdome).
- O principal fator que contribui para a resistência ao fluxo de ar no sistema pulmonar é o diâmetro da via aérea.

Ventilação pulmonar

Antes de iniciarmos a discussão sobre ventilação, é útil definir alguns símbolos comumente empregados em fisiologia pulmonar:

1. "V" é usado para denotar volume.

Aplicações clínicas 10.1

Asma induzida pelo exercício

A asma é uma doença que promove o estreitamento reversível das vias aéreas. Uma "crise" de asma pode ser causada tanto pela contração do músculo liso ao redor das vias aéreas (denominada broncoespasmo) como pelo acúmulo de muco em uma via respiratória. Essa diminuição do diâmetro das vias aéreas provoca o aumento do trabalho respiratório e os indivíduos que sofrem de asma em geral relatam falta de ar (chamada dispneia).

Embora existam muitas causas potenciais de asma,[24,72] alguns pacientes asmáticos desenvolvem broncoespasmo durante ou logo após o exercício. Esse tipo de asma é denominado "asma induzida pelo exercício". Quando um indivíduo sofre uma crise asmática durante o exercício, a respiração é dificultada e um som sibilante é ouvido com frequência durante a expiração. Se a crise asmática for grave, o indivíduo fica impossibilitado de se exercitar até mesmo a baixas intensidades, por causa da dispneia associada ao trabalho respiratório aumentado. A asma é um exemplo excelente de como até mesmo uma pequena diminuição do diâmetro das vias aéreas pode resultar em um amplo aumento da resistência respiratória. Consulte Carlsen (2012) e Pongdee e Li (2013) nas "Sugestões de leitura" para obter mais detalhes sobre exercício e asma. Vamos discutir mais sobre a asma induzida por exercício no Capítulo 17.

Aplicações clínicas 10.2

Exercício e doença pulmonar obstrutiva crônica

A doença pulmonar obstrutiva crônica (DPOC) é clinicamente identificada por uma diminuição do fluxo de ar expiratório decorrente do aumento da resistência das vias aéreas. Embora a DPOC e a asma possam ambas acarretar o bloqueio das vias respiratórias, essas doenças diferem quanto a um aspecto básico. A asma consiste no estreitamento reversível das vias aéreas, ou seja, é uma doença que pode desaparecer e voltar. A DPOC, ao contrário, consiste no estreitamento constante das vias aéreas. Embora os pacientes com DPOC possam apresentar alguma variação em termos de bloqueio das vias aéreas, todos exibem sempre algum grau de obstrução de vias respiratórias.

Nota-se que a DPOC com frequência resulta de uma combinação de duas doenças pulmonares isoladas: (1) bronquite crônica e (2) enfisema. Cada uma dessas doenças individuais acarreta aumento da obstrução das vias aéreas. A bronquite crônica é um distúrbio pulmonar que ocasiona a produção constante de muco nas vias aéreas, que consequentemente acabam sendo bloqueadas. O enfisema diminui o suporte elástico das vias aéreas e isso provoca colapso e aumento da resistência das vias respiratórias. Dois dos principais fatores de risco de desenvolvimento de DPOC são o tabagismo e o histórico familiar de enfisema.[116]

Como os pacientes com DPOC apresentam estreitamento constante das vias aéreas, a resistência dessas vias impõe uma carga de trabalho maior aos músculos respiratórios para a movimentação dos gases para dentro e fora do pulmão. A identificação dessa carga de trabalho aumentada produz a sensação de estar com falta de ar (dispneia). Como a magnitude da dispneia está intimamente ligada à quantidade de trabalho realizado pelos músculos respiratórios, a dispneia em pacientes com DPOC aumenta significativamente durante o exercício. Em pacientes com DPOC grave, a dispneia pode se tornar tão debilitante que o paciente tem dificuldade para realizar as atividades de rotina (p. ex., caminhar até o banheiro, tomar banho, etc.). A referência de West (2012), indicada nas "Sugestões de leitura", traz mais detalhes sobre a DPOC e o exercício.

---

2. "$\dot{V}$" significa volume por unidade de tempo (em geral, 1 minuto).
3. Os subscritos $_{C, M, A, I, E}$ denotam corrente ($_C$), espaço morto ($_M$), alveolar ($_A$), inspirado ($_I$) e expirado ($_E$), respectivamente.

A ventilação pulmonar refere-se ao movimento de gases para dentro e para fora dos pulmões. A quantidade de gás ventilado por minuto é o produto da frequência respiratória (f) pela quantidade de gás deslocada por respiração (**volume corrente**):

$$\dot{V} = V_c \times f$$

Em um homem de 70 kg, o $\dot{V}$ em repouso geralmente é algo em torno de 7,5 L/min, com um volume corrente de 0,5 L e uma frequência igual a 15. Durante o exercício máximo, a ventilação pode chegar a 120-175 L/min, com uma frequência de 40-50 respirações/min e um volume corrente aproximado de 3-3,5 L.

É importante entender que nem todo ar que passa pelos lábios chega ao compartimento de gases alveolar, onde as trocas gasosas ocorrem. Parte de cada respiração permanece nas vias aéreas condutoras (traqueia, brônquios, etc.) e, dessa forma, não participa das trocas gasosas. Essa ventilação "não utilizada" é denominada ventilação de espaço morto (V_m), e o espaço ocupado por ela é conhecido como **espaço morto anatômico**. O volume de gás inspirado que chega à zona respiratória é referido como **ventilação alveolar ($\dot{V}_A$)**. Assim, uma ventilação minuto total pode ser subdividida em ventilação de espaço morto e ventilação alveolar:

$$\dot{V} = \dot{V}_A + \dot{V}_M$$

É importante notar que a ventilação pulmonar não é igualmente distribuída em todo o pulmão. A região inferior do pulmão recebe mais ventilação do que o ápice (região superior), em particular durante a respiração tranquila.[67] Esse cenário muda um pouco durante o exercício, quando as regiões apicais (superiores) dos pulmões recebem um percentual maior da ventilação total.[56] Veremos mais sobre a distribuição regional de ventilação no pulmão no final do capítulo.

> **Em resumo**
>
> - A ventilação pulmonar refere-se à quantidade de gás que se move para dentro e para fora dos pulmões.
> - A quantidade de gás deslocada por minuto é o produto do volume corrente pela frequência respiratória.

Volumes e capacidades pulmonares

Os volumes pulmonares podem ser medidos por meio de uma técnica conhecida como **espirometria**. Usando esse procedimento, o paciente respira dentro de um dispositivo que é capaz de medir os volumes de ar inspirado e expirado. Os espirômetros modernos empregam tecnologia computadorizada para medir os volumes pulmonares e a velocidade do fluxo de ar expirado (ver Fig. 10.8). A Figura 10.9 ilustra um gráfico que mostra a mensuração de volumes correntes durante a respiração tranquila e os diversos volumes e capacida-

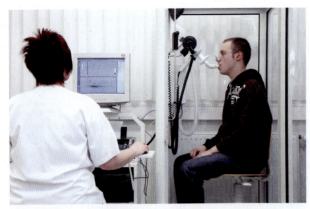

Figura 10.8 Fotografia de um espirômetro computadorizado empregado para medir volumes pulmonares.

des pulmonares definidos na Tabela 10.1. Vários desses termos merecem destaque especial. Primeiramente, a **capacidade vital (CV)** é definida pela quantidade máxima de gás que pode ser expirado após uma inspiração máxima. Em segundo lugar, o **volume residual (VR)** é o volume de gás que permanece nos pulmões após uma expiração máxima. Por fim, a **capacidade pulmonar total (CPT)** é definida pelo volume de gás presente nos pulmões após uma inspiração máxima. A CPT consiste na soma desses dois volumes pulmonares (VC + VR). Nota-se que o treinamento físico não exerce impacto sobre esses volumes ou capacidades pulmonares. Esse aspecto será retomado adiante.

Clinicamente, a espirometria é útil para diagnosticar doenças pulmonares, como a DPOC. Exemplificando, em virtude da resistência aumentada das vias aéreas, os pacientes com DPOC apresentam capacidade vital diminuída e velocidade de fluxo de ar expirado menor durante um esforço expiratório máximo. O modo como a espirometria consegue detectar uma obstrução de via aérea nos pacientes será ilustrado a seguir. Um dos testes espirométricos mais simples usados para detectar bloqueios de via aérea consiste na mensuração do volume expiratório forçado (VEF_1) e da CV. O VEF_1 é o volume de gás expirado em 1 segundo durante uma expiração forçada (esforço máximo) a partir de uma inspiração completa. A CV consiste na quantidade total de gás que pode ser expirada durante uma expiração máxima subsequente a uma inspiração completa. Uma forma simples de obter essas medidas está ilustrada na Figura 10.8. Para tanto, o paciente é confortavelmente posicionado sentado, de frente para o espirômetro, e respira por meio de um bocal de borracha conectado ao espirômetro. O paciente respira maximamente dentro do bocal e, em seguida, faz uma exalação máxima. O espirômetro registra o volume de gás expirado contra o tempo, durante o esforço expiratório.

A Figura 10.10 compara as mensurações de VEF_1 e CV entre um indivíduo normal saudável e um paciente com DPOC. Percebe-se que o indivíduo normal apresentava uma CV igual a 5 L e VEF_1 de 4 L. Assim, a VEF desse indivíduo sadio equivale a 80% da CV (i. e., 4,0/5,0 × 100 = 80%). De fato, a proporção VEF_1:CV normal em indivíduos saudáveis é igual a 80% ou mais.

Agora, vamos analisar a mensuração da VEF_1 e da CV no paciente com DPOC. Nota-se que, neste caso, a velocidade com que o ar é expirado em paciente com DPOC é bem menor do que no indivíduo saudável, de modo que apenas 1 L de ar é expirado no primeiro segundo. Além disso, a CV do paciente com DPOC é de apenas 3 L. Portanto, neste paciente, a proporção VEF_1:CV (1,0/3,0 × 100) é igual a 33%. Esse valor é significativamente menor que os valores normais para um indivíduo normal (i. e., 80%) e é típico de um paciente com DPOC e grave obstrução de vias aéreas. Ver no Quadro "Aplicações clínicas 10.2" mais informações sobre o impacto da DPOC na tolerância ao exercício.

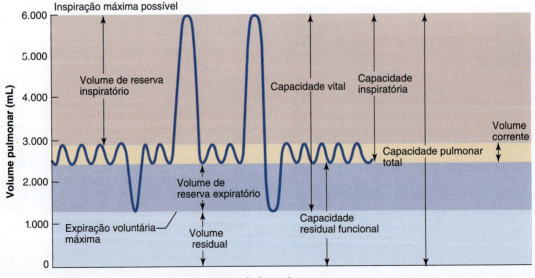

Figura 10.9 Espirograma mostrando os volumes e capacidades pulmonares em repouso.

Tabela 10.1	Volumes e capacidades respiratórias para um adulto jovem do sexo masculino pesando 70 kg		
Medida	**Valor típico (mL)**	**Definição**	
Volumes respiratórios			
Volume corrente (VC)	500	Quantidade de ar inalada ou exalada em uma respiração, durante uma respiração tranquila.	
Volume de reserva inspiratório (VRI)	3.000	Quantidade de ar em excesso do VC que pode ser inalada com esforço máximo.	
Volume de reserva expiratório (VRE)	1.200	Quantidade de ar em excesso do VC que pode ser exalada com esforço máximo.	
Volume residual (VR)	1.300	Quantidade de ar que permanece nos pulmões após a expiração máxima, ou seja, a quantidade de ar que jamais pode ser voluntariamente exalada.	
Capacidades respiratórias			
Capacidade vital (CV)	4.700	Quantidade de ar que pode ser exalada vigorosamente após uma inspiração máxima. (CV = VRE + VC + VRI).	
Capacidade inspiratória (CI)	3.500	Quantidade máxima de ar que pode ser inalada após uma expiração normal (CI = VC + VRI).	
Capacidade residual funcional (CRF)	2.500	Quantidade de ar que permanece nos pulmões após uma expiração normal (CRF = VR + VRE).	
Capacidade pulmonar total (CPT)	6.000	Quantidade máxima de ar nos pulmões ao final de uma inspiração máxima (CPT = VR + CV).	

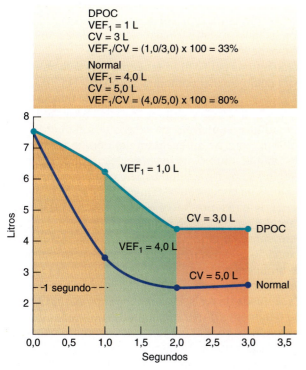

Figura 10.10 Espirograma ilustrando o uso do fluxo de ar expirado forçado para diagnóstico de obstrução de vias aéreas. Observe a acentuada diferença existente entre o volume expirado forçado em 1 segundo (VEF$_1$) e a capacidade vital (CV) em um indivíduo normal e em um paciente com doença pulmonar obstrutiva crônica (DPOC). Ver detalhes no texto.

Em resumo

- Os volumes pulmonares podem ser medidos por espirometria.
- A capacidade vital é a quantidade máxima de gás que pode ser expirada após uma inspiração máxima.
- O volume residual é a quantidade de gás que permanece nos pulmões após uma expiração máxima.
- A doença pulmonar obstrutiva crônica diminui a capacidade vital e reduz a taxa de fluxo de ar expirado pelo pulmão durante um esforço respiratório máximo.

Difusão de gases

Antes de discutir a difusão de gases através da membrana alveolar para o sangue, vamos rever o conceito de **pressão parcial** de um gás. De acordo com a lei de Dalton, a pressão total exercida por um gás em uma mistura é igual à soma das pressões exercidas independentemente por cada gás. Assim, a pressão que cada gás exerce de modo independente pode ser calculada multiplicando a composição fracionada do gás pela pressão absoluta (pressão barométrica). Vamos considerar um exemplo de cálculo da pressão parcial do oxigênio contido no ar ao nível do mar. A pressão barométrica ao nível do mar vale 760 mmHg (lembre-se de que a pressão barométrica é a força exercida pelo peso do gás contido na atmosfera). A composição do ar geralmente é considerada a seguinte:

Gás	Porcentagem	Fração
Oxigênio	20,93	0,2093
Nitrogênio	79,04	0,7904
Dióxido de carbono	0,03	0,0003
Total	100,0	

Portanto, a pressão parcial de oxigênio (PO_2) ao nível do mar pode ser calculada do seguinte modo:

$$PO_2 = 760 \times 0,2093$$
$$PO_2 = 159 \text{ mmHg}$$

De modo semelhante, a pressão parcial de nitrogênio pode ser calculada da seguinte forma:

$$PN_2 = 760 \times 0,7904$$
$$PN_2 = 600,7 \text{ mmHg}$$

Como O_2, CO_2 e N_2 compõem quase 100% da atmosfera, a pressão barométrica total (P) pode ser calculada do seguinte modo:

$$P(\text{atmosfera seca}) = PO_2 + PN_2 + PCO_2$$

A difusão de um gás através dos tecidos é descrita pela lei de Fick da difusão. Essa lei estabelece que a velocidade de transferência gasosa (Vgás) é proporcional à área tecidual, ao coeficiente de difusão do gás e à diferença existente entre as pressões parciais do gás em ambos os lados do tecido, sendo inversamente proporcional à espessura:

$$Vgás = (A/E) \times D \times (P_1 - P_2)$$

Onde A é a área, E é a espessura do tecido, D é o coeficiente de difusão do gás e $(P_1 - P_2)$ é a diferença entre as pressões parciais em ambos os lados do tecido. Em termos simples, a taxa de difusão de qualquer gás isolado é maior quando a área de superfície para difusão é ampla e a "pressão direcionadora" entre ambos os lados do tecido é alta. Em contraste, um aumento na espessura do tecido impede a difusão. O pulmão é projetado de modo eficiente para que a difusão de gases ocorra através da membrana alveolar, para dentro e para fora da circulação sanguínea. Primeiramente, a área de superfície total disponível para difusão é ampla. Em segundo lugar, a membrana alveolar é extremamente delgada. O fato de o pulmão ser um órgão ideal para a ocorrência de trocas gasosas é importante, pois, durante o exercício máximo, a taxa de captação de O_2 e a produção de CO_2 podem aumentar 20-30 vezes acima da condição de repouso.

A quantidade de O_2 ou CO_2 dissolvida no sangue segue a lei de Henry e depende da temperatura do sangue, da pressão parcial do gás e da solubilidade do gás. Como a temperatura do sangue não sofre alteração significativa durante o exercício (i. e., 1°-3°C) e a solubilidade do gás permanece constante, o principal fator a determinar a quantidade de gás dissolvida é a pressão parcial.

A Figura 10.11 ilustra a troca gasosa via difusão através das membranas alveolar-capilar e ao nível tecidual. Nota-se que a PCO_2 e a PO_2 do sangue que entram nos pulmões valem cerca de 46 e 40 mmHg, respectivamente. Em contraste, a PCO_2 e a PO_2 no gás alveolar giram em torno de 40 e 105 mmHg, respectivamente. Como consequência da diferença de pressão parcial ao longo da interface hematogasosa, o CO_2 deixa o sangue e se difunde para dentro dos alvéolos, enquanto o O_2 se difunde do interior dos alvéolos para o sangue circulante. O sangue que sai dos pulmões exibe uma PO_2 aproximada de 95 mmHg e uma PCO_2 de 40 mmHg.

Em resumo

- O gás move-se ao longo da interface sangue--gás nos pulmões, por difusão simples.
- A taxa de difusão é descrita pela lei de Fick e a difusão é maior quando a área de superfície é ampla, a espessura do tecido é pequena e a pressão condutora é alta.

Fluxo sanguíneo para os pulmões

A circulação pulmonar começa na artéria pulmonar, que recebe sangue venoso do ventrículo direito (lembre-se de que este é um sangue venoso misto). O sangue venoso misto, então, circula pelos capilares pulmonares, onde as trocas gasosas ocorrem, e o sangue oxigenado retorna para o átrio esquerdo pela veia pulmonar, para então circular por todo o corpo (ver Fig. 10.12).

Lembre-se de que as velocidades de fluxo sanguíneo nas circulações pulmonar e sistêmica são iguais. Em adultos saudáveis, os ventrículos esquerdo e direito do coração apresentam um débito aproximado de 5 L/min. Entretanto, as pressões na circulação pulmonar são relativamente baixas, quando comparadas àquelas na circulação sistêmica (ver Cap. 9). Esse sistema de baixa pressão é devido à baixa resistência vascular na circulação pulmonar.[67,118] Um aspecto interessante da circulação pulmonar é que, durante o exercício, a resistência no sistema vascular pulmonar diminui em consequência da distensão dos vasos e recrutamento de capilares previamente não usados. Essa queda da resistência vascular pulmonar ocasiona o aumento do fluxo sanguíneo pulmonar durante o exercício, com aumentos relativamente pequenos na pressão arterial pulmonar.

Quando ficamos em pé, estabelece-se uma considerável desigualdade de fluxo sanguíneo no pulmão, em razão da ação da gravidade. Na posição vertical, por exemplo, o fluxo sanguíneo diminui quase linearmente de baixo para cima, atingindo valores baixíssimos no topo (ápice) do pulmão (ver Fig. 10.13). Essa distribuição é alterada durante o exercício e com a mudança de

228 Seção I Fisiologia do exercício

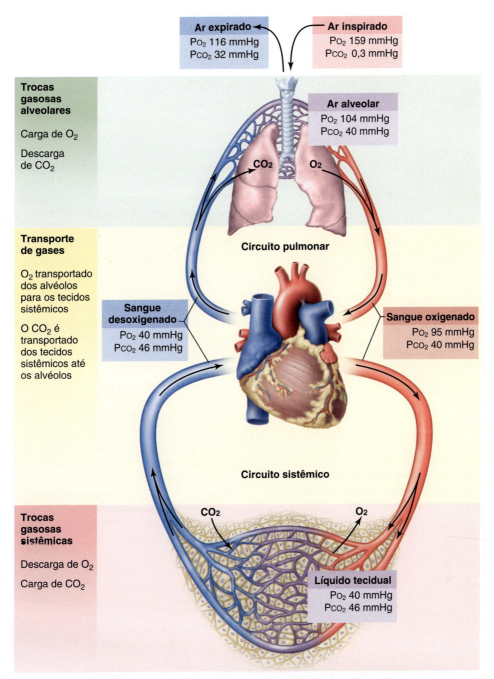

Figura 10.11 Pressões parciais de oxigênio (PO$_2$) e dióxido de carbono (PCO$_2$) no sangue, decorrentes das trocas gasosas no pulmão e das trocas gasosas entre capilares e tecidos. Observe que a PO$_2$ alveolar de 104 mmHg resulta da mistura do ar atmosférico (i. e., 159 mmHg ao nível do mar) com os gases alveolares já existentes e vapor de água.

posição. Durante o exercício de baixa intensidade (p. ex., ~40% do $\dot{V}O_{2máx}$), o fluxo de sangue para o topo do pulmão é aumentado.[19] Isso melhora a troca de gases e será discutido na próxima seção. Quando um indivíduo deita de costas (decúbito dorsal), o fluxo sanguíneo pulmonar se torna uniforme. Em contraste, as mensurações de fluxo sanguíneo tomadas em indivíduos suspensos de cabeça para baixo mostram que o fluxo sanguíneo para o ápice do pulmão excede significativamente o fluxo observado na base.

Em resumo

- A circulação pulmonar é um sistema de baixa pressão com uma velocidade de fluxo sanguíneo igual à velocidade do circuito sistêmico.
- Na posição em pé, a maior parte do fluxo sanguíneo para o pulmão é distribuída para a base do pulmão por ação da força gravitacional.

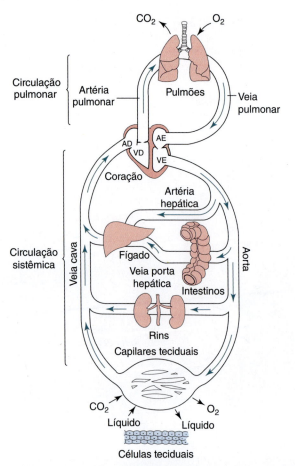

Figura 10.12 A circulação pulmonar é um sistema de baixa pressão que bombeia sangue venoso misto pelos capilares pulmonares para promoção das trocas gasosas. Após a conclusão das trocas gasosas, este sangue oxigenado retorna às câmaras cardíacas do lado esquerdo para ser distribuído por todo o corpo.

Relações de ventilação-perfusão

Até agora, discutimos a ventilação pulmonar, o fluxo sanguíneo para os pulmões e a difusão gasosa através da barreira hematogasosa no pulmão. Parece razoável admitir que, se todos esses processos forem adequados, as trocas gasosas ocorrem normalmente nos pulmões. Entretanto, para que as trocas gasosas sejam normais, é preciso haver uma correspondência entre a ventilação e o fluxo sanguíneo (perfusão, Q). Em outras palavras, mesmo que um alvéolo seja bem ventilado, as trocas gasosas somente serão normais se o fluxo sanguíneo para os alvéolos corresponder adequadamente à ventilação. De fato, a incompatibilidade entre ventilação e perfusão é responsável pela maioria dos problemas de troca gasosa decorrentes de doenças pulmonares.

A proporção ventilação-perfusão (V/Q) ideal é igual a 1,0 (ou um pouco maior). Essa proporção implica na existência de uma correspondência de 1:1 entre ventilação e fluxo sanguíneo, que resulta em trocas gasosas ideais. Entretanto, a proporção V/Q, em geral, não é igual a 1,0 em todo o pulmão, variando de acordo com a parte do órgão que está sendo considerada.[32,40,57,67,117] Esse conceito é ilustrado na Figura 10.14, em que a proporção V/Q no ápice e na base do pulmão é calculada sob condições de repouso.

Vamos discutir primeiro a proporção V/Q no ápice do pulmão. Nesse caso, estima-se que a ventilação (em repouso) na região superior do pulmão seja de 0,24 L/min e o fluxo sanguíneo previsto seja de 0,07 L/min. Assim, a proporção V/Q é igual a 3,4 (i. e., 0,24/0,07 = 3,4). Uma proporção V/Q ampla representa uma ventilação desproporcionalmente alta em relação ao fluxo sanguíneo, que

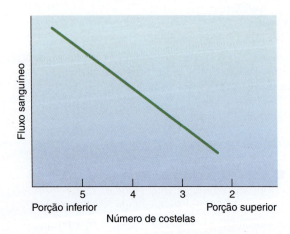

Figura 10.13 Fluxo sanguíneo regional no interior do pulmão. Nota-se que ocorre um declínio gradual do fluxo sanguíneo a partir das regiões inferiores do pulmão até as regiões superiores.

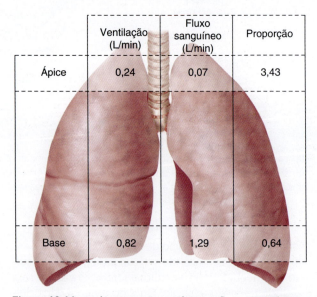

Figura 10.14 Relação entre ventilação e fluxo sanguíneo (proporções ventilação/perfusão) no topo (ápice) e na base do pulmão. As proporções indicam que a base do pulmão está superperfundida em relação à ventilação, enquanto o ápice está subperfundido em relação à ventilação. Essa correspondência não uniforme entre o fluxo sanguíneo e a ventilação acarreta trocas gasosas imperfeitas.

resulta em troca gasosa precária. Em contraste, a ventilação na base do pulmão (Fig. 10.14) é igual a 0,82 L/min e está associada a um fluxo sanguíneo de 1,29 L/min (proporção V/Q = 0,82/1,29 = 0,64). Uma proporção V/Q <1,0 representa um fluxo sanguíneo mais intenso que a ventilação na região em questão. Embora as proporções V/Q <1,0 não sejam indicativas de condições ideais para trocas gasosas, na maioria dos casos, proporções V/Q >0,50 são adequadas para atender às demandas de troca gasosa em repouso.[117]

Qual é o efeito do exercício sobre a proporção V/Q? Aparentemente, o exercício leve a moderado melhora a relação V/Q, enquanto o exercício intenso pode resultar em uma pequena desigualdade de V/Q e, dessa forma, acarretar um discreto comprometimento das trocas gasosas.[56] Ainda não está claro se o aumento da desigualdade de V/Q se deve à baixa ventilação ou à baixa perfusão. Os possíveis efeitos dessa incompatibilidade de V/Q sobre os gases sanguíneos serão discutidos posteriormente, neste capítulo.

Em resumo

- Uma troca gasosa eficiente entre o sangue e o pulmão requer a existência de uma compatibilidade adequada entre o fluxo sanguíneo e a ventilação (conhecida como relação de ventilação-perfusão).
- A proporção V/Q ideal é igual a 1,0, ou um pouco maior, pois esta proporção implica a existência de uma compatibilidade perfeita entre fluxo sanguíneo e ventilação.

Transporte de O_2 e CO_2 no sangue

Embora o O_2 e o CO_2 sejam transportados em forma de gases dissolvidos no sangue, a maior parte do transporte de O_2 e CO_2 via sangue é feita por meio da combinação de O_2 à hemoglobina, e CO_2 sendo transformado em bicarbonato (HCO_3^-). A próxima seção apresenta uma discussão completa sobre como o O_2 e o CO_2 são transportados no sangue.

Hemoglobina e transporte de O_2

Cerca de 99% do O_2 transportado no sangue está quimicamente ligado à **hemoglobina**, que é uma proteína contida nas hemácias (eritrócitos). Cada molécula de hemoglobina pode transportar quatro moléculas de O_2. A ligação do O_2 à hemoglobina forma a **oxiemoglobina**. A hemoglobina que não se liga ao O_2 é chamada **desoxiemoglobina**.

A quantidade de O_2 que pode ser transportada por unidade de volume de sangue depende da concentração de hemoglobina. A concentração de hemoglobina normal para homens e mulheres sadios é de cerca de 150 g

e 130 g por litro de sangue, respectivamente. Quando completamente saturada com O_2, cada grama de hemoglobina consegue transportar 1,34 mL de O_2.[67] Dessa forma, se a hemoglobina estiver 100% saturada com O_2, o homem e a mulher saudáveis conseguem transportar, respectivamente, cerca de 200 mL e 174 mL de O_2 por litro de sangue, ao nível do mar.

Curva de dissociação da oxiemoglobina

A combinação do O_2 à hemoglobina no pulmão (capilares alveolares) é chamada carga, enquanto a liberação do O_2 da hemoglobina nos tecidos é denominada descarga. Assim, carga e descarga são reações reversíveis:

$$\text{Desoxiemoglobina} + O_2 \leftrightarrow \text{oxiemoglobina}$$

Os fatores que determinam a direção dessa reação são (1) a PO_2 do sangue e (2) a afinidade ou força de ligação entre a hemoglobina e o O_2. Uma PO_2 alta desloca a reação para a direita (i. e., carga), enquanto uma PO_2 baixa e uma afinidade reduzida da hemoglobina pelo O_2 deslocam a reação para a esquerda (i. e., descarga). Exemplificando, uma PO_2 alta nos pulmões ocasiona o aumento da PO_2 arterial e a formação de oxiemoglobina (i. e., a reação é deslocada para a direita). Em contraste, uma PO_2 baixa no tecido periférico (p. ex., músculo esquelético) acarreta diminuição da PO_2 nos capilares sistêmicos e, com isso, o O_2 é descarregado da hemoglobina para ser utilizado nos tecidos (a reação se move à esquerda).

O efeito da PO_2 sobre a combinação do O_2 à hemoglobina está ilustrado pela curva de dissociação da oxiemoglobina (Fig. 10.15). Essa curva sigmoidal (em forma de S) exibe vários aspectos interessantes. O primeiro deles é o fato de o percentual de hemoglobina saturada com O_2 (% HbO_2) aumentar agudamente até uma PO_2 arterial de 40 mmHg. Em valores de PO_2 acima de 40 mmHg, o aumento do % HbO_2 sobe lentamente até chegar a um platô, ao redor de 90-100 mmHg, em que o % HbO_2 é de cerca de 97%. Em repouso, os requerimentos de O_2 do corpo são relativamente baixos e apenas cerca de 25% do O_2 transportado no sangue é descarregado nos tecidos. Em contraste, durante o exercício intenso, a PO_2 venosa mista pode atingir valores da ordem de 18-20 mmHg, e os tecidos periféricos conseguem extrair até 90% do O_2 transportado pela hemoglobina.

O formato da curva de dissociação da oxiemoglobina é eficientemente delineado para atender às necessidades de transporte de O_2 do ser humano. A porção relativamente plana da curva (acima de um valor de PO_2 aproximado de 90 mmHg) permite que a PO_2 arterial oscile de 90 a 100 mmHg sem uma queda ampla do % HbO_2. Isso é importante porque ocorre um declínio na PO_2 arterial com o envelhecimento e com o aumento da altitude. No outro extremo da curva (parte íngreme, 0-40 mmHg), as pequenas alterações ocorridas na PO_2 provocam liberação de grandes quantidades de O_2 a partir da hemoglo-

Capítulo 10 Respiração durante o exercício **231**

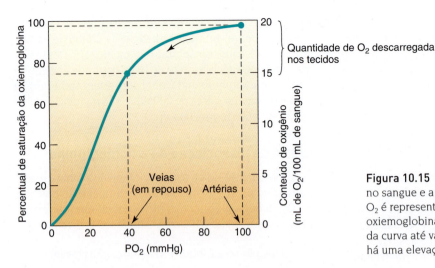

Figura 10.15 A relação entre a pressão parcial de O_2 no sangue e a saturação relativa da hemoglobina com O_2 é representada pela curva de dissociação da oxiemoglobina. Observe a parte relativamente íngreme da curva até valores de PO_2 de 40 mmHg, após os quais há uma elevação gradual até um platô ser alcançado.

bina. Isso é decisivo durante o exercício, quando o consumo de O_2 tecidual é alto.

Além do efeito da PO_2 do sangue na ligação de O_2 à hemoglobina, uma mudança na acidez, na temperatura ou nos níveis de ácido 2,3-difosfoglicérico (2,3-DPG) nas hemácias pode afetar a reação de carga/descarga de O_2. Esse fato se torna importante durante o exercício e será discutido em detalhes no próximo segmento.

Efeito do pH sobre a curva de dissociação da oxiemoglobina. Vamos considerar o efeito do desequilíbrio do estado acidobásico sobre a afinidade da hemoglobina pelo O_2. A força da ligação entre o O_2 e a hemoglobina é enfraquecida pela diminuição do pH do sangue (aumento da acidez), que resulta na intensificação da descarga de O_2 nos tecidos. Esse fenômeno é representado por um deslocamento "à direita" da curva da oxiemoglobina, denominado **efeito de Bohr** (ver Fig. 10.16). Um deslocamento à direita da curva de dissociação da oxiemoglobina poderia ser esperado durante o exercício intenso, por causa da elevação dos níveis de íons hidrogênio no sangue observada nesse tipo de trabalho. O mecanismo que explica o efeito de Bohr é o fato de os íons hidrogênio se ligarem à hemoglobina e diminuírem a capacidade desta de transportar O_2. Portanto, quando há uma concentração acima do normal de íons hidrogênio no sangue (i. e., acidose), a afinidade da hemoglobina pelo O_2 diminui. Isso facilita a descarga do O_2 nos tecidos durante o exercício, uma vez que o nível de acidez é maior nos músculos.

Efeito da temperatura sobre a curva de dissociação da oxiemoglobina. Outro fator que afeta a afinidade da hemoglobina pelo O_2 é a temperatura. Em um pH constante, a afinidade da hemoglobina pelo O_2 se relaciona inversamente à temperatura do sangue. Ou seja, uma diminuição de temperatura acarreta o deslocamento à esquerda da curva de oxiemoglobina, enquanto um aumento de temperatura faz a curva se deslocar para a direita. Isso significa que um aumento da tempe-

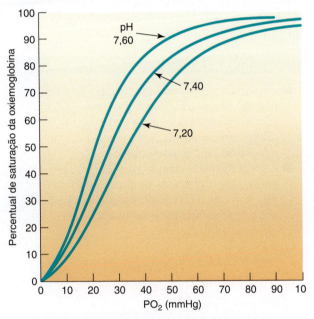

Figura 10.16 Efeito da mudança de pH sanguíneo sobre o formato da curva de dissociação de oxigênio-hemoglobina. Uma diminuição do pH (acidez aumentada) ocasiona o deslocamento da curva à direita (efeito de Bohr), enquanto o aumento do pH (acidez diminuída) desloca a curva para a esquerda.

ratura do sangue enfraquece a ligação entre o O_2 e a hemoglobina, auxiliando a descarga de O_2 no músculo ativo. Ao contrário, uma diminuição da temperatura do sangue ocasiona o fortalecimento da ligação entre O_2 e hemoglobina, impedindo a liberação de O_2. O efeito do aumento da temperatura do sangue sobre a curva de dissociação da oxiemoglobina está ilustrado na Figura 10.17. Durante o exercício, uma produção de calor aumentada no músculo em contração promoveria o deslocamento da curva de dissociação da oxiemoglobina para a direita e facilitaria a descarga de O_2 no tecido.

2,3-DPG e a curva de dissociação da oxiemoglobina. Um último fator que pode afetar o formato da curva

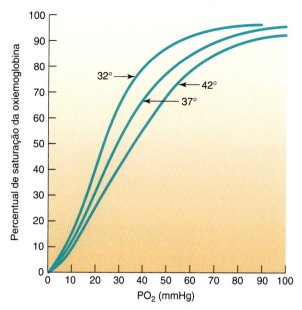

Figura 10.17 Efeito da mudança de temperatura sanguínea sobre o formato da curva de dissociação de oxigênio-hemoglobina. Um aumento da temperatura desloca a curva para a direita, enquanto a queda da temperatura do sangue provoca o deslocamento da curva à esquerda.

de dissociação da oxiemoglobina é a concentração de 2,3-DPG nas hemácias. Um aspecto exclusivo das hemácias é a ausência de núcleo e de mitocôndrias. Por causa disso, as hemácias precisam contar com a glicólise anaeróbia para atender às necessidades energéticas da célula. Um subproduto da glicólise que ocorre nas hemácias é o composto 2,3-DPG, que pode se combinar à hemoglobina e diminuir a afinidade desta pelo O_2 (i. e., deslocar a curva de dissociação da oxiemoglobina para a direita).

As concentrações de 2,3-DPG nas hemácias comprovadamente aumentam durante a exposição a altitudes elevadas e na anemia (níveis sanguíneos de hemoglobina baixos).[67] Entretanto, os níveis sanguíneos de 2,3-DPG não aumentam de forma significativa durante o exercício realizado ao nível do mar.[70,99] Dessa forma, embora um aumento dos níveis sanguíneos de 2,3-DPG possa alterar a afinidade Hb-O_2, parece que o exercício realizado ao nível do mar não aumenta o conteúdo de 2,3-DPG nas hemácias. Portanto, o deslocamento à direita da curva da oxiemoglobina durante o exercício intenso não se deve às alterações do conteúdo de 2,3-DPG, mas ao grau de acidose e à elevação da temperatura do sangue.

Transporte de O_2 no músculo

Mioglobina. É uma proteína ligadora de oxigênio encontrada nas fibras de músculo esquelético e no miocárdio (e não no sangue), que atua como "transportadora", deslocando o O_2 da membrana celular muscular para a mitocôndria. A mioglobina é encontrada em grandes concentrações nas fibras de contração lenta (i. e., de alta capacidade aeróbia), em pequenas concentrações nas fibras intermediárias e apenas em concentrações limitadas nas fibras de contração rápida. A mioglobina possui estrutura semelhante à da hemoglobina, mas tem cerca de 1/4 do peso desta. A diferença estrutural existente entre a mioglobina e a hemoglobina resulta em uma diferença de afinidade pelo O_2 entre essas duas moléculas. Esse aspecto está ilustrado na Figura 10.18. A mioglobina possui maior afinidade pelo O_2 do que a hemoglobina e, por esse motivo, a curva de dissociação da oximioglobina é bem mais íngreme do que para a hemoglobina, para valores de PO_2 abaixo de 20 mmHg. Uma implicação prática do formato da curva de dissociação da oximioglobina é o fato de a mioglobina liberar seu O_2 a valores de PO_2 muito baixos. Isso é

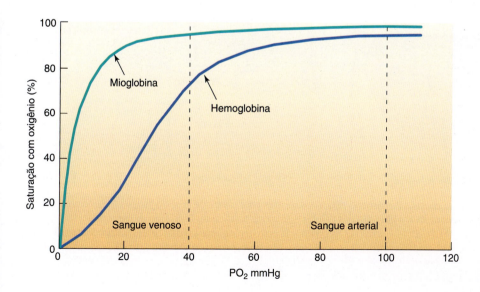

Figura 10.18 Comparação das curvas de dissociação para mioglobina e hemoglobina. A dissociação íngreme da mioglobina mostra uma afinidade maior pelo O_2, em comparação à hemoglobina.

importante porque a PO₂ na mitocôndria do músculo esquelético em contração pode chegar a 1-2 mmHg.

As reservas de O₂ da mioglobina podem servir de "reserva de O₂" durante os períodos de transição de repouso para exercício. No início do exercício, há um retardo entre o aparecimento da contração muscular e o aumento da distribuição de O₂ para o músculo. Portanto, o O₂ ligado à mioglobina antes do início do exercício serve de tampão para as necessidades de O₂ do músculo até que o sistema cardiopulmonar possa atender à nova demanda de O₂. Ao término do exercício, as reservas de O₂ da mioglobina devem ser repostas e este consumo de O₂ acima dos níveis de repouso contribui para o débito de O₂ (ver. Cap. 4).

Transporte de CO₂ no sangue

O CO₂ é transportado no sangue em três formas: (1) CO₂ dissolvido (cerca de 10% do CO₂ contido no sangue é transportado nesta forma); (2) CO₂ ligado à hemoglobina (chamado de carbaminoemoglobina; cerca de 20% do CO₂ contido no sangue é transportado nesta forma); e (3) bicarbonato (70% do CO₂ encontrado no sangue é transportado como bicarbonato: HCO₃⁻). As três formas de transporte de CO₂ no sangue estão ilustradas na Figura 10.19.

Como a maioria do CO₂ transportado no sangue está na forma de bicarbonato, este mecanismo merece destaque especial. O CO₂ pode ser convertido em bicarbonato (nas hemácias) do seguinte modo:

Anidrase carbônica

$$CO_2 + H_2O \leftrightarrow \underset{\text{Ácido carbônico}}{H_2CO_3} \leftrightarrow H^+ + HCO_3^-$$

Uma alta PCO₂ faz o CO₂ se combinar à água para formar ácido carbônico. Essa reação é catalisada pela enzima anidrase carbônica, que é encontrada nas hemácias. Depois de formado, o ácido carbônico se dissocia em íon hidrogênio e íon bicarbonato. O íon hidrogênio, então, se liga à hemoglobina, e o íon bicarbonato se difunde para fora da hemácia e cai no plasma (Fig. 10.19). Como o bicarbonato carrega uma carga negativa (ânion), a remoção de uma molécula negativamente carregada de uma célula sem reposição acarretaria desequilíbrio eletroquímico ao longo da membrana celular. Esse problema é evitado com a substituição do bicarbonato por cloreto (Cl⁻), que se difunde do plasma para dentro da hemácia. Essa troca de ânions ocorre na hemácia à medida que o sangue se move pelos capilares teciduais e é denominada deslocamento de cloreto (Fig. 10.19).

Quando o sangue chega aos capilares pulmonares, a PCO₂ do sangue é maior do que nos alvéolos e, assim, o CO₂ se difunde para fora do sangue, por meio da interface hematogasosa. No pulmão, a ligação do O₂ à Hb resulta na liberação de íons hidrogênio ligados à hemoglobina e promove a formação de ácido carbônico:

$$H^+ + HCO_3^- \rightarrow H_2CO_3$$

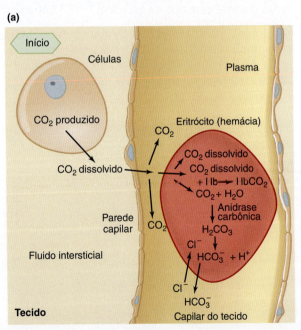
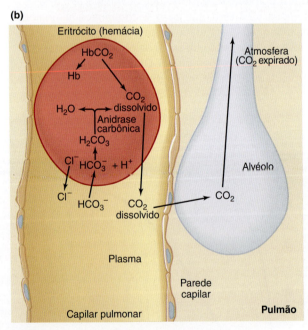

Figura 10.19 Resumo do movimento do dióxido de carbono (CO₂) dos tecidos para o sangue (a) e do sangue para os alvéolos no pulmão (b). Observe que na Fig. 10.19 (a) que CO₂ é liberado das células e se move no sangue. O dióxido de carbono é transportado no sangue de três formas: (1) CO₂ dissolvido, (2) CO₂ combinado com hemoglobina (HbCO₂) e (3) bicarbonato (HCO₃⁻). Observe que à medida que HCO₃⁻. sai das hemácias (eritrócitos), o cloreto (Cl⁻) se move para o eritrócito (troca de cloreto) para manter uma carga balanceada na célula. A Figura 10.19 (b) ilustra o movimento do CO₂ do sangue para o alvéolo do pulmão. Quando o CO₂ é liberado no pulmão, ocorre uma "troca inversa de cloreto" e o ácido carbônico se dissocia em CO₂ e H₂O.

Sob as condições de baixa PCO₂ existentes nos alvéolos, o ácido carbônico se dissocia em CO₂ e H₂O:

$$H_2CO_3 \rightarrow CO_2 + H_2O$$

O CO₂ liberado do sangue para os alvéolos é eliminado do corpo com o gás expirado.

Em resumo

- Mais de 99% do O₂ transportado no sangue está quimicamente ligado à hemoglobina. O efeito da pressão parcial de O₂ sobre a combinação do O₂ à hemoglobina é ilustrado pela curva de dissociação de O₂-hemoglobina, em forma de S.
- Um aumento da temperatura corporal e uma diminuição do pH sanguíneo acarretam o deslocamento à direita da curva de dissociação de O₂-hemoglobina e a diminuição da afinidade da hemoglobina pelo O₂.
- O dióxido de carbono é transportado no sangue de três formas: (1) CO₂ dissolvido (10% é transportado dessa forma), (2) CO₂ ligado à hemoglobina (chamado de carbaminoemoglobina; cerca de 20% do CO₂ do sangue é transportado dessa forma) e (3) bicarbonato (70% do CO₂ encontrado no sangue é transportado como bicarbonato [HCO_3^-]).

Ventilação e equilíbrio acidobásico

A ventilação pulmonar pode exercer papel importante na remoção de H⁺ do sangue por meio da reação do HCO₃⁻, previamente discutida.[102] Exemplificando, um aumento dos níveis de CO₂ no sangue ou nos líquidos corporais ocasiona maior acúmulo de íon hidrogênio e, assim, a diminuição do pH. Em contraste, a remoção do CO₂ do sangue ou dos líquidos corporais diminui a concentração de íon hidrogênio e, em consequência, aumenta o pH. Lembre-se de que a reação de CO₂-anidrase carbônica ocorre da seguinte forma:

$$\begin{array}{c} \text{Pulmão} \leftarrow \\ CO_2 + H_2O \leftrightarrow H_2CO_3 \leftrightarrow H^+ + HCO_3^- \\ \text{Músculo} \rightarrow \end{array}$$

Dessa forma, um aumento da ventilação pulmonar causa a exalação de CO₂ adicional e resulta na diminuição da PCO₂ sanguínea, bem como na diminuição da concentração de íon hidrogênio (i. e., o pH aumentaria). Por outro lado, uma queda da ventilação pulmonar acarretaria acúmulo de CO₂ e aumento da concentração de íon hidrogênio (o pH diminuiria). O papel do sistema pulmonar no equilíbrio acidobásico é discutido em detalhes no Capítulo 11.

Em resumo

- Um aumento da ventilação pulmonar provoca exalação de CO₂ adicional, que ocasiona diminuição da PCO₂ sanguínea e da concentração de íon hidrogênio (i. e., o pH aumenta).
- A mioglobina é a proteína ligante de oxigênio encontrada no músculo e atua como transportadora para mover O₂ da membrana da célula muscular para as mitocôndrias.

Respostas ventilatórias e hematogasosas ao exercício

Antes de discutir o controle ventilatório durante o exercício, devemos analisar a resposta ventilatória a diversos tipos de exercício.

Transições do repouso ao trabalho

A alteração da ventilação pulmonar observada na transição do repouso para o exercício com carga submáxima constante (i. e., abaixo do limiar de lactato) está ilustrada na Figura 10.20. Observa-se que a ventilação expirada ($\dot{V}_E$) aumenta de modo abrupto no início do exercício e, em seguida, há uma elevação mais lenta rumo a um valor de estado estável.[8,21,22,38,53,80,87,120]

A Figura 10.20 também indica que as tensões arteriais de PCO₂ e PO₂ permanecem relativamente inalteradas durante esse tipo de exercício.[35,37,113] Entretanto, observe que a PO₂ arterial diminui e a PCO₂ arterial tende a aumentar discretamente na transição do repouso para o exercício de estado estável.[37] Essa observação

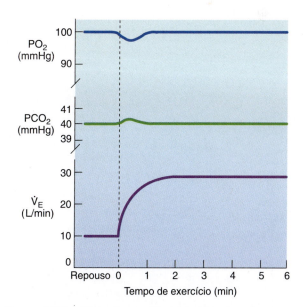

Figura 10.20 Alterações ventilatórias e das pressões parciais de O₂ e CO₂ na transição do repouso para o exercício submáximo em estado estável.

sugere que o aumento da ventilação alveolar que ocorre no início do exercício não é tão rápido quanto o aumento do metabolismo.

Exercício prolongado em ambiente quente

A Figura 10.21 ilustra a alteração da ventilação pulmonar durante a prática de exercício submáximo (abaixo do limiar de lactato), prolongado e com carga constante sob duas condições ambientais distintas. O ambiente neutro representa o exercício realizado sob condições ambientais de baixa temperatura e umidade relativa (19°C, 45% de umidade relativa). A segunda condição representada na Figura 10.21 é um ambiente de alta temperatura e umidade relativa, que impede o corpo de perder calor. O principal aspecto a ser considerado na Figura 10.21 é a tendência da ventilação em elevar-se durante o trabalho prolongado. O mecanismo que explica esse aumento da $\dot{V}_E$ durante o trabalho realizado sob condições de calor é um aumento da temperatura do sangue, que afeta diretamente o centro de controle respiratório.[88]

Outro aspecto interessante ilustrado na Figura 10.21 é o fato de – embora a ventilação ser maior durante o exercício realizado sob condições de calor/umidade, em comparação ao trabalho realizado em um ambiente frio – haver pouca diferença de PCO_2 arterial entre ambos os tipos de exercício. Esse achado sugere que o aumento da ventilação observado durante o exercício em ambiente quente ocorre por conta de um aumento da frequência respiratória e da ventilação no espaço morto.[32]

Exercício incremental

As respostas ventilatórias de um maratonista de elite do sexo masculino e de um estudante universitário não treinado durante um teste com exercício incremental estão ilustradas na Figura 10.22. Em ambos os indivíduos, a ventilação aumenta como uma função linear do consumo de oxigênio em até 50-75% do $O_{2máx}$, quando a ventilação começa a aumentar esponencialmente.[114] Esse "ponto de inflexão" de $\dot{V}_E$ foi chamado **limiar ventilatório (Lvent)**.[7,55,77,78]

A partir da análise da Figura 10.22, um ponto interessante é a alarmante diferença existente entre a PO_2 arterial do atleta de elite altamente treinado e do universitário não treinado, durante a realização do exercício intenso. O indivíduo sem treinamento consegue manter a PO_2 arterial na faixa de 10-12 mmHg, correspondente aos valores de repouso normais, enquanto o maratonista altamente treinado apresenta uma diminuição de 30-40 mmHg ao realizar o trabalho quase máximo.[30,32,33] Essa queda da PO_2 arterial, observada com frequência em atletas treinados sadios, é similar àquela observada em pacientes com doença pulmonar grave durante o exercício. Entretanto, nem todos os atletas fundistas de elite saudáveis desenvolvem valores baixos de PO_2 arterial (a PO_2 baixa é denominada *hipoxemia*) durante o exercício intenso. Parece que apenas cerca de 40-50% dos atletas fundistas do sexo masculino e altamente treinados ($\dot{V}O_{2máx}$ = 4,5 L/min ou 68 mL/kg/min) apresentam essa hipoxemia acentuada.[85,93] Além disso, o grau de hipoxemia observado nesses atletas durante o trabalho intenso varia de modo considerável entre os indivíduos.[30,86,93,111] O motivo dessas diferenças é desconhecido.

Atletas fundistas do sexo feminino também desenvolvem hipoxemia induzida pelo exercício.[54,58,59,61] De fato, foi argumentado que a incidência de hipoxemia induzida pelo exercício entre atletas fundistas de elite do sexo feminino e altamente treinadas pode ser maior que nos homens.[54,59,61] Talvez a questão mais importante acerca da hipoxemia induzida pelo exercício em atletas saudáveis seja: qual(is) fator(es) contribui(em) para essa falha do sistema pulmonar? Infelizmente, essa pergunta continua sem uma resposta completa. Mesmo assim, parece que tanto a incompatibilidade de ventilação-perfusão como as limitações de difusão provavelmente contribuem para a hipoxemia induzida pelo exercício em atletas de elite.[73,93,119] Nos atletas de elite, as limitações da difusão observadas durante o exercício intenso poderiam ser decorrentes da diminuição do tempo de permanência das hemácias nos capilares pulmonares.[31,32,34] Esse período reduzido de trânsito das hemácias nos capilares pulmonares ocorre por causa dos elevados débitos cardíacos alcançados por esses atletas durante o exercício de alta intensidade. Esse elevado débito cardíaco durante o exercício de alta intensidade resulta no rápido movimento das hemácias pelo pulmão, o que limita o tempo disponível para o equilíbrio gasoso a ser alcançado entre o pulmão e o sangue.[30,96,121]

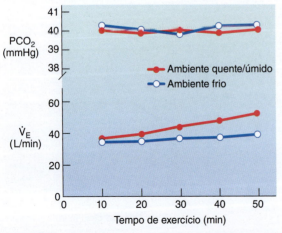

Figura 10.21 Alterações ventilatórias e de tensões gasosas sanguíneas durante o exercício submáximo prolongado, realizado sob condições ambientais de calor e umidade.

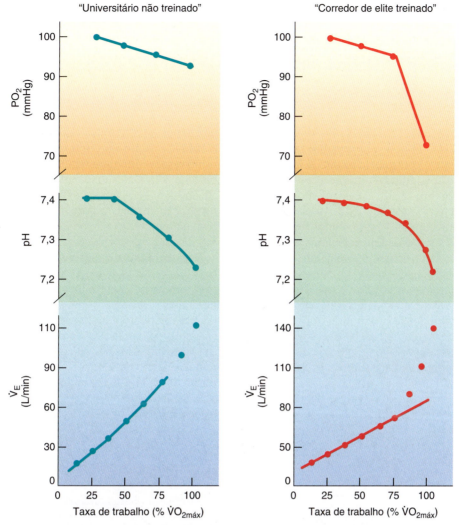

Figura 10.22 Alterações na ventilação, tensões de gases no sangue e pH durante o exercício incremental, em um maratonista altamente treinado e um universitário não treinado.

Em resumo

- No início do exercício submáximo com carga constante, há um rápido aumento da ventilação, seguido de uma elevação mais lenta em direção a valores de estado estável. As PO_2 e a PCO_2 arteriais permanecem relativamente constantes durante esse tipo de exercício.
- Durante o exercício prolongado sob condições ambientais de calor/umidade, a ventilação se eleva, em virtude da influência da elevação da temperatura corporal sobre o centro de controle respiratório.
- O exercício incremental provoca um aumento linear da $\dot{V}_E$ de até 50-70% do $O_{2máx}$. A taxas de trabalho maiores, a ventilação começa a aumentar de maneira exponencial. Esse ponto de inflexão ventilatória é chamado de *limiar ventilatório*.
- A hipoxemia induzida por exercício ocorre em 40 a 50% de atletas de elite, altamente treinados para resistência, de ambos os sexos.

Controle da ventilação

Obviamente, a regulação precisa das trocas gasosas pulmonares que ocorrem durante o repouso e no exercício é importante para a manutenção da homeostase, porque confere um conteúdo normal de O_2 arterial e mantém o equilíbrio acidobásico corporal. Embora o controle da respiração tenha sido ativamente estudado pelos fisiologistas durante muitos anos, ainda restam numerosas perguntas sem resposta. Vamos iniciar nossa discussão sobre o controle ventilatório durante o exercício revendo a regulação ventilatória durante o repouso.

Regulação ventilatória durante o repouso

Como já mencionado, a inspiração e a expiração são produzidas pela contração e pelo relaxamento do diafragma durante a respiração tranquila, e também por ação de músculos auxiliares durante o exercício. A contração e o relaxamento desses músculos respiratórios são diretamente controlados pelos motoneurônios somáticos na medula espinal. A atividade neuronal motora, por sua vez, é diretamente controlada pelo centro de controle respiratório, no bulbo.

Centro de controle respiratório

Nosso conhecimento acerca dos mecanismos neurais que controlam a respiração em seres humanos ainda é incompleto. Isso se deve à impossibilidade de investigar diretamente o controle da respiração nos seres humanos, por questões éticas e técnicas. Portanto, nosso atual conhecimento sobre os mecanismos neurais reguladores da respiração foram obtidos a partir da experimentação com animais. Esses estudos forneceram as noções básicas sobre como os mamíferos geram um ritmo respiratório. A principal hipótese que explica a iniciação da respiração é chamada "hipótese do marca-passo grupal". Essa hipótese propõe que a gênese da respiração advém dos disparos de vários aglomerados de neurônios localizados no interior do tronco encefálico, que atuam como marca-passos. Especificamente, o estímulo para a inspiração é oriundo de quatro centros de ritmo respiratório distintos localizados no bulbo e nas regiões de ponte do tronco encefálico.[47] Os centros geradores de ritmo medulares são chamados de complexo pré-Bötzinger (pré-BötC) e núcleo retrotrapezoide (NRT) (Fig. 10.23). Os centros geradores de ritmo localizados na ponte são compostos por dois aglomerados de neurônios denominados *centro pneumotáxico* e *ponte caudal* (Fig. 10.23). O ritmo normal da respiração ocorre em razão da interação entre os neurônios marca-passo existentes em cada uma dessas regiões.[7] Durante o repouso, o ritmo respiratório parece ser dominado pelos neurônios marca-passo do pré-BötC auxiliados pelas demais regiões regulatórias. Durante o exercício, o pré-BötC interage com outros centros de ritmo respiratório para regular a respiração e compatibilizá-la com a demanda metabólica.[100] A interação entre esses marca-passos respiratórios para controlar a respiração envolve *feedback*, tanto positivo como negativo, para promoção de uma regulação firme.

Estimulação do centro de controle respiratório. Vários tipos de receptores são capazes de modificar as ações dos neurônios contidos no centro de controle respiratório. Em geral, a estimulação do centro de controle respiratório pode ser classificada em dois tipos: (1) neural e (2) humoral (transmitida pelo sangue). A estimulação neural refere-se à estimulação aferente ou eferente do centro de controle respiratório a partir dos neurônios excitados por estímulos que não são transmitidos pelo sangue. A estimulação humoral do centro de controle respiratório refere-se à influência de alguns estímu-

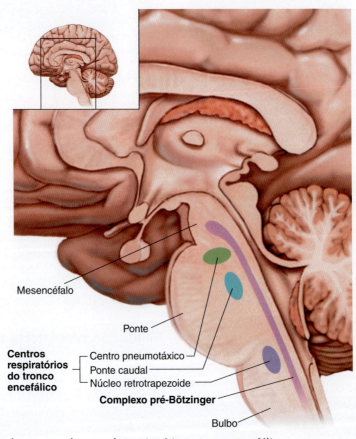

Figura 10.23 Localizações dos centros de controle respiratório no tronco encefálico.

los transmitidos pelo sangue que atingem um quimioceptor especializado. Esse receptor reage à intensidade dos estímulos e envia a mensagem apropriada à medula. Uma breve visão geral de cada um desses receptores será apresentada antes da discussão sobre o controle ventilatório durante o exercício.

Quimioceptores humorais. Os quimioceptores são neurônios especializados capazes de responder às alterações que ocorrem no meio ambiente interno. Tradicionalmente, os quimioceptores respiratórios são classificados de acordo com sua localização, em *quimioceptores centrais* ou *quimioceptores periféricos*.

Quimioceptores centrais. Estão localizados na medula (anatomicamente separados do centro respiratório) e são afetados por alterações na PCO_2 e no H^+ do líquido cerebrospinal (LCE). Um aumento da PCO_2 ou no H^+ do LCE faz com que os quimioceptores centrais enviem estímulos aferentes para dentro do centro respiratório, para aumentar a ventilação.[35]

Quimioceptores periféricos. Estão localizados no arco aórtico e na bifurcação da artéria carótida comum. Os receptores localizados na aorta são chamados **corpos aórticos** e aqueles encontrados na artéria carótida são os **corpos carotídeos** (Fig. 10.24). Esses quimioceptores periféricos respondem a elevações das concentrações arteriais de H^+ e PCO_2.[1,4,10,49,109,116,122] Adicionalmente, os corpos carotídeos são sensíveis a aumentos dos níveis séricos de potássio e quedas da PO_2 arterial.[17,49,75] Ao comparar esses dois conjuntos de quimioceptores periféricos, parece que os corpos carotídeos são mais importantes.[5,11,16,35,49,50-52,67,103,105,113,115]

Efeitos da PCO_2, da PO_2 e do potássio sanguíneos sobre a ventilação

Como os quimioceptores centrais e periféricos respondem às alterações dos estímulos químicos? Os efeitos das elevações da PCO_2 arterial sobre a ventilação minuto são mostrados na Figura 10.25. Nota-se que o aumento de $\dot{V}_E$ é uma função linear da PCO_2 arterial. Em geral, um aumento de 1 mmHg na PCO_2 resulta em um aumento de 2 L/min em $\dot{V}_E$.[35] O aumento de $\dot{V}_E$ que decorre da elevação da PCO_2 arterial provavelmente se deve à estimulação pelo CO_2 dos corpos carotídeos e dos quimioceptores centrais.[35,76]

Em indivíduos saudáveis que respiram ao nível do mar, as alterações de PO_2 arterial exercem pouco efeito sobre o controle da ventilação.[67] Entretanto, a exposição a um ambiente com pressão barométrica significativamente inferior àquela existente ao nível do mar (i. e., altitude elevada) pode alterar a PO_2 arterial e estimular os corpos carotídeos que, por sua vez, sinalizam ao centro respiratório para aumentar a ventilação.[49] A relação existente entre PO_2 e $\dot{V}_E$ está ilustrada na Figura 10.26. O ponto da curva $PO_2/\dot{V}_E$, onde $\dot{V}_E$ co-

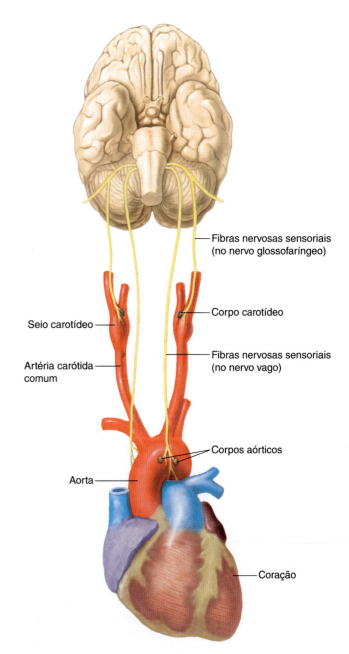

Figura 10.24 Ilustração da localização anatômica dos quimioceptores periféricos (i. e., corpos aórticos e corpos carotídeos). Os quimioceptores aórticos respondem às alterações arteriais da concentração arterial de íon H^+ (i. e., pH) e da PCO_2. Os corpos carotídeos também respondem às alterações arteriais do pH arterial, da PCO_2 e, ainda, da PO_2.

meça a aumentar rapidamente, costuma ser referido como limiar hipóxico (*hipóxico* significa PO_2 baixa).[2] Esse limiar hipóxico geralmente ocorre em torno de uma PO_2 arterial de 60-75 mmHg. Os quimioceptores responsáveis pelo aumento de $\dot{V}_E$ após a exposição à baixa PO_2 são os corpos carotídeos, pois os quimioceptores aórticos e centrais humanos são irresponsivos às alterações de PO_2.[35,67]

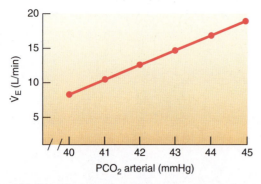

Figura 10.25 Alterações ventilatórias em função da PCO_2 arterial crescente. Note que a ventilação aumenta como função linear da PCO_2 crescente.

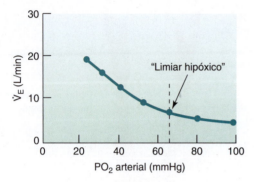

Figura 10.26 Alterações ventilatórias em função da PO_2 arterial decrescente. Note a existência de um "limiar hipóxico" de ventilação, à medida que a PO_2 arterial declina.

As elevações dos níveis sanguíneos de potássio também podem estimular os corpos carotídeos e promover aumento da ventilação.[17,75] Como os níveis sanguíneos de potássio aumentam durante o exercício em decorrência de um efluxo líquido de potássio a partir do músculo em contração, alguns pesquisadores sugeriram que o potássio pode exercer um papel na regulação da ventilação durante o exercício.[17,75] Esse aspecto será retomado posteriormente.

Estimulação neural do centro de controle respiratório

Evidências indicam que a estimulação neural do centro de controle respiratório pode advir de vias eferentes e aferentes. Exemplificando, os impulsos que saem do córtex motor (i. e., comando central) podem ativar o músculo esquelético para contração e aumentar a ventilação de modo proporcional à quantidade de trabalho que está sendo realizado.[42,43] Em resumo, os impulsos neurais oriundos do córtex motor podem passar pela medula e "transbordar", causando um aumento de $\dot{V}_E$, que reflete o número de unidades motoras musculares sendo recrutadas.

A estimulação aferente do centro de controle respiratório durante o exercício pode advir de um dos vários receptores periféricos, como receptores dos fusos musculares, receptores do órgão tendinoso de Golgi ou receptores de pressão articulares.[25,27,65,104] Evidências crescentes sugerem que esse tipo de *feedback* neural aferente dos músculos ativos é importante para regular a respiração durante o exercício submáximo, no estado estável.[27] Além disso, é possível que quimioceptores especiais localizados no músculo respondam às alterações das concentrações de potássio e H^+ e enviem informação aferente ao centro de controle respiratório. Esse tipo de estimulação medular é considerado informação neural aferente, pois os estímulos não estão associados a uma mediação humoral. Por fim, evidências sugerem que o ventrículo direito do coração contém mecanoceptores que enviam informação aferente de volta ao centro de controle respiratório para aumentar o débito cardíaco (p. ex., durante o exercício).[115] Esses mecanoceptores podem exercer papéis importantes no fornecimento de estimulação aferente ao centro de controle respiratório, no início do exercício.

Controle ventilatório durante o exercício submáximo

Nas seções anteriores, discutimos diversas possíveis fontes de estimulação do centro de controle respiratório. Agora, vamos discutir o modo como o corpo regula a respiração durante o exercício.[9,15,18,25-27,41,43,46,65,79,95,113,122] Evidências atuais sugerem que o impulso "primário" para a intensificação da ventilação durante o exercício se deve à estimulação neural advinda dos centros cerebrais superiores (comando central) para o centro de controle respiratório.[29] Entretanto, o fato de a PCO_2 arterial ser rigidamente regulada durante a maioria dos tipos de exercício submáximo sugere que os quimioceptores humorais e o *feedback* neural aferente dos músculos ativos atuam fazendo o ajuste fino da respiração para compatibilizá-la com a taxa metabólica e, assim, manter uma PCO_2 arterial constante.[13,14,27,49,74,113] Dessa forma, a ventilação durante o exercício é regulada por vários fatores sobrepostos que conferem redundância ao sistema de controle.

Durante o exercício prolongado em um ambiente quente, a ventilação pode ser influenciada por outros fatores, além daqueles já discutidos. A elevação de $\dot{V}_E$ observada na Figura 10.21, por exemplo, pode ser devida à influência direta da elevação da temperatura sanguínea sobre o centro de controle respiratório, e à elevação dos níveis sanguíneos de catecolaminas (adrenalina e noradrenalina), estimulando os corpos carotídeos a aumentarem a $\dot{V}_E$.[88]

Resumindo, o aumento da ventilação durante o exercício submáximo é causado por uma interação da estimulação neural e quimioceptora com o centro de controle respiratório. Os mecanismos neurais eferentes dos centros cerebrais superiores (comando central) fornecem o impulso primário para a respiração durante o exercício, com o *feedback* quimioceptor humoral e neural dos músculos ativos, constituindo um meio de compatibilizar precisamente a ventilação com a quantidade de CO_2 produzida via metabolismo. Essa redundância dos mecanismos de controle não surpreende, se considerarmos o papel relevante exercido pela respiração na sustentação da vida e na manutenção do estado estável durante o exercício.[48,50] A Figura 10.27 apresenta um resumo do controle respiratório durante o exercício submáximo.

Controle ventilatório durante o exercício intenso

Continua a discussão sobre o(s) mecanismo(s) que explica(m) a elevação não linear da ventilação (limiar ventilatório) que ocorre durante o teste com exercício incremental. Provavelmente, vários fatores podem contribuir para essa elevação. Primeiro, a análise da Figura 10.22 sugere que a elevação não linear de $\dot{V}_E$ e a diminuição do pH, com frequência, ocorrem ao mesmo tempo. Pelo fato de os níveis crescentes de íon hidrogênio no sangue poderem estimular os corpos carotídeos e aumentar o $\dot{V}_E$, foi proposto que a elevação dos níveis sanguíneos de lactato, que ocorre durante o exercício incremental, é o estímulo causador da elevação não linear de $\dot{V}_E$ (i. e., limiar ventilatório). Com base nessa crença, é comum os pesquisadores estimarem o limiar de lactato de modo não invasivo, medindo o limiar ventilatório.[6,18,112,114] Mesmo assim, essa técnica é imperfeita. O limiar ventilatório e o limiar de lactato nem sempre ocorrem com a mesma taxa de trabalho.[44,78]

Quais fatores adicionais, além da elevação do lactato sanguíneo, poderiam causar a elevação não linear de $\dot{V}_E$ observada durante o exercício incremental? A estreita relação existente entre os níveis sanguíneos de potássio e a ventilação durante o exercício intenso tem levado diversos pesquisadores a especular que o potássio é um importante fator controlador da ventilação durante o exercício intenso.[17,68,75] Sem dúvida, outros fatores secundários (p. ex., elevação da temperatura corporal e catecolaminas sanguíneas) também poderiam contribuir para a elevação de $\dot{V}_E$ durante o exercício intenso. Adicionalmente, é provável que a estimulação neural do centro de controle respiratório influencie o padrão ventilatório durante o exercício incremental. Exemplificando, à medida que a intensidade do exercício aumenta, pode haver recrutamento não linear da unidade motora e os sinais neurais eferentes e aferentes associados para o centro de controle respiratório podem promover a elevação não linear de $\dot{V}_E$ observada no limiar ventilatório.[78]

Para fins de revisão, é corrente que a elevação dos níveis sanguíneos de íon hidrogênio observada no limiar de lactato possa estimular a ventilação e, assim, ser o mecanismo central para explicar o limiar ventilatório. Contudo, fatores secundários, como um aumento dos níveis sanguíneos de potássio, elevação da temperatura corporal, altos níveis sanguíneos de catecolaminas e possíveis influências neurais, também podem contribuir para o controle ventilatório durante o exercício intenso (ver quadro "Uma visão mais detalhada 10.2").

Embora muitos pesquisadores (entre os quais Jerome Dempsey, H. V. Forster, Brian Whipp e Karl Wasserman) tenham contribuído para nosso atual conhecimento acerca do controle da respiração durante o exercício, destacamos a carreira de Karl Wasserman por suas importantes contribuições no estudo da função respiratória durante o exercício (ver Quadro "Um olhar no passado – nomes importantes na ciência").

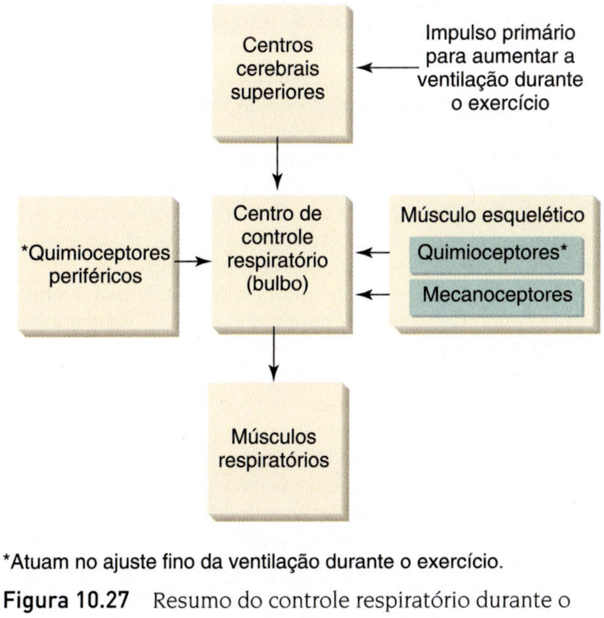

*Atuam no ajuste fino da ventilação durante o exercício.

Figura 10.27 Resumo do controle respiratório durante o exercício submáximo. Ver detalhes no texto.

Em resumo

- Evidências atuais sugerem que o ritmo normal da respiração é gerado pela interação entre quatro centros de ritmo respiratório separados, localizados no bulbo e na ponte. Em repouso, o ritmo respiratório é dominado pelos neurônios marca-passo do complexo pré-Bötzinger.
- Durante o exercício, o complexo pré-Bötzinger interage com o núcleo retrotrapezoide e também com mais dois centros regulatórios, localizados na ponte, para regular a respiração. O acoplamento desses centros de controle respiratórios para regulação da respiração envolve *feedback* tanto positivo como negativo para obtenção de um controle rígido.
- A estimulação do centro de controle respiratório para aumento da ventilação pode advir de fontes neurais e quimioceptoras.
- A estimulação neural pode ser oriunda dos centros cerebrais superiores ou dos receptores localizados no músculo em exercício.

(continua)

Uma visão mais detalhada 10.2

O treino diminui a resposta ventilatória ao exercício

Embora o treinamento físico não altere a estrutura do pulmão, o treino de resistência promove diminuição da ventilação durante o exercício submáximo a taxas de trabalho de intensidade moderada a alta. Exemplificando, ao fazer comparações a uma taxa de trabalho submáxima fixa, um programa de treino pode reduzir a ventilação em 20-30% abaixo dos níveis pré-treino (ver Fig. 10.28).[20,23]

Qual é o mecanismo que explica a diminuição, induzida pelo treino, da ventilação no exercício? A resposta definitiva ainda é desconhecida. Entretanto, esse efeito do treino provavelmente se deve às alterações na capacidade aeróbia dos músculos esqueléticos locomotores. Essas alterações induzidas pelo treino resultam em menos produção de íons H^+ e, provavelmente, em menor *feedback* aferente dos músculos ativos para estimular a respiração.[20]

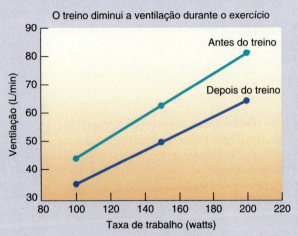

Figura 10.28 Ilustração dos efeitos do treino de resistência sobre a ventilação durante o exercício.

Um olhar no passado – nomes importantes na ciência

Karlman Wasserman – um pioneiro na pesquisa sobre o exercício e o sistema pulmonar

Karl Wasserman nasceu no Brooklyn, em Nova York (EUA) e obteve seus títulos de MD e PhD na Tulane University. O dr. Wasserman iniciou sua carreira como pesquisador de pós-doutorado na Stanford University, trabalhando com o conhecido fisiologista pulmonar dr. Julius Comroe. Posteriormente, o dr. Wasserman foi recrutado para a UCLA, onde atuou como chefe do departamento de medicina nuclear do Harbor-UCLA Medical Center por mais de 30 anos.

Ao longo de sua longa e produtiva carreira científica, o professor Wasserman e seus colaboradores fizeram contribuições importantes para o nosso conhecimento acerca do metabolismo e do funcionamento dos pulmões durante o exercício. Exemplificando, Wasserman realizou estudos relevantes que descreveram em detalhes as alterações induzidas pelo exercício na ventilação pulmonar e no conteúdo de gases do sangue arterial. Além disso, o dr. Wasserman realizou muitas das primeiras investigações sobre o limiar de lactato (também conhecido como limiar anaeróbio). Ele publicou, ainda, estudos essenciais sobre a eficácia do exercício muscular.

Outra realização importante do grupo de pesquisa do dr. Wasserman foi o desenvolvimento de um sistema computadorizado de medição das trocas gasosas pulmonares com base em cada respiração. Essa ferramenta de pesquisa vital hoje é comercializada e amplamente usada por fisiologistas do exercício para medir as alterações que ocorrem nas trocas gasosas a cada respiração durante o exercício. Esse sistema computadorizado (muitas vezes denominado *carro metabólico*) permite ao pesquisador ou clínico medir o tamanho de cada respiração durante o exercício. Adicionalmente, esse sistema é capaz de medir a quantidade de oxigênio consumida pelo corpo durante um breve período. Uma das vantagens proporcionadas por esse sistema de medidas respiração por respiração é permitir que os pesquisadores quantifiquem as alterações rápidas (i. e., segundos) ocorridas na respiração e o metabolismo corporal total durante o exercício. Usando esse sistema avançado, o dr. Wasserman e seus colaboradores realizaram muitos estudos sobre as alterações rápidas no consumo de oxigênio que ocorrem no início do exercício.

A pesquisa do dr. Wasserman também acrescentou muito ao nosso conhecimento sobre o modo como a respiração é controlada durante o exercício. Embora tenha se aposentado da UCLA, o professor Wasserman continua participando ativamente de projetos de pesquisa relacionados ao exercício e colaborando com cientistas ao redor do mundo. Nitidamente, além de pioneiro, ele foi também um desbravador da pesquisa que envolve o exercício e o sistema cardiopulmonar.

Em resumo (continuação)

■ A estimulação quimioceptora humoral pode ser oriunda dos quimioceptores centrais e periféricos. Os quimioceptores centrais são sensíveis a elevações da PCO_2 e quedas de pH. Os quimioceptores periféricos (os corpos carotídeos são os mais importantes) são sensíveis a elevações da PCO_2 e quedas da PO_2 ou do pH.

■ O impulso primário para intensificação da ventilação durante o exercício advém dos centros cerebrais superiores (comando central). Do mesmo modo, os quimioceptores humorais e o *feedback* neural a partir dos músculos ativos atuam no ajuste fino da ventilação.

Os pulmões se adaptam ao treinamento físico?

Está comprovado que o sistema muscular esquelético e o sistema circulatório são ativamente engajados durante o exercício muscular, e que ambos os sistemas orgânicos sofrem alterações adaptativas em resposta ao exercício de resistência regular. Em contraste, foi demonstrado que os pulmões de indivíduos fisicamente treinados não diferem significativamente dos pulmões de um indivíduo sedentário.[36,62] Mais especificamente, o treinamento físico de resistência (meses a anos de duração) não exerce efeito mensurável sobre a estrutura pulmonar e a função pulmonar em repouso, que venha a melhorar as trocas gasosas nos pulmões durante o exercício.[36,62] Consulte McKenzie (2012) para uma discussão da evidência que indica que os pulmões não se adaptam ao treinamento físico.

Se tanto o sistema cardiovascular como os músculos esqueléticos se adaptam ao treinamento físico, por que a adaptabilidade das estruturas pulmonares é substancialmente inferior à destes outros no sistema de transporte do oxigênio? Uma resposta para essa pergunta está no fato de a capacidade estrutural do pulmão normal ser "excessiva" e superar a demanda de transporte de oxigênio e dióxido de carbono em adultos jovens, durante o exercício.[36] Por esse motivo, na maioria das pessoas, a adaptação do pulmão ao treinamento físico é desnecessária para que o pulmão realize adequadamente o trabalho de manter a homeostase hematogasosa durante o exercício. No entanto, uma exceção a essa regra é o atleta de resistência de elite e altamente treinado. Nesses atletas, a incapacidade do pulmão de aumentar suas capacidades de trocas gasosas em resposta ao treinamento físico resulta na falha do sistema pulmonar de compatibilizar o alto requerimento de transferência de oxigênio através da barreira hematogasosa durante o exercício máximo. Essa falha ocasiona uma diminuição do conteúdo de oxigênio arterial (i. e., hipoxemia). O impacto da hipoxemia induzida pelo exercício em atletas de elite em treinamento é discutido na próxima seção.

O sistema pulmonar limita o desempenho máximo no exercício?

Apesar das controvérsias,[12] o sistema pulmonar geralmente não é considerado o fator limitante durante o exercício submáximo prolongado.[19,28,32,39,45] Embora possa haver falha do músculo respiratório durante certos estados patológicos (p. ex., DPOC), a fadiga muscular respiratória não é considerada limitante do exercício em indivíduos saudáveis que praticam exercícios de intensidade leve a moderada ao nível do mar.[28,39] De fato, o principal músculo da inspiração, o diafragma, é um músculo altamente oxidativo que resiste à fadiga.[83,89,90] A melhor evidência de que os pulmões e músculos respiratórios apresentam desempenho satisfatório durante o exercício submáximo prolongado (p. ex., 75% do $\dot{V}O_{2máx}$) é a observação de que o conteúdo de oxigênio arterial não diminui durante a realização deste tipo de trabalho.[84]

Historicamente, rejeita-se a ideia de que o sistema pulmonar limita o desempenho durante a prática de exercícios de alta intensidade ao nível do mar.[39,45,64] Por outro lado, vários estudos questionam essa ideia. De fato, evidências crescentes sugerem que o sistema pulmonar pode limitar o desempenho no exercício durante a prática de exercícios de alta intensidade (p. ex., 95-100% de $\dot{V}O_{2máx}$) em indivíduos saudáveis treinados e não treinados. Exemplificando, a descarga dos músculos respiratórios (p. ex., respirar oxigênio/hélio de baixa densidade) durante o exercício intenso (90% do $\dot{V}O_{2máx}$) melhora o desempenho.[63] Respirar esse gás de baixa densidade reduz o trabalho respiratório e aumenta a quantidade de ar que pode ser deslocado para dentro e para fora do pulmão por minuto durante o exercício intenso. Essa observação indica que a fadiga muscular respiratória pode exercer algum papel na limitação do desempenho humano a taxas de trabalho extremamente altas.

Além disso, pesquisas adicionais confirmam que a fadiga muscular respiratória ocorre durante o exercício de alta intensidade (p. ex., 10 minutos de exercício a 80-85% de $\dot{V}O_{2máx}$).[3] Veja mais detalhes sobre o impacto do sistema respiratório no desempenho nos exercícios no Quadro "Pergunte ao especialista 10.1". O sistema pulmonar também pode limitar o desempenho durante o exercício de alta intensidade em atletas fundistas de elite com hipoxemia induzida pelo exercício. Lembre-se de que, em cerca de 40-50% dos atletas fundistas de elite, a PO_2 arterial diminui durante o exercício intenso e atinge níveis que afetam negativamente a capacidade de transportar oxigênio até os músculos ativos (Fig. 10.22).[92,96,121] Nesses atletas, o sistema pulmonar não consegue manter o ritmo de acordo com a necessidade de trocas gasosas respiratórias a cargas de trabalho próximas de $\dot{V}O_{2máx}$.[30-32,85,92,93] Essa falha de trocas gasosas pulmonares pode limitar o desempenho desses indivíduos no exercício.[92]

Capítulo 10   Respiração durante o exercício   **243**

Pergunte ao especialista 10.1

O sistema pulmonar e o desempenho no exercício
Perguntas e respostas com o dr. Jerome Dempsey

Jerome Dempsey, PhD, professor emérito na *University of Wisconsin-Madison*, é um pesquisador internacionalmente conhecido da área de fisiologia pulmonar. Uma parte significativa da pesquisa realizada pelo dr. Dempsey enfocou as trocas gasosas respiratórias ocorridas durante o exercício e a regulação das trocas gasosas pulmonares ocorridas durante o exercício intenso. Sem dúvida, a equipe de pesquisa do dr. Dempsey realizou muitos dos estudos "clássicos" que exploram os mecanismos responsáveis pela hipoxemia induzida pelo exercício em atletas de elite, bem como os efeitos do exercício na função do músculo respiratório. Nesta seção, o dr. Dempsey responde perguntas relacionadas ao papel exercido pelo sistema pulmonar no desempenho do exercício.

PERGUNTA: Alguns pesquisadores argumentam que o treino "específico" dos músculos respiratórios pode melhorar o desempenho nos exercícios submáximo e máximo. As evidências existentes são fortes o bastante para sustentar esses argumentos?

RESPOSTA: As pesquisas iniciais sobre o treino da musculatura respiratória sustentavam efeitos amplos e ilusórios sobre o desempenho no exercício, mas não incluíram controles tratados com placebo. Quando o desempenho no exercício é uma variável importante do resultado final considerado, é preciso considerar que possui um amplo componente volitivo. Portanto, é essencial que o efeito placebo seja incluído no delineamento experimental – isto é, os atletas tanto do grupo experimental como do grupo-controle devem ter uma "expectativa" de que seus desempenhos melhorem em consequência do "tratamento". Mais recentemente, estudos bem planejados sobre o treino muscular respiratório demonstraram uma pequena melhora (porém significativa) de 2-3% no desempenho no estudo-tempo (>grupo placebo) em consequência de várias semanas de treino muscular respiratório com utilização de carga inspiratória resistiva. Dessa forma, acredito que o treino muscular respiratório, desde que devidamente realizado, de fato exerce uma significativa influência positiva (ainda que pequena) sobre o desempenho de resistência.

PERGUNTA: Qual ou quais são os potenciais mecanismos que explicam por que o treino muscular respiratório melhora o desempenho no exercício?

RESPOSTA: Diante da ausência de evidências diretas para responder a essa questão, podemos considerar as seguintes possibilidades. Durante o exercício de resistência de alta intensidade, conforme os músculos respiratórios sofrem fadiga (ver adiante), inicia-se um reflexo metabólico a partir dos músculos em fadiga. Esse reflexo aumenta a atividade eferente simpática vasoconstritora que, por sua vez, produz uma redistribuição do fluxo sanguíneo – isto é, diminuição do fluxo sanguíneo para os músculos locomotores do membro e, provavelmente, aumento do fluxo sanguíneo para os músculos respiratórios. Se o treino muscular respiratório retardar o aparecimento da fadiga muscular respiratória durante o exercício de resistência, isso acarretará menos vasoconstrição e, portanto, maior fluxo sanguíneo e transporte de O_2 para os membros em atividade, permitindo, assim, que o exercício seja mantido por mais tempo. Neste ponto, convém observar que os atletas fundistas altamente condicionados e não submetidos a nenhum treino muscular respiratório específico, mas submetidos a altos níveis de treino corporal diário, também apresentam músculos respiratórios mais bem condicionados e menos suscetíveis à fadiga.

PERGUNTA: O exercício de resistência de corpo inteiro promove fadiga muscular respiratória?

RESPOSTA: Sim, a fadiga dos músculos inspiratórios e dos músculos abdominais expiratórios comprovadamente decorre do exercício de resistência de alta intensidade, em indivíduos com vários níveis de condicionamento. O método usado para quantificar essa fadiga requer estimulação supermáxima magnética ou elétrica específica dos nervos motores que inervam o diafragma ou os músculos expiratórios, bem como a medida de uma diminuição significativa na produção de força por esses músculos desde o pré até o pós-exercício, com essa fadiga tendo duração superior a 30-60 minutos após o exercício. O exercício deve exceder 80-85% do $\dot{V}O_{2máx}$ e ser sustentado no mínimo por vários minutos (>10-15 minutos) até o ponto de exaustão volitiva. Também foi comprovado que a fadiga muscular respiratória induzida pelo exercício é causada pela quantidade de trabalho sustentado exercido pelo diafragma (tanto a produção de força como uma alta velocidade de encurtamento) e, ainda, por causa da quantidade limitada de fluxo sanguíneo disponível – isto é, o débito cardíaco total disponível deve ser compartilhado pelos músculos respiratórios e músculos do membro durante o exercício intenso.

PERGUNTA: Quais são os efeitos fisiológicos da fadiga muscular respiratória?

RESPOSTA: Esses efeitos são revelados pelo uso de um ventilador mecânico especial, que é capaz de descarregar os músculos respiratórios e diminuir substancialmente o trabalho respiratório durante o exercício intenso, prevenindo, assim, a fadiga do diafragma. O alívio de uma quantidade significativa desse alto nível sustentado de trabalho muscular respiratório diminui a taxa de desenvolvimento de fadiga muscular no membro durante o exercício de corpo inteiro, além de melhorar substancialmente o desempenho no exercício de resistência. Prevenir a fadiga da musculatura respiratória *não* resulta em melhora da ventilação nem das trocas gasosas pulmonares. Isso aparentemente se deve à existência de uma reserva suficiente nos músculos respiratórios acessórios, e até mesmo nos músculos expiratórios e inspiratórios primários, que promove uma ventilação alveolar suficiente em indivíduos saudáveis. Antes, é mais provável que o principal efeito da prevenção da fadiga muscular respiratória induzida pelo exercício seja a precaução dos efeitos do reflexo metabólico muscular respiratório sobre a vasoconstrição de mediação simpática e uma vasodilatação melhorada, além do fluxo sanguíneo para os músculos locomotores do membro (ver anteriormente). Observe que esses efeitos da

(continua)

redução do trabalho muscular respiratório, aliviando o desenvolvimento de fadiga nos músculos do membro e aumentando o desempenho no exercício, estão presentes em indivíduos saudáveis normais que se exercitam ao nível do mar. Esses efeitos cardiovasculares do trabalho muscular respiratório induzido pelo exercício melhoram bastante sob condições de ventilação aumentada durante o exercício. Isso ocorre em indivíduos saudáveis que apresentam hipóxia associada a altitudes elevadas e, em maior extensão, em pacientes com insuficiência cardíaca crônica que se exercitam em níveis relativamente leves ao nível do mar.

Em resumo

- O sistema pulmonar não limita o desempenho nos exercícios em indivíduos jovens e saudáveis durante a prática de exercício submáximo prolongado (p. ex., taxas de trabalho de 90% do $\dot{V}O_{2máx}$).
- Em contraste com o exercício submáximo, evidências recentes indicam que o sistema respiratório (i. e., a fadiga muscular respiratória) pode ser um fator limitante do desempenho no exercício a cargas de trabalho >90% de $\dot{V}O_{2máx}$. Além disso, trocas gasosas pulmonares incompletas podem ocorrer em alguns atletas fundistas de elite e limitar o desempenho no exercício em altas intensidades.

Atividades para estudo

1. Qual é a função primária do sistema pulmonar? E quais são suas funções secundárias?
2. Liste e discuta os principais componentes anatômicos do sistema respiratório.
3. Quais grupos musculares estão envolvidos na ventilação durante o repouso? E durante o exercício?
4. Qual é o significado funcional da proporção ventilação-perfusão? Como uma proporção V/Q alta afetaria as trocas gasosas no pulmão?
5. Discuta os fatores que influenciam a velocidade de difusão ao longo da interface hematogasosa no pulmão.
6. Represente graficamente a relação existente entre a saturação oxiemoglobina e a pressão parcial de O_2 no sangue. Qual é a importância funcional do formato da curva de dissociação O_2-hemoglobina? Quais fatores afetam o formato da curva?

7. Discuta os meios de transporte de CO_2 no sangue.
8. Represente graficamente a resposta ventilatória na transição do repouso para o exercício submáximo com carga constante. O que acontece à ventilação se o exercício for realizado por tempo prolongado e sob condições ambientais de calor/umidade? Por quê?
9. Represente graficamente a resposta ventilatória ao exercício incremental. Identifique o limiar ventilatório. Qual(is) fator(es) poderia(m) explicar o limiar ventilatório?
10. Liste e identifique as funções dos quimioceptores que contribuem para o controle da respiração.
11. Quais aferentes neurais também poderiam contribuir para a regulação da ventilação durante o exercício?
12. Discuta o controle da ventilação durante o exercício.

Sugestões de leitura

Carlsen, K. Sports in extreme conditions: the impact of exercise in cold temperatures and bronchial hyper-responsiveness in athletes. Br J Sports Med 46: 796–799, 2012.

Fox, S. Human Physiology. New York, NY: McGraw-Hill Companies, 2012.

McKenzie, D.C. Respiratory physiology: adaptations to high level exercise. British Journal of Sports Medicine. 46: 381–384, 2012.

Pongdee, T., and J. Li. Exercise-induced bronchoconstriction. Ann Allergy Immunol. 110: 311–315, 2013.

West, J. Respiratory Physiology—The Essentials. Philadelphia, PA: Lippincott Williams & Wilkins, 2011.

West, J. Pulmonary Pathophysiology. Philadelphia, PA: Lippincott Williams & Wilkins, 2012.

Widmaier, E., H. Raff, and K. Strang. Vander's Human Physiology. New York, NY: McGraw-Hill Companies, 2014.

Referências bibliográficas

1. Allen CJ, and Jones NL. Rate of change of alveolar carbon dioxide and the control of ventilation during exercise. J Physiol 355: 1–9, 1984.
2. Asmussen E. Control of ventilation in exercise. In: Exercise and Sport Science Reviews, edited by Terjung R. Philadelphia, PA: Franklin Press, 1983.
3. Babcock MA, Pegelow DF, Harms CA, and Dempsey JA. Effects of respiratory muscle unloading on exercise-induced diaphragm fatigue. J Appl Physiol 93: 201–206, 2002.

4. Band DM, Wolff CB, Ward J, Cochrane GM, and Prior J. Respiratory oscillations in arterial carbon dioxide tension as a control signal in exercise. Nature 283: 84–85, 1980.
5. Banzett RB, Coleridge HM, and Coleridge JC. I. Pulmonary-CO_2 ventilatory reflex in dogs: effective range of CO_2 and results of vagal cooling. Respir Physiol 34: 121–134, 1978.
6. Beaver WL, Wasserman K, and Whipp BJ. A new method for detecting anaerobic threshold by gas exchange. J Appl Physiol 60: 2020–2027, 1986.

Capítulo 10 Respiração durante o exercício **245**

7. Bellissimo N, Thomas SG, Goode RC, and Anderson GH. Effect of short-duration physical activity and ventilation threshold on subjective appetite and short-term energy intake in boys. *Appetite* 49: 644–651, 2007.

8. Bennett FM, and Fordyce WE. Characteristics of the ventilatory exercise stimulus. *Respir Physiol* 59: 55–63, 1985.

9. Bennett FM, Tallman RD, Jr., and Grodins FS. Role of VCO_2 in control of breathing of awake exercising dogs. *J Appl Physiol* 56: 1335–1339, 1984.

10. Bisgard GE, Forster HV, Mesina J, and Sarazin RG. Role of the carotid body in hyperpnea of moderate exercise in goats. *J Appl Physiol* 52: 1216–1222, 1982.

11. Boon JK, Kuhlmann WD, and Fedde MR. Control of respiration in the chicken: effects of venous CO_2 loading. *Respir Physiol* 39: 169–181, 1980.

12. Boutellier U, and Piwko P. The respiratory system as an exercise limiting factor in normal sedentary subjects. *Eur J Appl Physiol Occup Physiol* 64: 145–152, 1992.

13. Brice AG, Forster HV, Pan LG, Funahashi A, Hoffman MD, Murphy CL, and Lowry TF. Is the hyperpnea of muscular contractions critically dependent on spinal afferents? *J Appl Physiol* 64: 226–233, 1988.

14. Brice AG, Forster HV, Pan LG, Funahashi A, Lowry TF, Murphy CL, and Hoffman MD. Ventilatory and $PaCO_2$ responses to voluntary and electrically induced leg exercise. *J Appl Physiol* 64: 218–225, 1988.

15. Brown DR, Forster HV, Pan LG, Brice AG, Murphy CL, Lowry TF, Gutting SM, Funahashi A, Hoffman M, and Powers S. Ventilatory response of spinal cord-lesioned subjects to electrically induced exercise. *J Appl Physiol* 68: 2312–2321, 1990.

16. Brown HV, Wasserman K, and Whipp BJ. Effect of beta-adrenergic blockade during exercise on ventilation and gas exchange. *J Appl Physiol* 41: 886–892, 1976.

17. Busse MW, Maassen N, and Konrad H. Relation between plasma K+ and ventilation during incremental exercise after glycogen depletion and repletion in man. *J Physiol* 443: 469–476, 1991.

18. Caiozzo VJ, Davis JA, Ellis JF, Azus JL, Vandagriff R, Prietto CA, and McMaster WC. A comparison of gas exchange indices used to detect the anaerobic threshold. *J Appl Physiol* 53: 1184–1189, 1982.

19. Capen RL, Hanson WL, Latham LP, Dawson CA, and Wagner WW, Jr. Distribution of pulmonary capillary transit times in recruited networks. *J Appl Physiol* 69: 473–478, 1990.

20. Casaburi R, Storer TW, and Wasserman K. Mediation of reduced ventilatory response to exercise after endurance training. *J Appl Physiol* 63: 1533–1538, 1987.

21. Casaburi R, Whipp BJ, Wasserman K, Beaver WL, and Koyal SN. Ventilatory and gas exchange dynamics in response to sinusoidal work. *J Appl Physiol* 42: 300–301, 1977.

22. Casaburi R, Whipp BJ, Wasserman K, and Stremel RW. Ventilatory control characteristics of the exercise hyperpnea as discerned from dynamic forcing techniques. *Chest* 73: 280–283, 1978.

23. Clanton TL, Dixon GF, Drake J, and Gadek JE. Effects of swim training on lung volumes and inspiratory muscle conditioning. *J Appl Physiol* 62: 39–46, 1987.

24. Coleridge H, and Coleridge J. Airway axon reflexes—where now? *News in Physiological Sciences* 10: 91–96, 1995.

25. Davidson AC, Auyeung V, Luff R, Holland M, Hodgkiss A, and Weinman J. Prolonged benefit in post-polio syndrome from comprehensive rehabilitation: a pilot study. *Disabil Rehabil* 31: 309–317, 2009.

26. Dejours P. Control of respiration in muscular exercise. In: *Handbook of Physiology*, edited by Fenn W. Washington, DC: American Physiological Society, 1964.

27. Dempsey J, Blain G, and Amann M. Are type II–IV afferents required for a normal steady-state exercise hyperpnea in humans? *J Physiol* 592: 463–474, 2014.

28. Dempsey J, Aaron E, and Martin B. Pulmonary function during prolonged exercise. In: *Perspectives in Exercise and Sports Medicine: Prolonged Exercise*, edited by Lamb D, and Murray R. Indianapolis, IN: Benchmark Press, 1988, p. 75–119.

29. Dempsey J, Forster H, and Ainsworth D. Regulation of hyperpnea, hyperventilation, and respiratory muscle recruitment during exercise. In: *Regulation of Breathing*, edited by Pack A, and Dempsey J. New York, NY: Marcel Dekker, 1994, p. 1034–1065.

30. Dempsey J, Hanson P, Pegelow D, Claremont A, and Rankin J. Limitations to exercise capacity and endurance: pulmonary system. *Can J Appl Sport Sci* 7: 4–13, 1982.

31. Dempsey J, Powers S, and Gledhill N. Cardiovascular and pulmonary adaptation to physical activity. In: *Exercise, Fitness, and Health: A Consensus of Current Knowledge*, edited by Bouchard C. Champaign: Human Kinetics, 1990, p. 205–216.

32. Dempsey JA. J. B. Wolffe memorial lecture. Is the lung built for exercise? *Med Sci Sports Exerc* 18: 143–155, 1986.

33. Dempsey JA, and Fregosi RF. Adaptability of the pulmonary system to changing metabolic requirements. *Am J Cardiol* 55: 59D–67D, 1985.

34. Dempsey JA, McKenzie DC, Haverkamp HC, and Eldridge MW. Update in the understanding of respiratory limitations to exercise performance in fit, active adults. *Chest* 134: 613–622, 2008.

35. Dempsey JA, Mitchell GS, and Smith CA. Exercise and chemoreception. *Am Rev Respir Dis* 129: S31–34, 1984.

36. Dempsey JA, Sheel AW, Haverkamp HC, Babcock MA, and Harms CA. [The John Sutton Lecture: CSEP, 2002]. Pulmonary system limitations to exercise in health. *Can J Appl Physiol* 28 Suppl: S2–24, 2003.

37. Dempsey JA, Vidruk EH, and Mitchell GS. Pulmonary control systems in exercise: update. *Fed Proc* 44: 2260–2270, 1985.

38. Dodd S, Powers S, O'Malley N, Brooks E, and Sommers H. Effects of beta-adrenergic blockade on ventilation and gas exchange during the rest to work transition. *Aviat Space Environ Med* 59: 255–258, 1988.

39. Dodd SL, Powers SK, Thompson D, Landry G, and Lawler J. Exercise performance following intense, short-term ventilatory work. *Int J Sports Med* 10: 48–52, 1989.

40. Domino KB, Eisenstein BL, Cheney FW, and Hlastala MP. Pulmonary blood flow and ventilation-perfusion heterogeneity. *J Appl Physiol* 71: 252–258, 1991.

41. Duffin J. Neural drives to breathing during exercise. *Can J Appl Physiol* 19: 289–304, 1994.

42. Eldridge FL, Millhorn DE, Kiley JP, and Waldrop TG. Stimulation by central command of locomotion, respiration and circulation during exercise. *Respir Physiol* 59: 313–337, 1985.

43. Eldridge FL, Millhorn DE, and Waldrop TG. Exercise hyperpnea and locomotion: parallel activation from the hypothalamus. *Science* 211: 844–846, 1981.

44. England P. The effect of acute thermal dehydration on blood lactate accumulation during incremental exercise. *Journal of Sports Sciences* 2: 105–111, 1985.

45. Fairbarn MS, Coutts KC, Pardy RL, and McKenzie DC. Improved respiratory muscle endurance of highly trained cyclists and the effects on maximal exercise performance. *Int J Sports Med* 12: 66–70, 1991.

46. Favier R, Desplanches D, Frutoso J, Grandmontagne M, and Flandrois R. Ventilatory and circulatory transients during exercise: new arguments for a neurohumoral theory. *J Appl Physiol* 54: 647–653, 1983.

47. Feldman JL, and Del Negro CA. Looking for inspiration: new perspectives on respiratory rhythm. *Nat Rev Neurosci* 7: 232–242, 2006.

48. Forster H, and Pan L. Exercise hyperpnea: characteristics and control. In: *The Lung: Scientific Foundations*, edited by

Crystal R, and West J. New York, NY: Raven Press, 1991, p. 1553–1564.

49. Forster HV, and Smith CA. Contributions of central and peripheral chemoreceptors to the ventilatory response to $CO_2/H+$. J Appl Physiol 108: 989–994, 2010.

50. Green JF, Schertel ER, Coleridge HM, and Coleridge JC. Effect of pulmonary arterial PCO_2 on slowly adapting pulmonary stretch receptors. J Appl Physiol 60: 2048–2055, 1986.

51. Green JF, and Schmidt ND. Mechanism of hyperpnea induced by changes in pulmonary blood flow. J Appl Physiol 56: 1418–1422, 1984.

52. Green JF, and Sheldon MI. Ventilatory changes associated with changes in pulmonary blood flow in dogs. J Appl Physiol 54: 997–1002, 1983.

53. Grucza R, Miyamoto Y, and Nakazono Y. Kinetics of cardiorespiratory response to dynamic and rhythmic-static exercise in men. Eur J Appl Physiol Occup Physiol 61: 230–236, 1990.

54. Guenette JA, and Sheel AW. Exercise-induced arterial hypoxaemia in active young women. Appl Physiol Nutr Metab 32: 1263–1273, 2007.

55. Hagberg JM, Coyle EF, Carroll JE, Miller JM, Martin WH, and Brooke MH. Exercise hyperventilation in patients with McArdle's disease. J Appl Physiol 52: 991–994, 1982.

56. Hammond MD, Gale GE, Kapitan KS, Ries A, and Wagner PD. Pulmonary gas exchange in humans during exercise at sea level. J Appl Physiol 60: 1590–1598, 1986.

57. Hansen JE, Ulubay G, Chow BF, Sun XG, and Wasserman K. Mixed-expired and end-tidal CO_2 distinguish between ventilation and perfusion defects during exercise testing in patients with lung and heart diseases. Chest 132: 977–983, 2007.

58. Harms CA, McClaran SR, Nickele GA, Pegelow DF, Nelson WB, and Dempsey JA. Effect of exercise-induced arterial O_2 desaturation on $\dot{V}O_2$max in women. Med Sci Sports Exerc 32: 1101–1108, 2000.

59. Harms CA, McClaran SR, Nickele GA, Pegelow DF, Nelson WB, and Dempsey JA. Exercise-induced arterial hypoxaemia in healthy young women. J Physiol 507 (Pt 2): 619–628, 1998.

60. Hawgood S, and Shiffer K. Structures and properties of the surfactant-associated proteins. Annu Rev Physiol 53: 375–394, 1991.

61. Hopkins SR, Barker RC, Brutsaert TD, Gavin TP, Entin P, Olfert IM, Veisel S, and Wagner PD. Pulmonary gas exchange during exercise in women: effects of exercise type and work increment. J Appl Physiol 89: 721–730, 2000.

62. Hopkins SR, and Harms CA. Gender and pulmonary gas exchange during exercise. Exerc Sport Sci Rev 32: 50–56, 2004.

63. Johnson BD, Aaron EA, Babcock MA, and Dempsey JA. Respiratory muscle fatigue during exercise: implications for performance. Med Sci Sports Exerc 28: 1129–1137, 1996.

64. Johnson BD, and Dempsey JA. Demand vs. capacity in the aging pulmonary system. Exerc Sport Sci Rev 19: 171–210, 1991.

65. Kao F. An experimental study of the pathways involved in exercise hyperpnea employing cross-circulation techniques. In: The Regulation of Human Respiration, edited by Cunningham D. Oxford: Blackwell, 1963.

66. Kavazis AN, DeRuisseau KC, McClung JM, Whidden MA, Falk DJ, Smuder AJ, Sugiura T, and Powers SK. Diaphragmatic proteasome function is maintained in the ageing Fisher 344 rat. Exp Physiol 92: 895–901, 2007.

67. Levitzky M. Pulmonary Physiology. New York, NY: McGraw-Hill 2007.

68. Lindinger MI, and Sjogaard G. Potassium regulation during exercise and recovery. Sports Med 11: 382–401, 1991.

69. Lumb AB. Nunn's Applied Respiratory Physiology. Oxford: Butterworth-Heinemann, 2010.

70. Mairbaurl H, Schobersberger W, Hasibeder W, Schwaberger G, Gaesser G, and Tanaka KR. Regulation of red cell 2,3-DPG and Hb-O_2-affinity during acute exercise. Eur J Appl Physiol Occup Physiol 55: 174–180, 1986.

71. McParland C, Mink J, and Gallagher CG. Respiratory adaptations to dead space loading during maximal incremental exercise. J Appl Physiol 70: 55–62, 1991.

72. Moreira A, Delgado L, and Carlsen KH. Exercise-induced asthma: why is it so frequent in Olympic athletes? Expert Rev Respir Med 5: 1–3, 2011.

73. Nielsen H. Arterial desaturation during exercise in man: implications for O_2 uptake and work capacity. Scandinavian Journal of Medicine in Science and Sports 13: 339–358, 2003.

74. Pan LG, Forster HV, Wurster RD, Brice AG, and Lowry TF. Effect of multiple denervations on the exercise hyperpnea in awake ponies. J Appl Physiol 79: 302–311, 1995.

75. Paterson DJ. Potassium and ventilation in exercise. J Appl Physiol 72: 811–820, 1992.

76. Paulev PE, Mussell MJ, Miyamoto Y, Nakazono Y, and Sugawara T. Modeling of alveolar carbon dioxide oscillations with or without exercise. Jpn J Physiol 40: 893–905, 1990.

77. Powers S. Ventilatory threshold, running economy, and distance running performance. Research Quarterly for Exercise and Sport 54: 179–182, 1983.

78. Powers S, and Beadle R. Onset of hyperventilation during incremental exercise: a brief review. Research Quarterly for Exercise and Sport 56: 352–360, 1985.

79. Powers SK, and Beadle RE. Control of ventilation during submaximal exercise: a brief review. J Sports Sci 3: 51–65, 1985.

80. Powers SK, Beadle RE, Thompson D, and Lawler J. Ventilatory and blood gas dynamics at onset and offset of exercise in the pony. J Appl Physiol 62: 141–148, 1987.

81. Powers SK, Coombes J, and Demirel H. Exercise training-induced changes in respiratory muscles. Sports Med 24: 120–131, 1997.

82. Powers SK, and Criswell D. Adaptive strategies of respiratory muscles in response to endurance exercise. Med Sci Sports Exerc 28: 1115–1122, 1996.

83. Powers SK, Criswell D, Lawler J, Martin D, Ji LL, Herb RA, and Dudley G. Regional training-induced alterations in diaphragmatic oxidative and antioxidant enzymes. Respir Physiol 95: 227–237, 1994.

84. Powers SK, Dodd S, Criswell DD, Lawler J, Martin D, and Grinton S. Evidence for an alveolar-arterial PO_2 gradient threshold during incremental exercise. Int J Sports Med 12: 313–318, 1991.

85. Powers SK, Dodd S, Lawler J, Landry G, Kirtley M, McKnight T, and Grinton S. Incidence of exercise-induced hypoxemia in elite endurance athletes at sea level. Eur J Appl Physiol Occup Physiol 58: 298–302, 1988.

86. Powers SK, Dodd S, Woodyard J, Beadle RE, and Church G. Haemoglobin saturation during incremental arm and leg exercise. Br J Sports Med 18: 212–216, 1984.

87. Powers SK, Dodd S, Woodyard J, and Mangum M. Caffeine alters ventilatory and gas exchange kinetics during exercise. Med Sci Sports Exerc 18: 101–106, 1986.

88. Powers SK, Howley ET, and Cox R. Ventilatory and metabolic reactions to heat stress during prolonged exercise. J Sports Med Phys Fitness 22: 32–36, 1982.

89. Powers SK, Lawler J, Criswell D, Dodd S, Grinton S, Bagby G, and Silverman H. Endurance-training-induced cellular adaptations in respiratory muscles. J Appl Physiol 68: 2114–2118, 1990.

90. Powers SK, Lawler J, Criswell D, Lieu FK, and Martin D. Aging and respiratory muscle metabolic plasticity: effects of endurance training. J Appl Physiol 72: 1068–1073, 1992.

91. Powers SK, Lawler J, Criswell D, Silverman H, Forster HV, Grinton S, and Harkins D. Regional metabolic differences in the rat diaphragm. J Appl Physiol 69: 648–650, 1990.

92. Powers SK, Lawler J, Dempsey JA, Dodd S, and Landry G. Effects of incomplete pulmonary gas exchange on $\dot{V}O_2$ max. J Appl Physiol 66: 2491–2495, 1989.

93. Powers SK, Martin D, Cicale M, Collop N, Huang D, and Criswell D. Exercise-induced hypoxemia in athletes: role of inadequate hyperventilation. Eur J Appl Physiol Occup Physiol 65: 37–42, 1992.

94. Powers SK, and Shanely RA. Exercise-induced changes in diaphragmatic bioenergetic and antioxidant capacity. Exerc Sport Sci Rev 30: 69–74, 2002.

95. Powers SK, Stewart MK, and Landry G. Ventilatory and gas exchange dynamics in response to head-down tilt with and without venous occlusion. Aviat Space Environ Med 59: 239–245, 1988.

96. Powers SK, and Williams J. Exercise-induced hypoxemia in highly trained athletes. Sports Med 4: 46–53, 1987.

97. Ramonatxo M, Mercier J, Cohendy R, and Prefaut C. Effect of resistive loads on pattern of respiratory muscle recruitment during exercise. J Appl Physiol 71: 1941–1948, 1991.

98. Reynolds HY. Immunologic system in the respiratory tract. Physiol Rev 71: 1117–1133, 1991.

99. Spodaryk K, and Zoladz JA. The 2,3-DPG levels of human red blood cells during an incremental exercise test: relationship to the blood acid-base balance. Physiol Res 47: 17–22, 1998.

100. St John WM, and Paton JF. Role of pontile mechanisms in the neurogenesis of eupnea. Respir Physiol Neurobiol 143: 321–332, 2004.

101. Stamenovic D. Micromechanical foundations of pulmonary elasticity. Physiol Rev 70: 1117–1134, 1990.

102. Stringer W, Casaburi R, and Wasserman K. Acid-base regulation during exercise and recovery in humans. J Appl Physiol 72: 954–961, 1992.

103. Suzuki S, Suzuki J, and Okubo T. Expiratory muscle fatigue in normal subjects. J Appl Physiol 70: 2632–2639, 1991.

104. Tibes U. Reflex inputs to the cardiovascular and respiratory centers from dynamically working canine muscles. Some evidence for involvement of group III or IV nerve fibers. Circ Res 41: 332–341, 1977.

105. Trenchard D, Russell NJ, and Raybould HE. Non-myelinated vagal lung receptors and their reflex effects on respiration in rabbits. Respir Physiol 55: 63–79, 1984.

106. Vincent HK, Powers SK, Demirel HA, Coombes JS, and Naito H. Exercise training protects against contraction-induced lipid peroxidation in the diaphragm. Eur J Appl Physiol Occup Physiol 79: 268–273, 1999.

107. Vincent HK, Powers SK, Stewart DJ, Demirel HA, Shanely RA, and Naito H. Short-term exercise training improves diaphragm antioxidant capacity and endurance. Eur J Appl Physiol 81: 67–74, 2000.

108. Vincent HK, Shanely RA, Stewart DJ, Demirel HA, Hamilton KL, Ray AD, Michlin C, Farkas GA, and Powers SK. Adaptation of upper airway muscles to chronic endurance exercise. Am J Respir Crit Care Med 166: 287–293, 2002.

109. Virkki A, Polo O, Gyllenberg M, and Aittokallio T. Can carotid body perfusion act as a respiratory controller? J Theor Biol 249: 737–748, 2007.

110. Walker DJ, Walterspacher S, Schlager D, Ertl T, Roecker K, Windisch W, and Kabitz HJ. Characteristics of diaphragmatic fatigue during exhaustive exercise until task failure. Respir Physiol Neurobiol 176: 14–20, 2011.

111. Warren GL, Cureton KJ, Middendorf WF, Ray CA, and Warren JA. Red blood cell pulmonary capillary transit time during exercise in athletes. Med Sci Sports Exerc 23: 1353–1361, 1991.

112. Wasserman K. The anaerobic threshold measurement to evaluate exercise performance. Am Rev Respir Dis 129: S35–40, 1984.

113. Wasserman K. CO_2 flow to the lungs and ventilatory control. In: Muscular Exercise and the Lung, edited by Dempsey J, and Reed C. Madison, WI: University of Wisconsin Press, 1977.

114. Wasserman K, Whipp BJ, Koyl SN, and Beaver WL. Anaerobic threshold and respiratory gas exchange during exercise. J Appl Physiol 35: 236–243, 1973.

115. Weissman ML, Jones PW, Oren A, Lamarra N, Whipp BJ, and Wasserman K. Cardiac output increase and gas exchange at start of exercise. J Appl Physiol 52: 236–244, 1982.

116. West J. Pulmonary Pathophysiology. Philadelphia, PA: Lippincott Williams & Wilkins, 2012.

117. West J, and Wagner P. Ventilation-perfusion relationships. In: The Lung: Scientific Foundations, edited by Crystal R, and West J. New York, NY: Raven Press, 1991, p. 1289–1305.

118. West JB. Respiratory Physiology: The Essentials. Philadelphia, PA: Wolters Kluwer/Lippincott Williams & Wilkins, 2011.

119. Wetter TJ, Xiang Z, Sonetti DA, Haverkamp HC, Rice AJ, Abbasi AA, Meyer KC, and Dempsey JA. Role of lung inflammatory mediators as a cause of exercise-induced arterial hypoxemia in young athletes. J Appl Physiol 93: 116–126, 2002.

120. Whipp BJ, and Ward SA. Physiological determinants of pulmonary gas exchange kinetics during exercise. Med Sci Sports Exerc 22: 62–71, 1990.

121. Williams JH, Powers SK, and Stuart MK. Hemoglobin desaturation in highly trained athletes during heavy exercise. Med Sci Sports Exerc 18: 168–173, 1986.

122. Yamamoto WS, and Edwards MW, Jr. Homeostasis of carbon dioxide during intravenous infusion of carbon dioxide. J Appl Physiol 15: 807–818, 1960

11

Equilíbrio acidobásico durante o exercício

Objetivos

Ao estudar este capítulo, você deverá ser capaz de:
1. Definir os termos *ácido*, *base* e *p*H.
2. Discutir as principais vias pelas quais os íons hidrogênio são produzidos durante o exercício.
3. Discutir a importância da regulação acidobásica para o desempenho no exercício.
4. Listar os principais tampões intracelulares e extracelulares.
5. Explicar o papel da respiração na regulação do estado acidobásico durante o exercício.
6. Destacar a interação entre os tampões intracelular/extracelular e o sistema respiratório na regulação acidobásica durante o exercício.

Conteúdo

Ácidos, bases e pH 250

Produção de íon hidrogênio durante o exercício 251

Importância da regulação acidobásica durante o exercício 253

Sistemas de tamponamento acidobásico 253
Tampões intracelulares 253
Tampões extracelulares 254

Influência respiratória sobre o equilíbrio acidobásico 256

Regulação do equilíbrio acidobásico por via renal 256

Regulação do equilíbrio acidobásico durante o exercício 256

Palavras-chave

ácido
ácidos fortes
acidose
alcalose
base
bases fortes
compensação respiratória
íon
íon hidrogênio
pH
tampão

249

Lembre-se de que um **íon** é qualquer átomo que esteja perdendo ou tenha ganhado elétrons. Além disso, note que um átomo de hidrogênio em seu núcleo contém um único próton, orbitado por um único elétron. Um **íon hidrogênio** é formado pela perda do elétron, e as moléculas que liberam íons hidrogênio são chamadas *ácidos*. As substâncias que se combinam prontamente com íons hidrogênio são denominadas *bases*. Em fisiologia, a concentração de íons hidrogênio é expressa em unidades de pH. O pH dos líquidos corporais deve ser regulado (i. e., pH no sangue arterial normal = 7,4 ± 0,02) para a manutenção da homeostasia. Essa regulação do pH dos líquidos corporais é importante, pois as alterações nas concentrações de íons hidrogênio podem alterar as velocidades das reações metabólicas controladas por enzimas e modificar numerosas funções corporais normais. Portanto, o equilíbrio acidobásico está relacionado principalmente à regulação das concentrações de íons hidrogênio. O exercício vigoroso pode representar um sério desafio aos sistemas de controle de íon hidrogênio, em virtude da produção deste íon, e os íons hidrogênio podem limitar o desempenho em certos tipos de atividades intensas.[7,14,16,20,40] Dessa forma, por causa da influência prejudicial do acúmulo de íons hidrogênio sobre o desempenho no exercício, é importante compreender a regulação acidobásica.

Ácidos, bases e pH

Nos sistemas biológicos, um dos íons mais simples e mais importantes é o íon hidrogênio. A concentração desse íon influencia as velocidades das reações químicas, a conformação e a função das enzimas, bem como de outras proteínas celulares, e também a integridade da própria célula.[10,46]

Um **ácido** é definido como uma molécula liberadora de íons hidrogênio e, dessa forma, capaz de aumentar a concentração de íons hidrogênio de uma solução a níveis acima daqueles encontrados na água pura. Em contraste, uma **base** é uma molécula capaz de se combinar aos íons hidrogênio e, portanto, diminuir a concentração destes íons em uma solução.

Os ácidos que fornecem íons hidrogênio (ionizam) de forma mais completa são chamados **ácidos fortes**. O ácido sulfúrico, por exemplo, é produzido pelo metabolismo de aminoácidos que contêm enxofre (p. ex., cisteína) e é um ácido forte. No pH corporal normal, o ácido sulfúrico libera quase todos seus íons hidrogênio e, dessa forma, eleva a concentração de íons hidrogênio no corpo.

As bases que ionizam mais completamente são definidas como **bases fortes**. O íon bicarbonato (HCO_3^-) exemplifica uma base forte de importância biológica. Os íons bicarbonato são encontrados em concentrações relativamente altas no sangue e são capazes, principalmente, de se combinar aos íons hidrogênio para formar um ácido fraco, conhecido como ácido carbônico. O papel do HCO_3^- na regulação do equilíbrio acidobásico durante o exercício será discutido adiante, ainda neste capítulo.

Conforme mencionado anteriormente, a concentração de íons hidrogênio é expressa em unidades de pH, em uma escala que vai de 0 a 14. As soluções com valores de pH <7 são acídicas, enquanto aquelas com valores de pH >7 são consideradas básicas. O **pH** de uma solução é definido pelo logaritmo negativo da concentração de íons hidrogênio (H^+). Lembre-se de que um logaritmo consiste no exponencial indicador da potência a que um número deve ser elevado para que outro número seja obtido. Exemplificando, o logaritmo de 100 na base 10 é igual a 2. Assim, a definição de pH pode ser matematicamente redigida como:

$$pH = -\log_{10} [H^+]$$

Consideremos como exemplo: se a $[H^+]$ = 40 nM (0,00000004 M), então o pH seria igual a 7,4. Uma solução é considerada neutra (em termos de estado acidobásico) se as concentrações de H^+ e íons hidroxila (OH^-) são iguais. Esse é o caso da água pura, em que as concentrações H^+ e OH^- são iguais a 0,00000010 M. Assim, o pH da água pura é:

$$pH \text{ (água pura)} = -\log_{10} [H^+]$$
$$= 7,0$$

A Figura 11.1 ilustra a escala de pH e destaca que o pH normal do sangue arterial é 7,4. Note que, conforme a concentração de íons hidrogênio aumenta, o pH declina e a acidez do sangue aumenta, acarretando o desenvolvimento de uma condição chamada **acidose**. Ao contrário, conforme a concentração de íon hidrogênio diminui, o pH aumenta e a solução se torna mais básica (alcalina). Essa condição é denominada **alcalose**. As condições que levam ao desenvolvimento de acidose ou alcalose estão resumidas na Figura 11.2.

O pH arterial normal é igual a 7,4. Nos indivíduos saudáveis, esse valor sofre uma variação inferior a 0,05 unidade de pH.[42] A falha em manter a homeostasia acidobásica no corpo pode ter consequências letais. De fato, até mesmo pequenas alterações no pH sanguíneo podem exercer efeitos negativos sobre a função dos sistemas orgânicos. Exemplificando, tanto as elevações como as quedas do pH arterial podem promover uma atividade elétrica anormal no coração e ocasionar distúrbios de ritmo, e os valores de pH arteriais abaixo de 7,0 e acima de 7,8 podem ter consequências letais.[12,42] Numerosos estados patológicos podem provocar distúrbios acidobásicos no corpo e são apresentados no Quadro "Aplicações clínicas 11.1".

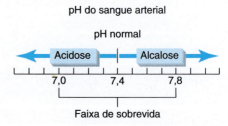

Figura 11.1 Escala de pH. Se o pH do sangue arterial cair a níveis inferiores ao valor normal (7,4), a condição resultante é denominada acidose. Em contraste, haverá alcalose sanguínea se o pH ficar acima de 7,4.

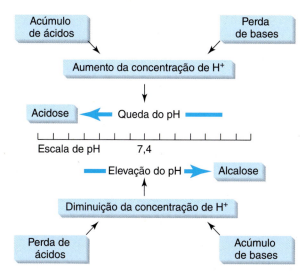

Figura 11.2 A acidose decorre do acúmulo de ácidos ou da perda de bases. A alcalose resulta da perda de ácidos ou do acúmulo de bases.

> **Em resumo**
>
> - Os ácidos são definidos como moléculas capazes de liberar íons hidrogênio e, assim, aumentar a concentração desses íons em uma solução aquosa.
> - As bases são moléculas capazes de se combinar aos íons hidrogênio.
> - A concentração de íons hidrogênio em uma solução é quantificada por unidades de pH. O pH de uma solução é definido pelo logaritmo negativo da concentração de íons hidrogênio:
>
> $$pH = -\log_{10} [H^+]$$

Produção de íon hidrogênio durante o exercício

Há muita discussão em torno dos sítios primários de produção de íon hidrogênio durante o exercício.[3,28] Mesmo assim, está claro que o exercício de alta intensidade resulta em acentuada diminuição do pH muscular e sanguíneo. Evidências atuais indicam que essa diminuição do pH muscular induzida pelo exercício é causada por múltiplos fatores. A seguir, são destacados três fatores importantes que contribuem para a acidose muscular induzida pelo exercício.[11,25]

1. Produção de dióxido de carbono e ácido carbônico nos músculos esqueléticos durante o trabalho. O dióxido de carbono, sendo um produto final da oxidação de carboidratos, gorduras e proteínas, pode ser considerado um ácido por ser capaz de reagir com a água e formar ácido carbônico (H_2CO_3). O ácido carbônico, por sua vez, dissocia-se e forma H^+ e HCO_3^-:

$$CO_2 + H_2O \longleftrightarrow H^+ + HCO_3^-$$

Por ser um gás e poder ser eliminado pelos pulmões, o CO_2 frequentemente é referido como *ácido volátil*. No decorrer de um dia, o corpo produz grandes quantidades de CO_2 em decorrência do metabolismo normal. Durante o exercício, a produção metabólica de CO_2 aumenta e, assim, acrescenta uma carga extra de ácido volátil no corpo.

2. Produção de ácido láctico. Vários pesquisadores argumentam que a produção de ácido láctico no

Aplicações clínicas 11.1

Condições e doenças que promovem acidose ou alcalose metabólica

Conforme mencionado anteriormente, a falha em manter a homeostasia acidobásica no corpo pode ter consequências graves e causar disfunção em órgãos essenciais. De fato, até mesmo as alterações relativamente pequenas no pH arterial (i. e., 0,1 a 0,2 unidade de pH) podem produzir um impacto negativo significativo sobre a função dos órgãos.[12]

A acidose metabólica ocorre em consequência dos ganhos na concentração de ácidos do corpo. Várias condições ou doenças podem promover acidose metabólica. A inanição prolongada (i. e., vários dias), por exemplo, pode acarretar acidose metabólica em decorrência da produção de cetoácidos no corpo, como subprodutos do metabolismo das gorduras. Em circunstâncias extremas, o tipo de acidose metabólica pode provocar a morte.

O diabetes é uma doença metabólica comum que promove acidose metabólica. O diabetes não controlado pode ocasionar uma forma de acidose metabólica chamada cetoacidose diabética. De modo similar à acidose induzida pela inanição, essa forma de acidose também é causada pela produção excessiva de cetoácidos decorrente de níveis elevados de metabolismo de gorduras. Em todo o mundo, numerosos casos de morte ocorrem a cada ano em consequência dessa forma de acidose.[12,42]

A alcalose metabólica decorre da perda de ácidos do corpo. As condições que levam ao desenvolvimento de alcalose incluem o vômito severo e doenças como os distúrbios renais, que acarretam perda de ácidos.[12,42] Em ambas as circunstâncias, a perda de ácidos ocasiona a superabundância de bases no corpo, levando ao desenvolvimento de alcalose metabólica.

músculo durante o exercício vigoroso é um fator decisivo para a diminuição do pH muscular.[3] Entretanto, a importância do ácido láctico na acidose induzida pelo exercício foi questionada, pois parece que o lactato (e não o ácido láctico) é o produto primário da glicólise.[36] Contudo, parece ser provável que a produção de lactato induzida por exercício também possa contribuir para a acidose muscular induzida por exercício porque o íon lactato está associado com uma redução no pH dentro da célula muscular.[3,28]

3. Quebra de ATP. A quebra de ATP para obtenção de energia durante a contração muscular acarreta a liberação de íons H⁺.[36] Exemplificando, a quebra de ATP ocasiona a seguinte reação:

$$ATP + H_2O \rightarrow ADP + HPO_4 + H^+$$

Portanto, apenas a quebra de ATP durante o exercício pode ser fonte importante de íons H⁺ nos músculos em contração.

Em resumo, existe uma discussão em torno das causas primárias de acidose induzida pelo exercício. Mesmo assim, está claro que os músculos em contração podem produzir H⁺ a partir de vários sítios. Dessa forma, a acidose induzida pelo exercício é, provavelmente, causada pela produção de H⁺ por diversas fontes. A Figura 11.3 ilustra um resumo dos três processos metabólicos principais que atuam como fontes primárias de íons hidrogênio na musculatura esquelética durante o trabalho.

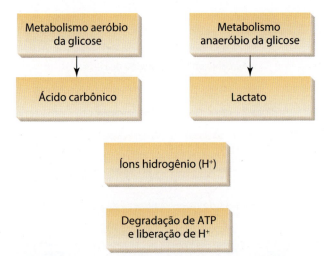

Figura 11.3 Fontes de íons hidrogênio na musculatura esquelética em contração.

Em adição, embora o exercício de alta intensidade com duração suficiente (i. e., >45 segundos) possa diminuir significativamente o pH muscular e sanguíneo, nem todos os esportes ou atividades que envolvem exercício produzem grandes quantidades de íons hidrogênio. O Quadro "Uma visão mais detalhada 11.1" apresenta uma discussão mais específica sobre os esportes ou atividades físicas que impõem maiores riscos de distúrbios acidobásicos.

Uma visão mais detalhada 11.1

Distúrbios do equilíbrio acidobásico muscular induzidos pelo esporte e exercício

Quais tipos de esportes ou exercícios promovem distúrbios do equilíbrio acidobásico no músculo esquelético? Em geral, qualquer esporte ou atividade física que envolva contrações musculares de alta intensidade com duração superior a 45 segundos ou mais é capaz de produzir quantidades significativas de íons hidrogênio, provocando a diminuição do pH muscular e sanguíneo. A Tabela 11.1 lista esportes populares e seus respectivos riscos de desenvolvimento de distúrbios acidobásicos musculares. Observe que o risco de distúrbios acidobásicos é classificado em alto, moderado ou baixo. Para os esportes classificados como de risco baixo a moderado (p. ex., futebol), o risco de desenvolvimento de distúrbio acidobásico muscular muitas vezes está associado ao esforço realizado pelo competidor. Ou seja, um atleta agressivo, que jogue constantemente com 100% de esforço, tende mais a desenvolver desequilíbrio acidobásico do que um atleta que corra a "meia velocidade" durante a partida. Note ainda que as corridas de atletismo, como as corridas de 5.000 m e 10.000 m são listadas como de risco moderado e baixo a moderado para desenvolvimento de distúrbios acidobásicos, respectivamente. Nesses tipos de corrida, os atletas podem produzir quantidades limitadas de íons hidrogênio durante a maior parte da corrida. Entretanto, uma alta velocidade sustentada até o final na última volta desses tipos de corrida poderia ocasionar a produção de quantidades relativamente altas de íons hidrogênio e, assim, causar distúrbios acidobásicos no músculo e no sangue.

Como os distúrbios acidobásicos podem contribuir para a fadiga muscular e limitar o desempenho no exercício, não surpreende que alguns cientistas da área do exercício tenham investigado a possibilidade de o aumento da capacidade de tamponamento do sangue resultar em melhora do desempenho no exercício. Uma abordagem para esse problema consiste em ingerir grandes quantidades de tampão antes de começar o exercício. Uma discussão detalhada sobre esse tópico pode ser encontrada no Quadro "Vencendo limites 11.1".

Tabela 11.1	Risco de desenvolvimento de distúrbio acidobásico associado a esportes populares
Esporte	**Risco de distúrbio acidobásico**
Beisebol	Baixo
Basquete	Baixo a moderado
Boxe	Baixo a moderado
Esqui *cross-country*	Baixo
Futebol americano	Baixo
Corrida de 100 m	Baixo
Nado de 100 m	Alto
Corrida de 400 m	Alto
Corrida de 800 m	Alto
Corrida de 1.500 m	Moderado a alto
Corrida de 5.000 m	Moderado
Corrida de 10.000 m	Baixo a moderado
Maratona	Baixo
Futebol	Baixo a moderado
Levantamento de peso (poucas repetições)	Baixo
Vôlei	Baixo

Em resumo

- O exercício de alta intensidade resulta em acentuada diminuição do pH, tanto no músculo como no sangue.
- Essa diminuição do pH muscular induzida pelo exercício se deve a múltiplos fatores, incluindo (1) produção aumentada de dióxido de carbono, (2) produção aumentada de lactato e (3) liberação de íons H^+ durante a quebra de ATP.
- Apenas os esportes ou exercícios de intensidade moderada a alta representam uma ameaça de distúrbios acidobásicos durante o exercício (ver Tab. 11.1).

Importância da regulação acidobásica durante o exercício

Como já discutido, o exercício intenso acarreta a produção de grandes quantidades de íons hidrogênio. Esses íons podem exercer um efeito poderoso sobre outras moléculas, por apresentarem tamanho reduzido e carga positiva. Os íons hidrogênio exercem sua influência fixando-se às moléculas e, assim, alterando sua conformação e função.[8,14,16,33,41] Por exemplo, níveis elevados de íons hidrogênio podem alterar a função das enzimas ao reduzir sua atividade; isso poderia ter um efeito negativo sobre o metabolismo normal.

Como as mudanças no pH do músculo podem afetar o desempenho da atividade? Um aumento da concentração intramuscular de íons hidrogênio pode comprometer o desempenho no exercício, pelo menos por dois modos.

Primeiro, um aumento da concentração de íons hidrogênio diminui a capacidade da célula muscular de produzir ATP ao inibir as enzimas essenciais envolvidas na produção aeróbia e anaeróbia de ATP.[8,14,19] Em segundo lugar, os íons hidrogênio competem com os íons cálcio pelos sítios de ligação na troponina e, desta forma, impedem o processo contrátil.[8,14,45] Esse aspecto é discutido novamente no Capítulo 19.

Em resumo

- Os íons hidrogênio conseguem se fixar às moléculas e alterar seu tamanho e função originais.
- A falha em manter a homeostasia acidobásica durante o exercício pode comprometer o desempenho ao inibir as vias metabólicas responsáveis pela produção de ATP ou interferir no processo contrátil no músculo durante o trabalho.

Sistemas de tamponamento acidobásico

A partir do exposto na discussão anterior, está evidente que o acúmulo rápido de íons hidrogênio durante o exercício intenso pode influenciar negativamente o desempenho muscular. Assim, é importante que o corpo controle os sistemas capazes de regular o estado acidobásico, para prevenir quedas ou elevações drásticas do pH. E como o corpo regula o pH? Uma das formas mais importantes de regular as concentrações de íons hidrogênio nos líquidos corporais é com o auxílio dos tampões. Um **tampão** resiste à alteração do pH removendo íons hidrogênio quando a concentração destes íons aumenta e liberando íons hidrogênio quando sua concentração diminui.

Os tampões, em geral, consistem em um ácido fraco e sua base associada (denominada *base conjugada*). A capacidade dos tampões individuais de resistir à mudança no pH depende de dois fatores. Primeiro, os tampões individuais diferem quanto à capacidade físico-química intrínseca de tamponamento. Dito de modo simples, alguns tampões são melhores do que outros. Um segundo fator que influencia a capacidade de tamponamento é a concentração do tampão.[22,39] Quanto maior a concentração de um tampão em particular, mais efetivo este tampão pode ser em termos de prevenção de alteração do pH.

Tampões intracelulares

A primeira linha de defesa na proteção contra a mudança no pH durante o exercício está dentro da própria fibra muscular. Existem três classes principais de sistemas de tampão intracelular: (1) bicarbonato; (2) fosfatos e (3) proteínas celulares.[25,39] A Tabela 11.2 apresenta um resumo de cada um desses sistemas de tampão. Em poucas palavras, a presença de bicarbonato nas fibras do músculo esquelético é um tampão útil durante o exercício.[4,16]

Capítulo 11   Equilíbrio acidobásico durante o exercício   **253**

Vencendo limites 11.1

Fisiologia do exercício aplicada aos esportes

Ingestão de tampões de sódio e desempenho humano

Como os distúrbios acidobásicos musculares induzidos pelo exercício foram associados à fadiga muscular ao comprometimento do desempenho esportivo, vários estudos exploraram a possibilidade de a ingestão de um tampão de sódio melhorar o desempenho atlético. Embora nem todos os pesquisadores tenham relatado uma melhora no desempenho humano com a ingestão de tampões de sódio,[2] muitos estudos constataram que o desempenho durante o exercício de alta intensidade melhora quando os atletas ingerem um tampão de sódio antes de começarem o exercício.[6,7,26,34,37,40] Dois tampões extensivamente estudados são o bicarbonato de sódio e o citrato de sódio. Em geral, os resultados obtidos por vários estudos sugerem que a intensificação da capacidade de tamponamento sanguíneo por meio da ingestão desses tampões adia o momento da exaustão durante o exercício de alta intensidade (p. ex., 80 a 120% do $\dot{V}O_{2máx}$). Parece provável que, se a ingestão de um tampão melhora o desempenho físico, esse efeito é mediado pelo aumento da capacidade de tamponamento extracelular que, por sua vez, aumenta o transporte de íons hidrogênio para fora das fibras musculares.[38] Isso reduziria a interferência dos íons hidrogênio na produção de ATP bioenergética e/ou no próprio processo contrátil em si.

Ao decidir usar bicarbonato de sódio ou citrato de sódio antes de um evento esportivo, o atleta deve conhecer os riscos associados a essa decisão. A ingestão de bicarbonato de sódio nas doses requeridas para melhorar a capacidade de tamponamento sanguíneo pode causar problemas gastrintestinais, tais como diarreia e vômitos.[7,37] Em contraste, foi relatado que a ingestão de citrato de sódio melhora o desempenho no exercício sem produzir os mesmos efeitos colaterais gastrintestinais associados ao bicarbonato de sódio.[24,30,31] Além disso, evidências recentes sugerem que a suplementação com outros potenciais tampões (p. ex., beta-alanina) também exerce papel benéfico na proteção contra a acidose induzida pelo exercício.[39] Independentemente do tipo de tampão ingerido, doses altíssimas de qualquer tampão podem acarretar alcalose grave e ter consequências sérias sobre a saúde. Uma consideração final quanto ao uso de qualquer agente ergogênico envolve a legalidade do fármaco. Com relação ao uso de tampões acidobásicos, numerosas agências regulamentadoras do esporte baniram o uso dos tampões de sódio durante as competições. Consulte Harris e Sale (2012), Hoffman et al. (2012), e McNaughton et al. (2008) nas "Sugestões de leitura" para informações detalhadas sobre os possíveis efeitos ergogênicos da beta-alanina e do bicarbonato durante o exercício de alta intensidade.

Tabela 11.2 — Sistemas de tamponamento acidobásico químicos

Sistema tampão	Constituintes	Ações
Sistema bicarbonato	Bicarbonato de sódio ($NaHCO_3$)	Converte ácido forte em ácido fraco
Sistema fosfato	Fosfato de sódio (Na_2HPO_4)	Converte ácido forte em ácido fraco
Sistema proteico	Grupo COO^- de uma molécula	Aceita hidrogênios
	Grupo NH_3 de uma molécula	Aceita hidrogênios

Da mesma forma, vários compostos à base de fosfato podem servir como um tampão intracelular nas fibras musculoesqueléticas, e os tampões fosfato são importantes no início do exercício.[1,22] Além disso, numerosas proteínas celulares contêm grupos ionizáveis capazes de aceitar íons hidrogênio. Essa combinação de um íon hidrogênio com uma proteína celular resulta na formação de um ácido fraco, que protege contra a redução no pH celular. Juntos, esses três sistemas de tampões intracelulares fornecem a primeira linha de proteção contra grandes mudanças de pH durante o exercício.

Tampões extracelulares

O sangue contém três sistemas tampões principais:[4,12,16,25] (1) proteínas, (2) hemoglobina e (3) bicarbonato. As proteínas sanguíneas atuam como tampões no compartimento extracelular. Assim como as proteínas intracelulares, essas proteínas do sangue contêm grupos ionizáveis que são ácidos fracos e, portanto, atuam como tampões. Entretanto, como as proteínas sanguíneas são encontradas em pequenas concentrações, sua utilidade como tampões durante o exercício intenso é limitada.

Em contraste, a hemoglobina é particularmente importante como proteína tampão e é também um dos principais tampões sanguíneos em condições de repouso. De fato, por sua alta concentração, a hemoglobina possui uma capacidade de tamponamento equivalente a aproximadamente 6 vezes a capacidade de tamponamento das proteínas plasmáticas.[12,25] Outro fator que contribui para a efetividade da hemoglobina como tampão é o fato de a hemoglobina desoxigenada ser um tampão mais eficiente do que a hemoglobina oxigenada. Como resultado, depois de ser desoxigenada nos capilares, a hemoglobina se torna mais capaz de ligar os íons hidrogênio formados com a entrada no sangue do CO_2 oriundo dos tecidos. Assim, a hemoglobina ajuda a minimizar as alterações de pH causadas pelo carregamento do sangue com CO_2.[12]

254   Seção I   Fisiologia do exercício

Um olhar no passado – nomes importantes na ciência

Peter Stewart desafiou a pesquisa sobre regulação acidobásica ao propor o conceito de "diferença de íon forte"

Peter Stewart (1921–1993) nasceu e cresceu em Winnipeg, no Canadá. Ele obteve os títulos de mestre e PhD na University of Minnesota. Ao longo de sua carreira longa e produtiva na área de pesquisa científica, o dr. Stewart atuou na University of Illinois, na Emory University e na Brown University.

Nos anos 1970, o dr. Stewart desenvolveu forte interesse pela regulação acidobásica e começou a analisar matematicamente as variáveis envolvidas no controle do pH nos líquidos corporais. Em 1981, ele desafiou os conceitos tradicionais do controle acidobásico ao publicar seu livro intitulado *How to Understand Acid-Base Balance – A Quantitative Acid-Base Primer for Biology and Medicine* (Como entender o equilíbrio acidobásico – um manual acidobásico quantitativo para biologia e medicina). Esse livro rapidamente incitou controvérsia e discussão entre os pesquisadores que estudavam o equilíbrio acidobásico. Vejamos, então, uma breve sinopse dessa controvérsia. Historicamente, acredita-se que o equilíbrio existente entre os níveis de íons hidrogênio e íons bicarbonato determina o pH dos líquidos corporais. O dr. Stewart desafiou esse conceito e argumentou que os íons hidrogênio e os íons bicarbonato não são as variáveis independentes responsáveis pelo controle acidobásico. Em vez disso, ele sugeriu que essas variáveis são dependentes e estão sujeitas à regulação por outros fatores, incluindo a diferença de íon forte,* níveis de dióxido de carbono e concentração de ácidos fracos e não voláteis nos líquidos corporais. Então, isso quer dizer que calcular o pH pela equação de Henderson-Hasselbalch é inútil? A resposta rápida e curta para essa pergunta é não. Entretanto, o trabalho do dr. Stewart demonstra que os fatores reguladores do equilíbrio acidobásico no corpo são bem mais complexos do que se pensava originalmente.

Embora muitos fisiologistas tenham aceitado a ciência que embasa a proposta do dr. Stewart, sobre como o equilíbrio acidobásico é mantido, o conceito da diferença de íon forte ainda é criticado. Uma questão referente ao conceito de equilíbrio de íon forte do controle acidobásico é a complexidade da química e da matemática por trás desse modelo. Além disso, na prática, muitas vezes é difícil medir todas as variáveis necessárias ao cálculo do pH pelo método da diferença de íon forte do dr. Stewart. Portanto, em um futuro próximo, parece que a abordagem tradicional do equilíbrio acidobásico certamente prevalecerá.

*Na terminologia do dr. Stewart, a diferença de íon forte é definida pelo contraste existente entre o número de cátions fortes (p. ex., sódio, potássio, cálcio, etc.) e ânions fortes (p. ex., cloreto, lactato, etc.) nos líquidos corporais.[21] Você pode ler o texto original do dr. Stewart no *site* www.acidbase.org. Uma nova edição do *Textbook of Clinical Acid Base Medicine*, do dr. Stewart, foi publicada recentemente e está na lista de "Sugestões de leitura" (Kellum e Elbers, 2009).[21]

O sistema de tamponamento de bicarbonato é provavelmente o sistema tampão mais importante do corpo.[4,25] Esse aspecto foi explorado por alguns pesquisadores, que demonstraram que um aumento de bicarbonato (Ingestão de bicarbonato) na concentração sanguínea ocasiona a melhora do desempenho em certos tipos de exercício[4,7,20,26] (ver Quadro "Vencendo limites 11.1").

O sistema de tamponamento de bicarbonato envolve o ácido carbônico (H_2CO_3), que passa pela seguinte reação de dissociação para formar o bicarbonato (HCO_3^-):

$$CO_2 + H_2O \leftrightarrow H_2CO_3 \leftrightarrow H^+ + HCO_3^-$$

A capacidade do bicarbonato (HCO_3^-) e do ácido carbônico (H_2CO_3) de atuar como sistema tampão é descrita matematicamente por uma relação conhecida como equação de Henderson-Hasselbalch:

$$pH = pKa + \log_{10}\left(\frac{HCO_3^-}{H_2CO_3}\right)$$

Onde, pKa é a constante de dissociação para H_2CO_3 e possui um valor constante de 6,1. Em resumo, a equação de Henderson-Hasselbalch estabelece que o pH de uma solução de ácido fraco é determinado pela proporção entre a concentração de base (i. e., bicarbonato, HCO_3^-) em solução e a concentração de ácido (i. e., ácido carbônico). O pH normal do sangue arterial é igual a 7,4 e a proporção de bicarbonato para ácido carbônico é igual a 20:1.

Vamos considerar um exemplo, usando a equação de Henderson-Hasselbalch para calcular o pH do sangue arterial. Normalmente, a concentração sanguínea de bicarbonato é igual a 24 mEq/L e a concentração de ácido carbônico é igual a 1,2 mEq/L. Observe que mEq/L é uma abreviação para miliequivalente por litro, que é uma medida de concentração. Dessa forma, o pH sanguíneo pode ser calculado do seguinte modo:

$$pH = pKa + \log_{10}\left(\frac{24}{1,2}\right)$$
$$pH = 6,1 + \log_{10} 20$$
$$pH = 6,1 + 1,3$$
$$pH = 7,4$$

Embora a perspectiva tradicional da química acidobásica considere os níveis de bicarbonato e íons hidrogênio como os dois determinantes primários do pH, novas ideias surgidas na década de 1980 expuseram a complexidade da regulação do equilíbrio do pH no corpo. Esses conceitos novos foram lançados por Peter Stewart e são apresentados no Quadro "Um olhar no passado – nomes importantes na ciência".

> **Em resumo**
>
> - O corpo mantém a homeostase acidobásica por meio de sistemas de controle tampões. Um tampão resiste à alteração do pH removendo íons hidrogênio diante da queda do pH e liberando íons hidrogênio quando o pH aumenta.
> - Os principais tampões intracelulares são as proteínas, os grupos fosfato e o bicarbonato.
> - Os principais tampões extracelulares são: bicarbonato, hemoglobina e proteínas do sangue.

Influência respiratória sobre o equilíbrio acidobásico

O fato de o sistema respiratório contribuir para o equilíbrio acidobásico durante o exercício foi introduzido no Capítulo 10. Entretanto, mais detalhes sobre o modo como esse sistema contribui para o controle do pH serão apresentados aqui. Lembre-se de que o CO_2 é considerado um ácido volátil por mudar rápido de CO_2 para ácido carbônico (H_2CO_3). Do mesmo modo, lembre-se de que é a pressão parcial de CO_2 no sangue que determina a concentração de ácido carbônico. Exemplificando, de acordo com a lei de Henry, a concentração de gás em solução é diretamente proporcional à sua pressão parcial. Ou seja, conforme a pressão parcial aumenta, a concentração de gás em solução também aumenta e vice-versa.

Por ser um gás, o CO_2 pode ser eliminado pelos pulmões. Dessa forma, o sistema respiratório é um regulador importante da concentração de ácido carbônico e do pH sanguíneos. Para melhor entender o papel dos pulmões no equilíbrio acidobásico, vamos reavaliar a equação de dissociação do ácido carbônico:

$$CO_2 + H_2O \leftrightarrow H_2CO_3 \leftrightarrow H^+ + HCO_3^-$$

Essa relação demonstra que quando a quantidade de CO_2 no sangue aumenta, a quantidade de H_2CO_3 também aumenta e isso diminui o pH por elevar a concentração sanguínea de ácidos (i. e., a reação se desloca para a direita). Em contraste, quando o conteúdo de CO_2 no sangue diminui (i. e., o CO_2 é "liberado" pelos pulmões), o pH do sangue aumenta, pois a quantidade de ácido presente diminui (a reação se desloca para a esquerda). Dessa forma, o sistema respiratório proporciona ao corpo um modo rápido de regular o pH sanguíneo por meio do controle da quantidade de CO_2 presente no sangue.[17,27,44]

> **Em resumo**
>
> - O controle respiratório do equilíbrio acidobásico envolve a regulação da PCO_2 do sangue.

- Um aumento da PCO_2 sanguínea diminui o pH, enquanto uma diminuição dela aumenta o pH.
- O aumento da ventilação pulmonar pode remover CO_2 do corpo e, assim, eliminar os íons hidrogênio e elevar o pH.

Regulação do equilíbrio acidobásico por via renal

Como os rins não são parte importante da regulação acidobásica durante o exercício de curta duração, apenas uma visão geral resumida do papel dos rins no equilíbrio acidobásico será exposta aqui. O principal meio de regulação da concentração de íons hidrogênio pelos rins consiste no aumento ou na diminuição da concentração de bicarbonato.[9-11,23] Quando o pH diminui (a concentração de íons hidrogênio aumenta) nos líquidos corporais, o rim responde diminuindo a velocidade da excreção de bicarbonato. Isso resulta no aumento da concentração sanguínea de bicarbonato e, portanto, ajuda a tamponar o aumento da concentração de íons hidrogênio. Ao contrário, quando o pH dos líquidos corporais sobe (a concentração de íons hidrogênio diminui), os rins intensificam a velocidade da excreção de bicarbonato. Dessa forma, ao mudar a quantidade de tampão presente nos líquidos corporais, os rins ajudam a regular a concentração de íons hidrogênio. O mecanismo renal envolvido na regulação da concentração de bicarbonato está localizado em uma parte do rim denominada túbulo, e atua por meio de uma série de reações complicadas e transporte ativo através da parede tubular.

Por que o rim não é importante como regulador do equilíbrio acidobásico durante o exercício? A resposta está no tempo requerido para o rim responder a um distúrbio acidobásico. Demora várias horas para os rins reagirem efetivamente em resposta ao aumento da concentração sanguínea de íons hidrogênio.[10,46] Portanto, os rins respondem devagar demais para proporcionarem benefícios relevantes à regulação da concentração de íons hidrogênio durante o exercício.

> **Em resumo**
>
> - Embora os rins exerçam papel importante na regulação do equilíbrio acidobásico em longo prazo, essa regulação durante o exercício é irrelevante.

Regulação do equilíbrio acidobásico durante o exercício

Durante os estágios finais de um teste de exercício incremental ou durante um exercício submáximo de curta duração, ocorre diminuição do pH no músculo e no sangue, principalmente por causa do aumento da produção de íons hidrogênio pelo músculo.[13,15,29] Esse aspecto está ilustrado na Figura 11.4, em que as alterações do pH sanguíneo e muscular durante um teste de exercício incremental são consideradas uma função do percentual de $\dot{V}O_{2máx}$. Observe que, tanto no músculo como no sangue, o pH segue tendências similares durante a execução desse tipo de exercício. Entretanto, o pH muscular está sempre de 0,4 a 0,6 unidades abaixo do pH sanguíneo.[32] É por isso que a concentração de íons hidrogênio é mais alta no músculo do que no sangue, enquanto a capacidade de tamponamento é menor no músculo do que no sangue.

A quantidade de íons hidrogênio produzida durante o exercício depende (1) da intensidade do exercício, (2) da quantidade de massa muscular envolvida e (3) da duração do trabalho.[5,13,15] O exercício que envolve o trabalho de alta intensidade com a perna (p. ex., corrida) pode diminuir o pH arterial de 7,4 para 7,0 em questão de minutos.[13,18,27,35,43] Além disso, as séries repetidas desse tipo de exercício podem fazer o pH sanguíneo declinar ainda mais e chegar a um valor de 6,8.[13] Esse valor de pH sanguíneo é o menor já registrado e representaria uma situação prejudicial à vida se não fosse corrigido em poucos minutos.

Como o corpo regula o equilíbrio acidobásico durante o exercício? Como os músculos que trabalham constituem a fonte primária de íons hidrogênio durante o exercício, é lógico que a primeira linha de defesa contra uma elevação da produção de ácidos resida nas fibras musculares individuais. Estima-se que as proteínas intracelulares contribuam para até 60% da capacidade de tamponamento celular, e que mais 20 a 30% da capacidade de tamponamento total sejam oriundas do bicarbonato muscular.[25] Os 10 a 20% restantes da capacidade de tamponamento muscular advêm dos grupos fosfato intracelulares.

Como a capacidade de tamponamento do músculo é limitada, o líquido extracelular (sobretudo o sangue) também deve contar com um meio de tamponar os íons hidrogênio. Portanto, os sistemas de tamponamento do sangue constituem a segunda linha de defesa contra a acidose induzida por exercício. O principal tampão extracelular é o bicarbonato do sangue.[25,39] A hemoglobina e as proteínas do sangue auxiliam nesse processo de tamponamento, mas têm um papel menos importante no tamponamento sanguíneo dos íons hidrogênio durante o exercício.[25] A Figura 11.5 ilustra o papel do bicarbonato sanguíneo como tampão durante o exercício incremental.[44] Observe que em aproximadamente 50 a 60% do $\dot{V}O_{2\ máx}$, os níveis sanguíneos de lactato começam a aumentar e o pH do sangue cai por causa do aumento nos íons hidrogênio no sangue. Esse aumento da concentração sanguínea de íons hidrogênio estimula os corpos carotídeos que, então, sinalizam para o centro

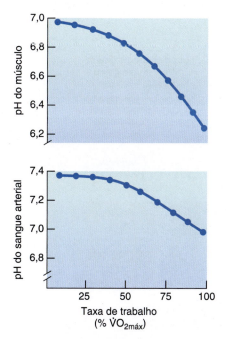

Figura 11.4 Mudanças do pH do sangue arterial e do pH muscular durante o exercício incremental. Note que o pH arterial e o pH muscular começam a cair juntos a taxas de trabalho superiores a 50% de $\dot{V}O_{2máx}$.

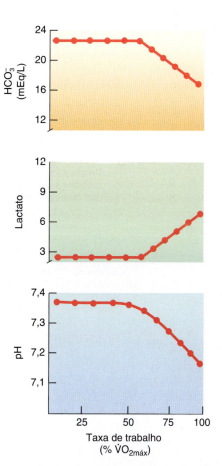

Figura 11.5 Mudanças das concentrações de bicarbonato, de lactato e do pH que ocorrem no sangue em função da taxa de trabalho.

de controle respiratório no sentido de aumentar a ventilação alveolar (i. e., limiar vetilatório; ver Cap. 10). Um aumento da ventilação alveolar acarreta a diminuição da PCO_2 do sangue e, portanto, atua diminuindo a carga de ácidos produzida durante o exercício.[17] O processo geral de auxílio respiratório no tamponamento do ácido láctico durante o exercício é referido como **compensação respiratória** para acidose metabólica.

Em resumo, é importante controlar o equilíbrio acidobásico durante o exercício. No exercício de alta intensidade (ou seja, trabalho acima do limiar do lactato), o músculo esquelético em contração produz quantidades significativas de íons hidrogênio. A primeira linha de defesa contra a acidose induzida por exercício reside na fibra muscular (ou seja, tampões de bicarbonato, fosfato e proteína). Entretanto, como a capacidade de tamponamento da fibra muscular é limitada, são necessários sistemas adicionais de tampão para proteger o corpo contra a acidose induzida por exercício. Nesse caso, a segunda linha de defesa contra mudanças no pH durante o exercício são os sistemas de tamponamento sanguíneo (ou seja, os tampões bicarbonato, fosfato e proteína). É importante destacar que um aumento na ventilação pulmonar durante o exercício intenso auxilia na eliminação do ácido carbônico ao "soprar o dióxido de carbono". Essa compensação respiratória para a acidose induzida por exercício é importante na segunda linha de defesa contra a mudança no pH durante o exercício intenso. Juntas, a primeira e a segunda linhas de defesa protegem o corpo contra a acidose induzida por exercício (Fig. 11.6).

Em resumo

- A Figura 11.6 resume o processo de "dois estágios" de tamponamento da produção de íons hidrogênio induzida por exercício.
- A primeira linha de defesa contra a produção de íons hidrogênio no músculo está dentro da própria fibra muscular. Durante o exercício, os sistemas de tampão do músculo atuam rapidamente para tamponar os íons hidrogênio e evitar um declínio significativo no pH muscular.
- A segunda linha de defesa contra a acidose induzida por exercício é composta pelos sistemas de tamponamento sanguíneo, que incluem tampões bicarbonato, fosfato e proteína.
- É importante destacar que um aumento na ventilação pulmonar durante o exercício intenso elimina o ácido carbônico ao "soprar o dióxido de carbono". Esse processo é chamado "compensação respiratória para acidose metabólica" e é importante na segunda linha de defesa contra a acidose induzida por exercício.

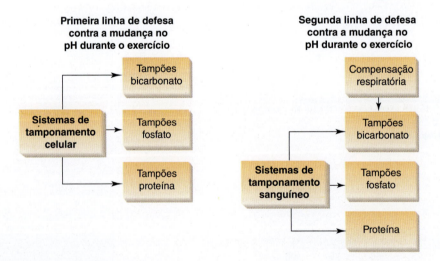

Figura 11.6 As duas principais linhas de defesa contra a mudança no pH durante o exercício intenso.

Atividades para estudo

1. Defina os termos *ácido*, *base*, *tampão*, *acidose*, *alcalose* e *pH*.
2. Represente graficamente a escala de pH. Assinale os valores de pH que representam o pH normal no sangue arterial e no meio intracelular.
3. Liste e discuta brevemente as principais fontes de íons hidrogênio produzidos no músculo durante o exercício.
4. Por que a manutenção da homeostasia acidobásica é importante para o desempenho físico?
5. Discuta a primeira e segunda linhas de defesa contra a acidose induzida por exercício. Quais são os principais sistemas de tampão encontrados em cada uma dessas linhas de defesa?
6. Discuta a compensação respiratória para acidose metabólica. O que aconteceria ao pH sanguíneo se um indivíduo começasse a hiperventilar em repouso? Por quê?
7. Resumidamente, destaque o modo como o corpo resiste à mudança do pH durante o exercício. Neste destaque, inclua os sistemas de tamponamento celular e sanguíneo.

Sugestões de leitura

Fox, S. 2013. *Human Physiology*. New York, NY: McGraw-Hill.

Harris, R. C., and C. Sale. 2012. Beta-alanine supplementation in high-intensity exercise. *Medicine and Science in Sports and Exercise* 59: 1–17.

Hoffman, J., N. Emerson, and J. Stout. 2012. Beta-alanine supplementation. *Current Sports Medicine Reports* 11: 189–195.

Jones, N. L. 2008. An obsession with CO_2. *Appl Physiol Nutr Metab* 33: 641–50.

Kellum, J., and P. Elbers (eds.). 2009. *Stewart's Textbook of Acid-Base*. acid-base.org.

McNaughton, L. R., J. Siegler, and A. Midgley. 2008. Ergogenic effects of sodium bicarbonate. *Curr Sports Med Rep* 7: 230–36.

Widmaier, E., H. Raff, and K. Strang. 2014. *Vander's Human Physiology*, 10th ed. New York, NY: McGraw-Hill.

Referências bibliográficas

1. Adams GR, Foley JM, and Meyer RA. Muscle buffer capacity estimated from pH changes during rest-to-work transitions. *J Appl Physiol* 69: 968–972, 1990.
2. Aschenbach W, Ocel J, Craft L, Ward C, Spangenburg E, and Williams J. Effect of oral sodium loading on high-intensity arm ergometry in college wrestlers. *Med Sci Sports Exerc* 32: 669–675, 2000.
3. Boning D, and Maassen N. Point: lactic acid is the only physicochemical contributor to the acidosis of exercise. *J Appl Physiol* 105: 358–359, 2008.
4. Broch-Lips M, Overgaard K, Praetorius HA, and Nielsen OB. Effects of extracellular $HCO_3(-)$ on fatigue, pHi, and K+ efflux in rat skeletal muscles. *J Appl Physiol* 103: 494–503, 2007.
5. Cerretelli P, and Samaja M. Acid base balance at exercise in normoxia and in chronic hypoxia. Revisiting the "lactate paradox." *Eur J Appl Physiol* 90: 431–448, 2003.
6. Coombes J, and McNaughton L. The effects of bicarbonate ingestion on leg strength and power during isokinetic knee flexion and extension. *Journal of Strength and Conditioning Research* 7: 241–249, 1993.
7. Costill DL, Verstappen F, Kuipers H, Janssen E, and Fink W. Acid-base balance during repeated bouts of exercise: influence of HCO_3. *Int J Sports Med* 5: 228–231, 1984.
8. Edwards R. Biochemical bases of fatigue in exercise performance: catastrophe theory of muscular fatigue. In: *Biochemistry of Exercise*. Champaign, IL: Human Kinetics, 1983.
9. Fox E, Foss M, and Keteyian S. *Fox's Physiological Basis for Exercise and Sport*. New York, NY: McGraw-Hill, 1998.
10. Fox S. *Human Physiology*. New York, NY: McGraw-Hill, 2013.
11. Hall JE. *Guyton and Hall Textbook of Medical Physiology*. Philadelphia, PA: Mosby/Saunders, 2011.
12. Halperin M, Goldstein M, and Kamel K. *Fluid, Electrolyte, and Acid-Base Physiology*. Philadelphia, PA: Saunders, 2010.
13. Hultman E, and Sahlin K. Acid-base balance during exercise. In: *Exercise and Sport Science Reviews*, edited by Hutton R, and Miller D. Philadelphia, PA: Franklin Institute Press, 1980, pp. 41–128.
14. Hultman E, and Sjoholm J. Biochemical causes of fatigue. In: *Human Muscle Power*, edited by Jones N, McCartney N, and McComas A. Champaign, IL: Human Kinetics, 1986.
15. Itoh H, and Ohkuwa T. Ammonia and lactate in the blood after short-term sprint exercise. *Eur J Appl Physiol Occup Physiol* 62: 22–25, 1991.
16. Jones NL. Hydrogen ion balance during exercise. *Clin Sci (Lond)* 59: 85–91, 1980.
17. Jones NL. An obsession with CO_2. *Appl Physiol Nutr Metab* 33: 641–650, 2008.
18. Jones NL, Sutton JR, Taylor R, and Toews CJ. Effect of pH on cardiorespiratory and metabolic responses to exercise. *J Appl Physiol* 43: 959–964, 1977.
19. Karlsson J. Localized muscular fatigue: role of metabolism and substrate depletion. In: *Exercise and Sport Science Reviews*, edited by Hutton R, and Miller D. Philadelphia, PA: Franklin Institute Press, 1979, pp. 1–42.
20. Katz A, Costill DL, King DS, Hargreaves M, and Fink WJ. Maximal exercise tolerance after induced alkalosis. *Int J Sports Med* 5: 107–110, 1984.
21. Kellum J, and Elbers P, eds. *Stewart's Textbook of Acid-Base*. acid-base.org, 2009.
22. Kemp GJ, Tonon C, Malucelli E, Testa C, Liava A, Manners D, et al. Cytosolic pH buffering during exercise and recovery in skeletal muscle of patients with McArdle's disease. *Eur J Appl Physiol* 105: 687–694, 2009.
23. Kiil F. Mechanisms of transjunctional transport of NaCl and water in proximal tubules of mammalian kidneys. *Acta Physiol Scand* 175: 55–70, 2002.
24. Kowalchuk JM, Maltais SA, Yamaji K, and Hughson RL. The effect of citrate loading on exercise performance, acid-base balance and metabolism. *Eur J Appl Physiol Occup Physiol* 58: 858–864, 1989.
25. Laiken N, and Fanestil D. Acid-base balance and regulation of hydrogen ion excretion. In: *Physiological Basis of Medical Practice*, edited by West J. Baltimore, MD: Lippincott Williams & Wilkins, 1985.
26. Linderman J, and Fahey TD. Sodium bicarbonate ingestion and exercise performance. An update. *Sports Med* 11: 71–77, 1991.
27. Lindinger M, and Heigenhauser G. Effects of gas exchange on acid-base balance. *Comprehensive Physiology* 2: 2203–2254, 2012.
28. Lindinger MI, and Heigenhauser GJ. Counterpoint: lactic acid is not the only physicochemical contributor to the ac-

idosis of exercise. J *Appl Physiol* 105: 359–361; discussion 361–362, 2008.

29. Marsh GD, Paterson DH, Thompson RT, and Driedger AA. Coincident thresholds in intracellular phosphorylation potential and pH during progressive exercise. J *Appl Physiol* 71: 1076–1081, 1991.

30. McNaughton LR. Sodium citrate and anaerobic performance: implications of dosage. *Eur* J *Appl Physiol Occup Physiol* 61: 392–397, 1990.

31. McNaughton LR, Siegler J, and Midgley A. Ergogenic effects of sodium bicarbonate. *Curr Sports Med Rep* 7: 230–236, 2008.

32. Meyer RA, Adams GR, Fisher MJ, Dillon PF, Krisanda JM, Brown TR, et al. Effect of decreased pH on force and phosphocreatine in mammalian skeletal muscle. *Can* J *Physiol Pharmacol* 69: 305–310, 1991.

33. Nattie EE. The alphastat hypothesis in respiratory control and acid-base balance. J *Appl Physiol* 69: 1201–1207, 1990.

34. Nielsen HB, Hein L, Svendsen LB, Secher NH, and Quistorff B. Bicarbonate attenuates intracellular acidosis. *Acta Anaesthesiol Scand* 46: 579–584, 2002.

35. Robergs RA, Costill DL, Fink WJ, Williams C, Pascoe DD, Chwalbinska-Moneta J, et al. Effects of warm-up on blood gases, lactate and acid-base status during sprint swimming. *Int* J *Sports Med* 11: 273–278, 1990.

36. Robergs RA, Ghiasvand F, and Parker D. Biochemistry of exercise-induced metabolic acidosis. *Am* J *Physiol Regul Integr Comp Physiol* 287: R502–516, 2004.

37. Robertson RJ, Falkel JE, Drash AL, Swank AM, Metz KF, Spungen SA, et al. Effect of induced alkalosis on physical work capacity during arm and leg exercise. *Ergonomics* 30: 19–31, 1987.

38. Roth DA, and Brooks GA. Lactate transport is mediated by a membrane-bound carrier in rat skeletal muscle sarcolemmal vesicles. *Arch Biochem Biophys* 279: 377–385, 1990.

39. Sale C, Saunders B, and Harris RC. Effect of beta-alanine supplementation on muscle carnosine concentrations and exercise performance. *Amino Acids* 39: 321–333, 2010.

40. Siegler JC, and Gleadall-Siddall DO. Sodium bicarbonate ingestion and repeated swim sprint performance. J *Strength Cond Res* 24: 3105–3111, 2010.

41. Spriet LL. Phosphofructokinase activity and acidosis during short-term tetanic contractions. *Can* J *Physiol Pharmacol* 69: 298–304, 1991.

42. Stein J. *Internal Medicine*. St. Louis: Mosby Year-Book, 2002.

43. Street D, Bangsbo J, and Juel C. Interstitial pH in human skeletal muscle during and after dynamic graded exercise. J *Physiol* 537: 993–998, 2001.

44. Strickland M, Lindinger M, Olfert I, Heigenhauser G, and Hopkins S. Pulmonary gas exchange and acid-base balance during exercise. *Comprehensive Physiology* 3: 693–739, 2013.

45. Vollestad NK, and Sejersted OM. Biochemical correlates of fatigue. A brief review. *Eur* J *Appl Physiol Occup Physiol* 57: 336–347, 1988.

46. Widmaier E, Raff H, and Strang K. *Vander's Human Physiology*. New York, NY: McGraw-Hill, 2014.Clinical Applications 11.1

12

Regulação da temperatura

Objetivos

Ao estudar este capítulo, você deverá ser capaz de:

1. Definir o termo *homeotermo*.
2. Apresentar uma visão geral do equilíbrio do calor durante o exercício.
3. Discutir o conceito de "temperatura central".
4. Listar os principais meios de intensificação involuntária da produção de calor.
5. Definir os quatro processos pelos quais o corpo pode perder calor durante o exercício.
6. Discutir o papel do hipotálamo como termostato do corpo.
7. Explicar os eventos térmicos que ocorrem durante o exercício realizado em um ambiente frio/moderado e em um ambiente quente/úmido.
8. Listar as adaptações fisiológicas que ocorrem durante a aclimatização ao calor.
9. Descrever as respostas fisiológicas a um ambiente frio.
10. Discutir as alterações fisiológicas que ocorrem em resposta à aclimatização ao frio.

Conteúdo

Visão geral do equilíbrio do calor durante o exercício 262

Mensuração da temperatura durante o exercício 263

Visão geral da produção/perda de calor 264
Produção de calor 264
Perda de calor 264
Armazenamento de calor no corpo durante o exercício 266

Termostato corporal – o hipotálamo 267
Desvio do ponto de ajuste do termostato hipotalâmico em decorrência de febre 268

Eventos térmicos durante o exercício 269

Índice de calor – uma mensuração da sensação de calor 270

Exercício em um ambiente quente 271
Taxas de sudorese durante o exercício 271
O desempenho no exercício é comprometido em um ambiente quente 273
Diferenças de termorregulação relacionadas à idade e ao gênero 274
Aclimatação ao calor 275
Perda da aclimatação 278

Exercício em um ambiente frio 278
Aclimatação ao frio 279

Palavras-chave

aclimatação
aclimatização
calor específico
condução
convecção
evaporação
hipertermia
hipotálamo anterior
hipotálamo posterior
hipotermia
homeotermos
irradiação

A regulação da temperatura corporal central é essencial, porque as estruturas celulares e as vias metabólicas são afetadas pela temperatura. Por exemplo, as enzimas reguladoras das vias metabólicas são bastante influenciadas pelas alterações de temperatura. De fato, uma elevação da temperatura corporal para mais de 45°C (a temperatura corporal central é aproximadamente 37°C) pode destruir a estrutura proteica normal das enzimas, resultando na incapacidade de produzir energia celular (ou seja, ATP). Por fim, uma incapacidade para produzir energia celular ocasionaria morte celular e, consequentemente, morte do organismo. Ademais, uma temperatura corporal inferior a 34°C retarda o metabolismo e a função cardíaca normal (arritmias), podendo levar à morte. Dessa forma, os seres humanos e muitos animais vivem suas vidas inteiras a apenas alguns graus do ponto térmico de morte. Fica claro, assim, que a temperatura corporal deve ser cuidadosamente regulada.

Os seres humanos e outros animais que mantêm uma temperatura corporal central constante são denominados **homeotermos**. A manutenção de uma temperatura corporal constante requer que a perda de calor corresponda à taxa de produção de calor. Para realizar a regulação térmica, o corpo está efetivamente equipado com mecanismos nervosos e hormonais que regulam não só a taxa metabólica como a quantidade de calor perdida em resposta às alterações da temperatura corporal. A estratégia de manutenção da temperatura dos homeotermos usa um "forno", e não um "refrigerador", para manter a temperatura corporal em um nível constante. Isso significa que a temperatura corporal é ajustada perto do limite máximo da faixa da sobrevida e mantida constante por uma contínua produção de calor metabólica acoplada a uma perda de calor pequena, todavia contínua. Segundo a lógica dessa estratégia, parece que a regulação da temperatura por meio da conservação e da geração de calor é bastante eficiente, enquanto a nossa capacidade de resfriamento é significativamente mais restrita.[5,20]

Como os músculos esqueléticos em contração produzem grandes quantidades de calor, o exercício prolongado realizado em um ambiente quente e úmido representa um sério desafio à homeostasia da temperatura. De fato, muitos fisiologistas do exercício acreditam que o superaquecimento é a única ameaça grave à saúde que o exercício impõe a um indivíduo saudável. Este capítulo discute os princípios da regulação da temperatura durante o exercício. As respostas cardiovascular e pulmonar ao exercício em um ambiente quente já foram discutidas nos Capítulos 9 e 10, respectivamente. A influência da temperatura sobre o desempenho é discutida no Capítulo 24.

Visão geral do equilíbrio do calor durante o exercício

D. B. Dill et al. realizaram muitos dos primeiros estudos sobre o estresse do calor em seres humanos, no Harvard Fatigue Laboratory. Essa pesquisa inicial forneceu a base científica de nosso atual conhecimento a respeito do estresse térmico e da regulação da temperatura durante o exercício. Veja adiante o Quadro "Um olhar no passado – nomes importantes na ciência" para uma perspectiva histórica do trabalho de D. B. Dill.

O objetivo da regulação da temperatura é manter uma temperatura central constante e, assim, prevenir o superaquecimento ou o super-resfriamento. Se a temperatura central tem de permanecer constante, a quantidade de calor perdida deve corresponder à quantidade de calor ganha (ver Fig. 12.1). Com isso, se a perda de calor for menor que a produção de calor, ocorre um ganho líquido de calor corporal, e, por consequência, a temperatura corporal sobe. Do mesmo modo, se a perda de calor exceder a produção, ocorre uma perda líquida de calor corporal, e a temperatura corporal diminui.

Durante o exercício, a temperatura corporal é regulada por meio de ajustes da quantidade de calor perdida. Uma das funções importantes do sistema circulatório é o transporte de calor. O sangue é bastante efetivo em cumprir essa função, pois é dotado de uma alta capacidade de armazenar calor. Quando o corpo tenta perder calor, o fluxo sanguíneo para a pele aumenta como forma de promover perda de calor para o meio ambiente. Em contrapartida, quando o objetivo da regulação da temperatura é prevenir a perda de calor, o sangue é dirigido para longe da pele e em direção ao interior do corpo, para prevenir perdas adicionais de calor.

É importante destacar que, junto ao corpo, a temperatura varia bastante. Isso significa que existe um gradiente de temperatura entre a temperatura central (i. e., áreas centrais profundas, incluindo-se o coração, os pulmões, os órgãos abdominais) e a temperatura "externa" (cutânea). Em circunstâncias extremas (i. e., exposição a temperaturas muito baixas), a temperatura central pode ultrapassar em 20°C a temperatura externa.[33] Entretanto, esses amplos gradientes de temperatura central-externa são raros, e a diferença ideal entre as temperaturas central e externa é de aproximadamente 4°C.[3,57] Mesmo centralmente, a temperatura varia de um órgão para outro. Dadas as amplas diferenças de temperatura existentes

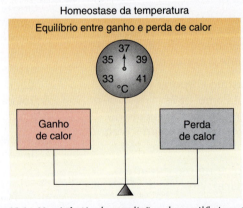

Figura 12.1 Na vigência de condições de equilíbrio estável, a homeostase da temperatura é mantida por taxas iguais de ganho e de perda de calor corporal.

Um olhar no passado – nomes importantes na ciência

D. B. (Bruce) Dill foi pioneiro na pesquisa sobre os estresses do ambiente e do calor

Após obter seu título de PhD na Stanford University, em 1925, **D. B. (Bruce) Dill (1891-1986)** foi para a Harvard University trabalhar com o renomado fisiologista L. J. Henderson, que ainda hoje é bastante conhecido por suas contribuições para a química acidobásica, incluindo-se a equação de Henderson-Hasselbalch, introduzida no Capítulo 11.

Em 1927, o dr. Dill tornou-se um dos membros fundadores do Harvard Fatigue Laboratory. Esse importante laboratório de pesquisa foi incumbido de investigar os fatores que influenciavam a fadiga humana, inclusive o impacto de condições ambientais extremas (i. e., calor, frio e altitude elevada), exercício, nutrição, equilíbrio acidobásico e envelhecimento. Durante os 20 anos de existência do Harvard Fatigue Laboratory, o trabalho concluído pelo dr. Dill e seus colaboradores impulsionaram significativamente nosso conhecimento sobre fisiologia ambiental e fisiologia do exercício.

Após o fechamento do Harvard Fatigue Laboratory, o dr. Dill passou a diretor científico da Medical Division of the Army Chemical Center, onde liderou as pesquisas até 1961. Nesse centro de pesquisas do Exército, sua pesquisa produziu resultados importantes, inclusive os estudos que levaram ao desenvolvimento de métodos mais efetivos de ressuscitação cardiopulmonar. Esses mesmos procedimentos continuam em uso até hoje e têm salvado muitas vidas ao redor do mundo.

Após sua aposentadoria compulsória do centro de pesquisas do Exército, aos 70 anos de idade, o dr. Dill associou-se à Indiana University para assumir um cargo de pesquisador durante um período de cinco anos. Ele então mudou-se para Boulder City (Nevada, EUA) para se tornar professor-pesquisador no Desert Research Institute, da University of Nevada-Las Vegas. Nesse instituto, continuou seu trabalho sobre o impacto fisiológico do estresse do calor e permaneceu ativo na pesquisa acerca de estresse do ambiente até morrer, aos 95 anos de idade. Ele apresentou sua última palestra em uma conferência científica, quando tinha 93 anos, e o tópico discutido foi a alteração de seu próprio $\dot{V}O_{2máx}$ ao longo dos últimos 60 anos. De fato, aos 93 anos, Bruce Dill foi a pessoa de idade mais avançada a realizar um teste de $\dot{V}O_{2máx}$. Durante sua longa e produtiva carreira científica, foi coautor de numerosos livros e de mais de 300 artigos científicos. Muitos desses estudos fundamentam a base de nosso atual conhecimento acerca do impacto do estresse do calor sobre a fisiologia e o desempenho humanos.

---

entre uma parte do corpo e outra, é importante ser específico em relação ao local onde a temperatura corporal é medida. Dessa forma, ao se discutir a temperatura corporal, é importante ser específico com relação ao local onde as mensurações de temperatura foram realizadas (i. e., temperatura cutânea ou temperatura central).[3]

> **Em resumo**
>
> ■ Os homeotermos são animais que mantêm uma temperatura corporal central constante. Para tanto, a perda de calor deve corresponder ao ganho de calor.
> ■ A temperatura varia acentuadamente junto ao corpo. De modo geral, existe um gradiente termal na direção da temperatura corporal profunda (temperatura central) para a temperatura externa (cutânea).

Mensuração da temperatura durante o exercício

As determinações das temperaturas corporais profundas podem ser feitas com o auxílio de numerosos dispositivos distintos, inclusive de termômetros de mercúrio, dispositivos conhecidos como termopares ou termistores, e/ou pílulas de mensuração da temperatura central ingeríveis.[9] No contexto laboratorial, um sítio comum de mensuração da temperatura central é o reto. Embora a temperatura retal não seja igual à temperatura no cérebro, onde ocorre a regulação da temperatura, ela pode ser utilizada para se estimarem as alterações da temperatura corporal profunda que ocorrem durante o exercício. Some-se a isso o fato de que as mensurações de temperatura realizadas perto do tímpano (denominada temperatura timpânica) são comprovadamente efetivas para se estimar a temperatura cerebral real. Outra alternativa consiste na mensuração da temperatura do esôfago, como indicação da temperatura central. Assim como a temperatura retal, a temperatura do esôfago não é idêntica à temperatura cerebral, mas fornece uma mensuração da temperatura corporal profunda.

Embora as medidas da temperatura retal, timpânica e esofagiana possam ser facilmente obtidas no contexto laboratorial, cada uma dessas técnicas apresenta limitações em um contexto de campo. De fato, seria difícil aplicar tais técnicas de mensuração de temperatura em atletas durante uma sessão de prática de futebol americano ou futebol. Mesmo assim, o recente desenvolvimento de sistemas de telemetria com sensores de temperatura ingeríveis tornou possível a mensuração da temperatura central em campo e permitiu investigar as alterações de temperatura central que ocorrem em atletas durante as sessões práticas.[4,41] Esses sensores de temperatura ingeríveis usam transmissões de radiofrequência de baixa potência para se comunicar com um monitor de temperatura. Essas sondas são comprovadamente válidas e confiáveis para medição da temperatura corporal de jogadores de futebol americano, durante a prática.[4] Existem ainda numerosos dispositivos diferentes comercializados que são usados para medir a temperatura corporal no contexto de campo, e a validade desses produtos está estabelecida.[9]

No laboratório, a mensuração da temperatura corporal fornece informações úteis sobre o gradiente de temperatura entre a temperatura profunda do corpo (ou seja, central) e a pele. A magnitude desse gradiente de temperatura central e da pele é importante para a perda de calor do corpo e será discutida posteriormente no capítulo. A temperatura cutânea pode ser medida colocando-se sensores de temperatura (termistores) em vários sítios da pele. A temperatura cutânea média pode ser calculada por meio da atribuição de certos fatores a cada medida cutânea individual em proporção à fração da área de superfície corporal total representada por cada medida. Exemplificando, a temperatura cutânea média (T_C) pode ser estimada pela seguinte fórmula:[27]

$$T_c = (T_{testa} + T_{tórax} + T_{antebraço} + T_{coxa} + T_{panturrilha} + T_{abdome} + T_{dorso}) \div 7$$

onde, T_{testa}, $T_{tórax}$, $T_{antebraço}$, T_{coxa}, $T_{panturrilha}$, T_{abdome} e T_{dorso} representam as temperaturas cutâneas medidas na testa, no tórax, no antebraço, na coxa, na panturrilha, no abdome e no dorso, respectivamente.

Em resumo

- As mensurações das temperaturas corporais profundas podem ser realizadas com o auxílio de termômetros de mercúrio ou dispositivos conhecidos como *termopares* ou *termistores*. Os sítios comuns de mensuração incluem o reto, a orelha (temperatura timpânica) e o esôfago.
- A temperatura cutânea pode ser medida colocando-se sensores de temperatura (termistores) em vários sítios da pele.

Visão geral da produção/perda de calor

Conforme dito anteriormente, o objetivo da regulação da temperatura (i. e., termorregulação) é manter uma temperatura central constante. Essa regulação é conseguida controlando-se a taxa de produção e a perda de calor. Na situação de desequilíbrio, o corpo ganha ou perde calor. O centro de controle da temperatura é uma área do cérebro denominada hipotálamo. O hipotálamo atua como um termostato, iniciando um aumento da produção de calor quando a temperatura corporal cai e um aumento da taxa de perda de calor diante da elevação da temperatura corporal. A regulação da temperatura é controlada por processos físicos e químicos. Vamos começar nossa discussão sobre a regulação da temperatura introduzindo os fatores que governam a produção e a perda de calor.

Produção de calor

O corpo produz calor interno em decorrência de processos metabólicos normais. Em repouso ou durante o sono, a produção de calor metabólica é pequena. Contudo, durante o exercício intenso, a produção de calor é grande. A produção de calor que ocorre no corpo pode ser classificada como (1) voluntária (exercício) ou (2) involuntária (tremor ou produção de calor bioquímica decorrente da secreção de hormônios, como tiroxina e catecolaminas) (ver Fig. 12.2).

Como o corpo apresenta uma eficiência de no máximo 20-30%, 70-80% da energia gasta durante o exercício aparecem em forma de calor. Durante o exercício intenso, isso pode resultar em uma ampla carga de calor. De fato, o exercício prolongado em um ambiente quente/úmido constitui uma forma de testar seriamente a capacidade do corpo de perder calor.

A produção involuntária de calor por tremores é a forma primária de intensificar a produção de calor durante a exposição ao frio. O tremor máximo pode aumentar a produção de calor corporal em cerca de 5 vezes, em relação aos valores de repouso.[1,5] Adicionalmente, a liberação de tiroxina pela glândula tireoide também pode aumentar a taxa metabólica. A tiroxina atua aumentando a taxa metabólica de todas as células corporais.[16] Por fim, um aumento dos níveis sanguíneos de catecolaminas (adrenalina e noradrenalina) pode igualmente causar aumento da taxa de metabolismo celular.[16] O aumento da produção de calor em razão das influências combinadas da tiroxina e das catecolaminas é referido como termogênese sem tremor.

Perda de calor

A perda de calor do corpo pode correr por meio de quatro processos: (1) irradiação; (2) condução; (3) convecção; e/ou (4) evaporação. Os três primeiros desses mecanismos de perda de calor requerem a existência de um gradiente de temperatura entre a pele o ambiente. A **irradiação** consiste na perda de calor em forma de raios infravermelhos. Isso envolve a transferência de calor a partir da superfície de um objeto para a superfície de outro, sem que haja contato físico (i. e., a transferência de calor do Sol para a Terra por meio da irradiação). Em repouso, em um ambiente confortável (p. ex., tem-

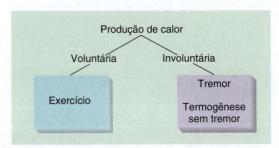

Figura 12.2 O corpo produz calor em razão dos processos metabólicos normais. A produção de calor pode ser classificada como voluntária ou involuntária.

peratura ambiente = 21°C), 60% da perda de calor se dão pela irradiação. Isso é possível porque a temperatura cutânea é maior que a temperatura dos objetos circundantes (paredes, piso, etc.), e uma perda líquida de calor corporal ocorre em decorrência do gradiente térmico. Note que, em um dia quente e ensolarado, quando as temperaturas de superfície são maiores que a temperatura cutânea, o corpo também pode ganhar calor por irradiação. Por isso, é importante lembrar que a irradiação consiste na transferência de calor por raios infravermelhos e pode resultar em perda ou ganho de calor, dependendo das condições ambientais.

A **condução** consiste na transferência de calor do corpo para as moléculas de objetos mais frios que entram em contato com a superfície corporal. Em geral, o corpo perde somente pequenas quantidades de calor em decorrência desse processo. Um exemplo de perda de calor por condução é a transferência de calor do corpo para uma cadeira de metal, enquanto uma pessoa permanece sentada. A perda de calor ocorre enquanto a cadeira estiver mais fria do que a superfície corporal com a qual está em contato.

A **convecção** é uma forma de perda de calor por condução, em que o calor é transmitido às moléculas de ar ou água que entram em contato com o corpo. Na perda de calor convectiva, as moléculas de ar ou água são aquecidas e se afastam da fonte de calor, sendo substituídas por moléculas mais frias. Um exemplo de convecção forçada é um ventilador que desloca grandes quantidades de ar para longe da pele. Isso aumenta o número de moléculas de ar que entram em contato com a pele e, desse modo, promove perda de calor. Dito de forma prática, a quantidade de calor perdida por convecção depende da magnitude do fluxo de ar sobre a pele. Desse modo, sob as mesmas condições de vento, o ciclismo a altas velocidades melhoraria o resfriamento convectivo, se comparado ao ciclismo a velocidades lentas. Nadar em águas frias (temperatura da água menor que a temperatura da pele) também resulta em perda de calor por convecção. De fato, a efetividade da água em termos de promoção de resfriamento é cerca de 25 vezes maior que a efetividade do ar a uma mesma temperatura.

O último modo de perda de calor é a evaporação. Ela é responsável por aproximadamente 25% da perda de calor que ocorre em repouso e, na maioria das condições ambientais, constitui a principal forma de perda de calor durante o exercício.[44] Na **evaporação**, o calor é transferido do corpo para a água na superfície da pele. Quando essa água ganha calor (energia) o suficiente, ela é convertida em gás (vapor de água) e dissipa o calor do corpo. A evaporação ocorre em decorrência de um gradiente de pressão de vapor formado entre a pele e o ar. A pressão de vapor consiste na pressão exercida pelas moléculas de água convertidas em gás (vapor de água). O resfriamento evaporativo durante o exercício ocorre como descrito a seguir: quando a temperatura corporal fica acima do normal, o sistema nervoso estimula as glândulas sudoríparas a secretarem suor sobre a superfície cutânea. Conforme o suor se evapora, o calor vai

sendo perdido para o meio ambiente, o que por sua vez abaixa a temperatura cutânea.

A evaporação do suor da pele depende de três fatores: (1) condições ambientais (i. e., temperatura do ar e umidade relativa – UR); (2) correntes convectivas ao redor do corpo e (3) extensão da superfície cutânea exposta ao meio ambiente.[3,43] A temperaturas ambientes elevadas, a UR constitui o principal fator influenciador da taxa de perda de calor por evaporação. Níveis altos de UR diminuem a taxa de evaporação. De fato, quando a UR se aproxima de 100%, a evaporação é limitada. Portanto, o resfriamento por evaporação é mais efetivo em condições de baixa umidade.

Por que a alta UR diminui a taxa de evaporação? A resposta está associada ao fato de uma UR alta diminuir o gradiente de pressão de vapor existente entre a pele e o meio ambiente. Em um dia quente/úmido (p. ex., UR = 80-90%), a pressão de vapor no ar se aproxima da pressão de vapor na pele úmida. Dessa forma, a taxa de evaporação é bastante reduzida. As altas taxas de sudorese observadas durante o exercício realizado em um ambiente quente/de alta umidade resultam em uma perda de água inútil, ou seja, o suor por si só não resfria a pele. É a evaporação que resfria a pele.

Vamos explorar em mais detalhes os fatores que regulam a taxa de evaporação. O principal ponto a se ter em mente é que a evaporação ocorre em razão de um gradiente de pressão de vapor. Isso significa que, para haver resfriamento evaporativo durante o exercício, a pressão de vapor na pele deve ser maior que a pressão de vapor no ar. A pressão de vapor é influenciada pela temperatura e pela UR. Essa relação é ilustrada na Tabela 12.1. Note que, a

Tabela 12.1	Relação entre temperatura e umidade relativa (UR) na pressão de vapor	
50% de UR Temperatura (°C)	**Pressão de vapor (mmHg)**
0	2,3
10	4,6
20	8,8
30	15,9
75% de UR Temperatura (°C)	**Pressão de vapor (mmHg)**
0	3,4
10	6,9
20	13,2
30	23,9
100% de UR Temperatura (°C)	**Pressão de vapor (mmHg)**
0	4,6
10	9,2
20	17,6
30	31,9

Capítulo 12   Regulação da temperatura   **265**

qualquer temperatura, uma elevação da UR resulta em uma pressão de vapor aumentada. Dito de forma simples, isso significa que um menor resfriamento evaporativo ocorre durante o exercício realizado em um dia quente/úmido, em comparação ao observado em um dia frio/de baixa umidade. No exemplo de um atleta correndo em um dia quente/úmido (p. ex., temperatura do ar = 30°C; UR = 100%), a temperatura cutânea média poderia estar na faixa de 33-34°C. A pressão de vapor na pele seria de aproximadamente 35 mmHg, e a pressão de vapor de ar estaria em torno de 32 mmHg (Tab. 12.1). Esse pequeno gradiente de pressão de vapor existente entre a pele e o ar (3 mmHg) possibilitaria uma evaporação apenas limitada e, assim, pouco resfriamento ocorreria. Em contrapartida, o mesmo atleta correndo em um dia frio/de baixa umidade (p. ex., temperatura do ar = 10°C; UR = 50%) poderia apresentar uma temperatura cutânea média de 30°C. O gradiente de pressão de vapor formado entre a pele e o ar nessas condições seria de aproximadamente 28 mmHg (32-4 = 28) (Tab. 12.1). Esse gradiente de pressão de vapor relativamente alto entre a pele e o ar permitiria uma taxa evaporativa relativamente alta e, por consequência, o resfriamento corporal ocorreria nessas condições.

Quanto calor é perdido por evaporação durante o exercício? A perda de calor por evaporação pode ser calculada conforme descrito a seguir. O corpo perde 0,58 kcal de calor para cada mL de água que se evapora.[68] Dessa forma, a evaporação de 1 L de suor resultaria em uma perda de calor de 580 kcal (1.000 mL × 0,58 kcal/mL = 580 kcal). Veja exemplos adicionais de cálculos de perda de calor corporal no Quadro "Uma visão mais detalhada 12.1".

Em suma, a perda de calor que ocorre durante o exercício (exceto na prática de natação) realizado em um ambiente frio/moderado ocorre primariamente por evaporação. De fato, quando o exercício é realizado em um ambiente quente (onde a temperatura do ar é maior que a temperatura cutânea), a evaporação é a única forma de perder calor corporal. As formas pelas quais o corpo ganha e perde calor durante o exercício são resumidas na Figura 12.3.

Armazenamento de calor no corpo durante o exercício

Tendo discutido tanto a produção como a perda de calor, vamos abordar o armazenamento de calor no corpo durante o exercício. Conforme mencionado, todo calor que é produzido pelos músculos ativos durante o exercício e que não é perdido deve ser armazenado nos tecidos corporais. Dessa forma, a quantidade de calor ganha pelo corpo durante o exercício é computada como diferença entre produção e perda de calor:

Ganho de calor corporal durante o exercício =
= (calor produzido – perda de calor)

A quantidade de energia em forma de calor necessária para elevar a temperatura corporal depende do tamanho do indivíduo (i. e., peso corporal) e de uma característica tecidual corporal denominada **calor específico**. O termo "calor específico" refere-se à quantidade de energia em forma de calor necessária para promover uma elevação de 1°C em 1 kg de tecido corporal. O calor específico para o corpo humano é igual a 0,83 kcal/kg de massa corporal. Dessa maneira, a quantidade de calor necessária para elevar a temperatura corporal em 1°C pode ser computada do seguinte modo:

Calor necessário para aumentar a temperatura corporal em 1°C = (calor específico × massa corporal)

Usando a equação anterior, por exemplo, a quantidade de calor necessária para aumentar em 1°C a tem-

Uma visão mais detalhada 12.1

Cálculo da perda de calor por evaporação

Saber que a evaporação de 1.000 mL de suor resulta em uma perda de calor da ordem de 580 kcal permite calcular as taxas de sudorese e evaporação necessárias à manutenção de uma temperatura corporal específica, durante o exercício. Considere o seguinte exemplo: John está trabalhando em uma bicicleta ergométrica a um $\dot{V}O_{2máx}$ de 2,0 L/min⁻¹ (gasto energético de 10 kcal/min⁻¹). Se John se exercitar durante 20 minutos a essa taxa metabólica e com uma eficiência de 20%, quanta evaporação será necessária para evitar a elevação da temperatura

central?[1] O calor total produzido pode ser calculado da seguinte forma:

Gasto energético total
= 20 minutos × 10 kcal/min
= 200 kcal

Calor total produzido
= 200 kcal × 0,80[1]
= 160 kcal

A evaporação total necessária para prevenir qualquer tipo de ganho de calor seria calculada como segue:

$$\frac{160 \text{ kcal}}{(580 \text{ kcal/L})} = 0,276 \text{ L}^2$$

(evaporação necessária para prevenir ganho de calor)

[1] Se a eficiência for igual a 20%, então 80% (ou 0,80) do gasto energético total deve ser liberado como calor.
[2] Considerando-se a inexistência de outro mecanismo de perda de calor ativo.

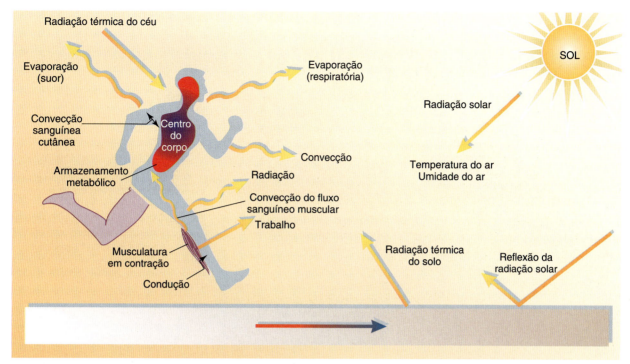

Figura 12.3 Resumo dos mecanismos de troca de calor durante o exercício.

peratura corporal em um indivíduo de 70 kg pode ser calculada multiplicando-se o calor específico do corpo (0,83 kcal/kg) pelo peso corporal do indivíduo (70 kg). Dessa forma, o calor necessário para aumentar a temperatura corporal em 1°C seria 58,1 kcal (i. e., 0,83 kcal/kg × 70 kg = 58,1 kcal). Veja um exemplo de cálculo de ganho de calor corporal no Quadro "Uma visão mais detalhada 12.2".

Em resumo

- O exercício muscular pode resultar na produção de grandes quantidades de calor. Como o corpo apresenta uma eficiência de quase 20-30%, 70-80% da energia gasta durante o exercício é liberada em forma de calor.
- O calor corporal pode ser perdido por evaporação, convecção, condução e irradiação. Durante o exercício realizado em um ambiente frio, a evaporação é a principal via de perda de calor.
- A taxa de evaporação a partir da pele depende de três fatores: (1) temperatura e UR; (2) correntes de convecção ao redor do corpo e (3) extensão da pele exposta ao meio ambiente.
- O armazenamento de calor corporal consiste na diferença entre produção e perda de calor.
- A quantidade de calor necessária para aumentar em 1°C a temperatura corporal é denominada calor específico do corpo.

Termostato corporal – o hipotálamo

Mais uma vez, o centro de controle da temperatura corporal está localizado no hipotálamo. O **hipotálamo anterior** é primariamente encarregado de lidar com os aumentos do calor corporal, enquanto o **hipotálamo posterior** deve reagir a diminuições da temperatura corporal. Em geral, o hipotálamo atua de forma bastante semelhante ao termostato da sua casa, ou seja, tenta manter uma temperatura central relativamente constante ao redor de algum "ponto de ajuste". Nos seres humanos, a temperatura correspondente ao ponto de ajuste é de cerca de 37°C.

A estimulação dos centros reguladores hipotalâmicos da temperatura é oriunda dos receptores existentes na pele e no centro. As mudanças ocorridas na temperatura ambiente são primeiro detectadas pelos receptores térmicos (de calor e de frio) localizados na pele. Esses receptores de temperatura cutâneos transmitem impulsos nervosos para o hipotálamo, que, então, inicia a resposta apropriada, em uma tentativa de manter a temperatura de ponto de ajuste do corpo. Adicionalmente, os neurônios sensíveis ao calor/frio estão localizados tanto na medula espinal como no próprio hipotálamo em si e detectam as alterações ocorridas na temperatura central.

A elevação da temperatura central acima do ponto de ajuste faz o hipotálamo iniciar uma série de ações fisiológicas destinadas a aumentar a quantidade de calor perdida. Primeiro, o hipotálamo estimula as glândulas sudoríparas, o que resulta no aumento da perda de calor por evaporação.[25,29] Adicionalmente, o centro de controle vasomotor elimina o tônus vasoconstritor normal da pele, promovendo a vasodilatação cutânea e o aumento do flu-

Uma visão mais detalhada 12.2

Cálculo do aumento da temperatura corporal durante o exercício

O conhecimento do calor específico do corpo humano, aliado à informação sobre a quantidade de calor produzida e perdida pelo corpo durante o exercício, permite calcular quanto a temperatura corporal irá aumentar durante uma sessão de exercício. Para melhor entender como realizar esses cálculos, vamos considerar o seguinte exemplo de um atleta que realiza treino de resistência. Um maratonista bem treinado, por exemplo, realiza uma sessão de treino em um percurso ao ar livre. Nesse dia, o tempo está relativamente quente (30°C) e úmido (UR = 60%). O maratonista pesa 60 kg e realiza um trabalho de 40 minutos a um $\dot{V}O_{2máx}$ de 3,0 L/min^{-1} (i. e., gasto energético de 15 kcal/min). Se esse corredor apresentar uma eficiência de 20% e conseguir perder apenas 60% do calor produzido durante o exercício, qual será o aumento de sua temperatura corporal durante essa sessão de treino? O armazenamento total de calor e o aumento da temperatura corporal durante o exercício podem ser calculados com base nas seguintes etapas:

1. **Gasto energético total**
   = 40 minutos × (15 kcal/min)
   = 600 kcal

2. **Produção total de calor**
   = 600 kcal × 0,80[1]
   = 480 kcal

3. **Armazenamento total de calor durante o exercício**
   = 480 kcal × 0,40[2]
   = 192 kcal

4. **Quantidade de calor armazenado necessária para aumentar a temperatura corporal em 1°C**
   = 0,83 kcal/kg × 60 kg[3]
   = 49,8 kcal

A elevação da temperatura corporal resultante dessa sessão de exercício pode então ser calculada como segue:

5. **Aumento da temperatura corporal (°C) durante o exercício** = armazenamento total de calor durante o exercício (calor específico × massa corporal)
   = 192 kcal/49,8 kcal/°C
   = 3,86°C

No exemplo analisado, essa série de exercício resultaria em um aumento da temperatura corporal de 3,86°C, ou seja, 192 kcal/(0,83 kcal/kg × 60 kg). Dessa forma, se o atleta começasse a sessão de treino com uma temperatura corporal de 37°C, a temperatura corporal pós-exercício aumentaria para 40,86°C (i. e., 37°C + 3,86°C).

[1] Se a eficiência for de 20%, então 80% (ou 0,80) do gasto energético total devem ser liberados na forma de calor.
[2] Se o atleta conseguir perder apenas 60% do calor produzido durante o exercício, os 40% restantes (ou 0,40) do calor produzido devem ser armazenados em forma de energia de calor.
[3] A quantidade de calor necessária para aumentar a temperatura corporal em 1°C = (calor específico × massa corporal).

---

xo sanguíneo cutâneo e, dessa forma, possibilitando uma perda de calor maior.[62] A Figura 12.4 ilustra as respostas fisiológicas associadas a um aumento da temperatura central. Quando a temperatura central é normalizada, o estímulo promotor de sudorese e de vasodilatação é eliminado. Isso exemplifica um sistema de controle que emprega *feedback* negativo (ver Cap. 2).

Quando os receptores sensíveis ao frio são estimulados na pele ou no hipotálamo, o centro de controle termorregulatório executa um plano de ação para minimizar a perda de calor e aumentar a produção de calor. Primeiro, o centro vasomotor determina a vasoconstrição dos vasos sanguíneos periféricos, o que diminui a perda de calor.[5,23] Segundo, caso haja uma queda significativa da temperatura central, os tremores involuntários são iniciados.[5,65] As respostas adicionais incluem a estimulação do centro pilomotor, que promove piloereção (arrepios). Esse reflexo de piloereção é uma forma efetiva de aumentar o espaço de isolamento térmico sobre a pele em animais com pelos, mas é um meio inefetivo de evitar a perda de calor em seres humanos. Adicionalmente, o hipotálamo aumenta de forma indireta a produção e a liberação de tiroxina, que aumenta a produção de calor celular.[5] Por fim, o hipotálamo posterior inicia a liberação de noradrenalina, que aumenta a taxa de metabolismo celular (termogênese sem tremor). As respostas fisiológicas a uma queda da temperatura central são resumidas na Figura 12.5.

Desvio do ponto de ajuste do termostato hipotalâmico em decorrência de febre

A febre consiste na elevação da temperatura corporal acima da faixa normal, podendo ser causada por numerosas infecções bacterianas/virais ou distúrbios cerebrais. Durante uma febre, proteínas seletas e outras toxinas secretadas por bactérias podem fazer o ponto de

Figura 12.4 Representação resumida das respostas fisiológicas a um aumento da "carga de calor".

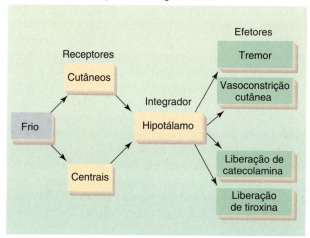

Figura 12.5 Ilustração das respostas fisiológicas ao estresse provocado pelo frio.

ajuste do termostato hipotalâmico subir a níveis acima do normal. As substâncias causadoras desse efeito são chamadas pirógenos. Quando o ponto de ajuste do termostato hipotalâmico é elevado a um nível maior que o normal, todos os mecanismos disponíveis para elevação da temperatura corporal são mobilizados.[16] Poucas horas depois de o termostato ser ajustado em um nível mais alto, a temperatura corporal central atinge esse novo nível em razão da conservação do calor.

Em resumo

- O termostato corporal está localizado no hipotálamo. O hipotálamo anterior é encarregado de reagir às elevações da temperatura central, enquanto o hipotálamo posterior governa as respostas do corpo às quedas de temperatura.
- Um aumento da temperatura central faz o hipotálamo anterior iniciar uma série de ações fisiológicas destinadas a aumentar a perda de calor. Essas ações incluem a iniciação da sudorese e a intensificação do fluxo sanguíneo na pele em razão da vasodilatação cutânea.
- A exposição ao frio faz o hipotálamo posterior promover alterações fisiológicas que aumentam a produção de calor corporal (tremores) e diminuem a perda de calor (vasoconstrição cutânea).

Eventos térmicos durante o exercício

Depois de apresentar uma visão geral de como o hipotálamo responde aos diferentes desafios térmicos, vamos discutir os eventos térmicos que ocorrem durante o exercício submáximo com carga constante realizado em um ambiente frio/moderado (i. e., com baixa umidade e à temperatura ambiente). A produção de calor aumenta durante o exercício em decorrência da contração muscular e é diretamente proporcional à intensidade do exercício. O sangue venoso que drena o músculo exercitado distribui o excesso de calor por todo o centro do corpo. À medida que a temperatura central aumenta, os sensores térmicos hipotalâmicos detectam o aumento da temperatura sanguínea, e o centro de integração térmico hipotalâmico compara esse aumento de temperatura à temperatura do ponto de ajuste, para encontrar uma diferença entre ambas.[18,43,46,66] A resposta é dirigida ao sistema nervoso para iniciar a sudorese e intensificar o fluxo sanguíneo para a pele.[6,45] Essas ações servem para aumentar a perda de calor corporal e minimizar o aumento da temperatura corporal. Nesse ponto, a temperatura interna atinge um novo nível de equilíbrio estável elevado. Observe que essa nova temperatura central de estado estável não representa uma mudança da temperatura do ponto de ajuste, como ocorre na febre.[18,43,46,70] Em vez disso, o centro de controle térmico tenta fazer a temperatura central voltar aos níveis de repouso, mas não consegue por causa da produção de calor contínua associada ao exercício.

A Figura 12.6 ilustra os papéis exercidos pela evaporação, convecção e irradiação na perda de calor ocorrida durante o exercício com carga constante, realizado em condições ambientais moderadas. Observe o papel constante da convecção e da irradiação, ainda que pequeno, na perda de calor que ocorre durante esse tipo de exercício. Isso se deve ao gradiente de temperatura constante existente entre a pele e o ambiente do local. Em contrapartida, a evaporação exerce o papel mais importante na perda de calor durante o exercício realizado nesse tipo de ambiente.[43,46,48]

Durante o exercício com carga constante, o aumento da temperatura central está diretamente relacionado à intensidade do exercício e independe da temperatura ambiente em uma ampla gama de condições (i. e., 8-29°C e UR baixa).[47] Esse aspecto é ilustrado na Figura 12.7. Observe a elevação linear da temperatura central, à medida que a taxa metabólica aumenta. Além disso, o aumento da temperatura central do corpo induzido pelo exercício é o mesmo para o exercício de braços e pernas. O fato de ser a intensidade do exercí-

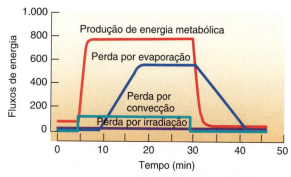

Figura 12.6 Alterações da produção de energia metabólica, perda de calor por evaporação, perda de calor por convecção e perda de calor por irradiação durante 25 minutos de exercício submáximo em condições ambientais de frio.

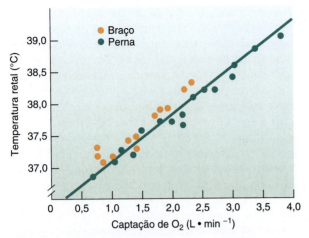

Figura 12.7 Relação existente entre taxa metabólica e temperatura retal durante o exercício com carga constante para braço (●) e para perna (●). De M. Nelson, 1938, "Die Regulation der Korpertemperatur bei Muskelarbeit" in *Scandinavica Archives Physiology*, 79:193. Copyright © 1938 Blackwell Scientific Publications, Ltd., Oxford, England. Reproduzido com autorização.

A relação existente entre a intensidade do exercício e a produção de calor corporal é ilustrada na Figura 12.9. Observe o aumento linear do débito (gasto) energético, a produção de calor e a perda de calor total que ocorrem em função da taxa de trabalho durante o exercício. Adicionalmente, note que a perda de calor por convecção e por irradiação não são aumentadas por causa da taxa de trabalho durante o exercício. Isso ocorre por conta da existência de um gradiente de temperatura relativamente constante entre a pele e o ambiente. Em contrapartida, observa-se uma elevação consistente da perda de calor por evaporação, a qual acompanha os incrementos de intensidade do exercício. Isso reforça o fato de que a evaporação constitui a principal forma de perder calor durante o exercício, na maioria das condições ambientais.

Em resumo

■ Durante o exercício de intensidade constante, a elevação da temperatura corporal está diretamente relacionada à intensidade do exercício.
■ A produção de calor corporal aumenta proporcionalmente à intensidade do exercício.

Índice de calor – uma mensuração da sensação de calor

O índice de calor (IC) é tipicamente expresso em graus Fahrenheit (F) (ou em graus centígrados) e é uma mensuração da sensação de calor diante da adição de UR à temperatura ambiente real. Em outras palavras, o IC é uma mensuração da percepção corporal da sensação de calor. O IC é calculado combinando-se a temperatura do ar e a UR para cálculo de uma temperatura aparente. Como discutido anteriormente, a perda de calor por evaporação é a forma mais importante de perder calor durante o exercício.[44] No entanto, quando a UR é alta (i. e., alta saturação de vapor de água na atmosfera), a taxa de evaporação de suor é retardada. Isso significa que o ca-

cio e não a temperatura ambiente o fator determinante da elevação da temperatura central durante o exercício sugere que o método de perda de calor durante o exercício contínuo é modificado conforme as condições ambientais.[31,47] Esse conceito é apresentado na Figura 12.8, que mostra os mecanismos de perda de calor durante o exercício de intensidade constante na mesma umidade relativa, mas em diferentes temperaturas ambientais. Note que, conforme a temperatura ambiente sobe, a taxa de perda de calor por convecção e irradiação diminui, por causa da diminuição do gradiente de temperatura entre a pele e o meio ambiente. Essa diminuição da perda de calor por convecção e irradiação é compensada por um aumento da perda de calor por evaporação, de modo que a temperatura central permanece inalterada (ver Fig. 12.8).

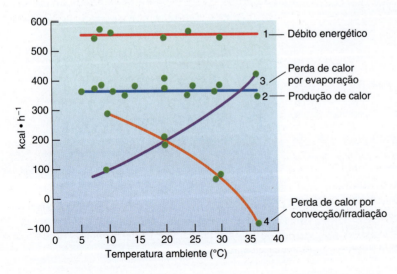

Figura 12.8 Troca de calor durante o exercício realizado a diferentes temperaturas ambientes. Note a mudança de perda de calor por evaporação e por convecção/irradiação, à medida que a temperatura ambiente aumenta. Ver a discussão no texto. De M. Nelson, 1938, "Die Regulation der Korpertemperatur bei Muskelarbeit" in *Scandinavica Archives Physiology*, 79:193. Copyright © 1938 Blackwell Scientific Publications, Ltd., Oxford, England. Reproduzido com autorização.

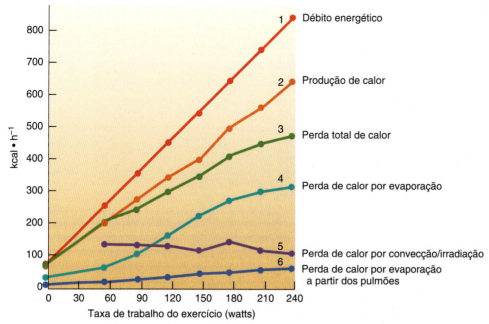

Figura 12.9 Troca de calor em repouso e durante o exercício na bicicleta ergométrica a diferentes taxas de trabalho. Observe o aumento estável da perda de calor por evaporação em razão de um aumento do débito de potência. Em contrapartida, um aumento da taxa metabólica não influencia essencialmente a taxa de perda de calor por convecção/irradiação. De M. Nelson, 1938, "Die Regulation der Korpertemperatur bei Muskelarbeit" in *Scandinavica Archives Physiology*, 79:193. Copyright © 1938 Blackwell Scientific Publications, Ltd., Oxford, England. Reproduzido com autorização.

lor é removido do corpo a uma taxa menor, com consequente armazenamento de calor e aumento da temperatura corporal. Dessa forma, uma umidade elevada aumenta a percepção do indivíduo quanto à sensação do calor do ambiente. Exemplificando: se a temperatura do ar é 27,8°C e a UR está em 80%, o IC calculado será igual a 31,7°C, em vez da temperatura real do ar (27,8°C). A Figura 12.10 fornece o IC para uma faixa de valores porcentuais (%) de UR e de temperaturas.

Exercício em um ambiente quente

O exercício contínuo realizado em um ambiente quente/úmido impõe um desafio particularmente estressante à manutenção da temperatura corporal normal e à homeostase hídrica. Níveis altos de calor e umidade diminuem a capacidade corporal de perder calor por irradiação/convecção e evaporação, respectivamente. Essa incapacidade de perder calor durante o exercício realizado em um ambiente quente/úmido resulta em uma temperatura central mais alta e em uma taxa de sudorese maior (maior perda de líquido), em comparação ao observado quando o mesmo exercício é realizado em condições ambientais moderadas.[53-55,57,58,63] Esse aspecto é ilustrado na Figura 12.11. Note as diferenças marcantes entre as taxas de sudorese e as temperaturas centrais durante o exercício realizado em condições de calor/umidade e em condições ambientais moderadas. O efeito combinado da perda de líquido e da temperatura central elevada aumenta o risco de **hipertermia** (grande elevação da temperatura central) e lesão por calor (ver Quadro "Aplicações clínicas 12.1" e Cap. 24).

Taxas de sudorese durante o exercício

Em uma tentativa de aumentar a perda de calor por evaporação durante o exercício, os seres humanos contam com sua capacidade de aumentar a produção de suor por meio das glândulas sudoríparas exócrinas (i. e., glândulas sudoríparas sob controle simpático colinérgico).[30] Nesse sentido, o exercício realizado em um ambiente quente aumenta significativamente as taxas de sudorese durante o treino ou em condições de competição.[4,19,30,61] Observe, porém, que as taxas de sudorese podem variar bastante de um indivíduo para outro. Nos indivíduos acostumados ao calor, por exemplo, a sudorese começa antes, e a taxa de sudorese durante o exercício é mais alta. Além disso, os indivíduos maiores (i. e., com massa corporal ampla) provavelmente apresentarão taxas de sudorese mais altas que os indivíduos menores. Por fim, existem variações genéticas associadas às taxas de sudorese, de tal modo que dois indivíduos com o mesmo tamanho corporal e níveis iguais de adaptação ao calor também podem diferir quanto às taxas de sudorese.

Os jogadores de futebol americano, vestindo seus uniformes completos e jogando em condições ambientais de calor e umidade, apresentam uma das maiores taxas de sudorese já registradas para atletas. Embora existam diversos motivos para a alta perda de suor apresentada por esses atletas, os dois fatores principais que contribuem para tal são o fato de que muitos desses atletas

Temperatura °F (°C)	Umidade relativa (%)												
	40	45	50	55	60	65	70	75	80	85	90	95	100
110 (47)	136 (58)												
108 (43)	130 (54)	137 (58)											
106 (41)	124 (51)	130 (54)	137 (58)										
104 (40)	119 (48)	124 (51)	131 (55)	137 (58)									
102 (39)	114 (46)	119 (48)	124 (51)	130 (54)	137 (58)								
100 (38)	109 (43)	114 (46)	118 (48)	124 (51)	129 (54)	136 (58)							
98 (37)	105 (41)	109 (43)	113 (45)	117 (47)	123 (51)	128 (53)	134 (57)						
96 (36)	101 (38)	104 (40)	108 (42)	112 (44)	116 (47)	121 (49)	126 (52)	132 (56)					
94 (34)	97 (36)	100 (38)	103 (39)	106 (41)	110 (43)	114 (46)	119 (48)	124 (51)	129 (54)	135 (57)			
92 (33)	94 (34)	96 (36)	99 (37)	101 (38)	105 (41)	108 (42)	112 (44)	116 (47)	121 (49)	126 (52)	131 (55)		
90 (32)	91 (33)	93 (34)	95 (35)	97 (36)	100 (38)	103 (39)	106 (41)	109 (43)	113 (45)	117 (47)	122 (50)	127 (53)	132 (56)
88 (31)	88 (31)	89 (32)	91 (33)	93 (34)	95 (35)	98 (37)	100 (38)	103 (39)	106 (41)	110 (43)	113 (45)	117 (47)	121 (49)
86 (30)	85 (29)	87 (31)	88 (31)	89 (32)	91 (33)	93 (34)	95 (35)	97 (36)	100 (38)	102 (39)	105 (41)	108 (42)	112 (44)
84 (29)	83 (28)	84 (29)	85 (29)	86 (30)	88 (31)	89 (32)	90 (32)	92 (33)	94 (34)	96 (36)	98 (37)	100 (38)	103 (39)
82 (28)	81 (27)	82 (28)	83 (28)	84 (29)	84 (29)	85 (29)	86 (30)	88 (31)	89 (32)	90 (32)	91 (33)	93 (34)	95 (35)
80 (27)	80 (27)	80 (27)	81 (27)	81 (27)	82 (28)	82 (28)	83 (28)	84 (29)	84 (29)	85 (29)	86 (30)	86 (30)	87 (31)

Categoria	Índice de calor
Perigo extremo	54°C ou mais
Perigo	41–54°C
Cuidado extremo	32–41°C
Cuidado	27–32°C

Figura 12.10 Relação existente entre umidade relativa (%) e temperatura e o índice de calor (IC). Dados obtidos do National Weather Service-Tulsa.

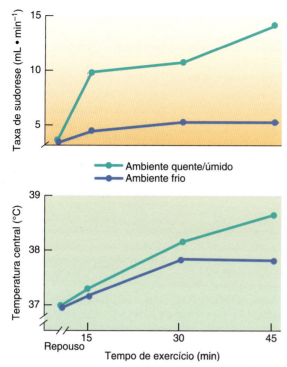

Figura 12.11 Diferenças de temperatura central e taxa de sudorese durante 45 minutos de exercício submáximo em condições ambientais de calor/umidade *versus* frio.

apresentam massa corporal ampla e que seus uniformes retardam a perda de calor.[1,24] Exemplificando: a perda média de suor dos jogadores de futebol americano varia de 4-5 L/hora durante uma partida realizada em condições ambientais quentes e úmidas.[19] Fora isso, durante as partidas de pré-temporada, em que os atletas jogam duas vezes por dia, a perda diária de suor variou de 9-12 L de água. A falha em repor essa perda de líquidos diariamente resultaria em desidratação progressiva e em aumento do risco de lesão.[4,61,62] Veja mais informações sobre a importância da reposição de líquidos durante o exercício, no Quadro "Vencendo limites 12.1".

O desempenho no exercício é comprometido em um ambiente quente

O desempenho durante o exercício prolongado de intensidade submáxima (p. ex., maratona ou triatlo longo) é comprometido em condições ambientais de calor e de umidade.[39] Além disso, o desempenho atlético durante o exercício intermitente de alta intensidade (p. ex., rúgbi, futebol, teste de 15 minutos na bicicleta) é igualmente comprometido em um dia quente.[15,26,60] Se, por um lado, o(s) mecanismo(s) exato(s) responsável(is) por esse desempenho reduzido no exercício ainda é (são) discutido(s), por outro, o exercício prolongado em condições ambientais de calor/umidade pode comprometer o desempenho no exercício de vários modos. Estes incluem as alterações do metabolismo muscular (i. e., aumento na produção de radicais livres), função cardiovascular/equilíbrio de líquidos

e função do sistema nervoso central. A seguir, cada um desses fatores é discutido de forma resumida.

Durante o exercício, ocorrem várias alterações no metabolismo muscular, as quais podem exercer impacto negativo sobre o desempenho no exercício. Primeiro, durante o exercício realizado em um ambiente quente, a taxa de degradação de glicogênio muscular aumenta paralelamente à elevação tanto do metabolismo de carboidratos como do acúmulo de lactato.[21] Isso é importante, porque a depleção de glicogênio muscular e a glicemia baixa (i. e., hipoglicemia) estão associadas ao desenvolvimento de fadiga muscular durante o exercício prolongado.[21] Além disso, as elevações induzidas por exercício relativas aos níveis musculares de lactato e a associada diminuição do pH muscular também estão ligadas à fadiga muscular. Dessa forma, uma depleção coletiva das reservas de glicogênio muscular aliada a níveis musculares elevados de lactato poderia contribuir para o desenvolvimento de fadiga muscular durante o exercício prolongado realizado em um ambiente quente.

Outra explicação metabólica para a fadiga muscular induzida pelo calor é o fato de a produção de radical livre estar aumentada na musculatura esquelética durante o exercício realizado no calor.[72] Lembre-se de que os radicais livres são moléculas que possuem um elétron não pareado na órbita externa.[56] Isso é importante, pois as moléculas com elétrons não pareados são altamente reativas, o que significa que os radicais livres se ligam rapidamente a outras moléculas, e essa combinação resulta em dano à molécula que se combina com o radical. Nessa questão, parece que a maior produção de radical livre no músculo em exercício danifica proteínas contráteis (p. ex., actina e miosina) e compromete a capacidade do músculo de gerar força.[56]

Um fator adicional que contribui para o comprometimento do exercício em um ambiente quente/úmido é o fato de o estresse poder resultar em tensão cardiovascular e em diminuição do fluxo sanguíneo muscular. Observe, porém, que o fluxo sanguíneo muscular reduzido não contribui para a tolerância precária ao exercício de intensidade leve ou moderada, porque o fluxo sanguíneo muscular é devidamente mantido nessas condições de exercício, quando não há desidratação.[12] Em contrapartida, durante o exercício de alta intensidade (i. e., próximo do $\dot{V}O_{2máx}$) realizado em um ambiente quente/úmido, ocorre declínio progressivo do fluxo sanguíneo muscular. Essa diminuição do fluxo sanguíneo muscular durante o exercício realizado no calor se deve à competição por sangue entre os músculos em atividade e a pele, ou seja, à medida que a temperatura corporal aumenta durante o exercício realizado em um ambiente quente, o fluxo sanguíneo se afasta dos músculos em contração e segue em direção à pele para auxiliar no resfriamento do corpo. Dessa forma, durante o exercício de alta intensidade, o fluxo sanguíneo muscular reduzido pode contribuir para a queda do desempenho no exercício realizado em condições de calor. Em contrapartida, o fluxo sanguíneo muscular diminuído não pode explicar a diminuição induzida por calor do desempenho durante o

Aplicações clínicas 12.1

É possível prevenir as lesões por calor associadas ao exercício

A lesão por calor durante o exercício pode ocorrer quando o nível de produção de calor corporal estiver alto e as condições ambientais (p. ex., umidade e temperatura ambientais elevadas) impedirem que o corpo perca calor. A causa primária de lesão por calor é a hipertermia (temperatura corporal alta). As elevações da temperatura corporal da ordem de 2-3°C geralmente não produzem efeitos patológicos.[3,7] Mesmo assim, quando a temperatura corporal ultrapassa 40-41°C, essas elevações podem estar associadas a uma variedade de problemas relativos ao calor. Note que os problemas relacionados ao calor durante o exercício não são do tipo "tudo ou nada", mas formam um *continuum* que pode se estender de um problema relativamente menor (i. e., síncope por calor) a uma emergência médica grave e prejudicial à vida (i. e., acidente de termoplegia). Os sintomas gerais do estresse do calor incluem náusea, cefaleia, tontura, diminuição da taxa de sudorese e incapacidade geral de raciocinar.

A cada ano, nos Estados Unidos, são relatados vários problemas relacionados ao calor no futebol americano. Ainda assim, a doença associada ao calor durante o exercício pode ser evitada. Para prevenir o superaquecimento durante o exercício, são úteis as seguintes diretrizes:

- Praticar exercícios nas horas mais frescas do dia.
- Minimizar a intensidade e a duração do exercício nos dias quentes/úmidos.
- Expor uma área de superfície cutânea máxima para evaporação (i. e., remover as roupas) durante o exercício.
- Quando for impossível remover as roupas durante o exercício (p. ex., futebol americano), fazer intervalos frequentes de descanso/relaxamento com remoção intermitente das roupas (p. ex., retirar o capacete e a parte de cima do uniforme).
- Para evitar a desidratação durante o exercício, os treinos devem permitir a realização de vários intervalos para beber água (com descanso/relaxamento).
- Os intervalos de descanso/relaxamento durante o exercício devem retirar o atleta do ganho de calor radiante consequente à exposição direta à luz solar (p. ex., sentar-se debaixo de uma tenda) e oferecer exposição ao ar fresco circulante (p. ex., com ventiladores).
- Medir o peso corporal no início e no fim de uma sessão de treino (ou prática), para determinar a quantidade de reposição de líquidos necessária para restaurar o equilíbrio hídrico corporal antes da sessão de treino seguinte. Manter a hidratação adequada é importante porque a desidratação aumenta o risco de lesão induzida por calor.

Quando um atleta desenvolve sintomas de lesão por calor, o tratamento óbvio consiste em parar o exercício e imediatamente começar a resfriar o corpo (p. ex., por imersão em água fria). Líquidos gelados que contenham eletrólitos também devem ser fornecidos para reidratação. Veja no Capítulo 24 mais detalhes sobre os sinais e os sintomas da lesão por calor. Consulte também Casa et al. (2012) nas "Sugestões de leitura" para mais informações sobre as causas e os cuidados com a internação induzida pelo exercício.

---

trabalho de intensidade leve a moderada. Para mais detalhes, ver Cheuvront et al. (2010) nas "Sugestões de leitura".

Adicionalmente, tanto a hipertermia como a desidratação podem reduzir diretamente o desempenho no exercício em decorrência do comprometimento do sistema nervoso central. A hipertermia, especificamente, pode atuar sobre o sistema nervoso central e diminuir a pulsão mental pelo desempenho motor.[21,38,40] De fato, muitos estudos demonstraram que o exercício prolongado realizado no calor pode retardar o desempenho por causa das alterações que ocorrem no sistema nervoso central. O leitor poderá encontrar mais detalhes sobre esse tópico na referência Maughan et al. (2007), listada em "Sugestões de leitura".

Em suma, o exercício realizado em um ambiente quente acelera a fadiga muscular e compromete o desempenho. Aparentemente, é provável que a fadiga induzida pelo calor não se deva a um único fator, mas que resulte de uma combinação de eventos metabólicos.[10] Os fatores-chave que poderiam contribuir para a fadiga muscular associada ao calor são as alterações no metabolismo muscular, o comprometimento da função cardiovascular/o equilíbrio de líquidos e a disfunção do sistema nervoso central com consequente comprometimento da função neuromuscular. Várias estratégias podem ser usadas pelos atletas para melhorar a tolerância ao exercício em condições ambientais de calor. Os atletas podem, por exemplo, otimizar o desempenho no exercício realizado em condições de calor aclimatando-se ao calor e bebendo líquidos antes e ao longo do exercício. O processo de adaptação fisiológica ao calor (aclimatação ao calor) melhorará a tolerância ao exercício e é discutido adiante, neste mesmo capítulo. As diretrizes para o consumo de água antes e ao longo do desempenho atlético são apresentadas no Quadro "Vencendo limites 12.1", e também são discutidas no Capítulo 23. Mais detalhes sobre desempenho no exercício realizado em condições de calor podem ser encontrados no Quadro "Pergunte ao especialista 12.1".

Diferenças de termorregulação relacionadas à idade e ao gênero

Na década de 1960, acreditava-se que, em comparação com os homens, as mulheres eram menos tolerantes ao exercício realizado em condições ambientais de calor. Assim, os estudos iniciais não equipararam ho-

Vencendo limites 12.1

Prevenção da desidratação durante o exercício

O desempenho atlético pode ser comprometido pela perda de água (i. e., desidratação) induzida pelo suor. De fato, a desidratação que resulta em uma perda de 1-2% do peso corporal é suficiente para comprometer o desempenho no exercício.[8,39] Uma desidratação que corresponda a mais de 3% do peso corporal compromete a função fisiológica e aumenta o risco de lesão por calor.[8,38] Dessa forma, a prevenção da desidratação durante o exercício é importante para maximizar o desempenho atlético e prevenir as lesões por calor. A desidratação pode ser evitada aderindo-se às seguintes diretrizes:

- Os atletas devem estar bem hidratados antes de começar um treino ou competição. Para tanto, podem beber 400-800 mL de líquido ao longo das 3 horas anteriores ao exercício.[37,39]
- Os atletas devem consumir 150-300 mL de líquido a cada 15-20 minutos durante o exercício.[39] O volume real de líquido ingerido a cada período de ingestão (de líquido) deve ser ajustado conforme as condições ambientais (i. e., taxa de perda de suor) e as tolerâncias individuais de ingestão de líquido durante o exercício.
- Para garantir a reidratação após o exercício, os atletas devem monitorar as perdas de líquido ocorridas durante o exercício, registrando o peso corporal antes do treino e, então, pesando-se imediatamente após a sessão de treino. Para garantir uma reidratação adequada após o exercício, o indivíduo deve consumir líquidos que sejam equivalentes a cerca de 150% da perda de peso. Por exemplo, se um atleta perde 1 kg de peso corporal durante uma sessão de treino, deverá consumir 1,5 L de líquido para obter uma reidratação completa.[39]
- Monitorar a cor da urina entre as sessões de treino é uma forma prática de avaliar os níveis de hidratação dos atletas. Exemplificando: em um indivíduo bem hidratado, a urina é tipicamente transparente ou tem cor de limonada. Em contrapartida, nos indivíduos desidratados, a urina produzida é um líquido de cor amarelo-escura.

Qual é o melhor líquido para reidratação – água ou isotônicos de formulação efetiva? A National Athletic Trainers Association concluiu que as bebidas esportivas isotônicas bem formuladas são melhores que a água para promover reidratação após o exercício.[8] A lógica para essa recomendação é o fato de que as bebidas aumentam a ingestão voluntária pelos atletas e permitem uma reidratação mais efetiva. Veja mais detalhes sobre a reposição de líquidos durante e após o exercício nas referências Maughan e Shirreffs (2010) e Kenefick e Cheuvront (2012), listadas em "Sugestões de leitura".

---

mens e mulheres no mesmo nível de aclimatação ao calor e constituições corporais similares (i. e., mesmo percentual de gordura corporal). Entretanto, quando os estudos combinaram homens e mulheres para essas características, as diferenças de sexo na tolerância ao calor foram pequenas.[49]

O envelhecimento compromete a capacidade de um indivíduo quanto à termorregulação e ao exercício em condições de calor? Essa questão permanece controversa, mas parece que o envelhecimento leva a uma menor capacidade de regular a temperatura corporal nos indivíduos sedentários.[5,14,28,30,52] Entretanto, estudos bem controlados concluíram que homens idosos e jovens condicionados por exercício mostram pouca diferença na termorregulação durante o exercício.[52,64] Além disso, uma revisão recente da literatura sobre esse assunto concluiu que a tolerância ao calor aparentemente não é comprometida gravemente pelo avanço da idade em indivíduos de idade mais avançada fisicamente ativos e saudáveis.[28,30] Com base nas evidências coletivas, parece que o descondicionamento (i. e., declínio do $\dot{V}O_{2máx}$) e uma falta de aclimatação ao calor em indivíduos de idade avançada podem explicar por que alguns dos estudos iniciais relataram uma diminuição da termotolerância com o avanço da idade. Para mais detalhes sobre o impacto do envelhecimento sobre a regulação da temperatura, consulte Blatteis (2012) nas "Sugestões de leitura".

Aclimatação ao calor

O exercício regular realizado em condições ambientais de calor resulta em uma série de ajustes fisiológicos destinados a minimizar as perturbações da homeostasia decorrentes do estresse do calor. Os termos **aclimatação** e **aclimatização** são intercambiáveis para se referir à adaptação fisiológica que ocorre quando um indivíduo sofre exposição repetida a um ambiente estressante (p. ex., temperatura ambiente elevada). Na nossa discussão de exercício e tolerância ao calor, usaremos o termo aclimatação para indicar uma maior tolerância ao estresse térmico após a exposição repetida (dias a semanas) a um ambiente quente.

Indivíduos de todas as idades são capazes de se aclimatar a um ambiente quente.[28,64] O resultado final da aclimatação ao calor é a diminuição da frequência cardíaca e da temperatura central durante o exercício submáximo.[14] Embora a aclimatação parcial ao calor possa ocorrer pelo treinamento em um ambiente frio, é essencial que os atletas se exercitem em um ambiente quente para obter a aclimatação máxima ao calor.[2] Como a elevação da temperatura central é o estímulo primário para promoção da aclimatação ao calor, recomenda-se que o atleta faça treinos intervalados extenuantes ou exercício contínuo a uma intensidade superior a 50% de seu $\dot{V}O_{2máx}$, a fim de promover temperaturas centrais mais altas.[50] (Ver Quadro "Foco de pesquisa 12.1".)

Capítulo 12 Regulação da temperatura **275**

Pergunte ao especialista 12.1

Desempenho no exercício em condições ambientais de calor
Perguntas e respostas com o dr. Michael Sawka

Michael Sawka, PhD, é professor de Fisiologia Aplicada no Georgia Institute of Technology. É um especialista internacionalmente reconhecido nas áreas de fisiologia do exercício e de estresse ambiental. De fato, o dr. Sawka é autor de mais de 200 estudos científicos altamente valiosos sobre fisiologia do exercício e estresse ambiental. Em particular, ele e sua equipe realizaram muitos estudos de investigação do impacto de um ambiente quente sobre o desempenho no exercício.

Neste quadro, o dr. Sawka aborda três questões importantes relacionadas ao desempenho no exercício em condições de calor.

PERGUNTA: Seu trabalho estabeleceu que o estresse ambiental do calor exerce um impacto negativo sobre o desempenho no exercício aeróbio. Entretanto, como o estresse do calor influencia o desempenho dos times esportivos, como os de futebol ou de futebol americano?

RESPOSTA: O desempenho de um time depende do desempenho dos atletas individuais. Se o desempenho do atleta individual for comprometido, então é provável que o desempenho do time também será subótimo. Além disso, os times esportivos dependem bastante da coesão e da tomada de decisão, e há evidências de que o estresse do calor e a desidratação podem degradar a função cognitiva, afetando assim a tomada de decisão e a união da equipe.

PERGUNTA: Seu grupo estudou extensivamente o(s) mecanismo(s) que explica(m) o motivo que faz o estresse ambiental do calor comprometer o desempenho no exercício aeróbio. Quais são as explicações primárias para o comprometimento do desempenho aeróbio causado por um ambiente quente?

RESPOSTA: O estresse do calor compromete o desempenho no exercício aeróbio, por dois motivos: (1) pela tensão cardiovascular necessária à sustentação de um alto fluxo sanguíneo cutâneo e (2) por causa da desidratação, que diminui o volume de plasma e, assim, aumenta a tensão cardiovascular. Durante o exercício em um ambiente quente, o fluxo sanguíneo cutâneo intenso e a perda de plasma atuam, ambos, diminuindo a pressão venosa e, portanto, reduzindo o enchimento cardíaco. Apesar do aumento compensatório da frequência e da contratilidade cardíacas, o volume sistólico geralmente declina. Isso dificulta a manutenção da pressão arterial e a sustentação de um fluxo sanguíneo adequado para a musculatura esquelética e o cérebro. Além disso, o desconforto térmico e a percepção de esforço são elevados. Como efeito líquido, o estresse do calor degrada a potência aeróbia máxima, e qualquer taxa de trabalho submáxima passa a ser realizada a uma frequência de trabalho relativa maior (i. e., percentual de potência aeróbia máxima), que também intensifica a percepção do esforço. Ademais, o estresse do calor altera o metabolismo muscular esquelético (aumento do uso de glicogênio e acúmulo de lactato), além de poder modificar a função do sistema nervoso central e, dessa forma, contribuir para o comprometimento do desempenho no exercício.

PERGUNTA: Evidências fortes indicam que a aclimatação ao calor melhora a tolerância ao exercício realizado em condições ambientais de calor. No entanto, há outras estratégias (p. ex., pré-resfriamento ou hiper-hidratação) que os atletas podem usar para melhorar o desempenho aeróbio em ambientes quentes?

RESPOSTA: Sem dúvida, as estratégias mais efetivas para sustentar o desempenho sob o estresse do calor são a aclimatação ao calor e a manutenção de uma hidratação adequada. Além disso, foi demonstrado recentemente que a aclimatação ao calor confere benefícios para melhorar o desempenho do exercício aeróbio nos ambientes temperados. Existe evidência de que o pré-resfriamento e a hiper-hidratação podem melhorar o desempenho em um ambiente quente, mas na minha opinião os benefícios alcançados são marginais. Além disso, o uso indevido dessas estratégias pode ser contraprodutivo.

A hiper-hidratação pode atrasar discretamente o desenvolvimento de desidratação e promover um leve aumento do volume sanguíneo, ajudando assim a sustentar o sistema cardiovascular durante o exercício em ambiente quente. Mesmo assim, esses benefícios são marginais e, dependendo dos métodos empregados, a hiper-hidratação pode aumentar a probabilidade de hiponatremia (i. e., baixos níveis sanguíneos de sódio), o grau de desconforto associado ao aumento do débito urinário ou risco elevado de cefaleia.

O pré-resfriamento permite que a temperatura corporal (cutânea e central) seja menor no início do exercício. No entanto, os pequenos benefícios demonstrados em estudos realizados em laboratório podem ser perdidos na competição real, quando os atletas ficam expostos ao ambiente quente por períodos significativos antes do início da competição. Além disso, o super-resfriamento dos músculos esqueléticos inicialmente pode comprometer o desempenho muscular.

As principais adaptações que ocorrem durante a aclimatação ao calor são um volume plasmático aumentado, antecipação do aparecimento da sudorese, taxa de sudorese mais alta, diminuição da perda de sal no suor, diminuição do fluxo sanguíneo na pele e aumento da síntese de proteínas de choque térmico. É interessante o fato de a adaptação ao calor ocorrer rápido, com uma aclimatação quase completa sendo alcançada em 7-14 dias após a primeira exposição (Fig. 12.12).[6,51,70] Cada uma dessas adaptações fisiológicas é brevemente discutida a seguir.

A aclimatação ao calor resulta em um aumento de 10-12% do volume plasmático.[17,67] Esse volume plasmático aumentado mantém o volume sanguíneo central, o volume sistólico e a capacidade de sudorese, além de per-

Foco de pesquisa 12.1

O treinamento físico em condições de frio pode promover aclimatação ao calor?

Os atletas que treinam em ambientes frios muitas vezes viajam para regiões de climas mais quentes para competir. Sem a devida aclimatação ao calor, esses atletas ficam em desvantagem, em comparação aos atletas que desenvolveram um alto nível de adaptação ao calor treinando em ambientes quentes/úmidos. Dessa forma, uma questão fundamental é: "O treino com roupas pesadas e em ambiente frio pode promover aclimatação ao calor?" A resposta a essa pergunta é sim, contudo a magnitude da aclimatação ao calor obtida por esse método em geral é inferior ao nível máximo de aclimatação alcançável por meio do treino diário em condições ambientais de calor/umidade.[2,13] Mesmo assim, o treino em um calor "artificial" com o uso de roupas pesadas em condições de frio parece ser melhor do que não adotar nenhuma medida de aclimatação ao calor.[13]

Em um tópico correlato, a maioria de nós já testemunhou indivíduos praticando exercícios vestidos com roupas de borracha. Essas roupas próprias para a prática de exercícios são tipicamente confeccionadas com vinil emborrachado, cobrem todo o corpo e evitam a perda de calor por evaporação a partir da pele. Enquanto o exercício praticado com essas roupas promove o aumento da temperatura corporal e, portanto, contribui para a aclimatação ao calor, o exercício prolongado realizado com roupas de borracha constitui um esforço de alto risco que pode levar a altas temperaturas corporais e lesão por calor. Assim, não é recomendado vestir uma roupa de borracha durante um exercício, dado o risco de hipertermia associado à prevenção da perda de calor por evaporação. Além disso, ao mesmo tempo em que estimula a perda de água pelo corpo, a prática de exercício com roupa de borracha não necessariamente resulta em perda de gordura corporal. Para haver perda de gordura corporal, é preciso criar um déficit energético (i. e., calórico). De fato, enquanto a perda de água corporal induzida pelo suor diminui seu peso corporal, assim que você repor o líquido perdido bebendo mais líquido, seu peso corporal voltará ao normal. Veja no Capítulo 18 um detalhamento da perda de gordura corporal.

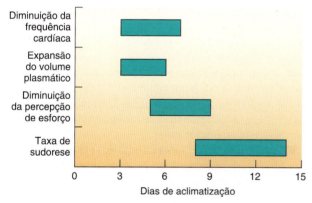

Figura 12.12 Número de dias requerido para alcançar a máxima aclimatação ao calor no decorrer de dias consecutivos de exposição ao calor. Note que a aclimatação máxima ao calor é alcançada em 7-14 dias após a exposição inicial ao calor.

mitir que o corpo armazene mais calor com um ganho de temperatura menor.

Um dos principais aspectos da aclimatação ao calor é o aparecimento antecipado da sudorese e o aumento da taxa de sudorese. A antecipação do aparecimento da sudorese apenas implica o fato de que esta surge logo após o início do exercício. Isso, por sua vez, é traduzido em menos armazenamento de calor no começo do exercício e temperatura central mais baixa. Adicionalmente, a aclimatação ao calor pode aumentar a capacidade de sudorese em quase 3 vezes acima da taxa alcançável antes da adaptação ao calor.[59,71] Dessa forma, um resfriamento evaporativo bem mais significativo se torna possível, o que representa uma vantagem importante na minimização do armazenamento de calor durante o trabalho prolongado.

Além disso, as perdas de sódio e de cloreto no suor diminuem após a aclimatação ao calor, por causa da secreção aumentada de aldosterona.[11] Embora resulte em diminuição da perda de eletrólitos e ajude a reduzir as perturbações eletrolíticas durante o exercício realizado no calor, essa adaptação não minimiza a necessidade de repor a perda de água, que é maior que o normal (ver Caps. 23 e 24).

Ademais, pesquisas indicam que uma parte importante da aclimatação ao calor inclui a produção celular de proteínas de choque térmico nas fibras de músculo esquelético e em todas as células do corpo. As proteínas de choque térmico são membros de uma grande família de proteínas denominadas "proteínas de estresse", introduzidas no Capítulo 2. Como o nome indica, essas proteínas de estresse são sintetizadas em resposta ao estresse (p. ex., calor) e projetadas para evitar o dano celular causado pelo calor ou outros estresses. O Quadro "Foco de pesquisa 12.2" – detalha o modo como essas proteínas protegem as células contra o estresse do calor.

Em suma, as séries regulares de exercício realizadas em condições ambientais de calor resultam no rápido desenvolvimento de aclimatação ao calor, que promove adaptação máxima em 7-14 dias. Essa adaptação resulta em diminuição da frequência cardíaca durante o exercício submáximo sob calor, diminuição da temperatura central corporal, diminuição da avaliação psicológica do esforço percebido e melhora do desempenho no exercício realizado em um ambiente quente.[34] O número de

Foco de pesquisa 12.2

Aclimatação ao calor e proteínas de choque térmico

As séries repetidas de exercício prolongado em um ambiente aquecido ou quente resultam em muitas adaptações fisiológicas que minimizam as perturbações da homeostasia causadas pelo estresse do calor. Coletivamente, essas adaptações melhoram a tolerância ao exercício realizado em condições ambientais de calor e diminuem o risco de lesão por calor. Há evidências de que uma parte importante desse processo adaptativo é a síntese das proteínas de choque térmico em numerosos tecidos, incluindo-se a musculatura esquelética e o coração.[42] As proteínas de choque térmico representam uma família de proteínas do "estresse" que são sintetizadas em resposta ao estresse celular (i. e., calor, acidose, lesão tecidual, etc.). Embora as proteínas de choque térmico exerçam uma variedade de funções celulares, está claro que essas proteínas conferem proteção celular contra lesão térmica estabilizando e restabelecendo a conformação das proteínas danificadas. De fato, as proteínas de choque térmico exercem papel importante no desenvolvimento da termotolerância e protegem as células do corpo contra as cargas de calor associadas ao exercício prolongado.[42]

---

dias necessário para alcançar a máxima aclimatação ao calor para essas várias medidas fisiológicas é resumido na Figura 12.12. A Figura 12.13 ilustra o impacto da aclimatação ao calor na frequência cardíaca e na temperatura central durante o exercício.

Perda da aclimatação

A velocidade de decaimento da aclimatação ao calor é rápida. As diminuições de tolerância ao calor ocorrem após alguns dias de inatividade (i. e., de ausência de exposição ao calor).[32] Nesse sentido, estudos demonstraram que a tolerância ao calor pode declinar significativamente em 7 dias sem exposição ao calor, podendo haver perda total da tolerância após 28 dias sem exposição ao calor.[2] Portanto, a manutenção da aclimatação requer exposição constante ao calor.[69]

> **Em resumo**
> - Durante o exercício prolongado em condições ambientais moderadas, a temperatura central irá aumentar gradualmente acima do valor de repouso normal e atingirá um platô em cerca de 30-45 minutos.
> - Durante o exercício realizado em um ambiente quente/úmido, a temperatura central não atinge o platô, mas continua a subir. O exercício prolongado nesse tipo de ambiente aumenta o risco de lesão por calor.
> - A aclimatação ao calor resulta em (1) aumento do volume plasmático; (2) aparecimento antecipado da sudorese durante o exercício; (3) taxa de sudorese maior; (4) diminuição da quantidade de eletrólitos perdidos no suor; (5) diminuição do fluxo sanguíneo cutâneo; e (6) níveis aumentados de proteína de choque térmico nos tecidos.

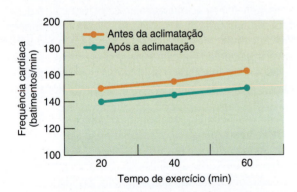

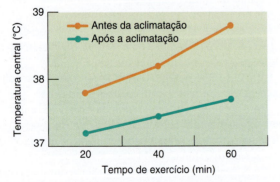

Figura 12.13 Ilustração do impacto da aclimatação ao calor sobre a frequência cardíaca e a temperatura central durante o exercício submáximo (50% do $\dot{V}O_{2máx}$) com carga constante, em condições ambientais de calor.

Exercício em um ambiente frio

O exercício realizado em um ambiente frio melhora a capacidade do atleta de perder calor e, portanto, diminui bastante as chances de lesão por calor. Em geral, a combinação de produção metabólica de calor e aquecimento produzido pelo vestuário impede o desenvolvimento de **hipotermia** (ampla diminuição da temperatura central) durante o trabalho de curta duração realizado em um dia frio. Entretanto, o exercício realizado em ambiente frio por períodos prolongados (p. ex., um triatlo longo) ou o nado em águas frias podem subjugar a capacidade do corpo de evitar a perda de calor, com consequente desenvolvimento de hipotermia. Nesses casos, a produção de calor durante o exercício não acompanha o ritmo da perda de calor. Isso é particularmente válido durante a natação realizada em águas extremamente frias (p. ex., a temperatura <15°C). Uma hipotermia grave pode resultar em uma perda de consciência, que aumenta o risco de lesões adicionais por frio.

Os indivíduos com alto percentual de gordura corporal contam com uma vantagem em relação aos indivíduos magros, em termos de tolerância ao frio.[23,49] Grandes quantidades de tecido adiposo subcutâneo conferem uma camada maior de isolamento térmico contra o frio. Esse isolamento extra diminui a taxa de perda de calor e, assim, melhora a tolerância ao frio. Por esse motivo, as mulheres em geral toleram a exposição ao frio leve melhor que os homens.[49]

A participação em atividades esportivas realizadas no frio pode apresentar vários tipos de problemas ao atleta. As mãos expostas ao tempo frio, por exemplo, ficam entorpecidas em decorrência da diminuição da taxa de transmissão neural e do fluxo sanguíneo, resultante da vasoconstrição. Isso acarreta perda de destreza e afeta habilidades como as de lançar e pegar algo. Além disso, o corpo exposto é suscetível à geladura (úlceras causadas pelo frio), que pode representar uma séria condição médica. O Capítulo 24 fornece mais detalhes sobre os efeitos de um ambiente frio no desempenho.

Aclimatação ao frio

Ocorrem três tipos principais de adaptação fisiológica diante da exposição crônica de seres humanos a temperaturas frias.[35,36] Primeiro, a adaptação ao frio resulta em diminuição da temperatura média da pele com o aparecimento dos tremores. Isso significa que os indivíduos aclimatados ao frio começam a tremer quando expostos a temperaturas inferiores à temperatura da pele, em comparação aos indivíduos não aclimatados. A explicação para essa constatação é que os indivíduos aclimatados ao frio mantêm a produção de calor com menos tremores, aumentando a termogênese não associada ao tremor. Isso é promovido por um aumento da liberação de noradrenalina, que resulta em aumento da produção metabólica de calor.[7,22]

Em um segundo ajuste fisiológico que ocorre em razão da aclimatação ao frio, os indivíduos adaptados ao frio conseguem manter uma temperatura média de mãos e pés mais alta durante a exposição, em comparação aos indivíduos não aclimatados. A aclimatação ao frio aparentemente resulta em melhora da vasodilatação periférica intermitente para aumento do fluxo sanguíneo (e do fluxo de calor) nas mãos e nos pés.[35,36]

A terceira e última adaptação fisiológica ao frio é a melhor capacidade de dormir em ambientes frios. Indivíduos não aclimatados que tentam dormir em ambientes frios costumam tremer tanto, que o sono acaba sendo impossibilitado. Em contrapartida, os indivíduos aclimatados ao frio conseguem dormir confortavelmente em ambientes frios, porque apresentam níveis elevados de termogênese não associada ao tremor. O curso temporal exato de uma aclimatação total ao frio é obscuro. No entanto, indivíduos colocados em uma câmara fria começam a exibir sinais de aclimatação ao frio após 1 semana.[50]

Em resumo

- O exercício realizado em ambiente frio melhora a capacidade dos atletas de perder calor e, assim, diminui significativamente as chances de lesão por calor.
- A aclimatação ao frio resulta em três adaptações fisiológicas: (1) maior termogênese não associada ao tremor, (2) maior fluxo sanguíneo intermitente para as mãos e os pés e (3) melhor capacidade para dormir em ambientes frios. O propósito geral dessas adaptações é aumentar a produção de calor e manter a temperatura central, o que aumentará o nível de conforto do indivíduo durante a exposição ao frio.

Atividades para estudo

1. Defina os seguintes termos: (1) *homeotermo*; (2) *hipertermia* e (3) *hipotermia*.
2. Por que uma elevação significativa da temperatura central representa ameaça à vida?
3. Explique a afirmação de que o termo *temperatura corporal* é inadequado.
4. Como a temperatura corporal é medida durante o exercício?
5. Discuta brevemente o papel do hipotálamo na regulação da temperatura. Como os hipotálamos (anterior e posterior) diferem em termos de função?
6. Liste e defina os quatro mecanismos de perda de calor. Quais dessas vias têm a participação mais importante durante o exercício realizado em um ambiente quente/seco?
7. Discuta as duas categorias gerais de produção de calor nos seres humanos.
8. Quais hormônios estão envolvidos na produção bioquímica de calor?
9. Destaque brevemente os eventos térmicos que ocorrem durante o exercício prolongado em condições ambientais moderadas. Inclua em sua discussão informações sobre as mudanças da temperatura central, fluxo sanguíneo cutâneo, sudorese e temperatura da pele.
10. Calcule a quantidade de evaporação que precisa ocorrer para remover 400 kcal de calor do corpo.
11. Quanto calor precisaria ser removido da pele se 520 mL de suor se evaporassem durante um período de 30 minutos?
12. Liste e discuta as adaptações fisiológicas que ocorrem durante a aclimatação ao calor.
13. Como o exercício realizado em condições ambientais de frio poderia afetar a destreza em habilidades como as de lançar e pegar algo?
14. Discuta as alterações fisiológicas que ocorrem em resposta à exposição crônica ao frio.

Sugestões de leitura

Bergeron, M. et al. 2005. Youth football: Heat stress and injury risk. *Medicine and Science in Sports and Exercise* 37: 1421–30.

Blatteis, C. 2012. Age-dependent changes in temperature regulation. *Gerontology* 58:289–295.

Casa, D., L. Armstrong, G. Kenny, F. O'Connor, and R. Huggins. Exertional heat stroke: new concepts regarding cause and care. *Current Sports Medicine Reports* 11: 115–123, 2012.

Cheuvront, S. N., R. W. Kenefick, S. J. Montain, and M. N. Sawka. 2010. Mechanisms of aerobic performance impairment with heat stress and dehydration. *J Appl Physiol* 109: 1989–95.

Crandall, C. G., and J. Gonzalez-Alonso. 2010. Cardiovascular function in the heat-stressed human. *Acta Physiol (Oxf)* 199:407–23.

Kenefick, R., and S. Cheuvront. 2012. Hydration for recreational sport and physical activity. *Nutrition Reviews* 70:S137–S142.

Lorenzo, S., J. R. Halliwill, M. N. Sawka, and C. T. Minson. 2010. Heat acclimation improves exercise performance. *J Appl Physiol* 109: 1140–47.

Maughan, R., S. Shirreffs, and P. Watson. 2007. Exercise, heat, hydration and the brain. *Journal of the American College of Nutrition* 26(5 Suppl): 604S–612S.

Maughan, R. J., and S. M. Shirreffs. 2010. Dehydration and rehydration in competetive sport. *Scand J Med Sci Sports* 20 (Suppl 3): 40–47.

Referências bibliográficas

1. Armstrong LE, Johnson EC, Casa DJ, Ganio MS, McDermott BP, Yamamoto LM, et al. The American football uniform: uncompensable heat stress and hyperthermic exhaustion. *J Athl Train* 45: 117–127, 2010.

2. Armstrong LE, and Maresh CM. The induction and decay of heat acclimatisation in trained athletes. *Sports Med* 12: 302–312, 1991.

3. Åstrand P, Rodahl K, Dahl H, and Stromme S. *Textbook of Work Physiology*. Champaign, IL: Human Kinetics, 2004.

4. Bergeron MF, McKeag DB, Casa DJ, Clarkson PM, Dick RW, Eichner ER, et al. Youth football: heat stress and injury risk. *Med Sci Sports Exerc* 37: 1421–1430, 2005.

5. Blatteis CM. Age-dependent changes in temperature regulation—a mini review. *Gerontology*. 58: 289–295, 2012.

6. Brengelmann G. Control of sweating and skin blood flow during exercise. In: *Problems with Temperature Regulation During Exercise*, edited by Nadel E. New York, NY: Academic Press, 1977.

7. Cabanac M. Temperature regulation. *Annu Rev Physiol* 37: 415–439, 1975.

8. Casa DJ, Armstrong LE, Hillman SK, Montain SJ, Reiff RV, Rich BS, et al. National Athletic Trainers' Association position statement: fluid replacement for athletes. *J Athl Train* 35: 212–224, 2000.

9. Casa DJ, Becker SM, Ganio MS, Brown CM, Yeargin SW, Roti MW, et al. Validity of devices that assess body temperature during outdoor exercise in the heat. *J Athl Train* 42: 333–342, 2007.

10. Cheuvront SN, Kenefick RW, Montain SJ, and Sawka MN. Mechanisms of aerobic performance impairment with heat stress and dehydration. *J Appl Physiol* 109. 1989–1995, 2010.

11. Chinevere TD, Kenefick RW, Cheuvront SN, Lukaski HC, and Sawka MN. Effect of heat acclimation on sweat minerals. *Med Sci Sports Exerc* 40: 886–891, 2008.

12. Crandall CG, and Gonzalez-Alonso J. Cardiovascular function in the heat-stressed human. *Acta Physiol (Oxf)* 199: 407–423, 2010.

13. Dawson B. Exercise training in sweat clothing in cool conditions to improve heat tolerance. *Sports Med* 17: 233–244, 1994.

14. Delamarche P, Bittel J, Lacour JR, and Flandrois R. Thermoregulation at rest and during exercise in prepubertal boys. *Eur J Appl Physiol Occup Physiol* 60: 436–440, 1990.

15. Ely BR, Cheuvront SN, Kenefick RW, and Sawka MN. Aerobic performance is degraded, despite modest hyperthermia, in hot environments. *Med Sci Sports Exerc* 42: 135–141, 2010.

16. Fox S. *Human Physiology*. New York, NY: McGraw-Hill, 2012.

17. Gisolfi C, and Cohen J. Relationships among training, heat acclimation, and heat tolerance in men and women: the controversy revisited. *Medicine and Science in Sports* 11: 56–59, 1979.

18. Gisolfi C, and Wenger C. Temperature regulation during exercise: old concepts, new ideas. *Exerc Sport Sci Rev* 12: 339–372, 1984.

19. Godek SF, Bartolozzi AR, and Godek JJ. Sweat rate and fluid turnover in American football players compared with runners in a hot and humid environment. *Br J Sports Med* 39: 205–211; discussion 205–211, 2005.

20. Gordon CJ. *Temperature Regulation in Laboratory Rodents*. New York, NY: Oxford Press, 2009.

21. Hargreaves M. Physiological limits to exercise performance in the heat. *J Sci Med Sport* 11: 66–71, 2008.

22. Hong S, Rennie D, and Park Y. Humans can acclimatize to cold: a lesson from Korean divers. *News in Physiological Sciences* 2: 79–82, 1987.

23. Horvath SM. Exercise in a cold environment. *Exerc Sport Sci Rev* 9: 221–263, 1981.

24. Johnson EC, Ganio MS, Lee EC, Lopez RM, McDermott BP, Casa DJ, et al. Perceptual responses while wearing an American football uniform in the heat. *J Athl Train* 45: 107–116, 2010.

25. Johnson JM. Exercise and the cutaneous circulation. *Exerc Sport Sci Rev* 20: 59–97, 1992.

26. Kenefick RW, Ely BR, Cheuvront SN, Palombo LJ, Goodman DA, and Sawka MN. Prior heat stress: effect on subsequent 15-min time trial performance in the heat. *Med Sci Sports Exerc* 41: 1311–1316, 2009.

27. Kenney WL. Control of heat-induced cutaneous vasodilatation in relation to age. *Eur J Appl Physiol Occup Physiol* 57: 120–125, 1988.

28. Kenney WL. Thermoregulation at rest and during exercise in healthy older adults. *Exerc Sport Sci Rev* 25: 41–76, 1997.

29. Kenney WL, and Johnson JM. Control of skin blood flow during exercise. *Med Sci Sports Exerc* 24: 303–312, 1992.

30. Kenney WL, and Munce TA. Invited review: aging and human temperature regulation. *J Appl Physiol* 95: 2598–2603, 2003.

31. Kruk B, Pekkarinen H, Manninen K, and Hanninen O. Comparison in men of physiological responses to exercise of increasing intensity at low and moderate ambient temperatures. *Eur J Appl Physiol Occup Physiol* 62: 353–357, 1991.

32. Lee SM, Williams WJ, and Schneider SM. Role of skin blood flow and sweating rate in exercise thermoregulation after bed rest. *J Appl Physiol* 92: 2026–2034, 2002.

33. Lim CL, Byrne C, and Lee JK. Human thermoregulation and measurement of body temperature in exercise and clinical settings. *Ann Acad Med Singapore* 37: 347–353, 2008.

34. Lorenzo S, Halliwill JR, Sawka MN, and Minson CT. Heat acclimation improves exercise performance. *J Appl Physiol* 109: 1140–1147, 2010.

35. Makinen TM. Different types of cold adaptation in humans. *Front Biosci (Schol Ed)* 2: 1047–1067, 2010.
36. Makinen TM. Human cold exposure, adaptation, and performance in high latitude environments. *Am J Hum Biol* 19: 155–164, 2007.
37. Maughan R, and Murray R. *Sports Drinks: Basic Science and Practical Aspects*. Boca Raton, FL: CRC Press, 2000.
38. Maughan RJ. Distance running in hot environments: a thermal challenge to the elite runner. *Scand J Med Sci Sports* 20 (Suppl 3): 95–102, 2010.
39. Maughan RJ, and Shirreffs SM. Dehydration and rehydration in competitive sport. *Scand J Med Sci Sports* 20 (Suppl 3): 40–47, 2010.
40. Maughan RJ, Shirreffs SM, and Watson P. Exercise, heat, hydration and the brain. *J Am Coll Nutr* 26: 604S–612S, 2007.
41. McKenzie J, and Osgood D. Validation of a new telemetric core temperature monitor. *Journal of Thermal Biology* 29: 605–611, 2004.
42. Morton JP, Kayani AC, McArdle A, and Drust B. The exercise-induced stress response of skeletal muscle, with specific emphasis on humans. *Sports Med* 39: 643–662, 2009.
43. Nadel E. Temperature regulation. In: *Sports Medicine and Physiology*, edited by Strauss R. Philadelphia, PA: W. B. Saunders, 1979.
44. Nadel E. Temperature regulation during prolonged exercise. In: *Perspectives in Exercise Science and Sports Medicine: Prolonged Exercise*, edited by Lamb D, and Murray R. Indianapolis, IN: Benchmark Press, 1988, pp. 125–152.
45. Nielsen B, Savard G, Richter EA, Hargreaves M, and Saltin B. Muscle blood flow and muscle metabolism during exercise and heat stress. *J Appl Physiol* 69: 1040–1046, 1990.
46. Nielson B. Thermoregulation during exercise. *Acta Physiologica Scandinavica* 323 (Suppl): 10–73, 1969.
47. Nielson M. Die regulation der korpertemperatur bei muskelarbeit. *Scandinavica Archives Physiology* 79: 193, 1938.
48. Noble B. *Physiology of Exercise and Sport*. St. Louis, MO: C. V. Mosby, 1986.
49. Nunneley SA. Physiological responses of women to thermal stress: a review. *Med Sci Sports* 10: 250–255, 1978.
50. Pandolf KB. Effects of physical training and cardiorespiratory physical fitness on exercise-heat tolerance: recent observations. *Med Sci Sports* 11: 60–65, 1979.
51. Pandolf KB. Time course of heat acclimation and its decay. *Int J Sports Med* 19 (Suppl 2): S157–160, 1998.
52. Pandolf KB, Cadarette BS, Sawka MN, Young AJ, Francesconi RP, and Gonzalez RR. Thermoregulatory responses of middle-aged and young men during dry-heat acclimation. *J Appl Physiol* 65: 65–71, 1988.
53. Powers SK, Howley ET, and Cox R. Blood lactate concentrations during submaximal work under differing environmental conditions. *J Sports Med Phys Fitness* 25: 84–89, 1985.
54. Powers SK, Howley ET, and Cox R. A differential catecholamine response during prolonged exercise and passive heating. *Med Sci Sports Exerc* 14: 435–439, 1982.

55. Powers SK, Howley ET, and Cox R. Ventilatory and metabolic reactions to heat stress during prolonged exercise. *J Sports Med Phys Fitness* 22: 32–36, 1982.
56. Powers SK, Nelson WB, and Hudson MB. Exercise-induced oxidative stress: cause and consequences. *Free Radic Biol Med* 51: 942–950, 2011.
57. Rasch W, Samson P, Cote J, and Cabanac M. Heat loss from the human head during exercise. *J Appl Physiol* 71: 590–595, 1991.
58. Robinson S. Temperature regulation in exercise. *Pediatrics* 32 (Suppl): 691–702, 1963.
59. Sato F, Owen M, Matthes R, Sato K, and Gisolfi CV. Functional and morphological changes in the eccrine sweat gland with heat acclimation. *J Appl Physiol* 69: 232–236, 1990.
60. Shirreffs SM. Hydration: special issues for playing football in warm and hot environments. *Scand J Med Sci Sports* 20 (Suppl 3): 90–94, 2010.
61. Shirreffs SM. The importance of good hydration for work and exercise performance. *Nutr Rev* 63: S14–21, 2005.
62. Simmons G, Wong B, Holowatz L, and Kenney WL. Changes in the control of skin blood flow with exercise training: where do cutaneous vascular adaptations fit in? *Exp Physiol* 96:822–828, 2011.
63. Stolwijk JA, Saltin B, and Gagge AP. Physiological factors associated with sweating during exercise. *Aerosp Med* 39: 1101–1105, 1968.
64. Thomas CM, Pierzga JM, and Kenney WL. Aerobic training and cutaneous vasodilation in young and older men. *J Appl Physiol* 86: 1676–1686, 1999.
65. Tikuisis P, Bell DG, and Jacobs I. Shivering onset, metabolic response, and convective heat transfer during cold air exposure. *J Appl Physiol* 70: 1996–2002, 1991.
66. Wanner SP, Guimaraes JB, Rodrigues LO, Marubayashi U, Coimbra CC, and Lima NR. Muscarinic cholinoceptors in the ventromedial hypothalamic nucleus facilitate tail heat loss during physical exercise. *Brain Res Bull* 73: 28–33, 2007.
67. Wendt D, van Loon LJ, and Lichtenbelt WD. Thermoregulation during exercise in the heat: strategies for maintaining health and performance. *Sports Med* 37: 669–682, 2007.
68. Wenger CB. Heat of evaporation of sweat: thermodynamic considerations. *J Appl Physiol* 32: 456–459, 1972.
69. Williams CG, Wyndham CH, and Morrison JF. Rate of loss of acclimatization in summer and winter. *J Appl Physiol* 22: 21–26, 1967.
70. Wyndham CH. The physiology of exercise under heat stress. *Annu Rev Physiol* 35: 193–220, 1973.
71. Yanagimoto S, Aoki K, Horikawa N, Shibasaki M, Inoue Y, Nishiyasu T, et al. Sweating response in physically trained men to sustained handgrip exercise in mildly hyperthermic conditions. *Acta Physiol Scand* 174: 31–39, 2002.
72. Zuo L, Christofi FL, Wright VP, Liu CY, Merola AJ, Berliner LJ, et al. Intra- and extracellular measurement of reactive oxygen species produced during heat stress in diaphragm muscle. *Am J Physiol Cell Physiol* 279: C1058–1066, 2000.

13

Fisiologia do treinamento: efeito sobre $\dot{V}O_{2máx}$, desempenho e força

■ Objetivos

Ao estudar este capítulo, você deverá ser capaz de:

1. Explicar os princípios básicos do treinamento: sobrecarga, reversibilidade e especificidade.
2. Discutir o papel da genética na determinação do $\dot{V}O_{2máx}$.
3. Indicar as alterações típicas em $\dot{V}O_{2máx}$ promovidas pelos programas de treinamento de resistência e o efeito do valor inicial (pré-treinamento) sobre a magnitude do aumento.
4. Estabelecer os valores de $\dot{V}O_{2máx}$ típicos para várias populações sedentárias, ativas e atléticas.
5. Saber a contribuição da frequência cardíaca, volume sistólico e diferença $(a-\bar{v})O_2$ na determinação do $\dot{V}O_{2máx}$.
6. Discutir como o treinamento aumenta o $\dot{V}O_{2máx}$.
7. Definir a pré-carga, pós-carga e contratilidade, bem como discutir o papel de cada um desses elementos no aumento do volume sistólico máximo que ocorre com o treinamento de resistência.
8. Descrever as alterações estruturais musculares responsáveis pelo aumento da diferença $(a-\bar{v})O_2$ máxima com o treinamento de resistência.
9. Listar e discutir as alterações primárias que ocorrem na musculatura esquelética como resultado do treinamento de resistência.
10. Explicar como o treinamento de resistência melhora o equilíbrio acidobásico durante o exercício.
11. Destacar as alterações de "cenário amplo" que ocorrem na musculatura esquelética como resultado do treinamento físico e discutir a especificidade das respostas a esse treinamento.
12. Listar as quatro vias transdutoras de sinal primárias do músculo esquelético.
13. Listar e definir a função de mensageiros secundários importantes do músculo esquelético.
14. Destacar os eventos sinalizadores que levam à adaptação muscular induzida pelo treinamento de resistência.
15. Discutir como as alterações no "comando central" e na "resposta periférica" subsequentes à instituição de um programa de treinamento de resistência podem diminuir a frequência cardíaca, ventilação e respostas de catecolaminas a uma série de exercícios submáximos.
16. Descrever as causas subjacentes da diminuição do $\dot{V}O_{2máx}$ que ocorre com a cessação do treinamento de resistência.
17. Contrastar o papel das adaptações neurais *versus* hipertrofia no aumento da força promovido pelo treinamento de força.
18. Identificar as alterações primárias que ocorrem com as fibras de músculo esquelético em resposta ao treinamento de força.
19. Destacar os eventos sinalizadores que levam aos aumentos de crescimento muscular induzidos pelo treinamento de força.
20. Discutir como o destreinamento subsequente ao treinamento de resistência afeta o tamanho da fibra muscular e a força. Explicar como o retreinamento afeta o tamanho da fibra muscular e a força.
21. Explicar por que o treinamento de força e resistência concomitante pode comprometer os ganhos de força.

■ Conteúdo

Princípios do treinamento 284
Sobrecarga 284
Especificidade 284

Treinamento de resistência e $\dot{V}O_{2máx}$ 284
Programas de treinamento e alterações de $\dot{V}O_{2máx}$ 285

Por que o treinamento físico melhora o $\dot{V}O_{2máx}$? 286
Volume sistólico 287
Diferença arteriovenosa de O_2 288

Treinamento de resistência: efeitos sobre o desempenho e a homeostasia 289
Alterações no tipo e capilaridade da fibra induzidas pelo treinamento de resistência 290
O treinamento de resistência aumenta o conteúdo mitocondrial nas fibras de músculo esquelético 290
Mudanças induzidas pelo treinamento na utilização do combustível muscular 291
O treinamento de resistência melhora a capacidade antioxidante da musculatura 294
O treinamento físico melhora o equilíbrio acidobásico durante o exercício 294

Bases moleculares da adaptação ao treinamento físico 295
Adaptação ao treinamento – quadro geral 296
Especificidade das respostas ao treinamento físico 297
Vias transdutoras de sinais primários no músculo esquelético 297
Mensageiros secundários no músculo esquelético 298

Eventos sinalizadores que levam ao crescimento do músculo induzido pelo treinamento de resistência 299

Treinamento de resistência: ligações existentes entre o músculo e a fisiologia sistêmica 300
Resposta periférica 302
Comando central 302

Destreinamento subsequente ao treinamento de resistência 303

Efeitos fisiológicos do treinamento de força 304

Mecanismos responsáveis pelos aumentos de força induzidos pelo treinamento de força 305
Alterações no sistema nervoso induzidas pelo treinamento de força 305
Aumentos de tamanho do músculo esquelético induzidos pelo treinamento de força 305
Alterações no tipo de fibra muscular induzidas pelo treinamento de força 306
O treinamento de força pode melhorar a capacidade oxidativa do músculo e aumentar o número de capilares? 307
O treinamento de força melhora a atividade enzimática antioxidante muscular 307

Eventos sinalizadores que levam ao crescimento do músculo induzido pelo treinamento de força 307

Destreinamento subsequente ao treinamento de força 309

Treinamento de força e resistência concomitante 310
Mecanismos responsáveis pelo comprometimento do desenvolvimento da força durante o treinamento de força e resistência concomitante 311

■ Palavras-chave

bradicardia
calcineurina
especificidade
NFκB
p38
PGC-1α (coativador γ do receptor ativado por proliferador de peroxissoma 1α)
proteína quinase ativada por monofosfato de 5'adenosina (AMPK)
quinase dependente de calmodulina (CaMK)
reversibilidade
sobrecarga
via de sinalização IGF-1/Akt/mTOR

Um assunto abordado ao longo de todo o livro é a possível existência de mecanismos regulatórios (i. e., sistemas de controle) que operam durante o repouso e o exercício para manter a homeostase. Está comprovado que a prática regular de exercícios de resistência aumenta a capacidade do sistema cardiovascular de levar sangue aos músculos ativos e aumenta a capacidade muscular de produzir ATP em condições aeróbias.

Essas alterações paralelas resultam em uma menor desorganização do ambiente interno durante o exercício. Isso, sem dúvida, resulta na melhora do desempenho. Além disso, as séries regulares de exercícios de força promovem uma adaptação muscular que aumenta a capacidade dos músculos de exercer força, além de melhorar o desempenho nos eventos de potência (p. ex., levantamento de peso).

Capítulo 13 Fisiologia do treinamento: efeito sobre $\dot{V}O_{2máx}$, desempenho e força **283**

O propósito deste capítulo é discutir as adaptações fisiológicas que ocorrem em resposta tanto ao treinamento de resistência como ao treinamento de força. Um de seus principais objetivos é unir uma parte significativa da fisiologia já apresentada nos capítulos anteriores, pois a maioria dos tecidos e sistemas de órgãos é direta ou indiretamente afetada pelos programas de treinamento. Na discussão sobre o treinamento de resistência, consideram-se as alterações fisiológicas que promovem o aumento de $\dot{V}O_{2máx}$ à parte das adaptações associadas às melhoras no desempenho submáximo prolongado. Isso se deve ao fato de o $\dot{V}O_{2máx}$ estar estreitamente ligado à capacidade máxima do sistema cardiovascular de levar sangue aos músculos que estão trabalhando. A capacidade de sustentar um exercício submáximo por tempo prolongado está mais associada à manutenção da homeostasia da fibra muscular em decorrência das propriedades bioquímicas específicas dos músculos que estão trabalhando.

Este capítulo explora ainda a fisiologia do desenvolvimento da força. Além disso, como o treinamento de resistência causa adaptações musculares que podem conflitar com as adaptações associadas aos programas de treinamento de força, é discutida a questão do treinamento de força e resistência concomitante resultar no comprometimento do aumento da força muscular em comparação ao treinamento de força isolado. O ponto de partida será uma introdução aos princípios do treinamento.

Princípios do treinamento

Os três princípios do treinamento são a sobrecarga, a especificidade e a reversibilidade. Esses princípios são introduzidos aqui e aplicados nos Capítulos 16 e 17 (treinamento para condicionamento físico), bem como no Capítulo 21 (treinamento para desempenho).

Sobrecarga

O princípio da **sobrecarga** refere-se ao fato de que um sistema (p. ex., cardiovascular) ou tecido (p. ex., músculo esquelético) deve ser exercitado em um nível além do qual está acostumado para alcançar uma adaptação ao treinamento. O sistema ou tecido adapta-se gradualmente a essa sobrecarga. Tal padrão de sobrecarregamento progressivo de um sistema ou tecido, conforme as adaptações ocorrem, resulta na melhora da função com o passar do tempo. As variáveis típicas que constituem a sobrecarga incluem a intensidade, duração e frequência (dias por semana) dos exercícios. O corolário do princípio da sobrecarga é o princípio da reversibilidade. O princípio da **reversibilidade** indica que os ganhos de condicionamento por meio do exercício com sobrecarga são rapidamente perdidos quando o treinamento é interrompido e a sobrecarga removida.

Especificidade

O princípio da **especificidade** refere-se ao efeito de que o treinamento físico é específico para os músculos envolvidos na atividade, tipos de fibras recrutadas, principal sistema de fornecimento de energia envolvido (aeróbio *vs.* anaeróbio), velocidade da contração e tipo de contração muscular (excêntrica, concêntrica ou isométrica). De fato, ninguém espera que os braços fiquem treinados durante um programa de exercício de corrida de 10 semanas. Entretanto, isso também significa que, se um indivíduo adere a um programa individual de corrida à distância, baixa intensidade, empregando as fibras musculares de contração lenta, pouco ou nenhum efeito será produzido sobre as fibras de contração rápida do mesmo músculo.

A especificidade também se refere aos tipos de adaptações que ocorrem no músculo como resultado do treinamento. Se um músculo é engajado na execução de exercícios de resistência, as adaptações primárias são os acréscimos no número de capilares e mitocôndrias, que aumentam a capacidade do músculo de produzir energia em condições aeróbias. Quando um músculo é engajado em um treinamento de força pesado, a adaptação primária consiste no aumento da quantidade de proteínas contráteis, assim como as densidades de mitocôndrias e capilares na verdade podem até diminuir.[59]

Em resumo

- Segundo o princípio da sobrecarga, para que um treinamento produza efeito, um sistema ou tecido deve ser desafiado com uma intensidade, duração ou frequência de exercícios às quais não esteja acostumado. Com o passar do tempo, o tecido ou sistema se adapta a essa carga. O princípio da reversibilidade é um corolário do princípio da sobrecarga.
- O princípio da especificidade indica que o efeito do treinamento se limita às fibras musculares envolvidas na atividade. Além disso, a fibra muscular se adapta especificamente ao tipo de atividade. Especificamente, o treinamento aeróbio promove um aumento na densidade de mitocôndrias e capilares no músculo, enquanto o treinamento de força leva a um aumento das proteínas contráteis no músculo esquelético.

Treinamento de resistência e $\dot{V}O_{2máx}$

O consumo máximo de oxigênio (também chamado de potência aeróbia máxima ou $\dot{V}O_{2máx}$) é a medida da capacidade máxima do corpo para transportar e utilizar oxigênio durante o exercício dinâmico que usa grandes grupos musculares (p. ex., pernas). O Capítulo 4 introduziu esse conceito, enquanto os Capítulos 9 e 10 mostraram como as variáveis pulmonares e cardiovasculares específicas

284 Seção I Fisiologia do exercício

respondem ao exercício graduado até o $\dot{V}O_{2máx}$. As próximas seções discutem o efeito dos programas físicos de resistência sobre o aumento de $\dot{V}O_{2máx}$ e as alterações fisiológicas responsáveis por esse aumento.

Programas de treinamento e alterações de $\dot{V}O_{2máx}$

Os programas de treinamento de resistência que aumentam o $\dot{V}O_{2máx}$ envolvem a prática de exercícios dinâmicos que empregam uma massa muscular ampla (p. ex., corrida, ciclismo ou natação) por um período de 20-60 minutos/sessão, três ou mais vezes/semana, a uma intensidade maior que 50% do $\dot{V}O_{2máx}$.[3] Nos Capítulos 16 e 21, foram apresentados os detalhes sobre como elaborar programas de treinamento para indivíduos médios e atletas, respectivamente. Enquanto os programas de treinamento de resistência com duração de 2-3 meses tipicamente aumentam o $\dot{V}O_{2máx}$ em 15-20%, a faixa de melhora alcançada pode ser de apenas 2-3% para os indivíduos que iniciam um programa com valores elevados de $\dot{V}O_{2máx}$[23] e de até 50% para aqueles com valores iniciais de $\dot{V}O_{2máx}$ baixos ou o potencial genético para grandes melhoras no $\dot{V}O_{2máx}$ com o treinamento.[14,23,29,41,84] Além disso, os indivíduos com $\dot{V}O_{2máx}$ baixa antes do treinamento podem apresentar melhora treinando a intensidades relativamente baixas (p. ex., 40-50% de $\dot{V}O_{2máx}$), ao passo que os indivíduos com valores elevados de $\dot{V}O_{2máx}$ podem ter que treinar a intensidades mais elevadas (p. ex., >70% de $\dot{V}O_{2máx}$).[66]

O $\dot{V}O_{2máx}$ relativo (i. e., normalizado de acordo com o peso corporal) pode variar amplamente em adultos, dependendo da idade, da condição de saúde e do treinamento de cada indivíduo. Exemplificando, o $\dot{V}O_{2máx}$ pode ser inferior a 20 mL $\cdot$ kg^{-1} $\cdot$ min^{-1} em pacientes com doença cardiovascular e pulmonar grave, assim como pode estar acima de 80 mL $\cdot$ kg^{-1} $\cdot$ min^{-1} em maratonistas de nível internacional e praticantes de esqui *cross-country* (ver Tab. 13.1). Os valores de $\dot{V}O_{2máx}$ extremamente elevados apresentados pelos atletas de resistência de elite, de ambos os sexos, são uma dádiva genética de alta capacidade cardiovascular e elevado percentual de fibras musculares lentas.[5] De fato, alguns estudos concluíram que a possibilidade de herdar $\dot{V}O_{2máx}$ no estado não treinado é de aproximadamente 50%.[12,13]

Além disso, a pesquisa indica que a magnitude de melhora no $\dot{V}O_{2máx}$ em resposta ao treinamento de exercício também é determinada pela genética.[14] Exemplificando, após a conclusão de um programa de treinamento padronizado, observa-se uma ampla variação da melhora do nível de $\dot{V}O_{2máx}$ entre os indivíduos.[12,53] Atualmente, acredita-se que a hereditabilidade dos ganhos de treinamento em termos de $\dot{V}O_{2máx}$ seja de cerca de 47%.[14] Evidências apontam as diferenças de DNA mitocondrial como elementos importantes tanto para as diferenças individuais de $\dot{V}O_{2máx}$ inicial (i. e., na ausência de treinamento) como para as melhoras de $\dot{V}O_{2máx}$ induzidas pelo treinamento.[14] Pessoas geneticamente dotadas que mostram grandes melhoras (p. ex, aumento de 40-50%) no $\dot{V}O_{2máx}$ durante o treinamento de resistência são chamadas de "responsivos" ao treinamento físico. Ver informações adicionais sobre esse tópico no Quadro "Uma visão mais detalhada 13.1".

Além dos fatores genéticos, tanto a intensidade como a duração do treinamento de resistência exercem impacto importante sobre a magnitude das alterações induzidas pelo treinamento no $\dot{V}O_{2máx}$. Exemplificando, períodos prolongados de treinamento de resistência (i. e., 2-3 anos) podem produzir melhoras mais significativas (p. ex., aumentos de 40-50%) no $\dot{V}O_{2máx}$ em indivíduos geneticamente dotados.[29] Do mesmo modo, o treinamento de resistência de alta intensidade também pode aumentar o $\dot{V}O_{2máx}$ em até 50% dos indivíduos com o potencial genético para responder favoravelmente ao treinamento de resistência.[14,41] Exemplificando, um estudo sobre alta intensidade revelou um aumento amplo (p. ex., melhora de 30-50%) e linear do $\dot{V}O_{2máx}$ ao longo de 10 semanas de treinamento.[41] Esses resultados contrastam com muitos estudos sobre treinamento que mostram o nivelamento dos valores de $\dot{V}O_{2máx}$ decorridas apenas algumas semanas de treinamento. O aumento bem mais significativo do $\dot{V}O_{2máx}$ com esse programa de treinamento de 10 semanas deveu-se à maior intensidade, frequência e duração do treinamento do que aquelas comumente empregadas nos programas de exercício de resistência. Passa-se agora à discussão das adaptações fisiológicas responsáveis pelas melhoras de $\dot{V}O_{2máx}$ induzida pelo treinamento de resistência.

Tabela 13.1	Valores de $\dot{V}O_{2máx}$ medidos em populações saudáveis e doentes	
População	**Homens**	**Mulheres**
Saudável		
Praticantes de esqui *cross-country*	84	72
Maratonistas	83	62
Sedentários: jovens	45	38
Sedentários: adultos de meia-idade	35	30
Doente		
Pacientes pós-infarto do miocárdio	22	18
Pacientes com doença pulmonar grave	13	13

Valores expressos em mL $\cdot$ kg^{-1} $\cdot$ min^{-1}.
De Åstrand e Rodahl.[5]

Em resumo

■ Os programas de treinamento de resistência que aumentam o $\dot{V}O_{2máx}$ envolvem uma massa muscular ampla em atividade dinâmica por 20-60 minutos/sessão, três ou mais vezes/semana, a uma intensidade de 50-85% do $\dot{V}O_{2máx}$.

Uma visão mais detalhada 13.1

HERITAGE Family Study

O HERITAGE *Family Study* foi planejado para "estudar o papel do genótipo nas respostas cardiovasculares, metabólicas e hormonais ao treinamento físico aeróbio e a contribuição do exercício regular às alterações em diversos fatores de risco de doença cardiovascular e diabetes". Embora esse estudo ainda esteja em andamento, muitos dos achados obtidos foram relatados na literatura. Alguns dos principais resultados relacionados ao papel do genótipo no $\dot{V}O_{2máx}$ são destacados a seguir.

1. A estimativa de hereditariedade máxima para $\dot{V}O_{2máx}$ entre adultos sedentários é de cerca de 50%.[13] Ou seja, 50% do $\dot{V}O_{2máx}$ de pessoas não treinadas pode ser explicado pelas diferenças genéticas entre os indivíduos.

2. A genética também é importante nas melhoras no $\dot{V}O_{2máx}$ induzidas pelo treinamento. Na verdade, existe uma grande variação entre indivíduos na capacidade de melhorar o $\dot{V}O_{2máx}$ em resposta ao treinamento de exercício. Por exemplo, enquanto a melhora média no $\dot{V}O_{2máx}$ induzida pelo treinamento é de 15 a 20%, alguns indivíduos mostram melhora de apenas 2 a 3% no $\dot{V}O_{2máx}$, enquanto outros "responsivos" experimentam uma melhora no $\dot{V}O_{2máx}$ induzida pelo treinamento de cerca de 50%. Essas grandes variações na resposta ao treinamento indicam que a herança de aumentos no $\dot{V}O_{2máx}$ induzidos pelo treinamento é maior (~47%).[11,14] Juntos, esses estudos genéticos revelam que apenas os indivíduos com predisposição genética para um $\dot{V}O_{2máx}$ elevado no estado treinado e o histórico genético de ser um "responsivo" a um estímulo de treinamento de resistência têm o potencial para alcançar um valor de $\dot{V}O_{2máx}$ necessário para competir com sucesso em eventos de resistência (p. ex., corrida de 5.000 metros) em nível olímpico.

3. Um recente HERITAGE *Family Study* revelou que a ampla variação de capacidade adaptativa humana ao treinamento de resistência se deve a um grupo de 21 genes distintos, que exercem papel importante na adaptação ao treinamento.[14]

- Embora o $\dot{V}O_{2máx}$ aumente em média 15-20% como resultado de um programa de treinamento de resistência, os maiores aumentos no $\dot{V}O_{2máx}$ induzidos pelo treinamento em geral ocorrem nos indivíduos geneticamente dotados que são chamados de "responsivos" a adaptações do treinamento de resistência.
- A predisposição genética é responsável por cerca de 50% do valor de $\dot{V}O_{2máx}$ de uma pessoa. Um treinamento de resistência bastante vigoroso e/ou prolongado pode aumentar em até 50% o $\dot{V}O_{2máx}$ de indivíduos normais sedentários.

Por que o treinamento físico melhora o $\dot{V}O_{2máx}$?

Como o consumo máximo de oxigênio é o produto do fluxo sanguíneo sistêmico (débito cardíaco) pela extração sistêmica de oxigênio (diferença arteriovenosa [a-$\bar{v}$] de oxigênio), as alterações de $\dot{V}O_{2máx}$ induzidas pelo treinamento devem ser decorrentes do aumento do débito cardíaco máximo ou de um aumento da diferença (a-$\bar{v}$)O_2, ou ainda de alguma combinação de ambos. Essa "história" é detalhada a seguir. O cálculo do consumo de oxigênio por meio da equação de Fick é representado da seguinte forma:

$$\dot{V}O_{2máx} = \text{débito cardíaco máximo} \times \text{(diferença [a-}\bar{v}]O_2 \text{ máxima)}$$

Conforme exposto no Capítulo 9, deve-se lembrar de que o débito cardíaco é determinado pelo produto da multiplicação da frequência cardíaca pelo volume sistólico (i. e., a quantidade de sangue ejetada por batimento cardíaco). Deve-se lembrar ainda de que a diferença (a-$\bar{v}$)O_2 é uma medida da quantidade de oxigênio removida do sangue arterial e usada pelos tecidos. Mais uma vez, a equação de Fick determina que os aumentos de $\dot{V}O_{2máx}$ induzidos pelo treinamento podem decorrer de um débito cardíaco aumentado, diferença (a-$\bar{v}$)O_2 aumentada ou aumento tanto do débito cardíaco como da diferença (a-$\bar{v}$)O_2. Muitos estudos indicam que o treinamento com exercícios de resistência melhora o $\dot{V}O_2$ por aumentar tanto o débito cardíaco máximo como a diferença (a-$\bar{v}$)O_2. Nesse sentido, os estudos sobre treinamento de resistência envolvendo indivíduos jovens sedentários sugerem que cerca de metade do ganho de $\dot{V}O_{2máx}$ se deve aos aumentos de VS, e metade à extração aumentada de oxigênio (i. e., diferença [a-$\bar{v}$]O_2 aumentada).[84] Entretanto, a dimensão da contribuição de cada fator para as melhoras de $\dot{V}O_{2máx}$ induzidas pelo treinamento varia em função da duração do treinamento. Esse ponto é ilustrado na Tabela 13.2. Deve-se observar que, nessa Tabela, passados 4 meses de treinamento de resistência, os indivíduos apresentaram um aumento de $\dot{V}O_{2máx}$ de 26%. Esse aumento induzido pelo treinamento foi acompanhado de uma elevação de 10% no débito cardíaco máximo (consequente ao volume sistólico aumentado) e de um aumento de 4% na diferença (a-$\bar{v}$)O_2. Por esse motivo, embora tenham ocorrido alterações tanto no débito cardíaco como na diferença (a-$\bar{v}$)O_2, o aumento do débito cardíaco máximo mediado pelo exercício contribuiu de modo mais significativo para a melho-

Tabela 13.2 Progressão das mudanças induzidas pelo treinamento de resistência no consumo máximo de oxigênio ($\dot{V}O_{2máx}$) em adultos saudáveis e sedentários durante um programa de treinamento de 32 meses

	$\dot{V}O_{2máx}$ (litros · min^{-1})	Percentual de melhora após o treinamento	FC máx (batimentos · min^{-1})	Volume sistólico (mL · batimentos^{-1})	Débito cardíaco (litros · min^{-1})	Percentual de melhora após o treinamento	Diferença (a-$\bar{v}$)O$_2$ (mL · litro^{-1})	Percentual de melhora após o treinamento
Antes do treinamento	3,07	—	205	122	23,9	—	126	—
4 meses de treinamento	3,87	+26%	205	134	26,2	+10%	131	+4%
32 meses de treinamento	4,36	+42%	185	151	27,6	+15%	158	+25%

Os dados são de B. Ekblom, "Effect of physical training on oxygen transport system in man", *Acta Physiologica Scandinavica*. Suplemento 328 Copyright © 1969 Blackwell Scientific Publications, Ltd., Oxford, England. Reproduzido com permissão.

ra do $\dot{V}O_{2máx}$. O prolongamento da duração do programa de treinamento fornece um panorama levemente distinto do modo como ele causa aumento do $\dot{V}O_{2máx}$. Nesse caso, a adição de 28 meses de treinamento de resistência resultou em um pequeno aumento extra (5%) do débito cardíaco máximo e, todavia, em um aumento mais significativo (20%) da diferença (a-$\bar{v}$)O$_2$ (ver Tab. 13.2). Deve-se notar ainda que o aumento do volume sistólico induzido pelo treinamento foi responsável unicamente pelo aumento induzido pelo exercício do débito cardíaco máximo. O que faz o volume sistólico máximo e a diferença arteriovenosa de oxigênio máxima aumentarem como resultado do treinamento de resistência? As respostas são fornecidas nas próximas duas seções.

Volume sistólico

Relembrando que o volume sistólico consiste na quantidade de sangue ejetada do coração a cada batimento, e que é igual à diferença entre o volume diastólico final (VDF) e o volume sistólico final (VSF). Ao observar a Tabela 13.2, está claro que o treinamento físico não aumenta a frequência cardíaca máxima. Na verdade, meses de treinamento resultam em uma pequena diminuição da frequência cardíaca máxima. Por esse motivo, todos os aumentos do débito cardíaco máximo induzidos pelo treinamento devem ser decorrentes de aumentos do volume sistólico. A Figura 13.1 resume os fatores que podem aumentar o volume sistólico em resposta ao treinamento de resistência. Em poucas palavras, um aumento do VDF (pré-carga), aumento da contratilidade cardíaca ou diminuição da resistência periférica total (pós-carga) podem aumentar o volume sistólico. A seguir, será discutido brevemente cada um desses fatores em relação ao aumento do volume sistólico máximo que ocorre com o treinamento de resistência.

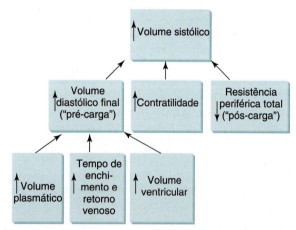

Figura 13.1 Fatores que aumentam o volume sistólico.

Volume diastólico final (VDF). Um dos principais fatores responsáveis pelos aumentos induzidos pelo treinamento do volume sistólico máximo é um aumento do VDF. Um aumento do VDF resulta no estiramento do ventrículo esquerdo e em um aumento correspondente da contratilidade cardíaca via mecanismo de Frank-Starling (ver Cap. 9). Esse aumento do VDF em um coração submetido ao treinamento de resistência é provavelmente resultado da ocorrência de várias alterações induzidas pelo treinamento. Em um mecanismo primário, o volume de plasma aumenta com treinamento de resistência e isso contribui para o aumento do retorno venoso e do VDF. Essas alterações induzidas pelo treinamento do volume plasmático, assim como as alterações do volume sistólico aumentado, podem ocorrer rapidamente. Exemplificando, um programa de treinamento de 6 dias (2 h/dia a 65% do $\dot{V}O_{2máx}$) pode promover um aumento de 7% no $\dot{V}O_{2máx}$, um aumento de 11% no volume plasmático e um aumento de 10% no volume sistólico. Esse aumento do volume sistólico induzido pelo treinamento é provavelmente advindo de um aumento do VDF.[34]

Vale observar ainda que o treinamento de resistência prolongado (meses para anos) aumenta o tamanho do ventrículo esquerdo com pouca alteração da espessura da parede ventricular.[87] Tal ampliação do tamanho ventricular irá acomodar um VDF maior e, dessa forma, poderia atuar como um fator contribuidor para o aumento induzido pelo treinamento do volume sistólico.[28,69,79,87]

Por fim, o treinamento de resistência aumenta o volume sistólico não só durante o exercício máximo como também durante o repouso. O aumento do volume sistólico em repouso que ocorre nos atletas submetidos ao treinamento de resistência provavelmente se deve a um VDF aumentado em repouso. Esse, por sua vez, resulta do maior estiramento do miocárdio, por causa do tempo de enchimento ventricular aumentado associado à frequência cardíaca em repouso mais lenta (**bradicardia**) que se segue ao treinamento de resistência.[87]

Contratilidade cardíaca. A contratilidade cardíaca refere-se à força da contração do músculo cardíaco quando o comprimento da fibra (VDF), pós-carga (resistência periférica) e frequência cardíaca permanecem constantes. Embora uma série de exercício aguda aumente a contratilidade cardíaca em razão da ação do sistema nervoso simpático sobre o ventrículo, é difícil determinar se a contratilidade inerente do coração humano é modificada pelo treinamento de resistência. É por isso que os fatores que afetam a contratilidade (VDF, frequência cardíaca e pós-carga) são afetados pelo treinamento de resistência. Mesmo assim, os estudos realizados com animais indicam que o treinamento com exercícios de alta intensidade aumenta a capacidade de bombeamento cardíaco ao aumentar a força da contração ventricular.[50,51,103] Além disso, estudos recentes realizados com o uso de novas ferramentas de pesquisa revela que o treinamento aeróbio aumenta os "mecanismos de torção" do ventrículo esquerdo, o que resulta em aumento do volume sistólico.[87,104] Juntos, esses achados indicam que o treinamento aeróbio também melhora a contratilidade ventricular em humanos e animais.

Pós-carga. O termo *pós-carga* refere-se à resistência periférica contra a qual o ventrículo se contrai ao tentar impulsionar o sangue para dentro da aorta. A pós-carga é importante porque, quando o coração se contrai contra uma alta resistência periférica, o volume sistólico diminui (em comparação ao observado diante de uma resistência periférica menor). Após um programa de treinamento de resistência, os músculos treinados oferecem menos resistência ao fluxo sanguíneo durante o exercício máximo em razão da diminuição da atividade vasoconstritora simpática junto às arteríolas dos músculos treinados. Essa diminuição da resistência ocorre em paralelo com o aumento do débito cardíaco máximo, por isso a pressão arterial média durante o exercício permanece constante.

Diferença arteriovenosa de O_2

Como dito anteriormente, os aumentos de $\dot{V}O_2$ induzidos pelo treinamento são decorrentes dos aumentos do débito cardíaco (i. e., o volume sistólico aumenta) e da diferença (a-$\bar{v}$)O_2. O aumento da diferença (a-$\bar{v}$)O_2 induzido pelo treinamento é causado pelo aumento da extração de O_2 a partir do sangue. A capacidade aumentada do músculo de extrair O_2 após o treinamento advém principalmente do aumento da densidade capilar, tendo em vista que o aumento do número de mitocôndrias é de importância secundária.[9,42] O aumento da densidade capilar no músculo treinado acomoda o aumento do fluxo sanguíneo no músculo durante o exercício máximo, diminui a distância de difusão até a mitocôndria e retarda a velocidade do fluxo sanguíneo, dando mais tempo para que o oxigênio se difunda do capilar até a fibra muscular. As alterações na densidade capilar ocorrem em paralelo com as alterações no fluxo sanguíneo da perna e no $\dot{V}O_{2máx}$ induzidas pelo treinamento. Os aumentos do número de mitocôndrias subsequentes ao treinamento de resistência aumentam a capacidade da fibra muscular de consumir oxigênio e também contribuem para as diferenças (a-$\bar{v}$)O_2 expandidas. Observa-se, porém, que a capacidade da mitocôndria de usar o O_2 excede a capacidade do coração de fornecê-lo. Como consequência, o número de mitocôndrias deixa de ser um fator central na limitação do $\dot{V}O_{2máx}$.[9,42] A Figura 13.2 resume os fatores responsáveis pelo aumento de $\dot{V}O_{2máx}$ associado ao programa de treinamento de resistência.

Por fim, dois cientistas que deram contribuições fundamentais ao conhecimento acerca dos efeitos fisiológicos do treinamento físico foram John O. Holloszy e Bengt Saltin. Saiba mais sobre esses notáveis cientistas no Quadro "Um olhar no passado – nomes importantes na ciência".

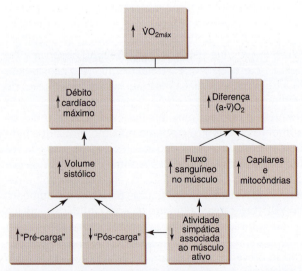

Figura 13.2 Resumo dos fatores que causam aumento de $\dot{V}O_{2máx}$ com o treinamento de resistência.

Em resumo

- Em pessoas saudáveis e sedentárias, as melhoras no $\dot{V}O_{2máx}$ induzidas pelo treinamento podem ocorrer tanto em virtude dos aumentos no débito cardíaco máximo (p. ex., volume sistólico) como pelo aumento na diferença (a-$\bar{v}$)O_2.
- O aumento do volume sistólico máximo induzido pelo treinamento se deve tanto a um aumento da pré-carga como a uma diminuição da pós-carga.
    a. A pré-carga aumentada é devida principalmente ao aumento do volume ventricular diastólico final e ao aumento associado do volume plasmático.
    b. A pós-carga diminuída se deve a uma diminuição da constrição arteriolar nos músculos treinados, com consequente aumento do fluxo sanguíneo máximo nesses músculos sem alteração da pressão arterial média.
- O aumento induzido pelo treinamento na diferença (a-$\bar{v}$)O_2 é causado por um aumento na densidade capilar dos músculos treinados, que é necessário para aceitar o aumento no fluxo sanguíneo muscular máximo. A densidade capilar maior permite um tempo de trânsito lento das hemácias pelo músculo, fornecendo tempo necessário para a difusão de oxigênio, que é facilitada pelo maior número de mitocôndrias.

Treinamento de resistência: efeitos sobre o desempenho e a homeostasia

A capacidade de realizar trabalho submáximo por tempo prolongado depende da manutenção da homeostasia durante a atividade. O treinamento de resistência resulta em uma transição mais rápida do repouso para o exercício em estado estável, menor dependência das limitadas reservas hepáticas e musculares de glicogênio, e numerosas adaptações cardiovasculares e termorregulatórias que auxiliam na manutenção da homeostasia. Muitas dessas adaptações induzidas pelo treinamento se devem à ocorrência de alterações estruturais e bioquímicas nos músculos, que serão discutidas em detalhes nas próximas páginas. Entretanto, uma parte dessas adaptações está relacionada a fatores externos ao músculo. Isso deve ser ressaltado no início desta seção, enquanto nos concentramos na ligação existente entre as alterações ocorridas na musculatura esquelética e o desempenho, pois há evidências de que algumas melhoras no desempenho ocorrem rapidamente e podem preceder as alterações estruturais ou bioquímicas que ocorrem na musculatura esquelética.[36] Isso sugere que as adaptações metabólicas iniciais ao treinamento de resistência poderiam consistir em mudanças no sistema nervoso, ou adaptações do tipo neural-hormonal, seguidas de adaptações bioquímicas nas fibras musculares.

Um olhar no passado – nomes importantes na ciência

Dr. John O. Holloszy, MD, e dr. Bengt Saltin, MD, PhD – vencedores de prêmios olímpicos

O Comitê Olímpico Internacional (COI) estabeleceu o IOC *Olympic Prize in Sports Sciences* para reconhecer os líderes internacionais na área de ciências do esporte. Os ganhadores recebem 500 mil dólares e uma medalha olímpica. O premio é concedido a cada 2 anos.

Em 2000, o IOC concedeu o IOC *Prize in Sports Sciences* ao **dr. John O. Holloszy**. O prêmio reconhece suas notáveis contribuições para o nosso conhecimento acerca dos efeitos do treinamento de resistência sobre o músculo e o metabolismo, e sobre como esses efeitos afetam o desempenho de resistência, frequência cardíaca, diabetes e envelhecimento. Todavia, essa sentença simples não é o bastante para honrar os mais de 375 estudos por ele publicados nos melhores periódicos de pesquisa, nem seu impacto nas amplas áreas da ciência do exercício e medicina preventiva. Ao longo de sua carreira, o dr. Holloszy treinou várias gerações de cientistas a seguirem seus passos. A sua lista de pesquisadores de pós-doutorado, a começar na década de 1960, mostra quem é quem na fisiologia do exercício. As contribuições prestadas por seus pesquisadores de pós-doutorado multiplicam em muitas vezes o efeito do trabalho do dr. Holloszy no campo da fisiologia do exercício. Ele continua sua carreira como pesquisador ativo na *Washington University School of Medicine*, atuando nas áreas de restrição calórica e envelhecimento e metabolismo de carboidratos e gorduras.

Em 2002, o IOC concedeu o IOC *Prize in Sports Sciences* ao **dr. Bengt Saltin**. Durante

uma longa e produtiva carreira de pesquisador, o Dr. Saltin publicou mais de 436 estudos que expandiram muito a nossa compreensão da fisiologia do exercício. Mais especificamente, o trabalho do dr. Saltin melhorou a nossa compreensão das mudanças no $\dot{V}O_{2máx}$ induzidas pelo treinamento e a regulação do uso de combustível no músculo esquelético durante o exercício. Além disso, ele realizou estudos clássicos de repouso na cama, revelando as importantes mudanças fisiológicas que ocorrem após períodos prolongados de inatividade. Você perceberá que muitos dos estudos do dr. Saltin são citados neste livro como uma prova da importância das descobertas de suas pesquisas.

Na introdução deste capítulo, foi mencionado que o aumento do desempenho submáximo que decorre de um programa de treinamento de resistência se devia mais às alterações bioquímicas e estruturais ocorridas no músculo esquelético do que a um aumento de $\dot{V}O_{2máx}$. Entre as alterações típicas, estão os aumentos do percentual de fibras musculares de contração lenta (ou seja, mudança de tipo de fibra rápida para lenta), número de mitocôndrias das fibras, capacidade adicional de metabolização de gorduras pelo músculo, melhora da capacidade antioxidante muscular e aumento da densidade de capilares.[39] De fato, essas mudanças no músculo induzidas pelo treinamento determinam principalmente as respostas fisiológicas gerais a uma série específica de exercícios submáximos. A discussão será iniciada com uma visão geral das alterações induzidas pelo treinamento de resistência nos tipos de fibras musculares e número de capilares na musculatura esquelética.

Alterações no tipo e capilaridade da fibra induzidas pelo treinamento de resistência

Está comprovado que o treinamento de resistência promove a troca das fibras musculares de contração rápida por fibras musculares de contração lenta. Conforme o exposto no Capítulo 8, essa troca induzida pelo exercício do tipo de fibra muscular envolve uma diminuição da quantidade de miosina rápida na musculatura e um aumento da concentração de isoformas de miosina lenta. Esse aspecto é significativo, porque as isoformas de miosina lenta apresentam atividade de ATPase de miosina mais baixa, mas conseguem realizar mais trabalho utilizando menos ATP (i. e., são mais eficientes). Essa troca de isoformas rápidas-lentas de miosina tem importância fisiológica porque aumenta a eficiência mecânica e, assim, tem o potencial de melhorar o desempenho em termos de resistência.

A magnitude dessa mudança induzida pelo exercício do tipo de fibra depende tanto da intensidade como da duração das sessões de treinamento ao longo dos anos de treinamento de resistência. Por exemplo, o número de fibras de tipo I (lentas) existentes na musculatura da perna dos corredores de maratonas está correlacionado ao número de anos de treinamento. Isso sugere que o aumento induzido pelo treinamento do número de fibras de tipo I é progressivo e, possivelmente, continua a ocorrer ainda por vários anos de treinamento. Observe, porém, que a maioria dos estudos sobre treinamento realizados com seres humanos e animais indica que, embora o treinamento de resistência promova a troca de fibras de contração rápida por fibras de contração lenta nos músculos ativos, essa troca não resulta na substituição total das fibras rápidas pelas fibras lentas. Sendo assim, como já mencionado no início do capítulo, a capacidade aeróbia extremamente alta apresentada pelos atletas de resistência de ambos os sexos provavelmente é uma dádiva genética

que determina um alto percentual de fibras musculares lentas.

O treinamento de resistência aumenta o suprimento capilar para as fibras de músculo esquelético dos indivíduos treinados. De fato, existe uma forte correlação entre o $\dot{V}O_{2máx}$ de um indivíduo e o número de capilares circundando as fibras musculares localizadas nos membros treinados. Essa capilarização induzida pelo exercício no músculo esquelético constitui uma vantagem, pois diminui as distâncias de difusão do oxigênio e distribuição de substrato às fibras musculares. De maneira similar, a distância de difusão para remoção dos resíduos metabólicos a partir das fibras também é reduzida.

O treinamento de resistência aumenta o conteúdo mitocondrial nas fibras de músculo esquelético

Existem duas subpopulações de mitocôndria no músculo esquelético. Uma população reside imediatamente abaixo do sarcolema (mitocôndrias subsarcolêmicas). A segunda população de mitocôndrias, que é também a mais ampla (i. e., 80% do total de mitocôndrias), está dispersa ao redor das proteínas contráteis (mitocôndrias intermiofibrilares). O treinamento de resistência pode aumentar rapidamente a densidade de ambas as subpopulações mitocondriais nas fibras de músculo esquelético ativo. Exemplificando, a densidade de mitocôndrias pode aumentar nas fibras musculares após um programa de treinamento de 5 dias.[102] Tipicamente, o treinamento de resistência prolongado pode aumentar em 50-100% a concentração de proteínas mitocondriais musculares nas primeiras 6 semanas de treinamento.[16] No entanto, a magnitude do aumento induzido pelo exercício do número de mitocôndrias no músculo depende da intensidade e da duração do exercício (ver o Quadro "Uma visão mais detalhada 13.2"). O maior desempenho em termos de resistência em consequência da biogênese de mitocôndrias se deve às alterações que ocorrem no metabolismo muscular durante o exercício. A seguir, uma breve análise de algumas dessas importantes alterações.

No começo do exercício, o ATP é convertido em ADP e P_i nas fibras musculares para desenvolvimento da tensão. O aumento da concentração de ADP no citoplasma é o estímulo imediato para os sistemas produtores de ATP atenderem às demandas de ATP das pontes cruzadas. A fosfocreatina (PC) responde imediatamente à necessidade de ATP, seguida da glicólise e, por fim, da fosforilação oxidativa mitocondrial. Este último processo se torna a fonte primária de ATP durante a fase de estado estável do exercício. Como o treinamento de resistência afeta as respostas de consumo de oxigênio no começo do trabalho máximo em estado estável?

O $\dot{V}O_{2máx}$ em estado estável medido durante um teste de trabalho submáximo não é afetado pelo treinamento de resistência. As mitocôndrias continuam consumindo o mesmo número de moléculas de O_2 por minuto nos músculos em atividade. Entretanto, como o treinamento resulta em um aumento no número de mitocôndrias no músculo, a forma como o sistema produtor de ATP é compartilhado entre as mitocôndrias difere entre os músculos esqueléticos não treinados e os treinados. Esse aspecto é ilustrado pelo seguinte exemplo. Suponha-se que uma célula de músculo não treinado possua apenas uma mitocôndria e seja necessária uma quebra de 100 unidades de ATP/minuto para que o músculo consuma 2 L de O_2/minuto a fim de sustentar um nível de exercício constante. A quebra de 100 unidades de ATP/minuto resulta na formação de 100 unidades de ADP/minuto no citosol da fibra (ver Fig. 13.3). Lembre-se de que a formação aeróbia de ATP exige o transporte do ADP para dentro da mitocôndria e a subsequente combinação ao P_i para formação de ATP. Após o treinamento, com um número duas vezes maior de mitocôndrias na célula, a velocidade do transporte de ADP para dentro da mitocôndria também é duplicada. Por esse motivo, a concentração de ADP no citosol aumenta apenas em 50%, pois as mitocôndrias adicionais captam ADP. Isso é importante por dois motivos.

Primeiro, porque a menor concentração de ADP resulta em menos depleção de PC, pois a reação para esse fenômeno é [ADP] + [PC] →[ATP] + [C]. Em segundo lugar, a menor concentração de ADP na célula também resulta em menor estimulação de glicólise e, portanto, na produção diminuída de lactato e H^+. Coletivamente, a reduzida estimulação da glicólise consequente à menor concentração de ADP e os níveis aumentados de PC subsequentes ao treinamento de resistência resultam em uma menor dependência da glicólise anaeróbia para fornecimento de ATP no início do exercício.[30,37] O resultado líquido é um déficit de oxigênio menor, menor depleção de PC e diminuição da formação de lactato e H^+. A Figura 13.4 mostra as adaptações bioquímicas que se seguem ao treinamento de resistência e que resultam em uma elevação mais rápida da curva de consumo do oxigênio no início do trabalho, com menor desorganização da homeostasia.

Mudanças induzidas pelo treinamento na utilização do combustível muscular

A glicose plasmática é o principal combustível para o sistema nervoso e, portanto, manter os níveis de glicose plasmática é vital. Assim, não surpreende que o treinamento de resistência promova mudanças bioquímicas nos músculos esqueléticos que auxiliam na manutenção de uma concentração constante de glicose no sangue durante o exercício submáximo prolongado. Especificamente, o treinamento de resistência resulta no uso reduzido de glicose (carboidrato) como combustível e um aumento no metabolismo da gordura durante o exercício submáximo prolongado. Juntas, essas mudanças poupam a glicose plasmática e aumentam a dependência de gordura como fonte de combustível no músculo esquelético durante o exercício. Os detalhes de como o treinamento aeróbio altera o metabolismo de carboidrato e gordura são apresentados nas seções a seguir.

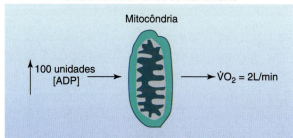

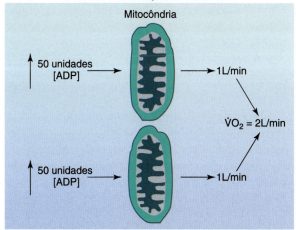

Figura 13.3 Influência do número de mitocôndrias sobre a troca na concentração citosólica de ADP durante o exercício submáximo. Observe que os aumentos induzidos pelo treinamento no número de mitocôndrias no músculo melhoram a taxa de transporte de ADP nas mitocôndrias, resultando em menor concentração de ADP no citosol e menos estimulação da glicólise.

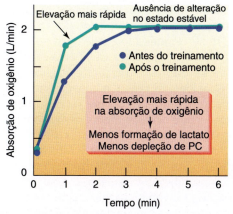

Figura 13.4 O treinamento de resistência diminui o déficit de O_2 no início do trabalho.

Uma visão mais detalhada 13.2

Papel da intensidade e duração do exercício sobre as adaptações mitocondriais

A capacidade oxidativa de um fibra muscular somente pode melhorar se a fibra muscular for recrutada durante a sessão de exercício. As Figuras 13.5a e 13.5b mostram as alterações ocorridas na atividade da citrato sintase (CS), que é um marcador da capacidade oxidativa mitocondrial, em resposta a programas de exercício com diferenças de duração (30, 60 e 90 minutos) e intensidade (~55%, ~65% e ~75% de $\dot{V}O_{2máx}$). A Figura 13.5a mostra que a atividade da CS aumentou no gastrocnêmio vermelho (fibras primariamente de tipo IIa) em resposta a todos os tratamentos, porém a magnitude das alterações foi independente da intensidade e da duração da atividade. Em contraste, a Figura 13.5b mostra que no gastrocnêmio branco (fibras principalmente de tipo IIx) a atividade de CS aumentou em decorrência tanto da intensidade como da duração da atividade. Qual é a explicação para essa diferença? As fibras de tipo IIa foram facilmente recrutadas pela menor intensidade do exercício, enquanto o recrutamento das fibras IIx exigiu um exercício muito extenuante.[75] Essas observações sustentam nosso conhecimento sobre a especificidade do exercício – o exercício leve a moderado melhora ou mantém a capacidade oxidativa das fibras altamente oxidantes (tipos I e IIa), enquanto o exercício extenuante é necessário para alterar as fibras pouco oxidantes (tipo IIx).[25,96] Considerando-se a rápida perda da capacidade oxidativa de um músculo com a cessação do treinamento, não surpreende que os desempenhos de resistência de alto nível, que exigem o recrutamento das fibras de tipo IIx, caiam rapidamente quando o treinamento é interrompido.

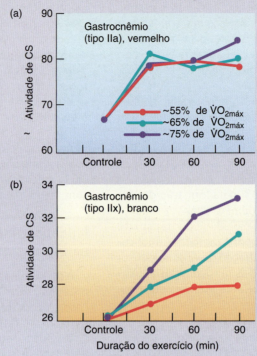

Figura 13.5 Alterações na atividade de citrato sintase com diferentes intensidades e durações de exercício. Citrato sintase é uma enzima do ciclo de Krebs que é medida como marcador da capacidade oxidativa no músculo.

Os resultados do treinamento de resistência no uso reduzido de glicose plasmática durante o exercício submáximo prolongado. A captação de glicose pelos músculos esqueléticos em contração ocorre via difusão facilitada e requer a presença de uma proteína de transporte de glicose (GLUT4) na membrana da célula muscular (p.ex., sarcolema). O treinamento aeróbio aumenta a capacidade de transportar glicose para as fibras do músculo esquelético ao aumentar o número de transportadores GLUT4 e a capacidade da insulina de promover o transporte de glicose no músculo.[80] Considerando essas mudanças induzidas pelo treinamento, é uma surpresa que o treinamento de resistência resulte em uma menor dependência do carboidrato como uma fonte de energia durante o exercício submáximo prolongado. De fato, a captação e oxidação de glicemia durante o exercício submáximo é reduzida nos indivíduos treinados.[80] Consequentemente, indivíduos treinados são mais capazes de manter os níveis de glicose no sangue durante o exercício prolongado.

Os mecanismos pelos quais o treinamento reduz a utilização da glicose no sangue não são bem conhecidos, mas podem ser causados por um movimento reduzido dos transportadores GLUT4 do citosol para a membrana muscular.[80] Independentemente do mecanismo responsável por essa redução induzida pelo treinamento no metabolismo da glicose durante o exercício, essa menor utilização de glicose durante o exercício prolongado em indivíduos treinados é uma adaptação lógica que reduziria o risco de desenvolver hipoglicemia (ou seja, níveis mais baixos de glicose no sangue) durante uma sessão de exercício prolongada (p. ex., ao correr uma maratona).

O treinamento de resistência aumenta o metabolismo da gordura durante o exercício. O treinamento de resistência aumenta o metabolismo da gordura durante o exercício submáximo ao potencializar a entrega de gordura para o músculo e expandir a capacidade do músculo de metabolizar a gordura (Fig. 13.6). O aumento da entrega de gordura para o músculo é ob-

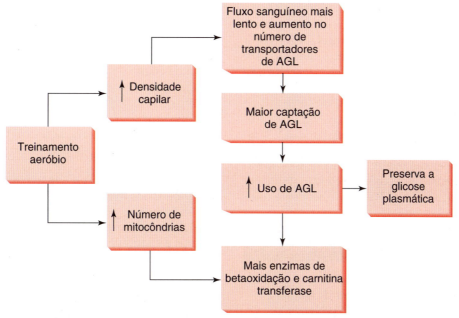

Figura 13.6 O treinamento de resistência aumenta o metabolismo de gordura e reduz a utilização de glicose pelo músculo durante o exercício submáximo prolongado. Esse aumento induzido pelo treinamento no metabolismo da gordura durante o exercício submáximo é alcançado ao aumentar a densidade capilar e aumentar o número de mitocôndrias na fibra muscular.

tido por meio de três adaptações induzidas pelo treinamento: (1) densidade capilar aumentada que potencializa a entrega dos ácidos graxos livres (AGL) para o músculo; (2) capacidade expandida de transportar AGL pelo sarcolema; e (3) capacidade melhorada para mover o AGL do citoplasma para as mitocôndrias. O treinamento aeróbio também aumenta a capacidade do músculo de metabolizar a gordura ao aumentar o número de mitocôndrias na fibra muscular. Essa capacidade é importante porque o metabolismo de gordura ocorre nas mitocôndrias, e por meio dela a betaoxidação converte AGL para as unidades de acetil-CoA para o metabolismo no ciclo de Krebs. Seguem mais detalhes de como o treinamento de resistência aumenta o metabolismo de gordura.

A gordura intramuscular fornece cerca de 50% dos lipídios oxidados durante o exercício, e o restante é fornecido pelos AGL plasmáticos.[45,101] A absorção de AGL pelo músculo é proporcional à concentração dos AG no plasma.[74] Para entrar na fibra muscular, o AGL plasmático deve ser transportado através da membrana celular até o citoplasma e, em seguida, para dentro da mitocôndria. Só então a oxidação pode acontecer. A movimentação do AGL para dentro da célula muscular envolve uma molécula transportadora cuja capacidade de transportá-lo pode se tornar saturada diante de concentrações plasmáticas de AGL elevadas.[85] Entretanto, o treinamento de resistência aumenta a capacidade de transporte de AGL através da membrana celular, de modo que um indivíduo treinado consegue transportar mais AGL diante de uma mesma concentração plasmática desse elemento em comparação a um indivíduo sem treinamento.[52] Isso ocorre por causa do drástico aumento induzido pelo treinamento das concentrações de proteína ligadora de ácidos graxos e de ácido graxo translocase (FAT), que transportam os ácidos graxos de fora para dentro do sarcolema.[48] Essa capacidade aumentada de transportar AGL é favorecida pela maior densidade de capilares observada no músculo treinado, que retarda a velocidade do fluxo sanguíneo após a membrana celular, disponibilizando assim mais tempo para o AGL ser transportado para dentro da célula (ver Fig. 13.6).[85]

O treinamento aeróbio também melhora a capacidade de transportar AGL para as mitocôndrias, onde ocorre a oxidação de gordura. Uma etapa decisiva no transporte de AGL para dentro da mitocôndria envolve as enzimas carnitina palmitoiltransferase I (CPT-I) e ácido graxo translocase (FAT), e parte do aumento induzido pelo treinamento na oxidação de gordura está relacionada com mudanças no FAT mitocondrial. O aumento no número de mitocôndrias com o treinamento de resistência aumenta a área de superfície das membranas mitocondriais, e a quantidade de CPT-I e FAT como AGL pode ser transportada numa taxa mais rápida a partir do citoplasma para as mitocôndrias para oxidação.[86] A CPT-I e o FAT atuam juntos intensificando a entrada de AGL na mitocôndria. A aceleração do transporte no sentido do citoplasma para a mitocôndria favorece a movimentação de mais AGL para dentro da célula muscular a partir do plasma.

Como já mencionado, o treinamento de resistência causa aumento de ambos os tipos de mitocôndria – subsarcolêmica e intermiofibrilar nas fibras musculares.[54] Esses aumentos do número de mitocôndrias aumentam a concentração de enzimas envolvidas na betaoxidação dos ácidos graxos. O resultado é uma velocidade mais rápida de formação de moléculas de acetilCoA a partir dos AGL para entrada no ciclo de Krebs, onde o citrato (a primeira molécula do ciclo) é formado. Uma alta taxa de betaoxidação resulta em maiores níveis de citrato no músculo. Isso é importante porque os altos níveis de citrato inibem a PFK (enzima limitada pela taxa da glicólise), que reduz o metabolismo de carboidratos.[42] O resultado de todas essas adaptações é um aumento da oxidação lipídica e uma menor dependência do metabolismo de carboidratos durante o exercício, assim preservando os estoques limitados de glicogênio no músculo e no fígado.

Em resumo

- O treinamento de resistência melhora a capacidade das fibras musculares de manter a homeostasia durante o exercício prolongado.
- Séries regulares de treinamento de resistência resultam na troca de fibras musculares de contração rápida por fibras de contração lenta, bem como no aumento do número de capilares que circundam as fibras musculares treinadas.
- O exercício de resistência também aumenta o número de mitocôndrias subsarcolêmicas e intermiofibrilares nos músculos exercitados.
- A combinação do aumento da densidade de capilares com o número aumentado de mitocôndrias por fibra muscular resulta no aumento da capacidade de transporte de AGL no sentido plasma → citoplasma → mitocôndria.
- O aumento quantitativo das enzimas que atuam no ciclo do ácido graxo acelera a formação de acetilCoA a partir dos AGL para oxidação no ciclo de Krebs. Esse aumento da oxidação de gorduras no músculo submetido ao treinamento de resistência poupa glicogênio muscular e hepático e glicose plasmática. Esses pontos são resumidos na Figura 13.6.

O treinamento de resistência melhora a capacidade antioxidante da musculatura

Os radicais livres são moléculas ou espécies químicas que contêm um elétron não pareado em sua órbita mais externa. Por causa desse elétron não pareado, os radicais tornam-se altamente reativos e podem interagir com componentes celulares para causar danos em proteínas, membranas e DNA.

Portanto, não surpreende o fato de as células conterem uma rede de moléculas neutralizadoras de radicais (i. e., antioxidantes), que confere proteção contra as lesões mediadas por tais moléculas. Em geral, esses an-

tioxidantes celulares podem ser agrupados em duas categorias amplas. O primeiro grupo de antioxidantes é constituído por moléculas produzidas nas células corporais (i. e., antioxidantes endógenos), ao passo que o segundo grupo consiste em moléculas derivadas da dieta (i. e., antioxidantes exógenos). Para conferir proteção máxima contra os radicais, esses dois grupos de antioxidantes atuam em equipe para neutralizar os radicais e manter um equilíbrio antioxidante/oxidante saudável, prevenindo os danos celulares mediados por essas espécies reativas.

Conforme abordado no Capítulo 8, os radicais livres são produzidos durante a contração muscular, e a produção de radicais pode perturbar a homeostasia celular, promover dano oxidativo em proteínas contráteis musculares e contribuir para a fadiga muscular durante os eventos de resistência prolongados.[77,78] Mesmo assim, o treinamento de resistência pode conferir proteção às fibras musculares contra os danos mediados pelos radicais livres ao aumentar os níveis de antioxidantes endógenos nos músculos treinados.[77] Esse aumento da capacidade antioxidante muscular neutraliza os radicais livres produzidos durante o exercício ao mesmo tempo em que protege a fibra contra os danos mediados por essas moléculas. A proteção contra o dano oxidativo induzido pelo exercício, por sua vez, protege contra a fadiga muscular mediada pelos radicais.

O treinamento físico melhora o equilíbrio acidobásico durante o exercício

O pH do sangue arterial é mantido em torno de 7,4 durante o repouso. Como descrito no Capítulo 11, os desafios agudos e a longo prazo ao pH são enfrentados pelos tampões intracelulares e extracelulares e pelas respostas dos sistemas pulmonar e renal. Evidências indicam que a capacidade de tamponamento muscular pode ser aumentada pelo treinamento intervalado de alta intensidade.[27] Embora o treinamento de resistência não aumente a capacidade de tamponamento muscular, ele minimiza as perturbações do pH sanguíneo durante o trabalho submáximo. E como isso ocorre? A resposta está na menor produção de lactato e H^+ pelos músculos submetidos ao treinamento de resistência. A explicação é dada a seguir.

A formação de lactato ocorre quando há acúmulo de NADH e piruvato no citoplasma celular que contém lactato desidrogenase (LDH):

$$[piruvato] + [NADH] \rightarrow [lactato] + [NAD]$$
$$LDH$$

Qualquer fator que afete a concentração de piruvato, NADH ou o tipo de LDH na célula afetará a velocidade de formação de lactato. Já foi visto que o número aumentado de mitocôndrias pode exercer um efeito drástico sobre a formação de piruvato; a concentração reduzida de ADP no citosol evita a ativação da PFK no início do trabalho, e a capacidade aumentada de usar gorduras como combustível diminui a necessidade de oxidação de carboidratos durante o trabalho prolongado. Se o uso de carboidratos é menor, menos piruvato é formado. Além disso, o aumento do número de mitocôndrias aumenta as chances de o piruvato ser absorvido pelas mitocôndrias para oxidação no ciclo de Krebs, em vez de ser convertido em lactato no citoplasma. Todas essas adaptações favorecem uma concentração menor de piruvato, bem como uma diminuição da formação de lactato.

No músculo, ocorrem duas alterações bioquímicas adicionais decorrentes do treinamento de resistência que diminuem os níveis de produção de lactato e, consequentemente, também a formação de H⁺. O NADH produzido durante a glicólise pode reagir com o piruvato, conforme a equação descrita anteriormente, ou pode ser transportado para dentro das mitocôndrias para ser oxidado na cadeia de transporte de elétrons e formar ATP (ver Cap. 3). O treinamento de resistência aumenta o número de "idas e vindas" usado no transporte de elétrons associados ao NADH do citoplasma para dentro da mitocôndria.[42] Se o NADH formado na glicólise for mais rapidamente transportado para a mitocôndria, haverá menos lactato e menor formação de H⁺. Por último, o treinamento de resistência muda o tipo de LDH presente na célula muscular. Essa enzima é encontrada em cinco formas distintas (isozimas): M_4, M_3H, M_2H_2, MH_3 e H_4. A isozima H_4, que é a forma cardíaca de LDH, apresenta baixa afinidade pelo piruvato disponível. Portanto, a probabilidade de formação de lactato é menor. O treinamento de resistência desloca a LDH no sentido da forma H_4, tornando menos provável a formação de lactato e aumentando a propensão à absorção de piruvato pelas mitocôndrias. A Figura 13.7 resume os efeitos dessas alterações bioquímicas sobre a formação de lactato e produção de H⁺ durante o trabalho submáximo.

Em resumo

- O treinamento de resistência aumenta a concentração de antioxidantes endógenos nos músculos treinados. Esses antioxidantes então protegem as fibras musculares contra os danos mediados por radicais livres e a fadiga durante o exercício de resistência prolongado.
- O treinamento com exercícios de alta intensidade (intervalados) pode aumentar a capacidade de tamponamento dos músculos exercitados.
- O treinamento de resistência não aumenta a capacidade de tamponamento do músculo. Entretanto, o treinamento de resistência regular resulta em menos perturbação do pH sanguíneo durante o trabalho submáximo, pois os músculos submetidos a essa modalidade de treinamento produzem menos lactato e H⁺.

Bases moleculares da adaptação ao treinamento físico

Nos segmentos anteriores, foram discutidas as numerosas alterações bioquímicas que ocorrem no músculo esquelético após semanas a meses de treinamento de resistência. Essas alterações celulares são iniciadas por um "estímulo de exercício" junto aos músculos ativos e o resultado final é o aumento da síntese proteica específica nas fibras musculares. Esse processo de adaptação induzida pelo exercício nas fibras de músculo esquelético envolve muitas vias de sinalização promotoras de síntese proteica e formação de novas mitocôndrias (i. e., biogênese mitocondrial). Nas próximas seções, será apresentada uma breve visão geral dos processos de sinalização que contribuem para a adaptação muscular induzida pelo exercício. E para come-

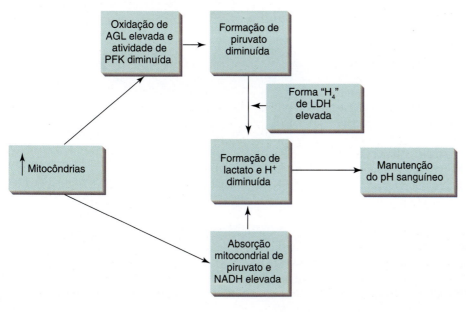

Figura 13.7 O número elevado de mitocôndrias diminui a formação de lactato e H⁺ para manter o pH sanguíneo.

çar, uma perspectiva ampla da adaptação muscular ao treinamento induzida pelo exercício. Em seguida, é feita uma breve introdução às moléculas de sinalização primárias e secundárias que participam da adaptação muscular em resposta ao treinamento de resistência e força. Serão destacados então os sinais específicos que levam à adaptação muscular em decorrência do exercício de resistência. Mais adiante, vamos discutir as moléculas de sinalização responsáveis pela adaptação muscular ao treinamento de força.

Adaptação ao treinamento – quadro geral

Independentemente de o programa de treinamento ser composto por exercícios de resistência ou de força, a adaptação induzida pelo exercício que ocorre nas fibras musculares resulta de um aumento da quantidade de proteínas específicas.[39] O processo de síntese de proteínas celulares induzida pelo exercício foi introduzido primeiramente no Capítulo 2. Lembre-se de que o "estresse" do exercício estimula as vias de sinalização celular nas fibras musculares de contração, que "ligam" os ativadores de transcrição. Esses ativadores de transcrição são responsáveis pela "ativação" de genes específicos que então determinam a síntese de novas proteínas. Essa ativação genética no núcleo celular resulta na transcrição de um RNA mensageiro (mRNA) que contém informação genética para uma determinada sequência de aminoácidos proteica específica. O mRNA recém-sintetizado sai do núcleo e viaja até o ribossomo, onde sua mensagem é traduzida em uma proteína específica. É importante lembrar de que as proteínas individuais diferem quanto à estrutura e função, e que os tipos específicos de proteínas contidas em uma fibra muscular determinam as características do músculo e sua capacidade de executar determinados tipos de exercício.

Uma única série de exercícios de resistência é insuficiente para produzir alterações significativas nas proteínas contidas em uma fibra muscular. Mesmo assim, uma sessão de exercícios promove perturbações transientes na homeostasia celular que, repetidas ao longo do tempo, resultam em adaptação induzida pelo exercício específica associada ao treinamento prolongado.[16,17] O processo de adaptação ao treinamento induzida pelo exercício, a partir de uma perspectiva mais geral, ocorre como descrito a seguir. A contração muscular durante uma sessão de treinamento gera um sinal que promove adaptação muscular com o aumento da concentração de mensageiros primários e secundários. Esses mensageiros iniciam uma cascata de eventos sinalizadores coordenados, que resulta na expressão aumentada de genes específicos e, em seguida, síntese de proteínas específicas. Resumindo, uma série de exercícios gera um aumento transiente na quantidade de mRNAs específicos, que tipicamente atinge o pico durante as primeiras 4-8 horas de pós-exercício e volta aos níveis basais dentro de 24 horas (ver Fig. 13.8a). Além disso, observa-se que os níveis de mRNA para proteínas específicas do músculo aumentam a velocidades diferentes e atingem o pico em períodos de tempo variáveis após uma sessão de exercícios. Esse aumento induzido pelo exercício dos níveis de mRNA resulta na síntese aumentada de proteínas musculares específicas. Dessa forma, o exercício repetido diariamente produz um efeito cumulativo e leva ao aumento progressivo dos níveis de proteínas musculares específicas que melhoram a função muscular (ver Fig. 13.8b). Isso explica por que a manutenção de um nível constante de condicionamento exige séries regulares de exercício. Além disso, observa-se que os aumentos induzidos pelo treinamento da concentração de proteínas musculares são um processo gradual, em que ocorrem elevações amplas dos níveis proteicos musculares durante as primeiras semanas de treinamento, seguidas de um acúmulo mais lento de proteínas à medida em que o treinamento progride (ver Fig. 13.8b).

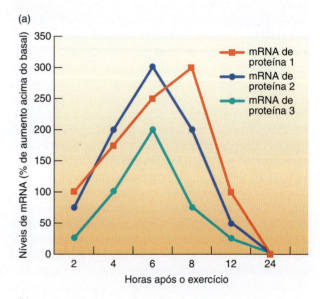

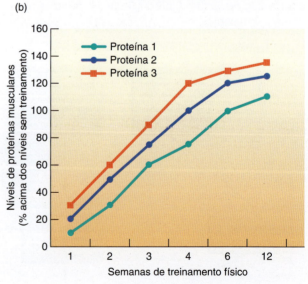

Figura 13.8 (a) Exemplo ilustrativo da elevação e declínio dos níveis de mRNA de três proteínas musculares distintas após uma série de exercícios aguda. (b) Ilustração do aumento induzido pelo treinamento dos níveis de três proteínas musculares diferentes durante um período de 12 semanas de treinamento.

Especificidade das respostas ao treinamento físico

Como foi visto até aqui, o músculo esquelético é um tecido bastante adaptável que responde ao treinamento físico aumentando a expressão de múltiplos genes. As características da adaptação muscular induzida pelo exercício são específicas para o volume, a intensidade e a frequência de treinamento. Ou seja, as adaptações específicas que ocorrem nas fibras de músculo esquelético resultam do tipo de exercício que fornece o estímulo (i. e., exercícios de força *vs.* de resistência). De fato, modos distintos de exercício promovem a expressão de genes diferentes nas fibras musculares ativas. Especificamente, os exercícios de força e resistência promovem ativação de diversas vias de sinalização celular. Assim, genes diferentes são ativados, o que resulta na expressão de diversas proteínas. Exemplificando, o treinamento de resistência prolongado resulta em uma variedade de adaptações metabólicas (p. ex., volume mitocondrial aumentado) e pouca alteração do tamanho da fibra muscular. Em contraste, o exercício de força com carga pesada resulta no aumento da síntese de proteínas contráteis e em hipertrofia muscular. Consistentes com os diferentes resultados funcionais induzidos por essas modalidades distintas de exercício, as vias de sinalização e mecanismos moleculares responsáveis por tais adaptações são diversos. No próximo segmento do texto, serão introduzidas as vias de sinalização "primárias" gerais que produzem as adaptações de treinamento induzidas pelo exercício para ambos os tipos de exercício (resistência e força). Em seguida, serão discutidos os sinais secundários responsáveis pela síntese proteica aumentada subsequente a diferentes tipos de treinamento físico.

Vias transdutoras de sinais primários no músculo esquelético

O conhecimento atual sobre os mecanismos precisos que permitem ao músculo esquelético interpretar e responder a diferentes tipos de exercício é incompleto. Mesmo assim, sabe-se que existem vários mensageiros primários participando da adaptação induzida pelo exercício que ocorre na musculatura esquelética. Os quatro primeiros sinais de adaptação muscular durante o exercício incluem o alongamento muscular, elevação dos níveis celulares de cálcio, alta concentração de radicais livres e reduções dos níveis musculares de fosfato/energia.

Alongamento mecânico. Quando os músculos se contraem, a força mecânica imposta sobre a fibra muscular pode deflagrar os processos de sinalização para promoção da adaptação. O alongamento passivo de uma fibra muscular, por exemplo, estimula diversas vias bioquímicas sinalizadoras, como a ativação de proteínas quinases e as cascatas de sinalização de fator de crescimento insulina-símile (IGF).[44] A ativação dessas vias sinalizadoras pode então desencadear as vias sinalizadoras secundárias e ativar genes específicos para expressar mais proteínas. Assim, os eventos sinalizadores iniciados pela carga mecânica com o exercício podem participar da adaptação das fibras musculares induzida pelo exercício. Significativamente, também parece que as fibras musculares são capazes de perceber as diferenças de intensidade e duração dos estímulos mecânicos (i. e., exercício de força *vs.* exercício de resistência) para contribuir para a especificidade da adaptação induzida pelo exercício.[16] Em particular, altos níveis de alongamento mecânico que ocorrem pela membrana muscular durante o treinamento de força parece ser um sinal primário que promove a síntese de proteínas contráteis, resultando na hipertrofia muscular.

Cálcio. O cálcio é um importante mecanismo de sinalização celular. De fato, o cálcio livre no citoplasma pode ativar numerosas enzimas e outras moléculas de sinalização que promovem a síntese de proteínas. Exemplificando, o cálcio pode ativar uma quinase importante chamada *quinase dependente de calmodulina*. A quinase dependente de calmodulina é membro de uma família de enzimas promotoras de fosforilação de diversos substratos proteicos. Depois de ativada, a quinase dependente de calmodulina pode iniciar uma cascata sinalizadora nas fibras musculares que contribui para a adaptação do músculo ao treinamento físico. Como o exercício altera os níveis de cálcio e controla a sinalização mediada por essa molécula?

Vale lembrar-se do que foi exposto no Capítulo 8: a ativação neural da contração do músculo esquelético promove liberação de cálcio a partir do retículo sarcoplasmático, e a interrupção da estimulação neural inicia a recaptação desse cálcio a partir do citosol de volta para o retículo sarcoplasmático por ação das bombas de transporte ativo de cálcio. O nível de cálcio livre no citosol muscular é determinado pelo modo, intensidade e volume de exercício.[16] Por exemplo, provavelmente o exercício de resistência prolongado resulta em longos períodos de níveis elevados de cálcio no citosol muscular, enquanto o exercício de força geraria apenas curtos ciclos de elevados níveis de cálcio citosólico.[16] É razoável prever que essas diferenças induzidas por exercício nos níveis citosólicos de cálcio entre o exercício de resistência e de força determinam os eventos de sinalização *downstream* mediados pelo cálcio que levam à síntese de proteínas musculares específicas. Em particular, os níveis elevados mantidos de cálcio citosólico que ocorrem durante o treinamento de resistência têm um papel de sinalização importante na promoção de adaptações que ocorrem no músculo esquelético em resposta a esse tipo de treinamento.

Radicais livres. Está comprovado que o exercício resulta na produção de radicais livres e outros oxidantes na musculatura esquelética ativa.[77] Trata-se de algo importante, pois um número crescente de evidências indica que os radicais livres são sinais relevantes para a adaptação muscular ao treinamento físico.[76,78] A sua produção durante o exercício pode ativar, por exemplo, o fator nuclear κ B (NFκB) e a p38 quinase ativada por mitógeno (p38). O NFκB é importante como ativador de transcrição e exerce papel decisivo na expressão de várias proteínas musculares, entre as quais as enzimas antioxidantes que protegem as fibras musculares contra o estresse oxidativo induzido pelo exercício.[77] A p38 é uma quinase intracelular que exerce um papel sinalizador central na produção de novas mitocôndrias. Observe que tanto p38 quanto NFkB atuam como sinais secundários envolvidos na adaptação muscular induzida por exercício para o treinamento de resistência, e ambos serão discutidos com mais detalhes nas seções a seguir.

Níveis de fosfato/energia muscular. O exercício muscular acelera o consumo de ATP no músculo que está trabalhando e aumenta a proporção AMP/ATP nas fibras musculares. Aumentar a proporção AMP/ATP pode iniciar numerosos eventos sinalizadores nas fibras de músculo esquelético.[16] Essa alteração induzida pelo exercício no estado energético celular tem o potencial de ativar numerosas moléculas sinalizadoras. Entretanto, o aspecto mais importante da adaptação muscular induzida pelo exercício é a ativação de um mensageiro secundário chamado **proteína quinase ativada por monofosfato de 5'adenosina (AMPK)**. De fato, AMPK é uma molécula-chave de sinalização *downstream* que detecta o estado de energia do músculo e é ativada tanto pelo treinamento intervalado de alta intensidade como pelo exercício de resistência prolongado. Essa importante quinase regula numerosos processos de sinalização muscular levando a adaptação muscular em resposta ao treinamento de resistência e será discutida com mais detalhes no próximo tópico.

Mensageiros secundários no músculo esquelético

Após a iniciação do sinal primário, vias de sinalização adicionais (secundárias) são ativadas para mediar o sinal induzido pelo exercício de promoção da adaptação muscular. De fato, existem muitas vias de sinalização secundárias no músculo esquelético, associadas a níveis de regulação múltiplos. A seguir, a partir de uma perspectiva mais ampla, serão abordadas as vias de sinalização secundárias que exercem papel importante na adaptação muscular induzida pelo exercício. Especificamente, serão destacados os papéis da AMPK, p38, coativador γ do receptor ativado por proliferador de peroxissoma Iα (PGC-1α), quinase dependente de calmodulina, calcineurina, IGF-1/Akt e NFκB na adaptação muscular ao treinamento físico.

AMPK. AMPK é uma importante molécula sinalizadora ativada durante o treinamento intervalado de alta intensidade e treinamento aeróbio submáximo em virtude de mudanças nos níveis de fosfato/energia da fibra muscular. Essa molécula essencial regula numerosas vias produtoras de energia nos músculos, estimulando a captação de glicose e oxidação de ácidos graxos durante o exercício. A AMPK também está associada ao controle da expressão genética muscular por meio da ativação de fatores de transcrição associados à oxidação de ácidos graxos e biogênese mitocondrial. É interessante notar que a AMPK pode inibir os componentes da via de sinalização do IGF. A importância dessa ação será discutida mais adiante.

p38. A **p38** é uma molécula sinalizadora importante que sofre ativação junto às fibras musculares durante o exercício de resistência. Embora diversos estresses celulares possam ativar a p38, parece provável que a produção de radicais livres induzida pelo exercício seja o principal sinal para a ativação de p38 nas fibras musculares. Uma vez ativada, a p38 pode contribuir para a biogênese mitocondrial ativando o PGC-1α.

PGC-1α. Essa molécula-chave é ativada pelo treinamento intervalado de alta intensidade e pelo exercício de resistência submáximo, e é considerada um dos principais reguladores da biogênese mitocondrial junto às células.[72] De fato, o **PGC-1α** auxilia os ativadores de transcrição promotores de biogênese mitocondrial na musculatura esquelética após o treinamento de resistência. Além disso, o PGC-1α regula muitas outras alterações mediadas pelo exercício de resistência na musculatura esquelética, incluindo a formação de novos capilares (angiogênese), troca de fibras musculares de contração rápida por fibras lentas e síntese de enzimas antioxidantes.[72] O PGC-1α também atua nas elevações da capacidade muscular induzidas pelo exercício de metabolização de gorduras e na absorção de glicose para dentro da fibra muscular. Diversos fatores ativam PGC-1α durante o exercício, tais como AMPK e p38.

Quinase dependente de calmodulina. A **quinase dependente de calmodulina (CaMK)** é ativada durante o treinamento aeróbio.[16] Essa quinase vital influencia a adaptação muscular induzida pelo exercício ao contribuir para a ativação de PGC-1α. O sinal primário mais inicial para ativação da CaMK são os níveis citosólicos de cálcio aumentados.

Calcineurina. A **calcineurina** é uma fosfatase ativada pelo aumento da concentração citosólica de cálcio. Participa de várias respostas adaptativas no músculo, incluindo o crescimento/regeneração de fibras e a transição rápida/lenta dos tipos de fibra que resulta do treinamento aeróbio.

IGF-1/Akt/mTOR. A **via de sinalização IGF-1/Akt/mTOR** exerce papel importante na regulação do crescimento muscular que resulta do treinamento de resistência. A atividade contrátil (i. e., alongamento muscular) estimula a secreção de IGF-1 a partir das fibras muscu-

298 Seção I Fisiologia do exercício

lares ativas. O IGF-1, então, atua como molécula sinalizadora autócrina/parácrina, ligando-se ao seu receptor de membrana e iniciando uma cascata de eventos moleculares para a promoção da síntese de proteínas musculares. Brevemente, a ligação do IGF-1 ao seu receptor na membrana muscular ativa uma importante quinase sinalizadora: a Akt. A Akt, por sua vez, ativa outra quinase na sequência, conhecida como alvo da rapamicina em mamíferos (mTOR). A mTOR inicia uma série de eventos moleculares para aumentar a síntese de proteínas por meio da melhora da tradução. Lembre-se de que a tradução é o processo pelo qual o mRNA mensageiro é convertido (ou seja, traduzido) no ribossomo em uma proteína específica.

NFκB. Como já mencionado, o **NFκB** é um ativador de transcrição que pode ser ativado pelos radicais livres produzidos nos músculos em contração. O NFκB ativo promove expressão de várias enzimas antioxidantes que protegem as fibras musculares contra as lesões mediadas por radicais livres.

Em resumo

- Independentemente do tipo de estímulo promovido pelo exercício (i. e., resistência ou força), a adaptação induzida pelo treinamento que ocorre nas fibras musculares resulta de um aumento da quantidade de proteínas específicas.
- As adaptações induzidas pelo exercício nas fibras de músculo esquelético são específicas para o tipo de estímulo fornecido pelo exercício (i. e., exercício de resistência *vs.* força).
- A adaptação muscular induzida pelo exercício é resultante da coordenação entre as vias de sinalização primária e secundária nas fibras musculares.
- Os quatro sinais primários para adaptação muscular induzida pelo exercício incluem o alongamento do músculo; elevações da concentração intracelular de cálcio livre; níveis altos de radicais livres; e redução dos níveis musculares de fosfato/energia. Esses sinais primários então ativam sucessivas vias de sinalização secundárias para promoção da expressão genética.
- As sete moléculas de sinalização secundária que contribuem para a adaptação muscular induzida pelo exercício incluem a AMPK, p38, PGC-1α, CaMK, calcineurina, IGF-1/Akt/mTOR e NFκB. Essas moléculas sinalizadoras são ativadas através de uma das quatro vias de sinalização primárias e atuam direta ou indiretamente aumentando a expressão de genes codificadores de proteínas musculares específicas.

Eventos sinalizadores que levam ao crescimento do músculo induzido pelo treinamento de resistência

Conforme já discutido, o treinamento de resistência pode aumentar o $\dot{V}O_{2máx}$ em 20-50%, além de melhorar o desempenho nos eventos de resistência submáximos.[39] A melhora induzida pelo treinamento é promovida pela ocorrência de alterações no nível celular, nas fibras musculares cardíacas e esqueléticas. Nesta seção, serão destacados os principais eventos sinalizadores induzidos pelo exercício que promovem adaptações moleculares nas fibras de músculo esquelético, em seguida ao treinamento intervalado de intensidade alta e ao treinamento aeróbio.

As contrações musculares repetidas durante o exercício de resistência submáximo deflagram uma cascata sinalizadora junto às fibras musculares ativas. Como resultado, há biogênese mitocondrial, troca de fibras musculares rápidas por fibras lentas e aumento da expressão de enzimas antioxidantes importantes. Conforme ilustrado na Figura 13.9, liberação de cálcio, aumento da proporção AMP/ATP e produção de radicais livres constituem os eventos sinalizadores primários responsáveis pela ativação dos sucessivos eventos sinalizadores secundários (i. e., ativação de calcineurina, CaMK, AMPK, p38, NFκB e PGC-1α) que levam à biogênese mitocondrial, transformação do tipo de fibra e expressão aumentada de enzimas antioxidantes.

Na Figura 13.9, note que os aumentos da proporção AMP/ATP induzidos pela contração ativam a AMPK no músculo, enquanto os níveis celulares elevados de cálcio livre se fazem necessários para a ativação de CaMK e calcineurina. A calcineurina ativa atua como molécula sinalizadora na promoção da transformação rápida-lenta do tipo de fibras. Além disso, observa-se que as contrações musculares promovem aumento da concentração de radicais livres que atuam como sinal primário na ativação tanto de p38 como de NFκB. A ativação de três sinais secundários (AMPK, CaMK e p38) promove biogênese mitocondrial por acionamento do principal regulador de biogênese mitocondrial: PGC-1α. O PGC-1α também contribui para a transformação rápida-lenta do tipo de fibras induzida pelo exercício. Por fim, observa-se que a ativação de PGC-1α e NFκB promove expressão induzida pelo exercício de enzimas antioxidantes musculares importantes.[76,77]

Em resumo

- Os três sinais primários envolvidos na adaptação muscular induzida pelo exercício de resistência são as elevações da concentração celular de cálcio livre; níveis altos de radicais livres; e queda dos níveis musculares de fosfato/energia. Esses sinais primários então ativam uma ou mais vias sinalizadoras secundárias sucessivas para a promoção da expressão genética.

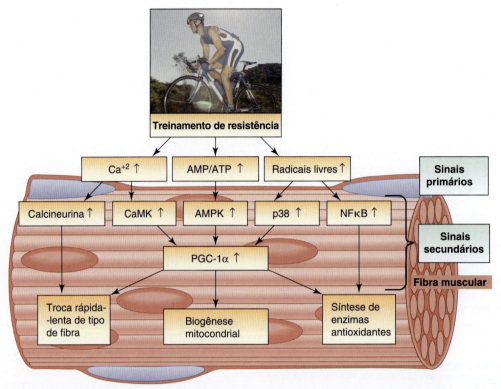

Figura 13.9 Ilustração das respostas do músculo esquelético induzidas pelo exercício, mediadas pela rede de sinalização intracelular, ao treinamento aeróbio. Observe que ambos os sinais, primários e secundários, estão envolvidos na adaptação muscular ao treinamento aeróbio. Ver mais detalhes no texto.

- As seis moléculas de sinalização secundária que contribuem para a adaptação muscular induzida pelo exercício de resistência incluem AMPK, PGC-1α, calcineurina, CaMK, p38 e NFκB.
- PGC-1α e calcineurina ativa exercem papéis importantes nas transformações rápida-lenta do tipo de fibras induzidas pelo exercício de resistência.
- Em conjunto, AMPK e CaMK ativas e p38 participam todas da ativação de PGC-1α. O PGC-1α ativo é o principal regulador da biogênese mitocondrial.
- Tanto o PGC-1α como o NFκB ativos contribuem para o aumento induzido pelo exercício da concentração de antioxidantes musculares.

Treinamento de resistência: ligações existentes entre o músculo e a fisiologia sistêmica

As primeiras partes deste capítulo descreveram a importância das alterações que ocorrem no músculo submetido ao treinamento de resistência, em termos de manutenção da homeostasia, durante o trabalho submáximo prolongado. No entanto, as mesmas alterações também estão relacionadas às respostas diminuídas de frequência cardíaca, ventilação e níveis de catecolaminas medidas durante o trabalho submáximo após um programa de treinamento de resistência. Qual é a ligação existente entre as alterações ocorridas na musculatura e as respostas de frequência cardíaca diminuída e ventilação ao exercício?

O estudo de treinamento de resistência a seguir ilustra o impacto das adaptações induzidas pelo treinamento na resposta geral do corpo a uma sessão de exercício submáximo. Nesse estudo, cada uma das pernas direita e esquerda dos participantes foi testada separadamente em um cicloergômetro, a uma taxa de trabalho submáxima, antes e durante o programa de treinamento de resistência. A frequência cardíaca e a ventilação foram medidas ao final do teste de exercício submáximo, e uma amostra de sangue foi coletada para monitorar as alterações dos níveis de lactato, adrenalina e noradrenalina. Durante o estudo, cada indivíduo treinou somente uma perna durante 13 sessões de treinamento de resistência. Ao final de cada semana de treinamento, os indivíduos foram testados a uma mesma taxa de trabalho submáxima. A Figura 13.10 mostra que as respostas de frequência cardíaca, ventilação, lactato sanguíneo e níveis plasmáticos de adrenalina e noradrenalina diminuíram no decorrer do estudo. Ao fim desse programa de treinamento, a perna "não treinada" foi então treinada por 5 dias consecutivos, com a mesma taxa de trabalho submáximo aplicada à perna "treinada". As medidas fisiológicas foram obtidas durante a sessão de exercícios

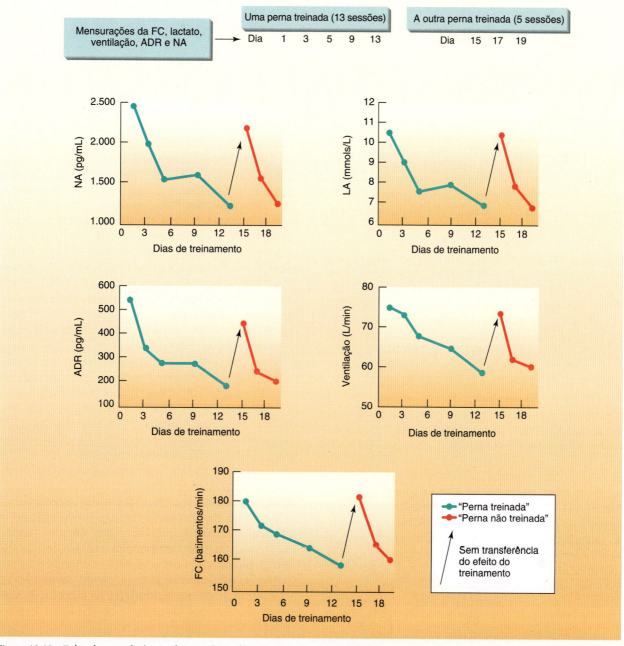

Figura 13.10 Falta de transferência de um efeito de treinamento, indicando que as respostas dos sistemas cardiovascular, pulmonar e nervoso simpático são mais dependentes do estado treinado dos músculos envolvidos na atividade do que de alguma adaptação específica desses sistemas. ADR = adrenalina; FC = frequência cardíaca; LA = lactato; NA = noradrenalina.

nos dias 1, 3 e 5. A Figura 13.10 mostra que todos os sistemas responderam como se jamais tivessem sido expostos ao treinamento físico.[15] Dessa forma, não houve transferência do efeito do treinamento de uma perna para a outra. Esse exemplo mostra que as respostas de frequência cardíaca, ventilação e catecolamina plasmática ao exercício submáximo prolongado não são determinadas pela adaptação específica de cada órgão ou sistema, e sim pela condição de treinamento dos grupos musculares específicos engajados no exercício. E como isso é possível?

Vamos rever o tópico de controle cardiorrespiratório durante o exercício para explicar por que o treinamento do exercício de resistência resulta em uma menor frequência cardíaca e resposta ventilatória para uma sessão-padrão de exercício submáximo. Relembrando os Capítulos 9 e 10, o controle da frequência cardíaca e ventilação pulmonar durante o exercício é alcançado pelas influências neurológicas central e periférica, que aumentam a frequência cardíaca e a ventilação para estarem compatíveis com as maiores demandas de oxigênio do exercício. A resposta dos centros de controle cardiovascular e respiratório é influenciada pela resposta neurológica para centros cerebrais superiores, onde a tarefa motora se origina, assim como os músculos responsáveis pela tarefa. Uma diminuição no recrutamento de unidade motora ou uma redução no *feedback* aferente a partir dos receptores nos músculos ativos para o cérebro reduz essas respostas cardiorrespiratórias para a tarefa de trabalho. Seguem detalhes específicos sobre essa questão.

Resposta periférica

No início do século XX, surgiu a ideia de que os reflexos nos músculos ativos podem controlar ou "dirigir" os sistemas cardiovascular ou pulmonar proporcionalmente à taxa metabólica. Numerosos receptores musculares respondem às alterações bioquímicas que ocorrem no músculo e podem fornecer informação ao sistema nervoso central sobre a taxa de trabalho muscular. Em particular, as fibras nervosas de pequeno diâmetro (fibras dos grupos III e IV) são responsivas à tensão, temperatura e alterações bioquímicas musculares. Além disso, essas fibras nervosas aumentam sua velocidade de disparo de modo proporcional às alterações da taxa metabólica do músculo. A Figura 13.11 ilustra como as fibras nervosas dos grupos III e IV do músculo esquelético promovem um mecanismo de resposta periférica que contribui para a regulação das respostas cardiovascular e respiratória durante o exercício. Ou seja, o centro de controle cardiorrespiratório recebe um *feedback* neurológico dos músculos ativos, que resulta na produção do centro de controle cardiorrespiratório que, por sua vez, aumenta a frequência cardíaca (FC) e a ventilação pulmonar (V_E). Observe também que sinais aferentes para o centro de controle cardiorrespiratório resultam no fluxo sanguíneo reduzido do fígado e rins; esse ajuste serve para aumentar o fluxo de sangue disponível para os músculos ativos.

Comando central

O conceito de controle central da resposta fisiológica ao exercício é apresentado na Figura 13.12. Os centros cerebrais superiores (córtex motor, gânglios basais, cerebelo – ver Cap. 7) preparam-se para executar uma tarefa motora e enviar potenciais de ação através dos centros cerebrais inferiores e núcleos espinais, para influenciar as respostas ao exercício dos sistemas cardiorrespiratório e nervoso simpático. À medida que mais unidades motoras são recrutadas para desenvolver a maior tensão necessária à realização de uma tarefa de trabalho, respostas fisiológicas mais amplas passam a ser necessárias para sustentar a taxa metabólica dos músculos.[68] Por exemplo, durante um teste de exercício incremental, mais e mais fibras musculares são recrutadas para executar o exercício. Isso gera uma frequência cardíaca maior e a resposta ventilatória pulmonar aumenta para a tarefa de trabalho.[4] Como esses controles periféricos e centrais estão relacionados às quedas da atividade do sistema nervoso simpático, frequência cardíaca e ventilação observadas durante o exercício submáximo após um programa de treinamento de resistência?

A capacidade de realizar uma série de exercício submáximo constante por período prolongado depende do recrutamento de um número de unidades motoras que seja suficiente para atender aos requerimentos de tensão (trabalho) para a realização do exercício. Antes do treinamento de resistência, mais fibras musculares pobres em mitocôndrias devem ser recrutadas para realizar uma tarefa a um dado $\dot{V}O_2$. Isso resulta em um maior impulso "central" para os centros de controle cardiorrespiratórios, causando respostas maiores do sistema nervoso simpático, da frequência cardíaca e da ventilação. A resposta oriunda dos quimioceptores em um músculo não treinado também estimularia o centro de controle cardiorrespiratório. Com o aumento do número de mitocôndrias subsequente ao treinamento de resistência, a concentração de fatores locais (H^+, compostos de ade-

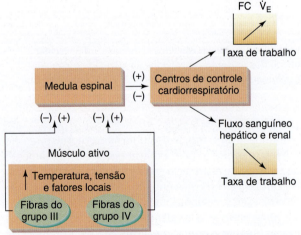

Figura 13.11 Mecanismos de controle periféricos existentes no músculo, que influenciam as respostas de frequência cardíaca, ventilação e fluxo sanguíneo renal e hepático ao trabalho submáximo.

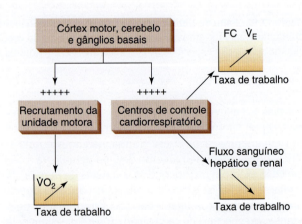

Figura 13.12 Controle central das respostas de recrutamento da unidade motora, frequência cardíaca, ventilação e fluxo sanguíneo hepático e renal ao trabalho submáximo.

Uma visão mais detalhada 13.3

Envelhecimento, força e treinamento

O envelhecimento está associado a um declínio da força, e a maior parte desse declínio ocorre após os 50 anos de idade. A perda de força se deve parcialmente a uma perda de massa muscular (sarcopenia), que está relacionada à perda de fibras de tipos I e II, atrofia das fibras de tipo II existentes e aumento do conteúdo intramuscular de tecido adiposo e tecido conjuntivo.[47] A perda de fibras musculares relacionada à idade resulta da perda de seus neurônios motores, de modo que unidades motoras inteiras são perdidas durante o envelhecimento. Além disso, as fibras musculares de tipo I ou II remanescentes se aglomeram em grupos homogêneos, contrastando com a distribuição heterogênia dos tipos de fibras observada em um corte transversal de músculo de indivíduos mais jovens.[24,47]

Essas foram as más notícias. A boa notícia é que o programa de treinamento de força progressivo causa hipertrofia muscular e ganhos bastante significativos de força em indivíduos de idade mais avançada, inclusive naqueles da faixa etária a partir dos 90 anos.[31,32] Esses programas de treinamento de força são importantes, não só por poderem incluir a realização de atividades do dia a dia como também por melhorarem o equilíbrio e diminuírem o risco de quedas.[43,47]

Do mesmo modo, para muitos adultos de idade avançada, é comum usar fármacos anti-inflamatórios não hormonais vendidos sem receita médica (p. ex., ibuprofeno e acetaminofeno) para combater artrite e dores musculares. Tais fármacos inibem a atividade da ciclo-oxigenase, uma enzima produtora de prostaglandinas que está envolvida nos processos inflamatórios celulares. Contudo, vários estudos de experimentação animal sugeriram que esses inibidores de ciclo-oxigenase podem interferir na hipertrofia muscular induzida pelo treinamento de força.[71,89] Esses achados sugerem que o uso desses fármacos de modo concomitante com o treinamento de força seria contraprodutivo. Mesmo assim, dois estudos recentes envolvendo seres humanos demonstraram que esses analgésicos de uso comum não impedem os ganhos de força em indivíduos de idade avançada engajados no treinamento com exercícios de força.[57,99] De fato, um dos estudos sugeriu que o treinamento de força concomitante com o uso de ibuprofeno ou acetaminofeno pode na verdade aumentar a hipertrofia muscular, sugerindo que as vias da ciclo-oxigenase podem estar envolvidas na regulação do conteúdo proteico muscular em seres humanos.[99] Esses achados são a boa-nova para os adultos de idade mais avançada engajados em treinamentos de força regulares.

---

nosina, etc.) que estimulam as fibras nervosas aferentes de tipos III e IV não aumenta tanto. Esse fator leva à entrada de menos informação dos quimioceptores nos centros cardiorrespiratórios. Além disso, o número aumentado de mitocôndrias permite que a tensão muscular seja mantida com o envolvimento de menos unidades motoras na atividade. A entrada diminuída de "sinais de avanço" oriunda dos centros cerebrais superiores e a "resposta aferente" diminuída do músculo resultam em respostas menores ao exercício em termos de rendimento do sistema nervoso simpático, frequência cardíaca e ventilação.[68,81]

Em resumo

- As alterações bioquímicas que ocorrem no músculo em decorrência do treinamento de resistência influenciam as respostas ao exercício em termos de frequência cardíaca e ventilação.
- A diminuição da "resposta" dos quimioceptores no músculo treinado e uma menor necessidade de recrutar unidades motoras para realização de uma tarefa de exercício resultam em respostas menores do sistema nervoso simpático, da frequência cardíaca e da ventilação ao exercício submáximo.

Destreinamento subsequente ao treinamento de resistência

Nas seções anteriores, foram discutidos os efeitos do treinamento de resistência sobre o $\dot{V}O_{2máx}$ e as adaptações celulares que ocorrem nas fibras musculares treinadas. A partir de agora a atenção se volta às adaptações do treinamento e à discussão do que acontece ao $\dot{V}O_{2máx}$ quando o treinamento de resistência acaba. Está comprovado que, quando os indivíduos altamente treinados param de treinar, o $\dot{V}O_{2máx}$ diminui com o passar do tempo. Por quê? Isso se deve ao declínio tanto do débito cardíaco máximo como da extração de oxigênio que ocorre com o passar do tempo na condição de destreinamento. Esse aspecto é ilustrado na Figura 13.13, que apresenta as alterações ocorridas em termos de absorção de oxigênio máxima, débito cardíaco, volume sistólico, frequência cardíaca e extração de oxigênio, ao longo de um período de 84 dias de ausência de treinamento.[21] A diminuição inicial (primeiros 12 dias) do $\dot{V}O_{2máx}$ foi totalmente decorrente da diminuição do volume sistólico, uma vez que a frequência cardíaca e a diferença $(a-\bar{v})O_2$ permaneceram as mesmas ou aumentaram. Essa diminuição súbita do volume sistólico máximo parece provir da perda rápida de volume plasmático com o destreinamento.[18] Quando o volume plasmático foi artificialmente restaurado por infusão, o $\dot{V}O_{2máx}$ aumentou e atingiu valores de pré-destreinamento.[18] Isso foi confirmado em um estudo que demonstrou que uma expansão de 200-300 mL de vo-

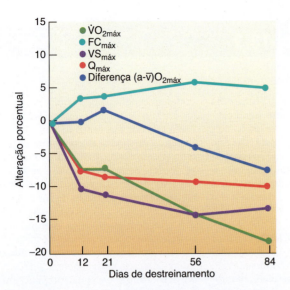

Figura 13.13 Curso temporal das alterações em $\dot{V}O_{2máx}$ e variáveis cardiovasculares associadas ao destreinamento. De E.F. Coyle et al., "Time course of loss of adaptations after stopping prolonged intense endurance training" in *Journal of Applied Physiology*, 57: 1857-64. Copyright © 1984 American Physiological Society, Bethesda, MD. Reproduzido com autorização.

ram necessárias 3-4 semanas de retreinamento para alcançar novamente os níveis anteriores (indicados pela letra "b" na Fig. 13.14).

> **Em resumo**
>
> - Após a interrupção do treinamento, o $\dot{V}O_{2máx}$ começa a declinar rapidamente, podendo cair em cerca de 8% em um período de 12 dias após a parada dos treinamentos e diminuir em quase 20% após 84 dias de destreinamento.
> - A diminuição de $\dot{V}O_{2máx}$ que ocorre com a interrupção do treinamento se deve a uma diminuição tanto do volume sistólico máximo como da extração de oxigênio – o inverso do que ocorre com o treinamento.
> - O desempenho nos exercícios durante a realização de tarefas com exercício submáximo também diminui rapidamente em resposta ao destreinamento em razão principalmente de um declínio do número de mitocôndrias nas fibras musculares.

Efeitos fisiológicos do treinamento de força

Os princípios básicos do treinamento relacionado à melhora da força são válidos há muitos anos. A observação de Morpurgo, de que os ganhos de força estavam associados aos aumentos do tamanho do músculo, foi feita há mais de um século.[6] Apesar desse histórico, pesquisas mais recentes sobre os efeitos do treinamento

lume plasmático aumentou o $\dot{V}O_{2máx}$ mesmo quando a concentração de hemoglobina estava reduzida.[19]

A Figura 13.13 também demonstra que, entre os dias 21 e 84 de destreinamento, a diminuição de $\dot{V}O_{2máx}$ decorreu da diminuição da diferença (a-$\bar{v}$)O_2. Associa-se esse fato a uma diminuição do número de mitocôndrias no músculo, enquanto a densidade de capilares permaneceu inalterada. A capacidade oxidativa geral do músculo esquelético diminuiu, e o percentual de fibras de tipo IIa caiu de 43 para 26% e o percentual de fibras de tipo IIx aumentou de 5 para 19%.[20,21] Esse tipo de alteração de fibra lenta-para-rápida induzida pelo destreinamento é oposto à troca de rápida-para-lenta no tipo de fibra muscular que ocorre durante o treinamento aeróbio.

Além de o destreinamento diminuir o $\dot{V}O_{2máx}$, a inatividade também influencia o desempenho nos exercícios de resistência submáximos. Por exemplo, menos de 14 dias de interrupção do treinamento (p. ex., destreinamento) pode comprometer de forma significativa o desempenho de exercício submáximo (p. ex., desempenho em corrida de 10 km). Isso se deve primariamente a uma diminuição do número de mitocôndrias no músculo.[46,63,105] De fato, a capacidade oxidativa mitocondrial muscular é alterada rapidamente tanto no início como no final do treinamento físico. A Figura 13.14 mostra o quão rapidamente a concentração muscular de mitocôndrias aumenta no início do treinamento e se torna duas vezes maior em cerca de 5 semanas. Entretanto, basta 1 semana de destreinamento (indicada pela letra "a") para que ocorra uma perda aproximada de 50% de todos os ganhos alcançados em 5 semanas de treinamento.[10,90] Diante disso, fo-

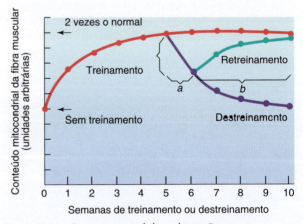

Figura 13.14 Curso temporal das adaptações ao treinamento/destreinamento, em termos de conteúdo de mitocôndrias do músculo esquelético. Observe que cerca de 50% do aumento do conteúdo mitocondrial foi perdido após 1 semana de destreinamento (*a*) e todas as adaptações foram perdidas após 5 semanas de destreinamento. Além disso, foram necessárias 4 semanas de retreinamento (*b*) para reconquistar as adaptações perdidas na primeira semana de destreinamento.

enfocaram o $\dot{V}O_{2máx}$ e o desempenho de resistência, possivelmente por estarem ligados à prevenção e ao tratamento da cardiopatia. No entanto, hoje admite-se que o treinamento de resistência promove numerosos benefícios à saúde e assume uma importância ainda maior com o avanço da idade. Observa-se um conjunto de conhecimentos que explicam porque o treinamento de força é importante durante o envelhecimento no Quadro "Uma visão mais detalhada 13.3".

Antes de tudo, é preciso introduzir alguns termos e princípios básicos. A força muscular refere-se à força máxima que um músculo ou grupo muscular podem gerar e é comumente expressa como uma repetição máxima (ou 1-RM), que consiste na carga máxima passível de ser deslocada ao longo de toda uma amplitude de movimento. A resistência muscular diz respeito à capacidade de realizar contrações repetidas contra uma determinada carga submáxima. Conforme a discussão anterior sobre treinamento e $\dot{V}O_{2máx}$, existem amplas diferenças individuais em termos de resposta aos programas de treinamento de força, e o percentual de ganho de força está inversamente relacionado à força inicial.[55] Essas observações implicam uma limitação genética associada aos ganhos que podem ser alcançados com o treinamento, similarmente àqueles observados para os aumentos de $\dot{V}O_{2máx}$ induzidos pelo treinamento. Por fim, os princípios básicos de treinamento, sobrecarga e especificidade também se aplicam corretamente aqui. Exemplificando, o treinamento de força de alta intensidade (8-12 repetições/sequência) resulta primariamente em ganhos de força muscular. Em contraste, o treinamento de força de baixa intensidade (>20 repetições/sequência) resulta em ganhos de resistência muscular e menor aumento da força.[55] Quais alterações fisiológicas ocorrem com o treinamento de resistência que resultam em melhora da força muscular? Os próximos tópicos abordarão essa questão ao fornecer os detalhes de como o corpo se adapta ao treinamento de força.

Mecanismos responsáveis pelos aumentos de força induzidos pelo treinamento de força

Os Capítulos 7 e 8 descreveram os papéis que o recrutamento da unidade motora, frequência de estímulo e disparo sincronizado de unidades motoras exercem no desenvolvimento de tensão muscular, além do fato de as unidades motoras de tipo II desenvolverem mais tensão que as unidades motoras de tipo I. Esses fatores estão significativamente envolvidos na melhora da força com o treinamento, ou seja, o treinamento de resistência aumenta a força muscular induzindo alterações no sistema nervoso e aumento da massa muscular. Nos próximos dois segmentos, serão discutidos os papéis exercidos pelo sistema nervoso e pelo crescimento muscular no desenvolvimento de força resultante de um programa de treinamento de resistência. A Figura 13.15 mostra uma representação esquemática que facilitará a discussão sobre os fatores neurais e musculares relacionados aos ganhos de força.[33,82] Nos estudos sobre treinamento de curta duração (8-20 semanas), as adaptações neurais relacionadas ao aprendizado, coordenação e capacidade de recrutar os músculos primários (i. e., motores primários) exercem papel importante no ganho de força. Em contraste, nos programas de treinamento de longa duração, o aumento do tamanho do músculo exerce o papel mais significativo no desenvolvimento de força. Adiante serão discutidas mais detalhadamente essas alterações de força induzidas pelo treinamento no nível do sistema nervoso e músculo.

Alterações no sistema nervoso induzidas pelo treinamento de força

Uma parte significativa dos ganhos de força que ocorrem com o treinamento de força, especialmente no início do programa, se deve às adaptações neurais e não à ampliação do músculo.[82] Esse conceito é ilustrado na Figura 13.15. Observa-se ainda que as adaptações neurais ao treinamento de força diferem das adaptações ao treinamento aeróbio. Lembre-se de que a Figura 13.10 ilustrou o ponto em que, durante o treinamento de uma perna com cicloergômetro, o efeito do treinamento de resistência não foi "transferido" à perna não treinada. Em contraste, quando um braço é exposto ao treinamento de resistência, uma parte do efeito do treinamento é "transferida" ao outro braço. Nesse caso, o ganho de força no braço treinado é atribuído à hipertrofia muscular e a um aumento da capacidade de ativação de unidades motoras, enquanto a melhora observada no braço não treinado é causada apenas pela adaptação neural.[82] Resultados similares foram relatados em um estudo que empregou um modelo de treinamento de força de uma perna. Nesse estudo, uma perna foi exposta ao treinamento de força e os ganhos de força e resistência muscular na perna treinada também foram parcialmente observados na perna não treinada.[49] Essas adaptações neurais que ocorrem em resposta ao treinamento de resistência resultam em uma capacidade melhorada de recrutamento de unidades motoras, alteram as velocidades de disparo dos neurônios motores, melhoram a sincronização da unidade motora durante um padrão de movimentos em particular e resultam na remoção da inibição neural.[33,82] Coletivamente, essas alterações resultam no aumento da produção de força muscular.

Aumentos de tamanho do músculo esquelético induzidos pelo treinamento de força

O Capítulo 8 abordou o dado de que a quantidade de força produzida pelo músculo está diretamente relacionada à quantidade de actina e miosina existente nas fibras musculares. A explicação para tal observação está no fato de que, quanto maior o número de pontes cruzadas de miosina presas à actina e engajadas no tempo

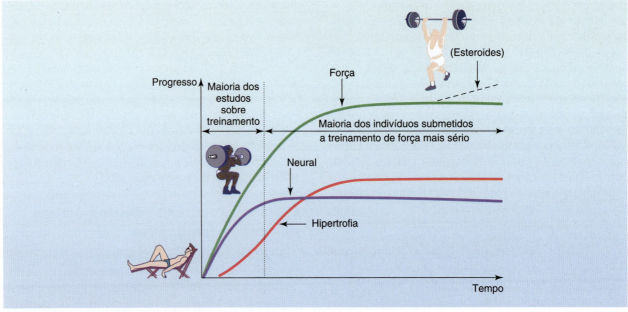

Figura 13.15 Papéis relativos das adaptações neural e muscular ao treinamento de força.

de expansão, mais força é produzida. Esse princípio simples explica por que os músculos maiores e com maior conteúdo de actina e miosina geram mais força que os músculos menores. Em resposta ao treinamento de força, os músculos esqueléticos podem aumentar de tamanho com o aumento de tamanho das fibras existentes (hipertrofia) ou com o aumento do número total de fibras (hiperplasia) do músculo. Serão discutidos separadamente esses dois tipos de crescimento muscular.

Hiperplasia. Como já mencionado, a hiperplasia se refere ao aumento do número total de fibras musculares em um músculo específico (p. ex., bíceps braquial). Estudos de experimentação animal questionaram se os aumentos de tamanho de músculo induzidos pelo treinamento de força ocorrem por hiperplasia, indicando que o treinamento de força é capaz de promover aumento do número de fibras nos músculos treinados.[67,93] Entretanto, ainda é controverso se o treinamento de força promove a geração de novas fibras musculares em seres humanos, uma vez que na literatura há estudos que sustentam[64] e negam esse conceito.[61] Mesmo assim, ainda que não ocorra hiperplasia em seres humanos, as evidências atuais indicam que a maior parte (90-95%) do aumento de tamanho do músculo subsequente ao treinamento de força é promovida por um aumento do tamanho da fibra muscular (hipertrofia) e não pela hiperplasia.[22,23]

Hipertrofia. Conforme discutido anteriormente, um aumento da área de corte transversal da fibra muscular (hipertrofia da fibra) é considerado a principal forma de aumento do tamanho do músculo durante o treinamento de força prolongado.[33] Em geral, o aumento do tamanho da fibra muscular induzido pelo treinamento de for-

ça é uma processo gradual, que ocorre ao longo dos meses a anos de treinamento. Entretanto, há evidências de que com o treinamento de força de alta intensidade, as alterações no tamanho do músculo são detectáveis em 3 semanas (~10 sessões) de treinamento.[88] Além disso, embora o treinamento de força aumente o tamanho das fibras de tipos I e II, o treinamento com carga deflagra um grau maior de hipertrofia nas fibras de tipo II.[55,97] Isso é fisiologicamente significativo, pois as fibras de tipo II geram uma força específica maior (i. e., força por área de corte transversal) em comparação à força gerada pelas fibras de tipo I. Os mecanismos que explicam por que as fibras de tipo II são mais propensas à hipertrofia do que as fibras de tipo I ainda são obscuros. Pesquisas adicionais se fazem necessárias para esclarecer esse aspecto.

O aumento da área de corte transversal na fibra induzido pelo treinamento de força resulta de um aumento da concentração de proteínas miofibrilares (i. e., actina e miosina). Esse aumento de filamentos de actina/miosina na fibra muscular se deve à adição de sarcômeros paralelamente aos sarcômeros já existentes, resultando em hipertrofia da fibra muscular.[33] A adição de proteínas contráteis extras aumenta o número de pontes cruzadas de miosina na fibra e, em consequência, aumenta a capacidade da fibra de gerar força.

Alterações no tipo de fibra muscular induzidas pelo treinamento de força

Similarmente ao treinamento de resistência, períodos prolongados de treinamento de força comprovadamente também promovem a troca rápida-lenta de tipos de fibra muscular em músculos treinados.[91,92] Entretanto, as trocas de tipos de fibra induzidas pelo treinamento de força parecem ser menos proeminentes que as transformações induzidas pelo treinamento de resistência, uma vez que toda mudança de tipo de fibra constitui um movimento do tipo IIx para o tipo IIa, sem aumento porcentual de fibras de tipo I. Exemplificando, foi relatado que 20 semanas de treinamento de força são suficientes para diminuir o percentual de fibras de tipo IIx em 5-11%, com um aumento correspondente de fibras do tipo IIa nos músculos treinados.[92] Atualmente, não há estudos sobre treinamento de força prolongados (i. e., vários anos de duração) e assim, não foi esclarecido se essa transformação de fibras de tipo IIx em fibras do tipo IIa continua ocorrendo por períodos prolongados.

O treinamento de força pode melhorar a capacidade oxidativa do músculo e aumentar o número de capilares?

Como discutido anteriormente neste capítulo, o treinamento aeróbio aumenta a capacidade oxidativa (i. e., aumentos do número de mitocôndrias) e a capacidade antioxidante nas fibras dos músculos exercitados. O treinamento de resistência também promove formação de capilares novos e, dessa forma, aumenta a capilarização muscular. O treinamento de força também promove tais alterações no músculo treinado? A resposta para essa pergunta é desconhecida, pois as investigações longitudinais sobre o efeito do treinamento de força sobre a capacidade oxidativa do músculo são inconsistentes com os relatos de estudos que demonstraram que o treinamento de força diminui o conteúdo mitocondrial no músculo.[62] Outros estudos indicam que a capacidade oxidativa do músculo não é alterada,[98] ao passo que outros ainda concluíram que o treinamento de força pode promover pequenos aumentos na capacidade oxidativa muscular.[94] Similarmente, as investigações sobre o efeito do treinamento de força na capilarização muscular falharam em obter resultados consistentes. Alguns desses estudos relataram que não há formação de novos capilares com o treinamento, enquanto outros indicam que o treinamento de força pode promover pequenos aumentos de número de capilares. Qual é a explicação para esses resultados divergentes? Numerosos fatores poderiam explicar os achados contraditórios, inclusive a frequência do treinamento, sua duração e número de repetições realizadas durante o treinamento. De fato, os estudos que incorporaram programas de treinamento de força de longa duração, altas frequências de treinamento (3 dias/semana) e um grande volume de exercícios (i. e., alto número de repetições) relataram a ocorrência de pequenas melhoras na capacidade oxidativa e capilarização musculares. Portanto, a melhora das propriedades oxidativas musculares pelo treinamento de força aparentemente depende da duração do treinamento e do volume de exercícios realizados.

O treinamento de força melhora a atividade enzimática antioxidante muscular

Embora as evidências disponíveis sejam limitadas, parece que o treinamento físico de força pode melhorar a capacidade antioxidante muscular. De fato, um estudo recente investigou os efeitos de um treinamento de força de 12 semanas sobre as atividades de enzimas antioxidantes essenciais presentes em músculos treinados. Os resultados mostraram que o treinamento de força aumentou em quase 100% as atividades de duas enzimas antioxidantes musculares importantes.[73] Mesmo assim, similarmente ao exercício de resistência, o treinamento físico de força melhora a capacidade antioxidante do músculo e isso deve conferir proteção celular contra o dano oxidativo associado à produção de radicais livres induzida pelo exercício.

> ### Em resumo
>
> - Os aumentos de força consequentes do treinamento de força de curta duração (8-20 semanas) são amplamente resultantes das alterações ocorridas no sistema nervoso. Por outro lado, os ganhos de força alcançados durante os programas de treinamento de longa duração são provenientes do aumento de tamanho do músculo.
> - Se a hiperplasia ocorre ou não em resposta ao treinamento de força permanece controverso. Contudo, a evidência atual sugere que a maioria (90-95%) dos aumentos no tamanho dos músculos após o treinamento de força ocorre em função de um aumento na hipertrofia muscular e não da hiperplasia.
> - Períodos prolongados de treinamento de força podem promover uma troca rápida-lenta de tipos de fibras musculares. A maior parte dessa troca de tipo de fibras induzida pelo treinamento consiste na conversão das fibras de tipo IIx em fibras IIa, sem aumento do número de fibras de tipo I.
> - Se o treinamento de força melhora ou não as propriedades oxidativas do músculo, ainda é uma questão controversa. No entanto, é possível que os programas de treinamento de força prolongados e volumosos sejam capazes de melhorar a capacidade oxidativa e aumentar o número de capilares em torno das fibras treinadas.
> - O treinamento de força aumenta a capacidade antioxidante das fibras musculares treinadas.

Eventos sinalizadores que levam ao crescimento do músculo induzido pelo treinamento de força

O aumento do tamanho da fibra muscular (hipertrofia) ocorre quando a taxa de síntese proteica nas fibras musculares é maior que a taxa de quebra de proteínas.

Capítulo 13 Fisiologia do treinamento: efeito sobre $\dot{V}O_{2máx}$, desempenho e força

Em geral, a hipertrofia muscular induzida pelo treinamento de força é um processo lento, pois a síntese proteica deve exceder a quebra durante várias semanas para que haja crescimento muscular significativo. Entretanto, uma única série de exercícios de força é capaz de elevar a taxa de síntese proteica muscular por até 24 horas. Exemplificando, uma sessão de treinamento de força pode aumentar a taxa de síntese proteica muscular em 50% decorridas 4 horas da prática de exercícios, e em 100% passadas 24 horas da série de exercícios.[60,95] Evidentemente, esse aumento induzido pelo exercício da síntese proteica muscular não é permanente e a síntese de proteínas no músculo volta aos níveis de repouso em 36 horas após o exercício.[60,95] Essas alterações na síntese proteica são atribuídas principalmente a um aumento da quantidade de proteína sintetizada por molécula de mRNA, e não a um simples aumento da concentração total de mRNA.[39] Assim, o exercício de força promove síntese proteica muscular, em parte, ao melhorar a eficiência da tradução.

Quais são os sinais moleculares que estimulam a síntese proteica muscular após o exercício de força? A via de sinalização intracelular que regula a síntese proteica é ilustrada na Figura 13.16. Observe que o sinal primário para a síntese proteica induzida pelo exercício é o alongamento mecânico (i. e., força) aplicado ao músculo durante o levantamento da carga. Esse alongamento mecânico induzido pelo exercício de força, então, deflagra o sinal secundário de síntese de IGF-1 e a cascata de eventos de sinalização sucessivos que leva ao aumento da síntese proteica. Em resumo, a síntese de IGF-1 induzida pelo treinamento de força resulta na ativação de Akt, uma importante molécula sinalizadora. Após a ativação, a Akt ativa então outra molécula sinalizadora na sequência, mTOR, que promove a síntese proteica aumentando a tradução e montando mais proteínas.[39] Além disso, é importante observar que a síntese proteica induzida pelo treinamento de força requer a presença de todos os aminoácidos essenciais no músculo para que a síntese de proteínas possa ocorrer. Dessa forma, uma ingestão proteica adequada antes ou após um treinamento é essencial à otimização do crescimento muscular durante o treinamento de força (ver mais detalhes na referência Phillips [2009], em "Sugestões de leitura").

Por fim, conforme aumentam de tamanho em resposta ao treinamento de força, as fibras musculares em crescimento ganham núcleos novos (mionúcleos). Esse processo é ilustrado na Figura 13.17. O Capítulo 8 apresentou o dado de que a fonte dos mionúcleos adicionais é a célula-satélite. A célula-satélite é um tipo de célula-tronco adulta, localizada entre o sarcolema e a camada mais externa de tecido conjuntivo (i. e., lâmina basal) existente ao redor da fibra.[8] O treinamento de força ativa as células-satélite a entrarem em divisão e se fundirem à fibra muscular adjacente para aumentar o número de núcleos da fibra.[1] O aumento do número de mionúcleos nas fibras em crescimento resulta em uma proporção constante entre o número de mionúcleos e o tamanho da fibra. De modo significativo, a adição desses mionúcleos à fibra em crescimento parece ser um requisito à sustentação do tamanho aumentado e do crescimento contínuo das fibras musculares em resposta ao treina-

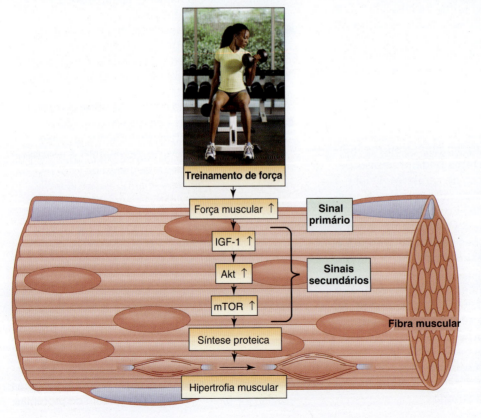

Figura 13.16 Ilustração da rede de sinalização intracelular mediadora das respostas induzidas pelo exercício do músculo esquelético ao treinamento de força. Observe que os sinais primários e secundários estão envolvidos na adaptação muscular aos treinamentos físicos de força. Ver mais detalhes no texto.

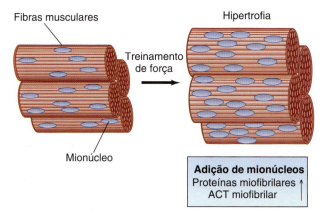

Figura 13.17 A hipertrofia da fibra induzida pelo treinamento de força resulta no aumento paralelo do número de mionúcleos, proteínas miofibrilares e área de corte transversal (ACT) da fibra.

mento de força. De fato, as evidências indicam que a remoção das células-satélite do músculo esquelético limita a capacidade das fibras de crescerem em resposta à sobrecarga.[1,2] Por que os mionúcleos extras são requeridos para alcançar o nível máximo de hipertrofia muscular em resposta ao treinamento de força? Uma potencial explicação é que a adição de mionúcleos às fibras musculares em crescimento consiste em um requisito para a manutenção do alto nível de capacidade de tradução necessário à síntese proteica muscular a uma taxa elevada após uma sessão de treinamento de força.[1] Ou seja, parece que um único mionúcleo somente consegue controlar um volume específico de área muscular. Por esse motivo, conforme a fibra muscular aumenta de tamanho, a adição de novos mionúcleos se torna necessária à supervisão do novo crescimento. Concluindo, as células-satélite são fonte de núcleos adicionais nas fibras musculares, e a adição de mionúcleos às fibras em crescimento é essencial à otimização da hipertrofia da fibra em resposta ao treinamento de força.[2]

> **Em resumo**
>
> - O treinamento de força aumenta a síntese de proteínas contráteis no músculo. Isso resulta no aumento da área de corte transversal da fibra.
> - Os aumentos de síntese proteica induzidos pelo treinamento de força ocorrem por aumento da tradução que, por sua vez, é controlada pela via de sinalização do IGF-1/Akt/mTOR.
> - O treinamento de força resulta em aumentos paralelos da área de corte transversal da fibra muscular, bem como em números aumentados de mionúcleos.
> - As células-satélite são a fonte de núcleos adicionais junto às fibras musculares. A suplementação de mionúcleos para as fibras musculares é necessária para alcançar a máxima hipertrofia da fibra em resposta ao treinamento de força.

Destreinamento subsequente ao treinamento de força

Similarmente ao destreinamento subsequente ao treinamento de resistência, o adágio "use-o ou perca-o" também se aplica ao programa de treinamento de força. De fato, está bem estabelecido que a interrupção do treinamento de força resulta em perda de força muscular e atrofia muscular. Contudo, em comparação ao treinamento de resistência, a velocidade de destreinamento (i. e., perda de força) após um programa de treinamento de força é mais lenta. Esse aspecto é ilustrado na Figura 13.18. Especificamente, a Figura 13.18a ilustra o impacto de 30 semanas de destreinamento sobre a força muscular e o tamanho da fibra muscular, além de mostrar o impacto de 6 semanas de retreinamento após um período de destreinamento prolongado.[91] Os participantes desse estudo foram engajados em um programa de 20 semanas de treinamento de força. O programa de treinamento rigoroso resultou em um aumento de 60% da força dinâmica máxima (extensão da perna) e em hipertrofia de todos os três tipos principais de fibras nos músculos extensores das pernas. Após 30 semanas de destreinamento, os indivíduos apresentaram uma diminuição de 31% na força

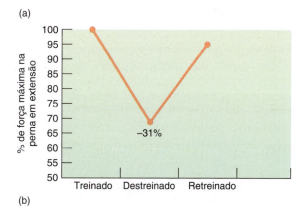

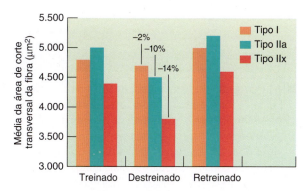

Figura 13.18 (a) Alterações da força dinâmica muscular subsequentes a um período de 30 semanas de destreinamento e no momento da conclusão de um retreinamento com exercícios de força de 6 semanas de duração. (b) Alterações na ACT da fibra muscular após um período de 30 semanas de destreinamento seguido de 6 semanas de retreinamento com exercícios de força.

muscular dinâmica máxima. Entretanto, essa perda de força dinâmica induzida pelo destreinamento estava associada a um grau relativamente pequeno de atrofia muscular. Exemplificando, as fibras de tipo I sofreram uma atrofia de aproximadamente -2%; as fibras de tipo IIa atrofiaram em -10%; e as fibras de tipo IIx atrofiaram em -13% (ver Fig. 13.18b). Esse achado sugere que uma parte significativa da perda de força associada ao destreinamento está relacionada à ocorrência de alterações no sistema nervoso. Tomados em conjunto, esses dados indicam que as adaptações musculares induzidas pelo treinamento de força (i. e., força dinâmica e hipertrofia muscular) podem ser retidas por longos períodos de destreinamento.

Observa-se ainda que 6 semanas de retreinamento resultaram em uma rápida recuperação da força muscular dinâmica e na completa restauração do tamanho da fibra muscular aos níveis de treinamento máximos (ver Fig. 13.18).[91] Esses resultados mostram que as rápidas adaptações musculares ocorrem como resultado do reestabelecimento do treinamento de força em indivíduos previamente treinados. A melhora rápida da força muscular durante o retreinamento explica como os atletas de potência frequentemente conseguem retomar a "forma competitiva" com rapidez após passarem por longos períodos de destreinamento.

Enfim, estudos também mostraram que depois que a força dinâmica muscular é aumentada pelo treinamento de força, um programa de manutenção com levantamento de carga de menor frequência é capaz de sustentar a força por períodos prolongados. Exemplificando, foi demonstrado que após um período de 12 semanas de treinamento de força rigoroso (3 dias/semana), até mesmo um treinamento com frequência de 1 dia/semana é capaz de manter a força dinâmica máxima por até 12 semanas.[35] Além disso, outro estudo relatou que a força dinâmica máxima dos músculos da região lombar (extensão lombar) pode ser mantida por 12 semanas com um treinamento de apenas 1 dia a cada 2 semanas.[100] Coletivamente, esses estudos indicam que a força pode ser mantida por até 12 semanas com um treinamento de frequência reduzida.

Em resumo

- A interrupção do treinamento de força resulta em perda de força e atrofia musculares. Entretanto, em comparação com a velocidade de destreinamento subsequente ao exercício de resistência, a velocidade de destreinamento a partir do exercício de força é consideravelmente mais lenta.
- As adaptações musculares rápidas ocorrem como resultado do treinamento de força em indivíduos previamente treinados.
- A força dinâmica máxima pode ser mantida por até 12 semanas com um treinamento de frequência reduzida.

Treinamento de força e resistência concomitante

Neste ponto do capítulo, você pode ter percebido que a resistência concomitante e o treinamento de resistência podem interferir com as adaptações associadas com o treinamento de força apenas. Por exemplo, o treinamento de força resulta em um aumento no tamanho da fibra muscular, enquanto o treinamento de resistência não aumenta o tamanho da fibra. Um tipo de treinamento de fato interfere nos efeitos do outro? Embora este tópico permaneça controverso, um número crescente de estudos demonstrou que executar treinamento de exercício de força e de resistência concomitante resulta em ganhos de força prejudicados quando comparados com o treinamento de força sozinho. Vamos observar mais de perto essa questão.

Em 1980, Hickson relatou que um programa de 10 semanas de treinamento combinado de força e resistência resultou em ganhos similares de $\dot{V}O_{2máx}$ em comparação aos ganhos alcançados pelo grupo submetido apenas ao treinamento de resistência. No entanto, o treinamento combinado (força + resistência) interfere nos ganhos de força.[40] O grupo submetido apenas ao treinamento de força apresentou aumento de força ao longo de todo o período de 10 semanas, enquanto o grupo submetido ao treinamento combinado de força e resistência apresenta nivelamento e diminuição da força em 9 e 10 semanas.

Desde de que esse estudo antigo foi conduzido por Hickson et al., numerosos pesquisadores sustentaram ou discordaram da noção de que o desenvolvimento de força é comprometido durante o treinamento concorrente. Muitas das diferenças existentes entre esses estudos parecem surgir das diferenças constatadas entre os programas de treinamento seguidos por cada estudo. Sale et al., por exemplo, sugeriram que a efetividade do treinamento concorrente pode depender de vários fatores como sua intensidade, seu volume e sua frequência, além da maneira como os seus modos são integrados.[83] De fato, a frequência e a intensidade do treinamento claramente exercem impacto sobre o potencial de um tipo de treinamento interferir no outro.[65] Ou seja, os estudos que combinam sessões de treinamento frequentes e exercício de resistência de alta intensidade com frequência relatam que o treinamento concorrente compromete os ganhos de força.[26,56] Na verdade, uma revisão recente da literatura revela que, se o treinamento concorrente ou não de força/resistência compromete os ganhos de força, não é diretamente dependente da duração do treinamento aeróbio (minutos/sessão de treinamento) e a frequência de treinamento (dias/semana).[106] Especificamente, os estudos de treinamento concorrente em que os sujeitos executaram o treinamento de resistência em mais de 2 dias por semana e por mais de 30 minutos/dia consistentemente concluíram que o treinamento concorrente prejudica os ganhos de força e a hipertrofia muscular se comparados com sujeitos que realizaram o treinamento de força sozinho.[106] Os potenciais mecanismos que explicam o motivo pelo qual o treinamento concorrente prejudica os ganhos de força são abordados na próxima seção.

Mecanismos responsáveis pelo comprometimento do desenvolvimento da força durante o treinamento de força e resistência concomitante

Com o passar dos anos, vários mecanismos foram propostos para explicar por que o treinamento de força e resistência concomitante impede o desenvolvimento da força, quando comparado ao treinamento apenas de força. Entre esses mecanismos, estão componentes neurais, depleção de glicogênio, transição do tipo de fibra, excesso de treinamento e síntese proteica comprometida. A seguir, cada uma dessas possibilidades é brevemente discutida.

Fatores neurais. Foi proposto que o treinamento de força e resistência concomitante compromete o desenvolvimento da força por causa de fatores neurais. Alguns pesquisadores sugeriram especificamente que o treinamento concorrente compromete o recrutamento da unidade motora e, portanto, diminui a produção de força muscular.[26,58] No entanto, essa possibilidade é sustentada por evidências limitadas.[38] E, por esse motivo, atualmente não está claro se as alterações envolvendo o recrutamento da unidade motora contribuem para o comprometimento dos ganhos de força quando um treinamento de força e resistência concomitante é seguido.

Baixo conteúdo de glicogênio muscular. Séries sucessivas de treinamento de força ou de resistência podem produzir níveis musculares cronicamente baixos de glicogênio.[70] Isso significa que o treinamento de resistência repetido e/ou séries repetitivas de exercícios de força podem resultar em baixos níveis musculares de glicogênio em repouso. Portanto, iniciar uma sessão de treinamento com uma baixa concentração muscular de glicogênio pode diminuir a capacidade de realizar sessões de treinamento de força subsequentes e comprometer a magnitude das adaptações ao treinamento de força.

Treinamento excessivo. O excesso de treinamento frequentemente é definido como um desequilíbrio entre o treinamento e a recuperação. Pelo menos uma revisão concluiu que o treinamento excessivo pode contribuir para a incapacidade de obter ganhos ideais de força quando um treinamento de força e resistência concomitante é realizado.[58] Mesmo assim, nenhum estudo experimental forneceu evidências diretas de que o excesso de treinamento seja um dos principais fatores a contribuir para a inibição dos ganhos de força durante a realização de exercícios de força e resistência.

Síntese proteica diminuída. Teoricamente, as séries de exercícios de força e resistência concomitantes podem resultar em uma síntese proteica comprometida após o treinamento de força.[7,39,70] Observa-se então a ciência por trás desse conceito. Lembre-se de que o treinamento com exercícios de força aumenta a síntese de proteínas contráteis musculares ao ativar a via de sinalização do IGF-1/Akt/mTOR (ver Fig. 13.19). Em contraste, o treinamento aeróbio intensifica a ativação da AMPK e promove biogênese mitocondrial. Além disso, a AMPK ativa pode acionar uma molécula sinalizadora chamada complexo da esclerose tuberosa 1/2 (TSC 1/2). O TSC 1/2 ativo inibe a atividade de mTOR e, portanto, compromete a síntese proteica.[39] Dessa forma, a via AMPK/TSC 1/2 fornece uma ligação bioquímica para explicar por que o treinamento de resistência/força concomitante pode comprometer os ganhos de força. Embora a ativação do TSC 1/2 nos músculos esqueléticos durante o treinamento de resistência seja uma explicação plausível para explanar por que o treinamento de resistência atrapalha os ganhos de força, é necessária mais pesquisa para determinar se essa via sinalizadora bioquímica é a única explicação para isso ocorrer.

Em resumo

- Os indivíduos que se engajam no treinamento concorrente com exercícios de força e resistência de alta intensidade muitas vezes relatam o comprometimento dos ganhos de força.
- Potencialmente, vários mecanismos podem explicar por que o treinamento concorrente é capaz de comprometer os ganhos de força. Entre esses mecanismos, estão os fatores neurais, baixo conteúdo de glicogênio muscular, excesso de treinamento e síntese proteica diminuída.
- As séries de exercícios de força e resistência concomitantes teoricamente podem comprometer a síntese de proteínas após o treinamento físico de força. A ciência por trás dessa previsão é ilustrada na Figura 13.19.

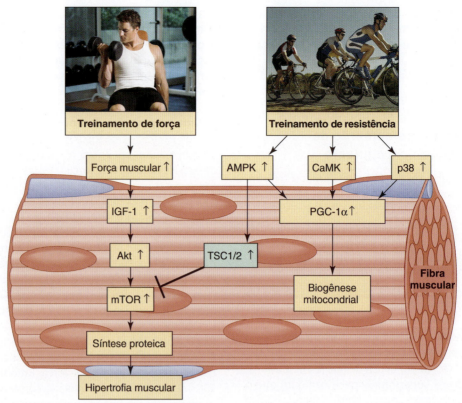

Figura 13.19 Redes de sinalização intracelular mediadoras das respostas induzidas pelo exercício do músculo esquelético aos programas de treinamento com exercícios de força e resistência. O treinamento com exercícios de força ativa a via do IGF-1/Akt/mTOR, que promove síntese proteica ao aumentar a tradução. O treinamento aeróbio ativa vários sinais secundários para promoção de aumento dos níveis de PGC-1α e maior biogênese mitocondrial. Observe que a ativação de AMPK pelo treinamento de resistência pode inibir a sinalização de mTOR via complexo de esclerose tuberosa 1/2 (TSC 1/2) e suprimir a síntese proteica induzida pelo treinamento de força. A interação entre essas duas redes de sinalização intracelular potencialmente explicaria por que os programas de treinamento de força e resistência concomitantes podem diminuir os ganhos de força obtidos com apenas o treinamento de força.

Atividades para estudo

1. Explique os princípios básicos do treinamento: *sobrecarga*, *especificidade* e *reversibilidade*.
2. Discuta o papel da genética na determinação do $\dot{V}O_{2máx}$.
3. Indique a típica alteração de $\dot{V}O_{2máx}$ associada aos programas de treinamento de resistência e o efeito do valor inicial (pré-treinamento) sobre a magnitude do aumento.
4. Estabeleça os valores típicos de $\dot{V}O_{2máx}$ para as diversas populações sedentárias, ativas e atléticas.
5. Compreenda a contribuição da frequência cardíaca, volume sistólico e diferença (a-$\bar{v}$)O_2 para a determinação de $\dot{V}O_{2máx}$.
6. Discuta como o treinamento aumenta o $\dot{V}O_{2máx}$.
7. Defina *pré-carga*, *pós-carga* e *contratilidade*. Discuta o papel de cada um desses termos no aumento do volume sistólico máximo que ocorre com o treinamento de resistência.
8. Descreva as alterações envolvendo a estrutura muscular que são responsáveis pelo aumento da diferença (a-$\bar{v}$)O_2 máxima associada ao treinamento de resistência.
9. Liste e discuta as alterações primárias que ocorrem no músculo esquelético como resultado do treinamento de resistência.
10. Explique como o treinamento de resistência melhora o equilíbrio acidobásico durante o exercício.
11. Destaque as alterações do quadro geral que ocorrem na musculatura esquelética como resultado do treinamento físico. Discuta a especificidade das respostas ao treinamento físico.
12. Liste as quatro vias transdutoras de sinais primárias no músculo esquelético.
13. Liste e defina a função de seis mensageiros secundários importantes encontrados no músculo esquelético.
14. Destaque os eventos sinalizadores que levam à adaptação muscular induzida pelo treinamento de resistência.
15. Discuta como as alterações de "comando central" e "resposta periférica" subsequentes a um programa de treinamento de resistência podem diminuir as respostas de frequência cardíaca, ventilação e catecolaminas a uma série de exercícios submáximos.
16. Descreva as causas subjacentes da diminuição de $\dot{V}O_{2máx}$ que ocorrem com a cessação do treinamento de resistência.
17. Contraste o papel das adaptações neurais *vs*. hipertrofia no aumento da força que ocorre com o treinamento de força.
18. Identifique as alterações primárias que ocorrem nas fibras de músculo esquelético em resposta ao treinamento de força.
19. Destaque os eventos de sinalização que levam aos aumentos de crescimento muscular induzidos pelo treinamento de força.
20. Discuta como o destreinamento subsequente ao treinamento de força influencia a força e o tamanho da fibra muscular.
21. Como o retreinamento influencia a força e o tamanho da fibra muscular?
22. Explique por que o treinamento de força e resistência concomitante pode comprometer os ganhos de força.

Sugestões de leitura

Coffey, V. G., and J. A. Hawley. 2007. The molecular bases of training adaptation. *Sports Med* 37: 737–63.

Bouchard, C. Genomic predictors of trainability. *Exp Physiol* 97: 347–352, 2012.

Fiuza-Luces, C., N. Garatachea, N. Burger, and A. Lucia. Exercise is the real polypill. *Physiology.* 28: 330–358, 2013.

Folland, J. P., and A. G. Williams. 2007. The adaptations to strength training: methodological and neurological contributions to increased strength. *Sports Med* 37: 145–68.

Gabriel, D. A., G. Kamen, and G. Frost. 2006. Neural adaptations to resistance exercise: mechanisms and recommendations for training practices. *Sports Med* 36: 133–49.

Hawley, J. A. 2009. Molecular responses to strength and endurance training: are they incompatible? *App Physiol Nutr Metab* 34:355–61.

Hendy, A., M. Spittle, and D. Kidgell. Cross education and immobilization: mechanisms and implications for injury rehabilitation. *J Sci Med Sport* 15:94–101, 2012.

Olasunkanmi, A., A. Abdullahi, and P. Tavajohi-Fini. mTORC1 and the regulation of skeletal muscle anabolism and mass. *Appl Physiol Nutr Metab* 37:395–406, 2012.

Olesen, J., K. Kiilerich, and H. Pilegaard. 2010. PGC-1alpha-mediated adaptations in skeletal muscle. *Pflugers Arch* 460: 153–62.

Perusse, L.,T. Rankinen, J. Hagberg, R. Loos, S. Roth, M. Sarzynski, et al. Advances in exercise, fitness, and performance genomics in 2012. *Med Sci Sports Exerc* 45: 824–831, 2013.

Phillips, S. M. 2009. Physiologic and molecular bases of muscle hypertrophy and atrophy: impact of resistance exercise on human skeletal muscle (protein and exercise dose effects). *App Physiol Nutr Metab* 34: 403–10.

Powers, S. K., E. E. Talbert, and P. J. Adhihetty. 2011. Reactive oxygen and nitrogen species as intracellular signals in skeletal muscle. *J Physiol* 589: 2129–2138.

Richter, E., and M. Hargreaves. 2013. Exercise, GLUT 4, and skeletal muscle glucose uptake. *Physiol Rev* 93: 993–1017.

Referências bibliográficas

1. Adams GR. Satellite cell proliferation and skeletal muscle hypertrophy. *Appl Physiol Nutr Metab* 31: 782–790, 2006.
2. Adams GR, Caiozzo VJ, Haddad F, and Baldwin KM. Cellular and molecular responses to increased skeletal muscle loading after irradiation. *Am J Physiol Cell Physiol* 283: C1182–1195, 2002.
3. American College of Sports Medicine. American College of Sports Medicine Position Stand. The recommended quantity and quality of exercise for developing and maintaining cardiorespiratory and muscular fitness, and flexibility in healthy adults. *Med Sci Sports Exerc* 30: 975–991, 1998.
4. Asmussen E, Johansen SH, Jorgensen M, and Nielsen M. On the nervous factors controlling respiration and circulation during exercise. Experiments with curarization. *Acta Physiol Scand* 63: 343–350, 1965.
5. Åstrand P, and Rodahl K *Textbook of Work Physiology.* New York, NY: McGraw-Hill, 1986.
6. Atha J. Strengthening muscle. In: *Exercise and Sport Science Reviews,* edited by Miller D. Philadelphia, PA: The Franklin Institute Press, 1981, pp. 1–73.
7. Baar K. Training for endurance and strength: lessons from cell signaling. *Med Sci Sports Exerc* 38: 1939–1944, 2006.
8. Biressi S, and Rando TA. Heterogeneity in the muscle satellite cell population. *Semin Cell Dev Biol* 21: 845–854, 2010.
9. Blomqvist CG, and Saltin B. Cardiovascular adaptations to physical training. *Annu Rev Physiol* 45: 169–189, 1983.
10. Booth F. Effects of endurance exercise on cytochrome C turnover in skeletal muscle. *Ann N Y Acad Sci* 301: 431–439, 1977.
11. Bouchard C, An P, Rice T, Skinner JS, Wilmore JH, Gagnon J, et al. Familial aggregation of $\dot{V}O(2max)$ response to exercise training: results from the HERITAGE Family Study. *J Appl Physiol* 87: 1003–1008, 1999.
12. Bouchard C. Genomic predictors of trainability. *Exp Physiol* 97:347–352, 2012.
13. Bouchard C, Daw EW, Rice T, Perusse L, Gagnon J, Province MA, et al. Familial resemblance for $\dot{V}O_2$ max in the sedentary state: the HERITAGE family study. *Med Sci Sports Exerc* 30: 252–258, 1998.
14. Bouchard C, Sarzynski MA, Rice TK, Kraus WE, Church TS, Sung YJ, et al. Genomic predictors of maximal oxygen uptake response to standardized exercise training programs. *J Appl Physiol* 110: 1160–1170, 2011.
15. Claytor R. Selected cardiovascular, sympatho-adrenal, and metabolic responses to one-leg exercise training. The University of Tennessee, Knoxville, 1985.
16. Coffey VG, and Hawley JA. The molecular bases of training adaptation. *Sports Med* 37: 737–763, 2007.
17. Coffey VG, Pilegaard H, Garnham AP, O'Brien BJ, and Hawley JA. Consecutive bouts of diverse contractile activity alter acute responses in human skeletal muscle. *J Appl Physiol* 106: 1187–1197, 2009.
18. Coyle EF, Hemmert MK, and Coggan AR. Effects of detraining on cardiovascular responses to exercise: role of blood volume. *J Appl Physiol* 60: 95–99, 1986.
19. Coyle EF, Hopper MK, and Coggan AR. Maximal oxygen uptake relative to plasma volume expansion. *Int J Sports Med* 11: 116–119, 1990.
20. Coyle EF, Martin WH, III, Bloomfield SA, Lowry OH, and Holloszy JO. Effects of detraining on responses to submaximal exercise. *J Appl Physiol* 59: 853–859, 1985.
21. Coyle EF, Martin WH, III, Sinacore DR, Joyner MJ, Hagberg JM, and Holloszy JO. Time course of loss of adaptations after stopping prolonged intense endurance training. *J Appl Physiol* 57: 1857–1864, 1984.
22. Craig B. Hyperplasia: Scientific fact or fiction? *Strength & Conditioning Journal* 23: 42–44, 2001.
23. Cronan TL, III, and Howley ET. The effect of training on epinephrine and norepinephrine excretion. *Med Sci Sports* 6: 122–125, 1974.
24. Deschenes MR. Effects of aging on muscle fibre type and size. *Sports Med* 34: 809–824, 2004.
25. Dudley GA, Abraham WM, and Terjung RL. Influence of exercise intensity and duration on biochemical adaptations in skeletal muscle. *J Appl Physiol* 53: 844–850, 1982.
26. Dudley GA, and Djamil R. Incompatibility of endurance- and strength-training modes of exercise. *J Appl Physiol* 59: 1446–1451, 1985.
27. Edge J, Bishop D, and Goodman C. The effects of training intensity on muscle buffer capacity in females. *Eur J Appl Physiol* 96: 97–105, 2006.
28. Ehsani AA, Hagberg JM, and Hickson RC. Rapid changes in left ventricular dimensions and mass in response to

physical conditioning and deconditioning. Am J Cardiol 42: 52–56, 1978.

29. Ekblom B. Effect of physical training in adolescent boys. J Appl Physiol 27: 350–355, 1969.

30. Favier RJ, Constable SH, Chen M, and Holloszy JO. Endurance exercise training reduces lactate production. J Appl Physiol 61: 885–889, 1986.

31. Fiatarone MA, Marks EC, Ryan ND, Meredith CN, Lipsitz LA, and Evans WJ. High-intensity strength training in nonagenarians: effects on skeletal muscle. JAMA 263: 3029–3034, 1990.

32. Fiatarone MA, O'Neill EF, Ryan ND, Clements KM, Solares GR, Nelson ME, et al. Exercise training and nutritional supplementation for physical frailty in very elderly people. N Engl J Med 330: 1769–1775, 1994.

33. Folland JP, and Williams AG. The adaptations to strength training: morphological and neurological contributions to increased strength. Sports Med 37: 145–168, 2007.

34. Goodman JM, Liu PP, and Green HJ. Left ventricular adaptations following short-term endurance training. J Appl Physiol 98: 454–460, 2005.

35. Graves JE, Pollock ML, Leggett SH, Braith RW, Carpenter DM, and Bishop LE. Effect of reduced training frequency on muscular strength. Int J Sports Med 9: 316–319, 1988.

36. Green HJ, Jones S, Ball-Burnett ME, Smith D, Livesey J, and Farrance BW. Early muscular and metabolic adaptations to prolonged exercise training in humans. J Appl Physiol 70: 2032–2038, 1991.

37. Hagberg JM, Hickson RC, Ehsani AA, and Holloszy JO. Faster adjustment to and recovery from submaximal exercise in the trained state. J Appl Physiol 48: 218–224, 1980.

38. Hakkinen K, Alen M, Kraemer WJ, Gorostiaga E, Izquierdo M, Rusko H, et al. Neuromuscular adaptations during concurrent strength and endurance training versus strength training. Eur J Appl Physiol 89: 42–52, 2003.

39. Hawley JA. Molecular responses to strength and endurance training: are they incompatible? Appl Physiol Nutr Metab 34: 355–361, 2009.

40. Hickson RC. Interference of strength development by simultaneously training for strength and endurance. Eur J Appl Physiol Occup Physiol 45: 255–263, 1980.

41. Hickson RC, Dvorak BA, Gorostiaga EM, Kurowski TT, and Foster C. Potential for strength and endurance training to amplify endurance performance. J Appl Physiol 65: 2285–2290, 1988.

42. Holloszy JO, and Coyle EF. Adaptations of skeletal muscle to endurance exercise and their metabolic consequences. J Appl Physiol 56: 831–838, 1984.

43. Holviala JH, Sallinen JM, Kraemer WJ, Alen MJ, and Hakkinen KK. Effects of strength training on muscle strength characteristics, functional capabilities, and balance in middle-aged and older women. J Strength Cond Res 20: 336–344, 2006.

44. Hornberger TA, Armstrong DD, Koh TJ, Burkholder TJ, and Esser KA. Intracellular signaling specificity in response to uniaxial vs. multiaxial stretch: implications for mechanotransduction. Am J Physiol Cell Physiol 288: C185–194, 2005.

45. Horowitz JF. Fatty acid mobilization from adipose tissue during exercise. Trends Endocrinol Metab 14: 386–392, 2003.

46. Houmard JA, Hortobagyi T, Johns RA, Bruno NJ, Nute CC, Shinebarger MH, et al. Effect of short-term training cessation on performance measures in distance runners. Int J Sports Med 13: 572–576, 1992.

47. Hunter GR, McCarthy JP, and Bamman MM. Effects of resistance training on older adults. Sports Med 34: 329–348, 2004.

48. Juel C. Training-induced changes in membrane transport proteins of human skeletal muscle. Eur J Appl Physiol 96: 627–635, 2006.

49. Kannus P, Alosa D, Cook L, Johnson RJ, Renstrom P, Pope M, Beynnon B, et al. Effect of one-legged exercise on the strength, power and endurance of the contralateral leg: a randomized, controlled study using isometric and concentric isokinetic training. Eur J Appl Physiol Occup Physiol 64: 117–126, 1992.

50. Kemi OJ, Hoydal MA, Macquaide N, Haram PM, Koch LG, Britton SL, et al. The effect of exercise training on transverse tubules in normal, remodeled, and reverse remodeled hearts. J Cell Physiol 2010.

51. Kemi OJ, and Wisloff U. Mechanisms of exercise-induced improvements in the contractile apparatus of the mammalian myocardium. Acta Physiol (Oxf) 199: 425–439, 2010.

52. Kiens B, Essen-Gustavsson B, Christensen NJ, and Saltin B. Skeletal muscle substrate utilization during submaximal exercise in man: effect of endurance training. J Physiol 469: 459–478, 1993.

53. Klissouras V. Heritability of adaptive variation. J Appl Physiol 31: 338–344, 1971.

54. Koves TR, Noland RC, Bates AL, Henes ST, Muoio DM, and Cortright RN. Subsarcolemmal and intermyofibrillar mitochondria play distinct roles in regulating skeletal muscle fatty acid metabolism. Am J Physiol Cell Physiol 288: C1074–1082, 2005.

55. Kraemer WJ, Deschenes MR, and Fleck SJ. Physiological adaptations to resistance exercise: implications for athletic conditioning. Sports Med 6: 246–256, 1988.

56. Kraemer WJ, Patton JF, Gordon SE, Harman EA, Deschenes MR, Reynolds K, et al. Compatibility of high-intensity strength and endurance training on hormonal and skeletal muscle adaptations. J Appl Physiol 78: 976–989, 1995.

57. Krentz JR, Quest B, Farthing JP, Quest DW, and Chilibeck PD. The effects of ibuprofen on muscle hypertrophy, strength, and soreness during resistance training. Appl Physiol Nutr Metab 33: 470–475, 2008.

58. Leveritt M, Abernethy PJ, Barry BK, and Logan PA. Concurrent strength and endurance training: a review. Sports Med 28: 413–427, 1999.

59. MacDougall JD. Morphological changes in human skeletal muscle following strength training and immobilization. In: Human Muscle Power, edited by Jones N, McCartney N, and McComas A. Champaign, IL: Human Kinetics, 1986, pp. 269–285.

60. MacDougall JD, Gibala MJ, Tarnopolsky MA, MacDonald JR, Interisano SA, and Yarasheski KE. The time course for elevated muscle protein synthesis following heavy resistance exercise. Can J Appl Physiol 20: 480–486, 1995.

61. MacDougall JD, Sale DG, Alway SE, and Sutton JR. Muscle fiber number in biceps brachii in bodybuilders and control subjects. J Appl Physiol 57: 1399–1403, 1984.

62. MacDougall JD, Sale DG, Elder GC, and Sutton JR. Muscle ultrastructural characteristics of elite powerlifters and bodybuilders. Eur J Appl Physiol Occup Physiol 48: 117–126, 1982.

63. Madsen K, Pedersen PK, Djurhuus MS, and Klitgaard NA. Effects of detraining on endurance capacity and metabolic changes during prolonged exhaustive exercise. J Appl Physiol 75: 1444–1451, 1993.

64. McCall GE, Byrnes WC, Dickinson A, Pattany PM, and Fleck SJ. Muscle fiber hypertrophy, hyperplasia, and capillary density in college men after resistance training. J Appl Physiol 81: 2004–2012, 1996.

65. McCarthy JP, Pozniak MA, and Agre JC. Neuromuscular adaptations to concurrent strength and endurance training. Med Sci Sports Exerc 34: 511–519, 2002.

66. Midgley AW, McNaughton LR, and Wilkinson M. Is there an optimal training intensity for enhancing the maximal oxygen uptake of distance runners?: empirical research findings, current opinions, physiological rationale and practical recommendations. Sports Med 36: 117–132, 2006.

67. Mikesky AE, Giddings CJ, Matthews W, and Gonyea WJ. Changes in muscle fiber size and composition in response

to heavy-resistance exercise. *Med Sci Sports Exerc* 23: 1042–1049, 1991.

68. Mitchell JH. J.B. Wolffe memorial lecture. Neural control of the circulation during exercise. *Med Sci Sports Exerc* 22: 141–154, 1990.

69. Morganroth J, Maron BJ, Henry WL, and Epstein SE. Comparative left ventricular dimensions in trained athletes. *Ann Intern Med* 82: 521–524, 1975.

70. Nader GA. Concurrent strength and endurance training: from molecules to man. *Med Sci Sports Exerc* 38: 1965–1970, 2006.

71. Novak ML, Billich W, Smith SM, Sukhija KB, McLoughlin TJ, Hornberger TA, et al. COX-2 inhibitor reduces skeletal muscle hypertrophy in mice. *Am J Physiol Regul Integr Comp Physiol* 296: R1132–1139, 2009.

72. Olesen J, Kiilerich K, and Pilegaard H. PGC-1alpha-mediated adaptations in skeletal muscle. *Pflugers Arch* 460: 153–162, 2010.

73. Parise G, Phillips SM, Kaczor JJ, and Tarnopolsky MA. Antioxidant enzyme activity is up-regulated after unilateral resistance exercise training in older adults. *Free Radic Biol Med* 39: 289–295, 2005.

74. Paul P. Effects of long-lasting physical exercise and training on lipid metabolism. In: *Metabolic Adaptation to Prolonged Physical Exercise*, edited by Howald H, and Poortmans J. Basel, Switzerland: Birkhauser Verlag Basel, 1975, pp. 156–187.

75. Powers SK, Criswell D, Lawler J, Ji LL, Martin D, Herb RA, et al. Influence of exercise and fiber type on antioxidant enzyme activity in rat skeletal muscle. *Am J Physiol* 266: R375–380, 1994.

76. Powers SK, Duarte J, Kavazis AN, and Talbert EE. Reactive oxygen species are signalling molecules for skeletal muscle adaptation. *Exp Physiol* 95: 1–9, 2010.

77. Powers SK, Nelson WB, and Hudson MB. Exercise-induced oxidative stress in humans: cause and consequences. *Free Radic Biol Med* 51(5): 942–950, 2011.

78. Powers SK, Talbert EE, and Adhihetty PJ. Reactive oxygen and nitrogen species as intracellular signals in skeletal muscle. *J Physiol* 589: 2129–2138, 2011.

79. Rerych SK, Scholz PM, Sabiston DC, Jr., and Jones RH. Effects of exercise training on left ventricular function in normal subjects: a longitudinal study by radionuclide angiography. *Am J Cardiol* 45: 244–252, 1980.

80. Richter E, and Hargreaves M. Exercise, GLUT 4, and skeletal muscle glucose uptake. *Physiol Rev* 93: 993–1017, 2013.

81. Rowell LB, and O'Leary DS. Reflex control of the circulation during exercise: chemoreflexes and mechanoreflexes. *J Appl Physiol* 69: 407–418, 1990.

82. Sale DG. Neural adaptation to resistance training. *Med Sci Sports Exerc* 20: S135–145, 1988.

83. Sale DG, Jacobs I, MacDougall JD, and Garner S. Comparison of two regimens of concurrent strength and endurance training. *Med Sci Sports Exerc* 22: 348–356, 1990.

84. Saltin B. Physiological effects of physical conditioning. *Medicine and Science in Sports* 1: 50–56, 1969.

85. Saltin B, and Astrand PO. Free fatty acids and exercise. *Am J Clin Nutr* 57: 752S–757S; discussion 757S–758S, 1993.

86. Saltin B, and Gollnick P. Skeletal muscle adaptability: Significance for metabolism and performance. In: *Handbook of Physiology*, edited by Peachey L, Adrian R, and Geiger S. Baltimore, MD: Lippincott Williams & Wilkins, 1983.

87. Schiros CG, Ahmed MI, Sangala T, Zha W, McGriffin DC, Bamman MM, et al. Importance of three-dimension geometric analysis in the assessment of the athlete's heart. *Am J Cardiol* 111: 1067–1072, 2013.

88. Seynnes OR, de Boer M, and Narici MV. Early skeletal muscle hypertrophy and architectural changes in response to high-intensity resistance training. *J Appl Physiol* 102: 368–373, 2007.

89. Soltow QA, Betters JL, Sellman JE, Lira VA, Long JH, and Criswell DS. Ibuprofen inhibits skeletal muscle hypertrophy in rats. *Med Sci Sports Exerc* 38: 840–846, 2006.

90. Spina RJ, Ogawa T, Kohrt WM, Martin WH, III, Holloszy JO, and Ehsani AA. Differences in cardiovascular adaptations to endurance exercise training between older men and women. *J Appl Physiol* 75: 849–855, 1993.

91. Staron RS, Leonardi MJ, Karapondo DL, Malicky ES, Falkel JE, Hagerman FC, et al. Strength and skeletal muscle adaptations in heavy-resistance-trained women after detraining and retraining. *J Appl Physiol* 70: 631–640, 1991.

92. Staron RS, Malicky ES, Leonardi MJ, Falkel JE, Hagerman FC, and Dudley GA. Muscle hypertrophy and fast fiber type conversions in heavy resistance-trained women. *Eur J Appl Physiol Occup Physiol* 60: 71–79, 1990.

93. Tamaki T, Uchiyama S, and Nakano S. A weight-lifting exercise model for inducing hypertrophy in the hindlimb muscles of rats. *Med Sci Sports Exerc* 24: 881–886, 1992.

94. Tang JE, Hartman JW, and Phillips SM. Increased muscle oxidative potential following resistance training induced fibre hypertrophy in young men. *Appl Physiol Nutr Metab* 31: 495–501, 2006.

95. Tang JE, Perco JG, Moore DR, Wilkinson SB, and Phillips SM. Resistance training alters the response of fed state mixed muscle protein synthesis in young men. *Am J Physiol Regul Integr Comp Physiol* 294: R172–178, 2008.

96. Terjung RL. Muscle adaptations to aerobic training. In: *Sports Science Exchange*. Barrington, IL: Gatorade Sports Science Institute, 1995.

97. Tesch PA. Skeletal muscle adaptations consequent to long-term heavy resistance exercise. *Med Sci Sports Exerc* 20: S132–134, 1988.

98. Tesch PA, Komi PV, and Hakkinen K. Enzymatic adaptations consequent to long-term strength training. *Int J Sports Med* 8 (Suppl 1): 66–69, 1987.

99. Trappe TA, Carroll CC, Dickinson JM, LeMoine JK, Haus JM, Sullivan BE, et al. Influence of acetaminophen and ibuprofen on skeletal muscle adaptations to resistance exercise in older adults. *Am J Physiol Regul Integr Comp Physiol* 300: R655–662, 2011.

100. Tucci JT, Carpenter DM, Pollock ML, Graves JE, and Leggett SH. Effect of reduced frequency of training and detraining on lumbar extension strength. *Spine* (Phila Pa 1976) 17: 1497–1501, 1992.

101. Van Loon L. Use of intramuscular triacylglycerol as a substrate source during exercise in humans. *Journal of Applied Physiology* 97: 1170–1187, 2004.

102. Vincent HK, Powers SK, Stewart DJ, Demirel HA, Shanely RA, and Naito H. Short-term exercise training improves diaphragm antioxidant capacity and endurance. *Eur J Appl Physiol* 81: 67–74, 2000.

103. Wang Y, Wisloff U, and Kemi OJ. Animal models in the study of exercise-induced cardiac hypertrophy. *Physiol Res* 59: 633–644, 2010.

104. Weiner RB, Hutter AM, Wang F, Kim J, Weyman AE, Wood MJ, et al. The impact of endurance exercise training on left ventricle torsion. *JACC Cardiovasc Imaging* 3: 1001–1009, 2010.

105. Wibom R, Hultman E, Johansson M, Matherei K, Constantin-Teodosiu D, and Schantz PG. Adaptation of mitochondrial ATP production in human skeletal muscle to endurance training and detraining. *J Appl Physiol* 73: 2004–2010, 1992.

106. Wilson JM, Marin PJ, Rhea MR, Wilson SM, Loenneke JP, and Anderson JC. Concurrent training: a meta-analysis examining interference of aerobic and resistance exercises. *J Strength Con Res* 26: 2293–2307, 2012.

SEÇÃO II

Fisiologia da saúde e do condicionamento físico

14

Fatores de risco e inflamação – ligações com a doença crônica

■ Objetivos

Ao estudar este capítulo, você deverá ser capaz de:

1. Contrastar as doenças infecciosas e degenerativas como causadoras de morte.
2. Identificar as três categorias principais de fatores de risco e exemplos de fatores de risco específicos de cada categoria.
3. Descrever a diferença existente entre fatores de risco primários e secundários de doença coronariana.
4. Caracterizar a inatividade física como um fator de risco para a doença coronariana comparável ao tabagismo, hipertensão e colesterol sérico elevado.

5. Descrever o processo de aterosclerose relacionado à doença coronariana.
6. Descrever o papel da inflamação sistêmica de baixa intensidade no desenvolvimento das doenças crônicas.
7. Descrever as ligações existentes entre hipertensão, obesidade, resistência à insulina e síndrome metabólica.
8. Descrever o papel da dieta e da atividade física segundo uma perspectiva anti-inflamatória.

■ Conteúdo

Fatores de risco de doenças crônicas 319
Hereditários/biológicos 319
Ambientais 319
Comportamentais 319

Doença coronariana 320
A inatividade física como fator de risco 322

Inflamação e doença coronariana 323
Obesidade, inflamação e doença crônica 324
Fármacos, dieta e atividade física 326

Síndrome metabólica 327

■ Palavras-chave

aterosclerose
doenças degenerativas
doenças infecciosas
fator de risco primário
fator de risco secundário
inflamação crônica de baixa intensidade
inflamação sistêmica crônica de baixa intensidade
rede de causalidade

Nesta seção do livro, introduzimos os papéis da atividade física e da dieta na diminuição dos riscos de desenvolvimento de doenças crônicas. Para tanto, iniciamos este capítulo com uma discussão sobre os fatores de risco de doenças crônicas que analisa as ligações ambientais, genéticas e comportamentais existentes entre saúde e doença. Esses fatores de risco dirigem as intervenções de saúde pública no sentido de promover a diminuição do risco geral na população (p. ex., campanhas antitabagismo). Contudo, embora descrevam as causas de doenças no nível macroscópico, os fatores de risco não abordam as causas fisiológicas subjacentes dessas doenças crônicas. Tentaremos então fazer isso, explorando a proposição de que é uma inflamação sistêmica de baixa intensidade (ver Cap. 6) a causa de muitas dessas doenças crônicas. Por fim, abordaremos brevemente os papéis da atividade física e da dieta em relação a essas doenças crônicas, que são discutidos em mais detalhes nos Capítulos 16, 17 e 18.

Fatores de risco para doenças crônicas

Ao longo dos últimos 100 anos, o foco da atenção até então sobre as **doenças infecciosas** (p. ex., tuberculose e pneumonia) como principais causadoras de morte passou a ser direcionado para as **doenças crônicas degenerativas**, entre as quais o câncer e as doenças cardiovasculares. As causas principais de morte descrevem as doenças específicas relacionadas com esse desfecho. As cinco causas principais de morte nos Estados Unidos no ano de 2011 foram as cardiopatias, neoplasias malignas (cânceres), doenças do trato respiratório inferior crônicas, doenças cerebrovasculares (acidente vascular encefálico) e acidentes (lesões não intencionais).[32] A manifestação das principais causas de morte pode ser retardada ou evitada com a abordagem dos fatores de risco de desenvolvimento dessas condições. Os epidemiologistas são cientistas que exercem papel importante na exploração da distribuição das doenças na população e dos fatores de risco que influenciam essas condições. A Figura 14.1 mostra que os fatores de risco associados às doenças crônicas podem ser agrupados em três categorias.[69]

Hereditários/biológicos

Estes fatores de risco incluem:

- Idade – indivíduos de idade avançada apresentam mais doenças crônicas do que indivíduos jovens.
- Gênero – os homens desenvolvem doenças cardiovasculares mais precocemente do que as mulheres, porém as mulheres sofrem mais acidentes vasculares encefálicos do que os homens.[3]
- Raça – a incidência de cardiopatias é aproximadamente 30% maior entre os afro-americanos do que entre os brancos não hispânicos.[68]
- Suscetibilidade à doença – várias doenças possuem um componente genético que aumenta o potencial de ter uma doença.

Ambientais

Os fatores ambientais que exercem impacto sobre a saúde e as doenças incluem:

- Fatores físicos (p. ex., clima, água, altitude, poluição).
- Fatores socioeconômicos (p. ex., renda, moradia, educação, características do local de trabalho).
- Familiares (p. ex., valores parentais, divórcio, além de familiares e amigos).

Comportamentais

As causas reais de morte descrevem os comportamentos relacionados à morte (ver o lado direito da Fig. 14.1). A posição do tabagismo no topo da lista não é surpreendente em vista da sua conexão com o desenvolvimento de câncer de pulmão e doenças cardiovasculares. De fato, o tabagismo é verdadeiramente a causa número um de mortes, responsável por 18% de todas as fatalidades. A existência de programas antitabagismo e de leis que restringem áreas reservadas para fumantes expressam a seriedade com que a sociedade considera esse risco à nossa saúde. A segunda causa real de morte é a dieta precária e a inativida-

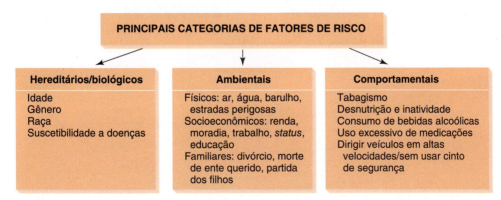

Figura 14.1 Principais categorias de fatores de risco com seus respectivos exemplos. De U.S. Department of Health, Education, and Welfare. *Healthy People: The Surgeon General's Report on Health Promotion and Disease Prevention*. Washington, 1979.

de física (15,2%). O consumo de bebidas alcoólicas vem em terceiro lugar (3,5%).[44,45] A ênfase na adoção de uma alimentação saudável no local de trabalho e nas escolas, a criação de novos parques e ciclovias para intensificar as oportunidades de se manter fisicamente ativo e as campanhas "se beber, não dirija" exemplificam algumas tentativas sistemáticas de ajudar a modificar esses comportamentos.

Em contraste com a doença infecciosa, em que um único patógeno pode ser a causa de uma doença, estabelecer a causa de uma determinada condição é significativamente mais difícil quando lidamos com doenças degenerativas crônicas, como a doença cardiovascular. O motivo está no fato de os fatores genéticos, ambientais e comportamentais interagirem de um modo bastante complexo para causar a doença. A dificuldade para estabelecer a "causa" dessas doenças complexas é mais bem descrita por um modelo epidemiológico chamado **rede de causalidade**.[42,65]

De forma bastante simplificada, a Figura 14.2 ilustra as ligações existentes entre as três classes principais de fatores de risco: genéticos (p. ex., gênero, raça), ambientais (p. ex., acesso a alimentos baratos e com alto teor de gordura; acesso a locais adequados para caminhar, andar de bicicleta e lazer) e comportamentais (p. ex., dieta, tabagismo, atividade física inadequada, excesso de inatividade física [TV, vídeo, computador]).[65,66] Esses fatores atuam de modo isolado e também interagem entre si para produzir **aterosclerose**, uma condição em que há formação de placas de gordura na (e não sobre a) parede interna de uma artéria. Muitos fatores de risco interagem para causar sobrepeso, obesidade e diabetes de tipo 2 – problemas que estão relacionados à doença cardiovascular. Tentar desvencilhar o efeito produzido por um fator em outro e sobre o processo patológico final é uma tarefa difícil, que torna o trabalho da epidemiologia interessante e desafiador. Os fatores integrantes da rede de causalidade estão positivamente associados ao desenvolvimento de doenças cardiovasculares, mas são insuficientes nesse contexto e por si só para causá-las. Tais fatores são denominados fatores de risco e exercem papel importante no desenvolvimento de programas de prevenção destinados a reduzir a incidência de doenças e mortes precoces associadas às doenças degenerativas. Para expandir o conceito de fator de risco, enfocaremos a doença coronariana.

Doença coronariana

A doença coronariana está associada ao estreitamento gradual das artérias que servem o coração em decorrência do espessamento do revestimento arterial interno. Esse processo – a aterosclerose – é o principal fator que contribui para as mortes por ataque cardíaco e acidente vascular encefálico.[20] Hoje em dia, é amplamente aceito o fato de algumas pessoas apresentarem maior risco de

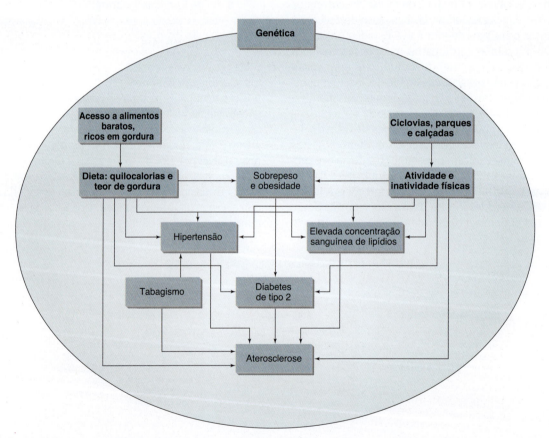

Figura 14.2 Rede de causalidades simplificada, que mostra como os fatores genéticos, ambientais e comportamentais interagem para causar aterosclerose.

desenvolvimento de doença coronariana do que outras. Nosso conhecimento acerca dos riscos associados à doença aterosclerótica baseia-se principalmente na investigação epidemiológica conduzida em Framingham, Massachusetts (EUA).[20] Quando esse estudo foi iniciado, em 1949, a doença cardiovascular já causava 50% de todas as mortes nos Estados Unidos. O *Framingham Heart Study* consiste em um estudo observacional prospectivo (longitudinal), projetado para determinar em quais aspectos os indivíduos que desenvolvem doença cardiovascular diferem daqueles que não desenvolvem essa condição. Cerca de 5 mil homens e mulheres foram examinados em anos alternados, e foram obtidas medidas como pressão arterial, anormalidades eletrocardiográficas, colesterol sérico, tabagismo e peso corporal. Os pesquisadores então conseguiram correlacionar as diferentes medidas obtidas à progressão da doença coronariana.[20] No início do estudo, os pesquisadores constataram que cerca de 20% da população havia sofrido ataque cardíaco antes dos 60 anos de idade e, dentre esses indivíduos, 20% tiveram morte súbita. A história natural dessa doença indicou que a prevenção era uma meta importante, e o *Framingham Heart Study* passou a ser reconhecido por ter identificado os fatores de risco que predizem a doença subsequente e permitem a adoção de intervenções antecipadas.[35] Consistente com a ênfase na prevenção, gostaríamos de indicar ao leitor o *Healthy People* 2020, que é um conjunto abrangente de metas e objetivos com períodos-alvo de 10 anos, projetado para ajudar a orientar os esforços de promoção de saúde e prevenção de doenças nos Estados Unidos (ver "Sugestões de leitura").

O *Framingham Heart Study* constatou que o risco de doença coronariana é elevado com o aumento do número de cigarros fumados, do grau de elevação da pressão arterial e da concentração de colesterol no sangue.[35] Além disso, o risco geral de doença coronariana aumenta com o aumento do número de fatores de risco – ou seja, um indivíduo com pressão arterial sistólica de 160 mmHg, colesterol sérico de 250 mg/dL e que fuma mais de um maço de cigarros por dia apresenta um risco seis vezes maior de doença coronariana do que alguém que apresenta apenas um desses fatores de risco (ver Oppenheimer em "Sugestões de leitura", para um breve relato sobre o *Framingham Heart Study*).[15] É importante lembrar que os fatores de risco interagem entre si para aumentar o risco geral de doença coronariana, e isso tem implicações em termos de prevenção e tratamento. Nesse sentido, conseguir que um paciente hipertenso pare de fumar confere um benefício imediato mais significativo do que administrar qualquer fármaco anti-hipertensivo.[35] Além disso, a atividade física regular diminui o risco de doença coronariana até mesmo entre os fumantes e hipertensos (ver Cap. 16). O Quadro "Uma visão mais detalhada 14.1" contém informações sobre outros fatores de risco e as cardiopatias.

Uma visão mais detalhada 14.1

Fatores de risco de doença coronariana

Historicamente, os **fatores de risco** de doença coronariana foram classificados em **primários** ou principais e **secundários** ou contribuintes. A denominação *primário* significa que um fator, entre outros e por si só, aumentou o risco de desenvolvimento de doença coronariana. Enquanto a denominação *secundário* implica na existência de um determinado fator que aumentou o risco de doença coronariana somente quando um dos fatores primários já estava presente, caso contrário sua importância não teria sido precisamente determinada[16]. Com o passar do tempo, foram sendo criadas listas de fatores de risco à medida que novas evidências epidemiológicas se acumulavam, mostrando a associação existente entre os vários comportamentos (p. ex., inatividade física) ou características (p. ex., obesidade) e a doença coronariana. Em consequência disso, uma abordagem prática usada para classificar os fatores de risco consiste em listar aqueles que podem ser modificados e aqueles que são imutáveis, independentemente de serem primários ou secundários. Atualmente, o American College of Sports Medicine (ACSM) lista oito fatores de risco:[1]

- Idade
- Histórico familiar
- Tabagismo
- Estilo de vida sedentário
- Obesidade
- Hipertensão
- Dislipidemia
- Pré-diabetes

Alguns desses fatores de risco, como idade e histórico familiar, não podem ser mudados, mas a maioria pode. Uma análise dos fatores de risco modificáveis destaca o impacto que os programas de intervenção têm em fatores de risco específicos como o tabagismo e a hipertensão,[19] entretanto, as intervenções em geral não resultam em uma grande redução no risco de doença coronariana.[22] Esse quadro foi considerado como um alerta para desenvolver melhores intervenções de mudança de comportamento a fim de alcançar melhores resultados.

Você pode ter observado que uma dieta rica em gordura não estava na lista acima de fatores de risco. Isso ocorre, em parte, em virtude do fato de que o impacto da dieta rica em gordura é representado nos fatores de risco de dislipidemia e diabetes. Dito isso, existe uma clara evidência de que a dieta rica em sal e a ingestão de gordura trans, bem como a baixa ingestão do ácido graxo ômega-3 estão envolvidas como fatores de risco na doença crônica.[19] Na verdade, os fatores alimentares têm impacto em uma grande variedade de fatores de risco: obesidade, hipertensão, dislipidemia e pré-diabetes. O Capítulo 18 discute as características de uma dieta saudável. Finalmente, e importante do ponto de vista deste texto, existe uma quantidade substancial de evidências de que a inatividade física é a principal causa de muitas doenças crônicas, incluindo diferentes cânceres e várias doenças cardiovasculares e metabólicas.[11,12] Você encontrará mais discussões sobre esse assunto na próxima seção e nos Capítulos 16 e 17. Para estimar seu risco ou de seus pais de ter um ataque cardíaco em dez anos, visite http://cvdrisk.nhlbi.nih.gov/calculator.asp (em inglês).

> **Em resumo**
>
> - Os fatores de risco podem ser agrupados em três categorias: genéticos/biológicos, ambientais e comportamentais.
> - Tabagismo, colesterol alto e hipertensão são fatores de risco que interagem para potencializar o risco de doença coronariana. De forma semelhante, a eliminação de um desses fatores resulta em uma diminuição desproporcional do risco de desenvolvimento de doença coronariana.

A inatividade física como fator de risco

Depois de ver a rede de causalidade de doenças cardiovasculares ilustrada na Figura 14.2, o leitor poderá entender como é difícil determinar se a associação observada entre um fator de risco e uma doença é causal ou devida simplesmente ao acaso. Para facilitar o processo de determinação da causa, os epidemiologistas aplicam as seguintes diretrizes:[6]

- Associação temporal – A causa precede o efeito?
- Plausibilidade – A associação é consistente com outros conhecimentos?
- Consistência – Resultados similares foram demonstrados em outros estudos?
- Força – Qual é a força da associação (risco relativo) entre causa-efeito? O risco relativo às vezes é expresso como a proporção de risco de doença entre indivíduos expostos e não expostos ao risco. Quanto maior for a proporção, mais forte será a associação.
- Relação dose-resposta – A exposição aumentada à possível causa está associada a um efeito maior?
- Reversibilidade – A remoção da possível causa diminui o risco de doença?
- Delineamento do estudo – A evidência é considerada com base em um forte delineamento de estudo?
- Julgamento da evidência – Quantas linhas de evidência conduzem à conclusão?

A preocupação com a possibilidade de um fator de risco estar causalmente relacionado à doença cardiovascular é de importância especial para a atividade física. Por muitos anos, acreditou-se que a inatividade física possuía apenas uma fraca associação com o desenvolvimento de cardiopatias e, por isso, não recebia atenção significativa como problema de saúde pública. Entretanto, no final da década de 1980 e início dos anos 1990, essa perspectiva sofreu mudanças drásticas. Em 1987, Powell et al.[58] realizaram uma revisão sistemática da literatura existente sobre o papel da atividade física na prevenção primária da doença coronariana, aplicando as diretrizes listadas para estabelecer a causalidade. Esses pesquisadores constataram que, segundo a maioria dos estudos, o nível de inatividade física antecipava o aparecimento da doença coronariana, atendendo assim à necessidade temporal. Eles também constataram a existência de uma relação dose-resposta, em que o risco de doença coronariana diminuía conforme a atividade física era aumentada, e essa associação era mais forte nos melhores estudos. Os últimos resultados atenderam aos critérios de consistência e delineamento do estudo para estabelecimento da causalidade. A revisão constatou que a associação era plausível, em razão do papel da atividade da física na promoção da melhora da tolerância à glicose, intensificação da fibrinólise (quebra de coágulos) e redução da pressão arterial. Os pesquisadores calcularam um risco relativo de doença coronariana por inatividade física de 1,9, e isso significa que as pessoas sedentárias apresentaram uma probabilidade duas vezes maior de desenvolver doença coronariana em comparação aos indivíduos fisicamente ativos. O risco relativo foi semelhante para tabagismo (2,5), níveis séricos de colesterol altos (2,4) e pressão arterial alta (2,1). Quando os autores estabeleceram controles para tabagismo, pressão arterial, colesterol, idade e sexo (que são todos fatores associados à doença coronariana), a associação existente entre atividade física e doença coronariana se manteve, indicando que a atividade física atuou como fator de risco independente para o desenvolvimento de doença coronariana.[2]

Para estimar o impacto real que um fator de risco pode exercer sobre uma população, os epidemiologistas tentam equilibrar o risco relativo ao número de pessoas da população que apresentam o fator de risco. O estabelecimento desse equilíbrio se resume no cálculo do risco atribuível à população para qualquer fator de risco.[16] A Figura 14.3 descreve o risco relativo para fatores de risco selecionados e o percentual da população afetada.

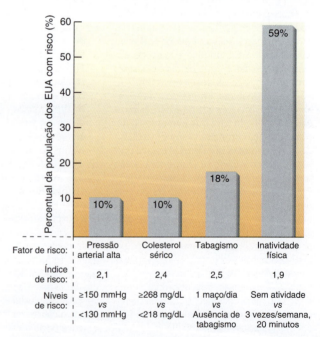

Figura 14.3 Percentuais da população dos EUA com risco de fatores reconhecidos relacionados à doença coronariana e índice de risco para cada fator.

Em virtude do amplo número de indivíduos inativos, as mudanças nos hábitos de atividade física têm maior potencial de diminuir a incidência de doença coronariana (ver Cap. 16). A publicação do P*hysical Activity and Health: A Report of the Surgeon General* enfatizou a necessidade fundamental de abordar essas questões agora.[67] Leia o texto "Um olhar no passado – nomes importantes na ciência", que fornece informação sobre dois indivíduos que exerceram impacto significativo em nosso atual conhecimento acerca da atividade física e das cardiopatias.

Em resumo

- A inatividade física constitui um fator de risco independente de doença coronariana.

- O risco relativo de doença coronariana decorrente de inatividade (1,9) é similar ao risco relativo de doença coronariana por hipertensão (2,1) e por níveis altos de colesterol (2,4). O fato de cerca de 59% da população americana ser inativa indica o enorme impacto que a modificação dos hábitos de atividade física pode exercer sobre o risco de doença coronariana dessa nação.

Inflamação e doença coronariana

Acabamos de observar que existe uma ampla variedade de fatores de risco associada à cardiopatia. E como esses fatores de risco estão ligados, do ponto de vista fisioló-

Um olhar no passado – nomes importantes na ciência

Jeremy N. Morris e Ralph S. Paffenbarger Jr. – vencedores de prêmios olímpicos

Em 1996, o Comitê Olímpico Internacional (COI) entregou seu primeiro IOC *Olympic Prize in Sport Sciences* aos drs. Jeremy N. Morris e Ralph S. Paffenbarger Jr. por seus estudos pioneiros que demonstraram como o exercício diminui o risco de cardiopatia.

O **dr. Jeremy N. Morris**, DSc, PhD e membro do Royal College of Physicians, era professor de saúde pública na Universidade de Londres, na Inglaterra. Ele foi um dos primeiros epidemiologistas a fornecer suporte científico ao demonstrar o impacto da atividade física ocupacional e recreativa sobre o risco de desenvolvimento de cardiopatia. Em um estudo, ele comparou os condutores dos ônibus de dois andares de Londres, que sobem 500-750 degraus de escadas a cada dia de trabalho, aos motoristas que permanecem sentados durante 90% de seus turnos. Em outro estudo, os carteiros que entregavam correspondências à pé ou de bicicleta foram comparados aos operadores de telefonia e balconistas sedentários. Em ambos os casos, os indivíduos que tinham ocupações mais ativas sofreram menos ataques cardíacos.[48] Em outro conjunto de estudos, o dr. Jeremy investigou o efeito de diferentes quantidades e tipos de atividades físicas recreativas sobre o risco de doença coronariana em indivíduos com atividades ocupacionais naturalmente sedentárias. Ele constatou que somente aqueles que praticavam atividades vigorosas durante o tempo de lazer obtinham proteção contra a doença coronariana.[47] Para obter mais informações sobre o dr. Morris, consulte a referência de Paffenbarger et al.,[52] e Blair et al.[10]

O **dr. Ralph S. Paffenbarger Jr.** graduou-se em medicina pela Northwestern University, de Chicago (EUA), em 1947. Ele se tornou oficial comissionado junto ao U.S. Public Health Service. Durante o período em que exerceu essa função, concluiu os graus de M.P.H. e dr. P.H. no Johns Hopkins. Ele trabalhou na epidemia de poliomielite até a disponibilização da primeira vacina, em 1955, e então mudou o foco para os aspectos relacionados à atividade física e saúde. Os achados de um dos estudos do dr. Paffenbarger sobre estivadores[54] confirmaram os achados do dr. Morris, demonstrando que a atividade física ocupacional extenuante estava associada a um risco reduzido de doença coronariana. Entretanto, o dr. Paffenbarger se tornou mais conhecido pelo Harvard Alumni Study (iniciado em 1960), que rastreou ex-alunos matriculados no período de 1916-1950. Os investigadores acessaram os registros médicos e outros tipos de registros feitos na época em que os ex-alunos estavam estudando, e conseguiram acompanhá-los no decorrer de vários anos, aplicando questionários para obter informação sobre seus comportamentos atuais (p. ex., atividade física, dieta, tabagismo). Os pesquisadores então examinaram a ligação existente entre os comportamentos e problemas de saúde (p. ex., cardiopatia, hipertensão, acidente vascular encefálico) relatados e as causas de suas mortes. Mais de cem publicações resultaram desse estudo.

A pesquisa do dr. Paffenbarger mostrou que os ex-alunos que participavam de um maior número de atividades físicas apresentavam menor risco de ataques cardíacos.[55] Além disso, ele conseguiu demonstrar que entre aqueles que aumentaram a atividade física de um período para o outro houve uma diminuição de 23% dos casos de morte por causas diversas – comprovando que nunca é tarde para aderir a um programa de exercícios.[53]

O dr. Paffenbarger praticava aquilo que pregava. Ele foi um maratonista e corredor de ultramaratonas de sucesso. Exerceu um impacto significativo sobre as recomendações de atividade física em saúde pública estabelecidas em 1995 pelo Centers for Disease Control and Prevention,[56] bem como no desenvolvimento do *Physical Activity and Health: A Report of the Surgeon General*.[67] O dr. Paffenbarger morreu em 2007, e o dr. Morris em 2009. No entanto, o legado desses dois pesquisadores como cientistas, mentores e modelos de atuação permanecerão vivos para sempre.

As informações sobre esse relato biográfico resumido foram extraídas dos artigos citados e dos *curriculum vitae* disponíveis ao público.

gico, ao aparecimento real da doença? Na aterosclerose, o estreitamento da artéria coronária pode resultar em uma diminuição do fluxo sanguíneo que, por fim, pode levar a um ataque cardíaco. A diminuição do diâmetro do lúmen se deve ao acúmulo de lipídios e material fibroso (placa) no revestimento arterial interno, ou seja, na *íntima* (ver Fig. 14.4). De muitas formas, a aterosclerose tem sido vista como um "problema de encanamento", e procedimentos para achatamento da placa junto à parede arterial (angioplastia) ou "troca de canos" (enxerto de desvio arterial coronariano) são empregados para corrigir o problema (leia mais sobre esses procedimentos no Cap. 17). Entretanto, a ocorrência da maioria dos ataques cardíacos e de muitos dos acidentes vasculares encefálicos não se deve à obstrução gradual de uma artéria, e sim da ruptura repentina da placa, que libera um coágulo sanguíneo e bloqueia o fluxo de sangue. Vamos nos aprofundar nessa questão de maneira mais detalhada.[40,41]

Está claro que a aterosclerose é causada pelo processo de inflamação iniciado no revestimento arterial interno.[39,40] A inflamação é uma resposta tecidual à lesão, que envolve o recrutamento das células brancas do sangue (leucócitos) para o sítio de lesão (ver Cap. 6). Em circunstâncias normais, as células endoteliais (endotélio) que revestem a superfície interna da artéria não sustentam a ligação dos leucócitos. Entretanto, quando o endotélio é ativado pelos fatores de risco, como o tabagismo, pressão arterial alta, dieta rica em gorduras ou obesidade, o endotélio gera moléculas de adesão em sua superfície que são capazes de se ligar prontamente aos leucócitos (em especial aos monócitos e células T) que passam por elas com sangue (Fig. 14.4).[39-41]

- Depois de se ligarem às moléculas de adesão, as células endoteliais secretam quimiocinas que atraem os monócitos para entrarem na íntima, onde amadurecem e se transformam em macrófagos.
- Os macrófagos desenvolvem receptores *scavenger* em sua superfície, que os ajudam a ingerir grandes quantidades de LDL-colesterol (LDL-C) modificado.
- Os macrófagos então ficam cheios de gotículas de gordura e se transformam em células espumosas. Estas células e as células T formam as "estrias gordurosas", que constituem a forma mais inicial da placa aterosclerótica.
- Conforme o processo continua, os macrófagos multiplicam-se por ação dos fatores de crescimento que produzem. E assim o tamanho da placa aumenta.
- Enquanto o processo se desenvolve, algumas células de músculo liso da camada intermediária (média) da artéria se deslocam para a camada superior da íntima (próxima ao lúmen), onde se multiplicam e, com o tecido conjuntivo, formam uma capa de matriz fibrosa sobre o centro gorduroso da placa.

Em algum momento, as células espumosas liberam sinais inflamatórios que levam à digestão e ao enfraque-cimento do invólucro de matriz fibrosa. Se essa capa se romper, os compostos químicos liberados da célula espumosa interagem com fatores presentes no sangue e formam coágulos. Esses coágulos podem ser amplos o bastante para obstruir totalmente uma artéria. É esse processo que causa a maioria dos ataques cardíacos.[39,40]

Obesidade, inflamação e doença crônica

Hoje, admite-se que uma **inflamação sistêmica crônica de baixa intensidade** está associada a uma ampla variedade de doenças crônicas, incluindo hipertensão, cardiopatia e acidente vascular encefálico, alguns cânceres, condições respiratórias, diabetes de tipo 2 e síndrome metabólica (a ser discutida em mais detalhes na próxima seção).[43,63] A inflamação crônica de baixa intensidade é caracterizada por um aumento de duas ou três vezes na concentração de citocinas inflamatórias (p. ex., fator de necrose tumoral-alfa [TNF-α], interleucina-6 [IL-6] e proteína C reativa [CRP]).

Para o leitor, o aspecto interessante desse texto é o impacto da obesidade sobre a inflamação e a doença crônica. Ao contrário das estimativas anteriores,[26] atualmente, nos Estados Unidos, 35,7% dos adultos são obesos.[51] A obesidade está relacionada a uma variedade de doenças crônicas, entre as quais a doença coronariana, hipertensão e diabetes de tipo 2, entre outras. A conexão fisiológica existente entre uma quantidade excessiva de tecido adiposo e a inflamação relacionada à doença crônica inclui os hormônios e citocinas inflamatórias liberados pelo tecido adiposo.[31,70]

Sob condições normais, os adipócitos sintetizam e armazenam lipídios, liberando hormônios anti-inflamatórios (p. ex., adiponectina – ver "Uma visão mais detalhada 5.2"). Entretanto, essas células são dotadas da capacidade de secretar uma variedade de citocinas inflamatórias (p. ex., IL-6). Quando os adipócitos (especialmente aqueles presentes na área visceral) aumentam de tamanho, como se observa na obesidade, passam a secretar mais IL-6 e menos adiponectina.[31] Além disso, os macrófagos infiltram o tecido adiposo visceral ampliado, promovem inflamação local e secretam TNF-α, que é uma potente citocina inflamatória.[70] Quantidades aumentadas de ácidos graxos livres (AGL), IL-6 e TNF-α (e quantidades reduzidas de adiponectina) são liberadas pelo tecido adiposo visceral no fígado e, em seguida, caem na circulação geral. Essas moléculas, agindo de modo combinado, interferem na ação da insulina (produzindo resistência à insulina) e isso é um aspecto associado ao diabetes de tipo 2, doença cardiovascular e síndrome metabólica.[21,31,63,70]

A proteína C reativa (CRP) é liberada do fígado em resposta a esses fatores inflamatórios, e a concentração de CRP no sangue é usada como um marcador de inflamação.[39,40] Embora a CRP possa[70] ou não[40] estar diretamente envolvida no processo aterosclerótico, não resta dúvidas de que constitui um fator de risco de cardiopatia, e um indicativo útil do risco de doença nas pessoas com

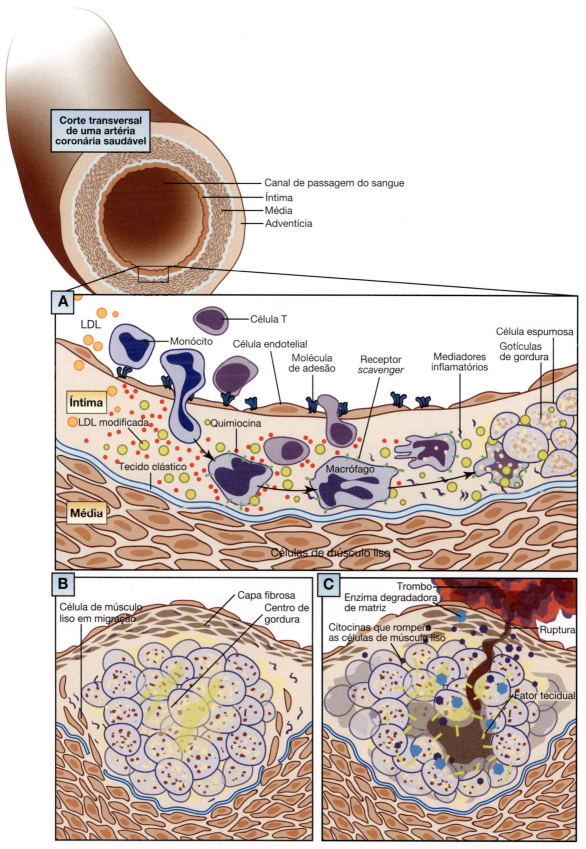

Figura 14.4 Processo inflamatório que leva à ruptura de uma placa aterosclerótica. Adaptado de P. Libby, Atherosclerosis: the new view. *Scientific American*. 2002, 46-55.

outros fatores de risco.[14] Os pesquisadores têm usado a CRP e outros marcadores inflamatórios para avaliar o impacto de diferentes estratégias sobre a inflamação sistêmica de baixa intensidade associada às doenças crônicas. Tanto as intervenções farmacológicas (i. e., medicamentos) como as não farmacológicas (i. e., dieta e exercícios) têm sido usadas para tentar minimizar essa inflamação sistêmica.

Fármacos, dieta e atividade física

Uma das classes mais comuns de fármacos usados para diminuir os níveis de LDL-C são as estatinas, que bloqueiam a síntese hepática de colesterol. Essas medicações diminuem os níveis de colesterol e CRP, e portanto também minimizam o risco de cardiopatia. Em uma tentativa de conhecer melhor o papel das estatinas na diminuição do risco de cardiopatia, foram recrutados indivíduos com níveis normais de LDL-C e elevação dos níveis de CRP. Metade desses indivíduos receberam placebo, e os demais estatina. Todos foram acompanhados ao longo do tempo para rastrear a morbidade e a mortalidade. A estatina exerceu um impacto tão drástico sobre a diminuição dos níveis de CRP e do risco de desenvolvimento de doença cardiovascular e morte que o estudo foi encerrado precocemente (ver Fig. 14.5).[62] Isso mostrou que, mesmo em indivíduos com níveis normais de colesterol, esses fármacos conseguiram diminuir a inflamação e, com isso, o risco de doença cardiovascular. Em 2013, a American Heart Association e o American College of Cardiology publicaram novas diretrizes para o uso de estatinas com base em um risco previsto de dez anos de doença cardiovascular em vez de apenas dos níveis séricos de colesterol. Além disso, as estatinas são usadas dentro do contexto de um programa de modificação do estilo de vida, incluindo dieta e exercícios (consulte Stone et al. nas Sugestões de leitura).

Em termos de dieta, Esposito et al. demonstraram que consumir uma dieta ao estilo mediterrâneo (rica em frutas, verduras, legumes, grãos integrais, azeite de oliva) por um período de 2 anos resultou em uma diminuição drástica dos níveis de CRP e IL-6, enquanto o grupo-controle não apresentou alterações.[24] Tais resultados foram observados mesmo sem a perda de peso.[61] Dietas saudáveis serão discutidas em mais detalhes no Capítulo 18.

Não há dúvidas de que a participação regular na atividade física diminui o risco de desenvolvimento de muitas doenças crônicas (ver Cap. 16). Com relação à inflamação sistêmica, as evidências em geral são positivas. Estudos longitudinais prospectivos (em que os participantes foram acompanhados ao longo do tempo, com tomada de medidas em diferentes momentos) mostraram de modo convincente que níveis mais altos de atividade física e/ou condicionamento cardiorrespiratório estão associados a níveis mais baixos de inflamação.[8,9,38] Estudos de intervenção confirmam esses achados, mas a redução na inflamação parece estar mais relacionada à perda de peso do que ao exercício propriamente dito, exceto nessas populações (p. ex., pacientes na reabilitação cardíaca) que têm níveis iniciais de inflamação mais elevados.[7,8,9,18,33,38]

Embora esse quadro surpreenda um pouco, dado o fato de que a liberação de IL-6 pelo músculo esquelético durante o exercício é conhecida por estimular a liberação de outras citocinas anti-inflamatórias, está claro que a atividade anti-inflamatória não é o único mecanismo responsável pelos benefícios de saúde do exercício.[13,27,43,57] O exercício afeta uma grande variedade de fatores de risco (p.ex., pressão arterial, gordura abdominal, HDL-C), e a evidência é decisiva quanto ao fato de o treinamento físico ser muito importante para reduzir o risco de muitas doenças crônicas.[11] Considerando tudo isso, está claro que para reduzir os riscos de doenças crônicas devemos usar uma combinação de mudança na dieta para o estilo mediterrâneo, redução no peso corporal para um nível apropriado e um aumento na atividade física e/ou adaptação cardiorrespiratória para alcançar tal objetivo, desde que cada um tenha um efeito independente (ver Caps. 16, 17 e 18 para mais detalhes de cada um desses efeitos).

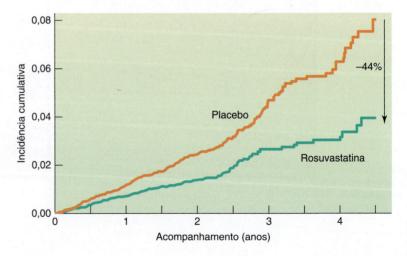

Figura 14.5 Uma estatina (rosuvastatina) causou uma drástica redução do número de pacientes que chegaram a um dos pontos finais primários do estudo: infarto do miocárdio, acidente vascular encefálico, angina/revascularização ou morte por doença cardiovascular. De P. M. Ridker et al., Rosuvastatin to prevent vascular events in men and women with elevated C-reactive protein. *New England Journal of Medicine* 359: 2195-2207, 2008.

Síndrome metabólica

Terminamos este capítulo com uma discussão sobre a síndrome metabólica, como forma de reunir tudo o que revisamos e, mais uma vez, enfatizando a importância da dieta e da atividade física na prevenção e no tratamento das doenças crônicas. Os epidemiologistas não são os únicos cientistas interessados em investigar as potenciais relações existentes entre as variáveis, em uma tentativa de obter uma maior compreensão acerca das causas das doenças crônicas. Os fisiologistas estudam o modo como os tecidos e órgãos funcionam para manter a homeostasia, e tentam descobrir a fonte de um problema quando a homeostasia é perdida. Um exemplo eficiente de falha em manter a homeostasia é a hipertensão – um problema que afeta mais de 28% de adultos norte-americanos.[72] É interessante notar que os pesquisadores constataram que a hipertensão geralmente não ocorre de forma isolada. Não é incomum que um indivíduo hipertenso também apresente múltiplas anormalidades metabólicas, tais como:

- Obesidade – em especial a obesidade abdominal.
- Resistência à insulina – uma condição em que os tecidos não captam a glicose facilmente ao serem estimulados pela insulina; o músculo é o sítio primário de resistência à insulina.
- Dislipidemia – níveis anormais de triglicerídios e outros lipídios.

O fato de essas anormalidades ocorrerem com frequência em grupo sugere a existência de uma causa subjacente comum, que talvez nos permita entender melhor os processos patológicos associados à hipertensão. A coexistência da resistência à insulina, dislipidemia e hipertensão foi denominada síndrome X,[60] e aqueles que acrescentam a obesidade ao modelo a chamam de "quarteto mortal".[36] Entretanto, a denominação atualmente preferida é "síndrome metabólica". Para estabelecer a prevalência dessa síndrome na população, os cientistas primeiramente estabeleceram uma definição operacional para a síndrome – para ser considerada como portadora da síndrome, uma pessoa deve apresentar três ou mais dos seguintes aspectos:[49]

- Obesidade abdominal: circunferência da cintura >102 cm em homens e >88 cm em mulheres.
- Hipertrigliceridemia: ≥150 mg/dL.
- Baixos níveis de lipoproteína de alta densidade-colesterol (HDL-C): <40 mg/dL em homens e <50 mg/dL em mulheres.
- Pressão arterial alta: ≥130/85 mmHg.
- Níveis altos de glicemia de jejum: ≥100 mg/dL.

A prevalência da síndrome metabólica aumenta de 20,3% entre os indivíduos na faixa etária de 20 a 39 anos para mais de 51,5% entre aqueles com idade acima de 60 anos. Com os devidos ajustes para idade, 34% da população têm a síndrome, e a maior prevalência da condição ajustada à idade, 37,2%, é observada entre os brancos não hispânicos.[23]

A Figura 14.6 ilustra as possíveis conexões hipotéticas entre as anormalidades listadas. O foco central do modelo recai sobre a resistência à insulina, com a musculatura esquelética sendo o tecido predominantemente envolvido. A resistência à insulina comumente está associada à obesidade, em especial à obesidade concentrada na parte superior (abdominal) do corpo.[36] Entretanto, como indicam as setas na Figura 14.6, a resistência à insulina pode ser causada por uma combinação de influências genéticas e ambientais independentes da obesidade.[25,60] Por exemplo, foi demonstrado que uma dieta rica em gorduras e à base de açúcar refinado pode causar resistência à insulina.[4] A resistência à insulina é caracterizada por uma capacidade reduzida de captar a glicose a uma determinada concentração de insulina. Em resposta a essa resistência, o pâncreas secreta mais insulina para promover a captação da glicose presente no sangue para os tecidos e assim normalizar a glicemia. Se o pâncreas não consegue secretar insulina suficiente, a glicemia permanece alta e o paciente desenvolve uma condição denominada diabetes de tipo 2. Pode ser necessário utilizar um fármaco para estimular o pâncreas a secretar insulina adicional e então corrigir o problema (ver Cap. 17).

Quando o pâncreas secreta insulina adicional para lidar com a resistência à insulina, os níveis plasmáticos de insulina se tornam elevados (hiperinsulinemia). Isso pode elevar a pressão arterial e acarretar hipertensão. A Figura 14.6 mostra que os níveis aumentados de insulina podem:

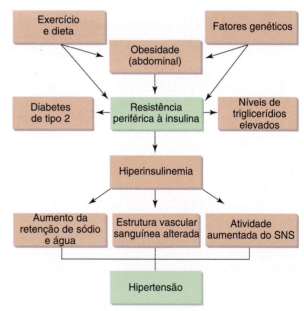

Figura 14.6 A hipótese da resistência à insulina e hipertensão: síndrome X.

- Aumentar a atividade do sistema nervoso simpático (SNS), causando elevação dos níveis de adrenalina (A) e noradrenalina (NA) que, por sua vez, podem aumentar a frequência cardíaca, o volume sistólico e a pressão arterial. Os níveis elevados de A e NA também podem interferir na liberação de insulina pelo pâncreas e na captação da glicose junto aos tecidos, agravando ainda mais o problema (ver Cap. 5).
- Aumentar a retenção de sódio e água, com consequente aumento do volume plasmático e da pressão arterial.
- Intensificar a proliferação das células de músculo liso junto aos vasos sanguíneos, que pode acarretar o aumento da resistência ao fluxo sanguíneo e a elevação da pressão arterial.

A Figura 14.6 também mostra a conexão existente entre a resistência à insulina e os níveis sanguíneos de lipídios alterados. Indivíduos com resistência à insulina e/ou obesidade abdominal tendem a apresentar níveis mais altos de AGL e isso pode levar ao aumento da concentração plasmática de triglicerídios. Níveis mais altos de AGL podem ser produzidos pela incapacidade da insulina de suprimir a liberação de AGL a partir do tecido adiposo[60] ou em decorrência de obesidade abdominal, que está associada à intensificação da capacidade de mobilizar AGL.[36]

Nesse modelo, os cientistas hipotetizaram que a causa da hipertensão seria a resistência à insulina, com o músculo esquelético sendo o principal tecido envolvido. Todavia, foram propostas hipóteses alternativas nas quais a questão de quem veio primeiro (o ovo ou a galinha) é revisitada. Alguns exemplos de hipóteses propostas são os seguintes:

- A hipertensão causa resistência à insulina e não o contrário. Acredita-se que a hipertensão cause redução do número de pequenos vasos sanguíneos na musculatura e assim leve a uma diminuição do fornecimento de glicose e insulina, ambos necessários para a captação normal da glicose.[34]
- Os níveis aumentados de atividade do SNS elevam a pressão arterial e a glicemia ao aumentarem, respectivamente, o débito cardíaco (ver Cap. 9) e a mobilização da glicose presente no sangue (ver Cap. 5).[29]
- A obesidade é a causa, dado o papel do tecido adiposo como glândula endócrina (ver Cap. 5), cujas secreções podem exercer efeito direto sobre a resistência à insulina.[50,71]

Essas hipóteses, embora deem uma noção sobre as potenciais causas da resistência à insulina e outras manifestações da síndrome metabólica, não abordam a causa subjacente. Duas teorias, não mutuamente exclusivas, foram desenvolvidas. Uma dessas teorias afirma que a causa da síndrome metabólica é uma inflamação crônica de baixa intensidade, semelhante àquela que acabamos de descrever para a aterosclerose. A Figura 14.7 mostra as complexas inter-relações existentes entre os vários distúrbios metabólicos denominados por esses autores de síndrome metabólica cardiovascular em razão das conexões evidentes com a doença cardiovascular.[59] As setas duplas na figura indicam que cada distúrbio pode afetar os demais. A absoluta complexidade dessa rede de causalidade dificulta bastante a identificação de uma única causa de síndrome metabólica. Duas explicações em potencial são as seguintes:

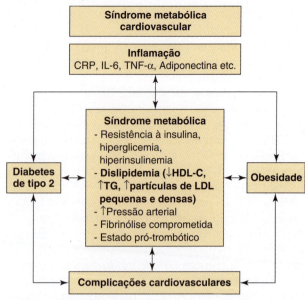

Figura 14.7 Síndrome metabólica cardiovascular. A ilustração esquematiza as complexas inter-relações entre os vários distúrbios metabólicos. As setas duplas indicam que cada distúrbio pode afetar os demais, criando uma rede de causalidades bastante complexa. De J. S. Rana et al., Cardiovascular metabolic syndrome – an interplay of obesity, inflammation, diabetes and coronary heart disease. *Diabetes, Obesity and Metabolism* 9: 218-232, 2007.

- Os níveis elevados de citocinas inflamatórias (p. ex., TNF-α, IL-6, CRP) são responsáveis pela resistência à insulina que conduz à obesidade e ao diabetes de tipo 2.[59]
- A obesidade central acarreta elevação da concentração de citocinas inflamatórias e AGL que, por sua vez, causam resistência à insulina.[46]

Evidentemente, há outras interpretações, e a teoria da inflamação não é a única a sugerir uma causa. A outra teoria propõe que um nível aumentado de estresse oxidativo é responsável pela síndrome metabólica. O estresse oxidativo ocorre quando há acúmulo de radicais livres (moléculas altamente reativas em que falta um elétron) que estão sendo produzidos a uma velocidade mais rápida do que os nossos sistemas antioxidantes conseguem neutralizá-los, ou porque os níveis de antioxidantes estão inadequados, ou ainda por ambos os fatores. Esses radicais altamente reativos reagem e podem danificar lipídios, enzimas e DNA. Consequentemente, esses danos alteram a função celular e induzem uma resposta inflamatória para lidar com o dano celular. Um número crescente de evidências liga o estresse oxidativo à hipertensão, resistência à insulina, doença cardiovascular, diabetes de tipo 2 e síndrome metabólica.[30,64] Certamente, ouviremos mais a respeito dessas teorias nos próximos anos. O que podemos fazer com relação a essas doenças crônicas?

A Figura 14.8 contém algumas sugestões claras que a tornam um breve resumo eficiente de tudo que acabamos de analisar e apontam o que está por vir.[37] Existem muitas evidências que mostram que o treinamento aeróbio de resistência afeta de forma favorável a maioria dos fatores de risco que compõem a síndrome metabólica,[28] com menos suporte para o treinamento de força.[5,17] Você lerá mais sobre a programação de exercícios nos Capítulos 16 e 17. Além disso, a importância da dieta para alcançar uma composição corporal saudável será explicada em detalhes no Capítulo 18. Não é surpresa que a dieta e exercícios são as principais intervenções não farmacológicas usadas para prevenir e tratar várias doenças crônicas. As "Sugestões de leitura" fornecem as diretrizes mais atuais para dieta e atividade física.

Em resumo

- O modelo de síndrome metabólica descreve as potenciais conexões causais existentes entre obesidade, resistência periférica à insulina, hipertensão e dislipidemia.
- As potenciais causas subjacentes da síndrome metabólica incluem uma inflamação crônica de baixa intensidade e o aumento do estresse oxidativo.
- Praticar exercícios, consumir uma dieta saudável e manter um peso sadio são estratégias que tanto previnem como tratam essas doenças crônicas.

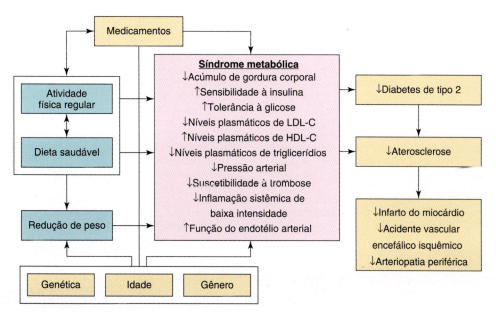

Figura 14.8 Intervenções empregadas na prevenção e tratamento da síndrome metabólica, diabetes do tipo 2 e doença cardiovascular. O foco é a atividade física regular e a dieta saudável. De T.A. Lakka and D.E. Laaksonen, Physical activity in prevention and treatment of the metabolic syndrome. *Applied Physiology, Nutrition and Metabolism* 32: 76-88, 2007.

Atividades para estudo

1. Quais são as principais causas de morte? O que dizer sobre as três causas principais reais de morte?
2. Liste as principais categorias de fatores de risco e dê alguns exemplos de cada uma delas.
3. Na rede de causalidades para aterosclerose, os diversos fatores de risco estão diretamente ligados à doença? Como os fatores de risco interagem?
4. A inatividade física foi considerada por muito tempo apenas um fator de risco secundário. Quais "provas" os pesquisadores têm hoje para convencer a comunidade científica do contrário?
5. Liste as etapas (começando pela ativação das células epiteliais da íntima) que levam à ruptura da placa que, por sua vez, pode resultar na formação de um coágulo causador de ataque cardíaco.
6. Discuta o papel exercido pelas células do tecido adiposo ampliado (observadas na obesidade) na resposta inflamatória relacionada a numerosas doenças crônicas.
7. O que é a síndrome metabólica e quais são suas potenciais causas subjacentes?
8. Quais são os dois comportamentos a serem enfocados para minimização da inflamação sistêmica associada à doença crônica?

Sugestões de leitura

Oppenheimer, G.M. Framingham Heart Study: the first 20 years. *Progress in Cardiovascular Diseases* 53: 55–61, 2010.

Stone, N. J., J. Robinson, A. H. Lichtenstein, C. N. B. Merz, C. B. Blum, R. H. Eckel, et al. 2013. ACC/AHA guidelines on the treatment of blood cholesterol to reduce atherosclerotic cardiovascular risk in adults: a report of the American College of Cardiology/American Heart Association Task Force on Practice Guidelines. http://circ.ahajournals.org/content/early/2013/ 11/11/01.cir.0000437738.63853.7a

U.S. Department of Agriculture. 2010. *Dietary Guidelines for Americans*. http://www.cnpp.usda.gov/dietaryguidelines.htm

U.S. Department of Health and Human Services. 2008. 2008 *Physical Activity Guidelines for Americans*. http://www.health.gov/PAGuidelines/

U.S. Department of Health and Human Services. 2010. *Healthy People* 2020. http://www.healthypeople.gov/2020/default.aspx

Referências bibliográficas

1. American College of Sports Medicine. *ACSM's Guidelines for Exercise Testing and Prescription*. Philadelphia, PA: Lippincott Williams & Wilkins, 2014.
2. American Heart Association. Statement on exercise. Benefits and recommendations for physical activity programs for all Americans. A statement for health professionals by the Committee on Exercise and Cardiac Rehabilitation of the Council on Clinical Cardiology, American Heart Association. *Circulation* 86: 340–344, 1992.
3. American Heart Association. Women and cardiovascular diseases—statistics. http://americanheart.org/presenter.jhtml?identifier=3000941, 2010.
4. Barnard RJ, Roberts CK, Varon SM, and Berger JJ. Diet-induced insulin resistance precedes other aspects of the metabolic syndrome. *J Appl Physiol* 84: 1311–1315, 1998.
5. Bateman LA, Slentz CA, Willis LH, Shields AT, Piner LW, Bales CW, et al. Comparison of aerobic versus resistance exercise training effects on metabolic syndrome (from the Studies of a Targeted Risk Reduction Intervention Through Defined Exercise–STRRIDE-AT/RT). *American Journal of Cardiology.* 108: 838–844, 2011.
6. Beaglehole R, Bonita R, and Kjellström T. *Basic Epidemiology*. Geneva: World Health Organization, 1993.
7. Beavers KM, Ambrosius WT, Nicklas, Barbara J, and Rejeski WJ. Independent and combined effects of physical activity and weight loss on inflammatory biomarkers in overweight and obese older adults. *Journal of the American Geriatrics Society.* 61: 1089–94, 2013.
8. Beavers KM, Brinkly TE, and Nicklas BJ. Effect of exercise training on chronic inflammation. *Clinica Chemica Acta* 411: 785–793, 2010.
9. Beavers KM, Hsu F-C, Isom S, Kritchevsky SB, Church T, Goodpaster B, et al. Long-term physical activity and inflammatory biomarkers in older adults. *Medicine and Science in Sports and Exercise* 42: 2189–2196, 2010.
10. Blair SN, Smith GD, Lee IM, Fox K, Hillsdon M, McKeown RE, et al. A tribute to Professor Jeremiah Morris: the man who invented the field of physical activity epidemiology. *Annals of Epidemiology* 20: 651–660, 2010.
11. Booth, FW, Roberts CK, and Laye MJ. Lack of exercise is a major cause of chronic diseases. *Comparative Physiology.* 2: 1143–1211, 2012.
12. Bouchard C, Shephard R, Stevens T, Sutton J, and McPherson B. Exercise, fitness, and health: the consensus statement. In *Exercise, Fitness, and Health*, edited by Bouchard C, Shephard RJ, Stevens T, Sutton JR, and McPherson BD. Champaign, IL: Human Kinetics, 1990, pp. 3–28.
13. Brandt C, and Pedersen BK. The role of exercise-induced myokines in muscle homeostasis and the defense against chronic disease. *Journal of Biomedicine and Biotechnology* Article ID: 520258, 2010.
14. Buckley DI, Fu R, Freeman M, Rogers K, and Helfand M. C-reactive protein as a risk factor for coronary heart disease: a systematic review and meta-analysis for the U. S. Preventive Services Task Force. *Annals of Internal Medicine.* 151: 483–495, 2009.
15. Caspersen C, and Heath G. The risk factor concept of coronary heart disease. In *Resource Manual for Guidelines for Graded Exercise Testing and Prescription*, edited by Blair SN, Painter P, Pate R, Smith L, and Taylor C. Philadelphia, PA: Lea & Febiger, 1988, pp. 111–125.
16. Caspersen CJ. Physical activity epidemiology: concepts, methods, and applications to exercise science. *Exerc Sport Sci Rev* 17: 423–473, 1989.
17. Church TS. Exercise in obesity, metabolic syndrome, and diabetes *Progress in Cardiovascular Diseases.* 53: 412–418, 2011.
18. Church TS, Earnest CP, Thompson AM, Priest EL, Rodarte RQ, Saunders T, et al. Exercise without weight loss does not reduce c-reactive protein: the INFLAME study. *Medicine and Science in Sports and Exercise* 42: 708–716, 2010.
19. Danaei G, Ding EL, Mozaffarian D, Taylor B, Rehm J, Murray CJL, et al. The preventable causes of death in the United States: comparative risk assessment of dietary, lifestyle, and metabolic factors. PLOS *Medicine* 6:e1000058, doi:10.1371, 2009.
20. Dawber T. *The Framingham Study*. Cambridge: Harvard University Press, 1980.
21. Després J-P. Abdominal obesity and cardiovascular disease: is inflammation the missing link? *Canadian Journal of Cardiology* 28: 642–652, 2012.
22. Ebrahim S, Taylor F, Ward K, Beswick A, Burke M, and Smith GD. Multiple risk factor interventions for primary prevention of coronary heart disease. *Cochrane Database of Systematic Reviews* 1:CD001561, 2011.
23. Ervin RB. Prevalence of metabolic syndrome among adults 20 years of age and over, by sex, age, race and ethnicity, and body mass index: United States 2003–2006. In *National Health Statistics Reports*. Hyattsville, MD: National Center for Health Statistics, 2009.
24. Esposito K, Marfella R, Ciotola M, Di Palo C, Giugliano F, Giugliano G, et al. Effect of a Mediterranean-style diet on endothelial dysfunction and markers of vascular inflammation in the metabolic syndrome. JAMA 292: 1440–1446, 2004.
25. Ferrannini E, Haffner SM, and Stern MP. Essential hypertension: an insulin-resistant state. *J Cardiovasc Pharmacol* 15 (Suppl 5): S18–25, 1990.
26. Flegal KM, Carroll MD, Ogden CL, and Curtin LR. Prevalence and trends in obesity among US adults, 1999–2008. JAMA 303: 235–241, 2010.
27. Gleeson M, Bishop NC, Stensel DJ, Lindley MR, Mastana SS, and Nimmo MA. The anti-inflammatory effects of exercise: mechanisms and implications for the prevention and treatment of disease. *Nature Reviews Immunology* 11: 607–15, 2011.
28. Golbidi S, Mesdaghinia A, and Laher I. Exercise and the metabolic syndrome. *Oxidative Medicine and Cellular Longevity.* Volume 2012, No. 349710.

29. Grassi G, Quarti-Trevano F, Seravalle G, and Dell'Oro R. Cardiovascular risk and adrenergic overdrive in the metabolic syndrome. *Nutr Metab Cardiovasc Dis* 17: 473–481, 2007.

30. Grattagliano I, Palmieri VO, Portincasa P, Moschetta A, and Palasciano G. Oxidative stress-induced risk factors associated with the metabolic syndrome: a unifying hypothesis. *Journal of Nutritional Biochemistry* 19: 491–504, 2008.

31. Gustafson B. Adipose tissue, inflammation and atherosclerosis. *Journal of Atherosclerosis and Thrombosis* 17: 332–341, 2010.

32. Hoyert DL, and Xu J. Deaths: preliminary data for 2011. *National Vital Statistics Reports*. Volume 61, number 6, 2012.

33. Imayama I, Ulrich CM, Alfano CM, Wang CC, Xiao LR, Wener MH, et al. Effects of a caloric restriction weight loss diet and exercise on inflammatory biomarkers in overweight/obese postmenopausal women: a randomized controlled trial. *Cancer Research* 72: 2314–2326, 2012.

34. Julius S, Gudbrandsson T, Jamerson K, and Andersson O. The interconnection between sympathetics, microcirculation, and insulin resistance in hypertension. *Blood Press* 1: 9–19, 1992.

35. Kannel WB. Bishop lecture. Contribution of the Framingham Study to preventive cardiology. *J Am Coll Cardiol* 15: 206–211, 1990.

36. Kaplan NM. The deadly quartet: upper-body obesity, glucose intolerance, hypertriglyceridemia, and hypertension. *Arch Intern Med* 149: 1514–1520, 1989.

37. Lakka TA, and Laaksonen DE. Physical activity in prevention and treatment of the metabolic syndrome. *Applied Physiology, Nutrition, and Metabolism* 32: 76–88, 2007.

38. Lavie CJ, Church TS, Milani RV, and Earnest CP. Impact of physical activity, cardiorespiratory fitness, and exercise training on markers of inflammation. *Journal of Cardiopulmonary Rehabilitation and Prevention*. 31: 137–145, 2011.

39. Libby P. Atherosclerosis: the new view. *Scientific American* May 2002: 46–55, 2002.

40. Libby P, Okamoto Y, Rocha VZ, and Folco E. Inflammation in atherosclerosis. *Circulation Journal* 74: 213–220, 2010.

41. Libby P, Ridker PM, and Maseri A. Inflammation and atherosclerosis. *Circulation Journal* 105: 1135–1143, 2002.

42. MacMahon B, and Pugh T. *Epidemiology*. Boston, MA: Little, Brown, 1970.

43. Mathur N, and Pedersen DK. Exercise as a means to control low-grade systemic inflammation. *Mediators of Inflammation* 2008: 1–6, 2008.

44. Mokdad AH, Marks JS, Stroup DF, and Gerberding JL. Actual causes of death in the United States, 2000. *JAMA* 291: 1238–1245, 2004.

45. Mokdad AH, Marks JS, Stroup DF, and Gerberding JL. Correction: actual causes of death in the United States, 2000. *JAMA* 293: 293–294, 2005.

46 Monteiro R, and Azavedo I. Chronic inflammation in obesity and the metabolic syndrome. *Mediators of Inflammation* Article ID 289645, 2010.

47. Morris JN, Chave SP, Adam C, Sirey C, Epstein L, and Sheehan DJ. Vigorous exercise in leisure-time and the incidence of coronary heart-disease. *Lancet* 1: 333–339, 1973.

48. Morris JN, Heady JA, Raffle PA, Roberts CG, and Parks JW. Coronary heart-disease and physical activity of work. *Lancet* 265: 1111–1120; concl, 1953.

49. National Heart Blood and Lung Institute. *Third Report of the National Cholesterol Education Program* (NCEP) *Expert Panel*. Detection, evaluation, and treatment of high blood cholesterol in adults (Adult Treatment Panel III) executive summary. NIH Publication No. 02–5285, 2002.

50. Nunes JP. The risk factor association syndrome as a bari-systemic syndrome: a view on obesity and the metabolic syndrome. *Med Hypotheses* 68: 541–545, 2007.

51. Ogden CL, Carroll MD, Kit BK, and Flegal KM. Prevalence of obesity in the United States 2009–2010. *National Center for Health Statistics Data Brief*. No. 82, 2012.

52. Paffenbarger RS, Jr., Blair SN, and Lee I-M. A history of physical activity, cardiovascular health and longevity: the scientific contributions of Jeremy N. Morris, DSc, DPH, FRCP. *International J Epidemiol* 30: 1184–1192, 2001.

53. Paffenbarger RS, Jr., Hyde RT, Wing AL, Lee IM, Jung DL, and Kampert JB. The association of changes in physical-activity level and other lifestyle characteristics with mortality among men. *N Engl J Med* 328: 538–545, 1993.

54. Paffenbarger RS, Jr., Laughlin ME, Gima AS, and Black RA. Work activity of longshoremen as related to death from coronary heart disease and stroke. *N Engl J Med* 282: 1109–1114, 1970.

55. Paffenbarger RS, Jr., Wing AL, and Hyde RT. Physical activity as an index of heart attack risk in college alumni. *Am J Epidemiol* 108: 161–175, 1978.

56. Pate RR, Pratt M, Blair SN, Haskell WL, Macera CA, Bouchard C, et al. Physical activity and public health. A recommendation from the Centers for Disease Control and Prevention and the American College of Sports Medicine. *JAMA* 273: 402–407, 1995.

57. Pedersen BK. Edward F. Adolph Distinguished Lecture: muscle as an endocrine organ: IL-6 and other myokines. *J Appl Physiol* 107: 1006–1014, 2009.

58. Powell KE, Thompson PD, Caspersen CJ, and Kendrick JS. Physical activity and the incidence of coronary heart disease. *Annu Rev Public Health* 8: 253–287, 1987.

59. Rana JS, Nieuwdorp M, Jukema JW, and Kastelein JJP. Cardiovascular metabolic syndrome—an interplay of obesity, inflammation, diabetes and coronary heart disease. *Diabetes, Obesity and Metabolism* 9: 218–232, 2007.

60. Reaven GM. Banting lecture 1988. Role of insulin resistance in human disease. *Diabetes* 37: 1595–1607, 1988.

61. Richard C, Couture P, Desroches S, and Lamarche B. Effect of the Mediterranean diet with and without weight loss on markers of inflammation in men with metabolic syndrome. *Obesity* 21: 541–57, 2013.

62. Ridker PM, Danielson E, Fonseca FAH, Genest J, Gotto AM, Kastelein JJP, et al. Rosuvastatin to prevent vascular events in men and women with elevated C-reactive protein. *New England Journal of Medicine* 359: 2195–2207, 2008.

63. Rizvi AA. Hypertension, obesity, and inflammation: the complex designs of the deadly trio. *Metabolic Syndrome and Related Disorders* 8: 287–294, 2010.

64. Roberts CK, and Sindhu KK. Oxidative stress and the metabolic syndrome. *Life Sciences* 84: 705–712, 2009.

65. Rockett I. Population and health: an introduction to epidemiology. *Population Bulletin* 49: 1–48, 1994.

66. Stallones R. *Public Health Monograph* 76. U.S. Government Printing Office, 1966.

67. U. S. Department of Health and Human Services. *Physical Activity and Health: A Report of the Surgeon General*. Washington, DC: U.S. Government Printing Office, 1996.

68. U.S. Department of Health and Human Services. Heart disease and African Americans. http://minorityhealthhhsgov/templates/contentaspx?ID=3018 2010.

69. U.S. Department of Health Education and Welfare. *Healthy People: The Surgeon General's Report on Health Promotion and Disease Prevention*. Washington, DC: U.S. Government Printing Office, 1979.

70. Wang Z, and Nakayama T. Inflammation, a link between obesity and cardiovascular disease. *Mediators of Inflammation* Article ID 535918, 2010.

71. Wassink AM, Olijhoek JK, and Visseren FL. The metabolic syndrome: metabolic changes with vascular consequences. *Eur J Clin Invest* 37: 8–17, 2007.

72. Yoon SS, Burt V, Louis T, and Carroll, MD. Hypertension among adults in the United States, 2009–2010. *National Center for Health Statistics Data Brief*. No. 107, 2012.

15

Testes de esforço para avaliação do condicionamento cardiorrespiratório

■ Objetivos

Ao estudar este capítulo, você deverá ser capaz de:

1. Identificar a sequência de etapas nos procedimentos para avaliação do condicionamento cardiorrespiratório (CCR).
2. Descrever testes de campo máximo e submáximo utilizados na avaliação do CCR.
3. Explicar o raciocínio subjacente ao uso de corridas de distância como estimativas do CCR.
4. Identificar as mensurações comuns obtidas durante um teste de esforço progressivo (TEP).
5. Descrever mudanças no ECG que podem ocorrer durante um TEP em indivíduos com cardiopatia isquêmica.
6. Descrever um procedimento de verificação para alcançar o $\dot{V}O_{2máx}$.
7. Estimar o $\dot{V}O_{2máx}$ com base no último estágio de um TEP e listar as preocupações relativas ao protocolo capazes de afetar essa estimativa.
8. Estimar o $\dot{V}O_{2máx}$ pela extrapolação da relação FC/$\dot{V}O_2$ para a FC máxima prevista para a idade do indivíduo.
9. Descrever os problemas decorrentes de suposições feitas no procedimento de extrapolação empregado (objetivo 8) e citar as variáveis ambientais e individuais que devem ser controladas para que tais estimativas sejam aprimoradas.
10. Identificar os critérios empregados para a interrupção do TEP.
11. Explicar por que existem tantos protocolos diferentes para o TEP e por que é preciso atentar para a velocidade de progressão ao longo do teste.
12. Descrever o procedimento da YMCA para determinar a velocidade de progressão em um teste no cicloergômetro.
13. Estimar o $\dot{V}O_{2máx}$ com o nomograma de Åstrand e Ryhming para um conjunto de dados obtidos no cicloergômetro ou no teste do degrau.

■ Conteúdo

Procedimentos de testes 333
Triagem 333
Mensurações em repouso e em exercício 335

Testes de campo para estimativa do CCR 335
Testes máximos de corrida 335
Testes de caminhada 337
Teste canadense de condicionamento aeróbio modificado 337

Testes de esforço progressivo: mensurações 339
Frequência cardíaca 339
Pressão arterial 339

ECG 339
Percepção subjetiva de esforço 341
Critérios de interrupção 341

$\dot{V}O_{2máx}$ 342
Estimativa do $\dot{V}O_{2máx}$ com base na última carga de trabalho 342
Estimativa do $\dot{V}O_{2máx}$ com base na resposta submáxima da FC 343

Teste de esforço progressivo: protocolos 345
Esteira ergométrica 346
Cicloergômetro 347
Teste do degrau 351

■ Palavras-chave

angina de peito
arritmias
depressão do segmento ST
dispneia
distúrbios da condução
duplo produto
isquemia do miocárdio
teste de campo

No Capítulo 14, discutimos os fatores de risco que limitam a saúde e contribuem para a doença coronariana. Um desses fatores de risco é o estilo de vida sedentário. Não há dúvida de que, ao se aumentar o treinamento físico e o condicionamento cardiorrespiratório (CCR), é possível reduzir o risco de muitas doenças crônicas e de morte por qualquer causa.[108] O leitor já está familiarizado com o uso do teste de esforço progressivo (TEP) para a mensuração do $\dot{V}O_{2máx}$; este capítulo se detém nesse tema e discute os tipos de testes utilizados para avaliação do CCR. O tipo de teste utilizado depende do condicionamento do indivíduo que está sendo testado, da finalidade do teste (investigação experimental ou epidemiológica) e das instalações, equipamento e pessoal disponíveis para a realização do teste. A escolha do TEP seria diferente para uma criança saudável, em comparação com uma pessoa de 60 anos de idade com fatores de risco com relação à doença coronariana. O TEP poderia ser utilizado como teste para o CCR antes do ingresso em um programa de condicionamento, ou poderia servir como teste diagnóstico por um cardiologista que esteja avaliando um eletrocardiograma de 12 derivações em busca de evidência de cardiopatia. Obviamente, o tipo de pessoal e de equipamento e as despesas envolvidos seriam muito diferentes nessas duas situações. Consulte os textos de Heyward, Nieman, Howley e Thompson, e do American College of Sports Medicine nas Sugestões de leitura para um tratamento mais completo dos procedimentos de teste para avaliar o CCR.

Procedimentos de testes

Parte da razão para tal diversidade nos testes de esforço é o risco associado a esse tipo de teste. O risco de eventos cardíacos durante um teste de esforço é baixo em indivíduos aparentemente sadios, mas aumenta à medida que cresce o número de fatores de risco. No todo, o risco geral de complicações cardiovasculares ou de morte é de aproximadamente 6/10.000 testes limitados por sintoma em uma população mista.[2] O risco é mais baixo para testes submáximos. Como o risco é avaliado?

Triagem

Uma das ferramentas mais comuns para estimar o risco associado com o teste de esforço ou usar no exercício regular tem sido o *Canadian government's Physical Activity Readiness Questionnaire* (PAR-Q). Responder 7 perguntas do tipo sim/não fornece uma diretriz sobre esse risco, e cerca de 50 milhões de pessoas por ano preenchem esse questionário.[111] Se todas as respostas eram "não", a pessoa era direcionada para um teste de esforço e um programa de atividade física adequado. Entretanto, uma única resposta "sim" direcionava a pessoa para um médico para acompanhamento antes de iniciar

a atividade. Recentemente, o PAR-Q foi revisado para corrigir a preocupação de que muitas pessoas (~20%) eram inadequadamente direcionadas para a equipe médica para liberação e que o questionário original não estava baseado em uma revisão sistemática da evidência que relacionava a atividade física à saúde.[110] Em uma nova versão baseada em evidências, o PAR-Q+, as 7 perguntas sim/não são:

1. Seu médico disse que você tem uma condição cardíaca OU pressão arterial elevada?
2. Você sente dor no peito em repouso, durante atividades da vida diária OU quando você faz atividade física?
3. Você se desequilibra por causa de tontura OU perdeu a consciência nos últimos 12 meses? *Responda NÃO se sua tontura estiver associada com hiperventilação (incluindo durante exercício vigoroso).*
4. Você recebeu diagnóstico de outra condição médica crônica (além de doença do coração ou pressão arterial elevada)?
5. Você está ingerindo medicamentos atualmente para uma condição médica crônica?
6. Você tem algum problema de ossos ou articulação que poderia ter piorado ao se tornar mais ativo fisicamente? *Responda NÃO se você teve um problema de articulação no passado, mas não limitou sua atual capacidade de ser fisicamente ativo. Por exemplo, joelho, tornozelo, ombro ou outro.*
7. Seu médico já disse que você deve fazer atividade física apenas sob supervisão médica?

Ao contrário da versão original, se uma pessoa marca uma resposta "sim" no PAR-Q+, ela é direcionada para perguntas adicionais que lidam com questões de doenças crônicas (p. ex., câncer, doenças cardiovasculares, diabetes) nas páginas 2 e 3 do questionário para esclarecer a natureza do problema. Se todas as respostas forem "não" para as perguntas adicionais, a pessoa é direcionada para um teste de esforço adequado e programa de atividade física. Uma única resposta "sim" para essas perguntas adicionais direciona o indivíduo para um profissional de atividade física qualificado e/ou o *ePARmed-X+*, um questionário on-line, para esclarecer o risco associado com a participação no exercício. Ao usar esses novos procedimentos, apenas ~1% dos indivíduos que respondem ao PAR-Q+ são direcionados para procurar um médico, enquanto os outros são incentivados a participar de uma atividade física adequada.[18] Esse é um excelente desfecho, considerando os muitos benefícios substanciais à saúde associados com a participação na atividade física. O PAR-Q+ está disponível em papel ou na versão on-line (http://eparmedx.com/?page_id=75), e incentivamos você a obter uma versão impressa para seu arquivo. Além disso, sugerimos que você preencha as versões on-line do PAR-Q+ e do ePARmed-X+ para experimentar. Para compreender como ambos os questionários funcionam, você deve responder "sim" a uma pergunta em ambas as seções do PAR-Q+.

O American College of Sports Medicine (ACSM) aborda essa questão de uma forma um pouco diferente. A Figura 5.1 mostra uma sequência de etapas em uma "árvore de decisão" para identificar aqueles que possam precisar de autorização médica para a realização de um teste de esforço ou participar de um programa de exercícios. Esses procedimentos começam com uma revisão do histórico de saúde da pessoa para identificar doenças conhecidas, sinais e sintomas de doenças e fatores de risco. Com base nessa informação, as pessoas são classificadas nas seguintes categorias de risco:[2]

- Baixo risco: homens assintomáticos <45 anos e mulheres assintomáticas <55 anos com ≤1 fator de risco.
- Risco moderado: homens assintomáticos ≥45 anos e mulheres assintomáticas ≥55 anos com ≥2 fatores de risco.
- Alto risco: indivíduos sabidamente com doença cardiovascular, pulmonar ou metabólica, ou que tenham um ou mais dos sinais ou sintomas listados na Figura 15.1.

Com base nessa estratificação de risco, o American College of Sports Medicine recomenda:[2]

- Baixo risco: não há necessidade de exame clínico nem de TEP antes do início de um programa de exercício, tampouco há necessidade de supervisão médica durante o TEP.
- Risco moderado: são recomendáveis um exame clínico e um TEP antes do início de um programa de exercício com intensidade vigorosa, mas não antes do início de um programa de exercícios com intensidade moderada. Não é necessária a supervisão médica durante um TEP submáximo ou máximo.
- Alto risco: são recomendáveis um exame clínico e um TEP, antes da prática de qualquer tipo de exercício, além de supervisão médica durante TEP submáximos ou máximos.

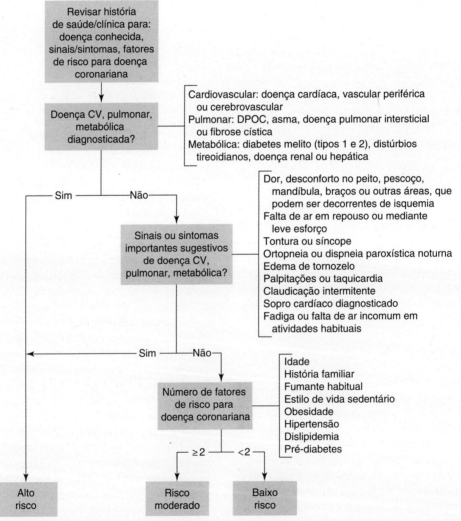

Figura 15.1 Árvore de decisão na avaliação do condicionamento cardiorrespiratório. Do American College of Sports Medicine. ACSM's *Guidelines for Exercise Testing and Prescription*, p. 24. Baltimore, MD: Lippincott, Williams & Wilkins, 2010.

Mensurações em repouso e em exercício

Em seguida à triagem, antes do teste físico são determinadas a frequência cardíaca e a pressão arterial em repouso. Também podem ser obtidas outras determinações, por exemplo, uma amostra de sangue para colesterol sérico e um ECG; esse último procedimento se torna necessário se o TEP for utilizado como teste diagnóstico. Os testes físicos utilizados na avaliação do CCR podem exigir do indivíduo um esforço submáximo ou máximo. Esses testes podem ser realizados em um laboratório provido de equipamento sofisticado, ou em uma pista de corrida com nada mais complicado do que um cronômetro. Em um TEP submáximo, a FC é medida em cada estágio do teste, que evolui desde um esforço leve (<3 MET) até um ponto final preestabelecido, por exemplo, 70-85% da frequência cardíaca máxima prevista. Pode-se usar uma esteira ergométrica, um cicloergômetro, ou um banco para determinar as cargas de trabalho; esses testes serão detalhadamente descritos nas seções subsequentes. Em vez de interromper o TEP submáximo em algum ponto final predeterminado (70-85% da FC máxima), o TEP pode ser conduzido até o ponto da exaustão volitiva, ou até que venham a ocorrer sinais específicos (mudanças no ECG ou na PA) ou sintomas como dor no peito (**angina de peito**) ou falta de ar (**dispneia**). Nesses casos, o CCR tomará por base a última carga de trabalho alcançada. No entanto, existem alguns testes máximos de CCR que não são "incrementais" e para os quais não são feitas mensurações fisiológicas durante o teste (p. ex., o Cooper de 12 minutos ou a corrida de 2,5 quilômetros[26] e a corrida de 1,5 quilômetro do FITNESSGRAM[112]). Esses últimos **testes de campo** serão considerados mais detalhadamente, com o *Canadian Aerobic Fitness Test*[99] e um teste de caminhada de 1,5 quilômetro.[60] Em seguida, serão discutidos os TEP com uso de esteira ergométrica ou cicloergômetro e o teste do degrau.

Em resumo

As etapas a serem seguidas antes de realizar um teste físico para avaliação do CCR são:
- Revisão do histórico clínico para doenças, sinais e sintomas, e fatores de risco conhecidos.
- Estratificação do nível de risco.
- Determinação do tipo de teste e do nível de supervisão necessário.

Testes de campo para estimativa do CCR

Testes máximos de corrida

Alguns testes de campo para o CCR envolvem a determinação do modo de corrida de determinada pessoa em um tempo preestabelecido (12-15 minutos) ou de com que rapidez a pessoa pode correr uma distância preestabelecida (1,5-3 km). As vantagens desses testes de campo são sua correlação moderadamente alta com o $\dot{V}O_{2máx}$, o uso de uma atividade natural, o grande número de indivíduos que podem ser testados simultaneamente e o baixo custo. As desvantagens do uso de testes de campo são a dificuldade em monitorar as respostas fisiológicas, a importância que a motivação desempenha no resultado e o fato de que o teste não é progressivo, mas de esforço máximo. Esses testes de campo devem ser aplicados apenas depois que a pessoa avançou ao longo de um programa de exercício em intensidades menores. O teste de campo mais popular para adultos é o Cooper de 12 minutos ou a corrida de 2,5 quilômetros[26] e, para crianças em idade escolar, a caminhada/corrida de 1,5 quilômetro do FITNESSGRAM[112]. O objetivo é determinar a velocidade média que pode ser mantida durante o tempo ou a distância. Esses testes representam mudanças evolutivas do trabalho original de Balke,[10] que demonstrou que os testes de corrida de 10-20 minutos proporcionam estimativas razoáveis do $\dot{V}O_{2máx}$. A base para os testes de campo é a relação linear existente entre $\dot{V}O_2$ (mL $\cdot$ kg[-1] $\cdot$ min[-1]) e velocidade de corrida, conforme demonstrado no Capítulo 1. A duração de 10-20 minutos representa um meio-termo que tenta maximizar a probabilidade de que a pessoa esteja correndo a uma velocidade que exija 90-95% do $\dot{V}O_{2máx}$, ao mesmo tempo em que é minimizada a contribuição da energia de fontes anaeróbias. Em corridas de distância de 5 minutos ou menos, as fontes anaeróbias proporcionariam quantidades de energia relativamente grandes, sendo provável uma superestimativa do $\dot{V}O_{2máx}$. Uma alternativa interessante ao teste de corrida de 1,5 quilômetro para crianças é o teste PACER, que é utilizado no FITNESSGRAM® (ver Quadro "Uma visão mais detalhada 15.1").

O método para cálculo do $\dot{V}O_2$ nos casos em que a velocidade da corrida é conhecida foi descrito com detalhes no Quadro "Uma visão mais detalhada 1.2"; a fórmula é a seguinte:

$$\dot{V}O_2 = 0{,}2 \text{ (mL} \cdot \text{kg}^{-1} \cdot \text{min}^{-1} \text{ por m} \cdot \text{min}^{-1}) + 3{,}5 \text{ (mL} \cdot \text{kg}^{-1} \cdot \text{min}^{-1})$$

Essa fórmula, por um lado, possibilita estimativas razoáveis do $\dot{V}O_{2máx}$ para adultos, mas sua aplicação iria subestimar os valores para crianças de pouca idade por causa de sua economia de corrida relativamente baixa.[31] Por outro lado, iria superestimar o valor do $\dot{V}O_{2máx}$ para aqueles indivíduos que caminham, porque o custo final da caminhada é metade do custo da corrida (ver Quadro "Uma visão mais detalhada 1.1"):

$$\dot{V}O_2 = 0{,}1 \text{ (mL} \cdot \text{kg}^{-1} \cdot \text{min}^{-1} \text{ por m} \cdot \text{min}^{-1}) + 3{,}5 \text{ (mL} \cdot \text{kg}^{-1} \cdot \text{min}^{-1})$$

Embora existam classificações por percentual do $\dot{V}O_{2máx}$ por idade e gênero (ver Tab. 15.1), as estimativas do $\dot{V}O_{2máx}$ baseadas em corridas de distância são extremamente úteis quando comparadas para o mesmo indivíduo ao longo do tempo em vez de entre indivíduos. A variação na economia da corrida, a motivação e outros fatores tornam pouco razoáveis as comparações de valores estimados para o $\dot{V}O_{2máx}$ entre indivíduos.[6,98] Nes-

Uma visão mais detalhada 15.1

Teste aeróbio cardiovascular progressivo de corrida (PACER)

Um teste alternativo de condicionamento aeróbio para crianças em idade escolar é o *teste aeróbio cardiovascular progressivo de corrida*, ou PACER. O teste PACER é parte da bateria de testes de condicionamento no FITNESSGRAM desenvolvido pelo Cooper Institute.[112] Esse teste, desenvolvido por Léger et al.,[64,65] é um teste de corrida de ir e vir de 20 metros feito ao som de um apito quando o estudante se movimenta entre as linhas limítrofes. A velocidade exigida na partida é 8,5 km/h, aumentando em 0,5 km/h a cada minuto. Três rápidos apitos sinalizam a progressão para o nível seguinte, no qual o tempo entre os apitos fica mais curto. O teste é encerrado quando o estudante não pode mais acompanhar os apitos; o número de percursos de 20 metros completados é utilizado na estimativa do condicionamento aeróbio. Aparentemente, o *feedback* verbal durante o teste melhora o desempenho.[76] Em um estudo recente de um grupo de jovens entre 10 e 15 anos,[96] os valores de $\dot{V}O_{2máx}$ medidos no teste PACER foram idênticos aos medidos no teste-padrão de esteira. Além disso, não existem diferenças na frequência cardíaca máxima ou valores de RER, dando uma validade adicional ao teste PACER como um excelente indicador de CCR nas crianças. Padrões referenciados por critério para condicionamento aeróbio (ver Quadro "Uma visão mais detalhada 15.2") foram validados para esse teste.[24]

Esse protocolo também tem sido utilizado como teste de campo para estimativa do $\dot{V}O_{2máx}$ em adultos,[75,105] com evidência de que pode ser necessário um teste prático para maior confiabilidade.[63] Em outra versão, chamada de teste de corrida *square shuttle* (ir e vir), os sujeitos correm cerca de 15 metros quadrados em um ginásio. Com base no $\dot{V}O_2$ medido diretamente durante a corrida, foi demonstrado que possui boa validade e confiabilidade quando testado em adultos.[38]

Tabela 15.1	Classificações percentuais para o $\dot{V}O_{2máx}$ por idade e gênero										
Idade	20-29		30-39		40-49		50-59		60-69		70-79	
Classificação—Percentual	H	M	H	M	H	M	H	M	H	M	H	M
Superior—95°	56	50	54	47	53	45	50	40	46	37	42	37
Excelente—80°	51	44	48	41	47	39	43	35	40	32	36	30
Bom—60°	46	40	44	37	42	35	38	31	35	29	31	27
Médio—50°	44	37	42	35	40	33	37	30	33	28	29	25
Razoável—40°	42	36	41	34	38	32	35	29	31	27	28	24
Ruim—20°	38	32	37	30	35	28	31	26	27	24	24	21

Os valores estão em mL · kg⁻¹ · min⁻¹ e foram arredondados para o número inteiro mais próximo.
Adaptado de American College of Sports Medicine. *ACSM's Guidelines for Exercise Testing and Prescription*, pp. 84-89. Baltimore, MD: Lippincott, Williams & Wilkins, 2010. Dados originais do Instituto Cooper, Dallas, Texas.

---

se contexto, testes de natação de longa distância e de corrida em bicicleta fornecem informações úteis sobre mudanças no CCR de um indivíduo com o passar do tempo, embora não existam estimativas do $\dot{V}O_{2máx}$.[25,27]

As fórmulas utilizadas na estimativa do $\dot{V}O_{2máx}$ com base em uma corrida de 12 minutos não têm grande utilidade para crianças na pré-puberdade, pois sua economia de corrida é inferior à dos adultos.[31] Alguns pesquisadores[62] estudaram esse problema; para tanto, testaram meninos e meninas de 1°, 2° e 3° anos com corridas de 800, 1.200 e 1.600 metros, tendo relacionado o desempenho com os escores medidos para o $\dot{V}O_{2máx}$. Esses pesquisadores verificaram que a corrida de 1.600 metros foi o melhor preditor, com boa confiabilidade de teste/reteste (r = 0,82-0,92) em crianças que receberam instruções sobre corrida ritmada.[62] Embora obviamente o desempenho em um teste de corrida dependa do $\dot{V}O_{2máx}$, tanto a economia de corrida como a capacidade de correr em um elevado percentual do $\dot{V}O_{2máx}$ também têm certa influência.[13,14] Foi demonstrado em crianças de 6-11 anos que o % do $\dot{V}O_{2máx}$ está mais intimamente relacionado ao desempenho na caminhada/corrida de 1,5 quilômetro do que ao $\dot{V}O_{2máx}$.[74] (ver Quadro "Uma visão mais detalhada 15.2".)

O $\dot{V}O_{2máx}$ (mL · kg⁻¹ · min⁻¹) estimado com base em um teste de corrida de resistência é influenciado pela função cardiovascular e pela gordura corporal. Foi demonstrado que as diferenças em valores estimados para o $\dot{V}O_{2máx}$ entre homens e mulheres podem ser explicadas, em parte, por diferenças no % de gordura corporal.[28,31,102] Em um teste de corrida de 12 minutos, o desempenho diminuiu 89 metros quando o peso corporal foi experimentalmente aumentado para simular um acréscimo de 5% de gordura corporal.[29] Então, com um programa combinado de exercícios e redução do peso, é de se esperar que ocorra um aumento do CCR em virtude do aumento na função cardiovascular e também da diminuição na gordura corporal %. Na Ta-

Uma visão mais detalhada 15.2

Padrões de condicionamento cardiovascular para crianças

No século passado, uma preocupação para educadores e cientistas era: qual o melhor modo de avaliar o condicionamento em crianças?[89] A controvérsia mais recente tem girado em torno da questão: que padrões devem ser usados na avaliação do nível de condicionamento de uma criança? Tradicionalmente, têm sido empregados padrões normativos como os escores de percentis para descrever o ponto em que uma criança se situa em relação a seus colegas (p. ex., 75º percentual). O raciocínio atual, especialmente no tocante a testes de condicionamento relacionados à saúde (o teste de caminhada/corrida de 1,5 quilômetro e o teste da dobra cutânea), é que os padrões referenciados por critério podem ser mais adequados. Esses padrões tentam descrever o nível mínimo de condicionamento compatível com a boa saúde, independentemente de qual o percentual considerado em um conjunto de dados normativos. Exemplificando: Blair[16] demonstrou que, em adultos, valores do $\dot{V}O_{2máx}$ associados a um baixo risco de doença não eram assim tão elevados; por exemplo, ≥35 mL · kg^{-1} · min^{-1} para homens e ≥30 mL · kg^{-1} · min^{-1} para mulheres de 20-39 anos de idade. Essa informação foi utilizada no estabelecimento de padrões referenciados por critério para o FITNESSGRAM®, o programa de avaliação do condicionamento desenvolvido pelo Instituto Cooper.[112] Os padrões do $\dot{V}O_{2máx}$ foram estabelecidos em 42 mL · kg^{-1} · min^{-1} para meninos de 5-17 anos de idade. Para meninas, os valores foram estabelecidos em 40 mL · kg^{-1} · min^{-1} para 5-9 anos de idade, com um decréscimo de 1 mL · kg^{-1} · min^{-1} por ano até os 14 anos de idade, e o valor de 35 mL · kg^{-1} · min^{-1} mantido até os 17 anos de idade. Depois da definição dos padrões referenciados por critério, os responsáveis pelo teste tiveram de traduzir esses valores em mL · kg^{-1} · min^{-1} em tempos equivalentes para a corrida de 1,5 quilômetro – o teste real que as crianças deveriam fazer. Os realizadores do teste deveriam considerar o % $\dot{V}O_{2máx}$ em que a criança iria trabalhar durante a corrida; também deveriam levar em consideração o fato de que a economia da corrida melhora com a idade. Essas etapas, embora complicadas, resultaram em padrões atualmente utilizados em toda a nação norte-americana para a classificação de crianças quanto a terem um nível suficiente de condicionamento cardiorrespiratório compatível com um baixo risco de doença.[30] Um estudo publicado recentemente[66] e uma revisão de grande porte[22] confirmaram a validade dos padrões referenciados por critério. Além disso, foram demonstradas a validade e a confiabilidade do FITNESSGRAM®, quando esse protocolo era administrado por professores em um cenário escolar típico.[82] Os interessados na história do FITNESSGRAM® poderão consultar o artigo de Plowman et al. em "Sugestões de leitura".

---

bela 15.1, as categorias para valores do $\dot{V}O_{2máx}$ estão ajustadas por idade, por ter sido observado que, na população em geral, o $\dot{V}O_{2máx}$ diminui com a idade. Todavia estudos[109] demonstraram que o $\dot{V}O_{2máx}$ não diminui tão rapidamente em homens que mantêm seu programa de treinamento físico e seu peso corporal. Essa observação reforça a necessidade de avaliações periódicas do CCR para acompanhamento de pequenas mudanças – antes que elas se transformem em grandes mudanças.

Testes de caminhada

Uma alternativa para os testes de corrida máxima utilizados na avaliação do CCR é um teste de caminhada de 1,5 quilômetro com monitoração da FC durante sua realização.[60] A equação utilizada na previsão do $\dot{V}O_{2máx}$ tomou por base uma população de homens e mulheres com idades entre 30-69 anos, sendo validada em seguida em outra população comparável. O indivíduo caminha com a maior rapidez possível a distância de 1,5 quilômetro em uma pista plana e aferida; ao final da última volta, mede-se a FC. A equação a seguir pode ser aplicada para a estimativa do $\dot{V}O_{2máx}$ (mL · kg^{-1} · min^{-1}):

$$\dot{V}O_{2máx} = 132,853 - 0,0769 \text{ (peso)} - 0,3877 \text{ (idade)} + 6,315 \text{ (gênero)} - 3,2649 \text{ (tempo)} - 0,1565 \text{ (FC)}$$

em que (peso) é o peso corporal em libras, (idade) é a idade em anos, (gênero) é zero para as mulheres e 1 para os homens, (tempo) é o tempo em minutos e centésimos e (FC) é a frequência cardíaca em bpm medida ao final do último quarto de quilômetro.

Acredita-se que esse teste preencha um vazio nos testes de campo disponíveis para a estimativa do $\dot{V}O_{2máx}$ por utilizar uma atividade comum e por depender simplesmente da medida da FC. À medida que o condicionamento do participante for melhorando, ocorrerá redução no tempo necessário para percorrer o quilômetro e/ou uma diminuição na resposta da FC, com aumento do $\dot{V}O_{2máx}$ estimado. Um estudo similar, nesse caso com um teste de caminhada de 2 km, corrobora essa proposição.[87]

Teste canadense de condicionamento aeróbio modificado

Em contraste com o teste de corrida de 2,5 quilômetros de Cooper e com o teste da caminhada de 1,5 quilômetro, que dependem de um esforço total, o teste canadense de condicionamento aeróbio modificado (*Modified Canadian Aerobic Fitness Test* – mCAFT) é um teste do degrau em nível submáximo que utiliza os dois degraus de 20 cm mais baixos de uma escada convencional.[99] A cadência de seis passos nesse teste é mantida por um CD. Antes do teste, o indivíduo deve preencher o *Physical Activity Readiness Questionnaire* (PAR-Q) para determinar se pode ou não prosseguir a atividade. O CAFT original[99] foi modificado em 1993 para melhorar sua confiabilidade e a estimativa de teste do $\dot{V}O_{2máx}$, especialmente para indivíduos condicionados.[113,114] O primeiro estágio de três minutos do mCAFT baseia-se na idade do indivíduo (ver Tab. 15.2*a*) com cada estágio tendo uma cadência específica (passos/min) para homens e mulheres (ver Tab. 15.2*b*). Observe que os estágios foram adicionados ao teste original para abarcar a necessidade de desafiar os indivíduos mais condicionados. Foram medidas as etapas do indivíduo para 3 minutos em uma taxa de passo específica e uma frequência de pulso imediatamente após o exercício de 10 segundos. O indivíduo continua pelos estágios do teste até a frequência do pulso estar perto de 85% da frequência cardíaca máxima prevista para a idade (220 - idade). O $\dot{V}O_{2máx}$ pode ser estimado a partir dos resultados usando a seguinte equação:[20]

$$\dot{V}O_{2máx}\text{ estimado} = [17,2 + (1,29 \times \dot{V}O_2) - (0,09 \times \text{Massa}) - (0,18 \times \text{Idade})]$$

onde $\dot{V}O_2$ = custo energético do estágio final em mL (ver Tab. 15.2b), a Massa é em quilogramas e a Idade em anos.

Em resumo

- Testes de campo para o CCR utilizam atividades naturais como andar, correr e subir degraus, possibilitando a aplicação do teste, com baixo custo, em grande número de pessoas. Mas, para alguns, é difícil medir respostas fisiológicas e, além disso, a motivação desempenha um papel importante no resultado.
- As estimativas do $\dot{V}O_{2máx}$ com base em testes de corrida com esforço máximo se fundamentam na relação linear entre a velocidade de corrida e o custo de oxigênio da corrida.
- O *Modified Canadian Aerobic Fitness Test* é um teste do degrau que utiliza degraus convencionais de 20 cm para a avaliação do condicionamento cardiorrespiratório.
- Existem padrões referenciados por critério para o $\dot{V}O_{2máx}$. São preferíveis às classificações por percentual por concentrarem a atenção em objetivos relacionados à saúde, e não pela comparação com outros.

Tabela 15.2A Estágio inicial para homens e mulheres de diferentes faixas etárias para o teste canadense de condicionamento aeróbio modificado (mCAFT)

| Faixa etária (anos) | Estágio inicial | |
	Homens	Mulheres
15-19	4	3
20-29	4	3
30-39	3	3
40-49	3	2
50-59	2	1
60-69	1	1

Tabela 15.2B Cadência do passo e consumo de oxigênio de cada estágio para o teste canadense de condicionamento aeróbio modificado (mCAFT) para homens e mulheres

| Estágio encerrado do mCAFT | Mulheres | | Homens | |
	Cadência do passo	Consumo de O_2	Cadência do passo	Consumo de O_2
1	66	15,9	66	15,9
2	84	18,0	84	18,0
3	102	22,0	102	22,0
4	114	24,5	114	24,5
5	120	26,3	132	29,5
6	132	29,5	144	33,6
7	144	33,6	118*	36,2
8	118*	36,2	132*	40,1

*Teste de etapa única. O custo de O_2 está em mL $\cdot$ kg^{-1} $\cdot$ min^{-1}.
De Canadian Society of Exercise Physiology, com permissão.

Seção II   Fisiologia da saúde e do condicionamento físico

Testes de esforço progressivo: mensurações

Comumente, o teste físico cardiorrespiratório é realizado usando-se uma esteira ergométrica, um cicloergômetro ou com um teste de subir-descer no banco. Geralmente, esses testes são progressivos, em que a velocidade de trabalho muda a cada 2-3 minutos até que o praticante atinja algum ponto final predeterminado, ou ao ocorrer algum sinal ou sintoma patológico. Esses TEP podem ser máximos ou submáximos, e as variáveis medidas durante o teste podem ser muito simples, como a FC e a PA, ou muito complexas, como o $\dot{V}O_2$; isso dependerá da finalidade do teste, das instalações, do equipamento e da equipe envolvidos.[51] A seguir, um breve resumo das mensurações comuns obtidas durante um TEP.

Frequência cardíaca

A frequência cardíaca pode ser medida por palpação da artéria radial ou carótida, utilizando-se um estetoscópio com a campânula sobre a parede torácica, ou eletrodos superficiais que transmitem o sinal para um osciloscópio, um eletrocardiógrafo, ou um monitor com capacidade de exibir diretamente a frequência cardíaca, ou pelo uso de um relógio para monitoração de frequência cardíaca. Durante a palpação da artéria carótida, é preciso tomar o cuidado de não usar pressão excessiva, pois isso poderia retardar a FC por causa do reflexo baroceptor. Entretanto, pessoas treinadas nesse procedimento podem obter mensurações confiáveis.[88,97] A frequência cardíaca é medida ao longo de 15-30 segundos *durante* um exercício equilibrado para que seja obtida uma estimativa confiável da FC. Se for utilizada uma FC *pós-exercício* como indicação da FC durante o exercício, a FC deverá ser medida durante 10 segundos dentro dos primeiros 15 segundos após o encerramento do exercício, porque ela muda rapidamente nesse período. A segunda contagem de 10 segundos é multiplicada por 6 para que a FC seja expressa em batimentos $\cdot$ min^{-1}.[97]

Pressão arterial

A pressão arterial é medida por auscultação, conforme descrito no Capítulo 9. É importante que seja utilizado um manguito de tamanho adequado e um estetoscópio sensível para que sejam obtidos valores corretos em repouso e durante o esforço. Além disso, se for utilizado um esfigmomanômetro aneroide, é importante que o instrumento seja calibrado periodicamente contra o esfigmomanômetro de mercúrio.[58] Durante o teste de exercício de caminhada ou de bicicleta (a PA não pode ser confiavelmente medida durante um teste de corrida), a campânula do estetoscópio é aplicada abaixo do manguito e sobre uma área na qual o som seja mais intenso (em muitos casos, esse local será o espaço intramuscular no lado medial do braço). Durante a determinação da PA, o indivíduo não deve estar segurando o guidão da bicicleta ou os corrimões da esteira ergométrica. O primeiro som de Korotkoff é considerado a PA sistólica e o quarto som (mudança no tônus, ou abafamento) é considerado a PA diastólica.[91]

ECG

Os TEP são utilizados para o diagnóstico de DAC porque o exercício faz com que o coração trabalhe mais intensamente e teste a capacidade de fornecimento de sangue suficiente pelas artérias coronárias em atendimento às necessidades de oxigênio do miocárdio. A estimativa do trabalho (e da demanda por O_2) do coração é o **duplo produto** – o produto da FC pela PA sistólica.[59,85] Como se sabe, a FC e a PA sistólica aumentam com a intensidade do exercício, de modo que a demanda do miocárdio por oxigênio aumentará ao longo do teste. O ECG é utilizado como indicador da capacidade de funcionamento normal do coração durante esses períodos de imposição de esforço. Durante o exercício, o ECG pode ser medido com um simples eletrodo bipolar (p. ex., CM_5), mas é preferível um esquema completo, com 12 derivações.[2] O ECG é avaliado para arritmias, perturbações da condução e isquemia do miocárdio. **Arritmias** são irregularidades no ritmo elétrico normal do coração que podem estar localizadas nos átrios (p. ex., fibrilação atrial), no nó AV (p. ex., contração juncional prematura) ou nos ventrículos (p. ex., contrações ventriculares prematuras – CVP). Os **distúrbios da condução** descrevem um defeito no qual a despolarização fica lenta ou completamente bloqueada (p. ex., bloqueio AV de primeiro grau, ou bloqueio do ramo do feixe). A **isquemia do miocárdio** é definida como a perfusão inadequada do miocárdio em relação à demanda metabólica do coração. Tendo-se em vista que o consumo de oxigênio pelo miocárdio depende quase que completamente do fluxo, uma limitação de fluxo provocará insuficiência de oxigenação. Um *sintoma* de isquemia do miocárdio é a angina de peito, que é uma dor ou desconforto causado por isquemia temporária; a dor pode estar localizada no centro do tórax, no pescoço, no maxilar ou nos ombros, ou pode se irradiar para os braços e as mãos.[12] Entretanto, os sintomas de angina nas mulheres podem incluir náusea, falta de ar, dor abdominal ou fadiga extrema. Um *sinal* associado à isquemia do miocárdio é uma depressão do segmento ST no eletrocardiograma (ver Cap. 9). A Figura 15.2 ilustra três tipos de **depressão do segmento ST**. Pessoas com depressão ascendente (*upsloping*) ou com depressão horizontal do segmento ST têm expectativas de vida similares, mas o prognóstico para aqueles com segmento ST com depressão descendente (*downsloping*) é pior.[34] O leitor interessado deve consultar o texto introdutório de Dubin sobre análise do ECG (ver "Sugestões de leitura") e o texto de Ellestad sobre eletrocardiografia de esforço.[34] Para indivíduos que não podem fazer um teste físico para avaliação da função cardiovascular, pode-se usar em substituição um teste de esforço farmacológico (ver Quadro "Pergunte ao especialista 15.1").

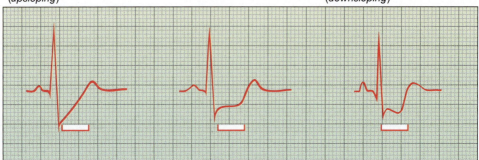

Figura 15.2 Três tipos de depressão do segmento ST. A partir da referência 12. Copyright © 2012 Human Kinetics Publishers, Inc., Champaign, IL. Reproduzido com permissão.

Pergunte ao especialista 15.1

Teste farmacológico para diagnóstico de doença cardíaca
Perguntas e respostas com o dr. Barry Franklin

Desde 1985, **Barry A. Franklin, PhD,** é diretor do Cardiac Rehabilitation and Exercise Laboratories, William Beaumont Hospital, em Royal Oak, no estado de Michigan. O dr. Franklin é ex-presidente da American Association of Cardiovascular and Pulmonary Rehabilitation (AACVPR) e do American College of Sports Medicine (ACSM). Atuou ainda como editor da sexta edição das "Guidelines for Exercise Testing and Prescription" do ACSM e é autoridade de renome internacional, versando sobre tópicos relacionados à reabilitação cardíaca. Recentemente, o dr. Franklin foi laureado com o Honor Award do ACSM – a maior honraria concedida por essa organização a um cientista – em reconhecimento de suas muitas contribuições para a profissão.

PERGUNTA: O senhor poderia descrever resumidamente o que é um teste de estresse farmacológico, que tipos de agentes são utilizados e os prováveis candidatos para esse teste?

RESPOSTA: A necessidade de avaliações não invasivas da função cardíaca em pacientes incapazes de se exercitar levou ao desenvolvimento do teste de estresse farmacológico para se identificar a doença coronariana.

Durante esses testes supervisionados por um médico, o paciente fica deitado, imóvel, em uma maca ou mesa acolchoada. São obtidas imagens da perfusão cardíaca (com tecnécio 99-m sestamibi [cardiolite] ou cloreto de tálio-201) com uma câmera gama em seguida à infusão intravenosa de dipiridamol ou adenosina. Alguns protocolos incluem exercício de intensidade leve a moderada combinado com a infusão de medicamentos. Esses vasodilatadores potentes melhoram o fluxo sanguíneo para o tecido cardíaco com perfusão normal, ao passo que o miocárdio irrigado por artérias coronárias obstruídas demonstra uma hipoperfusão relativa.

Outro teste farmacológico popular usa dobutamina, que, em contraste com o estresse com dipiridamol ou adenosina, causa isquemia cardíaca ao aumentar modestamente a frequência cardíaca e a contratilidade do miocárdio. A atropina pode ser administrada para aumentar a frequência cardíaca se uma taxa de frequência adequada não for alcançada ou se outros desfechos não foram alcançados na dose pico de dobutamina. Ao longo da infusão, são obtidas imagens ecocardiográficas, as quais envolvem um sensor de registro que projeta as ondas ultrassônicas para fora do coração, objetivando criar uma imagem do músculo ativo. A detecção de uma nova anormalidade ou de uma deterioração no movimento da parede sugere doença coronariana subjacente.

PERGUNTA: Que tipos de mensurações são obtidos para a avaliação da função cardíaca?

RESPOSTA: Frequência cardíaca, pressão arterial e determinações eletrocardiográficas são rotineiramente feitas a cada minuto durante infusões desses agentes farmacológicos, que geralmente se prolongam por cerca de 6 minutos. Em seguida, imagens de perfusão em condições de repouso são comparadas com as imagens obtidas após a vasodilatação coronariana. O paciente também é indagado com relação a efeitos colaterais adversos, que podem ser tontura, dor ou pressão no peito e náusea. Durante as infusões com dobutamina, são obtidas imagens ecocardiográficas (em contraste com as imagens de perfusão). Como ocorre nos testes de estresse físico, em alguns casos os estudos farmacológicos podem ser prematuramente interrompidos em razão da deterioração dos sintomas ou de irregularidades significativas no ritmo cardíaco.

PERGUNTA: Os resultados desses testes podem ser utilizados para a formulação de uma prescrição de exercícios?

RESPOSTA: É difícil usar os resultados desses testes na formulação de uma prescrição de exercícios. Isso ocorre principalmente porque as elevações na frequência cardíaca e no consumo de oxigênio durante os testes farmacológicos são muito mais baixas em comparação com as elevações obtidas com o estresse por exercício. Esses testes simplesmente sugerem que as doenças subjacentes são isquemia do miocárdio e doença coronariana. Em consequência, para pacientes recentemente submetidos a teste de estresse farmacológico, muitos clínicos recomendam, como intensidade de treinamento prescrita, uma frequência cardíaca inicial para o exercício que seja 20-30 batimentos acima da FC em repouso com o indivíduo em pé, utilizando-se a percepção do esforço como modulador auxiliar da intensidade.

340 Seção II Fisiologia da saúde e do condicionamento físico

Percepção subjetiva de esforço

Outra mensuração comum feita em cada estágio do TEP é a Percepção Subjetiva de Esforço (PSE) de Borg.[17] A Tabela 15.3 lista a escala original e as escalas revisadas. A escala original utilizava as classificações de 6-20 para aproximar-se dos valores de FC, desde uma situação de repouso até o máximo (60-200). A escala revisada representa uma tentativa de proporcionar uma escala de razão dos valores da PSE. Os escores da PSE podem ser utilizados como indicadores do esforço subjetivo e proporcionam um modo quantitativo de acompanhar o progresso do indivíduo ao longo de um TEP ou em uma sessão de exercício.[21,23,44] Com esses escores, é possível saber quando o indivíduo está chegando perto da exaustão, e os valores podem ser utilizados na previsão do $\dot{V}O_{2máx}$[35] e na prescrição da intensidade do exercício (ver Cap. 16). Entretanto, foi observada grande variabilidade entre indivíduos nas pontuações da PSE na mesma frequência cardíaca; portanto, sugere-se cautela no uso das escalas.[2] A seguir, uma sugestão das orientações da ACSM, que deve ser lida pela pessoa antes da realização do teste[3] (p. 78):

> Durante o teste de esforço, é preciso prestar muita atenção em como está percebendo a intensidade da carga de trabalho do exercício. Essa sensação deve refletir a quantidade total de esforço e a fadiga, combinando todas as sensações e percepções de estresse físico, esforço e fadiga. Não se preocupe com nenhum outro fator, como dor nas pernas, falta de ar ou intensidade do exercício; tente se concentrar em sua sensação total interna de esforço. Tente não subestimar ou superestimar sua sensação de esforço; seja tão preciso quanto possível.

Critérios de interrupção

As razões para a interrupção de um TEP variam conforme o tipo de população em teste e suas finalidades. A Tabela 15.4, extraída de *Guidelines for Exercise Testing and Prescription* da ACSM, é apropriada para TEP não diagnósticos em adultos aparentemente sadios.[2]

Tabela 15.3	Classificação da escala subjetiva do esforço	
Escala original		**Escala revisada**
6		0 Nenhum
7 Extremamente leve		0,5 Extremamente leve (quase imperceptível)
8		1 Muito leve
9 Muito leve		2 Leve (fraco)
10		3 Moderado
11 Razoavelmente leve		4 Algo intenso
12		5 Intenso (forte)
13 Algo intenso		6
14		7 Muito intenso
15 Intenso		8
16		9
17 Muito intenso		10 Extenuante (quase máx.)
18		• Máximo
19 Extremamente intenso		
20		

De G. A. Borg., Psychophysical Bases of Perceived Exertion. *Medicine and Science in Sports and Exercise*, 14:377-381, 1982. Copyright ©1982 American College of Sports Medicine, Indianapolis, IN. Reproduzido com permissão.

Em resumo

- As mensurações típicas obtidas durante um teste de esforço progressivo são frequência cardíaca, pressão arterial, ECG e a classificação conforme a percepção subjetiva de esforço.
- Sinais (p. ex., queda na pressão sistólica com o aumento da carga de trabalho) e sintomas (p. ex., tontura) específicos são utilizados para interrupção do TEP.

Tabela 15.4	Indicações gerais para interrupção de um teste de esforço em adultos de baixo risco*

- Início de angina ou de sintomas semelhantes aos de angina
- Queda na pressão sistólica >10 mmHg com relação à pressão arterial basal, apesar de aumento na carga de trabalho
- Elevação excessiva na pressão arterial: pressão sistólica >250 mmHg ou pressão diastólica >115 mmHg
- Falta de ar, ofegação, cãibras nas pernas ou claudicação
- Sinais de má perfusão: tontura, confusão, ataxia, palidez, cianose, náusea ou pele fria e pegajosa
- Frequência cardíaca que não se eleva com o aumento da intensidade do exercício
- Alteração perceptível no ritmo cardíaco
- O indivíduo pede para parar
- Manifestações físicas ou verbais de fadiga intensa
- Defeito no equipamento utilizado no teste

*Assuma que o teste não é diagnóstico e está sendo realizado sem envolvimento direto de um médico ou monitoração por ECG.
Do American College of Sports Medicine. *ACSM's Guidelines for Exercise Testing and Prescription*. Baltimore, MD: Lippincott, Williams & Wilkins, 2010.

$\dot{V}O_{2máx}$

A determinação do $\dot{V}O_{2máx}$ representa o padrão com o qual é comparada qualquer estimativa do CCR. O $\dot{V}O_2$ aumenta com o aumento das cargas em um TEP até que seja alcançada a capacidade máxima do sistema cardiorrespiratório; é fundamental que se dê atenção aos detalhes para que sejam obtidos valores acurados.[72] O principal critério para alcançar um $\dot{V}O_{2máx}$ real é que o $\dot{V}O_{2máx}$ não aumenta quando a carga de trabalho é aumentada, gerando um platô no $\dot{V}O_2$. Para auxiliar na determinação de um platô, o estudo clássico de Taylor et al.[107] definiu operacionalmente o platô para seus procedimentos de teste (7 mph, 2,5% troca de graus por estágio do teste) para um aumento de $\dot{V}O_2$ menor que $150\ mL \cdot min^{-1}$ ou $2,1\ mL \cdot kg^{-1} \cdot min^{-1}$ entre os estágios do teste. Entretanto, observa-se o platô em apenas 50% de sujeitos adultos saudáveis. Como resultado, foram desenvolvidos vários critérios secundários para fornecer alguma evidência objetiva de que o maior $\dot{V}O_2$ medido era o $\dot{V}O_{2máx}$. Esses critérios secundários incluem:

- Uma concentração sanguínea de lactato pós-exercício de $>0,8\ mmols \cdot L^{-1}$.[5]
- Um R que excede.[1,15,55]

Todos os critérios secundários foram desenvolvidos com o uso de protocolos TEP descontínuos considerando predominantemente homens saudáveis como sujeitos de pesquisa. Em um TEP descontínuo, o sujeito completa apenas um estágio do teste e então retorna para o laboratório horas ou dias após para realizar o próximo estágio. Talvez não seja surpresa que quando esses critérios secundários são aplicados a protocolos TEP típicos contínuos, nos quais todos os estágios são completados em uma visita ao laboratório e em populações diferentes, sua utilidade seja questionada.[77,78,92] Embora muitos sujeitos satisfaçam a esses critérios secundários,[32] alguns, em especial os idosos,[101] as crianças[5] e indivíduos pós-coronária,[57] não satisfazem. Além disso, não se deve esperar que um indivíduo satisfaça a todos os padrões.[57,101] Por exemplo, em um estudo,[101] 20% dos indivíduos do sexo feminino que satisfizeram ao critério de "nivelamento" não alcançaram um R de 1,00. Foi demonstrado que os valores de R variam com a idade e status de treinamento dos sujeitos.[1] Em geral, esses critérios são úteis porque fornecem um indicador objetivo ao pesquisador sobre o esforço do indivíduo. Entretanto, não se deve esperar que os indivíduos satisfaçam a todos os critérios de um único teste.[32,52] Alguns pesquisadores usam a frequência cardíaca (p. ex., um valor dentro de 10 bpm de frequência cardíaca máxima prevista para a idade) como um critério para ter alcançado o $\dot{V}O_{2máx}$. Entretanto, em função do erro potencial relativamente grande (1 DP = 10-12 bpm) ao estimar a frequência cardíaca máxima com as fórmulas previstas por idade (p. ex., 220 - idade), existe pouco ou nenhum suporte para seu uso como um critério para ter alcançado um $\dot{V}O_{2máx}$.[52] Considerando as preocupações sobre os critérios secundários, existe um foco renovado sobre a variável principal

– a verificação do valor do $\dot{V}O_{2máx}$ no mesmo dia do teste (ver "Uma visão mais detalhada 15.3" para mais detalhes sobre esse caso).

O $\dot{V}O_{2máx}$ é uma mensuração bastante reprodutível em indivíduos testados com o mesmo protocolo de teste e no mesmo equipamento. O valor para o $\dot{V}O_{2máx}$ não parece depender de o teste ser um TEP contínuo ou descontínuo, desde que este seja realizado com o mesmo instrumento de trabalho.[32,36,71,104] No entanto, quando os valores de $\dot{V}O_{2máx}$ são comparados nos protocolos, surgem algumas diferenças sistemáticas.[9] Em geral, o valor mais elevado para o $\dot{V}O_{2máx}$ é medido com um teste de corrida em uma esteira ergométrica regulada para grau, com um posterior teste de caminhada na esteira ergométrica também regulada para grau e, em seguida, em um cicloergômetro. Em populações norte-americanas, os protocolos dos testes de caminhada chegam a valores cerca de 6% menores que os testes de corrida,[71] enquanto os protocolos dos testes em bicicleta ergométrica chegam a valores cerca de 10-11% mais baixos que os resultados para um teste de corrida.[32,37,61] Os europeus demonstram apenas uma diferença de 5-7% nessa última comparação.[9,49] Um teste de ergômetro de braço resultará em valores equivalentes a cerca de 70% do $\dot{V}O_{2máx}$ medido com as pernas.[41,95] É importante reconhecer essas diferenças ao comparar um teste com outro, ou ao comparar o mesmo indivíduo ao longo do tempo com diferentes modalidades de exercícios. Essas diferenças entre testes levaram à convenção de chamar de $\dot{V}O_{2máx}$ o valor medido em um teste de corrida progressivo; $\dot{V}O_{2pico}$ é a denominação usada para descrever o mais elevado $\dot{V}O_2$ obtido em um protocolo de marcha, cicloergômetro ou ergômetro de braço.[94] Mas esses termos podem causar confusão, quando aplicados a atletas altamente treinados, por exemplo, ciclistas, porque esses indivíduos têm valores de $\dot{V}O_{2máx}$ mais elevados quando medidos em um cicloergômetro em comparação com os resultados em uma esteira ergométrica.[106] A mensuração real do $\dot{V}O_{2máx}$ é fundamental para estudos de pesquisa e em algumas situações clínicas. Contudo, não é razoável esperar que a mensuração real do $\dot{V}O_{2máx}$ seja utilizada como padrão de CCR em programas de condicionamento.

Estimativa do $\dot{V}O_{2máx}$ com base na última carga de trabalho

Diante da complexidade e do custo dos procedimentos envolvidos na determinação do $\dot{V}O_{2máx}$, não surpreende que em muitos ambientes de condicionamento e cenários clínicos o $\dot{V}O_{2máx}$ seja estimado com equações que permitem o cálculo dessa variável a partir da última carga de trabalho obtida no TEP. As equações para a estimativa do custo de oxigênio para corridas e caminhadas, resumidas no Capítulo 1, permitem tais cálculos e, em geral, as estimativas são razoáveis.[80,81] O que importa no uso dessas equações é que o teste físico seja adequado ao indivíduo. Se os incrementos no TEP de determinado está-

Uma visão mais detalhada 15.3

$\dot{V}O_{2máx}$ e sua verificação

O conceito de $\dot{V}O_{2máx}$ e sua dependência do débito cardíaco foram descritos por Hill e Lupton em 1923.[50] Ao longo das décadas seguintes, os pesquisadores tiveram de lidar com um problema crucial na determinação do $\dot{V}O_{2máx}$: como se pode ter certeza de que foi efetivamente obtido um $\dot{V}O_{2máx}$ real? O conceito de um platô no consumo de oxigênio diante de intensidades crescentes de esforço (usando o formato TEP descontínuo) era fundamental para a descrição do $\dot{V}O_{2máx}$ por Hill e Lupton. Entretanto, na prática, existe uma enorme variação na porcentagem de indivíduos que alcançam um platô. Os critérios secundários, mencionados no texto, tentam abarcar essa questão, mas com sucesso limitado. Existe atualmente um interesse renovado em obter a confirmação do valor de $\dot{V}O_{2máx}$ no mesmo dia de teste ao submeter o indivíduo a um teste de acompanhamento de estágio único (após alguns minutos de repouso a partir do término do TEP contínuo máximo) a uma taxa de trabalho maior que o último estágio terminado do TEP. Nesse sentido, uma verificação do valor de $\dot{V}O_{2máx}$ indicaria que foi alcançado um "platô". Os estudos a seguir fornecem algumas observações sobre as abordagens atuais para essa questão.

Em um estudo conduzido por Foster et al.,[40] a inclinação da esteira foi definida como 3% para mulheres corredoras e 4% para homens corredores, com a velocidade inicial definida como 134 m·min⁻¹ (5 mph). A velocidade foi aumentada 27 m·min⁻¹ (1 mph) em intervalos de 3 min até a exaustão. Seguindo uma recuperação de 3 min enquanto caminha a 53 m·min⁻¹ (2 mph) e nível 0%, os sujeitos correram em uma velocidade de 13,4 m·min⁻¹ (0,5 mph) ou 26,8 m·min⁻¹ (1 mph) mais rápido que o último estágio do teste anterior. Foi medido o mesmo $\dot{V}O_{2máx}$. Esses resultados são semelhantes a um estudo sobre corredores altamente treinados conduzido por Hawkins et al.,[47] no qual o teste de acompanhamento foi feito em um dia separado e em uma taxa de trabalho igual a 130% do estágio final do TEP. Ambos os estudos defendem claramente a proposição básica de Hill e Lupton – ou seja, existe realmente um limite superior para o consumo de oxigênio.

Em 2009, Midgley e Carroll fizeram uma revisão de estudos, incluindo os dois mencionados, que usaram testes de acompanhamento para verificar se um $\dot{V}O_{2máx}$ real foi alcançado no TEP contínuo. Em geral, em todos os estudos, não existiu diferença suficiente entre o valor de $\dot{V}O_{2máx}$ médio medido no teste de acompanhamento e o valor médio medido no final do TEP contínuo. Entretanto, os autores expressaram uma preocupação apropriada de que sem observar os dados individuais, ou seja, quanto de diferença existiu entre o primeiro teste e o teste de acompanhamento para cada pessoa, os valores médios poderiam encobrir a variabilidade inerente entre pessoas. Efetivamente, eles estão perguntando: Qual é a maior diferença no $\dot{V}O_{2máx}$ entre os testes que você aceitaria que significa não exercer diferença na resposta? Essa pergunta é semelhante à questão com que Taylor et al.[107] lidaram ao estabelecer um critério de diferença de $\dot{V}O_{2máx}$ de 2,1 mL·kg⁻¹·min⁻¹ para um estágio adicional do seu protocolo TEP. Além disso, os autores indicaram que, para estabelecer procedimentos para o protocolo de verificação, é necessário:

- Usar apenas uma taxa de trabalho superior à que uma pessoa alcançaria no TEP para o teste de acompanhamento
- Estabelecer uma duração mínima do teste de acompanhamento consistente com o tempo que permite que o indivíduo alcance o $\dot{V}O_{2máx}$
- Identificar um intervalo de repouso consistente e aquecimento antes do teste de verificação
- Estabelecer o intervalo mínimo de amostragem de gás (p. ex., 20 s, 30 s) para minimizar erro na estimativa do valor de $\dot{V}O_{2máx}$ em um minuto

Temos certeza de que vamos ouvir mais sobre esses testes de acompanhamento para identificar que o $\dot{V}O_{2máx}$ alcançado em um TEP contínuo é, de fato, o $\dot{V}O_{2máx}$ real.

---

gio para o estágio seguinte forem demasiadamente grandes com relação ao CCR da pessoa, ou se o tempo para cada estágio for tão pequeno que a pessoa não possa alcançar um estado de equilíbrio para o oxigênio para o estágio em questão, então as equações superestimarão o $\dot{V}O_{2máx}$ dessa pessoa.[39,46,80] Conforme descrito no Capítulo 4, indivíduos pouco condicionados levam mais tempo para atingir o estado de equilíbrio em cargas de trabalho moderadas a intensas; tal cenário aumenta a probabilidade de uma superestimativa de $\dot{V}O_{2máx}$ com o uso dessas fórmulas. Isso sugere o uso de um protocolo mais conservador para indivíduos pouco condicionados a fim de que lhes seja possível alcançar um estado de equilíbrio em cada estágio. Um procedimento recomendável consiste em se utilizar apenas o último estágio completado do teste. No entanto, independentemente de uma equivalência apropriada do protocolo ao indivíduo, é preciso ter em mente que essas são apenas estimativas (ver Quadro "Uma visão mais detalhada 15.4").

Estimativa do $\dot{V}O_{2máx}$ com base na resposta submáxima da FC

Outro procedimento comum utilizado com os protocolos do TEP consiste em estimar o $\dot{V}O_{2máx}$ com base na resposta da FC do indivíduo a uma série de intensidades de esforço submáximas.[43] Nesses testes, a FC é lançada em um gráfico contra a carga de trabalho (ou $\dot{V}O_2$ estimado) até que se chegue ao critério de interrupção de 70-85% da FC máxima prevista para a idade. A Figura 15.3 ilustra a resposta da FC para um indivíduo com 20 anos e que realizou um TEP submáximo em um cicloergômetro. A frequência cardíaca foi medida em cada carga de trabalho até que fosse alcançado um valor igual a 85% da FC máxima estimada (170 bpm). Em seguida, foi traçada uma linha que passa pelos pontos de determinação da FC, com extrapolação para a FC máxima estimada, que é calculada subtraindo-se a idade de 220. Outra linha foi baixada a partir desse ponto até o eixo x, sendo então re-

Uma visão mais detalhada 15.4

Erro na estimativa do $\dot{V}O_{2máx}$

É importante recordar que a estimativa do $\dot{V}O_{2máx}$ por qualquer dos métodos descritos neste capítulo está associada a um "erro" intrínseco em comparação com o valor do $\dot{V}O_{2máx}$ medido diretamente. Quando o pesquisador tenta determinar a validade de um teste de esforço para estimativa do $\dot{V}O_{2máx}$, deve primeiramente testar grande número de indivíduos no laboratório para que possa de fato medir o $\dot{V}O_{2máx}$ de cada participante. Em outro dia, o investigador pode fazer com que os participantes completem uma corrida de distância para obtenção de tempo, ou um teste progressivo padronizado em esteira ergométrica ou em cicloergômetro para determinar o mais elevado grau percentual/velocidade ou carga de trabalho passível de ser alcançado pelo indivíduo. Em seguida, essa informação é utilizada no desenvolvimento de uma equação para predição do valor do $\dot{V}O_{2máx}$ medido com base no tempo para a corrida de distância no último grau/velocidade alcançado em um teste em esteira ergométrica, ou na carga de trabalho final no teste em cicloergômetro.

Em geral, o valor previsto não será igual ao valor medido para o $\dot{V}O_{2máx}$, sendo adotado um conceito, erro padrão (EP), para descrever qual o afastamento (superior ou inferior) do valor previsto em relação ao valor real quando se utiliza a equação de predição. Um erro padrão (±EP) descreve onde estão situados 68% das estimativas em comparação com o valor real. Se o EP fosse ±1 mL · kg⁻¹ · min⁻¹, então 68% dos valores previstos para o $\dot{V}O_{2máx}$ cairiam dentro de ±1 mL · kg⁻¹ · min⁻¹ do valor real. Tipicamente, o EP é maior do que essa estimativa.[2,91] Por exemplo:

- Se o $\dot{V}O_{2máx}$ foi estimado com base no último estágio de um teste máximo, o EP = ±3 mL · kg⁻¹ · min⁻¹.
- Se o $\dot{V}O_{2máx}$ foi estimado com base nos valores para frequência cardíaca medidos durante um teste submáximo, o EP = ±4-5 mL · kg⁻¹ · min⁻¹.
- Se o $\dot{V}O_{2máx}$ foi estimado com base em um teste de caminhada de 1,5 quilômetro ou no teste de corrida de 12 minutos descrito anteriormente, o EP = ±5 mL · kg⁻¹ · min⁻¹.

Os erros padrões relativamente grandes poderiam sugerir que esses testes têm pouco valor, mas não é o caso. Os testes são confiáveis e, quando determinado indivíduo faz o mesmo teste com o passar do tempo, a mudança no $\dot{V}O_{2máx}$ estimado, monitorada pelo teste, é um reflexo razoável de melhoras no condicionamento cardiorrespiratório. Isso pode funcionar tanto como instrumento motivacional como educacional quando se trabalha com clientes de condicionamento.

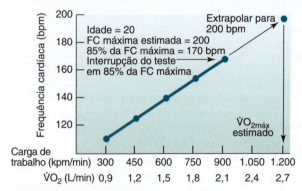

Figura 15.3 Estimativa do $\dot{V}O_{2máx}$ com base em valores da frequência cardíaca medidos durante uma série de intensidades de esforço submáximas em um cicloergômetro. O teste foi interrompido quando o indivíduo alcançou 85% da FC máxima. Traça-se uma linha que passa pelos pontos de FC medidos durante o teste, com extrapolação para a estimativa da FC máxima prevista para a idade. Outra linha é desenhada para baixo a partir desse ponto até o eixo x, e o $\dot{V}O_{2máx}$ é identificado.

gistrada a carga de trabalho ou $\dot{V}O_2$ (nesse caso, 2,7 L · min⁻¹), que seria alcançado se o indivíduo tivesse trabalhado até alcançar a FC máxima.[43] Embora esse seja um procedimento simples e de uso comum para a estimativa do $\dot{V}O_{2máx}$, ele apresenta vários problemas potenciais.

O primeiro problema se relaciona à fórmula utilizada na estimativa da FC máxima. Essas estimativas têm um desvio padrão (DP) de aproximadamente 11 bpm.[67] A FC máxima de um indivíduo com 20 anos de idade poderia ser estimada em 200 bpm, mas, se a pessoa se situasse fora de ±2 DPs, o valor poderia ser 178 ou 222 bpm. Para as pessoas que fazem teste máximo, ocasionalmente serão observados indivíduos com FC máximas *medidas* com um afastamento aproximadamente de 20 bpm para sua estimativa de frequência cardíaca máxima prevista para a idade. Tomando-se esse caso como exemplo, o que ocorreria se a pessoa na Figura 15.3 tivesse uma FC máxima real de apenas 180 bpm em vez dos 200 bpm estimados? O $\dot{V}O_{2máx}$ estimado seria uma superestimativa do valor correto.

Além disso, um ponto de encerramento submáximo, por exemplo, 85% da frequência cardíaca máxima estimada, pode ser um esforço muito leve para determinada pessoa e um esforço máximo para outra. A razão para tal está relacionada à estimativa da frequência cardíaca máxima (220 – idade), mencionada anteriormente. Se um indivíduo com 30 anos de idade tiver uma frequência cardíaca máxima real de 160 bpm e o TEP levá-lo até 85% da FC máxima estimada (220 – 30 = 190; 85% de 190 = 161 bpm), então será levado à FC máxima.

Outro problema com o uso de protocolos do TEP submáximo que utilizam a resposta da FC como indicador principal de condicionamento é que qualquer variável que afete a frequência cardíaca submáxima afetará a inclinação da linha FC/$\dot{V}O_2$ e, certamente, a estimativa do $\dot{V}O_{2máx}$. Essas variáveis são: consumo de alimento antes do teste, desidratação, temperatura corporal elevada, temperatura e umidade da área de teste, estado emocional do indivíduo, medicações que afetam a FC e treinamento físico prévio.[7,98] Fica evidente a necessidade de controle de muitas variáveis ambientais para que esses protocolos possam ser empregados nas estimativas do $\dot{V}O_{2máx}$.

Apesar desses problemas, essa estimativa do $\dot{V}O_{2máx}$ tem utilidade por proporcionar um *feedback* apropriado aos participantes de programas de condicionamento. Após o treinamento, a resposta da FC a qualquer esforço submáximo fixo será mais baixa, sugerindo aumento no $\dot{V}O_{2máx}$ quando a linha $FC/\dot{V}O_2$ for traçada pelos pontos de FC até a FC máxima prevista para a idade. Nesse caso, considerando-se que o mesmo indivíduo está sendo testado ao longo do tempo, a fórmula "220 – idade" introduz apenas um erro constante e desconhecido que não afetará a projeção da linha $FC/\dot{V}O_2$. Além disso, o baixo custo, a facilidade na obtenção dessa medida e a grande confiabilidade fazem desse teste um instrumento que pode ser utilizado para educação e motivação.

Em resumo

- A determinação do $\dot{V}O_{2máx}$ é o padrão de referência do condicionamento cardiorrespiratório.
- O $\dot{V}O_{2máx}$ pode ser estimado com base na carga de trabalho final atingida em um teste de esforço progressivo.
- O $\dot{V}O_{2máx}$ pode ser estimado a partir das respostas da frequência cardíaca ao exercício submáximo, mediante a extrapolação da relação com a estimativa de frequência cardíaca máxima prevista para a idade do indivíduo. Um importante aspecto dos procedimentos para esses testes é a cuidadosa atenção aos fatores ambientais que possam afetar a resposta da frequência cardíaca ao exercício submáximo.

Teste de esforço progressivo: protocolos

Os protocolos do TEP podem ser submáximos ou máximos, dependendo dos pontos utilizados para interromper o teste. A escolha do TEP deve basear-se em população (atletas, pacientes cardíacos, crianças), finalidade (estimativa do CCR, mensuração do $\dot{V}O_{2máx}$, diagnóstico de doença coronariana) e no custo (equipamento e pessoal).[51,54] Esta seção discutirá a seleção do teste com base nesses fatores, fornecendo exemplos de protocolos comuns dos TEP.

Ao se optar por um protocolo de TEP, deve ser levada em consideração a população a ser testada, visto que o último estágio em um TEP para pacientes cardíacos pode nem mesmo chegar a ser um aquecimento para um atleta jovem. Os protocolos de testes devem variar em termos de carga de trabalho inicial, amplitude do incremento na carga de trabalho entre estágios e duração de cada estágio. Em geral, o TEP para um indivíduo sedentário pode ter início em 2-3 MET (1 MET = 3,5 mL · kg^{-1} · min^{-1}), progredindo em cerca de 1 MET por estágio, que terá a duração de 2-3 minutos a fim de dar tempo suficiente para que o indivíduo alcance um estado de equilí-

brio. Para pessoas jovens e ativas, a carga de trabalho inicial pode ser 5 MET, com incrementos de 2-3 MET por estágio.[91] A Tabela 15.5 mostra quatro protocolos para es-

Tabela 15.5	Protocolos em esteira ergométrica		

A – *National exercise and heart disease protocol* para pessoas com mau condicionamento[84]

Estágio*	MET	Velocidade (mph)	% de inclinação
1	2,5	2	0
2	3,5	2	3,5
3	4,5	2	7,0
4	5,5	2	10,5
5	6,5	2	14,0
6	7,5	2	17,5
7	8,5	3	12,5
8	9,5	3	15,0
9	10,5	3	17,5

*O estágio dura 3 minutos.

B – *Standard Balke protocol* para pessoas sedentárias normais[11]

Estágio*	MET	Velocidade (mph)	% de inclinação
1	4,3	3	2,5
2	5,4	3	5,0
3	6,4	3	7,5
4	7,4	3	10,0
5	8,5	3	12,5
6	9,5	3	15,0
7	10,5	3	17,5
8	11,6	3	20,0
9	12,6	3	22,5

*O estágio dura 2 minutos.

C – *Bruce protocol* para pessoas jovens ativas[19]

Estágio*	MET	Velocidade (mph)	% de inclinação
1	5	1,7	10
2	7	2,5	12
3	9,5	3,4	14
4	13	4,2	16
5	16	5,0	18

*O estágio dura 3 minutos.

D – *Åstrand and Rodahl protocol* para pessoas com ótimo condicionamento[7]

Estágio*	MET	Velocidade (mph)	% de inclinação
1	12,9/18	7/10	2,5
2	14,1/19,8	7/10	5,0
3	15,3/21,5	7/10	7,5
4	16,5/23,2	7/10	10,0
5	17,7/24,9	7/10	12,5

*O estágio dura 2 minutos; um aquecimento vigoroso precede o teste.

teira ergométrica bastante conhecidos e as populações para as quais eles são apropriados. Geralmente, utiliza-se o protocolo *National Exercise and Heart Disease*[84] em pessoas com baixo condicionamento; nesses casos, a carga de trabalho aumenta apenas 1 MET a cada 3 minutos. O protocolo padronizado de Balke[11] começa em cerca de 4 MET, avança 1 MET a cada 2 minutos, sendo apropriado para a maioria dos adultos sedentários médios. O protocolo de Bruce para pessoas jovens e ativas[19] tem início em cerca de 5 MET, avançando na base de 2-3 MET por estágio. Esse protocolo consiste em caminhar e correr até determinado grau, podendo não ser apropriado para pessoas situadas na extremidade inferior do *continuum* do condicionamento. O último protocolo é utilizado pelas populações condicionadas e atléticas; a velocidade dependerá do condicionamento do indivíduo.[7]

Conforme mencionado anteriormente, uma das abordagens mais comumente utilizadas na estimativa do $\dot{V}O_{2máx}$ é empregar o estágio final no teste e aplicar a fórmula para conversão de grau e velocidade para o $\dot{V}O_2$ em mL $\cdot$ kg^{-1} $\cdot$ min^{-1}. Nagle et al.[83] e Montoye et al.[80] demonstraram que indivíduos aparentemente sadios atingem a meta de estado de equilíbrio em mais ou menos 1,5 minuto de cada estágio, até uma carga de esforço moderadamente intensa. Essas fórmulas oferecem estimativas razoáveis do CCR, caso o teste tenha sido apropriado para o indivíduo testado.[46,80] Contudo, se os incrementos nos estágios forem muito grandes, ou se o tempo em cada estágio for muito curto, a pessoa talvez não seja capaz de cumprir a necessidade de oxigênio associada ao estágio do TEP. Nesses casos, as fórmulas superestimarão o $\dot{V}O_{2máx}$ do indivíduo.

Em resumo

■ Ao selecionar um TEP, deve-se levar em consideração a população em teste. A carga de trabalho inicial e a velocidade de mudança da carga de trabalho devem se acomodar às capacidades da população.

Esteira ergométrica

Os protocolos do TEP na esteira ergométrica podem abranger a maioria das pessoas, desde as pouco até as mais condicionadas, e utilizam as atividades naturais de andar e correr. As esteiras rolantes estabelecem o ritmo para a pessoa e proporcionam a maior carga potencial no sistema cardiovascular. Mas esses aparelhos são caros, não são portáteis e dificultam certas mensurações (PA e coleta de amostras de sangue).[98] Conforme mencionado, o tipo de teste em esteira ergométrica de fato influencia a magnitude do $\dot{V}O_{2máx}$ medido; os protocolos para o teste de corrida progressivo resultam no valor mais elevado, os testes de corrida no grau 0% dão o próximo valor mais elevado, e os testes de caminhada o valor mais baixo.[9,71] Há também algumas limitações nos

tipos de mensurações que podem ser obtidas, dependendo da adoção de marcha ou de corrida. Por exemplo, durante testes de corrida, a determinação da PA não é conveniente, podendo ser menos precisa; além disso, passa a ser maior a possibilidade de ocorrência de artefatos no traçado do ECG.

Para que sejam obtidas estimativas do $\dot{V}O_2$ que levem em conta as considerações de grau e velocidade, as regulagens para essas variáveis precisam estar corretas.[51] Além disso, a pessoa deve seguir cuidadosamente as instruções, não se apoiando nos corrimões da esteira ergométrica durante o teste. Se isso não for seguido à risca, as estimativas do $\dot{V}O_{2máx}$ baseadas no procedimento de extrapolação de FC/$\dot{V}O_2$ ou na fórmula que utiliza a última combinação alcançada de velocidade/grau não terão precisão.[6,93] Por exemplo, ao se apoiar no corrimão da esteira ergométrica, uma pessoa com um protocolo de marcha na velocidade de 5,5 km/h e grau 14% teve uma queda de 17 bpm na FC.[6] Isso resultaria em uma superestimativa do $\dot{V}O_{2máx}$ com o uso de qualquer dos procedimentos submáximos mencionados; para que a pessoa testada pudesse se apoiar nos corrimões, seria preciso que fossem desenvolvidas equações especiais.[73] Finalmente, nos protocolos com esteira ergométrica não há necessidade de ajustes nos cálculos do $\dot{V}O_2$ por causa de diferenças no peso corporal. Os testes em esteira ergométrica exigem que a pessoa carregue seu próprio peso; com isso, o $\dot{V}O_2$ fica proporcional ao peso corporal.[79]

No exemplo a seguir de TEP submáximo, um homem de 45 anos faz um protocolo padronizado de Balke (4 km/h, 2,5% a cada 2 min), e o teste é interrompido a 85% da FC máxima prevista para a idade (149 bpm). A frequência cardíaca foi medida nos últimos 30 segundos de cada estágio, e o $\dot{V}O_{2máx}$ foi estimado pela extrapolação FC/$\dot{V}O_2$ para FC máxima prevista para a idade (175 bpm). A Figura 15.4 ilustra o gráfico da resposta de FC para cada estágio e a extrapolação para a frequência cardíaca máxima estimada da pessoa. Nos estágios iniciais do teste, a FC não aumentou, da maneira prevista, com o aumento do grau. Isso pode ter sido causado pelas mudanças no volume sistólico que ocorrem no início do esforço na posição vertical (ver Cap. 9). Os estágios iniciais também funcionam como aquecimento e período de ajustes para o indivíduo. Geralmente, a resposta da FC é bastante linear entre 110 bpm e 85% da FC máxima.[8] A linha FC/$\dot{V}O_2$ é extrapolada para 175 bpm; em seguida, é baixada uma linha vertical até o eixo x, sendo identificado o $\dot{V}O_{2máx}$ estimado: 11,6 MET, ou 40,6 mL $\cdot$ kg^{-1} $\cdot$ min^{-1}. Em um estudo recente no qual os sujeitos correram em uma esteira em várias velocidades submáximas, o método de extrapolação da FC estimou bem o $\dot{V}O_{2máx}$ com o uso da equação de ACSM para corrida.[68]

Foi validado um teste submáximo de estágio único em esteira ergométrica para uso em indivíduos de baixo risco com probabilidade de ter valores médios para o $\dot{V}O_{2máx}$.[33] Nesse teste, a esteira ergométrica é regula-

346 Seção II Fisiologia da saúde e do condicionamento físico

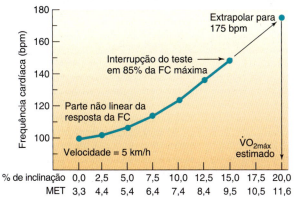

Figura 15.4 Estimativa do $\dot{V}O_{2máx}$ a partir de valores de frequência cardíaca medidos durante diferentes estágios de um teste em esteira ergométrica. De E. T. Howley e B. D. Franks, *Health/Fitness Instructor's Handbook*. Copyright © 1986 Human Kinetics Publishers, Inc., Champaign, IL. Reproduzido com permissão.

da para o grau 0%, e uma velocidade de marcha é estabelecida entre 3 e 7 km/h para gerar uma frequência cardíaca entre 50 e 70% da FC máxima prevista para a idade do indivíduo. Após esse aquecimento de 4 minutos, o grau é elevado para 5% durante 4 minutos. A FC é medida no último minuto e utilizada com a velocidade (V em km/h), idade (I em anos) e gênero (G, em que mulheres = 0 e homens = 1) na seguinte equação de regressão para previsão do $\dot{V}O_{2máx}$:

$$\dot{V}O_{2máx} = 15{,}1 + 21{,}8\,(V) - 0{,}327\,(FC) - 0{,}263\,(V \times I) + 0{,}00504\,(FC \times I) + 5{,}98\,(G)$$

Finalmente, pesquisadores adaptaram o teste de caminhada de 1,5 quilômetro, já mencionado na seção "teste de campo", para que pudesse ser realizado em esteira ergométrica. Os participantes do estudo preencheram um questionário para classificar seu nível de treinamento físico e em seguida caminharam na esteira ergométrica em uma velocidade autosselecionada, que classificaram como "rápida". Os pesquisadores tiveram de desenvolver uma nova equação de predição, diferente da utilizada em testes ao ar livre, tendo sido demonstrado que a fórmula proporcionava uma estimativa válida do $\dot{V}O_{2máx}$.[90] Para saber mais acerca de uma pessoa que teve grande influência nos testes de condicionamento, ver Quadro "Um olhar no passado – nomes importantes na ciência".

Cicloergômetro

Cicloergômetros são equipamentos de trabalho portáteis e de preço moderado que possibilitam a fácil obtenção de mensurações. No entanto, esses equipamentos têm ritmo próprio e resultam em alguma fadiga localizada.[98] Em cicloergômetros de frenagem mecânica (p. ex., da marca Monark®), a carga de trabalho pode ser elevada pelo aumento da frequência das pedaladas ou da força ao volante. Em geral, a frequência da pedalada é mantida constante durante um TEP em um valor apropriado para as populações em teste: 50-60 rpm para ciclistas com baixo ou médio condicionamento e 70-100 rpm para ciclistas altamente condicionados e competitivos.[45] A frequência da pedalada é mantida fazendo com que o indivíduo pedale com um metrônomo, ou proporcionando outra fonte de *feedback* (mostrador análogo visual ou digital de rpm). A carga ao volante é incrementada sequencialmente até uma sobrecarga sistemática do sistema cardiovascular. A carga de trabalho inicial e o incremento de um estágio para o estágio seguinte dependem do condicionamento do indivíduo e da finalidade do teste. O $\dot{V}O_2$ pode ser estimado com o uso de uma equação que fornece estimativas razoáveis do $\dot{V}O_2$ até cargas de trabalho de aproximadamente 1.200 kgm · min⁻¹:[2]

$$\dot{V}O_2\,(mL \cdot min^{-1}) = 1{,}8\,mL \cdot kgm^{-1} \times kgm \cdot min^{-1} + (7\,mL \cdot kg^{-1} \cdot min^{-1} \times kg \text{ de peso corporal})$$

O cicloergômetro é diferente da esteira ergométrica, visto que o peso do corpo é sustentado pelo selim e a carga de trabalho depende principalmente da velocidade da manivela do pedal e da carga ao volante. Isso significa que, no caso de uma pessoa de tamanho corporal pequeno, o $\dot{V}O_2$ relativo em qualquer carga de trabalho será maior que o $\dot{V}O_2$ para uma pessoa de grande tamanho corporal. Por exemplo, se uma carga de trabalho depender de um $\dot{V}O_2$ de 2.100 mL · min⁻¹, isso representará um $\dot{V}O_2$ relativo de 35 mL · kg⁻¹ · min⁻¹ para uma pessoa com 60 kg, e de apenas 23 mL · kg⁻¹ · min⁻¹ para outra pessoa com 90 kg. Além disso, os incrementos na carga de trabalho, por demandarem um aumento fixo no $\dot{V}O_2$ (p. ex., um incremento de 150 kgm · min⁻¹ equivale

Um olhar no passado – nomes importantes na ciência

Bruno Balke, MD, PhD — O "pai" dos programas de credenciamento do ACSM

Como mencionado no Capítulo 0, a história da fisiologia do exercício nos Estados Unidos durante o século XX teve um matiz europeu muito forte. Esse foi certamente o caso para o desenvolvimento dos testes de condicionamento e de reabilitação cardíaca. O **dr. Bruno Balke** (1907-1999) recebeu seu treinamento em educação física, medicina e fisiologia na Alemanha, tendo sido convidado para trabalhar nos Estados Unidos pelo dr. Ulrich Luft em 1950.

Durante os anos de 1950, o dr. Balke realizou pesquisas sobre tolerância em altas altitudes e em voos de grande velocidade para a Força Aérea dos Estados Unidos, na Faculdade de Medicina da Aviação, em San Antonio, no Texas, e, mais tarde, para a Federal Aviation Agency, na cidade de Oklahoma. Sua pesquisa sobre testes de capacidade de esforço na esteira ergométrica levou ao desenvolvimento dos protocolos de testes de esforço que levam seu nome (discutidos anteriormente neste capítulo). Além disso, seu teste de campo em corridas de distância para avaliação do condicionamento cardiovascular (potência aeróbia máxima) foi modificado pelo dr. Ken Cooper para uso em seus bem conhecidos livros sobre aeróbia (ver "Testes de campo para estimativa do CCR" neste capítulo).

O dr. Balke deixou o serviço do governo em 1963 para criar o Laboratório de Biodinâmica na Universidade de Wisconsin, em Madison. Francis J. Nagle, PhD, com quem o dr. Balke trabalhou na cidade de Oklahoma, o seguiu em 1946, e os dois cientistas tiveram compromissos cooperativos com os departamentos de educação física e de fisiologia. A abordagem quantitativa do dr. Balke quanto às questões da fisiologia do exercício, especialmente no tocante ao condicionamento e ao desempenho, estabeleceu o padrão para outros programas universitários da fisiologia do exercício. Dr. Balke considerava sua estada em Madison a mais produtiva de sua carreira.

Em 1973, o dr. Balke deixou Wisconsin, indo trabalhar em Aspen, no Colorado. Durante esse tempo, propôs-se desenvolver os programas de credenciamento do American College of Sports Medicine (ACSM) para gestores de exercícios para programas de condicionamento e de reabilitação cardíaca. Reuniões especiais foram realizadas em Aspen com o objetivo de desenvolver os programas de credenciamento e as *Guidelines for Exercise Testing and Prescription* do ACSM. Os primeiros *workshops* associados a esses programas de credenciamento também foram realizados em Aspen. Muitos consideram o dr. Balke o "pai" dos programas de credenciamento do ACSM.

Dr. Balke teve participação ativa nos primeiros dias do ACSM, tendo sido seu presidente em 1966. Também assumiu a liderança na criação da revista científica do ACSM, conhecida então como *Medicine and Science in Sports*, da qual foi o primeiro editor-chefe. Ele gostava de ensinar as pessoas a como fazer coisas e considerava sua maior realização a graduação dos estudantes de PhD de seu laboratório, os quais, assim preparados, poderiam ensinar outras pessoas. Faleceu em 1999, aos 92 anos de idade, mas seu legado persistirá ainda por muitos anos. Para saber mais sobre esse ilustre homem, consulte sua autobiografia em "Sugestões de leitura".

---

a uma mudança no $\dot{V}O_2$ de 270 mL · min^{-1}), forçam uma pessoa de pequeno tamanho corporal e não condicionada a fazer ajustes cardiovasculares maiores em comparação com outra pessoa de grande tamanho corporal ou altamente condicionada. Esses fatores foram levados em consideração pela YMCA[43] ao recomendar protocolos submáximos do TEP. A ideia é conseguir uma forma de obter respostas variadas da FC diante de diversas cargas de trabalho submáximas, que resulte na redução da duração do teste.

A Figura 15.5 ilustra as diferentes "vias" seguidas no protocolo da YMCA, dependendo da resposta da FC do indivíduo a uma carga de trabalho de 150 kgm · min^{-1}. O protocolo da YMCA faz uso da observação de que a relação entre $\dot{V}O_2$ e FC é linear entre 110 e 150 bpm. Por essa razão, esse protocolo faz com que o indivíduo se exercite em apenas mais uma carga de trabalho, além daquela que resulta em uma FC ≥110 bpm. Como recomendação geral para todos os testes em cicloergômetro, deve-se ajustar a altura do selim de forma que o joelho fique ligeiramente dobrado quando o pé estiver na parte mais inferior do giro do pedal e paralelo ao chão; a altura do selim é anotada para testes futuros. No protocolo da YMCA, cada estágio dura 3 minutos, e os valores da frequência cardíaca são obtidos nos últimos 30 segundos do segundo e terceiro minutos. Se a diferença na FC for <5 bpm entre os dois períodos, assume-se que foi alcançado um estado de equilíbrio; caso contrário, deve-se acrescentar mais um minuto a esse estágio. Então, os dois valores para a FC serão conectados por uma linha, com extrapolação para a FC máxima estimada da pessoa. A seguir, baixa-se uma linha vertical até o eixo x, sendo obtido o valor estimado para o $\dot{V}O_{2máx}$, conforme descrito com relação ao protocolo submáximo em esteira ergométrica.

A Figura 15.6 ilustra o protocolo da YMCA para uma mulher com 30 anos que pesa 60 kg. A primeira carga de trabalho escolhida foi 150 kgm · min^{-1}, que resultou em 103 bpm para a frequência cardíaca. Acompanhando o protocolo da YMCA, as cargas seguintes foram 300 e, em seguida, 450 kgm · min^{-1}, e os valores medidos para a FC foram 115 e 128 bpm, respectivamente. Traçou-se uma linha que passa pelos dois pontos de FC maiores do que 110 bpm, com extrapolação para a FC máxima prevista para idade (190 bpm). Com a aplicação da equação precedente, o $\dot{V}O_{2máx}$ estimado para essa mulher foi de aproximadamente 2,58 L · min^{-1} ou 43 mL · kg^{-1} · min^{-1}.

Além desse procedimento de extrapolação para a estimativa do $\dot{V}O_{2máx}$, Åstrand e Ryhming[8] propuseram um

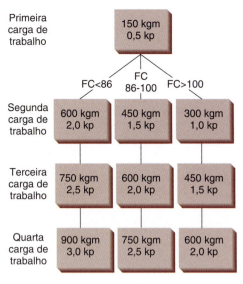

Orientações:
1. Fixar a primeira carga de trabalho em 25 W ou 150 kgm • min⁻¹ (0,5 kp).
2. Se a FC no terceiro minuto for
   • menor que (<) 86, fixar a segunda carga em 100 W ou 600 kgm • min⁻¹ (2 kp);
   • 86-100, fixar a segunda carga em 75 W ou 450 kgm • min⁻¹ (1,5 kp);
   • maior que (>) 100, fixar a segunda carga em 50 W ou 300 kgm • min⁻¹ (1 kp).
3. Fixar a terceira e a quarta cargas (se houver necessidade) de acordo com as cargas nas colunas abaixo das segundas cargas.

Figura 15.5 Protocolo da YMCA utilizado na seleção de cargas de trabalho para testes submáximos em cicloergômetro. De L. A. Golding. YMCA *Fitness Testing and Assessment Manual*. Champaign, IL: Human Kinetics, 2000. Copyright © 2000 YMCA, EUA. Reproduzido com permissão.

método que exige a realização de um período de esforço de aproximadamente 6 minutos, demandando uma FC entre 125 e 170 bpm. Esses pesquisadores observaram que, a 50% do $\dot{V}O_{2máx}$, os homens tiveram FC = 128, e as mulheres, FC = 138 bpm; e a 70% do $\dot{V}O_{2máx}$, as FC médias foram 154 e 164 bpm, respectivamente. Esses dados foram coletados de homens e mulheres jovens com idades de 18-30 anos. A base para o teste é que, se tivermos conhecimento (a partir de uma resposta da FC) de que determinada pessoa está em um nível de 50% do $\dot{V}O_{2máx}$ em uma carga de esforço igual a 1,5 L • min⁻¹, então o $\dot{V}O_{2máx}$ estimado seria o dobro desse valor, ou 3,0 L • min⁻¹. Utiliza-se um nomograma (ver Fig. 15.7) para a estimativa do $\dot{V}O_{2máx}$ com base na resposta da FC do indivíduo a um período de esforço de 6 minutos. Considerando-se que a FC máxima diminui com o aumento da idade e que os dados foram coletados em adultos jovens, Åstrand[4] estabeleceu fatores de correção para multiplicar os valores estimados do $\dot{V}O_{2máx}$ obtidos com o nomograma, como correção para a FC máxima mais baixa.

Siconolfi et al.[107] desenvolveram um teste submáximo em cicloergômetro para investigações epidemiológicas.

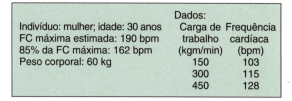

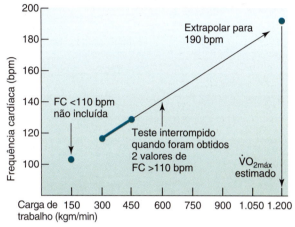

Figura 15.6 Exemplo de protocolo da YMCA utilizado na estimativa do $\dot{V}O_{2máx}$. De E. T. Howley e B. D. Franks, *Health/Fitness Instructor's Handbook*. Copyright © 1986 Human Kinetics Publishers, Inc., Champaign, IL. Reproduzido com permissão.

Trata-se de uma modificação do protocolo da YMCA, utilizando-se o nomograma de Åstrand e Ryhming.[8] O teste é apresentado nesta seção pelas seguintes vantagens: (1) a pessoa precisa atingir apenas 70% da FC máxima estimada e (2) o procedimento foi validado para homens e mulheres de 20-70 anos de idade. Homens com mais de 35 anos e mulheres de qualquer idade começam o teste em 150 kgm • min⁻¹, ocorrendo aumento da carga de trabalho nesse valor a cada 2 minutos, até que seja atingida uma FC ≥70% da FC máxima estimada; a pessoa continua por 2 ou mais minutos, até que seja medida uma FC em estado de equilíbrio. Homens com menos de 35 anos de idade começam em 300 kgm • min⁻¹ e aumentam esse valor a cada 2 minutos, como descrito anteriormente. Contudo, quando a FC se situar entre 60 e 70% da FC máxima, a carga de esforço será aumentada em apenas 150 kgm • min⁻¹. Nesse protocolo, usa-se o nomograma de Åstrand e Ryhming,[8] conforme já descrito (sem correção para idade), e os valores estimados para o $\dot{V}O_{2máx}$ são aplicados às equações a seguir.[107]

Para homens:
$\dot{V}O_2$ (L • min⁻¹) = 0,348 (X_1) – 0,035 (X_2) + 3,011

Para mulheres:
$\dot{V}O_2$ (L • min⁻¹) = 0,302 (X_1) – 0,019 (X_2) + 1,593

em que X_1 = $\dot{V}O_{2máx}$ obtido no nomograma de Åstrand e Ryhming e X_2 = idade em anos. O teste fornece estimativas aceitáveis do $\dot{V}O_{2máx}$ e implica menos estresse para o praticante, pois é necessário atingir uma FC de apenas 70% da FC máxima prevista para a idade.

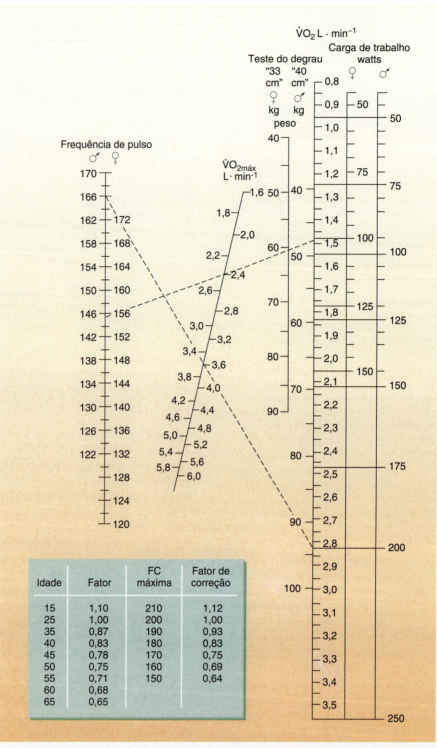

Figura 15.7 Nomograma para a estimativa do $\dot{V}O_{2máx}$ com base em valores de FC submáximos medidos em um cicloergômetro ou em um teste do degrau. No caso do cicloergômetro, a carga de trabalho em watts (1 watt = 6,1 kgm · min^{-1}) está ilustrada nas duas colunas mais à direita: uma para homens e outra para mulheres. Estão registrados os resultados de um teste em cicloergômetro para um homem que trabalhou a 200 watts. Foi desenhada uma linha tracejada entre a carga de trabalho de 200 watts e o valor de FC = 166 medido durante o teste. O $\dot{V}O_{2máx}$ estimado é 3,6 L · min^{-1}. O teste do degrau utiliza uma frequência de 22,5 elevações · min^{-1} e duas alturas diferentes de degrau: 33 cm para mulheres e 40 cm para homens. A escala para o teste do degrau lista o peso corporal para o participante; estão registrados os resultados de um teste para uma mulher com 61 kg. Foi desenhada uma linha tracejada entre o ponto de 61 kg na escala de 33 cm e o valor de FC = 156 bpm medido durante o teste. O $\dot{V}O_{2máx}$ estimado é 2,4 L · min^{-1}. Essas estimativas de $\dot{V}O_{2máx}$ são influenciadas pela FC máxima da pessoa, que diminui com a idade. Um fator de correção escolhido a partir da tabela que acompanha o nomograma corrige esses valores de $\dot{V}O_{2máx}$, quando a FC máxima ou a idade é conhecida. Simplesmente deve-se multiplicar o valor do $\dot{V}O_2$ pelo fator de correção.

Teste do degrau

Usa-se um protocolo de teste do degrau para estimar o $\dot{V}O_{2máx}$, do mesmo modo que são utilizados os protocolos com esteira ergométrica e com cicloergômetro. O teste do degrau dispensa equipamento caro, a altura do degrau não precisa ser calibrada, todos estão familiarizados com o exercício do degrau, e o gasto energético é proporcional ao peso corporal, como também ocorre com a esteira ergométrica.[69] A carga de esforço pode ser incrementada pelo aumento da altura do degrau, mantendo-se a mesma cadência, ou pelo aumento da cadência, mantendo-se a mesma altura do degrau. Pode-se variar a altura do degrau com um mecanismo manual de manivela[83] ou pelo uso de uma série de degraus com incrementos de 10 cm na altura do degrau. A frequência das subidas-descidas é estabelecida com um metrônomo, e a cadência das passadas tem quatro contagens: para cima, para cima, para baixo, para baixo. A pessoa deve fazer todos os movimentos para cima e para baixo em sincronização com o metrônomo. A Figura 15.8 ilustra os resultados de um teste do degrau realizado por uma mulher de 60 anos de idade. Nesse teste, a altura do degrau foi mantida constante em 16 cm, e a frequência das passadas atingiu 6 elevações · min^{-1} a cada 2 minutos. A linha traçada através dos pontos da FC é extrapolada para a FC máxima estimada, 160 bpm; em seguida, traça-se uma linha até o eixo horizontal, para a estimativa do $\dot{V}O_{2máx}$, com o uso da equação a seguir:[2]

$$\dot{V}O_2 = 0{,}2 \text{ (frequência de passadas)} + [1{,}33 \times 1{,}8 \times \text{(altura do degrau [m])} \times \text{(frequência das passadas)}] + 3{,}5$$

A equação fornece valores em mL · kg^{-1} · min^{-1}, que são convertidos para MET dividindo-se o resultado por 3,5.

O nomograma de Åstrand e Ryhming[8] (Fig. 15.7) também aceita o teste do degrau, utilizando uma frequência de 22,5 elevações por minuto (metrônomo = 90) e alturas do degrau de 40 cm para homens e de 33 cm para mulheres. O princípio é o mesmo já descrito para o protocolo desses autores aplicável ao cicloergômetro.

A introdução de ergômetros de passo (i. e., Stair-Master) permite a realização de um teste de esforço progressivo de maneira similar ao que é feito em uma esteira ergométrica. As cargas de esforço independem da frequência da passada, e as respostas da FC são ligeiramente mais elevadas que as medidas na esteira ergométrica em qualquer $\dot{V}O_2$ dado.[53] Foi demonstrado que esse teste mede mudanças no $\dot{V}O_{2máx}$ resultantes do treinamento em esteira ergométrica ou em ergômetro de passo – indício de mais atributos comuns do que de especificidades entre os testes do degrau e na esteira ergométrica.[15]

Resumindo, podem ser utilizados vários testes para a estimativa do CCR. A utilidade de determinado teste depende da precisão da medida e também da capacidade de repetição rotineira do teste para avaliar mudanças no CCR com o passar do tempo. Esse último aspecto minimiza a necessidade de que o teste seja capaz de estimar o $\dot{V}O_{2máx}$ real até o mL · kg^{-1} · min^{-1} mais próximo. Com efeito, se o indivíduo estiver regularmente fazendo um TEP submáximo e se a resposta da FC a uma carga de esforço fixa estiver diminuindo com o passar do tempo, pode-se concluir razoavelmente que ele está progredindo na direção pretendida, independentemente do grau de precisão da estimativa do $\dot{V}O_{2máx}$. Todavia, e se o indivíduo não puder fazer um teste de esforço para a estimativa do $\dot{V}O_{2máx}$? Ver Quadro "Uma visão mais detalhada 15.5".

Em resumo

- O $\dot{V}O_{2máx}$ pode ser estimado com o procedimento de extrapolação, com o uso de esteira ergométrica, cicloergômetro ou degrau.
- O indivíduo deve seguir cuidadosamente as orientações; além disso, as condições ambientais devem estar controladas, para que a estimativa do $\dot{V}O_{2máx}$ seja razoável e reprodutível.

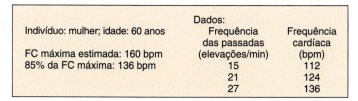

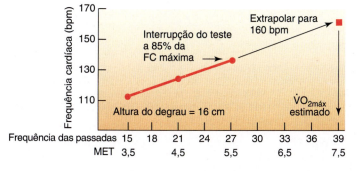

Figura 15.8 Uso de um teste do degrau para predição do $\dot{V}O_{2máx}$ com base em uma série de respostas de FC submáximas. De E. T. Howley e B. D. Franks, *Health/Fitness Instructor's Handbook*. Copyright © 1986 Human Kinetics Publishers, Inc., Champaign, IL. Reproduzido com permissão.

Uma visão mais detalhada 15.5

O $\dot{V}O_{2máx}$ pode ser estimado sem que se faça um teste de esforço?

Essa pode parecer uma pergunta estranha, considerando-se o enfoque deste capítulo nos testes de esforço. Contudo, se isso fosse possível, os pesquisadores (p. ex., epidemiologistas) poderiam facilmente classificar um grande número de indivíduos em níveis de condicionamento cardiorrespiratório (p. ex., 20% inferiores, 20% na média e 20% superiores) e determinar se há ligação entre condicionamento cardiorrespiratório e várias doenças crônicas. É impossível realizar testes de esforço em grandes populações de indivíduos por causa de limites de tempo, custo, pessoal, etc.

Em uma das primeiras pesquisas, Jackson et al.[56] demonstraram que, pelo uso de variáveis simples (idade, gênero, gordura corporal ou índice de massa corporal) e da atividade física autoinformada, seria possível estimar o $\dot{V}O_{2máx}$ com um EP ~ ±5 mL · kg^{-1} · min^{-1} – erro similar ao que observamos em nossos testes de campo e nas estimativas para o $\dot{V}O_{2máx}$ em condições de TEP submáximo. A precisão da previsão (EP ~ ±4-6 mL/kg^{-1} · min^{-1}) foi confirmada em outros estudos,[42,48,70,115-117] incluindo um com base em uma população diversa muito grande (N = 4637).[86] Um estudo recente mostrou que tais estimativas de $\dot{V}O_{2máx}$ podem ser usadas para predizer os futuros desfechos de saúde. Quando 32.391 adultos foram acompanhados por nove anos em média, as estimativas de $\dot{V}O_{2máx}$ maiores na ausência de exercício estavam associadas a um menor risco de morte proveniente de todas as causas e de doença cardiovascular. Além disso, essas estimativas de $\dot{V}O_{2máx}$ foram muito melhores para a classificação do risco do que qualquer um dos componentes (p. ex., idade, IMC) da estimativa.[103]

O que isso diz sobre a realização de testes de esforço – o enfoque deste capítulo? Como mencionado no início, embora o EP seja relativamente grande para testes de campo e TEP submáximos, os testes são confiáveis; e, quando determinado indivíduo fizer o mesmo teste ao longo do tempo, a mudança no $\dot{V}O_{2máx}$ estimado monitorada pelo teste refletirá razoavelmente as melhoras no condicionamento cardiorrespiratório. No trabalho com clientes de condicionamento, esse procedimento pode funcionar tanto como instrumento motivacional como educacional.

Atividades para estudo

1. Acesse on-line (http://eparmedx.com/?page_id=75) e preencha o PAR-Q+ para um amigo ou familiar que tenha um ou mais fatores de risco para doença cardiovascular
2. Qual procedimento o American College of Sports Medicine recomenda para estimar um risco individual associado com o teste de esforço ou a participação em exercício?
3. Denomine um teste de campo submáximo e um teste submáximo para estimativa do $\dot{V}O_{2máx}$.
4. Um homem com 40 anos de idade corre 2,5 km em 10 minutos. Qual é seu $\dot{V}O_{2máx}$ estimado? Esse é seu valor "normal"?
5. Considerando-se que muitas pessoas não exibem um platô no consumo de oxigênio nos últimos estágios de um TEP máximo, que outros critérios podem ser utilizados para demonstrar que a pessoa estava se exercitando maximamente ao ser medido o $\dot{V}O_2$ mais elevado?
6. Diante das informações a seguir, coletadas durante um teste em esteira ergométrica para um homem com 50 anos de idade, estime seu $\dot{V}O_{2máx}$.

Carga de esforço	Frequência cardíaca
3 MET	110
5 MET	125
7 MET	140

7. Considerando-se a suposição de que a fórmula 220 – idade pode ser utilizada na estimativa da frequência cardíaca máxima, até onde se poderia ir em uma estimativa do $\dot{V}O_{2máx}$ na pergunta 6?
8. Que informação pode ser obtida pela monitorização da PSE durante um TEP?
9. Liste cinco razões para interromper um TEP para adultos de baixo risco.
10. Deve-se usar o mesmo protocolo de TEP para todas as pessoas? Por quê?

Sugestões de leitura

American College of Sports Medicine. 2014. ACSM's Guidelines for Exercise Testing and Prescription, 9th ed. Baltimore, MD: Lippincott Williams & Wilkins.

Balke, B. 2007. Matters of the Heart: Adventures in Sports Medicine (H. Marg, ed.). Monterey, CA: Healthy Learning.

Dubin, D. 2000. Rapid Interpretation of EKGs: A Programmed Course, 6th ed. Tampa, FL: Cover.

Heyward, V. H. 2010. Advanced Fitness Assessment and Exercise Prescription, 6th ed. Champaign, IL: Human Kinetics.

Howley, E. T., and D. L. Thompson. 2012. Fitness Professional's Handbook. 6th ed. Champaign, IL: Human Kinetics.

Nieman, D. 2011. Fitness Testing and Prescription, 7th ed. New York, NY: McGraw-Hill.

Plowman, S. A., C. L. Sterling, C. B. Corbin, M. D. Meredith, G. J. Welk, and J. R. Morrow. 2006. The history of the FITNESSGRAM®. Journal of Physical Activity and Health. 3 (Supple 2): S5–S20.

Referências bibliográficas

1. Aitken JC, and Thompson J. The respiratory $\dot{V}CO_2/\dot{V}O_2$ exchange ratio during maximum exercise and its use as a predictor of maximum oxygen uptake. *European Journal of Applied Physiology and Occupational Physiology* 57: 714–719, 1988.
2. American College of Sports Medicine. *ACSM's Guidelines for Exercise Testing and Prescription.* Baltimore, MD: Lippincott Williams & Wilkins, 2014.
3. American College of Sports Medicine. *Guidelines for Exercise Testing and Prescription.* Baltimore, MD: Lippincott Williams & Wilkins, 2006.
4. Åstrand I. Aerobic work capacity in men and women with special reference to age. *Acta Physiologica Scandinavica* 49: 1–92, 1960.
5. Åstrand PO. *Experimental Studies of Physical Working Capacity in Relation to Sex and Age.* Copenhagen: Manksgaard, 1952.
6. Åstrand PO. Principles of ergometry and their implications in sports practice. *International Journal of Sports Medicine* 5: 102–105, 1984.
7. Åstrand PO, and Rodahl K. *Textbook of Work Physiology.* New York, NY: McGraw-Hill, 1986.
8. Åstrand PO, and Ryhming I. A nomogram for calculation of aerobic capacity (physical fitness) from pulse rate during sub-maximal work. *Journal of Applied Physiology* 7: 218–221, 1954.
9. Åstrand PO, and Saltin B. Maximal oxygen uptake and heart rate in various types of muscular activity. *Journal of Applied Physiology* 16: 977–981, 1961.
10. Balke B. *A Simple Field Test for Assessment of Physical Fitness.* Civil Aeromedical Research Institute Report 63–66, 1963.
11. Balke B. *Advanced Exercise Procedures for Evaluation of the Cardiovascular System. Monograph.* Milton: The Burdick Corporation, 1970.
12. Bassett DR, Jr. Exercise related to ECG and medications. In ET Howley and DL Thompson, *Fitness Professional's Handbook,* Champaign, IL: Human Kinetics, 2012.
13. Bassett DR, Jr., and Howley ET. Limiting factors for maximum oxygen uptake and determinants of endurance performance. *Medicine and Science in Sports and Exercise* 32: 70–84, 2000.
14. Bassett DR, Jr., and Howley ET. Maximal oxygen uptake: "classical" versus "contemporary" viewpoints. *Medicine and Science in Sports and Exercise* 29: 591–603, 1997.
15. Ben-Ezra V, and Verstraete R. Step ergometry: is it task-specific training? *European Journal of Applied Physiology and Occupational Physiology* 63: 261–264, 1991.
16. Blair SN, Kohl HW, III, Paffenbarger RS, Jr., Clark DG, Cooper KH, and Gibbons LW. Physical fitness and all-cause mortality: a prospective study of healthy men and women. *JAMA* 262: 2395–2401, 1989.
17. Borg GA. Psychophysical bases of perceived exertion. *Medicine and Science in Sports and Exercise* 14: 377–381, 1982.
18. Bredin S. S. D. PAR-Q+ and ePARmed-X+. New risk stratification and physical activity clearance strategy for physicians and patients alike. *Canadian Family Physician.* 59: 273–277, 2013.
19. Bruce RA. Multi-stage treadmill tests of maximal and submaximal exercise. In *Exercise Testing and Training of Apparently Healthy Individuals: A Handbook for Physicians.* New York, NY: American Heart Association, 1972, pp. 32–34.
20. Canadian Society for Exercise Physiology. *Canadian Society for Exercise Physiology-Physical Activity Training for Health.* Ottawa: Canada, 2013
21. Carton RL, and Rhodes EC. A critical review of the literature on ratings scales for perceived exertion. *Sports Medicine* 2: 198–222, 1985.
22. Castro-Piñero J, Artero EG, España-Romero V, Ortega FB, Sjöström M, Suni J, et al. Criterion-related validity of field-based fitness tests in youth: a systematic review. *British Journal of Sports Medicine* 44: 934–943, 2010.
23. Chow RJ, and Wilmore JH. The regulation of exercise intensity by ratings of perceived exertion. *Journal of Cardiac Rehabilitation* 4: 382–387, 1984.
24. Chun DM, Corbin CB, and Pangrazi RP. Validation of criterion-referenced standards for the mile run and progressive aerobic cardiovascular endurance tests. *Research Quarterly for Exercise and Sport* 71: 125–134, 2000.
25. Conley DS, Cureton KJ, Dengel DR, and Weyand PG. Validation of the 12-min swim as a field test of peak aerobic power in young men. *Medicine and Science in Sports and Exercise* 23: 766–773, 1991.
26. Cooper KH. *The Aerobics Way.* New York, NY: Bantam, 1977.
27. Cooper M, and Cooper KH. *Aerobics for Women.* New York, NY: Evans, 1972.
28. Cureton KJ, Hensley LD, and Tiburzi A. Body fatness and performance differences between men and women. *Research Quarterly* 50: 333–340, 1979.
29. Cureton KJ, Sparling PB, Evans BW, Johnson SM, Kong UD, and Purvis JW. Effect of experimental alterations in excess weight on aerobic capacity and distance running performance. *Medicine and Science in Sports* 10: 194–199, 1978.
30. Cureton KJ, and Warren GL. Criterion-referenced standards for youth health-related fitness tests: a tutorial. *Research Quarterly for Exercise and Sport* 61: 7–19, 1990.
31. Daniels J, Oldridge N, Nagle F, and White B. Differences and changes in $\dot{V}O_2$ among young runners 10 to 18 years of age. *Medicine and Science in Sports* 10: 200–203, 1978.
32. Duncan GE, Howley ET, and Johnson BN. Applicability of $\dot{V}O_2$ max criteria: discontinuous versus continuous protocols. *Medicine and Science in Sports and Exercise* 29: 273–278, 1997.
33. Ebbeling CB, Ward A, Puleo EM, Widrick J, and Rippe JM. Development of a single-stage submaximal treadmill walking test. *Medicine and Science in Sports and Exercise* 23: 966–973, 1991.
34. Ellestad M. *Stress Testing: Principles and Practice.* Philadelphia, PA: F. A. Davis, 2003.
35. Eston RG, Faulkner JA, Mason EA, and Parfitt G. The validity of predicting maximal oxygen uptake from perceptually regulated graded exercise tests of different durations. *European Journal of Applied Physiology* 97: 535–541, 2006.
36. Falls HB, and Humphrey LD. A comparison of methods for eliciting maximum oxygen uptake from college women during treadmill walking. *Medicine and Science in Sports* 5: 239–241, 1973.
37. Faulkner JA, Roberts DE, Elk RL, and Conway J. Cardiovascular responses to submaximum and maximum effort cycling and running. *Journal of Applied Physiology* 30: 457–461, 1971.
38. Flouris AD, Metsios GS, Famisis K, Geladas N, and Koutedakis Y. Prediction of $\dot{V}O_2$ max from a new field test based on portable indirect calorimetry. *Journal of Science and Medicine in Sport* 13:70–73, 2010.
39. Foster C. Prediction of oxygen uptake during exercise testing in cardiac patients and health volunteers. *Journal of Cardiac Rehabilitation* 4: 537–542, 1984.
40. Foster C, Kuffel E, Bradley N, Battista RA, Wright G, Porcari JP, et al. $\dot{V}O_2$ max during successive maximal efforts. *European Journal of Applied Physiology* 102: 67–72, 2007.
41. Franklin BA. Exercise testing, training and arm ergometry. *Sports Medicine* 2: 100–119, 1985.
42. George JD, Stone WJ, and Burkett LN. Non-exercise $\dot{V}O_2$ max estimation for physcially active college students. *Med Sci Sports Exercise* 29: 415–423, 1997.

43. Golding LA. YMCA *Fitness Testing and Assessment Manual*. Champaign, IL: Human Kinetics, 2000.
44. Gutmann M. Perceived exertion-heart rate relationship during exercise testing and training of cardiac patients. *Journal of Cardiac Rehabilitation* 1: 52–59, 1981.
45. Hagberg JM, Mullin JP, Giese MD, and Spitznagel E. Effect of pedaling rate on submaximal exercise responses of competitive cyclists. *Journal of Applied Physiology* 51: 447–451, 1981.
46. Haskell WL, Savin W, Oldridge N, and DeBusk R. Factors influencing estimated oxygen uptake during exercise testing soon after myocardial infarction. *American Journal of Cardiology* 50: 299–304, 1982.
47. Hawkins MN, Raven PB, Snell PG, Stray-Gundersen J, and Levine BD. Maximal oxygen uptake as a parametric measure of cardiorespiratory capacity. *Medicine and Science in Sports and Exercise* 39: 103–107, 2007.
48. Heil DP, Freedson PS, Ahlquist LE, Price J, and Rippe JM. Nonexercise regression models to estimate peak oxygen consumption. *Med Sci Sports Exercise* 27: 599–606, 1995.
49. Hermansen L, and Saltin B. Oxygen uptake during maximal treadmill and bicycle exercise. *Journal of Applied Physiology* 26: 31–37, 1969.
50. Hill A, and Lupton H. Muscular exercise, lactic acid, and the supply and utilization of oxygen. *Q J Med* 16: 135–171, 1923.
51. Howley ET. Exercise testing laboratory. In *Resource Manual for Guidelines for Exercise Testing and Prescription*, edited by Blair SN. Philadelphia, PA: Lea & Febiger, 1988.
52. Howley ET, Bassett DR Jr., and Welch HG. Criteria for maximal oxygen uptake: review and commentary. *Medicine and Science in Sports and Exercise* 27: 1292–1301, 1995.
53. Howley ET, Colacino DL, and Swensen TC. Factors affecting the oxygen cost of stepping on an electronic stepping ergometer. *Medicine and Science in Sports and Exercise* 24: 1055–1058, 1992.
54. Howley ET, and Thompson, DL. *Fitness Professional's Handbook*, 6th ed. Champaign, IL: Human Kinetics, 2012.
55. Issekutz B, Birkhead NC, and Rodahl K. The use of respiratory quotients in assessment of aerobic power capacity. *Journal of Applied Physiology* 17: 47–50, 1962.
56. Jackson AS, Blair SN, Mahar MT, Wier LT, Ross RM, and Stuteville JE. Prediction of functional aerobic capacity without exercise testing. *Medicine and Science in Sports and Exercise* 22: 863–870, 1990.
57. Kavanagh T, and Shephard RJ. Maximum exercise tests on "postcoronary" patients. *Journal of Applied Physiology* 40: 611–618, 1976.
58. Kirkendall WM, Feinleib M, Freis ED, and Mark AL. Recommendations for human blood pressure determination by sphygmomanometers: subcommittee of the AHA Postgraduate Education Committee. *Circulation* 62: 1146A–1155A, 1980.
59. Kitamura K, Jorgensen CR, Gobel FL, Taylor HL, and Wang Y. Hemodynamic correlates of myocardial oxygen consumption during upright exercise. *Journal of Applied Physiology* 32: 516–522, 1972.
60. Kline GM, Porcari JP, Hintermeister R, Freedson PS, Ward A, McCarron RF, et al. Estimation of $\dot{V}O_2$ max from a one-mile track walk, gender, age, and body weight. *Medicine and Science in Sports and Exercise* 19: 253–259, 1987.
61. Kohl HW, Gibbons LW, Gordon NF, and Blair SN. An empirical evaluation of the ACSM guidelines for exercise testing. *Medicine and Science in Sports and Exercise* 22: 533–539, 1990.
62. Krahenbuhl GS, Pangrazi RP, Petersen GW, Burkett LN, and Schneider MJ. Field testing of cardiorespiratory fitness in primary school children. *Medicine and Science in Sports* 10: 208–213, 1978.

63. Lamb KL, and Rogers L. A re-appraisal of the reliability of the 20 m multi-stage shuttle run test. *European Journal of Applied Physiology* 100: 287–292, 2007.
64. Léger LA, and Lambert J. A maximal multistage 20-m shuttle run test to predict $\dot{V}O_2$ max. *European Journal of Applied Physiology and Occupational Physiology* 49: 1–12, 1982.
65. Léger LA, Mercier D, Gadoury C, and Lambert J. The multistage 20 metre shuttle run test for aerobic fitness. *Journal of Sports Sciences* 6: 93–101, 1988.
66. Lobelo F, Pate RR, Dowda M, Liese AD, and Ruiz JR. Validity of cardiorespiratory fitness criterion-referenced standards for adolescents. *Medicine and Science in Sports and Exercise* 41: 1222–1229, 2009.
67. Londeree BR, and Moeschberger ML. Influence of age and other factors on maximal heart rate. *Journal of Cardiac Rehabilitation* 4: 44–49, 1984.
68. Marsh CE. Evaluation of the American College of Sports Medicine submaximal treadmill running test for predicting VO_2 max. *Journal of Strength and Conditioning Research*. 26: 548–554, 2012.
69. Margaria R, Aghemo P, and Rovelli E. Indirect determination of maximal O_2 consumption in man. *Journal of Applied Physiology* 20: 1070–1073, 1965.
70. Matthews CE, Heil DP, Freedson PS, and Pastides H. Classification of cardiorespiratory fitness without exercise testing. *Medicine and Science in Sports and Exercise* 31: 486–493, 1999.
71. McArdle WD, Katch FI, and Pechar GS. Comparison of continuous and discontinuous treadmill and bicycle tests for max $\dot{V}O_2$. *Medicine and Science in Sports* 5: 156–160, 1973.
72. McConnell TR. Practical considerations in the testing of $\dot{V}O_2$ max in runners. *Sports Medicine* 5: 57–68, 1988.
73. McConnell TR, and Clark BA. Prediction of maximal oxygen consumption during handrail supported treadmill exercise. *Journal of Cardiopulmonary Rehabilitation* 7: 324–331, 1987.
74. McCormack WP, Cureton KJ, Bullock TA, and Weyand PG. Metabolic determinants of 1-mile run/walk performance in children. *Medicine and Science in Sports and Exercise* 23: 611–617, 1991.
75. McNaughton L, Hall P, and Cooley D. Validation of several methods of estimating maximal oxygen uptake in young men. *Perceptual and Motor Skills* 87: 575–584, 1998.
76. Metsios GS, Flouris AD, Koutedakis Y, and Theodorakis Y. The effect of performance feedback on cardiorespiratory fitness field tests. *Journal of Science and Medicine in Sport/Sports Medicine Australia* 9: 263–266, 2006.
77. Midgley AW, and Carroll S. Emergence of the verification phase procedure for confirming "true" $\dot{V}O_2$ max. *Scandinavian Journal of Medicine and Science in Sports* 19: 313–322, 2009.
78. Midgley AW, McNaughton LR, Polman R, and Marchant D. Criteria for determination of maximal oxygen uptake. *Sports Medicine* 37: 1019–1028, 2007.
79. Montoye HJ, and Ayen T. Body size adjustment for oxygen requirement in treadmill walking. *Research Quarterly for Exercise and Sport* 57: 82–84, 1986.
80. Montoye HJ, Ayen T, Nagle F, and Howley ET. The oxygen requirement for horizontal and grade walking on a motor-driven treadmill. *Medicine and Science in Sports and Exercise* 17: 640–645, 1985.
81. Montoye HJ, Ayen T, and Washburn RA. The estimation of $\dot{V}O_2$ max from maximal and sub-maximal measurements in males, age 10–39. *Research Quarterly for Exercise and Sport* 57: 250–253, 1986.
82. Morrow JR, Jr., Martin SB, and Jackson AW. Reliability and validity of the FITNESSGRAM®: quality of teacher-collected health-related fitness surveillance data. *Research Quarterly for Exercise and Sport* 81: S24–S30, 2010.
83. Nagle FJ, Balke B, and Naughton JP. Gradational step tests for assessing work capacity. *Journal of Applied Physiology* 20: 745–748, 1965.

84. Naughton JP, and Haider R. Methods of exercise testing. In *Exercise Testing and Exercise Training in Coronary Heart Disease*, edited by Naughton JP, Hellerstein HK, and Mohler LC. New York, NY: Academic Press, 1973, pp. 79–91.

85. Nelson RR, Gobel FL, Jorgensen CR, Wang K, Wang Y, and Taylor HL. Hemodynamic predictors of myocardial oxygen consumption during static and dynamic exercise. *Circulation* 50: 1179–1189, 1974.

86. Nes BM, Janszky I, Vatten LJ, Nilsen TIL, Aspenes ST, and Wisloff U. Estimating $\dot{V}O_{2\,peak}$ from a nonexercise prediction model: the HUNT Study, Norway. *Medicine and Science in Sports and Exercise* 43: 2024–2030, 2011.

87. Oja P, Laukkanen R, Pasanen M, Tyry T, and Vuori I. A 2-km walking test for assessing the cardiorespiratory fitness of healthy adults. *Int J Sports Med* 12: 356–362, 1991.

88. Oldridge NB, Haskell WL, and Single P. Carotid palpation, coronary heart disease and exercise rehabilitation. *Medicine and Science in Sports and Exercise* 13: 6–8, 1981.

89. Park RJ. Measurement of physical fitness: a historical perspective. edited by U.S. Department of Health and Human Services, Public Health Service, 1989.

90. Pober DM, Freedson PS, Kline GM, McInnis KJ, and Rippe JM. Development and validation of a one-mile treadmill walk test to predict peak oxygen uptake in healthy adults ages 40 to 79 years. *Canadian Journal of Applied Physiology = Revue Canadienne de Physiologie Appliquee* 27: 575–589, 2002.

91. Pollock ML, and Wilmore JH. *Exercise in Health and Disease*. Philadelphia, PA: W. B. Saunders, 1990.

92. Poole DC, Wilkerson DP, and Jones AM. Validity of criteria for establishing maximal O_2 uptake during ramp exercise tests. *European Journal of Applied Physiology*. 102: 403–410, 2008.

93. Ragg KE, Murray TP, Karbonit LM, and Jump DA. Errors in predicting functional capacity from a treadmill exercise stress test. *American Heart Journal* 100: 581–583, 1980.

94. Rowell LB. Human cardiovascular adjustments to exercise and thermal stress. *Physiological Reviews* 54: 75–159, 1974.

95. Sawka MN, Foley ME, Pimental NA, Toner MM, and Pandolf KB. Determination of maximal aerobic power during upper-body exercise. *Journal of Applied Physiology* 54: 113–117, 1983.

96. Scott SN, Thompson DL, and Coe DP. The ability of the PACER to elicit peak exercise response in the youth. *Medicine and Science in Sports and Exercise*. 45:1139–1143, 2013.

97. Sedlock D. Accuracy of subject-palpated carotid pulse after exercise. *The Physician and Sports Medicine* 11: 106–116, 1983.

98. Shephard RJ. Tests of maximum oxygen intake: a critical review. *Sports Medicine* 1: 99–124, 1984.

99. Shephard RJ, Bailey DA, and Mirwald RL. Development of the Canadian home fitness test. *Canadian Medical Association Journal* 114: 675–679, 1976.

100. Siconolfi SF, Cullinane EM, Carleton RA, and Thompson PD. Assessing $\dot{V}O_2$ max in epidemiologic studies: modification of the Astrand-Rhyming test. *Medicine and Science in Sports and Exercise* 14: 335–338, 1982.

101. Sidney KH, and Shephard RJ. Maximum and submaximum exercise tests in men and women in the seventh, eighth, and ninth decades of life. *Journal of Applied Physiology* 43: 280–287, 1977.

102. Sparling PB, and Cureton KJ. Biological determinants of the sex difference in 12-min run performance. *Medicine and Science in Sports and Exercise* 15: 218–223, 1983.

103. Stamatakis E, Hamer M, O'Donovan G, Batty GD, and Kivimaki M. A non-exercise testing method for estimating cardiorespiratory fitness: associations with all-cause and cardiovascular mortality in a pooled analysis of eight population-based cohorts. *European Heart Journal* 34: 750–758, 2013.

104. Stamford BA. Step increment versus constant load tests for determination of maximal oxygen uptake. *European Journal of Applied Physiology and Occupational Physiology* 35: 89–93, 1976.

105. Stickland MK, Petersen SR, and Bouffard M. Prediction of maximal aerobic power from the 20-m multi-stage shuttle run test. *Canadian Journal of Applied Physiology = Revue Canadienne de Physiologie Appliquee* 28: 272–282, 2003.

106. Stromme SB, Ingjer F, and Meen HD. Assessment of maximal aerobic power in specifically trained athletes. *Journal of Applied Physiology* 42: 833–837, 1977.

107. Taylor HL, Buskirk E, and Henschel A. Maximal oxygen intake as an objective measure of cardio-respiratory performance. *Journal of Applied Physiology*. 8: 73–80, 1955.

108. U.S. Department of Health and Human Services. 2008 Physcial activity guidelines for Americans. http://wwwhealth-gov/paguidelines/guidelines/defaultaspx, 2008.

109. Wallace JP. Physical conditioning: intervention in aging cardiovascular function: part A: quantitation, epidemiology, and clinical research. In *Intervention in the Aging Process*, edited by Liss AR,1983, pp. 307–323.

110. Warburton DER, Gledhill N, Jamnik VK, Bredin SSD, McKenzie DC, Stone J, et al. Evidence-based risk assessment and recommendations for physical activity clearance: Consensus Document 2011. *Appl. Physiol. Nutr. Metab.* 36: S266–S298, 2011.

111. Warburton DER, Jamnik VK, Bredin SSD, McKenzie DC, Stone J, Shephard RJ, et al. Evidence-based risk assessment and recommendations for physical activity clearance: an introduction. *Appl. Physiol. Nutr. Metab.* 36: S1–S2, 2011.

112. Welk GJ, and Meredith MD. FITNESSGRAM/ACTIVITYGRAM *Reference Guide*. Dallas, TX: The Cooper Institute, 2008.

113. Weller IM, Thomas SG, Corey PN, and Cox MH. Prediction of maximal oxygen uptake from a modified Canadian aerobic fitness test. *Canadian Journal of Applied Physiology = Revue Canadienne de Physiologie Appliquee* 18: 175–188, 1993.

114. Weller IMR, Thomas SG, Gledhill N, Paterson D, and Quinney A. A study to validate the modified Canadian aerobic fitness test. *Canadian Journal of Applied Physiology*. 20: 211–221, 1995.

115. Whaley MH, Kaminsky LA, SDwyer GB, and Getchell LH. Failure of predicted $\dot{V}O_2$ peak to discriminate physical fitness in epidemiological studies. *Medicine and Science in Sports and Exercise* 27: 85–91, 1995.

116. Wier LT, Jackson AS, Ayers GW, and Arenare B. Nonexercise models for estimating $\dot{V}O_2$ max with waist girth, percent fat, or BMI. *Medicine and Science in Sports and Exercise* 38: 555–561, 2006.

117. Williford HN, Scharff-Olson M, Wang N, Blessing DL, Smith FH, and Duey WJ. Cross-validation of non-exercise predictions of $\dot{V}O_2$ peak in women. *Med Sci Sports Exercise* 28: 926–930, 1996.

16

Prescrições de exercícios para saúde e condicionamento físico

■ Objetivos

Ao estudar este capítulo, você deverá ser capaz de:

1. Comparar o exercício com a atividade física; explicar como ambos se relacionam a um menor risco de doença coronariana e à melhora no condicionamento cardiorrespiratório (CCR).

2. Descrever o atual posicionamento oficial para atividades físicas (AF) na saúde pública que consta no documento U.S. *Physical Activity Guidelines* para melhorar o quadro de saúde de adultos norte-americanos sedentários.

3. Explicar o que significam triagem e progressão para indivíduos que desejam iniciar um programa de exercício.

4. Identificar a faixa ideal de frequência, intensidade, tempo (duração) e tipo (FITT) da atividade associada a melhoras no CCR.

5. Calcular uma faixa de frequência cardíaca alvo (FCA) pelos métodos de reserva de frequência cardíaca ou de percentual da FC máxima.

6. Discutir as diretrizes relacionadas à progressão que facilita a transição de programas de exercício fáceis para programas mais exigentes.

7. Explicar como a FCA ajuda a ajustar a intensidade do exercício em momentos de muito calor, umidade ou grandes altitudes.

8. Descrever o benefício do treinamento de força para a saúde e resumir os programas de força e alongamento recomendados para adultos.

■ Conteúdo

Prescrição de exercício 357
Dose-resposta 358
Atividade física e saúde 358

Orientações gerais para melhorar o condicionamento 361
Triagem 363
Progressão 363
Aquecimento, alongamento e desaquecimento, alongamento 363

Prescrição de exercício para CCR 363

Frequência 363
Intensidade 364
Tempo (duração) 366

Sequência da atividade física 367
Marcha 367
Corrida leve 368
Atividades lúdicas e esportes 369

Treinamento de força e de flexibilidade 369

Preocupações ambientais 371

■ Palavras-chave

atividade física (AF)
condicionamento físico
dose
efeito (resposta)
exercício
faixa de frequência cardíaca alvo (FCA)

No Capítulo 14, foi discutida uma série de fatores de risco relacionados às doenças cardiovasculares e outras. Há muito tempo, a inatividade física era considerada apenas fator de risco secundário no desenvolvimento de doença coronariana,– ou seja, um estilo de vida inativo aumentaria o risco pessoal para doença coronariana somente se estivessem presentes outros fatores de risco primários. No entanto, conforme foi explicado no Capítulo 14, não se pensa mais assim. Numerosos estudos[52,54,65,74] sugerem que a inatividade física é um fator de risco primário para doença coronariana da mesma forma que o tabagismo, a hipertensão e o colesterol sérico elevado. Esses estudos também demonstraram que a atividade física (AF) vigorosa praticada regularmente é fundamental para reduzir o risco de doença coronariana em indivíduos fumantes ou hipertensos.[46,53] Com base nesse corpo de evidências cada vez mais volumoso, a American Heart Association (AHA) reconheceu na inatividade física um fator de risco primário importante.[7] Finalmente, estudos epidemiológicos demonstraram que incrementos na AF[55] e no condicionamento[11] estão associados à redução da taxa de mortalidade por qualquer causa, bem como de doença coronariana. Isso significa que a AF deve ser praticada juntamente a outras terapias, com o objetivo de reduzir o risco de doença coronariana em indivíduos com outros fatores de risco. Em consequência disso, há pouca discordância sobre a AF praticada com regularidade ser parte integrante de um estilo de vida saudável.[80] A única dúvida é: com que intensidade ela deve ser praticada?

Antes que essa pergunta seja respondida, é preciso diferenciar os termos *atividade física*, *exercício* e *condicionamento físico*. **Atividade física (AF)** é definida como qualquer forma de atividade muscular que resulta no gasto energético proporcional ao trabalho muscular, estando relacionada ao condicionamento físico. **Condicionamento físico** é definido como um conjunto de atributos que as pessoas têm, ou desenvolvem, relacionados à capacidade de realizar AF. **Exercício** representa um subgrupo da AF que é planejado com o objetivo de melhorar ou manter o condicionamento.[16] É importante ter em mente que essas diferenças, embora sutis, são importantes para a discussão do papel da AF como parte de um estilo de vida saudável. Como exemplo, não há dúvida de que um programa de exercício planejado melhorará o consumo máximo de oxigênio ($\dot{V}O_{2máx}$) e que isso está associado a taxas de mortalidade mais baixas.[12] No entanto, é preciso enfatizar que toda AF, inclusive a praticada em intensidade moderada, resulta em benefícios substanciais à saúde.[78] A redução dos riscos de doença coronariana em decorrência dos últimos tipos de atividade pode ser mediada por mudanças na distribuição do colesterol, por um aumento na atividade de fibrinólise (dissolução de coágulos)[30], ou uma redução nas inflamações sistêmicas de baixo grau (ver Cap. 14). O American College of Sports Medicine (ACSM), nas suas *Guidelines for Exercise Testing and Prescription*, e também em *Physical Activity and Health: A Report of the Surgeon General*, afirma a necessidade da maior participação em exercícios de intensidade moderada (p. ex., marcha rápida) durante toda a vida.[3,78] Essa recomendação é compatível com a exposição da população geral à atividade de baixo risco para obtenção de benefícios ligados à saúde e voltados para a redução de doenças cardiovasculares e metabólicas. Contrastando com essa recomendação geral para toda população, é preciso seguir uma série de orientações na prescrição de exercício moderado a intenso com o objetivo de melhorar $\dot{V}O_{2máx}$. Neste capítulo, esses dois tópicos serão abordados. Para informações sobre treinamento para desempenho, ver Capítulo 21.

Em resumo

- A inatividade física foi classificada como um fator de risco primário para doença coronariana.
- A participação regular na AF pode reduzir o risco geral para indivíduos fumantes ou hipertensos.
- Indivíduos que incrementam sua AF e/ou condicionamento cardiorrespiratório apresentam taxa de mortalidade mais baixa em comparação a pessoas que permanecem sedentárias.

Prescrição de exercício

A preocupação acerca da **dose** apropriada de exercício necessária para que seja obtido um **efeito (resposta)** desejado é parecida com a necessidade do médico em saber o tipo e a quantidade de um medicamento, bem como o tempo de uso do remédio, para curar uma doença. Obviamente, há diferença entre o que é preciso para curar uma dor de cabeça e o que é preciso para curar a tuberculose. Dentro dessa mesma linha, não há dúvida de que a dose de AF necessária para atingir um desempenho de corrida de alto nível é diferente do que é preciso para melhorar um desfecho relacionado à saúde (p. ex., pressão arterial mais baixa) ou ao condicionamento (p. ex., aumento do $\dot{V}O_{2máx}$). Essa relação de dose-resposta para medicações está descrita na Figura 16.1.[26]

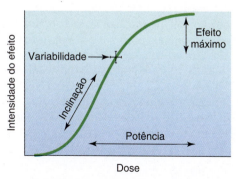

Figura 16.1 Relação entre a dose de um medicamento (expressa como o log da dose) e o efeito. Dados de L. S. Goodman e A. Gilman, eds., 1975. *The Pharmacological Basis of Therapeutics*. New York: Macmillan, 1975.

- *Potência.* A potência de um medicamento é uma característica de pouca importância relativa, pois faz pouca diferença se a dose efetiva de um medicamento é 1 μg ou 100 mg, desde que possa ser administrado na dose apropriada. Aplicada ao exercício, andar 6 km é tão efetivo, em termos de consumo calórico, quanto correr 3 km.
- *Inclinação.* A inclinação da curva dá alguma informação sobre o grau de mudança obtido no efeito com a alteração da dose. Algumas mensurações fisiológicas mudam rapidamente para determinada dose de exercício, enquanto alguns efeitos ligados à saúde dependem da aplicação do exercício ao longo de muitos meses para que possa ser observado um resultado desejado.
- *Efeito máximo.* O efeito máximo (eficácia) de um medicamento varia com o tipo de agente. Por exemplo, morfina pode aliviar dores de quaisquer intensidades, enquanto aspirina é efetiva apenas contra dores leves a moderadas. Analogamente, um exercício intenso pode causar aumento em $\dot{V}O_{2máx}$, além de modificar os fatores de risco, ao passo que um exercício leve a moderado pode mudar os fatores de risco, com menor impacto no $\dot{V}O_{2máx}$ (um ponto importante, discutido mais adiante).
- *Variabilidade.* O efeito de um medicamento varia entre indivíduos – e no mesmo indivíduo, dependendo das circunstâncias. Os colchetes que se intersectam na Figura 16.1 indicam a variabilidade na dose necessária para que seja obtido determinado efeito, e a variabilidade no efeito associado a determinada dose. Exemplificando, os ganhos no $\dot{V}O_{2máx}$ decorrentes do treinamento de resistência exibem considerável variação, mesmo nos casos em que o valor inicial do $\dot{V}O_{2máx}$ está controlado.[21] Ver Quadro "Uma visão mais detalhada 13.1" para mais informações sobre o tópico de variabilidade.
- *Efeito colateral.* Um último ponto digno de menção, e que também pode ser aplicado à discussão sobre prescrição de exercício, é que nenhum medicamento produz um efeito isolado. O espectro de efeitos pode incluir efeitos adversos (colaterais) que limitam a utilidade do medicamento. No caso do exercício, um dos efeitos colaterais pode ser o maior risco de lesão.

Em contraste com medicamentos que o indivíduo deixa de tomar ao ficar curado, é preciso que ele se envolva em alguma forma de AF durante sua vida para que possa ser beneficiado com os efeitos do condicionamento relacionados à saúde.

Dose-resposta

A dose de atividade física e exercício em geral é caracterizada pelo princípio FITT, que contém os seguintes fatores:

- *Frequência* (F) – a frequência com que uma atividade é realizada. Ela pode ser expressa em dias por semana ou pelo número de vezes por dia.
- *Intensidade* (I) – o quanto a atividade é intensa. A intensidade pode ser descrita em termos de % do $\dot{V}O_{2máx}$, % de frequência cardíaca máxima, classificação do esforço percebido e limiar do lactato.
- *Tempo* (T) – a duração da atividade. Este é tipicamente expresso como minutos de atividade.
- *Tipo* (T) – o modo ou o tipo de atividade realizada. Este poderia simplesmente indicar se o exercício é do tipo força vs. resistência cardiovascular, ou, dentro da última, nadar vs. correr vs. remar.

O princípio FITT é muito útil porque permite que todos os elementos principais de uma intervenção de exercício sejam alterados para se adequar a um indivíduo. Além disso, o produto da Frequência × Intensidade × Tempo gera o volume (V) de exercício, que está diretamente relacionado com os benefícios para a saúde; veremos mais sobre esse assunto na seção a seguir.[44,78,79] Outro elemento de uma prescrição de exercício, chamado progressão (P), descreve a maneira como um indivíduo transita de um exercício mais fácil para outro mais difícil durante o curso de uma intervenção; vamos abordar essa questão no contexto das diretrizes gerais para o exercício mais adiante no capítulo. Finalmente, a edição de 2014 do ACSM *Guidelines*[3] incorpora todas essas variáveis para gerar o acrônimo FITT-VP como lembrete do que abordar ao prescrever os exercícios.

As respostas (efeitos) resultantes de uma intervenção de exercício poderiam incluir o aumento da aptidão cardiorrespiratória ($\dot{V}O_{2máx}$) e uma variedade de desfechos para a saúde como descrito nas Aplicações clínicas 16.1; entretanto, está claro que os últimos efeitos relacionados à saúde não são dependentes de um aumento no $\dot{V}O_{2máx}$.[29,30,78] Isso é importante e fornece uma transição para nossa próxima seção.

Em resumo

- A dose de exercício reflete a interação entre intensidade, frequência e duração para gerar o volume de exercício.
- A resposta a uma intervenção de exercício pode incluir mudanças funcionais (p. ex., um aumento no $\dot{V}O_{2máx}$) e desfechos na saúde (p. ex., menor pressão arterial), independente um do outro.

Atividade física e saúde

O problema da dose de exercício resultante no efeito desejado é crucial para a prescrição de exercício tanto em termos de prevenção como de reabilitação. Ao longo das últimas três décadas, compreendeu-se que a dose apropriada varia enormemente, dependendo do resultado. Por exemplo, uma melhora em alguma variável relacionada à saúde (p. ex., pressão arterial em repouso) pode ser conseguida com uma intensidade de exercício mais baixa do que a exigida para obter algum aumento do $\dot{V}O_{2máx}$. Além disso, a frequência com que o exercício deve ser realizado para se obter o efeito desejado varia com a intensidade e a duração da sessão (ver discussão mais adiante).

Certas variáveis fisiológicas respondem muito rapidamente a uma "dose" de exercício. Por exemplo, foi demonstrado quão rapidamente o sistema nervoso simpático, o lactato sanguíneo e a frequência cardíaca (ver Cap. 13) se adaptam ao treinamento físico, sendo necessários apenas alguns dias para que sejam observadas mudanças na resposta. Contrastando com essas rápidas respostas ao treinamento físico, diversas variáveis fisiológicas, como o número de capilares, mudam mais lentamente.[71] Do mesmo modo, quando Haskell descreveu a potencial associação entre AF e saúde, ele distinguiu as respostas em curto prazo (agudas) das em longo prazo (treinamento).[29] Os termos utilizados para descrever os padrões de resposta nas semanas subsequentes ao início de uma dose de exercício são:

■ Respostas agudas – ocorrem com um ou vários períodos de exercício, mas não melhoram mais.
■ Respostas rápidas – os benefícios ocorrem rapidamente e se estabilizam em um platô.
■ Lineares – os ganhos são obtidos continuamente com o passar do tempo.
■ Retardadas – ocorrem apenas depois de semanas de treinamento.

Pode-se perceber a necessidade dessas distinções na Figura 16.2, que ilustra relações de dose-resposta propostas entre AF, definida como minutos de exercício por semana a 60-70% da capacidade máxima de trabalho, e uma série de respostas fisiológicas:[40] (1) pressão arterial e sensibilidade à insulina reagem melhor ao exercício; (2) as mudanças de $\dot{V}O_{2máx}$ e da pressão arterial em repouso são intermediárias; e (3) as alterações nos lipídios séricos, como a lipoproteína de alta densidade (HDL), são retardadas. Para uma atualização dos problemas de dose-resposta, ver Quadro "Aplicações clínicas 16.1".

Em 1995, em uma tentativa de lidar com a epidemia de inatividade física e seu impacto na saúde, o American College of Sports Medicine e os Centers for Disease Control and Prevention (CDC) publicaram diretrizes baseadas em uma revisão abrangente da literatura que lida com os aspectos da atividade física relacionados à saúde.[56] Foi recomendado que todos os adultos norte-americanos deviam acumular 30 minutos ou mais de AF de intensidade moderada (3-6 MET) na maioria dos (e, de preferência, em todos os) dias da semana. Essa recomendação fundamentou-se em um achado de que o gasto calórico e o tempo total (o volume) de AF estão associados à redução das doenças cardiovasculares e da mortalidade. Além disso, a prática da ati-

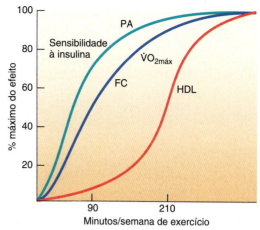

Figura 16.2 Relações de dose-resposta propostas entre quantidade de exercício realizado por semana a 60-70% da capacidade máxima de trabalho e alterações em diversas variáveis. Pressão arterial (PA) e sensibilidade à insulina (curva no lado esquerdo) parecem ser os parâmetros mais sensíveis ao exercício. Consumo máximo de oxigênio ($\dot{V}O_{2máx}$) e frequência cardíaca em repouso, que são parâmetros do condicionamento físico (curva do meio), estão próximos em termos de sensibilidade; mudanças nos lipídios, por exemplo, lipoproteína de alta densidade (HDL) (curva à direita), são as menos sensíveis.

vidade em períodos intermitentes de até 10 minutos demonstrou ser uma forma apropriada de concretizar a meta de 30 minutos.[6,56,78]

Em 2007, o ACSM e a AHA liberaram uma atualização dessa orientação de atividades físicas para a saúde pública[31] e, em 2008, foi publicada a primeira edição do U.S. *Physical Activity Guidelines*.[78] Essas duas orientações enfatizaram o documento original, mas tentaram dar mais clareza aos papéis da AF moderada em comparação com a intensa para que a recomendação fosse atendida.[31,78] Em razão da semelhança entre as duas orientações, será apresentado apenas o U.S. *Physical Activity Guidelines*.

■ O indivíduo pode perceber os benefícios substanciais da AF fazendo entre 150 e 300 minutos semanais de AF moderada ou 75 a 150 minutos semanais de AF vigorosa, ou alguma combinação dessas duas estratégias.
 ● 150 minutos de AF moderada ou 75 minutos de AF vigorosa é o objetivo mínimo.
 ● A faixa de AF (150-300 minutos) indica que serão obtidos maiores benefícios relacionados à saúde se forem feitas atividades extras (i. e., "mais é melhor").

Os ganhos relacionados à saúde associados à AF são obtidos quando o volume de AF se situa entre 500 e 1.000 MET-min por semana.[78] A AF moderada é definida como intensidades absolutas de 3,0 a 5,9 MET, e a vigorosa como intensidades de 6,0 MET ou mais.

■ Por exemplo, andar a 3 mph exige ~3,3 MET – uma atividade situada na extremidade inferior da faixa

Aplicações clínicas 16.1

Dose-resposta: atividade física e saúde

Em 2001, foram publicados os resultados de um simpósio especial que procurou determinar se existia uma relação de dose-resposta entre atividade física e uma série de resultados para a saúde.[44] Ao final da década, foi realizada outra revisão sistemática da literatura[79] relacionada ao mesmo tópico antes da publicação do primeiro grupo de orientações norte-americanas para atividade física (2008 U.S. *Physical Activity Guidelines*). A revisão mais recente corroborou a vasta maioria dos achados do relatório precedente. A participação regular na atividade física foi associada a:

- Percentuais mais baixos de mortalidade por qualquer causa, doença cardiovascular (DCV) total e incidência e mortalidade por doença coronariana.
- Maior perda de peso e redução da quantidade de reaquisição de peso em seguida à perda de peso.
- Baixa incidência de obesidade, diabetes tipo 2 e síndrome metabólica.
- Menor risco de câncer de colo e de mama.
- Melhora na capacidade de cumprir as atividades cotidianas por adultos mais idosos.
- Risco reduzido de quedas em adultos mais idosos com risco de quedas.
- Redução na depressão e no declínio cognitivo em adultos e em idosos.
- Mudanças favoráveis nos fatores de risco cardiovasculares, inclusive pressão arterial e perfil lipídico sanguíneo.

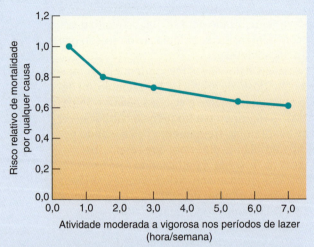

Figura 16.3 Dose-resposta de atividade física relacionada à mortalidade por qualquer causa. De: U.S. Department of Health and Human Services. Physical Activity Guidelines Advisory Committee Report 2008, Fig. G1.3, p. G1-19. http://www.health.gov/paguidelines/committeereport.aspx.

Em geral, a revisão descobriu que:

- O volume de atividade física realizada foi a variável mais importante ligada a resultados para a saúde.
- O risco de muitas doenças crônicas teve uma redução em torno de 20 a 40% em indivíduos que participaram regularmente na atividade física com os maiores ganhos feitos pelos que saíram da inatividade para praticar alguma atividade.[64]
- Alguma atividade física é melhor do que nenhuma e não existe um limiar inferior para os benefícios. Os indivíduos são encorajados a serem ativos mesmo se não puderem corresponder às recomendações mínimas de intensidade ou duração.[64,78]
- Foi observada uma relação de dose-resposta para a maioria dos resultados para a saúde, significando que "mais é melhor." Ver Figura 16.3 como exemplo de resultado para a saúde, "morte por qualquer causa".

Este último achado, "mais é melhor", teve que ser contrabalançado pelo maior risco de resultados adversos, nos casos em que houve excesso de atividade, ou quando o exercício representava uma grande mudança em comparação com o que estava sendo feito na ocasião. Ver mais sobre esse tópico em "Prescrição de exercício para CCR".

---

de intensidade moderada. Se a pessoa andar nessa velocidade durante 30 minutos, terá um gasto energético de 99 MET-min (3,3 MET × 30 min). Se a frequência for de 5 dias por semana, o volume de AF será de 495 MET-min por semana.
- Se o indivíduo fizer uma corrida leve à velocidade de 5 mph (~8 MET) durante 25 minutos, o volume de AF seria de 200 MET-min. Se essas sessões fossem feitas 3 dias por semana, o gasto energético seria de 600 MET-min por semana.

- O fato de que na prática de uma AF de intensidade moderada gasta-se aproximadamente o dobro do tempo necessário para obter o mesmo gasto energético que na AF vigorosa resulta em um índice de 2:1, quando comparado o tempo consumido para realizar as orientações da AF para essas diferentes intensidades (150 *vs.* 75 min).
- Além disso, e consistente com o ACSM *Guidelines*, as novas diretrizes norte-americanas

recomendam a prática de treinamento de força (pelo menos 1 sessão, ou 8-12 repetições de 8-10 exercícios) em 2 ou mais dias por semana, para melhorar ou manter a força e a resistência musculares.[31,78]

Essas novas diretrizes apenas detalham a quantidade de minutos semanais, sem listar o número de dias por semana para a prática do exercício. Isso não significa que o indivíduo deve fazer os 150 minutos de AF de intensidade moderada em um dia, descansando nos outros 6 dias. Por razões que serão abordadas mais adiante, a distribuição da AF e do exercício ao longo da semana torna mais fácil planejar a atividade e reduz o risco de eventos adversos.[78] Embora a AF de intensidade moderada esteja sendo enfatizada por ser o tipo mais frequentemente praticado por adultos (p. ex., uma caminhada rápida), muito se tem a ganhar com a participação em AF vigorosas (ver Quadro "Aplicações clínicas 16.2").

Em resumo

- Para que os benefícios da AF relacionados à saúde se concretizem, os adultos devem praticar entre 150 e 300 minutos semanais de AF de intensidade moderada ou 75 a 150 minutos semanais de AF vigorosa, ou alguma combinação dessas duas estratégias.
- O treinamento de força (8-10 exercícios, 8-12 repetições) deve ser praticado em dois ou mais dias não consecutivos por semana.

Orientações gerais para melhorar o condicionamento

O aumento na AF de intensidade moderada é um objetivo importante para a redução dos problemas ligados à saúde em indivíduos sedentários. Esses benefícios ocorrem em um ponto em que o risco global associado à AF é relativamente pequeno. No entanto, embora o risco de parada cardíaca em homens habitualmente ativos seja mais elevado durante uma atividade vigorosa, o risco global (repouso + exercício) de parada cardíaca em homens vigorosamente ativos é cerca de 40% do risco em homens sedentários.[73] A Figura 16.4 mostra que o risco relativo de morte a partir de todas as causas reduz à medida que o condicionamento cardiorrespiratório ($\dot{V}O_{2máx}$) aumenta, com a maior redução ocorrendo quando o menor condicionamento (20% menor ou quintil) sobe uma categoria.[50] Essa relação também é verdadeira quando aplicada ao risco de doenças crônicas.[45,64,79] Com base em uma metanálise de tais estudos, estima-se que, para cada 1 aumento de MET no condicionamento cardiorrespiratório, o risco de morte de todas as causas reduz em 13%.[45] A importância desses dados resultou em uma recomendação da American Heart Association para desenvolver um banco de dados norte-ame-

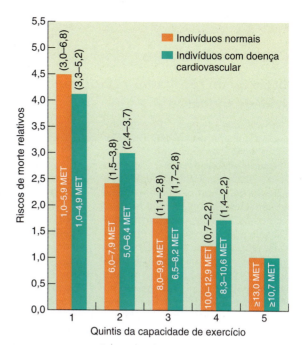

Figura 16.4 Riscos de morte relativos, ajustados por idade, a partir de qualquer causa, de acordo com o quintil da capacidade de exercício entre indivíduos normais e indivíduos com doença cardiovascular. A partir da referência 50.

ricanos (registro) de valores de $\dot{V}O_{2máx}$ cuidadosamente medidos para usar como uma referência ao tomar decisões sobre o risco.[41] Além do menor risco de morte e doença, um valor maior de $\dot{V}O_{2máx}$ aumenta a capacidade da pessoa de se envolver em uma faixa ampla de atividades de recreação. A finalidade desta seção é revisar as diretrizes gerais para programas de exercícios que objetivem aumentar o $\dot{V}O_{2máx}$. No Capítulo 13, foram apresentados os conceitos de sobrecarga e de especificidade em relação às adaptações que ocorrem com diferentes programas de treinamento. Embora esses princípios sejam aplicáveis ao que está sendo discutido aqui, é importante ter em mente que é preciso pouco exercício para obter algum efeito para a saúde. Isso é fato, mas contrasta notavelmente com a intensidade de exercício necessária para que sejam alcançados objetivos de desempenho (ver Cap. 21).

Em resumo

- Em indivíduos previamente sedentários, pequenas mudanças na AF resultam em grande número de benefícios para a saúde, com mínimo risco.
- O exercício intenso aumenta o risco de ataque cardíaco durante a atividade, mas reduz o risco global (repouso + exercício) de ocorrência do evento.
- Níveis moderados a elevados de condicionamento cardiorrespiratório conferem benefícios extras à saúde e aumentam a capacidade de o indivíduo se envolver em atividades recreativas.

Aplicações clínicas 16.2

Obtenção de resultados relacionados à saúde: um exercício vigoroso é melhor do que a atividade moderada?

Tem sido considerável a discussão sobre essa questão desde que o ACSM/CDC publicou sua recomendação sobre AF e saúde pública em 1995, com ênfase na AF com intensidade moderada. Antes desse documento, a ênfase recaía em exercícios vigorosos, conforme foi descrito nos clássicos posicionamentos oficiais do ACSM.[1] Deve-se ter em mente que, embora tenha sido enfatizada a AF de intensidade moderada, o documento de 1995 também indicou que "mais exercício era melhor", tendo incentivado a prática de exercício vigoroso. Portanto, permanece a pergunta: a AF com intensidade vigorosa é melhor do que a moderada para resultados relacionados com a saúde?

Swain e Franklin[75] trataram dessa questão em uma revisão sistemática da literatura, que examinou a relação da AF com a incidência de doença coronariana e os fatores de risco para doença coronariana. Nessa revisão, foi importante o controle para gasto energético total associado à AF, o que possibilitou uma comparação legítima entre AF de intensidade moderada *versus* vigorosa (visto que, para qualquer duração de AF vigorosa, mais energia seria consumida em comparação com a de intensidade moderada). A seguir, os achados desses autores.

- A vasta maioria dos estudos epidemiológicos observou maior redução no risco de doença cardiovascular em praticantes de AF de intensidade vigorosa (≥6 MET) em comparação com moderada (3-5,9 MET). Além disso, foram observados perfis de fatores de risco mais favoráveis para os participantes que fizeram AF de intensidade vigorosa em comparação com moderada.
- Em geral, os estudos de intervenção clínica demonstraram melhoras mais expressivas na pressão arterial diastólica, no controle da glicose e no condicionamento cardiorrespiratório em seguida à AF de intensidade vigorosa em comparação com a moderada. Entretanto, não foi observada diferença entre as duas categorias de intensidade para melhoras na pressão arterial sistólica e no perfil lipídico sanguíneo, ou para perdas de gordura corporal.

Nitidamente, são constatados mais benefícios relacionados à saúde, independentemente dos maiores ganhos em $\dot{V}O_{2máx}$, em pessoas que participam de exercícios de intensidade vigorosa. O'Donovan et al.[51] reforçaram esses achados ao demonstrar que mesmo quando os grupos em treinamento estão praticando exercício vigoroso, quanto mais elevada a intensidade melhor será o impacto nos fatores de risco para doença coronariana. Além disso, foi demonstrado que a participação habitual na AF de intensidade vigorosa estava associada a menos ausências no trabalho por doença, enquanto na atividade moderada aparentemente não houve o mesmo efeito.[66] Isso levanta outras perguntas: O que é AF de intensidade moderada? E a AF de intensidade vigorosa?

As recomendações de AF de saúde pública definem a AF de intensidade moderada como igual a uma *intensidade absoluta* de 3-5,9 MET; embora possa parecer surpreendente, na verdade, o exercício moderado pode ser uma atividade de intensidade vigorosa para grande segmento da população. A Figura 16.5 ilustra a *intensidade relativa* para dois exercícios fixos (caminhar a 3 ou 4 mph) que varia consideravelmente ao longo da faixa de valores de $\dot{V}O_{2máx}$.[37,79] Em consequência disso, indivíduos com baixo $\dot{V}O_{2máx}$ praticando AF de intensidade moderada (3-5,9 MET) podem, na verdade, estar trabalhando a uma intensidade relativa equivalente a um exercício vigoroso (≥6% do $\dot{V}O_{2máx}$), o que significa obter ganhos em $\dot{V}O_{2máx}$. Esse exemplo enfatiza a necessidade de considerar mensurações da intensidade relativa do exercício (p. ex., % da FC máxima, % do $\dot{V}O_{2máx}$) ao formular programas de AF, em vez de se basear exclusivamente nas intensidades absolutas (p. ex., MET). Portanto, atividades "moderadas", juntamente ao limiar mais baixo de treinamento em indivíduos descondicionados, podem ser suficientes para elevar a taxa metabólica e a frequência cardíaca até os níveis apropriados necessários para que sejam obtidos os níveis de condicionamento adequados ($\dot{V}O_{2máx}$) e os benefícios para a saúde que faziam parte da recomendação original do ACSM para condicionamento.

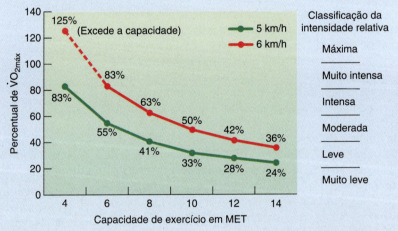

Figura 16.5 Intensidade relativa de exercício para caminhada a 5 km/h (3,3 MET) e 6 km/h (5,0 MET) expressa em percentual de $\dot{V}O_{2máx}$ para adultos com capacidade de exercício variando de 4 até 14 MET. De: U.S. Department of Health and Human Services. Physical Activity Guidelines Advisory Committee Report 2008. Figura D.1; p. D-7. http://www.health.gov/paguidelines/committeereport.aspx.

Triagem

Primeiramente, deve-se realizar algum tipo de triagem do estado de saúde do indivíduo, caso não tenha sido feita na avaliação do CCR, para definir quem deve iniciar um programa de exercício e quem deve fazer, além disso, uma consulta com o médico (ver Cap. 15 para detalhes). O risco de complicações cardiovasculares durante o exercício está diretamente relacionado ao grau de doença cardíaca preexistente. Em jovens, o risco de morte súbita é de cerca de 1/133.000 e 1/769.000 por ano em homens e mulheres, respectivamente, sobretudo em decorrência de cardiopatia congênita ou adquirida. Em adultos, o risco de morte súbita durante AF intensa é de 1 por ano para cada 15.000 a 18.000 indivíduos.[3]

Progressão

Um ponto importante observado em todas as U.S. *Physical Activity Guidelines* (*Diretrizes de Atividade Física dos EUA*)[78] é usar a progressão ao introduzir uma pessoa à atividade física ou ajudar um indivíduo a se deslocar de uma atividade de intensidade moderada para a intensidade vigorosa. Além disso, essa abordagem é usada nas populações, desde crianças até adultos mais velhos. As recomendações gerais incluem:

- ■ Usar a intensidade relativa para guiar o nível de esforço.
- ■ Transitar de atividade de intensidade leve a moderada para vigorosa, não o inverso (p. ex. caminhar antes de corrida leve (*jogging*)/correr).
- ■ Iniciar com atividade de intensidade leve a moderada e aumentar o número de minutos por dia ou a quantidade de dias por semana antes de aumentar a intensidade.
- ■ O aumento deve ser de aproximadamente 10% (p. ex., 10 minutos a mais para uma pessoa que realiza 100 minutos por semana).
- ■ A taxa desse aumento é menor para os idosos, menos condicionados e os não acostumados a exercício.

A ênfase nas atividades de intensidade moderada, como caminhar a 4,8-6,4 km/h, no início do programa de condicionamento está coerente com essa recomendação, e o participante deve ser orientado para não se deslocar muito rapidamente nas atividades que exigem mais. Para obter mais informações, consulte a seção "Sequência da atividade física".

Aquecimento, alongamento e desaquecimento, alongamento

Antecedendo para começar a própria atividade praticada na sessão de exercício, realizam-se vários exercícios muito leves e alongamentos para melhorar a transição do estado de repouso para o estado de exercício. No início da sessão de exercício, a ênfase é aumentar gradualmente o nível de atividade até alcançar a intensidade apropriada. No aquecimento, são incluídos exercícios de alongamento para aumentar a amplitude de movimento das articulações envolvidas na atividade, bem como alongamentos específicos para aumentar a flexibilidade da região lombar. Ao final da sessão da atividade, são recomendáveis cerca de 5 minutos de atividades de desaquecimento – caminhada lenta e exercícios de alongamento – para o retorno gradual da FC e da PA à normalidade. Essa parte da sessão de exercício é considerada importante para minimizar a probabilidade de um episódio hipotensivo em seguida à sessão de exercício.[38]

Prescrição de exercício para CCR

O programa de exercício consiste em atividades dinâmicas dos grandes músculos, como marcha, corrida leve, corrida, natação, ciclismo, remo e dança. O efeito do treinamento de CCR dos programas de exercícios depende da frequência, duração e intensidade apropriadas das sessões de exercício para gerar um gasto energético apropriado (volume de exercício). Historicamente, a intensidade relativa tem sido usada para estruturar programas de exercício a fim de aumentar a CCR. O ACSM recomenda três a cinco sessões por semana, durante 20 a 60 minutos por sessão, em uma intensidade de cerca de 40 até 89% da frequência cardíaca de reserva (FCR) ou reserva do consumo de oxigênio ($\dot{V}O_2R$).[3] Essa faixa de intensidade relativa abrange tanto intensidades moderadas (40-59% da FCR) quanto vigorosas (60-89% da FCR). Aqui, a $\dot{V}O_2R$ está sendo utilizada em lugar do $\dot{V}O_{2máx}$ tradicional, mas para pessoas com condicionamento médio a alto, os termos são bastante semelhantes.[38] A combinação de frequência, intensidade e duração resultará em um volume de 500 a 1.000 MET-min por semana.[1,3] Ver Quadro "Um olhar no passado – nomes importantes na ciência" para informações sobre um personagem que teve grande influência nos testes e prescrições de exercícios.

Frequência

A frequência do exercício é maior para exercício de intensidade moderada (≥5 dias/semana) do que exercício de intensidade vigorosa (≥3 dias/semana) para alcançar o volume de exercício recomendado.[1,3,78] As melhoras do CCR aumentam com a frequência das sessões de exercício, em que duas sessões constituem o mínimo; mas ocorre nivelamento dos ganhos de CCR depois de 3 a 4 sessões semanais.[3,81] É possível obter ganhos de CCR com um programa de 2 dias/semana, mas a intensidade dos exercícios deve ser mais alta do que no programa de 3 dias/semana, e os participantes talvez não consigam perder peso.[59] Além disso, o exercício de alta intensidade associado a uma frequência de 2 dias/semana pode não ser apropriado para pessoas previamente sedentárias. Se for realizado exercício intenso, o

Um olhar no passado – nomes importantes na ciência

Michael L. Pollock, PhD, lançou as bases para a prescrição de exercício

Michael L. Pollock recebeu seu PhD na Universidade de Illinois sob a direção do dr. Thomas K. Cureton (ver, no Cap. 0, "Um olhar no passado – nomes importantes na ciência"). De muitas maneiras, dr. Pollock espelhou-se na dedicação do dr. Cureton com o condicionamento, mas elevou esse tópico a um nível muito superior. A pesquisa de Mike Pollock estabeleceu as bases para grande parte dos aspectos quantitativos da prescrição de exercícios que foram estabelecidos na década de 1970 e que pouco mudaram até os dias atuais. Quando se lê sobre intensidade, frequência e duração ideais do exercício para se alcançar os objetivos do condicionamento e da saúde, é preciso agradecer ao dr. Pollock por ter lançado as bases de grande parte desses tópicos. Em 1972, ele publicou um capítulo, "Quantification of Endurance Training Programs", no primeiro volume de *Exercise and Sports Sciences Reviews*. Esse capítulo abriu caminho para o primeiro posicionamento oficial do ACSM em 1978: "Qualidade e quantidade recomendadas de exercício para desenvolvimento e manutenção do condicionamento," cujo autor principal foi o dr. Pollock. Sua pesquisa sobre a importância do treinamento de esforço foi fundamental para a inclusão do treinamento de força em uma revisão subsequente desse posicionamento. Além disso, o nome de Mike Pollock está ligado a uma das mais populares equações para a conversão da soma de dobras cutâneas em percentual de gordura corporal. O fato de que essas equações ainda se encontram cotidianamente em uso, muitos anos após sua formulação, demonstra a qualidade de seu trabalho em tantas áreas.

Dr. Pollock também teve grande influência no desenvolvimento, maturação e reconhecimento dos testes e treinamentos com exercícios cardiopulmonares. Suas pesquisas e livros (*Heart Disease and Rehabilitation* e *Exercise in Health and Disease*) nessa área ofereceram orientações claras para o fornecimento de programas de exercícios seguros e efetivos no ambiente da reabilitação cardiopulmonar (ver em "Sugestões de leitura" o livro publicado em sua homenagem: *Pollock's Textbook of Cardiovascular Disease and Rehabilitation*). Dr. Pollock foi membro fundador da American Association of Cardiovascular and Pulmonary Rehabilitation (AACVPR) e fundador do *Journal of Cardiopulmonary Rehabilitation*. Além dessas importantes contribuições, também serviu como presidente do ACSM.

Mike Pollock realizou todo esse trabalho enquanto padecia (secretamente) de espondilite anquilosante – uma doença inflamatória degenerativa que compromete a mobilidade da coluna vertebral. Ele morreu de acidente vascular encefálico em 1998, mas seu legado permanece vivo sempre que se faz um teste de exercício, ou uma prescrição de exercício, e quando se comenta sobre "qual a quantidade de exercício considerada suficiente?"

Nota: Agradecimentos especiais a Barry Franklin e William Haskell pelas informações para este quadro.

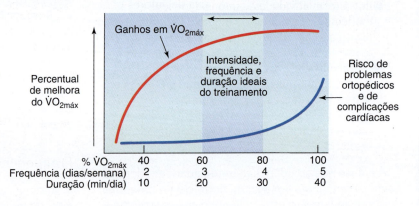

Figura 16.6 Efeitos do aumento da frequência, da duração e da intensidade do exercício no aumento de $\dot{V}O_{2máx}$ em um programa de treinamento. A figura demonstra o risco crescente de problemas ortopédicos, decorrente de sessões de exercício demasiadamente longas ou realizadas em um número excessivo de vezes por semana. A probabilidade de complicações cardíacas aumenta com intensidades de exercício que ultrapassem o recomendável para melhoras no condicionamento cardiorrespiratório.

esquema de 3 a 4 dias semanais prevê um dia de folga entre sessões e diminui os problemas de agenda associados ao programa planejado de exercícios. A Figura 16.6 demonstra que frequências mais elevadas estão associadas a percentuais mais altos de lesões.[61,79]

Intensidade

Intensidade descreve a sobrecarga no sistema cardiovascular necessária para provocar um efeito do treinamento. Não deve surpreender que o limiar de intensidade para determinado efeito do treinamento de CCR seja mais baixo para os menos condicionados e mais alto para os mais condicionados. Swain e Franklin[76] constataram que o limiar para uma melhora em $\dot{V}O_{2máx}$ foi de apenas 30% da reserva de consumo de oxigênio ($\dot{V}O_2R$) para indivíduos com valores de $\dot{V}O_{2máx}$ inferiores a 40 mL $\cdot$ kg^{-1} $\cdot$ min^{-1}, e de apenas 46% da $\dot{V}O_2R$ para aqueles com $\dot{V}O_{2máx}$ superior a 40 mL $\cdot$ kg^{-1} $\cdot$ min^{-1}. Contudo, em geral, esses autores observaram que o exercício de maior intensidade era melhor para o ganho de $\dot{V}O_{2máx}$. Conforme mencionado no início desta seção, a faixa de intensidade de exercício associada a um aumento no $\dot{V}O_{2máx}$ é de 40 até 89% da $\dot{V}O_2R$, o que é similar a 40 até 89% do $\dot{V}O_{2máx}$ para pessoas com condicionamento médio ou superior. No entanto, para a maioria das pessoas, 60 a

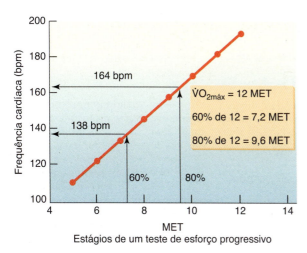

Figura 16.7 Faixa de frequência cardíaca alvo determinada com base nos resultados de um teste de estresse com exercício. Os valores para frequência cardíaca mensurados em cargas de trabalho iguais a 60 e 80% do $\dot{V}O_{2máx}$ constituem a faixa de FCA.

80% do $\dot{V}O_{2máx}$ parece ser suficiente para alcançar os objetivos de CCR.[38] Para que essa informação tenha utilidade, o líder do exercício precisa ter conhecimento das necessidades energéticas ($\dot{V}O_2$) de todas as atividades de condicionamento, de forma que possa ser feita uma equiparação correta entre a atividade e o participante. Felizmente, considerando a relação linear entre intensidade de exercício e FC, a intensidade de exercício pode ser determinada mediante o uso dos valores de FC equivalentes a 60 a 80% do $\dot{V}O_{2máx}$. A faixa de valores para frequência cardíaca associada à intensidade de exercício necessária para ter efeito no treinamento de CCR é chamada **faixa de frequência cardíaca alvo (FCA).** Como determinar a faixa de FCA?

Método direto. A Figura 16.7 ilustra a resposta de FC de um indivíduo com 20 anos de idade durante um teste de esforço progressivo (TEP) máximo em uma esteira ergométrica. O $\dot{V}O_{2máx}$ do indivíduo foi 12 MET; assim, 60 e 80% do $\dot{V}O_{2máx}$ são iguais a cerca de 7,2 e 9,6 MET, respectivamente. Traça-se uma linha a partir de cada uma dessas cargas de trabalho até a linha FC/$\dot{V}O_2$, sobre o eixo y, no qual são obtidos os valores de FC equivalentes a essas cargas de trabalho. Esses valores de FC, 138 a 164 bpm, representam a faixa de FCA, ou seja, a intensidade apropriada para um efeito do treinamento de CCR.[1,38]

Métodos indiretos. A faixa de FCA também pode ser estimada por meio de alguns cálculos simples, sabendo-se que a relação entre FC e $\dot{V}O_2$ é linear. A frequência cardíaca de reserva, ou método de Karvonen para cálculo de uma faixa de FCA, consiste em três etapas simples:[42,43]

1. Subtrair FC de repouso de FC máxima para obter FC de reserva (FCR).
2. Calcular 60 e 80% da FCR.
3. Adicionar cada valor de FCR à FC de repouso para obter a faixa de FCA.

Por exemplo:

1. Se um indivíduo tem FC máxima de 200 bpm e uma FC de repouso de 60 bpm, então a FCR é 140 bpm (200-60).
2. 60% × 140 bpm = 84 bpm e 80% × 140 bpm = 112 bpm
3. 84 bpm + 60 bpm = 144 bpm
   112 bpm + 60 bpm = 172 bpm
   A faixa de FCA é 144 a 172 bpm.

Esse método fornece estimativas razoáveis da intensidade de exercício, porque 60 a 80% da FCR é igual a aproximadamente 60 a 80% do $\dot{V}O_{2máx}$ para indivíduos com condicionamento médio ou elevado.

Outra forma indireta para cálculo da faixa de FCA é o método do *percentual de FC máxima*. Nele, simplesmente se tomam 70 e 85% da FC máxima para obter a faixa de FCA. No exemplo a seguir, o indivíduo tem FC máxima de 200 bpm. A faixa de FCA para ele é de 140 a 170 bpm (70% × 200 = 140 bpm; 85% × 200 = 170 bpm). Setenta por cento da FC máxima equivale a aproximadamente 55% do $\dot{V}O_{2máx}$ e 85% da FC máxima, a cerca de 75% do $\dot{V}O_{2máx}$ – ambos dentro da faixa de intensidade necessária para ganhos de CCR, mas ligeiramente mais conservador do que 60 a 80% FCR.[33-35,48]

A intensidade de exercício pode ser prescrita pelo método direto ou por qualquer dos métodos indiretos. Qualquer dos métodos indiretos depende do conhecimento da FC máxima. Se a FC máxima for mensurada durante um TEP máximo, o valor obtido deve ser utilizado nos cálculos. No entanto, se for preciso usar a estimativa de FC máxima ajustada para idade (220 - idade), será preciso levar em conta o erro potencial, em que o desvio padrão da estimativa é igual a ±11 bpm. Tanaka, Monahan e Seals[77] avaliaram a validade da equação clássica "220 - idade" para estimativa da FC máxima. Eles realizaram uma análise de 351 estudos publicados e fizeram validação cruzada dos achados com um estudo laboratorial bem controlado, tendo chegado a valores praticamente idênticos com o uso das duas abordagens: FC máx = 208 - 0,7 × idade. Essa nova equação fornece valores de FC máxima que são 6 bpm mais baixos para a faixa etária de 20 anos e 6 bpm mais altos para a faixa dos 60 anos. Um estudo longitudinal recentemente publicado confirmou os achados descritos acima, sua equação foi: FC máx = 207 - 0,7 × idade.[23] Embora as novas fórmulas resultem em melhores estimativas da FC máxima *média*, os investigadores enfatizam o fato que a FC máxima estimada para determinado indivíduo está ainda associada a um desvio padrão de ±10 bpm.

- Quando usar um valor de frequência cardíaca no exercício para estimar a % de $\dot{V}O_{2máx}$ ou $\dot{V}O_2R$ na qual o indivíduo esteja trabalhando, o erro é cerca de ±6% (ou seja, 60% FCR = 60 ± 6% de $\dot{V}O_2R$) para dois terços da população quando a frequência cardíaca máxima medida é conhecida.

Aplicações clínicas 16.3

Treinamento intervalado de alta intensidade (HIIT)

As diretrizes de atividade física apresentadas até o momento se voltaram para as atividades aeróbias contínuas realizadas em intensidade moderada (p. ex., 3-5,9 MET por 30 min/dia, 5 dias por semana) ou vigorosa (≥6 MET, 25 min/dia, 3 dias por semana). Entretanto, aumentou a popularidade de um modo de treinamento usado por vários atletas de resistência por mais de 100 anos nos programas de condicionamento. O modo é o treinamento por intervalo, agora comumente conhecido como Treinamento Intervalado (Intermitente) de Alta Intensidade (HIIT). Os programas HIIT em geral começam com um aquecimento, seguido por uma série de sessões breves de exercício de alta intensidade; cada sessão é separada por um período de recuperação de repouso ou exercício de menor intensidade. O intervalo "alto/baixo" é repetido por um número específico de vezes (p. ex., uma série de 3-10 intervalos) e é seguido por um período de recuperação antes que a série seja repetida. Consequentemente, o número de variáveis incluídas em uma prescrição de exercício HIIT inclui pelo menos as opções a seguir:[13,14]

- Tipo de exercício (p. ex., corrida, bicicleta).
- Ajustes de intensidade e duração das partes altas e baixas de um intervalo.
- Número de intervalos feitos por série.
- Intensidade e duração da recuperação entre as séries.

Embora os programas HIIT sejam mais complicados para estruturar do que as recomendações típicas de atividade física mencionadas anteriormente, o interesse renovado por eles foi estimulado pela pesquisa que mostrou que esses programas geram mudanças fisiológicas muito expressivas em um período de tempo muito curto. Por exemplo, após apenas 6 sessões de quatro a sete sessões máximas de testes Wingate de 30 segundos com 4 minutos de recuperação entre cada um, ocorreram aumentos na capacidade oxidativa, na capacidade para oxidação de gordura, transportadores de glicose intramuscular, níveis de glicogênio do músculo em repouso e desempenho de exercício (p. ex., tempo para exaustão em uma carga de trabalho fixa).[15,24,25,47]

Como esse protocolo de HIIT supramáximo (Wingate) era tão exigente e potencialmente perigoso para alguns indivíduos, foi testado um protocolo HIIT alternativo. Neste protocolo, os indivíduos faziam 10 sessões de 60 segundos em uma intensidade que exigia ~90% da FC máxima, seguido por 60 segundos de recuperação. Os resultados eram semelhantes para o protocolo Wingate HIIT mais vigoroso.[25] Curiosamente, foi observado que os protocolos HIIT, como essa versão alternativa, eram mais agradáveis comparados com os 50 minutos de exercício contínuo a 70% de $\dot{V}O_2$máx, mesmo que a EPE fosse superior no protocolo HIIT.[9]

Nem todos os programas de treinamento com intervalo exigem que a pessoa se exercite a níveis quase máximos ou supramáximos. Como apresentado na Tabela 16.1, o uso de intervalo de corrida leve/caminhada é uma boa forma de ajudar uma pessoa na transição de atividade física de intensidade moderada para vigorosa.

Por último, recomendamos a leitura dos estudos clássicos de Åstransd et al. e Christensen et al. nas Sugestões de leitura para verificar o impacto que as variações na duração do intervalo de exercício e/ou descanso têm sobre a FC, $\dot{V}O_2$ e respostas do lactato em comparação com o exercício contínuo.

- Se usarmos uma estimativa da frequência cardíaca máxima prevista pela idade para ajustar a faixa da frequência cardíaca alvo, o erro envolvido ao estimar o valor máximo de frequência cardíaca (um desvio padrão de ±10 bpm) é adicionado ao erro na estimativa de % $\dot{V}O_{2máx}$ ou % $\dot{V}O_2R$.

Consequentemente, a faixa estimada de FCA é uma *orientação* para a intensidade de exercício, significando que deve ser utilizada junto com outras informações (p. ex., nível de esforço, sintomas ou sinais anormais) para que seja determinado se a intensidade de exercício é razoável.

Nesse tocante, a escala de percepção de esforço (EPE) de Borg pode ser utilizada como meio auxiliar para FC na prescrição da intensidade de exercício para indivíduos aparentemente sadios. A faixa da EPE de 12 a 17 na escala de Borg original abrange a faixa de intensidade de exercício similar a 40 até 89% da FCR.[1,3,10,19,27,28,62] A escala EPE é útil, porque o participante aprende a associar a faixa de FCA com certa percepção corporal global de seu esforço, minimizando a necessidade para frequentes mensurações da frequência de pulso. Foi demonstrado que a escala EPE tem elevada confiabilidade de teste-reteste,[18] estando intimamente relacionada ao percentual de $\dot{V}O_{2máx}$ e ao limiar de lactato, independentemente do modo de exercício e do condicionamento do indivíduo.[36,69,72] Deve-se ter em mente que o limiar de intensidade necessário para a realização dos objetivos de CCR é mais baixo para pessoas menos condicionadas e vice-versa. Em vez de usar exercício contínuo em uma intensidade específica para alcançar os seus objetivos, existe um interesse elevado pelo uso de exercício intermitente de alta intensidade a fim de alcançar os mesmos objetivos em um período mais curto de tempo (ver Aplicações clínicas 16.3).

Tempo (duração)

A duração ou tempo tem que ser analisado junto à intensidade, pois o volume de exercício é uma importante variável associada a melhoras de CCR depois de ter sido alcançado o limiar mínimo de intensidade.[3] Para os que trabalham em intensidades menores, será necessária uma maior duração para alcançar o mesmo gasto energético de uma pessoa que trabalha em uma intensidade maior. Um bom exemplo que demonstra o papel da duração e do volume (em uma atividade de exercício constante) no aperfeiçoamento do CCR é um estudo de Church et al.[20] Mulheres sedentárias, na pós-menopausa e com sobrepeso ou obesas foram randomicamente designadas para um grupo-controle ou um de três grupos de AF de intensidade moderada (~50% do $\dot{V}O_2$ pico) para alcançar um gasto energético de 4, 8 ou 12 kcal/kg/semana. O aumento no $\dot{V}O_2$ pico foi de 4,2, 6 e 8,2% nesses grupos, respectivamente, sugerindo uma relação de dose-resposta com a duração do exercício.[20] Isso é importante, visto que muitas pessoas sedentárias podem ter mais facilidade com uma sessão de exercício de baixa intensidade e mais duradoura do que com uma sessão inversa, bem como obter os benefícios relacionados à saúde pela prática de AF com mínimo risco. Obviamente, se os participantes optarem por se exercitar em intensidades maiores, demorarão menos para alcançar seus objetivos de gasto energético. A Figura 16.6 mostra que realizar um exercício extenuante (75% $\dot{V}O_{2máx}$) por mais de 30 minutos por sessão aumenta o risco de problemas ortopédicos.

> ### Em resumo
>
> - Antes de participar em um programa de exercício, pessoas sedentárias devem passar por uma triagem para determinar seu estado de saúde.
> - Os programas de exercício para pessoas previamente sedentárias devem ser iniciados com atividades de intensidade moderada (caminhada) e focar na frequência e duração crescentes para obter benefícios adicionais para a saúde antes de a intensidade ser aumentada.
> - As características ideais de um programa de exercício intenso para aumento do $\dot{V}O_{2máx}$ são intensidade = 60-80% do $\dot{V}O_{2máx}$; frequência = 3-4 vezes por semana; duração = minutos necessários para alcançar um volume de 500 ou 1.000 MET-min por semana.
> - A faixa de FCA, considerada como 60-80% da FCR ou 70-85% da FC máxima, é uma estimativa razoável da intensidade de exercício apropriada.

Para determinar se a pessoa está na faixa da FCA durante a atividade, a FC deve ser verificada imediatamente após ela parar, tomando uma contagem de pulso de 10 segundos dentro dos primeiros 15 segundos. O pulso pode ser tomado na artéria radial ou na artéria carótida; se for usada a carótida, o participante deve usar pressão suave, pois a pressão forte pode reduzir a FC.[38,62] Entretanto, quando possível, deve-se usar um "monitor cardíaco" para maior precisão. Como já mencionado, é importante que os indivíduos sedentários iniciem lentamente

antes de se exercitar nas intensidades recomendadas especificadas na faixa de FCA. A seção a seguir apresenta algumas sugestões de como fazer essa transição.

Sequência da atividade física

O antigo adágio – a pessoa deve "andar antes de correr" – indica como se deve recomendar exercícios para pessoas sedentárias, sejam elas jovens ou idosas.[78] Depois que a pessoa demonstrar habilidade para caminhar longas distâncias sem fadiga, então poderão ser introduzidos exercícios controlados de condicionamento de intensidade razoável (FCA). Depois dessa etapa, e dependendo do interesse do participante, poderão ser implementadas várias atividades de condicionamento mais lúdicas. Esta seção tratará dessa sequência de atividades que podem conduzir a uma vida com bom condicionamento físico.[38]

Marcha

A principal atividade a ser recomendada a alguém que tenha vivido sedentariamente durante longo período é andar, ou alguma prática equivalente no caso de problemas ortopédicos. Essa recomendação é compatível com o material introdutório sobre benefícios para a saúde e resolve o problema das lesões associadas à AF mais intensa. Além disso, há boa razão para se acreditar que alguns (muitos) indivíduos podem praticar caminhadas como forma principal ou única de exercício. Nesse estágio, a ênfase é simplesmente tornar as pessoas ativas, proporcionando uma atividade que possa ser feita em qualquer lugar, a qualquer hora e por qualquer indivíduo, jovem ou idoso. Dessa maneira, diminui-se o número de possíveis fatores intervenientes que poderiam resultar na descontinuação do exercício.

A pessoa deve escolher calçados confortáveis e flexíveis, que ofereçam uma ampla base de apoio e tenham uma estrutura bem ajustada para o calcanhar. Existem diversos tipos de calçados "para andar", mas geralmente não há necessidade de calçados especiais. A ênfase recai em "como começar"; se as caminhadas se transformarem em uma atividade "séria", ou se levarem a longos passeios a pé, então esse investimento se justificaria. Se o tempo não interferir na atividade, a seleção adequada de vestuário se faz necessária. O participante deve usar roupas leves e folgadas no clima quente e camadas de lã ou polipropileno no clima frio. Para indivíduos incapazes de suportar extremos de temperatura e umidade no ambiente externo, muitos shoppings oferecem um ambiente controlado com uma superfície lisa. Os caminhantes devem escolher as áreas onde praticarão suas caminhadas com cuidado; devem evitar ruas esburacadas, zonas de tráfego intenso e áreas com má iluminação. Segurança é importante em qualquer programa de exercício voltado para a melhora da saúde.[38,78] A Tabela 16.1 apresenta um programa de marcha.[38] As etapas são bastante simples, pois não haverá progressão para o estágio seguinte a menos que o indivíduo se sinta con-

Capítulo 16 Prescrições de exercícios para saúde e condicionamento físico **367**

fortável no estágio atual. A FC deve ser registrada conforme descrito anteriormente, mas a ênfase não deve recair na obtenção da FCA. Mais adiante no programa de marcha, se forem estabelecidas velocidades maiores, o participante alcançará a zona de FCA. Deve-se ter em mente que, apesar de não constituírem exercício muito intenso pela escala de zonas de FCA, as caminhadas passam a fazer parte efetiva de um programa de controle de peso e de redução de fatores de risco para doença coronariana quando combinadas com longos tempos de prática.[54,63,78] Na opinião de muitas pessoas, caminhar é uma atividade que pode ser praticada todos os dias, oferecendo muitas oportunidades para queimar calorias.

Corrida leve

A corrida leve (*jogging*) tem início quando a pessoa se movimenta em certa velocidade que resulta em um período de "voo" entre as passadas; essa velocidade pode ser de 3 ou 4 mph, ou 6 ou 7 mph, dependendo do condicionamento do indivíduo. Conforme foi descrito no Capítulo 1, o gasto energético líquido de *jogging*/corrida rápida é, aproximadamente, o dobro do gasto energético da caminhada (em velocidades lentas a moderadas) e de-

pende de uma resposta cardiovascular mais intensa. Essa não é a única razão para que um programa de *jogging* venha em seguida a um de marcha; há também maior estresse nas articulações e nos músculos em decorrência das forças de impacto que devem ser toleradas durante os impulsos e as aterrissagens na prática de *jogging*.[17]

No início de um programa de *jogging*, a ênfase consiste em fazer a transição do programa de marcha de modo que seja minimizado o desconforto associado à introdução de qualquer atividade nova. Isso pode ser conseguido começando-se com um programa de *jogging*-marcha-*jogging* que sirva de introdução suave da pessoa na prática de *jogging*, pela mescla do menor gasto energético e menor trauma associado à caminhada. A velocidade de *jogging* é determinada de acordo com a FCA, e o objetivo é permanecer na extremidade baixa da zona de FCA no início do programa. À medida que o participante vai se adaptando ao programa de *jogging*, a resposta da FC para qualquer velocidade diminuirá e, assim, a velocidade de *jogging* deve ser aumentada para manter a zona de FCA. Esse é o principal marcador para se confirmar que está ocorrendo um efeito do treinamento. A Tabela 16.1 apresenta um programa de *jogging* com algumas regras simples que devem ser seguidas. Como cuidados espe-

Tabela 16.1	Exemplos de programas de caminhada e corrida leve (*jogging*)

Programa de caminhada			**Programa de caminhada leve/corrida**
Regras			**Regras**
1. Comece em um nível em que se sinta confortável			1. Complete o programa de caminhada primeiro
2. Alongue-se antes de cada sessão			2. Caminhe e se alongue antes de cada sessão
3. Esteja atento para dores localizadas e não localizadas			3. Esteja atento para dores localizadas e não localizadas
4. Progrida um estágio quando estiver confortável			4. Progrida um estágio quando estiver confortável
5. Monitore a FC, mas não se preocupe em estar na zona de FCA			5. Fique na faixa inferior da zona de FCA ao variar o tempo de intervalo de caminhada/corrida ou o ritmo da corrida
6. Caminhe pelo menos 5 dias por semana			6. Faça um programa diário

Estágio	Tempo (min)	Comentários	Estágio	
1	10	Caminhe em um ritmo confortável	1	Corra 10 passos, caminhe 10 passos; repita 5 vezes e verifique a FC. Faça por 20-30 min
2	15		2	Corra 20 passos, caminhe 10 passos; repita 5 vezes e verifique a FC. Faça por 20-30 min
3	20	Divida em duas caminhadas de 10 min se for necessário	3	Corra 30 passos, caminhe 10 passos; repita 5 vezes e verifique a FC. Faça por 20-30 min
4	25		4	Corra 1 min, caminhe 10 passos; repita 5 vezes e verifique a FC. Faça por 20-30 min
5	30	Faça duas caminhadas de 15 min se preferir	5	Corra 2 min, caminhe 10 passos; repita 5 vezes e verifique a FC. Faça por 20-30 min
6	35		6	Corra 1 volta e verifique a FC. Caminhe brevemente e complete 4-6 voltas
7	40	Duas caminhadas de 20 min satisfará a meta	7	Corra 2 voltas e verifique a FC. Caminhe brevemente e complete 4-6 voltas
8	45		8	Corra 1,6 km e verifique a FC. Caminhe brevemente e faça 2,4 a 3,2 km
9	50	Você pode fazer 25 min pela manhã e à noite	9	Corra continuamente por 20-40 min e verifique a FC.

Adaptado dos programas de caminhada e *jogging* listados nas páginas 410 e 412 da referência 38.

ciais, têm-se primeiramente o término do programa de marcha e a permanência na zona de FCA, não avançando o participante para o nível seguinte se ele não estiver se sentindo confortável com o nível atual. Jogging não é para qualquer um; para pessoas obesas ou que tenham problemas de tornozelo, joelho ou quadril, seria melhor evitar essa atividade. Duas atividades que reduzem esse estresse são o ciclismo (estacionário ou ao ar livre) e a natação.[38] No Capítulo 17, serão apresentadas mais informações sobre exercícios para populações especiais.

Atividades lúdicas e esportes

À medida que a pessoa vai se acostumando ao exercício na faixa de FCA com a prática de jogging, natação ou ciclismo, podem ser introduzidas mais atividades não controladas que exijam níveis mais elevados de gasto energético; entretanto, isso deverá ser feito de maneira mais intermitente. Jogos (frescobol, raquetebol, squash), esportes (basquetebol, futebol) e diversas formas de exercício em grupo podem manter o interesse da pessoa, aumentando a probabilidade de que venha a perseverar em uma vida fisicamente ativa. Essas atividades devem se basear em atividades de caminhada e jogging para reduzir a probabilidade de que o participante faça ajustes inadequados à atividade. Além disso, por ter o hábito de caminhar ou praticar jogging (nadar ou pedalar), o participante ainda será

capaz de dar continuidade à prática da AF quando não houver ninguém com quem jogar ou para liderar a turma. Em contraste com o jogging, o ciclismo ou a natação, será mais difícil permanecer na faixa de FCA com essas atividades intermitentes. É mais provável que, de tempos em tempos, a FC se desloque de um nível inferior ao valor limítrofe para um ponto situado acima do limite superior da FCA. Essa é uma resposta normal às atividades de natureza intermitente. No entanto, deve-se ter em mente que, ao praticar jogos, é importante que os participantes tenham certo grau de habilidade e nível de perícia razoavelmente equiparado. Se uma pessoa tiver um desempenho muito melhor que a outra, nenhuma delas terá uma prática satisfatória.[49]

Treinamento de força e de flexibilidade

Neste capítulo, a ênfase recaiu no treinamento para melhora do condicionamento cardiorrespiratório (CCR). Todavia, tanto os posicionamentos oficiais do ACSM sobre condicionamento[1] como as atualizações das orientações sobre AF e saúde pública[31,78] recomendam exercícios de força e flexibilidade como parte do programa completo de condicionamento. A Tabela 16.2 mostra que o treinamento de força oferece vários benefícios para a saúde além de aumentar ou manter a força.[8] Coletivamente, esses achados relacionados à saúde apontam

Tabela 16.2	Comparação dos efeitos do exercício aeróbio com exercício de força sobre o coração e as variáveis de condicionamento físico[a]	
Variável	**Exercício aeróbio**	**Exercício de força**
Gordura corporal total	↓↓	↓
Gordura intra-abdominal	↓↓	↓↔
Massa corporal magra	↔	↑↑
Peso corporal	↓	↔
Taxa metabólica em repouso	↑	↑↑
Força muscular	↔	↑↑↑
Massa muscular	↔	↑↑
Potência muscular	↔	↑
Densidade capilar	↑	↔
Volume mitocondrial	↑↑	↓↔
Densidade mitocondrial	↑↑	↓↔
Níveis basais de insulina	↓	↓
Sensibilidade à insulina	↑↑	↑↑
Resposta da insulina ao desafio da glicose	↓↓	↓↓
Frequência cardíaca em repouso	↓↓	↔
PAS em repouso	↓↓	↓
PAD em repouso	↓↓	↓
Pico de $\dot{V}O_2$	↑↑↑	↑↔
Tempo de resistência submáximo e máximo	↑↑↑	↑↑
Produto da pressão-taxa de exercício submáximo	↓↓↓	↓↓

Abreviações: PAD; pressão arterial diastólica; PAS; pressão arterial sistólica.
[a] ↑ indica aumentado; ↓ reduzido; ↔, efeito desprezível; 1 seta, efeito pequeno; 2 setas, efeito moderado; 3 setas, grande efeito.

para a necessidade do treinamento de força como parte de um programa regular de exercício. A recomendação do ACSM enfatiza os exercícios dinâmicos feitos como rotina, mas inicialmente houve debate sobre o quanto seria necessário (ver Aplicações clínicas 16.4).

Em geral, a flexibilidade refere-se à capacidade de mover uma articulação ao longo da sua amplitude de movimento normal. As recomendações atuais do ACSM para o alongamento estático incluem:[2]

- Alongar até o ponto de leve desconforto e manter por 10-30 segundos.
- Fazer cada alongamento 2 a 4 vezes.
- Fazer os exercícios de alongamento ≥2 dias por semana.

Além disso, os métodos dinâmico, balístico e de facilitação neuromuscular proprioceptiva (FNP) são adequados para melhorar a flexibilidade.

Vai além dos objetivos deste texto entrar em detalhes relativos a programas de força e flexibilidade visando a melhorar ou manter esses componentes do condicionamento. É recomendável que o leitor consulte, nas "Sugestões de leitura", Faigenbaum e McInnis para mais in-

Aplicações clínicas 16.4

Treinamento de força: série isolada *versus* várias séries

Foi somente em 1998 que o ACSM recomendou treinamento de força como parte de um programa de condicionamento bem acabado. Os objetivos foram aumentar ou manter a força e resistência musculares, a massa livre de gordura e a densidade mineral óssea.[1] Para que esses objetivos fossem concretizados, o ACSM recomendou:

- No mínimo uma série de 8 a 10 exercícios para condicionamento dos grupos musculares importantes.
- 8 a 12 repetições por série (10 a 15 para indivíduos de mais idade).
- Duas ou mais sessões não consecutivas por semana.

Embora os posicionamentos oficiais reconheçam que "regimes de várias séries podem trazer mais benefícios," a revisão da literatura preconizou o uso de apenas uma série para que fossem conseguidos os objetivos de condicionamento e as metas relacionadas à saúde.

Nem todos concordaram com essa interpretação da literatura. O debate sobre uma série *versus* várias séries foi levado a um nível mais alto quando o ACSM publicou um segundo posicionamento oficial, em 2002, com enfoque em modelos de progressão do treinamento físico para aumento da força.[5] Nessas recomendações, foi proposta uma série de abordagens visando a concretizar os objetivos de força, inclusive a prática de várias séries. Desde o surgimento dessas recomendações, foram publicadas várias análises sistemáticas da literatura pertinente, tratando da questão "apenas uma série *versus* várias séries".[22,67,82]

Esses artigos de revisão, bem como outros estudos,[39,71] indicam de modo convincente que, em termos de aumento da força, é melhor recorrer a várias séries em vez de uma série isolada. Entretanto, "nos casos em que o ganho máximo de força não é o objetivo principal do programa de treinamento, um protocolo com uma série isolada pode ser suficiente para melhorar significativamente a força nas partes superior e inferior do corpo, além de ser opção eficiente em termos de tempo".[22] Aparentemente, isso apoiaria a recomendação de "uma série" para melhorar e manter o condicionamento muscular em um indivíduo mediano, assim como "várias séries" para aquelas pessoas interessadas no objetivo de obter mais força.

O problema da dose-resposta foi discutido mais no início deste capítulo, relacionado a resultados para a saúde e a aumentos no $\dot{V}O_{2máx}$. Para os programas de força e condicionamento, ficou claro que o que era necessário para os *ganhos máximos* em força nos indivíduos não treinados era menos do que o necessário para indivíduos treinados e atletas:[57,68]

- Para indivíduos não treinados: fazer quatro séries a 60% 1-RM, 3 dias por semana.[68]
- Para indivíduos treinados: fazer quatro séries a 80% 1-RM, 2 dias por semana.[68]
- Para atletas: fazer oito séries a 85% 1-RM, 2 dias por semana.[57]

Esse corpo de pesquisa crescente instigou o ACSM a atualizar seus posicionamentos oficiais de 2002 acerca de modelos de progressão em treinamento de força para indivíduos adultos saudáveis.[4]

As colocações a seguir são um resumo sucinto das recomendações para ganhos de força. Outras orientações são passadas nos posicionamentos oficiais para ganhos em hipertrofia, potência e resistência muscular local.

- Para principiantes (indivíduos não treinados): as cargas devem corresponder a 60-70% de 1-RM para 8-12 repetições; fazer 1-3 séries em velocidades de contração leves a moderadas, com pelo menos 2-3 min de repouso entre as séries; treinar 2-3 dias por semana.
- Para indivíduos intermediários (~6 meses de treinamento): as cargas devem corresponder a 60-70% de 1-RM para 8-12 repetições; usar várias séries com variações no volume e na intensidade, com o passar do tempo; fazer as séries em velocidades de contração moderadas, com repouso de 3-5 min entre elas; treinar 3-4 dias por semana.
- Para indivíduos avançados (anos de treinamento): as cargas devem corresponder a 80-100% de 1-RM; fazer várias séries com variações no volume e na intensidade, com o passar do tempo, utilizando velocidades de contração variáveis (com relação à intensidade), com pelo menos 2-3 min de repouso entre séries; treinar 4-6 dias por semana.

Essas diretrizes foram incorporadas tanto na posição do ACSM 2011 sobre condicionamento físico[2] como na edição de 2014 do *Guidelines for Exercise Testing and Prescription*.[3]

formações sobre força e resistência muscular e Liemohn para flexibilidade e funcionamento da região lombar, como bons pontos de partida.

> ### Em resumo
>
> - Uma progressão lógica das atividades físicas é: caminhar/praticar *jogging*/praticar esportes. A progressão resolve os problemas de intensidade e também do risco de lesão. Para muitos, caminhar pode ser a única atividade aeróbia possível.
> - Atividades de força e flexibilidade devem ser incluídas como parte regular de um programa de exercício.

Preocupações ambientais

Na adaptação ao exercício, é importante que o participante seja instruído em relação aos efeitos de extremos de calor e umidade, altitude e frio. A faixa de FCA funciona como orientação por proporcionar *feedback* para o participante sobre a interação entre o ambiente e a intensidade do exercício. Com o aumento do calor e da umidade, também aumenta a necessidade de maior circulação de sangue para a pele, essencial para que ocorra dissipação do calor. Com o aumento da altitude, há menor quantidade de oxigênio ligado à hemoglobina e a pessoa deve bombear maior volume de sangue para os músculos para que ocorra liberação da mesma quantidade de oxigênio. Nessas duas situações, será mais intensa a resposta da FC a uma sessão fixa de esforço. Para equilibrar essa tendência e permanecer na faixa de FCA, o indivíduo deve diminuir a carga de trabalho. Na maioria dos ambientes frios, o exercício pode ser uma atividade refrescante e segura se o indivíduo planejar antecipadamente a prática e estiver vestido apropriadamente. No entanto, há algumas combinações de temperatura/vento que devem ser evitadas por causa da impossibilidade em se adaptar a essas condições. Conforme mencionado anteriormente, durante essas ocasiões algumas pessoas simplesmente planejam a prática de exercício em áreas abrigadas (*shoppings*, *spas*, casa); com isso, sua rotina não sofre interrupção. Esses fatores ambientais serão estudados com mais detalhes no Capítulo 24.

> ### Em resumo
>
> - A FCA funciona como orientação para o ajuste da intensidade do exercício em ambientes adversos, como temperatura e umidade elevadas ou altitude.
> - A redução na intensidade do exercício irá contrabalançar os efeitos da temperatura/umidade ambiente elevada, permitindo que o praticante permaneça na zona de FCA.

Atividades para estudo

1. Quais são as implicações práticas da classificação da inatividade física como fator de risco importante?
2. Do ponto de vista da saúde pública, por que se dá tanta atenção ao aumento da AF das pessoas sedentárias em pequenas doses, em vez de se recomendar um exercício intenso?
3. Qual é o risco de ocorrência de parada cardíaca para alguém que participa de um programa regular de atividade física?
4. Qual é a diferença entre "exercício" e "atividade física"?
5. Liste a frequência, intensidade e duração ideais de um exercício necessário para que ocorra aumento na função cardiorrespiratória.
6. Para uma pessoa com frequência cardíaca máxima de 180 bpm e uma frequência cardíaca em repouso de 70 bpm, calcule uma faixa de frequência cardíaca alvo pelos métodos de Karvonen e do percentual de FC máxima.
7. Recomende uma progressão apropriada de atividades para uma pessoa sedentária que pretenda obter condicionamento.
8. Por que é importante monitorar constantemente a frequência cardíaca durante o exercício em condições de calor, umidade e altitude?
9. Como o treinamento de força se compara ao treinamento aeróbio na redução do risco de doenças?
10. Qual é o treinamento recomendado de um programa de força para adultos não treinados?

Sugestões de leitura

American College of Sports Medicine. 2013. ACSM's *Resource Manual for Guidelines for Exercise Testing and Prescription*. 7th ed. Baltimore, MD: Lippincott Williams & Wilkins.

Åstrand, I., P-O. Åstrand, E. H. Christensen, and R. Hedman. 1960. Intermittent muscular work. *Acta Physiologica Scandinavia*. 48: 448–453.

Baechle, T. R., and R. W. Earle. 2008. *Essentials of Strength Training and Conditioning*. 3rd ed. Champaign, IL: Human Kinetics.

Christensen, E. H., R. Hedman, and B. Saltin. 1960. Intermittent and continuous running. *Acta Physiologica Scandinavica*. 50: 269–286.

Durstine, J. L., G. E. Moore, M. J. LaMonte, and B. A. Franklin. 2008. *Pollock's Textbook of Cardiovascular Disease and Rehabilitation*. Champaign, IL: Human Kinetics.

Faigenbaum, A. D., and K. J. McInnis. 2012. Guidelines for muscular strength and endurance training. In *Fitness Professional's Handbook*, 6th ed. E. T. Howley and D. L. Thompson (eds). Champaign, IL: Human Kinetics.

Howley, E. T., and D. L. Thompson. 2012. *Fitness Professional's Handbook*. 6th ed. Champaign, IL: Human Kinetics.

Liemohn, W. P. 2012. Exercise prescription for flexibility and low-back function. In *Fitness Professional's Handbook*. 6th ed.

E. T. Howley and D. L. Thompson (eds). Champaign, IL: Human Kinetics.

U.S. Department of Health and Human Services. 1996. *Physical Activity and Health*: A *Report of the Surgeon General*. Atlanta, GA: U.S. Department of Health and Human Services, Centers for Disease Control and Prevention, National Center for Chronic Disease Prevention and Health Promotion.

Referências bibliográficas

1. American College of Sports Medicine. American College of Sports Medicine position stand: the recommended quantity and quality of exercise for developing and maintaining cardiorespiratory and muscular fitness, and flexibility in healthy adults. *Medicine and Science in Sports and Exercise* 30: 975–991, 1998.

2. American College of Sports Medicine. Quantity and quality of exercise for developing and maintaining cardiorespiratory, musculoskeletal, and neuromotor fitness in apparently healthy adults: guidance for prescribing exercise. *Medicine and Science in Sports and Exercise* 43:1334–1359, 2011.

3. American College of Sports Medicine. *Guidelines for Exercise Testing and Prescription*. Baltimore, MD: Lippincott Williams & Wilkins, 2014.

4. American College of Sports Medicine. Progression models in resistance training for healthy adults. *Medicine and Science in Sports and Exercise* 41: 1510–1530, 2009.

5. American College of Sports Medicine. Progression models in resistance training for healthy adults. *Medicine and Science in Sports and Exercise* 34: 364–380, 2002.

6. American College of Sports Medicine. Summary statement: workshop on physical activity and public health. *Sports Medicine Bulletin* 28: 7, 1993.

7. American Heart Association. Statement on exercise: benefits and recommendations for physical activity programs for all Americans. A statement for health professionals by the Committee on Exercise and Cardiac Rehabilitation of the Council on Clinical Cardiology, American Heart Association. *Circulation* 86: 340–344, 1992.

8. Artero EG, Lee D-C, Lavie CJ, España-Romero V, Sui X, Church TS, et al. Effects of muscular strength on cardiovascular risk factors and prognosis. *Journal of Cardiopulmonary Rehabilitation and Prevention*. 32: 351–358, 2012.

9. Bartlett JD, Close GL, Maclaren DPM, Gregson W, Drust B, and Morton JP. High-intensity running is perceived to be more enjoyable than moderate-intensity continuous exercise: implications for exercise adherence. *Journal of Sport Sciences*. 29: 547–553, 2011.

10. Birk TJ, and Birk CA. Use of ratings of perceived exertion for exercise prescription. *Sports Medicine* 4: 1–8, 1987.

11. Blair SN, Kohl HW, III, Barlow CE, Paffenbarger RS, Jr., Gibbons LW, and Macera CA. Changes in physical fitness and all-cause mortality: a prospective study of healthy and unhealthy men. *JAMA* 273: 1093–1098, 1995.

12. Blair SN, Kohl HW, III, Paffenbarger RS, Jr., Clark DG, Cooper KH, and Gibbons LW. Physical fitness and all-cause mortality: a prospective study of healthy men and women. *JAMA* 262: 2395–2401, 1989.

13. Buchheit M, and Laursen PB. High-intensity interval training, solutions to the programming puzzle. Part I: Cardiopulmonary emphasis. *Sports Medicine* 43: 313–338, 2013.

14. Buchheit M, and Laursen PB. High-intensity interval training, solutions to the programming puzzle. Part II: Anaerobic energy, neuromuscular load and practical applications. *Sports Medicine* 43: 927–954, 2013.

15. Burgomaster KA, Hughes SC, Heigenhauser GJF, Bradwell SN, and Gibala MJ. Six sessions of sprint interval training increases muscle oxidative potential and cycle endurance capacity in humans. *Journal of Applied Physiology* 98: 1985–1990, 2005.

16. Caspersen CJ, Powell KE, and Christenson GM. Physical activity, exercise, and physical fitness: definitions and distinctions for health-related research. *Public Health Reports* 100: 126–131, 1985.

17. Cavanagh PR. *The Running Shoe Book*. Mountain View, CA: Anderson World, 1980.

18. Ceci R, and Hassmen P. Self-monitored exercise at three different RPE intensities in treadmill vs field running. *Medicine and Science in Sports and Exercise* 23: 732–738, 1991.

19. Chow RJ, and Wilmore JH. The regulation of exercise intensity by ratings of perceived exertion. *Journal of Cardiac Rehabilitation* 4: 382–387, 1984.

20. Church TS, Earnest CP, Skinner JS, and Blair SN. Effects of different doses of physical activity on cardiorespiratory fitness among sedentary, overweight or obese postmenopausal women with elevated blood pressure: a randomized controlled trial. JAMA 297: 2081–2091, 2007.

21. Dionne FT, Turcotte L, Thibault MC, Boulay MR, Skinner JS, and Bouchard C. Mitochondrial DNA sequence polymorphism, $\dot{V}O_2$ max, and response to endurance training. *Medicine and Science in Sports and Exercise* 23: 177–185, 1991.

22. Galvao DA, and Taaffe DR. Single- vs. multiple-set resistance training: recent developments in the controversy. *Journal of Strength and Conditioning Research/National Strength & Conditioning Association* 18: 660–667, 2004.

23. Gellish RL, Goslin BR, Olson RE, McDonald A, Russi GD, and Moudgil VK. Longitudinal modeling of the relationship between age and maximal heart rate. *Medicine and Science in Sports and Exercise* 39: 822–829, 2007.

24. Gibala MJ, and McGee SL. Metabolic adaptations to short-term high-intensity interval training a little pain for a lot of gain? *Exercise and Sport Science Review* 36: 58–63, 2008.

25. Gibala MJ, Little JP, MacDonald J, and Hawley JA. Physiological adaptations to low-volume, high-intensity interval training in health and disease. *Journal of Physiology* 590(5): 1077–1084, 2012.

26. Goodman LS, and Gilman A. *The Pharmacological Basis of Therapeutics*. New York, NY: Macmillan, 1975.

27. Gutmann M. Perceived exertion-heart rate relationship during exercise testing and training in cardiac patients. *Journal of Cardiac Rehabilitation* 1: 52–59, 1981.

28. Hage P. Perceived exertion: one measure of exercise intensity. *Physician and Sportsmedicine* 9: 136–143, 1981.

29. Haskell WL. Dose-response issues from a biological perspective. In *Physical Activity, Fitness, and Health*, edited by Bouchard C, Shephard RJ, and Stevens T. Champaign, IL: Human Kinetics, 1994, pp. 1030–1039.

30. Haskell WL. Physical activity and health: need to define the required stimulus. *The American Journal of Cardiology* 55: 4D–9D, 1985.

31. Haskell WL, Lee IM, Pate RR, Powell KE, Blair SN, Franklin BA, et al. Physical activity and public health: updated recommendation for adults from the American College of Sports Medicine and the American Heart Association. *Medicine and Science in Sports and Exercise* 39: 1423–1434, 2007.

32. Haskell WL, Montoye HJ, and Orenstein D. Physical activity and exercise to achieve health-related physical fitness components. *Public Health Rep* 100: 202–212, 1985.

33. Hellerstein H. Principles of exercise prescription for normals and cardiac subjects. In *Exercise Training in Coronary*

Heart Disease, edited by Naughton JP, and Hellerstein HK. New York, NY: Academic Press, 1973, pp. 129–167.

34. Hellerstein HK, and Ader R. Relationship between percent maximal oxygen uptake (% max $\dot{V}O_2$) and percent maximal heart rate (% MHR) in normals and cardiacs (ASHD). *Circulation* 43–44 (Suppl II): 76, 1971.

35. Hellerstein HK, and Franklin BA. Exercise testing and prescription. In *Rehabilitation of the Coronary Patient*, edited by Wenger NK, and Hellerstein HK. New York, NY: Wiley, 1984, pp. 197–284.

36. Hetzler RK, Seip RL, Boutcher SH, Pierce E, Snead D, and Weltman A. Effect of exercise modality on ratings of perceived exertion at various lactate concentrations. *Medicine and Science in Sports and Exercise* 23: 88–92, 1991.

37. Howley ET. Type of activity: resistance, aerobic and leisure versus occupational physical activity. *Medicine and Science in Sports and Exercise* 33: S364–369; discussion S419–320, 2001.

38. Howley ET, and Thompson DL. *Fitness Professional's Handbook*. 6th ed. Champaign, IL: Human Kinetics, 2012.

39. Humburg H, Baars H, Schroder J, Reer R, and Braumann KM. 1-set vs. 3-set resistance training: a crossover study. *Journal of Strength and Conditioning Research/National Strength & Conditioning Association* 21: 578–582, 2007.

40. Jennings GL, Deakin G, Korner P, Meredith I, Kingwell B, and Nelson L. What is the dose-response relationship between exercise training and blood pressure? *Annals of Medicine* 23: 313–318, 1991.

41. Kaminsky LA, Arena R, Beckie TM, Brubaker PH, Church TS, Forman DE, et al. The importance of cardiorespiratory fitness in the United States: the need for a national registry. A policy statement from the American Heart Association. *Circulation* 127: 652–662, 2012.

42. Karvonen J, and Vuorimaa T. Heart rate and exercise intensity during sports activities: practical application. *Sports Medicine* 5: 303–311, 1988.

43. Karvonen MJ, Kentala E, and Mustala O. The effects of training on heart rate; a longitudinal study. *Annales Medicinae Experimentalis et Biologiae Fenniae* 35: 307–315, 1957.

44. Kasaniemi YA, Danforth JE, Jensen MD, Kopelman PG, Lefebvre P, and Reeder BA. Dose-response Issues concerning physical activity and health: an evidenced-based symposium. *Medicine and Science in Sports and Exercise* 33 (Suppl): S351–358, 2001.

45. Kodama S, Saito K, Tanaka S, Maki M, Yachi Y, Asumi M, et al. Cardiorespiratory fitness as a quantitative predictor of all-cause mortality and cardiovascular events in healthy men and women. *Journal of the American Medical Association* 301: 2024–2035, 2009.

46. Lee IM, Hsieh CC, and Paffenbarger RS, Jr. Exercise intensity and longevity in men. The Harvard alumni health study. *JAMA* 273: 1179–1184, 1995.

47. Little JP, Safdar A, Wilkin GP, Tarnopolsky MA, and Gibala MJ. A practical model of low-volume high-intensity interval training induces mitochondrial biogenesis in human skeletal muscle: potential mechanisms. *Journal of Physiology*. 588(6): 1011–1022, 2010.

48. Londeree BR, and Ames SA. Trend analysis of the % $\dot{V}O_{2\,max}$-HR regression. *Medicine and Science in Sports* 8: 123–125, 1976.

49. Morgans L. Heart rate responses during singles and doubles tennis competition. *Physician and Sportsmedicine* 15: 67–74, 1987.

50. Myers J, Prakash M, Froelicher V, Do D, Partington S, and Atwood JE. Exercise capacity and mortality among men referred for exercise testing. *New England Journal of Medicine* 346: 793–801, 2002.

51. O'Donovan G, Owen A, Bird SR, Kearney EM, Nevill AM, Jones DW, et al. Changes in cardiorespiratory fitness and coronary heart disease risk factors following 24 wk of moderate- or high-intensity exercise of equal energy cost. *J Appl Physiol* 98: 1619–1625, 2005.

52. Paffenbarger RS, and Hale WE. Work activity and coronary heart mortality. *New England Journal of Medicine* 292: 545–550, 1975.

53. Paffenbarger RS, Hyde RT, and Wing AL. Physical activity and physical fitness as determinants of health and longevity. In *Exercise, Fitness and Health*, edited by Bouchard C, Shephard RJ, Stevens T, Sutton JR, and McPherson BD. Champaign, IL: Human Kinetics, 1990, pp. 33–48.

54. Paffenbarger RS, Jr., Hyde RT, Wing AL, and Hsieh CC. Physical activity, all-cause mortality, and longevity of college alumni. *New England Journal of Medicine* 314: 605–613, 1986.

55. Paffenbarger RS, Jr., Hyde RT, Wing AL, Lee IM, Jung DL, and Kampert JB. The association of changes in physical-activity level and other lifestyle characteristics with mortality among men. *New England Journal of Medicine* 328: 538–545, 1993.

56. Pate RR, Pratt M, Blair SN, Haskell WL, Macera CA, Bouchard C, et al. Physical activity and public health: a recommendation from the Centers for Disease Control and Prevention and the American College of Sports Medicine. *JAMA* 273: 402–407, 1995.

57. Peterson MD, Rhea MR, and Alvar BA. Maximizing strength development in athletes: a meta-analysis to determine the dose-response relationship. *Journal of Strength and Conditioning Research/National Strength & Conditioning Association* 18: 377–382, 2004.

58. Pollock ML. How much exercise is enough? *Physician and Sportsmedicine* 6: 50–64, 1978.

59. Pollock ML, Broida J, Kendrick Z, Miller HS, Jr., Janeway R, and Linnerud AC. Effects of training two days per week at different intensities on middle-aged men. *Medicine and Science in Sports* 4: 192–197, 1972.

60. Pollock ML, Dimmick J, Miller HS, Jr., Kendrick Z, and Linnerud AC. Effects of mode of training on cardiovascular function and body composition of adult men. *Medicine and Science in Sports* 7: 139–145, 1975.

61. Pollock ML, Gettman LR, Milesis CA, Bah MD, Durstine L, and Johnson RB. Effects of frequency and duration of training on attrition and incidence of injury. *Medicine and Science in Sports* 9: 31–36, 1977.

62. Pollock ML, and Wilmore JH. *Exercise in Health and Disease*. Philadelphia, IL: W. B. Saunders, 1990.

63. Porcari JP, Ebbeling CB, Ward A, Freedson PS, and Rippe JM. Walking for exercise testing and training. *Sports Medicine* 8: 189–200, 1989.

64. Powell KE, Paluch AE, and Blair SN. Physical activity for health:What kind? How much? How intense? On top of what? *Annual Review of Public Health* 2011 32: 349–365.

65. Powell KE, Thompson PD, Caspersen CJ, and Kendrick JS. Physical activity and the incidence of coronary heart disease. *Annual Review of Public Health* 8: 253–287, 1987.

66. Proper KI, van den Heuvel SG, De Vroome EM, Hildebrandt VH, and Van der Beek AJ. Dose-response relation between physical activity and sick leave. *British Journal of Sports Medicine* 40: 173–178, 2006.

67. Rhea MR, Alvar BA, and Burkett LN. Single versus multiple sets for strength: a meta-analysis to address the controversy. *Research Quarterly for Exercise and Sport* 73: 485–488, 2002.

68. Rhea MR, Alvar BA, Burkett LN, and Ball SD. A meta-analysis to determine the dose response for strength development. *Medicine and Science in Sports and Exercise* 35: 456–464, 2003.

69. Robertson RJ, Goss FL, Auble TE, Cassinelli DA, Spina RJ, Glickman EL, et al. Cross-modal exercise prescription at absolute and relative oxygen uptake using perceived exertion. *Medicine and Science in Sports and Exercise* 22: 653–659, 1990.

70. Ronnestad BR, Egeland W, Kvamme NH, Refsnes PE, Kadi F, and Raastad T. Dissimilar effects of one- and three-set

strength training on strength and muscle mass gains in upper and lower body in untrained subjects. *Journal of Strength and Conditioning Research/National Strength & Conditioning Association* 21: 157–163, 2007.

71. Saltin B, and Gollnick PD. Skeletal muscle adaptability: significance for metabolism and performance. In *Handbook of Physiology—Section 10: Skeletal Muscle*, edited by Peachey LD, Adrian RH, and Geiger SR. Baltimore, MD: Lippincott Williams & Wilkins, 1983.

72. Seip RL, Snead D, Pierce EF, Stein P, and Weltman A. Perceptual responses and blood lactate concentration: effect of training state. *Medicine and Science in Sports and Exercise* 23: 80–87, 1991.

73. Siscovick DS, Weiss NS, Fletcher RH, and Lasky T. The incidence of primary cardiac arrest during vigorous exercise. *New England Journal of Medicine* 311: 874–877, 1984.

74. Siscovick DS, Weiss NS, Fletcher RH, Schoenbach VJ, and Wagner EH. Habitual vigorous exercise and primary cardiac arrest: effect of other risk factors on the relationship. *Journal of Chronic Diseases* 37: 625–631, 1984.

75. Swain DP, and Franklin BA. Comparison of cardioprotective benefits of vigorous versus moderate intensity aerobic exercise. *American Journal of Cardiology* 97: 141–147, 2006.

76. Swain DP, and Franklin BA. $\dot{V}O_{(2)}$ reserve and the minimal intensity for improving cardiorespiratory fitness. *Medicine and Science in Sports and Exercise* 34: 152–157, 2002.

77. Tanaka H, Monahan KD, and Seals DR. Age-predicted maximal heart rate revisited. *Journal of the American College of Cardiology* 37: 153–156, 2001.

78. U.S. Department of Health and Human Services. 2008 Physcial activity guidelines for Americans. http://www.health.gov/paguidelines/guidelines/

79. U.S. Department of Health and Human Services. Physical Activity Guidelines Advisory Committee Report 2008. http://wwwhealthgov/paguidelines/committeereportaspx 2008.

80. U.S. Department of Health and Human Services. *Healthy People 2000: National Health Promotion and Disease Prevention Objectives*. U.S. Government Printing Office, 1990.

81. Wenger HA, and Bell GJ. The interactions of intensity, frequency and duration of exercise training in altering cardiorespiratory fitness. *Sports Medicine* 3: 346–356, 1986.

82. Wolfe BL, LeMura LM, and Cole PJ. Quantitative analysis of single- vs. multiple-set programs in resistance training. *Journal of Strength and Conditioning Research/National Strength & Conditioning Association* 18: 35–47, 2004.

17

Exercício para populações especiais

■ Objetivos

Ao estudar este capítulo, você deverá ser capaz de:

1. Descrever a diferença entre diabetes tipo 1 e tipo 2.
2. Comparar como um diabético responde ao exercício quando a glicemia está "controlada" e não controlada.
3. Explicar por que o exercício pode complicar a vida de um diabético tipo 1, enquanto é parte recomendável e fundamental de um programa de tratamento de um diabético tipo 2.
4. Descrever as mudanças na dieta e na administração de insulina que podem ser feitas antes que uma pessoa diabética comece um programa de exercício.
5. Descrever a sequência de eventos que levam a um ataque de asma e como a cromolina sódica e os agonistas β-adrenérgicos funcionam na prevenção e/ou alívio de um ataque.
6. Descrever a causa da asma induzida por exercício e como lidar com esse problema.
7. Comparar doença pulmonar obstrutiva crônica (DPOC) e asma em termos de causas, prognóstico e papel dos programas de reabilitação no retorno ao funcionamento "normal".
8. Identificar os tipos de populações de pacientes que podem ser observados em um programa de reabilitação cardíaca e os tipos de medicações que essas pessoas podem estar tomando.
9. Comparar os programas de reabilitação cardíaca fase I com fases II e III.
10. Descrever as mudanças fisiológicas nos idosos que resultam de um programa de treinamento de resistência.
11. Destacar as recomendações de atividade física para idosos que não podem realizar o programa adulto regular.
12. Descrever as orientações para programas de exercício para grávidas.

■ Conteúdo

Diabetes 376
Exercício e diabetes 377

Asma 381
Diagnóstico e causas 381
Prevenção/alívio da asma 382
Asma induzida por exercício 382

Doença pulmonar obstrutiva crônica 384
Testes e treinamento 384

Hipertensão 385

Reabilitação cardíaca 386
População 386
Testes 387
Programas de exercício 387

Exercício para idosos 388
Potência aeróbia máxima 388
Resposta ao treinamento 389
Osteoporose 391
Força 392

Exercício durante a gestação 392

■ Palavras-chave

agonista dos receptores beta (β_2-agonista)
angioplastia coronariana transluminal percutânea (ACTP)
arritmias
cetose
choque de insulina
cirurgia de revascularização coronariana (CRC)
coma diabético
cromolina sódica
imunoterapia
infarto do miocárdio (IM)
mastócito
nitroglicerina

Capítulo 16 apresentou algumas recomendações para o planejamento de um programa de exercício apropriado para indivíduos aparentemente saudáveis. Exercícios também têm sido utilizados como intervenção não farmacológica primária para diversos tipos de problemas, como obesidade e hipertensão leve, e como parte normal do tratamento do diabetes e da doença coronariana. Este capítulo discute os problemas específicos que devem ser resolvidos quando o exercício é utilizado por populações com doenças, incapacitações ou limitações específicas. Entretanto, o estudante da ciência do exercício deve ter em mente que essas informações são de natureza introdutória. Relatos mais detalhados são citados ao longo do capítulo.

Diabetes

Diabetes é uma doença caracterizada por hiperglicemia (glicose sanguínea elevada) resultante da secreção inadequada de insulina (tipo 1), da redução da ação da insulina (tipo 2) ou de ambas.[8] É um importante problema de saúde e principal causa de morte nos Estados Unidos, representando um custo anual total (direto e indireto) de 245 bilhões de dólares em 2012. Além disso, o número de pessoas com pré-diabetes (ver adiante) já representa incríveis 79 milhões.[29] Dos mais de 25,8 milhões de pessoas com diabetes, apenas 18,8 milhões estão diagnosticadas. Os diabéticos estão divididos em dois grupos distintos, com base na causa da doença: por falta de insulina (tipo 1) ou pela resistência à insulina (tipo 2). O diabetes tipo 1, insulino-dependente, ocorre sobretudo em indivíduos jovens e está associado a infecções virais (similares à gripe). Os sinais de alerta, que surgem rapidamente, são:[24]

- Urinação frequente/sede incomum.
- Fome extrema.
- Rápida perda de peso, debilitação e fadiga.
- Irritabilidade, náusea e vômito.

Os diabéticos tipo 1 não produzem insulina, portanto, dependem de insulina exógena (injetada) para manter a glicemia dentro dos limites normais. O diabetes não insulino-dependente ou insulino-resistente (tipo 2) ocorre, em geral, com maior lentidão e em uma fase mais avançada da vida, em comparação com o diabetes tipo 1; no entanto, algumas crianças com sobrepeso são diagnosticadas com essa doença. O diabetes tipo 2 representa cerca de 90-95% de todos os diabéticos[8] e está ligado à obesidade andrógena e à inatividade física. A massa aumentada de tecido adiposo eleva a produção de citocinas pró-inflamatórias como TNF-α e reduz a produção de hormônios anti-inflamatórios como adiponectina (ver Caps. 5 e 14). Essas mudanças resultam em resistência à insulina, que geralmente está disponível em quantidades adequadas no corpo. Contudo, alguns diabéticos tipo 2 podem necessitar de insulina injetável ou de uma medicação oral que estimule o pâncreas a produzir mais insulina. Não surpreende que o tratamento dos diabéticos tipo 2 envolva dieta[9] e exercício[7,11] com o objetivo de reduzir o peso corporal e ajudar no controle da glicose plasmática. A Tabela 17.1 resume as diferenças entre diabetes tipos 1 e 2.[49]

Em resumo

- O diabetes tipo 1, ou insulino-dependente, ocorre cedo na vida e representa 5-10% da população diabética.
- O diabetes tipo 2, ou insulino-resistente, ocorre em uma fase mais avançada da vida e está associado à obesidade andrógena e à inatividade física. Dieta e exercício são partes importantes do programa de tratamento para esse tipo de diabetes para reduzir o peso corporal e melhorar a sensibilidade à insulina.

Tabela 17.1	Comparação entre os tipos 1 e 2 do diabetes melito	
Característica	**Tipo 1**	**Tipo 2**
Idade comum de início	Antes de 20 anos	Depois de 40 anos
Desenvolvimento dos sintomas	Rápido	Lento
Porcentagem da população diabética	Cerca de 5%	Cerca de 95%
Desenvolvimento de cetoacidose	Comum	Rara
Associação com obesidade	Rara	Comum
Células β das ilhotas (no início da doença)	Destruídas	Não destruídas
Secreção de insulina	Reduzida	Normal ou aumentada
Autoanticorpos para as células da ilhota	Presentes	Ausentes
Associado com antígenos CPH particulares*	Sim	Não claro
Tratamento	Injeções de insulina	Dieta e exercício; estimuladores orais da sensibilidade à insulina

* CPH refere-se ao complexo principal de histocompatibilidade no cromossomo 6, relacionado à rejeição de transplantes e a doenças autoimunes nas quais o sistema imune ataca os tecidos do hospedeiro – neste caso, as ilhotas de Langerhans que produzem insulina.

Exercício e diabetes

No Capítulo 5, descrevemos como o exercício aumenta a velocidade de remoção de glicemia pelos músculos, em busca de energia para a contração. Esse efeito faz do exercício uma parte útil do tratamento do diabetes, por ajudar na regulação da glicemia. No entanto, esse efeito benéfico do exercício depende de o diabético estar razoavelmente "controlado" antes de iniciar a atividade. Controle significa que a glicemia está próxima das taxas consideradas normais. A Figura 17.1 ilustra o efeito de uma longa prática de exercício em diabéticos que estavam controlados *versus* diabéticos que não tinham tomado a dose adequada de insulina. A falta de insulina causa cetose, uma acidose metabólica resultante do acúmulo de muitos corpos cetônicos (em decorrência de um excessivo metabolismo das gorduras). Um diabético tipo 1 que esteja controlado demonstra redução na glicose plasmática tendendo para valores normais durante o exercício, sugerindo um controle mais adequado. Por outro lado, os diabéticos tipo 1 que não injetam uma dose adequada de insulina antes do exercício exibem aumento na concentração plasmática de glicose.[7,10] Por que ocorre essa diferença na resposta? O diabético controlado tem insulina suficiente para permitir a captação de glicose pelo músculo durante o exercício, podendo contrabalançar o aumento normal de liberação de glicose pelo fígado, por causa da ação das catecolaminas e do glucagon (ver Cap. 5). Por outro lado, o diabético com insulina inadequada exibe apenas pequeno aumento na utilização de glicose pelo músculo, mas tem o aumento normal na liberação do açúcar pelo fígado. Essa situação obviamente provoca elevação da glicose plasmática, resultando em hiperglicemia.

A Figura 17.2 resume esses efeitos e acrescenta mais um.[64] Se um diabético insulino-dependente começa a se exercitar com um nível elevado de insulina, ocorre aceleração na velocidade de uso da glicose plasmática pelo músculo, enquanto diminui sua liberação pelo fígado. Isso resulta em uma resposta hipoglicêmica muito perigosa. Essa informação é crucial para que se possa compreender como devem ser prescritos os exercícios para diabéticos. Tendo em vista que a importância do exercício como parte do plano de tratamento é diferente para diabéticos dos tipos 1 e 2, cada um desses tipos será discutido separadamente.

Diabetes tipo 1. Durante muitos anos, a prática do exercício foi uma das partes do tratamento para o diabetes tipo 1; insulina e dieta eram as outras duas.[65] Entretanto, conforme já foi mencionado, se um diabético não estiver controlado antes do exercício, sua capacidade de manter uma razoável concentração plasmática de glicose ficará comprometida. Além disso, não ficou demonstrado que os programas de exercício *per se* melhoram o controle da glicemia.[9] A maior preocupação não é a hiperglicemia e a cetose que podem resultar em um **coma diabético** nos casos de concentrações excessivamente baixas de insulina; ao contrário, a preocupação é com a possibilidade de hipoglicemia, que pode acarretar **choque de insulina**. Richter e Galbo[91] e Kemmer e Berger[65] alertam para as dificuldades do diabético tipo 1 ao iniciar um programa de exercício: a pessoa deve manter um programa regular de exercício quanto a intensidade, frequência e duração, além de alterar sua dieta e insulina. Para alguns indivíduos, é difícil permanecer fiel a esse regime. Diante da variabilidade de resposta da glicemia à prática do exercício coti-

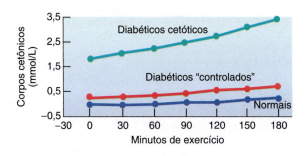

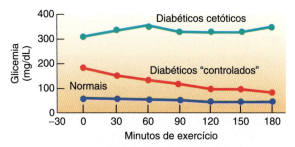

Figura 17.1 Efeito do exercício prolongado na glicemia e nos níveis de corpos cetônicos em indivíduos normais, diabéticos "controlados" e diabéticos tomando dose inadequada de insulina (cetose). De M. Berger et al., 1977, "Metabolic and Hormonal Effects of Muscular Exercise in Juvenile Type Diabetics" in D*iabetologia*, 13:355-65. Copyright © 1977 Springer-Verlag. New York, NY. Reproduzido com permissão.

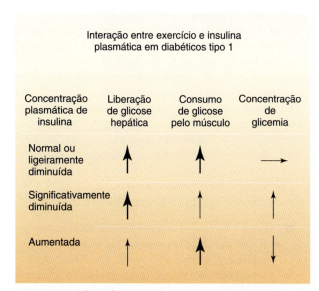

Figura 17.2 Efeito de níveis plasmáticos variados de insulina em diabéticos tipo 1 sobre a homeostase de glicose durante o exercício.

diano, houve redução no uso do exercício como instrumento básico para manutenção do controle metabólico.[9] Tendo em vista que o controle metabólico pode ser obtido mediante alteração da dosagem de insulina e da dieta com base na automonitorização da glicemia, o exercício complica esse quadro.[65,93] Contudo, considerando-se a importância da atividade física na vida das pessoas e o efeito da atividade regularmente praticada nos fatores de risco para doença coronariana, o diabético tipo 1 não deve ser desencorajado a participar regularmente de exercícios – se não houver complicações.[9]

Talvez seja necessário um teste de estresse monitorado por ECG para pessoas que se enquadram em um ou mais dos itens a seguir:[7]

- ■ > 40 anos de idade.
- ■ > 30 anos de idade e
  - ● Diabetes tipo 1 ou 2 com duração > 10 anos.
  - ● Hipertensão.
  - ● Tabagismo (cigarros).
  - ● Dislipidemia.
  - ● Retinopatia proliferativa ou pré-proliferativa.
  - ● Nefropatia, inclusive microalbuminúria.
- ■ Qualquer dos itens a seguir, independentemente da idade:
  - ● Doença arterial coronariana (DAC) conhecida ou suspeitada, doença cerebrovascular e/ou arteriopatia periférica.
  - ● Neuropatia autônoma.
  - ● Nefropatia avançada com insuficiência renal.

Essas recomendações se baseiam no alto risco existente para diabéticos e na observação de que o exercício intenso pode acelerar ou piorar a lesão retinal, renal ou dos nervos periféricos já presente. A preocupação com a retina está ligada às pressões arteriais mais elevadas que ocorrem durante o exercício, enquanto a preocupação com os rins tem relação com a diminuição do fluxo sanguíneo para esses órgãos decorrente de maiores intensidades do exercício. A lesão aos nervos periféricos pode bloquear sinais provenientes do pé, de tal modo que pode ocorrer uma grave lesão sem que seja percebida. Além da escolha da atividade, é importante que sejam usados calçados adequados para o exercício.[10,34,71]

Ao prescrever exercícios para o diabético tipo 1, a principal preocupação deve ser evitar a hipoglicemia. Isso pode ser conseguido por meio de uma cuidadosa automonitorização da glicemia antes, durante e depois do exercício, e com a variação da ingestão de carboidratos e da aplicação de insulina, dependendo da intensidade e da duração do exercício e do condicionamento físico do indivíduo:[10]

- ■ Controle metabólico antes da atividade física:
  - ● Evitar atividade física se os níveis de glicose em jejum estiverem > 250 mg/dL e se estiver ocorrendo cetose. Deve-se ter cautela se os níveis glicêmicos estiverem > 300 mg/dL sem cetose.
  - ● Ingerir mais carboidratos, se os níveis glicêmicos estiverem < 100 mg/dL.

- ■ Monitorização da glicemia antes e depois da atividade física:
  - ● Identificar quando há necessidade de mudanças na insulina ou na ingestão de alimentos.
  - ● Aprender como a glicemia responde a diferentes tipos de atividade física.
- ■ Ingestão de alimentos:
  - ● Ingerir mais carboidratos, conforme a necessidade, para evitar hipoglicemia.
  - ● Alimentos carboidratados devem estar prontamente disponíveis durante e depois da atividade física.

Existe variabilidade no modo como um diabético tipo 1 responde ao exercício e à hipoglicemia.[20] Em consequência, são essenciais a monitorização frequente e consistente da glicemia e um ajuste fino da dose de insulina e da ingestão de carboidratos, para que se obtenha sucesso prolongado na prevenção da hipoglicemia.

A prescrição de exercício para o diabético tipo 1 também deve levar em consideração outros problemas associados a essa doença, como neuropatia autônoma, neuropatia periférica, retinopatia e nefropatia. Indivíduos com disfunção do sistema nervoso autônomo podem exibir respostas anormais da frequência cardíaca e da pressão arterial ao exercício. Pessoas com lesão nervosa periférica podem sentir dor, comprometimento do equilíbrio, debilidade e redução na propriocepção. A lesão retinal é comum em diabéticos, sendo agravada pelo aumento da pressão arterial ou por qualquer movimento rápido da cabeça. Finalmente, lesão renal é também uma ocorrência comum para diabéticos tipo 1, o que pode acarretar respostas alteradas da pressão arterial, que, por sua vez, podem afetar a retina.[10,71,107] Por isso, não é de surpreender que a prescrição de exercício para o diabético deva levar em consideração esses problemas, caso estejam presentes. A seguir, são apresentadas algumas recomendações do American College of Sports Medicine:[5,7,34]

Treinamento físico aeróbio:

- ■ Exercitar-se 3-7 dias por semana.
- ■ Trabalhar a 50-80% da reserva de frequência cardíaca, ou a 12-16 na escala EPE de 6-20.
- ■ 20-60 minutos por sessão, para acumular pelo menos 150 minutos semanais de atividade física de intensidade moderada ou 75 minutos semanais de atividade física vigorosa.
- ■ Atividades de baixo impacto e sem sustentação de peso (bicicleta ou cicloergômetro, natação, exercício na água), se houver contraindicação para atividades com sustentação de peso.

Treinamento de força:

- ■ Exercitar-se 2-3 dias por semana.
- ■ Trabalhar a 60-80% de 1 RM; ~11-15 na escala EPE de 6-20.

378 Seção II Fisiologia da saúde e do condicionamento físico

- Fazer 1-3 sessões de 8-12 repetições para os grandes grupos musculares, evitando a manobra de Valsalva.

Outros:

- Seguir um esquema de progressão tanto para programas aeróbios como para programas de treinamento de força.
- Beber mais líquido e levar consigo uma forma rapidamente assimilável de carboidrato e uma identificação adequada.
- Exercitar-se junto com alguém que possa ajudar em caso de emergência.

Concluindo, embora o exercício possa não ter um grande impacto nas medidas de longo prazo do controle da glicemia (ou seja, hemoglobina glicada – HbA1c) nos pacientes com diabetes tipo 1,[66] o fato de os que estão fisicamente ativos terem menos complicações é motivo suficiente para insistir na vida ativa.

Em resumo

- O diabético tipo 1 sedentário deve manter a dieta e utilizar a insulina para obter controle da glicemia; um programa de exercício pode complicar a situação. Assim, a prática de exercício não é considerada uma forma essencial de se obter o "controle". Apesar disso, os diabéticos devem ser incentivados a participar regularmente de programas de exercício, para que possam usufruir dos benefícios ligados à saúde.
- É possível que o diabético tenha que aumentar a ingestão de carboidratos e/ou diminuir a dose de insulina antes da atividade, para que sua glicemia seja mantida próxima dos valores normais durante o exercício. A extensão dessas alterações dependerá de vários fatores, incluindo a intensidade e a duração da atividade física, a glicemia antes do exercício e o condicionamento físico do indivíduo.

Diabetes tipo 2. Conforme já foi mencionado, o diabetes tipo 2 ocorre em indivíduos de mais idade, e os pacientes exibem diversos fatores de risco além do diabetes: hipertensão, colesterol alto, obesidade e inatividade (ver Cap. 14). Diante do crescimento das taxas do diabetes 2, vem sendo dada maior atenção à identificação de pessoas no início do processo da doença, para que o problema seja adiado ou evitado (ver Quadro "Foco de pesquisa 17.1"). Há evidência convincente de que o diabetes tipo 2 está ligado à falta de atividade física, independentemente da obesidade.[7] Além disso, pesquisas atuais corroboram os benefícios do treinamento físico na prevenção e no tratamento da resistência à insulina e do diabetes tipo 2.[5,7,11] Em comparação ao diabético tipo 1, cuja vida pode estar mais complicada quan-

to ao controle da glicemia no início do programa de exercício, a prática de exercício é recomendação essencial para o diabético tipo 2, tanto para ajudá-lo a enfrentar a obesidade (que habitualmente existe) como para ajudar no controle da glicemia. A combinação de exercício e dieta pode ser suficiente e eliminar a necessidade de insulina ou da medicação oral para estimular a secreção desse hormônio.[7,11] Considerando-se que os diabéticos tipo 2 representam mais de 90% da população total de diabéticos e também porque esse tipo ocorre tardiamente na vida das pessoas (depois dos 40 anos de idade), não é raro ver esses indivíduos em programas de condicionamento físico para adultos. É importante estabelecer uma boa comunicação entre o participante e o treinador para que seja minimizada a probabilidade de resposta hipoglicêmica "de surpresa".

Em comparação com os diabéticos tipo 1, os diabéticos tipo 2 não sofrem as mesmas flutuações na glicemia durante o exercício; contudo, pessoas que tomam medicação oral para estimulação da secreção de insulina talvez tenham que diminuir a dose para manter a glicemia normal durante o exercício.[7] A prescrição de exercício para o diabético tipo 2 é parecida com a que foi apresentada para o diabético tipo 1,[5,34] inclusive o treinamento de força que, quando combinado ao treinamento aeróbio, resulta em benefícios maiores do que cada tipo de exercício isoladamente praticado.[31] O volume de exercício parece ser a variável mais importante para alcançar o controle da glicemia medida como HbA1c.[105] No entanto, considerando-se que muitos indivíduos com diabetes tipo 2 também estão com sobrepeso ou são obesos:[7]

- O foco deve ser a atividade de intensidade moderada (p. ex., caminhada rápida), em que a pessoa pode começar com sessões de 10 minutos, com o objetivo de, pelo menos, 150 minutos por semana. O indivíduo ganhará mais se andar durante longos períodos.
- A frequência da atividade aeróbia deve ser de até 4-7 vezes por semana, para promover um aumento continuado na sensibilidade à insulina e também para facilitar a perda ou a manutenção do peso.

Como ocorre com todos os programas de exercício para indivíduos descondicionados, é mais importante "fazer menos do que demais" no início do programa. Ao começar com uma atividade moderada, aumentando-se gradualmente a duração, os exercícios podem ser feitos todos os dias. Essa estratégia permite aprender como deve ser mantido um controle adequado da glicemia, ao mesmo tempo em que minimiza a probabilidade de uma resposta hipoglicêmica. Além disso, ajuda a formar o "hábito" da prática do exercício – condição crucial para a pessoa que pretende ser beneficiada, porque a melhora na sensibilidade à insulina induzida pelo exercício não dura muito.[7] Ademais, foi demonstrado que a combinação de intensidade, frequência e duração beneficia diretamente pessoas com hipertensão limítrofe, uma condi-

Capítulo 17 Exercício para populações especiais **379**

Foco de pesquisa 17.1

Prevenção ou adiamento do diabetes tipo 2

Ao longo da última década, ocorreu aumento na prevalência do diabetes tipo 2, decorrente do aumento da prevalência da obesidade. Muito se tem estudado atualmente na tentativa de compreender as maneiras de prevenir ou retardar o desenvolvimento do diabetes tipo 2. Uma das primeiras medidas é a identificação mais imediata de pessoas em risco de sofrer diabetes tipo 2 com o uso dos testes de glicemia em jejum e de tolerância à glicose oral (a pessoa bebe 75 g de glicose; em seguida, são coletadas amostras de sangue a 30 minutos e 1, 2 e 3 horas para rastrear a velocidade de absorção da glicose pelos tecidos). Esses testes são utilizados para identificar pessoas com:

- Glicemia em jejum deficiente (GJD): se os valores da glicemia em jejum forem ≥ 100 mg/dL (5,6 mmol/L) mas < 126 mg/dL (7 mmol/L).
- Tolerância à glicose deficiente (TGD): o valor, depois de 2 horas, em um teste de tolerância à glicose oral é ≥ 140 mg/dL (7,8 mmol/L) mas < 200 mg/dL (11,1 mmol/L).

Pessoas com GJD ou TGD são consideradas como "pré-diabéticas".[8] Conforme já mencionado, aproximadamente 79 milhões de norte-americanos com 20 ou mais anos de idade foram classificados como pré-diabéticos.[29] Estudos demonstraram que tanto medicamentos como modificações no estilo de vida podem adiar ou prevenir o desenvolvimento do diabetes tipo 2, mas mudanças no estilo de vida – aumento da atividade física, com prática de 150 minutos por semana e perda de 5-10% do peso corporal – parecem constituir uma abordagem mais proveitosa, em comparação com o uso de agentes farmacológicos. Em um estudo atualmente considerado clássico, modificações no estilo de vida reduziram o risco de diabetes tipo 2 em 58%, resultado melhor do que o obtido com o uso de metformina, um dos melhores medicamentos disponíveis.[69] Uma recente revisão de todos os estudos clínicos nessa área confirmou os achados de que a terapia não farmacológica é parte crucial do processo de prevenção.[104] Além de enfrentar os problemas do pré-diabetes, a perda de peso e o aumento da atividade física diminuem o risco de vários fatores de risco cardiovasculares.[10] A "boa notícia" deve ser contrabalançada pela seguinte realidade: é preciso descobrir maneiras melhores e mais baratas para mudar os comportamentos alimentares e de atividade física do indivíduo médio.

ção frequentemente associada ao diabetes tipo 2. Em consonância com as recomendações para o diabetes tipo 1, deve-se ter a identificação clara e rápida de fonte de carboidrato disponível em qualquer sessão de exercício. Além disso, seria muito mais seguro para o indivíduo com diabetes se exercitar com uma pessoa que pudesse ajudá-lo caso ocorresse algum problema.

O exercício é apenas uma parte do tratamento; dieta é a outra. A American Diabetes Association[9] afirma que existem quatro objetivos ligados à terapia nutricional para todos os diabéticos:

- Alcançar e manter:
  - Níveis glicêmicos na faixa normal, ou o mais perto possível da normalidade, com segurança.
  - Um perfil lipídico e lipoproteico que diminua o risco de doença vascular.
  - Níveis de pressão arterial na faixa normal, ou o mais perto possível da normalidade, com segurança.
- Prevenir, ou pelo menos retardar, a velocidade de ocorrência de complicações crônicas do diabetes mediante a modificação da ingestão de nutrientes e do estilo de vida.
- Cuidar das necessidades nutricionais individuais, levando-se em consideração as preferências pessoais e culturais e a vontade de mudar.
- Manter o prazer de comer limitando-se as escolhas dos alimentos apenas nos casos indicados por evidência científica.

Para se obter a nutrição ideal, enfatiza-se uma dieta rica em carboidrato (com poucos açúcares processados) para que sejam concretizados os objetivos nutricionais para proteína, vitaminas e minerais. Foi demonstrado que a dieta pobre em gordura é válida para a perda de peso e para alcançar as metas dos lipídios sanguíneos, além do controle da glicemia.[9] O diabético tipo 2 obtém uma série de benefícios da prática adequada de exercício e das práticas nutricionais: menor gordura e peso corporal (ver Cap. 18), aumento do HDL-colesterol, maior sensibilidade à insulina (diminuindo sua necessidade), melhor capacidade de trabalho e maior autoestima.[7] Essas mudanças não só devem melhorar o prognóstico quanto ao controle da glicemia, mas também devem reduzir o risco global de doença coronariana.

Em resumo

- Diabéticos tipo 2 exibem diversos fatores de risco além do diabetes, como hipertensão, colesterol alto, obesidade e inatividade.
- Uma prescrição de exercício que enfatize atividades de baixa intensidade e longa duração, realizadas praticamente todos os dias, maximizará os benefícios ligados à sensibilidade à insulina e à perda de peso.
- A recomendação nutricional é: dieta pobre em gordura, parecida com a recomendada para todos os norte-americanos em busca de uma boa saúde, com o objetivo extra de obter níveis séricos normais para glicose e lipídios.

Asma

A asma é um problema respiratório caracterizado por inflamação crônica e obstrução reversível das vias aéreas. Um ataque de asma está associado à falta de ar, acompanhada por um som sibilante. Isso se deve a contração da musculatura lisa em torno das vias aéreas, inchaço das células da mucosa e hipersecreção de muco. A asma pode ser causada por reação alérgica, exercício, ácido acetilsalicílico, poeira, poluentes e emoção.[84]

A asma é uma doença muito comum nos Estados Unidos. Em 2011, foi estimado que 25,9 milhões de americanos tinham asma, incluindo 7,1 milhões de crianças. Em 2009, 2,1 milhões de visitas a atendimentos de emergência e 3.388 mortes foram atribuídas à asma. Os custos diretos e indiretos estimados chegaram a 56 bilhões de dólares. Esses valores vêm diminuindo progressivamente, talvez em virtude do melhor manejo do problema (http://www.lungusa.org).

Diagnóstico e causas

O diagnóstico de asma é firmado com a ajuda de uma prova da função pulmonar. Se uma obstrução ao fluxo de ar (p. ex., baixa velocidade máxima do fluxo expiratório) for corrigida pela administração de um broncodilatador, então pode-se suspeitar de asma. O ataque de asma é o resultado de uma sequência ordenada de eventos que podem ser iniciados por uma série de fatores, como poeira, produtos químicos ou exercício. Esses eventos são importantes para se compreender como certos medicamentos previnem ou aliviam o ataque de asma.

Na imunidade adquirida (ver Cap. 6), um antígeno (ou alérgeno) estimula as células B a produzir anticorpos (imunoglobulinas – Ig) para proteger contra uma subsequente exposição àquele alérgeno. Entretanto, nas pessoas geneticamente predispostas a ter alergias, as células B produzem anticorpos IgE em vez de anticorpos IgG, que atacam a superfície dos mastócitos que revestem os brônquios. Com a re-exposição, o alérgeno se liga a esses anticorpos IgE no mastócito e são liberadas grandes quantidades de vários mediadores inflamatórios do mastócito. Esses mediadores incluem histamina, prostaglandinas e leucotrienos e provocam as seguintes reações em uma fase inicial (ver Fig. 17.3):

- Aumento da secreção de muco.
- Aumento do fluxo sanguíneo.
- Inchaço do revestimento epitelial.
- Contração do músculo liso que reveste as vias aéreas.

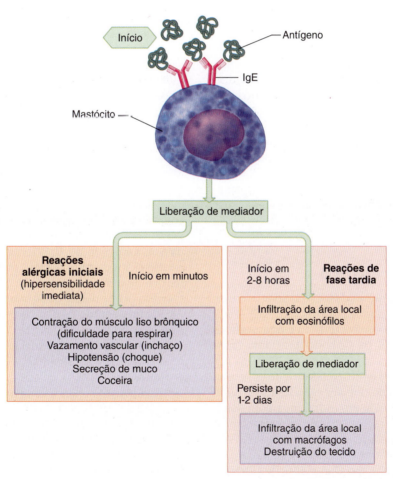

Figura 17.3 Mecanismo proposto para o início de um ataque de asma.

Essas reações da fase inicial podem levar a reações de fase tardia que envolvem a liberação de mediadores adicionais a partir de eosinófilos que prolongam o processo inflamatório.[49,111] Em resumo, esses eventos provocam uma reação imediata e possivelmente prolongada na capacidade da pessoa de respirar.

Prevenção/alívio da asma

Podem ser tomadas várias medidas para prevenir a ocorrência de um ataque de asma e proporcionar alívio, caso venha a ocorrer esse problema. Se uma pessoa é sensível (alérgica) a alguma coisa, então simplesmente basta evitar o alérgeno para evitar o problema. Se a pessoa não puder evitar o contato com o alérgeno, a **imunoterapia** pode ajudar para que ela fique menos sensível a ele durante o tratamento.

Foram desenvolvidos medicamentos para cuidar dos mastócitos, que constituem um ponto focal na resposta asmática e na musculatura lisa bronquiolar causadora da redução no diâmetro das vias aéreas. **Cromolina sódica** inibe a liberação de mediadores químicos pelos mastócitos. **Agonistas dos receptores beta (β_2-agonistas)** diminuem a liberação dos mediadores químicos e promovem relaxamento da musculatura lisa bronquiolar. Esses efeitos decorrem da atividade da adenilato ciclase, que promove elevação do AMP cíclico citoplasmático (ver Cap. 5). Entretanto, deve-se evitar o uso diário de β_2-agonistas, pois pode ocorrer dessensibilização do β_2-receptor nos mastócitos (resposta menor para o mesmo nível do agente farmacológico). O médico pode mudar a medicação para obter melhor controle.[12,90] Corticosteroides e antagonistas dos leucotrienos são administrados para reduzir a resposta inflamatória, o que é fundamental para conduzir um tratamento prolongado da asma.[33,78,84,90] Foi demonstrado que o tratamento com corticosteroides aumenta a oxigenação do sangue arterial e o tempo até a ocorrência de exaustão, de 9,9 para 14,8 minutos em um teste na esteira ergométrica realizado a 90% do $\dot{V}O_{2máx}$.[57] O resultado final das medicações é que tanto a resposta inflamatória como a constrição da musculatura lisa bronquiolar ficam bloqueadas.

Asma induzida por exercício

Uma forma de asma que pode ter particular interesse para o leitor é a asma induzida por exercício (AIE). O ataque de asma é causado pelo exercício e pode ocorrer 5-15 minutos (fase inicial) ou 4-6 horas (fase tardia) após o exercício. A prevalência de AIE varia de 7-20% na população geral, de 30-70% entre atletas de elite em esportes de inverno e atletas de elite nos esportes de resistência no verão e de 70-90% em indivíduos com asma persistente.[90,110] O interessante é que 61% dos membros da equipe olímpica norte-americana de 1984 com AIE conquistaram uma medalha olímpica.[108] Além disso, se forem comparados atletas das Olimpíadas de 1988 que sofriam de asma com atletas que não tiveram esse problema, observa-se que não houve diferença no percentual de conquista de medalhas.[78] Sucesso parecido foi observado nas Olimpíadas de 2008.[90] Obviamente, se houvesse dúvida quanto à possibilidade de controle da AIE, esses resultados a dissipariam.

Ao longo dos últimos 100 anos, foram identificadas muitas causas de AIE: ar frio, hipocapnia (baixa PCO_2), alcalose respiratória e intensidades e durações específicas de exercício. O foco da atenção recai agora no *resfriamento e no ressecamento* do trato respiratório que ocorrem quando grandes volumes de ar seco são inspirados durante a sessão de exercício.[1,26] A perda de calor pela respiração está ligada principalmente à frequência da ventilação; a umidade e a temperatura do ar inspirado têm importância secundária e terciária. Como se pode lembrar do Capítulo 10, quando ar seco é aspirado para os pulmões, é umidificado e aquecido ao transitar pelas vias aéreas respiratórias. Dessa maneira, a umidade é evaporada da superfície das vias aéreas, ocorrendo o resfriamento.

O mecanismo proposto para o início da AIE remete ao mastócito já mencionado anteriormente. Quando o ar seco remove água da superfície do mastócito, ocorre aumento na osmolaridade; esse aumento dá início à liberação de mediadores químicos e ao estreitamento das vias aéreas.[78,84,90]

A probabilidade de um broncoespasmo induzido pelo exercício está ligada ao tipo de exercício, ao tempo transcorrido desde a sessão precedente de exercício, ao intervalo desde a administração da medicação e à temperatura e à umidade do ar inspirado. Desde finais do século XVII, sabe-se que certos tipos de exercício precipitam o ataque mais rapidamente do que outros. Foi observado que a corrida precipitou mais ataques do que o ciclismo e a caminhada, que, por sua vez, causaram mais ataques do que a natação.[78,84,90] Entretanto, em atletas de elite, a asma é diagnosticada mais frequentemente em nadadores do que em outros esportistas. Isso pode ocorrer porque esses nadadores de elite autosselecionaram o esporte que tem menor probabilidade de dar início a uma AIE.[90]

A AIE costuma ser precipitada mais frequentemente com a prática de exercícios intensos e de longa duração, em comparação com exercícios de intensidade moderada e de curta duração. Uma forma de lidar com isso é fazer exercícios de curta duração (< 5 min) em intensidade baixa a moderada. Além disso, quando uma sessão de exercício ocorre dentro de 60 minutos após um ataque de AIE, ocorre redução do grau de broncoespasmo. Isso sugere que o aquecimento feito até 1 hora antes de um exercício mais intenso reduziria a gravidade do ataque; há boas evidências que suportam a essa suposição.[76,78,84,90]

Houve preocupação especial com relação aos atletas participantes dos Jogos Olímpicos de 1984, por causa da poluição de Los Angeles, o que poderia agravar um ataque de AIE.[87] Conforme já foi mencionado, o fato de que 61% dos atletas que sofreram AIE conquistaram medalhas olímpicas sugere que, geralmente, existem procedimentos determinados para a prevenção desse problema. Voy[108] relata que um questionário simples identificou

90% dos atletas com AIE, embora apenas 52% estivessem sendo tratados antes das Olimpíadas. Entretanto, existe um grande corpo de evidências indicando que sintomas autoinformados de asma e/ou AIE não são confiáveis para a avaliação da AIE em atletas competitivos.[90,110] Tipicamente, utiliza-se uma provocação com um exercício intenso (p. ex., correr a 85-90% da frequência cardíaca máxima em uma esteira ergométrica) com duração de 6-8 minutos para avaliar a presença de AIE.[5] Alguns recomendam que o ar respirado deve estar fresco e seco durante o teste; opcionalmente, o atleta deve executar a provocação com o exercício no ambiente que precipita o problema.[110] Além disso, pode-se usar um teste não envolvendo exercício; o indivíduo respira ar fresco e seco contendo 5% de CO_2 (para que seja mantido o nível sanguíneo de CO_2) durante 6 minutos a 85% da ventilação voluntária máxima prevista. Trata-se de um teste de escolha para triagem de atletas de elite,[42,110] mas que é muito complicado para uso geral, especialmente em crianças, para as quais deve bastar um teste de campo (ver Quadro "Uma visão mais detalhada 17.1"). Em qualquer caso, um decréscimo de 10% ou superior no volume de fluxo expiratório forçado em 1 segundo (VEF_1) é classificado como teste positivo.[110] As medicações mencionadas anteriormente são administradas para tratamento do problema, de modo que os atletas poderão participar em nível máximo de suas modalidades. Alguns atletas não asmáticos querem ser identificados como tendo AIE, pois acreditam que as medicações poderiam lhes dar certa vantagem. Em uma revisão recentemente publicada, foi demonstrado que β_2-agonistas inalados não melhoram o desempenho; por outro lado, a ingestão de salbutamol (um β_2-agonista) realmente aumentou a força, a potência anaeróbia e o desempenho de resistência, mas apenas em uma dose equivalente a 10-20 vezes a dose do medicamento inalado.[68,88]

Um crescente corpo de evidências sugere que fatores nutricionais específicos podem ter utilidade no tratamento da AIE. As estratégias incluem redução na ingestão de sal e maior ingestão de ácidos graxos ômega-3 e cafeína.[77] À medida que mais pesquisas apoiam esses achados, a mensagem vai ficando clara para as pessoas acometidas por asma, como ocorre com as pessoas que têm pressão arterial elevada, anormalidades nos lipídios do sangue e diabetes – a dieta realmente importa.

Na maioria dos casos, a AIE pode ser prevenida com as medicações já mencionadas, utilizadas isoladamente ou em combinação.[22,74,84,90,101] O asmático que estiver participando de um programa de condicionamento físico também deve seguir um plano farmacológico para *prevenir* a ocorrência de um ataque de AIE. A sessão de exercício deve incluir um aquecimento convencional e atividades leves a moderadas planejadas em segmentos de 5 minutos. As recomendações de programa de exercício aeróbio para as pessoas com asma incluem uma frequência de pelo menos 2-3 dias por semana, intensidade de 60% do pico do $\dot{V}O_2$ ou taxas de trabalho no limiar ventilatório e duração (tempo) de pelo menos 20-30 min/dia.[5] A natação é melhor do que outros tipos de exercício, tendo em vista que o ar acima da água é mais úmido. No clima frio, pode-se usar um cachecol ou máscara facial na prática de exercícios ao ar livre, para retenção da umidade. O participante deve levar consigo um inalador contendo um β_2-agonista e deve utilizar o aparelho ao primeiro sinal de chiado/respiração ofegante.[78,84] Como também ocorre com os diabéticos, o sistema de um acompanhante no exercício é um bom plano a ser seguido para o caso de ocorrer um ataque intenso.

Uma visão mais detalhada 17.1

Triagem para asma em crianças

Asma é a principal causa de enfermidade crônica e o transtorno respiratório mais comum em crianças.[38] Têm sido publicadas preocupações acerca da necessidade de programas de triagem no início da vida para que sejam identificadas as pessoas com alto risco de desenvolver asma. Jones e Bowen[60] mediram a velocidade de fluxo expiratório de pico antes e depois de uma corrida com esforço máximo em crianças provenientes de dez escolas primárias. Ao longo de um período de acompanhamento de 6 anos, os autores compararam crianças que tiveram resultado negativo *versus* crianças com resultado positivo (redução da frequência de fluxo expiratório de pico ≥ 15%) em decorrência do teste de exercício. Das 864 crianças sem asma, 60 tiveram um resultado positivo no teste. Um acompanhamento de 55 dessas 60 crianças demonstrou que, 6 anos depois, 32 delas tinham evoluído para uma asma clinicamente identificável. Essas crianças também exibiam uma prevalência significativamente mais elevada de enfermidades respiratórias. Esses testes de campo têm muito a oferecer no ganho de controle sobre essa doença. Além da triagem, são fortes as evidências para que não haja qualquer recuo na atividade física para crianças asmáticas. Em sua maioria, os estudos demonstram que os asmáticos podem se exercitar com segurança e aumentar seu condicionamento cardiorrespiratório. Alguns cientistas acreditam que a diminuição na atividade física em crianças pode ter influenciado no recente aumento da prevalência e da gravidade da asma.[73,96] Finalmente, crianças em idade escolar devem ter sua medicação disponível na área de lazer, e não na área de administração da escola.[78]

Em resumo

- O ataque de asma ocorre quando um agente aciona um mastócito no trato respiratório para liberar mediadores químicos. Esses mediadores químicos provocam a constrição do músculo liso dos brônquios junto com um aumento de secreções nas vias aéreas.
- A cromolina sódica e os agonistas β_2-adrenérgicos atuam para evitar esse quadro ao reduzir a liberação de mediador pelo mastócito e provocar o relaxamento do músculo liso que circunda as vias aéreas.
- O ressecamento do trato respiratório leva a um aumento na osmolaridade do líquido presente na superfície do mastócito. Acredita-se que esse evento seja o fator fundamental para o início do ataque de asma durante o exercício. Ao que parece, o exercício de curta duração precedido por um aquecimento reduz a probabilidade de um ataque. Antes do exercício, o praticante deve tomar a medicação para prevenir um ataque e deve carregar consigo medicação agonista β_2-adrenérgica, para utilizá-la em caso de crise.

Doença pulmonar obstrutiva crônica

As doenças pulmonares obstrutivas crônicas (DPOC) causam redução no fluxo de ar, e isso pode ter efeito drástico nas atividades cotidianas. Essas doenças, diagnosticadas principalmente em fumantes e ex-fumantes, são bronquite crônica, enfisema e asma brônquica, isoladamente ou em combinação. São diferentes da asma induzida por exercício, discutida anteriormente, visto que a obstrução das vias aéreas permanece, apesar de medicação contínua.[35,36,94] A bronquite crônica se caracteriza por uma produção persistente de muco, causada principalmente pelo espessamento da parede brônquica com secreções excessivas. No caso do enfisema, o recuo elástico dos alvéolos e bronquíolos fica reduzido e essas estruturas pulmonares sofrem dilatação.[36] O paciente com DPOC em evolução não pode desempenhar atividades normais sem sofrer dispneia, mas tragicamente, nesse estágio, a doença já está bem avançada. DPOC se caracteriza pela menor capacidade de expirar e, por causa das vias aéreas estreitadas, a pessoa emite um som "sibilante". Indivíduos com DPOC sofrem redução da capacidade de trabalho, o que pode influenciar no emprego, e também podem exibir mais problemas psicológicos, inclusive ansiedade (com relação ao ato simples de respirar) e depressão (ligada à perda da autoestima).[94]

Por tudo isso, não surpreende que o tratamento da DPOC envolva mais do que a simples medicação e a terapia de inalação de oxigênio. Um programa típico de reabilitação para pessoas com DPOC se concentra em capacitar o paciente a cuidar de si próprio. Para que esse objetivo seja alcançado, deve ser recrutada uma equipe de médicos e profissionais de áreas auxiliares para cuidar das várias manifestações do processo da doença.[23,100] O paciente com DPOC recebe orientação acerca das diferentes formas de enfrentar a doença, inclusive exercícios respiratórios, formas de abordar as atividades cotidianas em casa e como lidar com os problemas relacionados ao trabalho. Essa última parte pode ficar afetada a ponto de obrigar a designação de novas responsabilidades profissionais; ou, se a pessoa não puder atender às exigências, a única solução é a aposentadoria. Para ajudar no enfrentamento desses problemas, pode ser necessário aconselhamento por psicólogos e religiosos, tanto para o paciente como para sua família. A extensão desses problemas está diretamente relacionada à gravidade da doença. Pessoas com doença mínima talvez necessitem de ajuda apenas de parte dos profissionais mencionados; já pacientes com a forma grave da doença precisam da ajuda de todos. Portanto, é importante ter em mente que o programa de reabilitação deva ser altamente individualizado.[35,36,100]

Testes e treinamento

Uma recomendação consistente para qualquer pessoa sabidamente enferma é fazer um exame clínico completo, inclusive um teste físico, antes de dar início a um programa de exercício.[5,25] Isso é particularmente válido para pacientes com DPOC, pois a gravidade da doença varia muito. Um teste comum utilizado na classificação de pacientes com DPOC é o VEF_1. Tendo em vista que o teste VEF_1 não é bom preditor de desempenho no exercício, Cooper[35] enfatiza a necessidade de se concentrar na hiperinsuflação dos pulmões, que resulta da retenção do ar causada pela incapacidade da pessoa de expirar completamente. A hiperinsuflação está ligada mais diretamente aos resultados para o paciente, inclusive ao desempenho no exercício.[25,35,36] Também é recomendável um teste de esforço progressivo (TEP) para avaliação de $\dot{V}O_{2máx}$, da ventilação máxima de exercício e das mudanças nos gases sanguíneos arteriais (PO_2 e PCO_2). Os resultados do TEP ajudam muito na elaboração da prescrição de exercício, especialmente na seleção da intensidade apropriada do exercício.[36] No entanto, considerando-se que o teste VEF_1 é o mais comum, foram estabelecidas orientações para a triagem de pacientes com esse teste. A *Global Initiatives for Chronic Obstructive Lung Disease* (www.goldcopd.org) fornece orientações para aplicação no trabalho com pacientes com DPOC. Essas orientações classificam os pacientes nas quatro categorias a seguir:

- GOLD I: DPOC leve – $VEF_1 \geq 80\%$ do previsto.
- GOLD II: DPOC moderada – $50\% \leq VEF_1 < 80\%$ do previsto.
- GOLD III: DPOC grave – $30\% \leq VEF_1 < 50\%$ do previsto.
- GOLD IV: DPOC muito grave – $VEF_1 < 30\%$ do previsto.

Pessoas na GOLD I em geral não têm ciência de que sua função pulmonar é anormal. Por sua vez, dentro das categorias II a IV da GOLD, o quadro de saúde do paciente varia de muito ruim a relativamente bem preservado. Em consequência, também é necessária uma avaliação formal dos sintomas.[25,53]

Embora o treinamento físico não reverta o processo da doença, pode interromper a progressão contínua dos sintomas de fadiga e falta de ar e o declínio na qualidade de vida. Em geral, as diretrizes de atividade física para idosos (ver mais adiante neste capítulo) são recomendadas para pacientes com DPOC.[5] Isso inclui os componentes aeróbio e de força; o último deles lida com as questões de fadiga muscular local nas partes inferior e superior do corpo.

Entretanto, em função da ampla faixa de sintomas dentro de cada categoria GOLD, os resultados TEP podem ser mais úteis. Durante o TEP, deve-se monitorizar a saturação de O_2 do sangue arterial; e o paciente é solicitado a classificar o nível de falta de ar utilizando uma escala parecida com a escala EPE. Esses resultados podem ajudar a definir uma intensidade apropriada para utilização na parte aeróbia do programa de exercício; também ajudam a determinar se há necessidade de oxigênio suplementar.[5,36,100] São utilizados tanto exercícios de intensidade moderada como de alta intensidade, dependendo do estado do paciente. Em comparação com o treinamento contínuo convencional, o treinamento intervalado de alta intensidade permite que o paciente trabalhe em maior intensidade (com menor duração). Ao que parece, o paciente é nitidamente beneficiado com essa abordagem, inclusive com redução na carga respiratória, graças à curta duração da atividade.[5,100] Dependendo do paciente, pode se utilizar o treinamento da musculatura respiratória, mas isso não faz parte da rotina da reabilitação pulmonar.[5,36,100]

Em geral, os pacientes com DPOC conseguem maior tolerância ao exercício sem que ocorra dispneia, e também um aumento na sensação de bem-estar, mas sem que ocorra reversão no processo da doença.[23,36,100] Em longo prazo, as mudanças nas variáveis psicológicas são muito importantes, tendo em vista que a vontade da pessoa de continuar o programa de exercício é fator importante na determinação da velocidade de declínio durante o curso da doença.[18,23]

Em resumo

- Doença pulmonar obstrutiva crônica (DPOC) envolve asma crônica, enfisema e bronquite. Essas duas últimas geram alterações pulmonares irreversíveis, resultando em deterioração gradual da função.
- A reabilitação é uma abordagem multidisciplinar que envolve medicação, exercícios respiratórios, terapia nutricional (dieta), exercício e aconselhamento.

Os programas são individualmente planejados, por causa da gravidade da enfermidade, e os objetivos são bastante pragmáticos no que se refere aos eventos cotidianos e do trabalho.

Hipertensão

Conforme foi mencionado no Capítulo 14, o risco de doença coronariana aumenta com as elevações nos valores em repouso das pressões arteriais sistólica e diastólica.[61] As classificações para a pressão arterial (PA) têm mudado ao longo dos anos; uma PA normal é < 120/< 80 mmHg. Ocorre pré-hipertensão quando a PA sistólica está na faixa de 120-139 mmHg ou a PA diastólica equivale a 80-89 mmHg. A categoria "pré-hipertensão" não é diferente da categoria "pré-diabética" mencionada anteriormente neste capítulo. A ideia é identificar precocemente problemas potenciais, na tentativa de prevenir ou adiar a ocorrência da hipertensão. Hipertensão de primeiro estágio é uma PA sistólica de 140-159 mmHg ou uma PA diastólica de 90-99 mmHg. Aproximadamente 68 milhões de adultos norte-americanos sofrem de hipertensão.[52] Esses indivíduos no primeiro estágio representam a maioria de todos os hipertensos e respondem pela maior parte da morbidade e da mortalidade associadas à hipertensão.[54] Embora haja pouca discordância quanto à necessidade do uso de medicação para tratamento da hipertensão, muitos acreditam que devam ser empregadas abordagens não farmacológicas para pessoas com hipertensão leve ou limítrofe.[5,16,55,61,62,115] As razões para a recomendação das abordagens não farmacológicas são a possibilidade de efeitos colaterais causados pela medicação e as alterações comportamentais contraproducentes associadas à classificação do indivíduo como "paciente".[55]

Em geral, a pessoa com hipertensão leve deve passar por um exame físico para que sejam identificados possíveis problemas subjacentes, além da presença de outros fatores de risco. Kannel[61] sugere que, embora a medicação possa ser administrada para o controle da pressão arterial naquele paciente com vários fatores de risco (tabagismo, colesterol alto, inatividade, etc.), o simples ato de parar de fumar confere um benefício mais imediato contra o risco global de doença coronariana em comparação com qualquer medicação. É dentro desse contexto que o programa de intervenção não farmacológica se concentra: no uso do exercício e da dieta para o controle da pressão arterial e no estabelecimento de comportamentos que influenciem favoravelmente outros aspectos da saúde.[16,55]

As recomendações dietéticas para o controle da pressão arterial são: redução na ingestão de sódio para pessoas sensíveis ao excesso dessa substância e, para aqueles com sobrepeso, redução da ingestão calórica.[30] A revisão de Kaplan[62] sugere que a restrição de sal resulta em uma redução média nas pressões arteriais sistólica e diastólica de 5 e 3 mmHg, respectivamente; e a perda de

1 kg de peso corporal está associada a uma redução de 1,6 e 1,3 mmHg, respectivamente. Tanto o condicionamento físico como a atividade física estão inversamente relacionados à ocorrência de hipertensão.[27] O exercício de resistência aeróbia está associado a uma redução de 5-7 mmHg na pressão arterial em repouso em indivíduos hipertensos; mas a magnitude da redução está inversamente relacionada à pressão arterial pré-treinamento.[5,54] Embora nem todos os indivíduos hipertensos respondam dessa maneira ao exercício de resistência aeróbia, essa prática deve ser universalmente recomendada, porque ocorrem outras mudanças que diminuem o risco de doença coronariana, mesmo nos casos em que não ocorre queda na pressão arterial.[54]

A prescrição de exercício preconizada pelo American College of Sports Medicine para melhora do $\dot{V}O_{2máx}$ (ver Cap. 16) é também efetiva para a redução da pressão arterial em indivíduos hipertensos, porém o exercício na faixa de intensidade moderada (i. e., 40-59% da frequência cardíaca de reserva) é efetivo e pode ser praticado com atividades ligadas ao estilo de vida e com programas de exercício estruturados. Nesse caso, a recomendação é praticar pelo menos 30 minutos, de preferência todos os dias da semana, com complementação de treinamento de força a 60-80% de 1 RM.[3,5,54,98,109] Gordon[54] sugere que a combinação de intensidade, frequência e duração deve resultar, com a atividade física semanal, em um gasto energético de 700 (inicialmente) até 2.000 (objetivo) kcal (560-1.600 MET/min/semana para pessoa de 75 kg). Além do uso do exercício para baixar a pressão arterial elevada, Gordon recomenda também que ocorra:[54,70]

- Perda de peso, se houver sobrepeso.
- Limitação da ingestão de álcool (< 30 mL/dia de etanol – 710 mL de cerveja, 236 mL de vinho, ou 60 mL de uísque com 100° de teor alcoólico).
- Redução da ingestão de sódio.
- Ingestão de uma dieta rica em frutas, vegetais, produtos lácteos com baixo teor de gordura e pobre em gorduras saturadas e colesterol.
- Interrupção do tabagismo.

Para atletas recreativos que necessitem de medicação para o controle da pressão arterial, os medicamentos preferidos são os inibidores da enzima conversora de angiotensina (ECA) e os bloqueadores do canal de cálcio.[3,5,109] A pressão arterial deve ser frequentemente conferida, de modo que, em caso de necessidade, o regime medicamentoso possa ser alterado pelo médico.

> ### Em resumo
>
> - Para pessoas hipertensas, pode-se utilizar o exercício como intervenção não farmacológica. As recomendações para exercício são: atividade física de intensidade moderada (40-59% do $\dot{V}O_{2máx}$), praticada na maioria dos dias da semana e durante 30 minutos por sessão.

> Para pessoas já medicadas, a pressão arterial deve ser frequentemente conferida.

Reabilitação cardíaca

Hoje em dia, o treinamento físico é parte adotada no tratamento para restauração de indivíduos com alguma forma de doença coronariana. Os detalhes da estruturação desses programas, desde as primeiras etapas vencidas depois do confinamento da pessoa a um leito hospitalar até o momento de retornar ao trabalho e depois do retorno, estão claramente definidos em livros como *Guidelines for Exercise Testing and Prescription*,[5] *Exercise Management for Persons with Chronic Diseases and Disabilities* e *Resource Manual for Guidelines for Exercise Testing and Prescription*, todos do ACSM (ver "Sugestões de leitura"). Essa breve seção comentará os diversos aspectos desses programas.

População

As pessoas atendidas por programas de reabilitação cardíaca são as que sofreram angina de peito, infarto do miocárdio (IM), cirurgia de revascularização coronariana (CRC) e angioplastia.[50,51] Angina de peito é a dor relacionada à isquemia ventricular, causada pela oclusão de uma ou mais artérias coronárias. Os sintomas ocorrem quando o esforço cardíaco (estimado pelo duplo produto: pressão arterial sistólica × frequência cardíaca – FC) excede determinado valor. Usa-se **nitroglicerina** para a prevenção de ataques e/ou alívio da dor, graças ao relaxamento da musculatura lisa venosa, com redução do retorno venoso e do esforço cardíaco. Pacientes de angina também podem ser tratados com um betabloqueador para reduzir a FC e/ou pressão arterial; com isso, os sintomas de angina ocorrem em um estágio mais tardio no trabalho. O treinamento físico auxilia esse efeito farmacológico: à medida que a pessoa vai ficando treinada, ocorre redução da resposta da FC em qualquer intensidade de trabalho. Isso permite que a pessoa assuma mais tarefas sem sofrer dor torácica.

Pacientes com **infarto do miocárdio (IM)** realmente sofrem lesão cardíaca (destruição do músculo ventricular) causada por uma oclusão prolongada de uma ou mais artérias coronárias. O grau de comprometimento da função do ventrículo esquerdo depende da massa ventricular permanentemente lesionada. Em geral, esses pacientes estão em uso de medicamentos redutores do esforço cardíaco (betabloqueadores) e que controlam a irritabilidade do tecido cardíaco, para que deixem de ocorrer **arritmias** (ritmos cardíacos irregulares) perigosas. É comum esses pacientes vivenciarem um efeito de treinamento parecido com o daqueles que não sofreram IM.[50]

Pacientes de **cirurgia de revascularização coronariana (CRC)** são pessoas tratadas com cirurgia para desvio de uma ou mais artérias coronárias bloqueadas. Nesse procedimento, a veia safena ou a artéria mamária interna do próprio paciente é suturada nas artérias coronárias acima e abaixo do bloqueio. Sessenta por cento dos receptores de enxertos de veia safena sofrem uma oclusão depois de 11 anos, enquanto o enxerto de artéria mamária permanece viável em 93% dos pacientes depois de 10 anos.[51] O sucesso da cirurgia depende da quantidade de lesão cardíaca existente antes da cirurgia e também do próprio sucesso da revascularização. Entre os pacientes que tiveram angina de peito crônica antes da CRC, a maioria obtém alívio dos sintomas e 70% não sentiram mais dor em um acompanhamento de 5 anos. Com o aumento do fluxo sanguíneo para o ventrículo, geralmente ocorre melhora na função ventricular esquerda e também na capacidade de trabalho.[51] Esses pacientes são beneficiados com o treinamento físico sistemático, porque quase todos estavam descondicionados antes da cirurgia, como resultado de restrições da atividade ligadas à dor no peito. Além disso, o exercício torna mais provável que o enxerto de vaso sanguíneo permaneça aberto.[89] Finalmente, o programa de reabilitação cardíaca ajuda o paciente a diferenciar entre dor da angina e dor da parede torácica decorrente da cirurgia. O resultado global é uma transição mais harmoniosa e menos traumática para o funcionamento normal.

Alguns pacientes de doença coronariana são submetidos a uma **angioplastia coronariana transluminal percutânea (ACTP)** para desobstrução de artérias ocluídas. Nesse procedimento, o tórax não é aberto; em vez disso, um cateter (um tubo longo e delgado) com um balão na extremidade é inserido na artéria coronária; em seguida, o balão é inflado para "empurrar" a placa na direção da parede arterial.[51,103] Podem ser utilizados *stents* no procedimento de ACTP para ajudar a manter aberta a artéria. Lamentavelmente, 30% dos pacientes submetidos a uma ACTP sofrerão uma oclusão dentro de 6 meses, em comparação com apenas 5-8% daqueles que foram tratados com um *stent* de eluição de medicamento, que reduz a probabilidade de inflamação do vaso sanguíneo.[51] Para mais detalhes sobre quem deve ou não ser encaminhado para programas de reabilitação cardíaca, consultar Thomas et al. nas "Sugestões de leitura".

Testes

A avaliação de pacientes com doença coronariana por meio de testes é muito mais complicada, em comparação com o que foi apresentado no Capítulo 15 para indivíduos aparentemente saudáveis.[44] Existem classes de pacientes com doença coronariana para as quais a prática de exercício ou a avaliação por testes com exercício é inadequada e perigosa. Para ajudar no julgamento, o ACSM fornece a lista de contraindicações absolutas e relativas para o teste de exercício.[5] Para pessoas que podem ser testadas, monitoriza-se por ECG de 12 derivações em intervalos descontínuos durante o TEP, enquanto diversas derivações são continuamente exibidas em

um osciloscópio. Pressão arterial, EPE e diversos sinais ou sintomas também são registrados. Os critérios de interrupção do TEP vão muito além da obtenção de certo percentual de FC máxima; em vez disso, tais critérios se concentram em alguns sinais (p. ex., depressão do segmento ST) e sintomas (p. ex., angina de peito) patológicos. Com base na resposta ao TEP, a pessoa pode ser encaminhada para novos testes, como o uso de moléculas radioativas (p. ex., tecnécio 99m, sestamibe) para avaliar a função cardíaca em repouso e durante o exercício, ou da angiografia direta com injeção de um corante radiopaco nas artérias coronárias para determinar diretamente o bloqueio.[75] Os resultados de todos os testes são utilizados na classificação do indivíduo como paciente de risco baixo, intermediário ou alto. A classificação resultante exerce grande impacto na decisão sobre o uso, ou não, do exercício como parte do processo de reabilitação e, caso seja cabível o uso de exercício, na determinação do tipo e do formato do programa de exercício.[5] Além disso, os resultados do teste de exercício clínico para diagnóstico podem ser úteis para avaliação da incapacidade.[56]

Programas de exercício

A reabilitação cardíaca envolve um programa de exercício de "fase I" para pacientes internos, utilizado para ajudá-los a fazer a transição do evento cardiovascular (p. ex., um IM que obrigou a hospitalização) até o momento da alta hospitalar. Os sinais e sintomas específicos exibidos pelo paciente são utilizados para determinar se ele deve ser inserido em um programa de exercício e, em caso afirmativo, quando interromper a sessão de exercício.[5] Depois da alta hospitalar, pode ser iniciado um programa de "fase II". Esse programa se parece com aquele já mencionado para pessoas aparentemente saudáveis, pois nele estão incluídos um aquecimento com alongamento, exercícios de resistência e de fortalecimento e atividades de desaquecimento. Entretanto, os pacientes com doença coronariana, que em geral estão muito descondicionados ($\dot{V}O_{2máx}$ ~20 mL $\cdot$ kg^{-1} $\cdot$ min^{-1}), precisam apenas de um exercício leve para atingir sua frequência cardíaca-alvo (FCA). Além disso, considerando-se que esses pacientes estão em uso de diversos medicamentos que podem diminuir a FC máxima, a zona de FCA é determinada com base em seus resultados no TEP; não é possível usar a fórmula 220 – idade. Geralmente, os pacientes começam com um exercício de baixa intensidade e intermitente (1 minuto de prática, 1 minuto de descanso), com o uso de exercícios variados para distribuir a produção total de trabalho por maior massa muscular. Com o passar do tempo, o paciente aumenta a duração do período de trabalho para cada exercício. Os exercícios de fortalecimento enfatizam um formato de baixa resistência e grande número de repetições, para que haja envolvimento dos maiores grupos musculares; podem ser utilizados pesos livres e pesos em aparelhos, faixas e polias de parede em um formato de programa de circuito. As cargas iniciais devem permitir que 12-15 repetições possam ser realizadas confortavelmente. À medida que a força for aumentando, as cargas deverão ser gradualmente aumentadas. O paciente deve fazer uma série de 8-10 exercícios de modo a envolver os principais grupos musculares em 2-3 dias por semana.[5] Considerando-se que pacientes de CRC e pós-IM sofreram lesões cardíacas diretas, o exercício deve facilitar (e não interferir com) o processo de cura. Como se pode imaginar, dada a natureza do paciente e o risco envolvido, os programas de reabilitação cardíaca são realizados em hospitais e clínicas, locais que contam com supervisão médica direta e com capacidade de enfrentar emergências, caso venham a ocorrer. Depois que o paciente completar o programa de "fase II" de 8-12 semanas, poderá continuar em um programa de "fase III" fora do hospital, em um local onde haverá menos supervisão, exceto pela capacidade de responder a uma emergência.[5] É bastante baixa a frequência de complicações cardiovasculares graves associadas à prática de exercício em programas de reabilitação cardíaca.[83,102] Quais são os benefícios desses programas para o paciente com doença coronariana?

Efeitos. Não há dúvida de que pacientes com doença coronariana melhoram a função cardiovascular como resultado de um programa de exercício. Isso se reflete em valores mais elevados para $\dot{V}O_{2máx}$, taxas de trabalho mais altas obtidas sem isquemia (o que fica demonstrado pela alteração na angina de peito ou do segmento ST) e maior capacidade para trabalho submáximo prolongado.[50,51,67,96] A melhora no perfil lipídico (colesterol total mais baixo e HDL-colesterol mais alto) é uma função que ultrapassa a mera prática do exercício, visto que a perda de peso e o conteúdo de gordura saturada da dieta podem modificar essas variáveis (ver Cap. 18). Há evidência indicando que programas domiciliares de reabilitação cardíaca geram resultados parecidos com os dos programas hospitalares, mas sabendo-se que apenas um pequeno número de pacientes faz esses programas em casa, há necessidade de novos estudos.[59] Aqui, é preciso mencionar que um programa de reabilitação cardíaca não deve ser considerado simplesmente como um programa de exercício. Trata-se de um esforço multi-intervencional que envolve exercício, medicação, dieta e aconselhamento. Essas últimas características são o que fazem dele um "programa de prevenção secundária", com o objetivo de diminuir o risco de um futuro evento cardíaco em populações de pacientes de alto risco. Ver Hamm et al. nas "Sugestões de leitura" para informações sobre as competências essenciais dos profissionais de reabilitação cardíaca/prevenção secundária.

Diante do sucesso documentado dos programas de reabilitação cardíaca, surpreende que eles sejam pouco utilizados. Em um estudo de 72.817 pacientes de 156 hospitais que tiveram alta depois do tratamento cirúrgico para IM, ACTP ou CRC, apenas 56% foram encaminhados para reabilitação cardíaca.[21] Houve considerável variabilidade na resposta; alguns hospitais encaminharam 20% e outros, 80%. Contudo, o encaminhamento é apenas parte do quadro, pois mais de 50% dos pacientes encaminhados para o programa não se inscreveram.[19] Obviamente, é preciso maior esforço para incrementar o uso dos programas de reabilitação cardíaca – os pacientes seriam os grandes beneficiados.

Em resumo

- Os programas de reabilitação cardíaca atendem a diversos tipos de pacientes, inclusive aqueles com angina de peito, cirurgia de revascularização, infarto do miocárdio e angioplastia. Esses pacientes podem estar usando nitroglicerina para controlar os sintomas de angina, betabloqueadores para diminuir o esforço cardíaco ou medicamentos antiarrítmicos para controlar ritmos cardíacos perigosos.
- O teste físico para pacientes com doença coronariana consiste em um ECG de 12 derivações, aplicado com vistas ao encaminhamento para a realização de outros testes. Nessas populações, os programas de exercício promovem grandes mudanças na capacidade funcional, graças a seu baixo nível inicial. Os programas são gradativos e se baseiam nos testes de exercício para nível de ingresso e em outros achados clínicos.

Exercício para idosos

Nos Estados Unidos, o número de idosos (com mais de 65 anos de idade) dobrará entre 2000 e 2030, com a completa maturidade da geração *baby boom*. Sob o ponto de vista da prescrição de exercício, os idosos constituem um desafio especial por causa da existência habitual de doenças crônicas e de limitações para a atividade física. No entanto, a participação em atividades físicas e o exercício terão um papel importantíssimo na prevenção do progresso de doenças e no prolongamento dos anos de vida independente.[4,80,106]

Potência aeróbia máxima

A potência aeróbia máxima diminui cerca de 1% por ano a partir de seu valor máximo, que ocorre por volta dos 20-40 anos de idade, dependendo da população.[58] Um artigo de Kasch et al.[63] demonstra que não só esse declínio pode ser interrompido por um programa de atividade física, como homens de meia-idade que mantêm sua atividade e peso corporal exibem metade do decréscimo esperado no $\dot{V}O_{2máx}$ ao longo de um período de 20 anos. Contudo, parece que o mesmo não ocorre com as mulheres (ver "Uma visão mais detalhada 17.2"). Na mesma linha de Kasch et al.,[63] dados transversais e longitudinais demonstram que o decréscimo no $\dot{V}O_{2máx}$ com o

388 Seção II Fisiologia da saúde e do condicionamento físico

Uma visão mais detalhada 17.2

Mudanças no $\dot{V}O_{2máx}$ com o envelhecimento em mulheres

Um estudo[48] questionou alguns dos conceitos atualmente adotados acerca da mudança no $\dot{V}O_{2máx}$ com o passar do tempo e o efeito do condicionamento físico nessa resposta. A revisão sistemática e analítica da literatura (uma metanálise) feita pelos autores demonstrou que, em mulheres com treinamento de resistência aeróbia, o $\dot{V}O_{2máx}$ caiu 6,2 mL · kg⁻¹ · min⁻¹ por década, contrastando com 4,4 mL · kg⁻¹ · min⁻¹ e 3,5 mL · kg⁻¹ · min⁻¹ para mulheres ativas e sedentárias, respectivamente. Esse achado foi diferente do que tinha sido observado em homens, e que tinha servido de base para a maioria dos "conceitos adotados". No entanto, deve-se ter em mente que, quando essas mudanças absolutas (mL · kg⁻¹ · min⁻¹) foram expressas como percentual de seus respectivos valores de $\dot{V}O_{2máx}$ o declínio foi de aproximadamente 10% por década para todos os grupos, o que é similar ao que foi mensurado em homens sedentários. Por que as mulheres mais altamente condicionadas tiveram a mais ampla mudança no $\dot{V}O_{2máx}$ com o passar do tempo?

Os investigadores examinaram os decréscimos na frequência cardíaca máxima com o processo de envelhecimento nesses três grupos para verificar se isso poderia ajudar a explicar a razão de o $\dot{V}O_{2máx}$ diminuir mais rapidamente no grupo com melhor condicionamento físico. Na verdade, não diminuía. O declínio na frequência cardíaca máxima foi bastante parecido para os três grupos (7,0-7,9 bpm por década), não podendo explicar a razão de o grupo com melhor condicionamento físico ter o declínio mais rápido em $\dot{V}O_{2máx}$. Os autores sugeriram as seguintes possibilidades:

- Efeito basal. Pessoas com os valores mais elevados de $\dot{V}O_{2máx}$ sofreram o maior declínio. Foi feita uma observação paralela, com comparações entre homens e mulheres. Na média, homens jovens têm valores mais altos de $\dot{V}O_{2máx}$ *versus* mulheres jovens; os homens também exibem maior decréscimo em $\dot{V}O_{2máx}$ com a idade. Contudo, o declínio é de aproximadamente 10% por década para os dois gêneros, o que é similar ao observado para os três grupos de mulheres.
- Observou-se que as mulheres com melhor condicionamento físico exibem maior decréscimo em seu estímulo para o treinamento com o passar do tempo, em comparação com mulheres sedentárias (visto que mulheres sedentárias são apenas isso – sedentárias – sua "mudança" seria modesta, na melhor das hipóteses). A grande redução no volume de treinamento durante o envelhecimento ajudaria a explicar por que as mulheres com melhor condicionamento físico tiveram a maior perda de $\dot{V}O_{2máx}$.
- O aumento no peso corporal em adultos com envelhecimento está associado a um declínio no $\dot{V}O_{2máx}$ (mL · kg⁻¹ · min⁻¹). Os autores imaginaram se uma diferença no ganho de peso poderia explicar por que os indivíduos mais bem condicionados (i. e., com menos gordura) sofreram o maior decréscimo em $\dot{V}O_{2máx}$. Curiosamente, os autores não encontraram apoio para essa suposição na análise dos dados.

Os autores ressaltam que, apesar dessas observações, homens e mulheres de qualquer idade participantes de treinamentos de resistência aeróbia têm valores mais elevados de $\dot{V}O_{2máx}$, em comparação com homens e mulheres menos ativos.

---

passar dos anos é influenciado por reduções na atividade física e por aumentos no percentual de gordura corporal, bem como por qualquer efeito do "envelhecimento".[58] Tendo em vista que a vasta maioria das pessoas sofre um declínio contínuo no $\dot{V}O_{2máx}$ ao longo do tempo, por volta dos 60 anos de idade ocorrerá redução da capacidade de se envolver confortavelmente em atividades normais. Isso dá início a um ciclo vicioso que leva a níveis cada vez mais baixos de condicionamento cardiorrespiratório, o que talvez impossibilite a realização das tarefas cotidianas. Por sua vez, isso afeta a qualidade de vida e a independência, o que leva à necessidade de depender dos outros.[5] Ver "Um olhar no passado – nomes importantes na ciência", para conhecer um estudioso que ajudou a modelar nosso entendimento sobre o papel do exercício de retardar as mudanças fisiológicas tipicamente observadas com o envelhecimento. Programas de atividade física são úteis por enfrentar não apenas essa espiral descendente do condicionamento cardiorrespiratório, mas também a osteoporose, que está ligada às súbitas fraturas do quadril que podem acarretar maior inatividade e mesmo a morte.[4,6,80,106]

Resposta ao treinamento

Nos últimos 30 anos, foi acumulada uma quantidade substancial de conhecimento que documentou a capacidade dos indivíduos idosos de experimentar o efeito de treinamento semelhante ao que foi observado em homens e mulheres mais jovens.[4,80] Esse quadro tem ramificações importantes quando se considera o aumento no número de indivíduos idosos na nossa população e a necessidade de manter seu estado de saúde e independência o máximo de tempo possível. Os dados sobre o efeito do exercício em indivíduos idosos foram obtidos a partir de estudos transversais que compararam atletas idosos a seus correspondentes sedentários e a partir de estudos longitudinais nos quais os programas de treinamento foram realizados ao longo de muitos meses. Há um breve resumo de cada um a seguir.[55,82]

Estudos transversais mostraram que, em comparação com indivíduos sedentários idosos, os atletas idosos de treino de resistência têm:

- Valores de $\dot{V}O_{2máx}$ maiores.

Um olhar no passado – nomes importantes na ciência

O dr. Fred W. Kasch, com seu programa de condicionamento físico para adultos, estudou pacientes ao longo de 40 anos

Dr. Fred W. Kasch fez seu bacharelado e seu mestrado na Universidade de Illinois, Urbana, e seu doutorado na Universidade de Nova York. Dr. Kasch foi contratado pela San Diego State University em 1948 e, dentro de 10 anos, estabeleceu um dos primeiros programas de condicionamento físico para adultos no país – um feito singular, levando-se em consideração que, na época, a comunidade médica não considerava a combinação de exercício e adultos como algo além de uma aventura perigosa. Seu programa de condicionamento físico para adultos recrutou pacientes cardíacos – aqueles com pressão arterial elevada – e outros que simplesmente pretendiam adquirir condicionamento. Dr. John Boyer, um cardiologista, começou a trabalhar com dr. Kasch no início dos anos 1960 e, em conjunto com seus alunos, eles coletaram periodicamente dados dos participantes ao longo dos 40 anos seguintes, o que lhes permitiu estudar as mudanças com o passar do tempo. As mensurações foram: eletrocardiograma, pressão arterial, peso, gordura corporal e $\dot{V}O_{2máx}$ medido (utilizando técnicas clássicas que envolviam uma bolsa de Douglas e um analisador de gases Scholander). A intervalos regulares ao longo dos 40 anos, dr. Kasch e seus colaboradores publicaram artigos de pesquisa atualizando as mudanças (ou sua não ocorrência) observadas nos participantes do programa. Esses artigos demonstraram que, em comparação com adultos sedentários, a participação regular no programa de Kasch resultou em:

- Decréscimo na pressão arterial nos participantes hipertensos.
- Manutenção de uma pressão arterial em repouso normal com o passar dos anos, quando os participantes no grupo inativo estavam exibindo uma elevação "relacionada à idade" nos valores de pressão arterial em repouso.
- Redução da gordura corporal e manutenção de valores mais baixos para os percentuais de gordura com o passar do tempo.
- Um decréscimo muito mais lento no $\dot{V}O_{2máx}$ ao longo dos anos.

Os artigos do dr. Kasch forneceram claras evidências para a comunidade médica, indicando que a participação regular no exercício proporcionava excelentes benefícios relacionados à saúde em adultos de idades variadas, inclusive pessoas com doença diagnosticada. Seu programa de condicionamento físico para adultos se tornou um modelo que foi emulado por outros profissionais durante todos os anos 1970 e mesmo depois. Ao longo de sua carreira, dr. Kasch publicou mais de cem artigos. Para uma atualização de seus participantes, ver *Age and Ageing* 28:531-536, 1999.

Dr. Kasch praticou o que pregou durante toda a sua vida, permanecendo ativo como arqueiro e caçador de cervos até a nona década de vida. Construiu o arco e as flechas que utilizava e começava cada novo dia com um regime de exercícios que faria bem a qualquer pessoa. Esse grande pesquisador faleceu em 8 de abril de 2008, alguns dias antes de seu 95º aniversário. Sua memória e influência certamente perdurarão.

- HDL-colesterol maior e menores níveis de triglicerídios, colesterol total e LDL.
- Maiores tolerância à glicose e sensibilidade à insulina.
- Mais força, tempo de reação mais rápido e menor risco de queda.

Essas comparações poderiam ser induzidas pelo potencial para um forte fator genético que pudesse direcionar o indivíduo a ter uma vida ativa. Ao contrário, estudos longitudinais comparam um grupo treinado com um grupo-controle por muitos meses para ver como cada um muda; isso reduz as preocupações levantadas pelos estudos transversais. Os resultados a partir desses estudos estão em conformidade com os mencionados anteriormente. O treinamento aeróbio:

- Aumenta o $\dot{V}O_{2máx}$ e a cinética do consumo de oxigênio de forma semelhante para indivíduos jovens, mas pode ser necessário mais tempo para ocorrer o efeito do treinamento.[13] Nos homens, o aumento no $\dot{V}O_{2máx}$ ocorre em virtude das adaptações periféricas (músculo esquelético) e centrais (cardiovascular). Entretanto, o aumento no $\dot{V}O_{2máx}$ nas mulheres idosas ocorre apenas em função das adaptações periféricas.[99]
- Provoca mudanças favoráveis nos lipídios do sangue, mas as mudanças parecem estar relacionadas a uma redução na gordura corporal, em vez do exercício por si só.
- Reduz a pressão arterial no mesmo grau que o apresentado para pessoas jovens com hipertensão.
- Melhora a tolerância à glicose e a sensibilidade à insulina.
- Aumenta ou mantém a força muscular e a densidade óssea. Deve-se acrescentar que o treinamento de força resulta em grandes aumentos na força, o que pode desempenhar um papel importante na redução do risco de quedas.

Atualmente, existem várias recomendações de atividade física para idosos.[4,80,106] A seguir, apresentamos uma compilação, com base principalmente nas U.S. *Physical Activity Guidelines*:

- As diretrizes de atividade física a seguir são as mesmas para adultos e idosos:
  - Todos os idosos devem evitar a inatividade; alguma atividade física é melhor do que nenhuma, e idosos que participam em qualquer proporção de atividades físicas ganham benefícios para a saúde.
  - Para terem benefícios substanciais à saúde, os idosos devem fazer pelo menos 150 minutos por semana que praticam atividade física de intensidade moderada, ou 75 minutos de atividade física aeróbia de intensidade vigorosa ou uma combinação adequada de ambas. Essa atividade deve ser feita em séries de pelo menos 10 minutos, e a quantidade total deve ser distribuída ao longo da semana.
  - Em uma escala de 0 a 10 para o nível de esforço físico, use 5 a 6 para atividade física de intensidade moderada e 7 a 8 de intensidade vigorosa.
  - Para terem benefícios adicionais e mais abrangentes para a saúde, os idosos devem aumentar sua atividade física aeróbia para 300 minutos por semana com intensidade moderada ou 150 minutos por semana com intensidade vigorosa. Benefícios adicionais para a saúde podem ser obtidos se for além deste valor.
  - Idosos também devem fazer exercícios de alongamento de 8 a 10 músculos em pelo menos 2 dias por semana, usando os principais grupos musculares. Deve ser usada uma resistência que permita 8 a 12 repetições para cada exercício. Curiosamente, existe evidência em idosos (> 65 anos) de que 1 dia por semana de treinamento de força pode ser tão bom quanto 2 dias por semana em termos de ganhos de força.[43] Além disso, programas periodizados não oferecem vantagens em comparação com programas de repetição fixos padronizados.[41]
  - Fazer exercícios de flexibilidade por pelo menos 10 minutos pelo menos duas vezes por semana. Evidência recente mostra que o exercício de flexibilidade pode melhorar a capacidade de caminhar em idosos (maior velocidade, passos mais largos).[37]
- As diretrizes a seguir são apenas para idosos:
  - Se os idosos não puderem realizar 150 minutos de atividade física de intensidade moderada por semana por causa das condições crônicas, eles devem ser tão ativos quanto sua capacidade e condições permitirem.
  - Idosos devem determinar seu nível de esforço para a atividade física em relação ao seu nível de condicionamento.
  - Idosos devem fazer exercícios para manter ou melhorar o equilíbrio se tiverem risco de quedas. Em relação a esse tópico, os programas de exercício que usam modos múltiplos parecem ter vantagem na prevenção de quedas.[15] Entretanto, é provável que os ganhos sejam mais perceptíveis no idoso pré-frágil do que no idoso frágil.[47]

- Idosos com condições crônicas devem compreender como essas condições afetam sua capacidade de realizar atividade física de forma segura.

Um ponto importante presente nas U.S. *Physical Activity Guidelines* é a importância da progressão, e isso é certamente o caso quando se trabalha com idosos.[106] Visite o site a seguir para ver os programas de exercício para idosos: http:// www.nia.nih.gov/health/publication/exercise-physical-activity.

Osteoporose

Osteoporose é a perda de massa óssea que afeta principalmente mulheres com mais de 50 anos de idade, sendo responsável por 1,5 milhão de fraturas anuais.[86,97] A osteoporose tipo I está relacionada a fraturas vertebrais e do rádio distal em pessoas com 50 a 65 anos de idade, sendo oito vezes mais comum em mulheres, em comparação com homens. A osteoporose tipo II, observada em pessoas com 70 anos de idade ou mais, resulta em fraturas do quadril, pelve e úmero distal, sendo duas vezes mais comum em mulheres.[17] O problema é mais comum em mulheres com mais de 50 anos de idade, por causa da menopausa e da falta de estrogênio. Se iniciada no início da menopausa, a terapia de reposição hormonal (TRH) previne a perda de tecido ósseo e pode aumentar a densidade mineral óssea e diminuir o risco de fratura.[17,86] No entanto, esses tratamentos não estão isentos de risco. A TRH foi associada a aumentos nas doenças cardiovasculares e na mortalidade e também a maior risco de certos cânceres.[81] Considerando que a prevenção é melhor do que o tratamento, a atenção se concentra em níveis alimentares adequados de cálcio e vitamina D e na prática de exercício durante toda a vida.[6,86,97]

O cálcio e a vitamina D presentes nos alimentos são importantes para a prevenção e o tratamento da osteoporose. Embora a ingestão de cálcio alimentar seja inadequada para as mulheres, quando os suplementos são incluídos e é levada em consideração a média de ingestão desse mineral, apenas as adolescentes ficam drasticamente carentes no atendimento das recomendações.[14] Essa é uma grande preocupação para essa faixa etária, porque é durante a adolescência que ocorre grande consolidação da massa óssea. Nas demais faixas etárias, as ingestões de vitamina D são mais adequadas, exceto para os mais idosos – em parte porque a necessidade da vitamina por essa população é maior do que para os demais grupos (ver Cap. 18).[14]

A estrutura óssea é mantida pela força da gravidade (postura ereta) e pelas forças laterais associadas à contração muscular. Embora a melhor prescrição de exercício para a saúde óssea em adultos esteja em constante evolução, o ACSM e as U.S. *Physical Activity Guidelines* publicaram algumas orientações.[4,6,80,86,106]

- Frequência: atividades com sustentação de peso 3-5 vezes/semana; exercício de força 2-3 vezes/semana.

- Intensidade: moderada a elevada, em termos de carga óssea.
- Duração: 30-60 min/dia de uma combinação de atividades de resistência com sustentação de peso, atividades que envolvam pular e exercícios de força direcionados para todos os grupos musculares.
- Modos: atividades de resistência com sustentação de peso (tênis, subir degraus, prática do *jogging* pelo menos intermitentemente durante a caminhada); atividades que envolvam pular (voleibol, basquetebol); e exercícios de força.

Com o passar dos anos, é evidente que as pessoas precisam ser mais cautelosas para garantir que os exercícios possam ser feitos com segurança. Algumas sugestões indicando o que é preciso para se ter uma boa saúde óssea estão no Quadro "Pergunte ao especialista 17.1".

Força

A força declina apenas em cerca de 10% entre os 20 e os 50 anos de idade, mas diminui com velocidade muito maior depois disso. A perda de força se deve, em parte, ao nível mais baixo de atividade física em indivíduos idosos, mas o grande decréscimo na força entre os 60 e os 80 anos de idade decorre da própria perda de massa muscular, uma condição conhecida como sarcopenia. O Capítulo 8 (Quadro "Aplicações clínicas 8.1") oferece uma boa visão geral desse problema; nesse ponto, vale a pena reler o capítulo. A boa notícia é que o treinamento de força pode aumentar a força dos idosos em cerca de 30%, muito parecido com o que se observa em indivíduos mais jovens.[4,85]

Como vale para qualquer população especial, um exame clínico completo é uma recomendação razoável, pois ajuda a descobrir problemas ou a presença de uma combinação de fatores de risco que possam afetar as decisões sobre a participação ou não em um programa de exercício.[5] Não há dúvida de que os idosos, como as pessoas mais jovens, exibem especificidade e adaptabilidade ao treinamento, seja para aquisição de força ou para resistência. Em consequência, o programa de exercício deve proporcionar atividades de resistência, flexibilidade e força que sejam adequadas à população que está sendo atendida para que sejam obtidos progressos nesses componentes do condicionamento físico. Foi demonstrado que a combinação de treinamento de força e de equilíbrio diminui o risco de quedas.[4,80,106] Evidentemente, os benefícios potenciais compensam o investimento em tempo e energia.

Em suma, o uso de programas de exercício para idosos melhora o condicionamento cardiorrespiratório e também a força, além de ajudar a manter a integridade dos ossos. Quando essa prática se combina com a oportunidade de socialização, fica fácil perceber por que o exercício é parte tão importante da vida – desde a juventude até a velhice.

Em resumo

- A deterioração "normal" da função fisiológica com o envelhecimento pode ser atenuada ou revertida com o treinamento de resistência e de força habitualmente praticado. Entre outros, os benefícios da participação em um programa de exercício regular envolvem um perfil melhor para fatores de risco (p. ex., HDL-colesterol mais elevado e LDL-colesterol mais baixo, melhora na sensibilidade à insulina, $\dot{V}O_{2máx}$ mais elevado e pressão arterial mais baixa), mas os efeitos do treinamento podem levar mais tempo para serem percebidos.
- As orientações para programas de treinamento físico para idosos são parecidas com aquelas para pessoas mais jovens, enfatizando a necessidade de um exame clínico e de triagem para fatores de risco. O esforço exigido para concretizar o efeito do treinamento pode ser inferior ao necessário para indivíduos mais jovens.

Exercício durante a gestação

A gestação resulta em demandas especiais para a mulher, em virtude das necessidades do feto em desenvolvimento por calorias, proteínas, minerais, vitaminas e, sem dúvida, por um ambiente fisiologicamente estável, imprescindível para o processamento desses nutrientes. É para manter esse cenário em equilíbrio que deve ser avaliada a implementação de um programa de condicionamento físico. De forma bastante parecida com o início de um programa de exercício por um paciente diabético, asmático ou cardíaco, a mulher grávida deve começar com um exame clínico completo por seu médico, para que sejam excluídas complicações que tornariam inadequada a prática do exercício e para fornecer informações específicas sobre sinais ou sintomas a serem observados durante o curso da gestação. São contraindicações absolutas para o exercício aeróbio durante a gestação: cardiopatia hemodinamicamente significativa, doença pulmonar restritiva, cérvice incompetente/cerclagem, múltipla gestação com risco de prematuridade, sangramento persistente no segundo e no terceiro trimestres, placenta prévia depois de 26 semanas de gestação, trabalho de parto prematuro durante a gestação atual, ruptura de membranas e pré-eclâmpsia/hipertensão induzida pela gestação. São contraindicações relativas: anemia intensa, arritmias cardíacas maternas não avaliadas, bronquite crônica, diabetes tipo 1 mal controlado, obesidade mórbida extrema, subpeso extremo (IMC < 12), histórico de estilo de vida extremamente sedentário, restrição ao crescimento intrauterino na gestação atual, hipertensão mal controlada, limitações ortopédicas, transtorno convulsivo mal controlado, hipertireoidismo mal controlado e tabagismo intenso.[2] Obviamente, para a proteção da mãe e de seu

Pergunte ao especialista 17.1

Exercício e saúde dos ossos
Perguntas e respostas com a dra. Susan A. Bloomfield

Dra. Susan A. Bloomfield é professora do Departamento de Saúde e Cinesiologia, membro da Graduate Faculty in Nutrition & Food Science, e assistente de reitoria nos estudos profissionais e de graduação na Texas A&M University. Sua pesquisa utiliza modelos animais para estudo da fisiologia integrativa que promove a adaptação óssea à microgravidade modelada, à restrição calórica prolongada e ao exercício, bem como as relações funcionais de ossos e músculos nesses modelos. Dra. Bloomfield vive em College Station com seu cão mestiço de labrador chamado Beau e dois gatos, e pode ser vista em competições de natação máster nos Estados Unidos em várias ocasiões todo ano.

PERGUNTA: Quais são os principais fatores que afetam a saúde dos ossos?

RESPOSTA: Uma saúde óssea ideal depende da ingestão adequada de cálcio, vitamina D, energia e proteína, além da prática regular de exercício no contexto de um perfil hormonal reprodutivo normal. Se os níveis séricos de estrogênio ou de testosterona estiverem baixos, a massa óssea (habitualmente mensurada pela densidade mineral óssea – DMO) tende a declinar. Curiosamente, o efeito principal do estrogênio é suprimir a atividade dos osteoclastos (i. e., células de reabsorção óssea). Assim, a deficiência de estrogênio, seja ocorrendo na menopausa ou depois de uma amenorreia prolongada em uma mulher jovem, "solta os freios" da reabsorção óssea, com subsequente perda de massa óssea. O hormônio do crescimento e, nos adultos, IGF-I e leptina são fatores endócrinos que variam com o quadro nutricional. Declínios em qualquer um desses hormônios "metabólicos" também têm um impacto negativo sobre o equilíbrio ósseo. A literatura crescente apoia a importância de se obter energia e ingerir proteína adequadamente para promover a saúde óssea ideal. Curiosamente, existe boa evidência de que a atividade física regular é fundamental para maximizar o impacto benéfico da obtenção de cálcio sobre a massa óssea. E existe evidência muito clara de que, se toda atividade física com apoio de peso for removida, o esqueleto vai se "contrair" para corresponder à carga reduzida; por exemplo, os astronautas perdem massa óssea dez vezes mais rápido enquanto estão no espaço do que as mulheres na pós-menopausa!

PERGUNTA: O exercício e a boa nutrição são mais importantes para pessoas idosas, fase em que é mais frequente a ocorrência de perda óssea?

RESPOSTA: O exercício e a boa nutrição depois dos 50 anos de idade são muito importantes, quando se torna mais evidente a perda óssea ligada ao envelhecimento ou induzida pela menopausa; entretanto, os anos mais críticos (do ponto de vista da saúde pública) realmente se situam em torno da puberdade. Adquirimos incríveis 30% de nossa eventual massa óssea máxima nos 3 anos que circundam a puberdade; acréscimos na DMO ocorrem até pelo menos os 25 anos de idade. O maior impacto do exercício na DMO e na geometria óssea ideal ocorre durante esses anos de rápido crescimento, com o resultado de que a criança ativa evolui para a vida adulta com uma elevada massa óssea de pico, antes que tenha início a perda relacionada à Idade. Nessa idade, elevadas ingestões de cálcio (1.200-1.500 mg/dia) asseguram máximo benefício. Entretanto, a ingestão de cálcio vem declinando entre as crianças norte-americanas e, ironicamente, de modo mais intenso em meninas adolescentes, candidatas ao maior benefício em termos de redução do risco de fraturas decorrentes da osteoporose em idades mais avançadas. Aqui, a clara mensagem para a saúde pública é que precisamos promover maior consumo de alimentos ricos em cálcio (especialmente leite!) e mais atividade física para crianças e adolescentes norte-americanos. Imagino que isso se traduza pela remoção de máquinas de refrigerantes dos corredores das escolas e pela promoção de turmas regulares de educação física também no ensino médio. Em termos populacionais, provavelmente a prevenção da osteoporose, e não a atenção ao tratamento da perda óssea já estabelecida, é uma ação muito mais efetiva. Dito isso, nós que estamos na outra extremidade do envelhecimento precisamos prestar atenção à boa nutrição e ao exercício, em particular, para manter a massa muscular adequada (e com tônus) a fim de minimizar a perda óssea relacionada ao envelhecimento e nosso risco de fraturas por fragilidade.

PERGUNTA: Quais são as características gerais dos programas de exercício que geram incrementos na massa óssea e diminuem o risco de fraturas decorrentes da osteoporose na idade avançada?

RESPOSTA: Há lições importantes a se aprender com os experimentos essenciais realizados em modelos animais; os resultados são frequentemente aplicáveis à condição humana. Exemplificando, os experimentos de Rubin e Lanyon[95] em ulnas de perus revelaram a importância da magnitude da força aplicada ao osso (ao contrário de muitos ciclos de carga), bem como uma distribuição singular da carga. Assim, atualmente enfatizamos o treinamento com pesos ou atividades de sustentação de peso que envolvem forças de impacto, a fim de proporcionar um estímulo adequado para o esqueleto. Além disso, um programa de exercício diversificado que use uma grande variedade de grupos musculares com padrões de movimento frequentes e variados será melhor do que um sinal monótono aplicado ao osso, por exemplo, correr ou pedalar. Os achados mais recentes de Robling et al.,[92] que utilizaram cargas externas em tíbias de ratos, sugeriram que duas a quatro sessões mais curtas de exercício distribuídas ao longo do dia podem ter ações mais osteogênicas (promovendo ganho na massa óssea), em comparação com uma série longa. Curiosamente, essa abordagem concorda com as recomendações que estamos ouvindo de epidemiologistas do exercício: que a atividade acumulada ao longo do dia proporciona benefícios significativos para a saúde. A incorporação de mais atividade em nosso cotidiano (deslocamentos com bicicleta, trabalho físico em casa, mais caminhadas, além do exercício planejado) traz muitas promessas para a promoção da saúde óssea durante a vida das pessoas.

feto, é razoável recomendar uma consulta médica antes do início de um programa de exercício.

Curiosamente, em comparação com o que se sabe acerca do modo de resposta dos pacientes diabéticos, asmáticos e cardíacos ao treinamento físico, apenas agora estamos começando a compreender como a mãe e o feto respondem a esse tipo de programa.[28,113,114] Em geral, os itens a seguir descrevem as principais adaptações cardiovasculares e metabólicas à gestação em comparação com o estado não gravídico:[112,113]

- O volume sanguíneo aumenta em 40-50%.
- O consumo de oxigênio é ligeiramente mais elevado em repouso e durante o exercício submáximo.
- O gasto de oxigênio para exercícios com sustentação de peso fica significativamente aumentado.
- As frequências cardíacas são mais elevadas em repouso e durante o exercício submáximo.
- O débito cardíaco é mais elevado em repouso e durante o exercício submáximo para os dois primeiros trimestres; no terceiro trimestre, o débito cardíaco fica mais baixo, sendo maior a possibilidade de ocorrer hipotensão arterial.

Apesar de todas essas mudanças, a prática de exercício moderado não parece interferir na liberação de oxigênio para o feto, e a resposta da frequência cardíaca do feto não exibe sinais de angústia. A frequência cardíaca fetal aumenta com a intensidade e a duração do exercício, retornando gradualmente ao normal durante a recuperação pós-exercício.[112-114] Foi demonstrado que o débito cardíaco fica mais elevado por volta da 26ª semana de gestação durante o exercício submáximo em comparação com 8 semanas após o parto. A observação de uma diferença (a-$\bar{v}$) O_2 menor sugere a distribuição do débito cardíaco mais elevado por outros leitos vasculares (p. ex., útero), com manutenção do fluxo sanguíneo muscular.[114] Considerando-se que o $\dot{V}O_{2máx}$ absoluto (L/min) não muda muito ao longo da gestação,[72] o que acontece quando o treinamento físico é praticado durante a gravidez?

Em geral, há evidências de que o $\dot{V}O_{2máx}$ estimado (em L/min) aumenta como resultado do treinamento de gestantes previamente sedentárias, enquanto o $\dot{V}O_{2máx}$ relativo (mL $\cdot$ kg^{-1} $\cdot$ min^{-1}) é mantido ou aumenta ligeiramente, apesar do ganho de peso.[114] Um aspecto interessante é que, quando atletas recreativas bem condicionadas treinaram ao longo de toda a gravidez, continuando no pós-parto, o $\dot{V}O_{2máx}$ absoluto aumentou até 36-44 semanas do pós-parto, em comparação com um grupo de "controle" de mulheres que mantiveram o treinamento e não engravidaram.[32] Esse achado sugere que a combinação de gestação e treinamento resultou em adaptações mais expressivas do que seria conseguido exclusivamente com o treinamento. Quais são as recomendações razoáveis a serem seguidas quando uma gestante deseja se exercitar?

Ao longo das últimas duas décadas, foram formuladas algumas orientações. Em um conjunto mais antigo de orientações do American College of Obstetricians and Gynecologists, foram estabelecidos critérios (p. ex., não se exercitar com uma frequência cardíaca superior a 140 bpm), com ênfase em uma abordagem conservadora à prescrição de exercício. As atuais orientações enfatizam a necessidade de evitar o exercício em decúbito dorsal, para que não ocorra redução no retorno venoso nem hipotensão ortostática.[2] As atividades com sustentação de peso devem ser incentivadas, graças ao baixo risco de lesão; e a atenção deve se concentrar na necessidade de hidratação para que a temperatura corporal seja mantida na faixa de normalidade associada ao exercício. Pesquisas sugerem que aumentos na temperatura corporal induzidos pelo exercício normal representam pouco risco para o feto.[2,28,113]

O American College of Obstetricians and Gynecologists afirma que, na ausência de complicações clínicas ou obstétricas, as gestantes podem seguir a recomendação da saúde pública: 150 min/semana de atividade física com intensidade moderada. Deve-se adotar um formato de progressão para iniciantes, por exemplo, com 15 minutos, 3 dias por semana, até alcançar o objetivo de 150 minutos por semana. Essa recomendação foi apoiada por uma revisão recente da literatura.[79]

- Atletas recreativas e competidoras com gestações descomplicadas podem permanecer ativas durante a gravidez, modificando as atividades conforme orientação médica. Grávidas que se envolvem em exercícios muito intensos deverão ter uma cuidadosa supervisão médica.
- Mulheres previamente inativas ou com complicações clínicas ou obstétricas devem passar por avaliação médica prévia, para que possam ser feitas recomendações para a prática de exercício.
- Uma mulher fisicamente ativa com histórico (ou em risco) de trabalho de parto prematuro ou de restrição do crescimento fetal deve diminuir sua atividade no segundo e no terceiro trimestres.

Para as gestantes inscritas em programas de exercício estruturados, as orientações canadenses[40] sugerem que seja aplicado o "teste da conversa" (reduzir a intensidade quando a conversação não puder ter continuidade sem pausas para recuperar o fôlego) ou o EPE (12-14 na escala original de Borg), para que seja determinada a intensidade do exercício. Entretanto, as faixas de frequência cardíaca a seguir foram oferecidas para orientação adicional no PARmed-X para gravidez:

- Menos de 20 anos, 140-155.
- Entre 20 e 29 anos:
  - Baixo condicionamento físico: 129-144.
  - Ativa: 135-150.
  - Condicionada: 145-160.
  - IMC > 25 kg $\cdot$ m^{-2}: 102-124.

- Entre 30 e 39 anos:
  - Baixo condicionamento físico: 128-144.
  - Ativa: 130-145.
  - Condicionada: 140-156.
  - IMC > 25 kg · m^{-2}: 101-120.

Apesar do corpo de conhecimento cada vez maior em favor da pertinência da recomendação de exercícios durante a gravidez, apenas cerca de 50% dos obstetras em clínicas privadas/de pequeno porte recomendam a atividade física durante a gestação.[45] Isso é de se lamentar, pois a atividade física praticada regularmente durante a gestação está associada à diminuição do risco de diabetes gestacional e de pré-eclâmpsia, problemas que vêm crescendo em uma sociedade de mulheres com sobrepeso e obesidade.[39] Um estudo recentemente publicado enfatizou a necessidade de disseminar para a classe dos obstetras as recomendações e informações vigentes sobre os riscos e benefícios da atividade física durante a gestação, para que seja desfeito o hiato entre a ciência e a prática.[46]

Em resumo

- Antes de dar início a um programa de exercício, a mulher grávida deve consultar seu médico.
- As grávidas podem seguir a recomendação de atividade física padrão dos Estados Unidos para adultos: 150 minutos por semana de atividade física de intensidade moderada.

Atividades para estudo

1. Qual é a diferença entre diabetes tipo 1 e diabetes tipo 2?
2. Se um diabético tipo 1 não tomar a dose adequada de insulina, o que acontecerá com sua glicemia durante um exercício prolongado? Por quê?
3. Se o exercício tem utilidade no controle da glicemia, como poderia complicar a vida de um diabético tipo 1?
4. Providenciar recomendações gerais relacionadas a mudanças na insulina e na dieta para diabéticos envolvidos na prática de exercício.
5. Como é iniciada a asma induzida pelo exercício e como as medicações reduzem a probabilidade de um ataque?
6. Por que o exercício e a dieta são recomendados como tratamentos não farmacológicos para pessoas com hipertensão limítrofe?
7. O que é DPOC e onde o exercício se encaixa como parte de um programa de reabilitação?
8. O que são angina de peito, CRC e angioplastia?
9. Quais mensurações extras devem ser tomadas durante um TEP de um paciente cardíaco, em comparação com um indivíduo aparentemente saudável?
10. De que maneira pessoas idosas respondem ao treinamento físico, em comparação com indivíduos mais jovens?
11. Quais são as preocupações acerca do exercício durante a gestação e quais são as orientações recomendadas para uma grávida que deseja iniciar um programa de exercício?

Sugestões de leitura

American College of Sports Medicine. 2009. ACSM's *Exercise Management for Persons with Chronic Diseases and Disabilities*. Champaign, IL: Human Kinetics.

American College of Sports Medicine. 2014. ACSM's *Resource Manual for Guidelines for Exercise Testing and Prescription*. 6th ed. Baltimore, MD: Lippincott Williams & Wilkins.

Hamm, L. F., B. K. Sanderson, P. A. Ades, K. Berra, L. A. Kaminsky, J. L. Roitman, et al. 2011. Core competencies for cardiac rehabilitation/secondary prevention professionals: 2010 update. *Journal of Cardiopulmonary Rehabilitation and Prevention* 31: 2–10.

Thomas, R. J., M. King, K. Lui, N. Oldridge, I. L. Piña, and J. Spertus. 2010. ACC/AHA 2010 update: performance measures on cardiac rehabilitation for referral to cardiac rehabilitation/secondary prevention services. *Journal of the American College of Cardiology* 56: 1159–67.

Referências bibliográficas

1. Ali Z, Norsk P, and Ulrik CS. Mechanisms and management of exercise-induced asthma in elite athletes. *Journal of Asthma* 49: 480–486, 2012.
2. American College of Obstetricians and Gynecologists. Exercise during pregnancy and the postpartum period. (Opinion No. 267). *Obstet Gynecol* 99: 171–173, 2002.
3. American College of Sports Medicine. Exercise and hypertension. *Medicine and Science in Sports and Exercise* 25: i–x, 2004.
4. American College of Sports Medicine. Exercise and physical activity for the older adult. *Medicine and Science in Sports and Exercise* 41: 1510–1530, 2009.
5. American College of Sports Medicine. *Guidelines for Exercise Testing and Prescription*. Baltimore, MD: Lippincott Williams & Wlikins, 2010.
6. American College of Sports Medicine. Physcial activity and bone health. *Medicine and Science in Sports and Exercise* 36: 1985–1996, 2004.
7. American College of Sports Medicine and American Diabetes Association. Exercise and type 2 diabetes. *Medicine and Science in Sports and Exercise* 42: 2282–2303, 2010.
8. American Diabetes Association. Diagnosis and classification of diabetes mellitus. *Diabetes Care* 27: S5–10, 2007.
9. American Diabetes Association. Nutrition recommendations and interventions for diabetes. *Diabetes Care* 30 (Suppl 1): S48–65, 2007.
10. American Diabetes Association. Physical activity/exercise and diabetes. *Diabetes Care* 27: S58–62, 2004.
11. American Diabetes Association. Prevention or delay of type 2 diabetes. *Diabetes Care* 27: S47–54, 2004.

12. Anderson SD, Caillaud C, and Brannan JD. Beta2-agonists and exercise-induced asthma. *Clinical Reviews in Allergy & Immunology* 31: 163–180, 2006.
13. Babcock MA, Paterson DH, and Cunningham DA. Effects of aerobic endurance training on gas exchange kinetics of older men. *Med Sci Sports Exerc* 26: 447–452, 1994.
14. Bailey RL, Dodd KW, Goldman JA, Gahche JJ, Dwyer JT, Moshfegh AJ, et al. Estimation of total usual calcium and vitamin D intakes in the United States. *Journal of Nutrition* 140: 817–822, 2010.
15. Baker MK, Atlantis E, and Fiatarone Singh MA. Multi-modal exercise programs for older adults. *Age and Ageing* 36: 375–381, 2007.
16. Bassett DR, and Zweifler AJ. Risk factors and risk factor management. In *Clinical Ischemic Syndromes*, edited by Zelenock GB, D'Alecy LG, Fantone III JC, Shlafer M, and Stanley JC. St. Louis, MO: C. V. Mosby, 1990, pp. 15–46.
17. Bloomfield SA, and Smith SS. Osteoporosis. In ACSM's *Exercise Management for Persons with Chronic Diseases and Disabilities*. Champaign, IL: Human Kinetics, 2003, pp. 222–229.
18. Booker R. Chronic obstructive pulmonary disease: nonpharmacological approaches. *British Journal of Nursing* 14: 14–18, 2005.
19. Boyden T, Rubenfire M, and Franklin B. Will increasing referral to cardiac rehabilitatation improve participation? *Preventive Cardiology* 13: 192–201, 2010.
20. Briscoe VJ, Tate DB, and Davis SN. Type 1 diabetes: exercise and hypoglycemia. *Applied Physiology, Nutrition, and Metabolism = Physiologie Appliquee, Nutrition et Metabolisme* 32: 576–582, 2007.
21. Brown TM, Hernandez AF, Bittner V, Cannon CP, Ellrodt G, Liang L, et al. Predictors of cardiac rehabilitation referral in coronary artery disease patients: finding from the American Heart Association Get With the Guidelines Program. *Journal of the American College of Cardiology* 54: 515–521, 2009.
22. Brusasco V, and Crimi E. Allergy and sports: exercise-induced asthma. *International Journal of Sports Medicine* 15 (Suppl 3): S184–186, 1994.
23. Butts JF, Belfer MH, and Gebke KB. Exercise for patients with COPD: an integral yet underutilized intervention. *Physician and Sportsmedicine* 41: 49–57, 2013.
24. Campaign BN. Exercise and diabetes mellitus. In ACSM's *Resource Manual for Guidelines for Graded Exercise Testing and Prescription*. Baltimore, MD: Lippincott Williams & Wilkins, 2001, pp. 277–284.
25. Carlin BW. Diagnostic procedures in patients with pulmonary diseases. In ACSM's *Resource Manual for Guidelines for Exercise Testing and Prescription*, 7th ed. Baltimore, MD: Lippincott Williams & Wilkins, 2014, pp. 397–412.
26. Carlsen KH. Sports in extreme conditions: the impact of exercise in cold temperatures on asthma and bronchial hyper-responsiveness in athletes. *British Journal of Sports Medicine* 46: 796–799, 2012.
27. Carnethon MR, Evans NS, Church TS, Lewis CE, Schreiner PJ, Jacobs DR, et al. Joint associations of physical activity and aerobic fitness on the development of incident hypertension: coronary artery disease risk development in young adults. *Hypertension* 56: 49–55, 2010.
28. Carpenter MW. Physical activity, fitness, and health of the pregnant mother and fetus. In *Physical Activity, Fitness, and Health*, edited by Bouchard C, Shephard RJ, and Stephens T. Champaign, IL: Human Kinetics, 1994, pp. 967–979.
29. Centers for Disease Control and Prevention. *National Diabetes Fact Sheet: National Estimates and General Information on Diabetes and Prediabetes in the United States, 2011*. Atlanta, GA: U.S. Department of Health and Human Servcies, Centers for Disease Control and Prevention, 2011.
30. Chobanian AV, Bakris GL, Black HR, Cushman WC, Green LA, Izzo JL, Jr., et al. Seventh report of the Joint National Committee on Prevention, Detection, Evaluation, and Treatment of High Blood Pressure. *Hypertension* 42: 1206–1252, 2003.
31. Church T. Exercise in obesity, metabolic syndrome, and diabetes. *Progress in Cardiovascular Disease* 53: 412–418, 2011.
32. Clapp JF, III, and Capeless E. The $\dot{V}O_{2max}$ of recreational athletes before and after pregnancy. *Med Sci Sports Exerc* 23: 1128–1133, 1991.
33. Clark CJ. Asthma. In ACSM's *Exercise Management for Persons with Chronic Diseases and Disabilities*. Champaign, IL: Human Kinetics, 2003, pp. 105–110.
34. Colberg SR. Exercise Prescription for patients with diabetes. In ACSM's *Resource Manual for Guidelines for Exercise Testing and Prescription.*, edited by Swain DP. Baltimore, MD: Lippincott Williams & Wilkins, 2014, pp. 661–681.
35. Cooper CB. Airflow obstruction and exercise. *Respiratory Medicine* 103: 325–334, 2009.
36. Cooper CB, and Storer TW. Exercise prescription in patients with pulmonary disease. In ACSM's *Resource Manual for Guidelines for Exercise Testing and Prescription*, edited by Ehrman JK. Baltimore, MD: Lippincott Williams & Wilkins, 2010, pp. 575–599.
37. Cristopoliski F, Barela JA, Leite N, Fowler NE, and Rodacki ALF. Stretching exercise programs improve gait in the elderly. *Gerontology* 55: 614–620, 2009.
38. Cypcar D, and Lemanske RF, Jr. Asthma and exercise. *Clinics in Chest Medicine* 15: 351–368, 1994.
39. Damm P, Breitowicz B, and Hegaard H. Exercise, pregnancy, and insulin sensitivity—what is new? *Applied Physiology, Nutrition, and Metabolism = Physiologie Appliquee, Nutrition et Metabolisme* 32: 537–540, 2007.
40. Davies GA, Wolfe LA, Mottola MF, and MacKinnon C. Joint SOGC/CSEP clinical practice guideline: exercise in pregnancy and the postpartum period. *Canadian Journal of Applied Physiology = Revue Canadienne de Physiologie Appliquee* 28: 330–341, 2003.
41. DeBellso M, Harris C, and Spitzer-Gibson T. A comparison of periodised and fixed repetition training protocol on strength in older adults. *J Sci Med Sports* 8: 190–199, 2005.
42. Dickinson JW, Whyte GP, McConnell AK, and Harries MG. Screening elite winter athletes for exercise induced asthma: a comparison of three challenge methods. *British Journal of Sports Medicine* 40: 179–182; discussion 179–182, 2006.
43. DiFrancisco-Donoghue J, Werner W, and Douris PC. Comparison of once-weekly and twice-weekly strength training in older adults. *British Journal of Sports Medicine* 41: 19–22, 2007.
44. Ehrman JK, and Schairer JR. Diagnostic procedures for cardiovascular disease. In ACSM's *Resource Manual for Guidelines for Exercise Testing and Prescription*. Baltimore, MD: Lippincott Williams & Wilkins, 2006, pp. 277–288.
45. Entin PL, and Munhall KM. Recommendations regarding exercise during pregnancy made by private/small group practice obstetricians in the USA. *J Sports Sci and Med* 5: 449–458, 2006.
46. Everson KR, and Pompeii LA. Obstetrician practice patterns and recommendations for physcial activity during pregnancy. *Journal of Women's Health* 19: 1733–1740, 2010.
47. Faber MJ, Bosscher RJ, Chin APMJ, and van Wieringen PC. Effects of exercise programs on falls and mobility in frail and pre-frail older adults: a multicenter randomized controlled trial. *Archives of Physical Medicine and Rehabilitation* 87: 885–896, 2006.
48. Fitzgerald MD, Tanaka H, Tran ZV, and Seals DR. Age-related declines in maximal aerobic capacity in regularly exercising vs. sedentary women: a meta-analysis. *J Appl Physiol* 83: 160–165, 1997.
49. Fox, SI. *Human Physiology*. New York, NY: McGraw-Hill, 2011.

50. Franklin BA. Myocardial infarction. In ACSM's *Exercise Management for Persons with Chronic Disease and Disabilities*, edited by Durstine JL, Moore GE, Painter PL, and Roberts SO. Champaign, IL: Human Kinetics, 2009, p. 49–57.

51. Franklin BA. Revascularization: CABGS abd PTCA or PCI. In ACSM's *Exercise Management for Persons with Chronic Disease and Disabilities*, edited by Durstine JL, Moore GE, Painter PL, and Roberts SO. Champaign, IL: 2009.

52. Gillespie C, Kuklina EV, Briss PA, Blair NA, and Hong Y. Vital signs: prevalence, treatment, and control of hypertension—United States, 1999–2002 and 2005–2008. *Morbidity and Mortality Weekly Report* 60: 103–108, 2011.

53. Global Initiative for Chronic Obstructive Lung Disease (GOLD). *Global Strategy for Diagnosis, Management, and Prevention of COPD.* http://www.goldcopd.org, 2013.

54. Gordon NF. Hypertension. In ACSM's *Exercise Management for Persons with Chronic Disease and Disabilities*, edited by Durstine JL, Moore GE, Painter PL, and Roberts SO. Champaign, IL: Human Kinetics, 2009, pp. 107–113.

55. Hagberg JM. Exercise, fitness, and hypertension. In *Exercise, Fitness, and Health*, edited by Bouchard C, Shephard RJ, Stephens T, Sutton JR, and McPherson BD. Champaign, IL: Human Kinetics, 1990, pp. 455–466.

56. Hamm LF, Wenger NK, Arena R, Forman DE, Lavie CJ, Miller TD, et al. Cardiac rehabilitation and cardiovascular disability: role of assessment and improving functional capacity. *Journal of Cardiopulmonary Rehabilitation and Prevention* 33: 1–11, 2013.

57. Haverkamp HC, Dempsey JA, Pegelow DF, Miller JD, Romer LM, Santana M, et al. Treatment of airway inflammation improves exercise pulmonary gas exchange and performance in asthmatic subjects. *The Journal of Allergy and Clinical Immunology* 120: 39–47, 2007.

58. Jackson AS, Sui X, Hebert JR, Church TS, and Blair SN. Role of lifestyle and aging on the longitudinal change in cardiorespiratory fitness. *Arch Intern Med* 169: 1781–1787, 2009.

59. Jolly K, Taylor RS, Lip GY, and Stevens A. Home-based cardiac rehabilitation compared with centre-based rehabilitation and usual care: a systematic review and meta-analysis. *International Journal of Cardiology* 111: 343–351, 2006.

60. Jones A, and Bowen M. Screening for childhood asthma using an exercise test. *Br J Gen Pract* 44: 127–131, 1994.

61. Kannel WD. Bishop lecture. Contribution of the Framingham Study to preventive cardiology. *Journal of the American College of Cardiology* 15: 206–211, 1990.

62. Kaplan NM. *Clinical Hypertension.* Baltimore, MD: Lippincott Williams & Wilkins, 1998.

63. Kasch FW, Boyer JL, Van Camp SP, Verity LS, and Wallace JP. The effect of physical activity and inactivity on aerobic power in older men (a longitudinal study). *Physician and Sportsmedicine* 18: 73–83, 1990.

64. Katz RM. Coping with exercise-induced asthma in sports. *Physician and Sportsmedicine* 15: 100–112, 1987.

65. Kemmer FW, and Berger M. Exercise and diabetes mellitus: physical activity as a part of daily life and its role in the treatment of diabetic patients. *International Journal of Sports Medicine* 4: 77–88, 1983.

66. Kennedy A, Nirantharakumar K, Chimen M, Pang TT, Hemming K, Andrews RC, et al. Does exercise improve glycaemic control in type 1 diabetics? A systematic review and meta-analysis. *PLOS ONE* 8: e58861, 2013.

67. Keteyian SJ. Exercise prescription for patients with cardiovascular disease. In ACSM's *Resource Manual for Guidelines for Exercise Testing and Prescription*, 7th ed. Baltimore, MD: Lippincott Williams & Wilkins, 2014, pp. 619–634.

68. Kindermann W. Do inhaled β_2-agonists have an ergogenic potential in non-asthmatic competitive athletes? *Sports Medicine* 37: 95–102, 2007.

69. Knowler WC, Barrett-Connor E, Fowler SE, Hamman RF, Lachin JM, Walker EA, et al. Reduction in the incidence of type 2 diabetes with lifestyle intervention or Metformin. *New England Journal of Medicine* 346: 393–403, 2002.

70. Koliaki C, and Katsilambros N. Dietary sodium, potassium, and alcohol: key players in the pathophysiology, prevention, and treatment of dietary hypertension. *Nutrition Reviews* 71: 402–411, 2013.

71. Lampman RM, and Campaign BN. Exercise testing in patients with diabetes. In ACSM's *Resource Manual for Guidelines for Exercise Testing and Prescription*. Baltimore, MD: Lippincott Williams & Wilkins, 2006, pp. 245–254.

72. Lotgering FK, van Doorn MB, Struijk PC, Pool J, and Wallenburg HC. Maximal aerobic exercise in pregnant women: heart rate, O_2 consumption, CO_2 production, and ventilation. *J Appl Physiol* 70: 1016–1023, 1991.

73. Lucas SR, and Platts-Mills TA. Physical activity and exercise in asthma: relevance to etiology and treatment. *Journal of Allergy and Clinical Immunology* 115: 928–934, 2005.

74. Mahler DA. Exercise-induced asthma. *Med Sci Sports Exerc* 25: 554–561, 1993.

75. McCullough PA. Diagnostic procedures for cardiovascular disease. In ACSM's *Resource Manual for Guidelines for Exercise Testing and Prescription*, edited by Ehrman JK. Baltimore, MD: Lippincott Williams & Wilkins, 2010, pp. 360–374.

76. McKenzie DC, McLuckie SL, and Stirling DR. The protective effects of continuous and interval exercise in athletes with exercise-induced asthma. *Med Sci Sports Exerc* 26: 951–956, 1994.

77. Mickleborough TD, Head SK, and Lindley MR. Exercise-induced asthma: nutritional management. *Current Sports Medicine Reports* 10: 197-202, 2011..

78. Morton AR, and Fitch KD. *Exercise Testing and Exercise Prescription for Special Cases.* Baltimore, MD: Lippincott Williams & Wilkins, 2005.

79. Mudd LM, Owe KM, Mottola MF, and Pivarnik JM. Health benefits of physical activity during pregnancy: an international perspective. *Medicine and Science in Sports and Exercise* 45:268–277, 2013.

80. Nelson ME, Rejeski WJ, Blair SN, Duncan PW, Judge JO, King AC, et al. Physical activity and public health in older adults: recommendations from the American College of Sports Medicine and the American Heart Association. *Medicine and Science in Sports and Exercise* 39: 1435–1445, 2007.

81. Nichols DL, and Essery EV. Osteoporosis and exercise. In ACSM's *Resource Manual for Guidelines for Exercise Testing and Prescription*. Baltimore, MD: Lippincott Williams & Wilkins, 2006, pp. 489–499.

82. Paterson DH, Jones GR, and Rice CL. Ageing and physical activity: evidence to develop exercise recommendations for older adults. *Canadian Journal of Public Health* 98 (Suppl 2): S69–108, 2007.

83. Pavy B, Iliou MC, Meurin P, Tabet JY, and Corone S. Safety of exercise training for cardiac patients: results of the French registry of complications during cardiac rehabilitation. *Archives of Internal Medicine* 166: 2329–2334, 2006.

84. Peno-Green LA, and Cooper CB. Treatment and rehabilitation of pulmonary diseases. In ACSM's *Resource Manual for Guidelines for Exercise Testing and Prescription*. Baltimore, MD: Lippincott Williams & Wilkins, 2006, pp. 452–469.

85. Peterson MD, Rhea MR, Sen A, and Gordon PM. Resistance exercise for muscular strength in older adults: a meta analysis. *Ageing Research Reviews* 9: 226–237, 2010.

86. Petit MA, Hughes JM, and Warpeha JM. Exercise prescription for people with osteoporosis. In ACSM's *Resource Manual for Guidelines for Exercise Testing and Prescription*, edited by Ehrman JK. Baltimore, MD: Lippincott Williams & Wilkins, 2010, pp. 635–650.

87. Pierson WE, Covert DS, Koenig JQ, Namekata T, and Kim YS. Implications of air pollution effects on athletic performance. *Med Sci Sports Exerc* 18: 322–327, 1986.

88. Pluim BM, de Hon O, Staal JB, Limpens J, Kuipers H, Overbeek SE, et al. Beta 2-agonists and physical performance: a systematic review and meta-analysis of randomized control trials. *Sports Medicine* 41: 39–57, 2011.
89. Quaglietti S, and Froelicher VF. Physical activity and cardiac rehabilitation for patients with coronary heart disease. In *Physical Activity, Fitness, and Health*, edited by Bouchard C, Shephard RJ, and Stephens T. Champaign, IL: Human Kinetics, 1994, pp. 591–608.
90. Randolph C. An update on exercise-induced bronchoconstriction with and without asthma. *Current Allergy and Asthma Reports* 9: 433–438, 2009.
91. Richter EA, and Galbo H. Diabetes, insulin and exercise. *Sports Medicine* 3: 275–288, 1986.
92. Robling AG, Burr DB, and Turner CH. Partitioning a daily mechanical stimulus into discrete loading bouts improves the osteogenic response to loading. *Journal of Bone and Mineral Research* 15: 1596–1602, 2000.
93. Rogers MA. Acute effects of exercise on glucose tolerance in non-insulin-dependent diabetes. *Med Sci Sports Exerc* 21: 362–368, 1989.
94. Romer L. Pathophysiology and treatment of pulmonary disease. In *ACSM's Resource Manual for Guidelines for Exercise Testing and Prescription*, 7th ed. Baltimore, MD: Lippincott Williams & Wilkins, 2014, pp. 121–137.
95. Rubin CT, and Lanyon LE. Regulation of bone mass by mechanical strain magnitude. *Calcified Tissue International* 37: 411–417, 1985.
96. Schairer JS, and Keteyian SJ. Exercise testing in patients with cardiovascular disease. In *ACSM's Resource Manual for Guidelines for Exercise Testing and Prescription*. Baltimore, MD: Lippincott Williams & Wilkins, 2006, pp. 439–451.
97. Scibora L. Exercise prescription for patients with osteoporosis. In *ACSM's Resource Manual for Guidelines for Exercise Testing and Prescription*, 7th ed. Baltimore, MD: Lippincott Williams & Wilkins, 2014, pp. 699–712.
98. Skinner JS. Hypertension. In *Exercise Testing and Exercise Prescription for Special Cases*, edited by Skinner JS. Baltimore, MD: Lippincott Williams & Wilkins, 2005, pp. 305–312.
99. Spina RJ. Cardiovascular adaptations to endurance exercise training in older men and women. *Exercise and Sport Sciences Reviews* 27: 317–332, 1999.
100. Storer TW. Exercise prescription for patients with pulmonary disease. In *ACSM's Resource Manual for Guidelines for Exercise Testing and Prescription*, 7th ed. Baltimore, MD: Lippincott Williams & Wilkins, 2014, pp. 635–660.
101. Storms WW. Review of exercise-induced asthma. *Med Sci Sports Exerc* 35: 1464–1470, 2003.
102. Thompson PD, Franklin BA, Balady GJ, Blair SN, Corrado D, Estes NA, III, et al. Exercise and acute cardiovascular events placing the risks into perspective: a scientific statement from the American Heart Association Council on Nutrition, Physical Activity, and Metabolism and the Council on Clinical Cardiology. *Circulation* 115: 2358–2368, 2007.
103. Tommaso CL, Lesch M, and Sonnenblick EH. Alterations in cardiac function in coronary heart disease, myocardial infarction, and coronary bypass surgery. In *Rehabilitation of the Coronary Patient*, edited by Wenger NK, and Hellerstein HK. New York, NY: Wiley, 1984, pp. 41–66.
104. Tuomilehto J. Nonpharmacoligcal therapy and exercise in the prevention of type 2 diabetes. *Diabetes Care* 32: S189–S193, 2009.
105. Umpierre D, Ribeiro PAB, Schaan BD, and Ribeiro JP. Volume of supervised exercise training impacts glycaemic control in patients with type 2 diabetes: a systematic review with meta-regression analysis. *Diabetologia*. 56: 242-251, 2013.
106. U.S. Department of Health and Human Services. *2008 Physial Activity Guideliens for Americans*. Washington, DC: U.S. Department of Health and Human Services, 2008.
107. Verity LS. Exercise testing in patients with cardiovascular disease. In *Diabetes and Exercise*. Baltimore, MD: Lippincott Williams & Wilkins, 2006, pp. 470–479.
108. Voy RO. The U.S. Olympic Committee experience with exercise-induced bronchospasm, 1984. *Med Sci Sports Exerc* 18: 328–330, 1986.
109. Wallace JP. Exercise in hypertension: a clinical review. *Sports Medicine* 33: 585–598, 2003.
110. Weiler JM, Bonini S, Coifman R, Craig T, Delgado L, Capao-Filipe M, et al. American Academy of Allergy, Asthma & Immunology Work Group report: exercise-induced asthma. *Journal of Allergy and Clinical Immunology* 119: 1349–1358, 2007.
111. Widmaier EP, Raff H, and Strang KT. *Vander's Human Physiology*. 13th ed. New York, NY: McGraw-Hill, 2014.
112. Wolfe LA. Pregnancy. In *Exercise Testing and Exercise Prescription for Special Cases*, edited by Skinner JS. Baltimore, MD: Lippincott Williams & Wilkins, 2005, pp. 377–391.
113. Wolfe LA, Brenner IK, and Mottola MF. Maternal exercise, fetal well-being and pregnancy outcome. *Exercise and Sport Sciences Reviews* 22: 145–194, 1994.
114. Wolfe LA, Ohtake PJ, Mottola MF, and McGrath MJ. Physiological interactions between pregnancy and aerobic exercise. *Exercise and Sport Sciences Reviews* 17: 295–351, 1989.
115. World Hypertension League. Physical exercise in the management of hypertension: a consensus statement by the World Hypertension League. *Journal of Hypertension* 9: 283–287, 1991.

18

Composição corporal e nutrição para a saúde

■ Objetivos

Ao estudar este capítulo, você deverá ser capaz de:

1. Descrever a faixa recomendável para a ingestão de carboidratos, gorduras e proteínas na alimentação.

2. Descrever o que significam os termos recomendações de ingestão diária (RDA – *recommended dietary allowance*) e ingestões alimentares de referência (DRI – *dietary reference intakes*) e como se relacionam com o valor diário (VD) utilizado na rotulagem dos alimentos.

3. Listar as classes de nutrientes.

4. Identificar as vitaminas lipossolúveis e hidrossolúveis, descrever o que é toxicidade e identificar que classe de vitaminas tem maior probabilidade de causar este problema.

5. Comparar os minerais principais com os oligominerais e descrever o papel do cálcio, do ferro e do sódio na saúde e na doença.

6. Identificar o principal papel dos carboidratos, as duas classes principais e as mudanças recomendadas na dieta norte-americana para melhorar o estado de saúde.

7. Identificar o papel principal da gordura e as mudanças recomendadas na dieta norte--americana para melhorar o estado de saúde.

8. Descrever as recomendações dietéticas comuns propostas pelas principais organizações ligadas à saúde.

9. Descrever o plano alimentar "abordagens nutricionais para interromper a hipertensão arterial" (DASH – *dietary approaches to stop hypertension*).

10. Descrever as limitações das tabelas de altura/peso e o índice de massa corporal na determinação do sobrepeso e da obesidade.

11. Fazer uma breve descrição dos seguintes métodos de mensuração da composição corporal: diluição de isótopo, absorciometria fotônica, potássio-40, pesagem hidrostática (submersa), absorciometria por raios X de dupla energia (DEXA), interactância de infravermelho próximo, radiografia, ultrassonografia, ressonância magnética nuclear, condutividade elétrica corporal total, análise de bioimpedância elétrica, pletismografia por deslocamento de ar e espessura de dobra cutânea.

12. Descrever o modelo de dois componentes da composição corporal e as suposições feitas sobre os valores da densidade para massa livre de gordura e massa de gordura; contrastar este modelo com o modelo de multicomponentes.

13. Explicar o princípio subjacente da mensuração da densidade de corpo total com a pesagem subaquática e por que se deve fazer correção para volume residual.

14. Explicar por que há um erro de 2% no cálculo do percentual de gordura corporal com a técnica de pesagem subaquática.

15. Explicar como o somatório das dobras cutâneas pode ser utilizado na estimativa de um percentual do valor para gordura corporal.

16. Listar o percentual recomendado para valores de gordura corporal para saúde e condicionamento físico para homens e mulheres e explicar a preocupação diante de valores elevados e baixos.

17. Explicar a diminuição das mortes por doença cardiovascular, embora tenha aumentado a prevalência da obesidade.

18. Diferenciar entre obesidade decorrente de hiperplasia de adipócitos e decorrente de hipertrofia de adipócitos.

19. Descrever os papéis da genética e do ambiente no desenvolvimento da obesidade.

20. Explicar a teoria do ponto de regulagem da obesidade e dar um exemplo de sistema de controle fisiológico e comportamental.

21. Descrever o padrão de mudança no peso corporal e na ingestão calórica ao longo dos anos da vida adulta.

22. Discutir as mudanças na composição corporal quando ocorre perda de peso exclusivamente em decorrência de dieta *versus* dieta mais exercício.

23. Descrever a relação entre massa livre de gordura/ingestão calórica e TMB.

24. Definir termogênese e explicar como ela é afetada pela superalimentação em curto e longo prazo.

25. Descrever o efeito do exercício no apetite e na composição corporal.

26. Explicar quantitativamente por que, com o passar dos anos, pequenas diferenças na ingestão energética e no consumo de alimentos são importantes no ganho de peso.

27. Descrever as recomendações para atividade física com o objetivo de prevenir o sobrepeso e a obesidade, bem como prevenir o retorno do peso em ex-obesos.

■ Conteúdo

Normas nutricionais 400

Padrões nutricionais 401

Classes de nutrientes 402
Água 402
Vitaminas 404
Minerais 404
Carboidratos 408
Gorduras 412
Proteína 413

Satisfação das orientações dietéticas 413
Planos para grupos alimentares 414
Avaliação da dieta 415

Composição corporal 415
Métodos de avaliação do sobrepeso e da obesidade 415

Métodos de mensuração da composição corporal 416
Sistema de dois componentes para a composição corporal 418
Gordura corporal para saúde e condicionamento físico 422

Obesidade e controle do peso 422
Obesidade 423

Dieta, exercício e controle do peso 426
Equilíbrio energético e nutricional 426
Dieta e controle do peso 427
Gasto energético e controle do peso 429

■ Palavras-chave

anorexia nervosa
bulimia nervosa
colesterol
deficiência
densidade corporal total
densidade nutricional
elementos
ferritina
HDL-colesterol
ingestão adequada (IA)
ingestão alimentar de referência (DRI)
intoxicação
LDL-colesterol
lipoproteína
lipoproteínas de alta densidade (HDL)
lipoproteínas de baixa densidade (LDL)
minerais principais
necessidade estimada de energia (NEE)
necessidade média estimada (NME)

níveis superiores de ingestão toleráveis (UL)
oligominerais
Orientações Nutricionais para Norte-americanos (*Dietary Guidelines for Americans*)
osteoporose
pesagem submersa
provitamina
recomendações de ingestão diária (RDA)
recordação de 24 horas
registros alimentares
sistemas de depleção de energia
taxa metabólica basal (TMB)
taxa metabólica em repouso (TMR)
termogênese
transferrina
valor diário (VD)

O Capítulo 14 descreveu fatores que limitam a saúde e o condicionamento físico. São eles: hipertensão, obesidade e colesterol sérico elevado. Esses três fatores de risco estão ligados ao consumo excessivo de sal, calorias totais e gordura nos alimentos, respectivamente. Obviamente, o conhecimento da nutrição é essencial para que compreendamos o condicionamento físico relacionado à saúde. Enquanto os Capítulos 3 e 4 descreveram o metabolismo dos carboidratos, gorduras e proteínas, este capítulo se concentra no tipo de dieta que deve fornecer essas substâncias. A primeira parte do capítulo apresenta as orientações nutricionais para os Estados Unidos, os padrões nutricionais e o que significam, um resumo das seis classes de nutrientes e uma forma de avaliar as dietas atuais e de atender aos objetivos nutricionais. A segunda parte do capítulo discute os métodos para medir a composição corporal e a terceira parte examina o papel do exercício e

da dieta no controle do peso. A nutrição relacionada ao desempenho atlético é discutida no Capítulo 23.

Normas nutricionais

Todos nós estamos familiarizados com o trabalho da American Heart Association (AHA), da American Cancer Society (ACS) e da American Diabetes Association (ADA) no intuito de chamar de forma efetiva a atenção para a importância da dieta na prevenção e no tratamento das doenças cardiovasculares, cânceres e diabetes, respectivamente. Conforme foi mencionado no Capítulo 14, um componente subjacente associado a essas doenças é uma inflamação sistêmica crônica de baixa intensidade que pode ser alterada com a dieta e a atividade física. Quais são as recomendações nutricionais associadas à boa saúde?

400 Seção II Fisiologia da saúde e do condicionamento físico

As atuais recomendações para a distribuição de calorias em nossa dieta foram extraídas do Institute of Medicine (IOM):[92]

■ Os adultos devem obter 45-65% de suas calorias dos carboidratos, 20-35% das gorduras e 10-35% das proteínas. As faixas aceitáveis para crianças são similares àquelas para adultos, exceto pelo fato de que bebês e crianças mais novas devem consumir um percentual ligeiramente mais elevado de gordura (25-40%).

Como cumprir mais apropriadamente esses padrões e também os associados às vitaminas e minerais (ver mais adiante)? Essa pergunta é respondida no documento **Orientações Nutricionais para Norte-americanos (Dietary Guidelines for Americans)**, que vem sendo publicado a cada cinco anos desde 1980. A atualização de 2005 das Dietary Guidelines for Americans reflete o trabalho do Institute of Medicine, que oferece orientações sobre como atender aos padrões nutricionais.[201] A seguir, são apresentados os excertos de recomendações desse documento:

■ Consumir alimentos e bebidas variados com densidade nutricional, entre os grupos alimentares básicos e dentro de cada grupo; ao mesmo tempo, devem ser escolhidos alimentos que limitem a ingestão de gorduras saturadas e trans, colesterol, açúcares adicionados, sal e álcool.
  ● Escolher diariamente frutas e vegetais variados. Em particular, selecionar todos os cinco subgrupos de vegetais (verde-escuros, de cor laranja, legumes, vegetais ricos em amido e outros tipos) algumas vezes por semana.
  ● Consumir 85 g/dia de produtos que contenham cereais integrais; o restante dos cereais recomendados deve provir de produtos enriquecidos ou contendo cereais integrais.
  ● Consumir 3 xícaras/dia de leite desnatado ou com baixo teor de gordura, ou produtos lácteos equivalentes.
  ● Manter a ingestão total de gordura entre 20-35% das calorias; a maior parte das gorduras deve provir de fontes de ácidos graxos poli-insaturados e monoinsaturados, como peixes, nozes e óleos vegetais.
  ● Escolher frequentemente frutas, vegetais e cereais integrais (ricos em fibra) e preparar os alimentos e bebidas com pouca adição de açúcar ou adoçantes calóricos.
  ● Escolher e preparar alimentos com pouco sal. Ao mesmo tempo, consumir alimentos ricos em potássio, como frutas e vegetais.
  ● Pessoas que optam por consumir bebidas alcoólicas devem fazê-lo de maneira sensata e com moderação.
■ Para que o peso corporal seja mantido em uma faixa saudável, equilibrar as calorias dos alimentos e bebidas com as calorias gastas, praticar atividade física habitualmente e reduzir as atividades sedentárias.

O documento Dietary Guidelines for Americans de 2010 (ver "Sugestões de leitura") corroborou diretamente essas recomendações ao enfatizar os temas a seguir:

■ Equilíbrio das calorias para controle do peso.
■ Alimentos e componentes alimentares a serem reduzidos em nossa dieta.
■ Alimentos e nutrientes a serem aumentados em nossa dieta.
■ Elaboração de padrões alimentares saudáveis.

Essas novas normas serão incorporadas à medida que avançarmos ao longo das várias seções deste capítulo.

Em resumo

■ As atuais recomendações para a distribuição de calorias em alimentos variam muito e buscam mais que apenas um objetivo: carboidratos: 45-65%, gorduras: 20-35% e proteínas: 10-35%.
■ As Dietary Guidelines for Americans têm passado por revisões periódicas, de maneira a refletir os novos achados científicos e resolver os assuntos ligados à nutrição (e à atividade física) e os problemas relacionados à saúde. A edição de 2005 ofereceu recomendações para atendimento dos padrões nutricionais de 2002 do Institute of Medicine (IOM), com enfoque especial na obtenção do equilíbrio energético. As Dietary Guidelines for Americans de 2010 enfatizaram o que deve ser reduzido e o que deve aumentar na dieta norte-americana para melhorar a saúde.

Padrões nutricionais

O alimento proporciona os carboidratos, gorduras, proteínas, minerais, vitaminas e água necessários para a vida. A quantidade de cada nutriente necessária para o bom funcionamento e para uma saúde ideal é definida como **ingestão alimentar de referência (DRI, dietary reference intakes)**, um termo globalizante que envolve padrões específicos para a ingestão de alimentos.[92]

Se o leitor tem em seu currículo uma ou mais aulas de nutrição, deve ter sido apresentado aos padrões de recomendações de ingestão diária (RDA) para nutrientes como proteínas, vitaminas e minerais. Com a expansão do conhecimento sobre o papel de nutrientes específicos na prevenção de doenças carenciais e na redução do risco de doenças crônicas, surgiu a necessidade de uma nova abordagem para o estabelecimento de padrões nutricionais. Em colaboração com o Health Canada, o Food and Nutrition Board da National Academy of Sciences desenvolveu novos padrões nutricionais. As descrições a seguir ajudarão o leitor a fazer as devidas transições – do pon-

Capítulo 18 Composição corporal e nutrição para a saúde **401**

to onde se encontra para onde estará, assim que tiver ocorrido a completa implementação dos padrões.[216]

- ■ **Recomendações de ingestão diária (RDA, *recommended dietary allowance*).** Nível médio para a ingestão diária de nutrientes suficiente para atender às necessidades nutricionais de praticamente todos (97-98%) os indivíduos saudáveis em determinado grupo.
- ■ **Ingestão adequada (IA).** Outrora conhecido como ingestão diária segura e adequada estimada, descreve o nível médio recomendado de ingestão diária com base em aproximações observadas ou experimentalmente determinadas ou em estimativas de ingestão de nutrientes por um grupo (ou grupos) de indivíduos aparentemente saudáveis. Assume-se que os níveis sejam adequados, e serão utilizados nos casos em que não é possível determinar uma RDA.
- ■ **Nível superior de ingestão tolerável (UL).** O nível diário médio de ingestão mais elevado que provavelmente não representa risco de causar efeitos adversos para a saúde em quase todos os indivíduos na população geral. Com o aumento da ingestão acima do UL, pode-se ficar em maior risco de efeitos adversos.
- ■ **Necessidade média estimada (NME).** O nível diário médio de ingestão de nutrientes estimado como capaz de atender à necessidade de metade dos indivíduos saudáveis em determinado grupo. Esse valor é essencial para o estabelecimento dos valores de RDA.

Os valores para cada nutriente variam em função de gênero, tamanho corporal, ocorrência (ou não) de crescimento dos ossos longos, gestação e lactação.[140] Considerando-se que os indivíduos diferem em suas necessidades para cada nutriente – alguns necessitam mais do que a média, outros menos –, os padrões foram estabelecidos em nível suficientemente elevado para o atendimento das necessidades de quase todas as pessoas (97,5% da população) e também preveem a utilização ineficiente pelo corpo.[140] As tabelas de RDA mais antigas não ofereciam recomendações para ingestão de carboidratos e gorduras, mas isso mudou. Aqui, serão oferecidas as recomendações do documento do Institute of Medicine,[92] quando for discutida cada uma dessas substâncias.

No passado, as tabelas de RDA não tinham padrões para ingestão energética determinados ao mesmo nível estabelecido para nutrientes como vitaminas e minerais (suficientes para abranger 97-98% da população). Em vez disso, as tabelas ofereciam valores médios de gasto energético, assumindo-se um nível médio de atividade física. Nas atuais recomendações, é identificado um novo padrão, a **necessidade estimada de energia (NEE)**: o gasto energético médio na dieta previsto como capaz de manter o equilíbrio energético em um adulto saudável com idade, gênero, peso, altura e nível de atividade física de-

finidos, consistente com a boa saúde.[92] O documento oferece recomendações para gasto energético para quatro níveis de atividade física, com a finalidade declarada de obter um peso corporal saudável (ver o Apêndice B para as NEE para homens e mulheres nas várias faixas etárias). No tocante às RDA para nutrientes específicos, como as vitaminas e os minerais, como ter conhecimento da quantidade contida nos alimentos ingeridos?

O **valor diário (VD)** é um padrão utilizado na embalagem dos alimentos. Para os nutrientes essenciais (proteínas, vitaminas e minerais), os VD baseiam-se nos padrões nutricionais (p. ex., RDA). Além disso, a embalagem do alimento contém informações importantes sobre o conteúdo calórico e de gordura do alimento. Por exemplo, se uma porção de determinado produto proporciona 50% do VD para gordura, contém 50% da quantidade total da gordura recomendada para 1 dia (com base em uma dieta de 2.000 calorias). A Figura 18.1 oferece um exemplo de embalagem de alimento; são enfatizados os pontos a seguir:[216]

- ■ Informação sobre o tamanho da porção.
- ■ Calorias totais e calorias de gordura.
- ■ Gramas totais de gordura, gramas de gordura saturada, gramas de gordura trans, colesterol e percentual de VD para cada (com base em uma dieta de 2.000 calorias).
- ■ Carboidrato total e suas fontes.
- ■ Percentual do VD para certas vitaminas (p. ex., A e C) e minerais (p. ex., cálcio e ferro); dá-se atenção especial ao sódio.

> ### Em resumo
>
> - ■ Recomendações de ingestão diária (RDA) são a quantidade de determinado nutriente que atenderá às necessidades de praticamente todas as pessoas saudáveis.
> - ■ Valor diário (VD) é um padrão utilizado nas embalagens dos alimentos.

Classes de nutrientes

São seis as classes de nutrientes: água, vitaminas, minerais, carboidratos, gorduras e proteínas. Nas seções a seguir, cada nutriente será sucintamente descrito, com identificação das fontes alimentares principais de cada um deles.

Água

A água é absolutamente essencial para a vida. Embora se possa passar sem alimento durante semanas, não se sobrevive por muito tempo sem água. O corpo é constituído por 50-75% de água, dependendo da idade e da gordura corporal; uma perda superior a 2% de água afeta adversamente o desempenho aeróbio. Perdas maiores podem levar à morte.[222] Em condições normais sem exercício, a perda de água equivale a cer-

402 Seção II Fisiologia da saúde e do condicionamento físico

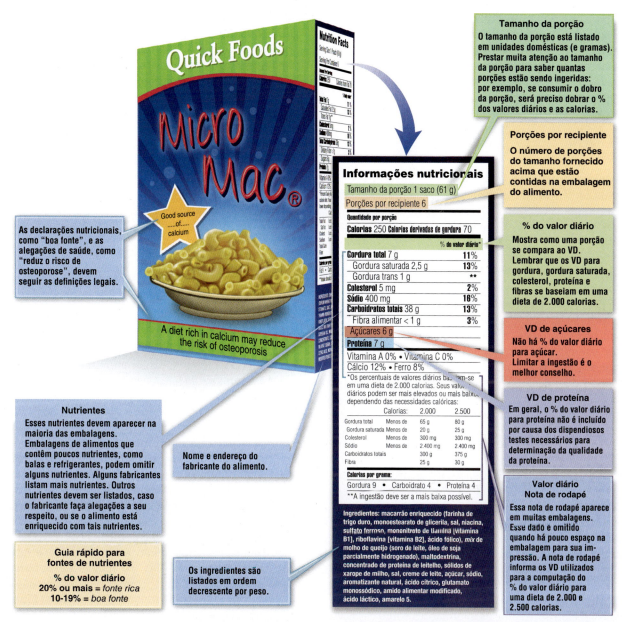

Figura 18.1 As embalagens dos alimentos devem listar o nome do produto, nome e endereço do fabricante, quantidade do produto na embalagem e seus ingredientes. O painel de "Informações nutricionais" é exigido em praticamente todos os produtos alimentares embalados. O percentual do valor diário listado no rótulo é o percentual da quantidade de determinado nutriente necessária diariamente que é proporcionado por uma porção do produto.

ca de 2.500 mL/dia; sendo que a maior parte se perde na urina. Entretanto, se forem acrescentadas temperaturas ambientes mais elevadas e a prática de exercício intenso, a perda de água poderá aumentar drasticamente para 6-7 L/dia.[76,222]

Em condições normais, os 2.500 mL de água/dia são substituídos por bebidas (1.500 mL), alimentos sólidos (750 mL) e pela água derivada dos processos metabólicos (250 mL).[216] Quase todas as pessoas se surpreendem pelo grande volume de água resultante da contribuição dos alimentos "sólidos", até considerarem os seguintes percentuais de água nestes alimentos: batata cozida: 75%; maçã: 75%; alface: 96%.[216] Em circunstâncias comuns, a recomendação geral é: consumir 1-1,5 mL de água/kcal de gasto energético.[149] A IA para ingestão total de água (alimento + bebidas) para mulheres e homens com 19-70 anos de idade foi estabelecida em 2,7 e 3,7 L/dia, respectivamente.[91] Contudo, para que sejam evitados problemas potenciais associados à desidratação, deve-se beber água antes e durante o exercício; a sede não é um estímulo adequado para conseguir o equilíbrio hídrico (ver Cap. 23).

O peso proveniente da água pode oscilar, dependendo das reservas corporais de carboidrato e proteína. A água está envolvida na ligação entre as moléculas de glicose no glicogênio e entre as moléculas de aminoácidos

Capítulo 18 Composição corporal e nutrição para a saúde

na proteína. A relação é de cerca de 2,7 g de água/g de carboidrato; se determinado indivíduo armazena 454 g de carboidrato, o peso corporal aumentará 1,6 kg. Obviamente, quando a pessoa está em dieta e esgota essa reserva de carboidrato, ocorre o inverso. Isso resulta em uma perda de peso aparente de 1,6 kg, quando se perderam apenas 1.816 kcal (454 g de carboidrato × 4 kcal/g).

Vitaminas

As vitaminas foram apresentadas no Capítulo 3 como catalisadores orgânicos envolvidos em reações metabólicas. Essas substâncias são necessárias em pequenas quantidades e não são "consumidas" nas reações metabólicas. No entanto, são degradadas (metabolizadas) como qualquer molécula biológica, devendo ser regularmente repostas para que sejam mantidas as reservas corporais. Diversas vitaminas se encontram na forma de um precursor, ou **provitamina**, nos alimentos, sendo convertidas até a forma ativa no corpo. Betacaroteno, o mais importante dos compostos da provitamina A, é um bom exemplo. A carência crônica de certas vitaminas pode acarretar doenças carenciais (ou **deficiência**); já o excesso de outras pode causar **intoxicação**.[216] Nesta apresentação, as vitaminas serão divididas nos grupos: lipossolúveis e hidrossolúveis.

Vitaminas lipossolúveis. As vitaminas lipossolúveis são: A, D, E e K. Essas vitaminas podem ser armazenadas em grandes quantidades no corpo; assim, leva mais tempo para que venha a aflorar um estado carencial em comparação com as vitaminas hidrossolúveis. Porém, por causa de sua solubilidade, a quantidade que pode ser armazenada é tão grande que poderá ocorrer uma condição de intoxicação. Foi estabelecido o nível superior tolerável de ingestão (UL) para as vitaminas A (3.000 μg), D (100 μg) e E (1.000 mg).[90,140] Certamente, a intoxicação está longe de ser um objetivo ligado à saúde. A Tabela 18.1 resume as informações sobre essas vitaminas, inclusive os padrões de RDA/IA, fontes alimentares, funções e sinais associados à deficiência ou ao excesso.

Vitaminas hidrossolúveis. As vitaminas hidrossolúveis são: vitamina C e as vitaminas do complexo B: tiamina (B1), riboflavina (B2), niacina, piridoxina (B6), ácido fólico, B12, ácido pantotênico e biotina. Quase todas estão envolvidas no metabolismo energético. O leitor já deve ter tomado conhecimento do papel da niacina, como NAD, e da riboflavina, como FAD, na transferência de energia no ciclo de Krebs e na cadeia de transporte de elétrons. Tiamina (na forma de pirofosfato de tiamina) está envolvida na remoção de CO_2 com o ingresso do piruvato no ciclo de Krebs. Vitamina B6, ácido fólico, B12, ácido pantotênico e biotina também estão envolvidos como coenzimas nas reações metabólicas. A vitamina C está envolvida na manutenção dos ossos, cartilagens e tecido conjuntivo. A Tabela 18.1 resume as informações

sobre essas vitaminas, inclusive os padrões de RDA/IA, funções, fontes alimentares e sinais associados à deficiência ou ao excesso. Consulte o Apêndice C para as ingestões recomendadas de vitaminas para homens e mulheres nas várias faixas etárias.

> ### Em resumo
>
> ■ As vitaminas lipossolúveis são: A, D, E e K. Essas vitaminas podem ser armazenadas no corpo em grandes quantidades e podem causar intoxicação.
> ■ As vitaminas hidrossolúveis são: tiamina, riboflavina, niacina, B6, ácido fólico, B12, ácido pantotênico, biotina e C. Quase todas estão envolvidas no metabolismo energético. A vitamina C está envolvida na manutenção dos ossos, cartilagens e tecido conjuntivo.

Minerais

Os minerais são os **elementos** químicos (não considerados carbono, hidrogênio, oxigênio e nitrogênio) associados à estrutura e ao funcionamento do corpo. Já foi vista a importância do cálcio na estrutura óssea e no início da contração muscular; do ferro no transporte de O_2 pela hemoglobina; e do fósforo no ATP. Os minerais são importantes nutrientes inorgânicos e estão divididos em duas classes: (1) **minerais principais** e (2) **oligominerais.** Os minerais principais são: cálcio, fósforo, magnésio, enxofre, sódio, potássio e cloreto. As quantidades corporais totais variam de 35 g para o magnésio até 1.200 g para o cálcio em um homem que pesa 70 kg.[216] Os oligominerais são: ferro, iodo, fluoreto, zinco, selênio, cobre, cobalto, cromo, manganês, molibdênio, arsênico, níquel e vanádio. Em um homem de 70 kg, há apenas 4 g de ferro e 0,0009 g de vanádio. Como ocorre com as vitaminas, alguns minerais (p. ex., ferro e zinco) podem causar intoxicação caso sejam ingeridos em excesso. As seções a seguir concentram a atenção no cálcio, no ferro e no sódio.

Cálcio. O cálcio (Ca^{++}) e o fósforo combinam-se com moléculas orgânicas para formar os dentes e ossos. Os ossos são uma "reserva" de cálcio que ajuda a manter a concentração plasmática de Ca^{++}, nos casos em que a ingestão alimentar é inadequada (ver hormônio paratireoidiano, no Cap. 5). Nos ossos, o cálcio e o fósforo estão em permanente reciclagem; assim, a dieta precisa repor o que se perde. Se a dieta for deficiente em cálcio durante um longo período, poderá ocorrer perda de tecido ósseo, ou **osteoporose.** Esse enfraquecimento do osso causado pela perda estrutural de cálcio e fósforo é mais comum em mulheres do que em homens, fica acelerado na menopausa e está diretamente relacionado ao percentual mais elevado de fraturas dos quadris em mulheres. Estão implicados três fatores principais: ingestão de cálcio nos alimentos, estrógeno inadequado e falta de atividade física.[4]

404 Seção II Fisiologia da saúde e do condicionamento físico

Há a preocupação de que o aumento da osteoporose em nossa sociedade esteja relacionado a uma ingestão inadequada de cálcio. A RDA dos adultos para o cálcio é de 1.000 mg/dia, e, embora muitos homens cheguem perto de alcançar o padrão, poucas mulheres conseguem.[216] Considerando-se que a RDA é mais elevada para a faixa etária de 9-18 anos (1.300 mg/dia) e para mulheres com 51-70 anos (1.200 mg/dia), é maior a preocupação para pessoas com essas idades. Parte da razão para a baixa ingestão de cálcio é a ingestão calórica relativamente baixa das mulheres em comparação com os homens. Uma forma de enfrentar essa situação é aumentar o gasto energético por meio do exercício e, em consequência, a ingestão calórica; outra forma consiste em tomar suplementos de cálcio. Foi demonstrado que essa segunda opção (quando combinada à ingestão na dieta) aumenta o número de indivíduos que alcançam a RDA.[8] Embora a menopausa seja a causa habitual de redução da secreção de estrógeno, atletas jovens e extremamente ativas já sofrem esse problema em associação com amenorreia.[5] A diminuição na secreção de estrogênio está associada à aceleração da osteoporose. A terapia com estrogênio, acompanhada ou não de suplementação de cálcio, tem sido utilizada com sucesso em mulheres na menopausa, com o objetivo de reduzir a velocidade de perda óssea; mas esta terapia não está isenta do risco de aumento dos problemas cardiovasculares em algumas mulheres. Por ter sido demonstrado que o exercício retarda a velocidade de perda óssea, atualmente se recomenda atividade física para o desenvolvimento de massa óssea na infância; esta estratégia deverá persistir, à medida que a pessoa for envelhecendo.[3,4,204] (ver Quadro "Pergunte ao especialista 17.1" no Cap. 17.)

Ferro. A maior parte do ferro está localizada na hemoglobina presente nos eritrócitos, com envolvimento no transporte de oxigênio para as células (ver Cap. 10). Outras moléculas que contêm ferro são: mioglobina nos músculos e citocromos nas mitocôndrias, representando aproximadamente 25% do ferro corporal. Grande percentual do ferro restante está ligado à **ferritina** no fígado; a concentração sérica de ferritina é uma medida sensível do estado do ferro.[216,222]

Para que o indivíduo permaneça em equilíbrio de ferro, a RDA foi estabelecida em 8 mg/dia para um homem adulto e em 18 mg/dia para uma mulher adulta; é preciso uma quantidade maior para que seja reposto o que se perde na menstruação. Apesar da maior necessidade de ferro, as mulheres norte-americanas ingerem apenas 13,2 mg/dia, enquanto os homens ingerem 17,5 mg/dia.[202] Isso se deve à maior ingestão calórica em homens do que em mulheres. Tendo em vista que há apenas 6 mg de ferro por 1.000 kcal de energia na dieta norte-americana, uma mulher que consome 2.000 kcal/dia ingeriria apenas 12 mg de ferro. O homem que consome cerca de 3.000 kcal/dia ingere 18 mg. A dieta fornece ferro em duas formas, heme (ferroso) e não heme (férrico). O ferro heme, presente principalmente nas carnes, peixes e vísceras, é absorvido melhor do que o ferro não heme, que se encontra em certos vegetais. Entretanto, a absorção do ferro não heme pode ser aumentada pela presença de carne bovina, peixe e vitamina C.[80,216,222]

Anemia é uma condição em que a concentração de hemoglobina está baixa: inferior a 13 g/dL em homens e a 12 g/dL em mulheres. Isso pode ser resultante de perda de sangue (p. ex., doação de sangue ou sangramento) ou carência de vitaminas ou minerais na dieta. Nos Estados Unidos, a causa mais comum de anemia é a falta de ferro na dieta.[216,222] Com efeito, carência de ferro é a deficiência nutricional mais comum. Em pessoas com anemia ferropriva, não é só a hemoglobina que é afetada. O ferro ligado à **transferrina** no plasma fica reduzido, e a ferritina sérica (um indicador das reservas de ferro) fica baixa.[80] Embora crianças com 1 a 5 anos, adolescentes, mulheres adultas jovens e idosos tenham maior probabilidade de sofrer anemia, este problema também ocorre em atletas competitivos. Esse último ponto é discutido com detalhes no Capítulo 23. A edição de 2010 das *Dietary Guidelines for Americans* propõe um aumento na ingestão de ferro, especialmente para mulheres em idade fértil ou que estejam grávidas ou amamentando.[203]

Sódio. O sódio está diretamente envolvido na manutenção do potencial de repouso da membrana e na geração do potencial de ação nos nervos (ver Cap. 7) e músculos (ver Cap. 8). Além disso, ele é o principal eletrólito para a determinação do volume do líquido extracelular. Se ocorrer queda nas reservas de sódio, ocorrerá redução do volume extracelular, inclusive plasma. Isso poderia causar problemas significativos para a manutenção da pressão arterial média (ver Cap. 9) e da temperatura corporal (ver Cap. 12).

Na sociedade norte-americana, o problema não está nas reservas de sódio, que são bastante pequenas, mas exatamente na situação oposta. A ingestão média estimada de sódio para norte-americanos com 2 anos de idade ou mais é de cerca de 3.400 mg/dia. Essa quantidade é consideravelmente maior do que a IA para adultos (1.500 mg/dia) e excede o UL para adultos (2.300 mg/dia).[203] Não há dúvida acerca da ligação entre ingestão de sódio e pressão arterial; e há evidências que mostram ser possível reduzir a ingestão de sódio, o que terá como resultado a redução na morbidade e na mortalidade por eventos cardiovasculares.[102,217] O documento *Dietary Guidelines for Americans* vem destacando consistentemente a necessidade de se reduzir a ingestão de sódio, tendo recomendado o plano alimentar "abordagens nutricionais para interromper a hipertensão arterial" (DASH – *Dietary Approaches to Stop Hypertension*) (ver mais adiante) para a concretização desta meta:

■ Usar produtos com redução de sódio, ou produtos sem adição de sal. Por exemplo, optar por versões de alimentos e condimentos com redução de sódio ou sem adição de sal, quando for possível.

Tabela 18.1	Resumo das vitaminas, suas funções, condições carenciais e fontes alimentares		
Lipossolúveis			
Vitamina	**Funções principais**	**Sintomas de deficiência**	**Pessoas em maior risco**
Vitamina A (retinoides) e provitamina A (carotenoides)	Promove a visão: luz e cor Promove o crescimento Previne ressecamento de pele e olhos Promove resistência à infecção bacteriana	Cegueira noturna Xeroftalmia Baixo crescimento Ressecamento da pele	Pessoas pobres, especialmente crianças em idade pré--escolar; alcoólatras; aidéticos
D (colecalciferol e ergocalciferol) (µg)	Facilita a absorção de cálcio e fósforo Mantém a calcificação ideal dos ossos	Raquitismo Osteomalacia	Bebês amamentados no peito e não expostos à luz solar, idosos
E (tocoferóis)	Atua como antioxidante: previne a degradação da vitamina A e dos ácidos graxos insaturados	Hemólise dos eritrócitos Destruição de tecido nervoso	Pessoas com má absorção de lipídios, fumantes (ainda raro, até onde se sabe)
K (filoquinonal e menaquinona)	Ajuda na formação de protrombina e de outros fatores para a coagulação do sangue e contribui para o metabolismo ósseo	Hemorragia	Pessoas medicadas com antibióticos durante meses a cada vez (ainda muito raro)
Hidrossolúveis			
Vitamina	**Funções principais**	**Sintomas de deficiência**	**Pessoas em maior risco**
Tiamina	Coenzima envolvida no metabolismo dos carboidratos; função nervosa	Beribéri: formigamento nervoso, má coordenação, edema, alterações cardíacas, debilidade	Alcoólatras ou pessoas pobres
Riboflavina	Coenzima envolvida no metabolismo energético	Inflamação da boca e língua, rachaduras nos cantos da boca, transtornos oftalmológicos	Possivelmente, usuários de certos medicamentos, se não estiverem consumindo laticínios
Niacina	Coenzima envolvida no metabolismo energético, síntese de lipídios, degradação das gorduras	Pelagra: diarreia, dermatite, demência	Pobreza extrema, em que milho é o alimento dominante; alcoólatras
Ácido pantotênico	Coenzima envolvida no metabolismo energético, síntese de lipídios, degradação das gorduras	Formigamento nas mãos, fadiga, cefaleia, náusea	Alcoólatras
Biotina	Coenzima envolvida na produção de glicose, síntese de lipídios	Dermatite, língua irritada, anemia, depressão	Alcoólatras
Vitamina B6 (piridoxina e outras formas)	Coenzima envolvida no metabolismo das proteínas, síntese de neurotransmissores, síntese de hemoglobina, muitas outras funções	Cefaleia, anemia, convulsões, náusea, vômito, pele escamosa, língua irritada	Mulheres adolescentes e adultas, usuários de certos medicamentos, alcoólatras
Folato (ácido fólico)	Coenzima envolvida na síntese do DNA, outras funções	Anemia megaloblástica, inflamação da língua, diarreia, pouco crescimento, depressão	Alcoólatras, gestantes, usuários de certos medicamentos
Vitamina B12 (cobalaminas)	Coenzima envolvida no metabolismo do folato, função nervosa, outras funções	Anemia macrocítica, disfunção nervosa	Idosos, por causa de má absorção, veganos, aidéticos
Vitamina C (ácido ascórbico)	Síntese do tecido conjuntivo, síntese de hormônios, síntese de neurotransmissores	Escorbuto: má cicatrização de feridas, hemorragias puntiformes, sangramento gengival	Alcoólatras, idosos com má alimentação

Fontes alimentares*	RDA ou IA*	Sintomas de intoxicação ou UL

Vitamina A
  Fígado
  Leite enriquecido
  Cereais para desjejum enriquecidos
Provitamina A
  Batata doce, espinafre, vegetais verdes, cenoura, melão
    cantalupo, abricó, brócolis
	Homens: 900 µg
	Mulheres: 700 µg
		Malformações fetais, queda de cabelos, alterações cutâneas, dor óssea (UL = 3.000 µg)

Leite enriquecido com vitamina D Cereais para desjejum enriquecidos Óleo de peixe Sardinha Salmão	15 µg	Retardo do crescimento, lesão renal, depósitos de cálcio no tecido mole (UL = 100 µg)
Óleos vegetais Alguns vegetais verdes Algumas frutas Cereais para desjejum enriquecidos	15 mg	Astenia muscular, cefaleia, fadiga, náusea, inibição do metabolismo da vitamina K (UL = 1.000 mg)
Vegetais verdes Fígado	Homens: 120 µg* Mulheres: 90 µg*	Anemia e icterícia (apenas formas medicinais)

Fontes alimentares*	RDA ou IA*	Sintomas de intoxicação
Semente de girassol, carne de porco, cereais integrais e enriquecidos, vagens secas, ervilhas, fermento de padeiro	Homens: 1,2 mg Mulheres: 1,1 mg	Nenhum possível proveniente dos alimentos
Leite, cogumelos, espinafre, fígado, grãos enriquecidos	Homens: 1,3 mg Mulheres: 1,1 mg	Nenhum informado
Cogumelos, farelo de cereais, atum, salmão, galinha, carne vermelha, fígado, amendoim, grãos enriquecidos	Homens: 16 mg Mulheres: 14 mg	A intoxicação pode começar em doses acima de 35 mg (UL) (rubor cutâneo especialmente observado em doses > 100 mg/dia)
Cogumelos, fígado, brócolis, ovos; a maioria dos alimentos tem algum	5 mg*	Nenhum
Queijos, gema de ovo, couve-flor, manteiga de amendoim, fígado	30 µg	Desconhecido
Alimentos à base de proteína animal, espinafre, brócolis, banana, salmão, semente de girassol	1,3 mg	UL = 100 mg; destruição de tecido nervoso em doses > 200 mg
Vegetais de folhas verdes, suco de laranja, vísceras, couve-de-bruxelas, semente de girassol	400 µg	UL = 1.000 µg
Alimentos animais, especialmente vísceras, ostras, mariscos (não natural em vegetais)	2,4 µg	Nenhum
Frutas cítricas, morango, brócolis, vegetais verdes	Homens: 90 mg Mulheres: 75 mg	UL = 2.000 mg

Nota: Os valores são as recomendações de ingestão diária (RDA) para adultos com 19-50 anos de idade, a menos que assinalado com asterisco (*); neste caso, representam as ingestões adequadas (IA). Os níveis superiores de ingestão toleráveis (UL) estão listados sob intoxicação; ingestões acima desses valores podem levar a consequências negativas para a saúde.

- Comprar vegetais frescos, congelados ou enlatados com a indicação "sem adição de sal".
- Usar carne de ave, peixe e bovina magra *in natura* em vez dos tipos enlatados, defumados ou processados.
- No desjejum, dar preferência a cereais prontos para consumo com baixos níveis de sódio.
- Limitar os alimentos curados (p. ex., toucinho defumado e presunto), alimentos envasados em salmoura (p. ex., picles, vegetais conservados em salmoura, azeitonas e chucrute) e condimentos (p. ex., glutamato monossódico – MSG, mostarda, rábano silvestre, *ketchup* e molho *barbecue*). Limitar mesmo as versões de molho de soja e molho *teriyaki* com baixo teor de sódio – tratar esses condimentos como se faz com o sal de cozinha.
- Usar temperos, em vez de sal. Ao cozinhar e à mesa, aromatizar os alimentos com ervas, temperos, limão, lima, vinagre ou misturas flavorizantes sem sal. Começar cortando a quantidade de sal consumida pela metade.
- Cozinhar arroz, massa e cereais servidos quentes sem sal. Restringir arroz, massas e *mixes* de cereais instantâneos ou flavorizados; habitualmente, estes alimentos têm adição de sal.
- Escolher alimentos "de conveniência" com teores mais baixos de sódio. Restringir refeições congeladas, pizzas prontas – frequentemente misturas preparadas, sopas em lata e molhos para salada são produtos com muito sódio.
- Lavar alimentos enlatados, por exemplo, atum, para remover parte do sódio.

Indivíduos envolvidos em competições esportivas ou em exercícios muito intensos ou que trabalham em ambientes quentes devem se preocupar com relação à reposição adequada de sódio. Em geral, considerando-se que esses indivíduos consomem maior número de calorias de alimentos (com mais sódio), esse problema praticamente não existe. O leitor terá acesso a mais informações sobre esse tópico no Capítulo 23.

As seções precedentes concentraram a atenção em três minerais – cálcio, ferro e sódio – por causa de sua relação com problemas comuns (clínicos e relacionados à saúde). A Tabela 18.2 apresenta um resumo de cada um desses minerais, suas funções e fontes alimentares. Ver Apêndice D para as ingestões recomendadas de minerais (elementos) para homens e mulheres nas várias faixas etárias.

Em resumo

- Os minerais principais são: cálcio, fósforo, magnésio, enxofre, sódio, potássio e cloreto. Os oligoelementos são: ferro, iodo, fluoreto, zinco, selênio, cobre, cobalto, cromo, manganês, molibdênio, arsênico, níquel e vanádio.

- A ingestão inadequada de cálcio e ferro foi ligada à ocorrência de osteoporose e anemia, respectivamente. A versão de 2010 das *Dietary Guidelines for Americans* recomenda um aumento na ingestão de cálcio e ferro, analisa esses problemas; e recomenda uma redução da ingestão de sódio, especialmente para pessoas com risco de hipertensão.

Carboidratos

Carboidratos e gorduras são as fontes principais de energia na dieta norte-americana média.[140] (Para recomendações sobre carboidratos, gorduras e proteínas do Institute of Medicine, ver Quadro "Aplicações clínicas 18.1".) Na opinião das pessoas que fazem dieta, os carboidratos têm má reputação, em especial se for considerado que a pessoa teria que ingerir mais do que o dobro de carboidrato, em comparação com gordura, para obter o mesmo número de calorias (4 kcal/g *versus* 9 kcal/g). Os carboidratos podem ser divididos em duas classes: os que podem ser digeridos e metabolizados para obtenção de energia (açúcares e amidos) e aqueles que não são digeríveis (fibras). Os açúcares são encontrados em gelatinas, geleias, frutas, refrigerantes, mel, xaropes e leite, enquanto os amidos são encontrados em cereais, farinha de trigo, batatas e outros vegetais.[216]

Açúcares e amidos. Os carboidratos são a maior fonte de energia para todos os tecidos, sendo crucial para dois deles: eritrócitos e neurônios. Os eritrócitos dependem exclusivamente da glicólise anaeróbia para obter energia, e o sistema nervoso funciona de modo adequado apenas com carboidratos. Esses dois tecidos podem consumir 180 g/dia de glicose.[45] Diante de tamanha necessidade, não surpreende que a concentração plasmática de glicose seja mantida dentro de limites estreitos por mecanismos de controle hormonal (ver Cap. 5). Durante o exercício muito intenso, os músculos podem utilizar 180 g de glicose em menos de 1 hora. Como resultado dessas necessidades, seria de se esperar que os carboidwratos constituíssem grande fração de nossa ingestão energética. Atualmente, cerca de 50% da ingestão energética deriva de carboidratos,[202] dentro da faixa de ingestões recomendadas dessas substâncias.[92] É grande o interesse não apenas pela quantidade de carboidrato na dieta, mas também pelo tipo de carboidrato, no que diz respeito à prevenção e ao tratamento do diabetes (ver Quadro "Aplicações clínicas 18.2"). Embora o objetivo seja aumentar a ingestão de carboidratos, uma das orientações das *Dietary Guidelines for Americans* é evitar quantidades excessivas de açúcar.[203] A seguir, algumas sugestões úteis para limitar a ingestão de açúcares adicionados, com atendimento da meta geral para carboidratos:[201,203]

- Escolher e preparar alimentos e bebidas com pouco açúcar adicionado ou adoçantes calóricos,

Aplicações clínicas 18.1

Relatório do Institute of Medicine

No início do capítulo, aludimos a um relatório do Institute of Medicine[92] que fez uma série de recomendações, as quais influenciaram diversas recomendações nutricionais existentes, tanto de agências norte-americanas (p. ex., U.S. Department of Agriculture) como de organizações profissionais (p. ex., American Heart Association). O que se segue é um breve resumo de informações e recomendações relacionadas às ingestões de carboidrato, gordura e proteína. Ver Apêndice E para as ingestões recomendadas de macronutrientes para homens e mulheres nas várias faixas etárias.

- Pela primeira vez, foi estabelecida uma RDA para carboidrato: 130 g/dia em atendimento às necessidades de glicose do cérebro.
- Foi determinada uma IA para fibra em 38 e 25 g/dia para homens e mulheres, respectivamente.
- Não foram determinados padrões de RDA, IA ou NME para gordura saturada, gordura monossaturada e colesterol, pois estas substâncias não têm papel sabidamente benéfico na prevenção de doenças crônicas. Além disso, tendo em vista que essas substâncias são sintetizadas no corpo, não há necessidade de sua presença na dieta.
- Foram estabelecidos valores de IA para o ácido graxo ômega-6, ácido linoleico (17 e 12 g/dia para homens e mulheres jovens, respectivamente), e ácido graxo ômega-3, ácido alfalinoleico (1,6 e 1,1 g/dia para homens e mulheres, respectivamente).
- Foi mantida a necessidade de proteína de 0,8 g/dia/kg de peso corporal, já estabelecida de longa data.
- A IA para água foi estabelecida em 3,7 e 2,7 L/dia para homens e mulheres, respectivamente.

O relatório do Institute of Medicine recomenda um novo padrão alimentar, denominado faixas aceitáveis de distribuição de macronutrientes (AMDR – *acceptable macronutrient distribution ranges*), que foram definidas como faixas de ingestão para determinada fonte energética que esteja associada a um risco reduzido de doença crônica, ao mesmo tempo em que é fornecida a ingestão adequada de nutrientes essenciais. O Institute of Medicine recomenda faixas de 20-35% de gordura, 45-65% de carboidrato e o equilíbrio (10-35%), de proteína. Há evidência de que, no limite *extremo* da faixa, dietas pobres em gordura e ricas em carboidrato reduzem o HDL-colesterol e aumentam a relação colesterol total: HDL-colesterol e os triglicérides plasmáticos. No limite oposto, quando a ingestão de gordura é alta, ocorre ganho de peso, aumentam as consequências metabólicas da obesidade e também aumenta o LDL-colesterol.[92]

---

conforme quantidades sugeridas no plano alimentar DASH.
- Substituir bebidas com adoçantes por água e bebidas sem adoçantes.

Fibra alimentar. A fibra alimentar é parte importante da dieta. Ao longo dos últimos anos, na tentativa de esclarecer o que é e o que não é "fibra", esta substância foi dividida nas classes a seguir:[92]

- *Fibra alimentar* consiste em carboidratos não digeríveis e lignina, que estão *intrínsecos e intactos* nas plantas. São exemplos de fibra alimentar os polissacarídeos não amidos, como celulose, pectina, gomas, hemicelulose, betaglicanos e fibras no farelo de aveia e de trigo.
- *Fibra funcional* consiste em *carboidratos isolados e não digeríveis* que promovem efeitos fisiológicos benéficos em humanos. São exemplos de fibra funcional as substâncias não digeríveis de vegetais (p. ex., amidos resistentes, pectina e gomas), animais (p. ex., quitina e quitosana), ou carboidratos comercialmente produzidos (p. ex., amido resistente, inulina e dextrinas).
- *Fibra total* é a soma das fibras alimentar e funcional.

A fibra alimentar não pode ser digerida e metabolizada; em consequência, proporciona uma sensação de repleção (saciedade) durante uma refeição, sem acréscimo de calorias.[54] Esse fato tem sido utilizado pelas panificadoras que baixam o número de calorias por fatia de pão. Pectina e goma são utilizadas no processamento dos alimentos com o objetivo de espessar, estabilizar ou emulsificar os constituintes dos diversos produtos alimentares.[216]

Há muito tempo, a fibra alimentar foi ligada a uma saúde ideal. A fibra funciona como uma esponja hidratada em seu trânsito ao longo do intestino grosso, tornando menos provável a constipação, por reduzir o tempo de trânsito.[6,54,216] Dietas vegetarianas ricas em fibra solúvel foram ligadas a níveis séricos mais baixos de colesterol, em decorrência da perda de mais ácidos biliares (que contêm colesterol) nas fezes. Contudo, o fato de que as dietas vegetarianas também têm percentuais mais baixos de calorias de gordura, o que também pode baixar o colesterol sérico, complica mais a interpretação dos dados.[54] Embora uma dieta rica em fibras reduza a incidência de diverticulose, um problema em que se formam evaginações (divertículos) na parede do colo, é confuso o papel da fibra na prevenção do câncer de colo.[6,54]

Diante do amplo papel da fibra alimentar, não surpreende que as *Dietary Guidelines for Americans* recomendem que os norte-americanos aumentem sua ingestão de fibra.[201] Uma nova IA para fibra total, baseada em um nível de ingestão observado para proteção contra doença coronariana, foi estabelecida em 38 e 25 g/dia para homens e mulheres com 19-50 anos de idade, respectivamente. Ainda dentro do que preconizam as *Dietary Guidelines for Americans*, para esse aumento de fibra e de carboidratos complexos devemos ingerir, com frequência,

(*O texto continua na p. 412.*)

Tabela 18.2 — Resumo dos minerais

Principais minerais

Mineral	Funções principais	Sintomas de deficiência	Pessoas em maior risco
Sódio	Funciona como importante íon do líquido extracelular; ajuda na transmissão dos impulsos nervosos	Cãibras musculares	Pessoas com grave restrição de sal para baixar a pressão arterial (250-500 mg)
Potássio	Funciona como importante íon do líquido intracelular; ajuda na transmissão dos impulsos nervosos	Batimentos cardíacos irregulares, perda do apetite, cãibras musculares	Pessoas medicadas com diuréticos para depleção de potássio ou com dietas pobres, conforme pode ser observado na pobreza e no alcoolismo
Cloreto	Funciona como importante íon do líquido extracelular; participa da produção de ácido no estômago; ajuda na transmissão nervosa	Convulsões em bebês	Nenhuma, provavelmente
Cálcio	Proporciona força para os ossos e dentes; ajuda na coagulação sanguínea; ajuda na transmissão do impulso nervoso; necessário para as contrações musculares	A ingestão inadequada aumenta o risco de osteoporose	Mulheres, especialmente as que consomem poucos laticínios
Fósforo	Necessário para a força dos ossos e dentes; funciona como parte de vários compostos metabólicos; funciona como importante íon do líquido intracelular	Há a possibilidade de manutenção deficiente dos ossos	Idosos que consomem dietas muito pobres em nutrientes; alcoólatras
Magnésio	Proporciona força para os ossos; ajuda na função enzimática; ajuda as funções nervosa e cardíaca	Debilitação, dores musculares, mau funcionamento cardíaco	Mulheres e pessoas medicadas com certos diuréticos

Oligominerais fundamentais

Mineral	Funções principais	Sintomas de deficiência	Pessoas em maior risco
Ferro	Utilizado pela hemoglobina e outros compostos essenciais participantes na respiração; utilizado para função imune	Baixo nível sanguíneo de ferro; eritrócitos pequenos e pálidos; baixos valores de hemoglobina	Bebês, crianças em idade pré-escolar, adolescentes, mulheres em idade fértil
Zinco	Necessário para enzimas, envolvido no crescimento, imunidade, metabolismo do álcool, desenvolvimento sexual e reprodução	Erupção cutânea, diarreia, diminuição do apetite e do paladar, queda de pelos, pouco crescimento/desenvolvimento, má cicatrização	Vegetarianos, idosos, alcoólatras
Selênio	Ajuda o sistema antioxidante	Dores musculares, astenia muscular, uma forma de cardiopatia	Desconhecido em norte-americanos saudáveis
Iodeto	Ajuda o hormônio tireoidiano	Bócio; pouco crescimento na infância quando a mãe tem deficiência de iodo durante a gestação	Nenhuma nos Estados Unidos, porque geralmente o sal é enriquecido
Cobre	Ajuda no metabolismo do ferro; tem ação em muitas enzimas, como as envolvidas no metabolismo das proteínas e na síntese de hormônios	Anemia, baixa contagem de leucócitos, pouco crescimento	Bebês em recuperação de semi-inanição, pessoas com excessiva suplementação de zinco
Fluoreto	Aumenta a resistência do esmalte dental contra a cárie	Aumento do risco de cárie dentária	Habitantes de áreas em que a água não é fluoretada e os tratamentos dentários não levam em consideração a falta de fluoreto
Cromo	Melhora o controle da glicemia	Glicemia elevada depois de comer	Pessoas em nutrição intravenosa e, talvez, idosos com diabetes tipo 2
Manganês	Ajuda na ação de algumas enzimas, como as envolvidas no metabolismo dos carboidratos	Nenhum em humanos	Desconhecido
Molibdênio	Ajuda na ação de algumas enzimas	Nenhum em humanos saudáveis	Nutrição intravenosa não suplementada

RDA ou IA*	Fontes alimentares ricas	Resultados da intoxicação ou UL
1.500 mg*	Sal de cozinha, alimentos processados, condimentos, molhos, sopas, batatas fritas	UL = 2.300 mg; contribui para pressão arterial elevada em indivíduos suscetíveis; leva à maior perda de cálcio na urina
4.700 mg*	Espinafre, abóbora, banana, suco de laranja, outros vegetais e frutas, leite, carne vermelha, legumes, cereais integrais	Resulta em retardo no batimento cardíaco; observa-se em insuficiência renal
2.300 mg*	Sal de cozinha, alguns vegetais, alimentos processados	UL = 3.600 mg; ligado à pressão arterial elevada em pessoas suscetíveis, quando combinado com sódio
1.000 mg	Laticínios, peixe enlatado, vegetais folhosos, tofu, suco de laranja enriquecido (e outros alimentos enriquecidos)	UL = 2.500 mg; ingestões maiores podem causar cálculos renais e outros problemas em pessoas suscetíveis; em geral, má absorção de minerais
700 mg	Laticínios, alimentos processados, pescado, refrigerantes, produtos de panificação, carnes vermelhas	UL = 4.000 mg; prejudica a saúde óssea em pessoas com insuficiência renal; resulta em má mineralização óssea, se as ingestões de cálcio forem baixas
Homens: 420 mg Mulheres: 320 mg	Farelo de trigo, vegetais verdes, nozes, chocolate, legumes	UL = 350 mg, mas refere-se apenas a agentes farmacológicos

RDA ou IA*	Fontes alimentares ricas	Resultados da intoxicação ou UL
Homens: 8 mg Mulheres: 18 mg	Carnes vermelhas, espinafre, frutos do mar, brócolis, ervilhas, farelo de cereais, pães enriquecidos	UL = 45 mg; intoxicação observada quando crianças consomem 60 mg ou mais em comprimidos de ferro; também em pessoas com hemocromatose
Homens: 11 mg Mulheres: 8 mg	Frutos do mar, carnes vermelhas, vegetais verdes, cereais integrais	UL = 40 mg; reduz a absorção de cobre; pode causar diarreia, cólicas e depressão da função imune
55 µg	Carnes vermelhas, ovos, pescado, frutos do mar, cereais integrais	UL = 400 µg; náusea, vômito, queda de cabelos, fraqueza, doença hepática
150 µg	Sal iodado, pão branco, peixes de água salgada, laticínios	UL = 1.100 µg; inibição do funcionamento da glândula tireoide
900 µg	Fígado, cacau, sementes, nozes, cereais integrais, frutas secas	UL = 10 mg; vômito, transtornos do sistema nervoso
Homens: 4 mg* Mulheres: 3 mg*	Água fluorada, pasta dentifrícia, tratamentos dentários, chá, algas marinhas	UL = 10 mg; desarranjo gástrico; mosqueamento (manchas) dos dentes durante o desenvolvimento; dores ósseas
Homens: 30-35 µg* Mulheres: 20-25 µg*	Gema de ovo, cereais integrais, carne de porco, nozes, cogumelo, cerveja	Lesão hepática e câncer de pulmão (causado por contaminação industrial, não por excesso alimentar)
Homens: 2,3 mg* Mulheres: 1,8 mg*	Nozes, aveia, sementes, chá	UL = 11 mg
45 µg	Sementes, cereais, nozes	UL = 2.000 µg

Nota: Os valores são as recomendações de ingestão diária (RDA) para adultos com 19-50 anos de idade, a menos que assinalado com asterisco (*); neste caso, representam as ingestões adequadas (IA). Os níveis superiores de ingestão toleráveis (UL) estão listados sob intoxicação; ingestões acima desses valores podem levar a consequências negativas para a saúde.

Aplicações clínicas 18.2

Índice glicêmico – O que é? É importante?

É bem sabido que, quando uma pessoa come, aumenta a secreção de insulina para promover a captação, o uso e o armazenamento de carboidratos. O grau de aumento da concentração glicêmica e sua permanência em nível elevado dependem dos tipos e quantidades de carboidratos ingeridos, bem como da resposta da insulina e da sensibilidade dos tecidos a este hormônio.[179]

Também já se sabe que certos carboidratos promovem uma resposta glicêmica mais rápida do que outros. O índice glicêmico (IG) tem sido utilizado para descrever a magnitude dessas diferenças e ajudar aqueles que têm dificuldade no processamento da glicose a tomar melhores decisões no planejamento das refeições. O IG quantifica a resposta glicêmica (acima do jejum) para um alimento contendo apenas um carboidrato ao longo de um período de 2 horas após a ingestão. Essa resposta é comparada a um alimento de referência (glicose ou pão branco) de mesmo peso. Os alimentos com baixo IG são menos problemáticos para uma pessoa com capacidade reduzida de ingerir e usar glicose (p. ex., diabéticos do tipo 2). Entretanto, tendo em vista que esses carboidratos são comparados em uma base "por grama", o IG não leva em consideração o impacto que a própria quantidade do carboidrato na refeição exerce na resposta. A "carga glicêmica" (CG) tenta resolver esse problema por meio da multiplicação do IG pela quantidade de carboidrato na porção.[179] A simplicidade do IG e da CG fica complicada pelo fato de que praticamente nenhuma refeição contém apenas um carboidrato. Fatores como a quantidade de proteína e gordura na dieta influenciarão a resposta glicêmica ao carboidrato ingerido.

Embora exista apoio para usar o IG para ajudar na seleção de alimentos para cuidar da doença metabólica e cardiovascular, existe um grupo crescente de evidência de que dietas de baixo IG/CG têm resultados inconsistentes em termos de mudar os fatores de risco cardiovasculares,[111,172] e os benefícios são observados principalmente nas mulheres e não nos homens.[58,127,134] Finalmente, quando são observados efeitos positivos para o CG, não o IG parece ser o fator mais importante.[58] Entretanto, existe uma nova reviravolta para essa história de IG e CG

A frutose representa uma parte substancial da ingestão total de carboidratos na dieta do norte-americano comum. Há alguns anos, estudiosos se preocuparam ao ser descoberto que ocorria aumento paralelo na ingestão de xarope de milho rico em frutose e na prevalência de obesidade naquele país. A razão para essa preocupação é que, ao contrário da glicose, a frutose não aumenta tanto as respostas de insulina e leptina e, como consequência, resulta em menos informação para os centros cerebrais associados à alimentação e ao peso corporal.[24] Em concordância com esse fato, quando a frutose é administrada diretamente no cérebro, a ingestão de alimentos de fato aumenta, ao contrário do efeito da glicose.[40,113] Não deve surpreender que alguns pesquisadores sugeriram que seja examinado o papel do "índice de frutose" (IF) e da "carga de frutose" (CF) no desenvolvimento da doença cardiometabólica, em vez de se limitar ao estudo exclusivo do IG e da CG.[176] Dito isso, a evidência mais recente baseada nos estudos de nutrição controlada sugere que é observado maior risco cardiometabólico apenas quando são consumidas bebidas adoçadas com frutose e açúcar em elevados níveis ou quando eles suplementam uma dieta com excesso de energia.[78] Certamente, mais será dito acerca dessa problemática no futuro.

---

frutas, vegetais e cereais integrais ricos em fibra. Essa meta pode ser atendida pelo consumo da fruta integral, em lugar de sucos de frutas, e pela ingestão de vagens secas e ervilhas algumas vezes por semana; além disso, devemos nos certificar de que pelo menos metade das porções de cereais seja proveniente de cereais integrais.

Gorduras

Os lipídios alimentares são triglicérides, fosfolipídios e **colesterol**. Se ficam sólidos à temperatura ambiente, os lipídios são gorduras; se ficam líquidos, são óleos. Os lipídios contêm 9 kcal/g e representam cerca de 33% da dieta norte-americana, o que fica ligeiramente acima do objetivo alimentar de 30%, porém abaixo dos 42% registrados em 1977.[42,75,140,202,205,216] Entretanto, parte da redução nesse percentual foi decorrente de um aumento na ingestão calórica total, sobretudo de carboidratos.[39]

A gordura não só proporciona combustível para a energia; é também importante na absorção de vitaminas lipossolúveis e para a estrutura da membrana celular, a síntese de hormônios (esteroides), a insulação e a proteção de órgãos vitais. A maior parte da gordura fica armazenada no tecido adiposo, para subsequente liberação na corrente sanguínea, na forma de ácidos graxos livres (ver Cap. 4). Por causa da densidade calórica das gorduras (9 kcal/g), as pessoas são capazes de transportar grande reserva energética com pouco peso. Com efeito, o conteúdo energético de 454 g de tecido adiposo, 3.500 kcal, é suficiente para cobrir o que é despendido em uma corrida de maratona. O outro lado da moeda é que, por causa dessa elevadíssima densidade calórica, é preciso muito tempo para reduzir a massa de tecido adiposo durante uma dieta.

O foco de atenção na comunidade médica tem recaído sobre o papel da gordura alimentar na ocorrência da aterosclerose, um processo em que a parede arterial fica espessada, causando estreitamento (estenose) do lúmen arterial. Esse é o problema subjacente associado a doença coronariana, acidente vascular encefálico e doenças crônicas (ver Cap. 14). Na seção sobre orientações alimentares, duas das recomendações tratam desse problema da aterosclerose: redução na ingestão de sal (ver minerais) e redução de gordura, gordura saturada e colesterol. Foi demonstrado que a redução nas últimas três substâncias diminui o colesterol sérico e, com isso, o risco de aterosclerose.

Em geral, a concentração de colesterol no soro é dividida em duas classes, com base no tipo de **lipoproteína** que está transportando o colesterol. **Lipoproteínas de baixa densidade (LDL)** transportam mais colesterol do que **lipoproteínas de alta densidade (HDL)**. Níveis elevados de **LDL-colesterol** estão diretamente relacionados a risco cardiovascular, enquanto níveis elevados de **HDL-colesterol** oferecem proteção contra doenças cardíacas. A concentração de HDL-colesterol é influenciada por hereditariedade, gênero, exercício e dieta. Dietas ricas em gorduras saturadas aumentam o LDL-colesterol. Uma redução nas fontes de gorduras saturadas, por exemplo, carnes vermelhas, gordura animal, óleo de palma, óleo de coco, gorduras hidrogenadas para confeitaria, leite integral, creme de leite, manteiga, sorvete e queijo, reduziria o LDL-colesterol. A simples substituição dessas gorduras saturadas por gorduras insaturadas pode baixar o colesterol sérico. A recomendação mais recente do Institute of Medicine para a ingestão de gorduras oferece uma faixa de valores (20-35%), com ênfase nas gorduras insaturadas. Além disso, é dada ênfase especial para a eliminação das gorduras trans da dieta. Essas gorduras rivalizam com as gorduras saturadas como fatores contributivos para a doença cardíaca; e a substituição de gorduras poli-insaturadas deve reduzir os níveis de colesterol.[110] As sugestões a seguir, que fazem parte da versão de 2005 das *Dietary Guidelines for Americans*, foram enfatizadas no relatório de 2010:[201,203]

■ Consumir menos de 10% de calorias provenientes de ácidos graxos saturados e menos de 300 mg/dia de colesterol; e manter no nível mais baixo possível o consumo de ácidos graxos trans.
■ Manter a ingestão de gordura total em 20-35% de calorias; a maior parte das gorduras deve provir de fontes de ácidos graxos poli-insaturados e monoinsaturados, como peixe, castanhas e óleos vegetais.
■ Ao selecionar e preparar carne vermelha, carne de ave, vagens secas e leite ou laticínios, fazer escolhas que sejam do tipo magro, com baixo teor de gordura, ou com gordura zero.
■ Aumentar a ingestão de frutos do mar, em lugar de algumas carnes vermelhas e aves.
■ Limitar a ingestão de gorduras e óleos ricos em ácidos graxos saturados e/ou trans e escolher produtos pobres nestas gorduras e óleos.
■ Substituir gorduras sólidas por óleos.

Proteína

Embora as proteínas tenham a mesma densidade energética que os carboidratos (4 kcal/g), essas substâncias não são consideradas como fonte energética primária, como o são as gorduras e os carboidratos. Mas as proteínas são importantes por conterem os nove aminoácidos essenciais (indispensáveis), sem os quais o corpo não pode sintetizar todas as proteínas necessárias para os tecidos, enzimas e hormônios. A *qualidade* da proteína em uma dieta baseia-se no grau de representação desses aminoácidos essenciais. Em termos de qualidade, as melhores fontes para proteína são: ovos, leite e peixes; são *boas* fontes: carnes vermelhas, aves, queijo e feijão-soja. Algumas fontes *razoáveis* são: cereais, vegetais, sementes e nozes e outros legumes. Considerando-se que uma refeição contém diversos tipos de alimentos, um alimento que contém proteína de alta qualidade tende a complementar outro com proteína de menos qualidade, o que resulta na ingestão adequada de aminoácidos essenciais.[216]

A necessidade de proteína na RDA para adultos, de 0,8 g/kg, é facilmente atendida com dietas que incluam alguns dos alimentos mencionados. Embora a vasta maioria dos norte-americanos atenda a essa recomendação, a necessidade de proteína para os atletas fica acima desse nível. Esse último tópico é discutido no Capítulo 23.

Em resumo

■ Carboidratos são fonte importantíssima de energia na dieta norte-americana; estas substâncias estão divididas em duas classes: carboidratos que podem ser metabolizados (açúcares e amidos) e fibra alimentar.
■ Duas recomendações para melhorar a saúde na população norte-americana são: consumir carboidratos complexos que representem cerca de 45-65% das calorias e adicionar mais fibra alimentar.
■ Os norte-americanos consomem gordura saturada em excesso, e a mudança recomendada é reduzir este consumo até não mais do que 10% das calorias totais. A ingestão de gordura trans deve ser reduzida ao máximo possível, e a maior parte da ingestão de gordura deve provir de fontes que contêm ácidos graxos poli-insaturados e monoinsaturados.
■ A necessidade de proteína de 0,8 g/kg pode ser atendida com seleções com baixo teor lipídico, para que seja minimizada a ingestão de gordura.

Satisfação das orientações dietéticas

Uma boa dieta deve permitir que o indivíduo alcance a RDA/IA para proteínas, minerais e vitaminas, ao mesmo tempo em que serão enfatizados os carboidratos e minimizadas as gorduras. A edição de 2005 das *Dietary Guidelines for Americans* descreve uma dieta saudável como aquela que:

■ Enfatiza frutas, vegetais, cereais integrais e leite ou produtos lácteos com gordura zero ou com baixo teor de gordura.

Capítulo 18 Composição corporal e nutrição para a saúde **413**

- Inclui carnes vermelhas magras, aves, peixes, grãos, ovos e nozes.
- É pobre em gorduras saturadas, gorduras trans, colesterol, sal (sódio) e açúcares adicionados.

Foram desenvolvidos vários planos de grupos alimentares para ajudar no planejamento de uma dieta consistente com essas orientações.

Planos para grupos alimentares

Em sua edição de 2010, as *Dietary Guidelines for Americans* oferecem algumas informações sobre a pesquisa que permitiu a recomendação de padrões (planos) alimentares específicos. O grupo considerou diversos padrões alimentares alicerçados em bases sólidas de pesquisa. Esses planos são: plano alimentar DASH, dietas tradicionais no estilo mediterrâneo e dietas vegetarianas, inclusive dos tipos lacto-ovo e vegana. A seguir, estão listados alguns elementos comuns a todos esses planos alimentares:

- Vegetais e frutas em abundância.
- Cereais integrais.
- Quantidades moderadas de alimentos ricos em proteína (frutos do mar, grãos e ervilhas, nozes, sementes, produtos de soja, carnes vermelhas, aves e ovos).
- Quantidades limitadas de alimentos ricos em açúcares adicionados.
- Maior uso de óleos do que de gorduras sólidas.
- A maioria dos planos é pobre em leite integral e em produtos lácteos fabricados com este tipo de leite; alguns deles preconizam quantidades substanciais de leite e produtos lácteos com baixo teor de gordura.

Essas dietas têm elevado índice de gordura insaturada/saturada, mais fibra e elevado conteúdo de potássio. Existe um grupo crescente de evidências de que a adesão a uma dieta mediterrânea pode evitar e tratar a síndrome metabólica[57,106] e reduzir o dano oxidativo associado com a síndrome metabólica.[135] Além disso, embora a dieta do Mediterrâneo tenha sido divulgada por anos para evitar doença cardiovascular, existem novas evidências de que ela também reduz o risco de acidente vascular encefálico.[104] No início desta seção, foi informado que diversas organizações (p. ex., AHA) enfatizam a importância da dieta na prevenção e no tratamento de diversas doenças crônicas. A Tabela 18.3 ilustra a consistência nas recomendações dessas organizações em relação a nutrição e atividade física.[196] Essas recomendações estão claramente afinadas com as *Dietary Guidelines for Americans*, que recomendaram, sobretudo, dois planos alimentares.

Padrão alimentar do Departamento de Agricultura dos Estados Unidos (USDA). Esse plano alimentar identifica as quantidades diárias de alimentos com enfoque na **densidade nutricional** dos cinco principais grupos (e *subgrupos*) alimentares:

Vegetais – vegetais *verde-escuros* (brócolis e espinafre) e *vermelhos* e *alaranjados* (cenoura e batata-doce), *grãos e ervilhas*, *vegetais ricos em amido* (milho e batata-inglesa) e *outros* (cebola, alface americana).

Frutas – frescas, congeladas, enlatadas ou secas.

Cereais – inclusive produtos de *cereais integrais* (pão integral) e *cereais enriquecidos* (pão branco e massas).

Laticínios – com ênfase em escolhas com baixo teor de gordura.

Tabela 18.3	Consistência das recomendações alimentares e para atividade física entre organizações de doenças crônicas		
Fator ligado ao estilo de vida	**American Diabetes Association**	**American Heart Association**	**American Cancer Society/American Institute for Cancer Research**
Controle do peso	+++	+++	+++
Aumento da ingestão de fibra	+	++	++
Aumento no consumo de vegetais	+	++	+++
Redução da gordura total	NE	+++	+++
Redução da gordura saturada	++	++	+
Evitar ácidos graxos trans	++	+++	+
Aumentar ácidos graxos ômega-3	++	++	++
Álcool	Moderação	Moderação	Moderação
Atividade física diária	++	+++	++

NE: não examinado.
Da referência 195.

Alimentos proteicos – todas as carnes, aves, frutos do mar, ovos, nozes, sementes e produtos processados de soja, com ênfase em escolhas com baixo teor de gordura.

O plano alimentar tem adaptações para dietas lacto--ovo e vegana. Detalhes podem ser encontrados no site http://www.health.gov/dietaryguidelines/.

Abordagens Nutricionais para Interromper a Hipertensão Arterial (DASH). O plano alimentar DASH[178] também foi identificado no documento *Dietary Guidelines for Americans* como uma maneira de atender aos padrões de DRI/RDA e às diversas recomendações estabelecidas no documento. Esse plano foi desenvolvido (conforme indicado no título) para enfrentar a hipertensão, tanto em sua prevenção como na redução da pressão arterial em pessoas que já apresentam o problema (ver http://www.nhlbi.nih.gov/health/public/heart/hbp/dash/new_dash.pdf). Já há algum tempo, o plano alimentar DASH vem sendo reconhecido como uma abordagem excelente para uma alimentação saudável, consistente com a redução dos fatores de risco cardiovasculares e com a obtenção e a manutenção de um peso corporal normal. As pessoas que seguem as *Dietary Guidelines for Americans* têm risco mais baixo de sofrer síndrome metabólica.[63] Além disso, o uso do plano alimentar DASH em programas de perda de peso representa mais benefícios para os pacientes com a síndrome metabólica do que uma dieta comum para tal finalidade.[7]

O USDA desenvolveu um novo recurso *on-line, MyPlate*, com o intuito de promover alimentação saudável e atividade física adequada para regularizar o peso corporal das pessoas. O leitor deve consultar o site http://www.choosemyplate.gov para conhecer sua natureza amigável.

Avaliação da dieta

Independentemente do plano alimentar, surge a dúvida: as orientações estão sendo seguidas de modo correto? Como a dieta está sendo analisada? A primeira coisa a se fazer é determinar o que está sendo ingerido, sem tentar se enganar. O uso do método da **recordação de 24 horas** baseia-se na capacidade do indivíduo de se lembrar, a partir de determinado momento em um dia, o que foi ingerido durante as 24 horas anteriores. A pessoa deve julgar o tamanho da porção ingerida, avaliando se este dia foi representativo do que normalmente come. Outras pessoas usam **registros alimentares**, em que a pessoa anota o que está sendo ingerido durante o dia. É recomendável que a pessoa obtenha registros alimentares para 3 ou 4 dias por semana para obter melhor estimativa de sua ingestão alimentar habitual. Tendo em vista que o simples ato de registrar a ingestão dos alimentos pode mudar os hábitos alimentares da pessoa, deve-se tentar comer o mais normalmente possível ao registrar a ingestão ali-

mentar. É importante lembrar que os padrões da RDA devem ser alcançados em longo prazo e que existirão variações cotidianas nesses padrões.[216]

> ### Em resumo
>
> ■ O documento *Dietary Guidelines for Americans* identificou duas abordagens principais para atender aos padrões alimentares e obter um peso corporal saudável: os padrões alimentares do *Departamento de Agricultura dos Estados Unidos*, com adaptações para vegetarianos, e o plano alimentar DASH.
>
> ■ O projeto *MyPlate* do *Departamento de Agricultura dos Estados Unidos* promove uma abordagem personalizada à alimentação saudável e à atividade física adequada.

Composição corporal

A obesidade é um problema grave na sociedade norte-americana, tendo relação com hipertensão, colesterol sérico elevado e diabetes de surgimento no adulto.[139] Além disso, há crescente preocupação com um aumento na incidência da obesidade infantil – e, em decorrência disso, um aumento no grupo de adultos obesos. Para enfrentar esse problema, é preciso avaliar a prevalência do sobrepeso e da obesidade; e também é preciso descrever em termos mais específicos as mudanças na composição corporal. Esta seção apresenta um breve apanhado que nos indicará o que deve ser feito. Para os interessados em uma discussão completa dos problemas da avaliação da composição corporal, consultar os trabalhos de Heyward e Wagner, *Applied Body Composition Assessment*, e de Roche, Heymsfield e Lohman, *Human Body Composition*, nas "Sugestões de leitura"; e o capítulo de Ratamess no *Resource Manual for Guidelines for Exercise Testing and Prescription* do ACSM.[157]

Métodos de avaliação do sobrepeso e da obesidade

Na última parte do século XX, uma das formas mais comuns de se fazer um julgamento da existência ou não de sobrepeso era utilizar as tabelas de altura e peso do Metropolitan Life Insurance.[132] Essa tabela foi substituída por uma mensuração que atualmente tem aceitação universal – o índice de massa corporal (IMC) – que relaciona peso corporal (em kg) e altura (em m) ao quadrado: IMC = peso [kg] $\div$ altura^2 [m^2]. O IMC é facilmente calculado, e as normas para classificação do indivíduo (sobrepeso ou obesidade) utilizam classificações por percentis ou valores fixos de IMC.[120] À medida que essas normas de IMC foram sendo desenvolvidas, foram feitas algumas compensações para idade (valores mais altos), mas alguns cientistas perceberam que esses valores eram muito generosos, diante de sua

Capítulo 18 Composição corporal e nutrição para a saúde **415**

associação com percentuais mais elevados de morbi-dade e mortalidade.[23,220,221] Os atuais padrões para IMC adotados mundialmente são:[139]

Subpeso	< 18,5
Normal	18,5-24,9
Sobrepeso	25-29,9
Obesidade – classe I	30-34,9
Obesidade – classe II	35-39,9
Obesidade extrema – classe III	≥ 40

Os padrões para IMC listados servem para adultos. Pesquisadores e clínicos têm recorrido a pontos de virada de percentis (p. ex., 85º e 95º percentis) para classificar a gordura (i. e., corpulência) das crianças, sem rotulá-las como sobrepesadas ou obesas. Entretanto, atualmente, há concordância no uso de um IMC ≥ 95º percentil (para idade e gênero) para a classificação de obesidade, e um IMC ≥ 85º percentil, mas com valor < 95º percentil para a classificação do sobrepeso em crianças.[142]

Um dos principais problemas associados às tabelas que usam altura/peso e o IMC é que não há forma de ficar sabendo se a pessoa é muito musculosa ou simplesmente gorda. Um dos primeiros usos da análise da composição corporal demonstrou que, com as tabelas de altura/peso, os jogadores de futebol americano da categoria *all american* pesando 90,7 kg seriam considerados desqualificados para o serviço militar e não teriam recebido seguro de vida,[10] embora fossem indivíduos magros. Fica evidente a necessidade de se distinguir sobrepeso de excesso de gordura; e esta será a finalidade da próxima seção.

Métodos de mensuração da composição corporal

O método mais direto de mensurar a composição corporal é fazer uma análise química do corpo total para determinar a quantidade de água, gordura, proteína e minerais. Este é um método comum utilizado em estudos nutricionais em ratos, mas não tem qualquer utilidade quanto à obtenção de informações para indivíduos comuns. Segue-se um breve resumo das técnicas que fornecem informações sobre (a) a composição do corpo total e (b) o desenvolvimento ou a mudança em tecidos corporais específicos. O erro envolvido nas estimativas da gordura corporal porcentual é fornecido como erro padrão de estimativa (EPE) – este tópico será analisado ao final desta seção.

Diluição de isótopo. A água corporal total (ACT) é determinada pelo método da diluição de isótopo. Nesse método, o indivíduo bebe um isótopo da água (água tritiada, ^3H_2O, água deuterizada, ^2H_2O, ou água marcada com ^{18}O, $H_2^{18}O$) que se distribui por toda água do corpo. Depois de 3-4 horas (para permitir a distribuição do isótopo), é obtida uma amostra de líquido corporal (soro ou saliva), sendo, então, determinada a concentração do isótopo. O volume de ACT é obtido pelo cálculo de quanta água corporal seria necessária para atingir a concentração. O indivíduo com grande quantidade de água corporal diluirá mais amplamente o isótopo. Pessoas com grandes volumes de ACT possuem mais tecido magro e menos tecido adiposo; assim, a ACT pode ser utilizada para determinar o grau de gordura corporal.[59,168]

Absorciometria fotônica. Este método é utilizado para determinar o conteúdo mineral e a densidade dos ossos. Faz-se com que um feixe de fótons de iodo-125 atravesse um osso (ou ossos), sendo obtida a transmissão do feixe de fótons através do osso e do tecido mole. Existe fortíssima relação positiva entre a absorção dos fótons e a densidade mineral dos ossos.[37,120]

Potássio-40. O potássio localiza-se, sobretudo, no interior das células, juntamente com seu isótopo radioativo de ocorrência natural, ^{40}K. Esse isótopo pode ser mensurado em um "contador" de corpo total, sendo proporcional à massa de tecido magro.[27]

Pesagem hidrostática (submersa). A água tem uma densidade de aproximadamente 1 g/mL; e a gordura corporal, com densidade de cerca de 0,9 g/mL, flutuará na água. O tecido magro tem densidade aproximada de 1,1 g/mL em adultos, afundando na água. A densidade corporal total fornece informações sobre a parte do corpo que é magra e gorda. Os métodos de pesagem submersa são comumente utilizados para determinar a densidade corporal e serão discutidos mais detalhadamente.[120] O EPE é de ±2,5%.[157]

Absorciometria por raios X de dupla energia (DXA). Nessa nova tecnologia, utiliza-se uma fonte isolada de raios X para estimar tecido magro, osso, mineral e gordura corporal total e regionais com alto grau de precisão. O *software* utilizado nesse processo continua a ser refinado, e DXA desempenhará um papel importante no futuro da análise da composição corporal.[56,120,129,209] O EPE é de ~1,8%; contudo, há necessidade de novas pesquisas.[157]

Interactância de infravermelho próximo (NIR). Esse método se baseia na absorção da luz, na reflectância e na espectroscopia de infravermelho próximo.[28] Aplica-se uma sonda de fibra óptica sobre o bíceps; em seguida, é emitido um feixe de luz infravermelha. A luz atravessa a gordura subcutânea e o músculo, sendo refletida pelo osso, e retorna à sonda. Em geral, ocorre pouca interação entre cientistas e fabricantes no desenvolvimento e na validação desse tipo de aparelho;[120] como resultado, são poucas as pesquisas que envolvem essa técnica. O EPE é de ~5%.[157]

Radiografia. A radiografia de um membro permite a mensuração das espessuras de gordura, músculo e

416 Seção II Fisiologia da saúde e do condicionamento físico

osso. A técnica tem sido amplamente utilizada no rastreamento do crescimento desses tecidos com o passar do tempo.[101] Mensurações da espessura da gordura também podem ser utilizadas nas estimativas da gordura corporal total.[68,105]

Ultrassonografia. As ondas sonoras são transmitidas através dos tecidos, e os ecos são recolhidos e analisados. Essa técnica tem sido utilizada na mensuração da espessura da gordura subcutânea. A tecnologia atual permite a obtenção de imagens de corpo total e a determinação dos volumes de diversos órgãos.[28]

Ressonância magnética nuclear (RMN). Nesse método, ondas eletromagnéticas são transmitidas através dos tecidos. Núcleos selecionados absorvem e, em seguida, liberam energia em determinada frequência (ressonância). As características de ressonância-frequência estão relacionadas ao tipo de tecido. A análise computadorizada do sinal pode fornecer imagens detalhadas, permitindo o cálculo dos volumes de tecidos específicos.[28]

Condutividade elétrica corporal total (TOBEC). A composição corporal é analisada por TOBEC com base no fato de que o tecido magro e a água conduzem melhor a eletricidade do que a gordura. Nesse método, a pessoa se deita em uma grande bobina cilíndrica, enquanto uma corrente elétrica é injetada na bobina. O campo eletromagnético gerado no espaço limitado pela bobina cilíndrica é afetado pela composição corporal do indivíduo.[154,175,207]

Análise de bioimpedância elétrica (BIA). A base de BIA é parecida com a de TOBEC, mas a BIA utiliza um pequeno instrumento portátil. Aplica-se uma corrente elétrica (50 μA, geralmente com regulagem em uma frequência de 50 kHz) em uma extremidade, sendo, então, medida a resistência a essa corrente (em decorrência da resistividade específica e do volume do condutor – a massa livre de gordura).[120,175,207] Calcula-se assim a água corporal total e o valor pode ser utilizado na estimativa do percentual de gordura corporal, conforme foi mencionado para o procedimento de diluição de isótopo. Os aparelhos BIA que utilizam várias frequências (7, 54 e 100 kHz) revelaram-se promissores em termos de maior acurácia.[120,173,210] Essa técnica pode vir a ser um método de campo apropriado, em lugar das (ou juntamente com as) dobras cutâneas, nos testes de idosos.[72] Porém, deve-se ter o cuidado de padronizar o estado de hidratação para que sejam obtidas mensurações válidas e confiáveis. O EPE é de ~3,5-5%.[157]

Pletismografia por deslocamento de ar. Também é possível calcular a densidade do corpo com base em mensurações do volume corporal obtidas por meio da pletismografia por deslocamento de ar (em contraste com o deslocamento de água, utilizado na pesagem hidrostática). São utilizadas pequenas mudanças na pressão, decorrentes da mudança no volume de ar na câmara, para calcular o volume do indivíduo sentado na câmara. O sistema Bod Pod utiliza essa tecnologia para simplificar a mensuração do volume corporal e, portanto, o cálculo da densidade corporal total (ver Fig. 18.2). As informações obtidas são utilizadas da mesma forma que as coletadas com a pesagem hidrostática.[48] Embora os valores porcentuais de gordura corporal derivados desse método possam não ser iguais aos obtidos com a pesagem hidrostática, as diferenças são pequenas.[133] O EPE é de ~2,2-3,7%.[157]

Espessura de dobra cutânea. Pode-se obter uma estimativa da gordura corporal total com base na mensuração da gordura subcutânea. São obtidas várias mensurações de dobras corporais, e os valores são aplicados em equações para calcular a densidade corporal.[120,124] Os detalhes dessa técnica serão apresentados em uma futura seção. O EPE é de ~3,5%.[157]

Alguns desses procedimentos são dispendiosos em termos de pessoal e equipamento (p. ex., potássio-40, TOBEC, radiografia, ultrassonografia, RMN, DXA, ACT), não sendo utilizados rotineiramente para análise da composição corporal. A BIA vem adquirindo maior aceitação nos últimos anos, nos Estados Unidos, graças, em parte, a um projeto de pesquisa colaborativo que envolve várias universidades e demonstrou que a BIA é compa-

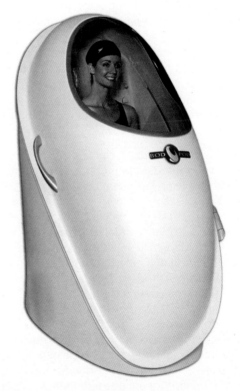

Figura 18.2 Sistema Bod Pod para mensuração do volume corporal, utilizando pletismografia por deslocamento de ar.

rável às estimativas da gordura corporal em homens e mulheres obtidas pelo método das dobras cutâneas.[120,214] Os dados obtidos com o uso dessas técnicas podem ser utilizados isoladamente ou em combinação para uma avaliação da composição corporal. Foram propostos vários modelos para essa finalidade:[88,120,125,150]

- Modelo de quatro componentes – utiliza informações sobre minerais, água, proteína e gordura para avaliar a composição corporal. A mensuração cuidadosa de cada um desses componentes permite que sejam levadas em conta as variações na densidade óssea (mineral) e na água corporal total, que podem variar drasticamente em certas populações (p. ex., crianças em crescimento, idosos). Esses procedimentos resultariam em melhores estimativas do percentual de gordura.
- Modelo de três componentes – o corpo é dividido em três componentes: (a) água corporal, proteína + mineral e gordura; ou (b) água corporal + proteína, mineral e gordura. Esse modelo também permite que sejam levadas em conta variações na densidade óssea ou na água corporal e que sejam melhoradas as estimativas de gordura corporal.
- Modelo de dois componentes – é o modelo mais antigo; divide o corpo em dois componentes: massa adiposa e massa livre de gordura. Embora esta seja, ainda, a abordagem mais comumente utilizada nas estimativas do percentual de gordura, as hipóteses subjacentes a esse modelo têm sido questionadas. As limitações do modelo de dois componentes têm sido abordadas mediante o uso de informações coletadas com os modelos de três e quatro componentes. Os detalhes serão discutidos nas seções a seguir.

Ao utilizar qualquer das técnicas de composição corporal, é importante ter em mente que existe um erro intrínseco envolvido nas estimativas do percentual de gordura corporal. Geralmente, o erro é fornecido na forma de erro padrão da estimativa (EPE). Se determinada técnica estima o percentual de gordura corporal em 20% e o EPE é de ±2,5% (p. ex., na pesagem hidrostática), isso significa que o percentual de gordura corporal real se situa entre 22,5-17,5% para 68% dos indivíduos em teste considerados como tendo 20%. Tendo em vista que se desconhece o ponto, nessa faixa, onde está situado o indivíduo, é preciso ter cautela ao interpretar os valores para o percentual de gordura corporal. É melhor comparar as estimativas de gordura corporal porcentual do mesmo indivíduo ao longo de determinado período, em que a mudança na gordura porcentual é indicativa de mudanças na massa de gordura ou na massa livre de gordura.[157]

> ## Em resumo
>
> - O IMC utiliza uma relação simples de peso dividido pela altura ao quadrado (kg/m^2) para classificar indivíduos como tendo peso normal, sobrepeso ou obesidade. Entretanto, da mesma forma que ocorre nas antigas tabelas de altura/peso, o IMC não leva em consideração a composição do peso corporal (i. e., a proporção entre tecido muscular/tecido adiposo).
> - A composição corporal pode ser medida em termos de água corporal total (diluição de isótopo, análise de bioimpedância elétrica), densidade óssea (absorciometria fotônica), massa de tecido magro (potássio-40), densidade (pesagem submersa, pletismografia por deslocamento de ar) e espessura de diversos tecidos (ultrassonografia, radiografia, dobras cutâneas).
> - A avaliação da composição corporal pode tomar por base o modelo de quatro componentes (mineral, água, proteína e gordura), três componentes (água corporal, proteína + mineral e gordura, ou água corporal + proteína, mineral e gordura), ou dois componentes (massa livre de gordura e massa adiposa). O modelo de quatro componentes é o mais acurado.

Sistema de dois componentes para a composição corporal

As duas abordagens amplamente utilizadas nas estimativas da gordura porcentual são os métodos de **pesagem submersa** e das dobras cutâneas. Nesses dois métodos, o pesquisador obtém uma estimativa da **densidade corporal total** e, com base nesse dado, calcula o percentual do corpo constituído por gordura e o percentual livre de gordura. Esse é o sistema de dois componentes para a composição corporal descrito por Behnke, de uso comum na descrição de mudanças na composição corporal.[10] A conversão dos valores da densidade corporal total está fundamentada em "constantes" utilizadas para cada um desses componentes teciduais. Acredita-se que o tecido adiposo humano tenha uma densidade de 0,9 g/mL e que o tecido livre de gordura tenha uma densidade de 1,1 g/mL. Utilizando esses valores para densidade, Siri[183] derivou uma equação para calcular o percentual de gordura corporal com base na densidade corporal total:

$$\% \text{ gordura corporal} = \frac{495}{\text{densidade}} - 450$$

Essa equação estará correta apenas se os valores para as densidades dos tecidos adiposo e livre de gordura forem 0,9 e 1,1 g/mL, respectivamente. Os pesquisadores perceberam que certas populações poderiam ter densidades de tecido livre de gordura diferentes de 1,1 g/mL ao observarem valores elevados para gordura corporal em crianças e idosos e valores extremamente baixos (< 0% de gordura corporal) em jogadores profissionais de futebol americano.[72,126,223] As crianças possuem conteúdos de minerais ósseos mais baixos, menos potássio e mais água por unidade de massa livre de gordura, daí resultando uma densidade mais baixa para a massa livre de gordura.[126] Lohman[121] relata valores de densidade (g/mL) de 1,08 aos 6 anos de idade, 1,084 aos 10 e 1,097 para meninos com 15 anos e 6 meses de idade. Os valores mais baixos na puberdade superestimariam em 5% a gordura corporal porcentual. Com base em dados obtidos com os modelos de multicomponentes da composição corporal, Lohman[122] recomenda os valores descritos na Tabela 18.4 para a equação de Siri quando aplicados a crianças, jovens e adultos jovens (ver Tab. 18.4).

Contrastando com as crianças, que têm valores de densidade abaixo de 1,1 para a massa livre de gordura, foi demonstrado que afroamericanos têm densidade de 1,113 g/mL.[170] A equação de Siri deveria ser, então, modificada:

$$\% \text{ gordura corporal} = \frac{437}{\text{densidade}} - 393$$

Embora isso pareça ser bastante complicado, há boas razões para a aplicação da equação correta para uma população específica. Se houver necessidade de fazer avaliações acerca da distribuição da obesidade na sociedade norte-americana, por exemplo, é importante que as estimativas de gordura corporal sejam razoavelmente acuradas. As seções a seguir discutirão como os valores para densidade corporal total são determinados pela pesagem

Pesagem submersa. Densidade é igual à massa dividida pelo volume (D = M/V). Considerando-se que já se tem conhecimento da massa corporal (peso), bastará determinar o volume corporal para calcular a densidade corporal total.[74] O método de pesagem submersa aplica o princípio de Arquimedes. Esse princípio afirma que, quando um objeto é colocado na água, é levado a flutuar por uma contraforça igual à água deslocada. O volume de água deslocada (i. e., derramada) é igual a *perda de peso* com o objeto completamente submerso. Alguns pesquisadores determinam o volume corporal pela mensuração do volume real da água deslocada; outros medem o peso enquanto o indivíduo está submerso, obtendo o volume do corpo pela subtração do peso medido na água (M_{H_2O}) do peso medido no ar (M_{ar}), ou ($M_{H_2O} - M_{ar}$). Os dois métodos para determinação do volume são reprodutíveis, mas os valores porcentuais de gordura corporal são significativamente (0,7%) mais baixos se for utilizado o método de deslocamento de volume.[215] O peso da água deslocada é convertido em volume mediante a divisão pela densidade da água (D_{H_2O}) por ocasião da mensuração:

$$D = \frac{M}{V} = \frac{M_{ar}}{\dfrac{M_{ar} - M_{H_2O}}{D_{H_2O}}}$$

Agora, esse denominador deve ser corrigido para dois outros volumes; o volume de ar nos pulmões por ocasião da mensuração (geralmente, volume residual – V_R) e o volume de gás no trato gastrintestinal – V_{GI}. É recomendável medir V_R por ocasião da pesagem submersa, mas a mensuração a seco com o indivíduo na mesma posição é uma alternativa apropriada.[121] O volume residual também pode ser estimado com equações de regressão específicas para gênero, ou tomando 24% (homens) ou 28% (mulheres) da capacidade vital. Contudo, esses dois últimos procedimentos introduzem erros de mensuração de 2-3% de gordura para determinado indivíduo.[137] O V_{GI} pode variar bastante e, embora alguns pesquisadores ignorem essa mensuração, outros assumem um volume de 100 mL para todas as pessoas.[33,120]

Agora a equação da densidade pode ser reescrita, como segue:

$$D = \frac{M}{V} = \frac{M_{ar}}{\dfrac{M_{ar} - M_{H_2O}}{D_{H_2O}} - V_R - V_{GI}}$$

A Figura 18.3 ilustra o equipamento utilizado para a mensuração do peso submerso. A temperatura da água é medida para que seja obtida sua densidade correta. O indivíduo é pesado a seco em uma balança com precisão de até 100 g. Em seguida, coloca-se no indivíduo um cinto de mergulhador com peso suficiente para impedir

Tabela 18.4	Equações para estimativa do % de gordura a partir da densidade corporal, com base na idade e no gênero			
Idade (em anos)	**Homens**		**Mulheres**	
	C_1	C_2	C_1	C_2
1	572	536	569	533
1-2	564	526	565	526
3-4	553	514	558	520
5-6	543	503	553	514
7-8	538	497	543	503
9-10	530	489	535	495
11-12	523	481	525	484
13-14	507	464	512	469
15-16	503	459	507	464
Adulto jovem	495	450	505	462

Nota: C_1 e C_2 são os termos na equação do percentual de gordura para substituição na equação de Siri de percentual de gordura = $\frac{C_1}{D_b} - C_2$.

Reproduzido com permissão de T.G. Lohman, 1989,"Assessment of Body Composition in Children," in *Pediatric Exercise Science*,Vol. 1(1):22.

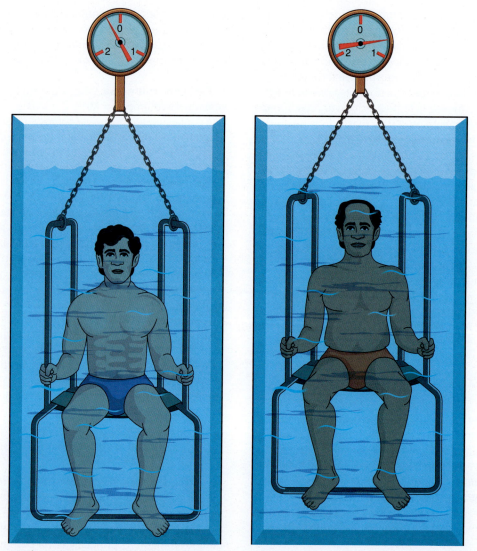

Figura 18.3 Técnica de pesagem submersa, ilustrando dois indivíduos com o mesmo peso e altura, mas com diferente composição corporal.

sua flutuação durante o procedimento de pesagem e ele se senta no banco suspenso da balança de precisão. A balança está dividida em 10 g e possui divisões maiores de 50 g. O indivíduo se senta no banco com a água ao nível do queixo; imediatamente depois de fazer uma expiração máxima, inclina-se para a frente e projeta a cabeça para dentro da água. Ao fazer a expiração máxima, deve manter a posição durante cerca de 5-10 segundos, enquanto o pesquisador faz a leitura da pesagem na balança. Esse procedimento é repetido 6-10 vezes, até que ocorra estabilização dos valores. Os pesos do cinto de mergulhador e do banco (calculados em submersão) são subtraídos do peso registrado, para que seja obtido o valor real para M_{H_2O}. Se V_R fosse medido na mesma ocasião da mensuração do peso submerso, o indivíduo teria que respirar através de uma peça bucal com válvula, que poderia ser ativada no momento correto.[153]

Os dados a seguir foram obtidos em um homem branco com 36 anos de idade: M_{ar} = 75,20 kg, M_{H_2O} = 3,52 kg, V_R = 1,43 L, D_{H_2O} = 0,9944 a 34°C, V_{GI} = 0,1 L.

$$D = \frac{M}{V} = \frac{75,20}{\frac{(75,20 - 3,52)}{0,9944} - 1,43 - 0,1} = \frac{75,20}{70,55} = 1,066$$

Agora, esse valor para a densidade é aplicado na equação de Siri para calcular o percentual de gordura corporal:

$$\% \text{ gordura corporal} = \frac{495}{\text{densidade}} - 450$$

$$14,3 = \frac{495}{1,066} - 450$$

O procedimento de pesagem submersa em que V_R é medido (e não estimado) tem sido utilizado como "padrão" contra o qual são comparados os demais métodos. Porém, deve-se ter em mente que, em decorrência da variabilidade biológica normal na massa livre de gordura em determinada população, estima-se que o valor percentual da gordura corporal se situe entre 2 e 2,5% do valor "real".[120,157]

Em resumo

- No sistema de dois componentes para a análise de composição corporal, o corpo é dividido em massa livre de gordura e massa adiposa, com densidades de 1,1 e 0,9, respectivamente. A estimativa da densidade da massa livre de gordura deve levar em conta diferenças existentes nas diversas populações (i. e., crianças e afroamericanos).
- A densidade corporal é igual a massa ÷ volume. A pesagem submersa é utilizada para determinar o volume corporal com a aplicação do princípio de Arquimedes: quando um objeto é colocado na água, é levado a flutuar por uma contraforça igual à água deslocada. É possível medir o volume real da água deslocada, ou a perda de peso na situação de submersão. O peso da água é dividido pela densidade da água para obtenção do volume corporal que, em seguida, deve ser corrigido para o volume residual e para o volume de gás no trato gastrintestinal.
- O valor porcentual da gordura corporal tem um erro de ±2-2,5% em decorrência da variação biológica normal da massa livre de gordura.

Soma das dobras cutâneas. Embora seja uma boa técnica para mensuração da densidade corporal, a pesagem submersa toma tempo e depende de equipamento e pessoal especializado. Acompanhando o desenvolvimento das avançadas tecnologias utilizadas na análise da composição corporal, os cientistas desenvolveram equações capazes de prever a densidade corporal com base em uma coleta de mensurações das dobras cutâneas. O método das dobras cutâneas se baseia na observação de que, em qualquer população considerada, certa fração da gordura corporal total se situa imediatamente sob a pele (gordura subcutânea) e que, se for possível obter uma amostra representativa dessa gordura, poderia ser prevista a gordura corporal total (densidade). Em geral, essas equações de previsão foram formuladas com o método de pesagem submersa utilizado como padrão. Por exemplo, um grupo de moças e rapazes universitários teria a densidade corporal medida pela pesagem submersa, sendo também obtidas diversas mensurações das dobras cutâneas. Em seguida, o pesquisador determinaria qual coleção de dobras cutâneas seria capaz de prever com maior acurácia a densidade corporal determinada pela pesagem submersa.

Os pesquisadores constataram que a gordura subcutânea representa uma fração variável da gordura total (20-70%), dependendo de idade, gênero, gordura global e da técnica de mensuração utilizada. Em uma gordura corporal específica, as mulheres têm menos gordura subcutânea que os homens, e indivíduos idosos de mesmo gênero têm menos gordura subcutânea do que pessoas mais jovens.[124] Considerando-se que essas variáveis poderiam influenciar as estimativas da densidade corporal, não surpreende que entre as mais de 100 equações desenvolvidas, a maioria tenha sido considerada como "específica para população", não podendo ser utilizada para grupos de idade ou gênero diferentes. Obviamente, essa situação gera problemas para aqueles que planejam programas de condicionamento físico para adultos e para os professores de educação física que ensinam em escolas elementares ou secundárias, ao tentarem determinar a equação que melhor se aplique para seu grupo em particular. Felizmente, vem sendo grande o progresso voltado para a minimização desses problemas.

Jackson e Pollock[94] e Jackson, Pollock e Ward[96] desenvolveram "equações generalizadas" para homens e mulheres – ou seja, equações que podem ser utilizadas em várias faixas etárias. Além disso, essas equações foram validadas para populações atléticas e não atléticas, inclusive atletas na puberdade.[121,181,182] Nessas equações, são obtidas mensurações de dobras cutâneas específicas, e os valores são utilizados, juntamente com a idade, para o cálculo da densidade corporal. A seguir, citamos duas equações, uma para homens e outra para mulheres, que podem ser utilizadas na previsão da densidade corporal.[95] O valor obtido para a densidade corporal é aplicado na equação de Siri, apresentada anteriormente, para o cálculo do percentual de gordura corporal.

Homens
$$\text{Densidade} = 1{,}1125025 - 0{,}0013125\ (X_1) + 0{,}0000055\ (X_1)^2 - 0{,}0002440\ (X_2)$$

em que X_1 é a soma das dobras cutâneas torácica, do tríceps e subescapulares, e X_2 é a idade em anos.

Mulheres
$$\text{Densidade} = 1{,}089733 - 0{,}0009245\ (X_1) + 0{,}0000025\ (X_1)^2 - 0{,}0000979\ (X_2)$$

em que X_1 é a soma das dobras cutâneas do tríceps, suprailíaco e abdominal, e X_2 é a idade em anos.

Jackson e Pollock[95] simplificaram esse procedimento ao fornecerem valores percentuais tabulados para a gordura corporal para diferentes espessuras das dobras cutâneas e idades variadas. Tudo o que se faz necessário é a soma das dobras cutâneas para que seja obtido um valor porcentual de gordura corporal. Os Apêndices F e G apresentam as tabelas de percentuais de gordura corporal para homens e mulheres, respectivamente, utilizando a soma de três dobras cutâneas. Por exemplo, uma mulher com 25 anos de idade e soma de dobras cutâneas igual a 50 mm tem percentual de gordura corporal igual a 22,9% (visualizar na primeira coluna da tabela, para somas de dobras cutâneas, onde está 48-52, e cruzar com a coluna de idades 23-27). Estima-se que o percentual de gordura corporal derivado de mensurações das dobras cutâneas tenha um erro de cerca de ±3,5% com relação ao valor "real".[123,157]

O uso das mensurações de dobras cutâneas foi estendido para as crianças em idade escolar para identificação precoce da obesidade. Atualmente, o FITNESSGRAM usa as dobras cutâneas da panturrilha e do tríceps para esti-

Capítulo 18 Composição corporal e nutrição para a saúde **421**

mar a porcentagem de gordura corporal a fim de definir padrões referenciados em critério (ver Cap. 15) sobre o tópico saúde. Como alternativa, quando não podem ser feitas as mensurações de dobras cutâneas, o IMC é usado com valores de corte referenciados por critérios adequados para a saúde.[219] Para mais informações a respeito, visite o *site* FITNESSGRAM (http://www.fitnessgram.net/home/).

Gordura corporal para saúde e condicionamento físico

As seções precedentes demonstraram como determinar a densidade corporal pela pesagem submersa e por procedimentos com dobras cutâneas. Essas informações sobre a densidade corporal são convertidas em percentual de gordura corporal, podendo ser utilizadas nas avaliações sobre o estado da pessoa com relação a sua saúde e seu condicionamento físico. Lohman, Houtkooper e Going[119] recomendam a seguinte faixa de valores porcentuais para gordura em homens e mulheres, em termos de saúde e condicionamento físico:

Padrões de saúde:

	Homens (%)	Mulheres (%)
Adultos jovens	8-22	20-35
Meia-idade	10-25	25-38
Idosos	10-23	25-35

Padrões de condicionamento físico para indivíduos ativos:

	Homens (%)	Mulheres (%)
Adultos jovens	5-15	16-28
Meia-idade	7-18	20-33
Idosos	9-18	20-33

Agora que o leitor já sabe como mensurar o percentual de gordura corporal e quais são os padrões desse indicador para saúde e condicionamento físico, como poderá determinar o peso corporal associado a esses valores? No exemplo a seguir, uma estudante universitária tem 30% de gordura corporal e pesa 64,7 kg. Ela deseja ficar na extremidade baixa da faixa saudável; assim, seu objetivo é 20% de gordura.

Primeira etapa: calcular o peso livre de gordura:

100% − 30% de gordura = 70% de peso livre de gordura

70% × 64,7 kg = 45 kg de peso livre de gordura

$$\text{Segunda etapa: peso-meta} = \frac{\text{peso livre de gordura}}{(1 - \% \text{ de gordura-meta})},$$

com a meta percentual de gordura expressa em forma de fração:

$$\text{Para } 20\% = \frac{45 \text{ kg}}{(1 - 0,20)} = 56,2 \text{ kg};$$

O peso da estudante para a meta de 20% é 56,2 kg.

Lohman[123] também fornece valores para percentuais de gordura corporal abaixo da faixa ideal: para meninos, 6-10% é classificado como baixo e < 6%, como muito baixo. Os valores comparáveis para meninas são 12-15% e < 12%, respectivamente. Hoje, existe grande pressão em favor de um visual magro – e isso pode ser levado a extremos. Um problema demasiadamente comum em escolas secundárias e universidades norte-americanas é um transtorno alimentar conhecido como **anorexia nervosa**, em que principalmente mulheres jovens têm medo exagerado de engordar. Esse medo leva à restrição alimentar e à maior prática de exercícios, na tentativa de permanecer magra – quando, na verdade, essas pessoas já estão magras.[67] **Bulimia nervosa** é um transtorno alimentar em que grandes quantidades de alimento são ingeridas (consumo desregrado), apenas para que a pessoa, em seguida, provoque vômito autoinduzido ou tome laxantes para eliminar do corpo o alimento que foi ingerido (purga). Enquanto a anorexia nervosa se caracteriza pela cessação do ciclo menstrual e por um estado de emaciação, a maioria das pessoas que consomem alimentos desregradamente e fazem purga se encontra na faixa de peso normal.[216]

Fica claro que, para permanecer na faixa ideal de percentual de gordura corporal, é preciso balancear o consumo alimentar de calorias com o gasto energético. Esse tópico será aprofundado logo em seguida.

Em resumo

- A gordura subcutânea pode ser "amostrada" na forma de espessuras das dobras cutâneas, e o somatório das dobras cutâneas pode ser convertido em percentual de gordura corporal, com a aplicação de fórmulas derivadas da relação entre a soma das dobras cutâneas e um padrão de composição corporal baseado em um modelo de dois, três ou quatro componentes.
- A faixa recomendada de gordura corporal saudável para homens jovens é 8-22%, e para mulheres jovens, 20-35%; os valores para condicionamento físico são 5-15% e 16-28%, respectivamente.

Obesidade e controle do peso

No Capítulo 14, foram discutidos os principais fatores de risco associados às doenças degenerativas. Embora pressão arterial elevada, tabagismo, nível sérico de colesterol elevado e inatividade tenham sido adotados como importantes fatores de risco, um volume cada vez maior de indícios aponta para a obesidade como um fator de risco distinto e independente para doença coronariana, e diretamente ligado a dois dos principais fatores de risco. Várias doenças estão relacionadas à obesidade: hipertensão, diabetes do tipo 2, doença coronariana, acidente vascular encefálico, doença da vesícula biliar, osteoartrite, apneia do sono e problemas respiratórios, e, ainda, a alguns tipos de câncer (endométrio, mama, próstata e colo). Além disso, a obesidade também está associada a complicações da gestação, irregularidades menstruais, hirsutismo, incontinência de estresse e transtornos psicológicos (p. ex., depressão).[35,139,156,159]

Não deve surpreender que a obesidade esteja ligada ao aumento da morbidade por doenças cardiovasculares e a alguns tipos de câncer. Entretanto, o sobrepeso não está ligado a esses problemas. O sobrepeso foi associado a menor mortalidade por qualquer causa, inclusive doença cardiovascular.[62] Essa informação clama por uma urgência especial na promoção de estratégias, inclusive com prática regular de atividade física, para que seja minimizada a probabilidade de se passar da situação de sobrepeso para a categoria obesa. A seguir, a obesidade será analisada mais detalhadamente.

Obesidade

Se utilizarmos IMC ≥ 30 como classificação para obesidade, a prevalência desse problema em adultos nos Estados Unidos aumentou de 15% no período de coleta de informações, de 1976-1980, para 23,3% em 1988-1994, 30,9%, em 1999-2000, 32,2% em 2004 e 35,9% em 2009-2010.[138,144] Se forem incluídos os indivíduos classificados como tendo sobrepeso (IMC 25-29,9), a prevalência de sobrepeso e obesidade alcançou 69,2%. Em consequência, mais de dois terços da população adulta norte-americana está com sobrepeso e um terço é formado por obesos. Além disso, alguns grupos étnicos estão sobrerrepresentados. Mais de metade das mulheres afroamericanas não hispânicas eram obesas, e praticamente 80% estavam com sobrepeso. A boa notícia é que a prevalência da obesidade não aumentou entre 2009, 2010, 2011 e 2012.[143]

Nem todas as obesidades são iguais. Estudos sugerem que não só a gordura corporal relativa está ligada a maior risco de doença cardiovascular, mas a distribuição dessa gordura também deve ser levada em consideração. Indivíduos com grande circunferência da cintura, em comparação com a circunferência do quadril, estão em maior risco de doença cardiovascular e morte súbita.[186,187] Esses dados sugerem que, além das estimativas da densidade corporal pelas dobras cutâneas ou pela pesagem submersa, também devem ser obtidas mensurações das circunferências da cintura e do quadril.[114,115] Relações entre circunferência da cintura/quadril > 0,95 para homens e > 0,8 para mulheres estão associadas aos seguintes fatores de risco para doença cardiovascular: resistência à insulina, colesterol alto e hipertensão, e esses indivíduos deverão ser tratados, mesmo se forem apenas obesos limítrofes.[15,31,38,186] Considerando-se que o risco desses problemas está associado à obesidade abdominal, as orientações mencionadas previamente[139] utilizam apenas a circunferência da cintura e recomendam valores de 102 e 88 cm a serem usados para homens e mulheres, respectivamente, para classificação de pessoas em alto risco. Revisões recentes apoiam o uso contínuo de mensurações das circunferências para avaliação do risco para a saúde,[177] mas há interesse renovado no desenvolvimento de valores de virada apropriados para grupos raciais diferentes, visto que os padrões existentes foram derivados principalmente de populações caucasianas.[89,155,191]

Além da distribuição do tecido adiposo, há a necessidade de determinar se a obesidade decorre de um aumento na quantidade de gordura em cada adipócito (obesidade hipertrófica) e/ou no número de adipócitos (obesidade hiperplásica).[12,13,16] Nos casos de obesidade moderada, em que a massa de tecido adiposo é inferior a 30 kg, o aumento no tamanho dos adipócitos parece ser a forma principal de armazenamento da gordura extra. Além disso, o número de células é a variável mais robustamente relacionada à massa de tecido adiposo.[12,86] Isso está ilustrado na Figura 18.4, em que o tamanho da célula aumenta até que se chegue a cerca de 30 kg de gordura corporal, mas não muda de modo significativo depois. Em contraste, o número de adipócitos está fortemente ligado à massa de tecido adiposo.[184,185]

Existem cerca de 25 bilhões de adipócitos em um indivíduo com peso normal *versus* 60 a 80 bilhões no extremamente obeso.[12,86,185] Quando uma pessoa está sob restrição alimentar, o tamanho dos adipócitos diminui, mas seu número não.[12,86] Acredita-se que esse elevado número de adipócitos esteja relacionado à dificuldade dos pacientes obesos de manter o peso corporal depois de tê-lo perdido.[112] Por exemplo, foi realizado um estudo com o objetivo de determinar o padrão de perda, manutenção e ganho de peso de grupos classificados como portadores de obesidade hiperplásica e/ou hipertrófica. Pessoas com obesidade hiperplásica ou com o tipo hiperplásico e hipertrófico perdem peso com rapidez, mantêm-se assim durante curto período e voltam a ganhar peso velozmente. Nesse ponto, já deu para perceber que a dieta não muda o número de adipócitos e que pessoas possuidoras de elevado número dessas células têm dificuldade de manter a redução

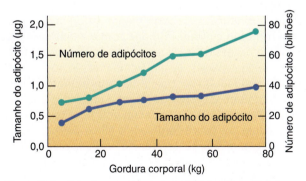

Figura 18.4 Relação entre tamanho e número dos adipócitos e peso (kg) de gordura corporal. O tamanho do adipócito é fornecido em μg de gordura e o número de adipócitos, em bilhões de células. O aumento na gordura corporal além dos 30 kg está diretamente relacionado ao aumento no número de adipócitos; o tamanho dos adipócitos permanece relativamente constante.

de peso conseguida. A próxima pergunta a considerar é: quando ocorre o aumento do número de adipócitos?

Em um estudo longitudinal com crianças durante os primeiros 18 meses de vida, o número de adipócitos não aumentou durante os primeiros 12 meses; o aumento no tamanho celular foi inteiramente responsável pelo aumento na gordura corporal. Por outro lado, o ganho de gordura corporal dos 12 aos 18 meses deveu-se inteiramente ao aumento no número de adipócitos – o tamanho das células permaneceu estável.[77] Quando esses dados foram plotados juntamente com dados de outros estudos, os resultados indicaram que o número de células aumenta ao longo do crescimento.[77,86] Considerando-se que a atividade física e a intervenção dietética em crianças novas muito obesas (8 anos de idade) podem retardar a velocidade de crescimento no número dos adipócitos e que esse número está ligado à incapacidade de essas crianças saírem da faixa de obesidade quando forem adultas, torna-se óbvia a ênfase no tratamento durante a infância.[79,108] Infelizmente, apesar do que se sabe sobre o problema, a prevalência do sobrepeso e da obesidade em crianças e adolescentes aumentou drasticamente (de ~6 para ~15%) entre o final dos anos 1970 e início dos anos 2000; contudo, a velocidade de aumento sofreu retardo entre 2000 e 2009-2010 para crianças de 6-11 anos de idade (15,1 para 18%) e para adolescentes com 12-19 anos de idade (14,8 para 18,4%).[138,143,146] Uma grande preocupação é que a prevalência dos indivíduos situados no limite alto da escala de IMC (97º percentil para IMC) continua a aumentar rapidamente.[143] O aumento no sobrepeso e na obesidade em crianças ao longo dos últimos 35 anos foi acompanhado por doenças (p. ex., diabetes do tipo 2) que outrora ficavam reservadas a pessoas com mais de 40 anos e com sobrepeso. O que causa a obesidade?

Ficou claro que não existe uma causa única de obesidade. Ela está relacionada a variáveis tanto genéticas como ambientais. Em 1965, Mayer[128] comentou os numerosos estudos que demonstraram a existência de pelo menos um dos genitores (pai ou mãe) obeso para 70-80% das crianças obesas, mas concluiu que era difícil interpretar esses dados, diante da forma com que o patrimônio cultural interage com a genética. Com efeito, a necessidade de realizar trabalho físico intenso em alguns países, ou a extrema pressão social contra a obesidade (a ser discutida mais adiante) talvez não permitam a expressão de uma predisposição genética. Garn e Clark[69] detectaram uma forte relação entre gordura nos pais e gordura nos filhos. Esses autores identificaram três categorias de gordura com fundamento na dobra cutânea do tríceps: magra < 15º percentil; média = 15º-85º percentil; e obesidade > 85º percentil. A espessura da dobra cutânea do tríceps foi relacionada à gordura dos pais, tendo ficado abaixo da média para o casal pai/mãe magros e acima da média para pai/mãe obesos. Embora isso possa implicar a existência de um elo genético, quando os pesquisadores compararam maridos com esposas (geralmente,

sem ligação genética), a relação foi parecida à observada para seus filhos, sugerindo que havia uma tendência de semelhança com o parceiro, ou que a vida em comunidade exercia grande influência.

Foi tentada uma abordagem ligeiramente diferente dessa questão, com a comparação entre os IMC de pais biológicos e pais adotivos com os valores dos filhos adotados, quando adultos. Com base no questionário de saúde, esses filhos foram classificados como magros (≤ 4º percentil); na média (50º percentil); com sobrepeso (92º-96º percentil); e obesos (> 96º percentil). Foi observada uma relação mais forte entre o IMC do adotado e o IMC do pai biológico.[192] Entretanto, uma revisão subsequente a esse trabalho comentou que, embora os resultados fossem consistentes com um efeito genético, a relação não foi muito forte.[20] Outras observações apoiam a importância do ambiente como causa da obesidade. Com relação às mulheres norte-americanas, a obesidade está inversamente relacionada à classe socioeconômica: 30% para a classe baixa, 18% para a classe média e 5% para a classe alta.[73] Além disso, foi demonstrado que, para o gênero feminino, adultas e adolescentes padecem da discriminação mais direta por causa da obesidade.[213] Evidentemente, embora o indivíduo possa ter predisposição genética para a obesidade, diversos fatores sociais influenciam seu surgimento. Há alguma forma de determinar a importância de cada um desses fatores?

Bouchard et al.[20] determinaram, com base em uma análise das relações entre nove tipos de parentes (cônjuges, pais-filhos, irmãos, tios-sobrinhos, etc.), que 25% da gordura corporal e da massa adiposa estão ligados a fatores genéticos e 30% se devem à transmissão cultural. O que é interessante são os componentes do gasto energético influenciados por fatores genéticos: (a) quantidade de atividade física espontânea, (b) taxa metabólica em repouso, (c) efeito térmico do alimento e (d) taxa relativa de oxidação dos carboidratos e gorduras. Ademais, ao ser feita a provocação com um excesso de calorias pela excessiva ingestão de alimentos, há um componente genético relacionado à quantidade de peso ganho e ao percentual deste peso que fica armazenado na forma de gordura ou de tecido magro. De posse dessa informação, não deve surpreender que médicos e cientistas que trabalham nesse campo tenham por certo que os fatores genéticos são causa importante de obesidade.[25,83] No entanto, como será visto mais adiante, há mais aspectos a serem levados em conta.

Em resumo

■ A obesidade está associada ao aumento da mortalidade por doença cardiovascular e por alguns tipos de câncer, mas isso não ocorre com o sobrepeso. A ênfase deve recair na manutenção ou na redução do peso no indivíduo com sobrepeso para diminuir a probabilidade de migração para a categoria dos obesos.

- A obesidade associada à massa adiposa em excesso de 30 kg deve-se principalmente ao aumento no número dos adipócitos; a hipertrofia dos adipócitos está relacionada a níveis mais baixos de obesidade. Pessoas com hiperplasia têm maior dificuldade de perder peso e manter a perda.
- Fatores genéticos são responsáveis por 25% da variância transmissível para a massa adiposa e para o percentual de gordura corporal; a cultura responde por 30%.

Ponto de regulagem e obesidade. Conforme já foi mencionado, indivíduos obesos têm grande dificuldade de manter reduções no peso. De fato, a tendência de retorno a certo peso sugere a existência de um ponto de regulagem biológica para o peso corporal, de maneira muito parecida com os pontos de regulagem para qualquer sistema de controle biológico por *feedback* negativo. Embora o hipotálamo contenha centros associados à saciedade e ao comportamento alimentar, é preciso ter em mente que o *ponto de regulagem do peso corporal é um conceito, não uma realidade*.[19] A Figura 18.5 ilustra um modelo fisiológico de um ponto de regulagem para peso corporal em que sinais biológicos com relação à glicemia (sinal glicostático), reserva lipídica (sinal lipostático), ou peso em pé (sinal ponderostático) fornecem informações para o hipotálamo.[19] Se coletivamente os sinais indicam baixas reservas energéticas, ocorre estimulação da ingestão de alimentos até que a origem do sinal seja diminuída e as reservas energéticas igualem o ponto de regulagem. Como qualquer sistema de controle biológico, o peso corporal deve aumentar para atender a esse novo valor. O exercício pode modificar os sinais aferentes ao hipotálamo e o tipo de dieta também pode influenciar o comportamento alimentar. Entretanto, o modelo de ponto de regulagem não pode explicar o aumento drástico na prevalência de obesidade observada nos últimos 30 anos, nem a observação de que ser rico nos países desenvolvidos está associado com menor prevalência de obesidade, embora o inverso seja observado nos países em desenvolvimento.[189]

Contrastando com esse modelo fisiológico, o modelo do ponto de regulagem cognitiva de Booth[19] tenta explicar o papel exercido pelo ambiente (cultura, classe socioeconômica, etc.) no peso corporal. A Figura 18.6 mostra que, em relação a um ponto de regulagem selecionado para o peso corporal "ideal", as pessoas estão constantemente recebendo uma série de sinais cognitivos – de como "se parecem" e sobre o peso corporal, tamanho da roupa, percepção de esforço e preocupações sobre a saúde. Um descompasso entre o ponto de regulagem "ideal" e essas percepções leva a um comportamento alimentar inadequado. O exercício pode modificar os sinais e o tipo de dieta pode influenciar o comportamento alimentar. Existe clara evidência de que uma dieta rica em gordura resulta em aumento na ingestão calórica antes que o indivíduo se sinta saciado – levando, em longo prazo, ao ganho de peso.[198] Esse modelo de ponto de referência está intimamente relacionado com a abordagem da modificação comportamental para dieta, exercício e controle do peso.

Em uma revisão desse tópico, Levitsky[118] sugere que as pessoas talvez quisessem considerar essa problemática como uma teoria do "ponto de estabelecimento", e não como uma teoria do "ponto de regulagem". Essa revisão sugere que a biologia poderia estabelecer uma faixa ou

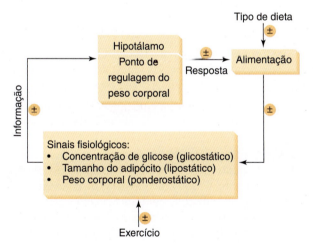

Figura 18.5 Modelo do ponto de regulagem fisiológica para controle do peso corporal mediante alteração do comportamento alimentar, ilustrando as informações glicostática (glicose sanguínea), lipostática (tecido adiposo) e ponderostática (peso) para o hipotálamo. Os sinais desses últimos mecanismos são comparados contra um "ponto de regulagem", ocorrendo aumento ou diminuição apropriados no comportamento alimentar. Nesse modelo, o exercício pode modificar as informações, e o tipo de dieta pode modificar o comportamento alimentar.

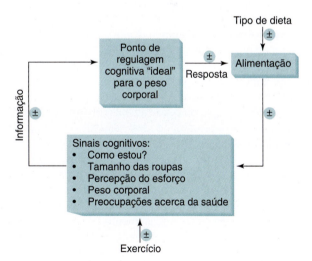

Figura 18.6 Ponto de regulagem cognitivo para controle do peso corporal mediante alteração do comportamento alimentar. A percepção do indivíduo com relação ao peso corporal "ideal" é comparada com sinais acerca da fisionomia da pessoa, seu peso corporal, tamanho das roupas, etc. O exercício pode modificar as informações e o tipo de dieta pode modificar o comportamento alimentar.

zona de pesos corporais, e não de peso fixo. Dentro dessa zona, o peso corporal pode "estabelecer-se" em um valor determinado por comportamentos que são influenciados por estímulos ambientais e cognitivos. Por exemplo, a maior disponibilidade de alimento barato com muitas calorias pode provocar aumento no peso corporal que, por sua vez, resultaria em aumento no gasto energético (ou seja, maior taxa metabólica sob repouso e maior custo energético para se locomover) para alcançar um novo peso corporal, porém maior (veja a seção a seguir para mais informações).[189] Com efeito, a teoria do "ponto de estabelecimento" de Levitsky tenta integrar aspectos de cada uma das duas posições previamente mencionadas. O autor sugere que, se a zona de peso corporal for suficientemente grande para permitir que a pessoa se desloque entre uma condição hipertensiva e outra de pressão arterial normal, ou entre um estado de diabetes do tipo 2 e outro de não diabetes, então uma atenção extra deverá ser direcionada para os fatores ambientais e cognitivos promotores do comportamento alimentar. Uma conferência recente que tratava dessa questão propôs dois modelos adicionais para superar as limitações dos modelos de ponto de regulagem e ponto de estabelecimento: o modelo geral de regulação da ingestão e o modelo de ponto de intervenção dupla. Em ambos os modelos, a influência do gene e as interações do ambiente no gene são consideradas para ajudar a explicar a variação na mudança de peso quando muitos indivíduos são expostos ao mesmo ambiente.[189]

> **Em resumo**
>
> ■ Pesquisadores propuseram uma teoria do ponto de regulagem para explicar a obesidade, diante da tendência exibida por pessoas que fazem dieta e, em seguida, retornam a seu peso original. Foram propostas teorias baseadas em sensores de peso (ponderostática), concentração sanguínea de glicose (glicostática) e da massa lipídica (lipostática).
>
> ■ Foi proposta uma teoria do ponto de regulagem comportamental que se fundamenta na prática apropriada de atividade física e de julgamentos dietéticos, quando peso, tamanho ou forma do corpo não se encaixa no ideal pessoal.
>
> ■ Modelos mais sofisticados tentam integrar influências ambientais com sistemas de controle fisiológico e incorporam interações gênicas e entre gene e ambiente para ajudar a explicar a variação na mudança do peso quando muitos indivíduos são expostos ao mesmo ambiente

Dieta, exercício e controle do peso

O estudo Framingham Heart Study demonstrou que o peso corporal aumenta com o envelhecimento. Uma pergunta razoável a ser feita é se esse ganho no peso foi decorrente do aumento na ingestão calórica. Curiosamente, a ingestão calórica diminuiu ao longo do mesmo período.[22] Somos forçados a concluir que o gasto energético diminuiu mais rapidamente do que o decréscimo na ingestão calórica e, como resultado, ocorreu ganho de peso.[17] Esse problema com o ganho de peso pode ser corrigido pela compreensão e abordagem a um ou aos dois lados da equação do equilíbrio energético. Aqui, será tratada, primeiro, a equação de equilíbrio energético; em seguida, discutiremos como as modificações na ingestão energética podem afetar a perda de peso. Por fim, serão exploradas as variáveis no lado da equação referente ao gasto energético.

Equilíbrio energético e nutricional

O indivíduo aumenta seu peso quando há um aumento crônico na ingestão calórica em comparação com o gasto energético. É preciso um ganho final de cerca de 3.500 kcal para ganhar 454 g de tecido adiposo. A equação de equilíbrio energético é universalmente conhecida:

$$\text{Mudança nas reservas energéticas} =$$
$$= \text{ingestão energética} - \text{gasto energético}$$

O que está implícito nessa equação é que um excesso de ingestão energética de 250 kcal/dia provocará um aumento, no peso corporal, de 454 g em 14 dias (250 kcal/dia × 14 dias = 3.500 kcal = 454 g). Ao final de um ano, a pessoa terá aumentado seu peso em 10,8 kg. Não importa o quão razoável essa equação possa parecer, sabe-se que um ganho de peso de tal magnitude não ocorrerá. A equação é do tipo de equilíbrio energético "estático", que não leva em consideração o efeito que o ganho de peso terá no gasto energético.[193]

A equação do equilíbrio energético pode ser expressa de uma forma que leve em conta a natureza dinâmica do equilíbrio energético nos sistemas biológicos:

$$\text{Taxa de mudança das reservas energéticas} =$$
$$= \text{taxa de mudança da ingestão energética} -$$
$$- \text{taxa de mudança do gasto energético}$$

Quando o peso corporal aumenta como resultado de uma ingestão energética cronicamente elevada, ocorre aumento compensatório na quantidade de energia utilizada em repouso, e também durante a atividade, quando aquele maior peso corporal é transportado. Então, em algum ponto, as 250 kcal/dia extras de ingestão energética serão equilibradas por uma taxa mais elevada de gasto energético, em decorrência do peso corporal maior. O peso corporal estabilizará em um valor novo e mais elevado, mas a pessoa aumentará o peso em algo parecido com 1,58 kg, em vez de 10,8 kg.[193]

> **Em resumo**
>
> ■ A equação do equilíbrio energético dinâmico expressa corretamente a natureza dinâmica das mudanças na ingestão energética e no peso corporal. Aumentos na ingestão energética levam a

aumentos no peso corporal; por sua vez, o gasto energético aumenta para, finalmente, equilibrar a maior ingestão energética. Agora, o peso corporal fica estabilizado em um valor novo e mais elevado.

Balanço nutricional. Os pesquisadores conduziram a um passo adiante essa problemática do equilíbrio energético, na tentativa de compreender as causas da obesidade. A equação do equilíbrio energético dinâmico pode ser subdividida em seus componentes, representando os três principais nutrientes, para a geração de equações de pesquisador:

Taxa de mudança das reservas de proteína =
= taxa de mudança da ingestão de proteína –
– taxa de mudança da oxidação da proteína

Taxa de mudança das reservas de carboidratos =
= taxa de mudança da ingestão de carboidratos –
– taxa de mudança da oxidação dos carboidratos

Taxa de mudança das reservas de gordura =
= taxa de mudança da ingestão de gordura –
– taxa de mudança da oxidação das gorduras

Se o indivíduo conseguir manter o equilíbrio para cada um desses nutrientes – ou seja, o que é ingerido é gasto – então terá sido alcançado o equilíbrio energético. Com relação à proteína e ao carboidrato, não há problema para o balanço nutricional. A ingestão diária de proteína é utilizada para manter as proteínas existentes nos tecidos, os hormônios e as enzimas. Se for ingerida uma quantidade maior do que o necessário, a porção "extra" será oxidada para as necessidades metabólicas, não ocorrendo aumento da massa adiposa. O mesmo vale para os carboidratos. Os carboidratos ingeridos são utilizados na reposição das reservas de glicogênio hepático e muscular; o excesso é oxidado, não sendo convertido em gordura.[1,14,81] A ingestão de carboidratos promove sua própria oxidação. Essa ideia tem importantes ramificações para a compreensão do equilíbrio energético e dos nutrientes. Há evidências aparentemente muito convincentes de que a lipogênese *de novo* a partir dos carboidratos (a síntese de novos lipídios a partir de outros nutrientes) tem apenas consequências menores nos seres humanos. Isso não significa que os humanos são incapazes de converter carboidratos em gordura. Os exemplos incluem um costume tribal em Camarões no qual os adolescentes do sexo masculino são superalimentados com uma dieta com 70% de carboidrato contendo 7.000 kcal/dia por 10 semanas. Eles ganham cerca de 12 kg de gordura! Existem dados adicionais que mostram que os carboidratos podem ser convertidos em gorduras quando a ingestão total de carboidratos excede o gasto energético diário total; entretanto, essa circunstância seria incomum para quase todos os indivíduos. Lembre-se de que, em média, os carboidratos compõem apenas 50% da ingestão total calórica.[81,171] Simplesmente, os carboidratos são armazenados como carboidratos ou oxidados; eles não

são adicionados *diretamente* à massa do tecido adiposo, e isso faz sobrar gordura.

Em contraste com o carboidrato e a proteína, a ingestão de gordura não é automaticamente equilibrada pela oxidação lipídica. Quando uma quantidade "extra" de gordura é adicionada à dieta, as mesmas quantidades de carboidrato, gordura e proteína são oxidadas, conforme foi explicado anteriormente; a gordura extra é armazenada no tecido adiposo. A ingestão de gordura *não* promove sua própria oxidação. A oxidação das gorduras fica determinada, sobretudo, pela diferença entre o gasto energético total e a quantidade de energia ingerida na forma de carboidrato e proteína. Como consequência, se o indivíduo desejar manter constante o tamanho das reservas de tecido adiposo (i. e., manter o peso corporal), não deverá comer mais gordura do que possa oxidar.[60,61,99,100,193] Nesse tocante, quando o indivíduo se envolve em uma dieta breve e rica em gordura, a prática de exercício (em comparação com o repouso) abrevia o tempo necessário para atingir o equilíbrio das gorduras.[43] Um último ponto: a ingestão de álcool fica equilibrada por sua própria oxidação, mas, no processo, suprime a oxidação das gorduras. Nesse sentido, as calorias derivadas do álcool devem ser incluídas junto àquelas fornecidas pelas gorduras.[61]

Em resumo

- Existe balanço nutricional tanto para proteína como para carboidrato. A ingestão em excesso é oxidada, não sendo convertida em gordura.
- A ingestão em excesso de gordura não promove sua própria oxidação; o excesso é armazenado no tecido adiposo. A obtenção do equilíbrio das gorduras é parte importante do controle do peso.

Dieta e controle do peso

Uma boa dieta fornece os nutrientes e calorias necessários para proporcionar crescimento e regeneração dos tecidos e também para atender às necessidades energéticas diárias decorrentes do trabalho e do lazer. Na sociedade norte-americana, as pessoas têm a felicidade de contar com grande variedade de alimentos para atendimento dessas necessidades. Entretanto, elas tendem a consumir mais do que a quantidade recomendada de gordura, o que, segundo se acredita, está relacionado ao problema da obesidade nos Estados Unidos. São dois os focos na gordura da dieta:

- Em comparação com os carboidratos, as gorduras contêm mais do que o dobro de calorias/g e podem contribuir para um equilíbrio energético positivo.
- É difícil alcançar o balanço nutricional para a gordura quando esse componente representa uma grande fração da ingestão calórica.

A hipótese de que o conteúdo de gordura da dieta é um aspecto importante do controle do peso decorre dos fatores que promovem a ingestão energética. O sistema

Capítulo 18 Composição corporal e nutrição para a saúde **427**

nervoso necessita preponderantemente da oxidação de carboidrato; as pessoas são impelidas a comer o que é utilizado.[60,85] Se uma pessoa consome uma dieta rica em gordura, irá ingerir uma quantidade considerável desse componente ao mesmo tempo que consome os carboidratos necessários para reposição das suas reservas. Ocorre armazenamento da gordura, com consequente aumento do peso. Conforme já foi mencionado, com o aumento do peso corporal aumenta o gasto energético até que seja atingido um equilíbrio energético em um peso corporal novo e maior. O conceito do equilíbrio das gorduras acompanha esse quadro. Flatt[60] propôs que o aumento na massa de tecido adiposo que acompanha o ganho de peso aumenta a mobilização e a oxidação dos ácidos graxos livres, equilibrando a oxidação de gordura com a ingestão de gordura. Nesse sentido, os aumentos no peso corporal e na massa adiposa em decorrência de uma dieta rica em gordura/calorias é um mecanismo compensatório que resulta na manutenção do peso.

Contudo, embora nos concentremos no conceito de equilíbrio das gorduras, não se pode esquecer que as calorias são importantes em qualquer programa de perda ou manutenção do peso. Por exemplo, estudos em que os participantes passaram de uma dieta rica em gordura para outra pobre nesse componente, *com manutenção de uma ingestão calórica constante*, não demonstraram mudança no gasto energético ou no peso corporal.[85,117,165,198] Além disso, em condições nas quais foi imposto um equilíbrio calórico negativo para conseguir a perda de peso, a composição da dieta (rica *vs.* pobre) não teve maior significado.[84] Nesse sentido, as pessoas não devem se preocupar com a dieta rica em carboidratos e com a ingestão excessiva de calorias – além do que se faz necessário.[61]

De fato, quando diversas dietas populares (Atkins, Ornish, vigilantes do peso e dieta da zona) foram comparadas ao longo de 1 ano, cada uma delas reduziu modestamente o peso corporal, sem que houvesse diferença entre as dietas. Não deve surpreender (ver Fig. 18.7) que o melhor previsor da perda de peso tenha sido o grau de fidelidade à dieta – não importando qual delas fosse a escolhida.[47,65,141,166] Colocados esses fatos, por que a composição da dieta deveria ser importante em termos de controle do peso e da obesidade?

Consistentemente com esses achados, em um conjunto recém-lançado de diretrizes para o manejo de soprepeso e obesidade, foi recomendada uma grande variedade de dietas para perda de peso. As dietas deveriam ser prescritas dentro de uma estrutura de intervenção abrangente no estilo de vida que inclua exercício (veja a seção a seguir) e aconselhamento. Essas dietas englobavam os tipos de alto teor de proteína, baixo teor de gordura, baixa ou alta carga glicêmica, vegetariana e do Mediterrâneo com o foco principal na restrição de energia (caloria) para alcançar a perda de peso. As diretrizes recomendavam o uso de "intervencionistas treinados" para cuidar do programa, que incluíam uma fase de manutenção quando os objetivos de perda de peso eram alcançados. Os intervencionistas treinados pertenciam a uma ampla gama de profissionais de saúde, incluindo nutrólogos, psicólogos, profissionais de educação física, conselheiros de saúde e profissionais de treinamento.[98] Ao contrário das estratégias dietéticas para alcançar a perda de peso em que o foco está na restrição de energia, um conjunto paralelo de diretrizes para reduzir o risco cardiovascular concentrou-se nas estratégias dietéticas mencionadas anteriormente neste capítulo, o uso de DASH e dietas do Mediterrâneo.[55]

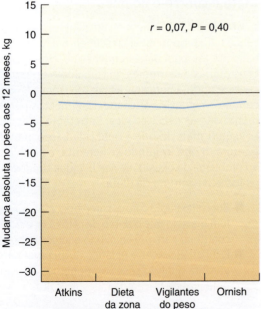 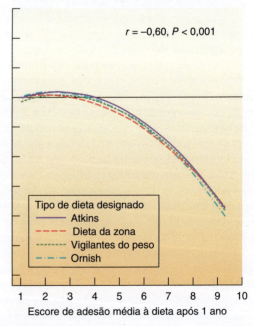

Figura 18.7 Mudanças em 1 ano no peso corporal em função do tipo de dieta e do nível de adesão dietética para todos os participantes do estudo.

> **Em resumo**
>
> - Dietas com uma relação gordura/carboidrato elevada estão ligadas à obesidade. O equilíbrio dos nutrientes para a gordura pode ser conseguido com muita facilidade com uma dieta pobre em gordura.
> - As calorias são importantes, devendo ser levadas em consideração em qualquer dieta que objetive alcançar ou manter uma meta de perda de peso.

Gasto energético e controle do peso

O outro lado da equação de equilíbrio energético envolve o gasto energético e inclui a taxa metabólica basal, a termogênese (por tiritação e por não tiritação) e o exercício/atividade física. A seguir, serão examinados cada um desses fatores em relação ao seu papel no equilíbrio energético.

Taxa metabólica basal (TMB) é a velocidade do gasto energético mensurada em condições padronizadas (i. e., imediatamente após o despertar, 12-18 horas após uma refeição, em posição supina e em um ambiente termoneutro). Em virtude da dificuldade de se obter essas condições durante as mensurações de rotina, os pesquisadores têm calculado, em seu lugar, a **taxa metabólica em repouso (TMR)**. Nesse último procedimento, o indivíduo chega ao laboratório cerca de 4 horas após ter ingerido uma refeição leve e, depois de determinado tempo (30-60 minutos), tem sua taxa metabólica mensurada.[136] Tendo em vista o baixo nível de consumo de oxigênio mensurado para TMB ou TMR (200-400 mL/min), uma variação de apenas ±20-40 mL/min representa um erro potencial de ±10%. Na discussão que se segue, TMB e TMR serão examinadas de forma intercambiável, exceto quando houver necessidade de contrastar esses dois fatores para maior clareza.

TMB é importante na equação do equilíbrio energético por representar 60-75% do gasto energético total na pessoa sedentária comum.[151] Essa taxa é proporcional à massa livre de gordura e, depois dos 20 anos de idade, diminui cerca de 2 e 3% por década em mulheres e homens, respectivamente. As mulheres têm TMB significativamente mais baixa em qualquer idade considerada, graças, sobretudo, à sua mais baixa massa livre de gordura.[44,52,149,218] Dentro dessa mesma linha, quando TMR é expressa por unidade de massa livre de gordura, não há diferença entre gêneros. Em qualquer peso corporal considerado, a TMR diminui em cerca de 0,01 kcal/min para cada aumento de 1% na gordura corporal.[149] Embora esse valor possa parecer insignificante, essa pequena diferença pode se tornar significativa na situação de aumento progressivo no ganho de peso ao longo do tempo. Por exemplo, uma diferença de 5% na gordura corporal em um mesmo peso corporal resulta em uma diferença de 0,05 kcal/min, ou 3 kcal/h o que é equivalente a 72 kcal/dia. Deve ser enfatizado que o percentual de gordura corporal dá apenas uma pequena contribuição para a TMB. Isso foi confirmado em um estudo que examinou a relação entre composição corporal e TMB em que a massa de gordura não melhorou a previsão da TMB com base exclusivamente na massa livre de gordura.[44]

Conforme já foi mencionado, parte da variação na TMB deve-se a uma predisposição genética, seja mais alta ou mais baixa.[20] A faixa (±3 DP) em valores normais para a TMB é cerca de ±21% do valor médio; e essa variação ajuda a explicar a observação de que algumas pessoas têm maior facilidade para a manutenção do peso corporal, em comparação com outras. Se um homem adulto comum tem TMB = 1.500 kcal/dia, os homens situados em +3 DP podem absorver mais 300 kcal/dia (21% de 1.500 kcal) para a manutenção do peso, enquanto homens situados no limite inferior da faixa (−3 DP) teriam que ingerir menos 300 kcal.[52,70]

A massa livre de gordura não é o único fator a influenciar a TMB. Em 1919, Benedict[11] demonstrou que uma dieta prolongada (redução de cerca de 3.100 kcal para 1.950 kcal) estava associada a um decréscimo de 20% na TMB expressa em quilogramas de peso corporal. Essa observação foi confirmada no famoso estudo Minnesota Starvation Experiment;[107] a Figura 18.8 ilustra esse tópico. Nessa figura, a TMB está expressa em percentual do valor mensurado antes do período de semi-inanição. O decréscimo percentual na TMB é maior "por homem", por causa da perda do tecido magro (além do tecido gordo); mas quando o valor é expresso em quilograma de peso corporal ou por unidade da área da superfície (m²), também fica demonstrada uma redução na TMB. Um decréscimo na concentração de um dos hormônios tireoidianos (T_3) e um nível reduzido da atividade do sistema nervoso simpático foram implicados nessa TMB mais baixa em decorrência da restrição calórica.[21] O que esses dados significam? Durante um período de baixa ingestão ca-

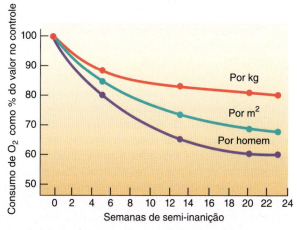

Figura 18.8 Redução na taxa metabólica basal durante 24 semanas de semi-inanição.

lórica, a produção energética dos tecidos diminui, na tentativa de se adaptar à mais baixa ingestão calórica e de reduzir a velocidade da perda de peso. Essa é uma adaptação apropriada em períodos de semi-inanição, mas contraproducente nos programas de redução do peso. Essa informação tem grande impacto no uso de dietas de baixas calorias como forma principal de redução do peso.[51,64,208,211]

TMB também é responsável por períodos de superalimentação. No experimento com dietas de Benedict[11] mencionado anteriormente, quando os participantes tiveram permissão de 1 dia de alimentação livre, a TMB estava elevada no dia seguinte. Além disso, na superalimentação durante um longo período (14-20 dias) com o objetivo de causar obesidade, foram registrados aumentos na TMR e na TMB. Essencialmente, durante a fase dinâmica do ganho de peso (i. e., ao passar de um peso mais baixo para outro mais alto), são necessárias mais calorias por quilograma de peso corporal para que seja mantido o ganho de peso, em comparação com a simples manutenção do peso corporal normal.[70,180] Esse aumento na produção de calor decorrente da excessiva ingestão calórica, denominado **termogênese**, será discutido na próxima seção. Contudo, antes de deixar essa discussão da TMB, é preciso que seja mencionado o efeito do exercício.

Não há dúvida sobre a elevação da TMR após o exercício. As questões têm relação com o grau e o tempo de elevação da TMR e até que ponto ela contribui para o gasto energético diário total.[26,152] Uma revisão desse tópico indica que ainda existem controvérsias, mesmo sabendo que essas questões vêm sendo estudadas há mais de 100 anos.[136] No centro desse assunto, encontra-se a mensuração da taxa metabólica que deve ser considerada como base para esses experimentos. Deve ser TMB? TMR? Molé[136] sugere a necessidade de se criar um novo instrumento de mensuração, denominado taxa metabólica padrão, que levaria em consideração as flutuações cotidianas na atividade física normal, ingestão de alimentos, exercício extra e composição corporal. Em apoio a essas preocupações, ficou demonstrado que indivíduos treinados exibem TMR mais elevada do que pessoas não treinadas apenas depois de terem praticado exercício intenso e consumido calorias suficientes para manutenção do equilíbrio energético.[32] Esse achado sugere que a TMR mais elevada em indivíduos treinados não se deve às adaptações crônicas associadas ao treinamento, mas, sobretudo, ao maior fluxo energético associado ao treinamento e à dieta. Isso está de acordo com outros estudos, que demonstraram que a TMR, expressa por quilograma de massa livre de gordura, é similar para indivíduos treinados e não treinados; e que o treinamento de força e de resistência não afeta o valor.[29,30] Além de ajudar a manter ou aumentar a massa corporal magra e a TMR, o treinamento de exercício pode influenciar favoravelmente o equilíbrio dos nutrientes. Dois estudos que utilizaram treinamento de força demonstraram redução significativa nos valores de QR para

a taxa metabólica para 24 horas[200] e durante o sono,[206] o que significa maior uso da gordura. Esse achado leva à obtenção do balanço nutricional e do equilíbrio energético com o passar do tempo.[225]

Em resumo

- A taxa metabólica basal representa a maior fração do gasto energético total em pessoas sedentárias. Ela diminui com o envelhecimento. Mulheres têm valores mais baixos para taxa metabólica basal do que homens.
- A massa livre de gordura está relacionada tanto à diferença de gêneros quanto ao declínio na taxa metabólica basal com o envelhecimento. Uma redução na ingestão calórica por meio de dieta ou do jejum pode diminuir essa taxa, enquanto a atividade física é importante para sua manutenção.

Termogênese. A temperatura corporal interna é mantida em torno dos 37°C graças ao equilíbrio da produção/perda de calor. Em condições de termoneutralidade, a TMB (TMR) fornece o calor necessário; mas em condições ambientes muito frias, tem início o processo de tiritação, e 100% da energia necessária para a contração muscular involuntária surge na forma de calor, para manutenção da temperatura corporal interna. Além disso, alguns animais (inclusive humanos recém-nascidos) geram calor por um processo denominado termogênese por não tiritação, envolvendo o tecido adiposo marrom. Esse tipo de tecido adiposo é rico em mitocôndrias e aumenta a produção de calor em resposta à noradrenalina (NAd). Hormônios tireoidianos, especialmente T_3, podem afetar diretamente esse processo, ou podem funcionar de maneira permissiva para facilitar a ação da NAd.[21,22,97] A produção de calor é aumentada ao desacoplar a fosforilação oxidativa via proteína 1 desacopladora (UCP1) localizada na membrana mitocondrial interna. Na mitocôndria do tecido adiposo marrom, o oxigênio é usado sem formação de ATP, então a energia contida no NADH e no FADH aparece diretamente como calor. Recentemente, foi descoberto o BAT nos humanos adultos, e vários estudos indicam que ele pode ter um papel na prevenção do ganho de peso com a idade. Indivíduos com grandes quantidades de tecido adiposo marrom têm maior capacidade de "lançar fora" calorias na forma de calor, em vez de armazená-las no tecido adiposo. O interesse foi agora voltado para o "escurecimento" do tecido adiposo branco. Parte do tecido adiposo branco tem adipócitos marrons (bege) que são responsáveis pelos estímulos usados para recrutar o tecido adiposo marrom. Essa é uma área que, claramente, será muito discutida no futuro.[18,116,167]

A termogênese envolve mais do que apenas o tecido adiposo marrom. O calor gerado em decorrência do alimento consumido responde por cerca de 10-15% do gasto energético diário total; isso é conhecido como *efeito térmico do alimento*.[22,151] Geralmente, é possível de-

430 Seção II Fisiologia da saúde e do condicionamento físico

terminar o efeito térmico do alimento fazendo-se com que a pessoa ingira uma refeição-teste (700-1.000 kcal); em seguida à refeição, é mensurada a elevação na taxa metabólica. Essa parte do gasto energético diário é influenciada por fatores genéticos,[20,151] sendo mais baixa em obesos do que em indivíduos magros,[103,174] e também influenciada pelo nível de atividade espontânea e pelo grau de resistência à insulina.[194] Contudo, considerando-se que o efeito térmico do alimento representa apenas uma pequena parte do gasto energético diário, não serve como bom preditor de futura obesidade.

Para indivíduos que estavam em dieta (em subalimentação), apenas 1 dia de superalimentação leva ao aumento na TMB do dia seguinte. Nesse caso, a TMB rapidamente retorna ao nível consistente com a ingestão de baixas calorias especificada na dieta.[11] É como se o corpo estivesse "jogando fora" o calor extra para manter o peso corporal durante esse período de superalimentação relativa. Esse fenômeno também foi observado na superalimentação crônica de humanos. Nas revisões desses estudos de superalimentação por Garrow[71] e Danforth,[46] os participantes exibiram uma inexplicada produção de calor associada às crônicas ingestões calóricas em excesso. As elevações da TMB foram explicadas com base em uma elevação na massa de tecido adiposo marrom (mencionado anteriormente) e no envolvimento de outros **sistemas de depleção de energia**. Estes sistemas são: mudança na atividade da bomba de Na^+/K^+, ou "ciclos fúteis", em que o equivalente a 1 ATP se perde a cada giro do ciclo.[21,22] Um exemplo de ciclo fútil é quando 1 ATP é utilizado na conversão de frutose 6-fosfato em frutose 1,6-difosfato que, na etapa seguinte, é retroconvertido em frutose 6-fosfato. Em situações nas quais ocorre produção de calor, mas não de ATP, o consumo de oxigênio em repouso teria que ser mais elevado para manutenção dos sistemas normais de consumo de ATP. Qualquer que seja o mecanismo pelo qual ocorre a indução dessa termogênese – por gordura marrom ou ciclos fúteis – é preciso ficar claro que, como para a TMB, existem diferenças significativas em como os indivíduos respondem ao aumento na ingestão de alimento. Está claro que pessoas com TMB normalmente elevada e que sejam muito reativas a um grande excesso calórico provavelmente têm maior facilidade para permanecer no peso normal em comparação com pessoas que não apresentem esses atributos.

> **Em resumo**
>
> - A termogênese (geração de calor) está associada à ingestão de refeições (efeito térmico da alimentação), ao tecido adiposo marrom e a "ciclos fúteis".
> - O efeito térmico do alimento representa uma pequena parte do gasto energético total, não servindo como preditor de obesidade.

Atividade física e exercício. A atividade física constitui a parte mais variável do lado do gasto energético na equação de equilíbrio energético, representando 5-40% do gasto energético diário.[36,151] Há aqueles que têm trabalhos sedentários e que fazem pouca atividade física durante seus momentos de lazer. Outros podem ter trabalhos extenuantes, ou consumir 300-1.000 kcal durante seu lazer a cada dia, ou em dias alternados. Qual é a importância da atividade física no controle do peso? Evidências epidemiológicas sugerem uma associação inversa entre atividade física e peso corporal, havendo uma distribuição mais favorável do peso corporal em pessoas fisicamente ativas.[49,160,169] No mesmo sentido dessas observações, vários estudos demonstraram uma relação inversa entre o número de passos acumulado durante o dia e o IMC (ver Fig. 18.9).[87,197]

A partir de uma perspectiva de perda de peso, seria possível pensar que um déficit calórico que resulta de um aumento no gasto energético pela atividade física é equivalente ao déficit calórico em virtude de uma redução na ingestão calórica. Entretanto, como Ross et al.[163] destacaram, autoridades[139] afirmaram que a adição de exercício faz apenas uma contribuição modesta para a perda de peso. Como este pode ser o caso, considerando a equivalência do déficit calórico induzido pela dieta ou pelo exercício? Ross et al.[163] mostraram que, na maioria dos estudos de perda de peso nos quais um tratamento com dieta foi comparado a um tratamento com exercício, o déficit energético causado pelo exercício foi apenas uma fração do que foi causado pela dieta. Nessa situação, não é surpresa que a perda de peso decorrente da dieta foi maior do que a decorrente de exercício; entretanto, a perda de peso por exercício foi a esperada. A perda de peso induzida pelo exercício, 30% da relacionada à dieta, foi equivalente ao déficit calórico associado com o exercício (28% em relação a dieta). Em um estudo para determinar se uma caloria-exercício é a mesma que uma caloria-dieta, Ross et al.[162] fizeram um experimento controlado planejado para alcançar um déficit energético de 700 kcal/dia causado pelo exercício ou dieta sozinhos. A ingestão dietética e os programas estruturados de exercício foram cuidadosamente monitorados para garantir a adesão. Ambos os grupos perderam 7,5 kg em cerca de 12 semanas – exatamente o que era esperado do déficit de 58.800 kcal

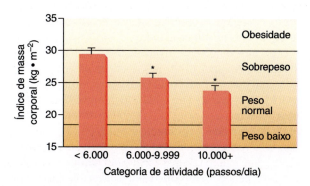

Figura 18.9 O índice de massa corporal varia com o número de passos por dia.

(700 kcal/dia em 84 dias). Entretanto, o grupo de exercício perdeu mais gordura total, preservando o músculo. Esses resultados foram apoiados por um estudo mais recente que comparou indivíduos que foram submetidos a uma restrição calórica de 25% em 6 meses com os que tiveram uma restrição calórica de 12,5% mais uma intervenção de exercício igual a uma redução de 12,5% de ingestão calórica.[158] Ambos os grupos perderam o mesmo peso, semelhante ao que foi mencionado anteriormente. Existe uma pequena dúvida se uma caloria do exercício aeróbio é realmente igual a uma caloria de restrição dietética desde que a mudança no peso corporal esteja envolvida; entretanto, a intervenção de exercício gera resultados (p. ex., aumento no $\dot{V}O_{2máx}$) que não podem ser obtidos por uma abordagem que envolva apenas dieta para a perda de peso.[158]

Em ambos os estudos, a ingestão calórica foi cuidadosamente monitorada, como exigido pelo modelo de pesquisa. O que acontece quando uma intervenção de exercício é usada e os indivíduos não são orientados para mudar sua ingestão dietética? Em um estudo recente, homens e mulheres com sobrepeso e obesos foram aleatoriamente designados para um grupo-controle ou um dos seguintes grupos de exercício: os que faziam 400 kcal/sessão ou 600 kcal/sessão. Os participantes realizaram cinco sessões de treino por semana durante 10 meses. Embora as sessões de treino de exercício fossem cuidadosamente monitoradas para garantir que os indivíduos gastassem as calorias necessárias, eles eram orientados a não alterar sua dieta. A perda de peso média variou entre 3,9 e 5,2 kg para os grupos de 400 e 600 kcal/sessão, respectivamente, enquanto o grupo-controle ganhou 0,5 kg. A perda de peso ocorreu inteiramente em virtude da perda de gordura corporal e representou uma perda de peso significativa do ponto de vista clínico em termos de risco de doenças crônicas.[50] Esses resultados estavam consistentes com um estudo anterior que examinou o efeito de diferentes quantidades de exercício (gastos energéticos) equivalentes a correr (trotar) 32 km/semana *vs.* correr (trotar) 19 km/semana *vs.* caminhar 19 km/semana sobre a perda de peso nos indivíduos orientados a manter um peso corporal estável. A perda de peso durante o estudo de 9 meses para os três grupos foi 2,9 kg *vs.* 0,6 kg *vs.* 0,9 kg, respectivamente, em comparação com um ganho de peso de 1 kg para o grupo-controle.[188] Foi perdida mais gordura corporal do que peso, o que significa um aumento na massa livre de gordura. A ênfase nesses estudos foi em relação a exercício intenso, exceto para o grupo de caminhada no último estudo.

Duas intervenções de atividade física bem controladas se focaram em uma atividade física de intensidade moderada, com metade feita em um cenário estruturado e a outra metade, em casa. Fazer 180-370 minutos de atividade física por semana (sem restrição dietética) resultou em uma perda de peso de 1,5 kg durante estudos de 12 meses.[93,130] Mais uma vez, a perda de gordura excedeu a perda de peso.

No geral, a perda de peso segue um padrão de resposta à dose, sendo maior com maiores níveis de gasto energético. Veja "Um olhar no passado – nomes importantes na ciência" para conhecer o indivíduo que teve um grande impacto na nutrição e na saúde no século XX, com foco no sobrepeso e na obesidade.

Composição corporal. O exercício não afeta apenas a perda de peso, mas também a composição do peso que é perdido e do peso que permanece. Isso foi demonstrado tanto em estudos em animais como em humanos. Em geral, ratos machos que participam da prática de exercício regular têm pesos corporais mais baixos, menos massa corporal magra e pouquíssima gordura corporal em comparação com seus irmãos de ninhada sedentários (grupo-controle). Em contraste, as ratas tendem a responder ao treinamento de exercício com aumento do apetite, de tal modo que ficam tão pesadas como as ratas do grupo sedentário, com menos peso adiposo e mais peso magro.[147] Oscai et al.[148] demonstraram que, além dessas mudanças gerais na composição corporal causadas pelo exercício, a restrição de exercício ou de alimento em ratos resulta em adipócitos menores e em menor número. Essa observação é corroborada pelo achado de Hager et al.,[79] que, em um grupo de meninas obesas com 8 anos de idade, aplicou um programa de dieta/atividade fundamental para a redução da velocidade de ganho no número de adipócitos.

A vantagem do uso do exercício em comparação com a exclusiva restrição calórica em programas de perda de peso é que a composição do peso perdido tem maior parte de tecido adiposo do que tecido magro. Tanto em estudos com animais[148] como com humanos[31,34,53] que utilizaram exclusivamente restrição alimentar, a perda de massa corporal magra pode equivaler a 30-40% da perda de peso. O somatório exercício mais dieta resulta em menor perda da massa corporal magra e em uma perda proporcionalmente maior de gordura.[148] Ademais, a mobilização preferencial de gordura do tecido adiposo visceral resulta em melhor distribuição da gordura corporal e em um perfil de fatores de risco mais favorável.[164,212] Contudo, deve-se ter em mente que as mudanças na composição corporal ocorrem lentamente nos estudos de exercício em humanos e que, além disso, a magnitude da mudança é pequena. O sumário de 1983 de Wilmore[223] sobre estudos de exercício e composição corporal demonstrou que o decréscimo médio no percentual de gordura corporal foi de apenas 1,6% com programas de condicionamento físico que variaram quanto à duração, de 6-104 semanas. Essa antiga observação foi recentemente confirmada em um grupo de estudos randomizados, controlados e bem planejados, dos quais as pessoas participaram em várias intervenções de atividade física com duração de 8-12 meses. Em geral – e sem ser surpresa para ninguém –, os participantes que realizaram a maior quantidade de atividade física tiveram as maiores mudanças no percentual de gordura corporal.[93,130,188] Entretanto, as pessoas que fizeram cerca de 180 minutos por semana de atividade física aeróbia de intensidade moderada (o que é parecido com as atuais recomendações para atividade física da saúde pública) tiveram um decréscimo no percentual de gordura de apenas 2,5% ao longo desse lapso de tempo.[93,188]

432 Seção II Fisiologia da saúde e do condicionamento físico

Um olhar no passado – nomes importantes na ciência

Jean Mayer, PhD, DSc, identificou os problemas do sobrepeso e da obesidade

Jean Mayer (pronuncia-se Zhahn myYAIR) (1920-1993) foi um dos mais renomados cientistas do século XX no campo da nutrição. Ele recebeu seus graus de bacharel e de mestre na Universidade de Paris no final dos anos 1930, mas seu progresso para o doutorado foi interrompido pela II Guerra Mundial. Dr. Mayer serviu no exército francês, foi capturado por tropas alemãs e escapou de um campo de prisioneiros. Em seguida, serviu com distinção na resistência francesa e lutou com as Forças da França Livre e com as Forças Aliadas em vários países da Europa. Por tal participação, foi agraciado com numerosas condecorações militares. Depois da guerra, dr. Mayer estudou na Universidade de Yale para obtenção de seu PhD em química fisiológica. Mais adiante, frequentou a Sorbonne, onde recebeu o grau de doutor em fisiologia.

Dr. Mayer ensinou e fez pesquisas na Universidade de Harvard de 1950 até 1975. Durante esse período, foram publicados seus estudos clássicos sobre atividade física, apetite e peso corporal (citados neste capítulo). Nessa época, desempenhou papel importante na luta da Organização das Nações Unidas contra a fome e a desnutrição em países subdesenvolvidos na África; também denunciou os problemas da fome e da pobreza nos Estados Unidos, tendo como resultado o programa de assistência nutricional suplementar (o popular *food stamp program*) e a expansão do programa de refeições para crianças em idade escolar.

Em 1976, dr. Mayer assumiu a presidência da Tufts University, tendo sido o principal impulsionador no desenvolvimento da primeira faculdade de nutrição, da única faculdade de veterinária da Nova Inglaterra e do USDA Human Nutrition Research Center on Aging em Tufts. Foi também cofundador da Sackler School of Graduate Biomedical Sciences e do Center for Environmental Management.

Dr. Mayer publicou mais de 750 artigos científicos e numerosos artigos de divulgação popular, tendo, ainda, uma coluna semanal em um sindicato de jornais com publicação em 150 jornais. Também publicou numerosos livros, inclusive *Overweight: causes, cost and control* (Sobrepeso: causas, custos e controle), em 1968. Muitos poderiam se surpreender pelo título desse livro de 1968, visto que o final dos anos 1960 e o início dos anos 1970 são utilizados como "ponto de referência" (para uma situação de tão pouca obesidade nas populações de adultos e crianças), quando, atualmente, discorremos sobre a atual prevalência de sobrepeso e obesidade. Entretanto, isso apenas reflete o quanto dr. Mayer estava à frente de seu tempo na identificação do problema de sobrepeso e de obesidade e na importância da atividade física. Lamentavelmente, não prestamos atenção a seus ensinamentos como deveríamos.

Fonte: http://www.bookrags.com/biography/jean-mayer/

Em resumo

- Os humanos aumentam o apetite ao longo de uma ampla faixa de gastos energéticos para manutenção do peso corporal; no entanto, indivíduos previamente sedentários demonstram perda final no apetite ao começarem um programa de exercício.
- Ao ocorrer perda de peso com um programa de exercício e de dieta, ocorre menos perda de massa corporal magra do que quando a mesma perda de peso é obtida exclusivamente com a dieta.

Perda de peso *versus* manutenção do peso. Pode parecer estranho, mas considerando o que foi apresentado, não é necessário praticar exercício para perder peso. Tudo o que se faz necessário é um déficit calórico, cuja magnitude é facilmente controlada pela dieta.[84] Contudo, conforme já foi mencionado, o uso do exercício como parte de um programa de perda de peso pode manter maior quantidade de massa corporal magra e TMR mais elevada, resultando em uma gordura corporal ideal em um peso corporal maior.

Embora o exercício possa não ser ingrediente essencial em um programa de perda de peso, é fundamental em um programa de manutenção do peso.[190] Uma pergunta ainda não respondida é: quanto exercício deve ser praticado? Algumas das recomendações gerais para a prática de exercício para saúde e condicionamento físico apresentadas no Capítulo 16 podem ser consideradas razoáveis para programas de manutenção do peso. O principal fator envolvido no gasto energético é o trabalho total realizado; assim, no caso do gasto calórico, exercícios de baixa intensidade e longa duração são tão satisfatórios quanto exercícios muito intensos e de curta duração. Para a pessoa sedentária e com sobrepeso, um exercício de intensidade moderada é a escolha apropriada, pois poderá praticá-lo por períodos mais longos em cada sessão de exercício; além disso, os exercícios podem ser praticados diariamente. Intervenções recentes e bem controladas de atividade física demonstraram que a participação regular em uma atividade física de intensidade moderada durante 180 minutos ou mais por semana (sem restrição dietética) foi associada à perda de peso de aproximadamente 1,5 kg ao longo de 8 a 12 meses, sugerindo que os participantes estavam com o peso estabilizado durante o período.[93,130,188] Embora a magnitude da mudança de peso seja pequena, a mensagem passada é muito importante: apenas 30 minutos ou mais de atividade física moderada por dia são suficientes para prevenir a migração de um nível de IMC para o nível seguinte – um efeito importante se for considerada a prevalência do sobrepeso e da obesidade na sociedade norte-americana. No entanto, como foi apresentado no Capítulo 16, "mais é melhor" quando se fala em atividade física e saúde – inclusive com a manutenção de um peso corporal saudável.

Além disso, em intensidades moderadas, os ácidos graxos livres são mobilizados da periferia para fornecer a maior parte do combustível utilizado e para ajudar na manutenção do equilíbrio das gorduras.[161] Isso não significa que a "queima de gordura" fica limitada às atividades de baixa intensidade. Indivíduos interessados em atividades mais vigorosas (~65% do $\dot{V}O_{2máx}$) que podem aumentar o $\dot{V}O_{2máx}$ também podem colher os benefícios dos altos percentuais de uso de calorias e gordura.[161] Finalmente, mesmo considerando que os carboidratos constituem uma grande fração do suprimento energético durante o exercício de alta intensidade (~85% do $\dot{V}O_{2máx}$),[161] foi demonstrado que os programas de treinamento que utilizam exercícios intermitentes de grande intensidade promovem maior redução na espessura das dobras cutâneas em comparação com programas realizados na faixa da frequência cardíaca-alvo.[199] Embora seja considerável o interesse no papel desempenhado pelo exercício na oxidação das gorduras depois de sua prática, os resultados são inconsistentes.[9,131] Fica claro que praticamente qualquer forma de exercício contribui para a perda de tecido adiposo e a manutenção do peso corporal. O importante é simplesmente fazer exercício. Ver Quadro "Aplicações clínicas 18.3" para informações sobre "perdedores bem-sucedidos".

Aplicações clínicas 18.3

Perdedores bem-sucedidos – quanto de exercício é preciso fazer para não ganhar peso?

É geral a concordância de que, nos Estados Unidos, quase todos os adultos precisam de mais atividade física. A questão é: quanto? O aumento sistemático na prevalência da obesidade ao longo dos últimos 25 anos proporcionou um grande incentivo para o encaminhamento desse problema e, até certo ponto, tem ocorrido progresso.

No Capítulo 16, foi apresentada a recomendação das U.S. *Physical Activity Guidelines* de que todos os adultos deveriam fazer pelo menos 150 minutos de atividade física de intensidade moderada ou 75 minutos de atividade física vigorosa por semana (ver "Sugestões de leitura"). Há evidências contundentes de que essa quantidade de atividade física resulta em benefícios significativos para a saúde. Essa é uma recomendação mínima, com a clara indicação de que "mais é melhor". Assim, praticar 300 minutos por semana de atividade física moderada ou 150 minutos de atividade física vigorosa resultam em benefícios extras, inclusive para manutenção ou perda de peso. Isso concorda com o relatório de 2002 do Institute of Medicine (IOM)[93] e o posicionamento oficial mais recente do ACSM sobre o problema da atividade física e do peso,[2] em que essas entidades recomendam:

- 150-250 min/semana de atividade física de intensidade moderada para prevenir o ganho de peso.
- > 250 min/semana de atividade física de intensidade moderada para obter perda de peso significativa.
- > 250 min/semana de atividade física de intensidade moderada podem ser necessários para prevenir o retorno do peso, depois da perda.

Com relação ao último ponto, a dra. Rena Wing, da Universidade de Pittsburgh, e o dr. James Hill, da Universidade do Colorado, fundaram o National Weight Control Registry (NWCR), em 1993, para que fossem obtidos alguns conhecimentos que explicassem os "perdedores bem-sucedidos" – indivíduos que perdiam peso e que assim se mantinham. Para inclusão no registro, os indivíduos deviam ter perdido um valor substancial de peso (≥ 13,6 kg) com manutenção mínima de 1 ano. A seguir, alguns dos achados:[195]

- A perda de peso média dos registrados foi de 33,6 kg, e mantiveram-se no peso durante 5,2 anos, em média, o que situava a maioria na faixa normal (57,9%) ou de sobrepeso (29,9%) do IMC.
- Cerca de 88% limitam alimentos ricos em gordura e açúcar, 44% limitam a quantidade de alimento consumido e 44% contam calorias.
- No total, 75% dos registrados queimam mais de 1.000 kcal/semana e 54% queimam mais de 2.000 kcal/semana (cerca de 200 min/semana de atividade física de intensidade moderada).

O NWCR proporcionou conhecimento singular e muito útil para que se possa entender o que faz um "perdedor bem-sucedido". Os sete hábitos essenciais para o sucesso prolongado na perda de peso são:[195]

1. Nível elevado de atividade física.
2. Menos televisão — 63% assistem menos de 10 horas por semana.
3. Dieta pobre em calorias e pobre em gordura — 1.380 kcal/dia, com menos de 30% de gordura.
4. Dieta consistente — ingerir os mesmos alimentos regularmente.
5. Desjejum — pelo menos 78% consomem desjejum diariamente.
6. Intensa restrição alimentar (bom controle com relação ao que é ingerido).
7. Automonitorização — mais de 50% se pesam semanalmente e acompanham sua ingestão alimentar diária.

Obviamente, essas mensagens provenientes daquelas pessoas que obtiveram sucesso na manutenção de sua perda de peso têm grande valor, tanto para o profissional como para seu cliente, nos esforços visando a alcançar essa meta.

Em resumo

- A atividade física com intensidade moderada é uma escolha apropriada para a maioria dos norte-americanos com foco na concretização dos objetivos de perda de peso e nas metas relacionadas à saúde.
- A atividade física de intensidade vigorosa tem eficácia para o gasto calórico e para a concretização dos objetivos de condicionamento físico, desempenho e perda de peso saudáveis.

Atividades para estudo

1. Resuma as faixas de ingestões de carboidrato, gordura e proteína recomendadas pelo Institute of Medicine.
2. Qual é a diferença entre RDA padrão e valor diário?
3. Há algum risco decorrente de tomar grandes quantidades de vitaminas lipossolúveis? Explique.
4. Cite dois minerais que, segundo se acredita, são inadequados nas dietas para mulheres.
5. Com relação à doença coronariana, por que existe um enfoque mais importante na gordura da alimentação?
6. Crie um cardápio para 1 semana utilizando o *site* MyPlate. Faça uma comparação entre suas escolhas e as constantes no plano alimentar DASH.
7. Identifique e descreva os seguintes métodos de mensuração da composição corporal: diluição de isótopo, potássio-40, ultrassonografia, análise de bioimpedância elétrica, absorciometria por raios X de dupla energia, espessura das dobras cutâneas e pesagem submersa.
8. Compare os modelos de quatro e dois componentes para avaliação da composição corporal.
9. Qual é o princípio que lastreia a pesagem submersa? Por que se deve usar uma equação de densidade corporal diferente para crianças, em contraste com adultos?
10. Dados fornecidos: homem universitário com 20 anos de idade, 80 kg, 28% de gordura. Qual deve ser seu peso corporal-alvo para chegar a 17% de gordura?
11. Em termos de resistência à redução do peso, contraste obesidade causada por hipertrofia com a hiperplasia dos adipócitos.
12. A obesidade está mais relacionada à genética ou ao ambiente?
13. Se determinada pessoa consome 120 kcal/dia acima de suas necessidades, que ganho de peso a equação do equilíbrio energético estático preverá, em comparação com a equação do equilíbrio energético dinâmico?
14. Contraste um ponto de regulagem fisiológica com um ponto de regulagem comportamental em relação à obesidade.
15. O que acontece com a TMB quando uma pessoa dá início a uma dieta pobre em calorias?
16. Quais recomendações devem ser dadas acerca do uso exclusivo de uma dieta *versus* uma combinação de dieta e exercício para se concretizar um objetivo de perda de peso?
17. O que é termogênese e como ela pode estar relacionada a um ganho de peso?
18. Em contraste com as recomendações gerais para atividade física com o objetivo de obter benefícios significativos para a saúde, quanta atividade física deverá ser necessária para impedir o ganho de peso ou para sua manutenção depois da perda?

Sugestões de leitura

Heyward, V. H., and D. R. Wagner. 2004. *Applied Body Composition Assessment*. 2nd ed. Champaign, IL: Human Kinetics.

Roche, A. F., S. B. Heymsfield, and T. G. Lohman, (eds). 2005. *Human Body Composition*. 2nd ed. Champaign, IL: Human Kinetics.

U.S. Department of Health and Human Services. 2008. 2008 *Physical Activity Guidelines for Americans*. Washington, D.C.: U.S. Department of Health and Human Services.

U.S. Department of Agriculture, 2010. 2010 *Dietary Guidelines for Americans* (http://www.health.gov/dietaryguidelines/)

Wardlaw, G. M., A. M. Smith and A. L. Collene 2013. *Contemporary Nutrition, A Functional Approach*. New York: McGraw-Hill Companies.

Referências bibliográficas

1. Acheson KJ, Schutz Y, Bessard T, Flatt JP, and Jequier E. Carbohydrate metabolism and de novo lipogenesis in human obesity. *American Journal of Clinical Nutrition* 45: 78–85, 1987.
2. American College of Sports Medicine. Appropriate physcial activity intervention strategies for weight loss and prevention of weight regain for adults. *Medicine and Science in Sports and Exercise* 41: 459–471, 2009.
3. American College of Sports Medicine. Exercise and physical activity for the older adult. *Medicine and Science in Sports and Exercise* 41: 1510–1530, 2009.
4. American College of Sports Medicine. Physcial activity and bone health. *Medicine and Science in Sports and Exercise* 36: 1985–1996, 2004.
5. American College of Sports Medicine. The female athlete triad. *Medicine and Science in Sports and Exercise* 39: 1867–1882, 2007.
6. American Dietetic Association. Position of the American Dietetic Association: health implications of dietary fiber. *Journal of the American Dietetic Association* 108: 993–1000, 2002.
7. Azadbakht L, Mirmiran P, Esmaillzadeh A, Azizi T, and Azizi F. Beneficial effects of dietary approaches to stop hypertension eating plan on features of the metabolic syndrome. *Diabetes Care* 28: 2823–2831, 2005.
8. Bailey RL, Dodd KW, Goldman JA, Gahche JJ, Dwyer JT, Moshfegh AJ, et al. Estimation of total usual calcium and vitamin D intakes in the United States. *Journal of Nutrition* 140: 817–822, 2010.
9. Barwell ND, Malkova D, Leggate M, and Gill JMR. Individual responsiveness to exercise-induced fat loss is associated with change in resting substrate utilization. *Metabolism: Clinical and Experimental* 58: 1320–1328, 2009.
10. Behnke AR, Welham WC, and Feen BG. The specific gravity of healthy men: body weight volume as an index of obesity. *Journal of the American Medical Association* 118: 495–498, 1942.
11. Benedict F. *Human Vitality and Efficiency Under Prolonged Restricted Diet*. The Carnegie Institution of Washington, 1919.

Capítulo 18 Composição corporal e nutrição para a saúde **435**

12. Björntorp P. Number and size of adipose tissue fat cells in relation to metabolism in human obesity. *Metabolism: Clinical and Experimental* 20: 703–713, 1971.

13. Björntorp P, Bengtsson C, Blohme G, Jonsson A, Sjöström L, Tibblin E, et al. Adipose tissue fat cell size and number in relation to metabolism in randomly selected middle-aged men and women. *Metabolism: Clinical and Experimental* 20: 927–935, 1971.

14. Björntorp P, and Sjöstrom L. Carbohydrate storage in man: speculations and some quantitative considerations. *Metabolism: Clinical and Experimental* 27: 1853–1865, 1978.

15. Björntrop P. Regional patterns of fat distribution. *Annals of Internal Medicine* 103: 994–995, 1985.

16. Björntrop P. The fat cell: a clinical view. In *Recent Advances in Obesity Research: II*, edited by Bray G. Westport: Technomic, 1978, pp. 153–168.

17. Blair SN, and Nichaman MZ. The public health problem of increasing prevalence rates of obesity and what should be done about it. *Mayo Clinic Proceedings* 77: 109–113, 2002.

18. Bonet ML, Oliver P, and Palou A. Pharmacological and nutritional agents promoting browning of white adipose tissue. *Biochimica et Biophysica Acta*. 1831: 969-985, 2013.

19. Booth DA. Acquired behavior controlling energy intake and output. In *Obesity*, edited by Stunkard AJ. Philadelphia, PA: W. B. Saunders, 1980, pp. 101–143.

20. Bouchard C. Heredity and the path to overweight and obesity. *Medicine and Science in Sports and Exercise* 23: 285–291, 1991.

21. Bray GA. Effect of caloric restriction on energy expenditure in obese patients. *Lancet* 2: 397–398, 1969.

22. Bray GA. The energetics of obesity. *Medicine and Science in Sports and Exercise* 15: 32–40, 1983.

23. Bray GA, and Atkinson RL. New weight guidelines for Americans. *American Journal of Clinical Nutrition* 55: 481–483, 1992.

24. Bray GA, Nielsen SJ, and Popkin BM. Consumption of high fructose corn syrup in beverages may play a role in the epidemic of obesity. *Amercian Journal of Clinical Nutrition* 79: 537–543, 2004.

25. Bray GA, York B, and DeLany J. A survey of the opinions of obesity experts on the causes and treatment of obesity. *American Journal of Clinical Nutrition* 55: 151S–154S, 1992.

26. Brehm BA. Elevation of metabolic rate following exercise: implications for weight loss. *Sports Medicine* 6: 72–78, 1988.

27. Brodie DA. Techniques of measurement of body composition. Part I. *Sports Medicine* 5: 11–40, 1988.

28. Brodie DA. Techniques of measurement of body composition. Part II. *Sports Medicine* 5: 74–98, 1988.

29. Broeder CE, Burrhus KA, Svanevik LS, and Wilmore JH. The effects of aerobic fitness on resting metabolic rate. *American Journal of Clinical Nutrition* 55: 795–801, 1992.

30. Broeder CE, Burrhus KA, Svanevik LS, and Wilmore JH. The effects of either high-intensity resistance or endurance training on resting metabolic rate. *American Journal of Clinical Nutrition* 55: 802–810, 1992.

31. Brozek J, Grande F, Anderson JT, and Keys A. Densitometric analysis of body composition: revision of some quantitative assumptions. *Annals of the New York Academy of Sciences* 110: 113–140, 1963.

32. Bullough RC, Gillette CA, Harris MA, and Melby CL. Interaction of acute changes in exercise energy expenditure and energy intake on resting metabolic rate. *American Journal of Clinical Nutrition* 61: 473–481, 1995.

33. Buskirk ER. Underwater weighing and body density: a review of procedures. In *Techniques for Measuring Body Composition*, edited by Brozek J, and Henschel A. National Research Council, 1961.

34. Buskirk ER, Thompson RH, Lutwak L, and Whedon GD. Energy balance of obese patients during weight reduction: influence of diet restriction and exercise. *Annals of the New York Academy of Sciences* 110: 918–940, 1963.

35. Calle EE, Thun MJ, Petrelli JM, Rodriguez C, and Heath CW, Jr. Body-mass index and mortality in a prospective cohort of U.S. adults. *New England Journal of Medicine* 341: 1097–1105, 1999.

36. Calles-Escandon J, and Horton ES. The thermogenic role of exercise in the treatment of morbid obesity: a critical evaluation. *American Journal of Clinical Nutrition* 55: 533S–537S, 1992.

37. Cameron JR, and Sorenson J. Measurement of bone mineral in vivo: an improved method. *Science* 142: 230–232, 1963.

38. Campaigne BN. Body fat distribution in females: metabolic consequences and implications for weight loss. *Medicine and Science in Sports and Exercise* 22: 291–297, 1990.

39. Centers for Disease Control and Prevention. Trends in intake of energy and macronutrients—United States 1971–2000. *Morbidity & Mortality Weekly Report* 53: 80–82, 2004.

40. Cha SH, Wolfgang M, Tokutake Y, Chohnan S, and Lane MD. Differential effects of central fructose and glucose on hypothalamic malonyl-CoA and food intake. *Proceedings of the National Academy of Sciences* 105: 16871–16875, 2008.

41. Clarkson PM. The skinny on weight loss supplements & drugs. *ACSM's Health and Fitness Journal* 2: 18–55, 1999.

42. Coniglio JG. Fat. In *Nutrition Reviews' Present Knowledge in Nutrition*. Washington, D.C.: The Nutrition Foundation, 1984, pp. 79–89.

43. Cooper JA, Watras AC, Shriver T, Adams AK, and Schoeller DA. Influence of dietary fatty acid composition and exercise on changes in fat oxidation from a high-fat diet. *Journal of Applied Physiology* 109: 2010.

44. Cunningham JJ. Body composition as a determinant of energy expenditure: a synthetic review and a proposed general prediction equation. *American Journal of Clinical Nutrition* 54: 963–969, 1991.

45. Dahlquist A. Carbohydrates. In *Nutrition Reviews' Present Knowledge in Nutrition*. Washington, D.C.: The Nutrition Foundation, 1984, pp. 116–130.

46. Danforth E. Undernutrition contrasted to overnutrition. In *Recent Advances in Obesity Research: II*, edited by Bray G. Westport: Technomic, 1978, pp. 229–236.

47. Dansinger ML, Gleason JA, Griffith JL, Selker HP, and Schaefer EJ. Comparison of the Atkins, Ornish, Weight Watchers, and Zone diets for weight loss and heart disease risk reduction: a randomized trial. *JAMA* 293: 43–53, 2005.

48. Dempster P, and Aitkens S. A new air displacement method for the determination of human body composition. *Medicine and Science in Sports and Exercise* 27: 1692–1697, 1995.

49. DiPietro L. Physical activity, body weight, and adiposity: an epidemiologic perspective. *Exercise and Sport Sciences Reviews* 23: 275–303, 1995.

50. Donnelly JE, Honas JJ, Smith BK, Mayo MS, Gibson CA, Sullivan DK, et al. Aerobic exercise alone results in clinically significant weight loss for men and women: Midwest Exercise Trial-2. *Obesity* 21: E219–E228, 2013.

51. Donnelly JE, Jakicic J, and Gunderson S. Diet and body composition: effect of very low calorie diets and exercise. *Sports Medicine* 12: 237–249, 1991.

52. DuBois EF. Basal energy, metabolism at various ages: man. In *Metabolism: Clinical and Experimental*, edited by Altman PL, and Dittmer DS. Bethesda, MD: Federation of American Societies for Experimental Biology, 1968.

53. Durnin JV. Possible interaction between physical activity, body composition, and obesity in man. In *Recent Advances in Obesity Research: II*, edited by Bray G. Westport: Technomic, 1978, pp. 237–241.

54. Eastwood M. Dietary fiber. In *Nutrition Reviews' Present Knowledge in Nutrition*. Washington, D.C.: The Nutrition Foundation, 1984, pp. 156–175.

55. Eckel RH, Jakicic JM, Ard JD, Houston N, Hubbard VS, Nonas CA, et al. 2013 AHA/ACC guidelines on lifestyle manage-

56. Ellis KJ, Shypailo RJ, Pratt JA, and Pond WG. Accuracy of dual-energy x-ray absorptiometry for body-composition measurements in children. *American Journal of Clinical Nutrition* 60: 660–665, 1994.

57. Esposito K, Kastorini CM, Panagiotakos DB, and Giugliano D. Mediterranean diet and metabolic syndrome: an updated systematic review. *Reviews in Endocrine & Metabolic Disorders*. 14:255-263, 2013.

58. Fan JY, Song YQ, Wang YY, Hui RT, Zhang WL. Dietary glycemic index, glycemic load, and risk coronary heart disease, stroke, and stroke mortality; a systematic review with meta-analysis. PLOS ONE 7: e52182, 2012.

59. Finberg L. Clinical assessment of total body water. In *Body-Composition Assessments in Youth and Adults*, edited by Roche AF. Columbus, OH: Ross Laboratories, 1985.

60. Flatt JP. Dietary fat, carbohydrate balance, and weight maintenance. *Annals of the New York Academy of Sciences* 683: 122–140, 1993.

61. Flatt JP. Use and storage of carbohydrate and fat. *American Journal of Clinical Nutrition* Suppl. 61: 952S–959S, 1995.

62. Flegal KM, Graubard BI, Williamson DF, and Gail MH. Cause-specific excess deaths associated with underweight, overweight, and obesity. *JAMA* 298: 2028–2037, 2007.

63. Fogli-Cawley JJ, Dwyer JT, Saltzman E, McCullough ML, Troy LM, Meigs JB, et al. The 2005 dietary guidelines for Americans and risk of the metabolic syndrome. *American Journal of Clinical Nutrition* 86: 1193–1201, 2007.

64. Foster GD, Wadden TA, Feurer ID, Jennings AS, Stunkard AJ, Crosby LO, et al. Controlled trial of the metabolic effects of a very-low-calorie diet: short- and long-term effects. *American Journal of Clinical Nutrition* 51: 167–172, 1990.

65. Franz MJ, VanWormer JJ, Crain AL, Boucher JL, Histon T, Caplan W, et al. Weight-loss outcomes: a systematic review and meta-analysis of weight-loss clinical trials with a minimum 1-year follow-up. J Am Diet Assoc 107: 1755–1767, 2007.

66. Gao X, Wilde PE, Lichtenstein AH, and Tucker KL. The 2005 USDA Food Guide Pyramid is associated with more adequate nutrient intakes within energy constraints than the 1992 Pyramid. *Journal of Nutrition* 136: 1341–1346, 2006.

67. Garfinkle PE, and Garner DM. Anorexia Nervosa. New York, NY. Brunner/Mazel, 1982.

68. Garn SM. Radiographic analysis of body composition. In *Techniques for Measuring Body Composition*, edited by Brozek J, and Henschel A. National Research Council, 1961.

69. Garn SM, and Clark DC. Trends in fatness and the origins of obesity ad hoc committee to review the ten-state nutrition survey. *Pediatrics* 57: 443–456, 1976.

70. Garrow JS. *Energy Balance and Obesity in Man*. New York, NY: Elsevier North-Holland, 1978.

71. Garrow JS. The regulation of energy expenditure in man. In *Recent Advances in Obesity Research*: II, edited by Bray G. Westport: Technomic, 1978, pp. 200–210.

72. Going S, Williams D, and Lohman T. Aging and body composition: biological changes and methodological issues. *Exercise and Sport Sciences Reviews* 23: 411–458, 1995.

73. Goldblatt PB, Moore ME, and Stunkard AJ. Social factors in obesity. *JAMA* 192: 1039–1044, 1965.

74. Goldman RF, and Buskirk ER. Body volume measurement by underwater weighing: description of a method. In *Techniques for Measuring Body Composition*, edited by Brozek J, and Henschel A. National Research Council, 1961.

75. Guthrie HA, and Picciano MF. *Human Nutrition*. St. Louis, MO: Mosby, 1995.

76. Guyton AG. Body fat and adipose tissue cellularity in infants: a longitudinal study. *Metabolism: Clinical and Experimental* 26: 607–614, 1977.

77. Guyton AG. *Textbook of Medical Physiology*. Philadelphia, PA: W. B. Saunders, 1981.

78. Ha V, Jayalath VH, Cozma AI, Mirrahimi A, de Souza RJ, and Sievenpiper, JL. Fructose-containing sugars, blood pressure and cardiometabolic risk: a critical review. *Current Hypertension Reports* 15: 281–297, 2013.

79. Hager A, Sjorstrom L, Arvidsson B, Bjorntorp P, and Smith U. Adipose tissue cellularity in obese school girls before and after dietary treatment. *American Journal of Clinical Nutrition* 31: 68–75, 1978.

80. Hallberg L. Iron. In *Nutrition Reviews' Present Knowledge in Nutrition*. Washington, D.C.: The Nutrition Foundation, 1984, pp. 459–478.

81. Hellerstein MK, Christiansen M, Kaempfer S, Kletke C, Wu K, Reid JS, et al. Measurement of de novo hepatic lipogenesis in humans using stable isotopes. *American Society for Clinical Investigation, Inc* 87: 1841–1852, 1991.

82. Hellertein MK. DeNovo lipogenesis in humans: metabolic and regulatory aspects. *European Journal of Clinical Nutrition*. 53: S53–S65, 1999.

83. Herrera BM, and Lindgren CM. The genetics of obesity. *Current Diabetes Reports* 10: 498–505, 2010.

84. Hill J. Obesity treatment: can diet composition play a role? *American College of Physicians* 119: 694–697, 1993.

85. Hirsch J. Role and benefits of carbohydrate in the diet: key issues for future dietary guidelines. *American Journal of Clinical Nutrition* Suppl. 61: 996S–1000S, 1995.

86. Hirsch J, and Knittle JL. Cellularity of obese and nonobese human adipose tissue. *Federation Proceedings* 29: 1516–1521, 1970.

87. Hornbuckle LM, Bassett DR, Jr., and Thompson DL. Pedometer-determined walking and body composition variables in African-American women. *Medicine and Science in Sports and Exercise* 37: 1069–1074, 2005.

88. Houtkooper LB, and Going SB. *Body Composition: How Should It Be Measured? Does It Affect Performance?* Barrington, IL: Gatorade Sports Science Institute, 1994.

89. Huxley R, Mendis S, Zheleznyakov E, Reddy S, and Chan J. Body mass index, waist circumference and waist:hip ratio as predictors of cardiovascular risk—a review of the literature. *European Journal of Clinical Nutrition* 64: 16–22, 2010.

90. Institute of Medicine. *Dietary Reference Intakes for Calcium and Vitamin D*. Washington, D.C.: National Academy of Sciences, 2010.

91. Institute of Medicine. *Dietary Reference Intakes for Water, Potassium, Sodium, Chloride, and Sulfate*. Washington, D.C.: National Academies Press, 2004.

92. Institute of Medicine. *Dietary Reference Intakes for Energy, Carbohydrate, Fiber, Fat, Fatty Acids, Cholesterol, Protein, and Amino Acids*. Washington, D.C.: National Academies Press, 2002.

93. Irwin ML, Yasui Y, Ulrich CM, Bowen D, Rudolph RE, Schwartz RS, et al. Effect of exercise on total and intra-abdominal body fat in postmenopausal women: a randomized controlled trial. *JAMA* 289: 323–330, 2003.

94. Jackson AS, and Pollock ML. Generalized equations for predicting body density of men. *British Journal of Nutrition* 40: 497–504, 1978.

95. Jackson AS, and Pollock ML. Practical assessment of body composition. *Physician and Sportsmedicine* 13: 76–90, 1985.

96. Jackson AS, Pollock ML, and Ward A. Generalized equations for predicting body density of women. *Medicine and Science in Sports and Exercise* 12: 175–181, 1980.

97. James WP, and Trayhurn P. Thermogenesis and obesity. *British Medical Bulletin* 37: 43–48, 1981.

98. Jensen MD, Ryan DH, Apovian CM, Ard JD, Comuzzie AG, Donato KA, et al. 2013 AHA/ACC/TOS guideline for management of overweight and obesity in adults: a report of the American College of Cardiology/American Heart Association Task Force on Practice Guidelines and The Obesi-

ty Society. *Circulation*. Published online before print November 12, 2013, doi: 10.1161/ 01.cir.0000437739.71477.ee

99. Jéquier E. Body weight regulation in humans: the importance of nutrient balance. *News in Physiological Sciences* 8: 273–276, 1993.

100. Jéquier E. Calorie balance versus nutrient balance. In *Energy Metabolism: Tissue Determinants and Cellular Corollaries*, edited by Kinney JM, and Tucker HN. New York, NY: Raven, 1992, pp. 123–137.

101. Johnston FE, and Malina RM. Age changes in the composition of the upper arm in Philadelphia children. *Human Biology: An International Record of Research* 38: 1–21, 1966.

102. Jones DW. Dietary sodium and blood pressure. *Hypertension* 43: 932–935, 2004.

103. Jung RT, Shetty PS, James WP, Barrand MA, and Callingham BA. Reduced thermogenesis in obesity. *Nature* 279: 322–323, 1979.

104. Kastorini CM, Milionis HJ, Ioannidi A, Kalantzi K, Nikolaou V, Vemmos KN, et al. Adherence to the Mediterranean diet in relation to acute coronary syndrome or stroke nonfatal events: a comparative analysis of a case/case-control study. *American Heart Journal* 162: 717–724, 2011.

105. Katch FI. Assessment of lean body tissues by radiography and bioelectrical impedance. In *Body-Composition Assessment in Youths and Adults*, edited by Roche AF. Columbus, OH: Ross Laboratories, 1985.

106. Kesse-Guyot E, Ahluwalia N, Lassale C, Hercberg S, Fezeu L, and Lairon D. Adherence to Mediterranean diet reduces risk of metabolic syndrome. *Nutrition Metabolism and Cardiovascular Diseases* 23:677–683, 2013.

107. Keys A. *The Biology of Human Starvation*. Minneapolis, MN: The University of Minnesota Press, 1950.

108. Knittle JL. Obesity in childhood: a problem in adipose tissue cellular development. *Journal of Pediatrics* 81: 1048–1059, 1972.

109. Krebs-Smith SM, and Kris-Etherton P. How does MyPyramid compare to other population-based recommendations for controlling chronic disease? *J Am Diet Assoc* 107: 830–837, 2007.

110. Kris-Etherton P, Daniels SR, Eckel RH, Engler M, Howard BV, Krauss RM, et al. Summary of the scientific conference on dietary fatty acids and cardiovascular health: conference summary from the Nutrition Committee of the American Heart Association. *Circulation* 103: 1034–1039, 2001.

111. Kristo AS, Matthan NR, and Lichtenstein AH. Effects of diets differing in glycemic index and glycemic load on cardiovascular risk factors: review of randomized controlled feeding trials *Nutrients* 5: 1071–1080, 2013.

112. Krotkiewski M, Sjostrom L, Bjorntorp P, Carlgren G, Garellick G, and Smith U. Adipose tissue cellularity in relation to prognosis for weight reduction. *International Journal of Obesity* 1: 395–416, 1977.

113. Lane MD, and Cha SH. Effect of glucose and fructose on food intake via malonyl-CoA signaling in the brain. *Biochemical and Biophysical Research Communications* 382: 1–5, 2009.

114. Lapidus L, Bengtsson C, Larsson B, Pennert K, Rybo E, and Sjostrom L. Distribution of adipose tissue and risk of cardiovascular disease and death: a 12 year follow up of participants in the population study of women in Gothenburg, Sweden. *British Medical Journal (Clinical Research Ed)* 289: 1257–1261, 1984.

115. Larsson B, Svardsudd K, Welin L, Wilhelmsen L, Bjorntorp P, and Tibblin G. Abdominal adipose tissue distribution, obesity, and risk of cardiovascular disease and death: 13 year follow up of participants in the study of men born in 1913. *British Medical Journal (Clinical Research Ed)* 288: 1401–1404, 1984.

116. Lee P, Swarbrick MM, and Ho KKY. Brown adipose tissue in adult humans: a metabolic renaissance. *Endocrine Reviews* 34: 413–438, 2013.

117. Leibel RL, Hirsch J, Appel BE, and Checani GC. Energy intake required to maintain body weight is not affected by wide variation in diet composition. *American Journal of Clinical Nutrition* 55: 350–355, 1992.

118. Levitsky DA. Putting behavior back into feeding behavior: a tribute to George Collier. *Appetite* 38: 143–148, 2002.

119. Lohman T, Houtkooper LB, and Going S. Body fat meaurement goes high-tech. *ACSM's Health & Fitness Journal* 1: 30–35, 1997.

120. Lohman TG. *Advances in Body Composition Assessment*. Champaign, IL: Human Kinetics, 1992.

121. Lohman TG. Applicability of body composition techniques and constants for children and youths. In *Exercise and Sport Sciences Reviews*, edited by Pandolf KB. New York, NY: Macmillan, 1986, pp. 325–357.

122. Lohman TG. Assessment of body composition in children. *Pediatric Exercise Science* 1: 19–30, 1989.

123. Lohman TG. Body composition methodology in sports medicine. *Physician and Sportsmedicine* 10: 47–58, 1982.

124. Lohman TG. Skinfolds and body density and their relation to body fatness: a review. *Human Biology: An International Record of Research* 53: 181–225, 1981.

125. Lohman TG, and Going SB. Multicomponent models in body composition research: opportunities and pitfalls. In *Human Body Composition*, edited by Ellis KJ, and Eastman JD. New York, NY: Plenum Press, 1993, pp. 53–58.

126. Lohman TG, Slaughter MH, Boileau RA, Bunt J, and Lussier L. Bone mineral measurements and their relation to body density in children, youth and adults. *Human Biology: An International Record of Research* 56: 667–679, 1984.

127. Ma XY, Liu JP, and Songf ZY. Glycemic load, glycemic index and risk of cardiovascular diseases: a meta-analysis of prospective studies. *Atherosclerosis*. 223: 491–496, 2012.

128. Mayer J. Genetic factors in human obesity. *Annals of the New York Academy of Sciences* 131: 412–421, 1965.

129. Mazess RB, Barden HS, Bisek JP, and Hanson J. Dual-energy x-ray absorptiometry for total-body and regional bone-mineral and soft-tissue composition. *American Journal of Clinical Nutrition* 51: 1106–1112, 1990.

130. McTiernan A, Sorensen B, Irwin ML, Morgan A, Yasui Y, Rudolph RE, et al. Exercise effect on weight and body fat in men and women. *Obesity* 15: 1496–1512, 2007.

131. Melanson EL, Gozansky WS, Barry DW, MacLean PS, Grunwald GK, and Hill JO. When energy balance is maintained exercise does not induce negative fat balance in lean sedentary, obese sedentary, or lean enduranced-trained individuals. *Journal of Applied Physiology* 107: 1847–1856, 2009.

132. Metropolitan Life Insurance Company. New weight standards for men and women. *Statistical Bulletin Metropolitan Life Insurance Company* 40: 1–4, 1959.

133. Millard-Stafford ML, Collins MA, Evans EM, Snow TK, Cureton KJ, and Rosskopf LB. Use of air displacement plethysmography for estimating body fat in a four-component model. *Medicine and Science in Sports and Exercise* 33: 1311–1317, 2001.

134. Mirrahimi A, de Souza RJ, Chiavaroli L, Sievenpiper JL, Beyene J, Hanley AJ, et al. Associations of glycemic index and load with coronary heart disease events: a systematic review and meta-analysis of prospective cohorsts. *Journal of the American Heart Association* 1: e000752, 2012.

135. Mitjavila MT, Fandos M, Salas-Salvado J, Covas MI, Borrego S, Estruch R, et al. The Mediterranean diet improves the systemic lipid and DNA oxidative damage in metabolic syndrome individuals. A randomized, controlled trial. *Clinical Nutrition* 32: 172–178, 2013.

136. Mole PA. Impact of energy intake and exercise on resting metabolic rate. *Sports Medicine* 10: 72–87, 1990.

137. Morrow JR, Jr., Jackson AS, Bradley PW, and Hartung GH. Accuracy of measured and predicted residual lung volume on

body density measurement. *Medicine and Science in Sports and Exercise* 18: 647–652, 1986.

138. National Center for Health Statistics. *Health, United States, 2012: With Special Feature on Emergency Care*. Hyattsville, MD.: National Center for Health Statistics, 2013, 205.

139. National Institutes of Health. Clinical guidelines on the identification, evaluation, and treatment of overweight and obesity in adults. *Obesity Research* 6 (Suppl 2), 1998.

140. National Research Council. *Recommended Dietary Allowances*. Washington, D.C.: National Academy Press, 1989.

141. Nordmann AJ, Nordmann A, Briel M, Keller U, Yancy WS, Jr., Brehm BJ, et al. Effects of low-carbohydrate vs low-fat diets on weight loss and cardiovascular risk factors: a meta-analysis of randomized controlled trials. *Archives of Internal Medicine* 166: 285–293, 2006.

142. Ogden CL, and Flegal KM. Changes in terminology for childhood overweight and obesity. *National Health Statistics Reports*. No. 25, June 25, 2010.

143. Ogden CL, Carroll MD, Curtin LR, Lamb MM, and Flegal KM. Prevalence of high body mass index in US children and adolescents, 2007–2008. JAMA 303: 242–249, 2010.

144. Ogden CL, Carroll MD, Curtin LR, McDowell MA, Tabak CJ, and Flegal KM. Prevalence of overweight and obesity in the United States, 1999–2004. JAMA 295: 1549–1555, 2006.

145. Ogden CL, Carroll MD, Kit BK, and Flegal KM. Prevalence of obesity among adults: United States, 2011–2012. NCHS *Data Brief*. Number 131, October 2013.

146. Ogden CL, Flegal KM, Carroll MD, and Johnson CL. Prevalence and trends in overweight among US children and adolescents, 1999–2000. JAMA 288: 1728–1732, 2002.

147. Oscai LB. The role of exercise in weight control. In *Exercise and Sport Sciences Reviews*, edited by Wilmore JH. New York, NY: Academic Press, 1973, pp. 103–120.

148. Oscai LB, Spirakis CN, Wolff CA, and Beck RJ. Effects of exercise and of food restriction on adipose tissue cellularity. *Journal of Lipid Research* 13: 588–592, 1972.

149. Passmore R. Energy metabolism at various weights: man. Part II. Resting: adults. In *Metabolism: Clinical and Experimental*, edited by Altman PL, and Dittmer DS. Bethesda, MD: Federation of American Societies for Experimental Biology, 1968, pp. 344–345.

150. Pietrobelli A, Heymsfield SB, Wang ZM, and Gallagher D. Multi-component body composition models: recent advances and future directions. *European Journal of Clinical Nutrition* 55: 69–75, 2001.

151. Poehlman ET. A review: exercise and its influence on resting energy metabolism in man. *Medicine and Science in Sports and Exercise* 21: 515–525, 1989.

152. Poehlman ET, Melby CL, and Goran MI. The impact of exercise and diet restriction on daily energy expenditure. *Sports Medicine* 11: 78–101, 1991.

153. Pollock ML, and Wilmore JH. *Exercise in Health and Disease*. Philadelphia, PA: W. B. Saunders, 1990.

154. Presta E, Casullo AM, Costa R, Slonim A, and Van Itallie TB. Body composition in adolescents: estimation by total body electrical conductivity. *J Appl Physiol* 63: 937–941, 1987.

155. Qiao Q, and Nyamdorj R. Is the association of type II diabetes with waist circumference or waist:hip ratio stronger than that with body mass index? *European Journal of Clinical Nutrition* 64: 3–34, 2010.

156. Rabkin SW, Mathewson FA, and Hsu PH. Relation of body weight to development of ischemic heart disease in a cohort of young North American men after a 26 year observation period: the Manitoba Study. *American Journal of Cardiology* 39: 452–458, 1977.

157. Ratamess N. Body composition status and assessment. In ACSM's *Resource Manual for Guidelines for Exercise Testing and Prescription*, edited by Swain DP. Baltimore, MD: Lippincott Williams & Wilkins, 2014, pp. 287–308.

158. Redman LM, Heilbronn LK, Martin CK, Alfonso A, Smith SR, and Ravussin E. Effect of calorie restriction with or without exercise on body composition and fat distribution. *Journal of Clinical Endocrinology and Metabolism* 92: 865–872, 2007.

159. Rimm AA, and P. L. White. Obesity: its risks and hazards. In *Obesity in America*, edited by U.S. Department of Health EaWNIH. Publication No. 79–359, 1979.

160. Rising R, Harper IT, Fontvielle AM, Ferraro RT, Spraul M, and Ravussin E. Determinants of total daily energy expenditure: variability in physical activity. *American Journal of Clinical Nutrition* 59: 800–804, 1994.

161. Romijn JA, Coyle EF, Sidossis LS, Gastaldelli A, Horowitz JF, Endert E, et al. Regulation of endogenous fat and carbohydrate metabolism in relation to exercise intensity and duration. *American Journal of Physiology* 265: E380–391, 1993.

162. Ross R, Dagnone D, Jones PJ, Smith H, Paddags A, Hudson R, et al. Reduction in obesity and related comorbid conditions after diet-induced weight loss or exercise-induced weight loss in men: randomized, controlled trial. *Ann Intern Med* 133: 92–103, 2000.

163. Ross R, Freeman JA, and Janssen I. Exercise alone is an effective strategy for reducing obesity and related comorbidities. *Exercise and Sport Sciences Reviews* 28: 165–170, 2000.

164. Ross R, and Rissanen J. Mobilization of visceral and subcutaneous adipose tissue in response to energy restriction and exercise. *American Journal of Clinical Nutrition* 60: 695–703, 1994.

165. Roust LR, Hammel KD, and Jensen MD. Effects of isoenergetic, low-fat diets on energy metabolism in lean and obese women. *American Journal of Clinical Nutrition* 60: 470–475, 1994.

166. Sacks FM, Bray GA, Carey VJ, Smith SR, Ryan DH, Anton SD, et al. Comparison of weight-loss diets with different compositions of fat, protein and carbohydrates. *New England Journal of Medicine* 360: 859–873, 2009.

167. Saely CH, Geiger K, and Drexel H. Brown versus white adipose tissue: a mini-review. *Gerontology*. 58: 15–23, 2012.

168. Schoeller D. Measurement of total body water: isotope dilution techniques. In *Body-Composition Assessment in Youths and Adults*, edited by Roche AF. Columbus, OH: Ross Laboratories, 1985, pp. 24–29.

169. Schulz LO, and Schoeller DA. A compilation of total daily energy expenditures and body weights in healthy adults. *American Journal of Clinical Nutrition* 60: 676–681, 1994.

170. Schutte JE, Townsend EJ, Hugg J, Shoup RF, Malina RM, and Blomqvist CG. Density of lean body mass is greater in blacks than in whites. *J Appl Physiol* 56: 1647–1649, 1984.

171. Schutz Y. Concept of fat balance in human obesity revisited with particular reference to *de novo* lipogenesis. *International Journal of Obesity* 28: S3–S11, 2004.

172. Schwingshackl L, and Hoffmann G. Long-term effects of low glycemic index/load vs. high glycemic index/load diets on parameters of obesity and obesity-associated risks: a systematic review and meta-analysis. *Nutrition Metabolism and Cardiovascular Diseases*. 23: 699–706, 2013.

173. Segal KR, Burastero S, Chun A, Coronel P, Pierson RN, Jr., and Wang J. Estimation of extracellular and total body water by multiple-frequency bioelectrical-impedance measurement. *American Journal of Clinical Nutrition* 54: 26–29, 1991.

174. Segal KR, Edano A, Blando L, and Pi-Sunyer FX. Comparison of thermic effects of constant and relative caloric loads in lean and obese men. *American Journal of Clinical Nutrition* 51: 14–21, 1990.

175. Segal KR, Gutin B, Presta E, Wang J, and Van Itallie TB. Estimation of human body composition by electrical impedance methods: a comparative study. *J Appl Physiol* 58: 1565–1571, 1985.

Capítulo 18   Composição corporal e nutrição para a saúde   **439**

176. Segal MS, Gollub E, and Johnson RJ. Is the fructose index more relevant with regards to cardiovascular disease than the glycemic index? *European Journal of Nutrition* 46: 406–417, 2007.

177. Seidell JC. Waist circumference and waist/hip ratio in relation to all-cause mortality, cancer and sleep apnea. *European Journal of Clinical Nutrition* 64: 35–41, 2010.

178. U.S. Department of Health and Human Services. DASH Eating Plan. Washington, D.C.: US Department of Health and Human Services, 2006.

179. Sheard NF, Clark NG, Brand-Miller JC, Franz MJ, Pi-Sunyer FX, Mayer-Davis E, et al. Dietary carbohydrate (amount and type) in the prevention and management of diabetes: a statement by the American Diabetes Association. *Diabetes Care* 27: 2266–2271, 2004.

180. Sims EA, Danforth E, Jr., Horton ES, Bray GA, Glennon JA, and Salans LB. Endocrine and metabolic effects of experimental obesity in man. *Recent Progress in Hormone Research* 29: 457–496, 1973.

181. Sinning WE, Dolny DG, Little KD, Cunningham LN, Racaniello A, Siconolfi SF, et al. Validity of "generalized" equations for body composition analysis in male athletes. *Medicine and Science in Sports and Exercise* 17: 124–130, 1985.

182. Sinning WE, and Wilson JR. Validity of "generalized" equations for body composition analysis in women athletes. *Research Quarterly for Exercise Sport* 55: 153–160, 1984.

183. Siri WE. Body composition from fluid spaces and density: analysis of methods. In *Techniques for Measuring Body Composition*, edited by Brozek J, and Henschel A. Washington, D.C.: National Academy of Sciences, 1961, pp. 223–244.

184. Siri WE. Fat cells and body weight. In *Obesity*, edited by Strunkard, JA. Philadelphia, PA: W. B. Saunders, 1980, pp. 72–100.

185. Sjöström L, and Björntrop P. Body composition and adipose tissue cellularity in human obesity. *Acta Media Scandinavica* 195: 201–211, 1974.

186. Sjöström LV. Morbidity of severely obese subjects. *American Journal of Clinical Nutrition* 55: 508S–515S, 1992.

187. Sjöström LV. Mortality of severely obese subjects. *American Journal of Clinical Nutrition* 55: 516S–523S, 1992.

188. Slentz CA, Duscha BD, Johnson JL, Ketchum K, Aiken LB, Samsa GP, et al. Effects of the amount of exercise on body weight, body composition, and measures of central obesity: STRRIDE—a randomized controlled study. *Archives of Internal Medicine* 164: 31–39, 2004.

189. Speakman JR, Levitsky DA, Allison DB, Bray MS, de Castro JM, Clegg DJ, et al. Set points, settling points and some alternative models: theoretical options to understand how genes and environments combine to regulate body adiposity. *Disease Models & Mechanisms.* 4: 733–745, 2011.

190. Stefanick ML. Exercise and weight control. *Exercise and Sport Sciences Reviews* 21: 363–396, 1993.

191. Stevens J, Katz EG, and Huxley RR. Associations between gender, age and waist circumference. *European Journal of Clinical Nutrition* 64: 6–15, 2010.

192. Stunkard AJ, Sorensen TI, Hanis C, Teasdale TW, Chakraborty R, Schull WJ, et al. An adoption study of human obesity. *New England Journal of Medicine* 314: 193–198, 1986.

193. Swinburn B, and Ravussin E. Energy balance or fat balance? *American Journal of Clinical Nutrition* 57: 766S–770S; discussion 770S–771S, 1993.

194. Tataranni PA, Larson DE, Snitker S, and Ravussin E. Thermic effect of food in humans: methods and results from use of a respiratory chamber. *American Journal of Clinical Nutrition* 61: 1013–1019, 1995.

195. Thomas JG, Bond DS, Hill JO, and Wing RR. The national weight control registry. *ACSM's Health & Fitness Journal* 15: 8–12, 2011.

196. Thompson CA, and Thompson PA. Healthy lifestyle and cancer prevention. *ACSM's Health & Fitness Journal* 12: 18–26, 2008.

197. Thompson DL, Rakow J, and Perdue SM. Relationship between accumulated walking and body composition in middle-aged women. *Medicine and Science in Sports and Exercise* 36: 911–914, 2004.

198. Tremblay A. Dietary fat and body weight set point. *Nutrition Reviews* 62: S75–77, 2004.

199. Tremblay A, Simoneau JA, and Bouchard C. Impact of exercise intensity on body fatness and skeletal muscle metabolism. *Metabolism: Clinical and Experimental* 43: 814–818, 1994.

200. Treuth MS, Hunter GR, Weinsier RL, and Kell SH. Energy expenditure and substrate utilization in older women after strength training: 24-h calorimeter results. *J Appl Physiol* 78: 2140–2146, 1995.

201. U.S. Department of Agriculture. *Dietary Guidelines for Americans*. Washington, D.C.: U.S. Department of Agriculture, 2005.

202. U.S. Department of Agriculture. What we eat in America, NHANES 2009–2010. http://www.ars.usda.gov/services/docs.htm?docid=13793.

203. U.S. Department of Agriculture. *Dietary Guidelines for Americans*. Washington, D.C.: U.S. Department of Agriculture, 2010.

204. U.S. Department of Health and Human Services. 2008 *Physical Activity Guidelines for Americans*. Washington, D.C.: U.S. Department of Health and Human Services, 2008.

205. U.S. Senate Select Committee on Nutrition and Human Needs. *Eating in America: Dietary Goals for the* U.S. Washington, D.C.: U.S. Government Printing Office, 1977.

206. Van Etten LM, Westerterp KR, and Verstappen FT. Effect of weight-training on energy expenditure and substrate utilization during sleep. *Medicine and Science in Sports and Exercise* 27: 188–193, 1995.

207. Van Itallie T. Clinical assessment of body fat content in adults: potential role of electrical impedance methods. In *Body-Composition Assessment in Youths and Adults*, edited by Roche AF. Columbus, OH: Ross Laboratories, 1985, pp. 5–8.

208. Van Itallie TB. Conservative approaches to treatment. In *Obesity in America*, edited by Bray G. Department of Health, Education, and Welfare. NIH Publication No. 79–359, 1979.

209. Van Loan MD, Keim NL, Berg K, and Mayclin PL. Evaluation of body composition by dual energy x-ray absorptiometry and two different software packages. *Medicine and Science in Sports and Exercise* 27: 587–591, 1995.

210. Van Marken Lichtenbelt WD, Westerterp KR, Wouters L, Luijendijk SC. Validation of bioelectrical-impedance measurements as a method to estimate body-water compartments. *American Journal of Clinical Nutrition* 60: 159–166, 1994.

211. Vasselli JR, Cleary MP, and Van Itallie TB. Obesity. In *Nutrition Reviews' Present Knowledge in Nutrition*. Washington, D.C.: The Nutrition Foundation, 1984, pp. 35–36.

212. Wabitsch M, Hauner H, Heinze E, Muche R, Bockmann A, Parthon W, et al. Body-fat distribution and changes in the atherogenic risk-factor profile in obese adolescent girls during weight reduction. *American Journal of Clinical Nutrition* 60: 54–60, 1994.

213. Wadden TA, and Stunkard AJ. Social and psychological consequences of obesity. *Ann Intern Med* 103: 1062–1067, 1985.

214. Wagner DR, and Heyward VH. Techniques of body composition assessment: a review of laboratory and field methods. *Research Quarterly for Exercise and Sport* 70: 135–149, 1999.

215. Ward A, Pollock ML, Jackson AS, Ayres JJ, and Pape G. A comparison of body fat determined by underwater weigh-

ing and volume displacement. *American Journal of Physiology* 234: E94–96, 1978.

216. Wardlaw GM, Smith AM, and Collene AL. *Contemporary Nutrition—A Functional Approach*. New York, NY: McGraw-Hill, 2013.

217. Weinberger MH. Sodium and blood pressure 2003. *Current Opinion in Cardiology* 19: 353–356, 2004.

218. Weinsier RL, Schutz Y, and Bracco D. Reexamination of the relationship of resting metabolic rate to fat-free mass and to the metabolically active components of fat-free mass in humans. *American Journal of Clinical Nutrition* 55: 790–794, 1992.

219. Welk GJ, and Meredith MD (eds). FITNESSGRAM®/ACTIV-ITYGRAM® Reference Guide (3rd ed). Dallas, TX: The Cooper Institute, 2008.

220. Willett WC, Stampfer M, Manson J, and VanItallie T. New weight guidelines for Americans: justified or injudicious? *American Journal of Clinical Nutrition* 53: 1102–1103, 1991.

221. Willett WC, Stampfer M, Manson J, and VanItallie T. Reply to G. A. Bray and R. L. Atlinson. *American Journal of Clinical Nutrition* 55: 482–483, 1992.

222. Williams MH. *Nutrition for Health, Fitness, & Sport*. New York, NY: McGraw-Hill, 2010.

223. Wilmore JH. Body composition in sport and exercise: directions for future research. *Medicine and Science in Sports and Exercise* 15: 21–31, 1983.

224. Wright J. Dietary intake of ten key nutrients for public health, United States: 1999–2000. Advance data from vital and health statistics. No. 334. National Center for Health Statistics, 2003.

225. Zurlo F, Lillioja S, Esposito-Del Puente A, Nyomba BL, Raz I, Saad MF, et al. Low ratio of fat-to-carbohydrate oxidation as predictor of weight gain: study of 24-h RQ. *American Journal of Physiology* 259: E650–657, 1990.

SEÇÃO III

Fisiologia do desempenho

19

Fatores que afetam o desempenho

■ Objetivos

Ao estudar este capítulo, você deverá ser capaz de:

1. Identificar os fatores que afetam o desempenho máximo.
2. Fornecer evidência a favor e contra a ideia de que o sistema nervoso central é um local de fadiga.
3. Identificar possíveis fatores neurais periféricos que possam estar ligados à fadiga.
4. Explicar o papel da ciclagem das pontes cruzadas na fadiga.
5. Resumir a evidência sobre a ordem de recrutamento das fibras musculares diante de

intensidades de atividade crescentes e o tipo de metabolismo do qual cada uma é dependente.

6. Descrever os fatores que limitam o desempenho em atividades máximas com duração inferior a 10 segundos.
7. Descrever os fatores que limitam o desempenho em atividades máximas com duração de 10 a 180 segundos.
8. Discutir as mudanças sutis nos fatores que afetam o desempenho ideal quando a duração de desempenho máximo aumenta de 3 minutos até 4 horas.

■ Conteúdo

Locais de fadiga 445
Fadiga central 446
Fadiga periférica 447

Fatores que limitam desempenhos anaeróbios máximos 450
Desempenhos de duração ultracurta (10 segundos ou menos) 450
Desempenhos de curta duração (10 a 180 segundos) 452

Fatores que limitam desempenhos aeróbios máximos 452

Desempenhos de duração moderada (3 a 20 minutos) 453
Desempenhos de duração intermediária (21 a 60 minutos) 453
Desempenhos de longa duração (1 a 4 horas) 454

O atleta como máquina 456

■ Palavras-chave

fadiga central
fadiga periférica
radicais livres

Nos últimos capítulos, a ênfase recaiu no exercício e na nutrição apropriados para a saúde e o condicionamento físico. Foi enfatizada a *moderação* nesses aspectos, para diminuir os fatores de risco associados a diversos tipos de doença. Agora, é preciso mudar o foco para a discussão dos fatores que limitam o desempenho físico.

Os objetivos do desempenho exigem muito mais tempo, esforço e risco de lesão que os objetivos do condicionamento físico. Quais são as condições para um desempenho ideal? Para responder a essa pergunta, é preciso que outra seja formulada: qual é o tipo de desempenho? Fica claro que as condições para o melhor desempenho na corrida de 400 m são diferentes daquelas associadas à maratona. A Figura 19.1 ilustra um diagrama de fatores que influenciam o desempenho.[5] Cada desempenho exige certo grau de força e também de "habilidade" para aplicação da força da melhor maneira possível. Além disso, deve ser fornecida energia do modo necessário ou, então, o desempenho ficará prejudicado. Diferentes atividades requerem diferentes quantidades de energia provenientes de processos aeróbios e anaeróbios. Tanto o ambiente (altitude e calor) como a dieta (ingestão de carboidratos e água) têm seu papel no desempenho de resistência. Ademais, melhores desempenhos exigem envolvimento psicológico para "partir em busca do ouro". A finalidade deste capítulo é expandir esse diagrama e discutir os fatores que limitam o desempenho em diversos tipos de atividades, que apontarão o rumo para os capítulos restantes. Todavia, antes da dicussão desses fatores, serão resumidos os possíveis locais de fadiga que claramente podem afetar o desempenho.

Locais de fadiga

Fadiga é simplesmente definida como a incapacidade de manter um nível de potência ou de força durante repetidas contrações musculares.[25] Como sugerem os dois exemplos, da corrida de 400 m e da maratona, as causas da fadiga variam, sendo geralmente específicas para o tipo de atividade física. A Figura 19.2 oferece um resumo dos possíveis locais de fadiga.[25] A discussão dos mecanismos tem início no cérebro, onde uma série de fatores pode influenciar o "desejo de vencer", tendo continuidade nas pontes cruzadas dos próprios músculos. Há evidência em apoio a muitos dos locais listados na Figura 19.2 como "elos fracos" na geração da tensão muscular necessária para um desenvolvimento ideal. No entanto, não há concordância nesse ponto entre cientistas sobre as causas exatas da fadiga. As razões para isso são (a) o tipo de fibra e o estado de treinamento do indivíduo, (b) o tipo de estimulação muscular (se voluntária ou elétrica), (c) o uso de preparações musculares de anfíbios e de mamíferos, com uma parte isolada do corpo, e (d) a intensidade e a duração do exercício, bem como se a atividade foi contínua ou intermitente.[56,57] A Tabela 19.1 fornece um resumo das vantagens e desvantagens das diversas abordagens utilizadas pelos cientistas para o estudo da fadiga.[1] Obviamente, dependendo da natureza do exercício, do indivíduo e da abordagem experimental utilizada no estudo da fadiga, poderão ser obtidos resultados diferentes. Dentro da abrangência dessas limitações, será oferecida uma síntese das evidências sobre cada elo fraco, com aplicação das informações de tipos específicos de desempenho.

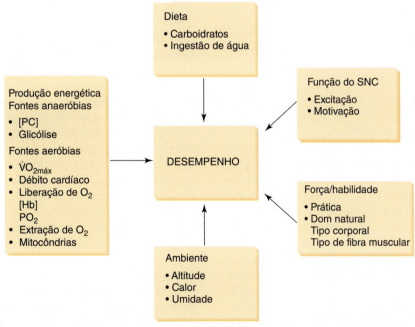

Figura 19.1 Fatores que afetam o desempenho.

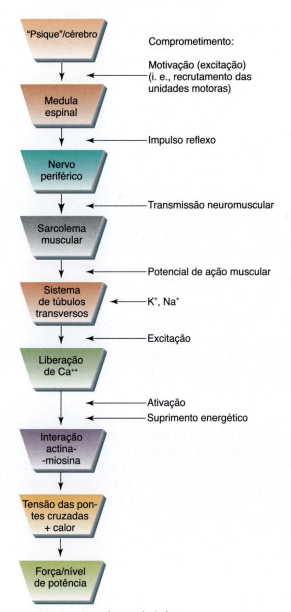

Figura 19.2 Possíveis locais de fadiga.

Fadiga central

O sistema nervoso central (SNC) seria implicado na fadiga se ocorresse redução (a) no número de unidades motoras funcionais envolvidas na atividade ou (b) na frequência de disparo das unidades motoras.[18] Há evidências tanto a favor como contra o conceito da **fadiga central**, ou seja, aquela fadiga que se origina no SNC.

Os experimentos clássicos de Merton demonstraram não haver diferença na geração de tensão quando uma contração máxima *voluntária* foi comparada com uma contração máxima *eletricamente induzida*. Quando o músculo ficou fatigado por contrações voluntárias, a estimulação elétrica não foi capaz de restaurar a tensão.[43] Isso sugeriu que o SNC não estava limitando o desempenho e que a "periferia" era o local da fadiga.

Por outro lado, o trabalho mais antigo de Ikai e Steinhaus[29] demonstrou que um simples grito durante um esforço poderia aumentar o que, antes, se acreditava ser a força "máxima". Artigo mais recente demonstrou que a estimulação elétrica de um músculo fatigado por contrações voluntárias resultou em aumento no desenvolvimento da tensão.[30] Assim, foi sugerido que o limite superior da força voluntária é regulado "psicologicamente", visto que há necessidade de certos fatores motivacionais ou excitatórios para que seja atingido um limite fisiológico.[30] Concordando com esses resultados, isto é, que o SNC pode limitar o desempenho, foram publicados dois estudos por Asmussen e Mazin.[5,6] Os participantes desses estudos levantaram pesos 30 vezes por minuto, causando fadiga em 2-3 minutos. Depois de uma pausa de 2 minutos, o levantamento teve continuidade. Os autores demonstraram que, ao ser introduzida uma diversão física (consistindo na contração de músculos não fatigados) ou mental (consistindo em fazer somas mentais) entre as sessões de exercício, a produção de trabalho era maior do que quando os participantes não faziam nada durante a pausa. Também constataram que, se uma pessoa fizesse uma série de contrações musculares até o ponto da fadiga com os olhos fechados, a simples abertura dos olhos restaurava a tensão.[5] Esses estudos sugerem que alterações na "excitação" do SNC podem facilitar o recrutamento das unidades motoras para aumentar a força e alterar o estado de fadiga. Existe evidência convincente de que o comprometimento da ativação voluntária do músculo durante as contrações fatigantes é decorrente, em parte, da redução da atividade nos neurônios motores da medula espinal que controla os músculos envolvidos. A depressão na atividade está relacionada com uma redução no impulso estimulatório nas vias descendentes dos centros cerebrais superiores e no *feedback* aferente dos músculos envolvidos.[19]

Um treinamento de resistência excessivo (sobretreinamento – em inglês, *overtraining*) foi associado a alguns sintomas, como redução na capacidade de desempenho, fadiga prolongada, alteração do estado de humor, perturbação do sono, perda do apetite e aumento da ansiedade.[16,62,63] Na última década, vem sendo dada considerável atenção à serotonina (5-hidroxitriptamina) cerebral como fator na fadiga, em razão de suas ligações com depressão, insônia e humor.[62,63] Há evidência de que aumentos e decréscimos na atividade da serotonina cerebral durante o exercício prolongado aceleram e retardam a fadiga, respectivamente.[15] Embora tenha sido demonstrado que a prática regular de exercício moderado melhora os estados de humor de pacientes depressivos, o exercício excessivo parece ter efeito oposto. Ao longo da década passada, foram realizados numerosos experimentos na tentativa de compreender a conexão entre a serotonina e a fadiga, mas a resposta ainda está por ser obtida.[62,63] Contudo, estudos recentemente publicados sugerem que não é a serotonina isoladamente, mas a sua relação com a dopamina, que contribui para o cansaço, por um lado, e para a excitação, pelo outro, e que os níveis cerebrais de noradrenalina também contribuem com o quadro.[41,42]

Tabela 19.1	Vantagens e desvantagens das diversas abordagens do estudo da fadiga	
Músculo *in vivo*	Vantagens	Todos os mecanismos fisiológicos presentes
		A fadiga pode ser central ou periférica
		Todos os tipos de fadiga podem ser estudados
		Padrões de estimulação apropriados para os tipos de fibra e estágio da fadiga
	Desvantagens	Mistura de tipos de fibra
		Padrões de ativação complexos
		Gera dados correlativos; mecanismos de difícil identificação
		Intervenções experimentais muito limitadas
Músculo isolado	Vantagens	Eliminação da fadiga central
		Dissecção simples
	Desvantagens	Mistura de tipos de fibra
		Inevitáveis os gradientes extracelulares de O_2, CO_2, K^+ e ácido láctico
		Mecanismos de fadiga prejudicados pela presença de gradientes extracelulares
		Drogas não podem ser aplicadas rapidamente por causa dos gradientes de difusão
Fibra simples isolada	Vantagens	Apenas um tipo de fibra presente
		Força e outras mudanças (iônica, metabólica) podem estar inequivocamente correlacionadas
		É possível fazer mensurações por fluorescência de íons, metabólitos, potencial de membrana, etc.
		Aplicação fácil e rápida de drogas, íons, metabólitos, etc. extracelulares
	Desvantagens	Difícil dissecção
		Ambiente diferente das condições *in vivo*
		Ausência de acúmulo de K^+ e de outras mudanças *in vivo*
		Tendência para lesão em temperaturas fisiológicas
		O pequeno tamanho dificulta a análise dos metabólitos
Fibra desmembranada	Vantagens	Podem ser aplicadas soluções precisas
		Possível estudar as propriedades miofibrilares, liberação e captação de retículo sarcoplasmático, liberação/pareamento de AP/Ca^{++}
		Mudanças metabólicas e iônicas associadas à fadiga podem ser estudadas isoladamente
	Desvantagens	A relevância para a fadiga pode ser questionável
		Pode ocorrer perda de componentes intracelulares importantes
		Os metabólitos relevantes ao estudo devem ser identificados em outros sistemas

O SNC está intimamente envolvido no exercício, inclusive a preparação psicológica que antecede sua prática,[65] o recrutamento das unidades motoras e o contínuo *feedback* proveniente de uma série de receptores sensores de tensão, temperatura, gases sanguíneos, pressão arterial e outras variáveis. O cérebro integra esses diversos sinais e gera comandos que automaticamente reduzem o nível de potência para proteger o organismo. Nesse sentido, o exercício começa e termina no cérebro.[32] Noakes et al.[34,48-50,60] desenvolveram o modelo do "governo central" para a fadiga central que se concentra principalmente no cérebro consciente e inconsciente e não envolve a medula espinal ou a unidade motora. Esse modelo tem muitos aspectos novos, mas tem atraído algumas críticas.[68] Agora, serão estudados alguns dos eventos externos ao SNC que estão ligados ao processo da fadiga.

Fadiga periférica

Embora exista evidência de que o SNC está relacionado com a fadiga, estima-se que sua contribuição seja de 10%.[23] A vasta maioria das evidências aponta para a periferia (**fadiga periférica**), em que eventos nervosos, mecânicos ou energéticos podem dificultar o desenvolvimento da tensão.[20,69]

Fatores nervosos. Se alguém estiver interessado em possíveis locais de fadiga, deverá rastrear o movimento do potencial de ação do nervo até o músculo e, no interior do músculo, seu progresso ao longo do sarcolema e do túbulo transverso (túbulo T) até o retículo sarcoplasmático (RS), onde o Ca^{++} é armazenado. Quando o Ca^{++} é liberado, interage com as proteínas reguladoras (p. ex., troponina) causadoras do movimento das pontes cruzadas para a geração de tensão. Finalmente, o Ca^{++} deve ser bombeado de volta para o RS, para permitir que o músculo relaxe antes da próxima contração. Nesse ponto, é preciso examinar as evidências para confirmar se qualquer desses locais está implicado no processo da fadiga.

Junção neuromuscular. O potencial de ação parece chegar à junção neuromuscular mesmo quando ocorre fadiga.[43] Além disso, evidências baseadas em mensurações simultâneas da atividade elétrica na junção neuromus-

Capítulo 19 Fatores que afetam o desempenho **447**

cular e em fibras musculares individuais sugerem que a junção neuromuscular não é o local da fadiga.[10,23]

Sarcolema e túbulos transversos. Foi proposta a hipótese de que o sarcolema poderia ser o local da fadiga, em virtude de sua incapacidade de manter as concentrações de Na^+ e K^+ durante estimulações repetidas. Quando a bomba de Na^+/K^+ não pode acompanhar o ritmo, ocorre acúmulo de K^+ fora da membrana e redução desse eletrólito no interior celular. Isso resulta em despolarização da célula e redução na amplitude do potencial de ação.[58] A despolarização gradual do sarcolema pode resultar em alteração do funcionamento dos túbulos T, inclusive com bloqueio do seu potencial de ação. Caso ocorra este último efeito, a liberação de Ca^{++} do RS ficará afetada do mesmo modo que a contração muscular.[3] Contudo, evidências indicam que a típica redução na amplitude do potencial de ação tem pouco efeito na produção de força pelo músculo. Além disso, a frequência mais baixa dos disparos do potencial de ação com a repetida estimulação do músculo parece protegê-lo de maior fadiga (em vez de causar fadiga), ao mudar a ativação para uma frequência de disparo mais baixa e satisfatória.[20] Isso não significa que o túbulo T não esteja envolvido no processo de fadiga; sob certas condições de estimulação, pode ocorrer bloqueio do potencial de ação no túbulo T, levando à redução da liberação de Ca^{++} pelo RS.[20,23,26] Como resultado, a ativação das pontes cruzadas de miosina seria adversamente afetada. Um dos efeitos benéficos do treinamento é o aumento da capacidade da bomba de Na^+/K^+, o que pode contribuir para a manutenção do gradiente Na^+/K^+ e reduzir o potencial para fadiga através desse mecanismo.[23,26]

Em resumo

- Aumentos na excitação do SNC facilitam o recrutamento das unidades motoras para aumento da força e alteração do estado de fadiga.
- A repetida estimulação do sarcolema pode resultar na redução do tamanho e da frequência dos potenciais de ação; no entanto, mudanças na frequência ideal necessária para a ativação muscular preservam a produção de força.
- Sob certas condições, pode ocorrer um bloqueio do potencial de ação no túbulo T, tendo como resultado a redução na liberação de Ca^{++} do RS.

Fatores mecânicos. O principal fator mecânico que pode estar relacionado à fadiga é a "ciclagem" das pontes cruzadas. A ação da ponte cruzada depende (a) da disposição funcional de actina e miosina, (b) da disponibilidade do Ca^{++} para se ligar com a troponina e permitir a ligação da ponte cruzada com o local ativo na actina e (c) do ATP, que é necessário tanto para a ativação da ponte cruzada para realizar o movimento quanto para a dissociação da ponte cruzada da actina. O exercício, especialmente do tipo excêntrico, pode provocar ruptura física do

sarcômero e reduzir a capacidade do músculo de gerar tensão.[4] No entanto, uma concentração elevada de H^+, que geralmente ocorre com o exercício intenso, pode contribuir para a fadiga por diversos mecanismos:[20,21,24,56,57]

- Redução da força por ponte cruzada.
- Redução da força gerada em determinada concentração de Ca^{++} (em relação à interferência do íon H^+ com a ligação do Ca^{++} à troponina).
- Inibição da liberação do Ca^{++} pelo RS.

Dentro dessa linha, dados de fibras musculares desmembranadas estudadas à temperatura laboratorial ($\sim 20°C$) demonstraram que um aumento na concentração de H^+ estava ligado à diminuição da força e da velocidade máxima do encurtamento. Todavia, quando experimentos em fibras musculares desmembranadas e intactas foram realizados a $30°C$ (uma temperatura mais fisiológica), a acidose diminuiu a força em apenas 10% e não aumentou a velocidade da fadiga. Esses últimos resultados são consistentes com dados provenientes de humanos que se exercitavam e nos quais a força foi recuperada antes da recuperação da concentração de H^+.[52]

Um sinal de fadiga nas contrações isométricas é um "tempo de relaxamento" mais longo – o tempo transcorrido desde a ocorrência da tensão de pico até a tensão basal. Esse parece ser um aspecto importante da fadiga nas fibras de contração rápida. Esse tempo de relaxamento mais longo pode ser decorrente de um retardo na capacidade do RS de bombear Ca^{++} e/ou retardar a ciclagem das pontes cruzadas, mas este último efeito parece ser mais importante.[52] Esse tempo de relaxamento mais longo resultaria em uma redução na frequência das passadas, uma característica da fadiga em corridas de 400 m.[52] Embora H^+ esteja implicado nesse tempo de relaxamento mais longo, também há envolvimento do acúmulo de fosfato inorgânico (P_i) decorrente da degradação do ATP.[23] É para esse ponto que a atenção será voltada adiante.

Em resumo

- A capacidade das pontes cruzadas de "ciclar" é importante para a geração contínua de tensão. A fadiga pode estar ligada, em parte, ao efeito da elevada concentração de H^+ e à incapacidade de rápida captação de Ca^{++} pelo retículo sarcoplasmático. O resultado final pode ser um tempo de relaxamento mais longo, o que afetará a frequência da contração muscular.

Energética da contração. A fadiga pode ser considerada como o resultado de um desequilíbrio simples entre as necessidades de ATP do músculo e a capacidade de geração desse nucleotídeo.[57] Conforme foi descrito no Capítulo 3, quando o exercício tem início e a necessidade de ATP acelera, ocorre uma série de reações geradoras de ATP para sua reposição.

- Enquanto as pontes cruzadas utilizam ATP e geram ADP, a fosfocreatina cria condições para a ressíntese imediata do ATP (PC + ADP → ATP + C).
- Com a depleção da fosfocreatina, ADP começa a acumular, ocorrendo a reação de miocinase para geração de ATP (ADP + ADP → ATP + AMP).
- O acúmulo de todos esses produtos estimula a glicólise para a geração de ATP adicional, o que pode resultar em acúmulo de H^+.[7]

No entanto, quando a demanda por ATP continua a exceder o aporte, ocorrem diversas reações celulares que limitam o trabalho e protegem a célula contra lesões. É importante ter em mente que o ATP é necessário para bombear íons e manter a estrutura celular. Nesse sentido, a fadiga tem uma função protetora. Quais são os sinais que indicam à célula muscular que a utilização energética deve ser refreada? Quando os mecanismos geradores de ATP não podem acompanhar sua utilização, inicia-se o acúmulo de fosfato inorgânico (P_i) na célula (P_i e ADP não estão sendo convertidos em ATP). Foi demonstrado que o aumento de P_i no músculo inibe a força máxima e que, quanto mais alta for a concentração de P_i, mais baixa será a força mensurada durante a recuperação da fadiga. Aparentemente, o P_i age diretamente nas pontes cruzadas para reduzir sua ligação à actina,[20,21,38,52,67] além de inibir a liberação de cálcio do RS.[2,17,23,52] No entanto, o acúmulo de P_i reduz o custo total de ATP por unidade de força, sugerindo melhora na eficiência.[47] O que interessa saber é que a célula não esgota suas reservas de ATP, mesmo em casos de extrema fadiga. Tipicamente, a concentração de ATP cai para apenas 70% de seu nível pré-exercício. Os fatores que causam a fadiga reduzem a utilização de ATP com maior rapidez do que sua geração, de modo que a concentração desse nucleotídeo é mantida. Acredita-se que essa seja uma função protetora, que visa a minimizar mudanças na homeostase celular com a estimulação contínua. Outros fatores novos podem estar ligados à fadiga (ver Quadro "Uma visão mais detalhada 19.1").

Em resumo

- A fadiga está diretamente associada a um descompasso entre a velocidade de uso do ATP pelo músculo e a velocidade de fornecimento desse nucleotídeo.
- Os mecanismos celulares da fadiga retardam a velocidade de utilização do ATP com maior rapidez do que a velocidade de sua geração, a fim de preservar a concentração do ATP e da homeostase celular.

Uma visão mais detalhada 19.1

A produção de radicais durante o exercício contribui para a fadiga muscular

Radicais livres (radicais) são moléculas que contêm um elétron não pareado em sua orbital externa. Esse elétron não pareado resulta em instabilidade molecular; assim, os radicais são altamente reativos e capazes de danificar proteínas, lipídios e DNA na célula.[27] A lesão mediada por radical em constituintes celulares é denominada estresse oxidativo, e níveis elevados de estresse oxidativo podem levar à disfunção celular.

Curiosamente, embora a prática regular de exercício resulte em muitos benefícios para a saúde, o exercício também promove a produção de radicais nos músculos esqueléticos, e o exercício prolongado e/ou intenso pode causar estresse oxidativo no músculo que está sendo exercitado. Mais importante: essa lesão oxidativa induzida pelo exercício contribui fundamentalmente para a fadiga muscular durante o exercício prolongado (i.e., > 30 minutos de duração).[35,36,40]

O(s) mecanismo(s) que explica(m) por que os radicais promovem a fadiga muscular permanece(m) assunto de pesquisa. Evidências atuais sugerem que a produção de radicais pode contribuir para a fadiga muscular em pelo menos duas formas importantes. Primeiro, os radicais podem lesionar proteínas contráteis essenciais, inclusive miosina e troponina.[12] A lesão dessas proteínas musculares reduz a sensibilidade dos miofilamentos ao cálcio e limita o número de pontes cruzadas de miosina ligadas à actina.[59] Segue-se que, quando um número menor de pontes cruzadas de miosina está ligado à actina, fica reduzida a produção de força muscular (i.e., ocorre fadiga). Um segundo mecanismo para explicar como os radicais podem contribuir para a fadiga muscular é que uma elevada produção de radicais pode deprimir a atividade da bomba de sódio/potássio no músculo esquelético.[36] O comprometimento da função da bomba de sódio/potássio resulta em problemas para alcançar o acoplamento da fibra de excitação-contração, o que compromete a produção de força.[36]

Considerando-se que os radicais contribuem para a fadiga muscular, é possível que a suplementação com antioxidante seja capaz de retardar a fadiga muscular induzida pelo exercício. Apesar disso, estudos que utilizam vitaminas antioxidantes (p. ex., vitaminas E e C) não apoiam o conceito de que antioxidantes dietéticos possam melhorar o desempenho humano.[54] Por outro lado, experimentos que utilizam o poderoso antioxidante N-acetilcisteína revelam que esse singular antioxidante pode retardar a fadiga durante o exercício submáximo prolongado.[36,39] Embora níveis ideais de antioxidantes possam retardar a fadiga, doses elevadas dessas substâncias (i.e., acima da dose ideal) podem comprometer o desempenho muscular.[13] Assim, a suplementação indiscriminada com um antioxidante pode ser prejudicial para o desempenho atlético.

No Capítulo 8, foi feita a ligação dos diferentes métodos de produção de ATP com os diferentes tipos de fibras musculares que são recrutados durante a atividade. Aqui, essa informação será brevemente resumida, no que se relaciona à discussão da fadiga. A Figura 19.3 ilustra o padrão de recrutamento das fibras musculares diante de intensidades de exercício crescentes. Até cerca de 40% do $\dot{V}O_{2máx}$, a fibra muscular oxidativa de contração lenta tipo I é recrutada para promover a geração de tensão.[57] Esse tipo de fibra depende de um aporte contínuo de sangue para fornecer o oxigênio necessário para a geração do ATP a partir de carboidratos e gorduras. Qualquer fator que limite o suprimento de oxigênio para esse tipo de fibra (p. ex., altitude, desidratação, perda de sangue ou anemia) causaria uma redução na geração da tensão nessas fibras, implicando recrutamento de fibras do tipo IIa para a geração de tensão.

Entre 40 e 75% do $\dot{V}O_{2máx}$, são recrutadas fibras de contração rápida do tipo IIa resistentes à fadiga, além das fibras do tipo I.[57] Essas fibras de contração rápida são ricas em mitocôndrias, assim como as fibras do tipo I, o que faz com que fiquem dependentes da liberação de oxigênio para a geração da tensão. Elas também têm grande capacidade de produzir ATP por meio da glicólise anaeróbia. O conteúdo mitocondrial das fibras do tipo IIa é sensível ao treinamento de resistência, de modo que, com o destreinamento, maior parte do suprimento de ATP seria proporcionada pela glicólise, levando à produção de lactato (ver Cap. 13). Se ocorrer diminuição do suprimento de oxigênio para esse tipo de fibra, ou se houver redução na capacidade de utilização do oxigênio pela fibra (decorrente de baixo número de mitocôndrias), ocorrerá queda na geração de tensão, o que implicará necessidade de recrutamento de fibras do tipo IIx para manutenção da tensão.

A fibra do tipo IIx é a fibra muscular de contração rápida com baixo conteúdo mitocondrial. Essa fibra pode gerar grande tensão via fontes energéticas anaeróbias, mas entra rapidamente em fadiga. Essa fibra é recrutada por volta de 75% do $\dot{V}O_{2máx}$, juntando-se à tensão das fibras dos tipos I e IIa e fazendo com que o exercício intenso passe a depender de sua capacidade de gerar tensão.[58]

Embora o enfoque principal deste texto tenha recaído no condicionamento físico e no desempenho de indivíduos presos (pela gravidade) à Terra, são universalmente conhecidas a debilitação e a instabilidade dos astronautas ao emergirem do ônibus espacial, depois de seu retorno do espaço. Com a estação espacial atualmente em órbita e com tripulações que são regularmente trocadas, não deve surpreender que os fisiologistas estejam estudando o impacto da ausência de gravidade por tempo prolongado na função muscular.[22] O Quadro "Pergunte ao especialista 19.1" dá algumas informações sobre por que os astronautas ficam mais fragilizados ao retornarem à Terra.

Em resumo

- As fibras musculares são recrutadas na seguinte ordem, diante de intensidades de exercício crescentes: tipo I → tipo IIa → tipo IIx.
- A progressão desloca-se do tipo de fibra muscular mais oxidativo para o menos oxidativo. O exercício intenso (> 75% do $\dot{V}O_{2máx}$) implica necessidade de recrutamento de fibras do tipo IIx (além das fibras dos tipos I e IIa), resultando em maior produção de H^+.

Fatores que limitam desempenhos anaeróbios máximos

Com o aumento da intensidade do exercício, o recrutamento das fibras musculares progride na seguinte ordem: tipo I → tipo IIa → tipo IIx. Isso significa que o aporte de ATP necessário para a geração de tensão se torna cada vez mais dependente do metabolismo anaeróbio.[57] Dessa maneira, a fadiga é específica para o tipo de tarefa realizada. Se determinada tarefa depender apenas do recrutamento de fibras do tipo I, então os fatores limitantes do desempenho serão muito diferentes daqueles associados a tarefas que necessitam de fibras do tipo IIx. Tendo essa revisão e esse resumo em mente, agora é preciso examinar os fatores que limitam o desempenho.

Desempenhos de duração ultracurta (10 segundos ou menos)

Os eventos que se enquadram nesta categoria são: arremesso de peso, salto em altura, salto em distância

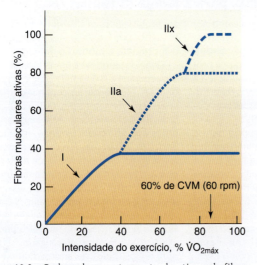

Figura 19.3 Ordem do recrutamento dos tipos de fibras musculares no exercício de intensidade crescente. De: D.G. Sale, "Influence of Exercise and Training on Motor Unit Activation", in: K. Pandolf, ed., *Exercise and Sport Sciences Reviews*. New York, NY: Macmillan, 1987, vol. 15, p. 95-151. Copyright © 1987 McGraw-Hill, Inc., New York. Reproduzido com permissão.

Pergunte ao especialista 19.1

Adaptações musculares às viagens espaciais: perguntas e respostas com o dr. Robert H. Fitts

Dr. Fitts é professor e chefe do Departamento de Ciências Biológicas da Marquette University. Seus principais interesses de pesquisa são o pareamento de excitação-contração e a mecânica muscular, além do mecanismo da adaptação muscular ao voo espacial e a programas de exercício regular. Sua pesquisa também se concentra na elucidação das causas celulares da fadiga muscular. Dr. Fitts foi laureado, em 1999, com o Citation Award do American College of Sports Medicine, por suas realizações de pesquisa, tendo recebido também o Prêmio de Pesquisador do Ano da Marquette University em 2000.

PERGUNTA: Quais mudanças ocorrem no músculo esquelético em decorrência das viagens espaciais?

RESPOSTA: A principal mudança no músculo esquelético com as viagens espaciais é a atrofia das fibras, causada por uma perda seletiva nos miofilamentos. Os músculos antigravidade das pernas são mais afetados do que os músculos do braço; e, principalmente, músculos lentos, como o sóleo, são mais afetados do que os músculos de contração rápida, como o gastrocnêmio. Em decorrência da perda de miofilamentos, as fibras musculares geram menos força e potência. Em seguida a um voo espacial de curta duração (≤ 3 semanas), as fibras lentas do tipo I demonstram elevada velocidade máxima de encurtamento – não causada pela expressão da miosina do tipo rápido. Foi proposta uma hipótese de que a maior velocidade resultaria de uma perda seletiva do filamento fino, a actina, o que aumenta o espaço entre os filamentos e faz com que a ponte cruzada de miosina se desfaça mais cedo, ao final do golpe de potência. Resultados recentes de experimentos da Estação Espacial Internacional (EEI) demonstraram que a velocidade elevada é uma mudança temporária, quando a velocidade das fibras lentas demonstra declínio significativo em seguida a voos de longa duração. Essa mudança, junto à maior atrofia das fibras, contribui para uma perda consideravelmente maior na potência das fibras lentas depois de voos de duração longa *versus* curta. Ao que parece, os voos espaciais aumentam a dependência de carboidratos dos músculos e reduzem sua capacidade de oxidar gorduras. Essa mudança metabólica não é causada pela redução na atividade de qualquer das enzimas da via betaoxidativa ou do ciclo de Krebs. A perda da potência das fibras e a maior dependência de carboidratos causam uma redução na capacidade de trabalho. Além disso, depois da viagem espacial, os membros da tripulação sentem dores musculares decorrentes da maior sensibilidade à lesão das fibras, induzida pela contração excêntrica.

PERGUNTA: Os estudos animais mimetizam as mudanças vivenciadas por humanos?

RESPOSTA: Muitas das alterações na musculatura esquelética provocadas pelos voos espaciais são observadas em roedores, primatas não humanos e humanos. A atrofia das fibras causada pela perda seletiva de miofilamentos já foi observada em todas as espécies estudadas. Entretanto, há diferenças entre espécies na linha cronológica do processo adaptativo. Por exemplo, ratos que viajaram no espaço demonstraram maior velocidade de atrofia das fibras do que humanos. Foi demonstrado que voos de apenas 2 ou 3 semanas aumentam a velocidade no músculo sóleo tanto em ratos como em humanos; mas, em ratos, o aumento decorreu em parte de uma conversão de aproximadamente 20% das fibras lentas do tipo I para fibras de contração rápida contendo isoenzimas de miosina rápida. Em humanos, os voos espaciais de curta duração não causaram conversão do tipo de fibra. Contudo, dados recentes sugerem que essas conversões (de contração lenta para rápida) realmente ocorrem em humanos em seguida a voos espaciais de longa duração (6 meses).

PERGUNTA: Existe alguma estratégia intervencional (treinamento) que esteja sendo empregada para reduzir o impacto das viagens espaciais no músculo esquelético?

RESPOSTA: A principal contramedida utilizada para proteger o músculo esquelético da perda induzida pela microgravidade é o exercício de resistência em um cicloergômetro ou esteira rolante. Esse tipo de modalidade não obteve sucesso completo, pois os membros da tripulação ainda perderam até 20% da massa muscular da perna depois de 6 meses no espaço. O exercício de alta intensidade foi incorporado ao programa de contramedidas na EEI, mas as cargas foram insuficientes para uma proteção adequada do tamanho ou da potência dos músculos das pernas. Recentemente, foi instalado um novo aparelho de alta resistência na EEI, mas sua efetividade ainda não ficou estabelecida. (O leitor interessado deve consultar os dois artigos do dr. Fitts sobre os efeitos dos voos espaciais na estrutura e no funcionamento dos músculos nas "Sugestões de leitura".)

---

e corridas de 50 e 100 m. Esses eventos exigem a produção de quantidades extraordinárias de energia em curto período (eventos de alta potência), e há necessidade de recrutamento de fibras musculares do tipo II. A Figura 19.4 demonstra que o desempenho máximo fica limitado pela distribuição dos tipos de fibra (tipo I *versus* tipo II) e pelo número de fibras musculares recrutadas, o qual é influenciado pelo nível de motivação e estímulo.[29] O desempenho ideal também é afetado pela habilidade e pela técnica, que dependem da prática. Não deve surpreender que as fontes anaeróbias de ATP – o sistema ATP-CP e a glicólise – forneçam a energia. Entretanto, nesses eventos ultracurtos, a liberação de energia necessária para o desempenho é determinada principalmente pela demanda gerada via impulso neuromuscular e não está limitada pelo suprimento energético intramuscular.[11] O Capítulo 20 descreve testes para potência anaeróbia e o Capítulo 21 oferece uma lista detalhada das atividades que dependem dessa potência. Há evidências de que a ingestão de creatina pode influenciar o desempenho no exercício de alta potência (ver Cap. 25 para mais detalhes).

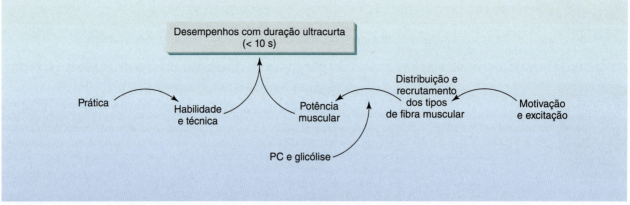

Figura 19.4 Fatores que afetam a fadiga em eventos de duração ultracurta.

> **Em resumo**
>
> - Em eventos com duração igual ou inferior a 10 segundos, o desempenho ideal depende do recrutamento das fibras apropriadas do tipo II para gerar as grandes forças necessárias.
> - Há necessidade de motivação e estímulo, bem como da habilidade necessária para o direcionamento da força.
> - As principais fontes energéticas são anaeróbias, com enfoque na fosfocreatina.

Desempenhos de curta duração (10 a 180 segundos)

Desempenhos máximos na faixa de 10-60 segundos ainda são predominantemente (> 70%) anaeróbios, com uso da fibra de contração rápida de grande força, mas, quando o desempenho máximo se estende para 3 minutos, cerca de 60% da energia tem origem nos processos aeróbios geradores de ATP mais lentos. Como resultado dessa transição da produção energética anaeróbia para aeróbia, a velocidade máxima de corrida diminui com a maior duração da prova, de 10-180 segundos. Considerando-se que o sistema ATP-CP pode fornecer ATP por apenas alguns segundos, a vasta maioria do ATP seria derivada da glicólise anaeróbia (ver Cap. 3). A Figura 19.5 demonstra que essa situação provocará acúmulo do H^+ no músculo e também no sangue. Na verdade, a elevada concentração de H^+ pode interferir na produção contínua de ATP pela glicólise ou pelo próprio mecanismo contrátil, ao interferir na capacidade da troponina de se ligar a Ca^{++}. Entretanto, é preciso que seja dito que, em seguida a um exercício exaustivo, a recuperação da tensão muscular ocorre antes que a da concentração do H^+, o que sugere a natureza complexa do processo de fadiga.[24,55,56,65] Em um esforço para retardar o acúmulo de H^+, alguns atletas têm tentado ingerir tampões antes da corrida. Esse procedimento é detalhadamente discutido no Capítulo 25, que trata dos recursos ergogênicos e do desempenho.

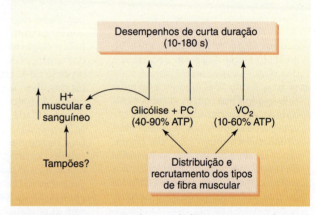

Figura 19.5 Fatores que afetam a fadiga em eventos de curta duração.

> **Em resumo**
>
> - Em desempenhos de curta duração (10-180 segundos), ocorre um desvio de 70% da energia fornecida anaerobiamente aos 10 segundos para 60% fornecida aerobiamente aos 180 segundos.
> - A glicólise anaeróbia fornece uma parte substancial da energia, resultando em níveis elevados de lactato.

Fatores que limitam desempenhos aeróbios máximos

Com a maior duração de um desempenho máximo, torna-se maior a demanda por fontes energéticas aeróbias. Além disso, fatores ambientais (como o calor e a umidade) e alimentares (como a ingestão de água e carboidratos) desempenham certo papel na fadiga.

Desempenhos de duração moderada (3 a 20 minutos)

Embora 60% da produção de ATP seja derivada de processos aeróbios em um esforço máximo de 3 minutos, o valor salta para 90% em um desempenho máximo com duração de 20 minutos. Tendo em vista essa dependência da produção de energia oxidativa, os fatores limitantes do desempenho são o sistema cardiovascular, que fornece sangue rico em oxigênio para os músculos, e o conteúdo mitocondrial dos músculos envolvidos na atividade. Considerando-se que a velocidade é um pré-requisito em corridas com duração inferior a 20 minutos, as fibras do tipo IIa, que são ricas em mitocôndrias, estão envolvidas no fornecimento aeróbio de ATP (além das fibras do tipo I já recrutadas). Corridas com duração inferior a 20 minutos são praticadas em 90 a 100% da potência aeróbia máxima; assim, o atleta com o mais elevado $\dot{V}O_{2máx}$ tem nítida vantagem. No entanto, como as fibras do tipo IIx também são recrutadas, ocorre aumento na produção de lactato e H^+, e o acúmulo de H^+ afetaria a geração de tensão, conforme foi anteriormente descrito.[24,55,56,66] A Figura 19.6 resume os fatores que afetam os desempenhos que exigem elevado consumo máximo de oxigênio. O volume sistólico máximo é o ponto crucial para um débito cardíaco elevado (ver Cap. 13), sendo influenciado tanto pela genética como pelo treinamento. O conteúdo de oxigênio arterial (CaO_2) é influenciado pelo conteúdo de hemoglobina arterial ([Hb]), pela fração inspirada de oxigênio (FIO_2) e pela PO_2 do ar inspirado. O Capítulo 24 discute o efeito da altitude (baixa PO_2) no $\dot{V}O_{2máx}$, e o Capítulo 25 discute o uso do *doping* sanguíneo (para aumento da concentração de Hb) e a respiração de oxigênio no desempenho aeróbio. Os programas de treinamento são discutidos no Capítulo 21.

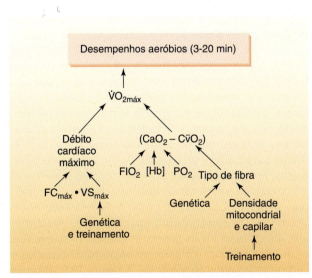

Figura 19.6 Fatores que afetam a fadiga em desempenhos aeróbios com duração de 3 a 20 minutos.

Em resumo

- Em desempenhos de duração moderada, de 3 a 20 minutos, o metabolismo aeróbio proporciona 60 a 90% do ATP, respectivamente.
- Essas atividades dependem de um gasto energético próximo do $\dot{V}O_{2máx}$, com recrutamento de fibras do tipo II, além de fibras do tipo I.
- Qualquer fator que interfira na liberação de oxigênio (p. ex., altitude ou anemia) diminuiria o desempenho, pois este é dependente da produção de energia aeróbia. Níveis elevados de H^+ acompanham esses tipos de atividades.

Desempenhos de duração intermediária (21 a 60 minutos)

Em desempenhos máximos com duração de 21-60 minutos, geralmente, o atleta trabalhará a < 90% do $\dot{V}O_{2máx}$. Um $\dot{V}O_{2máx}$ elevado certamente é pré-requisito para o sucesso, mas, nessa situação, entram em ação outros fatores. Por exemplo, um indivíduo que seja um corredor "econômico" pode deslocar-se em maior velocidade com a mesma quantidade de oxigênio em comparação com um corredor não econômico. Recentemente, foi confirmada a importância do $\dot{V}O_{2máx}$ e da economia da corrida na previsão do desempenho em corridas de longa distância,[37] existindo evidências de que esses dois fatores são importantes em corridas mais curtas (p. ex., 1.500 m).[31] As diferenças na economia de corrida são decorrentes de fatores biomecânicos e/ou bioenergéticos. Nesse caso, haveria necessidade de mensurar o $\dot{V}O_{2máx}$ e a economia de corrida para previsão do desempenho (ver Cap. 20). Entretanto, outra variável deve ser levada em conta; tendo em vista que corridas dessa duração não são praticadas em $\dot{V}O_{2máx}$, o indivíduo que conseguisse correr em um percentual elevado de $\dot{V}O_{2máx}$ teria vantagem. A capacidade de correr em um percentual mais elevado de $\dot{V}O_{2máx}$ está ligada à concentração de lactato no sangue; e um dos melhores preditores do ritmo da corrida é o limiar de lactato.[8,9] (Ver Quadro "Vencendo limites 19.1" para mais informações sobre esse tópico.) Curiosamente, um elevado percentual de fibras musculares do tipo I está associado a um limiar mais alto de lactato e a maior eficiência mecânica.[14] Os procedimentos a serem seguidos na estimativa da velocidade máxima de corrida para percursos de longa distância são apresentados no Capítulo 20. Os fatores que limitam o desempenho em corridas de 21 a 60 minutos estão resumidos na Figura 19.7. Deve-se ter em mente que é preciso considerar os fatores ambientais calor e umidade, além do estado de hidratação do corredor. A carga térmica exigirá que uma parte do débito cardíaco seja direcionada para a pele, impelindo o sistema cardiovascular para as proximidades do máximo em qualquer velocidade de corrida. Os Capítulos 23 e 24 tratam dos efeitos da desidratação e das cargas térmicas am-

Vencendo limites 19.1

O consumo de oxigênio máximo é importante para o desempenho em corridas de distância?

O $\dot{V}O_{2máx}$ está diretamente relacionado à velocidade de geração do ATP que pode ser mantida durante uma corrida de distância, embora o indivíduo não esteja correndo a 100% do $\dot{V}O_{2máx}$. A velocidade de geração do ATP depende do $\dot{V}O_2$ real que pode ser mantido durante a corrida (mL · kg^{-1} · min^{-1}), que é uma função do $\dot{V}O_{2máx}$ do corredor e do percentual do $\dot{V}O_{2máx}$ no qual poderá correr. Para uma maratona de 2h15, o corredor deve manter um $\dot{V}O_2$ de aproximadamente 60 mL · kg^{-1} · min^{-1} durante toda a prova. Um corredor trabalhando a 80% do $\dot{V}O_{2máx}$ necessitaria de um $\dot{V}O_{2máx}$ de 75 mL · kg^{-1} · min^{-1}. Assim, o $\dot{V}O_{2máx}$ determina o limite superior para produção de energia em eventos de resistência, mas não determina o desempenho final. Fica claro que tanto o percentual do $\dot{V}O_{2máx}$ que pode ser mantido ao longo do curso da prova (estimado pelo limiar de lactato) como a economia de corrida têm impacto drástico na velocidade que pode ser mantida na distância percorrida.[8,9,37] Curiosamente, a redução progressiva no $\dot{V}O_{2máx}$ com a idade parece ser o principal mecanismo fisiológico associado a uma redução no desempenho de resistência de atletas másters, juntamente à redução na velocidade no limiar de lactato.[64]

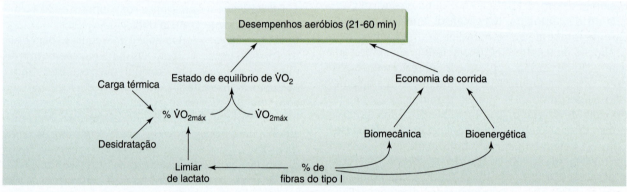

Figura 19.7 Fatores que afetam a fadiga em desempenhos aeróbios com duração de 21 a 60 minutos.

bientes no desempenho. (Ver Quadro "Um olhar no passado – nomes importantes na ciência" para saber sobre um fisiologista que exerceu importante papel na descoberta dos fatores ligados ao desempenho de resistência.)

> **Em resumo**
>
> ■ Geralmente, atividades com duração intermediária, de 21-60 minutos, são realizadas a menos de 90% do $\dot{V}O_{2máx}$, sendo predominantemente aeróbias.
> ■ Tendo em vista a duração da atividade, fatores ambientais, como calor, umidade e estado de hidratação do atleta, influenciam no resultado.

Desempenhos de longa duração (1 a 4 horas)

Desempenhos de 1 a 4 horas são atividades claramente aeróbias, envolvendo pouca produção energética anaeróbia. Utilizando-se os desempenhos aeróbios mais curtos (60 minutos ou menos) como introdução, quanto mais demorado o desempenho, maior a probabilidade de que fatores ambientais venham a desempenhar algum papel no resultado. Além disso, para desempenhos superiores a 1 hora, é possível que seja excedida a capacidade de fornecimento de glicose pelas reservas de carboidratos dos músculos e do fígado (ver Cap. 23). A suplementação de glicose durante desempenhos prolongados proporciona o combustível necessário não apenas para a geração de ATP para as pontes cruzadas, mas também para a proteção da excitabilidade da membrana muscular.[61] Conforme foi assinalado no Capítulo 4, os ácidos graxos podem fornecer uma quantidade substancial de combustível durante o trabalho muscular prolongado em intensidade < 60% do $\dot{V}O_{2máx}$. Todavia, para muitas atividades de resistência realizadas em intensidades de exercício mais elevadas (p. ex., corrida de maratona), as fibras musculares precisam contar com carboidratos para oxidar – ou o desempenho sofrerá declínio. Alguns imaginaram se esse mesmo modelo poderia ser utilizado para a previsão do desempenho em eventos do tipo "ultra" (ver Quadro "Uma visão mais detalhada 19.2"). O Capítulo 23 apresenta informações sobre as estratégias alimentares ideais para o desempenho em eventos muito demorados, inclusive o consumo de líquidos e carboidratos durante a corrida. A Figura 19.8 sintetiza os fatores limitantes do desempenho em eventos de corrida de longa distância. Quase todos os 50 tempos de

Um olhar no passado – nomes importantes na ciência

Dr. David L. Costill, PhD, avançou o estudo do desempenho de resistência

Dr. David Costill teve grande impacto na compreensão dos fatores que afetam o desempenho de resistência. Ele completou seu PhD na Ohio State University e, depois de um cargo de 2 anos na State University of New York, Cortland, assumiu nova posição na Ball State University. Dr. Costill dirigiu o Human Performance Laboratory na Ball State University durante toda a sua carreira, transformando seu laboratório *no local* mais procurado para o estudo dos fatores que afetam o desempenho. Juntamente com seus estudantes, dr. Costill estudou diversas variáveis que influenciam o desempenho de resistência:

- Papel do $\dot{V}O_{2máx}$.
- Contribuição do percentual do $\dot{V}O_{2máx}$.
- Importância da economia de corrida.
- Como a concentração de lactato sanguíneo/plasmático está ligada ao desempenho.
- Estratégias para a carga de glicogênio muscular (ver Cap. 23).

- Reposição de líquidos – com ênfase nas características de bebidas esportivas (ver Cap. 23).
- Papel do tipo de fibra muscular (ver Cap. 8).
- O funcionamento ou não dos recursos ergogênicos (p. ex., cafeína; L-carnitina – ver Cap. 25).

Muitos dos estudos que trataram dessas variáveis se transformaram em "clássicos" que os investigadores citam décadas depois de sua publicação. Dr. Costill não estava apenas interessado na descoberta da ciência subjacente ao desempenho de resistência; ele também utilizou seu tempo e energia para divulgar a mensagem a atletas e treinadores, como forma de ajudá-los a desenvolver melhores métodos para o aprimoramento de desempenho com base em princípios científicos. A obra do dr. Costill ultrapassou em muito o estudo das corridas de distância. Tanto no início de sua carreira como depois, esse cientista teve sua atenção concentrada em como melhorar o desempenho na natação; atualmente, está envolvido no aprimoramento dos modos de prevenção de alterações deletérias nos músculos de astronautas que passam longos períodos na Estação Espacial Internacional. Dr. Costill sempre praticou o que prega e seu envolvimento na corrida de distância data desde o início de sua carreira – e, agora como nadador máster, está nadando com maior velocidade do que quando estava na faculdade.

Dr. Costill prestou serviços exemplares ao American College of Sports Medicine (ACSM) ao longo de sua carreira, tendo, inclusive, atuado como presidente da instituição. Suas pesquisas foram laureadas com numerosos prêmios ao longo dos últimos 30 anos, inclusive o *Honor Award* do ACSM. O impacto de suas pesquisas alcançou todos os cantos do globo, não apenas pelas publicações (mais de 400), mas pelos convites para conferências sobre suas pesquisas em mais de 30 países. Sua influência pessoal, como a da maioria dos cientistas, é multiplicada muitas vezes pelos estudantes por ele treinados – uma lista que contém muitos cientistas proeminentes interessados em assuntos sobre músculos, metabolismo e desempenho. Dr. Costill continua a manter um ativo programa de pesquisa na Ball State University, onde ocupa a *John and Janis Fisher Chair* em ciência do exercício.

Uma visão mais detalhada 19.2

Fatores que afetam o desempenho em eventos de ultrarresistência

Contrastando com a duração dos desempenhos de resistência mencionados há pouco, os eventos de ultrarresistência estão em uma classe muito particular. São exemplos: corridas de montanha de 166 km,[46] triatlo Triple Iron (11,6 km de natação, 540 km de bicicleta, 126,6 km de corrida)[33] e corrida de Paris-Beijing (8.500 km em 161 dias).[45] Em estudo recentemente publicado que objetivava avaliar os fatores relacionados ao desempenho de ultrarresistência, 14 indivíduos correram o máximo possível de quilômetros em 24 horas em uma esteira ergométrica. Eles cobriram, em média, 149,2 km em 18h39 de efetiva corrida na esteira nas 24 horas. Duas das mais importantes variáveis relacionadas ao desempenho foram o $\dot{V}O_{2máx}$ e o percentual de $\dot{V}O_{2máx}$ que os participantes do estudo conseguiram manter ao longo das 24 horas,[44] ou seja, duas das três variáveis ligadas aos desempenhos de resistência normais já descritos.

Estudos que acompanharam as respostas metabólicas antes e depois de eventos de ultrarresistência constataram que a oxidação das gorduras fica sensivelmente elevada depois da participação na prova; os níveis plasmáticos dos ácidos graxos livres estavam 3,5 vezes mais altos.[28] Diante do baixo percentual do $\dot{V}O_{2máx}$ mantido em muitos desses eventos (< 60%), a resposta metabólica não deve surpreender (ver Cap. 4). No entanto, isso não significa que os carboidratos não são importantes, pois alguns estudos demonstraram 50% de redução nas reservas de glicogênio muscular.[28] Embora as corridas de ultrarresistência aumentem a possibilidade de hiponatremia (uma condição perigosa em que as reservas de sódio no corpo ficam diluídas, por causa da ingestão de um volume excessivo de água – ver Cap. 23), apenas 4% dos corredores apresentaram uma forma leve dessa condição.[51]

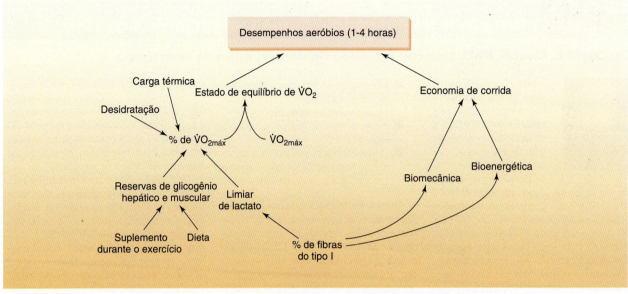

Figura 19.8 Fatores que afetam a fadiga em desempenhos aeróbios com duração de 1 a 4 horas.

corrida mais rápidos para homens maratonistas são de corredores quenianos ou etíopes (http://www.iaaf.org/records/toplists/road-running/marathon/outdoor/men/senior/2013). Algumas pessoas perguntam por que isso acontece. Um estudo recente concluiu que traços genéticos e poucos fatores fisiológicos (p. ex., níveis de hemoglobina) não podem explicar o incrível sucesso desses corredores. Entretanto, foram identificados três fatores como possíveis explicações:[70]

- Somatótipo ectomórfico (construção linear) associado com economia biomecânica e metabólica.
- Treinamento de corrida consistente desde jovem como um método para ir e voltar da escola e treinamento de volume moderado, alta intensidade em altitude (2.000-3.000 m).
- Grande motivação para ter sucesso a fim de melhorar o *status* socioeconômico.

Se abordássemos o desempenho do ciclismo de longas distâncias, deveriam ser consideradas muitas outras variáveis (p. ex., minimizar a resistência do ar e resistência do rolamento). Consulte Faria, Paker e Faria nas "Sugestões de leitura" para obter uma revisão sobre os fatores que afetam o desempenho do ciclismo.

Em resumo

- Nos desempenhos de longa distância, com duração de 1-4 horas, os fatores ambientais desempenham um papel mais importante quando as reservas de glicogênio muscular e hepática tentam acompanhar a velocidade de uso dos carboidratos.
- A dieta, a ingestão de líquidos e a capacidade do atleta de lidar com o calor e a umidade são fatores que, sem exceção, influenciam o resultado final.

Em conclusão, os fatores que limitam o desempenho são específicos para o tipo de desempenho. Desempenhos explosivos de curta duração dependem das fibras do tipo IIx, que podem gerar grande potência por meio de processos anaeróbios. Por outro lado, eventos aeróbios de duração longa dependem de um sistema cardiovascular que possa fornecer oxigênio em alta velocidade para as fibras musculares contendo muitas mitocôndrias. Fica claro que os testes e o treinamento dos atletas devem se concentrar nos fatores limitantes do desempenho para o evento específico. Por exemplo, a ingestão de carboidratos e líquidos é mais crucial para o corredor de longa distância em comparação com o praticante do salto em altura. Um artigo de revisão publicado por Abbiss e Laursen, nas "Sugestões de leitura", reúne os diversos modelos de fadiga em um só diagrama. Esse é um trabalho que merece ser lido depois desta visão geral sobre os fatores que afetam o desempenho. Os capítulos a seguir explorarão como testar, treinar e alimentar apropriadamente os atletas para que possam alcançar um desempenho ideal.

O atleta como máquina

Uma pergunta que precisa ser feita, ao serem explorados os detalhes de como melhorar o desempenho, é: pode-se exceder o que é considerado como dentro dos limites razoáveis e éticos para os cientistas e tratar o atleta de elite como uma máquina, e não como uma pessoa? Os atletas de elite estão sendo tratados como carros de corrida, em que engenheiros e mecânicos (i.e., cientistas e treinadores) tentam detectar pontos fracos que comprometem o desempenho e, em seguida, recomendam soluções? Alguns dirão que sim, e defenderão os méritos de tal empresa. Outros talvez sugiram que esse procedimento tem o potencial de desumanização se o atleta ficar reduzido a não mais do que uma coleção de partes operacionais que são avaliadas por um conjunto de especialistas. Aparentemente, grande parte de toda essa problemática dependeria do objetivo da pesquisa. Se o cientista está tentando compreender como o ser humano funciona e desenvolve métodos saudáveis e seguros que permitam ao atleta superar as limitações pessoais, estaria no lado correto. Por outro lado, se o cientista usa o atleta como ferramenta, isso seria outra história. É comum ver o uso dos atletas por alguns países, em prol de determinada doutrina política, e a cumplicidade dos cientistas que foram recrutados para fazer com que esses atletas corram mais rapidamente e por mais tempo, e que saltem mais alto. Felizmente, as universidades, os hospitais e os centros de pesquisa contam com comitês de revisão institucional (CRI) para aprovação das propostas de pesquisa; com isso, ficam salvaguardados os direitos individuais. Esse processo também força o investigador a providenciar uma linha de raciocínio robusta que demonstra que o risco para o indivíduo (não importa o quão pequeno) será justificado pelos benefícios que possam decorrer da pesquisa. Nessa mesma linha, as revistas científicas exigem que os autores sigam as diretrizes dos CRI caso pretendam ter publicados seus trabalhos. Dessa forma, será possível avançar na compreensão sobre os mecanismos fisiológicos subjacentes à fadiga, ao mesmo tempo que os direitos do indivíduo estão protegidos.

Atividades para estudo

1. Liste os fatores que influenciam o desempenho.
2. O fator limitante para geração de força está localizado no SNC ou na periferia? Defenda sua posição.
3. Traçando a trajetória do potencial de ação desde o momento que deixa a placa terminal motora, em que ponto poderia estar o "elo fraco" nos mecanismos de acoplamento da excitação com a contração?
4. Ao ocorrer fadiga, existe ainda ATP presente na célula. Qual é a explicação para isso?
5. Descreva o padrão de recrutamento dos tipos de fibras musculares durante as atividades aeróbias com intensidade progressivamente maior.
6. À medida que a duração de um esforço máximo aumenta de 10 segundos ou menos para algo entre 10 e 180 segundos, qual fator se torna limitante em termos de produção energética?
7. Faça um diagrama dos fatores que limitam os desempenhos máximos de corrida a distâncias de 1.500 m a 5 km.
8. Embora um $\dot{V}O_{2máx}$ alto seja essencial para um desempenho de classe mundial, qual o papel exercido pela economia de corrida em um desempenho vencedor?
9. Tendo em vista que o acúmulo de lactato afetará adversamente a resistência, qual teste seria um indicador de velocidade máxima continuada para uma corrida (natação, ciclismo)?
10. Qual é o papel dos fatores ambientais, como a altitude e o calor, em desempenhos de distâncias muito longas, que se prolongam por 1 a 4 horas?

Sugestões de leitura

Abbiss, C. R., and P. B. Laursen. 2005. Models to explain fatigue during prolonged endurance cycling. *Sports Medicine* 35: 865–98.

Daniels, J. T. 2005. *Daniels' Running Formula*, 2nd ed. Champaign, IL: Human Kinetics.

Faria, E. W., D. L. Parker, and I. Faria. 2005. The science of cycling: factors affecting performance—Part 2. *Sports Medicine* 35: 313–37.

Fitts, R. H., S. W. Trappe, D. L. Costill, P. M. Gallagher, A. C. Creer, et al. 2010. Prolonged space flight-induced alterations in the structure and function of human skeletal muscle fibres. *Journal of Physiology* 588: 3567–92.

Fitts, R. H., P. A. Colloton, S. W. Trappe, D. L. Costill, J. L. W. Bain, and D. A. Riley. 2013. Effects of prolonged space flight on human skeletal muscle enzyme and substrate profiles. *Journal of Applied Physiology* 115: 667–79.

Referências bibliográficas

1. Allen DG, Lamb GD, and Westerblad H. Skeletal muscle fatigue: cellular mechanisms. *Physiological Reviews* 88: 287–332, 2008.
2. Allen DG, and Westerblad H. Role of phosphate and calcium stores in muscle fatigue. *Journal of Physiology* 536: 657–665, 2001.
3. Allen DG, Westerblad H, Lee JA, and Lannergren J. Role of excitation-contraction coupling in muscle fatigue. *Sports Medicine* 13: 116–126, 1992.
4. Appell HJ, Soares JM, and Duarte JA. Exercise, muscle damage and fatigue. *Sports Medicine* 13: 108–115, 1992.
5. Asmussen E, and Mazin B. A central nervous component in local muscular fatigue. *European Journal of Applied Physiology and Occupational Physiology* 38: 9–15, 1978.
6. Asmussen E, and Mazin B. Recuperation after muscular fatigue by "diverting activities." *European Journal of Applied Physiology and Occupational Physiology* 38: 1–7, 1978.

7. Banister EW, and Cameron BJ. Exercise-induced hyperammonemia: peripheral and central effects. *International Journal of Sports Medicine* 11 (Suppl 2): S129–142, 1990.
8. Bassett DR, Jr., and Howley ET. Limiting factors for maximum oxygen uptake and determinants of endurance performance. *Medicine and Science in Sports and Exercise* 32: 70–84, 2000.
9. Bassett DR, Jr., and Howley ET. Maximal oxygen uptake: "classical" versus "contemporary" viewpoints. *Medicine and Science in Sports and Exercise* 29: 591–603, 1997.
10. Bigland-Ritchie B. EMG and fatigue of human voluntary and stimulated contractions. In *Human Muscle Fatigue: Physiological Mechanisms*. London: Pitman Medical, 1981, pp. 130–156.
11. Bundle MW, and Weyand PG. Sprint exercise performance: does metabolic power matter? *Exercise and Sports Sciences Reviews* 40: 174–182, 2012.

12. Coirault C, Guellich A, Barbry T, Samuel JL, Riou B, and Lecarpentier Y. Oxidative stress of myosin contributes to skeletal muscle dysfunction in rats with chronic heart failure. *American Journal of Physiology* 292: H1009–1017, 2007.

13. Coombes JS, Powers SK, Rowell B, Hamilton KL, Dodd SL, Shanely RA, et al. Effects of vitamin E and alpha-lipoic acid on skeletal muscle contractile properties. *J Appl Physiol* 90: 1424–1430, 2001.

14. Coyle EF. Integration of the physiological factors determining endurance performance ability. *Exercise and Sport Sciences Reviews* 23: 25–63, 1995.

15. Davis JM, Alderson NL, and Welsh RS. Serotonin and central nervous system fatigue: nutritional considerations. *American Journal of Clinical Nutrition* 72: 573S–578S, 2000.

16. Davis JM, and Bailey SP. Possible mechanisms of central nervous system fatigue during exercise. *Medicine and Science in Sports and Exercise* 29: 45–57, 1997.

17. Duke AM, and Steele DS. Mechanisms of reduced SR Ca^{+2} release induced by inorganic phosphate in rat skeletal muscle fibers. *Am J Physiol Cell Physiol* 281: C418–429, 2001.

18. Edwards R. Human muscle function and fatigue. In *Human Muscle Fatigue: Physiological Mechanisms*. London: Pitman Medical, 1981.

19. Enoka RM, Baudry S, Rudroff T, Farina D, Klass M, and Duchateau J. Unraveling the neurophysiology of muscle fatigue. *Journal of Electromyography and Kinesiology* 21: 208–219, 2011.

20. Fitts RH. Cellular mechanisms of muscle fatigue. *Physiological Reviews* 74: 49–94, 1994.

21. Fitts RH. The cross-bridge cycle and skeletal muscle fatigue. *J Appl Physiol* 104: 551–558, 2008.

22. Fitts RH, Riley DR, and Widrick JJ. Functional and structural adaptations of skeletal muscle to microgravity. *Journal of Experimental Biology* 204: 3201–3208, 2001.

23. Fitts RH. The muscular system: fatigue processes. In ACSM's *Advanced Exercise Physiology*, edited by Tipton CM, Sawka MN, Tate CA, and Terjung RL. Baltimore, MD: Lippincott Williams & Wilkins, 2006, pp. 178–196.

24. Fuchs F, Reddy Y, and Briggs FN. The interaction of cations with the calcium-binding site of troponin. *Biochimica et Biophysica Acta* 221: 407–409, 1970.

25. Gibson H, and Edwards RH. Muscular exercise and fatigue. *Sports Medicine* 2: 120–132, 1985.

26. Green HJ. Membrane excitability, weakness, and fatigue. *Canadian Journal of Applied Physiology = Revue Canadienne de Physiologie Appliquee* 29: 291–307, 2004.

27. Halliwell B, and Gutteridge J. *Free Radicals in Biology and Medicine*. Oxford: Oxford Press, 2007.

28. Helge JW, Rehrer NJ, Pilegaard H, Manning P, Lucas SJE, Gerrard DF, et al. Increased fat oxidation and regulation of metabolic genes with ultraendurance exercise. *Acta Physiologica* 191: 77–86, 2007.

29. Ikai M, and Steinhaus AH. Some factors modifying the expression of human strength. *J Appl Physiol* 16: 157–163, 1961.

30. Ikai M, and Yabe K. Training effect of muscular endurance by means by voluntary and electrical stimulation. *Internationale Zeitschrift Fur Angewandte Physiologie, Einschliesslich Arbeitsphysiologie* 28: 55–60, 1969.

31. Ingham SA, Whyte GP, Pedlar C, Bailey DM, Dunman N, and Nevill AM. Determinants of 800-m and 1500-m running performance using allometric models. *Medicine and Science in Sports and Exercise* 40: 345–350, 2008.

32. Kayser B. Exercise starts and ends in the brain. *European Journal of Applied Physiology* 90: 411–419, 2003.

33. Knechtle B, and Kohler G. Running performance, not anthropometric factors, is associated with race success in a triple iron triathlon. *British Journal of Sports Medicine* 43: 437–441, 2009.

34. Lambert EV, St Clair Gibson A, and Noakes TD. Complex systems model of fatigue: integrative homeostatic control of peripheral physiological systems during exercise in humans. *British Journal of Sports Medicine* 39: 52–62, 2005.

35. Matuszczak Y, Farid M, Jones J, Lansdowne S, Smith MA, Taylor AA, et al. Effects of N-acetylcysteine on glutathione oxidation and fatigue during handgrip exercise. *Muscle & Nerve* 32: 633–638, 2005.

36. McKenna MJ, Medved I, Goodman CA, Brown MJ, Bjorksten AR, Murphy KT, et al. N-acetylcysteine attenuates the decline in muscle Na$^+$, K$^+$-pump activity and delays fatigue during prolonged exercise in humans. *Journal of Physiology* 576: 279–288, 2006.

37. McLaughlin JE, Howley ET, Bassett DR, Jr., Thompson DL, and Fitzhugh EC. Test of the classic model for predicting endurance running performance. *Medicine and Science in Sports and Exercise* 42: 991–997, 2010.

38. McLester JR, Jr. Muscle contraction and fatigue. The role of adenosine 5'-diphosphate and inorganic phosphate. *Sports Medicine* 23: 287–305, 1997.

39. Medved I, Brown MJ, Bjorksten AR, and McKenna MJ. Effects of intravenous N-acetylcysteine infusion on time to fatigue and potassium regulation during prolonged cycling exercise. *J Appl Physiol* 96: 211–217, 2004.

40. Medved I, Brown MJ, Bjorksten AR, Murphy KT, Petersen AC, Sostaric S, et al. N-acetylcysteine enhances muscle cysteine and glutathione availability and attenuates fatigue during prolonged exercise in endurance-trained individuals. *J Appl Physiol* 97: 1477–1485, 2004.

41. Meeusen R, and Watson P. Amino acids and the brain: do they play a role in "central fatigue"? *International Journal of Sport Nutrition and Exercise Metabolism* 17: S37–S46, 2007.

42. Meeusen R, Watson P, Hasegawa H, Roelands B, and Piacentini MF. Central fatigue: the serotonin hypothesis and beyond. *Sports Medicine* 36: 881–909, 2006.

43. Merton PA. Voluntary strength and fatigue. *Journal of Physiology* 123: 553–564, 1954.

44. Millet GY, Banfi JC, Kerherve H, Morin JB, Vincent L, Estrade C, et al. Physiological and biological factors associated with a 24 h treadmill ultra-marathon performance. *Scandinavian Journal of Medicine & Science in Sports* 21: 54–61, 2011.

45. Millet GY, Morin JB, Degache F, Edouard P, Feasson L, Verney J, et al. Running from Paris to Neijing: biomechanical and physiological consequences. *European Journal of Applied Physiology* 107: 731–738, 2009.

46. Millet GY, Tomazin K, Verges S, Vincent C, Bonnefoy R, Boisson RC, Gergele L, Feasson L, and Martin V. Neuromuscular consequences of an extreme mountain ultra-marathon. *PLOS ONE* 6: No. e17059, 2011.

47. Nielsen B, and Nybo L. Cerebral changes during exercise in the heat. *Sports Medicine* 33: 1–11, 2003.

48. Noakes TD, and St Clair Gibson A. Logical limitations to the "catastrophe" models of fatigue during exercise in humans. *British Journal of Sports Medicine* 38: 648–649, 2004.

49. Noakes TD, St Clair Gibson A, and Lambert EV. From catastrophe to complexity: a novel model of integrative central neural regulation of effort and fatigue during exercise in humans. *British Journal of Sports Medicine* 38: 511–514, 2004.

50. Noakes TD, St Clair Gibson A, and Lambert EV. From catastrophe to complexity: a novel model of integrative central neural regulation of effort and fatigue during exercise in humans: summary and conclusions. *British Journal of Sports Medicine* 39: 120–124, 2005.

51. Page AJ, Reid SA, Speedy DB, Mulligan GP, and Thompson J. Exercise-associated hyponatremia, renal function, and nonsteroidal antiinflammatory drug use in an ultraendurance mountain run. *Clinical Journal of Sport Medicine* 17: 43–48, 2007.

52. Place N, Yamada T, Bruton JD, and Westerblad H. Muscle fatigue: from observations in humans to underlying mechanisms studies in intact single muscle fibers. *European Journal of Applied Physiology* 110: 1–15, 2010.

53. Powers S, and Jackson M. Exercise-induced oxidative stress: cellular mechanisms and impact on skeletal muscle force production. *Physiological Reviews* 88: 1243–1276, 2008.

54. Powers SK, DeRuisseau KC, Quindry J, and Hamilton KL. Dietary antioxidants and exercise. *Journal of Sports Sciences* 22: 81–94, 2004.

55. Roberts D, and Smith DJ. Biochemical aspects of peripheral muscle fatigue. A review. *Sports Medicine* 7: 125–138, 1989.

56. Sahlin K. Metabolic factors in fatigue. *Sports Medicine* 13: 99–107, 1992.

57. Sale DG. Influence of exercise and training on motor unit activation. In *Exercise and Sport Sciences Reviews*, edited by Pandolf K. New York, NY: Macmillan, 1987, vol. 15, pp. 95–151.

58. Sejersted OM, and Sjogaard G. Dynamics and consequences of potassium shifts in skeletal muscle and heart during exercise. *Physiological Reviews* 80: 1411–1481, 2000.

59. Smith MA, and Reid MB. Redox modulation of contractile function in respiratory and limb skeletal muscle. *Respiratory Physiology & Neurobiology* 151: 229–241, 2006.

60. St Clair Gibson A, and Noakes TD. Evidence for complex system integration and dynamic neural regulation of skeletal muscle recruitment during exercise in humans. *British Journal of Sports Medicine* 38: 797–806, 2004.

61. Stewart RD, Duhamel TA, Foley KP, Ouyang J, Smith IC, and Green HJ. Protection of muscle membrane excitability during prolonged cycle exercise with glucose supplementation. *J Appl Physiol* 103: 331–339, 2007.

62. Struder HK, and Weicker H. Physiology and pathophysiology of the serotonergic system and its implications on mental and physical performance. Part I. *International Journal of Sports Medicine* 22: 467–481, 2001.

63. Struder HK, and Weicker H. Physiology and pathophysiology of the serotonergic system and its implications on mental and physical performance. Part II. *International Journal of Sports Medicine* 22: 482–497, 2001.

64. Tod D, Iredale F, and Gill N. 'Psyching-up' and muscular force production. *Sports Medicine* 33: 47–58, 2003.

65. Trivedi B, and Danforth WH. Effect of pH on the kinetics of frog muscle phosphofructokinase. *Journal of Biological Chemistry* 241: 4110–4112, 1966.

66. Tupling AR. The sarcoplasmic reticulum in muscle fatigue and disease: role of the sarco(endo)plasmic reticulum Ca^{2+}-ATPase. *Canadian Journal of Applied Physiology = Revue Canadienne de Physiologie Appliquee* 29: 308–329, 2004.

67. Vandenboom R. The myofibrillar complex and fatigue: a review. *Canadian Journal of Applied Physiology = Revue Canadienne de Physiologie Appliquee* 29: 330–356, 2004.

68. Weir JP, Beck TW, Cramer JT, and Housh TJ. Is fatigue all in your head? A critical review of the central governor model. *British Journal of Sports Medicine* 40: 573–586; discussion 586, 2006.

69. Westerblad H, Lee JA, Lannergren J, and Allen DG. Cellular mechanisms of fatigue in skeletal muscle. *American Journal of Physiology* 261: C195–209, 1991.

70. Wilber RL, and Pitsiladis YP. Kenyan and Ethiopian distance runners: what makes them so good? *International Journal of Sports Physiology and Performance* 7: 92–102, 2012.

Capítulo 19 . Fatores que afetam o desempenho **459**

20

Avaliação laboratorial do desempenho humano

■ Objetivos

Ao estudar este capítulo, você deverá ser capaz de:

1. Discutir os fatores que determinam a eficácia de um teste fisiológico de desempenho esportivo.
2. Definir o conceito de "especificidade do $\dot{V}O_{2máx}$".
3. Explicar a diferença entre $\dot{V}O_{2máx}$ e $\dot{V}O_{2máx}$ pico.
4. Discutir a motivação fisiológica para a avaliação do limiar do lactato no atleta de resistência.
5. Descrever os métodos para avaliação da potência anaeróbia.
6. Discutir as técnicas utilizadas para avaliar a força muscular.

■ Conteúdo

Avaliação laboratorial do desempenho físico: teoria e ética 461

O que o atleta ganha com os testes fisiológicos 461

O que os testes fisiológicos não fazem 462

Componentes do teste fisiológico efetivo 462

Testes diretos de potência aeróbia máxima 463
Especificidade dos testes 463
Protocolo dos testes de esforço 463
Determinação do $\dot{V}O_{2máx}$ pico em atletas paraplégicos 465

Testes laboratoriais para previsão do desempenho de resistência 465
Uso do limiar de lactato na avaliação do desempenho 465
Mensuração da potência crítica 467

Testes para determinar a economia do exercício 468

Estimativa do sucesso nas corridas de fundo utilizando o limiar de lactato e a economia de corrida 469

Determinação da potência anaeróbia 470
Testes de potência anaeróbia máxima a ultracurto prazo 470
Testes de potência anaeróbia a curto prazo 472

Avaliação da força muscular 474
Critério para seleção de um método de teste de força 474
Mensuração isométrica da força 474
Testes de força com pesos livres 475
Avaliação isocinética da força 476
Mensuração da força com resistência variável 477

■ Palavras-chave

dinâmico
dinamômetro
isocinético
potência crítica
teste de potência
teste de 10 segundos de Quebec
teste de Wingate

460

Em geral, há duas abordagens principais quanto à avaliação do desempenho físico: (1) testes de campo de condicionamento físico e desempenho, que envolvem diversas mensurações dependentes de demandas básicas do desempenho; e (2) avaliações laboratoriais de capacitações fisiológicas, como a potência aeróbia máxima ($\dot{V}O_{2máx}$), a potência anaeróbia e a economia do exercício. Pode-se argumentar que o teste de condicionamento físico é importante para que se tenha uma avaliação global do condicionamento geral, particularmente em termos de avaliação do progresso do aluno em uma turma de condicionamento.[1,68] No entanto, o uso dessas baterias de testes não fornece as informações fisiológicas detalhadas necessárias para a avaliação do nível de condicionamento ou dos possíveis pontos fracos do atleta. Assim, há necessidade de testes mais específicos para a obtenção de informações fisiológicas detalhadas sobre desempenho em eventos esportivos específicos. Este capítulo discutirá os testes planejados para medir a capacidade de trabalho físico e o desempenho em atletas. Especificamente, grande parte deste capítulo se concentrará tanto em testes laboratoriais como em testes de campo para avaliação das possibilidades de transferência máxima de energia discutidas nos Capítulos 3 e 4. Os testes de desempenho descritos neste capítulo diferem, em diversos aspectos, dos testes de esforço descritos no Capítulo 15. Por um lado, é preciso ter em mente que esses últimos testes estavam direcionados para a avaliação do condicionamento cardiorrespiratório em adultos saudáveis no início de um programa regular de esforço "ligado à saúde" ou já ativamente engajados no programa. Por outro lado, os testes de esforço descritos neste capítulo estão orientados para a mensuração do desempenho em atletas ativamente envolvidos em esportes de competição. Primeiro, serão discutidas a teoria e a ética da avaliação laboratorial do desempenho.

Avaliação laboratorial do desempenho físico: teoria e ética

O planejamento de testes laboratoriais para avaliação do desempenho físico exige que sejam compreendidos aqueles fatores que contribuem para o sucesso em determinado esporte ou evento esportivo. Em geral, o desempenho físico fica determinado pela capacidade individual para a máxima produção energética (i. e., processos aeróbios e anaeróbios máximos), força muscular, coordenação/economia de movimento, fatores psicológicos (p. ex., motivação e tática) e ambiente.[32,79] A Figura 20.1 ilustra um modelo simples dos componentes que interagem de modo a determinar a qualidade do desempenho físico. Muitos tipos de eventos esportivos dependem de uma combinação de vários desses fatores, para que venha a ocorrer um desempenho espetacular. Mas, frequentemente, um ou mais desses fatores desempenham um papel dominante na determinação do sucesso esportivo. No golfe, há pouca necessidade de pro-

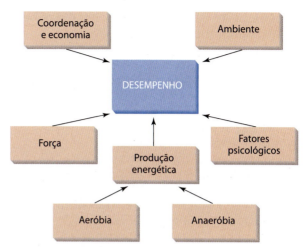

Figura 20.1 Fatores que contribuem para o desempenho físico. Consultar texto para detalhes.

dução de alta energia, porém é essencial uma coordenação adequada. A corrida de 100 m depende não só da boa técnica, mas de grande potência anaeróbia. Para que haja sucesso nas corridas de fundo, no ciclismo ou na natação, é essencial uma grande capacidade para produção aeróbia de ATP. Também nesse caso, a avaliação laboratorial do desempenho depende da compreensão dos fatores importantes para um desempenho ideal em determinado evento esportivo. Assim, um teste que enfatize os mesmos sistemas de produção de energia necessários para determinado esporte ou evento esportivo seria uma forma válida de avaliação do desempenho físico.

Uma preocupação preponderante no desempenho dos testes laboratoriais "esportivos" é a manutenção do respeito aos direitos humanos do atleta. Portanto, os testes laboratoriais devem ser realizados apenas em atletas que sejam voluntários e que tenham dado prévio consentimento por escrito para o teste. Além disso, antes da realização do teste, o cientista do exercício tem a responsabilidade de informar o atleta a respeito da finalidade do teste e dos riscos potenciais ou desconforto associados aos testes laboratoriais.

O que o atleta ganha com os testes fisiológicos

A mensuração laboratorial do desempenho físico pode ser um procedimento dispendioso e que consome tempo. Surge uma pergunta óbvia: o que ganhará o atleta fazendo testes laboratoriais? Um programa de testes pode beneficiar o atleta e seu treinador pelo menos de três maneiras:

1. Os testes fisiológicos podem dar informações referentes aos pontos fortes e aos pontos fracos do atleta em seu esporte; essas informações podem ser utilizadas na forma de dados basais para o planejamento de programas individuais de treinamento de esforço. Como discutido

previamente, na maioria dos esportes o sucesso do atleta envolve a interação entre diversos componentes fisiológicos (Fig. 20.1). No laboratório, o cientista do exercício com frequência pode mensurar esses componentes fisiológicos separadamente e municiar o atleta com informações acerca de quais componentes fisiológicos precisam ser melhorados para que o atleta eleve seu nível de desempenho esportivo. Essa informação passa a ser a base para uma prescrição individual de exercício que se concentre nas áreas deficientes identificadas.[53]

2. Os testes laboratoriais oferecem ao atleta um *feedback* da eficácia de um programa de treinamento.[53] Por exemplo, a comparação dos resultados de testes fisiológicos realizados antes e depois de um programa de treinamento serve como base para a avaliação do sucesso do programa de treinamento.[5]

3. Os testes laboratoriais educam o atleta com relação à fisiologia do exercício.[53] Pela participação em testes laboratoriais, o atleta aprende mais sobre os parâmetros fisiológicos importantes para o sucesso em seu esporte. Isso é significativo, porque atletas com uma compreensão básica dos rudimentos da fisiologia do exercício provavelmente tomarão decisões pessoais melhores quanto ao modelo dos programas nutricionais e de treinamento de esforço.

O que os testes fisiológicos não fazem

Os testes laboratoriais do atleta não são um instrumento mágico para a identificação de futuros medalhistas de ouro olímpicos.[53] Embora os testes laboratoriais possam resultar em informações valiosas sobre os pontos fortes e os pontos fracos do atleta, esse tipo de teste tem suas limitações, visto ser difícil simular, no laboratório, as demandas psicológicas e fisiológicas de muitos esportes. Assim, é difícil prever o desempenho do atleta com base em uma bateria de mensurações laboratoriais. O desempenho no campo é o teste definitivo do sucesso do atleta, e os testes laboratoriais devem ser vistos pelo treinador e pelo atleta principalmente como um meio auxiliar ao treinamento.[53]

Componentes do teste fisiológico efetivo

Para que um teste laboratorial seja efetivo, devem ser levados em consideração vários fatores essenciais:[53]

1. As variáveis fisiológicas a serem testadas devem ser relevantes para o esporte em questão. Por exemplo, a mensuração da força máxima de preensão manual em um corredor fundista não seria relevante para o evento do atleta. Assim, devem ser mensurados apenas aqueles componentes fisiológicos que sejam importantes para o esporte em questão.

2. Os testes fisiológicos devem ser válidos e confiáveis. Testes válidos são aqueles que medem o que se espera que meçam. Testes confiáveis são reprodutíveis. Com base nessas definições, fica clara a necessidade de testes que sejam tanto válidos como reprodutíveis.[20] (Ver Quadro "Uma visão mais detalhada 20.1".)

3. Os testes devem ser o mais específicos possível para o esporte considerado. Exemplificando: o corredor fundista deve ser testado enquanto estiver correndo (i. e., em uma esteira ergométrica), e o ciclista deve ser testado enquanto estiver pedalando.

4. Os testes devem ser repetidos a intervalos regulares. Uma das principais finalidades dos testes laboratoriais é oferecer ao atleta um *feedback* sistemático relativo à efetividade do treinamento. Para que esse objetivo seja alcançado, os testes devem ser realizados regularmente.

5. Os procedimentos de testes devem ser cuidadosamente controlados. A necessidade de administrar rigidamente o teste laboratorial tem relação com sua confiabilidade. Para que os testes sejam confiáveis, o protocolo seguido deve ser padronizado. Os fatores que devem ser controlados são as instruções dadas aos atletas antes do teste, o próprio protocolo do teste, a calibração dos instrumentos nele envolvidos, a hora do dia para sua realização, o exercício prévio, a padronização da dieta e outros fatores como sono, enfermidade, estado de hidratação ou lesão.

6. Os resultados do teste devem ser interpretados com clareza para o treinador e o atleta. Essa etapa final é um objetivo-chave do teste laboratorial efetivo.

Em resumo

■ A esquematização dos testes laboratoriais com o objetivo de avaliar o desempenho físico exige a compreensão dos fatores que contribuem para o sucesso em determinado esporte. O desempenho físico é determinado pela interação dos seguintes fatores: (a) produção máxima de energia, (b) força muscular, (c) coordenação/economia de movimento, (d) fatores psicológicos, como motivação e tática, e (e) condições ambientais (p. ex., calor/umidade, altitude, etc).

■ Para que sejam efetivos, os testes fisiológicos devem ser (a) relevantes para o esporte, (b) válidos e confiáveis, (c) específicos para o esporte, (d) repetidos a intervalos regulares, (e) padronizados e (f) interpretados para o treinador e o atleta.

Uma visão mais detalhada 20.1

Confiabilidade dos testes de desempenho fisiológico

Para que um teste fisiológico de desempenho humano tenha utilidade, ele deve ser confiável, isto é, os resultados do teste devem ser reprodutíveis. Vários fatores influenciam a confiabilidade dos testes de desempenho fisiológico: o calibre dos atletas testados, o tipo de ergômetro (equipamento para mensurar o nível de trabalho) utilizado durante o teste e a especificidade do teste.

Esses testes são mais confiáveis quando os atletas testados estão altamente treinados e são experientes.[38] Uma explicação para essa observação pode ser o fato de que esses atletas estão altamente motivados para fazer o teste e estão mais capacitados para ter um ritmo próprio e reprodutível durante um teste de desempenho, ou seja, atletas de elite podem ter melhor "sensação" do ritmo, e suas percepções de fadiga são menos variáveis do que as de atletas menos experientes.[38]

Fica claro que alguns ergômetros exibem menor variação do que outros, em termos de proporcionar uma resistência constante. Por exemplo, um ergômetro que mantenha sua calibração e forneça um nível de potência constante durante um teste teria como resultado maior reprodutibilidade para testes de desempenho humano em comparação com um ergômetro que proporcione níveis de potência variáveis durante os testes.

Testes de esforço com padrão motor e intensidade de esforço que mimetizem o próprio evento esportivo são mais confiáveis do que testes que não imitam o evento.[38,39] Exemplificando: o teste de ciclistas velocistas em um cicloergômetro a uma intensidade de esforço próxima à intensidade da competição deve ter um resultado mais confiável do que o teste desses atletas em outros tipos de ergômetros, como as esteiras ergométricas.

Testes diretos de potência aeróbia máxima

Esta discussão terá início com a avaliação laboratorial do desempenho humano, mediante a descrição dos testes para mensuração do consumo máximo de oxigênio ($\dot{V}O_{2máx}$) pelos atletas. Os testes de esforço para determinação do $\dot{V}O_{2máx}$ têm sua origem em estudos realizados há mais de 90 anos pelo cientista inglês A.V. Hill. Esse cientista cunhou o termo "$\dot{V}O_{2máx}$" no início dos anos 1920.[3] *Consumo máximo de oxigênio* foi mencionado pela primeira vez no Capítulo 4 e é definido como o maior consumo de oxigênio que o indivíduo pode conseguir durante o exercício/esforço com o uso de grandes grupos musculares (p. ex., membros inferiores).[1] Embora se possa contar com vários testes para a estimativa do $\dot{V}O_{2máx}$,[12,24,89] o modo mais preciso de determinação é pela mensuração laboratorial direta. Geralmente, a mensuração direta do $\dot{V}O_{2máx}$ é feita usando-se uma esteira ergométrica motorizada ou um cicloergômetro, e utiliza-se a espirometria de circuito aberto para mensurar as trocas gasosas pulmonares (ver Cap. 1). Mas o $\dot{V}O_{2máx}$ também tem sido medido durante a prática de natação livre e travada, esqui *cross-country*, *bench step*, patinação no gelo e remo.[8,12,54,57,64,95]

Historicamente, a mensuração do $\dot{V}O_{2máx}$ tem sido considerada o teste de escolha para previsão do sucesso em eventos de resistência, como as corridas de fundo.[11,16,27,28,34,45,53,63,101] Como exemplo, foi demonstrado que o $\dot{V}O_{2máx}$ relativo (i. e., o $\dot{V}O_{2máx}$ expresso em mL · kg^{-1} · min^{-1}) é, isoladamente, o mais importante fator para previsão do sucesso nas corridas de fundo em um grupo heterogêneo (i. e., com diferentes $\dot{V}O_{2máx}$ de atletas).[17,18,28] A explicação lógica para essa descoberta é que, considerando-se que a corrida de fundo é, em grande parte, um evento aeróbio (consultar Caps. 4 e 19), indivíduos com $\dot{V}O_{2máx}$ elevado devem ter certa vantagem sobre indivíduos com menor capacidade aeróbia. No entanto, como seria de se esperar, a correlação entre $\dot{V}O_{2máx}$ e desempenho em uma corrida de fundo é baixa em um grupo homogêneo (i. e., com $\dot{V}O_{2máx}$ similares) de corredores.[15,75] Essas observações sugerem que, embora um $\dot{V}O_{2máx}$ elevado seja importante para determinar o sucesso em uma corrida de fundo, outras variáveis também o são. Portanto, a mensuração do $\dot{V}O_{2máx}$ é apenas um teste em uma bateria de testes que deveriam ser utilizados na avaliação da capacidade de trabalho físico em atletas fundistas.

Especificidade dos testes

Claramente, um teste válido para determinar o $\dot{V}O_{2máx}$ deve envolver o movimento específico usado pelo atleta no seu esporte.[7,8,69] Por exemplo, se o atleta que está sendo testado é um corredor, é importante que o $\dot{V}O_{2máx}$ seja testado durante a corrida. Da mesma forma, se o atleta em avaliação é um ciclista treinado, o teste de esforço deve ser feito no cicloergômetro. Além disso, também já foram estabelecidos procedimentos de teste específicos para praticantes de esqui *cross-country* e nadadores.[54,57,64]

Protocolo dos testes de esforço

Embora os primeiros testes de esforço para determinar o $\dot{V}O_{2máx}$ tenham sido realizados nos anos 1920, não foram publicados estudos rigorosos com o objetivo de otimizar os testes de esforço laboratoriais senão nos anos 1940 e 1950. Um dos pioneiros no desenvolvimento dos testes de esforço progressivo foi o dr. Robert Bruce, um cardiologista da Universidade de Washington (ver "Um olhar no passado – nomes importantes na ciência").

Um olhar no passado – nomes importantes na ciência

Robert Bruce foi pioneiro no desenvolvimento do teste de esforço progressivo

Robert Arthur Bruce (1916-2004) obteve seu grau de bacharel no Boston College e completou seu estágio, em 1943, na University of Rochester. Depois de concluir sua residência médica em 1946, juntou-se ao corpo docente dessa universidade. Mais tarde, em 1950, o dr. Bruce assumiu a chefia da cardiologia na University of Washington Medical School, onde permaneceu até se aposentar da medicina acadêmica, em 1987.

Logo no início de sua carreira, o dr. Bruce percebeu que um teste de esforço poderia desempenhar papel importante na avaliação clínica de pacientes cardíacos. Publicou seu primeiro artigo sobre esses testes em 1949; nele, o dr. Bruce concluiu que um teste de esforço padronizado fornecia informações diagnósticas essenciais sobre pacientes cardíacos. O cientista continuou a explorar protocolos de testes de esforço e, em 1963, concebeu e validou um protocolo de esforço em vários estágios, projetado para avaliar o desempenho de seus pacientes em situação de esforço e para obter importantes informações diagnósticas com base na mensuração de mudanças na frequência cardíaca, na pressão arterial e no ECG durante o esforço. Com o tempo, o teste de esforço de Bruce padronizado evoluiu até chegar à sua atual forma, com sete estágios de 3 minutos.

Esse teste passou a ser conhecido como "protocolo de Bruce", sendo um dos protocolos de esteira ergométrica mais utilizados na América do Norte para avaliação de pacientes cardíacos.

O dr. Bruce desenvolveu seu teste de esforço para populações de pacientes no laboratório clínico. Entretanto, o teste de esforço progressivo de Bruce foi o modelo conceitual subjacente a muitos dos atuais testes de esforço progressivo utilizados no laboratório de fisiologia do exercício para avaliação do $\dot{V}O_{2máx}$ e do limiar de lactato em atletas. Em reconhecimento a seus feitos de pesquisa na área dos testes de esforço clínicos, o dr. Bruce é considerado um pioneiro do teste de esforço progressivo.

Geralmente, um teste para determinar o $\dot{V}O_{2máx}$ tem início com um "aquecimento" submáximo que pode se prolongar por 3-5 minutos. Depois do período de aquecimento, o nível de potência pode ser aumentado de diversas formas: (1) a taxa de trabalho pode ser aumentada até um nível que, em experimentos preliminares, foi considerado representativo de uma carga próxima da carga máxima prevista para o indivíduo; (2) a carga pode ser aumentada gradativamente a cada minuto, até que o indivíduo atinja um ponto no qual não possa ser mantido o nível de potência; ou (3) a carga pode ser aumentada gradativamente a cada 2-4 minutos, até que o indivíduo não possa manter a taxa de trabalho desejada. Quando qualquer desses procedimentos é adotado cuidadosamente, o resultado é mais ou menos o mesmo $\dot{V}O_{2máx}$ obtido com os demais procedimentos,[1,49,73,104] embora pareça ser preferível um protocolo de esforço que não exceda 10-12 minutos.[10,49]

Os critérios para determinar se o $\dot{V}O_{2máx}$ foi ou não obtido foram discutidos no Capítulo 15. Por causa da importância dessa determinação, aqui serão revisados alguns aspectos importantes. O critério principal para determinar se foi ou não alcançado o $\dot{V}O_{2máx}$ durante um esforço progressivo é a ocorrência de um platô para o consumo de oxigênio diante de um novo aumento na taxa de trabalho.[94] Esse conceito está ilustrado na Figura 20.2. Infelizmente, ao se testarem indivíduos não treinados, é raro observar um platô no $\dot{V}O_{2máx}$ durante um teste de esforço progressivo. Isso significa que o indivíduo não alcançou seu $\dot{V}O_{2máx}$? Embora essa possibilidade exista, é também provável que o indivíduo tenha alcançado seu $\dot{V}O_{2máx}$ na última taxa de trabalho,

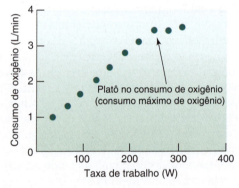

Figura 20.2 Mudanças no consumo de oxigênio durante um teste progressivo em cicloergômetro planejado para determinar o $\dot{V}O_{2máx}$. O platô observado no $\dot{V}O_2$ com aumento da taxa de trabalho é considerado "padrão-ouro" para a validação do $\dot{V}O_{2máx}$.

todavia sem poder completar outro estágio do esforço; portanto, deixou de ser observado um platô no $\dot{V}O_{2máx}$. À luz dessa possibilidade, vários pesquisadores sugeriram que a validade do teste de $\dot{V}O_{2máx}$ seja determinada não com base em apenas um, mas em vários critérios. No Capítulo 15, foi discutido que uma concentração sanguínea de lactato > 8 mmol · L⁻¹ durante o último estágio do esforço poderia ser utilizada como um dos critérios para determinar se foi ou não obtido o $\dot{V}O_{2máx}$. Mas, para evitar a dificuldade de coleta das amostras de sangue e a subsequente análise para obtenção dos níveis de lactato, os pesquisadores propuseram critérios adicionais que não envolvem coleta de sangue. Por exemplo, Williams et al.[100] e McMiken e Daniels[58] propuseram que o teste de $\dot{V}O_{2máx}$ seja considerado válido se forem atendidos dois dos seguintes critérios: (1) razão de troca respiratória ≥ 1,15; (2) frequência cardíaca durante o último estágio do esforço situada ± 10 bpm dentro da frequência cardíaca máxima prevista para o indivíduo; ou (3) um platô no $\dot{V}O_{2máx}$ diante de aumento na taxa de trabalho.

Determinação do $\dot{V}O_{2máx}$ pico em atletas paraplégicos

Também nesse caso, por definição, o $\dot{V}O_{2máx}$ é o $\dot{V}O_2$ mais elevado que pode ser obtido durante o esforço utilizando-se grandes grupos musculares.[1] No entanto, indivíduos com lesões ou paralisia nos membros inferiores podem ter seu condicionamento físico aeróbio avaliado por ergometria de braço, que substitui o ciclismo ou a corrida pelo funcionamento do braço em manivela. Tendo-se em mente a definição já mencionada de $\dot{V}O_{2máx}$, o mais elevado $\dot{V}O_2$ obtido durante um teste incremental com ergometria de braço não será chamado de $\dot{V}O_{2máx}$, mas de $\dot{V}O_2$ pico para o exercício braçal.

Os protocolos utilizados na determinação do $\dot{V}O_2$ pico durante a ergometria braçal têm esquemas parecidos com os da esteira ergométrica e do cicloergômetro, previamente citados.[84,86] Evidências sugerem que, em indivíduos que não têm braços especificamente treinados, será obtido um $\dot{V}O_2$ pico mais elevado durante a ergometria braçal se o teste tiver início em alguma carga predeterminada que represente aproximadamente 50-60% do $\dot{V}O_{2máx}$ durante o trabalho com o braço.[97] Uma explicação lógica para essas descobertas é que um protocolo de teste incremental "acelerado" que alcance rapidamente um elevado nível de potência poderia limitar a fadiga muscular no início do teste, o que possibilitaria alcançar um nível de potência maior – com obtenção de um $\dot{V}O_{2máx}$ pico mais elevado.

Em um esforço por oferecer um teste mais específico para paraplégicos praticantes de corrida em cadeira de rodas, alguns laboratórios modificaram uma cadeira de rodas mediante a conexão das rodas a um cicloergômetro, de tal modo que a resistência para a movimentação das rodas pode ser ajustada da mesma forma que na alteração da carga no cicloergômetro.[81] Isso permite que atletas cadeirantes sejam testados com o uso do exato movimento empregado durante uma corrida; portanto, esse teste é superior ao uso da ergometria braçal para avaliação do $\dot{V}O_{2máx}$ pico nessa população.

Em resumo

- A mensuração do $\dot{V}O_{2máx}$ depende do uso de grandes grupos musculares, devendo ser específica para o movimento exigido pelo atleta em seu evento ou esporte.

- Um teste de $\dot{V}O_{2máx}$ poderá ser considerado válido se forem atendidos dois dos critérios a seguir: (a) razão de troca respiratória ≥ 1:15; (b) frequência cardíaca durante o último estágio do esforço que esteja ± 10 bpm dentro da frequência cardíaca máxima prevista para o indivíduo; ou (c) estabelecimento do $\dot{V}O_2$ em um platô, diante de aumento na taxa de trabalho.
- A ergometria de membros superiores e em cadeira de rodas tem sido utilizada para a determinação do $\dot{V}O_2$ pico em atletas paraplégicos.

Testes laboratoriais para previsão do desempenho de resistência

Fisiologistas do exercício, treinadores e atletas têm se empenhado há muito tempo para criar um teste laboratorial que, de forma isolada, possa prever o sucesso em eventos de resistência. Foram criados numerosos testes com o intuito de prever o desempenho do atleta. Nesta seção, serão descritos dois testes laboratoriais bem estruturados – limiar de lactato e potência crítica – que têm utilidade na previsão do desempenho de resistência. Outro teste laboratorial para previsão do desempenho, denominado "velocidade de pico na corrida", é apresentado no Quadro "Foco de pesquisa 20.1". Inicialmente, será discutido o limiar de lactato.

Uso do limiar de lactato na avaliação do desempenho

Numerosos estudos forneceram evidências de que certa medida da velocidade de corrida máxima em estado de equilíbrio tem utilidade na previsão do sucesso em eventos de corrida de fundo até a maratona.[19,25,26,48-50,52,74,91,92] A medida laboratorial mais comum para a estimativa da velocidade máxima em estado de equilíbrio é a determinação do limiar de lactato. Deve-se ter em mente que o limiar de lactato representa uma intensidade de esforço em que os níveis sanguíneos de lactato começam a aumentar sistematicamente. Tendo-se em vista que a fadiga está associada a níveis sanguíneos e musculares elevados de lactato, é lógico que o limiar de lactato esteja relacionado com o desempenho de resistência em eventos que durem mais de 12-15 minutos.[51] Embora boa parte das pesquisas que examinam o papel do limiar de lactato na previsão do desempenho de resistência tenha se concentrado nas corridas de fundo, os mesmos princípios se aplicam à previsão do desempenho no ciclismo, na natação em longas distâncias e no esqui *cross-country*.

Determinação direta do limiar de lactato. Analogamente à avaliação do $\dot{V}O_{2máx}$, a determinação do limiar de lactato exige que os atletas sejam testados de

Foco de pesquisa 20.1

Mensuração da velocidade de pico na corrida para previsão do desempenho em corridas de fundo

Em geral, as mensurações do limiar de lactato e da potência crítica têm sido utilizadas na previsão do desempenho em eventos de resistência com duração superior a 20 minutos (p. ex., uma corrida de 10 km). Em um esforço para desenvolver um teste laboratorial ou de campo para a previsão do desempenho em eventos de resistência com duração inferior a 20 minutos (p. ex., uma corrida de 5 km), os pesquisadores desenvolveram um teste chamado "velocidade de pico na corrida".[66,67,85] O teste é facilmente administrado e pode ser realizado em uma esteira ergométrica ou na pista. Exemplificando: a mensuração da velocidade de pico na corrida em uma esteira ergométrica envolve um teste curto de aumento progressivo da velocidade na esteira ergométrica a cada 30 segundos (grau 0%) até que ocorra fadiga volicional. A velocidade de pico na corrida (m/s) é definida como a maior velocidade que possa ser mantida durante mais de 5 segundos.[85]

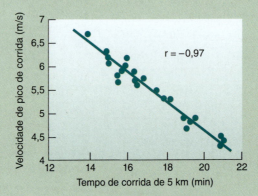

Figura 20.3 Relação entre velocidade de pico de corrida e tempo de chegada de corrida de 5 km. De B.K., Scott e J.A., Houmard. Peak running velocity is highly related to distance running performance. *Int J Sports Med* 15:504-507, 1994.

Em que grau de qualidade a velocidade de pico na corrida prevê o desempenho? Em um estudo bem planejado, pesquisadores demonstraram que a velocidade de pico na corrida era excelente previsor de sucesso em uma corrida de 5 km.[85] Esse ponto fica ilustrado pela forte correlação entre velocidade de pico na corrida e tempo de corrida de 5 km (ver Fig. 20.3). Surpreendentemente, foram informadas descobertas similares também para eventos de corridas mais longas (p. ex., 10-90 km).[67] Portanto, a velocidade de pico de corrida é um teste laboratorial útil ou teste de campo para prever o desempenho de resistência.

---

forma que sejam simulados seus movimentos de competição (i. e., especificidade do teste). Os protocolos dos testes para determinação do limiar de lactato geralmente começam com um aquecimento de 2-5 minutos a baixa taxa de trabalho, seguido por um aumento gradativo do nível de potência a intervalos de 1-3 minutos.[76,92,95,98,99,104] Em geral, os aumentos gradativos da taxa de trabalho são pequenos, para proporcionar melhor resolução na determinação do limiar de lactato.[104]

Para determinar a concentração sanguínea de lactato, as amostras de sangue são obtidas a cada taxa de trabalho, coletadas de um cateter (um tubo de espera) aplicado a uma artéria ou veia no braço do atleta, ou de pequena punção na ponta de um dedo. Depois do teste, essas amostras de sangue são quimicamente analisadas com relação ao lactato, e a concentração, em cada estágio do esforço, é lançada em um gráfico com o consumo de oxigênio no momento da remoção da amostra. Esse conceito está ilustrado na Figura 20.4. Como se determina o limiar de lactato? É preciso lembrar que a definição formal de limiar de lactato é o ponto depois do qual ocorre elevação sistemática e contínua da concentração sanguínea de lactato. Embora existam várias técnicas disponíveis, o procedimento mais simples e comum é permitir que dois pesquisadores independentes escolham o "ponto de virada" para o lactato por inspeção visual do gráfico lactato/$\dot{V}O_2$.[76,98]

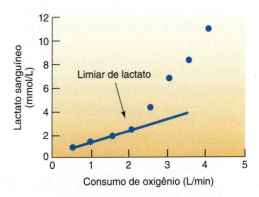

Figura 20.4 Gráfico típico das mudanças nas concentrações sanguíneas de lactato durante um teste de esforço progressivo. A súbita elevação do lactato sanguíneo é chamada "limiar de lactato".

Se os dois pesquisadores discordarem quanto ao ponto de ocorrência do limiar, é solicitado um terceiro pesquisador para arbitrar.

Na prática, frequentemente, o "ponto de virada" do lactato pode ser escolhido pelo uso de uma régua e pelo traçado de uma linha reta que passa pelas concentrações de lactato em algumas das primeiras taxas de trabalho. O último ponto na linha é considerado o limiar de lactato (Fig. 20.4). A vantagem óbvia dessa técnica é sua simplicidade. A desvantagem é que nem todos os pesquisadores concordam que esse procedimento promova resultados válidos e confiáveis.[76] Diante dessa preocupação, vários pesquisadores propuseram que sejam utilizados programas de computador complexos para obter uma previsão mais acurada do limiar de lactato, ou que seja utilizado um valor arbitrário para o lactato (p. ex., 4 mmol/L) como indicação do limiar de lactato.[31,51]

Previsão do limiar de lactato por alterações ventilatórias. Obviamente, uma técnica para estimativa do limiar de lactato que não dependesse da coleta de sangue teria a simpatia dos pesquisadores e também dos indivíduos submetidos à experiência. Essa necessidade de um método não invasivo para determinar o limiar de lactato levou ao amplo uso de mensurações ventilatórias e de mensurações de troca de gases para a estimativa desse parâmetro. No Capítulo 10, foi visto que o raciocínio para o uso do "limiar ventilatório" como "marcador" do limiar de lactato está ligado à suposição de que o aumento na concentração sanguínea de lactato até seu limiar estimula a ventilação pela influência dos íons hidrogênio nos corpos carotídios. Embora existam várias técnicas não invasivas atualmente em uso,[4,13,87] o procedimento menos complexo para estimar o limiar de lactato pela troca de gases consiste em fazer um esforço progressivo similar ao teste previamente discutido para a determinação do limiar de lactato. Ao término do teste, a ventilação-minuto a cada taxa de trabalho durante o teste é lançada em um gráfico em função do consumo de oxigênio. A Figura 20.5 ilustra esse procedimento. De maneira semelhante à determinação do limiar de lactato, o procedimento usual é permitir que dois pesquisadores independentes inspecionem visualmente o gráfico e determinem de forma subjetiva o ponto em que existe um súbito aumento na ventilação (Fig. 20.5).

O ponto em que a ventilação aumenta rapidamente é considerado o limiar ventilatório; esse parâmetro é utilizado como estimativa do limiar de lactato. Estima-se que o erro na previsão do limiar de lactato com base no limiar ventilatório fique na faixa de 12-17%.[36] Alguns autores criticaram essa técnica, em razão de sua falta de precisão.[36,76] Não obstante, esse procedimento teve sua utilidade demonstrada na previsão do sucesso em eventos de resistência.[29,75]

Mensuração da potência crítica

Outra medida laboratorial que pode ser utilizada na previsão do desempenho em eventos de resistência é a potência crítica. O conceito de **potência crítica** baseia-se na noção de que os atletas podem manter um nível submáximo de potência específico sem fadiga.[35,46] A Figura 20.6 ilustra o conceito de potência crítica para desempenho nas corridas. Nessa ilustração, a velocidade de corrida é lançada no eixo y, e o tempo no qual o atleta pode correr a essa velocidade antes da ocorrência de exaustão é lançado no eixo x. A potência crítica é definida como a velocidade de corrida (i. e., o nível de potência) na qual a curva de velocidade de corrida/tempo alcança um platô. Assim, na teoria, a potência crítica é considerada o nível de potência que pode ser indefinidamente mantido.[44] Mas, na prática, não é isso que ocorre. Na verdade, quase todos os atletas entram em fadiga dentro de 30-60 minutos ao se exercitarem em sua potência crítica.[35]

A potência crítica pode ser determinada no laboratório, fazendo com que os atletas realizem uma série de 5-7 tentativas de esforço cronometradas até a exaustão. Em geral, a meta é alcançada ao longo de alguns dias de testes. Os resultados são lançados em um gráfico, e a potência crítica é determinada pela avaliação subjetiva do ponto no qual a curva de potência/tempo começa a fazer um platô ou pela aplicação de uma técnica matemática (ver referências 35, 41 e 46 para detalhes). Apesar de a Figura 20.6 ilustrar a mensuração da potência crítica para uma corrida, o mesmo princípio de mensuração pode ser aplicado a outros esportes de resistência (p. ex., ciclismo, remo).[35,40]

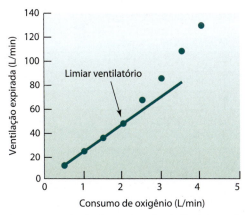

Figura 20.5 Exemplo de determinação do limiar ventilatório. Observar a elevação linear na ventilação até um consumo de oxigênio de 2 L/min, acima do qual a ventilação começa a aumentar não linearmente. Essa quebra na linearidade da ventilação é conhecida como "limiar ventilatório" e pode ser utilizada como estimativa do limiar de lactato.

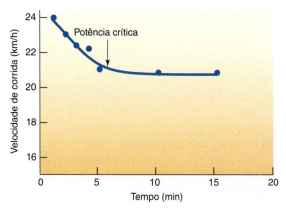

Figura 20.6 Conceito de potência crítica.

Em que nível de qualidade a potência crítica prevê o desempenho? Vários estudos demonstraram que a potência crítica tem correlação significativa com o desempenho em eventos de resistência com duração de 3-100 minutos (p. ex., r = 0,67-0,85).[35,40,46] Portanto, a potência crítica é um previsor laboratorial útil do sucesso em esportes de resistência.

A potência crítica é um previsor de sucesso melhor em eventos de resistência *versus* outras determinações laboratoriais, como o limiar de lactato ou o $\dot{V}O_{2máx}$? A resposta ainda é controversa, pois muitos pesquisadores declaram que o $\dot{V}O_{2máx}$ é, isoladamente, o melhor previsor de sucesso no desempenho de resistência.[17,18,28] No entanto, em eventos que se prolongam por aproximadamente 30 minutos, o limiar de lactato, o $\dot{V}O_{2máx}$ e a potência crítica parecem ser equivalentes em sua capacidade de prever o desempenho.[46] Isso não surpreende, considerando-se que a potência crítica depende tanto do $\dot{V}O_{2máx}$ como do limiar de lactato. Com efeito, a potência crítica tem elevada correlação com o $\dot{V}O_{2máx}$ e também com o limiar de lactato.[46,62] Em outras palavras, um indivíduo com $\dot{V}O_{2máx}$ e limiar de lactato elevados também possuirá elevada potência crítica. Consultar Vanhatalo et al. (2011) em "Sugestões de leitura" para mais detalhes sobre o conceito de potência crítica.

> **Em resumo**
>
> - Os testes laboratoriais comuns para a previsão do desempenho de resistência são as mensurações do limiar de lactato, da potência crítica e da velocidade de pico na corrida. Todas essas determinações são comprovadamente úteis para a previsão do desempenho em eventos de resistência.
> - O limiar de lactato pode ser determinado durante um teste de esforço progressivo com o uso de qualquer das várias modalidades de esforço (p. ex., esteira ergométrica, cicloergômetro, etc.). O limiar de lactato representa uma intensidade de esforço na qual os níveis sanguíneos de lactato começam a aumentar sistematicamente.
> - O sucesso no desempenho de corrida à distância pode ser estimado ao usar o limiar de lactato e as mensurações da economia de corrida.
> - A potência crítica é definida como a velocidade de corrida (i. e., o nível de potência) na qual a curva velocidade de corrida/tempo atinge um platô.
> - A velocidade de pico na corrida (m/s) pode ser determinada em uma esteira ergométrica ou na pista, sendo definida como a maior velocidade que pode ser mantida por mais de 5 segundos.

Testes para determinar a economia do exercício

O tópico da economia do exercício foi introduzido pela primeira vez no Capítulo 1. A economia de movimento de determinado esporte (p. ex., corrida ou ciclismo) tem grande influência no gasto energético do esporte; por consequência, interage com o $\dot{V}O_{2máx}$ na determinação do desempenho de resistência.[15,21,51,61] Por exemplo, um corredor que não seja econômico consumirá maior quantidade de energia para correr a determinada velocidade em comparação com um corredor econômico. Se todas as demais variáveis forem iguais, o corredor mais econômico provavelmente derrotará o corredor menos econômico em uma competição de condições iguais. Assim, a mensuração da economia do exercício parece ser apropriada ao se realizar uma bateria de testes laboratoriais com o objetivo de avaliar o potencial de desempenho do atleta.

Como se pode avaliar a economia do exercício? Conceitualmente, a economia do exercício é avaliada pela plotagem do gasto energético durante determinada atividade (p. ex., corrida, ciclismo, etc.) a várias velocidades. Em geral, os custos energéticos da corrida, do ciclismo ou da natação podem ser determinados com o uso de métodos semelhantes. Utilizamos a corrida como exemplo para ilustrar esse procedimento. A economia da corrida é quantificada pela mensuração do custo de oxigênio da corrida em estado de equilíbrio em uma esteira ergométrica horizontal a diversas velocidades. Em seguida, a necessidade de oxigênio na corrida é lançada em um gráfico em função da velocidade da corrida.[9,37] A Figura 20.7 ilustra a mudança do $\dot{V}O_2$ em dois corredores a diversas velocidades de corrida. O leitor deve observar que, a qualquer velocidade considerada, o corredor B necessita de menos oxigênio e, portanto, gasta menos energia do que o corredor A (i. e., o corredor B é mais econômico do que o corredor A). Uma diferença significativa na economia de corrida entre atletas pode ter grande influência no desempenho.

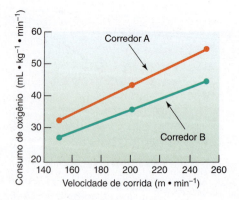

Figura 20.7 Curva de custo da corrida em oxigênio para dois atletas. Notar o custo mais elevado de $\dot{V}O_2$ para a corrida a qualquer velocidade de corrida para o corredor A em comparação com o corredor B. Consultar texto para detalhes.

Estimativa do sucesso nas corridas de fundo utilizando o limiar de lactato e a economia de corrida

Ao longo dos últimos 25 anos, muitos pesquisadores tentaram aplicar testes laboratoriais para a previsão do desempenho em diversos esportes (ver referência 71 para exemplos). O esporte que tem sido objeto de mais atenção é a corrida de fundo. Teoricamente, a previsão do desempenho potencial em qualquer esporte de resistência envolve o uso de medidas laboratoriais similares ($\dot{V}O_{2máx}$, economia do movimento, etc.). Aqui, será utilizada a corrida de fundo para exemplificar como um cientista do esporte ou treinador pode utilizar mensurações laboratoriais nas estimativas do desempenho do atleta em determinado evento. Essa discussão terá início com um breve resumo dos fatores fisiológicos que contribuem para o sucesso da corrida de fundo. Conforme já mencionado, o melhor teste para determinar o potencial de resistência do corredor é o $\dot{V}O_{2máx}$, mas outros fatores modificam o ritmo que pode ser mantido para corridas de diferentes distâncias. Por exemplo, a energia produzida pelas vias anaeróbias (p. ex., glicólise) contribui para a capacidade de manter um ritmo específico durante corridas de distâncias mais curtas (p. ex., 1.500 m).[11,51] Em corridas mais longas (5.000-10.000 m), a economia da corrida e o limiar de lactato podem desempenhar papéis importantes na determinação do sucesso.[25,75,92] Para prever o desempenho de resistência, é preciso determinar o ritmo de corrida máximo do atleta que pode ser mantido para determinada distância de corrida.

Para ilustrar como se pode estimar o desempenho nas corridas de fundo, será considerado um exemplo de previsão do desempenho em uma corrida de 10.000 m. Faz-se, em primeiro lugar, uma avaliação da economia de corrida do atleta e, em seguida, aplica-se um teste progressivo em esteira ergométrica para determinar o $\dot{V}O_{2máx}$ e o limiar de lactato. Os resultados do teste para o corredor em questão estão ilustrados no gráfico da Figura 20.8. Como se pode determinar o ritmo máximo da corrida com base nos dados laboratoriais? Numerosos estudos demonstraram a existência de uma íntima relação entre o limiar de lactato ou o limiar ventilatório e o ritmo máximo que pode ser mantido durante uma corrida de 10.000 m.[25,75,92] Como exemplo, parece que corredores bem treinados podem correr 10.000 m em um ritmo que excede seu limiar de lactato em aproximadamente 5 m · min⁻¹.[37,72] De posse dessa informação e com os dados derivados da Figura 20.8, é possível prever um tempo de chegada para o atleta. Primeiro, será examinada a Figura 20.8*b* para se determinar o $\dot{V}O_2$ no limiar de lactato. O limiar de lactato ocorreu em um $\dot{V}O_2$ de 40 mL · kg⁻¹ · min⁻¹, que corresponde a uma velocidade de corrida de 200 m · min⁻¹ (Fig. 20.8*a*). Supondo-se que o atleta pode exceder essa velocidade em 5 m · min⁻¹, a velocidade média projetada para uma corrida de 10.000 m seria igual a 205 m · min⁻¹. Portanto, é possível obter uma estimativa do tempo de chegada do atleta pela divisão de 10.000 m por sua velocidade prevista de corrida (m · min⁻¹):

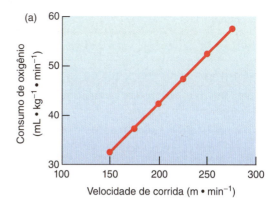

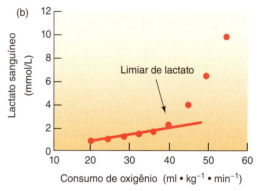

Figura 20.8 Resultados de um teste progressivo de esforço para um corredor hipotético. Esses resultados podem ser utilizados na previsão do desempenho em corridas de fundo. Consultar texto para detalhes.

Tempo de chegada estimado = 10.000 m ÷ 205 m · min⁻¹
= 48,78 min

Embora as previsões teóricas do desempenho, como no exemplo aqui apresentado, possam, geralmente, estimar essa variável com razoável grau de precisão, vários fatores externos podem influenciar o desempenho na corrida. Por exemplo, motivação e tática de corrida desempenham um papel importante no sucesso das corridas de fundo. Condições ambientais (calor/umidade, altitude, etc.) também influenciam o desempenho final do atleta (ver Caps. 19 e 24). Para informações sobre a capacidade de previsão de futuros campeões por meio de testes laboratoriais, ver "Vencendo limites 20.1".

Em resumo

- O sucesso em um evento de resistência pode ser previsto por uma avaliação laboratorial da economia de movimento, do $\dot{V}O_{2máx}$ e do limiar de lactato do atleta. Esses parâmetros podem ser utilizados para se determinar o ritmo máximo de corrida que pode ser mantido pelo atleta em determinada corrida de distância.

Vencendo limites 20.1

Fisiologia do exercício aplicada ao esporte – os testes laboratoriais de atletas jovens podem prever futuros campeões?

Numerosos artigos publicados em revistas populares proclamaram a capacidade de previsão de futuros campeões esportivos com testes laboratoriais realizados em crianças. Por exemplo, argumentou-se que a determinação do tipo de fibra muscular esquelética (por meio de biópsia muscular) em jovens atletas pode ser utilizada para prever o futuro sucesso esportivo desses indivíduos. A verdade, no entanto, é que não existe mensuração laboratorial capaz de prever com precisão a capacidade esportiva "final" de qualquer pessoa. O sucesso esportivo depende de numerosos fatores fisiológicos e psicológicos, muitos dos quais de difícil – ou mesmo impossível – avaliação por mensuração no laboratório. Como já foi mencionado, os principais benefícios dos testes laboratoriais de atletas são: proporcionar informações ao indivíduo sobre seus pontos fortes e pontos fracos em determinado esporte, oferecer *feedback* acerca da eficácia do programa de condicionamento físico e educar o atleta com relação à fisiologia do exercício.[2]

Determinação da potência anaeróbia

Para avaliação da potência anaeróbia, é essencial que o teste utilizado empregue os grupos musculares envolvidos no esporte (i. e., especificidade) e envolva as vias energéticas utilizadas no desempenho do evento. Embora tenham sido propostos alguns esquemas de classificação,[6,33] os testes para avaliação da potência anaeróbia máxima podem ser classificados em (1) testes a ultracurto prazo, projetados para testar a capacidade máxima do "sistema ATP-CP", e (2) testes a curto prazo para avaliar a capacidade anaeróbia geral, que indica a capacidade máxima para a produção de ATP tanto pelo sistema ATP-CP quanto pela glicólise anaeróbia. O leitor deve lembrar que os estudiosos acreditam que eventos com duração inferior a 10 segundos utilizam principalmente o sistema ATP-CP para produzir ATP, enquanto eventos que duram 30-60 segundos utilizam a glicólise anaeróbia como principal via bioenergética para sintetizar ATP. Esse princípio está ilustrado na Figura 20.9 e deve ser lembrado por ocasião do planejamento de testes para avaliar a potência anaeróbia do atleta em relação a um esporte específico.

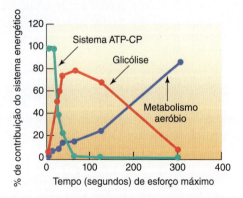

Figura 20.9 Contribuição porcentual do sistema ATP-CP, da glicólise anaeróbia e do metabolismo aeróbio como função do tempo durante um esforço máximo.

Testes de potência anaeróbia máxima a ultracurto prazo

Foram desenvolvidos vários "testes de campo" práticos para avaliar a capacidade máxima do sistema ATP-CP para a produção de ATP durante um curto período (p. ex., 1-10 segundos).[55] Em geral, esses testes são conhecidos como **testes de potência**. Com base no exposto no Capítulo 1, o leitor deve lembrar que a potência é definida como:

$$\text{Potência} = (F \times D) \div T$$

em que F é a força gerada, D é a distância ao longo da qual é aplicada, e T é o tempo necessário para a realização do trabalho.

Testes de potência de salto. Durante muitos anos, testes como o salto agachado para a frente e o salto vertical têm sido utilizados como testes de campo que objetivam avaliar a potência anaeróbia explosiva do indivíduo. O salto agachado para a frente é a distância coberta em um pulo horizontal a partir de uma posição agachada, enquanto o salto vertical é a distância entre a altura alcançada a partir da posição estática de pé e a altura máxima de toque depois de executado o salto vertical. Provavelmente, nenhum dos dois testes consegue avaliar de forma adequada a capacidade máxima do sistema ATP-CP do indivíduo, por causa de sua breve duração. Além disso, nenhum deles é considerado bom previsor do sucesso da corrida em um tiro curto (p. ex., 36,5-91,4 m).[42,80,88] Apesar disso, o teste do salto vertical é considerado válido na previsão da capacidade do atleta quanto a saltar na posição vertical, sendo amplamente utilizado pelos treinadores em modalidades profissionais do futebol, do futebol americano e do basquete como um dos muitos testes de desempenho adotados na avaliação do potencial esportivo.

Testes de potência de corrida para o futebol americano. Há muitos anos, o tiro de 36,5 m vem sendo um teste popular para avaliar o nível de potência em jogadores de futebol americano. Em geral, o atleta faz dois a três tiros cronometrados de 36,5 m, com recuperação completa entre os esforços. O tempo mais rápido registrado é considerado uma indicação do nível de potência do indivíduo. Embora um tiro de 36,5 m seja um teste bastante específico do nível de potência para jogadores de futebol americano, são poucas as evidências de que uma corrida de 36,5 m em uma linha reta possa prever com segurança o sucesso do atleta em determinada posição. Talvez uma corrida mais curta (p. ex., de 9,1-18,2 m), com várias mudanças de direção, possa ser um teste mais específico do nível de potência dos atletas praticantes desse esporte.[57]

Stuart et al.[90] propuseram um teste de condicionamento físico para jogadores de futebol americano projetado para avaliar a capacidade do atleta no tocante a executar repetidos tiros curtos de potência. O teste é realizado da seguinte forma: depois de um breve aquecimento, o atleta faz uma série de dez tiros cronometrados de 36,5 m (esforço máximo) com recuperação de 25 segundos entre os tiros. Esse tempo de recuperação é planejado para simular o tempo transcorrido entre as jogadas em uma partida de futebol americano. O tempo dos atletas para cada corrida de 36,5 m é convertido em velocidade de corrida (ou seja, m/s) e é apresentado no gráfico em função do número de teste. Especificamente, a velocidade de corrida é apresentada no eixo y do gráfico e o número de teste é apresentado no eixo x do gráfico. Esse procedimento está ilustrado na Figura 20.10, em que a linha A representa os dados de um atleta bem condicionado e a linha B constitui os dados de um atleta com condicionamento pior. O leitor deve observar que as linhas A e B têm inclinações negativas (inclinação de fadiga). Isso demonstra que ambos os atletas estão diminuindo a velocidade a cada tentativa sucessiva de 36,5 m. Atletas altamente condicionados serão capazes de manter tempos mais rápidos para os tiros de 36,5 m ao longo das dez tentativas em comparação com atletas menos condicionados; portanto, terão uma curva de fadiga menos negativa. Em um esforço para estabelecer um conjunto de padrões para esse teste, Stuart et al. propuseram que os atletas fossem classificados em um de quatro níveis de condicionamento, com base no percentual de velocidade máxima de corrida que pode ser mantido ao longo das três tentativas finais dos tiros de 36,5 m (ver Tab. 20.1). Por exemplo, um nível de condicionamento físico de 1-2 é considerado como bom para o nível de condicionamento físico superior para jogadores em qualquer posição. Por outro lado, níveis de condicionamento físico de 3 ou menor são considerados abaixo da média para níveis baixos de condicionamento físico para um jogador de futebol.

Testes de corrida para o futebol. A modalidade de futebol praticada sobretudo fora dos Estados Unidos permanece como o esporte mais popular em muitos países. Assim, não surpreende o desenvolvimento de numerosos testes de desempenho para jogadores dessa modalidade.[14,60,77,78] Entre tais testes de desempenho, há testes para as habilidades motoras necessárias à prática do futebol e testes de condicionamento físico. A esquematização de um teste de condicionamento físico para o futebol fica complicada pelo fato de que esse esporte é um jogo complexo que depende de tiros intermitentes de corrida máxima seguidos por períodos de caminhada e/ou corrida lenta. Assim, o futebol é um esporte que utiliza vias bioenergéticas anaeróbias e também aeróbias para a produção de ATP. Um teste de campo comumente utilizado para a determinação do desempenho e das respostas metabólicas de jogadores de futebol é o *Loughborough intermittent shuttle test*, desenvolvido na Universidade de Loughborough, na Inglaterra.[65] Esse teste de corridas em vaivém é projetado para simular o padrão de atividade dos jogado-

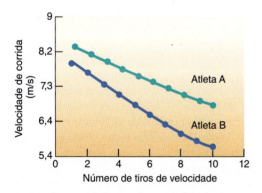

Figura 20.10 Ilustração do uso de uma série de tiros cronometrados de 36,5 m para determinar o condicionamento anaeróbio de jogadores de futebol americano. O atleta A exibe declínio pequeno, porém constante, na velocidade de corrida a cada tiro adicional. Em contrapartida, o atleta B mostra um declínio grande e sistemático na velocidade ao longo dos tiros de velocidade. Portanto, o atleta A é considerado como tendo melhor condicionamento físico do que o atleta B. Consultar texto para detalhes.

Tabela 20.1	Classificação dos níveis de condicionamento físico para jogadores de futebol americano com base nos tempos de uma série de tiros de 36,5 m

Nível	Categoria	Percentual de velocidade máxima mantido*
1	Superior	≥ 90%
2	Bom	85-89%
3	Abaixo da média	80-84%
4	Ruim	≤ 79%

* O "percentual de velocidade máxima mantido" é calculado pela obtenção da média da velocidade das últimas três tentativas, dividida pela velocidade média das três primeiras tentativas. Em seguida, o resultado é expresso na forma de percentual. Consultar o texto para mais detalhes.

res de futebol durante uma partida de 90 minutos e consiste em uma corrida intermitente de vaivém (i. e., corrida para a frente e para trás) entre marcadores situados a 20 m de distância. Para a realização do teste de Loughborough, os jogadores devem completar as seguintes corridas:

- 3 × 20 m em um ritmo de caminhada.
- 1 × 20 m a velocidade de corrida máxima com recuperação de 4 segundos.
- 3 × 20 m a uma velocidade de corrida correspondente a 55% do $\dot{V}O_{2máx}$ do indivíduo.
- 3 × 20 m a uma velocidade de corrida. correspondente a 95% do $\dot{V}O_{2máx}$ do indivíduo.

Esse bloco de exercícios é repetido continuamente durante 90 minutos. Na prática, a distância de 20 m é marcada no gramado (ou no piso), e as velocidades das caminhadas e das corridas são ditadas por sinais de áudio gerados por um computador. Os tempos de tiro para as corridas de 20 m à velocidade máxima são registrados ao longo de todo o teste por células fotoelétricas infravermelhas e representam uma das variáveis de desempenho mensuradas, ou seja, os jogadores de futebol com os níveis mais elevados de condicionamento físico serão capazes de manter um percentual mais alto de sua velocidade máxima de tiro ao longo do teste de vaivém. Além disso, a distância total percorrida durante o teste também é medida como variável de desempenho. Durante esse teste de vaivém, estima-se que 22% do tempo total do exercício sejam consumidos em um $\dot{V}O_{2máx}$ igual ou superior a 95%, enquanto o nível de atividade para o restante do teste fica em 55% do $\dot{V}O_{2máx}$ ou abaixo disso.[65] Os detalhes completos dos numerosos testes utilizados na avaliação do desempenho de jogadores de futebol vão além dos objetivos deste capítulo; o leitor deve consultar Castagna et al. (2010) e O'Reilly e Wong (2012), em "Sugestões de leitura", para mais detalhes sobre testes de desempenho para jogadores de futebol.

Testes de potência para o ciclismo. O **teste de 10 segundos de Quebec** foi desenvolvido com o objetivo de avaliar a potência anaeróbia a ultracurto prazo em ciclistas.[88] O erro técnico desse teste é pequeno, e o procedimento é altamente confiável.[6] O teste é realizado em um cicloergômetro com frenagem por fricção que contém uma fotocélula capaz de medir as revoluções do volante; o número de revoluções e a resistência contra o volante estão eletricamente conectados a um microcomputador, para análise. O esquema do teste é simples. Após um breve aquecimento, o ciclista faz dois tiros de ciclismo à velocidade total durante 10 segundos, separados por um período de repouso. A resistência inicial do volante do cicloergômetro é determinada pelo peso do indivíduo (cerca de 0,09 kg/kg de peso corporal). Com um comando verbal de partida do pesquisador, o ciclista começa a pedalar a 80 rpm, e a carga é rapidamente ajustada para algo dentro de

2-3 segundos da carga desejada. Em seguida, o ciclista pedala com a maior rapidez possível durante 10 segundos. Ao longo do teste, o indivíduo testado recebe vigoroso incentivo verbal. Depois de um período de descanso de 10 minutos, o atleta faz um segundo teste, e é obtida a média dos dois testes. Os resultados do teste são informados em Joules de pico por kg de peso corporal e em Joules totais por kg de peso corporal.

Além da avaliação de ciclistas, o teste de 10 segundos de Quebec tem sido utilizado para testar a potência anaeróbia a ultracurto prazo em não atletas, corredores, patinadores velocistas, biatletas e fisiculturistas. Para os detalhes completos desses resultados, consultar Bouchard et al.[6]

Testes de potência anaeróbia a curto prazo

Conforme ilustrado na Figura 20.9, o sistema ATP-CP para produção de ATP durante um esforço intenso é importante para tiros curtos de esforço (1-10 segundos), enquanto a glicólise passa a ser uma via metabólica importante para a produção de energia em eventos com duração superior a 15 segundos. Em um esforço para a avaliação da capacidade máxima da glicólise anaeróbia de produzir ATP durante o esforço, foram desenvolvidos vários testes de potência anaeróbia de curto prazo. Como os demais testes de desempenho, os testes de potência anaeróbia devem envolver os músculos específicos utilizados no esporte em questão.

Testes de potência anaeróbia para o ciclismo. Pesquisadores do Instituto Wingate, em Israel, desenvolveram um teste de máximo esforço para o ciclismo (**teste de Wingate**), planejado para determinar a potência anaeróbia de pico e o nível de potência médio ao longo do teste de 30 segundos. Foi demonstrado que esse teste tem alta reprodutibilidade e é uma forma excelente de avaliar o nível de potência anaeróbia em ciclistas.[43] O teste é administrado da seguinte maneira: o ciclista faz um breve aquecimento de 2-4 minutos no cicloergômetro a uma intensidade de esforço suficiente para elevar sua frequência cardíaca até 150-160 bpm. Após um intervalo de repouso de 3-5 minutos, o teste tem início com o ciclista pedalando o cicloergômetro com a maior rapidez possível, sem resistência ao volante. Depois de ter sido alcançada a velocidade máxima de pedalagem (p. ex., 2-3 segundos), o administrador do teste aumenta rapidamente a resistência do volante até uma carga predeterminada. Essa carga é uma estimativa (baseada no peso corporal) de uma taxa de trabalho que excederia o $\dot{V}O_{2máx}$ do indivíduo em 20-60% (ver Tab. 20.2). O ciclista continua a pedalar com a maior rapidez possível, e a frequência das pedaladas é registrada a intervalos de 5 segundos durante o teste. O mais elevado nível de potência ao longo dos primeiros segundos é considerado o nível de potência de pico, sendo indicativo da velocidade máxima do sistema ATP-CP na produção de ATP durante esse tipo de esforço. O declínio do nível de potência durante o teste é utilizado como índice de resistência anaeróbia, supondo-se

Tabela 20.2	A regulação da resistência para o teste de Wingate baseia-se no peso corporal do atleta
Peso corporal do atleta (kg)	**Regulação da resistência ao volante (kg)**
20-24,9	1,75
25-29,9	2,0
30-34,9	2,5
35-39,9	3,0
40-44,9	3,25
45-49,9	3,5
50-54,9	4,0
55-59,9	4,25
60-64,9	4,75
65-69,9	5,0
70-74,9	5,5
75-79,9	5,75
80-84,9	6,25
≥ 85	6,5

De B. Noble, *Physiology of Exercise and Sport.* Copyright © 1986.
The C.V. Mosby Company, St. Louis MO. Reproduzido com autorização.

que represente a capacidade máxima para produção de ATP por meio de uma combinação do sistema ATP-CP e da glicólise. O decréscimo do nível de potência é expresso na forma de percentual de declínio da potência de pico. O nível de potência de pico obtido durante o teste de Wingate ocorre perto do início do teste, e o nível de potência mais baixo é registrado durante os últimos 5 segundos do teste. Em seguida, a diferença entre esses dois níveis de potência (i. e., nível de potência mais elevado – nível de potência mais baixo) é dividida pelo nível de potência de pico e expressa como percentual. Como exemplo, se o nível de potência de pico foi 600 W e o nível de potência mais baixo durante o teste foi 200 W, o declínio do nível de potência seria computado como:

$$(600 - 200) \div 600 = 0,666 \times 100\% = 67\%$$

O declínio de 67% no nível de potência indica que o atleta diminui seu nível de potência de pico em 67% ao longo do período de esforço de 30 segundos.

Desde a introdução do teste de Wingate, foram propostas várias modificações do protocolo original.[23,30,43,70,82] Por exemplo, uma equipe australiana de cientistas do esporte[30] desenvolveu um teste para mensuração da potência anaeróbia no cicloergômetro que consiste em 60 segundos de esforço máximo com o uso de uma carga de resistência variável. O esquema do teste permite a mensuração tanto da potência anaeróbia de pico (i. e., potência de pico no sistema ATP-CP) como do nível de potência médio (glicolítico) ao longo do período de esforço máximo de 60 segundos. O teste é o seguinte: o indivíduo testado faz um aquecimento de 5 minutos a baixa taxa de trabalho (p. ex., 120 W). Depois de uma recuperação de 2 minutos, começa a pedalar com a maior rapidez possível, sem carga aplicada ao volante do cicloergômetro. Ao ser atingida a velocidade de pico de pedalagem (i. e., 3 segundos), o pesquisador rapidamente aumenta a carga ao volante para 0,095 kg de resistência/kg de peso corporal. O indivíduo continua a pedalar com a maior rapidez possível a essa carga durante 30 segundos; no ponto de 30 segundos, a carga ao volante é reduzida para 0,075 kg de resistência/kg de peso corporal até o fim do teste. Durante o teste, o nível de potência do indivíduo é continuamente monitorizado por um dispositivo eletrônico, e a produção de trabalho é registrada como nível de potência de pico e como nível de potência média (ambos em J/kg/s) durante todo o teste.

O raciocínio para a carga variável é que, embora haja necessidade de elevada resistência para que seja promovida a máxima potência anaeróbia, essa resistência é excessiva para um teste supramáximo com duração de 60 segundos.[30] Mediante a redução da resistência a meio caminho durante o teste, a carga de trabalho torna-se mais controlável – o que permite ao indivíduo testado completar um teste de esforço máximo durante o período inteiro de 60 segundos. A vantagem desse teste, em comparação com o teste de Wingate, é que seu modelo de resistência variável permite a mensuração da potência anaeróbia de pico e da potência anaeróbia máxima ao longo de sua duração de 60 segundos. Esse tipo de teste teria utilidade para atletas que competem em eventos com duração entre 45-60 segundos. Deve-se ter em mente que, embora esse teste sobrecarregue maximamente tanto o sistema ATP-CP como a glicólise por causa de sua duração, o sistema aeróbio também é ativado (ver Caps. 3 e 4). Assim, apesar de a energia necessária para fazer 60 segundos de esforço máximo provir principalmente (p. ex., 70%) de vias anaeróbias, a contribuição energética aeróbia pode chegar a 30%.

Testes de potência anaeróbia para corridas. Corridas de máxima distância de 35-800 m têm sido utilizadas na avaliação do nível de potência anaeróbia em corredores.[83,93,103] Esse tipo de teste pode ser usado para determinar a melhora entre indivíduos como resultado de um regime de treinamento. Um exemplo de teste válido e confiável para corrida é o teste anaeróbio de corridas de velocidade (RAST).[102] Esse teste é de fácil administração e é um confiável previsor de sucesso em corridas de velocidade.[103] A seguir, um breve resumo do teste: o corredor faz uma série de seis tiros a velocidade máxima na distância de 35 m, com recuperação de 10 segundos entre as corridas. Cada tiro de velocidade é cronometrado, sendo calculada a potência de pico [potência = (massa corporal × distância^2)/tempo^3] para cada um dos tiros de velocidade. Em seguida, é calculada a potência média, como a média da potência de pico das seis corridas. Foi demonstrado que o nível de potência médio obtido com esse teste é um previsor moderadamente bom do desempenho de corridas de 100, 200 e 400 m.[103]

Testes específicos para o esporte. É possível desenvolver testes anaeróbios a ultracurto prazo e a curto prazo específicos para o esporte em atendimento às necessidades dos esportes de equipe ou de eventos esportivos individuais *não discutidos previamente neste capítulo*. Os testes podem tentar medir o nível de potência de pico em alguns segundos ou medir o nível de potência durante um período de 10-60 segundos, dependendo das demandas energéticas do esporte.

Podem ser criados testes para tênis, basquetebol, patinação no gelo, natação, etc. Em alguns casos, o tempo ou a distância coberta será a variável dependente mensurada, em vez de uma mensuração direta do nível de potência.[6] Esse tipo de teste específico para o esporte fornece ao treinador e ao atleta um *feedback* direto acerca do nível atual de seu condicionamento físico; testes periódicos subsequentes poderão ser aplicados com o objetivo de avaliar o sucesso dos programas de treinamento.

Para avaliar a potência anaeróbia máxima em esportes coletivos como basquete, handebol e futebol, foi desenvolvido o *maximal anaerobic shuttle running test* (MASRT).[22] Esse teste foi projetado para avaliar o condicionamento físico anaeróbio de atletas envolvidos em equipes de esporte selecionados que exigem uma produção de energia anaeróbia elevada com sucesso. Parece que esse teste é válido e confiável, o que é importante.[22] O MASRT envolve uma corrida de curta distância intermitente entre duas linhas paralelas e é fácil de administrar por um único avaliador. Foi discutido se esse teste é sensível o suficiente para identificar até pequenas mudanças no desempenho anaeróbio em jogadores de times esportivos.[22] Esse tipo de condicionamento físico anaeróbio seria útil para avaliar a resposta do atleta de times esportivos a um programa de treinamento.

> ### Em resumo
>
> - Os testes de potência anaeróbia são classificados como (a) de ultracurto prazo, para determinar a capacidade máxima do sistema ATP-CP, e (b) de curto prazo, para avaliar a capacidade máxima para a glicólise anaeróbia.
> - Os testes de potência a ultracurto prazo e a curto prazo devem ser específicos para o esporte, em um esforço para fornecer ao treinador e a seu atleta *feedback* acerca do nível atual de condicionamento físico.

Avaliação da força muscular

A força muscular é definida como a força máxima que pode ser gerada por um músculo ou grupo muscular.[1] A mensuração da força muscular é prática comum na avaliação dos programas de treinamento para jogadores de futebol americano, arremessadores de peso, halterofilistas e outros atletas de força. O teste de força pode ser utilizado na monitorização do progresso do treinamento ou na reabilitação de lesões.[56] A força muscular pode ser avaliada por um dos quatro métodos a seguir: (1) teste isométrico, (2) teste com pesos livres, (3) teste iso-

cinético e (4) teste de resistência variável. Antes da discussão desses métodos de mensuração da força, é preciso que sejam consideradas algumas orientações gerais para a seleção de qualquer um deles.

Critério para seleção de um método de teste de força

Os critérios para seleção de um método de teste de força envolvem os seguintes fatores:[80] especificidade, facilidade de aquisição e análise de dados, custo e segurança. Diante da importância de uma seleção apropriada do teste de força, justifica-se uma breve discussão de cada um desses fatores.

A especificidade do teste de força leva em consideração os músculos envolvidos no movimento do esporte, o padrão motor e o tipo e a velocidade da contração. Por exemplo, a mensuração da força específica para o esporte deve usar os grupos musculares envolvidos na atividade. Além disso, o modo de realização do teste deve simular o tipo de contração praticado no esporte (isométrica *versus* dinâmica). Se a contração utilizada no esporte é dinâmica, é preciso verificar se a contração é concêntrica ou excêntrica. Um nível final de especificidade é a velocidade do encurtamento. Existe certo grau de especificidade da velocidade em testes de força; atletas velocistas e de força têm melhor desempenho nos testes de força a alta velocidade do que a baixa velocidade.[96] Portanto, justifica-se a tentativa de fazer com que a velocidade das contrações do teste seja similar àquela utilizada no esporte.

Fatores como conveniência e tempo necessário para as mensurações de força são considerações importantes nos casos de mensurações em grande número de atletas.[47] Atualmente, várias empresas comercializam aparelhos para mensuração de força que possuem interface com *softwares* para análise computadorizada. Esses aparelhos reduzem em muito o tempo exigido para a mensuração e a análise da força.

Muitos dos equipamentos computadorizados comercializados para mensuração da força são dispendiosos. O elevado custo desses equipamentos pode impossibilitar sua compra por programas de fisioterapia, programas de ciência do exercício ou programas esportivos com orçamento limitado. Nesses casos, o fisioterapeuta, cientista do exercício ou treinador precisa escolher a melhor opção disponível que caiba em seu orçamento.

Uma preocupação final para a seleção de um método para teste de força é a segurança da técnica. Ela deve ser preocupação primordial para qualquer mensuração de força. Obviamente, devem ser evitadas técnicas de mensuração de força que ponham o atleta em grande risco de sofrer lesão.

Mensuração isométrica da força

A mensuração isométrica da força depende de um aparelho que permita o teste dos grupos musculares específicos para o esporte. Há vários fabricantes que comercia-

474 Seção III Fisiologia do desempenho

lizam esses aparelhos. Em sua maioria, os aparelhos para teste isométrico atualmente comercializados são instrumentos computadorizados capazes de mensurar a força isométrica em vários grupos musculares. A Figura 20.11 ilustra um desses aparelhos em uso na mensuração da força da perna durante uma extensão do joelho. Enquanto o atleta gera força isométrica máxima, o tensiômetro (dispositivo de mensuração de tensão) computadorizado mede a força gerada, e essa informação é registrada e exibida em um painel eletrônico no instrumento.

Tipicamente, a mensuração da força isométrica é efetuada em vários ângulos articulares. Em geral, o teste isométrico de cada ângulo articular consiste em dois ou mais experimentos de contrações máximas (duração da contração: aproximadamente 5 segundos), e a melhor dessas tentativas é considerada a medida da força.

A vantagem dos testes isométricos com uso de equipamento computadorizado é o fato de sua administração ser, em geral, simples e segura. Por exemplo, a mensuração computadorizada da força isométrica tem sido utilizada na fisioterapia para avaliação do progresso do treinamento em membros lesionados. Argumentou-se que, como o tensiômetro isométrico pode ser utilizado para medir a força estática em muitos ângulos articulares diferentes com baixo risco de lesão, essa técnica poderia ser mais efetiva na avaliação dos ganhos de força durante o treinamento terapêutico em comparação com os testes convencionais de levantamento de peso.[57] As desvantagens dos testes isométricos são o elevado custo de alguns aparelhos comercializados e o fato de que muitas atividades esportivas envolvem movimentos dinâmicos. Além disso, considerando-se que a força difere ao longo do arco completo do movimento articular, as mensurações isométricas devem ser efetuadas em vários ângulos articulares; isso aumenta o tempo necessário para a realização do teste.

Figura 20.11 Uso de um tensiômetro comercial para mensuração da força estática durante uma extensão do joelho. Cortesia de Biodex Medical Systems, Inc.

Testes de força com pesos livres

A palavra *isotônico* significa tensão constante. Esse termo é frequentemente aplicado ao exercício convencional de levantamento de peso, porque o peso do haltere permanece constante durante o levantamento ao longo do arco de movimento. Em um sentido estrito, a aplicação do termo *isotônico* ao levantamento de peso não é apropriada, pois a própria força ou torque aplicado ao peso não permanece constante ao longo de todo o arco de movimento. A aceleração e a desaceleração dos membros durante um movimento de levantamento de peso frequentemente causam variação na força aplicada. Portanto, em lugar do termo isotônico, atualmente, tem uso comum o termo **dinâmico** para descrever o tipo de atividade muscular durante o exercício com uma resistência externa constante, como os pesos livres ou pilhas de pesos nos aparelhos em que a resistência permanece constante ao longo de todo o arco de movimento. A medida mais comum da força dinâmica é o teste de uma repetição máxima, mas também têm sido utilizados testes que envolvem 3-6 repetições.

O método de uma repetição máxima (1 RM) para avaliação da força muscular envolve a realização de apenas um levantamento máximo, ou seja, a quantidade máxima de peso que pode ser levantada durante uma repetição dinâmica completa de determinado movimento (p. ex., supino plano). Para testar 1 RM para qualquer grupo muscular, o atleta seleciona um peso inicial que fique perto do peso antecipado para 1 RM. Se conseguir completar uma repetição, o peso receberá pequeno incremento, e o atleta faz nova tentativa. Esse processo continua até que seja atingida a capacidade máxima de levantamento. O maior peso movimentado durante uma repetição é considerado 1 RM. O teste 1 RM pode ser praticado com o uso de pesos livres (halteres) ou em um aparelho de esforço contra resistência ajustável. Para mais detalhes sobre o teste 1 RM, consultar Powers et al. (2013), em "Sugestões de leitura".

Por causa das preocupações com a segurança, alguns fisioterapeutas e cientistas do exercício têm recomendado que o teste 1 RM seja substituído por um teste dinâmico que envolva 3 ou 6 repetições. O raciocínio é que a incidência das lesões pode ser menor com um peso que possa ser levantado até um máximo de 3 ou 6 vezes, em comparação com o peso maior que pode ser levantado durante uma contração em 1 RM.

Além do uso dos pesos livres ou dos aparelhos, a força dinâmica máxima pode ser mensurada com a ajuda de dinamômetros. O **dinamômetro** é um aparelho capaz de medir a força. Dinamômetros de preensão manual têm sido usados há muitos anos para avaliação da força de preensão. Os dinamômetros funcionam da seguinte maneira: quando a força é aplicada ao dinamômetro, ocorre compressão de uma mola de aço, com movimentação de um ponteiro ao longo de uma escala. Pela calibração do dinamômetro com pesos conhecidos, é possível determinar quanta força é necessária para movimentar o ponteiro até uma distância específica na escala. A Figura 20.12 ilustra o uso de um dinamômetro de preensão manual na avaliação da força de preensão.

As vantagens dos testes de força dinâmica são o baixo custo do equipamento e o fato de que a força é dinamicamente aplicada, podendo simular movimentos específicos para o esporte. As desvantagens dos testes com pesos livres e com uso da técnica 1 RM são a possibilidade de ocorrerem lesões ao atleta e o fato de que tais testes não fornecem informações referentes à aplicação de força ao longo de todo o arco de movimento. Esse ponto será novamente discutido na seção a seguir.

Avaliação isocinética da força

Nos últimos anos, foram desenvolvidos muitos dispositivos assistidos por computador para a avaliação da força muscular dinâmica. O tipo mais comum de aparelho computadorizado para mensuração da força comercializado é um dinamômetro isocinético que proporciona resistência variável. O termo **isocinético** significa movimento a uma taxa de velocidade constante. O dinamômetro isocinético de resistência variável é um instrumento eletrônico-mecânico que mantém velocidade constante de movimento ao mesmo tempo em que ocorre variação da resistência durante determinado movimento. A resistência oferecida pelo instrumento é uma resistência de acomodação, planejada para equilibrar a força gerada pelo músculo. Um transdutor de força inserido no instrumento monitoriza constantemente a força muscular gerada a uma velocidade constante e transfere essa informação para o computador, que calcula a força média gerada ao longo de cada período e o ângulo articular durante o movimento. A Figura 20.13 ilustra um exemplo desse tipo de instrumento.

Um grupo de dados típico obtido do computador durante uma extensão da perna em esforço máximo com o uso de um dinamômetro isocinético computadorizado está ilustrado na Figura 20.14. Esse tipo de avaliação de força fornece uma quantidade bem maior de informações em comparação com o que se obtém com um teste 1 RM. A curva de força ilustrada na Figura 20.14 revela que o indivíduo gera a menor quantidade de força no início do padrão motor e a maior quantidade de força na parte média do movimento. O teste 1 RM fornece apenas o resultado final, que é a quantidade máxima de peso levantado durante esse movimento em particular, ou seja, não fornece informação acerca das diferenças na geração de força ao longo do arco completo do movimento. Portanto, o instrumento isocinético assistido

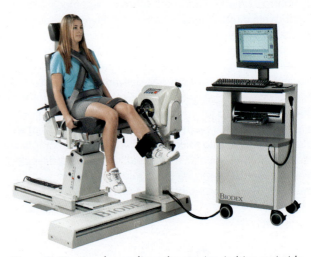

Figura 20.13 Uso de um dinamômetro isocinético assistido por computador que pode ser adquirido no comércio para mensuração da força durante uma extensão do joelho. Cortesia de Biodex Medical Systems, Inc.

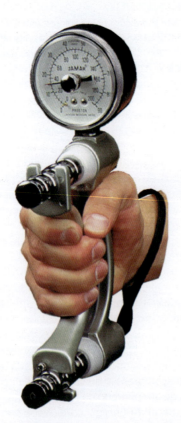

Figura 20.12 Uso de um dinamômetro de preensão manual típico. Cortesia de Lafayette Instrument Company.

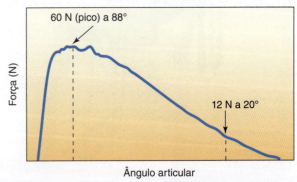

Figura 20.14 Exemplo de impressão de dados obtidos com o uso de um dinamômetro isocinético assistido por computador durante uma extensão do joelho em esforço máximo.

por computador parece oferecer vantagens em comparação com o teste 1 RM tradicional. Além disso, foi demonstrado que os testes isocinéticos de força são altamente confiáveis.[59]

Mensuração da força com resistência variável

Várias empresas comercializam máquinas de peso que variam a resistência (peso) durante contrações musculares dinâmicas. A mensuração da força com o uso de um aparelho de resistência variável se parece, em princípio, com os testes isotônicos que utilizam 1 RM ou 3-6 repetições, exceto pelo fato de o aparelho de resistência variável criar uma resistência variável ao longo do arco de movimento. Tipicamente, essa resistência variável é obtida por meio de um "came" (mecanismo excêntrico), que, em tese, é projetado para variar a resistência de acordo com fatores fisiológicos e mecânicos que determinam a geração de força pelos músculos ao longo de um arco normal de movimento.

As vantagens potenciais desses dispositivos são o fato de que quase todos os padrões motores esportivos são efetuados com o uso de forças variáveis e o desenho desses máquinas facilita o ajuste dos pesos, portanto, consome-se pouco tempo na obtenção das mensurações. Uma desvantagem desses aparelhos é seu elevado custo; isso se complica pelo fato de que frequentemente há necessidade de diversos aparelhos específicos para a mensuração da força em diferentes grupos musculares. Para mais detalhes sobre a avaliação da força muscular, consultar Baechle e Earle (2008), em "Sugestões de leitura".

Em resumo

- A força muscular é definida como a força máxima que pode ser gerada por um músculo ou um grupo muscular.
- A estimativa da força muscular tem utilidade na avaliação dos programas de treinamento para atletas envolvidos em esportes ou em eventos de força.
- A força muscular pode ser avaliada com o uso de qualquer uma das seguintes técnicas: (a) isométrica, (b) por teste com pesos livres, (c) isocinética ou (d) com aparelhos de resistência variável.

Atividades para estudo

1. Discuta a linha de raciocínio subjacente aos testes laboratoriais projetados para avaliar o desempenho físico em atletas. Como esses testes diferem dos testes gerais de condicionamento físico?
2. Defina consumo máximo de oxigênio. Por que o $\dot{V}O_{2máx}$ relativo pode ser, isoladamente, o fator mais importante na previsão do sucesso em corridas de fundo em um grupo heterogêneo de corredores?
3. Discuta o conceito de "especificidade do teste" para a determinação do $\dot{V}O_{2máx}$. Faça um breve resumo do desenho de um teste progressivo para determinar o $\dot{V}O_{2máx}$. Quais são os critérios que podem ser empregados para determinar a validade de um teste de $\dot{V}O_{2máx}$?
4. Resumidamente, explique a técnica empregada para determinar o limiar de lactato e o limiar ventilatório.

5. Descreva como a economia de corrida pode ser avaliada no laboratório.
6. Discuta a teoria e os procedimentos envolvidos na previsão do sucesso em corridas de fundo.
7. Explique como a potência anaeróbia máxima a curto prazo pode ser avaliada por testes de campo.
8. Descreva como o teste de Wingate é utilizado na avaliação da potência anaeróbia.
9. Faça um resumo da técnica 1 RM para avaliar a força muscular. Por que o dinamômetro assistido por computador pode ser superior à técnica 1 RM na avaliação das mudanças de força?
10. Discuta as vantagens e as desvantagens de cada um dos seguintes tipos de mensuração da força: (1) dinâmico, (2) com pesos livres, (3) isocinético e (4) com resistência variável.

Sugestões de leitura

Baechle, T. R., and R. W. Earle. 2008. *Essentials of Strength Training and Conditioning*. Champaign, IL: Human Kinetics.

Bentley, D. J., J. Newell, and D. Bishop. 2007. Incremental exercise test design and analysis: implications for performance diagnostics in endurance athletes. *Sports Medicine* 37(7): 575–86.

Castagna, C., V. Manzi, F. Impellizzeri, M. Weston, and J. C. Barbero Alvarez. 2010. Relationship between endurance field tests and match performance in young soccer players. J *Strength Cond Res* 24: 3227–33.

Currell, K., and A. E. Jeukendrup. 2008. Validity, reliability and sensitivity of measures of sporting performance. *Sports Med* 38: 297–316.

Hudgins, B., J. Scharfenberg, N. T. Triplett, and J. M. McBride. 2013. Relationship between jumping ability and running performance in events of varying distance. J *Strength Cond Res* 27: 563–567.

Noordhof, D. A., P. F. Skiba, and J. J. de Koning. 2013. Determining anaerobic capacity in sporting activities. *Int J Sports Physiol and Performance* 8: 475–482.

O'Reilly, J., and S. Wong. 2012. The development of aerobic and skill assessment in soccer *Sports Med* 42: 1029–1040.

Powers, S., S. Dodd, and E. Jackson. 2013. *Total Fitness and Wellness*. San Francisco: CA Pearson.

Reiman, M., and R. Manske. 2009. *Functional Testing in Human Performance*. Champaign, IL: Human Kinetics.

Vanhatalo, A., A. M. Jones, and M. Burnley. 2011. Application of critical power in sport. *Int J Sports Physiol Performance* 6: 128–136.

Van Praagh, E. 2007. Anaerobic fitness tests: what are we measuring? *Medicine and Science in Sports and Exercise* 50: 26–45.

Zagatto, A. M., W. R. Beck, and C. A. Gobatto. 2009. Validity of the running anaerobic sprint test for assessing anaerobic power and predicting short-distance performances. J *Strength Cond Res* 23: 1820–27.

Referências bibliográficas

1. Åstrand P, and Rodahl K. *Textbook of Work Physiology*. New York, NY: McGraw-Hill, 1986.
2. Barker AR, and Armstrong N. Exercise testing elite young athletes. *Med Sport Sci* 56: 106–125, 2011.
3. Bassett DR, Jr., and Howley ET. Limiting factors for maximum oxygen uptake and determinants of endurance performance. *Med Sci Sports Exerc* 32: 70–84, 2000.
4. Beaver WL, Wasserman K, and Whipp BJ. A new method for detecting anaerobic threshold by gas exchange. *J Appl Physiol* 60: 2020–2027, 1986.
5. Bentley DJ, Newell J, and Bishop D. Incremental exercise test design and analysis: implications for performance diagnostics in endurance athletes. *Sports Med* 37: 575–586, 2007.
6. Bouchard C. Testing anaerobic power and capacity. In *Physiological Testing of the High Performance Athlete*, edited by MacDougall J, Wenger H, and Green H. Champaign, IL: Human Kinetics, 1991, pp. 175–222.
7. Bouckaert J, and Pannier J. Specificity of $\dot{V}O_{2\,max}$ and blood lactate determinations in runners and cyclists. *International Archives of Physiology and Biochemistry* 93: 30–31, 1984.
8. Bouckaert J, Pannier JL, and Vrijens J. Cardiorespiratory response to bicycle and rowing ergometer exercise in oarsmen. *Eur J Appl Physiol Occup Physiol* 51: 51–59, 1983.
9. Bransford DR, and Howley ET. Oxygen cost of running in trained and untrained men and women. *Med Sci Sports* 9: 41–44, 1977.
10. Buchfuhrer MJ, Hansen JE, Robinson TE, Sue DY, Wasserman K, and Whipp BJ. Optimizing the exercise protocol for cardiopulmonary assessment. *J Appl Physiol* 55: 1558–1564, 1983.
11. Bulbulian R, Wilcox AR, and Darabos BL. Anaerobic contribution to distance running performance of trained cross-country athletes. *Med Sci Sports Exerc* 18: 107–113, 1986.
12. Burke EJ. Validity of selected laboratory and field tests of physical working capacity. *Res Q* 47: 95–104, 1976.
13. Caiozzo VJ, Davis JA, Ellis JF, Azus JL, Vandagriff R, Prietto CA, et al. A comparison of gas exchange indices used to detect the anaerobic threshold. *J Appl Physiol* 53: 1184–1189, 1982.
14. Castagna C, Manzi V, Impellizzeri F, Weston M, and Barbero Alvarez JC. Relationship between endurance field tests and match performance in young soccer players. *J Strength Cond Res* 24: 3227–3233, 2010.
15. Conley DL, and Krahenbuhl GS. Running economy and distance running performance of highly trained athletes. *Med Sci Sports Exerc* 12: 357–360, 1980.
16. Costill DL. A scientific approach to distance running. *Los Altos: Track and Field News Press* 14: 12–40, 1979.
17. Costill DL. Metabolic responses during distance running. *J Appl Physiol* 28: 251–255, 1970.
18. Costill DL. The relationship between selected physiological variables and distance running performance. *J Sports Med Phys Fitness* 7: 61–66, 1967.
19. Costill DL, Thomason H, and Roberts E. Fractional utilization of the aerobic capacity during distance running. *Med Sci Sports* 5: 248–252, 1973.
20. Currell K, and Jeukendrup AE. Validity, reliability and sensitivity of measures of sporting performance. *Sports Med* 38: 297–316, 2008.
21. Daniels J, and Daniels N. Running economy of elite male and elite female runners. *Med Sci Sports Exerc* 24: 483–489, 1992.
22. Dardouri W, Gharbi Z, Selmi MA, Sassi RH, Moalla W, and Souissi N. Reliability and validity of a new maximal anaerobic shuttle running test. *Int J Sports Med* 35: 310–315, 2013.
23. Dotan R, and Bar-Or O. Load optimization for the Wingate anaerobic test. *Eur J Appl Physiol Occup Physiol* 51: 409–417, 1983.
24. Ebbeling CB, Ward A, Puleo EM, Widrick J, and Rippe JM. Development of a single-stage submaximal treadmill walking test. *Med Sci Sports Exerc* 23: 966–973, 1991.
25. Farrell PA, Wilmore JH, Coyle EF, Billing JE, and Costill DL. Plasma lactate accumulation and distance running performance. *Med Sci Sports* 11: 338–344, 1979.
26. Foster C. Blood lactate and respiratory measurement of the capacity for sustained exercise. In *Physiological Assessment of Human Fitness*, edited by Maud P, and Foster C. Champaign, IL: Human Kinetics, 1995, pp. 57–72.
27. Foster C. $\dot{V}O_{2\,max}$ and training indices as determinants of competitive running performance. *Journal of Sports Sciences* 1: 13–27, 1983.
28. Foster C, Daniels J, and Yarbough R. Physiological correlates of marathon running and performance. *Australian Journal of Sports Medicine* 9: 58–61, 1977.
29. Gaskill SE, Ruby BC, Walker AJ, Sanchez OA, Serfass RC, and Leon AS. Validity and reliability of combining three methods to determine ventilatory threshold. *Med Sci Sports Exerc* 33: 1841–1848, 2001.
30. Gastin P, Lawson D, Hargreaves M, Carey M, and Fairweather I. Variable resistance loadings in anaerobic power testing. *Int J Sports Med* 12: 513–518, 1991.
31. Grant S, McMillan K, Newell J, Wood L, Keatley S, Simpson D, et al. Reproducibility of the blood lactate threshold, 4 mmol.l(-1) marker, heart rate and ratings of perceived exertion during incremental treadmill exercise in humans. *Eur J Appl Physiol* 87: 159–166, 2002.
32. Green H. What do tests measure? In *Physiological Testing of the High Performance Athlete*, edited by MacDougall J, Wenger H, and Green H. Champaign, IL: Human Kinetics, 1991.
33. Green S. Measurement of anaerobic work capacities in humans. *Sports Med* 19: 32–42, 1995.
34. Hagan RD, Smith MG, and Gettman LR. Marathon performance in relation to maximal aerobic power and training indices. *Med Sci Sports Exerc* 13: 185–189, 1981.
35. Hill DW. The critical power concept: a review. *Sports Med* 16: 237–254, 1993.
36. Hopker JG, Jobson SA, and Pandit JJ. Controversies in the physiological basis of the 'anaerobic threshold' and their implications for clinical cardiopulmonary exercise testing. *Anaesthesia* 66: 111–123, 2011.
37. Hopkins P, and Powers SK. Oxygen uptake during submaximal running in highly trained men and women. *Am Correct Ther J* 36: 130–132, 1982.
38. Hopkins WG, Hawley JA, and Burke LM. Design and analysis of research on sport performance enhancement. *Med Sci Sports Exerc* 31: 472–485, 1999.
39. Hopkins WG, Schabort EJ, and Hawley JA. Reliability of power in physical performance tests. *Sports Med* 31: 211–234, 2001.
40. Housh DJ, Housh TJ, and Bauge SM. The accuracy of the critical power test for predicting time to exhaustion during cycle ergometry. *Ergonomics* 32: 997–1004, 1989.
41. Housh TJ, Cramer JT, Bull AJ, Johnson GO, and Housh DJ. The effect of mathematical modeling on critical velocity. *Eur J Appl Physiol* 84: 469–475, 2001.
42. Hudgins B, Scharfenberg J, Triplett NT, and McBride JM. Relationship between jumping ability and running performance in events of varying distance. *J Strength Cond Res* 27:563–567, 2013.
43. Jacobs I. The effects of thermal dehydration on performance of the Wingate anaerobic test. *International Journal of Sports Medicine* 1: 21–24, 1980.
44. Jones AM, Vanhatalo A, Burnley M, Morton RH, and Poole DC. Critical power: implications for determination of $\dot{V}O_2$

max and exercise tolerance. *Med Sci Sports Exerc* 42: 1876–1890, 2010.

45. Kenney WL, and Hodgson JL. Variables predictive of performance in elite middle-distance runners. *Br J Sports Med* 19: 207–209, 1985.

46. Kolbe T, Dennis SC, Selley E, Noakes TD, and Lambert MI. The relationship between critical power and running performance. *J Sports Sci* 13: 265–269, 1995.

47. Kraemer W, and Fry A. *Physiological Assessment of Human Fitness*, edited by Maud P, and Foster C. Champaign, IL: Human Kinetics, 1995, pp. 115–138.

48. LaFontaine TP, Londeree BR, and Spath WK. The maximal steady state versus selected running events. *Med Sci Sports Exerc* 13: 190–193, 1981.

49. Lawler J, Powers SK, and Dodd S. A time-saving incremental cycle ergometer protocol to determine peak oxygen consumption. *Br J Sports Med* 21: 171–173, 1987.

50. Lehmann M. Correlations between laboratory testing and distance running performance in marathoners of similar ability. *International Journal of Sports Medicine* 4: 226–230, 1983.

51. Londeree B. The use of laboratory test results with long distance runners. *Sports Medicine* 3: 201–213, 1986.

52. Lorenzo S, Minson CT, Babb TG, and Halliwill JR. Lactate threshold predicting time trial performance: impact of heat and acclimation. *Journal of Applied Physiology* 111: 221–227, 2011.

53. MacDougall J, and Wenger H. The purpose of physiological testing. In *Physiological Testing of the High Performance Athlete*, edited by MacDougall J, Wenger H, and Green H. Champaign, IL: Human Kinetics, 1991.

54. Magel JR, and Faulkner JA. Maximum oxygen uptakes of college swimmers. *J Appl Physiol* 22: 929–933, 1967.

55. Margaria R, Aghemo P, and Rovelli E. Measurement of muscular power (anaerobic) in man. *J Appl Physiol* 21: 1662–1664, 1966.

56. Mayhew T, and Rothstein J. Measurement of muscle performance with instruments. In *Measurement of Muscle Performance with Instruments*, edited by Rothstein J. New York, NY: Churchill Livingstone, 1985, pp. 57–102.

57. McArdle W, Katch F, and Katch V. *Exercise Physiology: Energy, Nutrition, and Human Performance*. Baltimore, MD: Lippincott Williams & Wilkins, 2001.

58. McMiken DF, and Daniels JT. Aerobic requirements and maximum aerobic power in treadmill and track running. *Med Sci Sports* 8: 14–17, 1976.

59. Meeteren J, Roebroeck ME, and Stam HJ. Test-retest reliability in isokinetic muscle strength measurements of the shoulder. *J Rehabil Med* 34: 91–95, 2002.

60. Mirkov D, Nedeljkovic A, Kukolj M, Ugarkovic D, and Jaric S. Evaluation of the reliability of soccer-specific field tests. *J Strength Cond Res* 22: 1046–1050, 2008.

61. Morgan DW, and Craib M. Physiological aspects of running economy. *Med Sci Sports Exerc* 24: 456–461, 1992.

62. Moritani T, Nagata A, deVries HA, and Muro M. Critical power as a measure of physical work capacity and anaerobic threshold. *Ergonomics* 24: 339–350, 1981.

63. Murase Y, Kobayashi K, Kamei S, and Matsui H. Longitudinal study of aerobic power in superior junior athletes. *Med Sci Sports Exerc* 13: 180–184, 1981.

64. Mygind E, Larsson B, and Klausen T. Evaluation of a specific test in cross-country skiing. *J Sports Sci* 9: 249–257, 1991.

65. Nicholas CW, Nuttall FE, and Williams C. The Loughborough intermittent shuttle test: a field test that simulates the activity pattern of soccer. *J Sports Sci* 18: 97–104, 2000.

66. Noakes TD. Implications of exercise testing for prediction of athletic performance: a contemporary perspective. *Med Sci Sports Exerc* 20: 319–330, 1988.

67. Noakes TD, Myburgh KH, and Schall R. Peak treadmill running velocity during the $\dot{V}O_2$ max test predicts running performance. *J Sports Sci* 8: 35–45, 1990.

68. Noble B. *Physiology of Exercise and Sport*. St. Louis, MO: C. V. Mosby, 1986.

69. Pannier JL, Vrijens J, and Van Cauter C. Cardiorespiratory response to treadmill and bicycle exercise in runners. *Eur J Appl Physiol Occup Physiol* 43: 243–251, 1980.

70. Parry-Billings M. The measurement of anaerobic power and capacity: studies on the Wingate anaerobic test. *Snipes* J9: 48–58, 1986.

71. Peronnet F, and Thibault G. Mathematical analysis of running performance and world running records. *J Appl Physiol* 67: 453–465, 1989.

72. Pollock ML. Submaximal and maximal working capacity of elite distance runners. Part I: cardiorespiratory aspects. *Ann N Y Acad Sci* 301: 310–322, 1977.

73. Pollock ML, Bohannon RL, Cooper KH, Ayres JJ, Ward A, White SR, et al. A comparative analysis of four protocols for maximal treadmill stress testing. *Am Heart J* 92: 39–46, 1976.

74. Pollock ML, Jackson AS, and Pate RR. Discriminant analysis of physiological differences between good and elite distance runners. *Res Q Exerc Sport* 51: 521–532, 1980.

75. Powers S. Ventilatory threshold, running economy, and distance running performance of trained athletes. *Research Quarterly for Exercise and Sport* 54: 179–182, 1983.

76. Powers SK, Dodd S, and Garner R. Precision of ventilatory and gas exchange alterations as a predictor of the anaerobic threshold. *Eur J Appl Physiol Occup Physiol* 52: 173–177, 1984.

77. Psotta R, Bunc V, Hendl J, Tenney D, and Heller J. Is repeated-sprint ability of soccer players predictable from field-based or laboratory physiological tests? *J Sports Med Phys Fitness* 51: 18–25, 2011.

78. Rampinini E, Bishop D, Marcora SM, Ferrari Bravo D, Sassi R, and Impellizzeri FM. Validity of simple field tests as indicators of match-related physical performance in top-level professional soccer players. *Int J Sports Med* 28: 228–235, 2007.

79. Reiman M, and Manske R. *Functional Testing in Human Performance*. Champaign, IL: Human Kinetics, 2009.

80. Sale D. Testing strength and power. In *Physiological Testing of the High Performance Athlete*, edited by MacDougall J, Wenger H, and Green H. Champaign, IL: Human Kinetics, 1991, pp. 21–106.

81. Sawka MN, Foley ME, Pimental NA, Toner MM, and Pandolf KB. Determination of maximal aerobic power during upper-body exercise. *J Appl Physiol* 54: 113–117, 1983.

82. Schenau G. Can cycle power output predict sprint running performance? *European Journal of Applied Physiology* 63: 255–260, 1991.

83. Schnabel A, and Kindermann W. Assessment of anaerobic capacity in runners. *Eur J Appl Physiol Occup Physiol* 52: 42–46, 1983.

84. Schwade J, Blomqvist CG, and Shapiro W. A comparison of the response to arm and leg work in patients with ischemic heart disease. *Am Heart J* 94: 203–208, 1977.

85. Scott BK, and Houmard JA. Peak running velocity is highly related to distance running performance. *Int J Sports Med* 15: 504–507, 1994.

86. Shaw DJ, Crawford MH, Karliner JS, DiDonna G, Carleton RM, Ross J, Jr., et al. Arm-crank ergometry: a new method for the evaluation of coronary artery disease. *Am J Cardiol* 33: 801–805, 1974.

87. Sherrill DL, Anderson SJ, and Swanson G. Using smoothing splines for detecting ventilatory thresholds. *Med Sci Sports Exerc* 22: 684–689, 1990.

88. Simoneau JA, Lortie G, Boulay MR, and Bouchard C. Tests of anaerobic alactacid and lactacid capacities: description and reliability. *Can J Appl Sport Sci* 8: 266–270, 1983.

89. Storer TW, Davis JA, and Caiozzo VJ. Accurate prediction of $\dot{V}O_2$ max in cycle ergometry. *Med Sci Sports Exerc* 22: 704–712, 1990.

90. Stuart M, Powers S, and Nelson J. Development of an anaerobic fitness test for football players. (Unpublished observations).

91. Tanaka K, and Matsuura Y. Marathon performance, anaerobic threshold, and onset of blood lactate accumulation. *J Appl Physiol* 57: 640–643, 1984.

92. Tanaka K, Matsuura Y, Kumagai S, Matsuzaka A, Hirakoba K, and Asano K. Relationships of anaerobic threshold and onset of blood lactate accumulation with endurance performance. *Eur J Appl Physiol Occup Physiol* 52: 51–56, 1983.

93. Taunton JE, Maron H, and Wilkinson JG. Anaerobic performance in middle and long distance runners. *Can J Appl Sport Sci* 6: 109–113, 1981.

94. Taylor HL, Buskirk E, and Henschel A. Maximal oxygen intake as an objective measure of cardio-respiratory performance. *J Appl Physiol* 8: 73–80, 1955.

95. Thoden J. Testing aerobic power. In *Physiological Testing of the High Performance Athlete*, edited by MacDougall J, Wenger H, and Green H. Champaign, IL: Human Kinetics, 1991, pp. 107–174.

96. Thorland WG, Johnson GO, Cisar CJ, Housh TJ, and Tharp GD. Strength and anaerobic responses of elite young female sprint and distance runners. *Med Sci Sports Exerc* 19: 56–61, 1987.

97. Walker R, Powers S, and Stuart MK. Peak oxygen uptake in arm ergometry: effects of testing protocol. *Br J Sports Med* 20: 25–26, 1986.

98. Wasserman K, Whipp BJ, Koyl SN, and Beaver WL. Anaerobic threshold and respiratory gas exchange during exercise. *J Appl Physiol* 35: 236–243, 1973.

99. Weltman A, Snead D, Stein P, Seip R, Schurrer R, Rutt R, and Weltman J. Reliability and validity of a continuous incremental treadmill protocol for the determination of lactate threshold, fixed blood lactate concentrations, and $\dot{V}O_{2max}$. *Int J Sports Med* 11: 26–32, 1990.

100. Williams JH, Powers SK, and Stuart MK. Hemoglobin desaturation in highly trained athletes during heavy exercise. *Med Sci Sports Exerc* 18: 168–173, 1986.

101. Wyndham CH, Strydom NB, van Rensburg AJ, and Benade AJ. Physiological requirements for world-class performances in endurance running. *S Afr Med J* 43: 996–1002, 1969.

102. Zacharogiannis E, Pardisis G, and Tziortzis S. An evaluation of tests of anaerobic power and capacity. *Med Sci Sports Exerc* 36: S116, 2004.

103. Zagatto AM, Beck WR, and Gobatto CA. Validity of the running anaerobic sprint test for assessing anaerobic power and predicting short-distance performances. *J Strength Cond Res* 23: 1820–1827, 2009.

104. Zhang YY, Johnson MC, II, Chow N, and Wasserman K. Effect of exercise testing protocol on parameters of aerobic function. *Med Sci Sports Exerc* 23: 625–630, 1991.

21

Treinamento para o desempenho

■ Objetivos

Ao estudar este capítulo, você deverá ser capaz de:

1. Planejar um programa de treinamento específico baseado em uma análise dos sistemas energéticos utilizados pela atividade.

2. Definir os termos *sobrecarga*, *especificidade* e *reversibilidade*.

3. Comparar e contrastar o uso do treinamento intervalado e do treinamento contínuo na melhora da potência aeróbia máxima em atletas.

4. Discutir as diferenças entre treinamento para potência anaeróbia e treinamento para aumento da força.

5. Discutir as vantagens e as desvantagens dos diferentes tipos de equipamento no treinamento com pesos.

6. Definir dor muscular de início tardio. Listar os fatores que contribuem para sua ocorrência.

7. Discutir o uso do alongamento estático e balístico para melhorar a flexibilidade.

8. Discutir as diferenças entre objetivos de condicionamento (1) fora da temporada, (2) na pré-temporada e (3) na temporada.

9. Listar e discutir alguns erros de treinamento comuns.

■ Conteúdo

Princípios do treinamento 482
Sobrecarga, especificidade e reversibilidade 482
Influência do gênero e do nível inicial de condicionamento físico 483
Influência da genética 484

Componentes de uma sessão de treinamento: aquecimento, prática e desaquecimento 484

Treinamento para melhorar a potência aeróbia 485
Treinamento intervalado 485
Exercício de longa distância e de baixa intensidade 486
Exercício contínuo e de alta intensidade 487
O treinamento na altitude melhora o desempenho do exercício ao nível do mar 487

Lesões e treinamento de resistência 488

Treinamento para melhorar a potência anaeróbia 489

Treinamento para melhorar o sistema ATP-CP 489
Treinamento para melhorar o sistema glicolítico 490

Treinamento para aumentar a força muscular 490
Exercício de resistência progressiva 490
Princípios gerais do treinamento de força 492
Pesos livres *versus* aparelhos 492
Diferenças entre gêneros em resposta ao treinamento de força 494

Programas de treinamento concorrente: força e resistência 495

Influência nutricional sobre as adaptações do músculo esquelético induzidas pelo treinamento 496
Disponibilidade de carboidrato no músculo esquelético influencia a adaptação ao treinamento de resistência 496

Disponibilidade de proteína no músculo esquelético influencia a síntese de proteína muscular após o exercício 496
Suplementação com megadoses de antioxidantes 497

Dor muscular 497

Treinamento para aumentar a flexibilidade 498

Condicionamento dos atletas durante o ano inteiro 500
Condicionamento fora da temporada 500
Condicionamento na pré-temporada 500
Condicionamento na temporada 501

Erros comuns de treinamento 501

481

■ Palavras-chave

alongamento dinâmico
alongamento estático
dor muscular de início tardio
exercício de resistência
   progressiva (ERP)
exercício de resistência variável
facilitação neuromuscular
   proprioceptiva (FNP)
hiperplasia
hipertrofia
intervalo de repouso
intervalo de trabalho
polimento
repetição
série
sobretreinamento (*overtraining*)

Tradicionalmente, técnicos e treinadores têm planejado programas de condicionamento para suas equipes seguindo regimes utilizados por outras equipes com registros bem-sucedidos de vitórias/derrotas. Esse tipo de raciocínio não é consistente, porque o uso exclusivo de tais registros não valida cientificamente os programas de condicionamento utilizados pelas equipes vitoriosas. De fato, a equipe bem-sucedida pode ser vitoriosa em virtude da superioridade de seus atletas, e não de um excepcional programa de condicionamento. Sem sombra de dúvida, o planejamento de um programa de condicionamento atlético efetivo pode ser realizado mais eficientemente pela aplicação de princípios de treinamento fisiológico comprovados. A otimização dos programas de treinamento para atletas é importante, pois o insucesso no condicionamento adequado de uma equipe esportiva resultará em mau desempenho e, frequentemente, em derrota. Este capítulo apresenta um resumo de como devem ser aplicados os princípios científicos para o desenvolvimento de um programa de condicionamento esportivo.

Princípios do treinamento

O objetivo global de um programa de condicionamento esportivo é melhorar o desempenho. Dependendo do esporte específico, isso pode ser conseguido mediante o aumento da capacidade muscular de gerar força e potência, a melhora da eficiência muscular e/ou a melhora da resistência muscular.[8,9,70] Deve-se ter em mente que, ao longo de todo este livro (p. ex., Caps. 3, 4 e 20), a ênfase tem recaído no fato de que atividades esportivas dissimilares usam vias metabólicas ou "sistemas energéticos" diferentes para a produção do ATP necessário ao movimento. É importante que o técnico ou treinador entenda o metabolismo do exercício, porque o planejamento de um programa de condicionamento para otimizar o desempenho atlético exige conhecimento dos principais sistemas energéticos utilizados pelo esporte. A seguir, são apresentados alguns exemplos. Na realização de uma corrida de 60 m, o organismo utiliza quase que exclusivamente o sistema ATP-CP para a produção do ATP. Em contrapartida, um corredor de maratona depende do metabolismo aeróbio para obter a energia necessária para completar a corrida. Contudo, quase todas as atividades esportivas utilizam várias vias energéticas. Por exemplo, o futebol utiliza uma combinação de vias metabólicas para a geração do ATP necessário. O conhecimento das contribuições anaeróbio-aeróbias relativas à produção do ATP durante uma atividade é a base do planejamento de um programa de condicionamento que bem projetado determina a quantidade apropriada de tempo aeróbio e de tempo anaeróbio para equiparar a demanda energética do esporte. Por exemplo, se uma atividade deriva 40% do seu ATP de vias anaeróbias e 60% de vias aeróbias (p. ex., uma corrida de 1.500 m), o programa de treinamento deve ser dividido à base de 40%/60% entre o treinamento aeróbio/anaeróbio.[8] A Tabela 21.1 apresenta uma lista de vários esportes e uma estimativa de seus sistemas energéticos predominantes. O técnico, ou treinador, pode utilizar essa informação para alocar a quantidade apropriada de tempo para treinar cada sistema.

Essa discussão, por um lado, não implica necessariamente o fato de que atletas de força (p. ex., velocistas) não devem fazer treinamento aeróbio. Por outro lado, em geral recomenda-se a atividade aeróbia para todos os atletas durante a pré-temporada, com o objetivo de fortalecer tendões e ligamentos. Observe-se, entretanto, que foi demonstrado que o treinamento concorrente (ou seja, treinamento de resistência [aeróbio] e exercício de força) reduz os ganhos de força em comparação com o treinamento de força sozinho.[92] Portanto, projetar o programa de treinamento adequado para otimizar o benefício para o atleta requer um planejamento cuidadoso. Vamos discutir mais sobre treinamento concorrente posteriormente no capítulo.

Sobrecarga, especificidade e reversibilidade

Os termos *sobrecarga*, *especificidade* e *reversibilidade* foram introduzidos no Capítulo 13 e são aqui retomados apenas brevemente. É bom lembrar de que um sistema do organismo (p. ex., cardiovascular, musculoesquelético, etc.) aumenta sua capacidade em resposta a uma sobrecarga de treinamento, ou seja, o programa de treinamento deve estressar o sistema acima do nível ao qual está acostumado. Embora haja necessidade de sobrecarga de treinamento para que sejam obtidas melhoras no desempenho, excesso de sobrecarga sem tempo suficiente para a recuperação pode resultar em sobretreinamento (*overtraining*). O **sobretreinamento** é definido como um acúmulo do estresse de treinamento que compromete a capacidade do atleta de realizar sessões de treinamento, resultando, em longo prazo, em diminuição

Tabela 21.1	Sistemas energéticos predominantes para esportes selecionados		
	% de contribuição de ATP por sistema energético		
Esporte/ atividade	**ATP-CP**	**Glicólise**	**Aeróbio**
Atletismo: 100/200 m	98	2	—
provas de campo	90	10	—
400 m	40	55	5
800 m	10	60	30
1.500 m	5	35	60
5.000 m	2	28	70
maratona	—	2	98
Basquete	80	10	10
Beisebol	80	15	5
Futebol americano	90	10	—
Futebol: goleiro/alas/ atacantes	80	20	—
meios de campo	60	20	20
Ginástica artística	90	10	—
Golfe (tacada)	100	—	—
Hóquei de campo	60	20	20
Hóquei no gelo: ataque/defesa	80	20	—
goleiro	95	5	—
Luta romana	45	55	—
Natação: mergulho	98	2	—
50 m	95	5	—
100 m	80	15	—
200 m	30	65	5
400 m	20	40	40
1.500 m	10	20	70
Remo	20	30	50
Tênis	70	20	10
Vôlei	90	10	—

De E. L. Fox and D. K. Mathews, *Interval Training: Conditioning for Sports and General Fitness*. Copyright © 1974 Saunders College Publishing, Orlando, FL. Reproduzido com permissão do autor.

do desempenho.[95] O sobretreinamento está comumente associado a sintomas fisiológicos e também psicológicos (p. ex., fadiga crônica, perturbação do humor, etc.). A recuperação do sobretreinamento pode restaurar a capacidade de desempenho, mas pode depender de algumas semanas ou meses de treinamento físico em nível reduzido. Um termo relacionado, *overreaching*, é também de uso comum na literatura do treinamento físico. Infelizmente, *overreaching* foi definido de várias formas. Contudo, uma definição comum de *overreaching* é o treinamento excessivo que leva a uma diminuição de curto prazo no desempenho; com intervalos de repouso adequado entre as sessões de treinamento, esse tipo de trei-

namento pode levar a melhor desempenho.[95] É fácil perceber que esses dois termos são semelhantes, tendo sido argumentado que os estudos sobre *overreaching* e sobretreinamento devem ser considerados com cautela, pois é difícil fazer a distinção entre esses dois termos.[95] Portanto, este capítulo se referirá a um acúmulo extremo do estresse de treinamento como sobretreinamento; o termo *overreaching* não será utilizado.

O conceito de especificidade refere-se não só aos músculos específicos envolvidos em determinado movimento, mas também aos sistemas energéticos que fornecem o ATP necessário para completar o movimento em condições de competição. Assim, os programas de treinamento devem utilizar não só aqueles grupos envolvidos durante a competição, mas também os sistemas energéticos que fornecerão o ATP. Por exemplo, o treinamento específico para um velocista deveria envolver tiros de corrida de alta intensidade. Analogamente, o treinamento específico para um maratonista envolveria corridas longas, nas quais virtualmente todo o ATP exigido pelos músculos ativos deveria ser derivado do metabolismo aeróbio.

Quando um atleta para de treinar, o efeito do treinamento é perdido rapidamente e esse quadro é chamado de reversibilidade do treinamento. Por exemplo, estudos demonstraram que, dentro de duas semanas depois da cessação do treinamento, podem ocorrer reduções significativas do $\dot{V}O_{2máx}$.[23,24] Especificamente, um estudo clássico demonstrou que após 20 dias de repouso na cama, um grupo de indivíduos mostrou redução de 25% no $\dot{V}O_{2máx}$ e débito cardíaco máximo.[86] Esse grande decréscimo no $\dot{V}O_{2máx}$ induzido por destreinamento demonstra claramente a rápida reversibilidade do treinamento.

Influência do gênero e do nível inicial de condicionamento físico

Em certa época, acreditava-se que os programas de condicionamento para mulheres que tinham necessidades especiais diferiam daqueles pertinentes ao treinamento de homens. Entretanto, agora está claro que homens e mulheres respondem aos programas de treinamento de forma semelhante.[7,12,89] Portanto, pode-se utilizar a mesma abordagem geral do condicionamento fisiológico no planejamento de programas para homens e mulheres. Isso não significa que homens e mulheres devam fazer sessões de treinamento físico idênticas (p. ex., mesmo volume e intensidade). De fato, os programas de treinamento individuais devem ser projetados apropriadamente, para equiparar o nível de condicionamento físico e maturação do atleta, independentemente do gênero. As "prescrições de exercício" individuais constituem importante preocupação no planejamento de um programa de treinamento; esse tópico será discutido em mais detalhes nas seções deste capítulo.

Uma observação comum é que os indivíduos diferem muito no grau em que seu desempenho se beneficia com os programas de treinamento. Muitos fatores contribuem para as variações individuais observadas na resposta ao treinamento. Uma das mais importantes influências é o nível inicial de condicionamento físico do atleta. Em geral, o grau de melhora com o treinamento é sempre maior naquelas pessoas menos condicionadas no início do programa de treinamento. Foi demonstrado que homens de meia-idade sedentários com doença cardíaca podem melhorar seu $\dot{V}O_{2máx}$ em até 50%, enquanto o mesmo programa de treinamento em adultos ativos normais melhorará o $\dot{V}O_{2máx}$ em apenas 10 a 20%.[51] Do mesmo modo, atletas condicionados podem melhorar seu nível de condicionamento em apenas 3 a 5% após aumento na intensidade de treinamento. Todavia, essa melhora de 3 a 5% do atleta treinado pode ser a diferença entre ganhar uma medalha de ouro olímpica e não subir ao pódio.

Influência da genética

Como discutido no Capítulo 13, fica claro que a genética desempenha um importante papel no modo como o indivíduo responde a um programa de treinamento.[4,10,83] Por exemplo, uma pessoa com elevado patrimônio genético para esportes de resistência responde diferentemente ao treinamento de resistência, em comparação com alguém com um perfil genético significativamente diferente. Com efeito, uma pesquisa publicada recentemente forneceu indícios genéticos que explicam por que há indivíduos que "respondem muito" ao treinamento e melhoram seus níveis de condicionamento físico rapidamente e em maior grau e outros que "respondem pouco".[10] Por essa razão, e pelo fato de os atletas começarem seus programas de treinamento em diferentes níveis de condicionamento físico, os programas devem ser individualizados. Não é realista esperar que cada atleta em uma equipe realize a mesma quantidade de trabalho ou se exercite à mesma taxa de trabalho durante as sessões de treinamento.

Deve-se observar que, embora o treinamento possa melhorar muito o desempenho, não existe substituto para o talento atlético geneticamente herdado, se o indivíduo tiver que competir em um nível de classe mundial. De fato, há um limite para o nível de aumento da potência aeróbia com o treinamento. Assim, os indivíduos com baixo patrimônio genético para a potência aeróbia não podem – independentemente do programa de treinamento – aumentar seu $\dot{V}O_{2máx}$ até níveis de classe mundial. Åstrand e Rodahl[8] comentaram que, se o indivíduo deseja ser um atleta de classe mundial, deve escolher seus pais de maneira inteligente.

Analogamente ao exercício aeróbio, as pesquisas indicam que a genética desempenha papel fundamental na determinação do nível de desempenho que pode ser atingido em esportes anaeróbios (p. ex., as corridas de velocidade no atletismo).[13,67] Com efeito, é bastante conhecido o fato de que o treinamento pode melhorar o desempenho anaeróbio apenas em pequeno grau. A principal razão é que o tipo de fibra muscular esquelética mais adequada para o desempenho anaeróbio (i. e., fibras rápidas do tipo IIx) fica determinado no início do desenvolvimento, e o percentual relativo dos tipos de fibra muscular não varia muito ao longo da vida. Portanto, a capacidade anaeróbia parece ser, em grande parte, determinada pela genética, pois o percentual de fibras rápidas/anaeróbias é determinante essencial da capacidade anaeróbia.

> ### Em resumo
>
> - O objetivo geral do condicionamento esportivo é a melhora do desempenho mediante o aumento da força/potência muscular, da eficiência muscular e/ou da resistência muscular.
> - O programa de condicionamento deve determinar a quantidade apropriada de tempo para treinamento de modo a atender às demandas energéticas aeróbias e anaeróbias do esporte.
> - Os músculos respondem ao treinamento em decorrência de uma sobrecarga progressiva. Quando um atleta interrompe o treinamento, ocorre um rápido declínio de seu condicionamento físico, em razão do destreinamento (reversibilidade).
> - Em geral, homens e mulheres respondem de maneira semelhante ao condicionamento. O grau de melhora no treinamento é sempre maior naqueles indivíduos menos condicionados no início do programa.
> - A genética tem um papel importante no desempenho do exercício de resistência (aeróbio) e anaeróbio.

Componentes de uma sessão de treinamento: aquecimento, prática e desaquecimento

Toda sessão de treinamento deve compreender três componentes: (1) aquecimento, (2) prática e (3) desaquecimento. Essa ideia foi introduzida pela primeira vez no Capítulo 16; aqui, será mencionada brevemente. O aquecimento que antecede a atividade de treinamento tem dois objetivos principais. Primeiramente, os exercícios de aquecimento aumentam o débito cardíaco e o fluxo sanguíneo para os músculos esqueléticos que serão utilizados durante a sessão de treinamento. Em segundo lugar, a atividade de aquecimento resulta em aumento da temperatura muscular, o que eleva a atividade das enzimas musculares. A duração do aquecimento é geralmente de 10 a 20 minutos, dependendo das condições ambientais e da natureza da atividade de treinamento. Embora sejam escassos os dados a esse respeito, uma revisão publicada recentemente concluiu que um aquecimento adequado pode reduzir a possibilidade de lesão muscular em decorrência de estiramentos ou luxações,[33,94] além de melhorar o desempenho físico.[34] Apesar disso, é preciso que se

484 Seção III Fisiologia do desempenho

jam realizadas novas pesquisas para que seja definitivamente demonstrado se o aquecimento pode evitar lesões induzidas pelo exercício.

Imediatamente em seguida à sessão de treinamento, deve ser cumprido um período de "desaquecimento" de pouca intensidade. O objetivo do desaquecimento é fazer com que o sangue "acumulado" nos músculos esqueléticos exercitados retorne à circulação central. De modo semelhante ao do aquecimento, a duração do desaquecimento pode variar de 10 a 20 minutos, dependendo das condições ambientais e da natureza da sessão de treinamento.

> ### Em resumo
>
> ■ Toda sessão de treinamento deve compreender um período de aquecimento, uma sessão de prática e um período de desaquecimento.
> ■ Embora sejam limitados os dados disponíveis, acredita-se que o aquecimento reduza o risco de lesão muscular e/ou tendinosa durante o exercício.

Treinamento para melhorar a potência aeróbia

No Capítulo 13, foi dito que o treinamento de resistência melhora o $\dot{V}O_{2máx}$ ao aumentar tanto o débito cardíaco máximo como a diferença a-$\bar{v}$ O_2 (i. e., o aumento da capacidade de extração de O_2 pelo músculo). Assim, um programa de treinamento planejado para melhorar a potência aeróbia máxima deve sobrecarregar o sistema circulatório e também enfatizar a capacidade oxidativa dos músculos esqueléticos. Como ocorre em todos os regimes de treinamento, a especificidade é fator crítico. O atleta deve estressar os músculos específicos que serão utilizados em seu esporte. Em outras palavras, corredores devem treinar correndo, ciclistas devem treinar na bicicleta, nadadores devem nadar, e assim por diante.

São três os métodos principais de treinamento aeróbio utilizados pelos atletas: (1) treinamento intervalado, (2) exercício de longa distância e de baixa intensidade e (3) exercício contínuo e de alta intensidade. Existem controvérsias com relação a qual desses métodos de treinamento resulta nos maiores ganhos em $\dot{V}O_{2máx}$. Com efeito, não parece existir uma fórmula mágica de treinamento a ser seguida para todos os atletas. No entanto, evidências sugerem que a intensidade de treinamento é o fator mais importante para melhorar o $\dot{V}O_{2máx}$.[50,76,77] Não obstante, desde um ponto de vista psicológico, parece que a mescla dos três métodos proporcionaria a necessária variedade, impedindo que o atleta ficasse entediado com um programa de treinamento único e bastante monótono.

O leitor deve notar que a melhora no $\dot{V}O_{2máx}$ é apenas uma das variáveis relacionadas à resistência. É preciso ter em mente o que foi apresentado no Capítulo 20: embora um $\dot{V}O_{2máx}$ elevado seja importante para o sucesso em eventos de resistência, tanto a economia de movimento como o limiar de lactato são também variáveis importantes que contribuem para o desempenho de resistência. Logo, o treinamento para melhorar o desempenho de resistência não deve se concentrar apenas na melhora do $\dot{V}O_{2máx}$, mas deve também aumentar o limiar de lactato e melhorar a economia da corrida. A seguir, será apresentada uma breve discussão acerca dos diversos métodos de treinamento utilizados para melhorar o desempenho de resistência.

Treinamento intervalado

O treinamento intervalado envolve a realização de várias séries de exercício, com breves períodos de recuperação nos intervalos. A duração e a intensidade do **intervalo de trabalho** dependem do que o atleta está tentando conseguir. Por exemplo, um intervalo de trabalho mais longo depende de maior envolvimento da produção energética aeróbia, enquanto intervalo mais curto e mais intenso propicia maior participação do metabolismo anaeróbio. Portanto, em geral, o treinamento intervalado projetado para melhorar o $\dot{V}O_{2máx}$ deve utilizar intervalos superiores de 50 a 60 segundos, para que seja maximizado o envolvimento da produção aeróbia de ATP. Além disso, é crença geral que intervalos de alta intensidade são mais efetivos para melhorar a potência aeróbia, e talvez o limiar de lactato, em comparação com intervalos de pouca intensidade.[29,31,59] Essas melhoras podem ser decorrentes do recrutamento de fibras de contração rápida (dos tipos IIa e IIx) durante esse tipo de exercício de alta intensidade.[26]

Recentemente, o termo treinamento intervalado de alta intensidade (HIIT) foi cunhado para descrever intervalos de alta intensidade que duravam de 30 a 60 segundos. Espera-se que uma série de exercícios de alta intensidade relativamente curta, com duração de 30 segundos, envolva uma quantidade significativa de produção de energia a partir de fontes de energia anaeróbias. Contudo, existem muitas evidências de que o HIIT promove melhoras significativas na capacidade aeróbia (ou seja, volume mitocondrial aumentado) nos músculos esqueléticos treinados.[40] Consulte o quadro 21.1 "Uma visão mais detalhada" para mais detalhes e uma breve história do HIIT.

Uma vantagem óbvia do treinamento intervalado, em comparação com a corrida contínua em velocidades mais baixas, é que esse método de treinamento propicia uma forma de fazer grandes volumes de exercício de alta intensidade em um curto período. Além disso, esse método de treinamento oferece duas maneiras de se obter sobrecarga de treinamento. Por exemplo, a prescrição do treinamento intervalado pode ser modificada para proporcionar "sobrecarga" em termos de aumento do número total de intervalos de exercício realizados ou da intensidade do intervalo de trabalho. Ajustes em qualquer desses fatores permitirão ao treinador ou atleta alterar

Uma visão mais detalhada 21.1

Treinamento intervalado de alta intensidade – novo interesse em um antigo método de treinamento

O uso do treinamento intervalado como um método para condicionar atletas de resistência ganhou a atenção do mundo pela primeira vez há mais de 60 anos, quando Roger Bannister correu a primeira milha em menos de 4 minutos. Eis a história. Bannister era um estudante de medicina com tempo limitado para treinamento que quebrou a barreira da milha de 4 minutos em 1954. Sua solução para gerenciar a falta de tempo foi evitar corridas de longas distâncias que consumiam tempo e, em vez disso, ele fez sessões de treinamento curtas diariamente usando o treinamento intervalado de alta intensidade (HIIT). Por exemplo, sua produção diária era correr 6-10 × intervalos de 400 metros próximo do esforço máximo que resultavam em 55 a 60 segundos de exercício intenso. O fato de esse programa de treinamento permitir que Bannister quebrasse o recorde mundial para a corrida por milhas forneceu a primeira evidência prática de que essa forma de treinamento era uma técnica de condicionamento muito eficiente para atletas de resistência.

Recentemente, surgiu um interesse renovado em HIIT na literatura científica e popular porque foi demonstrado que o HIIT era um método muito eficiente e de economia de tempo para atletas de resistência e indivíduos interessados em condicionamento físico voltado para a saúde. Por exemplo, a pesquisa revela que cerca de 30 segundos de exercício de alta intensidade promovem adaptações fisiológicas rápidas e significativas.

Especificamente, mesmo o HIIT de baixo volume resulta em um aumento no volume mitocondrial nos músculos esqueléticos treinados. As vias de sinalização induzidas por exercício que disparam essa adaptação nos músculos esqueléticos foram discutidas no Capítulo 13 e envolvem a ativação de PGC-1α, que promove a biogênese mitocondrial. Para obter um resumo das adaptações fisiológicas associadas com o HIIT, consulte Gibala et al. (2012) em Sugestões de leitura.

---

o plano da prática para a concretização de objetivos de treinamento específicos. Como se planeja uma prática intervalada? Vai além dos objetivos deste capítulo uma discussão completa da teoria e da linha de raciocínio no planejamento de um treinamento intervalado; assim, aqui será apresentado apenas um apanhado geral do treinamento intervalado. No planejamento de uma sessão de treinamento intervalado, é preciso considerar as seguintes variáveis: (1) o comprimento do intervalo de trabalho, (2) a intensidade do esforço, (3) a duração do intervalo de repouso, (4) o número de sessões de intervalo e (5) o número de repetições de trabalho. O comprimento do intervalo de trabalho refere-se à distância a ser coberta durante o esforço de trabalho. Em geral, no treinamento para melhorar a potência aeróbia, o intervalo de trabalho deve durar mais de 60 segundos. Durante o treinamento intervalado, a intensidade do esforço de trabalho pode ser monitorada com uma contagem da FC durante 10 segundos, ao ser completado o intervalo (i. e., contagem da FC de 10 s × 6 = FC por min). Em geral, as FC de exercício devem chegar de 85 a 100% da FC máxima durante o treinamento intervalado. O tempo entre as práticas de trabalho é denominado **intervalo de repouso**, consistindo em atividade leve, como, andar. Geralmente, a duração do intervalo de repouso é expressa como função da duração do intervalo de trabalho. Por exemplo, se o intervalo de repouso para uma corrida de 400 metros foi de 75 segundos, um intervalo de repouso de 75 segundos resultaria em um índice 1:1 de trabalho:repouso. Habitualmente, o intervalo de repouso deve ser pelo menos tão longo quanto o intervalo de trabalho.[8] No planejamento de um programa de treinamento intervalado para atletas que já não estejam altamente treinados, parece preferível um índice trabalho:repouso de 1:3 ou 1:2. Como regra geral, mais para o final do intervalo de recuperação, a FC deve cair para aproximadamente 120 a 130 batimentos · min^{-1}.[8]

A **série** é um número especificado de esforços de trabalho realizados como uma unidade. Por exemplo, determinada série pode consistir em 8 × corrida de 400 m, com um intervalo de repouso prescrito entre as corridas. O termo repetição indica o número de práticas de trabalho dentro de uma mesma série. No exemplo dado, repetições de 8 × corrida de 400 m constituem uma série de 8 repetições. O número de **repetições** e séries realizadas por prática depende da finalidade da sessão de treinamento em questão e dos níveis de condicionamento físico dos atletas envolvidos. Para mais detalhes sobre treinamento intervalado, consultar a referência bibliográfica 62.

Exercício de longa distância e de baixa intensidade

O uso de corridas (ou ciclismo, natação, etc.) de longa distância e de baixa intensidade (LDBI) passou a ser um modo popular de treinamento para eventos de resistência nos anos 1970. Em geral, esse método de treinamento envolve a realização do exercício de baixa intensidade (i. e., 50 a 65% do $\dot{V}O_{2máx}$ ou cerca de 60 a 70% da FC máxima) em extensões geralmente maiores do que a distância normal da competição. Embora pareça razoável que esse tipo de treinamento seja uma forma útil de preparar o atleta para competir em provas longas de resistência (maratona), evidências sugerem que, para melhorar o $\dot{V}O_{2máx}$, o exercício de curta duração e de alta intensidade é superior ao exercício de longa duração e de baixa intensidade.[50,51]

Uma das razões históricas para o uso de sessões de treinamento de longa duração pelos pesquisadores é a crença comum de que melhoras na resistência são proporcionais ao volume de treinamento realizado. De fato, muitos treinadores e atletas acreditam que os progressos no desempenho esportivo estão diretamente relacionados com a quantidade de trabalho realizada durante o treinamento e que os atletas apenas poderão concretizar seu potencial fazendo séries de exercícios de longa duração. No entanto, evidências de Costill et al. contradizem essa suposição.[22] De fato, um estudo clássico demonstrou que atletas que treinaram 90 minutos por dia tiveram desempenho tão bom quanto atletas que treinaram 3 horas por dia.[22] Com efeito, os atletas que treinaram 3 horas por dia tiveram desempenho menos satisfatório em alguns eventos, em comparação ao grupo que treinou 90 minutos por dia. Esse estudo ilustra o ponto de que "mais" nem sempre é melhor no que tange ao treinamento de resistência. Portanto, treinadores e atletas devem considerar cuidadosamente o volume de treinamento necessário para que sejam obtidos máximos benefícios com a prática de exercícios de longas distâncias e de baixa intensidade.

Exercício contínuo e de alta intensidade

Também nesse caso, pesquisas sugerem que o exercício contínuo de alta intensidade é uma maneira formidável de melhorar o $\dot{V}O_{2máx}$ e o limiar de lactato em atletas.[25,27,30,50] Embora a intensidade do exercício capaz de promover a maior melhora no $\dot{V}O_{2máx}$ possa variar de um atleta para outro, a crença comum é que sejam ideais intensidades de exercício entre 80 e 100% do $\dot{V}O_{2máx}$ (ver Figura 21.1).[76] Apesar disso, evidências também indicam que uma taxa de trabalho igual ou ligeiramente superior ao limiar de lactato proporciona melhora na potência aeróbia máxima.[76,88]

De que maneira o atleta monitora sua intensidade de exercício durante uma sessão de treinamento? É com-

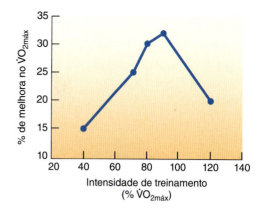

Figura 21.1 Relação entre intensidade de treinamento e melhora percentual no $\dot{V}O_{2máx}$. Dados das referências bibliográficas 30 e 59.

plicado tentar quantificar com precisão a intensidade de treinamento durante o exercício, mas pode-se usar a mensuração da FC em exercício como estimativa da intensidade relativa de treinamento do atleta. A Tabela 21.2 oferece um exemplo de escala de intensidade de treinamento conforme a FC, com o objetivo de prescrever e monitorizar atletas em treinamento de resistência. Obviamente, a padronização da intensidade do exercício com base exclusiva na frequência cardíaca tem suas limitações, não conseguindo dar conta das variações individuais entre atletas na relação entre FC e concentração sanguínea de lactato. Apesar disso, a vantagem desse tipo de escala de intensidade é a simplicidade, porque os atletas podem facilmente mensurar suas frequências cardíacas durante o exercício, com o uso de monitores eletrônicos para FC. Para mais detalhes sobre o uso da FC na monitoração da intensidade de treinamento, consultar Seiler (2010) em "Sugestões de leitura".

O treinamento na altitude melhora o desempenho do exercício ao nível do mar

Permanece um assunto controverso se o treinamento físico em elevadas altitudes melhora ou não o desem-

---

Tabela 21.2 Exemplo de escala de intensidade de cinco zonas para prescrição e monitorização do exercício

Treinamento em atletas:

Uma variável prática para a monitorização da intensidade do exercício é a FC expressa como percentual da FC máxima. Observe que as zonas de intensidade do exercício apresentadas nesta tabela são arbitrárias, começando com uma zona de intensidade relativamente baixa (zona 1) e terminando com uma zona de alta intensidade (zona 5). Os dados foram extraídos (com modificações) da referência bibliográfica 88.

Zona de intensidade	% da frequência cardíaca máxima	% do $\dot{V}O_{2máx}$	Níveis sanguíneos de lactato (mmol · L^{-1})	Duração típica de treinamento na zona
1	60-71	50-65	0,8-1,5	1-3 horas
2	72-82	66-80	1,5-2,5	1-2 horas
3	83-87	81-87	2,6-4,0	30-90 min
4	88-92	88-93	4,1-6,0	10-40 min
5	93-100	94-100	>6,1	5-10 min

penho da resistência no nível do mar, pois o treinamento em altitude não foi relatado de forma consistente como sendo vantajoso na melhora do $\dot{V}O_{2máx}$ e desempenho no nível do mar.[90] Contudo, por muitos anos, os atletas de resistência acreditaram que viver e treinar em elevadas altitudes (p. ex., > 6.000 pés acima do nível do mar) melhorava o desempenho em comparação a viver e treinar no nível do mar.[69] Todavia, nem sempre isso será verdade, porque os atletas não podem realizar tamanha quantidade de treinamento físico de alta intensidade, comparativamente ao que fazem ao nível do mar. Portanto, quando o atleta faz menor quantidade de treinamento, é possível que, na verdade, ocorra uma forma de destreinamento em sua estada e seu treinamento na altitude. Assim, como os atletas podem planejar um programa de treinamento que otimize os benefícios fisiológicos da vida na altitude, sem os efeitos potencialmente negativos do destreinamento?

O mistério do treinamento na altitude foi solucionado quando os pesquisadores desenvolveram a modalidade de treinamento na altitude conhecida como *"live high, train low"* [viver em altitudes elevadas, mas treinar em altitudes baixas][63] (ver o Quadro "Um olhar no passado – nomes importantes na ciência"). Esse programa de treinamento exige que o atleta passe muitas horas por dia repousando e dormindo na altitude, mas as sessões de treinamento físico são realizadas em uma altitude muito mais baixa. Essa abordagem propicia ao atleta os benefícios da aclimatização e, com o treinamento em baixa altitude, a capacidade do atleta de realizar sessões de treinamento intensas não fica comprometida pela elevada altitude. Foi demonstrado que esse tipo de programa de treinamento na altitude proporciona ganhos significativos ao desempenho, em comparação com o treinamento e a vida ao nível do mar.[63]

A adaptação fisiológica responsável pelos ganhos no desempenho de resistência obtidos com o treinamento na altitude ainda é objeto de controvérsia. Entretanto, parece que uma das principais vantagens é que morar em locais de elevada altitude aumenta o volume eritrocitário e, portanto, a capacidade sanguínea de transporte de oxigênio, graças à maior concentração de hemoglobina.[64,91] Além disso, a evidência indica que o treinamento em elevada altitude também promove adaptações específicas para os músculos esqueléticos.[90] Para mais informações sobre adaptação à altitude e o conceito de *Live-High, Train-Low*, consulte o Capítulo 24 e as referências 15 e 69 nas Referências bibliográficas no final deste capítulo.

> ### Em resumo
>
> ■ Historicamente, o treinamento para melhorar a potência aeróbia máxima tem se valido de três métodos: (1) treinamento intervalado, (2) exercício de longa distância e de baixa intensida-de e (3) exercício contínuo e de alta intensidade.

> ■ Embora haja controvérsia sobre qual dos métodos de treinamento resulta nos maiores ganhos no $\dot{V}O_{2máx}$, evidências crescentes sugerem que é a intensidade, e não a duração, o fator mais importante para melhorar o $\dot{V}O_{2máx}$.
>
> ■ O programa de treinamento *"live high, train low"* propicia ganhos significativos no desempenho de resistência, em comparação a treinar e viver ao nível do mar.

Lesões e treinamento de resistência

Uma questão importante associada a qualquer tipo de treinamento de resistência é: que tipo de programa de treinamento apresenta o risco mais baixo de lesão para o atleta? Atualmente, não existe uma resposta definitiva para essa pergunta. No entanto, uma revisão de lesões induzidas pelo treinamento físico sugere que, em sua maioria, as lesões decorrentes do treinamento são resultantes do sobretreinamento (p. ex., lesões por uso excessivo) e ocorrem no joelho.[57,75] A lesão por uso excessivo pode ser decorrente tanto do exercício contínuo e de alta intensidade, quanto do exercício de longa distância e de baixa intensidade.[75] Uma orientação, fruto do bom senso, para evitar lesões por uso excessivo consiste em evitar grandes aumentos no volume ou na intensidade de treinamento. Talvez a regra geral mais útil para o aumento da carga de trabalho seja a "regra dos 10%".[75] Resumidamente, a regra dos 10% sugere que a intensidade ou duração do treinamento não deve ser aumentada em mais de 10% por semana, para que não ocorra lesão por sobretreinamento. Por exemplo, um corredor que faz 80 km por semana pode aumentar sua distância semanal para 88 km (10% de 80 = 8) na semana seguinte.

Além do sobretreinamento, foram identificados vários outros fatores de risco de lesão induzida pelo exercício.[75] Entre esses fatores, estão o desequilíbrio miotendinoso de força e/ou flexibilidade, problemas com o calçado (i. e., desgaste excessivo), alinhamento anatômico vicioso, superfície de corrida ruim e doença (p. ex., artrite, fratura antiga, etc.).[14]

Deve-se ter em mente que gênero não é fator de risco de lesão em atletas participantes do treinamento de resistência.[75] Analogamente ao que ocorre com atletas homens, parece que a maioria das lesões nas pernas em corredoras decorre do sobretreinamento.[75] Isso pode ocorrer, em especial, em mulheres pouco condicionadas que estejam começando seu programa de treinamento.

> ### Em resumo
>
> ■ A maioria das lesões causadas pelo treinamento é resultante do sobretreinamento (p. ex., lesões por uso excessivo) e pode ser decorrente tanto

Um olhar no passado – nomes importantes na ciência

O dr. Benjamin Levine é um pioneiro na fisiologia da adaptação ao treinamento

O dr. Benjamin Levine atualmente é professor na University of Texas-Southwestern Medical Center e dirige o Institute for Exercise and Environmental Medicine. Esse instituto é um centro de pesquisa multidisciplinar de fisiologia integrativa, projetado para explorar os mecanismos que limitam o desempenho humano, tanto na saúde como na doença.

A pesquisa do dr. Levine promoveu grande avanço em nossos conhecimentos da fisiologia da adaptação ao treinamento. No tocante a isso, uma das principais contribuições desse cientista é seu trabalho sobre os benefícios do treinamento na altitude para atletas de resistência. As coisas se passaram da seguinte maneira: durante mais de 50 anos, os atletas de resistência vinham fazendo o treinamento em elevadas altitudes (>1.800 m acima do nível do mar), em um esforço de melhorar o desempenho no nível do mar. Para estudar esse assunto, o dr. Levine e seu colega, dr. James Stray-Gundersen, realizaram vários estudos seminais, em que investigaram o efeito de viver e treinar em elevadas altitudes sobre o desempenho de resistência. A razão para essa prática é que viver e treinar em elevadas altitudes aumenta a capacidade do sangue de transportar oxigênio ao aumentar o número de células vermelhas em cada litro de sangue. Acredita-se que esse tipo de adaptação deve melhorar o $\dot{V}O_{2máx}$ e o desempenho. Entretanto, o treinamento físico em elevadas altitudes prejudica a capacidade do atleta de desempenhar exercício de alta intensidade; por isso, treinar em altitudes pode limitar a adaptação ao treinamento físico. Seu trabalho levou ao desenvolvimento da modalidade de treinamento em altitude conhecida como *"live high, train low"*. Esses estudos demonstraram que atletas que vivem em elevadas altitudes, mas fazem seu treinamento em altitudes mais baixas, exibem melhores ganhos no desempenho de resistência, em comparação com atletas que vivem e treinam em elevadas altitudes. O conceito de Levine/Stray-Gundersen de *"live high, train low"* passou a ser o modelo pelo qual muitos atletas de resistência utilizam o treinamento de altitude em sua preparação para competições importantes.

Além de seu trabalho acerca de treinamento em elevadas altitudes, o dr. Levine deu muitas outras contribuições importantes para o entendimento das adaptações fisiológicas ao treinamento físico de resistência. De fato, seu trabalho aumentou em muito nosso conhecimento sobre a adaptação cardiovascular ao exercício e o impacto do descondicionamento (i. e., repouso no leito e voos espaciais) no sistema cardiovascular. O trabalho do dr. Levine resultou em mais de 250 publicações científicas, sendo muitos desses artigos amplamente citados na literatura de pesquisa.

---

do exercício contínuo e de alta intensidade como do exercício de longa distância e de baixa intensidade.
- Uma regra útil para aumentar a carga de treinamento é a "regra dos 10%", que preconiza que a intensidade ou a duração do treinamento não deve ser aumentada em mais de 10% por semana, para evitar lesões por sobretreinamento.

Treinamento para melhorar a potência anaeróbia

Eventos esportivos que duram menos de 60 segundos dependem em grande parte da produção anaeróbia da energia necessária. Em geral, o treinamento para melhorar a potência anaeróbia se concentra na necessidade de aprimorar o sistema ATP-CP ou a glicólise anaeróbia (sistema lactato).[74] Contudo, algumas atividades exigem contribuições importantes dessas duas vias metabólicas anaeróbias para o fornecimento do ATP necessário para a competição (ver Tab. 21.1). Ademais, muitas atividades exigem a produção de ATP tanto de vias aeróbias como de vias anaeróbias. Por exemplo, uma corrida de 800 m é tipicamente realizada em um nível de potência que excede o $\dot{V}O_{2máx}$ em ~30%. O exercício em taxas de trabalho que excedem o $\dot{V}O_{2máx}$ é possível porque o ATP usado para sua execução vem da combinação das fontes aeróbias e anaeróbias. Portanto, a energia para realizar esse tipo de evento de esporte requer a produção de ATP "reunida" das fontes aeróbias e anaeróbias (ou seja, fosforilação oxidativa, glicólise anaeróbia e sistema ATP-PC).

O treinamento anaeróbio é comumente definido como o exercício realizado em intensidades acima do $\dot{V}O_{2máx}$ e no qual o objetivo principal é estimular a produção energética anaeróbia.[55] Um treinamento anaeróbio de grande intensidade com duração de 2 a 10 segundos é frequentemente denominado *treinamento de velocidade*, enquanto a expressão *treinamento de resistência com velocidade* é habitualmente utilizada para descrever todas as formas de treinamento anaeróbio com duração superior a 10 segundos.[55] Identicamente ao que ocorre no treinamento de resistência aeróbia, é fundamental que o programa de treinamento anaeróbio utilize os grupos musculares específicos exigidos pelo atleta durante a competição.

Treinamento para melhorar o sistema ATP-CP

Esportes como o futebol americano, o halterofilismo e as provas de velocidade do atletismo (100 m) dependem do sistema ATP-CP para proporcionar a maior parte da energia necessária para a competição. Assim, para que o atleta tenha um desempenho ideal, será preciso contar com um programa de treinamento que maximize a produção de ATP por meio do sistema ATP-CP.

O treinamento para melhorar o sistema ATP-CP envolve um tipo especial de treinamento intervalado. Para que a via metabólica do ATP-CP seja exigida ao máximo, são ideais intervalos curtos e de grande intensidade (com duração de 5 a 10 segundos) com uso dos músculos empregados na competição. Em decorrência das curtas durações desse tipo de intervalo, é limitada a produção de lactato, e a recuperação ocorre rapidamente. O intervalo de repouso pode variar entre 30 a 60 segundos, dependendo dos níveis de condicionamento dos atletas. Por exemplo, um programa de treinamento para jogadores de futebol americano pode envolver tiros de 30 a 40 m (com várias mudanças de direção), com um intervalo de repouso de 30 segundos entre os esforços. O número de repetições por série seria determinado pelos níveis de condicionamento físico dos atletas, por fatores ambientais e, talvez, por outras considerações.

Treinamento para melhorar o sistema glicolítico

Depois de aproximadamente 10 segundos de esforço máximo, ocorre dependência cada vez maior na produção energética a partir da glicólise anaeróbia.[32] Para melhorar a capacidade dessa via energética, o atleta deve sobrecarregar o "sistema" por meio de esforços de curta duração e grande intensidade. Em geral, intervalos de grande intensidade de 20 a 60 segundos de duração são válidos para a sobrecarga dessa via metabólica.

Esse tipo de treinamento anaeróbio é exigente, tanto física como psicologicamente; portanto, ele depende de grande entrega por parte do atleta. Além disso, o tipo de treinamento pode reduzir drasticamente as reservas de glicogênio muscular. Por essas razões, com frequência os atletas alternam dias de treinamento intervalado intenso e sessões de treinamento leve. Para mais detalhes sobre o treinamento para melhorar o desempenho anaeróbio, ler "Pergunte ao especialista 21.1" e consultar Iaia e Bangsbo (2010) em "Sugestões de leitura".

Em resumo

- O treinamento para melhorar a potência anaeróbia envolve um tipo especial de treinamento intervalado. Em geral, os intervalos têm curta duração e consistem em exercício de grande intensidade.

Treinamento para aumentar a força muscular

O objetivo de um programa de treinamento de força é aumentar a quantidade máxima de força e de potência que pode ser gerada por determinado grupo muscu-

lar. Em geral, qualquer músculo que seja regularmente exercitado em grande intensidade (i. e., uma intensidade nas proximidades de sua capacidade máxima de geração de força) ficará mais forte. Os exercícios de treinamento de força podem ser classificados em três categorias: (1) isométricos ou estáticos, (2) dinâmicos ou isotônicos (envolvem exercício de resistência variável) e (3) isocinéticos. Deve-se ter em mente que o exercício isométrico é a aplicação de força sem que ocorra movimento articular e que exercício dinâmico envolve a aplicação de força com movimento articular (ver Caps. 8 e 20). **Exercício de resistência variável** é a denominação utilizada para descrever o exercício realizado em aparelhos, como o Nautilus®, que propiciam um grau variável de resistência durante o curso de uma contração dinâmica. Exercício isocinético é a aplicação de força a uma velocidade constante. Embora tenha sido demonstrado que o exercício isométrico aumenta a força, em geral dá-se preferência aos treinamentos isotônico e isocinético na preparação de atletas, porque o treinamento isométrico não aumenta a força ao longo do arco completo de movimento, mas apenas em um ângulo articular específico mantido durante o treinamento.

Quais são as adaptações fisiológicas ocorrentes como resultado do treinamento de força? Esse tópico foi discutido no Capítulo 13 e aqui será retomado apenas brevemente. Uma das mudanças fisiológicas óbvias e talvez mais importantes ocorrentes em seguida a um programa de treinamento de força é o aumento da massa muscular. É preciso recordar, do Capítulo 8, que a quantidade de força que pode ser gerada por um grupo muscular é proporcional à área da secção transversal do músculo.[56] Logo, músculos maiores exercem maior força do que músculos menores. Como discutido no Capítulo 13, a maior parte do aumento no volume muscular por meio do treinamento de resistência acontece graças à **hipertrofia** (i. e., aumento do diâmetro da fibra muscular decorrente do aumento nas miofibrilas).[2,3,87,89] Entretanto, pesquisas realizadas em animais sugerem que os músculos também aumentam seu volume em resposta ao treinamento de força por **hiperplasia** (i. e., aumento do número de fibras musculares).[42-44,58,87] Embora esse tópico permaneça cercado de controvérsia, parece que a maior parte do aumento no volume muscular decorrente do treinamento de força ocorre por meio da hipertrofia.[87]

Exercício de resistência progressiva

A forma mais comum de treinamento de força é o levantamento de peso, utilizando-se pesos livres ou os vários tipos de aparelhos de peso (i. e., treinamento dinâmico ou isocinético). Para aumentar a força, o treinamento com peso deve utilizar o princípio da sobrecarga, mediante o aumento periódico da quantidade de peso (treinamento de força) empregada em determinado exercício. Esse método de treinamento de força foi descrito originalmente em 1948 por Delorme e Watkins, sendo denominado **exercício de resistência progressiva (ERP)**.

490 Seção III Fisiologia do desempenho

Pergunte ao especialista 21.1

Treinamento para melhorar o desempenho anaeróbio: Perguntas e respostas com o dr. Michael Hogan

Michael Hogan, PhD, professor no Departamento de Medicina da University of California-San Diego, é um fisiologista do exercício de renome internacional, cuja pesquisa se concentra no fornecimento de oxigênio e em sua utilização no músculo esquelético. O dr. Hogan já publicou mais de 100 artigos de pesquisa, e seu trabalho é amplamente citado na literatura científica. Além disso, tem liderado numerosas organizações científicas, inclusive o American College of Sports Medicine e a American Physiological Society. Além de cientista internacionalmente conhecido, o dr. Hogan continua a competir ativamente no salto com vara. Como atleta universitário, foi durante 4 anos laureado em atividades de atletismo e ainda é o recordista no salto com vara da University of Notre Dame. Nos anos subsequentes à sua graduação na faculdade, o dr. Hogan continuou a treinar e a competir nessa modalidade e recentemente distinguiu-se em sua faixa etária em campeonatos nacionais e internacionais de salto com vara. A seguir, o dr. Hogan responde a perguntas relacionadas com o treinamento para melhorar a potência anaeróbia.

PERGUNTA: Ao planejar um programa de treinamento para melhorar a potência anaeróbia, as sessões de treinamento semanal devem ser planejadas em um ciclo de "difícil-fácil"?

RESPOSTA: Com certeza! Possivelmente isso é ainda mais crítico no treinamento para potência anaeróbia *versus* treinamento aeróbio. A razão para tal é que, para melhorar a capacidade anaeróbia, é preciso que sejam praticados exercícios de intensidade extremamente elevada, para que as fibras intramusculares do tipo IIx sejam totalmente ativadas. É preciso lembrar, do Capítulo 7, que, em decorrência do princípio do tamanho, as fibras musculares do tipo IIx são as últimas a serem recrutadas durante o processo de ativação do músculo. Um componente importante do treinamento anaeróbio é o trabalho durante o ciclo "difícil" a uma intensidade extremamente elevada, que em seguida resultará em aumento do diâmetro da fibra muscular, tendo como resultado maior potência muscular. Uma preocupação essencial é a duração dos ciclos "difícil-fácil", pois cada atleta será individualmente muito diferente em sua capacidade de suportar exercício de grande intensidade antes de "quebrar" e de ocorrer lesão. O conhecimento do equilíbrio apropriado entre "difícil-fácil" é a diferença entre um ganhador de ouro olímpico e um atleta lesionado.

PERGUNTA: Em esportes ou eventos esportivos (p. ex., uma corrida de 200 m) que dependem de energia tanto do sistema ATP-CP como da glicólise, é possível planejar um programa de treinamento para melhorar a produção de energia de cada um desses sistemas bioenergéticos?

RESPOSTA: Sim, esses sistemas bioenergéticos podem ser melhorados, embora não ao grau em que possa ser realizada a adaptação ao treinamento de resistência (i. e., mudanças cardiovasculares e enzimas oxidativas) com o treinamento aeróbio. A chave para o desempenho anaeróbio que requer taxas elevadas de *turnover* de ATP durante curto período (~30 segundos) é ter tanta capacidade no sistema glicolítico como no sistema ATP-CP e minimizar os fatores que levam à fadiga nessas práticas de exercício curtas e de grande intensidade. Estudos demonstraram que as enzimas glicolíticas podem ter seus níveis aumentados em todos os tipos de fibra pelo treinamento de alta intensidade, de modo que, quando necessário, mais ATP possa ser anaerobiamente gerado. O treinamento anaeróbio também melhorará ligeiramente a capacidade aeróbia do músculo, o que pode ser importante, visto que qualquer geração aeróbia de ATP resultará em "poupança" do ATP-CP e em taxas mais baixas de produção de lactato. O treinamento anaeróbio também melhorará a velocidade de degradação da fosfocreatina (PC), possibilitando um *turnover* de ATP mais rápido. Não está claro se os níveis de PC são afetados pelo treinamento; contudo, a suplementação com creatina pode aumentar os níveis de PC em repouso, e isso tem o potencial de melhorar o desempenho anaeróbio.

PERGUNTA: Recentemente, tem sido grande o interesse no treinamento de alta intensidade como uma forma de melhorar tanto a potência anaeróbia como a aeróbia. O senhor pode definir treinamento em grande intensidade e discutir as evidências que sugerem que esse tipo de treinamento pode melhorar os sistemas bioenergéticos anaeróbios e aeróbios?

RESPOSTA: Vêm se acumulando evidências que sugerem que o treinamento intervalado de alta intensidade, que se caracteriza por breves episódios repetidos de exercício intenso (p. ex., 30 a 60 segundos de exercício a 100 a 120% do $\dot{V}O_{2máx}$), pode melhorar significativamente não só as vias bioenergéticas anaeróbias, mas também a potência aeróbia máxima. Isso surpreendeu alguns cientistas, porque, historicamente, acreditava-se que o treinamento intervalado de alta intensidade melhoraria apenas a potência anaeróbia. Apesar disso, hoje em dia está claro que o treinamento intervalado de alta intensidade pode induzir muitas adaptações musculares normalmente associadas ao tradicional treinamento físico de resistência, inclusive o aumento no volume das mitocôndrias e a melhora no desempenho de resistência. Na verdade, existe evidência crescente de que o HIIT pode fornecer condicionamento físico e benefícios para a saúde acima e além do que se pode obter do treinamento aeróbio exclusivo de baixa intensidade, provavelmente em virtude de maior ativação das respostas adaptativas (p. ex., sobrerregulação dos antioxidantes celulares protetores) resultantes do intenso estresse celular do HIIT que não é gerado pela atividade aeróbia de baixa intensidade.

Desde a publicação desse trabalho pioneiro, foram propostos vários outros sistemas de treinamento que visam a melhorar a força muscular, mas o conceito de ERP forma a base para a maioria dos programas de treinamento com peso.

Os exercícios de treinamento de força são prescritos com fundamentação na intensidade do exercício e no volume de exercícios realizados. A intensidade dos exercícios para o treinamento de força é expressa em termos de repetição máxima (RM), em que 1RM é o maior peso que pode ser levantado em uma vez. O volume de treinamento de força é estabelecido pelo número de repetições (reps) e de séries realizadas. Série é o número de vezes que determinado exercício é realizado, e reps é o número de vezes que um movimento específico é repetido na série.

Princípios gerais do treinamento de força

Os músculos aumentam sua força ao serem forçados a se contrair sob tensões relativamente altas. Se os músculos não estiverem sobrecarregados, não ocorrerá aumento da força. A primeira aplicação do princípio da sobrecarga foi utilizada pelo famoso lutador olímpico, Milo de Crotona (500 a.C.). Milo incorporou a sobrecarga em sua rotina de treinamento ao carregar nas costas um bezerro todos os dias, até que o animal atingisse a maturidade. Desde os dias de Milo, os atletas vêm aplicando o princípio da sobrecarga ao treinamento, mediante o levantamento de objetos pesados.

Permanece ainda sem resposta a questão sobre qual o regime de treinamento perfeito para um ganho ideal de força. Na verdade, não parece existir uma fórmula mágica para o treinamento de força que atenda às necessidades de todos.[1] Portanto, a prescrição de exercício para o treinamento de força deve se adequar a cada indivíduo, mas uma orientação geral para a prescrição do treinamento de força é: em geral, a intensidade recomendada de treinamento é de 8 a 12 repetições máximas (RM), praticadas em várias séries.[1] Os dias de repouso entre as práticas parecem ser detalhe crítico para um ganho ideal de força.[1] Assim, é recomendável um esquema de treinamento de 2 a 4 dias por semana para indivíduos principiantes ou intermediários.[1] No caso de treinamento avançado com pesos, é recomendável uma frequência de 4 a 6 dias por semana, se estiverem sendo utilizadas rotinas divididas (i. e., treinamento de 1 a 3 grupos musculares por sessão de treinamento).[1]

Uma crença comum entre treinadores e atletas é que a força aumenta à proporção direta do volume de treinamento (i. e., número de séries realizadas). Embora exista uma ligação fisiológica entre volume de treinamento e ganhos de força, ainda continua sendo objeto de discussão o número ideal de séries para aumento da força. Não obstante, duas revisões recentes concluíram que várias séries (i. e., 2 ou mais séries) de exercícios de força resultam em maiores hipertrofia e ganho de força, em comparação com a prática de apenas uma série.[60,61] Parece provável que o número ideal de séries, para que seja obtido o aumento máximo da força muscular, possa variar entre indivíduos de diferentes idades e níveis de condicionamento físico.[1] Além disso, fica claro que não há necessidade de usar programas de treinamento com peso que incorporem volumes de treinamento extremamente elevados (i. e., >10 séries), para que o praticante obtenha ganhos de força satisfatórios.[38,80]

Analogamente a outros métodos de treinamento, o treinamento de força deve envolver os músculos utilizados na competição. Com efeito, os exercícios de treinamento de força devem exercitar os músculos no mesmo padrão de movimento utilizado durante a competição esportiva. Por exemplo, um arremessador de peso deve fazer exercícios que fortaleçam os músculos específicos do braço, do tórax, das costas e das pernas envolvidos no arremesso.

Uma preocupação final no planejamento dos programas de treinamento de força para desempenho esportivo é que a velocidade do encurtamento muscular durante o treinamento deve ser similar às velocidades utilizadas durante o evento. Por exemplo, muitos esportes dependem de altas velocidades de movimento. Estudos demonstraram que os programas de treinamento de força que utilizam movimentos de alta velocidade em um padrão motor específico do esporte geram ganhos superiores em esportes orientados para força/potência. A Tabela 21.3 fornece um apanhado geral das orientações para o treinamento de força em programas de treinamento, objetivando enfatizar os ganhos máximos de força ou resistência muscular. Para ter acesso a uma visão geral dos modelos progressivos de treinamento de força, consultar o posicionamento oficial do ACSM (2009) em "Sugestões de leitura" e ver o Quadro "Vencendo limites 21.1" para informações sobre periodização do treinamento de força com o objetivo de aumentar os ganhos de força.

Pesos livres *versus* aparelhos

Ao longo dos anos, tem sido considerável a controvérsia em torno da questão: o treinamento com pesos livres (halteres) ou com os vários tipos de aparelhos de peso (Nautilus®, Life Fitness®, etc.) gera os maiores ganhos de força em atletas? Ficou claro que tanto pesos livres como aparelhos são efetivos para aumentar a força. Pesquisas demonstram que o treinamento com pesos livres conduz a maiores ganhos de força nos testes com pesos livres, enquanto o treinamento em aparelhos resulta em melhor desempenho de força nos testes em aparelhos.[1] Ao se utilizar um dispositivo neutro para testes com o objetivo de medir a força, verifica-se que os ganhos de força obtidos com pesos livres e com aparelhos são semelhantes.[1,66] Uma revisão recentemente publicada pelo ACSM concluiu que cada modo de treinamento tem suas vantagens. Por exemplo, os aparelhos de peso são considerados mais seguros, mais fáceis de

492 Seção III Fisiologia do desempenho

Tabela 21.3 Orientações para treinamento de força em programas de treinamento que enfatizam a força ou a resistência muscular máxima

Frequência por semana	Número de séries por exercício	Número de repetições por série	Intensidade (percentual de 1RM)	Intervalo de repouso entre as séries
Programas de treinamento de força para maximização do ganho de força				
Atletas principiantes				
2-3 sessões para todo o corpo	1-3	8-12	60-70%	2-3 minutos
Atletas intermediários				
3 sessões para todo o corpo com 4 rotinas divididas	Várias (>2 séries)	8-12	60-70%	2-3 minutos
Atletas avançados				
4-6 rotinas divididas	Várias (>2 séries)	1-12	80-100% em um programa periodizado	2-3 minutos
Programas de treinamento de força para enfatizar a resistência muscular				
Atletas principiantes				
2-3 sessões para todo o corpo	Várias (>2 séries)	10-15	Baixa (p. ex., 30-50%)	1 minuto
Atletas intermediários				
3 sessões para todo o corpo com 4 rotinas divididas	Várias (>2 séries)	10-15	Baixa (p. ex., 30-50%)	1 minuto
Atletas avançados				
4-6 rotinas divididas	Várias (>2 séries)	10-25	Variação de 30-60%	1 minuto para 10-15 repetições; 1-2 minutos para 15-25 repetições

Notar as seguintes definições: atleta principiante – menos de 1 ano de experiência com treinamento de força; atleta intermediário – 2 a 3 anos de experiência com treinamento de força; atleta avançado – ≥ 3 anos de experiência com treinamento de força; rotina dividida – o corpo é dividido em diferentes áreas, e cada área é treinada em uma sessão de treinamento distinta.
De ACSM. American College of Sports Medicine position stand. Progression models in resistance training for healthy adults. *Med Sci Sports Exerc* 41:687-708, 2009.

Vencendo limites 21.1

Periodização do treinamento de força

As práticas de treinamento de força estão estruturadas em torno da intensidade do exercício e das "séries" e "repetições". Além disso, ao trabalhar com populações de atletas interessados em desempenho máximo, o treinador de força pode também especificar os períodos de repouso entre exercícios e séries, o tipo de ação muscular (excêntrica ou concêntrica), o número de sessões de treinamento por semana e o volume de treinamento (i. e., o número total de repetições feitas em uma prática). O treinamento periodizado de força utiliza essas variáveis para a estruturação de práticas com o objetivo de obter ganhos ideais de força, potência, desempenho motor e/ou hipertrofia ao longo do ano que antecede a temporada de competições.[1] A periodização descreve um processo sistemático em que o volume e a intensidade do treinamento variam com o passar do tempo. Por exemplo, na "periodização linear", o indivíduo evolui de um esquema de grande volume/pouca intensidade para pequeno volume/muita intensidade ao longo de um período especificado (p. ex., meses). Os programas periodizados de treinamento de resistência são melhores do que os programas não periodizados?

Uma recente revisão da literatura concluiu que os programas periodizados são mais efetivos na promoção da força máxima, em comparação com os programas não periodizados para homens e mulheres de todas as faixas etárias e também para indivíduos com experiências variadas no treinamento de força (i. e., principiantes ou atletas).[84] De maneira coerente com o princípio da sobrecarga, os acréscimos induzidos pela periodização no volume, intensidade e frequência resultaram em maiores ganhos de força. Já foram formulados vários tipos de periodização, que foram discutidos no posicionamento oficial *Progression Models in Resistance Training for Healthy Adults* ("Modelos de progressão em treinamento de força para adultos saudáveis") do American College of Sports Medicine (ver "Sugestões de leitura").

aprender e permitem a realização de alguns exercícios de difícil realização com pesos livres (p. ex., extensão de perna).[1] As vantagens do treinamento com pesos livres incluem o fato de o levantamento de peso forçar o atleta a controlar tanto os fatores de equilíbrio como os de estabilização. Esse tipo de treinamento tem utilidade, pois quase todos os esportes exigem que o atleta mantenha o equilíbrio e a estabilidade do corpo durante a competição. A Tabela 21.4 resume algumas das vantagens e das desvantagens do treinamento de força com uso de aparelhos isométricos, dinâmicos (pesos livres, Nautilus®, etc.) e isocinéticos.

Diferenças entre gêneros em resposta ao treinamento de força

Já está devidamente estabelecido que, quando se compara a força absoluta (i. e., a quantidade total de força aplicada) em homens e em mulheres destreinados, os homens demonstram ser tipicamente mais fortes. Essa diferença é maior na parte superior do corpo, em que os homens são aproximadamente 50% mais fortes que as mulheres, enquanto em relação à parte inferior do corpo, os homens são apenas 30% mais fortes que as mulheres.[78] Entretanto, essa aparente diferença de força entre gêneros é eliminada quando a produção de força em homens e em mulheres é comparada com base na área da secção transversal do músculo. A Figura 21.2 ilustra esse ponto. Deve-se observar que, à medida que a área da secção transversal do músculo aumenta (eixo x), a força do flexor do braço (eixo y) aumenta de forma

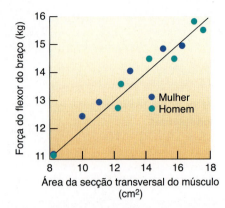

Figura 21.2 Força do flexor do braço de homens e de mulheres, representada graficamente como função da área da secção transversal do músculo.

linear, independentemente do gênero, ou seja, o músculo humano pode gerar de 3 a 4 kg de força por cm^2 de secção transversal muscular, independentemente de o músculo pertencer a um homem ou a uma mulher.[56]

Uma questão que surge com frequência é "As mulheres ganham força com a mesma rapidez que os homens quando treinam com pesos?". Um estudo clássico respondeu a essa pergunta e comparou a troca de força entre um grupo de homens e mulheres não treinados antes e após 10 semanas de treinamento de resistência.[93] Os resultados revelaram que inexistiam diferenças entre gêneros no percentual de força adquirido durante o período de treinamento (ver Fig. 21.3). Descobertas se-

Tabela 21.4 Resumo das vantagens e desvantagens potenciais dos programas de treinamento de peso que utilizam diversos tipos de equipamento

Programa	Equipamento	Vantagens	Desvantagens
Isométrico	Variedade de dispositivos de uso doméstico	Custo mínimo; menos tempo despendido	Não diretamente aplicável à maioria das atividades esportivas; pode se tornar enfadonho; difícil monitorização do progresso
Dinâmico	Pesos livres	Baixo custo; exercícios especializados podem ser planejados para simular movimentos de determinado esporte; progresso de fácil monitorização	Possibilidade de lesão em decorrência de queda de pesos; aumento no tempo de prática, por causa do tempo necessário para a mudança de pesos
Dinâmico	Aparelhos de peso comercializados (i. e., Life Fitness®)	Geralmente seguro; progresso de fácil monitorização; pouco tempo gasto na troca de pesos	Não permite exercícios especializados; dispendioso
Resistência variável	Aparelhos comercializados (p. ex., Nautilus®)	Tem um sistema de came (i. e., excêntricos) que proporciona resistência variável, a qual muda para se adequar à capacidade da articulação de gerar força ao longo da amplitude de movimento; progresso de fácil monitorização; segurança	Dispendioso; exercícios especializados limitados
Isocinético	Aparelhos isocinéticos comercializados (p. ex., Cybex®)	Permite o desenvolvimento de resistência máxima ao longo de toda a amplitude de movimento; os exercícios podem ser realizados em diversas velocidades	Dispendioso; exercícios especializados limitados

Extraído (com modificações) da referência bibliográfica 8.

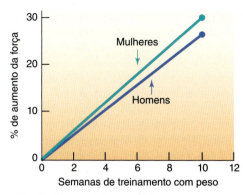

Figura 21.3 Mudanças de força em homens e mulheres como resultado de um programa de treinamento de força de 10 semanas.

melhantes foram relatadas em outros estudos, demonstrando que homens e mulheres destreinados respondem de maneira parecida ao treinamento com pesos.[52,79] Contudo, nos estudos anteriormente mencionados, são considerados períodos de treinamento em curto prazo e talvez não reflitam o que ocorre ao longo de um treinamento prolongado. Por exemplo, é crença geral que os homens exibem maior grau de hipertrofia muscular em comparação com as mulheres, como resultado do treinamento de peso durante longos períodos. Essa diferença em gênero na hipertrofia muscular parece estar ligada ao fato de que os homens possuem níveis sanguíneos de testosterona 20 a 30 vezes mais elevados.[52]

Em resumo

- A melhora na força muscular pode ser obtida pela sobrecarga progressiva ao usar exercício isométrico, isotônico ou isocinético.
- O treinamento isotônico ou isocinético parece ser preferível ao exercício isométrico no desenvolvimento de ganho de força nos atletas, porque os ganhos de força isométrica ocorrem apenas em ângulos específicos de articulação que são mantidos durante o treinamento isométrico.
- Em geral, os homens são maiores que as mulheres e exibem força absoluta maior do que elas. Entretanto, quando a produção de força muscular é normalizada para a área transversal do músculo, não existem diferenças na produção de força do músculo esquelético entre homens e mulheres.

Programas de treinamento concorrente: força e resistência

Os treinamentos de força e de resistência são realizados simultaneamente por atletas e entusiastas de condicionamento físico. Como foi discutido no Capítulo 13, o desempenho de programas combinados de treinamento de força e de resistência não compromete os aumentos induzidos pelo treinamento aeróbio na capacidade de resistência, mas o treinamento concorrente pode antagonizar os ganhos de força obtidos apenas pelo treinamento de força.[28,47,49,85,92] Observa-se que esses efeitos de interferência são específicos por grupo muscular, de modo que são encontrados decréscimos nos ganhos de força nos músculos das pernas, e não nos músculos superiores do corpo.[92] Além disso, se a combinação de treinamento de força e resistência impede ou não ganhos de força depende de vários fatores, incluindo a modalidade de treinamento de resistência, o volume e a frequência do treinamento de resistência, e a forma como os dois métodos de treinamento estão integrados.[71,85,92] Por exemplo, embora o mecanismo permaneça desconhecido, o treinamento de resistência realizado simultaneamente com o treinamento físico de corrida tem maior decréscimo nos ganhos de força do que o ciclismo.[92] Além disso, o volume do treinamento de resistência completado tem papel importante para determinar se o treinamento concorrente tem um impacto negativo nos ganhos de força.[92] Especificamente, o treinamento do exercício de resistência realizado mais de três dias por semana e ≥ 30 a 40 minutos por dia parece representar um limiar em que o treinamento concorrente interfere nos ganhos de força. Por fim, agendar o treinamento de força e resistência no mesmo dia pode impactar os ganhos de força. Por exemplo, realizar um treinamento de resistência imediatamente antes de iniciar uma sessão de treinamento de força pode ter um impacto negativo no esforço de treinamento do atleta durante a sessão de treinamento de resistência.[85]

Quais são as implicações práticas para os atletas sobre a questão de iniciar o treinamento concorrente? Está claro que a pesquisa sugere que o treinamento concorrente pode prejudicar o desenvolvimento de força e potência máximas em comparação com o treinamento de força sozinho.[92] Portanto, os atletas cujo esporte exige força máxima e produção de potência (ou seja, corridas de 100 metros, etc.) devem limitar o treinamento concorrente. Entretanto, se o esporte de um atleta não depende da produção máxima de potência, o treinamento concorrente não terá um impacto negativo sobre o desempenho, exceto a combinação de treinamento físico de força e resistência que resulte em *overtraining*. Além disso, o planejamento cuidadoso do treinamento concorrente ao envolver o ciclismo e/ou evitar o treinamento de resistência de alto volume (ou seja, ≥ 3 dias/semana e ≥ 30 minutos/dia) pode evitar os decréscimos induzidos pelo treinamento concorrente nos ganhos de força.[92]

Em resumo

- O desempenho de programas combinados de treinamento de força e de resistência não compromete os aumentos induzidos pelo treinamento na capacidade de resistência, mas o treinamento concorrente pode antagonizar os ganhos de força obtidos apenas pelo treinamento de força.

■ O comprometimento induzido pelo treinamento concorrente dos ganhos de força muscular é específico por grupo muscular, por isso uma redução no ganho de força ocorre nos músculos das pernas, mas não nos músculos da parte superior do corpo.

■ Se a combinação de treinamento de força e resistência impede ou não ganhos de força, isso depende de vários fatores, incluindo a modalidade de treinamento de resistência, o volume e a frequência do treinamento de resistência, e a forna como os dois métodos de treinamento estão integrados.

■ Atletas cujo esporte exige força máxima e produção de potência devem limitar o treinamento concorrente. Entretanto, se o esporte de um atleta não depende da produção máxima de potência, o treinamento concorrente não terá um impacto negativo sobre o desempenho, exceto se o treinamento concorrente resultar em *overtraining*.

Influência nutricional sobre as adaptações do músculo esquelético induzidas pelo treinamento

Como foi discutido nos Capítulos 8 e 13, o músculo esquelético é um tecido altamente adaptável com a propriedade de mudar sua capacidade funcional em resposta ao treinamento físico. Essas consequências funcionais das adaptações musculares induzidas por exercício são determinadas principalmente pelo modo de treinamento (p. ex., exercício de resistência *versus* exercício de força). Entretanto, a evidência que surge sugere que as adaptações musculares induzidas pelo treinamento também são influenciadas pela nutrição e disponibilidade de nutrientes.[48] Lembre-se de que o Capítulo 18 fez uma introdução sobre nutrição e exercício, e o Capítulo 23 discute o impacto da nutrição sobre o desempenho físico. Nas sessões a seguir, vamos destacar a influência da nutrição e do suprimento de nutrientes sobre a adaptação do músculo esquelético ao treinamento físico. Especificamente, será discutido o impacto da disponibilidade de carboidrato e proteína sobre a adaptação muscular ao treinamento físico e revisada a evidência de que a suplementação com megadoses de antioxidantes tem o potencial para diminuir as respostas de treinamento normal ao exercício de resistência.

Disponibilidade de carboidrato no músculo esquelético influencia a adaptação ao treinamento de resistência

Durante o exercício, o músculo esquelético obtém carboidrato como uma fonte de combustível, principalmente dos estoques de glicogênio no músculo. Sobre essa questão, a evidência mostra que baixos níveis de glicogênio muscular podem ter uma influência positiva sobre a adaptação do músculo esquelético induzida pelo treinamento de resistência.[18] De fato, começar uma sessão de treinamento físico com baixos níveis de glicogênio muscular promove maior adaptação muscular em comparação com o mesmo treinamento realizado com concentração normal ou elevada de glicogênio muscular.[48] Especificamente, iniciar um exercício com baixos níveis de glicogênio muscular resulta em aumento na síntese de várias proteínas envolvidas na adaptação ao treinamento. O mecanismo para explicar essa resposta é que se exercitar durante condições de baixo glicogênio muscular aumenta a ativação do PGC-1α (ou seja, um regulador fundamental da biogênese mitocondrial) no músculo esquelético em virtude da maior estimulação da AMP cinase e p38, que servem como promotores *upstream* da ativação de PGC-1α.[48] Essa maior ativação de PGC-1α durante o exercício resultará no aumento da biogênese mitocondrial – uma importante adaptação muscular ao exercício de resistência.

Como um atleta de resistência pode planejar um programa de treinamento para usar de forma eficiente o conhecimento de que o treinamento com baixos níveis de glicogênio acelera a adaptação ao treinamento? Uma abordagem poderia ser limitar a ingestão de carboidrato da alimentação e, portanto, esgotar os níveis de glicogênio muscular pela insuficiência para ressintetizar glicogênio após as sessões de treinamento. Entretanto, foi demonstrado que essa abordagem resulta em fadiga crônica e prejudica a capacidade do atleta de treinar. A segunda e, talvez, melhor abordagem, seria empenhar-se no treinamento 2 vezes/dia em dias alternados. Ao treinar 2 vezes/dia, o atleta de resistência iniciaria a segunda sessão de treinamento do dia com menores níveis de glicogênio muscular em comparação com a primeira sessão de treinamento, o que deve ser vantajoso para a adaptação ao treinamento. De fato, a pesquisa mostra que esse método é eficiente e sugere que esse padrão de treinamento é superior a treinar 1 vez/dia.[45]

Disponibilidade de proteína no músculo esquelético influencia a síntese de proteína muscular após o exercício

A pesquisa mostra que fornecer proteína de alta qualidade (p. ex., leite ou soro do leite) para atletas imediatamente antes ou após uma sessão de treinamento aumenta a taxa de síntese de proteína muscular após o exercício.[81] Isso é verdadeiro para o treinamento físico de resistência e o treinamento de força.[81] Portanto, os atletas de resistência e potência devem planejar cuidadosamente sua ingestão de proteína em torno das sessões para otimizar as adaptações ao treinamento. Para mais detalhes sobre o cronograma e quantidade de proteína necessária para a síntese ideal de proteína induzida por exercício, ver Capítulo 23 e Phillips (2012) nas Sugestões de leitura.

Suplementação com megadoses de antioxidantes

Os exercícios de resistência e força resultam em maior produção de radicais livres nos músculos esqueléticos ativos. Sobre esse assunto, os estudos indicam que a produção de radicais livres induzida por exercício pode promover a lesão oxidativa às células e contribuir para a fadiga muscular durante o exercício prolongado. O fato de os músculos produzirem radicais ao se contrair tem motivado alguns atletas a usar suplementos antioxidantes em um esforço para evitar o dano dos radicais livres produzidos por exercício e a fadiga muscular. Entretanto, se os suplementos antioxidantes são úteis ou prejudiciais para o atleta é uma questão que ainda permanece em debate, e evidência recente indica que a suplementação com megadoses de antioxidantes pode bloquear as adaptações de treinamento. Por exemplo, a suplementação com megadoses de antioxidantes, vitaminas E e C (ou seja, 400 UI de vitamina E e 1.000 mg de vitamina C), pode diminuir importantes adaptações induzidas por exercício no músculo esquelético. Na verdade, lembre-se do Capítulo 13, que a produção de radicais livres induzida por exercício é um sinal necessário para estimular a expressão de numerosas proteínas do músculo esquelético, incluindo enzimas antioxidantes e proteínas mitocondriais. Portanto, não é surpresa que bloquear as vias de sinalização estimuladas pelos radicais no músculo esquelético pelo consumo de megadoses de antioxidantes pode atrapalhar adaptações musculares induzidas por exercício.

Em resumo

- As adaptações musculares induzidas por exercício são influenciadas pela nutrição e disponibilidade de nutrientes.
- Iniciar uma sessão de treinamento de resistência com baixos níveis de glicogênio tem influência positiva na adaptação muscular ao treinamento.
- O consumo de proteína de alta qualidade antes ou após uma sessão de treinamento físico pode aumentar a taxa de síntese de proteína muscular.

- Consumir megadoses de antioxidantes, vitaminas E e C pode atrapalhar importantes adaptações induzidas pelo exercício no músculo esquelético.

Dor muscular

Uma experiência comum para os praticantes novatos e, em alguns casos, mesmo para atletas veteranos, é observar uma **dor muscular de início tardio**, que surge de 24 a 48 horas após um exercício muito intenso e inabitual. A busca de uma resposta para a pergunta "O que causa a dor muscular de início tardio?" vem se prolongando por muitos anos. Foram propostas diversas explicações possíveis, inclusive um acúmulo de lactato no músculo, espasmos musculares e lacerações em músculos e no tecido conjuntivo. Fica claro que o lactato não causa esse tipo de sensação. Com base na presente evidência, parece que a dor muscular de início tardio se deve à lesão tecidual causada por força mecânica excessiva exercida no músculo e no tecido conjuntivo, resultando em microtrauma desses tecidos.[6,16,18,35,65] A evidência para apoiar esse ponto de vista veio de estudos de microscopia eletrônica nos quais as micrografias eletrônicas obtidas de músculos que sofrem de dor muscular de início tardio (DMIT) relevaram desgastes microscópicos nessas fibras musculares.[36]

Como ocorre a dor muscular de início tardio e qual é a explicação fisiológica para esse problema? Atualmente, não existem respostas completas para essas perguntas (para revisões, consultar as referências bibliográficas 6, 17 e 82). Entretanto, evidências atuais sugerem que a dor muscular de início tardio ocorre da seguinte maneira:[6,82] (1) contrações musculares vigorosas (especialmente contrações excêntricas) resultam em lesão estrutural no músculo (i. e., ruptura de sarcômeros); (2) ocorre lesão de membrana, inclusive nas membranas do retículo sarcoplasmático; (3) o cálcio extravasa do retículo sarcoplasmático, acumulando-se nas mitocôndrias, o que inibe a produção de ATP; (4) o acúmulo de cálcio também ativa enzimas (proteases), que degradam as proteínas celulares, inclusive as proteínas contráteis;[41] (5) a lesão das membranas combina-se com a degradação das proteínas musculares, resultando em um processo inflamatório, que envolve aumento na produção de prostaglandinas/histamina e na produção de radicais livres;[19] e, finalmente, (6) o acúmulo de histamina e o edema circunjacente às fibras musculares estimulam terminações nervosas livres (receptores de dor), resultando na sensação de dor no músculo[65] (ver Fig. 21.4).

Como se pode evitar a dor muscular de início tardio depois do exercício? Ao que parece, a dor muscular de início tardio ocorre mais frequentemente em seguida ao exercício intenso, com o uso de músculos desacostuma-

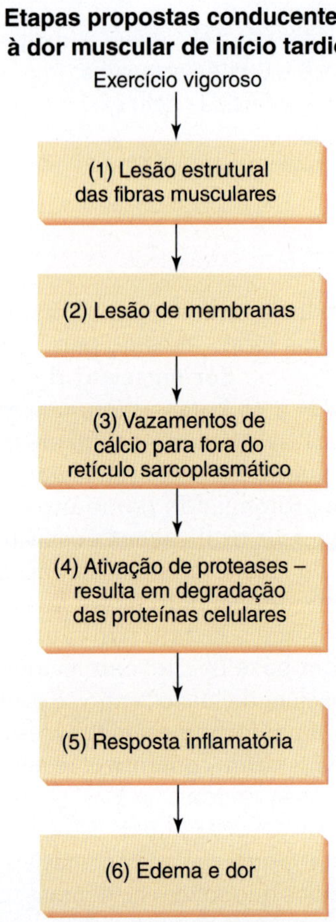

**Etapas propostas conducentes
à dor muscular de início tardio**

Exercício vigoroso

(1) Lesão estrutural
das fibras musculares

(2) Lesão de membranas

(3) Vazamentos de
cálcio para fora do
retículo sarcoplasmático

(4) Ativação de proteases –
resulta em degradação
das proteínas celulares

(5) Resposta inflamatória

(6) Edema e dor

Figura 21.4 Modelo proposto para explicar a ocorrência de dor muscular de início tardio resultante de exercício muscular vigoroso.

dos ao trabalho.[17,21] Além disso, o exercício excêntrico (ou seja, contrações de alongamento) aumenta o risco para o desenvolvimento de DMIT comparado com o exercício concêntrico. Portanto, uma recomendação geral para evitar a dor muscular de início tardio seria começar lentamente um exercício específico durante as primeiras 5 a 10 sessões de treinamento. Esse padrão de progressão lenta permite que os músculos exercitados se "adaptem" ao estresse representado pelo exercício e, com isso, reduz a incidência ou a intensidade da dor muscular de início tardio (ver o Quadro "Foco de pesquisa 21.1"). Para mais informações sobre a dor muscular de início tardio, ver Lewis et al. (2012) nas "Sugestões de leitura".

Em resumo

■ Acredita-se que a dor muscular de início tardio ocorra por causa de lacerações microscópicas nas fibras musculares ou no tecido conjuntivo. Isso resulta na ativação das proteases, inflamação e edema muscular (ou seja, edema), que resulta em dor dentro de 24 a 48 horas após exercício extenuante.

Treinamento para aumentar a flexibilidade

Historicamente, acreditava-se que a melhora na flexibilidade reduziria o risco de lesão induzida por exercício, porém, hoje conta-se com evidência limitada em apoio ao conceito de que o alongamento evita lesões durante o exercício e na participação em muitos esportes.[5,46,73] Ademais, há consenso geral de que o alongamento, juntamente com o aquecimento, não reduz o risco de lesões por excesso de uso.[73] Ver McHugh e Cosgrave (2010) nas Sugestões de leitura para mais informações sobre o papel do alongamento na prevenção ou redução da dor muscular após o exercício.

Embora o aumento da flexibilidade talvez não reduza o risco de lesão induzida por exercício, a capacidade de mobilizar as articulações ao longo do arco completo de movimento é importante em muitos esportes. De fato, a perda da flexibilidade pode resultar em redução da eficiência motora. Portanto, muitos treinadores e técnicos esportivos recomendam a prática regular de exercícios de alongamento para melhorar a flexibilidade e, talvez, otimizar a eficiência dos movimentos.

Existem duas técnicas gerais de alongamento atualmente em uso: (1) **alongamento estático** (manutenção contínua de uma posição de alongamento) e (2) **alongamento dinâmico** (algumas vezes denominado alongamento balístico, se os movimentos não forem controlados). Embora essas duas técnicas resultem em maior flexibilidade, o alongamento estático é considerado superior ao alongamento dinâmico, porque (1) há menor probabilidade de lesão, (2) o alongamento estático causa menos atividade dos fusos musculares, em comparação ao alongamento dinâmico, e (3) há menor probabilidade de dor muscular. A estimulação dos fusos musculares durante o alongamento dinâmico pode gerar um reflexo de estiramento, resultando, portanto, em contração muscular. Esse tipo de contração muscular se contrapõe ao desejado alongamento muscular e pode aumentar a probabilidade de lesão.

Trinta minutos de exercícios de alongamento estático realizados 2 vezes/semana aumentarão a flexibilidade dentro de 5 semanas. É recomendável que a posição de alongamento seja mantida durante 10 segundos no início de um programa de flexibilidade e que o tempo seja aumentado para 60 segundos depois de algumas sessões de treinamento. Cada posição de alongamento deve ser repetida por 3 a 5 vezes, e o número será aumentado em até 10 repetições. Aplica-se a sobrecarga mediante o aumento do arco de movimento durante a posição de alongamento e mediante o aumento do tempo de manutenção da posição de alongamento.

Um modo efetivo de melhorar o relaxamento muscular consiste em preceder um alongamento estático de uma contração isométrica do grupo muscular que será alongado; essa prática pode incrementar o desenvolvimento da flexibilidade. Essa técnica de alonga-

498 Seção III Fisiologia do desempenho

Foco de pesquisa 21.1

Proteção contra dor muscular induzida pelo exercício: efeito da repetição do exercício

Frequentemente, a realização de uma prática de exercício não familiar resulta em lesão muscular e em dor muscular de início tardio. Isso é particularmente verdadeiro quando a prática desse exercício não familiar envolve ações excêntricas. Curiosamente, em seguida à recuperação da dor muscular de início tardio, uma prática subsequente do mesmo exercício resulta em mínimos sintomas de lesão e de dor muscular; isso é conhecido como "efeito da repetição do exercício".[72] Embora tenham sido propostas muitas teorias para explicar o efeito da repetição do exercício, desconhece-se o mecanismo específico responsável por essa proteção induzida pelo exercício, e esse tópico continua a ser debatido. Em geral, foram propostas três teorias principais para explicar o efeito da repetição do exercício: (1) teoria neural, (2) teoria do tecido conjuntivo e (3) teoria celular.[72]

A teoria neural propõe que a lesão muscular induzida pelo exercício ocorra em um número relativamente pequeno de fibras do tipo II (rápidas) ativas. Na série subsequente de exercício, ocorre mudança no padrão de recrutamento das fibras musculares para aumentar a ativação da unidade motora, a fim de que seja recrutado um número maior de fibras musculares. Isso resulta na distribuição do esforço contrátil por maior número de fibras. Assim, há redução no esforço em cada fibra considerada individualmente, não ocorrendo lesão muscular durante as séries de exercício subsequentes.

A teoria do tecido conjuntivo sustenta que a lesão muscular decorrente da série inicial de exercício resulta em aumento no tecido conjuntivo, para que seja proporcionada maior proteção ao músculo durante o esforço do exercício. Foi postulado que esse aumento no tecido conjuntivo é responsável pelo efeito da repetição do exercício.

Finalmente, a teoria celular prevê que a lesão muscular induzida pelo exercício resulta na síntese de novas proteínas (p. ex., proteínas de esforço e proteínas do citoesqueleto) que melhoram a integridade da fibra muscular. A síntese dessas "proteínas protetoras" reduz a tensão incidente na fibra muscular e protege o músculo da lesão induzida pelo exercício.

Atualmente, desconhece-se qual dessas teorias explica de forma mais adequada o efeito da repetição do exercício. Parece improvável que qualquer teoria possa explicar todas as diversas observações associadas ao efeito da repetição do exercício. Assim, é possível que esse efeito ocorra mediante a interação de vários fatores neurais, de tecido conjuntivo e celulares que respondem ao tipo específico de lesão muscular induzida pelo exercício.[72] Essa ideia está resumida na Figura 21.5.

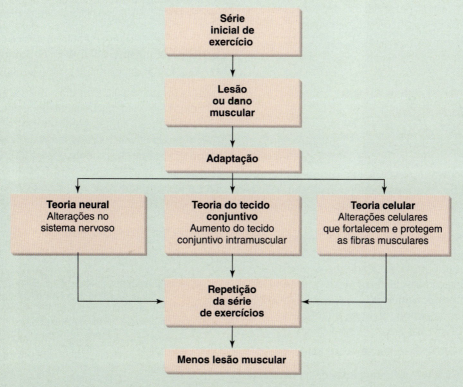

Figura 21.5 Teorias propostas como explicação do "efeito da repetição do exercício". Resumidamente, uma série inicial de exercício resulta em lesão muscular. Essa lesão muscular resulta em adaptação fisiológica, que ocorre por meio de mudanças no sistema nervoso, no tecido conjuntivo muscular e/ou alterações celulares nas fibras musculares. Uma ou todas essas adaptações funcionam para proteger o músculo contra lesões durante uma série subsequente de exercícios. Figura reproduzida de McHugh et al.[72]

mento é conhecida como **facilitação neuromuscular proprioceptiva** (FNP). Em geral, o procedimento necessita de duas pessoas, sendo realizado conforme segue: um colega de treinamento movimenta passivamente o membro-alvo ao longo de seu arco de movimento; depois de chegar ao ponto terminal do arco de movimento, o músculo-alvo é isometricamente contraído (contra o colega de treinamento) durante 6 a 10 segundos. Em seguida, o músculo-alvo é relaxado e novamente alongado pelo colega de treinamento até um arco de movimento maior. O raciocínio fisiológico para o uso do alongamento com a técnica de FNP é que o relaxamento muscular se segue a uma contração isométrica, porque essa contração estimula os órgãos tendinosos de Golgi, que inibem a contração durante o exercício de alongamento subsequente.

Em resumo

- Existe evidência limitada em apoio à noção de que uma mobilidade articular (i. e., flexibilidade) melhor reduza a incidência de lesões induzidas por exercício.
- Com frequência, recomendam-se exercícios de alongamento com o objetivo de melhorar a flexibilidade e otimizar a eficiência do movimento.
- Pode-se conseguir maior flexibilidade por meio do alongamento estático ou dinâmico; o alongamento estático é a técnica preferida.

Condicionamento dos atletas durante o ano inteiro

É comum que os atletas modernos se envolvam em exercícios de condicionamento durante o ano inteiro. Isso se torna necessário para que não ocorra ganho excessivo de gordura corporal e também para evitar destreinamento físico extremo entre temporadas de competição. Os períodos de treinamento dos atletas costumam estar divididos em três fases: (1) treinamento fora da temporada, (2) treinamento na pré-temporada e (3) treinamento na temporada, podendo incorporar as técnicas de periodização discutidas anteriormente neste capítulo (ver "Vencendo limites 21.1"). A seguir, uma breve descrição de cada período de treinamento.

Condicionamento fora da temporada

Em geral, os objetivos dos programas de condicionamento fora da temporada são (1) prevenir o excessivo ganho de peso em gordura, (2) manter a força ou resistência muscular, (3) manter a integridade dos ligamentos e ossos e (4) manter um nível de habilidade razoável no esporte específico do atleta. Obviamente, a natureza exata do programa de condicionamento fora da temporada irá variar, dependendo do esporte. Por exemplo, um jogador de futebol americano gastaria um tempo consideravelmente maior fazendo exercícios de treinamento de força, em comparação com um corredor fundista. Por outro lado, o corredor incorporaria mais corridas em seu programa de condicionamento fora da temporada, em comparação com o jogador de futebol americano. Assim, devem ser selecionados exercícios específicos, com base nas demandas do esporte.

Não importa o esporte, fundamental é que o programa de condicionamento fora da temporada proporcione variedade ao atleta. Além disso, esses programas geralmente utilizam um regime de treinamento composto por trabalho de grande volume e baixa intensidade. Essa combinação de treinamento variado e baixa intensidade pode impedir a ocorrência das "síndromes de sobretreinamento" e de deterioração psicológica. A Figura 21.6 contém uma lista de algumas atividades de treinamento recomendadas para o condicionamento fora da temporada.

O condicionamento fora da temporada permite que os atletas se concentrem em áreas de condicionamento em que possam estar fracos. Assim, é importante que os programas fora da temporada sejam projetados individualmente. Por exemplo, um jogador de basquete pode estar com pouca força e potência nas pernas e, com isso, ter um salto vertical limitado. Portanto, esse atleta deve se empenhar em um programa de condicionamento fora de temporada que melhore a força da perna e a produção de potência para aumentar a capacidade de salto vertical.

Condicionamento na pré-temporada

O principal objetivo do condicionamento da pré-temporada (p. ex., 8 a 12 semanas antes da competição) é aumentar até o máximo a capacidade dos sistemas energéticos predominantes para determinado esporte. Na transição do condicionamento fora da temporada para o condicionamento na pré-temporada, ocorre um desvio gradual da prática de exercícios de baixa intensidade e grande volume para a prática de exercícios de grande intensidade e baixo volume. Como ocorre em todas as fases de um ciclo de treinamento, o programa deve ser específico para o esporte.

Figura 21.6 Atividades recomendadas para as várias fases do treinamento ao longo do ano.

Em geral, os tipos de exercício realizados durante o condicionamento na pré-temporada são parecidos com aqueles utilizados durante o condicionamento fora de temporada (Fig. 21.6). A principal diferença entre o condicionamento fora de temporada e o na pré-temporada é a intensidade do esforço de condicionamento. Durante o condicionamento na pré-temporada, o atleta aplica uma sobrecarga progressiva ao aumentar a intensidade das práticas, enquanto o condicionamento fora de temporada envolve práticas em grande volume e baixa intensidade.

Condicionamento na temporada

Para a maioria dos esportes, o objetivo do condicionamento na temporada é manter o nível de condicionamento físico obtido durante o programa de treinamento na pré-temporada. Por exemplo, em um esporte como o futebol americano, em que a temporada de competição é relativamente longa, o atleta deve estar capacitado a manter a força e a resistência durante toda a temporada. Um fator complicador no planejamento de um programa de condicionamento na temporada é que esta talvez não tenha um término perfeitamente definido, ou seja, ao final da temporada normal, os jogos do *playoff* podem prolongá-la por mais algumas semanas. Assim, nesses tipos de esporte, é difícil planejar um clímax no programa de condicionamento. Portanto, torna-se necessário um programa de treinamento de manutenção.

Em resumo

- Os programas de condicionamento para o ano inteiro para atletas consistem em um programa fora da temporada, um programa na pré-temporada e um programa durante a temporada.
- Os objetivos gerais de um programa de condicionamento fora da temporada são: evitar excessivo ganho de gordura corporal, manter a força e a resistência musculares, manter a força dos ossos e dos ligamentos e preservar um nível de habilidade razoável no esporte específico do atleta.
- O objetivo principal do condicionamento pré-temporada é aumentar as capacidades máximas dos sistemas de energia predominantes usados por um esporte em particular.
- O objetivo do condicionamento na temporada para a maioria dos esportes é manter o nível de condicionamento físico obtido durante o programa de treinamento pré-temporada.

Erros comuns de treinamento

Alguns dos erros de treinamento mais comuns são (1) sobretreinamento, (2) subtreinamento, (3) adoção de exercícios e de intensidades da taxa de trabalho não específicos para o esporte, (4) não planejamento de esquemas de treinamento em longo prazo, para que sejam alcançados objetivos específicos e (5) não realização de polimento antes de uma competição. A seguir, será discutido brevemente cada um desses erros de treinamento.

O sobretreinamento pode ser um problema mais significativo do que o subtreinamento, e isso por várias razões. Primeiramente, o sobretreinamento (i. e., práticas muito demoradas ou intensas) pode resultar em lesão ou reduzir a resistência do atleta às doenças (ver Cap. 6). Além disso, pode resultar em deterioração psicológica, que pode ser identificada por uma falta geral de entusiasmo por parte do atleta. Os sintomas gerais do sobretreinamento são (1) frequência cardíaca e níveis sanguíneos de lactato elevados em uma carga fixa de trabalho submáximo, (2) perda de peso causada por diminuição do apetite, (3) fadiga crônica, (4) deterioração psicológica, (5) ocorrência de vários episódios de gripe ou de dor de garganta e/ou (6) queda no desempenho (ver Fig. 21.7). Um atleta sobretreinado pode exibir um, vários ou todos os sintomas mencionados anteriormente.[11,37,53] Portanto, é fundamental que técnicos e treinadores identifiquem os sintomas clássicos do sobretreinamento e estejam preparados para diminuir a carga de trabalho de seus atletas, ao surgirem sintomas desse erro de treinamento. É preciso ter em mente a necessidade de planejar programas de treinamento específicos para atletas sempre que possível, como compensação para diferenças individuais quanto ao potencial genético e aos níveis de condicionamento físico. Esse é um ponto importante a ser lembrado durante o planejamento de programas de treinamento para condicionamento dos atletas.

Para mais detalhes sobre sobretreinamento, consultar Halson e Jeukendrup (2004) em "Sugestões de leitura" e na referência bibliográfica 95.

Outro erro comum no treinamento de atletas é o não planejamento de exercícios de treinamento específicos

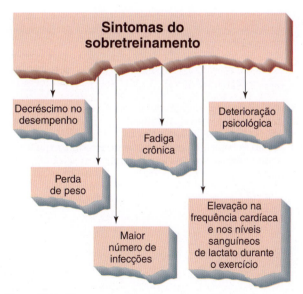

Figura 21.7 Sintomas comuns do sobretreinamento.

para o esporte. Frequentemente, técnicos ou treinadores não compreendem a importância da lei da especificidade; então, formulam exercícios de treinamento que não promovem a capacidade energética dos músculos esqueléticos utilizados em competições. Esse erro pode ser evitado se os responsáveis tiverem ampla compreensão dos princípios de treinamento discutidos anteriormente neste capítulo.

Além disso, técnicos, treinadores e atletas devem planejar e registrar os esquemas de treinamento projetados para a obtenção de objetivos de condicionamento físico específicos em várias ocasiões durante o ano. O não planejamento de uma estratégia de treinamento pode resultar em mau uso do tempo de treinamento e, em última análise, em desempenho inferior.

Finalmente, a não diminuição da intensidade e do volume de treinamento antes da competição é também um erro de treinamento comum. Para que seja alcançado um desempenho esportivo de pico, há necessidade de uma saudável mescla de nutrição, treinamento e repouso apropriados. Se não houver redução do volume e/ou da intensidade de treinamento antes da competição, o repouso será inadequado e o atleta terá seu desempenho comprometido. Logo, em um esforço para obter um desempenho de pico, os atletas devem reduzir sua carga de treinamento por alguns dias antes da competição; essa prática é conhecida como **polimento**. O objetivo do polimento é dar tempo para que os músculos ressintetizem glicogênio até níveis máximos e permitir que os músculos se curem das lesões induzidas pelo treinamento. Embora a duração ideal do período de polimento ainda seja objeto de discussão, reduções da carga de treinamento de 3 a 21 dias têm sido utilizadas com sucesso, tanto em esportes de força como de resistência.[54,68] Com efeito, corredores e nadadores podem reduzir sua carga de treinamento em aproximadamente 60% por até 21 dias, sem que ocorra redução no desempenho.[20,39,54]

Em resumo

- São erros comuns no treinamento:
  (1) subtreinamento, (2) sobretreinamento, (3) realização de exercícios não específicos durante sessões de treinamento, (4) não esquematização cuidadosa de um plano de treinamento a longo prazo e (5) não realização do treinamento de polimento antes de uma competição.
- Os sintomas de sobretreinamento são:
  (1) frequência cardíaca e níveis sanguíneos de lactato elevados em uma carga fixa de trabalho submáximo, (2) perda de peso causada por diminuição do apetite, (3) fadiga crônica, (4) deterioração psicológica, (5) maior número de infecções e/ou (6) queda no desempenho.
- Polimento é o termo aplicado à redução, durante curto período, na carga de treinamento antes de uma competição. Pesquisas demonstraram que o polimento realizado antes de uma competição pode melhorar o desempenho em eventos, tanto de força como de resistência.

Atividades para estudo

1. Explique como o conhecimento dos sistemas energéticos utilizados em determinada atividade ou esporte pode ter utilidade no planejamento de um programa de treinamento específico para o esporte.
2. Faça um resumo dos princípios gerais para o planejamento de um programa de treinamento para os seguintes esportes: (1) futebol americano, (2) futebol, (3) basquete, (4) vôlei, (5) corrida de fundo (5.000 m) e (6) corrida de 200 m.
3. Defina os seguintes termos em relação ao treinamento intervalado: (1) intervalo de trabalho, (2) intervalo de repouso, (3) índice de trabalho:repouso e (4) série.
4. Como se pode utilizar o treinamento intervalado para melhorar tanto a potência aeróbia como a anaeróbia?
5. Liste e discuta os três tipos mais comuns de programas de treinamento utilizados para melhorar o $\dot{V}O_{2máx}$.
6. Discuta as diferenças práticas e as teóricas entre um programa de treinamento intervalado utilizado para melhorar o sistema ATP-CP e um programa projetado para melhorar a produção de ATP via glicólise.
7. Liste os princípios gerais do desenvolvimento da força.
8. Defina os termos *isométrico, isotônico, dinâmico* e *isocinético*.
9. Delineie o modelo para explicar a dor muscular de início tardio.
10. Discuta o uso do alongamento estático e do dinâmico para melhorar a flexibilidade. Por que não é desejável um alto grau de flexibilidade em todos os esportes?
11. Liste e discuta os objetivos do condicionamento (1) fora da temporada, (2) na pré-temporada e (3) na temporada.
12. Cite alguns dos erros mais comuns cometidos no treinamento de atletas.

Sugestões de leitura

ACSM. 2009. American College of Sports Medicine position stand. Progression models in resistance training for healthy adults. *Med Sci Sports Exerc* 41: 687–708.

Fradkin, A. J., T. R. Zazryn, and J. M. Smoglia. 2010. Effects of warming-up on physical performance: a systematic review with meta-analysis. *J Strength Cond Res* 24: 140–48.

Gibala, M., J. Little, M. MacDonald, and J. Hawley. 2012. Physiological adaptations to low-volume, high intensity interval training in health and disease. *J Physiol* 590(5): 1077–84.

Halson, S. L., and A. E. Jeukendrup. 2004. Does overtraining exist? An analysis of overreaching and overtraining research. *Sports Med* 34: 967–81.

Hawley, J. A. 2009. Molecular responses to strength and endurance training: are they incompatible? *Appl Physiol Nutr Metab* 34: 355–61.

Iaia, F. M., and J. Bangsbo. 2010. Speed endurance training is a powerful stimulus for physiological adaptations and performance improvements of athletes. *Scand J Med Sci Sports* 20 (Suppl 2): 11–23.

Krieger, J. W. 2010. Single vs. multiple sets of resistance exercise for muscle hypertrophy: A meta-analysis. *J Strength Cond Res* 24: 1150–59.

Lewis, P., D. Ruby, and C. Bush-Joseph. 2012. Muscle soreness and delayed onset muscle soreness. *Clin Sports Med* 31:255–262.

McHugh, M. P., and C. H. Cosgrave. 2010. To stretch or not to stretch: the role of stretching in injury prevention and performance. *Scand J Med Sci Sports* 20: 169–81.

Phillips, S. 2012. Dietary protein requirements and adaptive advantages in athletes. *Brit J Nutr* 108: S158–S167.

Seiler, S. 2010. What is best practice for training intensity and duration distribution in endurance athletes? *Int J Sports Physiol Perform* 5: 276–91.

Wilson, J. M., P. J. Marin, M. R. Rhea, S. M. Wilson, J. P. Loenneke, and J. C. Anderson. 2012. Concurrent training: a meta-analysis examining interference of aerobic and resistance exercises. *J Strength Con Res* 26: 2293–2307.

Wyatt, F., A. Donaldson, and E. Brown. 2013. The overtraining syndrome: a meta-analytic review. *Journal of Exercise Physiology* 16: 12–23.

Referências bibliográficas.

1. ACSM. American College of Sports Medicine position stand. Progression models in resistance training for healthy adults. *Med Sci Sports Exerc* 41: 687–708, 2009.
2. Alway SE, Sale DG, and MacDougall JD. Twitch contractile adaptations are not dependent on the intensity of isometric exercise in the human triceps surae. *Eur J Appl Physiol Occup Physiol* 60: 346–352, 1990.
3. Alway SE, Stray-Gundersen J, Grumbt WH, and Gonyea WJ. Muscle cross-sectional area and torque in resistance-trained subjects. *Eur J Appl Physiol Occup Physiol* 60: 86–90, 1990.
4. Amir O, Amir R, Yamin C, Attias E, Eynon N, Sagiv M, et al. The ACE deletion allele is associated with Israeli elite endurance athletes. *Exp Physiol* 92: 881–886, 2007.
5. Andersen J. Stretching before and after exercise: effect on muscle soreness and injury risk. *Journal of Athletic Training* 40: 218–220, 2005.
6. Armstrong RB. Mechanisms of exercise-induced delayed onset muscular soreness: a brief review. *Med Sci Sports Exerc* 16: 529–538, 1984.
7. Astorino TA, Allen RP, Roberson DW, Jurancich M, Lewis R, McCarthy K, et al. Adaptations to high-intensity training are independent of gender. *Eur J Appl Physiol* 2010.
8. Åstrand P, and Rodahl K. *Textbook of Work Physiology.* New York, NY: McGraw-Hill, 1986.
9. Berger R. *Applied Exercise Physiology.* Philadelphia, PA: Lea & Febiger, 1982.
10. Bouchard C, Sarzynski MA, Rice TK, Kraus WE, Church TS, Sung YJ, et al. Genomic predictors of maximal oxygen uptake response to standardized exercise training programs. *J Appl Physiol* 2010.
11. Bowers R, and Fox E. *Sports Physiology.* New York, NY: McGraw-Hill, 1992.
12. Burke E. Physiological similar effects of similar training programs in males and females. *Research Quarterly* 48: 510–517, 1977.
13. Calvo M, Rodas G, Vallejo M, Estruch A, Arcas A, Javierre C, et al. Heritability of explosive power and anaerobic capacity in humans. *Eur J Appl Physiol* 86: 218–225, 2002.
14. Carvalho AC, Junior LC, Costa LO, and Lopes AD. The association between runners' lower limb alignment with running-related injuries: a systematic review. *Br J Sports Med* 45: 339, 2011.
15. Chapman R, Karlsen T, Resaland G, Ge R, Harber M, Witkowski S, et al. Defining the dose of altitude training: how high to live for optimal sea level performance. *J Appl Physiol* 116: 595–603, 2014.
16. Clarkson PM, Byrnes WC, McCormick KM, Turcotte LP, and White JS. Muscle soreness and serum creatine kinase activity following isometric, eccentric, and concentric exercise. *Int J Sports Med* 7: 152–155, 1986.
17. Clarkson PM, Nosaka K, and Braun B. Muscle function after exercise-induced muscle damage and rapid adaptation. *Med Sci Sports Exerc* 24: 512–520, 1992.
18. Clarkson PM, and Sayers SP. Etiology of exercise-induced muscle damage. *Can J Appl Physiol* 24: 234–248, 1999.
19. Close GL, Ashton T, McArdle A, and Maclaren DP. The emerging role of free radicals in delayed onset muscle soreness and contraction-induced muscle injury. *Comp Biochem Physiol A Mol Integr Physiol* 142: 257–266, 2005.
20. Costill D. Effects of reduced training on muscular power in swimmers. *Physician and Sports Medicine* 13: 94–101, 1985.
21. Costill DL, Coyle EF, Fink WF, Lesmes GR, and Witzmann FA. Adaptations in skeletal muscle following strength training. *J Appl Physiol* 46: 96–99, 1979.
22. Costill DL, Thomas R, Robergs RA, Pascoe D, Lambert C, Barr S, et al. Adaptations to swimming training: influence of training volume. *Med Sci Sports Exerc* 23: 371–377, 1991.
23. Coyle EF, Martin WH, III, Bloomfield SA, Lowry OH, and Holloszy JO. Effects of detraining on responses to submaximal exercise. *J Appl Physiol* 59: 853–859, 1985.
24. Coyle EF, Martin WH, III, Sinacore DR, Joyner MJ, Hagberg JM, and Holloszy JO. Time course of loss of adaptations after stopping prolonged intense endurance training. *J Appl Physiol* 57: 1857–1864, 1984.
25. Davies CT, and Knibbs AV. The training stimulus: the effects of intensity, duration and frequency of effort on maximum aerobic power output. *Int Z Angew Physiol* 29: 299–305, 1971.
26. Deschenes M. Short review: motor coding and motor unit recruitment pattern. *Journal of Applied Sport Science Research* 3: 33–39, 1989.
27. Dudley GA, Abraham WM, and Terjung RL. Influence of exercise intensity and duration on biochemical adaptations in skeletal muscle. *J Appl Physiol* 53: 844–850, 1982.

28. Dudley GA, and Djamil R. Incompatibility of endurance- and strength-training modes of exercise. J Appl Physiol 59: 1446–1451, 1985.

29. Fox E, and Mathews D. Interval Training: Conditioning for Sports and General Fitness. Philadelphia, PA: W. B. Saunders, 1974.

30. Fox EL, Bartels RL, Billings CE, Mathews DK, Bason R, and Webb WM. Intensity and distance of interval training programs and changes in aerobic power. Med Sci Sports 5: 18–22, 1973.

31. Fox EL, Bartels RL, Billings CE, O'Brien R, Bason R, and Mathews DK. Frequency and duration of interval training programs and changes in aerobic power. J Appl Physiol 38: 481–484, 1975.

32. Fox EL, Robinson S, and Wiegman DL. Metabolic energy sources during continuous and interval running. J Appl Physiol 27: 174–178, 1969.

33. Fradkin AJ, Gabbe BJ, and Cameron PA. Does warming up prevent injury in sport? The evidence from randomised controlled trials? J Sci Med Sport 9: 214–220, 2006.

34. Fradkin AJ, Zazryn TR, and Smoliga JM. Effects of warming-up on physical performance: a systematic review with meta-analysis. J Strength Cond Res 24: 140–148, 2010.

35. Friden J, and Lieber RL. Structural and mechanical basis of exercise-induced muscle injury. Med Sci Sports Exerc 24: 521–530, 1992.

36. Friden J, Sjöström M, and Ekblom B. Myofibrillar damage following intense eccentric exercise in man. Int J Sports Med 4: 170–176, 1983.

37. Fry RW, Grove JR, Morton AR, Zeroni PM, Gaudieri S, and Keast D. Psychological and immunological correlates of acute overtraining. Br J Sports Med 28: 241–246, 1994.

38. Galvao D, and Taafee D. Single- vs. multiple-set resistance training: recent developments in the controversy. Journal of Strength and Conditioning Research 18: 660–667, 2004.

39. Gibala MJ, MacDougall JD, and Sale DG. The effects of tapering on strength performance in trained athletes. Int J Sports Med 15: 492–497, 1994.

40. Gibala M, Little J, MacDonald M, and Hawley J. Physiological adaptations to low-volume, high intensity interval training in health and disease. J Physiol 590(5): 1077–1084, 2012.

41. Gissel H, and Clausen T. Excitation-induced Ca^2+ influx and skeletal muscle cell damage. Acta Physiol Scand 171: 327–334, 2001.

42. Gonyea W, Ericson GC, and Bonde-Petersen F. Skeletal muscle fiber splitting induced by weight-lifting exercise in cats. Acta Physiol Scand 99: 105–109, 1977.

43. Gonyea WJ. Role of exercise in inducing increases in skeletal muscle fiber number. J Appl Physiol 48: 421–426, 1980.

44. Gonyea WJ, Sale DG, Gonyea FB, and Mikesky A. Exercise induced increases in muscle fiber number. Eur J Appl Physiol Occup Physiol 55: 137–141, 1986.

45. Hansen A, Fischer C, Plomgaard P, Andersen J, Saltin B, and Pedersen B. Skeletal muscle adaptation: training twice every second day vs. training once daily. J Appl Physiol 98: 93–99, 2005.

46. Hart L. Effect of stretching on sport injury risk: a review. Clin J Sport Med 15: 113, 2005.

47. Hawley JA. Molecular responses to strength and endurance training: are they incompatible? Appl Physiol Nutr Metab 34: 355–361, 2009.

48. Hawley J, Burke L, Phillips S, and Spriet L. Nutritional modulation of training-induced skeletal muscle adaptations. J Appl Physiol 110: 834–845, 2011.

49. Hickson RC. Interference of strength development by simultaneously training for strength and endurance. Eur J Appl Physiol Occup Physiol 45: 255–263, 1980.

50. Hickson RC, Bomze HA, and Holloszy JO. Linear increase in aerobic power induced by a strenuous program of endurance exercise. J Appl Physiol 42: 372–376, 1977.

51. Hickson RC, Hagberg JM, Ehsani AA, and Holloszy JO. Time course of the adaptive responses of aerobic power and heart rate to training. Med Sci Sports Exerc 13: 17–20, 1981.

52. Holloway JB, and Baechle TR. Strength training for female athletes: a review of selected aspects. Sports Med 9: 216–228, 1990.

53. Hooper SL, Mackinnon LT, Howard A, Gordon RD, and Bachmann AW. Markers for monitoring overtraining and recovery. Med Sci Sports Exerc 27: 106–112, 1995.

54. Houmard JA, Costill DL, Mitchell JB, Park SH, Hickner RC, and Roemmich JN. Reduced training maintains performance in distance runners. Int J Sports Med 11: 46–52, 1990.

55. Iaia FM, and Bangsbo J. Speed endurance training is a powerful stimulus for physiological adaptations and performance improvements of athletes. Scand J Med Sci Sports 20 (Suppl 2): 11–23, 2010.

56. Ikai M, and Fukunaga T. Calculation of muscle strength per unit cross-sectional area of human muscle by means of ultrasonic measurement. Int Z Angew Physiol 26: 26–32, 1968.

57. Junior LC, Carvalho AC, Costa LO, and Lopes AD. The prevalence of musculoskeletal injuries in runners: a systematic review. Br J Sports Med 45: 351–352, 2011.

58. Kelley G. Mechanical overload and skeletal muscle fiber hyperplasia: a meta-analysis. J Appl Physiol 81: 1584–1588, 1996.

59. Knuttgen HG, Nordesjo LO, Ollander B, and Saltin B. Physical conditioning through interval training with young male adults. Med Sci Sports 5: 220–226, 1973.

60. Krieger JW. Single versus multiple sets of resistance exercise: a meta-regression. J Strength Cond Res 23: 1890–1901, 2009.

61. Krieger JW. Single vs. multiple sets of resistance exercise for muscle hypertrophy: a meta-analysis. J Strength Cond Res 24: 1150–1159, 2010.

62. Laursen PB, and Jenkins DG. The scientific basis for high-intensity interval training: optimising training programmes and maximising performance in highly trained endurance athletes. Sports Med 32: 53–73, 2002.

63. Levine BD, and Stray-Gundersen J. Living high-training low: effect of moderate-altitude acclimatization with low-altitude training on performance. J Appl Physiol 83: 102–112, 1997.

64. Levine BD, and Stray-Gundersen J. Point: positive effects of intermittent hypoxia (live high: train low) on exercise performance are mediated primarily by augmented red cell volume. J Appl Physiol 99: 2053–2055, 2005.

65. Lewis P, Ruby D, and Bush-Joseph C. Muscle soreness and delayed onset muscle soreness. Clin Sports Med 31: 255–262, 2012.

66. Manning RJ, Graves JE, Carpenter DM, Leggett SH, and Pollock ML. Constant vs variable resistance knee extension training. Med Sci Sports Exerc 22: 397–401, 1990.

67. Maridaki M. Heritability of neuromuscular performance and anaerobic power in preadolescent and adolescent girls. J Sports Med Phys Fitness 46: 540–547, 2006.

68. Martin DT, Scifres JC, Zimmerman SD, and Wilkinson JG. Effects of interval training and a taper on cycling performance and isokinetic leg strength. Int J Sports Med 15: 485–491, 1994.

69. Mazzeo RS. Physiological responses to exercise at altitude: an update. Sports Med 38: 1–8, 2008.

70. McArdle W, Katch F, and Katch V. Exercise Physiology: Energy, Nutrition, and Human Performance. Baltimore, MD: Lippincott Williams & Wilkins, 1996.

71. McCarthy JP, Pozniak MA, and Agre JC. Neuromuscular adaptations to concurrent strength and endurance training. Med Sci Sports Exerc 34: 511–519, 2002.

72. McHugh MP, Connolly DA, Eston RG, and Gleim GW. Exercise-induced muscle damage and potential mechanisms for the repeated bout effect. Sports Med 27: 157–170, 1999.

73. McHugh MP, and Cosgrave CH. To stretch or not to stretch: the role of stretching in injury prevention and performance. *Scand J Med Sci Sports* 20: 169–181, 2010.

74. Medbo JI, and Burgers S. Effect of training on the anaerobic capacity. *Med Sci Sports Exerc* 22: 501–507, 1990.

75. Micheli L. Injuries and prolonged exercise. In *Prolonged Exercise*, edited by Lamb D, and Murray R. Indianapolis, IN: Benchmark Press, 1988, pp. 393–407.

76. Midgley AW, McNaughton LR, and Jones AM. Training to enhance the physiological determinants of long-distance running performance: can valid recommendations be given to runners and coaches based on current scientific knowledge? *Sports Med* 37: 857–880, 2007.

77. Midgley AW, McNaughton LR, and Wilkinson M. Is there an optimal training intensity for enhancing the maximal oxygen uptake of distance runners?: empirical research findings, current opinions, physiological rationale and practical recommendations. *Sports Med* 36: 117–132, 2006.

78. Morrow JR, Jr., and Hosler WW. Strength comparisons in untrained men and trained women athletes. *Med Sci Sports Exerc* 13: 194–197, 1981.

79. O'Shea J, and Wegner J. Power weight training in the female athlete. *Physician and Sports Medicine* 9: 109–114, 1981.

80. Peterson MD, Rhea MR, and Alvar BA. Applications of the dose-response for muscular strength development: a review of meta-analytic efficacy and reliability for designing training prescription. *J Strength Cond Res* 19: 950–958, 2005.

81. Phillips S. Dietary protein requirements and adaptive advantages in athletes. *Brit J Nutr* 108: S158–S167, 2012.

82. Proske U, and Allen TJ. Damage to skeletal muscle from eccentric exercise. *Exerc Sport Sci Rev* 33: 98–104, 2005.

83. Rankinen T, Bray MS, Hagberg JM, Perusse L, Roth SM, Wolfarth B, et al. The human gene map for performance and health-related fitness phenotypes: the 2005 update. *Med Sci Sports Exerc* 38: 1863–1888, 2006.

84. Rhea MR, and Alderman BL. A meta-analysis of periodized versus nonperiodized strength and power training programs. *Res Q Exerc Sport* 75: 413–422, 2004.

85. Sale DG, Jacobs I, MacDougall JD, and Garner S. Comparison of two regimens of concurrent strength and endurance training. *Med Sci Sports Exerc* 22: 348–356, 1990.

86. Saltin B, Blomqvist G, Mitchell JH, Johnson RL, Jr., Wildenthal K, and Chapman CB. Response to exercise after bed rest and after training. *Circulation* 38: VII 1–78, 1968.

87. Schoenfeld B. Potential mechanisms for a role of metabolic stress in hypertrophic adaptations to resistance training. *Sports Med* 43: 179–194, 2013.

88. Seiler S. What is best practice for training intensity and duration distribution in endurance athletes? *Int J Sports Physiol Perform* 5: 276–291, 2010.

89. Staron RS, Malicky ES, Leonardi MJ, Falkel JE, Hagerman FC, and Dudley GA. Muscle hypertrophy and fast fiber type conversions in heavy resistance-trained women. *Eur J Appl Physiol Occup Physiol* 60: 71–79, 1990.

90. Vogt M, and Hoppeler H. Is hypoxia training good for muscles and exercise performance? *Prog Cardiovasc Dis* 52: 525–533, 2010.

91. Wehrlin JP, Zuest P, Hallen J, and Marti B. Live high-train low for 24 days increases hemoglobin mass and red cell volume in elite endurance athletes. *J Appl Physiol* 100: 1938–1945, 2006.

92. Wilson JM, Marin PJ, Rhea MR, Wilson SM, Loenneke JP, and Anderson JC. Concurrent training: a meta-analysis examining interference of aerobic and resistance exercises. *J Strength Con Res* 26: 2293–2307, 2012.

93. Wilmore JH. Alterations in strength, body composition and anthropometric measurements consequent to a 10-week weight training program. *Med Sci Sports* 6: 133–138, 1974.

94. Woods K, Bishop P, and Jones E. Warm-up and stretching in the prevention of muscular injury. *Sports Med* 37: 1089–1099, 2007.

95. Wyatt F, Donaldson A, and Brown E. The overtraining syndrome: A meta-analytic review. *Journal of Exercise Physiology*. 16:12–23, 2013.

22

Treinamento para mulheres atletas, crianças, populações especiais e atletas masters

■ Objetivos

Ao estudar este capítulo, você deverá ser capaz de:

1. Descrever a incidência de amenorreia em mulheres atletas *versus* população geral.

2. Listar os fatores que, segundo se acredita, contribuem para a amenorreia das atletas.

3. Discutir as recomendações gerais para o treinamento durante a menstruação.

4. Listar as orientações gerais para o exercício durante a gravidez.

5. Definir a expressão *tríade da mulher atleta*.

6. Discutir a possibilidade de que o exercício crônico representa perigo para (1) o sistema cardiopulmonar ou (2) o sistema musculoesquelético das crianças.

7. Listar as condições que poderiam limitar a participação de diabéticos do tipo I em um programa de treinamento vigoroso.

8. Explicar o raciocínio para a seleção de um lugar para a injeção de insulina para diabéticos do tipo I antes de uma sessão de treinamento.

9. Listar as precauções que asmáticos devem tomar durante uma sessão de treinamento.

10. Discutir a questão: "O exercício promove convulsões em epilépticos?"

11. Ilustrar, por meio de gráfico, as mudanças na massa muscular e na força muscular que ocorrem com o envelhecimento.

12. Discutir os fatores relacionados ao envelhecimento que contribuem para as mudanças na massa muscular e na força muscular.

13. Discutir o impacto do envelhecimento no $\dot{V}O_{2máx}$ em homens e mulheres.

14. Delinear o(s) fator(es) responsável(is) para o declínio no desempenho de resistência relacionado(s) ao envelhecimento.

■ Conteúdo

Fatores importantes para mulheres envolvidas em treinamento vigoroso 507
Exercício e distúrbios menstruais 507
Treinamento e menstruação 508
A atleta e os distúrbios alimentares 508
Distúrbios alimentares: comentários finais 509
Distúrbios dos minerais ósseos e a atleta 509
Exercício durante a gravidez 509
Risco de lesão de joelho em mulheres atletas 511

Condicionamento esportivo para crianças 512
Treinamento e o sistema cardiopulmonar 512
Treinamento e o sistema musculoesquelético 512
Progresso na ciência do exercício pediátrico 514

Treinamento competitivo para diabéticos 514

Treinamento para asmáticos 515

Epilepsia e treinamento físico 516

O exercício causa convulsões? 516
Risco de lesão decorrente de convulsões 516

Desempenho físico e treinamento para atletas masters 517
Alterações na força muscular relacionadas ao envelhecimento 517
Envelhecimento e desempenho de resistência 518
Diretrizes de treinamento para atletas masters 519

506

■ Palavras-chave

amenorreia
anorexia nervosa
bulimia

cartilagem articular
dismenorreia
epilepsia

placa de crescimento (placa epifisária)
sarcopenia
tríade da mulher atleta

Certamente, os princípios fisiológicos gerais do treinamento físico com o objetivo de melhorar o desempenho se aplicam a qualquer pessoa interessada em melhorar o desempenho atlético (ver Cap. 21). No entanto, ao planejar programas de treinamento para fins de competição para populações especiais, vários aspectos específicos exigem consideração individual. Por exemplo, há preocupações singulares sobre o treinamento especial tanto para a atleta como para crianças. Do mesmo modo, existem orientações específicas para o treinamento de diabéticos, asmáticos e epilépticos. Finalmente, um número cada vez maior de atletas masters está competindo em eventos de resistência. De que maneira o envelhecimento influencia sua capacidade e habilidade fisiológica no treinamento? Este capítulo trata de cada um desses problemas; e inicia a discussão com o tópico do treinamento físico para a atleta.

Fatores importantes para mulheres envolvidas em treinamento vigoroso

O envolvimento de mulheres em esportes de competição aumentou de forma significativa ao longo das últimas 3 décadas. Anteriormente, muitas das decisões relativas à participação de mulheres nos esportes e programas de exercício eram tomadas com base em informações fisiológicas limitadas ou inexistentes. Até recentemente, era escassa a pesquisa relacionada a mulheres e exercício. Embora muitas dúvidas concernentes à atleta ainda estejam aguardando resposta, pesquisas indicam que não há razão para limitar a atleta saudável em sua participação ativa em esportes de resistência ou de potência.[13,68] Com efeito, as respostas gerais das mulheres ao exercício e ao treinamento são essencialmente iguais às descritas para os homens,[68,70] com a exceção da termorregulação do exercício, que fica moderadamente comprometida em mulheres atletas durante a fase lútea do ciclo menstrual.[76] O fato de que homens e mulheres respondem ao treinamento físico de maneira parecida é lógico, visto que os mecanismos celulares que regulam a maioria das respostas fisiológicas e bioquímicas ao exercício são idênticos para os dois gêneros. No entanto, há várias preocupações específicas para a participação da mulher no treinamento vigoroso. Nesta seção, serão discutidos quatro tópicos essenciais relacionados à mulher atleta: (1) exercício e ciclo menstrual, (2) distúrbios alimentares, (3) distúrbios dos minerais ósseos e (4) exercício durante a gravidez.

Exercício e distúrbios menstruais

Ao longo dos últimos anos, tem sido publicado um número cada vez maior de relatos concernentes à influência do treinamento físico intenso na duração do ciclo menstrual.[23] De fato, na literatura podem ser encontrados numerosos relatos de mulheres atletas com "amenorreia das atletas". O termo **amenorreia** é definido como a ausência ou a cessação da menstruação.

A incidência de amenorreia das atletas varia muito entre as diferentes modalidades de esporte. Por exemplo, a incidência de amenorreia na população geral é de aproximadamente 3%, enquanto a taxa de amenorreia varia de 12 a 69% nas atletas.[2,24,27,56] A maior incidência de amenorreia (p. ex., 50 a 60%) ocorre em esportes que exigem baixa porcentagem de gordura corporal para alcançar sucesso competitivo, como corrida a distância ou balé.[85]

O que causa a disfunção do ciclo menstrual nas atletas? Em geral, a amenorreia é causada por interrupções nos processos normais de sinalização entre o hipotálamo e a hipófise. A(s) causa(s) específica(s) desses processos de sinalização interrompidos nas atletas pode(m) variar entre os indivíduos, mas pode(m) ser devida(s) a vários fatores, incluindo treinamento excessivo, estresse psicológico e baixa disponibilidade energética.[48,74,85] Embora alguns estudos tenham ligado o baixo porcentual de gordura corporal à amenorreia das atletas, as evidências não apoiam completamente esse fator como a principal causa da doença.[85] Independentemente do que provoca amenorreia nas atletas, o risco de desenvolvê-la aumenta em função da quantidade total de treinamento.[21,45,62] A Figura 22.1 ilustra esse ponto. Com o aumento progres-

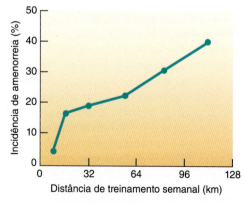

Figura 22.1 Relação entre treinamento de longa distância e incidência de amenorreia. Observa-se que, à medida que a distância de treinamento aumenta, ocorre um aumento direto na incidência de amenorreia.

Capítulo 22 Treinamento para mulheres atletas, crianças, populações especiais e atletas masters

sivo da distância do treinamento semanal, a incidência da amenorreia das atletas aumenta na proporção do aumento da tensão de treinamento. Esse achado pode ser interpretado de modo a significar que uma quantidade excessiva de treinamento influencia, direta ou indiretamente, a incidência de amenorreia. Há pelo menos três maneiras em que o treinamento pode influenciar na função reprodutiva normal. Primeiramente, o exercício altera as concentrações sanguíneas de numerosos hormônios,[4,36,37] o que pode resultar em uma modificação do *feedback* para o hipotálamo (ver Cap. 5). Por sua vez, isso pode influenciar a liberação dos hormônios reprodutivos femininos e, assim, modificar o ciclo menstrual. Uma segunda possibilidade é que uma elevada quilometragem de treinamento pode resultar em aumento do estresse psicológico. O estresse psicológico pode desarranjar o ciclo menstrual pelo aumento dos níveis sanguíneos das catecolaminas ou dos opiáceos endógenos, que desempenham um papel na regulação do sistema reprodutor. Finalmente, o treinamento de exercício prolongado e intenso pode resultar em baixa disponibilidade de energia, que é o principal fator de risco para o desenvolvimento de amenorreia das atletas.[74] A disponibilidade de energia é definida como a captação de energia da dieta menos o gasto energético por exercício. Acontece que os níveis elevados de gasto energético por exercício sem a captação energética da dieta resultariam em menor disponibilidade energética nas células, o que pode prejudicar os processos de sinalização reprodutivos normais e ocasionar a amenorreia.[74] Para uma revisão do sistema reprodutor e do exercício em mulheres, consultar referência 80 e Orio et al. (2013) nas "Sugestões de leitura".

Treinamento e menstruação

A opinião de consenso entre os médicos é que existem poucas razões para a mulher atleta saudável evitar o treinamento ou a competição durante a menstruação.[50] Com efeito, já ocorreram desempenhos excepcionais e foram batidos recordes mundiais durante todas as fases do ciclo menstrual.[30] Portanto, não é recomendável que a atleta altere seu treinamento ou esquema para competição por causa da menstruação.

A **dismenorreia** (menstruação dolorosa) pode ser problemática em mulheres atletas, porque sua incidência é mais elevada em populações atléticas que em grupos não atléticos. Desconhece-se a explicação para essa observação, mas é possível que as prostaglandinas (um tipo de ácido graxo de ocorrência natural) sejam responsáveis pela dismenorreia tanto em atletas como em não atletas. A liberação de prostaglandinas começa imediatamente antes do início do fluxo menstrual, podendo se prolongar por 2 a 3 dias após o início do fluxo. Essas prostaglandinas fazem com que o músculo liso uterino se contraia, o que, por sua vez, causa isquemia (redução do fluxo sanguíneo) e dor.[50]

Embora atletas que sofrem de dismenorreia possam continuar a treinar, frequentemente isso se torna difícil, porque a atividade física pode aumentar o desconforto. Atletas com dismenorreia grave devem consultar o médico para tratamento.[50] Com frequência, a dor da dismenorreia pode ser tratada com medicações de venda sem prescrição, que podem ser tomadas sem que haja interrupção dos esquemas de treinamento.

A atleta e os distúrbios alimentares

A baixa aceitação social de indivíduos com elevado percentual de gordura corporal e a ênfase em se ter um corpo "perfeito" aumentaram a incidência de distúrbios alimentares.[64] Dois dos distúrbios alimentares mais comuns, que afetam tanto atletas homens como mulheres, são a anorexia nervosa e a bulimia.[53,87] Por causa de sua ocorrência relativamente elevada em mulheres atletas, serão discutidos os sintomas e as consequências para a saúde desses comportamentos alimentares anormais.

Anorexia nervosa. A **anorexia nervosa** é um distúrbio alimentar, sem relação com qualquer doença física específica. O resultado final da anorexia nervosa extrema é um estado de inanição em que o indivíduo se torna muito magro em decorrência de sua recusa em se alimentar. Ainda não foi esclarecida a causa psicológica da anorexia nervosa, mas parece haver ligação com um medo infundado de engordar, o qual pode estar relacionado a pressões familiares ou da sociedade em favor do emagrecimento.[28] Parece que indivíduos com a maior probabilidade de sofrer anorexia nervosa são mulheres jovens da classe média-alta e extremamente autocríticas. Estima-se que a incidência de anorexia nos Estados Unidos seja de aproximadamente 1 em cada 100 adolescentes.[46,81]

O anoréxico pode lançar mão de uma série de técnicas para permanecer magro, inclusive inanição, exercício e laxantes.[46,87] Os efeitos da anorexia são: perda excessiva de peso, cessação da menstruação e, em casos extremos, morte. Considerando que a anorexia é um distúrbio mental e físico grave, há necessidade de tratamento médico por uma equipe de profissionais (médico, psicólogo, nutricionista) para a correção do problema. O tratamento talvez se prolongue por anos de aconselhamento psicológico e orientação nutricional. O primeiro passo na busca do tratamento profissional para a anorexia nervosa é o reconhecimento da existência do problema. A Figura 22.2 ilustra os sintomas comuns da anorexia.

Bulimia. A **bulimia** (também denominada bulimia nervosa) consiste na ingestão excessiva de alimentos (i. e., compulsão alimentar), seguida por vômito (i. e., purga).[69] O bulímico ingere repetidamente grandes quantidades de alimentos e, em seguida, se força a vomitar, para que não ocorra ganho de peso. A bulimia pode resultar em lesões aos dentes e ao esôfago, em razão do vômito de ácidos gástricos. Como a anorexia nervosa, a bulimia é mais comum em mulheres atletas, tem origem psicológica e, quando diagnosticada, deve receber tratamento profissional. Estima-se que a incidência de bulimia em

508 Seção III Fisiologia do desempenho

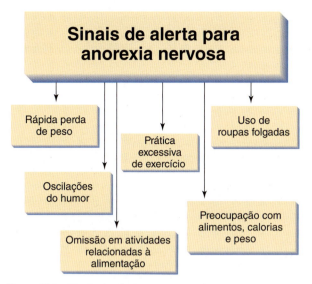

Figura 22.2   Sinais de alerta para anorexia nervosa.

mulheres norte-americanas entre 13 e 20 anos de idade seja de aproximadamente 1 a 3%.[81]

Em sua maioria, os bulímicos têm aparência e peso normais. Mesmo quando seus corpos são magros, pode ocorrer protrusão do abdome, em decorrência do estiramento causado pelas frequentes compulsões alimentares. Os sintomas comuns da bulimia são mostrados na Figura 22.3.

Distúrbios alimentares: comentários finais

Os distúrbios alimentares continuam a ser um problema em mulheres atletas. Os esportes com a mais alta incidência de distúrbios alimentares são: corrida de longa distância, natação, mergulho, patinação artística, ginástica, fisiculturismo e balé. Embora a manutenção de uma composição corporal ideal para competição seja importante para alcançar êxito esportivo, os distúrbios alimentares não são um meio apropriado para a perda de peso. Portanto, é preciso que treinadores, atletas e técnicos identifiquem os sinais de alerta de um distúrbio alimentar e estejam preparados para ajudar o atleta na obtenção da ajuda apropriada.

Embora o foco deste capítulo recaia nos distúrbios alimentares em mulheres atletas, é importante ressaltar que esses distúrbios também são comuns em mulheres não atletas. Curiosamente, tem sido sugerida a prática do exercício para mulheres não atletas como intervenção válida para o tratamento dos distúrbios alimentares.[51] De fato, estudos indicam que a prática regular do exercício pode melhorar os resultados biológicos e sociais em muitas pacientes com distúrbios alimentares.[51]

Distúrbios dos minerais ósseos e a atleta

É cada vez mais preocupante a perda do conteúdo de minerais ósseos (osteoporose) na mulher atleta. Em geral, são duas as causas principais de perda óssea na atleta:[1,32]

1. Deficiência de estrogênio causada por amenorreia.
2. Ingestão inadequada de cálcio, em decorrência de distúrbios alimentares.

Infelizmente, muitas mulheres atletas sofrem perda óssea causada pela amenorreia e pela ingestão inadequada de cálcio associada a um distúrbio alimentar.[1,32,33] Embora tenha sido demonstrado que o treinamento físico reduz a taxa de perda óssea decorrente da deficiência de estrogênio e do baixo consumo de cálcio, o exercício não pode reverter por completo esse processo.[1] Assim, a única solução para o problema da perda de minerais ósseos na atleta é corrigir a deficiência de estrogênio e/ou aumentar o consumo de cálcio até níveis normais. Nos dois casos, um médico deve ser consultado para prescrição do tratamento correto para cada atleta (ver "Uma visão mais detalhada 22.1").

Exercício durante a gravidez

No Capítulo 17, foi apresentada uma visão geral das atuais diretrizes para o condicionamento físico durante a gestação. Conforme discutido nesse capítulo, há concordância geral de que as mulheres com bom condicionamento físico antes da gravidez podem continuar a praticar exercícios regulares durante sua gestação.[3,12,73] Com efeito, as orientações do American College of Obstetricians and Gynecologists afirmam que a gravidez não deve ser considerada um estado de confinamento e que mulheres com gestações sem complicações devem ser incentivadas a se envolver em atividades físicas regulares.[8]

Embora mulheres grávidas possam praticar com segurança exercícios de intensidade baixa a moderada, as mulheres atletas podem manter um programa de treinamento ativo durante a gravidez? A primeira resposta para essa pergunta é sim, apesar de existirem algumas

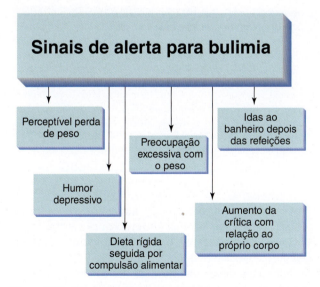

Figura 22.3   Sinais de alerta para bulimia.

Uma visão mais detalhada 22.1

Tríade da mulher atleta

Os três problemas de saúde mais comuns enfrentados pela mulher atleta jovem são: (1) amenorreia, (2) distúrbios alimentares e (3) perda mineral óssea. Coletivamente, esses problemas estão inter-relacionados, sendo conhecidos como **tríade da mulher atleta**.[63,74] Evidências indicam que esses problemas estão ligados e que um pode promover o outro.[10,17,18,74] Por exemplo, um distúrbio alimentar pode causar ingestão inadequada de nutrientes, o que resultará em diminuição da ingestão de cálcio e vitamina D. Além disso, sabe-se que distúrbios alimentares contribuem para a amenorreia; a amenorreia prolongada está associada a baixos níveis sanguíneos de estrogênio.[85] Mais importante ainda: a combinação de ingestão inadequada de cálcio/vitamina D e de baixos níveis de estrogênio pode resultar em perda do conteúdo mineral ósseo.

Os pesquisadores ainda não compreendem completamente a causa da tríade da mulher atleta. No entanto, evidências indicam que os três ângulos da tríade estão inter-relacionados, tanto por mecanismos psicológicos como fisiológicos. Essas interações estão ilustradas na Figura 22.4. Por exemplo, pressões psicológicas para um bom desempenho em uma competição esportiva, juntamente ao estresse fisiológico do treinamento físico intenso, podem levar a distúrbios alimentares e desequilíbrio energético. Embora as causas dos distúrbios menstruais sejam numerosas, parece que a amenorreia observada em muitas mulheres atletas é decorrente de um equilíbrio energético negativo, causado tanto pelo distúrbio alimentar quanto pelo treinamento físico intenso.[17] Coletivamente, esse estresse resulta em perturbações nos hormônios que regulam o ciclo menstrual; e se a disponibilidade de energia continuar em baixos níveis durante um período prolongado, o ciclo menstrual será temporariamente "desligado" por causa de interrupções na sinalização endócrina normal que regula o ciclo menstrual.[17,85] A ame-

Figura 22.4 Inter-relações entre os três componentes que formam a tríade da mulher atleta. Acredita-se que uma combinação de estresse psicológico e fisiológico possa levar a distúrbios alimentares e ao desequilíbrio energético em mulheres atletas. Esse desequilíbrio energético, juntamente a outros estresses (psicológicos e fisiológicos), pode promover problemas menstruais, como a amenorreia. A amenorreia está associada a baixos níveis sanguíneos de estrogênio, o que aumenta o risco de perda de minerais ósseos. Além disso, a diminuição na ingestão energética pode levar a deficiências no consumo de cálcio e de vitamina D, contribuindo também para a perda desses minerais.

norreia que se segue resulta em redução na produção de estrogênio pelos ovários e, portanto, em baixos níveis sanguíneos desse hormônio. Tendo em vista que o estrogênio protege o esqueleto contra a reabsorção óssea, um nível reduzido do hormônio aumentaria o risco de perda de minerais ósseos.[17,85] Coletivamente, baixos níveis de estrogênio e deficiências de cálcio e vitamina D (causadas pelo distúrbio alimentar) colocam a atleta em grande risco de sofrer osteopenia (perda da densidade mineral óssea).[17]

Qual é a incidência da tríade da mulher atleta? Um levantamento da literatura revela que a prevalência de todas as três condições da tríade da mulher atleta (ou seja, baixa disponibilidade de energia, amenorreia e perda mineral óssea) varia de 0 a 16%.[48] Não surpreende que a prevalência de todas as condições da tríade seja maior nas mulheres envolvidas em esportes que exigem baixa porcentagem de gordura corporal (p. ex., corrida a distância, balé) em comparação com os esportes que não exigem uma estrutura corporal magra.[48] Além disso, estudos revelaram que 3 a 27% de todas as atletas exibem pelo menos duas das condições da tríade.[48] Finalmente, 0 a 3% das mulheres não atletas (13 a 29 de idade) também sofrem de todos os três componentes da tríade.[83] Portanto, os problemas de saúde associados à tríade não estão limitados apenas às atletas.

Evidências crescentes indicam que cada componente da tríade da mulher atleta se desenvolve em um *continuum*, e a tríade pode ocorrer em estágios.[29] Se os estágios iniciais não forem adequadamente tratados, poderão evoluir para os extremos da tríade. Portanto, a proteção da saúde da atleta contra a tríade depende da pronta detecção dos sintomas de um ou mais de seus componentes e do tratamento bem-sucedido do problema. Para mais detalhes sobre a tríade da mulher atleta, consultar Javed et al. (2013) e Barrack et al. (2013) nas "Sugestões de Leitura", e a referência 74.

---

qualificações. Primeiramente, tanto atletas recreativas como atletas de competição com gestações sem complicações podem continuar a treinar durante a gravidez, mas devem monitorizar cuidadosamente sua temperatura corporal durante o exercício, para que não ocorra hipertermia.[8] Especificamente, as atletas grávidas devem evitar sessões de treinamento de alta intensidade e/ou muito longas, que elevem a temperatura corporal central acima de 1,5°C.[8] Nesse tocante, o exercício aquático é uma excelente forma de treinamento para atletas gestantes, pois permite o condicionamento cardiovascular em um meio que facilita uma perda de calor acelerada.

Também é importante que as atletas grávidas mantenham hidratação adequada durante o treinamento, consumindo líquidos em intervalos regulares (p. ex., a cada 15 minutos) durante o exercício. O equilíbrio hídrico pode ser monitorizado pela pesagem antes e depois da sessão física. Qualquer perda de peso corporal se traduz por perda de líquido e deve ser reposta pelo consumo do volume de líquido apropriado (p. ex., 0,5 kg de perda de peso = 500 mL de líquido). Ademais, o gasto energético das sessões de exercício deve ser estimado e contrabalançado pela ingestão energética apropriada.

Finalmente, também é essencial que as atletas gestantes sejam criteriosas ao planejar seus programas de exercício. As atletas devem estar cientes de que pode haver necessidade de reduzir a intensidade e o volume de treinamento à medida que sua gestação avança.[8] Mais importante ainda, é recomendável que todas as mulheres fisicamente ativas sejam periodicamente examinadas por seu médico, que avaliará os efeitos dos programas de exercício no feto em desenvolvimento, a fim de serem realizados os ajustes apropriados.[8]

Risco de lesão de joelho em mulheres atletas

As lesões do joelho são comuns em muitos esportes. Embora o risco de lesões do joelho varie entre os esportes, estudos revelam que, em comparação com os homens, as atletas pós-puberdade apresentam risco 3,5 vezes maior de sofrer lesão de ligamento cruzado anterior (LCA) sem contato.[16,34,84] A lesão de LCA sem contato é uma lesão de esporte em que a atleta rompe o LCA durante um movimento embaraçoso que não envolve contato direto com outro atleta. Esses tipos de lesões de LCA sem contato incluem ~70% de todas as lesões de LCA relacionadas a esportes e são comumente observadas em esportes como futebol, basquete, handebol e vôlei.[84] Além disso, lesões do joelho, como as lesões do ligamento cruzado anterior (LCA), ocorrem em proporção mais elevada em mulheres atletas, quando comparado com atletas homens em nível similar de competição.[34,88] Por exemplo, em um estudo envolvendo jogadores de basquete profissional de ambos os gêneros, as mulheres sofreram 60% mais lesões do LCA que os homens.[88] Esse maior risco de lesão do joelho em mulheres atletas não se limita às atletas profissionais, causando impacto também em atletas universitárias e colegiais.[34,89] Exemplificando, estatísticas da National Collegiate Athletic Association revelam que, em relação aos homens, as mulheres sofrem praticamente quatro vezes mais lesões do LCA no basquete e 2,4 vezes mais no futebol.[34]

Por que as mulheres têm maior risco de sofrer lesões do LCA? Infelizmente, não existe uma resposta definitiva para essa pergunta. No entanto, especula-se que vários fatores podem desempenhar algum papel para que as mulheres estejam em maior risco de sofrer lesões do joelho; alguns desses fatores são: flutuação nos hormônios sexuais durante o ciclo menstrual, diferenças de gêneros na anatomia do joelho e desequilíbrios neuromusculares dinâmicos.[34,84] A seguir, serão discutidas as evidências em apoio a cada um desses fatores de risco potenciais.

Com relação aos hormônios sexuais e às lesões do joelho, estudos revelam que o risco de uma lesão do LCA é maior em mulheres atletas durante as fases folicular e ovulatória do ciclo menstrual.[34] Todavia, permanece obscura a ligação entre hormônios sexuais e aumento no risco de laceração do LCA. Nesse tocante, alguns pesquisadores propõem que os hormônios sexuais influenciam a estrutura do LCA, talvez comprometendo a força do ligamento e/ou o *feedback* proprioceptivo.[34] Apesar disso, são limitadas as evidências em apoio a esse conceito.

Os estudos que investigaram diferenças entre gêneros na anatomia do joelho como determinante do risco de lesão dessa estrutura não conseguiram apresentar evidência definitiva de que as explicações anatômicas sejam responsáveis pelas diferenças entre gêneros no percentual de lesões do joelho. Por exemplo, embora as mulheres tenham maior probabilidade de apresentar lassidão (articulação frouxa) da articulação do joelho do que homens, esse fato não foi correlacionado ao seu elevado percentual de lesão do joelho.[34] Portanto, não parece que diferenças de gênero na anatomia do joelho possam explicar por que as mulheres estão em maior risco de sofrer lesões do LCA.

O desequilíbrio neuromuscular dinâmico no joelho é uma área de pesquisa relacionada às lacerações do LCA em mulheres que continua se expandindo. Desequilíbrio neuromuscular dinâmico refere-se a uma combinação de fatores desequilibrados, como força muscular, propriocepção e biomecânica da aterrissagem. Em relação à força muscular, as mulheres, em comparação com os homens, têm menos força nos músculos quadríceps femoral e isquiotibiais, mesmo após a normalização do peso corporal.[57] Isso é significativo, pois exercícios que fortalecem os músculos do quadríceps femoral e dos isquiotibiais proporcionarão proteção contra lesões do joelho.[19,52] Também há evidências de que a maior incidência de lesão do joelho em mulheres pode estar ligada a um desequilíbrio no controle proprioceptivo e neuromuscular do joelho em mulheres atletas.[34] Não obstante, há necessidade de estudos mais detalhados antes de se chegar a uma conclusão mais definitiva sobre o papel desempenhado pela propriocepção nas diferenças entre gêneros na lesão do joelho. Finalmente, a evidência emergente revela que, comparadas com os homens, as mulheres correm, saltam e aterrissam de forma diferente quando praticam esportes.[34] Isso é importante, porque o mecanismo habitual para a lesão do LCA não causada por contato envolve desaceleração na velocidade do membro antes da mudança de direção ou durante a aterrissagem com o joelho em uma posição entre a completa extensão e 20° de flexão.[34] A esse respeito, em comparação com os homens, foi demonstrado que mulheres atletas aterrissam com ângulos do joelho que representam maior risco para lesão do LCA.[34] Portanto, uma diferença neuromuscular entre homens e mulheres, que influencia a aterrissagem ou outras estratégias do movimento, pode explicar, em parte, por que as atletas estão em maior risco de sofrer lesões do joelho na prática do esporte do que os atletas.

Resumidamente, em comparação com os homens, as mulheres atletas estão em maior risco para certos tipos de lesões do joelho (p. ex., lesão do LCA). Evidências atuais sugerem que as diferenças entre homens e mulheres em termos de desequilíbrio neuromuscular dinâmico (p. ex., força dos músculos da perna, estratégias de salto e aterrissagem) podem contribuir para as diferenças no risco de ocorrência de lesões do joelho entre os gêneros. Para uma discussão dos programas que objetivam a redução da lesão do LCA em mulheres, consultar Voskanian (2013) nas "Sugestões de leitura".

Em resumo

- A incidência de amenorreia em mulheres atletas parece ser mais elevada em corredoras de longa distância e em praticantes de balé, em comparação com outros esportes. Embora a causa da amenorreia em mulheres atletas ainda não tenha sido esclarecida, é possível que haja envolvimento de vários fatores (p. ex., volume de treinamento e estresse psicológico).
- Ao que parece, há poucas razões para que as mulheres atletas evitem o treinamento durante a menstruação, a menos que sintam desconforto intenso em decorrência da dismenorreia. Atletas com dismenorreia grave devem consultar o médico para tratamento.
- Dois dos distúrbios alimentares mais comuns são anorexia nervosa e bulimia.
- Os três problemas de saúde mais comuns na atleta jovem são: amenorreia, distúrbios alimentares e perda de minerais ósseos; coletivamente, esses problemas têm sido denominados *tríade da mulher atleta*.
- O exercício de curta duração e baixa intensidade não parece trazer consequências negativas durante a gravidez. Todavia, dados sugerem que o treinamento prolongado ou de alta intensidade deve ser cuidadosamente monitorizado durante a gestação.
- Em comparação com os homens, as mulheres atletas têm maior risco de sofrer lesões do joelho. Evidências sugerem que as diferenças entre homens e mulheres, em termos de desequilíbrio neuromuscular dinâmico (p. ex., diferenças na força dos músculos da perna e/ou estratégias de salto e aterrissagem), podem contribuir para as diferenças no risco de lesões do joelho entre os gêneros.

Condicionamento esportivo para crianças

Há ainda muitas questões pendentes em relação às respostas fisiológicas da criança saudável a vários tipos de exercício. Isso se deve ao número limitado de pesquisadores que estudam crianças e exercício, e também por causa das considerações éticas decorrentes do estudo de crianças. Ou seja, poucos pesquisadores praticariam punção de uma artéria em uma criança, coletariam uma biópsia muscular ou exporiam a criança a ambientes insalubres (p. ex., calor, frio e altas altitudes) para satisfazer sua curiosidade científica. Em razão dessas limitações éticas, o atual conhecimento sobre o treinamento de crianças limita-se principalmente ao impacto do treinamento nos sistemas cardiovascular e musculoesquelético. A discussão a seguir trata de alguns dos importantes tópicos relacionados à participação de crianças em programas de condicionamento vigorosos.

Treinamento e o sistema cardiopulmonar

Com o aumento na popularidade das equipes esportivas juvenis, uma das primeiras perguntas a se fazer é: "O coração da criança é forte o suficiente para o condicionamento intensivo no esporte?". Em outras palavras, existe a possibilidade de sobretreinamento (*overtraining*) de atletas jovens, em que o resultado final será a lesão permanente ao sistema cardiovascular? A resposta para essa pergunta é não. Crianças envolvidas em esportes de resistência, como corrida ou natação, melhoram sua potência aeróbia máxima de maneira comparável aos adultos e não demonstram índices de lesão ao sistema cardiopulmonar.[7,54,65,75,79] Ao longo dos últimos anos, as crianças vêm treinando com segurança para corridas de maratona, completando-as em menos de 4 horas. Se forem empregadas as técnicas apropriadas de treinamento físico, com aumento progressivo no estresse cardiopulmonar, parece que as crianças se adaptam ao treinamento de resistência de forma semelhante aos adultos.[6,79] Além disso, é pequeno o risco de morte súbita cardíaca em atletas jovens de provas de resistência (ver "Aplicações clínicas 22.1").

Treinamento e o sistema musculoesquelético

Evidências indicam que o treinamento organizado em vários esportes de equipe (p. ex., natação, basquete, vôlei, atletismo) não afeta adversamente o crescimento e o desenvolvimento das crianças.[67] Isso vale tanto para meninos[38] como para meninas.[9] De fato, foi demonstrado que o treinamento físico moderado fomenta ou otimiza o crescimento em crianças, além de reduzir o risco de obesidade e de diabetes do tipo II.[35,38] Portanto, muitos pesquisadores concluíram que a atividade física regular é necessária para um crescimento e desenvolvimento normal. Entretanto, há perigo de ocorrer sobretreinamento (*overtraining*) e lesão em ossos e cartilagens?[11,39,42]

512   Seção III   Fisiologia do desempenho

Aplicações clínicas 22.1

Risco de morte súbita cardíaca em atletas jovens

A morte súbita relacionada ao sistema cardiovascular representa 72% de todos os óbitos ligados ao exercício em atletas com menos de 18 anos de idade. Entretanto, em atletas jovens saudáveis, o risco de lesão ou morte súbita cardíaca durante a participação em esportes ou no exercício é relativamente pequeno. Por exemplo, foi estimado que a incidência de morte súbita em atletas jovens é de 1 a 3 mortes por 100 mil atletas.[31,60] Mais importante ainda: praticamente todas essas mortes resultaram de defeitos cardíacos congênitos, e não do exercício *per se*.[31,78]

Quatro anomalias cardiovasculares respondem pela maioria das mortes súbitas cardíacas em atletas jovens: (1) miocardiopatia hipertrófica (coração patologicamente aumentado); (2) anormalidades congênitas (hereditárias) das artérias coronárias; (3) aneurismas da aorta; e (4) estenose (estreitamento) congênita da válvula aórtica.[31,78]

O exame médico pode identificar atletas em risco de morte súbita? Em muitos casos, sim. Uma história clínica e um exame físico feito por um médico qualificado são bons instrumentos para a detecção de doenças cardíacas que possam representar risco para o jovem atleta que deseja participar de práticas esportivas.[25] No entanto, algumas anomalias cardíacas que podem causar morte durante a participação no esporte são de difícil detecção durante um exame clínico de rotina.[31,78] Apesar disso, o exame clínico, juntamente à avaliação cardíaca (imagem cardíaca e teste de estresse), tem a possibilidade de reduzir o risco de morte súbita cardíaca, por identificar aqueles atletas jovens com predisposição para lesão cardíaca.[31,60]

Uma das preocupações persistentes com o treinamento intenso de resistência ou de força em crianças é que seus ossos em crescimento são mais suscetíveis a certos tipos de lesão mecânica, em comparação com os adultos, principalmente por causa da presença da cartilagem de crescimento.[67] A cartilagem de crescimento é encontrada, nas crianças, em três localizações anatômicas principais:[67] (1) na **placa de crescimento** (**placa epifisária**), (2) na **cartilagem articular** (i. e., cartilagem nas articulações) e (3) nos locais de inserção musculotendínea. A localização da placa de crescimento para a articulação do joelho está ilustrada na Figura 22.5. A placa de crescimento é o local de crescimento ósseo nos ossos longos. O momento em que cessa o crescimento ósseo varia dependendo do osso, mas, em geral, o processo se completa por volta de 18 a 20 anos de idade.[67] Ao término do crescimento, ocorre ossificação das placas de crescimento (i. e., endurecem com cálcio) e seu desaparecimento; a cartilagem de crescimento é substituída por uma cartilagem "adulta" permanente.

As crianças podem fazer treinamento intenso de resistência ou de força sem que a longo prazo ocorram problemas musculoesqueléticos? Atualmente, não existem relatos ou estudos de casos publicados indicando que o exercício de resistência tem efeitos adversos no crescimento ósseo em crianças e adolescentes. Além disso, estudos investigaram os efeitos do treinamento físico de força em crianças (6 a 12 anos de idade), tendo concluído que, se supervisionado, o exercício de força não lesiona ossos, músculos ou placas epifisárias.[41,86] Ademais, revisões recentemente publicadas sobre os efeitos do exercício de força em crianças concluíram que, sob supervisão adequada, esse tipo de treinamento pode ser praticado com segurança por atletas jovens sem que ocorram lesões ósseas ou cartilaginosas.[11,39,42,61] De fato, já ficou devidamente estabelecido que o treinamento de força traz numerosos benefícios à saúde das crianças. Por exemplo, foi demonstrado que o treinamento com pesos promove a saúde óssea, ao aumentar a densidade mineral óssea em meninos e meninas na pré-puberdade.[11] Também ficou claro que o treinamento de força tem eficácia na promoção da força muscular nessa faixa etária em ambos os gêneros.[40,43] Curiosamente, essa força muscular induzida pelo treinamento é obtida com limitada hipertrofia nas crianças pré-púberes.[11] Portanto, o aumento na

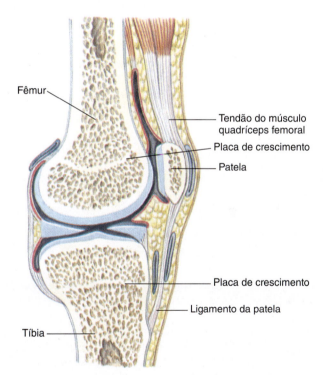

Figura 22.5 Localização da placa de crescimento (placa epifisária) associada aos ossos longos na perna.

Um olhar no passado – nomes importantes na ciência

Oded Bar-Or foi pioneiro na fisiologia do exercício pediátrico

Oded Bar-Or (1937-2005) nasceu e foi criado em Jerusalém, Israel. Fez seu doutorado de medicina na Faculdade de Medicina Hadassah (Israel); em seguida à sua diplomação, dr. Bar-Or viajou para os Estados Unidos para iniciar seu treinamento de pesquisa de pós-doutorado em fisiologia do exercício no laboratório do dr. Elsworth Buskirk na Pennsylvania State University. Depois de completados seus estudos de pós-doutorado em 1969, dr. Bar-Or retornou para Israel e estabeleceu o Departamento de Medicina Esportiva no Wingate Institute. Durante sua permanência no Instituto, dr. Bar-Or e seus colaboradores obtiveram aclamação internacional na pesquisa da ciência dos esportes, e seu grupo de pesquisa desenvolveu o Teste de potência anaeróbia de Wingate, que permanece em uso nos dias atuais (Cap. 20).

Em 1981, o professor Bar-Or deixou o Wingate Institute para se unir ao corpo docente da McMaster University, em Hamilton, Ontário (Canadá). Ao chegar na universidade, estabeleceu o Children's Exercise and Nutrition Center e deu início a uma busca de toda a vida, objetivando aumentar os conhecimentos sobre a ciência do exercício pediátrico. Durante sua permanência na McMaster University, suas pesquisas concentraram-se na compreensão das diferenças fisiológicas entre adultos e crianças em sua resposta ao exercício. Uma importante parte de seu trabalho foi dedicada à resolução do seguinte problema: como as respostas cardiorrespiratórias e termorreguladoras ao exercício de crianças diferem dos adultos em ambientes quentes? Com efeito, dr. Bar-Or foi um dos primeiros pesquisadores a estudar as respostas termorregulatórias e a aclimatização das crianças ao exercício. O legado do dr. Bar-Or para a fisiologia do exercício pediátrico inclui mais de 155 publicações de pesquisas, além da autoria ou coautoria de dez livros sobre diversos tópicos pertinentes à medicina esportiva e à fisiologia do exercício pediátrico.

---

força muscular induzido pelo treinamento de força em crianças parece ser alcançado principalmente por mudanças que ocorrem exclusivamente no sistema nervoso (p. ex., melhora no recrutamento das unidades motoras, etc.). Para mais detalhes sobre treinamento de força em crianças e adolescentes, consultar Faigenbaum et al. (2013) e Lloyd et al. (2013), nas "Sugestões de leitura".

Progresso na ciência do exercício pediátrico

Conforme já discutido, o conhecimento sobre a ciência do exercício pediátrico vem se desenvolvendo lentamente por causa das preocupações éticas do uso de crianças em pesquisas. Apesar disso, o conhecimento nesse campo vem se expandindo ao longo dos últimos anos. Um dos pioneiros a promover a pesquisa na ciência do exercício pediátrico foi o dr. Oded Bar-Or (ver "Um olhar no passado – nomes importantes na ciência"). Ademais, a criação da revista científica *Pediatric Exercise Science* estimulou a publicação de novos estudos sobre exercício durante a infância. Assim, pode-se antecipar que o conhecimento sobre a ciência do exercício pediátrico irá crescer rapidamente durante os anos vindouros.

Em resumo

- Evidências atuais indicam que o treinamento de resistência não é prejudicial ao crescimento e desenvolvimento do sistema cardiovascular em crianças. E mais, não há evidência de que o treinamento físico de resistência tem impacto negativo na saúde de ossos e cartilagens.
- O risco de morte súbita cardíaca em atletas jovens é extremamente baixo (1 a 3 mortes para 100 mil atletas).
- Com base nas atuais evidências científicas, o consenso indica que, com supervisão apropriada, o treinamento de força pode ser realizado com segurança por atletas jovens, sem ocorrência de lesão óssea ou cartilaginosa.
- Foi demonstrado que o treinamento de força feito por crianças na fase da pré-puberdade aumenta tanto a densidade óssea como a força muscular, com limitada hipertrofia muscular.

Treinamento competitivo para diabéticos

Conforme discutido no Capítulo 17, há um efeito benéfico do exercício em diabéticos, e frequentemente os médicos recomendam a prática regular de exercício para diabéticos como parte de seu regime terapêutico (i. e., para ajudar a manter o controle dos níveis de glicose no sangue). Esta discussão se limitará aos diabéticos do tipo I, pois é pouco provável que diabéticos do tipo II se envolvam no treinamento objetivando o desempenho. Os diabéticos do tipo I podem treinar vigorosamente e tomar parte em provas esportivas de competição? A resposta para essa pergunta é um sim qualificado. Em pacientes diabéticos de longa data com complicações microvasculares (i. e., lesões a pequenos vasos sanguíneos) ou com neuropatia (lesão nervosa), o exercício deve ser limitado e, em geral, não é recomendável a prática de treinamento intenso.[15,67] No entanto, em indivíduos que mantêm um bom controle da glicose sanguínea e estejam isentos de outras complicações médicas, o diabetes *per se* não deve limitar o tipo de exercício ou evento esportivo.

Quais precauções devem ser tomadas pelo atleta diabético para que ele possa participar com segurança de programas de treinamento? Um resumo do treinamento para obtenção de condicionamento físico na população diabética foi apresentado no Capítulo 17; nesta seção, o tópico será revisto apenas de forma breve. A chave para uma participação segura do atleta diabético no condicionamento esportivo é aprender a evitar episódios hipoglicêmicos durante o treinamento. Considerando-se que a resposta do diabetes à insulina varia, cada atleta diabético, em cooperação com seu médico pessoal, deve avaliar a combinação apropriada de exercício, dieta e insulina para obter um controle ideal das concentrações sanguíneas de glicose. Em geral, o exercício deve ser realizado após uma refeição e fazer parte da rotina normal. Com frequência, recomenda-se considerar uma redução da dose de insulina injetada nos dias em que o atleta esteja envolvido em treinamento muito intenso.[15,77] Uma grande preocupação para o atleta diabético é o local da injeção de insulina antes do exercício. A insulina injetada por via subcutânea na perna antes da corrida (ou de outras formas de exercício para as pernas) resulta em maior taxa de absorção do medicamento, em virtude do maior fluxo sanguíneo no membro. Isso poderia resultar em hipoglicemia induzida pelo exercício, que pode ser evitada pela aplicação da insulina no abdome ou braço. Por outro lado, se o regime de treinamento exigir exercício com os braços (p. ex., remar), o local de injeção da insulina deverá ser distante do músculo de trabalho (p. ex., no abdome). A posse de uma solução de glicose ou de um lanche rico em carboidrato durante as sessões de treinamento pode ajudar a evitar incidentes hipoglicêmicos durante as atividades.

Os diabéticos podem obter os mesmos benefícios com o treinamento obtidos por não diabéticos? A resposta de consenso para essa pergunta é sim. Embora crianças diabéticas não treinadas tendam a ser menos condicionadas que crianças normais,[58] as diabéticas respondem a um programa de condicionamento físico de maneira similar às crianças saudáveis.[67] Observações empíricas sugerem que, quando a glicose sanguínea do atleta diabético está cuidadosamente regulada, esse atleta poderá competir e se destacar em diversos tipos de esportes de competição.

> ### Em resumo
> - Diabéticos do tipo I isentos das complicações dessa doença não devem sofrer limitações no tipo ou quantidade de exercício.
> - A chave para a participação segura nos esportes do atleta diabético do tipo I é aprender a evitar episódios hipoglicêmicos.

Treinamento para asmáticos

Em geral, há concordância de que a maioria das crianças, adolescentes e adultos com asma pode participar de forma segura de todos os esportes, com exceção do mergulho autônomo (com cilindro de ar comprimido), desde que sejam capazes de controlar os broncospasmos induzidos pelo exercício com medicação ou com uma cuidadosa monitorização dos níveis de atividade.[71] Com efeito, evidências sugerem que o treinamento aeróbio pode reduzir a inflamação das vias aéreas e melhorar os sintomas da asma em certos pacientes asmáticos.[66] Um pré-requisito para o planejamento dos programas de treinamento para asmáticos é que seja executado um regime terapêutico apropriado para tratar o tipo de asma específico do atleta, antes que seja iniciado um vigoroso programa de treinamento (ver Cap. 17). Quando a asma estiver sob controle, o planejamento do esquema de treinamento para atletas asmáticos será idêntico ao de atletas não asmáticos (ver Cap. 21). No entanto, conforme mencionado no Capítulo 17, frequentemente se recomenda que o atleta asmático tenha à mão um inalador (contendo um broncodilatador) durante as sessões de treinamento e que as práticas sejam realizadas com outros atletas, para o caso de ocorrer um ataque mais severo.

O problema da segurança para o asmático participante de mergulho autônomo continua sob discussão. A controvérsia gira em torno do fato de que mergulhadores que sofrem um ataque de asma durante o mergulho têm alto risco de sofrer barotrauma pulmonar (i. e., lesão pulmonar decorrente da alta pressão).[26] Contudo, uma revisão recentemente publicada sobre esse tópico sugere que asmáticos com função normal das vias aéreas em repouso e que não exibem asma induzida pelo exercício têm risco de sofrer barotrauma durante um mergulho similar ao de indivíduos saudáveis.[26]

> ### Em resumo
> - Os asmáticos podem participar com segurança de todos os esportes, com a possível exceção do mergulho autônomo, desde que sejam capazes de controlar os broncospasmos induzidos pelo exercício com medicação ou com uma cuidadosa monitorização dos níveis de atividade.
> - A questão da segurança de um asmático que participa de mergulho autônomo continua sem resposta. Apesar disso, evidências sugerem que asmáticos que não exibem asma induzida pelo exercício e têm vias respiratórias normais em repouso não apresentam maior risco de sofrer barotrauma durante o mergulho do que indivíduos saudáveis.

Capítulo 22 Treinamento para mulheres atletas, crianças, populações especiais e atletas masters **515**

Epilepsia e treinamento físico

O termo **epilepsia** refere-se a um distúrbio temporário da função cerebral, que pode se caracterizar por perda da consciência, tremores musculares e perturbações sensitivas. Tendo em vista que a ocorrência de convulsões epilépticas não é facilmente prevista, os epilépticos devem se envolver em programas vigorosos de treinamento? Infelizmente, há poucas informações disponíveis para responder essa pergunta. Antes que possa ser feita uma clara recomendação para a participação de epilépticos em práticas esportivas, é preciso que sejam respondidas duas questões fundamentais. Primeiramente, a atividade física intensa aumenta o risco de uma convulsão epiléptica? E a ocorrência de uma convulsão durante determinada atividade esportiva expõe o atleta a risco desnecessário? A seguir, serão avaliadas as evidências disponíveis em relação a cada uma dessas perguntas.

O exercício causa convulsões?

Existe um tipo raro de convulsão epiléptica que, segundo foi demonstrado, pode ser induzido pelo exercício *per se*.[22] São as convulsões tônicas (com atividade motora contínua), que tiveram confirmação de ocorrência durante diversos tipos de atividades esportivas. Felizmente, esse tipo de convulsão pode ser controlado, na maioria dos casos, por medicação anticonvulsivante.

No entanto, o estresse está entre as causas mais comumente informadas de convulsões em epilépticos.[5] Por exemplo, pacientes informam maior frequência de convulsões com aumentos de excitação, tensão, tristeza ou outras emoções fortes.[5] Considerando que o exercício é um estresse físico, sua prática *per se* promoveria convulsões?

Como ocorre em outros tipos de distúrbios convulsivos, os médicos ainda estão divididos em suas opiniões – se o exercício aumenta ou não o risco de ocorrência de convulsão. Um artigo de Gotze et al.[49] sugere que o exercício não aumenta o risco de convulsões em crianças ou adolescentes epilépticos. De fato, Gotze et al.[49] argumentam que o exercício parece reduzir a incidência de convulsões em epilépticos, por aumentar o limiar. Em apoio a essas afirmativas, revisões sobre epilepsia e esportes concluíram que ocorre redução no número de convulsões durante a prática do exercício.[3,5] Em contrapartida, Kuijer[59] sugeriu que o epiléptico se encontra em maior risco de sofrer convulsão durante o exercício e durante a recuperação do exercício. Nesse contexto, foram propostos vários fatores relacionados ao exercício que aumentariam o risco de convulsões: (1) fadiga física, (2) hiperventilação, (3) hipóxia, (4) hipertermia, (5) hipoglicemia, (6) desequilíbrio eletrolítico e (7) estresse emocional associado a esportes de competição. Em conclusão, existe uma divisão na comunidade médica com relação ao exercício e ao risco de convulsões. Parece lógica a impossibilidade de fazer generalizações sobre o exercício e o paciente epiléptico. Cada paciente é único no que tange a tipo, frequência e gravidade das convulsões epilépticas.[5] Portanto, médicos, pais e treinadores devem tomar decisões individuais com sensatez sobre a pertinência ou não da prática de esportes nesses casos. Entretanto, as pessoas com epilepsia, que são consideradas saudáveis o suficiente para se engajar em atividade física rigorosa, devem ser encorajadas a se exercitar.[5] De fato, uma recente revisão sobre exercício e epilepsia concluiu que as pessoas com epilepsia devem incluir o exercício como uma atividade complementar, não apenas para o controle das crises, mas também para promover boa saúde física e mental.[5]

Outra preocupação específica para a participação de epilépticos em esportes de contato é se um golpe na cabeça poderia mediar uma convulsão. Novamente, os médicos permanecem divididos em suas opiniões, mas, no momento, não existem estudos provando que traumas repetidos na cabeça em epilépticos causem recorrência de convulsões.[47] Consultar Arida et al. (2013) nas "Sugestões de leitura" para mais detalhes.

Risco de lesão decorrente de convulsões

Obviamente, são muitas as atividades esportivas de competição (p. ex., futebol americano e boxe) durante as quais a ocorrência de uma convulsão exporia o atleta ao risco de lesão. No entanto, a ocorrência de uma convulsão durante muitos tipos de atividades cotidianas rotineiras (p. ex., subir escadas) ou de esportes recreativos (p. ex., mergulho autônomo e alpinismo) pode também significar ameaça ao epiléptico.[47] A participação, ou não, do epiléptico em treinamento físico ou atividade esportiva deverá ser individualmente determinada pelo bom senso e pela orientação de um médico. Dependendo do caso, a relação de risco-benefício para a participação em esportes pode variar muito, devendo ser considerados a natureza exata da epilepsia do paciente e o esporte em questão. Uma criança que padeça apenas de pequeno problema convulsivo pode, com a ajuda de medicação, vir a sofrer apenas uma rara convulsão, com pouca alteração visível em seu comportamento ou sua consciência em função do episódio convulsivo. Provavelmente, esse tipo de epiléptico poderia participar da maioria das atividades de treinamento sem qualquer dano.[5,14,49] Em contraste, um epiléptico que sofre convulsões importantes e frequentes não seria candidato a muitos tipos de esportes. Para uma discussão detalhada da epilepsia e do exercício, consultar Arida et al. (2013) nas "Sugestões de leitura".

Em resumo

- As dúvidas sobre a participação segura de epilépticos em programas de treinamento devem ser respondidas individualmente.
- A relação de risco-benefício da participação em esportes pode variar muito de caso a caso, dependendo do tipo de epilepsia envolvido e do esporte em questão.

Desempenho físico e treinamento para atletas masters

É cada vez maior o número de pessoas com mais de 50 anos de idade participantes de eventos esportivos de competição. Esses "atletas masters" representam um subgrupo interessante de adultos, porque possuem características fisiológicas singulares que podem ser denominadas como "envelhecimento muito bem-sucedido".[82] Com frequência, o atleta master treina diariamente e se esforça para manter desempenhos esportivos que alcançou quando era mais jovem. Todavia, é inevitável que, com o avanço da idade, ocorra declínio no desempenho. Nos dois segmentos a seguir, serão descritas as mudanças relacionadas ao envelhecimento, em termos de força muscular e de desempenho de resistência, e discutidas as razões fisiológicas para o declínio da capacidade física com o envelhecimento.

Alterações na força muscular relacionadas ao envelhecimento

O envelhecimento resulta em diminuição progressiva da força muscular. Embora realmente ocorram mudanças no sistema nervoso durante o envelhecimento, a maior parte da perda de força nessa fase da vida é decorrente do declínio da massa muscular. A perda de massa muscular relacionada ao envelhecimento é denominada **sarcopenia**, e a velocidade dessa perda está ilustrada na Figura 22.6. A sarcopenia ligada ao envelhecimento ocorre tanto em função do decréscimo no tamanho da fibra como no número das fibras presentes no músculo.[44] No entanto, quase toda a perda de massa muscular ligada à idade decorre da perda de fibras musculares.[44,72] Os mecanismos responsáveis por essa perda muscular relacionada ao envelhecimento ainda não foram esclarecidos. Apesar disso, parece que são vários os fatores que contribuem para a sarcopenia, incluindo inatividade, lesão mediada por radicais livres (estresse oxidativo) nas fibras musculares, inflamação e reduções nos hormônios anabólicos, como a testosterona.[20]

Na Figura 22.6, pode ser observado que ocorre pouca perda de massa muscular antes dos 50 anos de idade. Contudo, depois dessa idade, há perda progressiva de massa musculoesquelética, tanto em homens como em mulheres. A velocidade da perda muscular com o envelhecimento varia dependendo do indivíduo, mas ambos os gêneros tendem a perder massa muscular em cerca de 1 a 2% por ano depois dos 50 anos de idade.[20] Portanto, tanto os homens como as mulheres podem perder 40 a 60% de sua massa muscular total entre 50 e 80 anos de idade.

Embora o envelhecimento resulte em perda de massa e da força muscular em todas as pessoas, um programa vitalício de treinamento de força pode manter um nível relativamente elevado da força muscular durante toda a vida do indivíduo. Por exemplo, a Figura 22.7 ilustra a mudança relacionada ao envelhecimento na força muscular da perna em três indivíduos que diferem em seus hábitos de exercício. Na ilustração, o indivíduo treinado manteve o treinamento de força durante toda a vida (2 a 3 dias/semana). O indivíduo ativo está envolvido em um exercício rotineiro de caminhadas (~5 mil passos/3 a 5 dias por semana), mas não pratica treinamento de força. O indivíduo sedentário não participa de exercícios regulares, sendo o clássico tipo que passa "todo o tempo sentado em frente da televisão". Deve-se notar que a velocidade da perda da força muscular com o envelhecimento não difere entre esses indivíduos. Apesar disso, o indivíduo com treinamento de força mantém um nível mais elevado de força muscular nas pernas ao longo de sua vida, em comparação com o indivíduo ativo e com o sedentário. Portanto, embora o treinamento de força não possa prevenir a perda muscular relacionada ao envelhecimento, o indivíduo envolvido em treinamento regular de força pode manter um nível muito superior de força muscular ao longo da sua vida, quando comparado com indivíduos menos ativos.

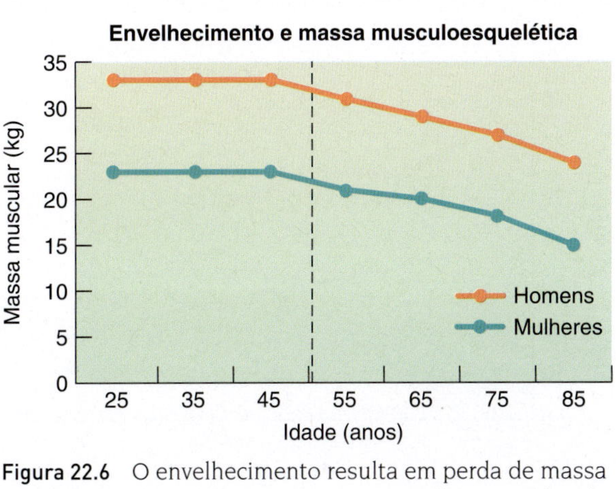

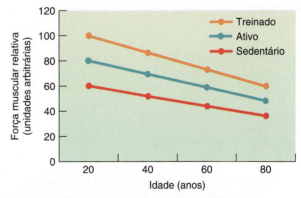

Figura 22.6 O envelhecimento resulta em perda de massa muscular, tanto em homens como em mulheres. Dados das referências 20 e 44.

Figura 22.7 O envelhecimento está associado a uma perda significativa de força muscular. Entretanto, deve ser observado que o treinamento de força praticado regularmente pode retardar em muito essa perda da produção de força muscular relacionada ao envelhecimento. Modificada das referências 18, 20 e 44.

Envelhecimento e desempenho de resistência

De maneira parecida com a perda da força muscular ligada ao envelhecimento, nessa fase da vida também ocorre declínio do desempenho de resistência e no $\dot{V}O_{2máx}$. Por exemplo, a Figura 22.8 ilustra as mudanças nos tempos de corrida de 10.000 m (10 km) para homens e mulheres com o avanço da idade. Observa-se que os tempos do desempenho para 10 km aumentam (i. e., redução do desempenho) de maneira curvilínea com o envelhecimento; as mudanças mais rápidas no desempenho ocorrem aproximadamente depois dos 60 anos de idade. Analogamente, $\dot{V}O_{2máx}$ também declina com o envelhecimento, tanto em homens como em mulheres treinadas (Fig. 22.9). É possível observar que uma mudança limitada no $\dot{V}O_{2máx}$ ocorre até os 40 anos de idade;[55] porém, o declínio no $\dot{V}O_{2máx}$ ligado ao envelhecimento, em ambos os gêneros, é de aproximadamente 1% por ano depois dos 40 anos de idade. Embora o treinamento de resistência possa aumentar o $\dot{V}O_2$ em pessoas de todas as idades, o exercício de resistência não pode prevenir o declínio desse parâmetro com a chegada da idade. Entretanto, indivíduos que mantêm um programa ativo de treinamento de resistência ao longo da vida podem preservar um $\dot{V}O_{2máx}$ mais alto, em comparação com indivíduos sedentários (Fig. 22.10).

Quais são os fatores que contribuem para o declínio relacionado ao envelhecimento no desempenho de resistência e no $\dot{V}O_{2máx}$? No Capítulo 20, viu-se que os principais determinantes do desempenho de resistência são $\dot{V}O_{2máx}$, economia do exercício e intensidade máxima de exercício que é mantida durante o exercício de resistência (i. e., limiar do lactato). Em seguida, será discutido o impacto do envelhecimento em cada um desses fatores.

Consumo máximo de oxigênio ($\dot{V}O_{2máx}$) é o limite superior da máxima produção energética por meio da fosforilação oxidativa, sendo o principal determinante do desempenho no exercício de resistência. Deve-se ter em mente que $\dot{V}O_2$ é determinado tanto pelo débito cardíaco como pelo consumo de oxigênio pelos tecidos [i. e., diferença $(a-\bar{v})O_2$], conforme definido pela equação de Fick (Cap. 13):

$$\dot{V}O_{2máx} = \text{débito cardíaco máximo} \times \text{diferença } (a-\bar{v})O_2 \text{ máxima}$$

Estudos sugerem que o declínio no $\dot{V}O_{2máx}$ ligado ao envelhecimento ocorre em razão do decréscimo no débito cardíaco máximo e do declínio na diferença $(a-\bar{v})O_2$ máxima.[82] Esse ponto está ilustrado na Figura 22.11. É preciso perceber que o declínio no débito cardíaco máximo ligado ao envelhecimento decorre tanto de uma redução na frequência cardíaca máxima como no volume sistólico máximo. A queda na extração máxima de oxigênio [diferença $(a-\bar{v})O_2$] relacionada ao envelhecimento provavelmente se deve a uma combinação de fatores, incluindo um declínio na densidade dos capilares e no volume das mitocôndrias.[82]

A economia do exercício é mensurada como o consumo de oxigênio em estado de equilíbrio sob uma intensidade submáxima de exercício, abaixo do limiar de lactato. A economia do exercício é importante para o desempenho de resistência, porque atletas que são mais eficientes utilizam menos energia para executar determinada tarefa do exercício. Alguns estudos indicam que a economia do exercício não muda com a idade; portanto,

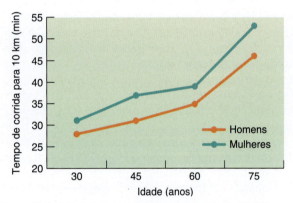

Figura 22.8 Mudanças nos tempos de corrida de 10.000 m (10 km) com o avanço da idade. Dados do World Masters Athletics.

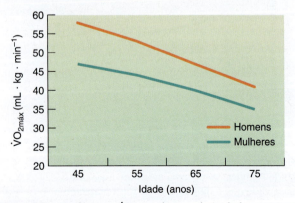

Figura 22.9 Declínio no $\dot{V}O_{2máx}$ relacionado à idade, em homens e mulheres com treinamento de resistência. Dados da referência 55.

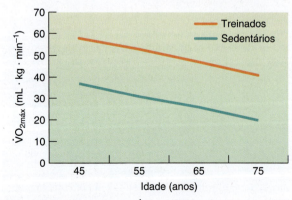

Figura 22.10 Alterações no $\dot{V}O_{2máx}$ de acordo com o envelhecimento em homens. Dados da referência 55.

mudanças na economia não são um importante fator na explicação do declínio no desempenho de resistência relacionado ao envelhecimento (Fig. 22.11).

A capacidade de trabalhar em elevado percentual do consumo máximo de oxigênio durante um exercício submáximo é um determinante importante do desempenho de resistência, sendo frequentemente avaliada no laboratório pela mensuração do limiar de lactato (Cap. 20). O limiar de lactato não muda com a idade, quando expresso em relação ao $\dot{V}O_{2máx}$.[82] Assim, mudanças no limiar de lactato ligadas ao envelhecimento não são um fator essencial na determinação do declínio no desempenho de resistência com o envelhecimento.[82]

Em resumo, o sucesso nos eventos de resistência depende do $\dot{V}O_{2máx}$, da economia do exercício e do limiar de lactato. Ao que parece, o envelhecimento não tem impacto negativo no limiar de lactato e nem na economia do exercício. Por outro lado, o envelhecimento resulta em declínio progressivo do $\dot{V}O_{2máx}$, que é o principal fator que contribui para a queda no desempenho de resistência relacionada ao envelhecimento.

Em resumo

- O envelhecimento resulta em declínio da massa e da força musculares.
- A maior parte do declínio relacionada ao envelhecimento, tanto na massa musculoesquelética como na força muscular, ocorre depois dos 50 anos de idade.
- Séries de treinamento físico de resistência praticadas regularmente podem ajudar na manutenção da massa e da força musculares ao longo de toda a vida.

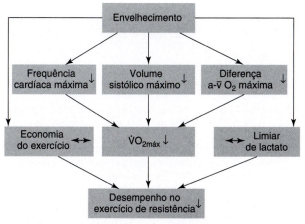

Figura 22.11 Fatores e mecanismos fisiológicos responsáveis pelo declínio no desempenho no exercício de resistência relacionado ao envelhecimento em adultos saudáveis. As setas que apontam para baixo indicam decréscimos, enquanto as setas horizontais indicam nenhuma alteração. Modificada da referência 82.

- O envelhecimento está associado a um declínio progressivo no desempenho de resistência.
- O principal fator que contribui para o declínio no desempenho de resistência, decorrente do envelhecimento, é um decréscimo no $\dot{V}O_{2máx}$, que ocorre por causa de reduções do débito cardíaco máximo e da diferença $(a-\bar{v})O_2$ máxima.
- O treinamento físico de resistência pode proteger contra os decréscimos no $\dot{V}O_{2máx}$ ligados ao envelhecimento, mas não podem interromper completamente esse declínio.

Diretrizes de treinamento para atletas masters

Vai além dos objetivos deste capítulo uma discussão detalhada do treinamento físico para o atleta master. Contudo, será apresentada uma visão geral de algumas das considerações essenciais para o treinamento desses atletas. Primeiramente, é importante que todo atleta master obtenha liberação médica antes de dar início a um programa de treinamento físico rigoroso. Um exame médico completo deve consistir em exame físico e um teste de esforço, para que haja garantia de que a prática do exercício rigoroso não representará risco para o atleta mais idoso.

Os princípios básicos do treinamento físico para melhora do desempenho foram apresentados no Capítulo 21 e podem ser aplicados tanto a atletas jovens como a masters. De maneira idêntica aos atletas mais jovens, o atleta master deve evitar o sobretreinamento (*overtraining*) e ficar atento aos principais sinais desse problema, como excessiva sensação de cansaço quando em repouso, diminuição da capacidade de realizar o exercício, frequência cardíaca mais elevada em repouso e perturbações no sono.

Os programas de treinamento para atletas masters devem ser adaptados para cada indivíduo, pois há variações no patrimônio genético de um indivíduo para outro. Além disso, devem ser levados em consideração: diferenças de idade, estágio de treinamento e esquema de competição, além da óbvia importância do planejamento de programas de treinamento individuais para esses atletas. Uma consideração crítica no planejamento de programas de treinamento para todos os atletas masters é evitar lesões por uso excessivo, mediante o estabelecimento de períodos de descanso entre práticas rigorosas. Com efeito, programar dias de descanso entre práticas desafiadoras passa a ser cada vez mais importante à medida que o atleta vai envelhecendo. Para mais detalhes sobre o planejamento de programas de treinamento para atletas masters, ver Tanaka e Seals (2008) nas "Sugestões de leitura". Além disso, para mais detalhes sobre o impacto do exercício de resistência contínuo sobre o condicionamento cardiovascular, consulte Trappe et al. (2013) em "Sugestões de leitura".

> ### Em resumo
>
> ■ Todos os atletas masters devem obter liberação médica antes de iniciar um programa rigoroso de treinamento físico.
>
> ■ Os princípios fundamentais do treinamento físico aplicam-se a indivíduos de todas as idades.
>
> ■ Os programas de treinamento para atletas masters devem ser individualizados, para atender às necessidades de cada atleta; também devem ser levados em consideração fatores como idade e estágio atual de treinamento.

Atividades para estudo

1. Cite algumas causas possíveis de amenorreia em atletas.
2. Qual é a atual recomendação para treinamento e participação em competições durante a menstruação?
3. Discuta o papel das prostaglandinas na mediação da dismenorreia.
4. Com base nas informações disponíveis atualmente, quais são as diretrizes razoáveis para o aconselhamento da atleta grávida, no que tange à intensidade e à duração do treinamento?
5. Defina a *tríade da mulher atleta*.
6. Quais são os fatores que contribuem para a perda mineral óssea na atleta?
7. Discuta a noção de que o exercício intenso pode resultar em danos permanentes ao (a) sistema cardiovascular ou ao (b) sistema musculoesquelético em crianças.
8. Qual é a recomendação para diabéticos do tipo I sem complicações físicas para o ingresso em um programa de treinamento para competição?
9. Quais são os fatores que devem ser levados em consideração ao orientar o atleta diabético com respeito à participação segura no condicionamento esportivo? Incluir na discussão sugestões relativas à sincronização com as refeições, aos locais de injeção da insulina e à disponibilidade de bebidas glicosadas durante as sessões de treinamento.
10. Qual é a opinião atual sobre a participação segura de asmáticos em eventos esportivos de competição?
11. Defina o termo *epilepsia*.
12. Discuta a possibilidade de o exercício aumentar o risco de convulsões em epilépticos.
13. Quais são os fatores que devem ser levados em consideração na avaliação da relação de risco-benefício para a participação de epilépticos em práticas esportivas?
14. Faça um gráfico sobre a mudança na massa e na força musculares com o envelhecimento.
15. Quais são os fatores que contribuem para as mudanças relacionadas ao envelhecimento na massa e na força musculares?
16. Discuta o impacto do envelhecimento no $\dot{V}O_{2máx}$, tanto em homens como em mulheres.
17. Qual(is) fator(es) é(são) responsável(is) pelo declínio no desempenho de resistência relacionado ao envelhecimento?

Sugestões de leitura

Ackerman, K. E., and M. Misra. 2011. Bone health and the female athlete triad in adolescent athletes. *Phys Sportsmed* 39: 131–41.

Arida, R. M., A. C. Guimaraes de Almeda, E. A. Cavalheiro, and F. A. Scorza. 2013. Experimental and clinical findings from physical exercise as complementary therapy for epilepsy. *Epilepsy and Behavior* 26: 273–278.

Armstrong, N., and A. R. Barker. 2011. Endurance training and elite young athletes. *Med Sport Sci* 56: 59–83.

Armstrong, N., and A. M. McManus. 2011. Physiology of elite young male athletes. *Med Sport Sci* 56: 1–22.

Barrack, M. T., K. E. Ackerman, and J. C. Gibbs. 2013. Update on the female athlete triad. *Curr Rev Musculoskelet Med* 6: 195–204.

Faigenbaum, A. D., R. S. Lloyd, and G. D. Myer. 2013. Youth resistance training: past practices, new perspectives, and future directions. *Pediatr Exerc Sci* 25: 591–604.

Javed, A., P. J. Tebben, P. R. Fischer, and A. N. Lteif. 2013. Female athlete triad and its components: toward improved screening and management. *Mayo Clin Proc* 88: 996–1009.

Lloyd, R. S., A. D. Faigenbaum, M. H. Stone, J. L. Oliver, I. Jeffreys, J. A. Moody, et al. 2013. Position statement on youth resistance training: the 2014 international consensus. *Br J Sports Med*, September 20, 2013, doi: 10.1136/bjsports-2013-092952.

Morton, A. R., and K. D. Fitch. 2011. Australian Association for Exercise and Sports Science position statement on exercise and asthma. *J Sci Med Sport* 14: 312–316.

Nascimento, S. L., F. G. Surita, and J. G. Cecatti. 2012. Physical exercise during pregnancy: a systematic review. *Curr Opin Obstet Gynecol* 24: 387–394.

Orio, F., G. Muscogiuri, A. Ascione, F. Marciano, A. Volpe, G. La Sala, et al. 2013. Effects of physical exercise on the female reproductive system *Minerva Endocrinol* 38: 305–319.

Tanaka, H., and D. R. Seals. 2008. Endurance exercise performance in masters athletes: age-associated changes and underlying physiological mechanisms. *J Physiol* 586: 55–63.

Trappe, S., E. Hayes, A. Galpin, L. Kaminsky, B. Jemiolo, W. Fink, et al. 2013. New records in aerobic power among octogenarian lifelong endurance athletes. *J Appl Physiol* 114: 3–10.

Voskanian, N. 2013. ACL injury prevention in female athletes: review of the literature and practical considerations in implementing an ACL prevention program. *Curr Rev Musculoskelet* 6: 158–163.

Referências bibliográficas

1. Ackerman KE, and Misra M. Bone health and the female athlete triad in adolescent athletes. *Phys Sportsmed* 39: 131–141, 2011.
2. Andersen AE. Anorexia nervosa and bulimia: a spectrum of eating disorders. *J Adolesc Health Care* 4: 15–21, 1983.
3. Arida RM, Cavalheiro EA, de Albuquerque M, da Silva AC, and Scorza FA. Physical exercise in epilepsy: the case in favor. *Epilepsy Behav* 11: 478–479, 2007.
4. Arida RM, Scorza FA, Terra VC, Cysneiros RM, and Cavalheiro EA. Physical exercise in rats with epilepsy is protective against seizures: evidence of animal studies. *Arq Neuropsiquiatr* 67: 1013–1016, 2009.
5. Arida R, Guimaraes de Almeda AC, Cavalheiro EA, and Scorza F. Experimental and clinical findings from physical exercise as complementary therapy for epilepsy. *Epilepsy and Behavior* 26: 273–278, 2013.
6. Armstrong N, and Barker AR. Endurance training and elite young athletes. *Med Sport Sci* 56: 59–83, 2011.
7. Armstrong N, and McManus AM. Physiology of elite young male athletes. *Med Sport Sci* 56: 1–22, 2011.
8. Artal R, and O'Toole M. Guidelines of the American College of Obstetricians and Gynecologists for exercise during pregnancy and the postpartum period. *Br J Sports Med* 37: 6–12; discussion 12, 2003.
9. Åstrand P. Girl swimmers. *Acta Paediatric Scandinavica* 147(Suppl): 1–75, 1963.
10. Barrack MT, Ackerman KE, and Gibbs JC. Update on the female athlete triad. *Curr Rev Musculoskelet Med* 6: 195–204, 2013.
11. Behm DG, Faigenbaum AD, Falk B, and Klentrou P. Canadian Society for Exercise Physiology position paper: resistance training in children and adolescents. *Appl Physiol Nutr Metab* 33: 547–561, 2008.
12. Beilock SL, Feltz DL, and Pivarnik JM. Training patterns of athletes during pregnancy and postpartum. *Res Q Exerc Sport* 72: 39–46, 2001.
13. Benjamin HJ. The female adolescent athlete: specific concerns. *Pediatr Ann* 36: 719–726, 2007.
14. Bennett D. Sports and epilepsy: to play or not to play. *Seminars in Neurology* 1: 345–357, 1981.
15. Bhaskarabhatla KV, and Birrer R. Physical activity and diabetes mellitus. *Compr Ther* 31: 291–298, 2005.
16. Bien DP. Rationale and implementation of anterior cruciate ligament injury prevention warm-up programs in female athletes. *J Strength Cond Res* 25: 271–285, 2011.
17. Birch K. Female athlete triad. *BMJ* 330: 244–246, 2005.
18. Brooks G, Fahey T, and Baldwin K. *Exercise Physiology: Human Bioenergetics and Its Applications*. New York, NY: McGraw-Hill, 2005.
19. Brophy RH, Silvers HJ, and Mandelbaum BR. Anterior cruciate ligament injuries: etiology and prevention. *Sports Med Arthrosc* 18: 2–11, 2010.
20. Buford TW, Anton SD, Judge AR, Marzetti E, Wohlgemuth SE, Carter CS, et al. Models of accelerated sarcopenia: critical pieces for solving the puzzle of age-related muscle atrophy. *Ageing Res Rev* 9: 369–383, 2010.
21. Bullen BA, Skrinar GS, Beitins IZ, von Mering G, Turnbull BA, and McArthur JW. Induction of menstrual disorders by strenuous exercise in untrained women. *N Engl J Med* 312: 1349–1353, 1985.
22. Burger LJ, Lopez RI, and Elliott FA. Tonic seizures induced by movement. *Neurology* 22: 656–659, 1972.
23. Castelo-Branco C, Reina F, Montivero AD, Colodron M, and Vanrell JA. Influence of high-intensity training and of dietetic and anthropometric factors on menstrual cycle disorders in ballet dancers. *Gynecol Endocrinol* 22: 31–35, 2006.
24. Cobb KL, Bachrach LK, Greendale GA, Marcus R, Neer R, Nieves J, et al. Disordered eating, menstrual irregularity, and bone mineral density in female distance runners. *Medicine and Science in Sports and Exercise* 35: 711–719, 2003.
25. Corrado D, Basso C, Pavei A, Michieli P, Schiavon M, and Thiene G. Trends in sudden cardiovascular death in young competitive athletes after implementation of a preparticipation screening program. *JAMA* 296: 1593–1601, 2006.
26. Cypcar D, and Lemanske RF, Jr. Asthma and exercise. *Clin Chest Med* 15: 351–368, 1994.
27. Dale E, Gerlach DH, and Wilhite AL. Menstrual dysfunction in distance runners. *Obstet Gynecol* 54: 47–53, 1979.
28. Dalle Grave R. Eating disorders: progress and challenges. *Eur J Intern Med* 22: 153–160, 2011.
29. De Souza MJ. Menstrual disturbances in athletes: a focus on luteal phase defects. *Med Sci Sports Exerc* 35: 1553–1563, 2003.
30. De Souza MJ, and Metzger DA. Reproductive dysfunction in amenorrheic athletes and anorexic patients: a review. *Med Sci Sports Exerc* 23: 995–1007, 1991.
31. Drezner J, and Corrado D. Is there evidence for recommending electrocardiogram as part of the pre-participation examination? *Clin J Sport Med* 21: 18–24, 2011.
32. Drinkwater BL, Bruemner B, and Chesnut CH, III. Menstrual history as a determinant of current bone density in young athletes. *JAMA* 263: 545–548, 1990.
33. Drinkwater BL, Nilson K, Chesnut CH, III, Bremner WJ, Shainholtz S, and Southworth MB. Bone mineral content of amenorrheic and eumenorrheic athletes. *N Engl J Med* 311: 277–281, 1984.
34. Dugan SA. Sports-related knee injuries in female athletes: what gives? *Am J Phys Med Rehabil* 84: 122–130, 2005.
35. Ekblom B. Effect of physical training in adolescent boys. *J Appl Physiol* 27: 350–355, 1969.
36. Enea C, Boisseau N, Fargeas-Gluck MA, Diaz V, and Dugue B. Circulating androgens in women: exercise-induced changes. *Sports Med* 41: 1–15, 2011.
37. Enea C, Boisseau N, Ottavy M, Mulliez J, Millet C, Ingrand I, et al. Effects of menstrual cycle, oral contraception, and training on exercise-induced changes in circulating DHEA-sulphate and testosterone in young women. *Eur J Appl Physiol* 106: 365–373, 2009.
38. Eriksson BO. Physical training, oxygen supply and muscle metabolism in 11–13-year old boys. *Acta Physiol Scand Suppl* 384: 1–48, 1972.
39. Faigenbaum AD, Kraemer WJ, Blimkie CJ, Jeffreys I, Micheli LJ, Nitka M, et al. Youth resistance training: updated position statement paper from the National Strength and Conditioning Association. *J Strength Cond Res* 23: S60–79, 2009.
40. Faigenbaum AD, Loud RL, O'Connell J, Glover S, and Westcott WL. Effects of different resistance training protocols on upper-body strength and endurance development in children. *J Strength Cond Res* 15: 459–465, 2001.
41. Faigenbaum AD, Milliken LA, and Westcott WL. Maximal strength testing in healthy children. *J Strength Cond Res* 17: 162–166, 2003.
42. Faigenbaum AD, and Myer GD. Resistance training among young athletes: safety, efficacy and injury prevention effects. *Br J Sports Med* 44: 56–63, 2010.
43. Faigenbaum AD, Loyd RS, and Myer GD. Youth resistance training: past practices, new perspectives, and future directions. *Pediatr Exerc Sci* 25: 591–604, 2013.
44. Faulkner JA, Larkin LM, Claflin DR, and Brooks SV. Age-related changes in the structure and function of skeletal muscles. *Clin Exp Pharmacol Physiol* 34: 1091–1096, 2007.
45. Feicht CB, Johnson TS, Martin BJ, Sparkes KE, and Wagner WW, Jr. Secondary amenorrhoea in athletes. *Lancet* 2: 1145–1146, 1978.

46. Fitzpatrick KK, and Lock J. Anorexia nervosa. *Clin Evid (Online)* 2011: 2011.

47. Fountain NB, and May AC. Epilepsy and athletics. *Clin Sports Med* 22: 605–616, x–xi, 2003.

48. Gibbs JC, Williams NI, and De Souza MJ. Prevalence of individual and combined components of the female athlete triad. *Med Sci Sports Exerc* 45: 985–996, 2013.

49. Gotze W, Kubicki S, Munter M, and Teichmann J. Effect of physical exercise on seizure threshold (investigated by electroencephalographic telemetry). *Dis Nerv Syst* 28: 664–667, 1967.

50. Hale R. Factors important to women engaged in vigorous physical activity. In *Sports Medicine*, edited by Strauss R. Philadelphia, PA: W. B. Saunders, 1984.

51. Hausenblas HA, Cook BJ, and Chittester NI. Can exercise treat eating disorders? *Exerc Sport Sci Rev* 36: 43–47, 2008.

52. Hewett TE, Lindenfeld TN, Riccobene JV, and Noyes FR. The effect of neuromuscular training on the incidence of knee injury in female athletes: a prospective study. *Am J Sports Med* 27: 699–706, 1999.

53. Holm-Denoma JM, Scaringi V, Gordon KH, Van Orden KA, and Joiner TE, Jr. Eating disorder symptoms among undergraduate varsity athletes, club athletes, independent exercisers, and nonexercisers. *Int J Eat Disord* 42: 47–53, 2009.

54. Ingjer F. Development of maximal oxygen uptake in young elite male cross-country skiers: a longitudinal study. *J Sports Sci* 10: 49–63, 1992.

55. Jackson AS, Sui X, Hebert JR, Church TS, and Blair SN. Role of lifestyle and aging on the longitudinal change in cardiorespiratory fitness. *Arch Intern Med* 169: 1781–1787, 2009.

56. Javed A, Tebben PJ, Fischer PR, and Lteif AN. Female athlete triad and its components: toward improved screening and management. *Mayo Clin Proc* 88: 996–1009, 2013.

57. Kanehisa H, Okuyama H, Ikegawa S, and Fukunaga T. Sex difference in force generation capacity during repeated maximal knee extensions. *Eur J Appl Physiol Occup Physiol* 73: 557–562, 1996.

58. Komatsu WR, Gabbay MA, Castro ML, Saraiva GL, Chacra AR, de Barros Neto TL, and Dib SA. Aerobic exercise capacity in normal adolescents and those with type 1 diabetes mellitus. *Pediatr Diabetes* 6: 145–149, 2005.

59. Kuijer A. Epilepsy and exercise, electroencephalographical and biochemical studies. In *Advances in Epileptology: The X Epilepsy International Symposium*, edited by Wada J, and Penry J. New York, NY: Raven Press, 1980.

60. La Gerche A, Baggish AL, Knuuti J, Prior DL, Sharma S, Heidbuchel H, et al. Cardiac imaging and stress testing asymptomatic athletes to identify those at risk of sudden cardiac death. *JACC Cardiovasc Imaging* 6: 993–1007, 2013.

61. Lloyd RS, Faigenbaum AD, Stone MH, J. L. Oliver, I. Jeffreys, J. A. Moody, et al. Position statement on youth resistance training: the 2014 international consensus. *Br J Sports Med*, September 20, 2013, doi: 10.1136/bjsports-2013-092952.

62. Loucks AB, Vaitukaitis J, Cameron JL, Rogol AD, Skrinar G, Warren MP, et al. The reproductive system and exercise in women. *Med Sci Sports Exerc* 24: S288–293, 1992.

63. Manore MM, Kam LC, and Loucks AB. The female athlete triad: components, nutrition issues, and health consequences. *J Sports Sci* 25 Suppl 1: S61–71, 2007.

64. Martinsen M, Bratland-Sanda S, Eriksson AK, and Sundgot-Borgen J. Dieting to win or to be thin? A study of dieting and disordered eating among adolescent elite athletes and non-athlete controls. *Br J Sports Med* 44: 70–76, 2010.

65. McManus AM, and Armstrong N. Physiology of elite young female athletes. *Med Sport Sci* 56: 23–46, 2011.

66. Mendes FA, Almeida FM, Cukier A, Stelmach R, Jacob-Filho W, Martins MA, et al. Effects of aerobic training on airway inflammation in asthmatic patients. *Med Sci Sports Exerc* 43: 197–203, 2011.

67. Micheli L. *Pediatric and Adolescent Sports Medicine*. Philadelphia, PA: W. B. Saunders, 1984.

68. Micheli LJ, Smith A, Biosca F, and Sangenis P. Position statement on girls and women in sport. IOC, 2002.

69. Miller CA, and Golden NH. An introduction to eating disorders: clinical presentation, epidemiology, and prognosis. *Nutr Clin Pract* 25: 110–115, 2010.

70. Mitchell JH, Tate C, Raven P, Cobb F, Kraus W, Moreadith R, et al. Acute response and chronic adaptation to exercise in women. *Med Sci Sports Exerc* 24: S258–265, 1992.

71. Morton AR, and Fitch KD. Australian Association for Exercise and Sports Science position statement on exercise and asthma. *J Sci Med Sport* 14: 312–316, 2011.

72. Narici MV, and Maffulli N. Sarcopenia: characteristics, mechanisms and functional significance. *Br Med Bull* 95: 139–159, 2010.

73. Nascimento SL, Surita FG, and Cecatti JG. Physical exercise during pregnancy: a systematic review. *Curr Opin Obstet Gynecol* 24:387–394, 2012.

74. Nattiv A, Loucks AB, Manore MM, Sanborn CF, Sundgot-Borgen J, and Warren MP. American College of Sports Medicine position stand. The female athlete triad. *Med Sci Sports Exerc* 39: 1867–1882, 2007.

75. Nottin S, Vinet A, Stecken F, N'Guyen LD, Ounissi F, Lecoq AM, et al. Central and peripheral cardiovascular adaptations to exercise in endurance-trained children. *Acta Physiol Scand* 175: 85–92, 2002.

76. Pivarnik JM, Marichal CJ, Spillman T, and Morrow JR, Jr. Menstrual cycle phase affects temperature regulation during endurance exercise. *J Appl Physiol* 72: 543–548, 1992.

77. Pruett E. Insulin and exercise in the non-diabetic man. In *Exercise Physiology*, edited by Fotherly K, and Pal S. New York, NY: Walter de Gruyter, 1985.

78. Rowland T. Screening for risk of cardiac death in young athletes. *Sports Science Exchange* 12: 1–5, 1999.

79. Rowland TW. Trainability of the cardiorespiratory system during childhood. *Can J Sport Sci* 17: 259–263, 1992.

80. Scheid JL, and De Souza MJ. Menstrual irregularities and energy deficiency in physically active women: the role of ghrelin, PYY and adipocytokines. *Med Sport Sci* 55: 82–102, 2010.

81. Stice E, Marti CN, and Rohde P. Prevalence, incidence, impairment, and course of the proposed DSM-5 eating disorder diagnoses in an 8-year prospective community study of young women. *J Abnormal Psychol* 122: 445–457, 2013.

82. Tanaka H, and Seals DR. Endurance exercise performance in masters athletes: age-associated changes and underlying physiological mechanisms. *J Physiol* 586: 55–63, 2008.

83. Torstveit MK, and Sundgot-Borgen J. The female athlete triad exists in both elite athletes and controls. *Med Sci Sports Exerc* 37: 1449–1459, 2005.

84. Voskanian N. ACL injury prevention in female athletes: review of the literature and practical considerations in implementing an ACL prevention program. *Curr Rev Musculoskelet* 6: 158–163, 2013.

85. Warren MP, and Chua A. Exercise-induced amenorrhea and bone health in the adolescent athlete. *ANN NY Acad Sci* 1135: 244–252, 2008.

86. Weltman A, Janney C, Rians CB, Strand K, Berg B, Tippitt S, et al. The effects of hydraulic resistance strength training in pre-pubertal males. *Med Sci Sports Exerc* 18: 629–638, 1986.

87. Yager J, and Andersen AE. Clinical practice: anorexia nervosa. *N Engl J Med* 353: 1481–1488, 2005.

88. Zelisko JA, Noble HB, and Porter M. A comparison of men's and women's professional basketball injuries. *Am J Sports Med* 10: 297–299, 1982.

89. Zilmer D. Gender specific injury patterns in high school varsity basketball. *Journal of Women's Health* 1: 69–76, 1992.

23

Nutrição, composição corporal e desempenho

■ Objetivos

Ao estudar este capítulo, você deverá ser capaz de:

1. Descrever o efeito de várias dietas de carboidrato sobre o glicogênio muscular e sobre o desempenho de resistência durante exercício intenso.
2. Comparar o método "clássico" para a obtenção da supercompensação das reservas de glicogênio muscular como método "modificado".
3. Descrever alguns dos potenciais problemas da ingestão de glicose imediatamente antes do exercício e como esses problemas podem ser evitados.
4. Descrever a importância da glicemia como combustível no exercício prolongado e o papel da suplementação de carboidrato durante o desempenho.
5. Contrastar a evidência de que a proteína é oxidada em velocidade mais rápida durante o exercício com a evidência de que o uso de aminoácidos marcados pode ser uma metodologia inapropriada para estudar essa questão.
6. Descrever a necessidade de proteína durante a adaptação a um nível de exercício novo e mais extenuante, bem como a necessidade de proteína quando a adaptação está completa.
7. Defender a recomendação de que um consumo de proteína entre 12 e 15% da ingestão de alimentos é suficiente para atender as necessidades de um atleta.
8. Descrever as estratégias recomendadas de reposição de líquidos a serem usadas antes do exercício, durante exercícios de diferentes durações e depois do exercício.
9. Descrever a demanda de sal do atleta em comparação à de um indivíduo sedentário, bem como os meios recomendáveis de manter o equilíbrio sódico.
10. Listar os passos que levam à anemia ferropriva e a dificuldade específica dos atletas em manter o equilíbrio de ferro.
11. Apresentar um breve resumo dos efeitos da suplementação de vitamina no desempenho.
12. Caracterizar o papel da refeição pré-competição sobre o desempenho e o motivo para limitar gorduras e proteínas.
13. Explicar por que deve-se ter cuidado ao recomendar valores de gordura corporal específicos para atletas individuais.

■ Conteúdo

Carboidratos 524
Dietas de carboidrato e desempenho 524
Ingestão de carboidrato antes ou durante o desempenho 526
Ingestão de carboidrato pós--desempenho 528

Proteína 530
Necessidades de proteína e exercício 530

Necessidades de proteína para atletas 532

Água e eletrólitos 533
Reposição de líquidos: antes do exercício 534
Reposição de líquidos: durante o exercício 534
Reposição de líquidos: depois do exercício 536
Sal (NaCl) 536

Minerais 537
Ferro 537

Vitaminas 539

Refeição pré-competição 540
Nutrientes na refeição pré--competição 540

Composição corporal e desempenho 541

Palavras-chave

polímero de glicose
supercompensação

Este capítulo sobre nutrição, composição corporal e desempenho é uma extensão do Capítulo 18, uma vez que a principal ênfase deve ser em atingir objetivos relacionados à saúde antes de examinar os objetivos relacionados ao desempenho. Na realidade, as informações aqui apresentadas devem ser examinadas considerando as necessidades de um indivíduo comum. Um atleta precisa de mais proteína? Qual porcentagem de gordura corporal é um objetivo razoável para um atleta? Essas questões serão tratadas nessa ordem. Para uma visão mais detalhada desses temas, consulte Clinical Sports Nutrition, de Burke e Deakin, e Nutrition for Health, Fitness and Sport, de Williams, Anderson e Rawson nas "Sugestões de leitura".

No Capítulo 18, indicou-se a proporção recomendada de ingestão de nutrientes:

- Em adultos, 45 a 65% das calorias devem provir de carboidratos, 20 a 35% de gordura, e 10 a 35% de proteínas.

Essa simples afirmação é importante porque abre caminho para uma discussão sobre o que os atletas devem consumir – e consomem – para suportar programas de treinamento intenso e ter combustível para os diversos desempenhos que constituem os esportes competitivos.

Carboidratos

A proporção recomendada de ingestão de carboidratos é bastante ampla para atender as necessidades de toda a população, e permite que ela satisfaça as necessidades ligadas à capacidade reduzida de uso de carboidratos (p. ex., diabéticos de tipo 2). Como a oxidação de carboidratos constitui uma porcentagem maior da produção total de energia à medida que aumenta a intensidade do exercício, não deve ser surpresa que a maioria dos atletas precise de mais carboidratos que um indivíduo comum. Esta seção considera o uso de carboidratos nos dias anteriores a um desempenho, durante o desempenho propriamente dito e depois dele.

Dietas de carboidrato e desempenho

Em 1967, foram publicados três estudos do mesmo laboratório sueco que abriram caminho para a compreensão do papel do glicogênio muscular no desempenho.[1,12,72] Hermansen et al.[72] demonstraram que o glicogênio muscular era esgotado sistematicamente durante o exercício intenso (77% do $\dot{V}O_{2máx}$) e que, quando ocorria a exaustão, o teor de glicogênio estava próximo de zero. Ahlborg et al.[1] verificaram que o tempo de trabalho até a exaustão era diretamente proporcional ao estoque de glicogênio inicial nos músculos em ação. Bergström et al.[12] confirmaram e ampliaram esse conceito ao demonstrar que, ao manipular a quantidade de carboidrato na dieta, a concentração de glicogênio no músculo podia ser alterada e, junto com ela, o tempo até a exaustão. Nesse estudo, os indivíduos consumiram 2.800 kcal/dia com uma dieta com baixo teor de carboidratos (gordura e proteína), uma dieta mista ou uma dieta rica em carboidratos em que 2.300 kcal provinham de carboidratos. Os teores de glicogênio do quadríceps femoral foram, respectivamente, 0,63 (baixo), 1,75 (médio) e 3,31 (alto) g/100 g de músculo, e o tempo de desempenho de exercício a 75% do $\dot{V}O_{2máx}$ foi em média 57, 114 e 167 minutos. A Figura 23.1 mostra esses resultados. Em suma, o teor de glicogênio muscular e o tempo de desempenho podem ser alterados com a dieta. Esses achados laboratoriais foram confirmados por Karlsson e Saltin,[83] que treinaram indivíduos para correr 30 km 2 vezes, uma depois de uma dieta rica em carboidratos e outra depois de uma dieta mista. O nível de glicogênio muscular inicial era de 3,5 g/100 g de músculo depois da dieta rica em carboidratos e 1,7 g/100 g de músculo depois da dieta mista. O melhor desempenho de todos os indivíduos ocorreu durante a dieta rica em carboidratos. É interessante notar que o ritmo no começo da corrida não foi mais rápido; em vez disso, o carboidrato extra permitiu que os corredores mantivessem o ritmo por um período maior. Uma descoberta importante nesse estudo foi que, comparado ao da dieta rica em carboidratos, o ritmo dos indivíduos na dieta mista só foi diminuir aproximadamente no meio da corrida (em cerca de 1 hora). Essa evidência sugere que a dieta mista normal utilizada no estudo seria adequada para provas de corrida ou ciclismo com duração de menos de 1 hora. Ver o Quadro "Um olhar no passado – nomes importantes

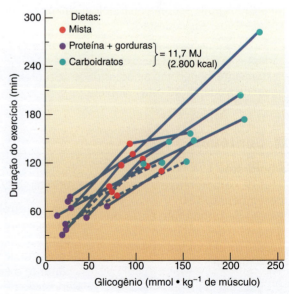

Figura 23.1 Efeito de diferentes dietas na concentração de glicogênio muscular e tempo de trabalho até a exaustão.

Um olhar no passado – nomes importantes na ciência

Jonas Bergström, MD, PhD – da técnica de biópsia com agulha e do glicogênio muscular até muito, muito além

Dr. Jonas Bergström teve um grande impacto no campo de fisiologia do exercício, embora a maior parte de seu trabalho de pesquisa tivesse foco na função renal, tema em que desfrutou de reputação internacional. Homem de muitos talentos, só foi entrar na medicina depois de decidir abandonar a carreira como jazzista famoso. Estudou medicina no Instituto Karolinska, em Estocolmo, na Suécia, e se graduou em 1956. Realizou o treinamento subsequente em fisiologia e bioquímica renal, e seu trabalho de tese, *Muscle Electrolytes in Man*, resultou no desenvolvimento da técnica de biópsia muscular percutânea (com agulha). A introdução dessa técnica possibilitou que vários pesquisadores mundo afora estudassem a função e o metabolismo muscular em repouso e durante o exercício – estudos que revolucionaram nossa compreensão da fisiologia do exercício, tanto em relação aos tipos de fibras musculares e ao uso base durante o exercício como em relação à adaptação à viagem espacial. Os estudos clássicos sobre glicogênio muscular descritos anteriormente só foram possibilitados por essa técnica, e o dr. Bergström foi um dos principais cientistas nesses estudos.

Quando estava no começo de sua carreira como médico, havia pouco a se fazer em casos de insuficiência renal. Ele foi a força motriz no angariamento de fundos, espaço e suporte para o desenvolvimento de um programa de diálise crônica na Suécia. Entretanto, sua vasta experiência em bioquímica e metabolismo permitiu que ele tivesse grande impacto sobre os fatores nutritivos relacionados à função renal. Sua pesquisa levou ao desenvolvimento de dietas pobres em proteína, capazes de reduzir o acúmulo de ureia no sangue, bem como os sintomas associados a ela, o que adiava a necessidade de diálise em meses, e até mesmo anos. Sua pesquisa também tratou de questões relativas à pressão arterial e ao volume de sangue durante a diálise (a fim de reduzir a proteólise), bem como à importância de se prevenir a inflamação em pacientes com doenças renais por meio de dieta adequada. Seu trabalho teve impacto no tratamento de pacientes com doença renal em todo o mundo, e ele foi agraciado com diversos prêmios ao longo da carreira por suas contribuições extraordinárias. Dr. Bergström faleceu em 2001.

Fonte: Obituary. Jonas Bergstöm (1929-2001). 2002. *Neprology Dialysis Transplantation* 17:936-38.

---

na ciência" uma pessoa que teve grande importância para nossa compreensão desses aspectos da fisiologia do exercício, ainda que esse não fosse seu principal foco de pesquisa.

Considerando a importância do glicogênio muscular no desempenho de resistência prolongado, não é surpresa que pesquisadores tenham tentado determinar que condições gerariam o maior teor de glicogênio muscular. Em 1966, Bergström e Hultman[13] fizeram com que indivíduos realizassem exercícios com uma perna para esgotar as reservas de glicogênio na perna exercitada sem afetar as reservas da outra. Quando esse procedimento era seguido de uma dieta rica em carboidratos, o teor de glicogênio ficava acima do dobro na perna exercitada do que na de controle. Posteriormente, descobriu-se também que, em indivíduos que seguiram a dieta rica em carboidratos depois da dieta de proteína/gordura (além do exercício de exaustão), as reservas de glicogênio muscular eram maiores do que quando a dieta mista precedia o tratamento de alto carboidrato.[13] Essa combinação de informações levou ao *método clássico* de se realizar a **supercompensação** de glicogênio muscular, descrito a seguir:

- Exercício prolongado e extenuante para esgotar as reservas de glicogênio muscular.
- Dieta de proteína/gordura por 3 dias enquanto se continua treinando.
- Dieta rica em carboidratos (90% de carboidrato) durante 3 dias, com inatividade.

Havia certos problemas de caráter prático nesse método para atingir altos teores de glicogênio muscular, visto que ele requer 7 dias de preparação para uma corrida. Além disso, alguns indivíduos não conseguiram tolerar as dietas de carboidratos com teor extremamente baixo (alta gordura e proteína) ou alto (90%). Sherman[119] propôs um *plano modificado* que provoca a supercompensação. O plano exige uma redução do treino de 90 para 40 minutos, enquanto se ingere uma dieta de 50% de carboidratos (350 g/dia). Em seguida, há 2 dias de treinos de 20 minutos cada, enquanto se ingere uma dieta de 70% de carboidratos (500 a 600 g/dia) e, por fim, um dia de repouso antes da competição com uma dieta de 70% de carboidratos (ou 500 a 600 g/dia). Esse regime se mostrou eficaz no aumento das reservas de glicogênio a *valores altos* compatíveis com bons desempenhos (ver Fig. 23.2). Estudos mostraram que quando a ingestão de carboidratos é de cerca de 10 g/kg de peso corporal utilizando-se alimentos com alto índice glicêmico (ver Cap. 18), apenas um dia bastava para alcançar altos níveis de glicogênio muscular em todos os tipos de fibra muscular.[18,52] Os níveis elevados de glicogênio muscular podem durar até 5 dias, dependendo do nível de atividade e da quantidade de carboidratos ingeridos durante esse período.[7] O que é necessário para a reposição do glicogênio muscular no dia a dia?

São necessárias 24 horas para repor o glicogênio muscular após exercício extenuante prolongado, desde que sejam ingeridos cerca de 500 a 700 g de carboidratos.[37,52,58,80]

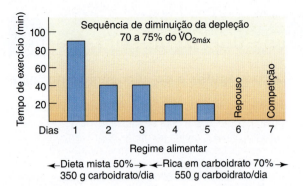

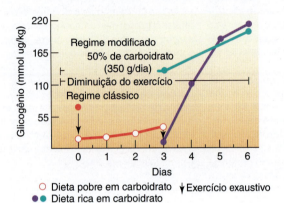

Figura 23.2 Modificação da técnica clássica de carga de glicogênio para atingir níveis altos de glicogênio muscular com mudanças mínimas na rotina de treinamento ou dieta. Os níveis de glicogênio estão em unidades de glicose (ug) por quilograma (kg).

Deve-se salientar que uma pessoa que ingere 55 a 60% de calorias derivadas de carboidratos já consome o necessário para substituir o glicogênio muscular no dia a dia. Se um atleta precisa de 4.000 kcal/dia para alcançar o equilíbrio calórico e 55 a 60% delas derivam de carboidratos, serão consumidas de 2.200 a 2.400 kcal (55 a 60% das 4.000 kcal) ou 550 a 600 g de carboidratos. Essa quantidade condiz com o necessário para restaurar o glicogênio muscular a níveis normais 24 horas após o exercício extenuante.[4] Esse dado é importante para considerações de treinamento, e essa dieta "regular" exigiria pouca ou nenhuma alteração a fim de satisfazer a carga de carboidratos (500 a 600 g/dia), descrita por Sherman para atingir a supercompensação.[118]

No entanto, foram suscitadas preocupações porque a maioria dessas diretrizes se baseou em indivíduos do sexo masculino, com ingestões calóricas altas ou muito altas. Quando aplicados às mulheres, os resultados não foram consistentes. Sedlock identificou três fatores que determinam a eficácia do carregamento de carboidrato em mulheres:[116]

- Ingestão total de energia: é preciso aumentar a ingestão de calorias e manter alta a porcentagem de carboidratos na dieta (p. ex., 75%).
- A ingestão de carboidratos deve ser ≥ 8 g/kg de peso corporal.

- A fase do ciclo menstrual pode afetar o resultado; mulheres podem armazenar mais glicogênio durante a fase luteínica.

Como o glicogênio é armazenado com água (3+ g de água por grama de carboidrato), os atletas precisam ficar atentos a uma possível sensação de repleção e peso, especialmente aqueles que praticam exercícios de levantamento de peso.[116]

Em resumo

- O desempenho em provas de resistência é aprimorado com uma dieta rica em carboidratos, sobretudo graças ao aumento do glicogênio muscular.
- Quando os treinos são reduzidos durante vários dias, ao longo dos quais se consome mais carboidrato (70% da ingestão diária), pode-se atingir uma "supercompensação" do estoque de glicogênio.

Ingestão de carboidrato antes ou durante o desempenho

O foco no glicogênio muscular como principal fonte de carboidrato no exercício intenso sempre reduziu o papel que a glicemia representa para manter a oxidação de carboidrato no músculo. Na revisão de Coggan e Coyle,[31] eles corrigiram essa percepção a exercícios de 3 a 4 horas de duração, nos quais tanto a glicemia como o glicogênio muscular têm contribuições iguais para a oxidação de carboidratos. Na realidade, à medida que o glicogênio diminui, o papel representado pela glicemia aumenta, até que, ao fim das 3 ou 4 horas de exercício, ela pode ser a única fonte de carboidrato. É por isso que a glicemia é um combustível importante no trabalho prolongado e tanta atenção é direcionada na tentativa de manter a concentração glicêmica.

Infelizmente, as reservas de glicogênio do fígado também diminuem com o tempo durante o exercício prolongado e, como a gliconeogênese pode fornecer glicose em uma velocidade de apenas 0,2 a 0,4 g/min, ao passo que os músculos podem consumi-la a uma velocidade de 1 a 2 g/min, a hipoglicemia é uma possibilidade real. A hipoglicemia (concentração glicêmica < 2,5 mmol/L) ocorre quando a velocidade de absorção de glicose não corresponde à produção do fígado e/ou do intestino delgado. Foi demonstrado que a hipoglicemia ocorre durante o exercício a 58% do $\dot{V}O_{2máx}$ por 3h30[10] e a 74% do $\dot{V}O_{2máx}$ por 2h30.[40] Contudo, o número de indivíduos que exibiram disfunção no sistema nervoso central variou de nenhum[53] a apenas 25% dos indivíduos testados.[40] Embora não exista absolutamente nenhuma relação clara entre hipoglicemia e fadiga, a disponibilidade de glicemia como fonte de energia está, sem dúvida, ligada ao desempenho de exercício extenuante prolongado (3 a 4 horas).[31] Como deve ser feita a ingestão de carboidratos antes e durante o exercício para manter a alta taxa de oxidação de carboidrato necessária para o desempenho?

Ingestão de carboidrato antes do desempenho.
O fator tempo e o tipo de carboidrato são importantes para reabastecer os estoques de carboidrato do corpo antes de um desempenho. Um dos primeiros estudos mostrou que, quando se ingeriam 75 g de glicose de 30 a 45 minutos antes de exercícios que exigiam 70 a 75% do $\dot{V}O_{2máx}$, a glicose e a insulina no plasma eram elevadas no início do exercício, e o glicogênio muscular era usado em uma *velocidade mais rápida* durante o exercício.[35] Isso é contrário ao objetivo de poupar glicogênio muscular, e verificou-se que o desempenho era reduzido em 19% com esse tratamento.[56] Ao contrário desse estudo inicial, várias revisões do tema indicam que as respostas da glicemia e da insulina no plasma à ingestão de glicose pré-exercício variam muito (alguns indivíduos sofrem redução da glicemia; a maioria não) e que, em geral, o desempenho no exercício prolongado ou é melhorado ou não sofre alteração.[3,82,117] A ingestão de carboidrato antes do exercício é considerada um meio de aumentar ao máximo as reservas de glicogênio do músculo e do fígado. Em geral, esses procedimentos resultam em aumento da velocidade do uso de carboidratos, porém, em virtude da grande quantidade de carboidrato ingerido, a glicose no plasma é mantida por um tempo maior. Jeukendrup apresenta os seguintes comentários e recomendações sobre as ingestões pré-exercício:[82]

■ A queda na glicemia durante o exercício submáximo (62 a 72% do $\dot{V}O_{2máx}$) após a ingestão de 75 g de carboidrato 1 hora antes do exercício não pode ser prevenida com a ingestão de uma quantia menor (~22 g) ou maior (>155 g) de carboidrato.

■ Carboidratos de alto índice glicêmico ingeridos 1 hora antes do exercício causam respostas de glicemia e insulina maiores do que carboidratos de índice glicêmico baixo ou moderado.

■ A resposta hipoglicêmica é muito variável, havendo alguns atletas muito mais suscetíveis a ela do que outros. O interessante é que essa suscetibilidade não está ligada à sensibilidade à insulina.

■ Para minimizar o risco de hipoglicemia, podem-se ingerir carboidratos imediatamente antes do exercício (nos últimos 5 minutos) ou durante o aquecimento.

■ A forma em que o carboidrato é ingerido não importa. Pode-se usar um produto de carboidrato sólido, líquido ou em gel. Obviamente, o tipo deve ser escolhido pelo atleta.

Atletas mais sensíveis às ingestões de carboidrato pré-exercício (i. e., que sofrem sintomas de hipoglicemia) devem testar diferentes tipos de carboidrato (de índice glicêmico baixo, moderado e alto), ingerir carboidratos imediatamente antes do desempenho ou durante o aquecimento, ou, se nada disso funcionar, evitar carboidratos nos 90 minutos anteriores ao exercício.[82]

Ingestão de carboidrato durante o desempenho.
Ao contrário dos estudos sobre ingestão pré-exercício, em que havia certa variabilidade no resultado, existe um amplo consenso de que ingerir carboidrato durante o exercício adia a fadiga e melhora o desempenho. O interessante é que a melhora no desempenho não parece ter qualquer relação com a economia das reservas de glicogênio muscular. Ele é esgotado na mesma velocidade durante o exercício prolongado vigoroso (70 a 75% do $\dot{V}O_{2máx}$), com ou sem ingestão de carboidrato; o mesmo, porém, não ocorre com o glicogênio hepático.[28,31] A ingestão de carboidrato parece poupar as reservas de glicogênio no fígado por contribuir diretamente com os carboidratos para a oxidação. Caso não se ingira mais carboidrato durante o exercício prolongado, a concentração glicêmica diminui à medida que os estoques no fígado são esgotados, o que resulta em uma velocidade inadequada de oxidação de carboidrato pelo músculo. A ativação do músculo realizada pelo sistema nervoso central é diminuída pela hipoglicemia, o que leva a um resultado de potência menor.[103] Da mesma forma, o valor na escala de percepção de esforço (EPE) é menor com a suplementação de carboidrato durante o exercício prolongado.[24,124] A Figura 23.3 mostra o modelo de Coggan e Coyle de como o carboidrato é fornecido ao músculo durante o exercício prolongado sob condições de ingestão e jejum. A velocidade de esgotamento do glicogênio muscular não é diferente; porém, quando ingerem carboidratos, os indivíduos resistem por mais tempo em razão da maior disponibilidade de glicemia. Esse efeito varia com a dose, sendo uma velocidade maior de ingestão (i. e., 60 g/h *versus* 15 g/h) a que resulta em melhores desempenhos.[120] Qual é o melhor momento para se consumir carboidratos durante o exercício?

Coggan e Coyle indicam que os carboidratos podem ser ingeridos ao longo de todo o exercício ou 30 minutos antes do momento previsto de fadiga, sem alteração no resultado.[31] Essa recomendação condiz com o argumento deles de que é a maior disponibilidade de glicose no fim do exercício que adia a fadiga. Em testes de exercício a 75% do $\dot{V}O_{2máx}$, o tempo até a fadiga foi estendido em cerca de 45 minutos com a ingestão de carboidrato. Como, no fim do exercício, os músculos usam glicemia em uma velocidade de cerca de 1 a 1,3 g/min, deve-se ingerir carboidrato suficiente para fornecer 45 a 60 g (45 min × 1 a 1,3 g/min) a mais de carboidrato. É consenso que isso pode ser atingido com a ingestão de carboidratos em uma frequência em torno de 30 a 60 g/h durante o exercício.[24] Os 120 a 240 g de glicose consumidos (4 h × 30 a 60 g/h) fornecem os 45 a 60 g necessários ao fim do exercício, mas também

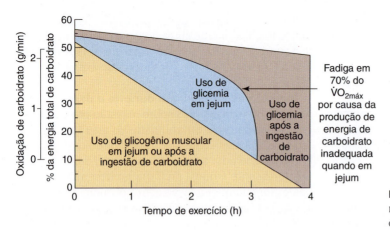

Figura 23.3 Uso de glicemia e de glicogênio muscular, em jejum ou após ingestão de carboidratos, durante o exercício prolongado.

sustentam o metabolismo de carboidrato elevado ao longo de todo o exercício. Soluções de glicose, sacarose ou **polímero de glicose** conseguem manter a concentração glicêmica durante o exercício, mas a palatabilidade da solução é aprimorada se as soluções de polímero de glicose forem usadas em concentrações acima de 10%. Existe evidência de que a ingestão de carboidrato durante o exercício também melhora o desempenho nas atividades de resistência mais curtas (45 a 60 min) e mais intensas (>75% de $\dot{V}O_{2máx}$) e durante esportes de equipe intermitentes.[26] Existe algo que possa ser adicionado a essas bebidas para que elas tenham maior impacto no desempenho?

Há evidências de que a inclusão de cafeína (5,3 mg · kg[-1]) às bebidas carboidratadas melhora o desempenho contrarrelógio sem afetar a oxidação de carboidrato durante o exercício estacionário.[78] Também há respaldo para a adição de proteína às bebidas esportivas carboidratadas, mas não sem exceção. Uma recente revisão sistemática dessa literatura mostrou que, comparada ao carboidrato sozinho, a coingestão de proteína e carboidrato melhorou o tempo até a exaustão, mas não os desempenhos contrarrelógio; portanto, a melhora pareceu depender do teste utilizado para avaliar o desempenho.[33] Quando as bebidas eram ajustadas para se adequar ao total de calorias (visto que, em algumas delas, as proteínas acrescentadas aumentavam o conteúdo calórico em relação à bebida só com carboidrato), a melhora no desempenho era reduzida pela metade, mas ainda era uma melhora.[121] Estudos publicados depois dessa revisão encontraram melhora no desempenho de resistência[55] ou não encontraram nenhuma alteração.[17] O interessante é que os resultados foram afetados pelo tipo de teste de desempenho empregado, como mencionado anteriormente. Sem dúvida haverá mais estudos sobre isso no futuro.

Uma nova questão relativa às bebidas carboidratadas surgiu: simplesmente umedecer a boca com a bebida em intervalos regulares durante o desempenho resulta em melhora no desempenho? A resposta parece ser positiva quando aplicada a desempenhos contrarrelógios em ciclistas[27] e corredores.[115] Em um dos estudos, os centros cerebrais (observados usando-se IRM) associados com recompensa foram ativados com o umedecimento da boca com carboidrato, fosse pelo sabor doce (glicose) ou não (maltodextrina).[27] Por outro lado, Beelen et al.[8] não encontraram melhora no desempenho contrarrelógio com esse procedimento quando realizado com atletas bem alimentados (em comparação com aqueles que jejuaram desde a noite anterior).

A entrega de carboidrato do estômago para o intestino delgado aumenta com a concentração de glicose, mas a entrega de líquidos perde ritmo quando a concentração de carboidrato excede 8%. Essa relação entre entrega de glicose e líquidos pode ser balanceada bebendo-se de 375 a 750 mL/h de uma solução de 8% de carboidrato, que entregaria de 30 a 60 gramas de glicose por hora para o sangue.[4,42] Um último comentário: mesmo quando a concentração de glicemia é mantida por infusão de glicose ou ingestão durante o exercício, o indivíduo irá parar em algum momento; isso indica que a fadiga está relacionada a outras funções além da entrega de combustível para os músculos.[31] Veja a atualização sobre bebidas carboidratadas e desempenho no Quadro "Pergunte ao especialista 23.1".

Ingestão de carboidrato pós-desempenho

O grau de depleção do glicogênio muscular varia de acordo com a duração e a intensidade do exercício. O fator limitante na síntese de glicogênio muscular é o transporte de glicose através da membrana celular. Depois de uma sessão de exercício intenso, ocorre aumento da permeabilidade da célula muscular à glicose, aumento na atividade de síntese de glicogênio, e aumento na sensibilidade do músculo à insulina.[80] Para tirar proveito desses fatores, é preciso consumir carboidratos (1,0 a 1,5 g · kg[-1]) dentro de 30 minutos depois do exercício e a intervalos de 2 horas durante até 6

Pergunte ao especialista 23.1

Bebidas carboidratadas e desempenho: perguntas e respostas com o dr. Ronald J. Maughan

Ron Maughan defendeu seu B.Sc. (Fisiologia) e seu PhD pela Universidade de Aberdeen e foi professor em Liverpool antes de retornar a Aberdeen, onde permaneceu por mais 20 anos. Atualmente, trabalha na School of Sport, Exercise and Health Sciences na Loughborough University, Inglaterra. Preside o Nutrition Working Group do Comitê Internacional das Olimpíadas. Seus interesses de pesquisa se concentram em fisiologia, bioquímica e nutrição do desempenho de exercício, com interesse tanto na ciência básica do exercício como nos aspectos aplicados que se relacionam com a saúde e com o desempenho no esporte.

PERGUNTA: Os atletas usam bebidas carboidratadas para melhorar o desempenho. Que tipo de atleta se beneficiaria mais com essa estratégia?

RESPOSTA: Todos os atletas verão utilidade nessas bebidas em algumas situações de treinamento e competição. Durante o exercício, elas são ainda mais importantes quando o tempo de exercício excede 30 a 40 minutos, mas alguns benefícios podem ser evidentes mais depressa que isso. Essas bebidas fornecem carboidrato como fonte de energia, o que é especialmente importante quando não houve oportunidade para a recuperação completa das reservas de carboidrato do corpo desde a última sessão de treinamento ou competição. O carboidrato é um combustível mais eficiente do que a gordura – requer menos oxigênio para uma demanda específica de energia – então, garantir um suprimento adequado é crucial para o desempenho. Essas bebidas também promovem a absorção de água e abastecem o atleta com alguns eletrólitos, por isso são particularmente importantes quando as perdas de suor são altas. Os atletas devem adquirir o hábito de tomar essas bebidas tanto no treinamento como na competição. As sessões de treinamento ficam mais fáceis, o risco de males causados pelo calor é menor e a quantidade de treinamento pode ser mais bem mantida: essas consequências são importantes tanto para aqueles que se exercitam por prazer como para os atletas de elite. A redução na percepção de esforço tem importância especial para as pessoas que se exercitam pela saúde, pois, quando o exercício parece mais fácil, elas têm mais chances de permanecerem fiéis ao programa de exercício, e esses efeitos podem ser sentidos no exercício de duração de menos de 30 minutos. Atletas de força e potência podem treinar por longos períodos, mas muitas vezes não têm consciência da necessidade de reidratação em esportes de resistência. É óbvio que as calorias precisam ser levadas em conta, portanto, aqueles com dietas com restrição de energia podem limitar o uso de bebidas esportivas.

PERGUNTA: Considerando o apoio da pesquisa existente a favor dessa estratégia, quais são as questões mais importantes que ainda restam ser respondidas?

RESPOSTA: Muitas questões ainda estão sem resposta, mas elas estão mais relacionadas à aplicação da ciência básica em situações práticas. Os ingredientes básicos das bebidas esportivas de carboidrato-eletrólito (água, açúcar e sal) não mudaram muito, mas precisamos entender melhor a formulação ideal para o uso em diferentes situações. Sabemos agora que uma mistura de diferentes carboidratos, incluindo glicose e frutose, pode aumentar a disponibilidade e a oxidação dos carboidratos ingeridos e intensificar o desempenho mais do que bebidas apenas com glicose. Há situações em que um teor maior ou menor de carboidrato conviria mais, e os atletas precisam saber que diferentes bebidas podem ser mais adequadas a condições de exercício e ambiente distintas. Eles também precisam saber como avaliar suas necessidades individuais de combustível e de hidratação e como elas mudam em diferentes situações. Existe um questionamento sobre a necessidade de reposição de eletrólitos em diferentes situações e precisamos aprender como identificá-los em risco de sub ou hiper-hidratação. Também é preciso aprender como comunicar o conhecimento atual de forma mais eficiente para os atletas e treinadores, e esse talvez seja o maior desafio que encaramos atualmente.

PERGUNTA: Existem diferenças entre as bebidas carboidratadas tradicionais e as novas "bebidas energéticas" que anunciam melhorar o desempenho?

RESPOSTA: Em geral, as novas bebidas energéticas contêm altíssimo teor de açúcar, logo energia, e também costumam conter cafeína para dar uma sensação de mais energia. Essas bebidas podem ter desvantagens em certas situações. Por conta do alto teor de carboidrato, a osmolalidade dessas bebidas é muito alta, e o corpo, na verdade, secreta água no intestino delgado depois que elas foram ingeridas. Embora seja um efeito transitório, isso exacerba qualquer desidratação e pode causar desconforto gastrintestinal. Algumas das bebidas energéticas mais recentes sequer contêm energia: contêm apenas cafeína (além de sabores artificiais, etc.) para dar uma sensação de mais energia. Embora doses moderadas de cafeína possam ajudar o desempenho, as altas doses em alguns desses produtos podem aumentar o risco de desidratação causada pelo aumento de perda na urina e podem levar à supraexcitação, que resulta em desempenho mais fraco em determinadas tarefas de habilidade. Alguns atletas também relatam que altas doses de cafeína dificultam o sono à noite quando ingeridas em competições realizadas no fim da tarde ou no começo da noite.

horas para repor os estoques de glicogênio rapidamente. Alimentos com alto valor glicêmico são melhores nesse aspecto. Além disso, foi demonstrado que a ingestão combinada de uma quantidade menor de carboidrato ($0,8$ g $\cdot$ kg^{-1} $\cdot$ h^{-1}) com uma pequena quantidade de proteína ($0,2 - 0,4$ g $\cdot$ kg^{-1} $\cdot$ h^{-1}) é tão eficiente quanto a ingestão de $1,2$ g $\cdot$ kg^{-1} $\cdot$ h^{-1} de carboidrato.[9] Entretanto, se o tempo não for crucial, comer uma proporção equilibrada de carboidratos, gorduras e proteínas atingirá tanto a reposição de carboidratos como a promoção de uma taxa ideal de síntese de proteína muscular necessária para o reparo do tecido e a hipertrofia.[4]

> ### Em resumo
>
> - Ingestões de carboidrato pré-exercício são usadas para abastecer as reservas de carboidrato do corpo. Pessoas com sintomas de hipoglicemia devem testar diferentes métodos ou evitar esse procedimento.
> - A taxa de depleção do glicogênio muscular é a mesma, independentemente da ingestão ou não de glicose durante o desempenho prolongado.
> - A ingestão de soluções de glicose durante o exercício estende o desempenho por fornecer carboidrato ao músculo quando está ocorrendo depleção do glicogênio muscular.
> - Para repor os estoques de glicogênio rapidamente depois do exercício, deve-se consumir carboidratos (1,0 a 1,5 g · kg^{-1}) nos primeiros 30 minutos após o exercício e em intervalos de 2 horas ao longo de 6 horas.

Proteína

A ingestão diária recomendada (IDR) de proteína é 0,8 g · kg^{-1} · d^{-1}, o que é facilmente atingido com uma dieta com 12% de sua energia (kcal) derivada de proteína. Por exemplo, se a necessidade de energia diária para um homem adulto que pesa 72 kg for de 2.900 kcal/dia, cerca de 348 kcal são ingeridas na forma de proteína (12% de 2.900 kcal). Em 4 kcal/g, essa pessoa consumiria cerca de 87 g de proteína ao dia, o que representa 1,2 g · kg^{-1} · d^{-1} (87 g/70 kg) ou 50% a mais do que o padrão da IDR. Um atleta precisa ingerir mais proteína do que especificado na IDR ou a dieta normal basta? Por mais confuso que possa parecer, tudo indica que a resposta para as duas perguntas seja sim.

Necessidades de proteína e exercício

A adequação de ingestão de proteína foi baseada, sobretudo, em estudos de balanço nitrogenado. Cerca de 16% do peso da proteína é N e, quando a ingestão de N (proteína alimentar) se iguala à excreção de N, a pessoa tem balanço nitrogenado. A excreção de menos N do que é consumido é chamada de balanço nitrogenado positivo, ao passo que a excreção de mais N do que é consumido é chamada de balanço nitrogenado negativo. Esta última condição, se mantida, não convém à boa saúde por conta do potencial de perda de massa magra. Com base nos estudos de balanço nitrogenado, era consenso geral que o padrão de IDR de 0,8 g · kg^{-1} · d^{-1} era adequado a indivíduos envolvidos em exercício prolongado. Nesses estudos, a excreção urinária de nitrogênio costumava ser usada como índice de excreção de N, vis-

to que cerca de 85% do N é excretado dessa forma.[90] No entanto, alguns experimentos sugerem que esse método de medição pode subestimar a utilização de aminoácidos no exercício. Lemon e Mullin[91] verificaram que, embora não haja diferença na excreção urinária de N em comparação com o repouso, a perda de N no suor aumentou de 60 a 150 vezes durante o exercício, sugerindo que até 10% da necessidade de energia do exercício era atendida pela oxidação de aminoácidos.

Outros estudos, utilizando técnicas diferentes, deram respaldo a essas observações. Demonstrou-se que o músculo libera alanina, um aminoácido, em proporção com a intensidade do exercício[54] e que a alanina é usada na gliconeogênese no fígado para gerar nova glicose plasmática. Vários pesquisadores administraram um isótopo estável (marcador ^{13}C) do aminoácido leucina para estudar a velocidade em que os aminoácidos são mobilizados e oxidados durante o exercício. Em geral, a taxa de oxidação (medida pela aparição de $^{13}CO_2$) é mais alta durante o exercício do que no repouso tanto em ratos como em seres humanos.[43,75,130] Considerados em grupo, esses estudos sugerem que os aminoácidos são mais usados como combustível durante o exercício do que se acreditava antigamente. Também sugerem que a necessidade de proteína para atletas envolvidos em exercício prolongado é mais alta do que a IDR.[90] Contudo, há mais coisas nessa história.

Oxidação de aminoácidos. Parte da justificativa para haver maior necessidade de proteína em pessoas que se exercitam se baseia em trabalhos usando isótopos de aminoácido cujo metabolismo podia ser rastreado durante o exercício. Ou seja, se um aminoácido for metabolizado, o "marcador" $^{13}CO_2$ é exalado e pode ser utilizado como marcador de sua taxa de uso. O aminoácido essencial leucina foi usado como representante da reserva de aminoácidos. A pesquisa mencionada anteriormente mostrou que a oxidação de leucina aumenta com o exercício.[43,75,130] Isso implica que o catabolismo da proteína é maior durante o exercício do que em repouso. Wolfe et al.[137] confirmaram essa maior taxa de oxidação de leucina durante o exercício, mas não conseguiram provar o aumento na produção de ureia, um índice fundamental do catabolismo de proteína. Concluiu-se que o N contido na leucina não chega ao N da ureia do plasma em resultado do exercício;[135,136] em vez disso, o N na leucina é transferido para mediadores (piruvato) para formar alanina, a qual é usada depois no fígado, na gliconeogênese.

Esses resultados levantaram outras questões, portanto, outro experimento foi conduzido para verificar se, de fato, a leucina era representativa da reserva de aminoácidos. Os pesquisadores usaram o aminoácido lisina e encontraram resultados diferentes nos mesmos procedimentos experimentais. Com base nos experimentos, Wolfe et al.[136,137] concluíram que a leucina não pode ser usada como modelo do metabolismo proteico de todo o corpo durante o exercício, que as mudanças (ou ausência delas) na produção de ureia durante o exercício podem não refletir um retrato preciso da proteólise e, por fim, que os dados não justificavam o aumento da ingestão de proteína em pessoas que se exercitam.[136,137] Uma revisão concorda com essa proposta e indica que, mesmo que a necessidade de leucina seja 3 vezes a IDR em pessoas que se exercitam, a dieta mista de um atleta comum basta para atender a essas necessidades.[19] Isso nos leva de volta aos estudos de balanço nitrogenado como ponto focal para determinar as necessidades proteicas dos atletas.

Estudos de balanço nitrogenado em todo o corpo. Tudo indica que a capacidade de manter o equilíbrio de nitrogênio durante o exercício depende dos seguintes fatores:[19,21,89-91]

- Estado de treinamento do indivíduo.
- Qualidade e quantidade de proteína consumida.
- Total de calorias consumidas.
- Reservas de carboidrato do corpo.
- Intensidade, duração e tipo (força *versus* resistência) do exercício.

Quando se mede a utilização de proteína durante os primeiros dias de um programa de exercício, pessoas previamente sedentárias mostram um balanço nitrogenado negativo (Fig. 23.4). Entretanto, depois de cerca de 12 a 14 dias de treinamento, essa condição desaparece e a pessoa consegue manter o balanço nitrogenado.[64] Por isso, dependendo do ponto do programa de treinamento em que se fazem as medições, pode-se concluir que são necessárias mais proteínas (durante a adaptação ao exercício) ou que as necessidades proteicas podem ser atendidas pela IDR (depois que a adaptação estiver completa).[21] Butterfield indica que, em estudos de balanço nitrogenado, o tempo necessário para se atingir uma nova estabilidade depende da magnitude da mudança do nível de ingestão de N, bem como da quantidade absoluta de N consumido, e que o mínimo recomendado para um período de adaptação de 10 dias pode ser inadequado quando a ingestão de N é muito alta.[19]

Outro fator que influencia a conclusão de que se atingiriam as necessidades proteicas durante o exercício é se a pessoa está em equilíbrio calórico, ou seja, se está ingerindo kcal suficiente para compensar o custo do exercício adicional. Demonstrou-se, por exemplo, que, ao aumentar a ingestão de energia em mais de 15% do que o necessário para se manter o peso, ocorreu um aumento na retenção de N durante o exercício quando esses indivíduos consumiam apenas 0,57 g · kg^{-1} · d^{-1} de proteína da clara do ovo.[21] Em um estudo paralelo do mesmo grupo,[123] um déficit de 15% em ingestão de energia foi criado enquanto os indivíduos consumiam 0,57 ou 0,8 g · kg^{-1} · d^{-1} de proteína da clara do ovo. Ao ingerir 15% a menos de calorias do que o necessário, a ingestão de proteína de 0,8 g · kg^{-1} · d^{-1} se associava com um balanço nitrogenado negativo de 1 g · d^{-1}. No entanto, quando os indivíduos faziam 1 ou 2 horas de exercício, esse balanço nitrogenado negativo melhorava para uma perda de apenas 0,51 ou 0,27 g · d^{-1}, respectivamente. Durante o tratamento em que os indivíduos ficavam em equilíbrio calórico, a IDR de 0,8 g · kg^{-1} · d^{-1} era suficiente para atingir um balanço nitrogenado positivo em ambas as durações de exercício. Fica claro, portanto, que para tirar conclusões apropriadas sobre a adequação de ingestão proteica, a pessoa precisa estar em equilíbrio energético.

Um último fator nutricional que pode influenciar a taxa do metabolismo de aminoácido durante o exercício é a disponibilidade de carboidrato. Lemon e Mullin[92] mostraram que a quantidade de ureia encontrada no suor era reduzida pela metade quando os indivíduos estavam com carga de carboidrato em oposição a quando estavam com o carboidrato esgotado (Fig. 23.5). Além disso, como mostra a Figura 23.6, a ingestão de glicose durante a segunda metade de um teste de exercício de 3 horas a 50% do $\dot{V}O_{2máx}$ reduz a taxa de oxidação do ami-

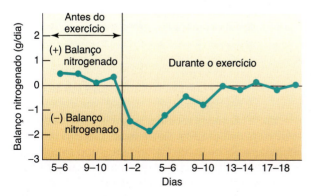

Figura 23.4 Efeito do exercício no balanço nitrogenado.

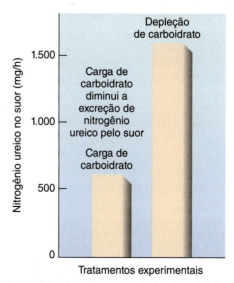

Figura 23.5 Efeito dos níveis iniciais de glicogênio muscular na excreção de nitrogênio ureico pelo suor durante o exercício. Alto nível de glicogênio muscular diminui a excreção de nitrogênio ureico pelo suor durante o exercício.

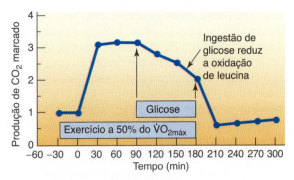

Figura 23.6 Efeito da ingestão de glicose na taxa do metabolismo do aminoácido leucina. A ingestão de glicose reduz a taxa de oxidação do aminoácido.

noácido leucina.[43] Portanto, não apenas o balanço calórico é importante no metabolismo da proteína, mas a capacidade da dieta de fornecer carboidrato adequado também deve ser levada em conta.

Necessidades de proteína para atletas

De quanta proteína um atleta precisa? Para responder a essa pergunta, é preciso considerar o fato de que a IDR para proteína varia de um país para outro (de 0,8 a 1,2 g · kg^{-1} · d^{-1}) e que a maioria desses padrões não considera o exercício vigoroso realizado pelos atletas. Os holandeses consideraram e ofereceram 1,5 g · kg^{-1} · d^{-1} como padrão para atletas.[88] Portanto, volta-se à questão: quanta proteína é necessária? Isso depende da condição atlética do indivíduo, bem como da intensidade e do tipo de exercício. O Food and Nutrition Board do Institute of Medicine afirmou que existem poucas ou nenhuma evidência de que seja necessário mais que 0,8 g · kg^{-1} · d^{-1} de proteína para adultos saudáveis praticantes de exercícios de força ou resistência.[79] Por outro lado, para populações de atletas de elite que realizam exercícios de resistência de alta intensidade, o consenso geral é que a exigência seja entre 1,2 e 1,4 g · kg^{-1} · d^{-1},[19,87-89] o que é apoiado por uma Position Stand recente da ACSM sobre esse tópico.[4] Contudo, no caso do treinamento de força, há um histórico de menos consenso. Butterfield[19] acreditava que 0,9 g · kg^{-1} · d^{-1}, número próximo à IDR, seria suficiente para a "manutenção" das reservas existentes de proteína no corpo de atletas de força. Para atletas de treinamento de força de elite que estão aumentando a massa muscular, a necessidade pode chegar a 1,7 g · kg^{-1} · d^{-1}.[4] A faixa recomendada atualmente para treinamento de força, 1,2 a 1,7 g · kg^{-1} · d^{-1}, tem sido constantemente defendida nos últimos 20 anos e é improvável que se altere em um futuro próximo.[4,19,87,108,122] É importante que o atleta se lembre de manter o equilíbrio calórico por causa das consequências que um balanço calórico negativo pode ter no balanço nitrogenado. O consenso geral e a estabilidade dessas recomendações para ingestão de proteína não significam que não haja mais questões com que lidar. As questões atuais giram em torno do momento da ingestão de proteína para ganhos máximos na massa muscular e se determinados tipos de proteína são melhores do que outros (ver Quadro "Vencendo Limites 23.1").

Outra maneira de tratar essa questão é considerar a necessidade de proteína de um ser humano desde a infância até a fase adulta. A IDR de proteína é 1,5 g · kg^{-1} · d^{-1} durante o segundo semestre de vida, baixa para 0,95 g · kg^{-1} · d^{-1} entre os 4 e 8 anos de idade e atinge o valor adulto de 0,8 g · kg^{-1} · d^{-1} aos 18 anos (Apêndice E Ingestão dietética de referência: macronutrientes). Durante esse período, o peso corporal do indivíduo pode aumentar 10 vezes (7 a 70 kg). Isso não difere do que foi mencionado anteriormente sobre a adaptação ao exercício. Durante os primeiros dias de um programa de treinamento de exercício, quando os músculos estão se adaptando ao exercício novo, a necessidade de proteína pode ser maior do que a IDR, e dados de Gontzea[64,65] apoiam essa proposição. Contudo, depois que a pessoa tiver se adaptado ao exercício, a necessidade se reverteria à IDR.

No início desta seção sobre necessidades de proteína para atletas, colocou-se uma questão: um atleta precisa ingerir mais proteína do que a IDR ou a dieta normal basta? Durante o treinamento de força ou resistência intenso, a necessidade de proteína pode ser maior que a IDR. Portanto, a resposta é sim para essa parte da questão. A resposta para a segunda parte também é sim, pois a pessoa comum geralmente ingere 50% de proteína a mais do que a IDR. Brotherhood[17] relata que a dieta normal de atletas tem cerca de 16% de proteína, o que excede 1,5 g · kg^{-1} · d^{-1} (88% a mais do que IDR). Esses valores excedem a IDR para crianças pequenas, que estão em estado crônico de balanço nitrogenado positivo, e se aproximam do limite superior das recomendações (1,2 a 1,7 g · kg^{-1} · d^{-1}.[4,19,88,89] Para sustentar a ingestão de proteína alimentar suficiente, dois estudos recentes confirmaram que os suplementos de proteína não ofereciam vantagens em termos de ganho de força em um programa de treinamento de força, nem em atletas jovens treinados com experiência[74] nem em idosos que sofriam de sarcopenia.[22] Ao que parece, enquanto os cientistas lidam com questões do efeito do exercício na oxidação de aminoácidos e da extensão em que a IDR para atletas é maior do que 0,8 g · kg^{-1} · d^{-1}, o atleta que segue um padrão alimentar normal, consumindo proteínas mais do que suficientes para suprir as necessidades associadas ao exercício, supondo que a ingestão calórica é adequada.

Foram suscitadas algumas preocupações sobre o consumo excessivo de proteína alimentar, sobretudo em relação a atletas amenorreicas.[20] Dietas ricas em proteína levam a aumento na excreção de Ca^{++} e, durante muitos anos, acreditou-se que a absorção de Ca^{++} era de origem óssea e que era uma preocupação real para a atleta amenorreica.[50,71] Estudos recentes sugerem o contrário. Dietas de curta duração com alto valor de proteína provaram aumentar a absorção de Ca^{++} no intestino simultaneamente e não há evidência de impacto nos estoques líquidos de Ca^{++} ósseo. Todavia, atletas com dieta pobre em proteína mostraram uma redução na absorção de Ca^{++} do

Vencendo limites 23.1

Planejamento da ingestão de proteína para efeito máximo

Não há dúvida de que, ao seguir um treinamento de força, a síntese de proteína muscular (SPM) aumente. No entanto, ela aumenta ainda mais quando se ingerem ou infundem aminoácidos do que em estado de jejum. Por motivos práticos óbvios, o foco ficou na ingestão, e não na infusão, e foram feitas as seguintes observações sobre como obter resultados máximos:[73,81,109]

- A SPM é ativada com mais força quando há aminoácidos disponíveis na primeira hora após o treino.
  - Esse método de planejamento da ingestão de proteína é ainda mais importante para idosos.
- A proteína de soro de leite (20% de proteína do leite) é digerida com mais rapidez do que a proteína de caseína (80% de proteína do leite) ou de soja e gera um nível mais alto de aminoácidos essenciais (AAE) no sangue, sendo estes uma força motriz para a SPM.
  - A proteína caseína fornece uma resposta mais contínua de aminoácidos essenciais, o que faz do leite uma boa bebida pós-exercício, pois ele contém as duas proteínas naturalmente.
- Há apenas informações limitadas sobre o impacto dessas ingestões de proteína pós-exercício ao longo de um programa de treinamento de força pleno, mas as evidências existentes apoiam a recomendação.
- Alguns recomendam que o suplemento seja composto de carboidrato e proteína para tirar proveito da resposta de insulina,[81] enquanto outros não veem necessidade de carboidrato quando a ingestão de proteína é adequada.[109]
- A quantidade de proteína de alta qualidade necessária após o exercício para estimular ao máximo a SPM é baixa (~25 g), contendo de 8 a 10 g de AAE,[109] embora outros recomendem (para uma pessoa de 70 kg) de 35 a 40 g de proteína mais 70 a 84 g de carboidratos.[81]

Uma revisão recente levantou algumas questões sobre essa ideia de uma "janela anabólica" pós-exercício relativa à síntese de proteínas. Os autores observaram que muitos estudos usaram suplementação de proteína pré e pós-exercício, dificultando avaliar a questão do cronograma. Além disso, a maioria dos estudos não conseguiu combinar a ingestão de proteína total entre as condições, e o suplemento em geral continha quantidades excessivamente conservadoras (10 a 20 g) de proteína. Por fim, como os estudos usaram principalmente indivíduos não treinados, não estava claro como os resultados se aplicavam a indivíduos treinados.[5] Com relação à questão da quantidade de proteína usada, uma análise dos estudos na qual foi observado um efeito positivo no músculo e na força, os suplementos de proteína eram cerca de 60% maiores do que a ingestão habitual de proteínas dos indivíduos.[15] Trata-se, claramente, de uma área de pesquisa estimulante e é certo que veremos um quadro mais completo no futuro próximo.

---

intestino, e o uso prolongado dessas dietas poderia comprometer gravemente a saúde esquelética.[84,85]

Por outro lado, foram expressas preocupações de que atletas vegetarianos poderiam não conseguir atender à necessidade proteica. Uma revisão recente feita por Venderley e Campbell[127] relatou que as ingestões de proteína variavam de 10 a 12%, 12 a 14% e 14 a 18% em veganos, ovolactovegetarianos e onívoros, respectivamente. Os ovolactovegetarianos têm fácil acesso a proteína de qualidade em ovos e laticínios. Já os atletas veganos não, e eles podem se beneficiar com um planejamento alimentar cuidadoso com um nutricionista esportivo para atingir seus objetivos de desempenho.[127] Consulte, nas "Sugestões de leitura", uma revisão recente de Fuhrman e Ferreri, bem como o posicionamento de Borrione, Grasso, Quaranta e Parisi que trata dessa questão.

> **Em resumo**
>
> - A necessidade de proteína para pessoas envolvidas em exercício de resistência leve a moderado é igual à IDR de 0,8 g · kg⁻¹ · d⁻¹; contudo, é de 1,2 a 1,4 g · kg⁻¹ · d⁻¹ para atletas que praticam exercício de resistência de alta intensidade.
> - No caso do treinamento de força, a faixa recomendada de ingestão de proteína é 1,2 a 1,7 g · kg⁻¹ · d⁻¹.
> - Conclusão: a ingestão média de proteína de um atleta excede 1,5 g · kg⁻¹ · d⁻¹, mais que o suficiente para atender a maioria das necessidades proteicas.

Água e eletrólitos

O Capítulo 12 descreveu em alguns detalhes a necessidade de dissipar calor durante o exercício a fim de minimizar o aumento da temperatura no centro do corpo. O principal mecanismo de perda de calor em níveis altos de exercício em ambiente confortável, e em todos os níveis de trabalho em um ambiente quente, é a evaporação do suor. As taxas de suor aumentam em relação direta com a intensidade do exercício e, em clima quente, as taxas de suor podem chegar a 2,8 litros por hora.[34] Apesar das tentativas de repor água durante maratonas, alguns corredores perdem 8% de seu peso corporal.[34] Como perdas de água maiores de 2% têm efeitos adversos no desempenho de resistência, sobretudo no calor, há uma necessidade evidente de manter o equilíbrio de água.[2,4] Obviamente, perdem-se outras coisas além de água no suor. Uma taxa de suor maior significa que uma grande variedade de eletrólitos, como Na^+, K^+, Cl^- e Mg^{++}, também é perdida.[34] Esses eletrólitos são necessários para o funcionamento normal de tecidos excitáveis, enzimas e hormônios. Não deve ser surpresa, portanto, que os pesquisadores se preocupam com a forma ideal de repor água e eletrólitos para reduzir a probabilidade de problemas de saúde e aumentar a chance de desempenho ideal.[95]

Reposição de líquidos: antes do exercício

O objetivo da pré-hidratação é ficar hidratado (ter um índice de água corporal normal) antes do início do exercício ou competição. Em geral, com tempo suficiente (8 a 24 horas) entre o fim de um exercício (competição) e o início do próximo, os alimentos e bebidas consumidos nas refeições serão o bastante. Se o período for curto demais, os seguintes passos podem ser realizados:[2,4]

- Ingerir bebidas aos poucos (p. ex., ~5 a 7 mL · kg^{-1}) pelo menos 4 horas antes do exercício.
- Se não for produzida urina ou se ela for de tonalidade escura, ingerir mais líquidos (p. ex., ~3 a 5 mL · kg^{-1}) 2 horas antes do exercício.
- Ingerir bebidas com sódio (20 a 50 mEq · L^{-1}) ou alimentos salgados ajudaria a reter líquidos.

Alguns pesquisadores usaram grandes volumes de água ou empregaram glicerina[96] para criar um estado hiper-hidratado (índice de água corporal maior que o normal) antes do exercício; inclusive, alguns estudos oferecem diretrizes para uma dose ideal de glicerina para atingir esse objetivo.[66,126] No entanto, não há evidências claras de que isso resultaria em melhor desempenho se comparado com a hidratação[2] e a prática de usar glicerina é desaconselhada.[4]

Reposição de líquidos: durante o exercício

O objetivo de ingerir bebidas durante o exercício é reduzir a probabilidade de se desidratar em excesso (2% de perda do peso corporal causada por déficit de água).[2] Felizmente, em alguns esportes em que a partida é intermitente (futebol americano, tênis, golfe), a reposição de água durante a atividade é possível, mas alguns atletas podem precisar ser lembrados de ingerir fluidos durante os intervalos.[61] Contudo, em eventos esportivos como maratona, não há pausas formais na atividade que permitam a reposição. Nessas atividades, em que uma taxa alta de produção de calor se alia a possíveis problemas de calor e umidade do ambiente, o atleta corre grande risco. Estudos confirmam a necessidade de repor líquidos ao mesmo tempo em que são perdidos durante o exercício, para manter a frequência cardíaca e as respostas da temperatura corporal em um nível moderado.[68,110] A Figura 23.7 mostra as mudanças na temperatura esofágica, na frequência cardíaca e na escala de percepção de esforço durante 2 horas de exercício em 62 a 67% do $\dot{V}O_{2máx}$ em quatro condições de reposição de líquidos: (a) sem líquidos, (b) com pouco líquido (300 mL/h), (c) com líquido moderado (700 mL/h) e (d) com muito líquido (1.200 mL/h). O líquido era uma "bebida esportiva" contendo 6% de carboidrato e eletrólitos.[41] Como se pode ver, há diferenças pronunciadas nas

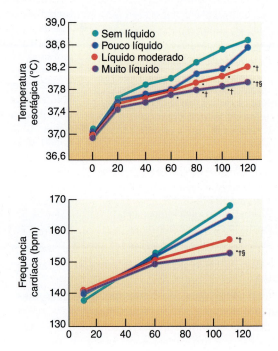
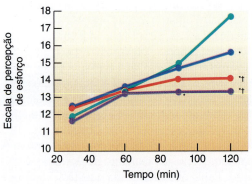

Figura 23.7 Temperatura central (temperatura esofágica), frequência cardíaca e percepção do esforço durante 120 minutos de exercício sob quatro condições: sem a ingestão de líquido ou a ingestão de volumes pequenos (300 mL/h), moderados (700 mL/h) ou grandes (1.200 mL/h) de líquido. Uma pontuação de 17 para percepção de esforço corresponde a "muito intenso", 15 é "intenso" e 13 é "pouco intenso". Os valores são médias ± do EP.
* Significativamente menor que sem líquido, $P < 0,05$.
† Significativamente menor que pouco líquido, $P < 0,05$.
§ Significativamente menor que líquido moderado, $P < 0,05$.

respostas ao longo do tempo. A frequência cardíaca, a temperatura corporal e a percepção de esforço menores estão ligadas às maiores frequências de reposição de líquidos.[38,41] Deve-se acrescentar que, embora a maior parte da atenção sobre reposição de líquidos se direcione a praticantes de exercícios de resistência prolongados, é óbvio que o mesmo vale para praticantes de exercício intermitente.[119] Como a reposição de líquidos durante o exercício tem benefícios claros, quanto líquido deve-se ingerir por vez? Ele deve estar frio ou quente? Deve conter eletrólitos e glicose?

Costill et al.[36,39] deram algumas das primeiras respostas a essas perguntas. Um estudo examinou os efeitos do volume, da temperatura e da concentração de glicose do líquido, bem como da intensidade do exercício na frequência em que o líquido sai do estômago para o intestino delgado. Eles determinaram esses fatores dando ao indivíduo o líquido em questão e, 15 minutos depois, aspirando o conteúdo do estômago. A Figura 23.8 resume os resultados desse estudo. Uma concentração de glicose acima de 139 mM (2,5%) reduziu a velocidade do esvaziamento gástrico (i. e., maior resíduo, Fig. 23.8a). O volume ideal a ser ingerido foi de 600 mL (Fig. 23.8b) e bebidas mais frias pareceram ser esvaziadas com maior velocidade (i. e., menor resíduo; Fig. 23.8c). Por fim, o exercício não afetou o esvaziamento gástrico até a intensidade exceder 65 a 70% do $\dot{V}O_{2máx}$ (Fig. 23.8d). Usando a mesma técnica, que se demonstrou válida,[57] estudos confirmaram que intensidades abaixo de 75% do $\dot{V}O_{2máx}$ não afetam a taxa de esvaziamento gástrico,[97] e que não há diferença entre corrida e ciclismo na taxa de esvaziamento gástrico para intensidades de exercício entre 70 e 75% do $\dot{V}O_{2máx}$.[76,97,113] Todavia, foi provado que a desidratação e/ou a alta temperatura corporal adiam o esvaziamento gástrico.[98,112] Embora a maior parte das pesquisas posteriores apoiem as descobertas apresentadas na Figura 23.8, a única exceção está relacionada ao teor de carboidrato da bebida.

No estudo original,[36] a eficácia de uma bebida foi avaliada 15 minutos depois da ingestão, aspirando-se o conteúdo do estômago. Davis et al.[46,47] questionaram o uso da técnica de aspiração, visto que ela só mede o quanto de líquido sai do estômago, e não o quanto é absorvido de fato pelo sangue a partir do intestino delgado. Eles utilizaram água pesada (D_2O) como marcador de absorção de líquido a partir do trato gastrintestinal para o sangue e verificaram que uma solução de 6% de glicose-eletrólito era absorvida com velocidade igual ou maior do que a água em repouso[47] ou durante o exercício.[46] Outros dois estudos que empregaram a técnica de aspiração[94,105] verificaram que, quando uma solução de 10% de glicose ou soluções de polímero de glicose com 5 a 10% de carboidrato eram ingeridas em intervalos de 15 a 20 minutos durante o exercício prolongado a 65 a 70% do $\dot{V}O_{2máx}$, não havia diferença na taxa de esvaziamento gástrico de nenhuma dessas soluções comparadas com a água. O melhor desempenho das bebidas carboidratadas nos estudos mais recentes pode estar relacionado aos procedimentos experimentais, que incluíram a ingestão de pequenos volumes (~200 mL) a intervalos regulares (15 a 20 minutos) durante o exercício prolongado, com realização de aspiração ao fim de toda a sessão de exercício (e não 15 minutos após a ingestão). Outro benefício dessas soluções de glicose é o fato de que o carboidrato extra ajuda a manter a glicemia durante o exercício (ver discussão anterior). Deve-se acrescentar, porém, que bebidas com mais de 8% de glicose perma-

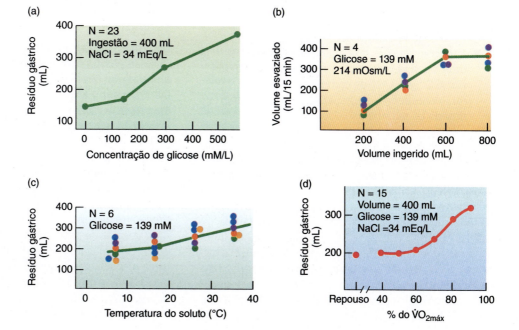

Figura 23.8 Efeito do volume de líquido, da concentração de glicose, da temperatura do soluto e da intensidade do exercício na taxa de absorção de líquidos pelo trato gastrintestinal.

necem no estômago por mais tempo, o que faz com que algumas pessoas reclamem de incômodo gastrintestinal.[2,4] Se a ingestão de líquido é mais importante e o carboidrato é secundário, deve-se ajustar a bebida de acordo com esses dados.

Como as taxas de suor variam muito entre as pessoas, recomenda-se que os indivíduos estimem suas taxas de suor (medindo sua massa antes e depois do exercício ou competição e considerando o volume de líquido ingerido) para determinar quanto se deve beber. Além disso, devem "praticar" a ingestão de bebida nas sessões de rotina, para determinar se causam algum efeito para eles. Devem-se considerar as seguintes recomendações relativas à bebida no esporte:[2,79]

■ A temperatura deve estar entre 15 e 21°C.
■ A bebida deve conter ~20 a 30 mEq $\cdot$ L^{-1} de sódio e 2 a 5 mEq $\cdot$ L^{-1} de potássio.
■ Deve também conter 5 a 10% de carboidrato.

As maiores taxas de entrega de carboidrato ocorrem quando se utiliza uma mistura de açúcares (p. ex., glicose, sacarose, frutose, maltodextrina).[2] É interessante que, ao contrário da crença generalizada, o consumo de cafeína *não* cria um distúrbio eletrolítico ou hipertermia, tampouco reduz a tolerância ao calor e ao exercício.[6]

Oferece-se uma variedade de valores para os eletrólitos e carboidratos, para possibilitar que as bebidas atendam melhor as necessidades previstas. Gisolfi e Duchman[62] apresentam as seguintes orientações:

■ Durante exercícios que durem menos de 1 hora (80 a 130% do $\dot{V}O_{2máx}$), o atleta deve beber de 500 a 1.000 mL de água.
■ Para exercício com duração entre 1 e 3 horas (60 a 90% do $\dot{V}O_{2máx}$), a bebida deve conter 10 a 20 mEq de Na^+ e Cl^-, e 6 a 8% de carboidrato; de 500 a 1.000 mL/h atendem à necessidade de carboidrato e de 800 a 1.600 mL/h atendem à necessidade de líquido.
■ Para competições com mais de 3 horas de duração, a bebida deve conter 20 a 30 mEq de Na^+ e Cl^-, e 6 a 8% de carboidrato; de 500 a 1.000 mL/h atendem às necessidades de carboidrato e líquido da maioria dos atletas.

Devem-se fazer compensações para diferenças individuais na frequência e no volume de ingestão.[61] A adição de sal nas bebidas aumenta sua palatabilidade, promove a absorção de líquido e carboidrato e repõe parte dos eletrólitos perdidos durante a atividade. Outro motivo por que o sódio foi acrescentado a bebidas está relacionado com preocupações relativas ao potencial de hiponatremia, uma concentração de Na^+ perigosamente baixa que pode ocorrer quando alguém se hidrata apenas com água ou bebidas hipotônicas durante competições extremamente longas (> 4 horas) de ultrarresistência.[2,4,101,128] (Ver Quadro "Vencendo limites 23.2".)

Reposição de líquidos: depois do exercício

Gisolfi e Duchman[62] também conceberam uma bebida para recuperação compatível com a necessidade de repor eletrólitos e glicogênio muscular: a bebida deve conter 30 a 40 mEq de Na^+ e Cl^-, e proporcionar 50 g de carboidrato por hora. Se o indivíduo precisa se reidratar rapidamente, recomenda-se a ingestão de ~1,5 L de líquido para cada quilograma de peso perdido, a fim de compensar o aumento de produção de urina.[2] Pode-se usar uma bebida esportiva ou outras bebidas para se reidratar após o exercício, e bebidas geladas (p. ex., 10°C) parecem ser mais eficazes.[106] Um estudo comparou uma bebida com carboidrato-eletrólito (CE) com o leite desnatado. Os indivíduos consumiram 150% do peso corporal perdido como resultado de uma sessão de exercício no calor. Três horas depois de ingerirem as bebidas, os indivíduos atingiram a eu-hidratação com a bebida CE e ficaram ligeiramente hiper-hidratados com o leite desnatado. O leite forneceu 113 g de carboidrato, enquanto a bebida com CE forneceu 137; no entanto, o leite também proporcionou 75 g de proteína, o que possibilitou que o leite atendesse a várias necessidades durante a recuperação.[129]

Sal (NaCl)

Uma das diretrizes do *Dietary Guidelines for Americans* apresentadas no Capítulo 18 era diminuir a ingestão de sódio. Embora tenha se argumentado que os norte-americanos consomem de 2 a 3 vezes mais do que a quantidade necessária para a saúde ideal, será que a ingestão alimentar é suficiente para um atleta que pratica atividades físicas vigorosas regularmente? A massa de sódio no corpo determina o índice de água graças à forma como a água é reabsorvida no rim. Se o sódio de uma pessoa é esgotado, a água corporal diminui, e o risco de intermação aumenta. Um indivíduo não treinado e não aclimatado (ver Cap. 24) perde mais Na^+ no suor do que uma pessoa treinada e aclimatada. Se a pessoa não aclimatada tem 1,9 g Na^+ por litro de suor e perde 5 L de suor (5 kg), a pessoa perderia 9,5 g de Na^+ por dia. Conforme a pessoa vai se aclimatando ao calor, o teor de sódio no suor diminui para cerca da metade, e a perda de Na^+ é em torno de 5 g/dia. Como o Na^+ é 40% do NaCl por peso, uma pessoa precisaria consumir 12,5 g de sal por dia para atender a essa demanda. É consenso geral que um indivíduo com grande perda de Na^+ pode ficar em equilíbrio de sódio/água com a simples adição de sal nos alimentos nas horas da refeição, e não com o consumo de pastilhas de sal.[132] O melhor teste prático do sucesso dos procedimentos de reposição de sal/água é a obtenção de uma medida de peso corporal sem roupas pela manhã, após a evacuação. Pode-se obter mais informações sobre a hidratação adequada medindo-se a gravidade específica da urina matinal.[2] A rotina alimentar geralmente seguida por atletas deve ter resultados favoráveis, visto que o peso corporal no início da manhã permane-

Vencendo limites 23.2

Hiponatremia

Uma das principais recomendações motrizes ao longo dos últimos 60 anos foi o potencial de desidratação durante eventos esportivos causado pelo consumo inadequado de líquidos. Na última década, veio à tona outro problema, a hiponatremia, que associou o excesso de ingestão de líquidos durante eventos esportivos de longa duração com a diluição do nível de sódio do corpo.[4,100,101] A faixa normal de sódio sérico é de 135 a 145 mEq · L⁻¹. Os riscos associados à hiponatremia variam de acordo com a concentração de sódio:[115]

- *Leves* (Na^+ = 131 a 134 mEq · L⁻¹): geralmente não causa sintomas.
- *Moderados* (Na^+ = 126 a 130 mEq · L⁻¹): pode resultar em inchaço, mal-estar, dor de cabeça, náusea, vômito, fadiga, confusão e movimentos involuntários e persistentes da perna.
- *Graves* (Na^+ <126 mEq · L⁻¹): pode causar estado alterado da consciência, coma, convulsões e até mesmo morte.

Os fatores de risco associados à hiponatremia incluem:[23]

- Fatores individuais:
  - Predisposição genética para altas taxas de sódio no suor.[51]
  - Variação em sintomas na mesma concentração de sódio.[115]
- Excesso de bebida: beber demais em relação à necessidade.
- Duração do exercício > 4 h de atividade física contínua.
- Baixo peso corporal: < 20 IMC.
- Mulheres: estatura mais baixa, velocidades menores.
- Hiper-hidratação pré-exercício.
- Sódio insuficiente nos alimentos consumidos.
- Ganho de peso: retenção de líquidos durante a corrida.

Considerando esses fatores de risco, não é surpresa que, em maratonas, seja mais comum ocorrer hiponatremia sintomática em pessoas menores, que correm mais lentamente, suam menos e bebem volumes relativamente grandes de água e outros líquidos hipotônicos antes, durante e depois da corrida.[2] Em resposta a esse problema, o ACSM publicou recomendações de sua *Roundtable Series* sobre o tópico de hidratação e atividade física:[25]

- Agir para minimizar o risco tanto de hiponatremia como de desidratação. Os atletas são aconselhados a não se hidratar demais nem de menos, pois ambas as práticas têm consequências graves. A desidratação, principalmente em condições climáticas quentes, ocorre com mais frequência e também é uma ameaça à vida. O conselho é beber de maneira inteligente, e não o máximo possível.
- Os atletas devem determinar sua taxa de suor típica durante um treino de corrida (p. ex., 60 min):
  - Medir a perda de peso, por exemplo, 1,9 kg (1,9 L).
  - Acrescentar o volume de líquido consumido, por exemplo, + 0,5 L.
  - Subtrair o volume de urina excretada, se houver, por exemplo, 0,0 L.
  - Taxa de suor = 1,9 L + 0,5 L − 0,0 L = 2,4 L/60 min = 0,04 L/min ou 40 mL/min.
- Beber o suficiente para compensar a perda de líquido de maneira programada. O líquido deve ser consumido em um período predeterminado, e não o mais rápido possível. Se os atletas não estiverem suando muito e não sentirem sede, a reposição de líquidos deve ser baixa.
- Consumir bebidas e alimentos salgados. Alimentos e bebidas com sódio ajudam a promover a retenção de líquidos e estimulam a sede. Praticantes de exercícios de longa duração devem comer lanches e líquidos com sódio para ajudar a prevenir a hiponatremia.

A Wilderness Medical Society publicou novas diretrizes de prática para médicos para o tratamento de hiponatremia no cenário do campo.[11]

---

ce relativamente constante apesar das grandes perdas de suor diárias. Considerando o que acabou de ser apresentado, pode-se pensar que não haja discordância sobre a ideia de que a desidratação prejudica o desempenho, mas isso é um erro. Veja o "ponto-contraponto" de Noakes e Sawka nas "Sugestões de leitura".

Em resumo

- A reposição de líquidos durante o exercício reduz as respostas da frequência cardíaca, da temperatura corporal e da percepção de esforço ao exercício, e, quanto maior for a frequência de ingestão de líquidos, menores são as respostas.
- Bebidas geladas são absorvidas mais rapidamente do que bebidas mornas e, quando a intensidade do exercício excede 65 a 70% do $\dot{V}O_{2máx}$, o esvaziamento gástrico diminui.
- Para exercícios com duração inferior a 1 hora, o foco é apenas na reposição de água. Quando o exercício tem duração superior a 1 hora, as bebidas devem conter Na^+, Cl^- e carboidrato.
- As necessidades de sal são facilmente atendidas nas refeições, o que torna as pastilhas de sal desnecessárias. Na realidade, a maioria dos norte-americanos consome mais sal do que é necessário (ver Cap. 18).

Minerais

Ferro

A grande maioria do ferro no corpo é encontrada na hemoglobina das hemácias (eritrócitos ou glóbulos vermelhos), envolvidas no transporte de oxigênio para os tecidos (ver Cap. 10). Outras moléculas com ferro incluem a mioglobina e os citocromos nas cadeias respiratórias da mitocôndria. O resto do ferro no corpo fica armazenado em tecidos diversos, ligado principalmente com a proteína ferritina; os níveis de ferritina sérica (FS) são, aliás, um bom índice do estoque de ferro no corpo.[131] Além da FS ser usada para avaliar os níveis de ferro, alguns pesquisadores propõem o uso da concentração férrica do receptor transferrina solúvel (sTfR) para monitorar a depleção de ferro. O ferro é transportado no soro ligado à transferrina que, por sua vez, se liga a um receptor de transferrina na superfície da célula. Um produto derivado do sTfR circula no soro e constitui um bom medidor do número desses receptores nas células. Um estudo recente de atletas de ambos os sexos recomenda seu uso juntamente com medidas tradicionais para prever problemas antes que eles se agravem.[93] Quanto mais alto for o nível de sTfR no soro, maior o nível de anemia. Além disso, o grau em que o ferro se liga à transferrina (saturação de transferrina) também é usado como marcador dos níveis de ferro.

Como mencionado no Capítulo 18, a deficiência de ferro é a deficiência nutricional mais comum. Os estágios de deficiência de ferro são descritos na Tabela 23.1, assim como os testes usados para detectar as deficiências. Os grupos de atletas com maior risco de depleção e deficiência de ferro incluem atletas mulheres, corredores de distância e vegetarianos (assim como os que ingerem pouca carne vermelha).[48] A depleção de ferro pode atingir até 20 a 35% das corredoras, enquanto apenas 3,5 a 8% dos corredores homens são atingidos; por outro lado, como alguns pesquisadores usam valores de corte diferentes para FS (< 16 a < 30 µg/L, no lugar de < 12 µg/L), é difícil fazer comparações entre os estudos. A anemia é bem menos comum, atingindo cerca de 5 a 7% das atletas.[69] À medida que os estoques de ferro são

esgotados, os compostos com ferro – ferritina, hemoglobina, transferrina, mioglobina e citocromos – também se esgotam. Como a hemoglobina é parte necessária do processo de transporte de oxigênio, não é nenhuma surpresa que, em pessoas com anemia ferropriva, o desempenho de treino e resistência diminui.[60,63,69] É interessante que, quando se corrige por transfusão os baixos níveis de hemoglobina em animais com deficiência de ferro, o $\dot{V}O_{2máx}$ volta ao normal, mas não o tempo de resistência. Isso sugere que, embora os níveis de hemoglobina possam ser altos o bastante para alcançar um $\dot{V}O_{2máx}$ normal, a deficiência de ferro afeta os citocromos com ferro (cadeia respiratória), envolvidos na fosforilação oxidativa, afetando negativamente o desempenho de resistência.[44] Em um estudo similar,[45] a suplementação de ferro restabeleceu o $\dot{V}O_{2máx}$ a valores normais mais rapidamente do que o da atividade mitocondrial (medida pela atividade do piruvato oxidase) e do desempenho de resistência (ver Fig. 23.9).

O que causa a deficiência de ferro em atletas? Uma combinação de fatores está relacionada à deficiência de ferro em atletas:[48,69]

- Alta necessidade de ferro causada por:
  - Perda de sangue no trato gastrintestinal.
  - Maior dano às hemácias causado por simples "pancadas" em superfícies duras.
  - Perda de hemoglobina na urina e no suor.
  - Perda de sangue variável no fluxo menstrual.
- Baixa ingestão de ferro relacionada a:
  - Baixa ingestão de energia.
  - Dietas vegetarianas.
  - Dietas com pouca carne vermelha.
  - Dietas para perda de peso.

Consistente com isso, Diehl et al.[49] mostraram reduções na ferritina sérica no decorrer de uma temporada

Tabela 23.1	Cortes populacionais de marcadores hematológicos usados com frequência para avaliar os níveis de ferro na prática clínica	
Estágios de deficiência de ferro	**Marcadores hematológicos**	**Estado de deficiência/sobrecarga**
Estágio 1 Reservas de ferro esgotadas	Coloração de ferro na medula óssea	Ausente
	Capacidade de ligação total do ferro	>400 µg/dL
	Ferritina sérica	<12 µg/L (>15 anos)
Estágio 2 Princípio da deficiência de ferro funcional	Saturação de transferrina	<16% (>10 anos)
	Receptor de transferrina sérica (sTfR)	>8,5 mg/L
Estágio 3 Anemia ferropriva	Hemoglobina	<130 g/L (homens >15 anos)
		<120 g/L (mulheres >15 anos)
	Volume corpuscular médio	<80 fL

De: V. Deakin, "Prevention, Detection, and Treatment of Iron Depletion and Deficiency in Athletes." In *Clinical Sports Nutrition*, edited by L. M. Burke e V. Deakin. New York: McGraw-Hill, 2010, pp. 222-267.

538 Seção III Fisiologia do desempenho

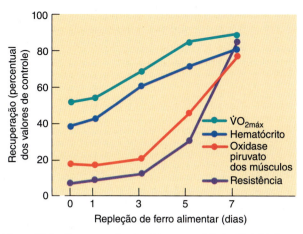

Figura 23.9 Recuperação de várias capacidades fisiológicas com a repleção de ferro. Observar que a recuperação da resistência demora mais que a do $\dot{V}O_{2máx}$.

de hóquei em campo, bem como de uma temporada de hóquei para a outra, em atletas do sexo feminino. O valor médio ao fim da temporada em jogadoras do terceiro ano foi de 10,5 µg · L^{-1} (abaixo do padrão de 12 µg · L^{-1}), o que indicou depleção de ferro.[70] Um estudo recente mostrou que, embora atletas mulheres possam ter níveis variáveis de ferro dentro da amplitude normal, elas podem se encontrar em um estado de depleção de ferro não anêmica. Essa descoberta torna necessário um melhor acompanhamento das atletas ao longo de suas carreiras.[67] A deficiência de ferro e a anemia também são preocupações para as forças armadas. Dois estudos recentes de Israel indicam que 24% das recrutas eram anêmicas[32] e 4,5% dos recrutas do sexo masculino tinham níveis de hemoglobina abaixo de 12 g · dL^{-1}.[102]

Em geral, quando uma pessoa sofre de deficiência nas reservas de ferro, ocorre um aumento na absorção de ferro alimentar. Infelizmente, os atletas parecem não seguir esse padrão. Os fatores que podem afetar a absorção de ferro incluem:[48]

- Facilitadores:
  - Quantidade de ferro heme nos alimentos (p. ex., carne). O ferro heme é absorvido mais rapidamente do que o não heme (encontrado em vegetais), porém, menos de 15% do ferro alimentar é heme.
  - Vitaminas A e C.
  - Peptídios derivados da digestão parcial de proteína da carne.
- Inibidores:
  - Grãos de cereais, legumes, nozes, manteiga de amendoim, farelo de cereais, derivados de soja.
  - Chá, café, vinho tinto, alguns temperos.
  - Peptídios derivados da digestão parcial de proteínas vegetais.

Considerando-se o impacto de tantas variáveis nos níveis de ferro, principalmente em mulheres, não deve ser surpresa a possível necessidade de suplementação.[48,69] Esse é o caso particularmente de dietas vegetarianas.[4,14,59] Pode-se decidir pela ingestão de um suplemento de ferro por dia a título de prevenção, mas essa prática não está livre de problemas (p. ex., intolerância, overdose, interações medicamentosas) e não deve ser seguida de maneira indiscriminada.[4,48,69,132] De acordo com essa informação, 15% dos corredores de maratonas recreativas mostraram sinais de sobrecarga de ferro em virtude da sua suplementação.[92]

Vitaminas

O Capítulo 18 apresentou os detalhes sobre a IDR de cada vitamina. Muitas dessas vitaminas estão envolvidas diretamente na produção de energia, agindo como coenzimas nas reações mitocondriais associadas ao metabolismo aeróbio. Infelizmente, a velha ideia de que "o que é bom nunca é demais" foi aplicada à questão se a IDR para atletas é maior do que aquela para sedentários, no lugar de uma base de pesquisa factual. Em termos gerais, as principais revisões dessa questão nos últimos 30 anos concluíram sistematicamente que:

- A suplementação de vitaminas é desnecessária para atletas em uma dieta bem balanceada.
- Atletas com *deficiência evidente* de certas vitaminas têm melhor desempenho quando os valores voltam ao normal.
- Indivíduos que ingerem grandes doses de vitaminas lipossolúveis ou vitamina C devem se preocupar com a toxicidade.[10,29,125,132]

A principal preocupação levantada por esses revisores é em relação a atletas pequenos em dieta de baixo teor de energia, que podem não tomar decisões inteligentes sobre a alimentação, uma questão reforçada por uma série recente de recomendações. Nessas situações, uma única pílula multivitamínica mineral dentro da IDR pode ser o suficiente.[4] A existência de uma deficiência de vitamina D na população geral e o papel dessa vitamina na função muscular tem gerado um interesse renovado pela suplementação da vitamina D; entretanto, a pesquisa é controversa sobre sua capacidade de melhorar o desempenho.[104,111] Dito isso, recomenda-se que os atletas com alto risco de deficiência de vitamina D (atletas *indoor* e os que vivem em latitudes do norte) devam ter os seus níveis verificados anualmente.[30,86,104] Finalmente, algumas vitaminas (p. ex., C e E) que almejam atingir as espécies reativas de oxigênio (radicais livres), gerados pelo exercício podem, na verdade, interferir na adaptação do músculo ao treinamento.[16,99,107] Consulte Uma visão mais detalhada 19.1 para mais informações. Mais informações sobre o uso de suplementos nutricionais para melhorar o desempenho são apresentadas no Capítulo 25, em que se discutem recursos ergogênicos.

> **Em resumo**
>
> ■ A deficiência de ferro em atletas pode estar relacionada a uma ingestão inadequada de ferro alimentar, bem como a uma perda potencialmente maior pelo suor e pelas fezes. Apesar dessa deficiência, os atletas podem absorver menos que um grupo de anêmicos sedentários absorve. A suplementação de ferro pode ser recomendada para atletas mulheres como resultado de uma avaliação clínica anual dos níveis de ferro.
> ■ A suplementação de vitaminas é desnecessária para atletas em dietas bem balanceadas. Contudo, para aqueles com deficiência evidente, a suplementação se justifica.

Refeição pré-competição

As duas práticas nutricionais mais importantes associadas a desempenho ideal em exercícios de resistência são (a) ingerir uma dieta rica em carboidrato nos dias anteriores à competição, quando a intensidade e a duração dos treinos são reduzidas e (b) beber líquidos em intervalos regulares durante a competição. Compatível com a discussão anterior, os objetivos da refeição pré-competição são:[4,132]

■ Proporcionar hidratação adequada.
■ Proporcionar carboidratos para "elevar ao máximo" as reservas de carboidrato já altas no fígado.
■ Evitar a sensação de fome em um estômago relativamente vazio.
■ Minimizar os problemas do trato gastrintestinal (gases, diarreia).
■ Permitir que o estômago fique relativamente vazio no início da competição.

Infelizmente, é possível que o tipo de refeição pré-competição servido em várias universidades em todos os Estados Unidos se baseie mais na tradição do que na nutrição. O tradicional bife malpassado antes de uma luta de boxe ou partida de futebol americano para trazer à tona o instinto animal ou o planejamento cuidadoso para garantir que a cor da gelatina seja a mesma de quando a equipe ganhou o campeonato no ano anterior é pouco lógico, embora possa ser útil para controlar as emoções da equipe a fim de se preparar para a competição. Os problemas surgem quando a refeição pré-competição é responsável pelo baixo desempenho em razão de suas características (alto teor de gordura e proteína) ou da incapacidade do atleta de tolerar a refeição sem vomitar ou sofrer diarreia em virtude da emoção causada pela competição. Essas últimas possibilidades causariam desidratação, uma condição in-

compatível com o desempenho ideal. É evidente que, além do que é recomendado na composição nutricional de uma refeição pré-competição, deve-se considerar a capacidade do atleta de tolerá-la.[4,132]

Nutrientes na refeição pré-competição

Para atingir os objetivos da refeição pré-competição, são dadas as seguintes orientações:[4]

■ Devem-se consumir líquidos suficientes para manter a hidratação.
■ Os carboidratos devem compor a maior parte da refeição, mas grandes quantidades de açúcares simples, especialmente frutose, devem ser evitadas em função de seu potencial de problemas gastrintestinais, como diarreia.
■ A refeição deve conter baixo teor de gorduras e fibras para facilitar o esvaziamento gastrintestinal.
■ A proteína deve compor uma parte pequena da refeição, visto que o metabolismo de proteína aumenta a carga ácida que deve ser armazenada e, por fim, excretada pelos rins.
■ O atleta deve estar acostumado com os alimentos e gostar deles.

A Tabela 23.2 apresenta duas refeições pré-competição que atendem a essas considerações. Essas refeições devem ser consumidas cerca de 3 horas antes da competição.[132] Alguns treinadores e atletas preferem as refeições líquidas disponíveis no mercado como refeição pré-competição por causa de sua conveniência. Essas refeições líquidas também podem ser consumidas ao longo do dia (acompanhadas por água) quando provas ou partidas estão marcadas para longos períodos. Como algumas pessoas podem não reagir favoravelmente a nenhum desses "alimentos" novos, essas refeições líquidas devem ser experimentadas em dias de treino, e não no dia da competição, para garantir que sejam apropriadas.

Tabela 23.2	**Dois exemplos de refeição pré-competição com 500 a 600 kcal**
Refeição A	**Refeição B**
Copo de suco de laranja	Um copo de iogurte com pouca gordura
Uma tigela de mingau de aveia	Uma banana
Duas torradas com geleia	Um bagel torrado
Pêssegos fatiados com leite desnatado	28 g de peito de peru
	Meia xícara de uvas-passas

De: Williams MH, Anderson DE e Rawson ES. *Nutrition for Health, Fitness and Sport*. New York: McGraw-Hill, 2013, p. 78.

Em resumo

- A refeição pré-competição deve hidratar e fornecer carboidratos adequados para elevar ao máximo as reservas e minimizar os sintomas de fome, gases e diarreia.
- Várias refeições líquidas disponíveis no mercado atendem esses objetivos.

Composição corporal e desempenho

No Capítulo 18, discutiu-se a composição corporal por meio de uma perspectiva de saúde, com a faixa de valores de gordura corporal, usando o sistema de dois componentes, associado com saúde e boa forma:

Saúde	Forma física
Homens: 8 a 22% de gordura	5 a 15% de gordura
Mulheres: 20 a 35% de gordura	16 a 28% de gordura

A questão é: esses valores são ideais para o desempenho esportivo?

A Tabela 23.3 lista um resumo dos valores de gordura corporal por esporte.[134] Muitos são valores médios e não representam a amplitude que poderia ser observada em um estudo. Por exemplo, um estudo pode encontrar um valor médio de 12% de gordura corporal para um grupo de jogadores de futebol americano, mas a amplitude poderia ser de 5 a 19%. Em um esporte ou atividade em que o peso corporal deve ser carregado (p. ex., corrida ou salto), há uma correlação negativa entre gordura corporal e desempenho.[133,134]

Há poucas dúvidas de que as medições regulares de composição corporal sejam úteis para atletas a fim de monitorar as mudanças tanto durante a temporada como fora dela. Dessa forma, o atleta saberá se as mudanças no peso corporal representam ganhos ou perdas de gordura corporal. O mais difícil é oferecer uma recomendação absoluta e fixa sobre qual deve ser a gordura corporal para o desempenho ideal de cada indivíduo.

Um dos principais motivos por que se deve tomar cuidado ao fazer recomendações absolutas, como "esse atleta deve reduzir seu percentual de gordura corporal de 15,6 para 14%", é que o atleta pode já ter 14% de gordura corporal. Cada *estimativa individual* de gordura corporal, ainda que feita com a técnica de pesagem hidrostática, tem uma margem de erro na medição que não pode ser ignorada. Com certos métodos, como o de pesagem hidrostática, e com a medição cuidadosa, a gordura percentual pode ser estimada com uma margem de erro de 2,5% de gordura. Portanto, quando se mede a gordura corporal de um atleta em 15%, o verdadeiro valor pode ser de até 17,5% ou de apenas 12,5%.[77] Outras técnicas têm margens de erro maiores, o que apenas complicaria a capacidade de se fazer uma recomenda-

Tabela 23.3	Valores percentuais de gordura corporal para atletas de ambos os gêneros	
Esporte ou grupo esportivo	**Homens**	**Mulheres**
Beisebol	11,8-14,2	—
Basquete	7,1-10,6	20,8-26,9
Canoagem	12,4	
Futebol americano		
Backs	9,4-12,4	—
Linebackers	13,7	—
Linemen	15,5-19,1	—
Quarterbacks, kickers	14,1	—
Ginástica artística	4,6	9,6-23,8
Hóquei no gelo	13-15,1	—
Jóqueis	14,1	—
Orientação	16,3	18,7
Pentatlo	—	11,0
Raquetebol	8,3	14,0
Esqui		
Alpino	7,4-14,1	20,6
Cross-country	7,9-12,5	15,7-21,8
Nórdico combinado	8,9-11,2	—
Salto de esqui	14,3	—
Futebol	9,6	—
Patinação de velocidade	11,4	—
Natação	5,0-8,5	20,3
Tênis	15,2-16,3	20,3
Atletismo		
Corredores de distância	3,7-18,0	15,2-19,2
Corredores de meia distância	12,4	—
Corredores de velocidade	16,5	19,3
Arremesso de disco	16,3	25,0
Saltadores/corredores de barreiras	—	20,7
Arremesso de peso	16,5-19,6	28,0
Vôlei	—	21,3-25,3
Luta	4,0-14,4	

De: J. H. Wilmore, "Body Composition in Sport Medicine: Directions for Future Research," in *Medicine and Science in Sports Medicine* 15:21-31, 1983. Copyright © 1983 American College of Sports Medicine, Indianapolis, IN. Reproduzido com permissão.

ção específica de gordura corporal absoluta para um atleta (ver discussão no Cap. 18).

Outro motivo por que se deve ter cautela ao fazer uma recomendação absoluta para cada atleta é que ela ignora a variação normal na gordura corporal encontrada em atletas de elite de qualquer esporte. Um grupo de jogadores de voleibol de elite pode ter um valor médio de 12%, mas

Capítulo 23   Nutrição, composição corporal e desempenho   **541** a amplitude entre os membros do time pode ser de 6 a 16%. Ninguém pensaria em dizer ao atleta com 6% de gordura corporal para aumentá-la a fim de atingir a média do time, e o mesmo conselho vale para aquele com 16% de gordura corporal, que está jogando com a habilidade de nível mundial. Uma recomendação de alterar a composição corporal para obter melhor desempenho deve ser feita considerando-se o desempenho atual e a condição generalizada de saúde de acordo com padrões de sono, dieta adequada, saúde mental, e assim por diante. A inclusão de mais treinos ou a redução na ingestão calórica podem mudar o percentual de gordura corporal na direção adequada, mas nenhuma dessas medidas deve afetar negativamente a capacidade do atleta de tolerar um treino ou estudar para as provas. A observação que Wilmore[133] fez de uma das melhores corredoras de meia distância, que detinha a maioria dos recordes de meia distância norte-americanos, deve ser lembrada ao se fazer tais recomendações: a campeã tinha 17% de gordura corporal, ao passo que a maioria das corredoras de elite tinham menos que 12%.

Monitorar a gordura corporal em atletas por meio de dobra cutânea ou pesagem hidrostática é um procedimento sensato a seguir, pois permite que o treinador observe as *alterações* na gordura corporal ao longo de uma temporada e de um ano a outro. A informação também é útil para atletas que, ao terminarem suas carreiras competitivas, devem chegar a um peso corporal saudável a fim de estar dentro da amplitude de gordura ideal para a saúde e a boa forma.

Em resumo

■ A porcentagem de gordura corporal compatível com a excelência no desempenho é diferente para homens e mulheres; ela também varia de um esporte para o outro. Os valores médios para uma equipe não devem ser aplicados a nenhum indivíduo em particular sem que se considere a saúde geral de acordo com a dieta, o sono e a saúde mental. Além disso, é "natural" que, para atingir o desempenho ideal, alguns atletas precisem ter mais gordura corporal do que outros.

Atividades para estudo

1. Que procedimentos você seguiria para provocar uma supercompensação do glicogênio muscular?
2. A que fatores as mulheres devem atentar para acentuar o carregamento de glicogênio?
3. Como a ingestão de glicose antes do exercício de fato aumenta a taxa de depleção do glicogênio? O que poderia ser feito para minimizar esse efeito?
4. A ingestão de carboidrato durante o exercício torna a depleção de glicogênio muscular mais lenta? Ela melhora o desempenho?
5. A necessidade de proteína de um atleta é maior que a de uma pessoa sedentária? A ingestão de proteína deve ser aumentada? Explique.
6. O que você recomendaria a um atleta para reduzir a probabilidade de desidratação durante o exercício?

7. Em que a estratégia de reposição de líquidos difere em corridas curtas e longas?
8. Que fatores contribuem para a deficiência de ferro em atletas do sexo feminino? O que se pode fazer para remediar esses fatores?
9. Um atleta precisa de mais vitaminas para um desempenho ideal? Explique
10. Quais sãos as principais considerações para uma refeição pré-competição?
11. Considerando uma corredora de distância campeã com 17% de gordura corporal, o que você deve considerar antes de recomendar que ela diminua seu percentual de gordura para 15%?

Sugestões de leitura

American College of Sports Medicine. 2009. Nutrition and athletic performance. *Medicine and Science in Sports and Exercise* 41:709–31.

Borrione, P., L. Grasso, F. Quaranta, and A. Parisi. 2009. FIMS position statement 2009: vegetarian diet and athletes. *International SportMed Journal* 10: 53–60.

Burke, L. M., and V. Deakin. 2010. *Clinical Sports Nutrition.* New York, NY: McGraw-Hill.

Fuhrman, J., and D. M. Ferreri. 2010. Fueling the vegetarian (vegan) athlete. *Current Sports Medicine Reports* 9: 233–41.

Noakes, T. D., and M. N. Sawka. 2007. Point-counterpoint: does dehydration impair exercise performance? *Medicine and Science in Sports and Exercise* 39: 1209–17.

Williams, M. H., D. E. Anderson, and E. S. Rawson. 2013. *Nutrition for Health, Fitness and Sport.* New York, NY: McGraw-Hill.

Referências bibliográficas

1. Ahlborg B. Muscle glycogen and muscle electrolytes during prolonged physical exercise. *Acta Physiologica Scandinavica* 70: 129–142, 1967.
2. American College of Sports Medicine. Exercise and fluid replacement. *Medicine and Science in Sports and Exercise* 39: 2007.
3. American College of Sports Medicine. Joint position statement: nutrition and athletic performance. American College of Sports Medicine, American Dietetic Association,

and Dietitians of Canada. *Medicine and Science in Sports and Exercise* 32: 2130–2145, 2000.
4. American College of Sports Medicine. Nutrition and athletic performance. *Medicine and Science in Sports and Exercise* 41: 709–731, 2009.
5. Aragon AA, and Schoenfeld BJ. Nutrient timing revisited: is there a post-exercise anabolic window. *Journal of the International Society of Sports Nutrition.* 10: 5–16, 2013.

6. Armstrong LE, Casa DJ, Maresh CM, and Ganio MS. Caffeine, fluid-electrolyte balance, temperature regulation, and exercise-heat tolerance. *Exercise and Sport Sciences Reviews* 35: 135–140, 2007.

7. Arnall DA, Nelson AG, Quigley J, Lex S, Dehart T, and Fortune P. Supercompensated glycogen loads persist 5 days in resting trained cyclists. *European Journal of Applied Physiology* 99: 251–256, 2007.

8. Beelen M, Berghuis J, Bonoparte B, Ballak SB, Jeukendrup AE, and van Loon LJC. Carbohydrate mouth rinsing in the fed state: lack of enhancement of time-trial performance. *International Journal of Sport Nutrition and Exercise Metabolism* 19: 2009.

9. Beelen M, Burke LM, Gibala MJ, and van Loon, LJC. Nutritional strategies to promote post-exercise recovery. *International Journal of Sports Nutrition and Exercise Metabolism*. 20: 515–532, 2010.

10. Belko AZ. Vitamins and exercise: an update. *Medicine and Science in Sports and Exercise* 19: S191–196, 1987.

11. Bennett BL, Hew-Butler T, Hoffman MD, Rogers IR, and Rosner MH. Wilderness Medical Society practice guidelines for treatment of exercise-induced hyponatremia. *Wilderness & Environmental Medicine*. 24: 228–240, 2013.

12. Bergström J, Hermansen L, Hultman E, and Saltin B. Diet, muscle glycogen and physical performance. *Acta Physiol Scand* 71: 140–150, 1967.

13. Bergström J, and Hultman E. Muscle glycogen synthesis after exercise: an enhancing factor localized to the muscle cells in man. *Nature* 210: 309–310, 1966.

14. Borrione P, Grasso L, Quaranta F, and Parisi A. FIMS position statement 2009: vegetarian diet and athletes. *International SportMed Journal* 10: 53–60, 2009.

15. Bosse JD, and Dixon BM. Dietary protein to maximize resistance training: a review and examination of protein spread and change theories. *Journal of the International Society of Sports Nutrition* 9: 42–53, 2012.

16. Braakhuis AJ. Effect of vitamin C on physical performance. *Current Sports Medicine Reports* 11: 180–184, 2012.

17. Breen L, Tipton KD, and Jeukendrup A. No effect of carbohydrate-protein on cycling performance and indices of recovery. *Medicine and Science in Sports and Exercise* 42: 1140–1148, 2010.

18. Bussau VA, Fairchild TJ, Rao A, Steele P, and Fournier PA. Carbohydrate loading in human muscle: an improved 1 day protocol. *European Journal of Applied Physiology* 87: 290–295, 2002.

19. Butterfield G. Amino acids and high protein diets. In *Ergogenics: Enhancement of Performance in Exercise and Sport*, edited by Lamb D, and Williams M. Carmel, CA: Brown & Benchmark, 1991, pp. 87–117.

20. Butterfield GE. Whole-body protein utilization in humans. *Medicine and Science in Sports and Exercise* 19: S157–165, 1987.

21. Butterfield GE, and Calloway DH. Physical activity improves protein utilization in young men. *British Journal of Nutrition* 51: 171–184, 1984.

22. Campbell WW. Synergistic use of higher-protein diets or nutritional supplements with resistance training to counter sarcopenia. *Nutrition Reviews* 65: 416–422, 2007.

23. Carter III R. Exertional heat illness and hyponatremia: an epidemiological prospective. *Current Sports Medicine Reports* 7: S20–S27, 2008.

24. Carter J, Jeukendrup AE, Mundel T, and Jones DA. Carbohydrate supplementation improves moderate and high-intensity exercise in the heat. *Pflugers Arch* 446: 211–219, 2003.

25. Casa DJ, Clarkson PM, and Roberts WO. American College of Sports Medicine roundtable on hydration and physical activity: consensus statements. *Current Sports Medicine Reports* 4: 115–127, 2005.

26. Cermak NM, and van Loon L. The use of carbohydrate during exercise as an ergogenic aid. *Sports Medicine* 43: 1139–1155, 2013.

27. Chambers ES, Bridge MW, and Jones DA. Carbohydrate sensing in the human mouth: effects on exercise performance and brain activity. *Journal of Applied Physiology-London* 587: 1779–1794, 2009.

28. Chryssanthopoulos C, Williams C, and Nowitz A. Influence of a carbohydrate-electrolyte solution ingested during running on muscle glycogen utilisation in fed humans. *International Journal of Sports Medicine* 23: 279–284, 2002.

29. Clarkson P. Vitamins and trace minerals. In *Ergogenics: Enhancement of Performance in Exercise and Sport*, edited by Lamb D, and Williams M. Carmel, CA: Brown & Benchmark, 1991, pp. 123–182.

30. Close GL, Russell J, Cobley JN, Owens DJ, Wilson G, Gregson W, et al. Assessment of vitamin D concentration in non-supplemented professional athletes and health adults during the winter months in the UK: implications for skeletal muscle function. *Journal of Sport Sciences* 31: 344–353, 2013.

31. Coggan AR, and Coyle EF. Carbohydrate ingestion during prolonged exercise: effects on metabolism and performance. *Exercise and Sport Sciences Reviews* 19: 1–40, 1991.

32. Constantini N, Dubnov G, Foldes AJ, Mann G, Magazanik A, and Siderer M. High prevalence of iron deficiency and anemia in female military recruits. *Military Medicine* 171: 866–869, 2006.

33. Correia-Oliveira CR, Bertuzzi R, Kiss MAPD, and Lima-Silva AE. Strategies of dietary carbohydrate manipulation and their effects on performance in cycle time trials. *Sport Medicine* 43: 707–719, 2013.

34. Costill DL. Sweating: its composition and effects on body fluids. *Annals of the New York Academy of Sciences* 301: 160–174, 1977.

35. Costill DL, Coyle E, Dalsky G, Evans W, Fink W, and Hoopes D. Effects of elevated plasma FFA and insulin on muscle glycogen usage during exercise. *Journal of Applied Physiology* 43: 695–699, 1977.

36. Costill DL, and Saltin B. Factors limiting gastric emptying during rest and exercise. *Journal of Applied Physiology* 37: 679–683, 1974.

37. Costill DL, Sherman WM, Fink WJ, Maresh C, Witten M, and Miller JM. The role of dietary carbohydrates in muscle glycogen resynthesis after strenuous running. *American Journal of Clinical Nutrition* 34: 1831–1836, 1981.

38. Coyle E. Fluid and carbohydrate replacement during exercise: how much and why? Barrington, IL. Gatorade Sports Science Institute, 1994.

39. Coyle EF, Costill DL, Fink WJ, and Hoopes DG. Gastric emptying rates for selected athletic drinks. *Research Quarterly* 49: 119–124, 1978.

40. Coyle EF, Hagberg JM, Hurley BF, Martin WH, Ehsani AA, and Holloszy JO. Carbohydrate feeding during prolonged strenuous exercise can delay fatigue. *Journal of Applied Physiology* 55: 230–235, 1983.

41. Coyle EF, and Montain SJ. Benefits of fluid replacement with carbohydrate during exercise. *Medicine and Science in Sports and Exercise* 24: S324–330, 1992.

42. Coyle EF, and Montain SJ. Carbohydrate and fluid ingestion during exercise: are there trade-offs? *Medicine and Science in Sports and Exercise* 24: 671–678, 1992.

43. Davies C. Glucose inhibits CO_2 production from leucine during whole body exercise in man. *Journal of Physiology* 332: 40–41, 1982.

44. Davies KJ, Donovan CM, Refino CJ, Brooks GA, Packer L, and Dallman PR. Distinguishing effects of anemia and muscle iron deficiency on exercise bioenergetics in the rat. *American Journal of Physiology* 246: E535–543, 1984.

45. Davies KJ, Maguire JJ, Brooks GA, Dallman PR, and Packer L. Muscle mitochondrial bioenergetics, oxygen supply, and work capacity during dietary iron deficiency and repletion. *American Journal of Physiology* 242: E418–427, 1982.

46. Davis JM, Burgess WA, Slentz CA, Bartoli WP, and Pate RR. Effects of ingesting 6% and 12% glucose/electrolyte beverages during prolonged intermittent cycling in the heat.

European Journal of Applied Physiology and Occupational Physiology 57: 563–569, 1988.

47. Davis JM, Lamb DR, Burgess WA, and Bartoli WP. Accumulation of deuterium oxide in body fluids after ingestion of D2O-labeled beverages. Journal of Applied Physiology 63: 2060–2066, 1987.

48. Deakin V. Prevention, detection and treatment of iron depletion and deficiency in athletes. In Clinical Sports Nutrition, edited by Burke LM, and Deakin V. New York, NY: McGraw-Hill, 2010, pp. 222–267.

49. Diehl DM, Lohman TG, Smith SC, and Kertzer R. Effects of physical training and competition on the iron status of female field hockey players. International Journal of Sports Medicine 7: 264–270, 1986.

50. Drinkwater BL, Nilson K, Chesnut CH, III, Bremner WJ, Shainholtz S, and Southworth MB. Bone mineral content of amenorrheic and eumenorrheic athletes. New England Journal of Medicine 311: 277–281, 1984.

51. Eichner ER. Genetic and other determinants of sweat rate. Current Sports Medicine Reports 7: S36–S40, 2008.

52. Fairchild TJ, Fletcher S, Steele P, Goodman C, Dawson B, and Fournier PA. Rapid carbohydrate loading after a short bout of near maximal-intensity exercise. Medicine and Science in Sports and Exercise 34: 980–986, 2002.

53. Felig P, Cherif A, Minagawa A, and Wahren J. Hypoglycemia during prolonged exercise in normal men. New England Journal of Medicine 306: 895–900, 1982.

54. Felig P, and Wahren J. Amino acid metabolism in exercising man. Journal of Clinical Investigation 50: 2703–2714, 1971.

55. Ferguson-Stegall L, McCleave EL, Ding ZP, Kammer LM, Wang B, Doerner PG, et al. The effect of low carbohydrate beverage with added protein on cycling endurance performance in trained athletes. Journal of Strength and Conditioning Research 24: 2577–2586, 2010.

56. Foster C, Costill DL, and Fink WJ. Effects of preexercise feedings on endurance performance. Medicine and Science in Sports 11: 1–5, 1979.

57. Foster C, and Thompson NN. Serial gastric emptying studies: effect of preceding drinks. Medicine and Science in Sports and Exercise 22: 484–487, 1990.

58. Friedman JE, Neufer PD, and Dohm GL. Regulation of glycogen resynthesis following exercise. Dietary considerations. Sports Medicine 11: 232–243, 1991.

59. Fuhrman J, and Ferreri DM. Fueling the vegetarian (vegan) athlete. Current Sports Medicine Reports 9: 233–241, 2010.

60. Gardner GW, Edgerton VR, Senewiratne B, Barnard RJ, and Ohira Y. Physical work capacity and metabolic stress in subjects with iron deficiency anemia. American Journal of Clinical Nutrition 30: 910–917, 1977.

61. Garth AK, and Burke LM. What do athletes drink during competitive sporting activities? Sports Medicine. 43: 539–564, 2013.

62. Gisolfi CV, and Duchman SM. Guidelines for optimal replacement beverages for different athletic events. Medicine and Science in Sports and Exercise 24: 679–687, 1992.

63. Gledhill N. The influence of altered blood volume and oxygen transport capacity on aerobic performance. Exercise and Sport Sciences Reviews 13: 75–93, 1985.

64. Gontzea I, Sutzescu P, and Dumitrache S. The influence of adaptation of physical effort on nitrogen balance in man. Nutrition Reports International 11: 231–236, 1975.

65. Gontzea I, Sutzescu P, and Dumitrache S. The influence of muscular activity on nitrogen balance, and on the need of man for protein. Nutrition Reports International 10: 35–43, 1974.

66. Goulet EDB. Glycerol-induced hyperhydration: a method for estimating the optimal load of fluid to be ingested before exercise to maximize endurance performance. Journal of Strength and Conditioning Research 24: 74–78, 2010.

67. Gropper SS, Blessing D, Dunham K, and Barksdale JM. Iron status of female collegiate athletes involved in different sports. Biological Trace Element Research 109: 1–14, 2006.

68. Hamilton MT, Gonzalez-Alonso J, Montain SJ, and Coyle EF. Fluid replacement and glucose infusion during exercise prevent cardiovascular drift. Journal of Applied Physiology 71: 871–877, 1991.

69. Haymes EM. Iron. In Sports Nutrition, edited by Driskell JA, and Wolinsky I. Boca Raton, FL: CRC Taylor & Francis, 2006, pp. 203–216.

70. Haymes EM. Nutritional concerns: need for iron. Medicine and Science in Sports and Exercise 19: S197–200, 1987.

71. Hegsted M, Schuette SA, Zemel MB, and Linkswiler HM. Urinary calcium and calcium balance in young men as affected by level of protein and phosphorus intake. Journal of Nutrition 111: 553–562, 1981.

72. Hermansen L, Hultman E, and Saltin B. Muscle glycogen during prolonged severe exercise. Acta Physiol Scand 71: 129–139, 1967.

73. Hoffman J. Protein intake: effect of timing. Strength and Conditioning Journal 29: 26–34, 2007.

74. Hoffman J, Ratamess N, and Kang J. Effects of protein supplementation on muscular performance and resting hormonal changes in college football players. Journal of Sports Science and Medicine 6: pp. 85–92 2007.

75. Hood DA, and Terjung RL. Amino acid metabolism during exercise and following endurance training. Sports Medicine 9: 23–35, 1990.

76. Houmard JA, Egan PC, Johns RA, Neufer PD, Chenier TC, and Israel RG. Gastric emptying during 1 h of cycling and running at 75% $\dot{V}O_2$ max. Medicine and Science in Sports and Exercise 23: 320–325, 1991.

77. Houtkooper L, and Going S. Body composition: how should it be measured? Does it affect performance? Barrington, IL: Gatorade Sports Science Institute, 1994.

78. Hulston CJ, and Jeukendrup A. Substrate metabolism and exercise performance with caffeine and carbohydrate intake. Medicine and Science in Sports and Exercise 40: 2096–2104, 2008.

79. Institute of Medicine. Water. In Dietary Reference Intakes for Energy, Carbohydrate, Fiber, Fat, Protein and Amino Acids (Macronutrients). Washington, D.C.: National Academy Press, 2002, pp. 73–185.

80. Ivy JL. Muscle glycogen synthesis before and after exercise. Sports Medicine 11: 6–19, 1991.

81. Ivy JL, and Ferguson LM. Optimizing resistance exercise adaptations through the timing of post-exercise carbohydrate-protein supplementation. Strength and Conditioning Journal 32: 30–36, 2010.

82. Jeukendrup A, and Killer SC. The myths surrounding pre-exercise carbohydrate feeding. Ann Nutri Metab 57: 18–25, 2010.

83. Karlsson J, and Saltin B. Diet, muscle glycogen, and endurance performance. Journal of Applied Physiology 31: 203–206, 1971.

84. Kerstetter JE, O'Brien KO, Caseria DM, Wall DE, and Insogna KL. The impact of dietary protein on calcium absorption and kinetic measures of bone turnover in women. Journal of Clinical Endocrinology and Metabolism 90: 26–31, 2005.

85. Kerstetter JE, O'Brien KO, and Insogna KL. Dietary protein, calcium metabolism, and skeletal homeostasis revisited. American Journal of Clinical Nutrition 78: 584S–592S, 2003.

86. Lanteri P, Lombardi G, Colombini A, and Banfi G. Vitamin D in exercise: physiologic and analytical concerns. Clinica Chimica Acta 415: 45–53, 2013.

87. Lemon PW. Do athletes need more dietary protein and amino acids? International Journal of Sport Nutrition 5 (Suppl): S39–61, 1995.

88. Lemon PW. Effect of exercise on protein requirements. Journal of Sports Sciences 9 Spec No: 53–70, 1991.

544   Seção III   Fisiologia do desempenho

89. Lemon PW. Protein and amino acid needs of the strength athlete. *International Journal of Sport Nutrition* 1: 127–145, 1991.

90. Lemon PW. Protein and exercise: update 1987. *Medicine and Science in Sports and Exercise* 19: S179–190, 1987.

91. Lemon PW, and Mullin JP. Effect of initial muscle glycogen levels on protein catabolism during exercise. *Journal of Applied Physiology* 48: 624–629, 1980.

92. Mettler S, and Zimmermann MB. Iron excess in recreational marathon runners. *European Journal of Clinical Nutrition* 64: 490–494, 2010.

93. Milic R, Martinovic J, Dopsaj M, and Dopsaj V. Haematological and iron-related parameters in male and female athletes according to different metabolic energy demands. *European Journal of Applied Physiology* 111: 449–458, 2011.

94. Mitchell JB, Costill DL, Houmard JA, Flynn MG, Fink WJ, and Beltz JD. Effects of carbohydrate ingestion on gastric emptying and exercise performance. *Medicine and Science in Sports and Exercise* 20: 110–115, 1988.

95. Murray R. Fluid needs in hot and cold environments. *International Journal of Sport Nutrition* 5 (Suppl): S62–73, 1995.

96. Nelson JL, and Robergs RA. Exploring the potential ergogenic effects of glycerol hyperhydration. *Sports Medicine* 37: 981–1000, 2007.

97. Neufer PD, Young AJ, and Sawka MN. Gastric emptying during exercise: effects of heat stress and hypohydration. *European Journal of Applied Physiology and Occupational Physiology* 58: 433–439, 1989.

98. Neufer PD, Young AJ, and Sawka MN. Gastric emptying during walking and running: effects of varied exercise intensity. *European Journal of Applied Physiology and Occupational Physiology* 58: 440–445, 1989.

99. Nikolaidis MG, Kerksick CM, Lamprecht M, and McAnulty. Does vitamin C and E supplementation impair the favorable adaptations of regular exercise? *Oxidative Medicine and Cellular Longevity*. Article number 707941, 2012.

100. Noakes T. Hyponatremia in distance runners: fluid and sodium balance during exercise. *Current Sports Medicine Reports* 1: 197–207, 2002.

101. Noakes TD, Norman RJ, Buck RH, Godlonton J, Stevenson K, and Pittaway D. The incidence of hyponatremia during prolonged ultraendurance exercise. *Medicine and Science in Sports and Exercise* 22: 165–170, 1990.

102. Novack V, Finestone AS, Constantini N, Shpilberg O, Weitzman S, and Merkel D. The prevalence of low hemoglobin values among new infantry recruits and nonlinear relationship between hemoglobin concentration and physical fitness. *American Journal of Hematology* 82: 128–133, 2007.

103. Nybo L. CNS fatigue and prolonged exercise: effect of glucose supplementation. *Medicine and Science in Sports and Exercise* 35: 589–594, 2003.

104. Ogan D, and Pritchett K. Vitamin D and the athlete: risks, recommendations and benefits. *Nutrients* 5: 1856–1868, 2013.

105. Owen MD, Kregel KC, Wall PT, and Gisolfi CV. Effects of ingesting carbohydrate beverages during exercise in the heat. *Medicine and Science in Sports and Exercise* 18: 568–575, 1986.

106. Park SG, Bae YJ, Lee YS, and Kim BJ. Effects of rehydration fluid temperature and composition on body weight retention upon voluntary drinking following exercise-induced dehydration. *Nutrition Research and Practice* 6: 126–131, 2012.

107. Peternelj TT, and Coombes JS. Antioxidant supplementation during exercise training: beneficial or detrimental? *Sports Medicine* 41: 1043–1069, 2011.

108. Phillips SM. Protein requirements and supplementation in strength sports. *Nutrition* 20: 689–695, 2004.

109. Phillips SM. The science of muscle hypertrophy: making dietary protein count. *Proceedings of the Nutrition Society* 70: 100–103, 2011.

110. Pitts G, Johnson R, and Consolazio F. Work in the heat as affected by intake of water, salt and glucose. *American Journal of Physiology* 142: 353–359, 1944.

111. Powers S, Nelson WB, and Larson-Meyer E. Antioxidant and vitamin D supplements for athletes: sense or nonsense? *Journal of Sport Sciences*. 29: S47–S55, 2011.

112. Rehrer NJ, Beckers EJ, Brouns F, ten Hoor F, and Saris WH. Effects of dehydration on gastric emptying and gastrointestinal distress while running. *Medicine and Science in Sports and Exercise* 22: 790–795, 1990.

113. Rehrer NJ, Brouns F, Beckers EJ, ten Hoor F, and Saris WH. Gastric emptying with repeated drinking during running and bicycling. *International Journal of Sports Medicine* 11: 238–243, 1990.

114. Rollo I, Cole M, Miller R, and Williams C. Influence of mouth rinsing a carbohydrate solution on 1-hr running performance. *Medicine and Science in Sports and Exercise* 42: 798–804, 2010.

115. Sallis RE. Fluid balance and dysnatremias in athletes. *Current Sports Medicine Reports* 7: S14–S19, 2008.

116. Sedlock DA. The latest on carbohydrate loading: a practical approach. *Current Sports Medicine Reports* 7: 209–213, 2008.

117. Sherman W. Carbohydrate feedings before and after exercise. In *Perspectives in Exercise Science and Sports Medicine*, edited by Lamb R, and Williams M. New York, NY: McGraw-Hill, 1991.

118. Sherman W. Carbohydrates, muscle glycogen, and muscle glycogen supercompensation. In *Ergogenic Aids in Sports*, edited by Williams M. Champaign, IL: Human Kinetics, 1983, pp. 3–26.

119. Shi X, and Gisolfi CV. Fluid and carbohydrate replacement during intermittent exercise. *Sports Medicine* 25: 157–172, 1998.

120. Smith JW, Zachwieja JJ, Peronnet F, Passe DH, Massicote D, Lavoie C, et al. Fuel selection and cycling endurance performance with ingestion of [^{13}C] glucose: evidence for a carbohydrate dose response. *Journal of Applied Physiology* 108: 1520–1529, 2010.

121. Stearns RL, Emmanuel H, Volek JS, and Casa DJ. Effects of ingesting protein in combination with carbohydrate during exercise on endurance performance: a systematic review with meta-analysis. *Journal of Strength and Conditioning Research* 24: 2192–2202, 2010.

122. Tarnopolsky M. Protein requirements for endurance athletes. *Nutrition* 20: 662–668, 2004.

123. Todd K, Butterfield G, and Calloway D. Nitrogen balance in men with adequate and deficit energy intake at 3 levels of work. *Journal of Nutrition* 114: 2107–2118, 1984.

124. Utter AC, Kang J, Nieman DC, Dumke CL, McAnulty SR, Vinci DM, et al. Carbohydrate supplementation and perceived exertion during prolonged running. *Medicine and Science in Sports and Exercise* 36: 1036–1041, 2004.

125. Van der Beek EJ. Vitamins and endurance training: food for running or faddish claims? *Sports Medicine* 2: 175–197, 1985.

126. Van Rosendal SP, Osborne MA, Fassett RG, and Coombes JS. Guidelines for glycerol use in hyperhydration and rehydration associated with exercise. *Sports Medicine* 40: 113–139, 2010.

127. Venderley AM, and Campbell WW. Vegetarian diets : nutritional considerations for athletes. *Sports Medicine* 36: 293–305, 2006.

128. Vrijens DM, and Rehrer NJ. Sodium-free fluid ingestion decreases plasma sodium during exercise in the heat. *Journal of Applied Physiology* 86: 1847–1851, 1999.

129. Watson P, Love TD, Maughan RJ, and Shirreffs SM. A comparison of the effects of milk and carbohydrate-electrolyte drink on the restoration of fluide capacity in a hot, humid environment. *European Journal of Applied Physiology* 104: 633–642, 2008.

130. White TP, and Brooks GA. [U-14C]glucose, -alanine, and -leucine oxidation in rats at rest and two intensities of running. *American Journal of Physiology* 240: E155–165, 1981.

131. Widmaier EP, Raff H, and Strang KT. *Vander's Human Physiology*. New York, NY: McGraw-Hill, 2008.
132. Williams MH, Anderson DE, and Rawson ES. *Nutrition for Health, Fitness and Sport*. New York, NY: McGraw-Hill, 2013.
133. Wilmore J. Body composition and sports medicine: research considerations. In *Report of the Sixth Ross Conference on Medical Research*. Columbus, OH: Ross Laboratories, 1984, pp. 78–82.
134. Wilmore JH. Body composition in sport and exercise: directions for future research. *Medicine and Science in Sports and Exercise* 15: 21–31, 1983.
135. Wolfe R. Does exercise stimulate protein breakdown in humans?: isotopic approaches to the problem. *Medicine and Science in Sports and Exercise* 19: S172–S178, 1987.
136. Wolfe RR, Goodenough RD, Wolfe MH, Royle GT, and Nadel ER. Isotopic analysis of leucine and urea metabolism in exercising humans. *Journal of Applied Physiology* 52: 458–466, 1982.
137. Wolfe RR, Wolfe MH, Nadel ER, and Shaw JH. Isotopic determination of amino acid-urea interactions in exercise in humans. *Journal of Applied Physiology* 56: 221–229, 1984.

24

Exercício e ambiente

■ Objetivos

Ao estudar este capítulo, você deverá ser capaz de:

1. Descrever as mudanças na pressão atmosférica, na temperatura e na densidade do ar com o aumento da altitude.

2. Descrever como a altitude afeta o desempenho em corridas de velocidade e explicar por que isso ocorre.

3. Explicar por que o desempenho de corrida de longa distância diminui em altitude.

4. Desenhar um gráfico para mostrar o efeito da altitude no $\dot{V}O_{2máx}$ e listar os motivos dessa reação.

5. Descrever graficamente o efeito da altitude nas respostas da frequência cardíaca e da ventilação ao esforço submáximo e explicar por que essas mudanças são convenientes.

6. Descrever o processo de adaptação à altitude e o grau em que essa adaptação pode ser completa.

7. Explicar por que existe tanta variabilidade entre os atletas no decréscimo do $\dot{V}O_{2máx}$ quando expostos à altitude, no grau de melhora do $\dot{V}O_{2máx}$ na altitude e nos ganhos adquiridos ao se retornar ao nível do mar.

8. Descrever os possíveis problemas associados ao treinamento em alta altitude e como se pode lidar com eles.

9. Explicar as circunstâncias que fizeram com que fisiologistas reavaliassem suas conclusões de que os seres humanos não seriam capazes de escalar o Monte Everest sem oxigênio.

10. Explicar o papel que a hiperventilação representa para ajudar a manter a saturação de oxigênio na hemoglobina alta a altitudes extremas.

11. Listar e descrever os fatores que influenciam o risco de lesão por calor.

12. Dar sugestões para que o atleta siga a fim de minimizar a possibilidade de lesão causada por calor.

13. Descrever, em termos gerais, as diretrizes sugeridas para provas de corrida no calor.

14. Descrever os três elementos do índice de calor e explicar por que um deles é mais importante do que os outros dois.

15. Listar os fatores que influenciam a hipotermia.

16. Explicar a relação entre o índice de resfriamento pelo vento e a perda de calor.

17. Explicar por que a exposição à água fria é mais perigosa do que a exposição ao ar à mesma temperatura.

18. Descrever o que é a unidade clo e como as recomendações relativas à insolação mudam durante a prática de exercício.

19. Descrever o papel da gordura subcutânea e da produção de calor no desenvolvimento de hipotermia.

20. Listar os passos a serem seguidos para tratar a hipotermia.

21. Explicar como o monóxido de carbono pode influenciar o desempenho e listar as medidas que devem ser tomadas para reduzir o impacto da poluição no desempenho.

■ Conteúdo

Altitude 548
Pressão atmosférica 548
Desempenho anaeróbio de curta
   duração 548
Desempenho aeróbio de longa
   duração 549
Potência aeróbia máxima e
   altitude 550
Aclimatação a altitudes
   elevadas 552
Treinamento para competição na
   altitude 552
A conquista do Everest 553

Calor 558
Hipertermia 558

Frio 562
Fatores ambientais 562
Fatores isolantes 563
Produção de calor 565
Características descritivas 565
Tratamento da hipotermia 567

Poluição do ar 567
Material particulado 567
Ozônio 568
Dióxido de enxofre 568
Monóxido de carbono 568

■ Palavras-chave

cãibras por calor
clo
exaustão por calor
hiperóxia
hipertermia
hipotermia
hipóxia
índice de qualidade do ar (IQA)
índice de resfriamento
   pelo vento
intermação
normóxia
pressão atmosférica
síncope por calor
WBGT

A esta altura, deve estar claro que o desempenho depende de outros fatores além de um $\dot{V}O_{2máx}$ elevado. No Capítulo 23, viu-se o papel da dieta e da composição corporal no desempenho e, no Capítulo 25, serão considerados formalmente os recursos "ergogênicos" e o desempenho. Entre esses dois capítulos, está a discussão a respeito de como fatores ambientais de altitude, calor, frio e poluição podem influenciar o desempenho.

Altitude

No fim da década de 1960, quando os Jogos Olímpicos estavam marcados para acontecer na Cidade do México, nossa atenção se voltou para a questão de como a altitude (2.300 m na capital mexicana) afetaria o desempenho. Experiências anteriores em altitude sugeriam, por um lado, que muitos desempenhos não igualariam antigos padrões olímpicos, tampouco os recordes pessoais (RP) dos próprios atletas ao nível do mar. Por outro lado, esperava-se que alguns desempenhos seriam melhores por serem conduzidos em altitude. Por quê? O que acontece com o $\dot{V}O_{2máx}$ na altitude? Um residente do nível do mar pode chegar a se adaptar completamente à altitude? Essas e outras questões serão tratadas depois de um breve resumo dos fatores ambientais que mudam com o aumento da altitude.

Pressão atmosférica

A **pressão atmosférica** em qualquer ponto da Terra é uma medida do peso de uma coluna de ar diretamente sobre esse ponto. No nível do mar, o peso (assim como a altura) dessa coluna de ar é maior. À medida que se sobe a altitudes cada vez mais elevadas, a altura e, obviamente, o peso da coluna são reduzidos. Por consequência, a pressão atmosférica diminui com o aumento da altitude,

o ar é menos denso, e cada litro de ar contém menos moléculas de gás. Como na altitude as *porcentagens* de O_2, CO_2 e N_2 são as mesmas que no nível do mar, toda mudança na pressão parcial de cada gás se deve simplesmente à mudança na pressão atmosférica ou barométrica (ver Cap. 10). A diminuição na pressão parcial de O_2 (PO_2) com o aumento da altitude tem um efeito direto na saturação de hemoglobina e, por conseguinte, no transporte de oxigênio. Essa PO_2 menor é chamada de **hipóxia**, ao passo que **normóxia** é o termo para descrever a PO_2 nas condições do nível do mar. O termo **hiperóxia** descreve uma condição em que a PO_2 inspirada é maior do que no nível do mar (ver Cap. 25). Além da condição hipóxica em altitude, a temperatura e a umidade do ar são mais baixas, o que adiciona a possibilidade de problemas de regulação térmica ao estresse hipóxico de altitude. Como essas mudanças afetam o desempenho? Para que se responda a essa pergunta, os desempenhos serão divididos entre os anaeróbios de curta duração e os aeróbios de longa duração.

Desempenho anaeróbio de curta duração

Nos Capítulos 3 e 19, descreveu-se a importância das fontes anaeróbias de ATP nos desempenhos máximos com duração de até 2 minutos ou menos. Se essa informação for correta, e cremos que sim, as corridas anaeróbias de curta duração não seriam afetadas pela PO_2 baixa na altitude, pois o transporte de O_2 para os músculos não limita o desempenho. A Tabela 24.1 mostra que esse é o caso quando os desempenhos de corrida de velocidade dos Jogos Olímpicos de 1968 na Cidade do México (~2.300 m) foram comparados com os dos Jogos Olímpicos de 1964 em Tóquio (nível do mar).[65] Os desempenhos melhoraram em todos os casos, exceto em um, no qual o tempo da corrida feminina de 400 m foi o mesmo. Os motivos para a melhora no desempenho incluem os ganhos "normais" ocorridos ao

548   Seção III   Fisiologia do desempenho

Tabela 24.1 — Comparação de desempenhos em corridas de curta distância nos Jogos Olímpicos de 1964 e 1968

Jogos Olímpicos	Corridas de curta distância: homens				Corridas de curta distância: mulheres			
	100 m	200 m	400 m	800 m	100 m	200 m	400 m	800 m
1964 (Tóquio)	10,0 s	20,3 s	45,1 s	1 min 45,1 s	11,4 s	23,0 s	52,0 s	2 min 1,1 s
1968 (Cidade do México)	9,9 s	19,8 s	43,8 s	1 min 44,3 s	11,0 s	22,5 s	52,0 s	2 min 0,9 s
% de mudança*	+1,0	+2,5	+2,9	+0,8	+3,5	+2,2	0	+0,2

*O sinal de + indica melhora sobre o desempenho de 1964.
De E.T. Howley, "Effect of Altitude on Physical Performance", in G.A. Stull and T.K. Cureton, *Encyclopedia of Physical Education, Fitness and Sports: Trainning, Environment, Nutrition and Fitness.* Copyright © 1980 American Alliance for Heath, Physical Education, Recreation and Dance, Reston VA. Reproduzido com permissão.

longo do tempo entre uma edição dos Jogos e outra e o fato de que a densidade do ar na altitude oferece menos resistência a movimentos em grandes velocidades. Estimou-se que as melhoras nas corridas de 100 e 400 m para cada 1.000 m de altitude seriam de 0,08 e 0,06 s, respectivamente.[10,103] A questão da menor resistência do ar gerou polêmica em torno do desempenho fantástico de Bob Beamon no salto em distância nas Olimpíadas da Cidade do México (ver "Uma visão mais detalhada 24.1").

Desempenho aeróbio de longa duração

Desempenhos máximos com mais de 2 minutos dependem sobretudo do fornecimento de oxigênio e, ao contrário dos desempenhos de curta duração, são claramente afetados pela PO_2 menor na altitude. A Tabela 24.2 mostra os resultados de provas de corrida à distância de 1.500 m até a maratona e a marcha atlética de 50 km, e, como se pode ver, o desempenho diminuiu em todas as distâncias, menos na corrida de de 1.500 m.[65]

Esse desempenho é digno de nota, visto que se esperava que fosse afetado como os outros. É mais do que simplesmente interessante que o recordista seja Kipchoge Keino, que nasceu e cresceu no Quênia, em uma altitude parecida com a da Cidade do México. Ele possuía uma adaptação especial em razão de seu país de origem? Essa questão será retomada em uma seção posterior. Gostaríamos de continuar a discussão sobre o efeito da altitude no desempenho com a pergunta: por que o desempenho diminui em até 6,2% nas corridas de longa distância?

> **Em resumo**
> - A pressão atmosférica, a PO_2, a temperatura do ar e a densidade do ar diminuem com a altitude.
> - A menor densidade do ar na altitude oferece menos resistência ao movimento em alta velocidade, e os desempenhos de velocidade não são afetados ou são melhorados.

Uma visão mais detalhada 24.1

Saltar em ar rarefeito

Nos Jogos Olímpicos de 1968 na Cidade do México, Bob Beamon quebrou o recorde mundial no salto em distância com um salto de 8,90 m, 55 cm mais longo do que o recorde existente. Como o recorde foi quebrado em altitude, onde a densidade do ar é mais baixa do que no nível do mar, questionou-se a magnitude real da façanha. Foram feitas várias análises para determinar o quanto seria ganho ao fazer longos saltos em altitude.[133] Os cálculos precisaram considerar a massa do saltador, um coeficiente de atrito baseado na área frontal exposta ao ar durante o salto e a diferença na densidade do ar entre o nível do mar e a Cidade do México. O resultado indicou que cerca de 2,4 cm teriam sido ganhos por se fazer o salto em altitude, onde a densidade do ar é menor. Os cálculos subsequentes abordaram o efeito da velocidade do vento favorável (~2ms⁻¹) que existia no momento do salto, assim como o efeito da altitude. Os autores consideraram o efeito da velocidade do vento na fase de corrida que leva ao salto e ao salto propriamente dito e concluíram que a combinação de altitude e velocidade do vento seria responsável por 31 cm. Isso não reduz a incrível conquista de Beamon — o saltador em segundo lugar estava 68 cm atrás.[134] Cientistas tentaram prever o efeito da altitude em desempenhos de corrida, considerando os fatores contrários de menor densidade do ar e disponibilidade de oxigênio.[93] Esse último fator é discutido em relação a corridas de longa distância.

Tabela 24.2 Comparação de desempenhos em corridas de longa distância nos Jogos Olímpicos de 1964 e 1968

Jogos Olímpicos	Corridas de longa distância: homens					
	1.500 m	3.000 m	5.000 m	10.000 m	Maratona	Marcha atlética de 50 km
1964 (Tóquio)	3 min 38,1 s	8 min 30,8 s	13 min 48,8 s	28 min 24,4 s	2 h 12 min 11,2 s	4 h 11 min 11,2 s
1968 (Cidade do México)	3 min 34,9 s	8 min 51,0 s	14 min 5,0 s	29 min 27,4 s	2 h 20 min 24,6 s	4 h 20 min 13,6 s
% de mudança*	+1,5	–3,9	–1,9	–3,7	–6,2	–3,6

*O sinal de + indica melhora sobre o desempenho de 1964.
De E.T. Howley, "Effect of Altitude on Physical Performance", in G.A. Stull and T.K. Cureton, *Encyclopedia of Physical Education, Fitness and Sports: Trainning, Environment, Nutrition and Fitness*. Copyright © 1980 American Alliance for Heath, Physical Education, Recreation and Dance, Reston VA. Reproduzido com permissão.

Potência aeróbia máxima e altitude

A redução no desempenho de corrida de longa distância na altitude é parecida com o que ocorre quando um corredor treinado fica destreinado – obviamente, ele levaria mais tempo para correr uma maratona. A semelhança no efeito está relacionada com uma redução na potência aeróbia máxima que ocorre com o destreinamento e com a elevação da altitude. A Figura 24.1 mostra que o $\dot{V}O_{2máx}$ diminui de maneira linear, sendo cerca de 12% menor a 2.400 m, 20% menor a 3.100 m e 27% menor a 4.000 m.[17,29,34,42] Embora não seja nenhuma surpresa que o desempenho de resistência diminua com essas alterações no $\dot{V}O_{2máx}$, por que o $\dot{V}O_{2máx}$ diminui?

Função cardiovascular na altitude. O consumo máximo de oxigênio é igual ao produto do débito cardíaco pela diferença arteriovenosa máxima de oxigênio, $\dot{V}O_2 = CO \times (CaO_2 - C\bar{v}O_2)$. Considerando-se essa relação, a redução no $\dot{V}O_{2máx}$ com a elevação da altitude poderia se dever à redução do débito cardíaco e/ou a uma redução da extração de oxigênio. Ficará claro nos próximos parágrafos que a extração de oxigênio é um dos principais fatores que geram redução no $\dot{V}O_{2máx}$ em todas as altitudes, ao passo que as reduções no débito cardíaco contribuem mais em altitudes mais elevadas.

O débito cardíaco máximo é igual ao produto da frequência cardíaca máxima pelo volume sistólico máximo. Em vários estudos, a frequência cardíaca máxima não se alterou em altitudes de 2.300 m,[40,99] 3.100 m[51] e 4.000 m,[17] ao passo que as alterações no volume sistólico foram relativamente variáveis.[70] Se essas duas variáveis, volume sistólico máximo e frequência cardíaca máxima, não mudam muito a essas altitudes, a redução no $\dot{V}O_{2máx}$ deve decorrer de uma diferença na extração de oxigênio.

Embora a extração de oxigênio ($CaO_2 - C\bar{v}O_2$) possa diminuir em virtude de uma redução no teor de oxigênio arterial (CaO_2), ou um aumento no teor de oxigênio venoso misto ($C\bar{v}O_2$), a principal causa é a dessaturação do sangue arterial por causa da PO_2 em altitude. A PO_2 atmosférica menor faz com que a PO_2 alveolar seja mais baixa. Isso diminui o gradiente de pressão para a difusão de oxigênio entre o alvéolo e o sangue capilar pulmonar, reduzindo, assim, a PO_2 arterial. Como visto no Capítulo 10, com a diminuição da PO_2 arterial, ocorre uma redução no volume de oxigênio ligado à hemoglobina. No nível do mar, a hemoglobina está cerca de 96-98% saturada de oxigênio. Contudo, a 2.300 e 4.000 m, a saturação cai, respectivamente, para 88 e 71%. Essas reduções na saturação de hemoglobina são parecidas com as do $\dot{V}O_{2máx}$ nessas altitudes, descritas anteriormente. Como o transporte máximo de oxigênio é o produto do débito cardíaco máximo pelo teor de oxigênio arterial, a capacidade de transportar oxigênio para os músculos ativos na altitude é reduzida em razão da dessaturação, ainda que o débito cardíaco máximo possa se manter inalterado durante exposições agudas a altitudes de 4.000 m.[70] Todavia, deve-se acrescentar que vários estudos mostraram uma redução na frequência cardíaca máxima na altitude. Embora algumas dessas diminuições tenham sido observadas em altitudes de 3.100[34] e 4.300 m,[40] é mais comum encontrar frequências cardíacas máximas menores em altitudes acima de

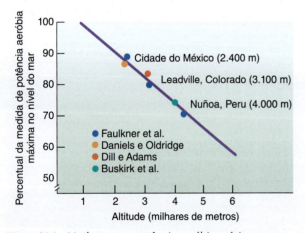

Figura 24.1 Mudanças na potência aeróbia máxima com o aumento da altitude. O valor da potência aeróbia máxima no nível do mar é de 100%. De E. T. Howley, "Effect of Altitude on Physical Performance", in G. A. Stull e T. K. Cureton, *Encyclopedia of Physical Education, Fitness and Sports: Training, Environment, Nutrition, and Fitness*. Copyright © 1980 American Alliance for Health, Physical Education, Recreation and Dance, Reston VA. Reproduzido com permissão.

4.300 m. Por exemplo, comparada com a frequência cardíaca máxima no nível do mar, observou-se que a frequência cardíaca máxima era de 24-33 bpm menor a 4.650 m e 47 bpm menor a cerca de 6.100 m.[54,102] Essa baixa na frequência cardíaca máxima é revertida pela restauração aguda de normóxia, ou pelo uso de atropina.[54] Essa bradicardia induzida pela altitude sugere que a hipóxia do miocárdio pode fazer com que a frequência cardíaca menor reduza o esforço e, dessa forma, diminua a demanda de oxigênio do músculo cardíaco.

Como mencionado, durante uma exposição aguda à altitude, o volume sistólico durante o exercício é reduzido apenas um pouco – quando o é. No entanto, exposições prolongadas a altitudes resultam em uma redução no volume de plasma, que leva a menor volume diastólico final e a menor volume sistólico.[84] Isso significa que o $\dot{V}O_{2máx}$ diminui mais rapidamente em altitudes mais elevadas em razão dos efeitos combinados da dessaturação de hemoglobina e da redução do débito cardíaco máximo.

Essa dessaturação do sangue arterial na altitude não afeta apenas o $\dot{V}O_{2máx}$. As respostas cardiovasculares ao esforço submáximo também são influenciadas. Como cada litro de sangue leva menos oxigênio, precisam ser bombeados mais litros de sangue por minuto para compensar a dessaturação. Para tanto, a resposta da frequência cardíaca aumenta, visto que a resposta do volume sistólico já está em um ponto mais alto ou ela está, na verdade, mais baixa na altitude em razão da hipóxia.[2] Essa elevação da resposta da frequência cardíaca é mostrada na Figura 24.2.[45] Esse fato tem implicações para outras pessoas além dos atletas, que dependem de desempenho. A pessoa comum que pratica um programa de exercícios precisará diminuir a intensidade do exercício na altitude para se manter na zona de frequência cardíaca almejada. É preciso lembrar que a prescrição de exercícios necessária para um efeito de treinamento cardiovascular inclui uma duração de exercício conveniente para se atingir um gasto calórico total adequado (ver Cap. 16). Se a intensidade for alta demais, a pessoa terá mais dificuldades para atingir esse objetivo.

Função respiratória na altitude. Na introdução desta seção, mencionou-se que o ar é menos denso na altitude. Isso significa que há menos moléculas de O_2 por litro de ar e, se uma pessoa quisesse consumir o mesmo número de litros de O_2, a ventilação pulmonar teria de aumentar. A 5.600 m, a pressão atmosférica é metade daquela ao nível do mar, e o número de moléculas de O_2 em cada litro de ar é reduzido pela metade; portanto, uma pessoa precisaria respirar duas vezes mais ar para absorver a mesma quantidade de O_2. As consequências disso são mostradas na Figura 24.3, que apresenta as respostas de ventilação de uma pessoa que se exercitou a taxas de trabalho que exigiam um $\dot{V}O_2$ de 1-2 L/min no nível do mar e a três altitudes mais elevadas do que 4.000 m. A ventilação pulmonar é elevada em todas elas, chegando a valores de quase 180 L/min a 6.400 m.[102] Essa resposta ventilatória extrema exige que os músculos respiratórios, principalmente o diafragma, trabalhem tanto, que pode ocorrer fadiga. Será visto mais desse tema em uma seção posterior que aborda a escalada do Monte Everest.

> **Em resumo**
>
> - Desempenhos em corrida de longa distância são afetados negativamente na altitude por causa da redução na PO_2, que causa diminuição da saturação de hemoglobina e do $\dot{V}O_{2máx}$.
> - Até altitudes moderadas (~4.000 metros), a redução no $\dot{V}O_{2máx}$ decorre principalmente da redução no teor de oxigênio arterial produzida pela redução na PO_2 atmosférica. Em altitudes mais elevadas, a taxa a que o $\dot{V}O_{2máx}$ cai é maior em razão de uma redução no débito cardíaco máximo.
> - Desempenhos submáximos conduzidos na altitude exigem maiores respostas da frequência cardíaca e de ventilação, por causa, respectivamente, do menor teor de oxigênio no sangue arterial e da redução do número de moléculas de oxigênio por litro de ar.

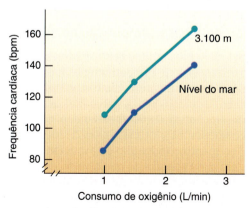

Figura 24.2 Efeito da altitude na resposta da frequência cardíaca ao exercício submáximo.

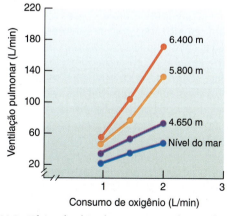

Figura 24.3 Efeito da altitude na resposta da ventilação ao exercício submáximo.

Aclimatação a altitudes elevadas

A PO_2 baixa na altitude causa um aumento no fator induzível por hipóxia-1 (HIF-1) presente na maioria das células do corpo. O HIF-1 ativa os genes associados à produção da eritropoetina (EPO), envolvida na produção de hemácias; aos fatores de crescimento endoteliais vasculares, envolvidos na geração de novos vasos sanguíneos; e à sintase de óxido nítrico, que promove a síntese de óxido nítrico, envolvido na vasodilatação.[115,119] Nas populações de altitudes elevadas dos Andes, na América do Sul, a resposta de aclimatação à PO_2 baixa na altitude é a produção de mais hemácias a fim de compensar a dessaturação de hemoglobina. Entre os mineradores de Morococha, no Peru, onde as pessoas residem a altitudes acima de 4.540 m, foram medidos níveis de hemoglobina de 211 g $\cdot$ L^{-1}, diferentes dos 156 g $\cdot$ L^{-1} medidos em moradores de Lima, capital do país, ao nível do mar. Essa hemoglobina mais elevada compensa quase completamente a baixa PO_2 a essas altitudes:[68]

Nível do mar: 156 g $\cdot$ L^{-1} $\times$ 1,34 mL O_2 $\cdot$ g^{-1} a
98% de saturação = 206 mL $\cdot$ L^{-1}
4.540 m: 211 g $\cdot$ L^{-1} $\times$ 1,34 mL O_2 $\cdot$ g^{-1} a
81% de saturação = 224 mL $\cdot$ L^{-1}

Um dos melhores testes do grau a que esses moradores de altitudes elevadas se adaptam é encontrado nos valores de $\dot{V}O_{2máx}$ medidos na altitude. Valores médios de 46-50 mL $\cdot$ kg^{-1} $\cdot$ min^{-1} foram medidos nos nativos de altitudes,[71,81-83] que são melhores quando comparados aos dos nativos do nível do mar do Peru ou dos Estados Unidos.

Não há dúvida de que qualquer pessoa que more ao nível do mar e que faça uma viagem para a altitude e permaneça lá por um tempo passará por um processo de aclimatação que inclui um aumento no número de hemácias. Contudo, é provável que a adaptação nunca seja tão completa como a observada nos residentes fixos. Essa conclusão é tirada de um estudo que comparou valores de $\dot{V}O_{2máx}$ de vários grupos diferentes: (a) nativos de planícies peruanas e voluntários do Corpo de Paz que visitaram altitudes já adultos, (b) nativos de planícies que foram para altitudes ainda crianças e cresceram em altitudes e (c) residentes permanentes de altitudes.[42] Por um lado, os valores de $\dot{V}O_{2máx}$ foram de 46 mL $\cdot$ kg^{-1} $\cdot$ min^{-1} em moradores de altitudes e naqueles que lá chegaram na infância. Por outro lado, os originários de planícies que chegaram ao local já adultos e passaram apenas de 1-4 anos na altitude tiveram valores de 38 mL $\cdot$ kg^{-1} $\cdot$ min^{-1}. Isso indica que, para se ter aclimatação completa, é preciso passar os anos de desenvolvimento em altas altitudes, o que pode ajudar a explicar o desempenho surpreendente de Kipchoge Keino na corrida de 1.500 m nos Jogos Olímpicos da Cidade do México, mencionado anteriormente, pois ele passara a infância a uma altitude parecida com a da Cidade do México.

Acreditava-se que a concentração elevada de hemoglobina dos peruanos que sempre residiram na altitude era o principal meio pelo qual as pessoas se adaptavam à vida a altitudes elevadas. Esse não é mais o caso. Ficou claro que pessoas que vivem a altitudes elevadas no Tibete chegaram a esse nível de aclimatação por meios diferentes daqueles que vivem nos Andes.[77,113,124,146] Habitantes do Tibete adaptam-se aumentando a saturação de oxigênio na hemoglobina, e não a concentração de hemoglobina, a qual pode ser 30 g/L menor do que a dos andinos que moram a altitudes comparáveis. O melhor desempenho dos xerpas tibetanos em altitudes extremas está ligado não a um $\dot{V}O_{2máx}$ excepcional à altitude, mas a uma função pulmonar, a um débito cardíaco máximo e a um nível de saturação de oxigênio na hemoglobina melhores.[115] Os diferentes tipos de adaptação observados nessas populações têm a ver com a seleção natural daqueles com genes particulares que promovem o aumento na produção de hemácias (p. ex., os andinos) ou o aumento na saturação de oxigênio (os tibetanos), o que resulta de um aumento no ácido nítrico nos pulmões, que, por sua vez, promove o aumento do fluxo sanguíneo.[121,124,146]

> ### Em resumo
>
> - Os andinos adaptam-se a altitudes elevadas produzindo mais hemácias para combater a dessaturação causada pela PO_2 menor. Moradores de altitudes andinas que passaram a infância na altitude mostram uma adaptação completa, como visto em seu teor de oxigênio e seus valores de $\dot{V}O_{2máx}$. Moradores de planícies que chegam em altitudes já adultos apresentam uma adaptação apenas moderada.
> - Em contrapartida, residentes de altas altitudes no Tibete adaptam-se aumentando a saturação de oxigênio na hemoglobina existente, como resultado do maior fluxo sanguíneo para os pulmões em razão de altos níveis de óxido nítrico.

Treinamento para competição na altitude

Estava claro para muitos dos corredores de médias e longas distâncias que competiram nos Jogos Olímpicos de 1968 que a altitude teria efeitos prejudiciais no desempenho. Usando o $\dot{V}O_{2máx}$ como indicador do impacto no desempenho, cientistas estudaram o efeito da exposição imediata à altitude, a taxa de recuperação no $\dot{V}O_{2máx}$ enquanto o indivíduo estava na altitude e se o $\dot{V}O_{2máx}$ era mais elevado do que o valor antes da altitude quando se retornava ao nível do mar. Os resultados foram interessantes, não pelas tendências esperadas, mas pela variabilidade extrema das respostas entre os atletas. Por exemplo, a redução no $\dot{V}O_{2máx}$ com a elevação para 2.300 m de altitude variou de 8,8-22,3%;[99] no caso de 3.090 m, variou de 13,9-24,4%;[34] e, a 4.000 m, a redução variou de 24,8-34,3%.[17] Uma das principais conclusões a que se pode chegar com esses dados é que o melhor corredor no nível do mar poderia não ser o melhor na altitude se essa pessoa tivesse uma grande queda no $\dot{V}O_{2máx}$. Por que tanta variação? Estudos desse fenômeno sugerem que a variabilidade na diminuição do $\dot{V}O_{2máx}$ entre os indivíduos está relacionada com o grau a que os atletas sofrem dessaturação do sangue arterial durante esforço máximo.[72,78,96] O Capítulo 10 descreveu o efeito que a dessaturação arterial tem no $\dot{V}O_{2máx}$ de atletas de elite no nível do mar. Se essa dessaturação pode ocorrer em condições do nível do mar, a condição de altitude deve ter um impacto extra, cuja magnitude é maior naqueles que sofrem certa dessaturação no nível do mar. Coerentemente com isso, a exposição à altitude simulada de 3.000 m resultou em redução de 20,8% no $\dot{V}O_{2máx}$ de atletas treinados e em redução de apenas 9,8% em pessoas não treinadas.[72]

A redução no $\dot{V}O_{2máx}$ com a exposição à altitude não foi a única resposta fisiológica que variou entre os atletas. Houve também uma resposta variável no grau de aumento do $\dot{V}O_{2máx}$ quando os atletas permaneciam na altitude e continuavam a treinar. Um estudo com duração de 28 dias a 2.300 m encontrou um aumento de 1-8% ao longo do tempo.[101] Alguns pesquisadores constataram um aumento gradual do $\dot{V}O_{2máx}$ ao longo de um período de 10-28 dias,[6,30,34,99] enquanto outros[40,51] não. Além disso, quando os indivíduos retornavam ao nível do mar e voltavam a ser testados, alguns verificaram que o $\dot{V}O_{2máx}$ era maior do que quando eles haviam saído,[6,30,34] ao passo que outros não encontraram melhoras.[17,42,49] Por que tanta variação nas respostas?

Há várias possibilidades. Se um atleta não estiver na condição máxima antes de subir à altitude, o estresse combinado do exercício e da altitude pode aumentar o $\dot{V}O_{2máx}$ enquanto ele estiver em altitude e apresentar um ganho extra quando o atleta voltar para o nível do mar. Existem evidências favoráveis[112] e contrárias[1,39,130] a essa ideia de que o estresse combinado de altitude e exercício cause mudanças no $\dot{V}O_{2máx}$ maiores do que o estresse do exercício isoladamente. Outro motivo para a variabilidade tem a ver com a altitude a que o treinamento foi conduzido. Quando corredores treinavam a altitudes elevadas (4.000 m), a intensidade das corridas (em comparação com velocidades mantidas no nível do mar) precisou ser reduzida para se completar o treino, por conta da diminuição no $\dot{V}O_{2máx}$ que ocorre na altitude. Como resultado, o corredor pode, na verdade, "destreinar" enquanto está na altitude, e o desempenho posterior no nível do mar pode não ser tão bom como era antes de ele ir para a altitude.[17] Daniels e Oldridge[30] apresentaram uma maneira de contornar esse problema fazendo com que corredores realizassem um treinamento alternativo na altitude (7-14 dias) e no nível do mar (5-11 dias). A uma altitude de apenas 2.300 m, os corredores ainda conseguiram treinar em "ritmo de corrida" e não houve destrei-

namento. Na verdade, foram atingidos treze recordes pessoais pelos atletas quando correram no nível do mar. Para mais informações, consultar a revisão de Saunders, Pyne e Gore sobre treinamento de resistência na altitude em "Sugestões de leitura". O foco do ganho de vantagens da aclimatação à altitude resultou em uma estratégia na qual o atleta vive na altitude elevada, mas treina na altitude baixa, sem nunca deixar esta. Ver "Vencendo limites 24.1".

Em resumo

- Durante o treinamento na altitude, alguns atletas sofrem um declínio maior do que outros no $\dot{V}O_{2máx}$. Isso pode ser causado pelas diferenças no grau a que cada atleta sofre dessaturação de hemoglobina. Lembrar que alguns atletas sofrem dessaturação durante esforço máximo no nível do mar.
- Alguns atletas apresentam aumento no $\dot{V}O_{2máx}$ enquanto treinam em altitude, ao passo que outros não. Isso pode ser causado pelo nível em que o atleta estava treinando antes de ir para a altitude.
- Além disso, alguns atletas apresentam um $\dot{V}O_{2máx}$ maior ao voltar ao nível do mar, enquanto outros não. Parte do motivo pode ser a altitude em que treinaram. Aqueles que treinaram em altitudes elevadas podem, na verdade, se "destreinar", porque a qualidade de seus treinos decresce em altitudes elevadas. Para contornar esse problema, os atletas podem alternar exposições à baixa altitude e ao nível do mar ou seguir um programa *live high, train low* [viver em altitudes elevadas, treinar em altitudes baixas].

A conquista do Everest

A relação mais óbvia entre exercício e altitude é a escalada de montanhas. O alpinista enfrenta o estresse de altitude, o frio, a radiação e, claro, o esforço de escalar encostas íngremes ou simples paredes rochosas. O sonho de alguns montanhistas é escalar o Monte Everest, a 8.848 m, a montanha mais alta da Terra. A Figura 24.4 mostra várias tentativas de escalar o Everest durante o século XX.[143] Dignos de nota foram Hillary e Tensing, os primeiros a consegui-lo, e Messner e Habeler, que, para surpresa de todos, o fizeram, sem suplemento de oxigênio, em 1978. Consultar em Messner, em "Sugestões de leitura", os detalhes completos a respeito de como eles realizaram essa façanha. Essa conquista fez com que os cientistas se voltassem para o Everest em 1981, perguntando-se como aquilo foi possível. Esta seção dá algumas informações sobre essa história fascinante.

Em 1924, a equipe de alpinismo de Norton tentou escalar o Everest sem oxigênio e quase conseguiu: eles pararam a apenas 300 m do topo.[90] Essa expedição de

Vencendo limites 24.1

Live high, train low ou o contrário!

Existe grande interesse na estratégia de viver em altitudes elevadas, mas treinar em altitudes baixas (*live high, train low*) como forma de melhorar o desempenho de resistência. O *live high* refere-se a expor-se a uma PO_2 baixa a fim de se obter os benefícios especiais mencionados anteriormente, ao passo que *train low* refere-se a praticar exercícios no nível do mar (ou a uma altitude muito baixa) para não afetar a intensidade e/ou a duração dos treinos. No entanto, o apoio a essa teoria foi controverso por causa da influência de uma grande variedade de fatores: indivíduos, duração do estudo, intensidade e volume de treinamento, altitude (se simulada ou real) e duração da estada na altitude.[147] Um estudo tentou explicar por que há variabilidade na resposta a essa estratégia de treinamento.[25] Trinta e nove corredores colegiados foram divididos entre "responsivos" e "não responsivos" com base nas mudanças em seus tempos de corrida de 5.000 m após treinarem em um campo de treinamento em altitude elevada. Todos os corredores ficaram em altitudes elevadas (2.500 m), mas alguns treinaram em 2.500-3.000 m (grupo *high-high*), outros em 1.200-1.400 m (grupo *high-low*) e outros ainda fizeram treinamento de baixa intensidade em 2.500-3.000 m e intervalaram exercício em baixa altitude (grupo *high-high-low*). Verificou-se que os responsivos tiveram um aumento na eritropoetina (EPO), no volume de hemácias e no $\dot{V}O_{2máx}$, o que serve de justificativa para o melhor desempenho na corrida de 5.000 m após o treinamento em altitude. O interessante é que, embora os não responsivos tivessem um aumento na EPO, eles não apresentaram aumento na massa de hemácias nem no $\dot{V}O_{2máx}$. Outra diferença entre os responsivos e os não responsivos era a capacidade dos primeiros de manter a qualidade de seus treinos em altitudes elevadas: os não responsivos demonstraram uma redução de 9% na velocidade do treinamento intervalado e um $\dot{V}O_2$ bem menor durante os intervalos. Foram duas as lições finais desse estudo:

■ Deve-se ficar em uma altitude elevada o bastante para desencadear um aumento na massa de hemácias (em razão de um aumento agudo na EPO).

■ Deve-se treinar em uma altitude baixa o suficiente para se manter a velocidade de treinamento intervalado. No caso de corredores que sofrem grande dessaturação de hemoglobina no nível do mar, até mesmo o treinamento em baixa altitude pode ser incompatível com a manutenção da velocidade de treinamento intervalado.

Curiosamente, nem todos concordam com esse foco na massa de hemácias. Desde que esse estudo[25] foi publicado, houve um debate de pontos e contrapontos sobre essa questão,[73] além de uma série de cartas ao editor em resposta ao debate[73] e de uma explosão de novas pesquisas. Em termos simples, outros estudos mostraram que 6 semanas de hipóxia intermitente durante o treinamento melhorou o $\dot{V}O_{2máx}$, o potencial de oxidação muscular e o desempenho, sem alteração na massa de hemácias.[37,94,151] Recentemente, foi publicado um resumo dos possíveis mecanismos, que não a massa de hemácias, ligados à melhora no desempenho após exposição à hipóxia.[47] O foco nessa revisão era o aumento da função mitocondrial e a capacidade de retenção.

Considerando-se que a hipóxia hipobárica intermitente (3 h/dia, 5 dias/semana em 4.000-5.500 m) durante 4 semanas aumentou a EPO, mas não a produção de hemácias, tampouco o desempenho,[48,109] levantaram-se questões sobre que "dose" de exposição à altitude seria necessária para gerar uma resposta. Com base nos vários estudos, parece que são necessárias 4 semanas de exposição à altitude de ≥ 22 h/dia em 2.000-2.500 m para desencadear aumentos na massa de hemácias, no $\dot{V}O_{2máx}$ e no desempenho.[137,145] Se for usada uma altitude simulada para menos horas por dia (12-16 h), uma elevação maior (2.500-3.000 m) é necessária. Dito isso, um estudo recente de 4 semanas que usou uma exposição de 16 h/dia a 3.000m não mostrou impacto no desempenho de resistência ou varáveis fisiológicas associadas.[120] Além disso, em um estudo semelhante no qual foi observado um aumento real na massa de hemoglobina total, a hemoglobina retornou rapidamente para os valores iniciais à exposição ao nível do mar, o que sugere que o tempo é crucial se aplicado à competição.[95] Claramente, é necessária mais pesquisa para mostrar a melhor forma para aumentar o $\dot{V}O_{2máx}$ e o desempenho com esses programas. Considerando que um aumento no $\dot{V}O_{2máx}$ pode ter um efeito favorável nos desempenhos dos atletas como a maratona,[24] não é nenhuma surpresa o fato de que a Agência Mundial Antidoping (WADA, do inglês World Anti-Doping Agency) examinou o método *live high, train low* para melhorar o desempenho (pois ele resulta em mudanças na massa de hemácias de forma similar ao *doping* sanguíneo; ver Cap. 25). O interessante é que, embora a WADA tenha levantado questionamentos de um ponto de vista ético e quanto ao critério de "espírito esportivo", não se tomaram providências até o momento.[144]

Embora o método *live high, train low* seja amplamente adotado, há outra escola de pensamento que recomenda um método *live low, train high*, em que os atletas treinam em hipóxia, mas permanecem em normóxia pelo resto do tempo. Nesse caso, o ambiente hipóxico existe apenas durante o exercício e é visto como uma opção para evitar os impactos negativos da exposição prolongada a altitudes elevadas mencionados anteriormente. Em geral, o $\dot{V}O_{2máx}$ e os parâmetros sanguíneos (p. ex., a concentração de hemoglobina) não mudam com esse tipo de treinamento. Além disso, Vogt e Hoppeler acreditam que seja difícil tirar sólidas conclusões a respeito das adaptações musculares decorrentes desse tipo de treinamento por causa das diferenças no estado de treinamento dos indivíduos, na intensidade e na duração do treinamento e na altitude simulada que se utilizou.[130] Contudo, há certas evidências limitadas de que, quando um atleta deve atuar em altitude, esse tipo de treinamento é benéfico. Levando-se em conta os pequenos ganhos em potencial (~1-2%) e os grandes custos, as dificuldades e os possíveis riscos (ainda que pequenos[7]) associados a esses métodos de *live high, train low* ou o contrário, só atletas de resistência de elite devem considerar essas estratégias de treinamento.[115] Consulte Fudge et al. nas Sugestões de leitura para uma atualização sobre o uso de treinamento em altitude para o desempenho de resistência de elite.

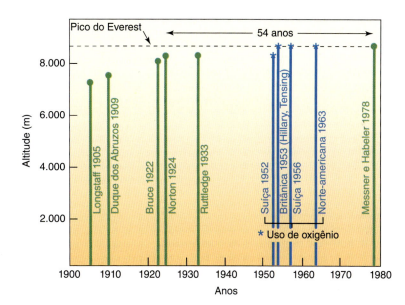

Figura 24.4 As altitudes mais elevadas atingidas por alpinistas no século XX. Em 1924, os alpinistas chegaram a 300 m do topo sem suplemento de oxigênio. Passaram-se 54 anos até que esses últimos 300 m fossem escalados.

1924 foi notável porque médicos e cientistas ligados à campanha coletaram dados sobre os alpinistas e os carregadores. Além disso, foram levantadas novas questões a partir da morte dos dois alpinistas nessa tentativa de atingir o topo (ver "Uma visão mais detalhada 24.2"). A história dessa investida é uma boa leitura para os interessados em alpinismo e dá provas da capacidade arguta de observação dos cientistas. O major Hingston observou o desconforto respiratório associado à escalada dessas altitudes, afirmando que, a 5.800 m, "o menor esforço, como o de amarrar os cadarços, abrir uma lata de comida, entrar no saco de dormir, estava ligado a forte desconforto respiratório". A 8.200 m, um alpinista "precisava fazer 7, 8 ou 10 respirações completas para cada passo adiante. E, mesmo a essa lenta velocidade de progresso, era preciso descansar durante 1 ou 2 minutos a cada 18,3 ou 27,4 m".[90] Pugh, que fez observações durante uma expedição de 1960-1961 ao Everest, acreditava que a fadiga dos músculos respiratórios poderia ser o principal fator que limitava essas expedições em altitudes extremas.[102] Além disso, as observações de Pugh sobre os decréscimos no $\dot{V}O_{2máx}$ em altitudes extremas sugeriram que o $\dot{V}O_{2máx}$ seria pouco acima do metabolismo basal no pico da montanha, tornando a tarefa no mínimo improvável. Como então Messner e Habeler escalaram o Everest sem suplemento de O_2?

Essa foi uma das principais questões estudadas pela expedição de 1981 ao Everest. Como mencionado, o $\dot{V}O_{2máx}$ diminui com a altitude por causa da pressão barométrica menor, que causa uma menor PO_2 e uma dessaturação da hemoglobina. Aliás, o $\dot{V}O_{2máx}$ no

Uma visão mais detalhada 24.2

Mallory e Irvine: eles atingiram o topo?

Na expedição Everest de 1924, dois dos alpinistas, Norton e Somervell, deixaram o acampamento a 8.220 m para tentar chegar ao topo sem suplemento de oxigênio. Somervell teve que parar porque o ar frio estava agravando o estado de sua garganta congelada, mas Norton continuou até chegar a 8.580 m, um recorde para aqueles que não usaram suplemento de oxigênio, o qual perdurou por 54 anos. Alguns dias depois, George L. Mallory e Andrew C. Irvine fizeram uma tentativa com oxigênio, mas nunca retornaram. Como a última vez em que foram vistos foi a caminho do topo, considerou-se a possibilidade de que talvez eles tenham chegado lá e morrido no caminho de volta. A Expedição de Pesquisa de Mallory e Irvine de 1999 tentou responder a essa dúvida ao procurar seus restos mortais e talvez alguma evidência de que pudessem ter atingido seu objetivo. Sabia-se que ambos os alpinistas tinham câmeras e buscavam-se evidências fotográficas para solucionar esse mistério. A equipe chegou a encontrar o corpo de Mallory a 8.220 m, mas, infelizmente, não conseguiu encontrar nenhuma câmera. Depois de enterrar Mallory, procuraram mais evidências para tentar determinar de onde ele teria caído para chegar aonde morreu. Uma das garrafas de oxigênio o posicionava em uma localização compatível com uma queda do topo, porém não houve evidências suficientes para concluir que os dois alpinistas tenham atingido seus objetivos. Tampouco houve evidências suficientes do contrário. O mistério continua.[56] Ver Johnson, Hemmleb e Simonson, em "Sugestões de leitura", para mais detalhes sobre essa aventura.

Capítulo 24 Exercício e ambiente **555**

pico do Everest era previsto com base na taxa de redução do $\dot{V}O_{2máx}$ em altitudes mais baixas e, então, extrapolado para a pressão barométrica no topo da montanha. Uma das maiores descobertas da expedição de 1981 foi que a pressão barométrica no topo era 17 mmHg mais alta do que se acreditava antes.[139,142] Essa pressão barométrica mais alta aumentou a estimativa da PO_2 inspirada e fez uma grande diferença na previsão do $\dot{V}O_{2máx}$. A Figura 24.5 mostra que a previsão do $\dot{V}O_{2máx}$ da expedição de 1960-1961 era próxima da taxa metabólica basal, ao passo que o valor previsto pela expedição de 1981 era próximo de 15 mL · kg⁻¹ · min⁻¹.[139,142] Esse valor de $\dot{V}O_{2máx}$ foi confirmado no projeto Operação Everest II, em que pessoas simularam uma escalada do Monte Everest durante um período de 40 dias em uma câmara de descompressão.[29,125] Esse valor de $\dot{V}O_{2máx}$ de 15 mL · kg⁻¹ · min⁻¹ ajuda a explicar como os alpinistas conseguiram atingir o topo sem a ajuda de suplemento de oxigênio, mas ele não é o único motivo.

A saturação arterial de hemoglobina depende da PO_2, da PCO_2 e do pH arteriais (ver Cap. 10). Uma PCO_2 baixa e um pH alto fazem com que a curva de hemoglobina no oxigênio passe para a esquerda, de modo que a hemoglobina é mais saturada nessas condições do que em condições normais. Alguém que consegue ventilar grandes volumes em resposta à hipóxia pode exalar mais CO_2 e fazer com que o pH se eleve. Mostrou-se que aqueles que conseguem lidar com altitude têm forte transmissão ventilatória hipóxica, o que lhes permite ter uma PO_2 arterial e uma saturação de oxigênio maiores.[118] Na verdade, quando os valores da PCO_2 alveolar foram obtidos no topo do Monte Everest na expedição de 1981, os alpinistas tinham valores muito mais baixos do que se esperava.[140] Essa capacidade de hiperventilar, combinada com a pressão barométrica mais alta do que o esperado, resultou em valores de PO_2 arterial e, claro, de $\dot{V}O_{2máx}$ mais altos. Quão alto deve ser o $\dot{V}O_{2máx}$ do atleta para que ele consiga escalar o Monte Everest?

A Figura 24.5 mostra que os alpinistas da expedição de 1981 tinham valores de $\dot{V}O_{2máx}$ no nível do mar mais altos do que os da expedição de 1960-1961, tanto que vários deles haviam sido corredores de maratona competitivos[139] e, considerando-se a necessidade de transportar oxigênio nessas altitudes para empreender o esforço, ter um $\dot{V}O_{2máx}$ tão alto parece ser um pré-requisito para conseguir escalar sem oxigênio. Medições posteriores em outros montanhistas que escalaram 8.500 m ou mais sem oxigênio confirmaram essa descoberta ao mostrarem que eles possuíam mais fibras musculares do tipo I e que tinham um $\dot{V}O_{2máx}$ médio de 60 ± 6 mL · kg⁻¹ · min⁻¹.[91] Contudo, houve uma exceção digna de nota: um dos atletas nesse estudo era Messner, que havia escalado o Monte Everest sem oxigênio; seu $\dot{V}O_{2máx}$ era de 48,8 mL · kg⁻¹ · min⁻¹.[91] West et al.[141] forneceram matéria para reflexão sobre esse tema: "resta a alguém elucidar os processos evolutivos responsáveis para que o homem consiga atingir o ponto mais alto da Terra respirando apenas o ar ambiente". Entretanto, há mais o que se considerar na escalada do Monte Everest do que o $\dot{V}O_{2máx}$ da pessoa.

É comum no alpinismo, especialmente com a exposição prolongada a altitudes elevadas, que os alpinistas percam peso em razão de uma perda de apetite.[69] Obviamente, se grande parte dessa perda de peso fosse muscular, ela teria um impacto negativo na capacidade do alpinista de escalar a montanha. Pesquisas com escaladas reais e simuladas do Monte Everest deram algumas informações sobre que mudanças acontecem no músculo e o que pode ser responsável por elas. Na simulação de uma subida ao Monte Everest com duração de 40 dias, realizada pela Operação Everest II, os indivíduos sofreram redução de 25% na área transversal das fibras musculares dos tipos I e II, além de uma redução de 14% na área muscular.[49,76] Essas e outras observações (p. ex., mudanças na miosina de isoformas rápida para lenta) foram apoiadas por dados de subidas reais de alta altitude que combinaram exercício com hipóxia grave.[35,60,64] O que poderia ter causado essas alterações? Os dados da Operação Everest II sobre nutrição e composição corporal mostraram que a ingestão calórica diminuiu 43%, de 3.136 para 1.789 kcal/dia ao longo dos 40 dias de exposição à hipóxia. Os indivíduos perderam uma média de 7,4 kg, sendo a maior perda de massa corporal magra, embora houvesse comida palatável.[111] Esse e outros estudos[135] mostraram que a própria hipóxia suprime a fome e a ingestão de alimentos, resultando em perda de peso e mudanças na composição corporeal. Se essas mudanças na massa muscular estiverem ligadas diretamente a mudanças no $\dot{V}O_{2máx}$, elas obviamente afetarão o desempenho. (Ver em "Uma visão mais detalhada 24.3" a forma como as exposições aguda e crônica podem afetar a resposta de lactato ao exercício.)

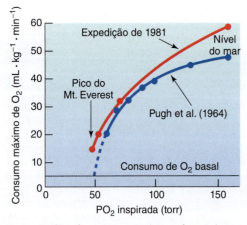

Figura 24.5 Gráfico do consumo máximo de oxigênio a diversas altitudes, expressado em valores de PO_2 inspirada. Os dados de Pugh et al. de 1964 previam que o $\dot{V}O_{2máx}$ era igual à taxa metabólica basal. A estimativa baseada na descoberta de que a pressão barométrica (assim como a PO_2) no topo era maior do que o esperado muda a estimativa para cerca de 15 mL · kg⁻¹ · min⁻¹.

Uma visão mais detalhada 24.3

O paradoxo do lactato

Quando se conduz um teste submáximo em altitude, a frequência cardíaca, a ventilação e as respostas do lactato são mais altas do que as medidas no nível do mar. Isso não é surpresa no caso da frequência cardíaca e das respostas de ventilação, pois há menos oxigênio por litro de sangue e de ar, respectivamente. A resposta do lactato elevada também não é inesperada, pois se supõe que a hipóxia de altitude sirva de estímulo adicional à glicólise. O que surpreende é que, quando o mesmo exercício é realizado depois que a pessoa está aclimatada à altitude durante 3 ou 4 semanas (hipóxia crônica), a resposta do lactato é bastante reduzida. Esse é o paradoxo do lactato: o fato de que o mesmo estímulo hipóxico na hipóxia crônica faz surgir uma resposta do lactato mais baixa do que a observada quando a pessoa é exposta pela primeira vez (hipóxia aguda) à altitude.[107]

Vários estudos foram realizados para descobrir as causas dessa resposta de lactato reduzida ao exercício durante a exposição crônica à altitude. Os resultados de alguns desses estudos mostraram que o lactato mais baixo não se deve a uma capacidade oxidativa maior do músculo, a uma razão maior de capilar por fibra, nem a um aumento no fornecimento de oxigênio.[50,107] Em vez disso, a redução no lactato parece estar ligada a uma concentração menor de adrenalina no plasma, o que, como visto no Capítulo 5, forneceria menos estímulo de glicogenólise via estímulo pelo receptor beta-adrenérgico.[85,107] Evidências a favor dessa hipótese vêm de um estudo em que se demonstrou que o propranolol (uma droga bloqueadora do receptor beta-adrenérgico) reduz a resposta do lactato à hipóxia aguda a um nível visto apenas após hipóxia crônica.[107] No entanto, as mudanças na adrenalina com a aclimatação à altitude não podem explicar totalmente a resposta mais baixa do lactato.[85] A resposta mais baixa do lactato pode se dever também a adaptações musculares resultantes do controle metabólico mais rígido, de modo que a concentração de ADP não aumente tanto durante o exercício; isso resulta em menor estimulação da glicólise.[50] Por conseguinte, o paradoxo do lactato pode resultar de adaptações hormonais (adrenalina) e intracelulares (menor ADP) que ocorrem com a exposição crônica à hipóxia. A tentativa mais recente de explicar o paradoxo do lactato é encontrada em uma "observação" de Noakes,[88] com citações de outros autores e a refutação de Noakes.[89] Essa explicação concentra-se na necessidade do cérebro de proteger o fornecimento de oxigênio a ele próprio, limitando o recrutamento muscular quando o exercício é realizado sob exposição crônica à hipóxia. Se o cérebro limita o recrutamento de fibras musculares, menos carboidrato é metabolizado e menos lactato será produzido. Todavia, comentários[26] de vários autores, inclusive de autores dos principais artigos citados por Noakes, argumentaram contra essa hipótese.

Em contrapartida, um estudo de van Hall et al.,[128] publicado em 2001, sugeriu que o paradoxo do lactato não passava de um fenômeno dependente do tempo, presente nas primeiras semanas de aclimatação, mas que desaparecia depois. Dois anos mais tarde, Pronk et al.[98] refutaram essa conclusão. Eles mediram a resposta do lactato à mesma carga absoluta de esforço na subida em altitude e em 2, 4, 6 e 8 semanas para mensurar as mudanças na resposta ao longo do tempo em altitude. Eles observaram um aumento esperado na resposta do lactato sanguíneo ao exercício com a subida à altitude e a redução já clássica na resposta do lactato sanguíneo com a exposição contínua à altitude. Confirmaram também a relação da resposta do lactato com as mudanças nas catecolaminas plasmáticas. Concluíram que não havia evidências de uma reversão do paradoxo do lactato com a exposição contínua à altitude. A resposta de Lundby e de van Hall[75] a esse estudo, assim como a réplica de Pronk,[97] são leituras interessantes, mas destacam como as duas estão distantes.

Para complicar ainda mais a questão, em um estudo de 2009 realizado pelo grupo de van Hall,[129] moradores de planícies que foram levados à altitude de 4.100 m tiveram a mesma resposta elevada do lactato durante o exercício com a exposição aguda a essa altitude e depois de 2 e 8 semanas de aclimatação (em comparação com o nível do mar). Eles mostraram que a concentração de lactato muscular era a mesma com a exaustão em todas as condições, do nível do mar a 8 semanas de hipóxia crônica. Além disso, as concentrações de adrenalina e de noradrenalina aumentaram a valores maiores do que no nível do mar em hipóxia aguda e aumentaram ainda mais depois de semanas de aclimatação, representando uma resposta normal do sistema nervoso simpático ao exercício. Por fim, a concentração de ADP no músculo não foi diferente entre as condições. Esses achados estão obviamente em conflito com o estudo de Pronk et al.[98] e outros proponentes do paradoxo do lactato. Embora os prós e os contras já tenham sido debatidos,[132,138] é certo que haverá mais discussão nos próximos anos.

Em resumo

- Alpinistas chegaram ao topo do Monte Everest sem oxigênio em 1978. Isso surpreendeu os cientistas, que achavam que àquela altitude o $\dot{V}O_{2máx}$ seria pouco maior que o $\dot{V}O_2$ em repouso. Descobriu-se, depois, que a pressão barométrica era maior do que se pensava e que a estimativa de $\dot{V}O_{2máx}$ era cerca de 15 mL · kg^{-1} · min^{-1} àquela altitude.
- Aqueles que conseguem chegar a altitudes tão elevadas têm uma grande capacidade de hiperventilar. Isso reduz a PCO_2 e o [H$^+$] no sangue e permite que mais oxigênio se ligue à hemoglobina na mesma PO_2 arterial.
- Por fim, aqueles que conseguem chegar a altitudes extremas devem lutar contra a perda de apetite, que resulta em redução do peso corporal e da área transversal de fibras musculares dos tipos I e II.

Calor

O Capítulo 12 descreveu as mudanças na temperatura corporal com o exercício, a forma como os mecanismos de perda de calor são ativados e os benefícios da aclimatação ao calor. Esta seção estende a discussão considerando a prevenção de lesões térmicas durante o exercício.

Hipertermia

Nossa temperatura central (37°C) está a poucos graus de um valor (45°C) que poderia levar à morte (ver Cap. 12). Considerando-se isso e o fato de que as provas de corridas de longa distância, os triatlos, os programas de condicionamento e os jogos de futebol americano costumam ocorrer na parte mais quente do ano, o potencial de lesões por calor, **hipertermia**, é maior.[15,52,67] A lesão por calor não é de modo algum uma questão de tudo ou nada, mas inclui uma série de estágios que precisam ser reconhecidos e tratados para se evitar uma progressão do menos para o mais grave.[66] A Tabela 24.3 resume cada estágio, identificando os sinais e sintomas e o tratamento imediato que deve ser oferecido.[21] Deve-se ter atenção especial para a intermação, uma emergência médica que pode levar à morte. Existe a urgência para reduzir a temperatura central tão logo e o mais rápido possível, e a imersão em água fria e em água com gelo são abordagens recomendadas para alcançar esse objetivo.[5,22,23] Embora seja importante reconhecer e tratar esses problemas, é melhor evitar que eles aconteçam.

A Figura 24.6 mostra os principais fatores relativos à lesão por calor. Cada um deles influencia a suscetibilidade à lesão por calor de maneira independente.

Condicionamento físico. Um alto nível de condicionamento físico está relacionado com menor risco

Tabela 24.3	Problemas relacionados com o calor e seus tratamentos	
Doenças relacionadas ao calor	**Sinais e sintomas**	**Tratamento imediato**
Síncope por calor: desmaio ou perda excessiva de força por causa do calor excessivo	Dor de cabeça Náusea	Ingestão normal de líquidos
Cãibras por calor: contrações musculares causadas pelo esforço sob calor extremo	Cãibras musculares (a panturrilha é um local muito comum) Múltiplas cãibras (muito grave)	Cãibras isoladas: aplicação de pressão e liberação na cãibra, alongamento muscular lento e suave, aplicação de massagem leve e de gelo Hidratação com ingestão de muita água Múltiplas cãibras: perigo de intermação; mesmo tratamento para exaustão por calor
Exaustão por calor: colapso com ou sem perda da consciência, sofrido em condições de calor e alta umidade, resultando quase sempre da perda de líquido e de sal pelo suor	Sudorese Pele fria e úmida Temperatura normal ou levemente elevada Palidez Tontura Pulso fraco e rápido Respiração fraca Náusea Dor de cabeça Perda da consciência Sede	Remover a pessoa do sol e levá-la para uma área bem ventilada Colocá-la em posição de choque, com os pés elevados a 31-46 cm; evitar perda ou ganho de calor Massagem suave dos membros Aplicação de movimentos de ADM nos membros Forçar consumo de líquidos Reanimar a pessoa Monitorização da temperatura corporal e de outros sinais vitais Encaminhamento médico
Intermação: último estágio da exaustão por calor, no qual o sistema termorregulador para de funcionar com o objetivo de conservar os níveis de líquido esgotados	Normalmente sem perspiração Pele seca Muito quente Temperatura de até 41°C Pele de tom vermelho-vivo ou pele avermelhada (pessoas de pele escura terão a pele acinzentada) Pulso forte e rápido Respiração difícil Mudança de comportamento Não responsivo	Tratamento como emergência médica Transporte imediato para o hospital Remoção do máximo de roupas possível, sem expor a pessoa Resfriamento rápido, a começar pela cabeça e descendo pelo corpo; usar qualquer meio possível (ventilador, esguichos, compressas de gelo) Envolver a pessoa em lençóis úmidos e frios para transporte Tratar como choque; se a respiração for difícil, pôr a pessoa em posição semirreclinada

De: Carver S. Injury prevention and treatment. In: *Fitness Professional's Handbook*, edited by Howley E, and Franks B. Champaign: Human Kinetics, 2007, pp. 375-397.

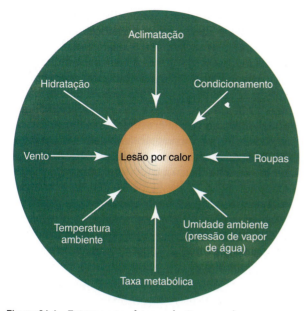

Figura 24.6 Fatores que afetam a lesão por calor.

de lesão por calor.[46] Pessoas condicionadas conseguem tolerar mais esforço no calor,[36] aclimatar-se mais rapidamente[15] e suar mais.[13] Contudo, pessoas muito condicionadas também podem sofrer intermação em razão do exercício.[5]

Aclimatação. O exercício no calor por 10-14 dias, seja ele de baixa intensidade (< 50% do $\dot{V}O_{2máx}$) e longa duração (60-100 min) ou de intensidade moderada (75% do $\dot{V}O_{2máx}$) e curta duração (30 -35 min), consegue:[5,15,63,74]

- Aumentar o volume plasmático e a capacidade de suar.
- Aumentar o $\dot{V}O_{2máx}$, o débito cardíaco máximo e a potência no limiar de lactato.
- Diminuir as respostas da temperatura corporal e da frequência cardíaca ao exercício.
- Reduzir a perda de sal em suor e a possibilidade de esgotamento de sódio.
- Aumentar o desempenho em exercício aeróbio.

Esse processo de aclimatação é a melhor proteção contra a intermação e a exaustão por calor causadas pelo exercício.[5]

Hidratação. A hidratação inadequada reduz a taxa de suor e aumenta a possibilidade de lesão por calor.[114,116,117] O Capítulo 23 discute os procedimentos para reposição de líquidos. Em geral, não há diferenças entre água e bebidas eletrolíticas ou bebidas de carboidrato e eletrólitos na reposição de água corporal durante o exercício.[20,27,149]

Temperatura ambiente. Os mecanismos de perda de calor de convecção e radiação dependem de um gradiente de temperatura da pele para o ambiente. Exercitar-se em temperaturas mais elevadas que a temperatura da pele resulta em ganho de calor. Portanto, a evaporação do suor deve ser compensada para que se mantenha a temperatura corporal em um valor seguro. Ver discussão mais adiante sobre o uso da temperatura de bulbo úmido como guia para reduzir o risco de lesão por calor.

Roupas. Deve-se expor o máximo de pele possível para se estimular a evaporação. Prefira materiais como algodão, que "transportarão" o suor para a superfície para ser evaporado. Com relação a isso, tecidos de algodão e sintéticos (p. ex., poliéster) funcionaram de forma semelhante em termos de termorregulação e sensações subjetivas durante o exercício.[11,32,123] Entretanto, materiais impermeáveis à água aumentarão o risco de lesão por calor. A Figura 24.7 mostra a influência de diferentes uniformes na resposta da temperatura corporal à corrida em esteira.[79] Como muitas lesões por calor relacionadas com o exercício ocorrem durante os primeiros 4 dias da prática de futebol americano, recomenda-se atenção às roupas restritivas, assim como o cuidado com a aclimatação e a hidratação.[5]

Umidade (pressão de vapor de água). A evaporação do suor depende do gradiente de pressão de vapor de água entre a pele e o ambiente. Em ambientes quentes, a umidade relativa é um bom índice da pressão de vapor de água, de modo que a menor umidade relativa facilita a evaporação. Em um estudo recente, o tempo até a exaustão a 70% do $\dot{V}O_{2máx}$ reduziu linearmente quando a umidade relativa foi aumentada de 24 para 40, 60 e 80% em quatro dias separados. Curiosamente, não houve diferença na frequência cardíaca e na temperatura central durante os estudos.[80] Ver discussão mais adiante sobre o uso da temperatura de bulbo úmido como guia para reduzir o risco de lesão por calor.

Taxa metabólica. Como a temperatura central é proporcional à taxa de esforço, a produção de calor me-

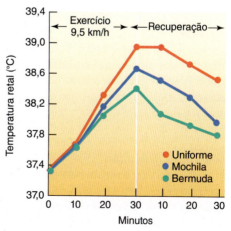

Figura 24.7 Efeito de diferentes tipos de uniforme na resposta da temperatura corporal à corrida na esteira.

Capítulo 24 Exercício e ambiente **559**

tabólico tem uma função importante na carga de calor total que o corpo experimenta durante o exercício. À medida que uma pessoa começa a ter superaquecimento, reduzir o ritmo reduz a taxa metabólica e a tensão fisiológica. Entretanto, se o ritmo não puder ser reduzido de forma voluntária (p. ex., treinador direcionando os treinos), podem ocorrer problemas relacionados com o calor.[22]

Vento. O vento faz com que mais moléculas de ar entrem em contato com a pele e pode influenciar a perda de calor de duas maneiras. Se houver um gradiente de temperatura para perda de calor entre a pele e o ar, o vento aumenta a taxa de perda de calor por convecção. Da mesma forma, o vento diminui a taxa de evaporação, ao menos quando o ar pode aceitar umidade. Durante o exercício de ritmo próprio no calor, o vendo reduz a tensão fisiológica e melhora o desempenho.[126]

Deve-se considerar até mesmo a hora do dia na realização de exercício sob exposição ao calor. Com sua variação diurna típica, a temperatura corporal é mais baixa e a capacidade do corpo de armazenamento de calor é maior de manhã do que à tarde, quando a temperatura central em repouso é mais elevada.[104] Quando ciclistas homens pedalaram até a exaustão em 65% do $\dot{V}O_{2máx}$ em um ambiente quente (35°C, 60% de umidade relativa), o tempo até a exaustão foi maior na prova matinal (45,8 min) do que na vespertina (40,5 min). A temperatura central foi mais baixa na prova matinal durante os primeiros 25 minutos, mas não foi diferente na exaustão.[58] Os resultados sugerem que a maior capacidade de armazenamento de calor contribuiu para a diferença.

Para um guia prático sobre prevenção e tratamento de doenças relacionadas com o calor, consultar Howe e Boden em "Sugestões de leitura".

Implicações no condicionamento físico. A pessoa que se exercita para o condicionamento precisa ser instruída sobre todos os fatores listados anteriormente. As sugestões podem incluir:

- Informações sobre sintomas de doenças relacionadas ao calor: cãibras, vertigem e assim por diante.
- Exercício na parte mais fresca do dia, para evitar ganho de calor proveniente do sol ou de estruturas aquecidas pelo calor.
- Aumento gradual da exposição ao calor e à umidade elevados para se aclimatar com segurança.
- Ingestão de água antes, ao longo e depois do exercício e pesagem todos os dias para monitorizar a hidratação.
- Uso apenas de *short* e regata para expor o máximo de pele possível.
- Realização de medições da frequência cardíaca várias vezes durante a atividade e redução da intensidade do exercício para se manter na zona-alvo de frequência cardíaca.

A última recomendação é a mais importante. A frequência cardíaca é um indicador sensível de desidratação, carga de calor ambiente e aclimatação. A variação em qualquer um desses fatores modificará a resposta da frequência cardíaca a qualquer exercício fixo submáximo. Portanto, é importante para praticantes de condicionamento monitorizar a frequência cardíaca regularmente e diminuir o ritmo para se manter dentro da zona-alvo de frequência cardíaca. Às vezes, cita-se a idade como fator predisponente a lesões por calor, mas isso pode não ser verdadeiro quando se consideram os fatores mencionados. O leitor interessado deve se encaminhar à revisão curta e clara desse tema escrita por Kenney e Munce, em "Sugestões de leitura".

Implicações no desempenho. A lesão por calor é uma preocupação no esporte há décadas. No início, a maior parte da atenção estava concentrada no futebol americano, em razão do grande número de mortes decorrentes do calor que ocorreram nesse esporte.[16] A ênfase na pré-temporada para melhorar o condicionamento e promover a aclimatação, na ingestão de água durante a prática e os jogos, e na pesagem diária para monitorar a hidratação resultou em uma redução estável das mortes relacionadas com o calor em todo o início da década de 1990. Contudo, desde essa época, houve um aumento no número de mortes relacionadas com o calor no futebol americano, especialmente no nível do ensino médio. Inclusive, entre os atletas do ensino médio dos Estados Unidos, as doenças por calor são a principal causa de morte e incapacitação.[45] É preciso retornar à vigilância e às práticas que resultaram no baixo número de mortes do início dos anos 1990. Pode-se acrescentar que, durante o período em que o número de mortes relacionadas com o calor estava menor entre os jogadores de futebol americano, houve um aumento no número de mortes em outras atividades esportivas (provas de corrida de longa distância).[52,68] Em resposta a esse problema e com base em pesquisas comprovadas, o American College of Sports Medicine redigiu um posicionamento sobre prevenção de lesões térmicas durante a corrida de longa distância,[3] partes do qual foram atualizadas recentemente.[5] Os elementos recomendados nesse posicionamento condizem com o que foi apresentado anteriormente:

Diretor médico

- Um médico do esporte deve trabalhar com o diretor da prova para garantir a segurança e coordenar os primeiros socorros.

Organização da prova

- Deve-se minimizar a carga de calor ambiente planejando-se as provas para os meses mais frios e em um período do dia (antes das 8h ou depois das 18h) em que o ganho de calor solar seja reduzido.
- Deve-se empregar um índice de estresse por calor ambiente (ver seção seguinte, "Estresse por

calor ambiente") para ajudar a tomada de decisões sobre a possibilidade de fazer uma corrida. Ver Roberts, nas "Sugestões de leitura", para mais detalhes.

- É preciso haver uma estação de água a cada 2 ou 3 km e estimular os corredores a beber 150-300 mL de água a cada 15 minutos.
- Devem-se identificar claramente os monitores da prova, os quais devem cuidar daqueles que podem estar sofrendo de lesões por calor.
- É preciso controlar o tráfego por segurança.
- Deve-se usar comunicação via rádio ao longo de toda a corrida.

Apoio médico

- O diretor médico coordena o serviço de ambulâncias com os hospitais locais e pede aos responsáveis que avaliem ou detenham corredores que pareçam estar com problemas.
- O diretor médico coordena os centros médicos no local da prova para dar os primeiros socorros.

Instrução ao competidor

- Fornecer informações sobre fatores relacionados com as doenças por calor discutidas anteriormente.
- Estimular o "sistema de companheirismo" (ver Cap. 17). O foco nessas recomendações é a segurança.

Estresse por calor ambiente. A discussão anterior mencionou a temperatura elevada e a umidade relativa como fatores que aumentam o risco de lesões por calor. Para quantificar o estresse total por calor em qualquer ambiente, desenvolveu-se um guia do índice de temperatura global de bulbo úmido (**WBGT**).[3] Esse índice de estresse total por calor é composto pelas seguintes medidas:

Temperatura de bulbo seco (T_{bs})

- Medida comum da temperatura do ar feita à sombra.

Temperatura de globo negro (T_g)

- Medida da carga de calor radiante feita à luz do sol direta.

Temperatura de bulbo úmido (T_{bu})

- Medida da temperatura do ar com um termômetro cujo bulbo de mercúrio é coberto por um pedaço de algodão úmido. Essa medida é sensível à umidade relativa (pressão de vapor de água) e fornece um índice da capacidade de evaporar suor.

A fórmula usada para calcular o WBGT mostra a importância da temperatura de bulbo úmido na determinação do estresse por calor:[3]

$$WBGT = 0,7\ T_{bu} + 0,2\ T_g + 0,1\ T_{bs}$$

O risco de intermação por esforço é classificado da seguinte forma:[5,108]

- WBGT ≤10°C: Risco de hipotermia: pode ocorrer EHS.
- WBGT 10-18,3°C: Baixo risco de hipotermia ou hipertermia: pode ocorrer EHS.
- WBGT 18,4-22,2°C: Perigo: maior risco de doença por calor; pessoas com alto risco devem ser monitoradas ou não competir.
- WBGT 22,3-25,6°C: Perigo extremo: maior risco de hipertermia para todos.
- WBGT 25,7-27,8°C: Perigo extremo: maior risco para os não condicionados ou não aclimatados.
- WBGT ≥ 27,9°C: Risco extremo de hipertermia: cancelar ou adiar o evento.

Além de contribuírem para o risco de doença por calor, não há dúvida de que os fatores ambientais afetam o desempenho. Por exemplo, as maratonas masculinas mais rápidas são corridas a temperaturas ambiente de 10,6-12,8°C, e as femininas, de 11,6-13,6°C; os tempos foram sistematicamente menores com temperaturas ambiente mais elevadas.[37,38] Não surpreende o fato de que resfriar o corpo antes do exercício no calor melhora o desempenho. Uma revisão recente sobre abordagens práticas para realizar essa etapa concluiu que bebidas geladas eram mais eficientes, seguidas de bolsas de gelo e uma sala resfriada.[136]

Em resumo

- As doenças por calor são influenciadas por fatores ambientais, como temperatura, pressão de vapor de água, aclimatação, hidratação, roupas e taxa metabólica. O praticante de condicionamento deve ser instruído sobre os sinais e sintomas da lesão por calor, a importância de beber água antes, ao longo e depois da atividade, de se aclimatar gradualmente ao calor, de se exercitar na parte mais fresca do dia, de usar roupas adequadas e de checar a frequência cardíaca de forma regular.
- Provas de corrida realizadas em horários de calor e umidade elevados precisam contar com um discernimento coordenado do diretor da prova e do diretor médico para minimizar as lesões por calor, entre outras lesões. Os cuidados incluem programar a prova para o momento do dia e a estação do ano adequados, paradas frequentes para tomar água, controle do trânsito, monitores de corrida para

- identificar e deter atletas com dificuldades e comunicação entre os monitores da corrida, o diretor médico, os serviços de ambulância e os hospitais.
- O índice de estresse por calor inclui as temperaturas de bulbo seco, de bulbo úmido e de globo. A temperatura de bulbo úmido, que é um bom indicador da pressão de vapor de água, é mais importante do que os outros dois na determinação do estresse por calor total.

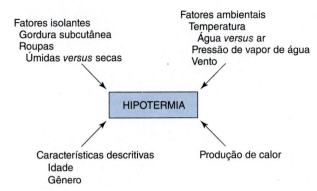

Figura 24.8 Fatores que afetam a hipotermia.

Frio

A altitude e o estresse por calor não são os únicos fatores ambientais a terem impacto no desempenho. Um WBGT menor do que (ou igual a) 10°C está associado à hipotermia. A **hipotermia** ocorre quando a perda de calor do corpo excede a produção de calor e, em termos clínicos, é definida como uma temperatura central abaixo de 35°C, que representa uma queda de cerca de 2°C da temperatura normal do corpo.[4] O ar frio facilita esse processo de maneiras mais variadas do que parece a princípio. A primeira e mais óbvia é que, quando a temperatura do ar é menor do que a da pele, existe um gradiente de perda de calor por convecção, e mecanismos fisiológicos que envolvem vasoconstrição periférica e tremores entram em ação para se opor a esse gradiente. A segunda e menos óbvia é que o ar frio tem uma baixa pressão de vapor de água, o que estimula a evaporação da umidade da pele para promover o resfriamento do corpo. Os efeitos combinados podem ser letais, como atestado pelo relatório de Pugh de três mortes durante uma competição de "caminhada" por uma distância de 72 km.[100]

Com base na temperatura central, a hipotermia pode variar de leve a grave:[4]

- Hipotermia leve:
  - 35°C – tremores máximos.
  - 34°C – amnésia, baixo discernimento.
- Hipotermia moderada:
  - 33°C – ataxia, apatia.
  - 31°C – fim dos tremores, dilatação das pupilas.
  - 29°C – inconsciência.
- Hipotermia grave:
  - 28°C – fibrilação ventricular.
  - 26°C – ausência de resposta à dor.
  - 24°C – hipotensão, bradicardia.
  - 19°C – silêncio EEG.
  - 13,7°C – temperatura mínima para a sobrevivência do adulto.

A Figura 24.8 mostra os fatores relacionados com a hipotermia. Eles incluem fatores ambientais, como a temperatura, a pressão de vapor de água, o vento e se água ou ar estão envolvidos; fatores isolantes, como roupas e gordura subcutânea; as características das pessoas em questão (p. ex., idade e gênero) e a capacidade para produção contínua de calor, inclusive o estoque disponível. Cada um desses fatores será comentado agora em relação à hipotermia. Para uma apresentação completa desse tópico, ver o posicionamento do American College of Sports Medicine[4] e da National Athletic Trainers' Association.[19]

Fatores ambientais

Os mecanismos de perda de calor apresentados no Capítulo 12 incluíam condução, convecção, radiação e evaporação. Como a hipotermia resulta de uma perda de calor maior do que a sua produção, entender como esses mecanismos estão envolvidos facilitará a discussão sobre como lidar com o problema.

A condução, a convecção e a radiação dependem de um gradiente de temperatura entre a pele e o ambiente; quanto maior o gradiente, maior a taxa de perda de calor. O que surpreende é o fato de que a temperatura ambiente não precisa ser negativa para causar hipotermia. Na verdade, outros fatores ambientais interagem com a temperatura para criar a condição perigosa que facilita a perda de calor, a saber, o vento e a água.

Índice de resfriamento pelo vento. A taxa de perda de calor a determinada temperatura sofre influência direta da velocidade do vento. O vento aumenta o número de moléculas de ar frio em contato com a pele, acelerando a perda de calor. O **índice de resfriamento pelo vento** indica qual é a temperatura "efetiva" para qualquer combinação de temperatura e velocidade do vento. Siple e Passel[122] desenvolveram uma fórmula para prever a velocidade com que o calor é perdido em diferentes velocidades de vento e temperaturas:

$$\text{Resfriamento pelo vento (kcal} \cdot m^{-2} \cdot h^{-1}) = [\sqrt{(VV \times 100)} + 10,45 - VV] \times (33 - T_A)$$

em que VV = velocidade do vento ($m \cdot s^{-1}$); 10,45 é uma constante; 33 é 33°C, usada como a temperatura da pele; e T_A = temperatura ambiente de bulbo seco em °C. Siple e Passel estimaram quanto tempo levaria para que a pele exposta congelasse e fizeram uma tabela com os níveis de "perigo" associados às combinações de velocidade do vento e da temperatura.

Foi considerado que essa fórmula,[44] que foi empregada durante muitos anos, superestimava o efeito da alta velocidade do vento no congelamento do tecido e subestimava o efeito da temperatura baixa.[31] A fórmula de resfriamento pelo vento a seguir foi adotada pelo National Weather Service (http://www.crh.noaa.gov/dtx/New_Wind_Chill.php):

Resfriamento pelo vento (°F) = 35,74 + 0,6215 (T) − 35,75 ($V^{0,16}$) + 0,4275T ($V^{0,16}$)

em que a velocidade do vento (V) está em mph, e a temperatura (T) está em °F.

A Tabela 24.4 fornece as temperaturas de resfriamento do vento calculadas para diversas velocidades do vento e temperaturas, assim como as estimativas do tempo que levaria para que ocorresse congelamento. Deve-se ter em mente que, quando se está praticando corrida, ciclismo ou esqui *cross-country* contra o vento, é preciso acrescentar a velocidade do praticante à velocidade do vento para avaliar o impacto total do resfriamento pelo vento. Por exemplo, pedalar a 20 mph [9 m/s] em ar calmo a 0°F (-18°C) equivale à temperatura de um vento de -22°F [-30°C]. Quando o vento está associado com chuva, a perda de calor é drasticamente aumentada em comparação com o vento sozinho,[148] o que nos leva para a seção a seguir.

Água. A condutividade térmica da água é cerca de 25 vezes maior do que a do ar, portanto, é possível perder calor 25 vezes mais rápido na água do que no ar à mesma temperatura.[61] A Figura 24.9 mostra que pode haver morte em apenas poucas horas quando se naufraga em água fria. Ao contrário do ar, a água oferece pouco ou nenhum isolamento, na superfície, entre a pele e a água, de modo que o calor do corpo é perdido rapidamente. Como o movimento na água fria aumenta a perda de calor dos membros superiores e dos inferiores, a recomendação é permanecer o mais parado possível em longas imersões.[4,61]

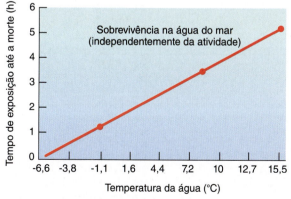

Figura 24.9 Efeito de diferentes temperaturas da água na sobrevivência de náufragos.

Em resumo

- A hipotermia é influenciada pelo isolamento natural e suplementar, pela temperatura ambiente, pela pressão de vapor, pelo vento, pela imersão em água e pela produção de calor.
- O índice de resfriamento pelo vento descreve como o vento reduz a temperatura efetiva na pele, de modo que a perda de calor convectivo é maior do que seria no ar parado à mesma temperatura.
- A água faz com que o calor seja perdido por convecção 25 vezes mais rápido do que seria pela exposição ao ar na mesma temperatura.

Fatores isolantes

A velocidade a que o calor do corpo é perdido é inversamente proporcional ao isolamento entre o corpo e o ambiente. A qualidade isolante tem a ver com a espessura da gordura subcutânea, a capacidade das roupas de reter ar e o fato de elas estarem úmidas ou secas.

Gordura subcutânea. Um excelente indicador do isolamento corporal total por unidade de área de superfície (pela qual se perde o calor) é a média da espessura da gordura subcutânea.[55] Apoiam essas afirmações as observações de Pugh e Edholm[101] de que um homem "gordo" conseguiu nadar durante 7 horas em água de 16°C sem mudança na temperatura corporal, ao passo que um homem "magro" precisou deixar a água após 30 minutos com uma temperatura central de 34,5°C. Nadadores de longa distância costumam ter mais gordura do que nadadores de curta distância. A maior gordura corporal favorece mais a manutenção da temperatura corporal; nadadores com mais gordura têm mais tendência a flutuar, o que exige menos energia para nadar a qualquer velocidade determinada.[59] Além disso, a gordura corporal representa um papel no princípio e na magnitude da resposta de tremores à exposição ao frio (ver discussão a seguir na seção "Produção de calor").

Roupas. As roupas podem estender nosso isolamento de gordura subcutânea natural para permitir que suportemos ambientes muito frios. A qualidade isolante das roupas é dada em unidades **clo**, sendo 1 clo o isolamento necessário em repouso (1 MET) para manter a temperatura central quando o ambiente está a 21°C, a 50% de umidade relativa e o movimento do ar é de 6 m · min^{-1}.[12] O ar parado perto do corpo tem um grau de clo de 0,8. À medida que cai a temperatura, precisam ser usadas roupas com maior valor de clo para manter a temperatura central, pois o gradiente entre a pele e o ambiente aumenta.[92] A Figura 24.10 mostra o isolamento necessário em diferentes gastos energéticos em uma ampla variedade de temperaturas de -50 a +30°C.[14] Fica claro que, com o aumento da produção de calor, o isolamento precisa diminuir para manter a temperatura central. Usando roupas em camadas, o isolamento pode

Tabela 24.4 — Tabela de resfriamento pelo vento

Vento (mph)	Temperatura (°F)																		
	Calmo	40	35	30	25	20	15	10	5	0	−5	−10	−15	−20	−25	−30	−35	−40	−45
5	36	31	25	19	13	7	1	−5	−11	−16	−22	−28	−34	−40	−46	−52	−57	−63
10	34	27	21	15	9	3	−4	−10	−16	−22	−28	−35	−41	−47	−53	−59	−66	−72
15	32	25	19	13	6	0	−7	−13	−19	−26	−32	−39	−45	−51	−58	−64	−71	−77
20	30	24	17	11	4	−2	−9	−15	−22	−29	−35	−42	−48	−55	−61	−68	−74	−81
25	29	23	16	9	3	−4	−11	−17	−24	−31	−37	−44	−51	−58	−64	−71	−78	−84
30	28	22	15	8	1	−5	−12	−19	−26	−33	−39	−46	−53	−60	−67	−73	−80	−87
35	28	21	14	7	0	−7	−14	−21	−27	−34	−41	−48	−55	−62	−69	−76	−82	−89
40	27	20	13	6	−1	−8	−15	−22	−29	−36	−43	−50	−57	−64	−71	−78	−84	−91
45	26	19	12	5	−2	−9	−16	−23	−30	−37	−44	−51	−58	−65	−72	−79	−86	−93
50	26	19	12	4	−3	−10	−17	−24	−31	−38	−45	−52	−60	−67	−74	−81	−88	−95
55	25	18	11	4	−3	−11	−18	−25	−32	−39	−46	−54	−61	−68	−75	−82	−89	−97
60	25	17	10	3	−4	−11	−19	−26	−33	−40	−48	−55	−62	−69	−76	−84	−91	−98

Tempo de congelamento ■ 30 minutos ■ 10 minutos ■ 5 minutos

$$\text{Resfriamento pelo vento (°F)} = 35{,}74 + 0{,}6215\,(T) - 35{,}75\,(V^{0,16}) + 0{,}4275\,(V^{0,16})$$

Em que T = temperatura do ar (°F) e V = velocidade do vento (mph).

(11/01/01)

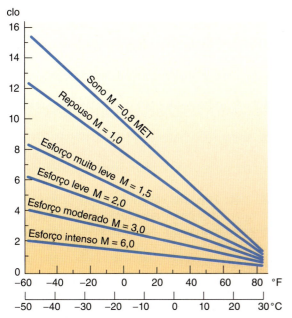

Figura 24.10 Mudanças na necessidade de isolamento de roupas (mais ar) com maiores taxas de gasto energético em temperaturas ambiente de -50 a +30°C.

ser removido peça por peça, pois menos isolamento é necessário para manter a temperatura central. Seguindo-se essas instruções, o suor, que pode reduzir o valor isolante das roupas, será minimizado. Um exemplo prático de como as roupas ajudam a manter a temperatura corporal (e o conforto) pode ser visto no seguinte estudo: a perda de calor da cabeça aumenta de maneira linear dos +32°C até os −21°C, e metade de toda a produção de calor é perdida por meio da cabeça, quando a temperatura é −4°C. O uso de um "capacete" simples com um grau de clo de 3,5 permite que a pessoa fique indefinidamente a 0°C.[43]

As roupas oferecem isolamento porque retêm ar, que é um mau condutor de calor. Se as roupas ficam úmidas, a qualidade isolante diminui, pois a água pode conduzir o calor para fora do corpo a uma velocidade maior.[61] Um dos principais objetivos, portanto, é evitar a umidade, seja ela devida ao suor ou ao clima. Esse problema é exacerbado pela pressão muito baixa do vapor de água em ambiente frio. Para lembrar o Capítulo 12, a pressão de vapor de água no ambiente é o principal fator que influencia a evaporação e, a temperaturas ambiente baixas, a pressão de vapor de água é menor mesmo quando a umidade relativa é alta. Quando uma pessoa termina de jogar uma partida em ambiente fechado e sai para o ar úmido e frio para se refrescar, ela nota um "vapor" que sai de seu corpo; como isso é possível quando a umidade do ar é próxima de 100%? A pressão de vapor de água é alta na superfície da pele, visto que a temperatura da pele está elevada, portanto, existe um gradiente de pressão de vapor de água. A pessoa se refrescaria muito rapidamente nessas circunstâncias. É por isso que o ambiente frio, úmido e com vento apresenta um risco extra de hipotermia.

O vento não apenas propicia uma perda maior de calor convectivo, como descrito no gráfico de resfriamento pelo vento, mas também acelera a evaporação.[53]

Produção de calor

A Figura 24.10 mostra que a quantidade de isolamento necessária para manter a temperatura central diminui à medida que aumenta o gasto energético. O mesmo é válido para o isolamento "natural", a gordura subcutânea. McArdle et al.[86] mostraram que, quando homens obesos (27,6% de gordura) ficaram imersos durante 1 hora em água a 20°C, 24°C e 28°C, o $\dot{V}O_2$ em repouso e a temperatura central não mudaram em comparação com valores medidos no ar. Em homens mais magros (< 16,8% de gordura), o $\dot{V}O_2$ aumentou para compensar a rápida perda de calor; no entanto, mesmo assim, a temperatura central diminuiu. Quando as mesmas pessoas se exercitavam em água fria, exigindo um $\dot{V}O_2$ de 1,7 L · min^{-1}, a queda na temperatura corporal foi prevenida ou retardada,[87] mostrando a importância de altas taxas de produção de calor na prevenção da hipotermia. Outros estudos recentes apoiam essas observações, mostrando um princípio mais precoce e maior magnitude do tremor em pessoas magras expostas ao ar frio.[127] Descobertas semelhantes foram relatadas em pessoas condicionadas.[8]

Uso de combustível. O tremor pode aumentar o consumo de oxigênio para 1.000 mL/min durante a imersão em repouso em água fria e, assim como o exercício moderado da mesma intensidade, a gordura é o principal combustível para sustentar o tremor em pessoas bem alimentadas.[4] Entretanto, está claro que reservas de carboidratos inadequadas podem causar hipoglicemia, a qual pode ter um impacto na capacidade de tremer. Além disso, acessos de tremor causam maior esgotamento de glicogênio. Portanto, ter reservas de carboidrato adequadas é importante para reduzir o risco de hipotermia.[4] Considerando-se a importância da gordura corporal e do tipo de corpo na resposta metabólica à exposição ao frio, existem diferenças relativas ao gênero ou à idade?

Características descritivas

As características das pessoas, como gênero ou idade, influenciam as respostas metabólica e de temperatura corporal à exposição ao frio.

Gênero. Diferenças entre os sexos na resposta à exposição à água fria estão ligadas ao fato de que as mulheres têm maior gordura corporal, camada subcutânea mais grossa, menor massa magra e maior razão entre área de superfície e massa do que os homens de mesmo peso e idade. Por um lado, em repouso, as mulheres demonstram uma redução mais rápida na temperatura corporal do que os homens, mesmo quando a espessura da gordura subcutânea é a mesma. Por outro lado, quando o exercício é praticado em água fria, homens e mulheres com mesma quantidade de gordura corporal têm reduções parecidas na temperatura do corpo. Por consequência, todas as diferenças de gênero na temperatura central à exposição ao frio podem ser explicadas principalmente com base em diferenças na composição corporal e na antropometria. Deve-se acrescentar que mulheres amenorreicas não conseguem manter a temperatura central durante o exercício, ao contrário daquelas com ciclo regular.[4]

Idade. Em geral, pessoas com mais de 60 anos de idade podem ser menos tolerantes à exposição ao frio do que pessoas mais jovens, pois sua capacidade de vasoconstrição dos vasos sanguíneos cutâneos e de conservação de calor é reduzida. Elas também têm menos sensibilidade térmica. Ou seja, sua resposta a uma diminuição na temperatura é reduzida, dando tempo para maior perda de calor. Ao contrário dos adultos, as crianças têm maior razão de área de superfície por massa e menos gordura subcutânea. Isso resulta em uma queda mais veloz na temperatura central com a exposição à água fria e em maior risco de hipotermia. Assim como as diferenças (ou ausência de diferenças) entre os gêneros mencionadas anteriormente, meninos de 11-12 anos de idade com a mesma gordura subcutânea que homens adultos tiveram a mesma resposta da temperatura central quando se exercitaram em ar frio.[4] Ver, em "Um olhar no passado – nomes importantes na ciência", a história de uma pessoa que teve grande influência em nossa compreensão da fisiologia a respeito de como os seres humanos se adaptam a ambientes extremos.

> **Em resumo**
>
> - A gordura subcutânea é o principal isolamento "natural" e é muito eficiente na prevenção da perda rápida de calor com a exposição à água fria.
> - A roupa estende esse isolamento, e seu valor isolante é descrito em unidades clo, de forma que o valor 1 descreve o necessário para manter a temperatura central enquanto se está sentado em um ambiente a 21°C e umidade relativa de 50%, com movimento do ar de 6 m · s^{-1}.
> - A quantidade de isolamento necessária para se manter a temperatura central é menor durante o exercício, pois a produção metabólica de calor ajuda a manter a temperatura central. Devem-se usar roupas em camadas durante o exercício, para que se possa tirar uma camada isolante por vez à medida que a temperatura corporal aumenta.

Um olhar no passado – nomes importantes na ciência

L. G. C. E. Pugh contribuiu para nossa compreensão a respeito de como sobreviver e atuar bem em ambientes extremos

Seria apropriado, neste capítulo, que trata do efeito do frio, do calor e da altitude no desempenho, dar destaque a uma pessoa que teve grande impacto em nossa compreensão da fisiologia envolvida na adaptação a ambientes adversos: **Lewis Griffith Cresswell Evans (L. G. C. E.) Pugh, M.D.**

L. G. C. E. Pugh nasceu em 1909, na Inglaterra. Frequentou o New College Oxford e completou seu B.A. em 1931. Na sequência, estudou ciências naturais de 1931 a 1933 e medicina até 1938, quando recebeu seus diplomas de B.M. e M.A. Era esquiador de competições *downhill* e *cross-country*, classificado para as Olimpíadas de Inverno da Inglaterra de 1936. Em 1939, entrou para o exército como médico assistente e serviu na Europa e no Oriente Médio. Em 1943, foi mandado para o Mountain Warfare Training Centre, no Líbano, para selecionar, treinar e avaliar tropas para combate em montanha. Lá se envolveu com o estudo sistemático da interação entre altitude, temperatura ambiente, nutrição, roupas e condicionamento no desempenho humano e elaborou manuais de treinamento a partir de seu trabalho. Depois da guerra, trabalhou nas expedições de pesquisa da marinha britânica ao Ártico e, em 1950, aceitou o cargo na Medical Research Council's Division in Human Physiology para estudar os efeitos de ambientes extremos.

O dr. Pugh foi um dos principais participantes de várias expedições a altitudes elevadas durante as décadas de 1950 e 1960. Na primeira, em 1952, teve revelações úteis sobre que tipos de roupa, nutrição, hidratação e oxigênio são necessários para que os seres humanos "funcionem" a altitudes extremas. Seu trabalho é considerado fundamental para o sucesso da expedição britânica de 1953 ao Monte Everest, em que Edmund Hillary e Tenzing Norgay foram os primeiros a atingir o pico. No fim dos anos 1950, juntou-se a Edmund Hillary para uma expedição na Antártica, em que estudou a tolerância humana ao frio extremo; foi também nesse período que os dois planejaram voltar ao Everest. O dr. Pugh foi o principal cientista na Scientific and Mountaineering Expedition ao Everest em 1960 e 1961, que gerou informações revolucionárias e fundamentais sobre como os seres humanos se adaptam à exposição crônica a altitudes elevadas. Além disso, no fim dos anos 1960, começou a ajudar atletas a se prepararem para os Jogos Olímpicos que aconteceriam na Cidade do México, a uma altitude de ~2.300 m. O trabalho de sua vida girou em torno de entender como os seres humanos se adaptam ao exercício em ambientes extremos, e suas descobertas são tão relevantes hoje como foram há 60 anos. Ele faleceu em 1994.

Fontes: Peter H. Hansen. Pugh, (Lewis) Griffith Cresswell Evans (1909-1994), physiologist and mountaineer. *Oxford Dictionary of National Biography*. University of California, San Diego. Mandeville Special Collections Library, Geisel Library. *The Register of L. G. C. E. Pugh Papers 1940-1986*.

- A produção de calor aumenta com a exposição ao frio, com uma relação inversamente proporcional entre o aumento do $\dot{V}O_2$ e a gordura corporal. As mulheres se resfriam mais rapidamente do que os homens quando expostas à agua fria, exibindo uma demora maior para o início dos tremores e um $\dot{V}O_2$ menor, mesmo com grande estímulo para tremer.

Tratamento da hipotermia

Com a queda da temperatura, a capacidade da pessoa de executar movimentos coordenados é reduzida, a fala fica inarticulada, e a consciência é danificada. Como já mencionado, pode-se morrer de hipotermia, e é preciso tratar essa condição quando ela ocorre. Os passos a seguir sobre como tratá-la foram tirados do posicionamento da National Athletic Trainers' Association a respeito de lesões por frio:[19]

- **Hipotermia leve**
  - Remover roupas úmidas ou molhadas.
  - Isolar a pessoa com roupas ou cobertores secos e quentes, cobrindo-lhe a cabeça.
  - Levá-la para um ambiente quente com proteção contra vento e chuva.
  - Ao reaquecê-la, aplicar calor apenas no tronco e em áreas de transferência de calor (axilas, parede torácica, virilha).
  - Providenciar-lhe bebidas quentes e não alcoólicas e comida que contenha 6-8% de carboidratos.
- **Hipotermia moderada/grave**
  - Determinar se é necessário fazer reanimação cardiorrespiratória e acionar o sistema médico de emergência.
  - Remover roupas úmidas ou molhadas.
  - Isolar a pessoa com roupas ou cobertores secos e quentes, cobrindo-lhe a cabeça.
  - Levá-la para um ambiente quente com proteção contra vento e chuva.
  - Ao reaquecê-la, aplicar calor apenas no tronco e em outras áreas de transferência de calor (axilas, parede torácica, virilha).
  - Se não houver um médico presente, iniciar estratégias de reaquecimento imediatamente e continuá-las durante o transporte.
  - Durante o tratamento/transição, continuar a monitorizar os sinais vitais e estar preparado para a liberação de vias respiratórias.

Em resumo

- No caso de hipotermia leve, deve-se remover a pessoa do vento, da chuva e do frio; retirar-lhe roupas úmidas e colocar-lhe roupas secas; para reaquecê-la, aplicar-lhe calor apenas ao tronco

e a outras áreas de transferência de calor e oferecer-lhe bebidas e alimentos quentes.
- No caso de hipotermia moderada/grave, é preciso seguir os mesmos passos apresentados anteriormente, verificar os sinais vitais, acionar o sistema médico de emergência e transportar a pessoa.

Poluição do ar

A poluição do ar inclui uma variedade de gases e partículas que são produtos da queima de combustíveis fósseis. A "fumaça" resultante da alta concentração desses poluentes pode ter um efeito prejudicial à saúde e ao desempenho. Os gases podem afetar o desempenho por reduzirem a capacidade de transporte de oxigênio, aumentarem a resistência das vias respiratórias e alterarem a percepção de esforço necessário quando os olhos "ardem" e o peito "dói". Um estudo com policiais expostos regularmente a uma grande variedade de poluentes em seus dias de trabalho deixa claro esse ponto. Embora suas respostas fisiológicas em repouso sejam normais, durante um teste de exercício, cerca de um terço dos policiais exibiu mudanças no ECG e respostas de pressão arterial elevadas; além disso, a maioria desses policiais também sofreu dessaturação de hemoglobina.[131] Além disso, crianças que moram em ambiente poluído exibiram um $\dot{V}O_{2máx}$ significativamente menor em comparação àquelas que viviam em áreas com melhor qualidade do ar.[150]

As respostas fisiológicas a esses poluentes estão relacionadas com a quantidade ou "dose" recebida. Os principais fatores que determinam a dose são a concentração do poluente, a duração da exposição ao poluente e o volume de ar inspirado. Esse último fator aumenta durante o exercício e é um dos motivos pelos quais a atividade física deve ser reduzida em épocas de níveis elevados de poluição.[41] A discussão a seguir foca os principais poluentes do ar: material particulado, ozônio, dióxido de enxofre e monóxido de carbono.

Material particulado

O ar é repleto de partículas microscópicas e submicroscópicas, muitas das quais podem se originar em motores de veículos (o diesel, em especial) e fontes industriais. Nos últimos 5 anos, deu-se mais atenção às partículas menores em razão de seu potencial de causar infecção pulmonar e chegar a cruzar o epitélio, entrando na circulação.[28] Partículas finas e especialmente ultrafinas, interagem com fatores ambientais para promover inflamação local e estresse oxidativo que podem levar a um comprometimento da função pulmonar, cardiovascular e imune.[28] Por exemplo, quando um programa de treinamento aeróbio foi realizado em um cenário urbano, *versus* cenário rural, não houve diferenças nos ganhos no $\dot{V}O_{2máx}$; entretanto, no cenário urbano (com seu alto nível de poluição particulada ultrafina), houve um aumento nos biomarca-

Capítulo 24 Exercício e ambiente **567**

dores inflamatórios.[9] Consequentemente, atletas, em especial os suscetíveis a doenças pulmonares (p. ex., asma), devem minimizar a exposição sempre que possível (ver seção sobre monóxido de carbono).

Ozônio

O ozônio que respiramos é gerado pela reação entre a luz ultravioleta e as emissões dos motores de combustão interna. Enquanto uma exposição única de 2 horas a uma concentração alta de ozônio, 0,75 ppm, diminui o $\dot{V}O_{2máx}$, outros estudos mostraram que uma exposição de duas horas a menos do que a metade da concentração, 0,3 ppm, aumenta os biomarcadores inflamatórios e reduz a função pulmonar.[33] Por fim, uma exposição prolongada de 6-12 horas a uma concentração de apenas 0,12 ppm (o padrão norte-americano de qualidade do ar) diminui a função pulmonar e aumenta os sintomas respiratórios. Além disso, em ciclistas amadores que treinaram e correram em ar com concentrações variáveis de ozônio, a redução na função pulmonar após a atividade foi diretamente proporcional à concentração de ozônio.[12] O interessante é que pode haver uma adaptação à exposição ao ozônio, de modo que as pessoas exibem uma resposta reduzida às exposições subsequentes durante a "temporada de ozônio". Todavia, a preocupação relativa à saúde pulmonar em longo prazo sugere que seria prudente evitar o exercício intenso durante o período do dia em que o ozônio e os demais poluentes estão elevados.[41]

Dióxido de enxofre

O dióxido de enxofre (SO_2) é produzido por usinas fundidoras, refinadoras e elétricas que utilizam combustível fóssil para geração de energia. O SO_2 não afeta a função pulmonar em pessoas normais, mas causa broncoconstrição em asmáticos. Essas respostas são influenciadas pela temperatura e pela umidade do ar inspirado, como mencionado no Capítulo 17. Recomenda-se a respiração nasal para "filtrar" o SO_2 e drogas como cromoglicato e β_2-agonistas, que podem bloquear parcialmente a resposta do asmático ao SO_2.[41]

Monóxido de carbono

O monóxido de carbono (CO) é derivado da queima de combustível fóssil – carvão, óleo, gasolina e madeira – e também da fumaça de cigarro. O monóxido de carbono pode se ligar à hemoglobina para formar carboxiemoglobina (HbCO) e diminuir a capacidade de transporte de oxigênio. Isso pode afetar as respostas fisiológicas ao exercício submáximo[57] e o $\dot{V}O_{2máx}$, da mesma forma que a altitude. A concentração de monóxido de carbono no sangue (HbCO) costuma ser menor do que 1% em não fumantes, mas chega a 10% em fumantes.[105] Horvath et al.[62] verificaram que a concentração crítica de HbCO necessária para reduzir o $\dot{V}O_{2máx}$ era de 4,3%. A Figura 24.11 mostra a relação entre a concentração de HbCO no sangue e a redução no $\dot{V}O_{2máx}$; acima de 4,3%, o $\dot{V}O_{2máx}$ diminuiu 1% a cada aumento de 1% na HbCO.[106]

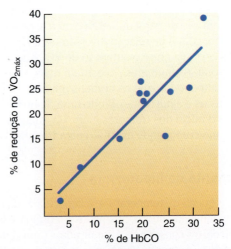

Figura 24.11 Efeito que a concentração de monóxido de carbono no sangue exerce na mudança do $\dot{V}O_{2máx}$.

Em contrapartida, na execução de esforço leve, a cerca de 40% do $\dot{V}O_{2máx}$, a concentração de HbCO pode chegar a 15%, que a resistência não será afetada. O sistema cardiovascular tem a capacidade de compensação com um maior débito cardíaco quando a concentração de HbO_2 é reduzida durante o esforço submáximo.[62,105,106] Como são necessárias 2-4 horas para remover metade do CO do sangue após a exposição, o CO pode ter um efeito residual nos desempenhos.[41]

Infelizmente, é difícil prever qual será a concentração de HbCO real em determinado ambiente. É preciso considerar exposições anteriores ao poluente, assim como a duração e a taxa de ventilação da exposição atual. Como resultado, Raven[105] ofereceu as seguintes orientações para exercitar-se em áreas com poluição do ar:

- Reduzir a exposição ao poluente antes do exercício, pois os efeitos fisiológicos dependem da duração da exposição e da dose do poluente.
- Manter-se longe de áreas em que se pode receber uma dose "extra" de CO: área para fumantes, regiões de muito trânsito e ambientes urbanos.
- Não programar atividades nos períodos em que os poluentes estão em seus níveis mais altos (7-10h e 16-19h) em razão do tráfego.

O **índice de qualidade do ar (IQA)** é uma medida da qualidade do ar que considera seus cinco principais poluentes: ozônio no nível do solo, material particulado, monóxido de carbono, dióxido de enxofre e dióxido de nitrogênio. A Figura 24.12 mostra um quadro colorido do IQA com a interpretação do que os valores numéricos representam. As informações sobre o IQA costumam ser oferecidas pela previsão do tempo local e devem ser adequadas ao indivíduo (algumas pessoas sofrerão sintomas em níveis mais baixos de poluição do que outras).[18]

Em resumo

- A poluição do ar pode afetar o desempenho. A exposição ao ozônio reduz o $\dot{V}O_{2máx}$ e a função respiratória, ao passo que o dióxido de enxofre causa broncoconstrição em asmáticos.
- O monóxido de carbono liga-se à hemoglobina e reduz o transporte de oxigênio.
- Para prevenir quaisquer problemas causados pela poluição, deve-se reduzir o tempo de exposição, manter-se longe de grandes doses do poluente e programar atividades para os períodos menos poluídos do dia.
- Deve-se monitorar o índice de qualidade do ar para determinar se há condições seguras de se exercitar em ambientes externos.

Índice de qualidade do ar Nível de perigo à saúde	Valor numérico	Significado
Boa	0 a 50	A qualidade do ar é considerada satisfatória, e a poluição apresenta pouco ou nenhum risco
Moderada	51 a 100	A qualidade do ar é aceitável, porém, no caso de alguns poluentes, pode haver um nível moderado de risco à saúde para um número muito pequeno de pessoas especialmente sensíveis à poluição do ar
Insalubre para grupos sensíveis	101 a 150	Membros de grupos sensíveis podem sofrer efeitos na saúde; é provável que o público geral não seja afetado
Insalubre	151 a 200	Todos podem começar a sofrer efeitos à saúde; membros de grupos sensíveis podem sofrer efeitos mais graves à saúde
Muito insalubre	201 a 300	Alerta de saúde: todos podem sofrer efeitos mais graves à saúde
Perigoso	301 a 500	Alertas de saúde de condições de emergência; é possível que toda a população seja afetada

Figura 24.12 Índice de qualidade do ar (IQA) – Guia para a qualidade do ar e para a saúde. Site do AIRNow (em inglês) Disponível em: http://www.airnow.gov/index.cfm?action=aqibasics.aqi.

Atividades para estudo

1. Descreva as mudanças na pressão barométrica, na PO_2 e na densidade do ar com a elevação da altitude.
2. Por que o desempenho em corrida de velocidade não é afetado pela altitude?
3. Explique por que a potência aeróbia máxima diminui a altitude e que efeito isso tem no desempenho em corridas de longa distância.
4. Descreva graficamente o efeito da altitude na umidade relativa e nas respostas de ventilação ao esforço submáximo e dê recomendações a praticantes de condicionamento que se exercitam a altitude de vez em quando.
5. Descreva os processos fisiológicos pelos quais os habitantes de altas altitudes nos Andes se adaptam à altitude em comparação com as pessoas que vivem no Tibete.
6. Embora treinar na altitude possa ser benéfico, como alguém pode se "destreinar"? Como é possível contornar esse problema?
7. Antigamente, acreditava-se que não era possível escalar o Monte Everest sem oxigênio, pois o $\dot{V}O_{2máx}$ estimado à

altitude era próximo da taxa metabólica basal. Quando dois alpinistas conseguiram essa façanha em 1978, os cientistas precisaram determinar como isso foi possível. Quais foram os principais motivos que possibilitaram a escalada sem oxigênio?
8. Liste e descreva os fatores relacionados com a lesão por calor.
9. O que é o índice de estresse por calor e por que a temperatura de bulbo úmido pesa tanto na fórmula?
10. Liste os fatores relacionados com a hipotermia.
11. Explique o que é o índice de resfriamento pelo vento em relação à perda de calor por convecção.
12. O que é uma unidade clo e por que o isolamento necessário é menor durante o exercício?
13. O que você faria se uma pessoa sofresse hipotermia?
14. Explique como o monóxido de carbono pode influenciar o $\dot{V}O_{2máx}$ e o desempenho de resistência.
15. Que passos você seguiria para minimizar o efeito da poluição no desempenho?

Sugestões de leitura

Fudge, B. W., J. S. M. Pringle, N. S. Maxwell, G. Turner, S. A. Ingham, and A. M. Jones. 2012. Altitude training for elite endurance performance: a 2012 update. *Current Sports Medicine Reports*. 11: 148–154.

Howe, A. S., and B. P. Boden. 2007. Heat-related illness in athletes. *American Journal of Sports Medicine* 35:1384–95.

Johnson, L., J. Hemmleb, and E. Simonson. 1999. *The Ghosts of Everest*. Seattle, WA: Mountaineers Books. (Detailed account of the expedition that found Mallory's body.)

Kenney, W. L., and T. A. Munce. 2003. Invited review: aging and human temperature regulation. *Journal of Applied Physiology* 95:598–603.

Messner, R. 1999. *Everest: Expedition to the Ultimate*. Seattle, WA: Mountaineers Books. (A story of the first trip to the summit by Messner and Habeler without oxygen.)

Roberts, W. O. Determining a "do not start" temperature for a marathon on the basis of adverse outcomes. *Medicine and Science in Sports and Exercise* 2: 226–232, 2010.

Saunders, P. U., D. B. Pyne, and C. J. Gore. 2009. Endurance training at altitude. *High Altitude Medicine & Biology* 10:135–48.

Referências bibliográficas

1. Adams WC, Bernauer EM, Dill DB, and Bomar JB, Jr. Effects of equivalent sea-level and altitude training on $\dot{V}O_2$ max and running performance. *Journal of Applied Physiology* 39: 262–266, 1975.
2. Alexander JK, Hartley LH, Modelski M, and Grover RF. Reduction of stroke volume during exercise in man—following ascent to 3,100 m altitude. *Journal of Applied Physiology* 23: 849–858, 1967.
3. American College of Sports Medicine. Position stand: heat and cold illnesses during distance running. *Medicine and Science in Sports and Exercise* 28: i–x, 1996.
4. American College of Sports Medicine. Position stand: prevention of cold injuries during exercise. *Medicine and Science in Sports and Exercise* 38: 2012–2029, 2006.
5. American College of Sports Medicine. Position stand. Exertional heat illness during training and competition. *Medicine and Science in Sports and Exercise* 39: 556–572, 2007.
6. Balke B, Nagle FJ, and Daniels J. Altitude and maximum performance in work and sports activity. JAMA 194: 646–649, 1965.
7. Bassovitch O. Intermittent hypoxia training: risks versus benefits. A biomedical engineering point of view. *European Journal of Applied Physiology* 110: 659–660, 2010.
8. Bittel JH, Nonotte-Varly C, Livecchi-Gonnot GH, Savourey GL, and Hanniquet AM. Physical fitness and thermoregulatory reactions in a cold environment in men. *Journal of Applied Physiology* 65: 1984–1989, 1988.
9. Bos I, De Boever P, Vanparijs J, Pattyn N, Panis LI, and Meeusen R. Subclinical effects of aerobic training in urban environment. *Medicine and Science in Sports and Exercise*. 45: 439–447, 2013.
10. Brauner EV, Forchhammer L, Moller P, Simonsen J, Glasius M, Wahlin P, et al. Exposure to ultrafine particles from ambient air and oxidative stress-induced DNA damage. *Environmental Health Perspectives* 115: 1177–1182, 2007.
11. Brazaitis M, Kamandulis S, Skurvydas A, and Daniuseviciute L. The effect of two kinds of t-shirts on physiological and psychological thermal responses during exercise and recovery. *Applied Ergonomics* 42: 46–51, 2010.
12. Brunekreef B, Hoek G, Breugelmans O, and Leentvaar M. Respiratory effects of low-level photochemical air pollution in amateur cyclists. *American Journal of Respiratory and Critical Care Medicine* 150: 962–966, 1994.
13. Buono MJ, and Sjoholm NT. Effect of physical training on peripheral sweat production. *Journal of Applied Physiology* 65: 811–814, 1988.
14. Burton A, and Edholm O. *Man in a Cold Environment*. London: Edward Arnold, 1955.
15. Buskirk E, and Bass D. Climate and exercise. In *Science and Medicine of Exercise and Sport*, edited by Johnson W, and Buskirk E. New York, NY: Harper & Row, 1974, pp. 190–205.
16. Buskirk E, and Grasley W. Heat injury and conduct of athletics. In *Science and Medicine of Exercise and Sport*, edited by Johnson W, and Buskirk E. New York, NY: Harper & Row, 1974, pp. 206–210.
17. Buskirk ER, Kollias J, Akers RF, Prokop EK, and Reategui EP. Maximal performance at altitude and on return from altitude in conditioned runners. *Journal of Applied Physiology* 23: 259–266, 1967.
18. Campbell ME, Li Q, Gingrich SE, Macfarlane RG, and Cheng S. Should people be physically active outdoors on smog alert days? *Canadian Journal of Public Health* 96: 24–28, 2005.
19. Cappaert TA, Stone JA, Castellani JW, Krause BA, Smith D, and Stephens BA. National Athletic Trainers' Association postion statement: environmental cold injuries. *Journal of Athletic Training* 43: 640–658, 2008.
20. Carter JE, and Gisolfi CV. Fluid replacement during and after exercise in the heat. *Medicine and Science in Sports and Exercise* 21: 532–539, 1989.
21. Carver S. Injury prevention and treatment. In *Fitness Professional's Handbook*, edited by Howley E, and Franks B. Champaign, IL: Human Kinetics, 2007, pp. 375–397.
22. Casa DJ, Armstrong LE, Kenny GP, O'Conner FG, and Huggins RA. Exertional heat stroke: new concepts regarding cause and care. *Current Sports Medicine Reports* 11: 115–123, 2012.
23. Casa DJ, McDermott BP, Lee EC, Yeargin SW, Armstrong LE, and Maresh CM. Cold water immersion: the gold standard for exertional heatstroke treatment. *Exercise and Sport Sciences Reviews* 35: 141–149, 2007.
24. Chapman R, and Levine BD. Altitude training for the marathon. *Sports Medicine* 37: 392–395, 2007.
25. Chapman RF, Stray-Gundersen J, and Levine BD. Individual variation in response to altitude training. *Journal of Applied Physiology* 85: 1448–1456, 1998.
26. Commentaries on lactate paradox. Commentaries on viewpoint: evidence that reduced skeletal muscle recruitment explains the lactate paradox during exercise at high altitude. *Journal of Applied Physiology* 106: 739–744, 2009.
27. Costill DL, Cote R, Miller E, Miller T, and Wynder S. Water and electrolyte replacement during repeated days of work in the heat. *Aviation, Space, and Environmental Medicine* 46: 795–800, 1975.
28. Cutrufello PT, Smoliga JM, and Rundell KW. Small things make a big difference: particulate matter and exercise. *Sports Medicine* 42: 1041–1068, 2012.

29. Cymerman A, Reeves JT, Sutton JR, Rock PB, Groves BM, Malconian MK, et al. Operation Everest II: maximal oxygen uptake at extreme altitude. *Journal of Applied Physiology* 66: 2446–2453, 1989.

30. Daniels J, and Oldridge N. The effects of alternate exposure to altitude and sea level on world-class middle-distance runners. *Medicine and Science in Sports* 2: 107–112, 1970.

31. Danielsson U. Windchill and the risk of tissue freezing. *Journal of Applied Physiology* 81: 2666–2673, 1996.

32. Davis JK, and Bishop PA. Impact of clothing on exercise in the heat. *Sports Medicine* 43:695–706, 2013.

33. Devlin RB, Duncan KE, Jardim M, Schmitt MT, Rappold AG, and Diaz-Sanchez D. Controlled exposure of healthy young volunteers to ozone causes cardiovascular effects. *Circulation* 126: 104–111, 2012.

34. Dill DB, and Adams WC. Maximal oxygen uptake at sea level and at 3,090-m altitude in high school champion runners. *Journal of Applied Physiology* 30: 854–859, 1971.

35. Doria C, Toniolo L, Verratti V, Cancellara P, Pietrangelo T, Marconi V, et al. Improved $\dot{V}O_2$ uptake kinetics and shift in muscle fiber type in high-altitude trekkers. *Journal of Applied Physiology* 111:1597–1605, 2011.

36. Drinkwater BL, Denton JE, Kupprat IC, Talag TS, and Horvath SM. Aerobic power as a factor in women's response to work in hot environments. *Journal of Applied Physiology* 41: 815–821, 1976.

37. Dufour SP, Ponsot E, Zoll J, Doutreleau S, Lonsdorfer-Wolf E, Geny B, et al. Exercise training in normobaric hypoxia in endurance runners. I. Improvement in aerobic performance capacity. *Journal of Applied Physiology* 100: 1238–1248, 2006.

38. Ely MR, Cheuvront SN, and Montain SJ. Neither cloud cover nor low solar loads are associated with fast marathon performance. *Medicine and Science in Sports and Exercise* 39: 2029–2035, 2007.

39. Engfred K, Kjaer M, Secher NH, Friedman DB, Hanel B, Nielsen OJ, et al. Hypoxia and training-induced adaptation of hormonal responses to exercise in humans. *European Journal of Applied Physiology and Occupational Physiology* 68: 303–309, 1994.

40. Faulkner JA, Kollias J, Favour CB, Buskirk ER, and Balke B. Maximum aerobic capacity and running performance at altitude. *Journal of Applied Physiology* 24: 685–691, 1968.

41. Folinsbee L. Discussion: exercise and the environment. In *Exercise, Fitness, and Health*, edited by Bouchard C, Shephard R, Stevens T, Sutton J, and McPherson B. Champaign, IL: Human Kinetics, 1990, pp. 179–183.

42. Frisancho AR, Martinez C, Velasquez T, Sanchez J, and Montoye H. Influence of developmental adaptation on aerobic capacity at high altitude. *Journal of Applied Physiology* 34: 176–180, 1973.

43. Froese G, and Burton AC. Heat losses from the human head. *Journal of Applied Physiology* 10: 235–241, 1957.

44. Gates D. *Man and His Environment: Climate.* New York, NY: Harper & Row, 1972.

45. Gilchrist J, Murphy M, Comstock RD, Collins C, McIlvain N, and Yard E. Heat illness among high school athletes-United States, 2005–2009. *Morbidity and Mortality Weekly Report* 59: 1009–1013, 2010.

46. Gisolfi CV, and Cohen JS. Relationships among training, heat acclimation, and heat tolerance in men and women: the controversy revisited. *Medicine and Science in Sports* 11: 56–59, 1979.

47. Gore CJ, Clark SA, and Saunders PU. Nonhematological mechanisms of improved sea-level performance after hypoxic exposure. *Medicine and Science in Sports and Exercise* 39: 1600–1609, 2007.

48. Gore CJ, Rodriguez FA, Truijens MJ, Townsend NE, Stray-Gundersen J, and Levine BD. Increased serum erythropoietin but not red cell production after 4 wk of intermittent hypobaric hypoxia (4,000–5,500 m). *Journal of Applied Physiology* 101: 1386–1393, 2006.

49. Green HJ, Sutton JR, Cymerman A, Young PM, and Houston CS. Operation Everest II: adaptations in human skeletal muscle. *Journal of Applied Physiology* 66: 2454–2461, 1989.

50. Green HJ, Sutton JR, Wolfel EE, Reeves JT, Butterfield GE, and Brooks GA. Altitude acclimatization and energy metabolic adaptations in skeletal muscle during exercise. *Journal of Applied Physiology* 73: 2701–2708, 1992.

51. Grover RF, Reeves JT, Grover EB, and Leathers JE. Muscular exercise in young men native to 3,100 m altitude. *Journal of Applied Physiology* 22: 555–564, 1967.

52. Hanson PG, and Zimmerman SW. Exertional heatstroke in novice runners. *JAMA* 242: 154–157, 1979.

53. Hardy J, and Bard P. Body temperature regulation. In *Medical Physiology*, edited by Mount-Castle V. St. Louis, MO: C. V. Mosby, 1974, pp. 1305–1342.

54. Hartley LH, Vogel JA, and Cruz JC. Reduction of maximal exercise heart rate at altitude and its reversal with atropine. *Journal of Applied Physiology* 36: 362–365, 1974.

55. Hayward MG, and Keatinge WR. Roles of subcutaneous fat and thermoregulatory reflexes in determining ability to stabilize body temperature in water. *Journal of Physiology* 320: 229–251, 1981.

56. Hemmleb J, and Johnson L. Discovery on Everest. *Climbing* 188: 98–190, 1999.

57. Hirsch GL, Sue DY, Wasserman K, Robinson TE, and Hansen JE. Immediate effects of cigarette smoking on cardiorespiratory responses to exercise. *Journal of Applied Physiology* 58: 1975–1981, 1985.

58. Hobson RM, Clapp EL, Watson P, and Maughan RJ. Exercise capacity in the heat is greater in the morning than in the evening in man. *Medicine and Science in Sports and Exercise* 41: 174–180, 2009.

59. Holmer I. Physiology of swimming man. In *Exercise and Sport Sciences Reviews*, edited by Hutton R, and Miller D. Salt Lake City, UT: Franklin Institute, 1979.

60. Hoppeler H, Kleinert E, Schlegel C, Claassen H, Howald H, Kayar SR, et al. Morphological adaptations of human skeletal muscle to chronic hypoxia. *International Journal of Sports Medicine* 11 (Suppl 1): S3–9, 1990.

61. Horvath SM. Exercise in a cold environment. In *Exercise and Sport Sciences Reviews*, edited by Miller D. Salt Lake City, UT: Franklin Institute, 1981, pp. 221–263.

62. Horvath SM, Raven PB, Dahms TE, and Gray DJ. Maximal aerobic capacity at different levels of carboxyhemoglobin. *Journal of Applied Physiology* 38: 300–303, 1975.

63. Houmard JA, Costill DL, Davis JA, Mitchell JB, Pascoe DD, and Roberga RA. The influence of exercise intensity on heat acclimation in trained subjects. *Medicine and Science in Sports and Exercise* 22: 615–620, 1990.

64. Howald H, Pette D, Simoneau JA, Uber A, Hoppeler H, and Cerretelli P. Effect of chronic hypoxia on muscle enzyme activities. *International Journal of Sports Medicine* 11 (Suppl 1): S10–14, 1990.

65. Howley E. Effect of altitude on physical performance. In *Encyclopedia of Physical Education, Fitness, and Sports: Training, Environment, Nutrition, and Fitness*, edited by Stull G, and Cureton T. Salt Lake City, UT: Brighton, 1980, pp. 177–187.

66. Hubbard R, and Armstrong LE. Hyperthermia: new thoughts on an old problem. *Physician and Sportsmedicine* 17: 97–113, 1989.

67. Hughson RL, Green HJ, Houston ME, Thomson JA, MacLean DR, and Sutton JR. Heat injuries in Canadian mass participation runs. *Canadian Medical Association Journal* 122: 1141–1144, 1980.

68. Hurtado A. Animals in high altitudes: resident man. In *Handbook of Physiology: Section 4—Adaptation to the Environment*, edited by Dill D. Washington, D.C.: American Physiological Society, 1964.

69. Kayser B. Nutrition and energetics of exercise at altitude. Theory and possible practical implications. *Sports Medicine* 17: 309–323, 1994.

Capítulo 24 Exercício e ambiente **571**

70. Kollias J, and Buskirk E. Exercise and altitude. In *Science and Medicine of Exercise and Sport*, edited by Johnson W, and Buskirk E. New York, NY: Harper & Row, 1974.

71. Kollias J, Buskirk ER, Akers RF, Prokop EK, Baker PT, and Picon-Reategui E. Work capacity of long-time residents and newcomers to altitude. *Journal of Applied Physiology* 24: 792–799, 1968.

72. Lawler J, Powers SK, and Thompson D. Linear relationship between $\dot{V}O_{2\,max}$ and $\dot{V}O_{2\,max}$ decrement during exposure to acute hypoxia. *Journal of Applied Physiology* 64: 1486–1492, 1988.

73. Levine BD, and Stray-Gundersen J. Point: positive effects of intermittent hypoxia (live high: train low) on exercise performance are mediated primarily by augmented red cell volume. *Journal of Applied Physiology* 99: 2053–2055, 2005.

74. Lorenzo S, Halliwill JR, Sawka MN, and Minson CT. Heat acclimation improves exercise performance. *Journal of Applied Physiology* 109: 1140–1147, 2010.

75. Lundby C, and van Hall G. Lactate metabolism at high altitude. *High Altitude Medicine & Biology* 5: 195–196; author reply 197–198, 2004.

76. MacDougall JD, Green HJ, Sutton JR, Coates G, Cymerman A, Young P, et al. Operation Everest II: structural adaptations in skeletal muscle in response to extreme simulated altitude. *Acta Physiologica Scandinavica* 142: 421–427, 1991.

77. Marconi C, Marzorati M, Grassi B, Basnyat B, Colombini A, Kayser B, et al. Second generation Tibetan lowlanders acclimatize to high altitude more quickly than Caucasians. *Journal of Physiology* 556: 661–671, 2004.

78. Martin D, and O'Kroy J. Effects of acute hypoxia on the $\dot{V}O_{2\,max}$ of trained and untrained subjects. *Journal of Sports Sciences* 11: 37–42, 1993.

79. Mathews DK, Fox EL, and Tanzi D. Physiological responses during exercise and recovery in a football uniform. *Journal of Applied Physiology* 26: 611–615, 1969.

80. Maughan RJ, Otani H, and Watson P. Influence of relative humidity on prolonged exercise capacity in a warm environment. *European Journal of Applied Physiology* 112: 2313–2321, 2012.

81. Mazess RB. Cardiorespiratory characteristics and adaptation to high altitudes. *American Journal of Physical Anthropology* 32: 267–278, 1970.

82. Mazess RB. Exercise performance at high altitude in Peru. *Federation Proceedings* 28: 1301–1306, 1969.

83. Mazess RB. Exercise performance of Indian and white high altitude residents. *Human Biology: An International Record of Research* 41: 494–518, 1969.

84. Mazzeo RS. Physiological responses to exercise at altitude—an update. *Sports Medicine* 38: 1–8, 2008.

85. Mazzeo RS, Brooks GA, Butterfield GE, Cymerman A, Roberts AC, Selland M, et al. Beta-adrenergic blockade does not prevent the lactate response to exercise after acclimatization to high altitude. *Journal of Applied Physiology* 76: 610–615, 1994.

86. McArdle WD, Magel JR, Gergley TJ, Spina RJ, and Toner MM. Thermal adjustment to cold-water exposure in resting men and women. *Journal of Applied Physiology* 56: 1565–1571, 1984.

87. McArdle WD, Magel JR, Spina RJ, Gergley TJ, and Toner MM. Thermal adjustment to cold-water exposure in exercising men and women. *Journal of Applied Physiology* 56: 1572–1577, 1984.

88. Noakes TD. Evidence that reduced skeletal muscle recruitment explains the lactate paradox during exercise at high altitude. *Journal of Applied Physiology* 106: 737–738, 2009.

89. Noakes TD. Last word on viewpoint: evidence that reduced skeletal muscle recruitment explains the lactate paradox during exercise at high altitude. *Journal of Applied Physiology* 106: 745, 2009.

90. Norton E. *The Fight for Everest: 1924.* New York, NY: Longmans, Green, 1925.

91. Oelz O, Howald H, Di Prampero PE, Hoppeler H, Claassen H, Jenni R, et al. Physiological profile of world-class high-altitude climbers. *Journal of Applied Physiology* 60: 1734–1742, 1986.

92. Pascoe DD, Shanley LA, and Smith EW. Clothing and exercise. I: biophysics of heat transfer between the individual, clothing and environment. *Sports Medicine* 18: 38–54, 1994.

93. Peronnet F, Thibault G, and Cousineau DL. A theoretical analysis of the effect of altitude on running performance. *Journal of Applied Physiology* 70: 399–404, 1991.

94. Ponsot E, Dufour SP, Zoll J, Doutrelau S, N'Guessan B, Geny B, et al. Exercise training in normobaric hypoxia in endurance runners. II. Improvement of mitochondrial properties in skeletal muscle. *Journal of Applied Physiology* 100: 1249–1257, 2006.

95. Pottgiesser T, Garvican LA, Martin DT, Featonby JM, Gore CJ, and Schumacher YO. Short-term hematological effects upon completion of a four-week simulated altitude camp. *International Journal of Sports Physiology and Performance* 7: 79–83, 2012.

96. Powers SK, Martin D, and Dodd S. Exercise-induced hypoxaemia in elite endurance athletes. Incidence, causes and impact on $\dot{V}O_2$ max. *Sports Medicine* 16: 14–22, 1993.

97. Pronk M. Lactate metabolism at high altitude: a reply. *High Altitude Medicine and Biology* 5: 197–198, 2004.

98. Pronk M, Tiemessen I, Hupperets MD, Kennedy BP, Powell FL, Hopkins SR, et al. Persistence of the lactate paradox over 8 weeks at 3,800 m. *High Altitude Medicine & Biology* 4: 431–443, 2003.

99. Pugh L. Athletes at altitude. *Journal of Physiology* 192: 619–646, 1967.

100. Pugh LG. Deaths from exposure on Four Inns Walking Competition, March 14–15, 1964. *Lancet* 1: 1210–1212, 1964.

101. Pugh LG, and Edholm OG. The physiology of channel swimmers. *Lancet* 269: 761–768, 1955.

102. Pugh LG, Gill MB, Lahiri S, Milledge JS, Ward MP, and West JB. Muscular exercise at great altitudes. *Journal of Applied Physiology* 19: 431–440, 1964.

103. Quinn MD. The effects of wind and altitude in the 400-m sprint. *Journal of Sports Sciences* 22: 1073–1081, 2004.

104. Racinais S. Different effects of heat exposure upon exercise performance in the morning and afternoon. *Scandinavian Journal of Medicine & Science in Sports* 20 Suppl. 3: 80–89, 2010.

105. Raven P. Effects of air pollution on physical performance. In *Encyclopedia of Physical Education, Fitness, and Sports: Training, Environment, Nutrition, and Fitness*, edited by Stull G, and Cureton T. Salt Lake City, UT: Brighton, 1980, pp. 201–216.

106. Raven PB, Drinkwater BL, Ruhling RO, Bolduan N, Taguchi S, Gliner J, et al. Effect of carbon monoxide and peroxyacetyl nitrate on man's maximal aerobic capacity. *Journal of Applied Physiology* 36: 288–293, 1974.

107. Reeves JT, Wolfel EE, Green HJ, Mazzeo RS, Young AJ, Sutton JR, et al. Oxygen transport during exercise at altitude and the lactate paradox: lessons from Operation Everest II and Pikes Peak. *Exercise and Sport Sciences Reviews* 20: 275–296, 1992.

108. Roberts WO. Heat and cold: what does the environment do to marathon injury? *Sports Medicine* 37: 400–403, 2007.

109. Rodriguez FA, Truijens MJ, Townsend NE, Stray-Gundersen J, Gore CJ, and Levine BD. Performance of runners and swimmers after four weeks of intermittent hypobaric hypoxic exposure plus sea level training. *Journal of Applied Physiology* 103: 1523–1535, 2007.

110. Romieu I, Castro-Giner F, Kunzli N, and Sunyer J. Air pollution, oxidative stress and dietary supplementation: a review. *Eur Respir J* 31: 179–197, 2008.

111. Rose MS, Houston CS, Fulco CS, Coates G, Sutton JR, and Cymerman A. Operation Everest. II: Nutrition and body composition. *Journal of Applied Physiology* 65: 2545–2551, 1988.

112. Roskamm H, Landry F, Samek L, Schlager M, Weidemann H, and Reindell H. Effects of a standardized ergometer

training program at three different altitudes. *Journal of Applied Physiology* 27: 840–847, 1969.

113. Rupert JL, and Hochachka PW. Genetic approaches to understanding human adaptation to altitude in the Andes. *Journal of Experimental Biology* 204: 3151–3160, 2001.

114. Saltin B. Circulatory response to submaximal and maximal exercise after thermal dehydration. *Journal of Applied Physiology* 19: 1125–1132, 1964.

115. Saunders PU, Pyne DB, and Gore CJ. Endurance training at altitude. *High Altitude Medicine & Biology* 10: 135–148, 2009.

116. Sawka MN, Francesconi RP, Young AJ, and Pandolf KB. Influence of hydration level and body fluids on exercise performance in the heat. *JAMA* 252: 1165–1169, 1984.

117. Sawka MN, Young AJ, Francesconi RP, Muza SR, and Pandolf KB. Thermoregulatory and blood responses during exercise at graded hypohydration levels. *Journal of Applied Physiology* 59: 1394–1401, 1985.

118. Schoene RB, Lahiri S, Hackett PH, Peters RM, Jr., Milledge JS, Pizzo CJ, et al. Relationship of hypoxic ventilatory response to exercise performance on Mount Everest. *Journal of Applied Physiology* 56: 1478–1483, 1984.

119. Semenza GL. Hypoxia-inducible factors in physiology and medicine. *Cell* 148: 399–408, 2012.

120. Siebenmann C, Robach P, Jacobs RA, Rasmussen P, Nordsborg N, Diaz V, et al. "Live high-train low" using normobaric hypoxia: a double-blinded, placebo-controlled study. *Journal of Applied Physiology* 112: 106–117, 2012.

121. Simonson TS, McClain DA, Jorde LB, and Prchal JT. Genetic determinants of Tibetan high-altitude adaptation. *Human Genetics* 131: 527–533, 2012.

122. Siple P, and Passel C. Measurements of dry atmospheric cooling in subfreezing temperatures. *Proceedings of the American Philosophical Society* 89: 177–199, 1945.

123. Sperlich B, Born DP, Lefter MD, and Holmberg HC. Exercising in a hot environment: which t-shirt to wear? *Wilderness & Environmental Medicine* 24: 211–220, 2013.

124. Strohl KP. Lessons in hypoxic adaptations from high-altitude populations. *Sleep Breath* 12: 115–121, 2008.

125. Sutton JR, Reeves JT, Wagner PD, Groves BM, Cymerman A, Malconian MK, et al. Operation Everest II: oxygen transport during exercise at extreme simulated altitude. *Journal of Applied Physiology* 64: 1309–1321, 1988.

126. Teunissen LPJ, de Haan A, de Koning JJ, and Daanen HAM. Effects of wind application on thermal perception and self-paced performance. *European Journal of Applied Physiology* 113: 1705–1717, 2013.

127. Tikuisis P, Bell DG, and Jacobs I. Shivering onset, metabolic response, and convective heat transfer during cold air exposure. *Journal of Applied Physiology* 70: 1996–2002, 1991.

128. Van Hall G, Calbet JA, Sondergaard H, and Saltin B. The reestablishment of the normal blood lactate response to exercise in humans after prolonged acclimatization to altitude. *Journal of Physiology* 536: 963–975, 2001.

129. Van Hall G, Lundby C, Araoz M, Calbet JAL, Sander M, and Saltin B. The lactate paradox revisited in lowlanders during acclimatization to 4100 m and in high-altitude natives. *J Physiol* 587: 1117–1129, 2009.

130. Vogt M, and Hoppeler H. Is hypoxia training good for muscles and exercise performance? *Progress in Cardiovascular Diseases* 52: 525–533, 2010.

131. Volpino P, Tomei F, La Valle C, Tomao E, Rosati MV, Ciarrocca M, et al. Respiratory and cardiovascular function at rest and during exercise testing in a healthy working population: effects of outdoor traffic air pollution. *Occupational Medicine* 54: 475–482, 2004.

132. Wagner PD, and Lundby C. The lactate paradox: does acclimatization to high altitude affect blood lactate during exercise? *Medicine and Science in Sports and Exercise* 39: 749–755, 2007.

133. Ward-Smith AJ. The influence of aerodynamic and biomechanical factors on long jump performance. *Journal of Biomechanics* 16: 655–658, 1983.

134. Ward-Smith AJ. Altitude and wind effects on long jump performance with particular reference to the world record by Bob Beamon. *Journal of Sport Sciences* 4: 89–99, 1986.

135. Wasse LK, Sunderland C, King JA, Batterham RL, and Stensel DJ. Influence of rest and exercise at a simulated altitude of 4,000 m on appetite, energy intake, and plasma concentrations of acylated ghrelin and peptide YY. *Journal of Applied Physiology* 112: 552–559, 2012.

136. Wegmann M, Faude O, Poppendieck W, Hecksteden A, Frohlich M, and Meyer T. Pre-cooling and sports performance: a meta-analytical review. *Sports Medicine Volume* 42: 545–564, 2012.

137. Wehrlin JP, Zuest P, Hallen J, and Marti B. Live high-train low for 24 days increases hemoglobin mass and red cell volume in elite endurance athletes. *Journal of Applied Physiology* 100: 1938–1945, 2006.

138. West JB. Point: the lactate paradox does/does not occur during exercise at high altitude. *Journal of Applied Physiology* 102: 2398–2399, 2007.

139. West JB, Boyer SJ, Graber DJ, Hackett PH, Maret KH, Milledge JS, et al. Maximal exercise at extreme altitudes on Mount Everest. *Journal of Applied Physiology* 55: 688–698, 1983.

140. West JB, Hackett PH, Maret KH, Milledge JS, Peters RM, Jr., Pizzo CJ, et al. Pulmonary gas exchange on the summit of Mount Everest. *Journal of Applied Physiology* 55: 678–687, 1983.

141. West JB, Lahiri S, Gill MB, Milledge JS, Pugh LG, and Ward MP. Arterial oxygen saturation during exercise at high altitude. *Journal of Applied Physiology* 17: 617–621, 1962.

142. West JB, Lahiri S, Maret KH, Peters RM, Jr., and Pizzo CJ. Barometric pressures at extreme altitudes on Mt. Everest: physiological significance. *Journal of Applied Physiology* 54: 1188–1194, 1983.

143. West JB, and Wagner PD. Predicted gas exchange on the summit of Mt. Everest. *Respiration Physiology* 42: 1–16, 1980.

144. Wilber RL. Application of altitude/hypoxic training by elite athletes. *Journal of Human Sport & Exercise* 6: i–xiv, 2011.

145. Wilber RL, Stray-Gundersen J, and Levine BD. Effect of hypoxic "dose" on physiological responses and sea-level performance. *Medicine and Science in Sports and Exercise* 39: 1590–1599, 2007.

146. Wilson MJ, Julian CG, and Roach RC. Genomic analysis of high-altitude adapatation: innovations and implications. *Current Sports Medicine Reports* 10: 59–61, 2011.

147. Wolski LA, McKenzie DC, and Wenger HA. Altitude training for improvements in sea level performance. Is the scientific evidence of benefit? *Sports Medicine* 22: 251–263, 1996.

148. Yamane M, Oida Y, Ohnishi N, Matsumoto T, and Kitagawa K. Effects of wind and rain on thermal responses of humans in a mildly cold environment. *European Journal of Applied Physiology* 109: 117–123, 2010.

149. Yaspelkis BB, III, and Ivy JL. Effect of carbohydrate supplements and water on exercise metabolism in the heat. *Journal of Applied Physiology* 71: 680–687, 1991.

150. Yu IT, Wong TW, and Liu HJ. Impact of air pollution on cardiopulmonary fitness in schoolchildren. *Journal of Occupational and Environmental Medicine* 46: 946–952, 2004.

151. Zoll J, Ponsot E, Dufour S, Doutreleau S, Ventura-Clapier R, Vogt M, et al. Exercise training in normobaric hypoxia in endurance runners. III. Muscular adjustments of selected gene transcripts. *Journal of Applied Physiology* 100: 1258–1266, 2006.

25

Recursos ergogênicos

■ Objetivos

Ao estudar este capítulo, você deverá ser capaz de:

1. Definir *recurso ergogênico*.
2. Explicar por que o tratamento com "placebo" em um "modelo duplo-cego" é utilizado em estudos de pesquisa que envolvem recursos ergogênicos.
3. Descrever, em geral, a eficácia dos suplementos nutricionais no desempenho.
4. Descrever o efeito do oxigênio extra no desempenho e diferenciar a oxigenação hiperbárica da oxigenação obtida pela respiração de misturas gasosas enriquecidas por oxigênio.
5. Descrever *doping* sanguíneo e seu potencial para melhorar o desempenho de resistência.

6. Explicar o mecanismo pelo qual a ingestão de tampões pode melhorar os desempenhos anaeróbios.
7. Explicar como as anfetaminas podem melhorar o desempenho físico.
8. Descrever os diversos mecanismos pelos quais a cafeína pode melhorar o desempenho.
9. Descrever como os equipamentos de alta tecnologia e a técnica do ciclismo podem melhorar a velocidade no ciclismo de alta velocidade.
10. Descrever os efeitos fisiológicos e os psicológicos dos diferentes tipos de aquecimento.

■ Conteúdo

Questões relacionadas aos modelos de pesquisa 575

Suplementos nutricionais 576

Desempenho aeróbio 576
Oxigênio 578
Doping sanguíneo 580

Desempenho anaeróbio 582
Tampões sanguíneos 582

Drogas 583
Anfetaminas 584
Cafeína 584

Recursos ergogênicos mecânicos 587
Ciclismo 587

Aquecimento físico 589

■ Palavras-chave

câmara hiperbárica
coleta de sangue "simulada"
doping por infusão sanguínea
doping sanguíneo
empacotamento sanguíneo
eritrocitemia
eritrocitemia induzida
eritropoetina (EPO)
modelo de pesquisa duplo-cego
normocitêmico
placebo
recursos ergogênicos
reinfusão de sangue "simulada"
simpaticomiméticos
transfusão autóloga
transfusão homóloga

Os capítulos precedentes descreveram o exercício e os planos nutricionais relacionados com o desempenho, mas nenhuma apresentação dos fatores que afetam o desempenho seria completa sem uma discussão dos recursos ergogênicos. **Recursos ergogênicos** são definidos como substâncias produtoras de trabalho ou fenômenos que, conforme se acredita, aumentam o desempenho.[87]

Os recursos ergogênicos são nutrientes, drogas, exercícios de aquecimento, hipnose, controle do estresse, *doping* sanguíneo, respiração de oxigênio, música e recursos biomecânicos extrínsecos. Embora já tenham sido discutidos tópicos nutricionais relacionados com o desempenho no Capítulo 23, neste capítulo serão fornecidos detalhes adicionais sobre o papel dos suplementos nutricionais como recursos ergogênicos. Ademais, serão discutidos recursos ergogênicos em relação ao desempenho aeróbio (inalação de oxigênio e *doping* sanguíneo) e ao anaeróbio (tampões sanguíneos), bem como diversas drogas (anfetaminas e cafeína), equipamento de alta tecnologia e aquecimento físico. Esteroides anabólicos e o hormônio do crescimento já foram discutidos no Capítulo 5.

Embora a atenção do leitor esteja concentrada no desempenho esportivo, em que uma melhora inferior a 1% pode alterar recordes mundiais, deve-se ter em mente que os fisiologistas industriais há muito tempo estão preocupados com a relação entre iluminação, temperatura ambiente e ruído de fundo (música) e o desempenho no local de trabalho.[87] Os trabalhos de pesquisa nessa área devem ser realizados criteriosamente, com especial atenção ao modelo de pesquisa, em razão do número de fatores que podem influenciar os resultados do estudo.

Questões relacionadas aos modelos de pesquisa

Em certas circunstâncias, é difícil comparar os resultados de um estudo de pesquisa sobre recursos ergogênicos com os resultados de outro estudo. A razão para tal é que o efeito de um recurso ergogênico depende de uma série de variáveis:[87]

- ■ Quantidade
  - ● Muito pouco ou em excesso talvez não cause efeito.
- ■ Usuário
  - ● O recurso ergogênico pode ser efetivo em indivíduos "não treinados", mas não em pessoas "treinadas" ou vice-versa.
  - ● O "valor" de um recurso ergogênico é determinado pelo indivíduo.
- ■ Tarefa
  - ● Pode funcionar com tarefas de curta duração e ligadas à potência, porém não em tarefas de resistência ou vice-versa.
  - ● Pode funcionar em atividades motoras gerais que envolvem grandes músculos, e não com atividades motoras finas, ou vice-versa.
- ■ Uso
  - ● Um recurso ergogênico utilizado agudamente (durante curto período) pode revelar um efeito positivo, mas em longo prazo pode comprometer o desempenho ou vice-versa.

Tendo em vista essas variáveis, os cientistas tomam muito cuidado na modelagem dos experimentos, para que não sejam "iludidos" com o resultado. Por exemplo, um atleta pode melhorar o desempenho por acreditar que a substância funcionará; assim, a "crença" é mais importante do que a substância para a determinação do resultado. Além disso, um pesquisador pode "acreditar" no recurso ergogênico e, inadvertidamente, oferecer diferentes níveis de incentivo durante o teste de atletas sob a influência do recurso ergogênico. Esses problemas são controlados com o uso de um **placebo** como condição de tratamento e pela aplicação de um **modelo de pesquisa duplo-cego**, respectivamente.

Placebo é uma substância "parecida" com o recurso ergogênico, mas que não contém nada que influenciará o desempenho. A necessidade de tal controle pode ser observada na Figura 25.1, que descreve o ganho de força por um grupo que estava tomando placebo, mas que foi informado de que se tratava de um esteroide anabólico. O resultado é contrastado com o desempenho do grupo antes de tomar o placebo. O percentual e a quantidade de força ganhos foram mais elevados com o placebo, indicando a necessidade desse controle, para que se possa isolar o real efeito de uma substância.[3]

Modelo de pesquisa duplo-cego é aquele no qual nem o participante no estudo nem o pesquisador sabem quem está recebendo o placebo ou a substância em pesquisa. Os participantes são aleatoriamente designados para receber o comprimido x ou o comprimido y. Depois de coletados todos os dados, o "código" é quebrado, para que se fique sabendo qual comprimido (x ou y) era o placebo e qual era a substância sob investigação. Esses modelos são muito complexos e de difícil execução, mas reduzem a probabilidade de tendenciosidade dos participantes ou pesquisadores.[87]

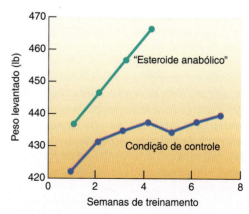

Figura 25.1 Mudanças no desempenho quando foi informado aos participantes que estavam tomando um esteroide anabólico, mas na verdade estavam tomando placebo.

O cientista também deve ser cuidadoso na seleção dos participantes. Se a substância é testada como um auxílio potencial para velocistas, seria razoável selecionar indivíduos dessa população, para que os resultados possam ser generalizados para o grupo. Além disso, os testes utilizados pelo pesquisador devem ficar o mais próximo possível da – ou mesmo consistir na – tarefa a ser desempenhada (p. ex., corrida de 100 m). Em suma, os resultados obtidos em uma população apropriada de participantes, mas sob condições laboratoriais controladas, com o uso de testes fisiológicos convencionais, podem não ter utilidade quando transportados para "o campo".[87]

> ### Em resumo
>
> - Os recursos ergogênicos são definidos como substâncias ou fenômenos geradores de trabalho; acredita-se que eles aumentem o desempenho.
> - Considerando-se que as crenças do atleta podem influenciar seu desempenho, os cientistas utilizam um placebo, ou substância "parecida", como controle para esse efeito. Além disso, os cientistas utilizam um modelo de pesquisa duplo-cego, no qual o pesquisador e os participantes desconhecem o tratamento.

Suplementos nutricionais

No Capítulo 18, discutiram-se os tópicos relacionados com a nutrição básica e, no Capítulo 23, ofereceram-se detalhes adicionais acerca do papel da nutrição no desempenho. Nesta seção, será dado mais um passo na discussão do papel que os suplementos nutricionais podem ter no desempenho esportivo – um ponto que interessa a muitos atletas. Uma pesquisa entre atletas indicou que mais de 80% dos atletas da U.S. Division I e dos atletas de elite nacional ou internacional utilizam suplementos nutricionais.[83] Para mais detalhes sobre suplementos nutricionais e desempenho, consulte os textos de Burke e Deakin, em "Sugestões de leitura", e de Williams, Anderson e Rawson (2013). Também incentivamos você a consultar o *site* do Australian Institute of Sport (http://www.ausport.gov.au/ais/nutrition), que atualiza sistematicamente as informações em uma grande variedade de suplementos nutricionais.

Basta apenas abrir uma revista especializada em treinamento de força para se tomar conhecimento do incrível número de suplementos nutricionais anunciados como capazes de melhorar os efeitos do treinamento físico, seja em termos de tamanho ou de força. A Tabela 25.1 fornece um resumo de vários suplementos nutricionais usados por atletas de treinamento de força para aumentar força, massa muscular e desempenho atlético. As colunas fornecem informações sobre a argumentação feita para cada substância e a evidência contra e a favor dessa argumentação. Uma rápida leitura da Tabela 25.1 indica que há pouca ou nenhuma base para nenhum dos suplementos, com exceção da creatina e, talvez, beta-alanina. É de conhecimento geral o papel da fosfocreatina (PC) em eventos de grande potência ou no início do exercício de resistência (ver Caps. 3 e 4). Numerosos estudos comprovam que a suplementação com creatina pode aumentar a concentração muscular dessa substância. Isso afeta o desempenho? (Ver "Vencendo limites 25.1", para mais informações sobre esse tópico.)

O uso de suplementos de qualquer tipo deve ser abordado com uma atitude de "cuidado do comprador". Quando aprovou a "Lei dos suplementos nutricionais na saúde e educação", em 1994, o Congresso dos Estados Unidos abriu as portas para a manufatura e a venda de suplementos, inclusive de alguns (p. ex., ferormônios) que não estavam originalmente previstos.[7,126] A ausência de regulamentos para esses produtos significa que os suplementos podem conter contaminantes, alguns dos quais podem resultar em testes positivos para droga. Um exemplo claro dessa problemática é um recente estudo de Baume et al.[8] Esses autores examinaram 103 suplementos nutricionais e encontraram três que continham um esteroide anabólico em quantidades muito elevadas, o qual poderia ter gerado um teste positivo para droga. Um produto à base de creatina revelou a presença de dois esteroides anabólicos, ao serem examinadas amostras de urina. Para contornar os problemas associados ao uso de suplementos contaminados, pode-se justificar a realização de uma ampla bateria de testes dos produtos por um laboratório independente – ou o atleta deverá tomar apenas aqueles suplementos nutricionais recomendados por um nutricionista/dietista diplomado.[28] Alguns suplementos nutricionais foram banidos pela Agência Mundial Antidoping (WADA, na sigla em inglês) e o Comitê Olímpico Internacional (COI).

Para um resumo dos efeitos de ervas no desempenho esportivo, consultar a revisão de Williams em "Sugestões de leitura".

> ### Em resumo
>
> - Na maioria dos casos, são poucas as evidências de que os suplementos nutricionais proporcionam vantagem no desempenho para os atletas, com a possível exceção da creatina.

Desempenho aeróbio

O Capítulo 20 detalhou os diversos testes utilizados na avaliação dos fatores fisiológicos relacionados com o desempenho de resistência. Obviamente, um aumento na capacidade de transporte de O_2 até os músculos e um retardo no início da produção de lactato estão relacionados com melhores desempenhos. Dois recursos ergogênicos têm sido utilizados na tentativa de influenciar a liberação de O_2: a respiração de misturas enriquecidas com O_2 e o *doping* sanguíneo.

Tabela 25.1	Suplementos nutricionais para pessoas em treinamento de força			
Suplemento	**Descrição**	**Proposta**	**Evidências**	**Comentário**
Antioxidantes (p. ex., vitaminas A, C e E)	Agentes químicos que protegem as células da lesão oxidativa causada pelos radicais livres	Reduzir a lesão muscular resultante de exercício intenso ou excêntrico	Poucas evidências de que o desempenho melhora, mas alguma evidência de que a lesão oxidativa causada pelo exercício pode ser diminuída	Com um treinamento contínuo, os antioxidantes produzidos pelo corpo podem ser suficientes; se a dieta for inadequada, suplementar
Proteínas ou aminoácidos de cadeia ramificada	Dietas ricas em proteína ou em suplementos exclusivamente com aminoácidos	Atender às maiores necessidades de proteína associadas ao treinamento	A ingestão alimentar já excede o limite superior das necessidades conhecidas para as proteínas	A dieta é adequada
Lisina, arginina e ornitina	Aminoácidos	Aumentar a secreção do hormônio do crescimento; promover o crescimento muscular	Podem aumentar o hormônio do crescimento, mas em magnitude limitada; sem efeito na massa muscular	Caras e ineficazes
β-alanina	Aminoácido usado na síntese de carnosina	Mais carnosina atuará melhor como tampões ácidos no músculo	Sem apoio para exercício de alta intensidade que dure < 60 s; alguns por > 60 e < 240 s.	Pode ocorrer parestesia (sensação de formigamento na pele); é necessária mais pesquisa
Cromo	Desempenha um papel na ação da insulina	Melhorar a absorção dos aminoácidos	Sem efeito na massa ou na força muscular	Se tomado como sal de picolinato, pode ser perigoso
Vanádio	Desempenha um papel na ação da insulina	Melhorar a absorção dos aminoácidos	Sem efeito na massa ou na força muscular	Doses elevadas têm graves efeitos colaterais
Boro	Oligoelemento	Melhorar a concentração de testosterona	Sem efeito	A dieta é adequada em indivíduos com alimentação normal
Creatina	Aminoácido	Aumentar a potência anaeróbia	Melhora o desempenho em tarefas selecionadas (p. ex., repetições de séries de velocidade)	Ver "Vencendo limites 25.1"
Desidroepiandrosterona (DHEA)	Precursor da testosterona	Melhorar a concentração de testosterona e a massa muscular	Sem efeito na testosterona, na força ou na massa muscular; banida pela WADA e pelo COI	Aumenta os níveis de estrogênio e diminui o HDL-colesterol; pode resultar em teste *antidoping* positivo para testosterona
Androstenediona (andro)	Precursor da testosterona	Melhorar a concentração de testosterona e a massa muscular.	Sem efeito na testosterona, na força ou na massa muscular; banida pela WADA e pelo COI	Aumenta os níveis de estrogênio e diminui o HDL-colesterol; pode resultar em teste *antidoping* positivo para testosterona
Carnitina	Utilizada no metabolismo das gorduras	Melhorar o uso das gorduras, diminuir a gordura corporal	Não há deficiência em atletas; sem efeito na resposta metabólica ao exercício	A dieta é adequada

Das referências: 2, 18, 55, 58, 60, 65, 67, 80, 116, 136, 141, 146 e Australian Institute of Sport (http://www.ausport.gov.au/ais/nutrition).

Vencendo limites 25.1

Monoidrato de creatina

Todos estamos familiarizados com a importância da fosfocreatina (PC) como fonte de energia durante o exercício explosivo de curta duração e como fonte de energia que nos ajuda a fazer a transição para o estado de equilíbrio da absorção de oxigênio durante o exercício aeróbio submáximo (ver Caps. 3 e 4). Dada a importância da PC no exercício explosivo, tem havido grande interesse no potencial do suplemento alimentar monoidrato de creatina para aumentar a concentração muscular de PC e, espera-se, o desempenho.

A concentração total de creatina no músculo é de aproximadamente 120 mmol · kg^{-1}, e 2 g são excretados por dia. Esses 2 g são repostos pela dieta (1 g) e pela síntese (1 g) a partir de aminoácidos.[29,127] A primeira etapa em um plano típico de "carga" de monoidrato de creatina consiste em adicionar 20 a 25 g/dia à dieta durante 5 a 7 dias.[71] Isso resulta em um aumento de ~20% na creatina muscular, o que se aproxima do que se tem como limite superior da capacidade de armazenamento de creatina pelo músculo. Há evidências de que esse nível elevado pode ser alcançado com doses de até 2 a 3 g por dia – no devido tempo.[105] Independentemente do meio utilizado para alcançar os níveis mais elevados de creatina no músculo, há grande variabilidade entre os indivíduos:[29,127]

- Indivíduos com valores iniciais mais baixos (p. ex., vegetarianos) têm maiores aumentos, e alguns indivíduos com elevados valores de pré-suplementação talvez não respondam ao aumento da creatina. Isso levou aos conceitos de *responsivos* e *não responsivos*.
- A ingestão de glicose com creatina reduz essa variação e melhora a absorção. Em geral, o esquema de carga em curto prazo parece melhorar a capacidade de manutenção da força muscular e da produção de potência durante várias práticas exaustivas de exercício, inclusive em idosos,[52,109] mas não sem exceção.[127,135] Estudos com controle para ingestão de proteína e energia demonstraram de maneira convincente que é a própria creatina que promove esses efeitos.[26] Além disso, a creatina não influencia o glicogênio muscular, seja em repouso ou em seguida a um exercício exaustivo.[112]

Contrastando com os cientistas que adotam um regime de carga durante 5 a 7 dias para determinar o efeito de uma concentração muscular elevada de creatina, os atletas tomam o suplemento de creatina durante longos períodos, para melhorar o desempenho. O elevado nível de creatina muscular alcançado na fase de carga pode ser mantido pelo consumo de 2 a 5 g de monoidrato de creatina por dia. Curiosamente, o "mecanismo" para qualquer aumento no desempenho pode estar apenas indiretamente relacionado com a creatina. Por exemplo, ganhos maiores de força obtidos em um programa de treinamento com pesos podem ser mediados pela capacidade do atleta de aumentar a intensidade do treinamento, o que permitiria, por sua vez, obter maior adaptação fisiológica (i. e., ganho de força) ao treinamento.[104,127] Contudo, é preciso ter em mente que a suplementação com creatina não reduz a lesão muscular resultante do exercício extenuante.[103] O que dizer do lado ruim da suplementação com creatina?

Ao que parece, a suplementação com creatina aumenta a massa corporal, mas é provável que isso se deva mais à retenção de água do que à síntese de proteína. Por consequência, os atletas que devem "carregar" seu próprio peso corporal (p. ex., corredores) devem ser cautelosos, para que seu desempenho não fique negativamente afetado.[29,135] O uso de uma dose baixa de monoidrato de creatina (~2,3 g/dia)[105] ou de PEG-creatina (1,25 a 2,5 g/dia)[56] evitou o ganho de peso, mas resultou em melhor desempenho. Foram publicados relatos de desarranjo gastrintestinal, náuseas e cãibras musculares em associação com o uso de creatina, mas artigos recentes sugerem que, pelo menos até 21 meses de uso, não ocorrem efeitos adversos a longo prazo.[7,102] Considerando-se que ainda não existe um padrão para nível superior de ingestão para a creatina (ver Cap. 18 para uma descrição do nível seguro), foi sugerido como primeiro passo o uso do nível seguro observado. Com base nas pesquisas existentes, uma quantidade de 5 g por dia parece ser um nível seguro para consumo crônico.[112] A creatina deve ser proibida? Volek[127] propõe uma analogia interessante: a suplementação com creatina está ligada à melhora do desempenho das práticas repetidas de exercício em alta intensidade, da mesma forma que a suplementação com carboidrato está ligada a melhoras no desempenho de resistência (ver Cap. 23).

Recentemente, os pesquisadores avaliaram de forma sistemática o papel que a creatina pode ter em indivíduos com miopatias (distúrbios do músculo que podem ser adquiridos ou de natureza genética). Nos indivíduos com distrofias musculares, os que usavam creatina tinham maiores ganhos de força em comparação com os indivíduos no grupo placebo. Em contraste, os que apresentavam miopatias metabólicas e que receberam creatina experimentaram uma deterioração na capacidade de realizar atividades da vida diária, com pacientes com a doença de McArdle experimentando um aumento na dor muscular.[68]

Oxigênio

Diante da importância do metabolismo aeróbio na produção de ATP para o trabalho muscular, não surpreende que os cientistas estejam interessados no efeito do oxigênio extra (hiperóxia) no desempenho. No entanto, para que esse tópico seja discutido, é preciso fazer a seguinte pergunta: como e quando o O_2 foi administrado para a obtenção de uma PO_2 mais elevada no sangue? Em sua criteriosa revisão desse tópico, Welch[130] enfatizou a dificuldade em se compararem resultados de estudos nos quais a hiperóxia é conseguida mediante o aumento do percentual de O_2 no ar inspirado, com resultados que usam uma **câmara hiperbárica** (i. e., de alta pressão) com misturas de 21% ou mais de O_2. A Figura 25.2 mostra que o desempenho (p. ex., um tempo mais prolongado até a exaustão)

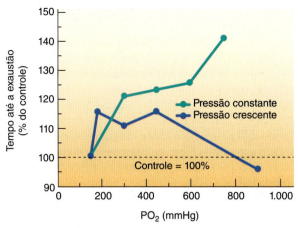

Figura 25.2 Efeito da PO_2 no desempenho. Os experimentos de pressão constante utilizaram misturas gasosas enriquecidas com oxigênio com pressão no nível do mar, enquanto os experimentos de pressão crescente utilizaram uma câmara hiperbárica para aumentar a PO_2. De H. W. Welch, "Effects of Hypoxia and Hyperoxia on Human Performance", in Kent B. Pandolf, ed., *Exercise and Sport Sciences Reviews*, pp. 191-222. Copyright © 1987 McGraw-Hill, Inc., New York. Reproduzido com permissão.

melhora ao longo da faixa de pressões de oxigênio inspirado quando misturas enriquecidas com O_2 são utilizadas à pressão normal de 1 atmosfera ("pressão constante"), em comparação com o uso de câmara hiperbárica ("pressão aumentada"). Um estudo que utilizou tarefas de levantamento de peso e corrida de resistência na esteira confirmou a inexistência de efeito da hiperóxia hiperbárica no desempenho.[111] A segunda parte da pergunta está relacionada com o momento da administração do O_2 suplementar. Os resultados variam, dependendo de o O_2 ter sido administrado antes, ao longo, ou depois do exercício. Por essa última razão, esta seção sobre oxigênio está organizada conforme essas condições.

Antes do exercício. O raciocínio para o uso de oxigênio suplementar antes do exercício é tentar o "armazenamento" de oxigênio adicional no sangue, de modo que, no início do treinamento, o atleta contará com maior volume do gás. Foi estimado que a hemoglobina no sangue arterial fica saturada em torno de 97% com O_2 em repouso (200 mL de O_2/L de sangue). A respiração de 100% de O_2 aumentaria o O_2 ligado à hemoglobina em apenas 3%, ou 6 mL. No entanto, o volume de oxigênio fisicamente dissolvido em solução é proporcional à PO_2 arterial, e, quando a PO_2 aumenta de cerca de 100 mmHg (respiração de 21% de O_2 no nível do mar) para cerca de 700 mmHg (respiração de 100% de O_2), o oxigênio dissolvido aumenta de 3 para 21 mL/L. Se uma pessoa estiver com um volume sanguíneo total de 5 L, aproximadamente 100 mL de O_2 adicional poderão ser "armazenados" antes do exercício. Contudo, se a pessoa fizer algumas respirações entre o momento em que a respiração de O_2 é interrompida e o início do evento, as reservas de O_2 retornarão àquelas associadas à respiração de ar.[138]

O foco da atenção no uso de oxigênio antes do exercício tem recaído no exercício de curta duração. Em geral, em corridas de 800 m ou menos, no levantamento de peso, na subida de escadas e em nados de 180 m ou menos, a respiração de O_2 pareceu trazer benefícios.[89,138] Além disso, evidências sugeriram que a respiração de O_2 devia ocorrer dentro de 2 minutos a partir da tarefa.[138] Alguns se preocuparam com relação a essas descobertas, pelo fato de que, em alguns casos, os indivíduos sabiam que estavam respirando O_2 – um fator que pode ter afetado os resultados.[138] Em geral, levando-se em consideração o fato de que o O_2 não pode ser respirado no início de um evento de velocidade na natação ou no solo, qualquer efeito possivelmente obtido se perderia antes do disparo para a partida da prova. Portanto, a menos que o atleta participe de um evento com o ar preso, a respiração de oxigênio antes do exercício terá pouco efeito em seu desenvolvimento.

Durante o exercício. O raciocínio para uso do oxigênio durante o exercício com o objetivo de melhorar o desempenho baseia-se na proposição de que o músculo está hipóxico durante o exercício e de que a liberação adicional de O_2 irá diminuir o problema.[131] Se for esse o caso, o O_2 adicional no sangue durante a respiração de O_2 deve aumentar a liberação de O_2 para o músculo e, em última análise, melhorará o desempenho. No entanto, Welch et al.[131] demonstraram que, quando uma pessoa respira misturas gasosas hiperóxicas, o aumento do conteúdo de O_2 no sangue arterial (CaO_2) fica equilibrado por uma diminuição do fluxo sanguíneo para os músculos de trabalho, de tal forma que a liberação de O_2 (CaO_2 × fluxo) não é diferente das condições normóxicas (21% de O_2). O $\dot{V}O_{2máx}$ aumenta em apenas 2 a 5% com a hiperóxia, que é mais ou menos o que seria de se esperar, visto que o débito cardíaco máximo não muda e que a diferença a-$\bar{v}O_2$ não aumenta em mais que 5 a 6% [$\dot{V}O_{2máx} = \dot{Q}_{máx} \times (CaO_2 - C\bar{v}O_2)$].

Apesar das semelhanças na liberação de O_2 durante a hiperóxia e a normóxia, foi demonstrado que o desempenho aumenta drasticamente, como resultado de um aumento no O_2 inspirado. A Figura 25.2 demonstra que o tempo transcorrido até a exaustão melhora em 40% enquanto o indivíduo respira 100% de O_2 (PO_2 = 700 mmHg). Como isso é possível, se a liberação de O_2 aos músculos não fica substancialmente diferente? Foi demonstrado que a maior disponibilidade de O_2 diminui a ventilação pulmonar e reduz o trabalho da respiração – uma mudança que deve levar a um aumento no desempenho.[130,139,140] Além disso, os atletas que experimentam "dessaturação" de hemoglobina durante o trabalho máximo (ver Caps. 10 e 24) enquanto respiram 21% de O_2 podem ser beneficiados ao respirarem misturas gasosas enriquecidas com oxigênio.[99] Um estudo constatou que, quando corredores fizeram três tiros repetidos de 300 m a diferentes velocidades em uma esteira enquanto respiravam 40% de oxigênio (em comparação com 21%), a saturação da hemoglobina foi mantida, e a queda no pH do sangue foi menor.[92] Finalmente, a PO_2 elevada retarda a glicólise durante o exercício extenuante, resultando em um acúmulo mais lento do lactato e do H^+ no plasma e no prolongamento do tempo até a exaustão.[61,130] A redução na formação de lactato na situação de hiperóxia parece se dever a uma redução na velocidade de degradação do glicogênio, de forma que o lactato fique mais equilibrado com sua subsequente oxidação no ciclo de Krebs.[118] Diante da impraticabilidade de se tentar fornecer misturas de O_2 a atletas durante o desempenho, essa pesquisa sobre hiperóxia tem maior utilidade como ferramenta para responder a questões relacionadas com a antiga dúvida – sobre que fator, liberação do O_2 ou capacidade de consumo de O_2 pelo músculo, limita o desempenho aeróbio.[130] No entanto, alguns têm utilizado a hiperóxia durante o treinamento na tentativa de melhorar o desempenho. Em um estudo recentemente publicado, os participantes foram levados a respirar 60% (*versus* 21%) de O_2 durante o treinamento, para verificar se essa medida resultaria em maiores ganhos no $\dot{V}O_{2máx}$ e no desempenho. Os participantes foram capazes de se exercitar a uma taxa de trabalho 8% superior, utilizando 60% de O_2, mas as mudanças no $\dot{V}O_{2máx}$ e no tempo transcorrido até a exaustão não foram diferentes entre os tratamentos.[94]

Depois do exercício. O raciocínio para o uso de oxigênio suplementar depois do exercício é que o indivíduo poderia se recuperar mais rapidamente após o esforço e estar pronto para prosseguir. Alguns dos primeiros trabalhos demonstraram apenas isso, mas, considerando-se que os participantes sabiam que gás estavam respirando, os resultados devem ser interpretados com cautela.[89,138] Wilmore[138] resumiu os efeitos dos diversos estudos e concluiu que não havia benefício com o uso da respiração de O_2 durante a recuperação na frequência cardíaca, na ventilação e no consumo de oxigênio pós-exercício. Essa conclusão foi corroborada por estudos que demonstraram não ter havido efeito da respiração de O_2 no desempenho subsequente em um exercício de esforço total.[107]

Em resumo

■ A respiração de oxigênio antes ou depois do exercício parece ter pouco ou nenhum efeito no desempenho, enquanto durante o exercício essa medida melhora o desempenho de resistência.

Doping sanguíneo

No Capítulo 13, descrevemos como o $\dot{V}O_{2máx}$ está limitado pelo débito cardíaco máximo, diante da limitação de que a pressão arterial tinha que ser mantida pela vasoconstrição da massa muscular ativa. Tendo-se em vista que o transporte máximo de O_2 é igual ao produto do débito cardíaco máximo ($\dot{Q}_{máx}$) pelo conteúdo de O_2 no sangue arterial (CaO_2), uma forma de melhorar a liberação de O_2 aos tecidos, quando $\dot{Q}_{máx}$ não pode mudar, consiste em aumentar a quantidade de hemoglobina em cada litro de sangue. O ***doping* sanguíneo** consiste na infusão de eritrócitos na tentativa de aumentar a concentração de hemoglobina ([Hb]) e, por consequência, o transporte de O_2 (CaO_2 = [Hb] × 1,34 mL O_2/gm Hb). Outros termos para descrever o *doping* sanguíneo são **doping por infusão sanguínea** e **empacotamento sanguíneo**; o termo médico apropriado para esse procedimento é **eritrocitemia induzida**. Contudo, antes de prosseguir neste tópico, é preciso ter em mente que um aumento no volume sanguíneo (independentemente de um aumento na concentração de hemoglobina) também afetaria de modo favorável o $\dot{V}O_{2máx}$ e o desempenho aeróbio.[50]

No *doping* sanguíneo, o indivíduo recebe uma transfusão sanguínea, que pode ser com seu próprio sangue (**transfusão autóloga**), ou com o sangue de um doador compatível (**transfusão homóloga**). Esse segundo procedimento é aceitável em ocasiões de emergência médica, mas traz consigo o risco de infecção e de incompatibilidade de tipo sanguíneo;[49] portanto, tal opção não é recomendável em procedimentos de *doping* sanguíneo. A necessidade de uso do próprio sangue para alcançar a meta de uma [Hb] mais elevada gera alguns problemas interessantes, que levaram a confusões nos primeiros dias de pesquisa na área. O problema principal estava ligado ao desencontro entre o tempo máximo de refrigeração do sangue e o período necessário para que o indivíduo produzisse novos eritrócitos e fizesse com que a [Hb] retornasse ao normal antes da reinfusão. O tempo máximo de armazenamento com refrigeração é de 3 semanas; durante esse período, ocorre uma perda diária de 1% dos eritrócitos. Além disso, alguns eritrócitos aderem aos recipientes de armazenamento, ou ficam tão fragilizados que não irão funcionar depois da reinfusão. Em razão desses problemas, apenas cerca de 60% dos eritrócitos removidos podiam ser reinfundidos.[49] O período normal para reposição dos eritrócitos em seguida a uma doação de 400 mL é de 3 a 4 semanas, e, em seguida a uma doação de 900 mL, são necessárias 5 a 6 semanas, ou ainda mais. Se o sangue fosse reinfundido ao final do tempo máximo de armazenamento de 3 semanas, o pesquisador poderia não ser capaz de conseguir uma condição de [Hb] aumentada por causa da perda dos eritrócitos (redução de 40%) e dos valores abaixo do normal (anêmicos) nos indivíduos. Gledhill[49] considera que essa situação é a razão principal das mudanças inconsistentes no $\dot{V}O_{2máx}$ e no *doping* sanguíneo ocorrentes nos estudos anteriores a 1978. Outro grande problema detectado nesses estudos iniciais foi a ausência de um modelo adequado de pesquisa. Havia a necessidade de grupos que seriam submetidos a uma **coleta de sangue "simulada"** (i. e., a agulha aplicada ao braço, mas sem remoção de sangue) e a uma **reinfusão de sangue "simulada"** (i. e., a agulha aplicada ao braço, mas sem retorno de sangue) e que funcionariam como controles por placebo.

O principal fator que possibilitou um estudo mais cuidadoso do *doping* sanguíneo foi a introdução da técnica de preservação no congelador, permitindo que o sangue seja armazenado em estado de congelamento durante anos, com perda de apenas 15% dos eritrócitos. Com isso, há tempo suficiente para que o indivíduo se torne **normocitêmico** (i. e., alcance uma [Hb] normal), de modo que qualquer efeito da reinfusão possa ser corretamente avaliado.[49]

Em geral, foi constatado que reinfusões de uma unidade (~450 mL) de sangue obtiveram aumentos pequenos (mas pouco significativos) na [Hb], no $\dot{V}O_{2máx}$ e no desempenho, enquanto a infusão de duas unidades (900 mL) aumentou significativamente a [Hb] (8 a 9%), o $\dot{V}O_{2máx}$ (4 a 5%) e o desempenho (3 a 34%). A infusão de três unidades (1.350 mL) de sangue promoveu aumentos ligeiramente maiores na [Hb] (10,8%) e no $\dot{V}O_{2máx}$ (6,6%). Essa volumosa reinfusão provocou a ocorrência de uma **eritrocitemia** limítrofe; assim, é provável que uma reinfusão de 1.350 mL represente o limite superior que pode ser utilizado. A Figura 25.3 ilustra uma redução gradual na [Hb] na direção do valor normal em seguida à reinfusão, sugerindo ocorrer manutenção do aumento no transporte de O_2 durante 10 a 12 semanas. Esse é um ponto importante no que tange a ganhos de desempenho.[48]

O clássico estudo de Ekblom et al. em 1972 demonstrou o impacto do *doping* sanguíneo no $\dot{V}O_{2máx}$ e no desempenho.[37] As melhoras no desempenho (3 a 34%) foram muito mais variáveis do que as mudanças na [Hb] ou no $\dot{V}O_{2máx}$. Parte da razão para essa variação foi o tipo de teste de desempenho utilizado. A maior mudança foi observada em um teste de corrida até a exaustão que durou menos de 10 minutos, e a menor mudança foi observada em uma tomada de tempo para 8 km; a melhora foi de 51 segundos, em comparação com um tempo de corrida pré-infusão de 30:17.[137] As primeiras dúvidas[35] quanto a se esse procedimento "funcionaria no campo" foram esclarecidas em um estudo com esquiadores de *cross-country*,[12] que, a julgar pelo número de ciclistas que desistiram do Tour de France quando os registros de *doping* sanguíneo foram descobertos, sugere que há poucas dúvidas com relação às vantagens que esse procedimento traz. Ver "Um olhar no passado – nomes importantes na ciência", sobre um personagem que começou tudo isso.

Embora o problema do *doping* sanguíneo sempre vá levantar uma questão de ética, Gledhill apresenta o equivalente a um dilema moral no uso do *doping* sanguíneo na preparação de atletas até que fiquem prontos para o desempenho na altitude. No Capítulo 24, discutimos as mudanças no $\dot{V}O_{2máx}$ e no desempenho na altitude. Os atletas que permanecem na altitude experimentam um aumento natural na produção de eritrócitos para enfrentar a hipóxia. Como lembra Gledhill,[49] os atletas que podem suportar o treinamento na altitude conseguem obter o que o *doping* sanguíneo faz, mas de uma maneira aceitável pelo Comitê Olímpico. A disponibilidade de um análogo de DNA recombinante da **eritropoetina (EPO)**, o hormônio que estimula a produção eritrocitária, complicou ainda mais o quadro.

A eritropoetina é utilizada como parte da terapia para aqueles pacientes tratados com quimioterapia ou diálise (por causa de doença renal). O hormônio estimula a produção de eritrócitos para diminuir as chances de anemia. Isso é crucial para uma série de pacientes, e os pesquisadores estão tentando otimizar o uso da EPO.[78] Embora o treinamento normal de *cross-country* não pareça aumentar os níveis plasmáticos da eritropoetina de ocorrência natural,[10] a exposição aguda a 3.000 e 4.000 m de altitude simulada demonstrou que ocorre aumento de, respectivamente, 1,8 e 3,0 vezes mais nas concentrações.[34] Certamente, a real preocupação é o possível abuso do análogo desse hormônio derivado do DNA [EPO humana recombinante (rhEPO)] para gerar os efeitos do *doping* sanguíneo, sem ter que passar pela rotina de retiradas e reinfusões de sangue. Esse abuso não está isento de riscos, pois a produção de eritrócitos pode ficar fora de controle, conforme pode ser observado em alguns estudos, nos quais o aumento na concentração de hemoglobina variou de ~4 a ~19%.[75] Isso poderia levar a níveis extremamente elevados de eritrócitos em alguns atletas, o que possivelmente comprometeria o fluxo sanguíneo para o coração e o cérebro, resultando em infarto do miocárdio ou em acidente vascular encefálico.

Com efeito, em 4 anos após sua introdução, cerca de 20 ciclistas europeus de elite morreram inesperadamente. A EPO causa aumento na concentração de hemoglobina, mediante um simultâneo aumento no volume eritrocitário e uma diminuição no volume plasmático, de tal forma que o volume de sangue permanece relativamente inalterado.[75,77] Como o procedimento do *doping* sanguíneo, a concentração de hemoglobina permanece elevada por várias semanas, enquanto a concentração de EPO diminui, o que dificulta sua detecção.[75] Não deve surpreender o fato de que a descoberta dos atletas que usam *doping* sanguíneo ou EPO para ganhar vantagem é tarefa crucial para o princípio da "equidade" no esporte.

Em 2002, foi formada uma organização composta de cientistas, empresas farmacêuticas e hematologis-

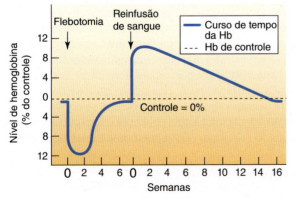

Figura 25.3 Mudanças nos níveis de hemoglobina no sangue em seguida à remoção (flebotomia) e reinfusão de sangue.

Um olhar no passado – nomes importantes na ciência

Dr. Björn Ekblom, MD, PhD, estudou os fatores que afetam o transporte de oxigênio, levando outros ao "*doping* sanguíneo"

Björn Ekblom recebeu seu PhD em 1969 e seu MD em 1970 do Karolinska Institute, em Estocolmo, na Suécia, tendo sido nomeado professor de Fisiologia na mesma instituição em 1977. No início da carreira, o foco de sua pesquisa foi o consumo máximo de oxigênio ($\dot{V}O_{2máx}$), os fatores fisiológicos ligados ao $\dot{V}O_{2máx}$ e o efeito do treinamento no $\dot{V}O_{2máx}$ em indivíduos jovens e em idosos. Em consonância com seu interesse nos fatores que afetam o $\dot{V}O_{2máx}$, o dr. Ekblom examinou o papel da concentração de hemoglobina no transporte de oxigênio e no $\dot{V}O_{2máx}$. Em 1972, publicou "Responses to Exercise After Blood Loss and Reinfusion", em que demonstrou que, com a redução ou a elevação da concentração de hemoglobina, é possível alterar sistematicamente o $\dot{V}O_{2máx}$. Esse artigo pôs em marcha o interesse no uso do *doping* sanguíneo com o objetivo de se alterar o transporte de oxigênio, o $\dot{V}O_{2máx}$ e o desempenho de resistência, o que atualmente é um problema importante no esporte (ver discussão neste capítulo). Em seus estudos, o dr. Ekblom também pesquisou o efeito da EPO no $\dot{V}O_{2máx}$ e, mais tarde, a forma como detectar a presença de EPO naquelas pessoas que tenham utilizado essa substância de maneira antiética.

Ao longo dos últimos 40 anos, o dr. Ekblom deu importantes contribuições para nosso entendimento do $\dot{V}O_{2máx}$ e dos diversos fatores que alteram esse parâmetro, mas seus interesses de pesquisa foram muito além dessa área. O dr. Ekblom estudou a regulação da temperatura durante o exercício, as respostas hemodinâmicas (i. e., pressão arterial, débito cardíaco) ao exercício, os efeitos do treinamento em pacientes com artrite reumatoide e fatores nutricionais relacionados ao desempenho. Além de dar essas importantes contribuições para nossa compreensão da fisiologia ligada ao treinamento físico, também publicou vários livros e panfletos relacionados ao condicionamento e ao treinamento para diferentes esportes. Ele publicou mais de 140 artigos revisados por colegas, numerosos livros, oito grandes artigos de revisão e mais de 30 capítulos em livros. Atualmente, é professor emérito no Karolinska Institute, onde dá continuidade à sua produtiva carreira.

---

tas com o objetivo de trabalhar sistematicamente na prevenção do abuso desses produtos e práticas por atletas antiéticos.[4] Tem sido feito algum progresso. Para os usuários de transfusão sanguínea homóloga, os testes podem discriminar entre o doador e o receptor, ao se concentrarem em fatores secundários dos grupos sanguíneos.[73,128] Para os que fazem reinfusão das próprias hemácias concentradas (i. e., papa de hemácias), o mesmo teste não irá funcionar, porque obviamente os grupos sanguíneos são idênticos. No entanto, tem sido feito progresso sistemático com uma abordagem que rastreia o sangue do atleta ao longo de anos e registra alterações em uma série de fatores durante esse tempo.[73] O termo "passaporte hematológico" foi aplicado para essa abordagem, mas surgiram preocupações sobre sua capacidade de rastrear indivíduos ao longo do tempo que estão usando EPO.[76] Além disso, uma técnica promissora que envolve a mensuração da massa de hemoglobina para detectar atletas que usam transfusões de sangue autólogas[75,88,97] está chamando a atenção. Existem limitações no procedimento, incluindo o erro inerente de mensuração e o fato de que o atleta pode ser exposto ao monóxido de carbono (que poderia afetar de forma negativa o desempenho).[76,96] Para demonstrar as dificuldades envolvidas em pegar uma fraude enquanto novas técnicas experimentais estão sendo desenvolvidas para permitir ao cientista diferenciar rhEPO de EPO natural, estão sendo desenvolvidos fármacos que estimulam a produção de EPO natural.[76]

> **Em resumo**
>
> ■ *Doping* sanguíneo significa a reinfusão de eritrócitos com o objetivo de aumentar a concentração de hemoglobina e a capacidade de transporte de oxigênio do sangue.
> ■ Em razão dos avanços nas técnicas de armazenamento do sangue, foi demonstrado que o *doping* sanguíneo tem eficácia em melhorar o $\dot{V}O_{2máx}$ e o desempenho de resistência.

Desempenho anaeróbio

Os progressos no desempenho de resistência concentram-se no fornecimento de carboidrato e de oxigênio ao músculo (ver seções precedentes sobre oxigênio e *doping* sanguíneo, neste capítulo, e sobre carboidrato, no Cap. 23). No entanto, nos desempenhos de curta duração e em esforço máximo, nos quais as fontes energéticas anaeróbias proporcionam a maior parte da energia para a contração muscular, o foco da atenção desvia-se para o tamponamento do H^+ liberado pelo músculo. Esta seção estuda uma forma pela qual os pesquisadores têm tentado tamponar o H^+ e melhorar o desempenho.

Tampões sanguíneos

Elevações na concentração de [H^+] no músculo podem diminuir a atividade da fosfofrutoquinase (PFK),[123] o que pode retardar a glicólise, interferir nos eventos de excitação-contração mediante a redução do efluxo de Ca^{++} das cisternas terminais do retículo sarcoplasmático[44] e reduzir a ligação de Ca^{++} à troponina.[90] Foi demonstrado que reduções no desenvolvimento da força muscular estão ligadas ao aumento da [H^+] muscular, tanto no músculo de rã[41] como no músculo humano.[121] Finalmente, quando Adams e Welch[1] demonstraram que os tempos de desempenho no exercício extenuante (90% do $\dot{V}O_{2máx}$) podiam ser alterados pela respiração de 60% de O_2 *versus* 21 ou 17% de O_2, o ponto de exaustão foi associado à mesma [H^+] arterial. Os mecanismos envolvidos na regulação da [H^+] plasmática foram descritos detalhadamente no Capítulo 11. Resumidamente, o modo principal de tamponamento do H^+ durante o exercício consiste em sua reação com a reserva de bicarbonato plasmático para formar ácido carbônico, que subsequentemente produz CO_2, o qual é expirado (compensação respiratória). À medida que o tampão de bicarbonato diminui, fica reduzida a capacidade de tamponar H^+, com consequente aumento da [H^+] plasmática. Sabendo disso, cientistas exploraram modos de aumentar a reserva de tampão plasmático para retardar a velocidade de aumento do H^+ durante o exercício extenuante.

Já em 1932,[30] foi demonstrado que a alcalose induzida (por procedimento desconhecido) prolonga o tempo de corrida até a exaustão, de 5:22 para 6:04. Desde aquela época, diversos estudos corroboraram essas descobertas. Com base em várias revisões,[16,62,72,93,100,106,133] parece haver concordância quanto ao fato de que:

- A dose ideal de bicarbonato utilizada para melhorar o desempenho foi 0,3 g/kg de peso corporal (embora a dose de 0,2 g/kg possa ser igualmente efetiva).[115]
- Tarefas com duração igual ou inferior a um minuto, mesmo nos extremos de intensidade, não parecem ser beneficiadas com a alcalose induzida.
- Foram demonstrados ganhos de desempenho para tarefas de alta intensidade com duração de cerca de 1 a 10 minutos, ou que envolviam repetidas séries de exercício de alta intensidade com breves períodos de recuperação.

De toda forma, quando o bicarbonato é tomado ao longo de alguns dias (em oposição à dose tomada imediatamente antes do teste), parece ocorrer um efeito de dose-resposta, em que $0,5\ g \cdot kg^{-1} \cdot d^{-1}$ é melhor do que $0,3\ g \cdot kg^{-1} \cdot d^{-1}$.[33] Considerando-se o potencial que os tampões sanguíneos têm para exercer um impacto positivo no desempenho, é preciso não se deixar ser enganado por um estudo inadequadamente planejado, como foi mencionado no início deste capítulo. No caso dos tampões sanguíneos, McClung e Collins[81] utilizaram um modelo de pesquisa que ajuda a separar o efeito de ser informado de que vai tomar o tampão (droga) do efeito

de realmente tomar a droga. Esses autores formularam quatro tratamentos:

1. Os participantes foram informados de que iam tomar a droga/tomaram a droga.
2. Foram informados de que iam tomar a droga/não tomaram a droga.
3. Foram informados de que não iam tomar a droga/tomaram a droga.
4. Foram informados de que não iam tomar a droga/não tomaram a droga.

Esse estudo gerou várias descobertas importantes que devemos ter em mente ao lidar com recursos ergogênicos. O tratamento #2 (iam tomar/não tomaram) resultou em melhor desempenho do que o tratamento #3 (não iam tomar/tomaram) – o puro efeito farmacológico do bicarbonato não foi tão bom quanto a expectativa de que estavam recebendo a droga.

O impacto positivo dos tampões pode estar ligado à manutenção da saturação de oxigênio da hemoglobina durante o exercício máximo e também a qualquer melhora no nível do músculo.[91] A variabilidade da eficácia do tratamento com bicarbonato de sódio aponta para uma variação interindividual na resposta a esse agente e para o fato de que algumas atividades anaeróbias de curta duração são mais dependentes da [H^+] muscular ou plasmática como causa principal de fadiga em comparação com outros fatores.[101] Welch[130] indica que, embora as pessoas possam parar na mesma [H^+] no âmbito de qualquer protocolo de exercício, as diferenças existentes entre estudos na [H^+] "terminal" sugerem que os outros fatores são mais limitantes no que diz respeito ao desempenho. O uso desses agentes com o objetivo de causar alcalose não está isento de riscos. Grandes doses de bicarbonato de sódio podem causar diarreia e vômito, eventos que certamente afetarão o desempenho.[47,72,133] Parece que tomar bicarbonato de sódio pelo menos 120 minutos antes do exercício reduz a probabilidade de ocorrência desses problemas.[17,114]

Em resumo

- A ingestão de bicarbonato de sódio melhora o desempenho do exercício de alta intensidade com duração de 1 a 10 minutos ou de séries repetidas de exercício de alta intensidade.

Drogas

Diversas drogas têm sido utilizadas para ajudar no desempenho. Alguns agentes são tão comuns e "legais" como a cafeína, enquanto outros, como as anfetaminas, tiveram seu uso banido. Aqui, será brevemente examinada cada uma dessas drogas, e será explorado seu modo de funcionamento para melhorar o desempenho e também as evidências quanto à sua utilidade ou não.

Capítulo 25   Recursos ergogênicos   **583**

Anfetaminas

As anfetaminas são estimulantes utilizados principalmente para a recuperação da fadiga e a melhora da resistência. Em 1972, Golding[51] indicou que esse era o grupo de agentes farmacológicos mais abusado na época. As anfetaminas são prontamente absorvidas no intestino delgado e, embora seus efeitos atinjam um pico 2 a 3 horas após a ingestão, eles persistirão por 12 a 24 horas.[63,74] As anfetaminas são agentes **simpaticomiméticos** (estimulam os efeitos das catecolaminas) e também estimulantes do sistema nervoso central. Essas drogas produzem seus efeitos mediante a alteração do metabolismo e a síntese das catecolaminas ou a afinidade pelos receptores das catecolaminas.[63,74]

O efeito mais consistente das anfetaminas é o aumento da excitação ou do estado de vigília, que leva a uma percepção de aumento da energia e da autoconfiança.[63] A droga afeta a redistribuição do fluxo sanguíneo, desviando-o da pele e das áreas esplâncnicas e fornecendo mais sangue para o músculo ou o cérebro. Esse efeito pode acarretar problemas relacionados com uma diminuição na remoção do ácido láctico (ver Cap. 3) e com um aumento na temperatura corporal (ver Cap. 12). Estudos em animais demonstram que as anfetaminas podem aumentar os desempenhos do tipo de resistência. No entanto, foi demonstrada a importância da dose da droga, pois doses menores (1 a 2 mg/kg) não tiveram efeito diferente do controle, e doses altas (16 mg/kg) aparentemente reduzem a capacidade de natação do rato. Dados coletados por meio da utilização de testes de corrida em ratos indicam o mesmo efeito prejudicial de altas doses (7,5 a 10 mg/kg) de anfetaminas.[63]

Ivy[63] concluiu, com base em uma análise de estudos em humanos, que as anfetaminas ampliam a resistência e aceleram a recuperação da fadiga. O tempo até a exaustão aumentou, apesar de não ter ocorrido efeito no $\dot{V}O_2$ submáximo ou máximo[19,63] Foram oferecidas duas explicações. Ivy[63] acredita que o aspecto de resistência do desempenho possa ser melhorado graças ao efeito das anfetaminas (semelhante ao das catecolaminas) na mobilização dos AGL e na preservação do glicogênio muscular, de maneira análoga ao que ocorre com a cafeína (ver a seção sobre cafeína adiante). Chandler e Blair[19] acreditam que as anfetaminas possam simplesmente mascarar a fadiga e interferir na percepção dos sinais biológicos normais de que ocorreu fadiga. Essa última conclusão trouxe grande preocupação com relação à segurança do atleta, pois, durante um trabalho submáximo prolongado, especialmente em um ambiente quente e/ou úmido, a redução do fluxo sanguíneo para a pele poderia causar hipertermia, levando à morte.[21,63,74]

Como foi mencionado no início desta seção, o principal efeito das anfetaminas é aumentar o estado de vigília e produzir um estado de excitação, mas, embora as anfetaminas tenham restaurado o tempo de reação em indivíduos fatigados, a droga não afeta o tempo de reação em indivíduos alertas, motivados e descansados.[24] Considerando-se que habitualmente os atletas estão alertas e motivados antes da competição, Golding[51] sugere que as anfetaminas seriam contraproducentes, tornando seus usuários hiperirritáveis e interferindo em seu sono. Finalmente, é arriscado fazer extrapolações de dados coletados em condições laboratoriais rigidamente controladas e com uso de mensurações discretas relacionadas com o desempenho ($\dot{V}O_{2máx}$, tempo de resistência, tempo de reação) para o real desempenho em um esporte de alto nível, diante de uma audiência hostil durante um campeonato norte-americano. Isso já resultaria em suficiente excitação. Em alguns casos, uma droga usada para determinada finalidade encontra seu caminho no mundo esportivo por causa de seu impacto singular no músculo. Ver "Uma visão mais detalhada 25.1" para um exemplo disso.

> ### Em resumo
>
> - As anfetaminas têm um efeito semelhante ao das catecolaminas, o qual leva a um aumento na excitação e a uma percepção de maior energia e autoconfiança.
> - Embora melhorem o desempenho em indivíduos fatigados, as anfetaminas não têm esse efeito em atletas alertas, motivados e descansados.

Cafeína

A cafeína é um estimulante encontrado em diversos alimentos e bebidas comuns e em medicamentos de venda livre (ver Tab. 25.2). A cafeína tem sido considerada como recurso ergogênico "autorizado/proibido/novamente autorizado". A cafeína foi banida pelo Comitê Olímpico Internacional (COI) em 1962 e, em seguida, removida da lista de drogas banidas, em 1972. Em 1984, o COI novamente proibiu "níveis elevados" na urina, os quais poderiam ter sido resultantes de injeções ou supositórios de cafeína; o padrão foi estabelecido em 12 µg/mL.[124,134] Atualmente, a cafeína está fora da lista de substâncias proibidas. Parte da razão para tal é a disponibilidade da cafeína em alimentos e em bebidas, o que torna difícil rastrear e controlar sua presença na dieta do atleta. Desde que a proibição foi suspensa, a análise dos níveis de cafeína em amostras de urina de atletas de muitos esportes demonstra que os halterofilistas têm a maior concentração, seguidos pelos ciclistas e pelos fisiculturistas.[125] A cafeína é absorvida de forma rápida do trato gastrintestinal, estando significativamente elevada no sangue depois de 15 minutos e atingindo uma concentração de pico em 60 minutos. A cafeína é diluída pela água corporal, e a resposta fisiológica é proporcional à concentração nesse meio. Há uma variabilidade natural no modo de resposta das pessoas à cafeína, e há evidências de que os usuários crônicos respondem menos do que os abstêmios.[9,124]

Uma visão mais detalhada 25.1

β₂-agonistas: clembuterol e salbutamol

O clembuterol é uma droga que foi desenvolvida com o objetivo de tratar de doenças das vias aéreas, como a asma. Sua ação química no corpo consiste em ativar beta-2 receptores (β₂-agonistas) no tecido (ver Cap. 5). Embora essa droga tenha utilidade no tratamento de doenças das vias aéreas, no início dos anos 1980, foi descoberto que o clembuterol é um poderoso agente anabólico em músculos esqueléticos. Os primeiros estudos demonstraram que, em animais, o tratamento durante 14 dias com clembuterol (2 mg/kg/dia) resultou em aumento de 10 a 20% na massa muscular, converteu fibras musculares do tipo I em fibras do tipo II e provocou hipertrofia seletiva das fibras do tipo II.[27,144] Além disso, o curso cronológico da hipertrofia muscular induzida por clembuterol foi rápido: o crescimento muscular teve início 2 dias após o começo do tratamento.

Com a descoberta de que o clembuterol é um poderoso agente anabólico no músculo esquelético, cresceu o interesse científico no uso clínico dessa droga. Como exemplo, esse composto tem uso potencial no tratamento de condições que resultam em depleção muscular (i. e., envelhecimento, lesões da medula espinal, etc.).[79] Infelizmente, nos dias atuais, alguns atletas usam clembuterol em um esforço de aumentar a massa muscular e de melhorar o desempenho em eventos de força (p. ex., corridas de velocidade, futebol americano, etc.). O que as pesquisas revelam?

Em duas revisões publicadas recentemente sobre esse tópico, os autores foram categóricos ao constatar que β₂-agonistas inalados não tiveram efeito nos desempenhos aeróbios ou anaeróbios,[22,95] mas, quando ingeridos ou administrados por infusão, o desempenho ficou favoravelmente alterado. De toda forma, as duas revisões diferiram quanto ao grau de melhora:

- Collomp et al.[22] verificaram que em praticamente todos os estudos, em seguida à administração, aguda ou a curto prazo, da droga em uma dose terapêutica, os participantes demonstraram melhores desempenhos, independentemente da intensidade.
- Em uma meta-análise dos estudos randomizados e controlados sobre esse assunto, Pluim et al.[95] demonstraram que, enquanto alguns desempenhos melhoraram (p. ex., tempo de resistência a 80 a 85% do $\dot{V}O_{2máx}$), outros desempenhos não (tempo de resistência a 70% do $\dot{V}O_{2máx}$), apesar de serem de natureza similar. Esses autores concluíram que, embora o efeito global dos β₂-agonistas no desempenho tenha sido positivo, as evidências foram fracas.

Evidentemente, essa é uma área na qual há necessidade de mais pesquisas para ajudar a esclarecer aspectos relacionados com a dose e a duração da administração, o tipo de atleta beneficiado e a magnitude da mudança esperada em testes de desempenho padronizados.

O salbutamol e o salmeterol são β₂-agonistas utilizados no tratamento da asma: o primeiro é medicação de ação curta (4 a 6 horas), e o segundo tem ação prolongada (~12 horas). Atualmente, a World Anti-Doping Agency (WADA) permite o uso dessas drogas sem que o atleta tenha de obter uma autorização para uso terapêutico – uma mudança com relação aos padrões precedentes.[143] Contudo, se o nível de salbutamol na urina exceder os 1.000 ng/mL, é de se presumir que o uso da droga não tenha finalidades terapêuticas.

Embora a cafeína possa afetar uma ampla variedade de tecidos, a Figura 25.4 mostra que seu papel como recurso ergogênico baseia-se em seus efeitos no músculo esquelético e no sistema nervoso central e na mobilização de combustíveis para o trabalho muscular. As evidências para a melhora do funcionamento do músculo esquelético baseiam-se principalmente em preparações musculares *in vitro* e *in situ* e demonstram que a cafeína pode aumentar a geração de tensão.[98,124] Isso foi demonstrado com maior clareza no músculo fatigado, e os autores consideraram que tal fato se devia ao aumento na liberação de Ca^{++} a partir do receptor de rianodina, que serve de mediador na liberação de Ca^{++} do retículo sarcoplasmático.[79,119] Em uma meta-análise publicada recentemente, foi demonstrado que a ingestão de cafeína exerce impacto pequeno, mas positivo (+7%), na força máxima dos extensores do joelho, e pouco ou nenhum impacto nos demais grupos musculares; isso surpreende, considerando-se que a droga evidentemente chegou a todos os músculos. Em contrapartida, a resistência muscular melhorou em ~14% em todos os grupos musculares.[129]

De longa data a cafeína vem sendo reconhecida como estimulante do SNC. Essa droga pode atravessar a barreira hematoencefálica e afetar uma série de centros cerebrais, o que habitualmente leva ao aumento do estado de vigília e diminui a sonolência.[98,124] A melhor evidência em apoio da cafeína como estimulante do SNC é a redução da percepção de fadiga durante o exercício prolongado em indivíduos que tomaram cafeína.[25] Duas revisões apoiam essa proposição com descobertas de que a escala de percepção de esforço (EPE) é mais baixa durante o exercício com ingestão de cafeína, o que explica parte da melhora no desempenho.[32,119]

O papel da cafeína na mobilização de combustível tem recebido considerável atenção como o modo principal pelo qual essa substância exerce seu efeito ergogênico. Foi demonstrado que a cafeína causa uma elevação da glicose e um aumento na utilização dos ácidos graxos. A elevação da glicose, por um lado, pode ser decorrente da estimulação do sistema nervoso simpático e do resultante aumento nas catecolaminas, o que poderia aumentar a mobilização da glicose hepática. Por outro lado, a concentração de glicose pode ficar elevada graças a uma diminuição na velocidade de remoção, relacionada com a supressão da liberação da insulina pelas catecolaminas (ver Cap. 5).[124] Entretanto, alguns

Tabela 25.2 Conteúdo de cafeína em bebidas e em medicamentos populares

Bebidas populares (230 mL)	Cafeína (mg)
Café em pó coado	115 a 175
Café em grãos, moído e coado	80 a 135
Café solúvel	65 a 100
Chá gelado	47
Chá instantâneo	60
Chá instantâneo (americano)	40
Chá verde	15
Refrigerantes (350 mL)	
Baixo teor de cafeína (p. ex., bebida carbonatada)	23
A maior parte (p. ex., refrigerantes de cola)	~45
Alto teor de cafeína (p. ex., Mountain Dew [refrigerante americano])	~55
Jolt (bebida energética)	71
Red Bull (bebida energética)	80
Medicamentos de venda livre	
NoDoz (complemento de cafeína)	200
Vivarin (complemento de cafeína)	200
Midol (para cólica menstrual)	64
Analgésicos	
Anacin	64
Excedrin	130
Tylenol	0

Fonte: http://www.holymtn.com/tea/caffeine_content.htm e http://wilstar.com/caffeine.htm.

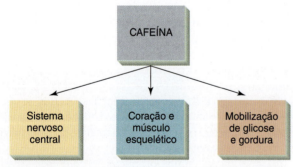

Figura 25.4 Fatores influenciados pela cafeína que podem causar melhora no desempenho.

desses efeitos metabólicos não dependem das catecolaminas; em vez disso, eles podem estar relacionados com os produtos da degradação da cafeína (p. ex., teofilina), que são, eles próprios, estímulos metabólicos.[53] Curiosamente, quando a cafeína é coingerida com glicose, a glicose ingerida é oxidada a maior velocidade do que quando tomada sem cafeína.[145]

Foi demonstrado que a mobilização dos lipídios fica aumentada como resultado da ingestão de cafeína. A Figura 25.5 mostra que o mecanismo de ação pode estar relacionado com os elevados níveis de catecolaminas que aumentam o nível de AMP cíclico na célula adiposa ou com o bloqueio, pela cafeína, da atividade da fosfodiesterase, que é responsável pela degradação do AMP cíclico. Van Handel[124] acredita que esse último mecanismo é menos provável, diante da dose necessária de cafeína. Os ácidos graxos livres plasmáticos aumentam rapidamente em repouso, em seguida à ingestão de cafeína (15 minutos) e continuam a aumentar ao longo das horas seguintes.[124] No entanto, durante o exercício, os AGL plasmáticos podem[31,120] ou não[25,31,38,54,64] ficar significativamente elevados como resultado da ingestão de cafeína. Ademais, embora a razão de troca respiratória possa[38,64] ou não[54,120] estar reduzida, foi demonstrado que nem a cinética da glicose[110] nem o limiar de lactato[13,31,46] são afetados pela ingestão de cafeína. Além disso, existe também variabilidade no efeito da cafeína na melhora da produção de trabalho ou do tempo de trabalho total, o que torna essa substância um "recurso ergogênico" para alguns e não para outros.[31,32,38,46,54,64,117,134] Uma revisão recente confirmou a variabilidade na melhora do desempenho de resistência (variação, -0,3 a 17,3%, com uma média de 3,2%).[45] O que causa tal variabilidade?

O efeito ergogênico parece depender da dose e pode variar conforme o tipo de indivíduo;[23] contudo, gênero e situação do ciclo menstrual não parecem afetar a farmacocinética do modo de manipulação da cafeína.[84] Embora alguns estudos demonstrem mudanças fisiológicas com doses de até somente 5 a 7 mg/kg,[25,38] outros verificaram que uma dose de 10 mg/kg é inadequada.[64] Com efeito, em outros estudos, houve necessidade de uma dose de 15 mg/kg para que pudesse ser observado um aumento no metabolismo das gorduras.[85,86] No entanto, quando restrita às melhoras no desempenho de resistência específica para o esporte, uma dose de 3 a 6 mg/kg tomada antes ou durante o desempenho parece ser suficiente.[45] Em contraste com um trabalho anterior, a forma como a cafeína foi ingerida (p. ex., café regular vs. cafeína anidra dissolvida em água) não tem impacto na melhora do desempenho.[59] Também há evidência de que padrões de uso da cafeína afetam a resposta ao exercício. Por exemplo, usuários habituais de cafeína que se abstêm dessa substância durante pelo menos 7 dias otimizarão o efeito ergogênico.[45] Ademais, os usuários que consomem muita cafeína (> 300 mg/dia) respondem diferentemente daqueles que consomem pouca quantidade.[31] Van Handel[124] afirma que o que é observado por um pesquisador em um ambiente laboratorial controlado pode estar mascarado por uma resposta normal do sistema nervoso simpático à competição. Levando-se em consideração os potenciais efeitos colaterais como insônia, diarreia, ansiedade, tremores e irritabilidade[124] e a variabilidade entre indivíduos na resposta à cafeína, talvez não se observe muita melhora no desempenho.[36,54,117] Apesar de a cafeína ter efeito diurético, estudo publicado recentemente sugeriu que a reidratação com bebidas que contenham cafeína durante períodos de não exercício em

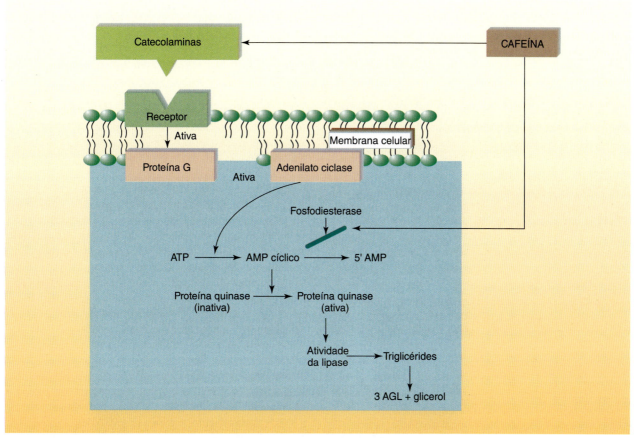

Figura 25.5 Mecanismos pelos quais a cafeína pode aumentar a mobilização dos ácidos graxos.

práticas realizadas 2 vezes/dia não comprometeu o estado de hidratação.[40] Recomendamos a posição defendida por Goldstein et al. nas "Sugestões de leitura", para mais informação sobre esse tópico.

> **Em resumo**
>
> ■ A cafeína tem o potencial de melhorar o desempenho por meio de mudanças no músculo, no sistema nervoso central ou no fornecimento de combustível para o trabalho muscular. A cafeína pode elevar a glicose sanguínea e, simultaneamente, aumentar a utilização de gordura.
> ■ O efeito ergogênico da cafeína no desempenho é variável; esse efeito parece estar relacionado com a dose, sendo menos pronunciado em indivíduos que consomem cafeína diariamente.

Recursos ergogênicos mecânicos

Cada um de nós é limitado na taxa na qual podemos produzir energia, de forma aeróbia e anaeróbia. Na verdade, muitos dos recursos ergogênicos discutidos até o momento possuem foco na tentativa de alongar esses limites (p. ex., *doping* no sangue para desempenhos aeróbios e ingestão de bicarbonato para desempenhos anaeróbios). Em contrapartida, para alterar os processos fisiológicos, como entrega de oxigênio para o músculo ou a capacidade de tamponar do músculo, tais esportes lidam com essas limitações ao projetar equipamentos e técnicas que reduzem a resistência ao movimento e permitem que nossa limitada produção de energia nos desloque em maiores velocidades. Nesta seção, vamos fornecer um olhar breve no esporte de ciclismo.

Ciclismo

A maioria dos adultos saudáveis ativos pode produzir ~75 a 100 W de potência continuamente para impulsioná-los em uma bicicleta a ~16 a 24 kph (~10 a 15 mph). Em contrapartida, os ciclistas de nível olímpico podem produzir ~450 W em uma hora e viajar a ~50 kph (~30 mph). Claramente, o corredor campeão pode gerar muito mais potência, mas por que é preciso ~4 a 6 vezes de potência para ir apenas 2 a 3 vezes mais rápido? Parte disso tem relação com as forças que atuam contra o corredor à medida que a velocidade aumenta.[69]

Existem vários fatores que contribuem para arrastar ou resistir ao movimento no ciclismo. A principal força que retarda a ação do ciclista em altas velocidades é a resistência do ar. O arrasto aerodinâmico aumenta à proporção do quadrado da velocidade. Ou seja, você está se movendo contra mais moléculas do ar conforme mais rápido você vai e bate nelas em uma velocidade maior. A potência é o produto do arrasto e da velocidade, então a exigência de potência do ciclismo aumenta com o cubo da velocidade – o que explica por que é necessária tanta potência adicional para dobrar a velocidade.[69] Como o arrasto aerodinâmico pode ser reduzido para permitir que sejam alcançadas maiores velocidades com a mesma produção de potência? Deve-se ter mais atenção para a bicicleta e seus componentes, a posição do corpo do ciclista, a vestimenta e as estratégias de corrida para reduzir o arrasto.

A bicicleta e seus componentes. Foram feitos grandes avanços no projeto de bicicletas nos últimos anos para reduzir a resistência ao movimento. Eles incluem:[69,70]

■ Estrutura. Tubos redondos em uma estrutura de bicicleta fazem com que a corrente de ar se separe da superfície do tubo sob impacto, resultando em menor pressão no dorso do tubo que provoca o arrasto (arrasto da pressão). Simplesmente mudar os tubos da bicicleta de um formato circular para gota reduz o arrasto. A estrutura deve ser "ajustada" para o corredor e estruturas menores pesam menos e provocam menos arrasto. As estruturas das bicicletas modernas são feitas de fibra de carbono, o que aumenta a rigidez na área do pedal, permitindo a transferência ideal de potência do corredor para as rodas.
■ Rodas. As rodas com raios redondos, de aço, provocam mais arrasto do que as rodas com raios com formato aerodinâmico, além disso, o arrasto é proporcional ao número de raios. Entretanto, as rodas com raios com formato aerodinâmico têm mais arrasto do que rodas de disco plano ou rodas de fibra de carbono com 3-4 raios. Nos testes contrarrelógio (eventos nos quais os ciclistas correm contra o relógio) é usada uma roda de disco plano na parte posterior, enquanto é usada uma roda de três raios na frente para evitar que ventos cruzados afetem a direção.
■ Pneus e resistência ao rolamento. A resistência ao rolamento causada pelos pneus é uma pequena parte do arrasto geral e a resistência de rolamento na verdade reduz, como a proporção de arrasto geral em velocidades maiores (porque a resistência do ar aumenta muito com a velocidade). A resistência ao rolamento está relacionada com a área do pneu em contato com o chão e o grau no qual ele é deformado (achatado). Pneus leves com paredes laterais finas que são inflados a altas pressões (>120 psi [8 atm]) são características associadas com menor resistência ao rolamento, e os pneus do tipo tubular são melhores nesse caso do que o tipo *clincher*.
■ Componentes. As versões de pouco arrasto de alguns componentes como manivelas, guidão, freios e selim também estão disponíveis para reduzir a resistência do ar.

Uma bicicleta com todas essas variáveis otimizadas para minimizar a resistência do ar potencializa o desempenho nos atletas que correm em altas velocidades. Deve-se incluir que o peso total da bicicleta e do corredor é uma questão importante ao subir colinas e não deve ser surpresa que as bicicletas de alto desempenho sejam leves. Entretanto, a Union Cycliste Internationale (UCI – órgão mundial que regula o ciclismo) exige que as bicicletas para *road racing* devem pesar pelo menos 6,8 kg porque as bicicletas mais leves podem comprometer a segurança.

Posição do corpo. Ao conduzir na posição vertical com os braços retos no guidão, uma grande secção transversal do corpo é apresentada ao ar, oferecendo grande resistência ao movimento. Para colocar essa situação em perspectiva, a ~40 kph (~25 mph), o arrasto aerodinâmico da bicicleta é de apenas 20 a 25% do arrasto aerodinâmico total com o corpo do ciclista sendo o restante. Consequentemente, a posição do corpo é o fator mais importante para alcançar baixo arrasto aerodinâmico.[70] Simplesmente se mover da posição vertical para agachado ou a posição de corrida tradicional, com as mãos na parte inferior da ponta do guidão, reduz o arrasto aerodinâmico em 20%. Adotar uma posição totalmente aerodinâmica (aero) na qual os antebraços fiquem no coxim do guidão e os cotovelos se movam para dentro, reduz o arrasto em 30 a 35%.[6,39] Veja a Figura 25.6 para exemplos de tais posições aerodinâmicas. Deve-se observar que as posições Obree e *superman* foram declaradas ilegais pela UCI.

Vestimenta e outros acessórios. Não há dúvida de que a roupa frouxa oferece mais resistência para o fluxo de ar do que a roupa justa. Assim, os corredores de ciclismo escolhem camisas de malha ajustadas à pele, *shorts* e meias para reduzir o arrasto. Além disso, alguns materiais (p. ex., Lycra) são melhores para deixar o ar fluir do que outros (p. ex., lã ou polipropileno), enquanto ainda fornecem ótima respiração da pele. Escolher um capacete aerodinâmico apropriado e cobrir os pés com um material liso resulta em reduções adicionais no arrasto.[70] Deve-se acrescentar que o uso de pedais do tipo *clip-in* e solas rígidas de fibra de carbono nos sapatos de ciclismo ajuda na transferência de potência para os pedais, além de permitir que o ciclista os puxe para cima assim como os empurre para baixo.

Drafting. Se um ciclista corre atrás e próximo de outro ciclista, o ciclista líder reduz a resistência do ar para o atleta que o segue. Esse fenômeno pode levar a uma redução no custo de energia do ciclismo em ~30%. Se o ciclista está atrás de um grupo de corredores, a redução no custo energético chega a 40%, e se um corredor estiver atrás de um veículo, 60% (Fig. 25.7).[82] Em muitas corridas de estrada, o melhor corredor é "abrigado" pelos membros da equipe que fazem a maior parte do trabalho; isso permite que seu melhor corredor corra a toda velocidade para terminar no final da corrida.[39]

588   Seção III   Fisiologia do desempenho

Figura 25.6 Posições de corrida de bicicleta. A partir dos anos 1890 até 1986, os ciclistas usavam a mesma posição agachada tradicional para corrida. Iniciando em 1986, barras aero (inventadas por Peter Pensayres e usadas na Race Across America em 1986) permitiram que os ciclistas descansassem seus cotovelos enquanto mantinham uma postura baixa aerodinâmica para corrida. Graham Obree, da Escócia, criou duas posições de corrida únicas, que ele usou para determinar os recordes de tempo em 1993 e 1994 (a posição Obree e a posição *Superman*).

Está claro que pode-se fazer muitas coisas para reduzir a resistência do ar e melhorar o desempenho no ciclismo. Se você assistir ao Tour de France, você verá um estágio no qual o ciclista corre sozinho (um teste de tempo) e o *drafting*, é claro, não é uma possibilidade. Nessas corridas, o ciclista faz uso de todas as tecnologias para equipamentos e vestimentas mencionadas acima para ser capaz de terminar a distância da corrida no menor tempo possível. Ao contrário, nos estágios regulares do *tour* em que todos os corredores estão envolvidos ao mesmo tempo, você verá bicicletas mais convencionais, mas ainda de alta tecnologia, entretanto, agora são usados o *drafting* e outras estratégias para ganhar a etapa. Um indivíduo que faz uma "ruptura" e tenta fazer a corrida por sua conta geralmente é alcançado pelo grupo de ciclistas antes de completar a etapa.

O ciclista tem que lidar com a resistência do ar por sua conta, o que demanda uma alta porcentagem de produção máxima de potência, e ele não deixa nada para o final.

Aquecimento físico

O aquecimento, antes de uma atividade moderada ou extenuante, é uma recomendação geral feita para pessoas envolvidas em programas de condicionamento físico ou para atletas envolvidos em diversos tipos de desempenho. A maioria das pessoas aceita esta como uma

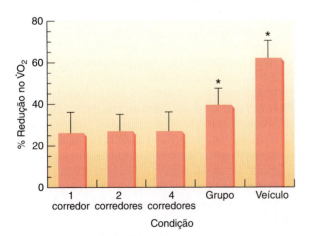

Figura 25.7 Redução no $\dot{V}O_2$ resultante de diferentes números de *drafting* de corredores e um veículo a 40 km/h..

recomendação razoável, mas há boa base científica para isso? Na revisão original de Franks, publicada em 1972,[43] o autor observou que 53% dos estudos apoiavam a proposição de que aquecimento era melhor do que não aquecimento, 7% achavam o oposto, e 40% não encontraram diferença entre as duas opções. Foram levantadas preocupações sobre a ampla variedade de tarefas e os métodos utilizados na avaliação da eficácia do aquecimento. Em sua revisão de 1983, Franks[42] analisou o papel do participante (treinado ou não treinado), a duração e a intensidade do aquecimento e o tipo de desempenho como variáveis envolvidas na determinação da eficácia do aquecimento. Antes de resumir essas descobertas, faz-se necessário apresentar algumas definições.

O aquecimento refere-se ao exercício realizado antes de um desempenho, independentemente de a temperatura muscular ou corporal estar elevada. As atividades de aquecimento podem ser idênticas às do desempenho (arremessador de beisebol arremessando de forma normal e com alta velocidade para o receptor, antes do rebatedor entrar), diretamente ligadas ao desempenho (arremessador de peso praticando a 75% do esforço normal antes da competição) ou indiretamente relacionadas com o desempenho (atividades gerais para aumentar a temperatura corporal ou a excitação).[42] Em geral, todos os três aspectos são utilizados em um aquecimento típico antes do desempenho, na ordem inversa das descrições mencionadas.

Os benefícios teóricos do aquecimento são fisiológicos, psicológicos e relacionados com a segurança. Os benefícios fisiológicos são: menor força muscular e reações enzimáticas mais rápidas a temperaturas corporais mais elevadas. Isso pode reduzir o déficit de oxigênio no início do trabalho,[66,108] diminuindo o retículo endoplasmático rugoso (RER) durante a atividade subsequente[57] ou promovendo um desvio favorável no limiar de lactato.[20] Uma revisão corroborou a maioria desses efeitos, mas questionou o impacto do aquecimento na aceleração das reações enzimáticas limitantes de velocidade.[14] Aumentos na temperatura corporal como resultado do aquecimento foram ligados a desempenhos melhores.[42] Desempenhos hábeis são beneficiados com um aquecimento idêntico e direto; em alguns casos, o aquecimento indireto funciona de maneira facilitadora. Os procedimentos de aquecimento podem aumentar a excitação, o que é bom até certo ponto, e proporcionam o "estado mental" ideal para um desempenho melhor.[14,42]

Como parte do processo de aquecimento, o alongamento tem sido recomendado como uma forma de diminuir o risco de lesão aos tecidos moles. Não há dúvida de que tal prática melhora a flexibilidade articular, mas revisões desse tópico dão pouca base para a possível diminuição do risco de lesão. Weldon e Hill[132] constataram que a maioria dos estudos disponíveis era de baixa qualidade, não tendo sido possível extrair uma conclusão definitiva com relação ao alongamento e às lesões ligadas ao exercício. Um grupo de pesquisadores do Centers for Disease Control and Prevention (CDC)

chegou à mesma conclusão em sua revisão da literatura, tendo indicado que não havia suficiente evidência, fosse para endossar, fosse para descontinuar, o alongamento de rotina, antes ou depois do exercício, para prevenir lesões.[122] Witvrouw et al.[142] concordaram com essas conclusões gerais, quando aplicadas à maioria dos esportes. No entanto, para aqueles esportes que demandam ciclos de alongamento-encurtamento de alta intensidade (p. ex., futebol, basquete), o alongamento foi considerado importante para manter a unidade musculotendínea preparada o suficiente para armazenar e liberar energia durante movimentos explosivos. Finalmente, o comentário de Shrier sobre o artigo do CDC sugeriu que havia necessidade de distinguir entre os efeitos do alongamento fora dos períodos de exercício e o alongamento que precede o exercício. Há evidências de que a primeira dessas abordagens está associada à prevenção de lesões. Naturalmente, há necessidade de mais pesquisas.[113] A partir de um ponto de vista da segurança, afora o potencial para lesões ao tecido mole, alguma evidência sugere que o aquecimento reduz o "estresse" vivenciado ao ser praticado um trabalho extenuante. No clássico estudo de Barnard et al.,[5] seis entre dez bombeiros que não fizeram aquecimento sofreram uma resposta isquêmica (redução do fluxo sanguíneo no miocárdio), como foi demonstrado por um segmento ST deprimido durante o exercício extenuante (ver Cap. 17). Todos os bombeiros tiveram respostas normais no ECG, quando um aquecimento gradual precedia o exercício extenuante.

Obviamente, o aquecimento afeta diversos fatores, mas há evidências de que essa prática afeta o desempenho? A resposta é "sim", mas com algumas advertências.[15]

- Nos desempenhos de curta duração (esforço máximo ≤ 10 s), um aquecimento de 3 a 5 minutos melhora o desempenho, mas um aquecimento intenso pode resultar em queda no desempenho, devido, em parte, à redução nos fosfatos de alta energia.
- O aquecimento melhora os desempenhos com duração intermediária (> 10 s, porém ≤ 5 min), mas não se a intensidade for demasiadamente baixa ($\leq 40\%$ do $\dot{V}O_{2máx}$) ou se o tempo de recuperação for demasiadamente longo (5 a 10 min). O objetivo é começar o desempenho com um $\dot{V}O_2$ basal ligeiramente elevado e ficar recuperado o suficiente.
- Nos casos de desempenhos prolongados (esforço fatigante durante ≥ 5 min), um $\dot{V}O_2$ basal elevado também melhora o desempenho, porém, se o aquecimento promover a depleção do glicogênio muscular ou aumentar a tensão térmica (mediante elevação excessiva da temperatura corporal), o desempenho poderá ficar prejudicado.

Assim, qual é o aquecimento recomendado? Para desempenhos de curta duração, é recomendável um aquecimento a ~40 a 60% do $\dot{V}O_{2máx}$ durante 5 a 10 minutos, seguido por uma recuperação de 5 minutos. Para desempenhos de duração intermediária ou longa, é recomendável um aquecimento a ~60 a 70% do $\dot{V}O_{2máx}$ durante 5 a 10 minutos, seguido por uma recuperação de ≤ 5 minutos.[15] Esse tempo é muito parecido com o informado por Franks há cerca de 25 anos.[42] Para uma revisão recente sobre esse tópico aplicado ao teste de condicionamento militar, consulte a referência 147.

Atividades para estudo

1. O que é recurso ergogênico?
2. Por que os pesquisadores devem usar um tratamento com "placebo" para avaliar a efetividade de um recurso ergogênico?
3. Faça um breve resumo do papel dos suplementos nutricionais na melhora do desempenho.
4. O que é um modelo de pesquisa duplo-cego?
5. A respiração de 100% de O_2 melhora o desempenho? E a recuperação?
6. A respiração de misturas gasosas hiperóxicas melhora o desempenho sem alterar a liberação de O_2 aos tecidos. Como isso é possível?
7. O que é *doping* sanguíneo e por que ele parece melhorar o desempenho atualmente, quando não o fazia nas primeiras pesquisas?

8. De que forma os tampões ingeridos podem melhorar os desempenhos a curto prazo?
9. Embora as anfetaminas melhorem o desempenho em indivíduos fatigados, essas drogas podem não ter o mesmo efeito em indivíduos motivados. Por quê?
10. De que modo a cafeína pode melhorar os desempenhos a longo prazo? Os resultados podem ser extrapolados para desempenhos "reais" no campo?
11. Descreva como o desempenho de ciclismo de alta velocidade pode ser melhorado com mudanças nos equipamentos e nas técnicas de corrida.
12. Descreva os diferentes tipos de atividades de aquecimento e os mecanismos pelos quais elas podem melhorar o desempenho.

> ### Em resumo
>
> ■ As atividades de aquecimento podem ser idênticas às do desempenho ou podem estar direta ou indiretamente relacionadas com as do desempenho (aquecimento geral). O aquecimento causa mudanças fisiológicas e psicológicas que são benéficas para o desempenho.

Sugestões de leitura

Burke, L. M., and V. Deakin. 2010. *Clinical Sports Nutrition*. New York: McGraw-Hill.

Goldstein, E. R., T. Ziegenfuss, D. Kalman, R. Kreider, B. Campbell, C. Wilborn, et al. International Society of Sports Nutrition position stand: caffeine and performance. *Journal of the*

International Society of Sports Nutrition 7, 2010. doi:10.1186/1550-2783-7-5.

Williams, M. Dietary supplements and sports performance. *Journal of the International Society of Sports Nutrition* 3: 1–6, 2006.

Referências bibliográficas

1. Adams RP, and Welch HG. Oxygen uptake, acid-base status, and performance with varied inspired oxygen fractions. *Journal of Applied Physiology: Respiratory, Environmental and Exercise Physiology* 49: 863–868, 1980.
2. Alvares TS, Meirelles CM, Bhambhani YN, Paschoalin VMF, and Gomes PSC. L-arginine as a potential ergogenic aid in healthy subjects. *Sports Medicine* 41: 233–248, 2011.
3. Ariel G, and Saville W. Anabolic steroids: the physiological effects of placebos. *Medicine and Science in Sports* 4: 124–126, 1972.
4. Ashenden MJ. A strategy to deter blood doping in sport. *Haematologica* 87: 225–232, 2002.
5. Barnard RJ, Gardner GW, Diaco NV, MacAlpin RN, and Kattus AA. Cardiovascular responses to sudden strenuous exercise—heart rate, blood pressure, and ECG. *Journal of Applied Physiology: Respiratory, Environmental and Exercise Physiology* 34: 833–837, 1973.
6. Bassett D, Kyle C, Passfield L, Broker J, and Burke E. Comparing cycling world hour records, 1967–1996: modeling with empirical data. *Medicine & Science in Sports and Exercise* 31: 1665–1676, 1999.
7. Baume N, Hellemans I, and Saugy M. Guide to over-the-counter sports supplements for athletes. *Int Sport Med J* 8: 2–10, 2007.
8. Baume N, Mahler N, Kamber M, Mangin P, and Saugy M. Research of stimulants and anabolic steroids in dietary supplements. *Scandinavian Journal of Medicine & Science in Sports* 16: 41–48, 2006.

9. Bell DG, and McLellan TM. Exercise endurance 1, 3, and 6 h after caffeine ingestion in caffeine users and nonusers. *Journal of Applied Physiology: Respiratory, Environmental and Exercise Physiology* 93: 1227–1234, 2002.
10. Berglund B, Birgegard G, and Hemmingsson P. Serum erythropoietin in cross-country skiers. *Medicine and Science in Sports and Exercise* 20: 208–209, 1988.
11. Berglund B, Ekblom B, Ekblom E, Berglund L, Kallner A, Reinebo P, et al. The Swedish Blood Pass project. *Scandinavian Journal of Medicine & Science in Sports* 17: 292–297, 2007.
12. Berglund B, and Hemmingson P. Effect of reinfusion of autologous blood on exercise performance in cross-country skiers. *International Journal of Sports Medicine* 8: 231–233, 1987.
13. Berry MJ, Stoneman JV, Weyrich AS, and Burney B. Dissociation of the ventilatory and lactate thresholds following caffeine ingestion. *Medicine and Science in Sports and Exercise* 23: 463–469, 1991.
14. Bishop D. Warm up I: potential mechanisms and the effects of passive warm up on exercise performance. *Sports Medicine* 33: 439–454, 2003.
15. Bishop D. Warm up II: performance changes following active warm up and how to structure the warm up. *Sports Medicine* 33: 483–498, 2003.
16. Bishop D, Edge J, Davis C, and Goodman C. Induced metabolic alkalosis affects muscle metabolism and repeated-sprint ability. *Medicine and Science in Sports and Exercise* 36: 807–813, 2004.

17. Carr AJ, Slater GJ, Gore CJ, Dawson B, and Burke LM. Effect of sodium bicarbonate on [HCO_3^-], pH, and gastrointestinal symptoms. *International Journal of Sport Nutrition and Exercise Metabolism*. 21: 189–194, 2011.

18. Caruso J, Charles J, Unruh K, Giebel R, Learmonth L, and Potter W. Ergogenic effects of β-alanine and carnosine: proposed future research to quantify their efficacy. *Nutrients* 4: 585–601, 2012.

19. Chandler JV, and Blair SN. The effect of amphetamines on selected physiological components related to athletic success. *Medicine and Science in Sports and Exercise* 12: 65–69, 1980.

20. Chwalbinska-Moneta J, and Hanninen O. Effect of active warming-up on thermoregulatory, circulatory, and metabolic responses to incremental exercise in endurance-trained athletes. *International Journal of Sports Medicine* 10: 25–29, 1989.

21. Clarkson PM, and Thompson HS. Drugs and sport. Research findings and limitations. *Sports Medicine* 24: 366–384, 1997.

22. Collomp K, Le Panse B, Candau R, Lecoq AM, and De Ceaurriz J. Beta-2 agonists and exercise performance in humans. *Science & Sport* 25: 281–290, 2010.

23. Conlee R. Amphetamine, caffeine, and cocaine. In *Perspectives in Exercise Science and Sports Medicine, Vol 4: Ergogenics-Enhancement of Performance in Exercise and Sports*, edited by Lamb D, and Williams M. New York, NY: McGraw-Hill, 1991, pp. 285–330.

24. Conlee RK, Barnett DW, Kelly KP, and Han DH. Effects of cocaine on plasma catecholamine and muscle glycogen concentrations during exercise in the rat. *Journal of Applied Physiology: Respiratory, Environmental and Exercise Physiology* 70: 1323–1327, 1991.

25. Costill DL, Dalsky GP, and Fink WJ. Effects of caffeine ingestion on metabolism and exercise performance. *Med Sci Sports* 10: 155–158, 1978.

26. Cribb PJ, Williams AD, and Hayes A. A creatine-protein-carbohydrate supplement enhances responses to resistance training. *Medicine and Science in Sports and Exercise* 39: 1960–1968, 2007.

27. Criswell DS, Powers SK, and Herb RA. Clenbuterol-induced fiber type transition in the soleus of adult rats. *European Journal of Applied Physiology and Occupational Physiology* 74: 391–396, 1996.

28. De Hon O, and Coumans B. The continuing story of nutritional supplements and doping infractions. *British Journal of Sports Medicine* 41: 800–805; discussion 805, 2007.

29. Demant TW, and Rhodes EC. Effects of creatine supplementation on exercise performance. *Sports Medicine* 28: 49–60, 1999.

30. Dill D, Edwards H, and Talbot J. Alkalosis and the capacity for work. *Journal of Biological Chemistry* 97: LVII–LIX, 1932.

31. Dodd SL, Brooks E, Powers SK, and Tulley R. The effects of caffeine on graded exercise performance in caffeine naive versus habituated subjects. *European Journal of Applied Physiology and Occupational Physiology* 62: 424–429, 1991.

32. Doherty M, and Smith PM. Effects of caffeine ingestion on rating of perceived exertion during and after exercise: a meta-analysis. *Scandinavian Journal of Medicine & Science in Sports* 15: 69–78, 2005.

33. Douroudos II, Fatouros IG, Gourgoulis V, Jamurtas AZ, Tsitsios T, Hatzinikolaou A, et al. Dose-related effects of prolonged $NaHCO_3$ ingestion during high-intensity exercise. *Medicine and Science in Sports and Exercise* 38: 1746–1753, 2006.

34. Eckardt KU, Boutellier U, Kurtz A, Schopen M, Koller EA, and Bauer C. Rate of erythropoietin formation in humans in response to acute hypobaric hypoxia. *Journal of Applied Physiology: Respiratory, Environmental and Exercise Physiology* 66: 1785–1788, 1989.

35. Eichner E. Blood doping results and consequences from the laboratory and the field. *Physician and Sportsmedicine* 15: 121–129, 1987.

36. Eichner E. The caffeine controversy: effects on endurance and cholesterol. *Physician and Sportsmedicine* 14: 124–132, 1986.

37. Ekblom B, Goldbarg AN, and Gullbring B. Response to exercise after blood loss and reinfusion. *Journal of Applied Physiology: Respiratory, Environmental and Exercise Physiology* 33: 175–180, 1972.

38. Essig D, Costill D, and Van Handel P. Effect of caffeine ingestion on utilization of muscle glycogen and lipid during leg ergometer cycling. *International Journal of Sports Medicine* 1: 86–90, 1980.

39. Faria EW, Parker DL, and Faria IE. The science of cycling: factors affecting performance – part 2. *Sports Medicine* 35: 313–337, 2005.

40. Fiala KA, Casa DJ, and Roti MW. Rehydration with a caffeinated beverage during the nonexercise periods of 3 consecutive days of 2-a-day practices. *International Journal of Sport Nutrition and Exercise Metabolism* 14: 419–429, 2004.

41. Fitts RH, and Holloszy JO. Lactate and contractile force in frog muscle during development of fatigue and recovery. *American Journal of Physiology* 231: 430–433, 1976.

42. Franks B. Physical warm-up. In *Ergogenic Aids in Sport*, edited by Williams M. Champaign, IL: Human Kinetics, 1983, pp. 340–375.

43. Franks B. Physical warm-up. In *Ergogenic Aids and Muscular Performance*, edited by Morgan W. New York, NY: Academic Press, 1972, pp. 160–191.

44. Fuchs F, Reddy Y, and Briggs FN. The interaction of cations with the calcium-binding site of troponin. *Biochimica et Biophysica Acta* 221: 407–409, 1970.

45. Ganio MS, Klau JF, Casa DJ, Armstrong LE, and Maresh CM. Effect of caffeine on sport-specific endurance-performance: a systematic review. *Journal of Strength and Conditioning Research* 23: 315–324, 2009.

46. Gastin P, Misner J, Boileau R, and Slaughter M. Failure of caffeine to enhance exercise performance in incremental treadmill running. *Australian Journal of Science and Medicine in Sport* 22: 23–27, 1990.

47. Gledhill N. Bicarbonate ingestion and anaerobic performance. *Sports Medicine* 1: 177–180, 1984.

48. Gledhill N. Blood doping and related issues: a brief review. *Medicine and Science in Sports and Exercise* 14: 183–189, 1982.

49. Gledhill N. The influence of altered blood volume and oxygen transport capacity on aerobic performance. *Exercise and Sport Sciences Reviews* 13: 75–93, 1985.

50. Gledhill N, Warburton D, and Jamnik V. Haemoglobin, blood volume, cardiac function, and aerobic power. *Canadian Journal of Applied Physiology = Revue Canadienne de Physiologie Appliquee* 24: 54–65, 1999.

51. Golding L. Drugs and hormones. In *Ergogenic Aids and Muscular Performance*, edited by Morgan W. New York, NY: Academic Press, 1972.

52. Gotshalk LA, Volek JS, Staron RS, Denegar CR, Hagerman FC, and Kraemer WJ. Creatine supplementation improves muscular performance in older men. *Medicine and Science in Sports and Exercise* 34: 537–543, 2002.

53. Graham T, and Spriet L. *Caffeine and Exercise Performance. Sports Science Exchange #60*, Vol. 9, Number 1, 1996. The Gatorade Sports Science Institute is located in Barrington, Il.

54. Graham TE, and Spriet LL. Performance and metabolic responses to a high caffeine dose during prolonged exercise. *Journal of Applied Physiology: Respiratory, Environmental and Exercise Physiology* 71: 2292–2298, 1991.

55. Heinonen OJ. Carnitine and physical exercise. *Sports Medicine* 22: 109–132, 1996.

56. Herda TJ, Beck TW, Ryan ED, Smith AE, Walter AA, Hartman MJ, et al. Effects of creatine monohydrate and polyethylene glycosylated creatine supplementation on muscular strength, endurance, and power output. *Journal of Strength and Conditioning Research* 23: 818–826, 2009.

57. Hetzler R. Effect of warm-up on plasma free fatty acid responses and substrate utilization during submaximal exercise. *Research Quarterly for Exercise and Sport* 57: 223–228, 1986.

58. Hobson RM, Saunders B, Ball G, Harris RC, and Sale C. Effects of β–alanine supplementation on exercise performance: a meta-analysis. *Amino Acids* 43: 25–37, 2012.

59. Hodgson AB, Randell RK, and Jeukendrup AE. The metabolic and performance effects of caffeine compared to coffee during endurance exercise. PLOS ONE. 8: e59561, 2013.

60. Hoffman JR, Emerson NS, and Stout JR. β–alanine supplementation. *Current Sports Medicine Reports* 11: 189–195, 2012.

61. Hogan MC, Cox RH, and Welch HG. Lactate accumulation during incremental exercise with varied inspired oxygen fractions. *Journal of Applied Physiology: Respiratory, Environmental and Exercise Physiology* 55: 1134–1140, 1983.

62. Horswill CA. Effects of bicarbonate, citrate, and phosphate loading on performance. *International Journal of Sport Nutrition* 5 (Suppl): S111–119, 1995.

63. Ivy J. Amphetamines. In *Ergogenic Aids in Sport*. Champaign, IL: Human Kinetics, 1983.

64. Ivy JL, Costill DL, Fink WJ, and Lower RW. Influence of caffeine and carbohydrate feedings on endurance performance. *Med Sci Sports* 11: 6–11, 1979.

65. Jagim AR, Wright GA, Brice AG, and Doberstein ST. Effects of beta-alanine supplementation on sprint endurance. *Journal of Strength and Conditioning Research*. 27: 526–532, 2013.

66. Jones AM, Koppo K, and Burnley M. Effects of prior exercise on metabolic and gas exchange responses to exercise. *Sports Medicine* 33: 949–971, 2003.

67. Juhn M. Popular sports supplements and ergogenic aids. *Sports Medicine* 33: 921–939, 2003.

68. Kley RA, Tarnopolsky MA, Vorgerd M. Creatine for treating muscle disorders. Cochrane Database of Systematic Reviews 2013, No.: CD004760. DOI: 10.1002/14651858. CD004760.pub4.

69. Kyle C. Mechanical factors affecting the speed of a cycle. In *Science of Cycling*, edited by Burke ER. Champaign, IL:Human Kinetics, 1986 pp. 123–136.

70. Kyle C. Selecting cycling equipment. In *High-Tech Cycling*, edited by Burke ER. Champaign, IL: Human Kinetics, 2003, pp. 1–48.

71. Law YLL, Ong WS, GillianYap TL, Lim SCJ, and Von Chia E. Effects of two and five days of creatine loading on muscular strength and anaerobic power in trained athletes. *Journal of Strength and Conditioning Research* 23: 906–914, 2009.

72. Linderman J, and Fahey TD. Sodium bicarbonate ingestion and exercise performance: an update. *Sports Medicine* 11: 71–77, 1991.

73. Lippi G, and Banfi G. Blood transfusions in athletes: old dogmas, new tricks. *Clinical Chemistry and Laboratory Medicine* 44: 1395–1402, 2006.

74. Lombardo J. Stimulants and athletic performance (part 1 of 2): amphetamines and caffeine. *Physician and Sportsmedicine* 14: 128–142, 1986.

75. Lundby C, and Robach P. Assessment of total haemoglobin mass: can it detect erythropoietin-induced blood manipulations? *European Journal of Applied Physiology* 108: 197–200, 2010.

76. Lundby C, Robach P, and Saltin B. The evolving science of detection of 'blood doping.' *British Journal of Pharmacology* 165: 1306–1315, 2012.

77. Lundby C, Thomsen JJ, Boushel R, Koskolou M, Warberg J, Calbet JA, et al. Erythropoietin treatment elevates haemoglobin concentration by increasing red cell volume and depressing plasma volume. *Journal of Physiology* 578: 309–314, 2007.

78. Macdougall IC. Meeting the challenges of a new millennium: optimizing the use of recombinant human erythropoietin. *Nephrol Dial Transplant* 13 (Suppl 2): 23–27, 1998.

79. Maltin CA, and Delday MI. Satellite cells in innervated and denervated muscles treated with clenbuterol. *Muscle & Nerve* 15: 919–925, 1992.

80. Maughan RJ, King DS, and Lea T. Dietary supplements. *Journal of Sports Sciences* 22: 95–113, 2004.

81. McClung M, and Collins D. "Because I know it will!": placebo effects of an ergogenic aid on athletic performance. *Journal of Sport & Exercise Psychology* 29: 382–394, 2007.

82. McCole SD, Claney K, Conte J-C, Anderson R, and Hagberg, JM. Energy expenditure during bicycling. *Journal of Applied Physiology* 68: 748–753, 1990.

83. McDowall JA. Supplement use by young athletes. *Journal of Sport Science & Medicine* 6: 337–342, 2007.

84. McLean C, and Graham TE. Effects of exercise and thermal stress on caffeine pharmacokinetics in men and eumenorrheic women. *Journal of Applied Physiology: Respiratory, Environmental and Exercise Physiology* 93: 1471–1478, 2002.

85. McNaughton L. Two levels of caffeine ingestion on blood lactate and free fatty acid responses during incremental exercise. *Research Quarterly for Exercise and Sport* 58: 255–259, 1987.

86. McNaughton LR. The influence of caffeine ingestion on incremental treadmill running. *British Journal of Sports Medicine* 20: 109–112, 1986.

87. Morgan W. Basic considerations. In *Ergogenic Aids and Muscular Performance*, edited by Morgan W. New York, NY: Academic Press, 1972.

88. Morkeberg J, Sharpe K, Belhage B, Damsgaard R, Schmidt W, Prommer N, et al. Detecting autologous blood transfusions: a comparison of three passport approaches and four blood markers. *Scandinavian Journal of Medicine & Science in Sports* 21: 235–243, 2011.

89. Morris A. Oxygen. In *Ergogenic Aids in Sports*. Champaign, IL: Human Kinetics, 1983.

90. Nakamaru Y, and Schwartz A. The influence of hydrogen ion concentration on calcium binding and release by skeletal muscle sarcoplasmic reticulum. *Journal of General Physiology* 59: 22–32, 1972.

91. Nielsen HB, Bredmose PP, Stromstad M, Volianitis S, Quistorff B, and Secher NH. Bicarbonate attenuates arterial desaturation during maximal exercise in humans. *Journal of Applied Physiology: Respiratory, Environmental and Exercise Physiology* 93: 724–731, 2002.

92. Nummela A, Hamalainen I, and Rusko H. Effect of hyperoxia on metabolic responses and recovery in intermittent exercise. *Scandinavian Journal of Medicine & Science in Sports* 12: 309–315, 2002.

93. Oopik V, Saaremets I, Medijainen L, Karelson K, Janson T, and Timpmann S. Effects of sodium citrate ingestion before exercise on endurance performance in well trained college runners. *British Journal of Sports Medicine* 37: 485–489, 2003.

94. Perry CG, Talanian JL, Heigenhauser GJ, and Spriet LL. The effects of training in hyperoxia vs. normoxia on skeletal muscle enzyme activities and exercise performance. *Journal of Applied Physiology: Respiratory, Environmental and Exercise Physiology* 102: 1022–1027, 2007.

95. Pluim BM, de Hon O, Staal JB, Limpens J, Kuipers H, Overbeek SE, et al. $β_2$-agonists and physcial performance: a systematic review and meta analysis of randomized controlled studies. *Sports Medicine* 41: 39–57, 2011.

96. Pottgiesser T, Echteler T, Sottas P-E, Umhau M, and Schumacher YO. Hemoglobin mass and biological passport for detection of autologous blood doping. *Medicine and Science in Sports and Exercise* 44: 835–843, 2012.

97. Pottgiesser T, Umhau M, Ahlgrim C, Ruthardt S, Roecker K, and Schumacher YO. Hb mass measurement suitable to screen for illicit autologous blood transfusions. *Medicine and Science in Sports and Exercise* 39: 1748–1756, 2007.

98. Powers SK, and Dodd S. Caffeine and endurance performance. *Sports Medicine* 2: 165–174, 1985.

99. Powers SK, Lawler J, Dempsey JA, Dodd S, and Landry G. Effects of incomplete pulmonary gas exchange on $\dot{V}O_2$ max. Journal of Applied Physiology: Respiratory, Environmental and Exercise Physiology 66: 2491–2495, 1989.

100. Price M, Moss P, and Rance S. Effects of sodium bicarbonate ingestion on prolonged intermittent exercise. Medicine and Science in Sports and Exercise 35: 1303–1308, 2003.

101. Price MJ, and Simons C. The effect of sodium bicarbonate ingestion on high-intensity intermittent running and subsequent performance. Journal of Strength and Conditioning Research 24: 1834–1842, 2010.

102. Rawson E, and Clarkson P. Scientifically debatable: is creatine worth its weight? Sports Science Exchange #91, Volume 16, Number 4, 2003 Gatorade Sports Science Institute, Barrington, Il.

103. Rawson E, Coni M, and Miles M. Creatine supplementation does not reduce muscle damage or enhance recovery from resistance exercise. Journal of Strength and Conditioning Research 21: 1208–1213, 2007.

104. Rawson E, and Persky A. Mechanisms of muscular adaptations to creatine supplementation. Int Sport Med J 8: 43–53, 2007.

105. Rawson ES, Stec MJ, Frederickson SJ, and Miles MP. Low-dose creatine supplementation enhances fatigue resistance in the absense of weight gain. Nutrition 27: 451–455, 2011.

106. Requena B, Zabala M, and Padial P. Sodium bicarbonate and sodium citrate: ergogenic aids? Journal of Strength and Conditioning Research 19: 213–224, 2005.

107. Robbins MK, Gleeson K, and Zwillich CW. Effect of oxygen breathing following submaximal and maximal exercise on recovery and performance. Medicine and Science in Sports and Exercise 24: 720–725, 1992.

108. Robergs RA, Pascoe DD, Costill DL, Fink WJ, Chwalbinska-Moneta J, Davis JA, et al. Effects of warm-up on muscle glycogenolysis during intense exercise. Medicine and Science in Sports and Exercise 23: 37–43, 1991.

109. Rogers M, Bohlken R, and Beets M. Effects of creatine, ginseng, and astragalus supplementation on strength, body composition, mood, and blood lipids during strength-training in older adults. Journal of Sports Science and Medicine 5: 60–69, 2006.

110. Roy BD, Bosman MJ, and Tarnopolsky MA. An acute oral dose of caffeine does not alter glucose kinetics during prolonged dynamic exercise in trained endurance athletes. European Journal of Applied Physiology 85: 280–286, 2001.

111. Rozenek R, Fobel B, and Banks J. Does hyperbaric oxygen exposure affect high-intensity, short-duration exercise performance? Journal of Strength and Conditioning Research 21: 1037–1041, 2007.

112. Shao A, and Hathcock JN. Risk assessment for creatine monohydrate. Regul Toxicol Pharmacol 45: 242–251, 2006.

113. Shrier I. Special communications: letters to the editor-in-chief. Medicine and Science in Sports and Exercise 36: 1832–1833, 2004.

114. Siegler JC, Marshall PWM, Bray J, and Towlson C. Sodium bicarbonate supplementation and ingestions timing: does it matter?. Journal of Strength and Conditioning Research 26: 1953–1958, 2012.

115. Siegler JC, Midgley AW, Polman RCJ, and Lever R. Effects of various sodium bicarbonate loading protocols on the time-dependent extracelluar buffering profile. Journal of Strength and Conditioning Research 24: 2551–2557, p. 576 2010.

116. Smith-Ryan AE, Fukuda DH, Stout JR, and Kendall KL. Journal of Strength and Conditioning Research 26: 2798–2805, 2012.

117. Spriet LL. Caffeine and performance. International Journal of Sport Nutrition 5 (Suppl): S84–99, 1995.

118. Stellingwerff T, Glazier L, Watt MJ, LeBlanc PJ, Heigenhauser GJ, and Spriet LL. Effects of hyperoxia on skeletal muscle carbohydrate metabolism during transient and steady-state exercise. Journal of Applied Physiology: Respiratory, Environmental and Exercise Physiology 98: 250–256, 2005.

119. Tarnopolsky MA. Effect of caffeine on the neuromuscular system: potential as an ergogenic aid. Applied Physiology, Nutrition and Metabolism 33: 1284–1289, 2008.

120. Tarnopolsky MA, Atkinson SA, MacDougall JD, Sale DG, and Sutton JR. Physiological responses to caffeine during endurance running in habitual caffeine users. Medicine and Science in Sports and Exercise 21: 418–424, 1989.

121. Tesch P, Sjodin B, Thorstensson A, and Karlsson J. Muscle fatigue and its relation to lactate accumulation and LDH activity in man. Acta Physiologica Scandinavica 103: 413–420, 1978.

122. Thacker SB, Gilchrist J, Stroup DF, and Kimsey CD, Jr. The impact of stretching on sports injury risk: a systematic review of the literature. Medicine and Science in Sports and Exercise 36: 371–378, 2004.

123. Trivedi B, and Danforth WH. Effect of pH on the kinetics of frog muscle phosphofructokinase. Journal of Biological Chemistry 241: 4110–4112, 1966.

124. Van Handel P. Caffeine. In Ergogenic Aids in Sports, edited by Williams M. Champaign, IL: Human Kinetics, 1983.

125. Van Thuyne W, and Delbeke FT. Distribution of caffeine levels in urine in different sports in relation to doping control before and after the removal of caffeine from the WADA doping list. International Journal of Sports Medicine 27: 745–750, 2006.

126. VanThuyne P, VanEenoo P, and Delbeke F. Nutritional supplements: prevalence of use and contamination with doping agents. Nutrition Research Reviews 19: 147–158, 2006.

127. Volek J. What we now know about creatine. ACSM's Health & Fitness Journal 3: 27–33, 1999.

128. Voss S, Thevis M, and Schinkothe T. Detection of homologous blood transfusion. International Journal of Sports Medicine 28: 633–637, 2007.

129. Warren GL, Park ND, Maresca RD, Mckibans KI, and Millard-Stafford ML. Effect of caffeine ingestion on muscular strength and endurance: a meta-analysis. Medicine and Science in Sports and Exercise 42: 1375–1387, 2010.

130. Welch H. Effects of hypoxia and hyperoxia on human performance. In Exercise and Sports Sciences Reviews, edited by Pandolf K. New York, NY: Macmillan, 1987, pp. 191–222.

131. Welch HG, Bonde-Petersen F, Graham T, Klausen K, and Secher N. Effects of hyperoxia on leg blood flow and metabolism during exercise. Journal of Applied Physiology: Respiratory, Environmental and Exercise Physiology 42: 385–390, 1977.

132. Weldon SM, and Hill RH. The efficacy of stretching for prevention of exercise-related injury: a systematic review of the literature. Manual Therapy 8: 141–150, 2003.

133. Wilcox A. Bicarbonate Loading. Gatorade Sports Science Institute, Barrington, Il.

134. Wilcox A. Caffeine and Endurance Performance. Gatorade Sports Science Institute, 1990.

135. Wilcox A. Nutritional ergogenics and sport performance. In The President's Council on Physical Fitness and Sports Research Digest, edited by Corbin C, and Pangrazi B, Washington, D.C.: Department of Health and Human Services, 1998.

136. Williams MH, Anderson DE, and Rawson ES. Nutrition for Health, Fitness & Sport. New York, NY: McGraw-Hill, 2013.

137. Williams MH, Wesseldine S, Somma T, and Schuster R. The effect of induced erythrocythemia upon 5-mile treadmill run time. Medicine and Science in Sports and Exercise 13: 169–175, 1981.

138. Wilmore J. Oxygen. In Ergogenic Aids and Muscular Performance, edited by Morgan W. New York, NY: Academic Press, 1972, pp. 321–342.

139. Wilson GD, and Welch HG. Effects of hyperoxic gas mixtures on exercise tolerance in man. Med Sci Sports 7: 48–52, 1975.

140. Wilson GD, and Welch HG. Effects of varying concentrations of N_2/O_2 and He/O_2 on exercise tolerance in man. Medicine and Science in Sports and Exercise 12: 380–384, 1980.

141. Wilson GJ, Wilson JM, and Manninen AH. Effects of beta-hydroxy-beta-methylbutyrate (HMB) on exercise performance and body compostion across levels of age, sex, and training experience: a review. *Nutrition & Metabolism* 5: Article No. 1, 2008.

142. Witvrouw E, Mahieu N, Danneels L, and McNair P. Stretching and injury prevention: an obscure relationship. *Sports Medicine* 34: 443–449, 2004.

143. World Anti-Doping Agency. *The 2013 Prohibited List: International Standard.* Switzerland: World Anti-Doping Agency, 2012.

144. Yang YT, and McElligott MA. Multiple actions of beta-adrenergic agonists on skeletal muscle and adipose tissue. *Biochemical Journal* 261: 1–10, 1989.

145. Yeo SE, Jentjens RL, Wallis GA, and Jeukendrup AE. Caffeine increases exogenous carbohydrate oxidation during exercise. *Journal of Applied Physiology: Respiratory, Environmental and Exercise Physiology* 99: 844–850, 2005.

146. Zanchi NE, Gerlinger-Romero F, Guimaraes-Ferreira L, de Siqueira MA, Felitti V, Lira FS, et al. HMB supplementation: clinical and athletic performance-related effects and mechanisms of action. *Amion Acids* 40: 1015–1025, 2011.

147. Zeno SA, Purvis D, Crawford C, Lee C, Lisman P, and Deuster PA. Warm-ups for military fitness testing: rapid evidence assessment of the literature. *Medicine and Science in Sports and Exercise* 45: 1369–1376, 2013

APÊNDICE A

Cálculo do consumo de oxigênio e da produção de dióxido de carbono

Cálculo do consumo de oxigênio

O cálculo do consumo de oxigênio é um processo relativamente simples que envolve a subtração da quantidade de oxigênio expirado da quantidade de oxigênio inspirado:

(1) Consumo de oxigênio ($\dot{V}O_2$) =
[volume de O_2 inspirado] − [volume de O_2 expirado]

O volume de O_2 inspirado (I) é calculado pela multiplicação do volume de ar inspirado por minuto ($\dot{V}_I$) pela fração (F) de ar constituída de oxigênio. O ar ambiente possui 20,93% de O_2. Expresso como uma fração, 20,93% se torna 0,2093 e é simbolizado como F_IO_2. Quando expiramos, ocorre redução da fração de O_2 (i. e., o O_2 se difunde dos pulmões para o sangue), e a fração de O_2 no gás expirado (E) é representada por F_EO_2. O volume de O_2 expirado é o produto do volume do gás expirado ($\dot{V}_E$) e a F_EO_2. A equação (1) pode ser expressa por:

(2) $\dot{V}O_2 = (\dot{V}_I \cdot F_IO_2) - (\dot{V}_E \cdot F_EO_2)$

Os valores do exercício para F_IO_2, F_EO_2, $\dot{V}_I$ e $\dot{V}_E$ de um indivíduo são facilmente mensurados na maioria dos laboratórios de fisiologia do exercício. Na prática, a F_IO_2 não é geralmente mensurada, mas assume-se que seja um valor constante de 0,2093 se o indivíduo estiver respirando ar ambiente. A F_EO_2 é determinada por um analisador de gás, e $\dot{V}_I$ e $\dot{V}_E$ podem ser mensurados por vários dispositivos laboratoriais diferentes, capazes de medir o fluxo de ar. Observe que não há necessidade de que ambos sejam mensurados. Isso é verdadeiro porque se $\dot{V}_I$ for mensurado, $\dot{V}_E$ poderá ser calculado (e vice-versa). A fórmula utilizada para calcular $\dot{V}_E$ com base na determinação de $\dot{V}_I$ é denominada "transformação de Haldane" e se baseia no fato de o nitrogênio (N_2) não ser utilizado nem produzido no corpo. Portanto, o volume de N_2 inspirado deve ser igual ao volume de N_2 expirado:

(3) $[\dot{V}_I \cdot F_IN_2] = [\dot{V}_E \cdot F_EN_2]$

Portanto, o $\dot{V}_I$ pode ser calculado se $\dot{V}_E$, F_IO_2 e F_EO_2 forem conhecidos. Por exemplo, para calcular $\dot{V}_I$:

(4) $\dot{V}_I = \dfrac{(\dot{V}_E \cdot F_EN_2)}{F_IN_2}$

Do mesmo modo, se $\dot{V}_I$ foi medido, $\dot{V}_E$ pode ser calculado da seguinte maneira:

(5) $\dot{V}_E = \dfrac{(\dot{V}_I \cdot F_IN_2)}{F_EN_2}$

Os valores para F_IN_2 e F_EN_2 são obtidos da seguinte maneira: se o indivíduo estiver respirando ar ambiente, F_IN_2 é considerada uma constante de 0,7904. A peça final remanescente do quebra-cabeça é a F_EN_2. Lembre-se de que os três principais gases no ar são N_2, O_2 e CO_2, e a soma de suas frações deve chegar a 1,0 (i. e., $F_ECO_2 + F_EO_2 + F_EN_2 = 1,0$). Portanto, a F_EN_2 pode ser calculada subtraindo-se a soma de F_ECO_2 e F_EO_2 de 1 [(i. e., $F_EN_2 = 1 - (F_ECO_2 + F_EO_2)$]. Como as frações expiradas de O_2 e CO_2 serão determinadas por analisadores de gás, a F_EN_2 poderá então ser calculada.

Cálculo da produção de dióxido de carbono

O volume de dióxido de carbono produzido ($\dot{V}CO_2$) pode ser calculado de maneira similar à do $\dot{V}O_2$. Isto é, o volume de CO_2 produzido é igual a:

(6) $\dot{V}CO_2$ = [Volume de CO_2 expirado] − [Volume de CO_2 inspirado]
ou
(7) $\dot{V}CO_2 = (\dot{V}_E \cdot F_ECO_2) - (\dot{V}_I \cdot F_ICO_2)$

As etapas na realização desse cálculo são iguais às do cálculo do $\dot{V}O_2$. Isto é, $\dot{V}_E$ e $\dot{V}_I$ devem ser mensurados (ou calculados), e a fração de dióxido de carbono expirado (F_ECO_2) deve ser determinada por um analisador de gás. Similar à F_IO_2, a fração de dióxido de carbono inspirado (F_ICO_2) é considerada um valor constante de 0,0003.

Padronização dos volumes gasosos

Por convenção, $\dot{V}O_2$ ou $\dot{V}CO_2$ são expressos em litros $\cdot$ min^{-1} e padronizados com relação a uma condição de referência denominada "STPD". STPD é um acrônimo para "standard temperature pressure dry" (padrões de temperatura, pressão e umidade). De maneira semelhante, a ventilação pulmonar é expressa em litros $\cdot$ min^{-1} e padronizada em relação a um padrão de referência denominado BTPS, um acrônimo para "body temperature pressure satured" (saturação da temperatura e pressão corporais). A finalidade desses padrões de referência é permitir a comparação de volumes gasosos mensurados em laboratórios de todo o mundo, os quais podem variar nas temperaturas e nas pressões barométricas ambientes. É necessário que haja uma padronização de volumes de gases para uma determinada temperatura e pressão, porque o volume do gás depende da temperatura e da pressão. Por exemplo, uma determinada quantidade de moléculas de gás irá ocupar maior volume em uma temperatura mais elevada e em uma pressão mais baixa do que em uma baixa temperatura e pressão mais elevada. Isso significa que uma quantidade fixa de moléculas de gás teria o volume alterado em função da temperatura e da pressão barométrica ambientes. Isso representa um grave problema para pesquisadores em suas tentativas de fazer comparações de trocas de gases respiratórios, já que as temperaturas e pressões variam de um dia para outro e de um laboratório para outro. Ao padronizar as condições de temperatura e pressão para os gases, o cientista ou técnico sabe que dois volumes iguais de gás contêm a mesma quantidade de moléculas. É por essas razões que os gases respiratórios devem ser corrigidos para temperatura e volume de referência.

Correção de volumes gasosos às condições de referência

Antes de iniciarmos a discussão sobre "como" calcular as correções dos volumes gasosos, é necessário introduzir duas importantes leis dos gases. A primeira, denominada "Lei de Charles", afirma que a relação entre temperatura e volume gasoso é diretamente proporcional. Isto é, o volume gasoso está diretamente relacionado à temperatura, de modo que o aumento ou a diminuição da temperatura do gás (em uma pressão constante) provoca aumento ou diminuição proporcional do volume, respectivamente. Essa relação é expressa matematicamente da seguinte maneira:

$$(8)\ \frac{T_1}{T_2} = \frac{V_1}{V_2}$$

As unidades para temperatura na equação (8) são a escala de Kelvin (k) ou Absoluta (A), em que 0°C = 273 K [i. e., 20°C = (273° + 20°) = 293 K]. Utilizando a Lei de Charles para correções de temperatura do gás, rearranjamos a equação (8) para calcular V_2:

$$(9)\ V_2 = \frac{V_1 \cdot T_2}{T_1}$$

Vamos deixar a Lei de Charles de lado um pouco e introduzir a segunda lei dos gases, conhecida como Lei de Boyle. A Lei de Boyle atesta que, em uma temperatura constante, o número de moléculas do gás em um determinado volume varia inversamente com a pressão e é representado matematicamente na seguinte equação:

$$(10)\ P_1 V_1 = P_2 V_2$$

Novamente, rearranjando a equação (10) para calcular V_2:

$$(11)\ V_2 = \frac{P_1 \cdot V_1}{P_2}$$

A pressão nas equações (10) e (11) é expressa em mmHg ou Torr. Observe que, quando os gases respiratórios são corrigidos para as diferenças de pressão, frequentemente é feita uma correção para o vapor de água, mesmo que a pressão de vapor de água dependa apenas da temperatura (visto que o gás respiratório é saturado com vapor de água). Quando o volume do gás precisa ser corrigido para "0" de vapor de água ou "seco", como na STPD, a pressão de vapor de água (PH_2O) na temperatura ambiente é subtraída da pressão ambiente ou inicial (P_1) na Lei de Boyle da seguinte maneira:

$$(12)\ V_2 = \frac{V_1(P_1 - PH_2O)}{P_2}$$

Fatores de correção combinados

Agora, podemos combinar a Lei de Charles e a Lei de Boyle (completa com a correção do vapor de água) em uma equação para as condições STPD e BTPS. Primeiro, vamos considerar a correção STPD.

Correção STPD

Os volumes gasosos mensurados no laboratório em condições de temperatura e pressão ambientes são expressos como "ambient temperature pressure and saturated" (ATPS, saturação da temperatura e pressão ambientes). Isso significa que o volume do gás não é um volume padronizado, mas um volume sujeito às condições de temperatura e pressão ambientes. Conforme mencionado anteriormente, como as condições de ATPS podem variar de um laboratório para outro, existe uma necessidade de corrigir os volumes de $\dot{V}O_2$ e $\dot{V}CO_2$ para o valor de referência, STPD. A correção de um volume para STPD depende da padronização da temperatura para 0°C (273 K), da pressão para 760 mmHg (ao nível do mar) e de uma correção para pressão de vapor. Para simplificar, dividiremos o procedimento de correção do gás em duas partes: (1) correção da temperatura e (2) da pressão.

598 Apêndice A

1º passo: correção da temperatura. Considere-mos primeiro a correção da temperatura. Para isso, uti-lizamos a equação (9) (Lei de Charles):

$$V_2 = \frac{V_1 \cdot T_2}{T_1}$$

em que:

V_2 = volume corrigido à temperatura padrão (V_{ST})
V_1 = volume ATPS (V_{ATPS})
T_1 = temperatura absoluta no ambiente (273 K + T_a°C)
em que: T_a = temperatura ambiente
T_2 = temperatura absoluta padrão (273 K)

Portanto, a correção do volume de gás ATPS para V_{ST} é realizada utilizando-se a seguinte equação:

$$(13)\ V_{ST} = V_{ATPS}\left[\frac{273°}{(273° + T_a)}\right]$$

2º passo: correção da pressão barométrica e da pressão de vapor de água. Para corrigir a pressão ba-rométrica e a pressão de vapor, utilizamos a equação (12), em que:

V_1 = volume ATPS
V_2 = volume corrigido à pressão padrão e a seco (V_{SPD})
P_1 = pressão barométrica ambiente em mmHg
P_2 = pressão barométrica padrão (760 mmHg)
PH_2O = pressão parcial de vapor de água na tempe-ratura ambiente (ver Tabela A.1 para uma lista de pres-sões de vapor em diversas temperaturas ambientes)

Portanto, ao corrigir V_{SPD} a partir de volumes ATPS, a seguinte equação é utilizada:

$$(14)\ V_{SPD} = V_{ATPS}\left[\frac{P_1 - PH_2O}{760\ mmHg}\right]$$

Nesse ponto, estamos prontos para combinar a equação do fator de correção da temperatura (13) e a equação do fator de correção da pressão e da pressão de vapor (14) em uma só equação e calcular apenas um fator de correção STPD. Combinando as equações (13) e (14), chegamos a:

$$(15)\ V_{STPD} = V_{ATPS}\left[\frac{273°}{(273° + T_a)}\right]\left[\frac{(P_1 - PH_2O)}{760\ mmHg}\right]$$

Consideremos um problema hipotético para ilustrar a correção de volumes ATPS para volumes STPD.

Considerando-se:

V_{ATPS} = 90 litros
Temperatura laboratorial = 21°C
Pressão barométrica ambiente = 742 mmHg
Pressão de vapor de H_2O a 21°C (a partir da Tabela A.1) = 18,7 mmHg

Tabela A.1	Pressão de vapor de água como função da temperatura ambiente
Temperatura (°C)	**Pressão de vapor de água, de saturação [(PH_2O), mmHg)]**
18	15,5
19	16,5
20	17,5
21	18,7
22	19,8
23	21,1
24	22,4
25	23,8
26	25,2
27	26,7

Utilizando as condições do exemplo anterior e a equa-ção (15), a correção STPD seria a seguinte:

$$V_{STPD} = 90\left[\frac{273°}{(273° + 21°)}\right]\left[\frac{742 - 18,7}{760}\right] = 79,5\ litros\ STPD$$

É importante observar que, se os volumes dos gases ins-pirados forem mensurados e a umidade relativa do gás ins-pirado não for de 100%, a equação (15) deve ser modifica-da, multiplicando-se a umidade relativa (UR) do gás inspirado (expressada como uma fração) pela pressão par-cial de vapor de água na temperatura ambiente (p. ex., se a UR = 80%, então use 0,8 × PH_2O).

Correção BTPS

Conforme mencionado anteriormente, todos os volu-mes ventilatórios são corrigidos para as condições BTPS. Esse procedimento de correção é similar ao procedimen-to da correção STPD, com duas exceções: (1) a tempera-tura padrão é 310 K, em vez de 273 K (310° = 273 K + 37°C [temperatura central normal]). Essa correção é necessá-ria porque a temperatura corporal usualmente é maior do que a temperatura ambiente e resulta em um aumen-to do volume gasoso. (2) A pressão parcial da pressão de vapor na temperatura corporal é subtraída de P_1 na equação (14). Essa correção é necessária porque a pres-são parcial de vapor de água na temperatura corporal geralmente é superior à PH_2O em condições ambientes (i. e., a 37°C a PH_2O = 47 mmHg).

Portanto, a correção de ATPS para BTPS envolveria a seguinte equação:

$$(16)\ V_{BTPS} = V_{ATPS}\left[\frac{310°}{273° + T_a}\right]\left[\frac{P_1 - PH_2O}{P_1 - 47}\right]$$

Consideremos um exemplo de cálculo de conversão de V_{ATPS} para V_{BTPS} utilizando as seguintes condições:

Apêndice A   **599**

Temperatura do laboratório = 20°C
Pressão barométrica ambiente = 752 mmHg
PH_2O a 20°C = 17,5 mmHg
V_{ATPS} = 60 litros

Portanto:

$$V_{BTPS} = 60 \left[\frac{310°}{273° + 20°} \right] \left[\frac{752 - 17,5}{752 - 47} \right]$$

$$= 65,4 \text{ litros BTPS}$$

Problemas

1. Calcular $\dot{V}O_2$ e $\dot{V}CO_2$ a partir dos seguintes dados:

   $\dot{V}_E$ (ATPS) = 100 litros · min^{-1}
   F_EO_2 = 0,1768
   F_ECO_2 = 0,0351

Assuma que F_IO_2 = 0,2093 e F_ICO_2 = 0,0003
Temperatura ambiente = 21°C
Pressão barométrica = 749 mmHg

2. Calcular a razão de troca respiratória (R) a partir dos valores de $\dot{V}O_2$ e $\dot{V}CO_2$ calculados na questão 1.
3. Calcular V_{BTPS} e V_{STPD} a partir dos seguintes dados:

   V_{ATPS} = 45,3 litros
   Temperatura do laboratório = 19°C
   Pressão barométrica ambiente = 746 mmHg
   Temperatura corporal = 37°C

Respostas

1. $\dot{V}O_2$ = 2,73 litros · min^{-1}
   $\dot{V}CO_2$ = 3,54 litros · min^{-1}
2. R = 1,15
3. V_{BTPS} = 50,19 litros
   V_{STPD} = 40,65 litros

APÊNDICE B

Ingestão Alimentar de Referência: necessidades de energia estimadas

Necessidades de Energia Estimadas (EER) para homens e mulheres com 30 anos de idade[a]
Food and Nutrition Board, Institute of Medicine, National Academies

Estatura (m [pol])	NAF[b]	Peso para IMC[c] de 18,5 kg/m² (kg [lb])	Peso para IMC de 24,99 kg/m² (kg [lb])	EER, HOMENS[d] (kcal/dia)		EER, MULHERES[d] (kcal/dia)	
				IMC de 18,5 kg/m²	IMC de 24,99 kg/m²	IMC de 18,5 kg/m²	IMC de 24,99 kg/m²
1,50 (59)	Sedentário	41,6 (92)	56,2 (124)	1.848	2.080	1.625	1.762
	Pouco ativo			2.009	2.267	1.803	1.956
	Ativo			2.215	2.506	2.025	2.198
	Muito ativo			2.554	2.898	2.291	2.489
1,65 (65)	Sedentário	50,4 (111)	68,0 (150)	2.068	2.349	1.816	1.982
	Pouco ativo			2.254	2.566	2.016	2.202
	Ativo			2.490	2.842	2.267	2.477
	Muito ativo			2.880	3.296	2.567	2.807
1,80 (71)	Sedentário	59,9 (132)	81,0 (178)	2.301	2.635	2.015	2.211
	Pouco ativo			2.513	2.884	2.239	2.459
	Ativo			2.782	3.200	2.519	2.769
	Muito ativo			3.225	3.720	2.855	3.141

[a]Para cada ano abaixo dos 30, adicione 7 kcal/dia para mulheres e 10 kcal/dia para homens. Para cada ano acima dos 30, subtraia 7 kcal/dia para mulheres e 10 kcal/dia para homens.

[b]NAF – nível de atividade física.

[c]IMC – índice de massa corporal.

[d]Derivado das seguintes equações de regressão, com base em dados de água duplamente marcada:

Homem adulto: $EER = 662 - 9{,}53 \times idade\ (anos) + AF \times (15{,}91 \times peso\ [kg] + 539{,}6 \times ht\ [ml])$

Mulher adulta: $EER = 354 - 6{,}91 \times idade\ (anos) + AF \times (9{,}36 \times peso\ [kg] + 726 \times ht\ [ml])$

Em que AF se refere ao coeficiente para NAF

GET = gasto energético total ÷ gasto energético basal

$AF = 1{,}0$ se GET ≥ 1,0 < 1,4 (sedentário)

$AF = 1{,}12$ se GET ≥ 1,4 < 1,6 (pouco ativo)

$AF = 1{,}27$ se GET ≥ 1,6 < 1,9 (ativo)

$AF = 1{,}45$ se GET ≥ 1,9 < 2,5 (muito ativo)

Fonte: *Dietary Reference Intakes for Energy, Carbohydrate, Fiber, Fat, Fatty Acids, Cholesterol, Protein, and Amino Acids* (2002).

Reproduzido com permissão de Dietary Reference Intakes for Energy, Carbohydrates, Fiber, Fat, Fatty Acids, Cholesterol, Protein, and Amino Acids (Macronutrients))

Copyright © 2005 by the National Academy of Sciences, cortesia da National Academies Press, Washington, D.C.

APÊNDICE C

Ingestão Alimentar de Referência: vitaminas

Ingestão Alimentar de Referência (DRI): Ingestão Recomendada para Indivíduos, vitaminas
Food and Nutrition Board, Institute of Medicine, National Academies

Estágio da vida: Grupo	Vit A (μg/d)[a]	Vit C (mg/d)	Vit D (μg/d)[b,c]	Vit E (mg/d)[d]	Vit K (μg/d)	Tiamina (mg/d)
Bebês						
0–6 meses	400*	40*	5*	4*	2,0*	0,2*
7–12 meses	500*	50*	5*	5*	2,5*	0,3*
Crianças						
1–3 anos	**300**	**15**	5*	**6**	30*	**0,5**
4–8 anos	**400**	**25**	5*	**7**	55*	**0,6**
Homens						
9–13 anos	**600**	**45**	5*	**11**	60*	**0,9**
14–18 anos	**900**	**75**	5*	**15**	75*	**1,2**
19–30 anos	**900**	**90**	5*	**15**	120*	**1,2**
31–50 anos	**900**	**90**	5*	**15**	120*	**1,2**
51–70 anos	**900**	**90**	10*	**15**	120*	**1,2**
.70 anos	**900**	**90**	15*	**15**	120*	**1,2**
Mulheres						
9–13 anos	**600**	**45**	5*	**11**	60*	**0,9**
14–18 anos	**700**	**65**	5*	**15**	75*	**1,0**
19–30 anos	**700**	**75**	5*	**15**	90*	**1,1**
31–50 anos	**700**	**75**	5*	**15**	90*	**1,1**
51–70 anos	**700**	**75**	10*	**15**	90*	**1,1**
>70 anos	**700**	**75**	15*	**15**	90*	**1,1**
Gestação						
14–18 anos	**750**	**80**	5*	**15**	75*	**1,4**
19–30 anos	**770**	**85**	5*	**15**	90*	**1,4**
31–50 anos	**770**	**85**	5*	**15**	90*	**1,4**
Lactação						
14–18 anos	**1.200**	**115**	5*	**19**	75*	**1,4**
19–30 anos	**1.300**	**120**	5*	**19**	90*	**1,4**
31–50 anos	**1.300**	**120**	5*	**19**	90*	**1,4**

NOTA: Essa tabela (DRI Reports, www.nap.edu) apresenta as Recomendações de Ingestão Diária (RDA) em **negrito** e a Ingestão Adequada (IA) habitual seguida por um asterisco (*). RDA e IA podem ser utilizadas como metas para ingestão individual. RDA são estabelecidas para atendimento da maioria dos indivíduos (97–98%) de um grupo. Para bebês saudáveis lactentes, IA representa a ingestão média. Acredita-se que IA, para outros estágios da vida e grupos, seja suficiente para todos os indivíduos do grupo, entretanto a carência ou incerteza nos dados impede que sejamos capazes de determinar, com confiança, o percentual de indivíduos contemplados por essa ingestão.
[a]Como equivalentes da atividade do retinol (EAR). I EAR = I μg de retinol, 12 μg de β-caroteno, 24 μg de α-caroteno, ou 24 μg de β-criptoxantina. O EAR para carotenoides de provitamina A na alimentação equivale ao dobro dos equivalentes de retinol (ER), enquanto o EAR para vitamina A pré-formada é igual ao ER.
[b]Como colecalciferol. I μg de colecalciferol = 40 UI de vitamina D.
[c]Na ausência de exposição adequada à luz solar.
[d]Como α-tocoferol. α-Tocoferol consiste em RRR-α-tocoferol, a única forma de α-tocoferol que ocorre naturalmente em alimentos, e as formas 2R-estereoisoméricas de α-tocoferol (RRR-, RSR-, RRS- e RSS-α-tocoferol) que ocorrem em suplementos e alimentos enriquecidos. Não inclui as formas 2S-estereoisoméricas de α-tocoferol (SRR-, SSR-, SRS- e SSS-α-tocoferol), também encontradas em suplementos e alimentos enriquecidos.

Ingestão Alimentar de Referência (DRI): Ingestão Recomendada para Indivíduos, vitaminas
Food and Nutrition Board, Institute of Medicine, National Academies

Riboflavina (mg/d)	Niacina (mg/d)[e]	Vit B_6 (mg/d)	Folato (μg/d)[f]	Vit B_{12} (μg/d)	Ácido pantotênico (mg/d)	Biotina (μg/d)	Colina (mg/d)[g]
Bebês							
0,3*	2*	0,1*	65*	0,4*	1,7*	5*	125*
0,4*	4*	0,3*	80*	0,5*	1,8*	6*	150*
0,5	6	0,5	150	0,9	2*	8*	200*
0,6	8	0,6	200	1,2	3*	12*	250*
0,9	12	1,0	300	1,8	4*	20*	375*
1,3	16	1,3	400	2,4	5*	25*	550*
1,3	16	1,3	400	2,4	5*	30*	550*
1,3	16	1,3	400	2,4	5*	30*	550*
1,3	16	1,7	400	2,4[i]	5*	30*	550*
1,3	16	1,7	400	2,4[i]	5*	30*	550*
0,9	12	1,0	300	1,8	4*	20*	375*
1,0	14	1,2	400[i]	2,4	5*	25*	400*
1,1	14	1,3	400[i]	2,4	5*	30*	425*
1,1	14	1,3	400[i]	2,4	5*	30*	425*
1,1	14	1,5	400	2,4[h]	5*	30*	425*
1,1	14	1,5	400	2,4[h]	5*	30*	425*
1,4	18	1,9	600[j]	2,6	6*	30*	450*
1,4	18	1,9	600[j]	2,6	6*	30*	450*
1,4	18	1,9	600[j]	2,6	6*	30*	450*
1,6	17	2,0	500	2,8	7*	35*	550*
1,6	17	2,0	500	2,8	7*	35*	550*
1,6	17	2,0	500	2,8	7*	35*	550*

[e]Como equivalentes de niacina (EN). 1 mg de niacina = 60 mg de triptofano; 0–6 meses = niacina pré-formada (não EN).

[f]Como equivalentes de folato alimentar (EFA). 1 EFA = 1 μg de folato alimentar = 0,6 μg de ácido fólico de alimento enriquecido, ou como suplemento consumido com o alimento = 0,5 μg de um suplemento com estômago vazio.

[g]Embora tenham sido estabelecidos IA para colina, são poucos os dados para avaliar se há necessidade de um suplemento alimentar de colina em todos os estágios do ciclo da vida, e pode ocorrer que a necessidade de colina seja atendida pela síntese endógena em alguns desses estágios.

[h]Tendo em vista que 10 a 30% dos idosos têm dificuldades em absorver a vitamina B_{12} fornecida pelo alimento, é aconselhável que as pessoas com mais de 50 anos atinjam suas RDA principalmente pelo consumo de alimentos enriquecidos com vit. B_{12} ou de um suplemento contendo B_{12}.

[i]Em vista das evidências que relacionam o consumo de folato com defeitos do tubo neural no feto, é recomendável que todas as mulheres capazes de engravidar consumam 400 μg de suplementos ou alimentos enriquecidos, além do consumo do folato alimentar proveniente de uma dieta variada.

[j]Assume-se que as mulheres continuarão a consumir 400 μg de suplementos ou alimentos enriquecidos até que a gestação seja confirmada e que elas comecem os cuidados do pré-natal, o que comumente ocorre depois do final do período periconcepcional – a época crítica para a formação do tubo neural.

Copyright © 2004 pela National Academy of Sciences. Todos os direitos reservados. Reproduzido com permissão de (Dietary Reference Intakes for Energy, Carbohydrates, Fiber, Fat, Fatty Acids, Cholesterol, Protein, and Amino Acids (Macronutrients)) © 2005 pela National Academy of Sciences, cortesia da National Academies Press, Washington, D.C.

APÊNDICE D

Ingestão Alimentar de Referência: minerais e elementos

Ingestão Alimentar de Referência (DRI): Ingestão Recomendada para Indivíduos, Elementos
Food and Nutrition Board, Institute of Medicine, National Academies

Estágio da vida: Grupo	Cálcio (mg/d)	Crômo (mg/d)	Cobre (mg/d)	Fluoreto (mg/d)	Iodo (mg/d)	Ferro (mg/d)	Magnésio (mg/d)
Bebês							
0–6 meses	210*	0,2*	200*	0,01*	110*	0,27*	30*
7–12 meses	270*	5,5*	220*	0,5*	130*	11	75*
Crianças							
1–3 anos	500*	11*	**340**	0,7*	**90**	**7**	**80**
4–8 anos	800*	15*	**440**	1*	**90**	**10**	**130**
Homens							
9–13 anos	1.300*	25*	**700**	2*	**120**	**8**	**240**
14–18 anos	1.300*	35*	**890**	3*	**150**	**11**	**410**
19–30 anos	1.000*	35*	**900**	4*	**150**	**8**	**400**
31–50 anos	1.000*	35*	**900**	4*	**150**	**8**	**420**
51–70 anos	1.200*	30*	**900**	4*	**150**	**8**	**420**
>70 anos	1.200*	30*	**900**	4*	**150**	**8**	**420**
Mulheres							
9–13 anos	1.300*	21*	**700**	2*	**120**	**8**	**240**
14–18 anos	1.300*	24*	**890**	3*	**150**	**15**	**360**
19–30 anos	1.000*	25*	**900**	3*	**150**	**18**	**310**
31–50 anos	1.000*	25*	**900**	3*	**150**	**18**	**320**
51–70 anos	1.200*	20*	**900**	3*	**150**	**8**	**320**
>70 anos	1.200*	20*	**900**	3*	**150**	**8**	**320**
Gestação							
14–18 anos	1.300*	29*	**1.000**	3*	**220**	**27**	**400**
19–30 anos	1.000*	30*	**1.000**	3*	**220**	**27**	**350**
31–50 anos	1.000*	30*	**1.000**	3*	**220**	**27**	**360**
Lactação							
14–18 anos	1.300*	44*	**1.300**	3*	**290**	**10**	**360**
19–30 anos	1.000*	45*	**1.300**	3*	**290**	**9**	**310**
31–50 anos	1.000*	45*	**1.300**	3*	**290**	**9**	**320**

NOTA: Esta tabela apresenta as Recomendações de Ingestão Diária (RDA) em negrito e a Ingestão Adequada (IA) habitual seguida por um asterisco (*). RDA e IA podem ser utilizadas como metas para ingestão individual. RDA são estabelecidas para atendimento da maioria dos indivíduos (97–98%) de um grupo. Para bebês saudáveis lactentes, IA representa a ingestão média. Acredita-se que ela, para outros estágios da vida e grupos, seja suficiente para todos os indivíduos do grupo, entretanto a carência ou incerteza nos dados impede que sejamos capazes de determinar, com confiança, o percentual de indivíduos contemplados por essa ingestão.

Fontes: Dietary Reference Intakes for Calcium, Phosphorous, Magnesium, Vitamin D, and Fluoride (1997); Dietary Reference Intakes for Thiamin, Riboflavin, Niacin, Vitamin B6, Folate, Vitamin B12, Pantothenic Acid, Biotin, and Choline (1998); Dietary Reference Intakes for Vitamin C, Vitamin E, Selenium, and Carotenoids (2000); Dietary Reference Intakes for Vitamin A, Vitamin K, Arsenic, Boron, Chromium, Copper, Iodine, Iron, Manganese, Molybdenum, Nickel, Silicon, Vanadium, and Zinc (2001); e Dietary Reference Intakes for Water, Potassium, Sodium, Chloride, and Sulfate (2004). Esses relatórios podem ser acessados em http://www.nap.edu.

Copyright © 2004 by the National Academy of Sciences. Todos os direitos reservados.

Manganês (mg/d)	Molibdênio (μg/d)	Fósforo (mg/d)	Selênio (μg/d)	Zinco (mg/d)	Potássio (g/d)	Sódio (g/d)	Cloreto (g/d)
0,003*	2*	100*	15*	2*	0,4*	0,12*	0,18*
0,6*	3*	275*	20*	3	0,7*	0,37*	0,57*
1,2*	17	460	20	3	3,0*	1,0*	1,5*
1,5*	22	500	30	5	3,8*	1,2*	1,9*
1,9*	34	1.250	40	8	4,5*	1,5*	2,3*
2,2*	43	1.250	55	11	4,7*	1,5*	2,3*
2,3*	45	700	55	11	4,7*	1,5*	2,3*
2,3	45	700	55	11	4,7*	1,5*	2,3*
2,3*	45	700	55	11	4,7*	1,3*	2,0*
2,3*	45	700	55	11	4,7*	1,2*	1,8*
1,6*	34	1.250	40	8	4,5*	1,5*	2,3*
1,6*	43	1.250	55	9	4,7*	1,5*	2,3*
1,8*	45	700	55	8	4,7*	1,5*	2,3*
1,8*	45	700	55	8	4,7*	1,5*	2,3*
1,8*	45	700	55	8	4,7*	1,3*	2,0*
1,8*	45	700	55	8	4,7*	1,2*	1,8*
2,0*	50	1.250	60	12	4,7*	1,5*	2,3*
2,0*	50	700	60	11	4,7*	1,5*	2,3*
2,0*	50	700	60	11	4,7*	1,5*	2,3*
2,6*	50	1.250	70	13	5,1*	1,5*	2,3*
2,6*	50	700	70	12	5,1*	1,5*	2,3*
2,6*	50	700	70	12	5,1*	1,5*	2,3*

APÊNDICE E

Ingestão Alimentar de Referência: macronutrientes

Ingestão Alimentar de Referência (DRI): Ingestão Recomendada para Indivíduos, Macronutrientes
Food and Nutrition Board, Institute of Medicine, National Academies

Estágio da vida: Grupo	Água total[a] (L/d)	Carboidrato (g/d)	Fibra total (g/d)	Gordura (g/d)	Ácido linoleico (g/d)	Ácido α-linolênico (g/d)	Proteína[b] (g/d)
Bebês							
0–6 meses	0,7*	60*	ND	31*	4,4*	0,5*	9,1*
7–12 meses	0,8*	95*	ND	30*	4,6*	0,5*	**11,0[c]**
Crianças							
1–3 anos	1,3*	**130**	19*	ND	7*	0,7*	**13**
4–8 anos	1,7*	**130**	25*	ND	10*	0,9*	**19**
Homens							
9–13 anos	2,4*	**130**	31*	ND	12*	1,2*	**34**
14–18 anos	3,3*	**130**	38*	ND	16*	1,6*	**52**
19–30 anos	3,7*	**130**	38*	ND	17*	1,6*	**56**
31–50 anos	3,7*	**130**	38*	ND	17*	1,6*	**56**
51–70 anos	3,7*	**130**	30*	ND	14*	1,6*	**56**
> 70 anos	3,7*	**130**	30*	ND	14*	1,6*	**56**
Mulheres							
9–13 anos	2,1*	**130**	26*	ND	10*	1,0*	**34**
14–18 anos	2,3*	**130**	26*	ND	11*	1,1*	**46**
19–30 anos	2,7*	**130**	25*	ND	12*	1,1*	**46**
31–50 anos	2,7*	**130**	25*	ND	12*	1,1*	**46**
51–70 anos	2,7*	**130**	21*	ND	11*	1,1*	**46**
> 70 anos	2,7*	**130**	21*	ND	11*	1,1*	**46**
Gestação							
14–18 anos	3,0*	**175**	28*	ND	13*	1,4*	**71**
19–30 anos	3,0*	**175**	28*	ND	13*	1,4*	**71**
31–50 anos	3,0*	**175**	28*	ND	13*	1,4*	**71**
Lactação							
14–18 anos	3,8*	**210**	29*	ND	13*	1,3*	**71**
19–30 anos	3,8*	**210**	29*	ND	13*	1,3*	**71**
31–50 anos	3,8*	**210**	29*	ND	13*	1,3*	**71**

NOTA: Essa tabela apresenta as Recomendações de Ingestão Diária (RDA) em **negrito**, e a Ingestão Adequada (IA) habitual seguida por um asterisco (*). RDA e IA podem ser utilizadas como metas para ingestão individual. RDA são estabelecidas para atendimento da maioria dos indivíduos (97–98%) de um grupo. Para bebês saudáveis lactentes, IA representa a ingestão média. Acredita-se que IA, para outros estágios da vida e grupos, seja suficiente para todos os indivíduos do grupo, entretanto a carência ou a incerteza nos dados impede que sejamos capazes de determinar, com confiança, o percentual de indivíduos contemplados por essa ingestão.

[a]Água total = toda a água contida nos alimentos, bebidas e água potável.

[b]Com base em 0,8 g/kg de peso corporal para peso corporal de referência.

[c]Mudança de 13,5 na cópia pré-publicação, em razão de erro de cálculo.

Reproduzido com permissão de Dietary Reference Intakes for Energy, Carbohydrates, Fiber, Fat, Fatty Acids, Cholesterol, Protein, and Amino Acids (Macronutrients). Copyright © 2005 by the National Academy of Sciences, cortesia da National Academies Press, Washington, D.C.

Ingestão Alimentar de Referência (DRI): Ingestão Recomendada para Indivíduos, Macronutrientes
Food and Nutrition Board, Institute of Medicine, National Academies

Macronutriente	Recomendação
Colesterol na alimentação	O mais baixo possível, no consumo de uma dieta nutricionalmente adequada
Ácidos graxos trans	O mais baixo possível, no consumo de uma dieta nutricionalmente adequada
Ácidos graxos saturados	O mais baixo possível, no consumo de uma dieta nutricionalmente adequada
Açúcares adicionados	Limitar a não mais que 25% da energia total

FONTE: *Dietary Reference Intakes for Energy, Carbohydrate, Fiber, Fat, Fatty Acids, Cholesterol, Protein, and Amino Acids.*

APÊNDICE F

Estimativa do percentual de gordura para homens: somatória das dobras cutâneas do tríceps, do peitoral e do subescapular

Somatório de dobras cutâneas (mm)	Idade até o último ano								
	Menos de 22	23–27	28–32	33–37	38–42	43–47	48–52	53–57	Mais de 57
8–10	1,5	2,0	2,5	3,1	3,6	4,1	4,6	5,1	5,6
11–13	3,0	3,5	4,0	4,5	5,1	5,6	6,1	6,6	7,1
14–16	4,5	5,0	5,5	6,0	6,5	7,0	7,6	8,1	8,6
17–19	5,9	6,4	6,9	7,4	8,0	8,5	9,0	9,5	10,0
20–22	7,3	7,8	8,3	8,8	9,4	9,9	10,4	10,9	11,4
23–25	8,6	9,2	9,7	10,2	10,7	11,2	11,8	12,3	12,8
26–28	10,0	10,5	11,0	11,5	12,1	12,6	13,1	13,6	14,2
29–31	11,2	11,8	12,3	12,8	13,4	13,9	14,4	14,9	15,5
32–34	12,5	13,0	13,5	14,1	14,6	15,1	15,7	16,2	16,7
35–37	13,7	14,2	14,8	15,3	15,8	16,4	16,9	17,4	18,0
38–40	14,9	15,4	15,9	16,5	17,0	17,6	18,1	18,6	19,2
41–43	16,0	16,6	17,1	17,6	18,2	18,7	19,3	19,8	20,3
44–46	17,1	17,7	18,2	18,7	19,3	19,8	20,4	20,9	21,5
47–49	18,2	18,7	19,3	19,8	20,4	20,9	21,4	22,0	22,5
50–52	19,2	19,7	20,3	20,8	21,4	21,9	22,5	23,0	23,6
53–55	20,2	20,7	21,3	21,8	22,4	22,9	23,5	24,0	24,6
56–58	21,1	21,7	22,2	22,8	23,3	23,9	24,4	25,0	25,5
59–61	22,0	22,6	23,1	23,7	24,2	24,8	25,3	25,9	26,5
62–64	22,9	23,4	24,0	24,5	25,1	25,7	26,2	26,8	27,3
65–67	23,7	24,3	24,8	25,4	25,9	26,5	27,1	27,6	28,2
68–70	24,5	25,0	25,6	26,2	26,7	27,3	27,8	28,4	29,0
71–73	25,2	25,8	26,3	26,9	27,5	28,0	28,6	29,1	29,7
74–76	25,9	26,5	27,0	27,6	28,2	28,7	29,3	29,9	30,4
77–79	26,6	27,1	27,7	28,2	28,8	29,4	29,9	30,5	31,1
80–82	27,2	27,7	28,3	28,9	29,4	30,0	30,6	31,1	31,7
83–85	27,7	28,3	28,8	29,4	30,0	30,5	31,1	31,7	32,3
86–88	28,2	28,8	29,4	29,9	30,5	31,1	31,6	32,2	32,8
89–91	28,7	29,3	29,8	30,4	31,0	31,5	32,1	32,7	33,3
92–94	29,1	29,7	30,3	30,8	31,4	32,0	32,6	33,1	33,4
95–97	29,5	30,1	30,6	31,2	31,8	32,4	32,9	33,5	34,1
98–100	29,8	30,4	31,0	31,6	32,1	32,7	33,3	33,9	34,4
101–103	30,1	30,7	31,3	31,8	32,4	33,0	33,6	34,1	34,7
104–106	30,4	30,9	31,5	32,1	32,7	33,2	33,8	34,4	35,0
107–109	30,6	31,1	31,7	32,3	32,9	33,4	34,0	34,6	35,2
110–112	30,7	31,3	31,9	32,4	33,0	33,6	34,2	34,7	35,3
113–115	30,8	31,4	32,0	32,5	33,1	33,7	34,3	34,9	35,4
116–118	30,9	31,5	32,0	32,6	33,2	33,8	34,3	34,9	35,5

De A. S. Jackson e M. L. Pollock, "Practical Assessment of Body Composition" in *The Physician and Sportsmedicine*, 13(5):85, 1985. Copyright © 1985 McGraw-Hill Healthcare Group, Minneapolis, MN. Reproduzido com permissão.

APÊNDICE G

Estimativa do percentual de gordura para mulheres: somatória das dobras cutâneas do tríceps, do abdome e da suprailíaca

Somatório de dobras cutâneas (mm)	Idade até o último ano								
	18–22	23–27	28–32	33–37	38–42	43–47	48–52	53–57	Mais de 57
8–12	8,8	9,0	9,2	9,4	9,5	9,7	9,9	10,1	10,3
13–17	10,8	10,9	11,1	11,3	11,5	11,7	11,8	12,0	12,2
18–22	12,6	12,8	13,0	13,2	13,4	13,5	13,7	13,9	14,1
23–27	14,5	14,6	14,8	15,0	15,2	15,4	15,6	15,7	15,9
28–32	16,2	16,4	16,6	16,8	17,0	17,1	17,3	17,5	17,7
33–37	17,9	18,1	18,3	18,5	18,7	18,9	19,0	19,2	19,4
38–42	19,6	19,8	20,0	20,2	20,3	20,5	20,7	20,9	21,1
43–47	21,2	21,4	21,6	21,8	21,9	22,1	22,3	22,5	22,7
48–52	22,8	22,9	23,1	23,3	23,5	23,7	23,8	24,0	24,2
53–57	24,2	24,4	24,6	24,8	25,0	25,2	25,3	25,5	25,7
58–62	25,7	25,9	26,0	26,2	26,4	26,6	26,8	27,0	27,1
63–67	27,1	27,2	27,4	27,6	27,8	28,0	28,2	28,3	28,5
68–72	28,4	28,6	28,7	28,9	29,1	29,3	29,5	29,7	29,8
73–77	29,6	29,8	30,0	30,2	30,4	30,6	30,7	30,9	31,1
78–82	30,9	31,0	31,2	31,4	31,6	31,8	31,9	32,1	32,3
83–87	32,0	32,2	32,4	32,6	32,7	32,9	33,1	33,3	33,5
88–92	33,1	33,3	33,5	33,7	33,8	34,0	34,2	34,4	34,6
93–97	34,1	34,3	34,5	34,7	34,9	35,1	35,2	35,4	35,6
98–102	35,1	35,3	35,5	35,7	35,9	36,0	36,2	36,4	36,6
103–107	36,1	36,2	36,4	36,6	36,8	37,0	37,2	37,3	37,5
108–112	36,9	37,1	37,3	37,5	37,7	37,9	38,0	38,2	38,4
113–117	37,8	37,9	38,1	38,3	39,2	39,4	39,6	39,8	39,2
118–122	38,5	38,7	38,9	39,1	39,4	39,6	39,8	40,0	40,0
123–127	39,2	39,4	39,6	39,8	40,0	40,1	40,3	40,5	40,7
128–132	39,9	40,1	40,2	40,4	40,6	40,8	41,0	41,2	41,3
133–137	40,5	40,7	40,8	41,0	41,2	41,4	41,6	41,7	41,9
138–142	41,0	41,2	41,4	41,6	41,7	41,9	42,1	42,3	42,5
143–147	41,5	41,7	41,9	42,0	42,2	42,4	42,6	42,8	43,0
148–152	41,9	42,1	42,3	42,4	42,6	42,8	43,0	43,2	43,4
153–157	42,3	42,5	42,6	42,8	43,0	43,2	43,4	43,6	43,7
158–162	42,6	42,8	43,0	43,1	43,3	43,5	43,7	43,9	44,1
163–167	42,9	43,0	43,2	43,4	43,6	43,8	44,0	44,1	44,3
168–172	43,1	43,2	43,4	43,6	43,8	44,0	44,2	44,3	44,5
173–177	43,2	43,4	43,6	43,8	43,9	44,1	44,3	44,5	44,7
178–182	43,3	43,5	43,7	43,8	44,0	44,2	44,4	44,6	44,8

De A. S. Jackson e M. L. Pollock, "Practical Assessment of Body Composition" in *The Physician and Sportsmedicine*, 13(5):85, 1985. Copyright © 1985 McGraw-Hill Healthcare Group, Minneapolis, MN. Reproduzido com permissão.

Glossário

ação concêntrica ocorre quando um músculo é ativado e encurta.

ação excêntrica ocorre quando o músculo é ativado e força é produzida, mas o músculo alonga.

ação muscular termo usado para descrever movimentos musculares (p. ex., encurtamento *versus* alongamento).

ácido forte um ácido que ioniza completamente quando dissolvido em água para gerar H^+ e seu ânion.

ácido graxo livre (AGL) tipo de gordura que se combina com glicerol para formar triglicerídios. O AGL é utilizado como fonte de energia.

ácidos compostos capazes de doar íons hidrogênio em uma solução.

acidose aumento anormal na concentração de íons hidrogênio no sangue (p. ex., pH arterial inferior a 7,35).

aclimatação alteração que ocorre em resposta a repetido estresse ambiental e resulta em melhor função de um sistema homeostático existente. Em geral, a aclimatação costuma ser usada em referência a uma rápida adaptação fisiológica que ocorre dentro de dias até poucas semanas.

aclimatização adaptação gradual a longo prazo de um organismo (p. ex., humanos) a uma alteração no ambiente (p. ex., exposição ao calor). A aclimatização resulta na melhora da função de um sistema homeostático existente. Embora a aclimatação e a aclimatização sejam termos similares, a aclimatização é geralmente usada para descrever uma adaptação fisiológica gradual que ocorre dentro de meses ou anos de exposição a um estresse ambiental.

acromegalia condição causada pela hipersecreção de hormônio do crescimento pela glândula hipófise; caracterizada pelo alargamento das extremidades, como mandíbula, nariz e dedos.

actina proteína estrutural do músculo que trabalha com a miosina para permitir a contração muscular.

adenilato ciclase enzima encontrada nas membranas celulares que catalisa a conversão de ATP em AMP cíclico.

adrenalina hormônio sintetizado pela medula suprarrenal; também chamado *epinefrina*.

aeróbio na presença de oxigênio.

alcalose aumento anormal na concentração sanguínea de íons OH^-, que resulta em aumentos no pH arterial acima de 7,45.

aldosterona hormônio corticosteroide envolvido na regulação do equilíbrio eletrolítico.

alongamento dinâmico alongamento que envolve movimento controlado.

alongamento estático procedimento de alongamento no qual o músculo é alongado e mantido na posição de alongamento por 10 a 30 s; em contraste ao alongamento dinâmico, o qual envolve movimento.

alvéolos sacos microscópicos de ar localizados nos pulmões, onde ocorre a troca gasosa entre os gases respiratórios e o sangue.

amenorreia ausência de menstruação.

AMP cíclico substância produzida a partir do ATP por meio da ação da adenilato ciclase; altera diversos processos químicos na célula.

AMPK (proteína quinase ativada por 5'monofosfato de adenosina) importante molécula sinalizadora que é ativada durante o exercício em função de alterações nos níveis de fosfato/níveis energéticos na fibra muscular. A AMPK regula diversas vias de produção de energia no músculo pelo estímulo do consumo de glicose e oxidação de ácidos graxos durante o exercício e também é relacionada ao controle da expressão gênica por meio da ativação de fatores de transcrição associados a oxidação de ácidos graxos e biogênese mitocondrial.

anaeróbio ausência de oxigênio.

andrógenos hormônios sexuais masculinos sintetizados pelos testículos e em quantidades limitadas no córtex suprarrenal. Esteroides que possuem efeitos masculinizantes.

angina de peito dor no peito causada pela redução no fluxo de sangue (isquemia) para o miocárdio.

angioplastia coronariana transluminal percutânea (ACTP) cateter com ponta arredondada que é inserido em uma artéria coronária bloqueada e que empurra a placa de volta para a parede da artéria a fim de abrir o vaso sanguíneo.

angiotensina I e II esses compostos são polipeptídios formados pela clivagem de uma proteína (angiotensinogênio) pela ação da enzima renina, produzida pelos rins, e pela enzima conversora, produzida nos pulmões.

anorexia nervosa distúrbio alimentar caracterizado pela perda rápida de peso decorrente da incapacidade de consumir quantidades adequadas de alimento.

aparato vestibular órgão sensitivo que consiste em três canais semicirculares que fornecem informações necessárias sobre a posição do corpo para manutenção da postura.

apófises locais de inserção musculotendínea nos ossos.

arritmia atividade elétrica anormal do coração (p. ex., contração ventricular prematura).

artérias vasos amplos que transportam sangue arterializado para fora do coração.

arteríolas pequena ramificação de uma artéria que se comunica com uma rede de capilares.

aterosclerose condição patológica na qual substâncias gordurosas aderem na camada (íntima) das artérias.

atividade física caracteriza todo o tipo de movimento humano; associada com atividades diárias, trabalho, brincadeiras e exercício.

ATPase enzima capaz de quebrar o ATP em $ADP + P_i + $ energia.

autorregulação mecanismo pelo qual um órgão regula o fluxo de sangue para equilibrar a taxa metabólica.

axônio fibra nervosa que conduz um impulso nervoso para longe do corpo celular axônico.

base forte uma base (substância alcalina) que ioniza completamente quando dissolvida em água para gerar OH^- e seu cátion.

bases compostos que ionizam em água e liberam íons hidroxila (OH^-) ou outros íons capazes de se combinar com íons hidrogênio.

betaoxidação quebra de ácidos graxos livres (AGL) para formar acetil-CoA.

bioenergética processo químico envolvido com a produção de ATP celular.

biologia molecular ramo da bioquímica envolvido com o estudo da estrutura e função do gene.

bradicardia frequência cardíaca de repouso menor do que 60 bpm.

bulimia distúrbio alimentar caracterizado pelo consumo de alimento seguido de regurgitação forçada.

cadeia de transporte de elétrons uma série de citocromos na mitocôndria responsável pela fosforilação oxidativa.

cãibras decorrentes do calor cãibras musculares dolorosas no abdome, pernas ou braços após atividade extenuante no calor; deve-se usar pressão direta sobre a cãibra, alongamento muscular e massagem suave com gelo.

Glossário **611**

calcioneurina uma fosfatase ativada por aumentos de cálcio no citosol; ela participa em diversas respostas adaptativas no músculo, incluindo o crescimento/regeneração muscular e a transição de fibras de contração rápida para lenta que ocorre como resultado do treinamento.

calcitonina hormônio liberado pela glândula tireoide, o qual desempenha um papel modesto no metabolismo do cálcio.

calmodulina quinase dependente de calmodulina (CaMK) é ativada durante o exercício de maneira intensidade-dependente. Esta importante quinase exerce influência na adaptação muscular induzida pelo exercício ao contribuir com a ativação do PGC-1-α. A sinalização primária de ativação da CaMK é o aumento nos níveis citosólicos de cálcio.

calorimetria direta avaliação da taxa metabólica corporal pela mensuração direta da quantidade de calor produzido.

calorimetria indireta estimação da produção de calor ou energia com base no consumo de oxigênio, na produção de dióxido de carbono e na excreção de nitrogênio.

câmera hiperbárica câmera na qual a pressão absoluta é aumentada acima da pressão atmosférica.

capacidade pulmonar total (CPT) o volume total de ar contido nos pulmões; igual à soma da capacidade vital (CV) e do volume residual.

capacidade vital (CV) o volume de ar que pode ser deslocado para dentro ou para fora dos pulmões em uma respiração; igual à soma dos volumes de reserva inspiratório e expiratório e volume corrente.

capilares vasos sanguíneos microscópicos que se conectam a arteríolas e vênulas. Porção do sistema vascular onde ocorre a troca gasosa entre sangue e tecido.

cartilagem articular cartilagem que cobre as extremidades dos ossos em uma articulação sinovial.

catecolaminas compostos orgânicos, incluindo a adrenalina, a noradrenalina e a dopamina.

célula de Schwann a célula que circunda as fibras dos nervos periféricos, formando a bainha de mielina.

células *natural killers* parte importante do sistema imune inato porque são "matadoras" versáteis de agentes estranhos, incluindo bactérias, vírus, células cancerígenas e outros invasores indesejáveis no corpo.

células-satélites células indiferenciadas encontradas adjacentes às fibras musculares esqueléticas. Essas células podem fundir-se com fibras musculares existentes e contribuir para o crescimento muscular (hipertrofia). Também é possível que essas fibras possam diferenciar-se e formar uma nova fibra muscular após uma lesão muscular.

centro de controle cardiovascular área da medula que regula o sistema cardiovascular.

centro de integração porção de um sistema de controle biológico que processa a informação dos receptores e produz uma resposta apropriada relativa a seu ponto de definição.

cerebelo porção do encéfalo responsável pela coordenação fina do músculo esquelético durante o movimento.

cérebro aspecto superior do encéfalo que ocupa a cavidade craniana superior. Contém o córtex motor.

cetose acidose sanguínea causada pela produção de corpos cetônicos (p. ex., ácido acetoacético) quando a mobilização de ácidos graxos é aumentada, como no diabetes descontrolado.

choque insulínico condição causada pelo excesso de insulina, que causa hipoglicemia imediata; sintomas incluem tremores, tonturas e, possivelmente, convulsões.

ciclo de Cori ciclo de conversão do lactato em glicose entre o músculo e o fígado.

ciclo de Krebs via metabólica mitocondrial na qual a energia é transferida dos carboidratos, gorduras e aminoácidos para o NAD para produção subsequente de ATP na cadeia transportadora de elétrons.

cicloergômetro bicicleta estacionária para exercício que permite mensuração precisa da produção de trabalho.

cinestesia percepção de movimento obtida pela informação sobre a posição e taxa de movimento das articulações.

circuito pulmonar a porção do sistema cardiovascular envolvida na circulação sanguínea do ventrículo direito para os pulmões e de volta para o átrio esquerdo.

cirurgia de revascularização do miocárdio reposição de artérias coronárias bloqueadas por outros vasos que permitem o fluxo de sangue para o miocárdio.

cisterna terminal porção do retículo sarcoplasmático próxima dos túbulos transversos que contém o Ca^{++} que é liberado com a despolarização do músculo; também chamada *saco lateral*.

citoplasma conteúdo da célula que circunda o núcleo. Em células musculares, é chamado de *sarcoplasma*.

citoquinas mensageiros hormonais que regulam o sistema imune por facilitarem a comunicação com outras células dentro do sistema imune.

clo unidade que descreve a qualidade de isolamento de uma roupa.

colesterol lipídio com 27 carbonos que pode ser sintetizado nas células ou consumido pela dieta. O colesterol serve como precursor de hormônios esteroides e desempenha um papel no desenvolvimento da aterosclerose.

coleta de sangue simulada tratamento experimental no início de um experimento com *doping* sanguíneo no qual uma agulha é colocada na veia, mas o sangue não é retirado.

coma diabético estado de inconsciência induzido pela falta de insulina.

comando central controle dos sistemas cardiovascular ou respiratório por impulsos corticais.

compensação respiratória o tamponamento do excesso de H^+ no sangue pelo bicarbonato (HCO_3^-) do plasma e a elevação associada na ventilação para exalar o dióxido de carbono (CO_2) resultante.

condicionamento físico termo amplo que descreve níveis saudáveis de função cardiovascular, força e flexibilidade; o condicionamento é específico à atividade realizada.

condução transferência de calor de objetos mais quentes para mais frios que estão em contato um com o outro. Este termo também pode ser usado em associação com a condução de impulsos nervosos.

condutividade capacidade de condução.

consumo adequado (CA) recomendações de consumo de nutrientes quando não há informação suficiente disponível para estabelecer um padrão de Recomendações de Ingestão Diária (RDA).

consumo máximo de oxigênio ($\dot{V}O_{2máx}$) maior taxa de consumo de oxigênio pelo corpo mensurada durante exercício dinâmico intenso, em geral em cicloergômetro ou esteira rolante; depende do débito cardíaco máximo e da diferença arteriovenosa de oxigênio máxima.

contração resposta geradora de tensão após a aplicação de um único estímulo no músculo.

convecção transmissão de calor de um objeto para outro pela circulação de moléculas aquecidas.

corpo celular o soma, ou maior porção do corpo de uma célula nervosa. Contém o núcleo.

corpos aórticos receptores localizados no arco da aorta que são capazes de detectar alterações na PO_2 arterial.

corpos carótidos quimioceptores localizados na artéria carótida interna; respondem a alterações no PO_2 arterial, PCO_2 e pH.

córtex motor porção do córtex cerebral que contém motoneurônios mais amplos cujo axônio desce para os centros cerebrais inferiores e a medula espinal; associado com o controle voluntário do movimento.

córtex suprarrenal porção externa da glândula suprarrenal. Sintetiza e secreta hormônios corticosteroides, como cortisol, aldosterona e andrógenos.

cortisol glicocorticoide secretado pelo córtex suprarrenal estimulado pelo hormônio adrenocorticotrófico (ACTH).

cromolina sódica (cromoglicato de sódio) droga usada para estabilizar a membrana dos mastócitos e prevenir crises de asma.

débito cardíaco quantidade de sangue bombeada pelo coração por unidade de tempo; igual ao produto da frequência cardíaca pelo volume sistólico.

débito de oxigênio o consumo de oxigênio elevado pós-exercício (*ver* EPOC); relacionado com a reposição da fosfocreatina, ressíntese de lactato em glicose, temperatura corporal elevada, catecolaminas, frequência cardíaca, respiração, etc.

deficiência carência de algum nutriente essencial.

déficit de oxigênio refere-se ao atraso no consumo de oxigênio no início do exercício.

dendritos porção da fibra nervosa que transmite potenciais de ação em direção ao corpo da célula nervosa.

densidade corporal total mensuração da razão peso-volume do corpo inteiro; valores elevados são associados com baixa gordura corporal.

densidade de nutriente o grau de nutriente determinado que um alimento possui, por exemplo, proteína, em relação ao número de quilocalorias.

depressão do segmento ST uma alteração eletrocardiográfica (ECG) que reflete uma isquemia (fluxo sanguíneo inadequado) no músculo cardíaco; indicativo de doença coronariana.

desoxiemoglobina hemoglobina (Hb) quando não está em combinação com oxigênio.

diabetes melito condição caracterizada pela elevação dos níveis de glicose sanguínea em resposta à existência de nível inadequado de insulina. Diabéticos tipo 1 são insulino-dependentes, enquanto diabéticos tipo 2 são resistentes à insulina.

diacilglicerol molécula derivada de um fosfolipídio ligado à membrana, fosfatidilinositol, que ativa a proteína quinase C e altera a atividade celular.

diafragma principal músculo respiratório responsável pela inspiração. Tem forma de cúpula – separa a cavidade torácica da cavidade abdominal.

diástole período de enchimento do coração entre contrações (i. e., fase de repouso do coração).

difosfato de adenosina (ADP) molécula que se combina com o fosfato inorgânico (P_i) para formar ATP.

difusão movimento aleatório de moléculas de uma área de alta concentração para uma área de baixa concentração.

dinâmica refere-se a uma ação muscular isotônica.

dinamômetro aparelho utilizado para mensurar a produção de força (p. ex., usado na mensuração da força muscular).

discos intercalados porção da célula muscular cardíaca onde uma célula se conecta com outra.

dismenorreia menstruação dolorosa.

dispneia dificuldade respiratória ou falta de ar. Pode ser decorrente de vários tipos de doenças pulmonares ou cardíacas.

distúrbios de condução referem-se a uma lentidão ou um bloqueio de ondas de despolarização no coração (p. ex., bloqueio AV de primeiro grau ou bloqueio de ramificação).

doenças degenerativas doenças não infecciosas que resultam em declínio progressivo de alguma função corporal.

doenças infecciosas doenças relacionadas à presença de micro--organismos patogênicos no corpo (p. ex., vírus, bactéria, fungos e protozoários).

***doping* por infusão sanguínea** termo que se aplica ao aumento da concentração de hemoglobina (Hb) no sangue pela infusão de eritrócitos adicionais. Termo conhecido na medicina como *eritrocitemia induzida*.

***doping* sanguíneo** *ver doping* por infusão sanguínea.

dor muscular de início tardio (DMT) dor muscular que ocorre de 12 a 24 horas após uma sessão de exercícios.

dose quantidade de droga ou exercício prescrito para obtenção de certo efeito (ou resposta).

duplo produto produto da frequência cardíaca e da pressão arterial sistólica; estimativa da frequência de trabalho cardíaco.

ectomorfia categoria do somatotipo que é determinado pela linearidade da forma corporal.

efeito alteração na variável (p. ex., $\dot{V}O_{2máx}$) relacionada à dose de exercício (p. ex., 3 dias por semana, 40 min/dia a 70% do $\dot{V}O_{2máx}$).

efeito de Bohr desvio para a direita da curva de dissociação da oxiemoglobina causado pela redução do pH sanguíneo. Resulta na redução da afinidade com o oxigênio.

efetor órgão ou parte do corpo que responde ao estímulo de um neurônio eferente (p. ex., o músculo esquelético em um reflexo de retirada).

eficiência absoluta mensuração simples da eficiência de exercício definida como a razão entre o trabalho realizado e a energia gasta, expressa em percentual.

eficiência final razão matemática da produção de trabalho dividida pela energia gasta acima do nível de repouso.

elemento substância química composta por apenas um tipo de átomo (p. ex., cálcio ou potássio).

elementos-traço minerais presentes na dieta, incluindo zinco, cobre, iodo, manganês, selênio, cromo, molibdênio, cobalto, arsênio, níquel, fluoreto e vanádio.

eletrocardiograma (ECG) registro das alterações elétricas que ocorrem no miocárdio durante o ciclo cardíaco.

empacotamento sanguíneo *ver doping* por infusão sanguínea.

endomísio camada interna de tecido conjuntivo em torno de uma fibra muscular.

endomorfia categoria do somatotipo que é relacionada à forma arredondada (corpulência).

endorfina neuropeptídio produzido pela glândula hipófise com atividade supressora de dor.

energia de ativação energia necessária para iniciar uma reação química.

enzimas proteínas que reduzem a energia de ativação e, por isso, catalisam reações químicas. Enzimas regulam a taxa da maioria das vias metabólicas.

epidemiologia estudo da distribuição e determinantes de estados relacionados a saúde ou eventos em populações específicas e a aplicação deste estudo no controle de problemas de saúde.

epilepsia distúrbio neurológico manifestado por espasmos musculares.

Glossário **613**

epimísio camada externa de tecido conjuntivo que envolve o músculo.

EPOC acrônimo para o termo em inglês equivalente a "consumo excessivo de oxigênio pós-exercício"; com frequência, chamado de *débito de oxigênio*.

ergometria mensuração da produção de trabalho.

ergômetro instrumento para mensuração do trabalho.

eritrocitemia aumento no número de eritrócitos no sangue.

eritrocitemia induzida causa elevação na concentração de eritrócitos (hemoglobina [Hb]) por meio da infusão de sangue; também chamada de *doping sanguíneo* ou *doping por infusão sanguínea*.

eritropoetina hormônio que estimula a produção de eritrócitos.

espaço morto anatômico volume total dos pulmões (i. e., vias aéreas condutoras) que não participa da troca gasosa.

especificidade princípio do treinamento que indica que a adaptação de um tecido é dependente do tipo de treinamento realizado; por exemplo, os músculos hipertrofiam com treinamento de força intenso, mas demonstram um aumento no número de mitocôndrias com o treinamento de resistência.

espirometria mensuração dos volumes pulmonares.

espirometria de circuito aberto procedimento de calorimetria indireta no qual a ventilação na inspiração e expiração é mensurada e o consumo de oxigênio e a produção de dióxido de carbono são calculados.

estado estável descreve a tendência de um sistema de controle para atingir um equilíbrio entre a demanda ambiental e a resposta de um sistema fisiológico de modo a sustentar a demanda para permitir que o tecido (o corpo) funcione ao longo de um período.

esteroide anabolizante droga vendida sob prescrição que possui características anabólicas ou de estimulação do crescimento, semelhante ao hormônio sexual masculino, a testosterona.

esteroide androgênico composto que apresenta qualidades de um andrógeno; associado com características masculinas.

esteroides classe de lipídios derivados do colesterol, incluindo testosterona, estrógeno, cortisol e aldosterona.

esteroides sexuais grupo de hormônios, andrógenos e estrógenos, secretados pelo córtex suprarrenal e gônadas.

estrógenos hormônios sexuais femininos, incluindo o estradiol e a estrona. Produzidos principalmente no ovário, mas também no córtex suprarrenal.

evaporação alteração da água do estado líquido para vapor. Resulta na remoção de calor.

exaustão decorrente do calor sintomas incluem sudorese profusa, pulso acelerado, tonturas e náusea; está associada a desidratação e pode ocorrer desenvolvimento de insolação. Deve-se deslocar a pessoa para áreas frias ou na sombra, em posição deitada ou reclinada com as pernas elevadas, incentivar consumo de líquidos e resfriar o corpo.

exercício uma subclasse de atividade física.

exercício de resistência progressiva um programa de exercícios no qual os músculos devem trabalhar contra uma resistência em aumento gradativo; implementação do princípio da sobrecarga.

exercício de resistência variável programa de exercícios de força no qual a resistência varia durante a amplitude do movimento.

extensores músculos que estendem um membro – isto é, aumentam o ângulo articular.

facilitação neuromuscular proprioceptiva técnica de preceder um alongamento estático com uma contração isométrica.

FAD flavina adenina dinucleotídio. Serve como um carreador de elétrons em bioenergética.

fadiga central eventos que ocorrem antes da junção neuromuscular que prejudicam a capacidade do músculo de gerar força.

fadiga periférica eventos que ocorrem após a junção neuromuscular que prejudicam a capacidade de geração de força do músculo (também chamado de *fadiga muscular*).

fagócitos células que consomem (engolfam) agentes estranhos, como as bactérias.

faixa da frequência cardíaca-alvo (FCA) intervalo de frequência cardíaca que descreve a intensidade ótima de exercício consistente com a obtenção de ganhos na potência aeróbia máxima; igual a 70 a 85% da $FC_{máx}$.

fascículos pequeno grupo de fibras musculares.

fator de risco primário um sinal (p. ex., pressão arterial elevada) ou comportamento (p. ex., tabagismo) que é diretamente relacionado ao aparecimento de certas doenças independentemente de outros fatores de risco.

fator de risco secundário uma característica (idade, gênero, raça) ou comportamento que aumenta o risco de doença coronariana quando fatores de risco primários estão presentes.

fatores de crescimento semelhante à insulina grupos de peptídios estimulantes do crescimento liberados pelo fígado e outros tecidos em resposta ao hormônio do crescimento.

feedback **negativo** descreve a resposta de um sistema de controle que reduz a magnitude do estímulo, por exemplo, uma elevação na concentração de glicose sanguínea causa a secreção de insulina, a qual, por sua vez, reduz a concentração de glicose no sangue.

ferritina molécula carreadora de ferro usada como indicador da condição total de ferro corporal.

fibras aferentes fibras nervosas (fibras sensoriais) que conduzem informação neural de volta ao sistema nervoso central.

fibras de contração lenta tipo de fibra muscular que contrai de maneira lenta e desenvolve relativamente baixa tensão, mas possui grande resistência para estimulações repetidas; contém muitas mitocôndrias, capilares e mioglobina.

fibras de contração rápida um dos vários tipos de fibras musculares encontrados no músculo esquelético; também chamadas de fibras tipo II; caracterizadas como de baixa capacidade oxidativa, porém com elevada capacidade glicolítica.

fibras eferentes fibras nervosas (fibras motoras) que conduzem informação nervosa do sistema nervoso central para a periferia.

fibras intermediárias tipo de fibras musculares que geram forças elevadas em velocidade moderadamente rápida de contração, mas possuem um número relativamente alto de mitocôndrias (tipo IIa).

fibras tipo I fibras que contêm elevado número de enzimas oxidativas e são altamente resistentes à fadiga.

fibras tipo IIa fibras que contêm características bioquímicas e de fadiga que estão entre as fibras tipo IIb e tipo I.

fibras tipo IIb fibras que têm um número relativamente pequeno de mitocôndrias, apresentam capacidade limitada de metabolismo aeróbio e são menos resistentes à fadiga do que as fibras lentas.

flexores grupos musculares que causam a flexão dos membros – isto é, diminuem o ângulo articular.

fluxo de massa movimento em massa de moléculas de uma área de alta pressão para uma área de menor pressão.

força muscular quantidade máxima de força que pode ser gerada por um músculo ou grupo muscular.

fosfato inorgânico (P_i) um estimulador do metabolismo celular; clivado juntamente com ADP, a partir do ATP, quando a energia é liberada; utilizado com ADP para formar ATP na cadeia de transporte de elétrons.

fosfocreatina composto encontrado no músculo esquelético e usado para ressintetizar ATP a partir de ADP.

fosfodiesterase enzima que catalisa a quebra do AMP cíclico, moderando o efeito de estimulação hormonal da adenilato ciclase.

fosfofrutoquinase enzima limitadora de fluxo da glicólise que é responsiva a níveis de ADP, P_i e ATP no citoplasma da célula.

fosfolipase C enzima que é envolta por membrana e hidrolisa o fosfatidilinositol em inositol trifosfato e diacilglicerol, os quais, por sua vez, causam alterações na atividade intracelular.

fosforilação oxidativa processo mitocondrial no qual o fosfato inorgânico (P_i) é acoplado ao ADP conforme a energia é transferida pela cadeia transportadora de elétrons na qual o oxigênio é o aceitador final de elétrons.

fração de ejeção proporção do volume diastólico final que é ejetada durante uma contração ventricular.

fuso muscular receptor de alongamento muscular orientado em paralelo às fibras musculares esqueléticas; a porção da cápsula é cercada por fibras aferentes, e fibras musculares intrafusais podem alterar o comprimento da cápsula durante a contração e o relaxamento.

ganho refere-se à quantidade de correção que um sistema de controle é capaz de atingir.

glândula endócrina glândula que produz e secreta seu produto diretamente no sangue ou em um líquido intersticial (glândulas sem ducto).

glândula hipófise glândula na base do hipotálamo do encéfalo; tem uma porção anterior, que produz e secreta uma série de hormônios que regulam outras glândulas endócrinas, e a porção posterior, que secreta hormônios produzidos no hipotálamo.

glândula hipófise anterior porção anterior da glândula hipófise que secreta os hormônios foliculoestimulante (FSH), luteinizante (LH), adrenocorticotrófico (ACTH), estimulador da tireoide (TSH), hormônio do crescimento e prolactina.

glândula hipófise posterior porção da glândula hipófise que secreta ocitocina e hormônio antidiurético (ADH) (vasopressina) produzidos no hipotálamo.

glândula tireoide glândula endócrina localizada no pescoço que secreta tri-iodotironina (T_3) e tiroxina (T_4); aumenta a taxa metabólica basal.

glicocorticoides qualquer substância do grupo de hormônios produzidos pelo córtex suprarrenal que influencia o metabolismo dos carboidratos, gorduras e proteínas.

glicogênio polímero de glicose sintetizado nas células como forma de estoque de carboidratos.

glicogenólise quebra do glicogênio em glicose.

glicólise via metabólica no citoplasma da célula que resulta na degradação da glicose em piruvato ou lactato.

gliconeogênese síntese de glicose a partir de aminoácidos, lactato, glicerol e outras moléculas de cadeia curta de carbono.

glicose açúcar simples que é transportado pelo sangue e metabolizado pelos tecidos.

glucagon hormônio produzido pelo pâncreas que aumenta a glicose sanguínea e os níveis de ácidos graxos livres (AGL).

HDL-colesterol (colesterol com alta densidade de lipoproteína) colesterol que é transportado no sangue por meio de proteínas de alta densidade; relacionado ao baixo risco de doença cardíaca.

hemoglobina (Hb) proteína que contém heme e está presente nos eritrócitos, a qual é responsável pelo transporte de oxigênio para os tecidos. A Hb também serve como tampão fraco nos eritrócitos.

hiperóxia concentração de oxigênio em um gás inspirado que excede 21%.

hiperplasia aumento no número de células em um tecido.

hipertermia temperatura corporal elevada pelo fato de a perda de calor não acompanhar a carga de calor do exercício e do ambiente; associada com doenças decorrentes do calor.

hipertrofia aumento no tamanho da célula.

hipotálamo estrutura encefálica que integra diversas funções fisiológicas para manter a homeostase; local de secreção de hormônios liberados pela hipófise posterior; também libera hormônios que controlam as secreções da hipófise anterior.

hipotálamo anterior porção anterior do hipotálamo. O hipotálamo é uma área do encéfalo abaixo do tálamo que regula o sistema nervoso autônomo e a glândula hipófise.

hipotálamo posterior área do encéfalo responsável pela regulação das respostas corporais a reduções na temperatura.

hipotermia redução da temperatura corporal decorrente de a perda de calor ser maior do que sua produção; clinicamente definida como temperatura corporal abaixo de 35°C.

hipótese quimiotática mecanismo que explica a formação aeróbia de ATP na mitocôndria.

hipóxia carência relativa de oxigênio (p. ex., em altitude).

homeostase manutenção de um ambiente interno constante.

homeotermos animais que mantêm a temperatura interna constante.

hormônio substância química que é sintetizada e liberada por uma glândula endócrina e transportada até um órgão-alvo pelo sangue.

hormônio adrenocorticotrófico (ACTH) hormônio secretado pela glândula hipófise anterior que estimula o córtex suprarrenal.

hormônio antidiurético (ADH) hormônio secretado pela glândula hipófise posterior; promove a retenção de água pelos rins.

hormônio do crescimento hormônio sintetizado e secretado pela hipófise anterior que estimula o crescimento do esqueleto e de tecidos moles durante os anos de crescimento. Também está envolvido na mobilização dos estoques de energia corporal.

hormônio estimulador da tireoide (TSH) hormônio liberado pela glândula hipófise anterior; estimula a glândula tireoide a aumentar a secreção de tiroxina e tri-iodotironina.

hormônio foliculoestimulante (FSH) hormônio secretado pela glândula hipófise anterior que estimula o desenvolvimento de um folículo ovariano na mulher e a produção de esperma no homem.

hormônio liberadores hormônios hipotalâmicos liberados pelos neurônios na hipófise anterior que controlam a liberação de hormônios nesta glândula.

hormônio luteinizante (LH) também chamado de "hormônio estimulante de células intersticiais"; um pulso de LH estimula a ovulação no meio do ciclo menstrual; o LH

Glossário **615**

estimula a produção de testosterona nos homens.

imunidade refere-se a todo mecanismo usado no corpo para se proteger contra agentes ambientais que são estranhos ao corpo. A imunidade é atingida por uma coordenação precisa do sistema imune inato e adquirido.

imunologia do exercício estudo das influências do exercício, psicológicas e ambientais sobre a função imune.

imunoterapia procedimento no qual o corpo é exposto a substâncias específicas para atingir uma resposta imune, a fim de oferecer melhor proteção mediante uma exposição subsequente.

inclinação mensuração da elevação de uma esteira ergométrica; calculada como o seno do ângulo.

infarto do miocárdio morte de uma porção do tecido cardíaco que não conduz mais atividade elétrica nem fornece força para mover sangue.

inflamação parte da complexa resposta biológica a estímulos perigosos, como a entrada de bactérias no corpo através de um ferimento na pele, células danificadas ou outras perturbações. Sinais clínicos de inflamação local são vermelhidão, inchaço, calor e dor em torno do tecido afetado.

inflamação crônica de grau baixo caracterizada por aumento de duas ou três vezes nas citocinas inflamatórias (p. ex., fator de necrose tumoral alfa [TNF-α] e interleucina-6 [IL-6]) e proteína C reativa (CRP).

Ingestão Alimentar de Referência (DRI) base de nutrientes para as recomendações realizadas como parte da revisão de Recomendações de Ingestão Diária (RDA) de 1989.

inibição recíproca quando músculos extensores (agonistas) são contraídos, ocorre um reflexo de inibição dos motoneurônios para os músculos flexores (antagonistas), e vice-versa.

inorgânico relacionado a substâncias que não contêm carbono (C).

inositol trifosfato molécula derivada de um fosfolipídio ligante de membrana, fosfatidilinositol, que causa a liberação do cálcio dos estoques intracelulares e altera a atividade celular.

insulina hormônio liberado das células beta das ilhotas de Langerhans em resposta a elevações nas concentrações de glicose e aminoácidos no sangue; aumenta o consumo tecidual de ambos.

intermação (também chamada de hipertermia) doença associada ao calor que ameaça a vida na qual a temperatura corporal é extremamente elevada (40°C); possibilidade de distúrbios do sistema nervoso central (SNC) e falha dos órgãos. Medidas imediatas de resfriamento corporal devem ser iniciadas; tratar como uma emergência médica.

intervalo de repouso o período entre exercícios de alta intensidade e curta duração em um programa de treinamento intervalado.

intervalo de trabalho no treinamento intervalado, a duração da fase trabalho de cada intervalo trabalho-repouso.

íon um único átomo ou pequena molécula que contém uma carga positiva ou negativa em função do excesso de prótons ou elétrons, respectivamente (p. ex., Na^+, Cl^-).

íon hidrogênio (H⁺) íon livre de hidrogênio em solução que resulta na redução do pH da solução.

irritabilidade uma característica de certos tecidos que permite que eles respondam aos estímulos (p. ex., nervos e músculos).

isocinética ação na qual a taxa de movimento é constantemente mantida por uma amplitude articular específica mesmo que seja exercida força máxima.

isocitrato desidrogenase enzima limitadora de fluxo no ciclo de Krebs que é inibida pelo ATP e estimulada por ADP e P_i.

isométrica ação na qual o músculo desenvolve tensão, mas não encurta; também chamada de *contração estática*. Não ocorre movimento.

isotônica contração na qual um músculo encurta contra uma carga ou tensão constante, resultando em movimento.

isquemia do miocárdio condição na qual o miocárdio é exposto a fluxo sanguíneo inadequado; algumas vezes, é acompanhada por irregularidades no eletrocardiograma (ECG) (arritmias e depressão no segmento ST) e dor no peito (angina de peito).

junção neuromuscular sinapse entre o axônio terminal de um motoneurônio e a placa motora terminal da membrana plasmática do músculo.

lactato molécula com três carbonos que é um potencial produto final do metabolismo da glicose.

LDL-colesterol formado por lipoproteína de baixa densidade responsável pelo transporte de colesterol plasmático; altos níveis indicam risco elevado de doença coronariana.

leucócitos (também chamados de células brancas do sangue) grupo de células especializadas para reconhecer e remover invasores estranhos (p .ex., bactérias) no corpo.

limiar anaeróbio termo usado com frequência a fim de descrever o nível de consumo de oxigênio no qual ocorre um aumento rápido e sistemático na concentração de lactato sanguíneo. Também conhecido como *limiar de lactato*.

limiar de lactato um ponto durante o teste de esforço progressivo quando a concentração de lactato sanguíneo aumenta de maneira abrupta.

limiar ventilatório (LV) "ponto crítico" no qual a ventilação pulmonar e a produção de dióxido de carbono começam a aumentar exponencialmente durante um teste de esforço incremental.

lipase enzima responsável pela quebra dos triglicerídios em ácidos graxos livres (AGL) e glicerol.

lipólise quebra dos triglicerídios no tecido adiposo em ácidos graxos livres (AGL) e glicerol para o transporte subsequente para os tecidos para o metabolismo.

lipoproteína proteína envolvida no transporte de colesterol e triglicérides no plasma.

lipoproteínas de alta densidade (HDL) proteínas usadas para transportar colesterol no sangue; níveis elevados parecem oferecer alguma proteção contra aterosclerose.

lipoproteínas de baixa densidade (LDL) forma de lipoproteína que transporta a maioria do colesterol plasmático; *ver* LDL-colesterol.

macrófagos fagócitos que engolfam e matam bactérias invasoras. Os macrófagos são considerados uma porção do sistema imune inato.

mastócito célula do tecido conjuntivo que libera histamina e outros químicos em resposta a determinados estímulos (p. ex., lesão).

membrana celular envelope lipídico de camada dupla que envolve a célula. Chamado de *sarcolema* nas células musculares.

mesomorfia componente do somatotipo que caracteriza o aspecto da forma muscular ou massa magra do corpo humano.

MET expressão da taxa de gasto energético no repouso; igual a 3,5 $mL \cdot kg^{-1} \cdot min^{-1}$, ou 1 $kcal \cdot kg^{-1} \cdot h^{-1}$.

metabolismo o total de todas as reações celulares que ocorrem nas células e incluem vias químicas que resultam na síntese de moléculas (reações anabólicas), bem como na quebra de moléculas (reações catabólicas).

minerais principais minerais presentes na alimentação, incluindo cálcio, fósforo, potássio, enxofre, sódio, cloreto e magnésio.

mineralocorticoides hormônios esteroides liberados pelo córtex suprarrenal responsáveis pela regulação de Na^+ e K^+ (p. ex., aldosterona).

miocárdio músculo cardíaco; fornece força de contração para ejetar sangue; tipo de músculo com muitas mitocôndrias que é dependente de fornecimento constante de oxigênio.

miofibrilas porção do músculo que contém os filamentos contráteis grossos e finos; uma série de sarcômeros em que o padrão repetido de proteínas contráteis dá a aparência estriada ao músculo esquelético.

mioglobina proteína no músculo que pode ligar-se ao oxigênio e liberá-lo em condições de baixo PO_2; ajuda na capacidade de difusão do oxigênio do capilar para a mitocôndria.

miosina proteína contrátil no filamento grosso das miofibrilas que contém as pontes cruzadas que se ligam à actina e quebram ATP para causar desenvolvimento de tensão.

mitocôndria organela subcelular responsável pela produção de ATP com oxigênio; contém as enzimas do ciclo de Krebs, a cadeia transportadora de elétrons e o ciclo do ácido graxo.

modelo de pesquisa "duplo-cego" modelo experimental no qual os participantes e o pesquisador responsável não conhecem a ordem do tratamento experimental.

motoneurônio neurônio somático que inerva as fibras musculares esqueléticas (também chamado de *motoneurônio alfa*).

NAD coenzima que transfere hidrogênio e energia associada a esses hidrogênios; no ciclo de Krebs, o NAD transfere energia dos substratos para a cadeia transportadora de elétrons.

necessidade média estimada (NME) a média de consumo diário de nutrientes estimada para suprir a necessidade de metade dos indivíduos saudáveis em um grupo particular. Esse valor é necessário para estabelecer os valores de Recomendações de Ingestão Diária (RDA).

nervo vago principal nervo parassimpático.

nervos aceleradores cardíacos parte do sistema nervoso simpático que estimula o nodo sinoatrial (nodo SA) para aumentar a frequência cardíaca.

neuroendocrinologia estudo da função dos sistemas nervoso e endócrino na regulação automática do ambiente interno.

neurônio célula nervosa; composta por um corpo celular com dendritos (projeções), os quais trazem informação para o corpo celular, e axônios, que levam a informação para longe do corpo celular para influenciar neurônios, glândulas ou músculos.

neurônio aferente neurônio sensorial que transporta informações para o sistema nervoso central.

neurônio eferente conduz impulsos do sistema nervoso central para o órgão efetor (p. ex., motoneurônio).

neurotransmissor um mensageiro químico usado por neurônios para se comunicar um com o outro. Mais especificamente, um neurotransmissor é uma substância química que transmite sinais de um neurônio para uma célula-alvo por meio de uma sinapse.

neutrófilos leucócitos de vida curta que participam da fagocitose de bactérias.

NFκB fator nuclear kappa B é um ativador de transcrição que promove a expressão de diversas enzimas antioxidantes que protegem a fibra muscular contra lesões induzidas por radicais livres.

nitroglicerina droga utilizada para reduzir a dor no peito (angina de peito) consequente à falta de fluxo sanguíneo para o miocárdio.

nível de ingestão tolerável o nível de consumo diário tolerável de nutrientes que não causa risco de efeitos adversos sobre a saúde de quase todos os indivíduos da população geral. Quando o consumo passa desse nível, o risco potencial de efeitos adversos pode aumentar.

nodo atrioventricular (nodo AV) massa especializada de tecido muscular localizada no septo interventricular do coração; funciona na transmissão de impulsos cardíacos dos átrios para os ventrículos.

nodo sinoatrial (nodo SA) tecido especializado localizado no átrio direito do coração que gera impulso elétrico para iniciar o batimento cardíaco. Em um coração normal, saudável, o nó SA é o marca-passo cardíaco.

noradrenalina hormônio e neurotransmissor liberado pelas terminações nervosas pós--ganglionares e pela medula suprarrenal.

normocitemia concentração normal de eritrócitos.

normóxia PO_2 normal.

núcleo organela que é envolta por membrana e contém a maior parte do DNA celular.

orgânico descreve substâncias que contêm carbono.

órgão tendinoso de Golgi (OTG) receptor de tensão localizado em série com o músculo esquelético.

Orientações Nutricionais para Norte-americanos orientações gerais relacionadas à seleção de alimentos consistentes com a obtenção e manutenção de boa saúde.

osteoporose diminuição da densidade óssea em função da perda de osso cortical; comum em mulheres idosas e que tenham sofrido fraturas; estrógeno, exercício e terapia com Ca^{++} são usados para corrigir a condição.

oxiemoglobina hemoglobina (Hb) combinada com o oxigênio; 1,34 mL de oxigênio pode ser combinado com 1 g de Hb.

p38 quinase ativada por mitógeno (p38) é uma importante molécula sinalizadora que é ativada nas fibras musculares durante o exercício de resistência. Uma vez ativada, a p38 pode contribuir com a biogênese mitocondrial pela ativação da PGC-1-α.

pâncreas glândula que contém porções exócrinas e endócrinas; as secreções exócrinas incluem enzimas e bicarbonato para digerir alimento no intestino delgado; as secreções endócrinas incluem insulina, glucagon e somatostatina, os quais são liberados no sangue.

PEPS potencial excitatório pós--sináptico. Uma despolarização gradual de uma membrana pós--sináptica por um neurotransmissor.

perimísio tecido conjuntivo em torno dos fascículos das fibras musculares esqueléticas.

pesagem hidrostática procedimento para estimar o volume corporal pela perda de peso na água; o resultado é usado para calcular a densidade corporal e, a partir disso, a gordura corporal.

PGC-1-α (coativador 1-α do receptor gama ativado por proliferador de peroxissomos) uma importante molécula sinalizadora ativada pelo exercício de resistência que é considerada o regulador principal da biogênese mitocondrial nas células.

pH mensuração da acidez de uma solução; calculada como o $\log_{10}$ negativo da $[H^+]$, no qual 7 é neutro; valores >7 são básicos e <7 são ácidos.

PIPS potencial inibitório pós-sináptico que move a membrana pós-sináptica mais adiante do limiar.

placa epifisária (placa de crescimento) camada cartilaginosa entre a cabeça e o corpo de um osso longo, onde ocorre o crescimento.

placebo substância inerte utilizada em estudos experimentais, por exemplo, pesquisas com agentes farmacológicos, para controlar quaisquer reações subjetivas à substância testada.

pleura fina camada de células que está ligada à parte interna do peito e aos pulmões; as células produzem um líquido que facilita os movimentos dos pulmões na cavidade torácica.

polimento processo utilizado pelos atletas para reduzir a carga geral de treinamento durante muitos dias antes da competição.

polímero de glicose molécula de açúcar complexo que contém múltiplas moléculas de açúcares simples associadas umas às outras.

potência frequência de trabalho; trabalho por unidade de tempo; $P = W/t$.

potência crítica produção de uma potência submáxima específica que pode ser mantida sem fadiga.

potencial de ação evento elétrico de "tudo ou nada" no neurônio ou célula muscular em que a polaridade da membrana celular é rapidamente revertida e depois restabelecida.

potencial de placa terminal (PPT) despolarização de uma região da membrana pelo influxo de sódio.

potencial de repouso de membrana diferença de voltagem mensurada por uma membrana que é relacionada com a concentração de íons em cada lado da membrana e com a permeabilidade da membrana a estes íons.

pressão arterial diastólica pressão arterial durante a diástole.

pressão arterial sistólica a pressão arterial mais elevada mensurada durante um ciclo cardíaco.

pressão atmosférica força para baixo exercida na superfície da Terra em consequência ao peso de ar sobre aquele ponto.

pressão parcial fração da pressão barométrica causada pela presença de determinado gás, por exemplo, PO_2, PCO_2 e PN_2.

princípio do tamanho o recrutamento progressivo de unidades motoras que tem início com os motoneurônios menores e progride para os motoneurônios cada vez maiores.

prolactina hormônio secretado pela hipófise anterior que aumenta a produção de leite nas mamas.

proprioceptores receptores que fornecem informações sobre a posição e o movimento do corpo; inclui os receptores musculares e articulares, bem como receptores nos canais semicirculares da orelha interna.

proteína G ligação entre a interação hormônio-receptor na superfície da membrana e os eventos subsequentes dentro da célula.

proteína quinase C parte do sistema de segundo mensageiro que é ativada pelo diacilglicerol e resulta na ativação de proteínas na célula.

proteínas de choque térmico uma importante família de proteínas de estresse produzidas nas células em resposta a estresses celulares. Após a síntese, as proteínas de choque térmico podem proteger as células contra distúrbios na homeostase.

provitamina um precursor de uma vitamina.

quilocaloria (kcal) medida de gasto energético igual ao conteúdo de calor necessário para aumentar a temperatura de 1 kg de água em $1\,^{\circ}C$; também igual a 1.000 calorias e às vezes chamada de caloria, ao invés de quilocaloria.

quilograma-metro unidade de trabalho em que 1 kg de força (1 kg de massa acelerada a 1 G) é movido ao longo de uma distância vertical de 1 m; abreviado como kg-m, kg·m ou kgm.

radiação processo de troca de energia de uma superfície de um objeto para a superfície de outro objeto que é dependente do gradiente de temperatura, mas não requer contato entre os objetos; um exemplo é a transferência de calor do sol para a Terra.

radicais livres moléculas altamente reativas que contêm um elétron desemparelhado no orbital mais externo.

reações acopladas combinação de reações químicas de liberação de energia para "direcionar" reações que necessitam de energia.

reações endergônicas reações que necessitam de energia.

reações exergônicas reações químicas que liberam energia.

receptor no sistema nervoso; um receptor é uma parte especializada de um neurônio aferente (ou uma célula especializada anexada a um neurônio aferente) que é sensível a uma forma de energia no ambiente; *receptor* é também um termo que se aplica a proteínas únicas na superfície das células que podem unir-se a hormônios específicos ou neurotransmissores.

receptores alfa subtipo de receptores adrenérgicos localizados nas membranas celulares de tecidos selecionados.

receptores beta receptores adrenérgicos localizados na membrana das células. Combinam-se, principalmente, com a adrenalina e, em algum grau, com a noradrenalina.

receptores beta-agonistas molécula que é capaz de se vincular a e ativar um receptor beta.

Recomendações de Ingestão Diária (RDA) padrões de nutrição associados à boa saúde para a maioria das pessoas. Existem padrões para proteínas, vitaminas e minerais, para crianças e adultos.

recordatório de 24 horas uma técnica de registro de tipo e quantidade de alimentos (nutrientes) consumidos durante um período de 24 horas.

recurso ergogênico substância, aplicação ou procedimento (p. ex., *doping* sanguíneo) que melhora o desempenho.

rede causal modelo epidemiológico que demonstra a interação complexa entre fatores de risco associados com o desenvolvimento de doenças crônico-degenerativas.

registros alimentares prática de manter registros de alimentos consumidos para a determinação da ingestão alimentar.

reinfusão de sangue simulada tratamento experimental ao final de um experimento com *doping* sanguíneo no qual uma agulha é colocada em uma veia, mas o sujeito não recebe uma reinfusão de sangue.

renina enzima secretada por células especiais nos rins que converte o angiotensinogênio em angiotensina I.

repetição número de vezes que um exercício é repetido dentro de uma única série de exercício.

respiração respiração externa é a troca de oxigênio e dióxido de carbono entre os pulmões e o ambiente; respiração interna refere-se ao uso de oxigênio pelas células (mitocôndrias).

respiração celular processo de consumo de oxigênio e produção de dióxido de carbono nas células (i. e., bioenergética).

respiração pulmonar termo que se refere à ventilação (respiração) dos pulmões.

retículo sarcoplasmático estrutura membranosa que circunda as miofibrilas das células musculares; localização das cisternas terminais ou sacos laterais que estocam o Ca^{++} necessário para a contração muscular.

reversibilidade princípio de treinamento que descreve a natureza temporária do efeito do treinamento; adaptações ao treinamento são perdidas quando o treinamento é interrompido.

saco lateral *ver* cisterna terminal.

sangue venoso misto uma mistura de sangue venoso dos membros superior e inferior; a mistura completa ocorre no ventrículo direito.

sarcolema a membrana plasmática que delimita a fibra muscular.

sarcômeros unidade contrátil repetitiva em uma miofibrila delimitada por linhas Z.

sarcopenia a perda de massa muscular associada ao envelhecimento. A sarcopenia ocorre principalmente em função da atrofia muscular, mas também pode ocorrer em consequência à perda de fibras musculares.

segundo mensageiro uma molécula (AMP cíclico) ou íon (Ca^{++}) que aumenta na célula em resposta à interação entre um "primeiro mensageiro" (p. ex., hormônio ou neurotransmissor) e um receptor que altera a atividade celular.

série unidade básica de uma sessão de treinamento que contém o número de vezes (repetições) que um exercício específico é realizado (p. ex., fazer três séries de cinco repetições com 45 kg).

simpaticomimética substância que imita os efeitos da adrenalina ou da noradrenalina, as quais são secretadas pelo sistema nervoso simpático.

sinalização autócrina sinalização que ocorre quando uma célula produz e libera um mensageiro químico no líquido extracelular que age sobre a célula produzindo um sinal. O agente autócrino refere-se ao mensageiro químico que é liberado pela célula.

sinalização celular um sistema de comunicação que administra as atividades celulares e coordena as ações celulares. A sinalização celular pode ocorrer por meio de diversas vias de sinalização, incluindo o contato direto das células.

sinalização endócrina ocorre quando a célula libera sinais químicos (hormônios) na corrente sanguínea, os quais são carregados no sangue para todos os tecidos corporais. No entanto, apenas as células com o receptor no qual o hormônio pode se ligar responderão.

sinalização intrácrina hormônio que age dentro de uma célula. Hormônios esteroides que agem por meio de receptores intracelulares (geralmente, nucleares) e, assim, são considerados intrácrinos. Em contraste, hormônios peptídicos ou proteicos, em geral, agem como endócrinos, autócrinos ou parácrinos ao se ligarem a seus receptores presentes na superfície da célula.

sinalização justácrina um tipo de sinalização celular que ocorre entre duas células adjacentes que estão em contato direto via junção na membrana celular que conecta o citoplasma de duas células.

sinalização parácrina ocorre quando a sinalização produzida pela célula age localmente em células próximas para promover uma resposta celular.

sinapses junções entre células nervosas (neurônios) onde a atividade elétrica de um neurônio influencia a atividade elétrica de outro.

síncope decorrente do calor tontura repentina ou desmaio durante ou após o exercício sob calor associado a queda na pressão arterial; pode estar acompanhada por sensação excessiva de sede, fadiga, dor de cabeça, náusea e vômito. Deve-se deslocar a pessoa para uma área fria e fornecer líquidos.

Síndrome da Adaptação Geral (SAG) um termo definido por Selye, em 1936, que descreve a resposta do organismo ao estresse crônico. Em resposta ao estresse, o organismo tem uma resposta em três etapas: (1) reação de alarme; (2) estágio de resistência; (3) reajuste ao estresse, ou exaustão.

sistema ATP-CP termo usado para descrever a via metabólica que envolve os estoques musculares de ATP e o uso de fosfocreatina para refosforilar o ADP. Essa via é utilizada no início do exercício e durante o trabalho de curta duração e alta intensidade.

sistema de complemento parte do sistema imune nato; forma uma segunda linha de defesa contra infecções. As mais de 20 proteínas que compõem o sistema de complemento estão presentes em elevadas concentrações no sangue e nos tecidos. Quando o corpo é exposto a agentes estranhos (p. ex., bactérias), o sistema de complemento é ativado para atacar o invasor.

sistema nervoso autônomo porção do sistema nervoso que controla a ação dos órgãos viscerais.

sistema nervoso central porção do sistema nervoso que consiste no encéfalo e na medula espinal.

sistema nervoso parassimpático porção do sistema nervoso autônomo que libera principalmente a acetilcolina dos terminais nervosos pós-ganglionares.

sistema nervoso periférico porção do sistema nervoso localizada fora da medula espinal e do encéfalo.

sistema nervoso simpático porção do sistema nervoso autônomo que libera noradrenalina de suas terminações nervosas pós-ganglionares; a adrenalina é liberada pela medula suprarrenal.

sistemas de controle biológico sistema de controle capaz de manter a homeostase dentro de uma célula ou sistema fisiológico em seres vivos.

sistemas de desperdício de energia vias metabólicas nas quais a energia gerada em uma reação é usada em outra que leva de volta à primeira, o que cria um ciclo fútil, com a necessidade de taxa metabólica de repouso (TMR) mais elevada.

sístole porção do ciclo cardíaco na qual os ventrículos estão contraídos.

sobrecarga princípio de treinamento que descreve a necessidade de aumento de carga (intensidade) do exercício para promover maiores adaptações de um sistema.

sobretreinamento (*overtraining*) acúmulo de estresse de treinamento que prejudica a capacidade de um atleta em realizar sessões de treinamento e resulta em reduções do desempenho em longo prazo.

somação estimulação repetida de um músculo que leva a um aumento na tensão comparada a uma contração isolada.

somação espacial efeito aditivo de várias entradas simultâneas para diferentes partes de um neurônio para produzir a alteração no potencial de membrana.

somação temporal uma alteração no potencial de membrana produzida pela adição de duas ou mais entradas, que ocorre em tempos diferentes (i. e., somam-se entradas para a produção de um potencial de ação que é maior do que aquele causado por uma entrada única).

somatostatina hormônio produzido no hipotálamo; inibe a liberação do hormônio do crescimento pela glândula hipófise anterior; é secretada por células nas ilhotas de Langerhans e causa redução da atividade intestinal.

somatostatina hipotalâmica hormônio hipotalâmico que inibe a secreção do hormônio do crescimento.

somatotipo método de classificação do tipo corporal (forma) usado para caracterizar o grau em que o padrão do indivíduo é linear (ectomorfo), muscular (mesomorfo) ou

Glossário **619**

arredondado (endomorfo); a escala de Sheldon classifica cada componente em uma escala de 1 a 7.

supercompensação um aumento no conteúdo de glicogênio muscular acima dos níveis normais após uma depleção de glicogênio induzida por exercício e um aumento no consumo de carboidrato.

tampão composto que resiste a alterações no pH.

taxa de troca respiratória (R) a razão entre CO_2 produzido e O_2 consumido; indicativa de utilização de substrato durante exercício em estado estável no qual o valor 1 representa 100% metabolismo de carboidratos e 0,7 representa 100% de metabolismo de gorduras.

taxa metabólica basal taxa metabólica mensurada em posição supina após 12 horas de jejum e 8 horas de sono.

taxa metabólica de repouso taxa metabólica mensurada em posição supina ou reclinada após período de jejum (4 a 12 horas) e repouso (4 a 8 horas).

teofilina droga usada como relaxante da musculatura lisa no tratamento da asma.

teoria dos filamentos deslizantes uma teoria de contração muscular que descreve o deslizamento dos filamentos finos (actina) sobre os filamentos grossos (miosina).

termogênese geração de calor como resultado de reações metabólicas.

teste de campo teste de desempenho físico realizado no campo (fora do laboratório).

teste de esforço incremental teste de esforço que envolve aumentos progressivos na frequência de trabalho ao longo do tempo. Em geral, os testes de esforço incremental são utilizados para determinar o $\dot{V}O_{2máx}$ ou o limiar de lactato dos indivíduos. (Também chamados de *teste de esforço progressivo.*)

teste de esforço progressivo *ver* teste de esforço incremental.

teste de potência teste realizado para mensurar a quantidade de trabalho realizado em determinado período; testes de potência anaeróbia incluem teste de banco de Margaria e teste de Wingate; testes de potência aeróbia incluem a corrida de 2,4 km e testes em cicloergômetro ou esteira ergométrica nos quais a produção de potência e consumo de oxigênio são mensurados.

teste de Wingate teste de potência anaeróbia para avaliar a taxa máxima na qual a glicólise pode produzir ATP.

teste dos 10 segundos de Quebec teste de esforço máximo em cicloergômetro com duração de 10 segundos elaborado para avaliar potência anaeróbia em ciclismo de ultracurta duração.

testosterona hormônio esteroide produzido pelos testículos; envolvido no crescimento e desenvolvimento de tecidos reprodutivos, esperma e características sexuais secundárias.

tetania maior tensão desenvolvida por um músculo em resposta a um estímulo de alta frequência.

tiroxina hormônio secretado pela glândula tireoide que contém quatro átomos de iodo (T_4); estimula a taxa metabólica e facilita as ações de outros hormônios.

tônus baixo nível de atividade muscular em repouso.

toxicidade uma condição resultante da ingestão crônica de vitaminas, em especial, vitaminas solúveis em gordura, em quantidades muito acima da necessária para a saúde.

trabalho o produto da força e da distância na qual essa força se move ($W = F \times D$).

transferrina proteína plasmática que se liga ao ferro e representa o conteúdo total de ferro no corpo.

transfusão autóloga transfusão de sangue na qual o indivíduo recebe seu próprio sangue.

transfusão homóloga transfusão de sangue que utiliza sangue do mesmo tipo, mas de outro doador.

tri-iodotironina hormônio secretado pela glândula tireoide que contém três átomos de iodo (T_3); estimula a taxa metabólica e facilita a ação de outros hormônios.

tríade da mulher atleta síndrome na qual estão presentes, em conjunto, amenorreia, distúrbios alimentares e perda mineral óssea.

trifosfato de adenosina (ATP) composto de fosfato de alta energia sintetizado e usado pelas células para liberar energia para o trabalho celular.

tronco encefálico porção do cérebro que inclui o mesencéfalo, a ponte e a medula.

tropomiosina proteína que cobre os sítios de ligação da actina; previne que as pontes cruzadas de miosina toquem a actina.

troponina proteína associada a actina e tropomiosina que se liga ao Ca^{++} e inicia o movimento da tropomiosina sobre a actina para permitir que as pontes cruzadas de miosina toquem a actina a fim de iniciar a contração.

túbulo transverso extensão, invaginação da membrana muscular que conduz o potencial de ação ao músculo para despolarizar as cisternas terminais, que contêm Ca^{++} necessário para a contração muscular.

unidade motora um motoneurônio e todas as fibras musculares que são inervadas por ele; responde ao estímulo de maneira "tudo ou nada".

unidades SI sistema usado para fornecer padronização internacional de unidades de mensuração na ciência.

Valor Diário padrão utilizado em rótulos nutricionais.

veias vasos sanguíneos que recebem sangue das vênulas e o levam de volta ao coração.

ventilação alveolar (V_A) volume de gases que alcança a região alveolar dos pulmões.

ventilação o movimento do ar para dentro ou para fora dos pulmões (p. ex., ventilação pulmonar ou alveolar); respiração externa.

vênulas pequenos vasos sanguíneos que transportam sangue capilar para as veias.

via de sinalização IGF-1/Akt/mTOR via que desempenha importante papel na regulação do crescimento muscular (i. e., síntese proteica) resultante do treinamento de força. A atividade contrátil (i. e., alongamento muscular) estimula a secreção de IGF-1 das fibras do músculo ativo, o qual age como molécula sinalizadora autócrina/parácrina, ligando-se a seu receptor de membrana e iniciando uma cascata de eventos moleculares para promover a síntese proteica. A ligação do IGF-1 a seu receptor na membrana do músculo ativa a importante quinase de sinalização, Akt. A Akt ativa, então, ativa outra quinase, chamada *alvo da rapamicina de mamíferos* (mTOR), a qual, então, promove a síntese proteica ao aumentar a eficiência de translação.

$\dot{V}O_2$ absoluto quantidade de oxigênio consumido em determinado período; expresso em litros $\cdot$ min^{-1}.

$\dot{V}O_2$ relativo captação (consumo) de oxigênio expresso por unidade de massa corporal (p. ex., mL $\cdot$ kg^{-1} $\cdot$ min^{-1}).

volume corrente volume de ar inalado ou exalado em uma única respiração.

volume residual (VR) volume de ar nos pulmões após uma expiração máxima.

volume sistólico quantidade de sangue ejetada pelos ventrículos em um único batimento.

Créditos

Ilustrações

CAPÍTULO 1

Figura 1.9: De J. Coast e H. G. Welch, 1985, "Linear Increase in Optimal Pedal Rate with Increased Power Output in Cycle Ergometry" em European Journal of Applied Physiology, 53:339-342. Copyright © Springer-Verlag, Heidelberg, Germany. Reprodução autorizada. **Figura 1.10:** Figura 1 de Morgan, D, Bransford DR, Costill, DL, Daniels, JT, Howley, ET, e Krahenbuhl, GS. "Variation in the aerobic demand of running among trained and untrained subjects" de Medicine and Science in Sports and Exercise. 27: 407, 1995. Reprodução autorizada.

CAPÍTULO 2

Figuras 2.4 e 2.5: De Sylvia S. Mader, Human Biology, 9th ed. New York: McGraw-Hill, 2006.

CAPÍTULO 3

Figura 3.2: De Rod Seeley, Trent Stephens, e Philip Tate, Anatomy and Physiology, 8th ed. New York: McGraw-Hill, 2008. **Figuras 3.3, 3.4, 3.10, 3.16, e 3.20:** De Stuart Ira Fox, Human Physiology, 5th ed. Copyright © 1996 Times Mirror Higher Education Group, Inc., Dubuque, IA. Todos os direitos reservados. Reprodução autorizada. **Figuras 3.5 e 3.11:** De Stuart Ira Fox, Human Physiology, 11th ed., New York: McGraw-Hill, 2011. **Figura 3.6:** De Human Physiology, 13th Editada por Stuart Ira Fox, página 90, Figura 4.1: Usada sob permissão de McGraw-Hill. **Figura 3.7:** De Human Physiology, 13th Editada por Stuart Ira Fox, página 90, Figura 4.2. Usada sob permissão de McGraw-Hill. **Figuras 3.13 e 3.17:** De Biochemistry por C. K. Mathews e K. E. van Holde. Copyright © 1990 por The Benjamin/Cummings Publishing Company. Reprodução autorizada. **Figura 3.15:** De S. Mader, Human Biology, 9th ed. New York: McGraw-Hill, 2006. **Figura 3.19:** De Stuart Ira Fox, Human Physiology, 10th ed., 2008. New York: McGraw-Hill, 2008. **Figura 3.23:** De S. K. Powers e S. L. Dodd, Total Fitness: Exercise, Nutrition, and Wellness, 2nd ed., Copyright © 1999 Allyn & Bacon, Needham Heights, MA. Reprodução autorizada.

CAPÍTULO 4

Figura 4.2: De Bendahan et al., Citrulline/malate promotes aerobic energy production in human exercising muscle. Br J Sports Med 36:282-289, 2002. **Figura 4.4:** De S. Dodd, 1984, "Blood Lactate Disappearance at Various Intensities of Recovery Exercise" em Journal of Applied Physiology, 57:1462-1465. Copyright © 1984 American Physiological Society, Bethesda, MD. Usada sob permissão. **Figura 4.11:** De G. Brooks e J. Mercier, "Balance of Carbohydrate and Lipid Utilization During Exercise: The 'Crossover Concept'" no Journal of Applied Physiology, 76:2253-2261, 1994. Copyright © 1994 American Physiological Society. Reprodução autorizada. **Figuras 4.14 e 4.15:** De E. Coyle, "Substrate Utilization During Exercise in Active People" em American Journal of Clinical Nutrition, 61 (Suppl): 9685-9795, 1995. Copyright © 1995 American Society for Clinical Nutrition, Inc., Bethesda, MD. Reprodução autorizada. **Figura 4.16:** De Trudy McKee e James R. McKee, Biochemistry: The Molecular Basis of Life, 3rd ed. New York: McGraw-Hill, 2003.

CAPÍTULO 5

Figura 5.1: De A. J. Vander et al., Human Physiology: The Mechanisms of Body Function, 4th ed. Copyright © 1985 McGraw-Hill, Inc., New York. Reprodução autorizada. **Figura 5.2:** De Biology, 8th Editada por P.H. Raven et al, Fig. 46.5, página 926. Copyright © 2008. Usada sob permissão de McGraw-Hill. **Figura 5.3:** De Biology, 8th Editada por P.H. Raven et al, Fig. 9.13, p. 178. Usada sob permissão de McGraw-Hill. **Figura 5.4:** De Biology, 8th Editada por P.H. Raven et al, Fig. 9.14, p. 178. Usada sob permissão de McGraw-Hill. **Figura 5.5:** De Biology, 8th Editada por P.H. Raven et al, Fig 9.7, p. 173. Usada sob permissão de McGraw-Hill **Figura 5.6:** De Stuart Ira Fox, Human Physiology, 7th ed., New York: McGraw-Hill, 2002. Reprodução autorizada. **Figura 5.7:** Dados de V. A. Convertino, L. C. Keil, e J. E. Greenleaf 1983, "Plasma Volume, Renin and Vasopressin Responses to Graded Exer-

cises After Training." American Physiological Association, Bethesda, MD: Journal of Applied Physiology: Respiration Environment Exercise Physiology, 54:508-514. **Figura 5.8:** Dados de J. T. Maher, et al., 1975, "Aldosterone Dynamics During Graded Exercises at Sea-level and High Altitudes." American Physiological Society, Bethesda, MD: Journal of Applied Physiology 39:18-22. **Figura 5.12:** Dados de J. E. Turkowski, et al., 1978, "Ovarian Hormonal Responses to Exercise." American Physiological Society, Bethesda, MD: Journal of Applied Physiology: Respiration Environment Exercise Physiology, 44:109-114. **Figura 5.13:** Reprodução autorizada de B. Saltin e J. Karlsson, 1971, Muscle Metabolism During Exercise, pp. 289-299, editado por B. Pernow e B. Saltin. Copyright © 1971 Plenum Press, New York, NY. **Figura 5.14:** De M. Kjaer, 1989, "Epinephrine and Some Other Hormonal Responses to Exercise in Man: With Special Reference to Physical Training" em International Journal of Sports Medicine, 10:2-15. Copyright © 1989 Georg Thieme Verlag, Stuttgart, Germany. Reprodução autorizada. **Figura 5.15:** De R. C. Harris, et al., "The Effect of Propranolol on Glycogen Metabolism During Exercise" em Muscle Metabolism During Exercise, B. Pernow & B. Saltin, Eds. Copyright © 1971 Plenum Publishing Corporation, New York. Reprodução autorizada. **Figura 5.18:** Dados de C. T. M. Davies e J. D. Few, 1973, "Effects of Exercise on Adrenocortical Function," American Physiological Society, Bethesda: Journal of Applied Physiology, 35:887-891. **Figura 5.20A:** Dados de J. Sutton and L. Lazarus, 1976, "Growth Hormone in Exercise: Comparison of Physiological and Pharmacological Stimuli." American Physiological Society, Bethesda, MD: Journal of Applied Physiology, 41:523-527. **Figura 5.20B:** Dados de J. C. Bunt, et al. 1986, "Sex and Training Differences in Human Growth Hormone Levels During Prolonged Exercise." American Physiological Society, Bethesda, MD: Journal of Applied Physiology, 61:1796-1801. **Figura 5.22:** Dados de Scott Powers, et al., 1982, "A Different Catecholamine Response during Prolonged Exercise and Passive Heating." American College of Sports Medicine, Indianapolis, IN: Medicine and Science in Sports and Exercise, 14:435-439. **Figura 5.23:** De W. W. Winder, et al., 1978, "Time Course of Sympathadrenal Adaptation to Endurance Exercise Training in Man" em Journal of Applied Physiology: Respiration Environment Exercise Physiology, 45:370-377. Copyright © 1978 The American Physiological Society, Bethesda, MD. Reprodução autorizada. **Figura 5.25A:** Dados de L. H. Harley, et al., 1972, "Multiple Hormonal Responses to Graded Exercise in Relation to Physical Training." American Physiological Society, Bethesda, MD: Journal of Applied Physiology, 33:602-606. **Figuras 5.25B e 5.26:** Dados de F. Gyntelberg, et al., 1977, "Effect of Training on the Response of Plasma Glucagon to Exercise." American Physiological Society, Bethesda, MD: Journal of Applied Physiology: Respiration Environment Exercise Physiology, 43:302-305. **Figura 5.30A:** De: J. Issekutz e H. Miller, "Plasma-free Fatty Acids During Exercise and the Effect of Lactic Acid." 1962, em Proceedings of the Society for Experimental Biology and Medicine, 110:237-239. Copyright © 1962 Society for Experimental Biology and Medicine, New York. Reprodução autorizada.

CAPÍTULO 7

Figura 7.1: De E. Widmaier, H. Raff, e K. Strang, Vander's Human Physiology, 10th ed., New York: McGraw-Hill Companies, 2006. **Figuras 7.2, 7.10, e 7.19:** De David Shier, Jackie Butler, e Ricki Lewis, Hole's Human Anatomy & Physiology, 11th ed. New York: McGraw-Hill, 2007. **Figura 7.3:** De Rod Seeley, Trent Stephens, e Philip Tate, Anatomy and Physiology, 8th ed. New York: McGraw- Hill, 2008. **Figura 7.4:** De John W. Hole, Jr., Human Anatomy and Physiology, 3rd ed., Copyright © 1984 Times Mirror Higher Education Group, Inc., Dubuque, IA. All rights reserved. Reprodução autorizada. **Figuras 7.6, e 7.7:** De Stuart Ira Fox. Human Physiology, 9th ed., New York: McGraw-Hill Companies, 2006. **Figura 7.8:** De S. Mader, Human Biology, 9th ed. New York: McGraw-Hill, 2006. **Figuras 7.9 e 7.17:** De David Shier, et al., Hole's Human Anatomy and Physiology, 7th ed. Copyright © 1996 Times Mirror Higher Education Group, Inc., Dubuque, IA. All rights reserved. Reprodução autorizada. **Figura 7.11:** De A.J. Vander et al., Human Physiology: The Mechanisms of

Body Function, 4th ed. Copyright © 1985 McGraw-Hill, Inc., New York. Reprodução autorizada. **Figuras 7.12 e 7.13:** De Rod R. Seeley, Trent D. Stephens, e Philip Tate, Anatomy and Physiology, 6th ed. New York: McGraw-Hill, 2003. **Figura 7.14:** De John W. Hole, Jr., Human Anatomy and Physiology, 5th ed., Copyright © 1990 Times Mirror Higher Education Group, Inc., Dubuque, IA. All rights reserved. Reprodução autorizada. **Figura 7.15:** De Stuart Ira Fox, Human Physiology. Copyright © 1984 Times Mirror Higher Education Group, Inc., Dubuque, IA. All Rights Reserved. Reprodução autorizada.

CAPÍTULO 8

Figura 8.1: De Human Anatomy, 3th editada por McKinley & O'Loughlin, Figura 10.1, página 290. Usada sob permissão de McGraw-Hill. **Figura 8.2:** De David Shier, et al., Hole's Human Anatomy and Physiology, 7th ed. Copyright © 1996 Times Mirror Higher Education Group, Inc., Dubuque, IA. All rights reserved. Reprodução autorizada. **Figura 8.3:** De Human Anatomy, 4th editada por Saladin, Figura 10.8, página 242. Usada sob permissão de McGraw-Hill. **Figura 8.4:** De Human Anatomy, 4th editada por Saladin, Figura 10.11, página 246. Usada sob permissão de McGraw-Hill. **Figura 8.6:** De Stuart Ira Fox, Human Physiology, 5th ed. Copyright © 1996 Times Mirror Higher Education Group, Inc., Dubuque, IA. All rights reserved. Reprodução autorizada. **Figura 8.5:** De David Shier, Jackie Butler, e Ricki Lewis, Hole's Human Anatomy & Physiology, 11th ed. New York: McGraw-Hill, 2007. **Figura 8.7:** De A. J. Vander et al., Human Physiology: The Mechanisms of Body Function, 4th ed. Copyright © 1985 McGraw-Hill, Inc., New York. Reprodução autorizada. **Figura 8.8:** De Human Anatomy, 4th editada por Saladin, Figura 10.14, página 250. Usada sob permissão de McGraw-Hill. **Figura 8.9:** De Human Physiology 13th editada por Stuart Ira Fox, Figura 12.12, página 370. Usada sob permissão de McGraw-Hill. **Figura 8.12:** De R. Bottinelli, et al., "Myofi brillar ATPase Activity During Isometric Contractions and Myosin Composition in Rat Single-skinned Muscle Fibers," 1994, em Journal of Physiology (London), 481:633-675. Copyright © 1994 Physiological Society, London. Reprodução autorizada. **Figura 8.14:** De S. Fox. Human Physiology, 7th ed, New York: McGraw-Hill Companies, 2002. **Figura 8.17:** De Human Physiology 13th edition by Stuart Ira Fox, Figura 12.21, página 377. Usada sob permissão de McGraw-Hill.

CAPÍTULO 9

Figuras 9.1, 9.15, e 9.17: De E. Widmaier, H. Raff, e K. Strang, Vander, Human Physiology, 10th ed., New York: McGraw-Hill Companies, 2006. **Figuras 9.2, 9.11, e 9.12:** De Saladin, Anatomy & Physiology, 4th ed. New York: McGraw-Hill, 2007. **Figuras 9.7, 9.8, e 9.9:** De Rod Seeley, Trent Stephens, e Philip Tate, Anatomy and Physiology, 8th ed. New York: McGraw-Hill, 2008. **Figuras 9.10, 9.18, e 9.21:** De Stuart Ira Fox, Human Physiology, 5th ed. Copyright © 1996 Times Mirror Higher Education Group, Inc., Dubuque, IA. All rights reserved. Reprodução autorizada. **Figura 9.13:** De Stuart Ira Fox. Human Physiology, 9th ed., New York: McGraw-Hill Companies, 2006. **Figura 9.14:** De David Shier, Jackie Butler e Ricki Lewis, Hole's Human Anatomy & Physiology, 11th ed. New York: McGraw-Hill, 2007. **Figura 9.16:** De David Shier, et al., Hole's Human Anatomy and Physiology, 7th ed. Copyright © 1996 Times Mirror Higher Education Group, Inc., Dubuque, IA. All rights reserved. Reprodução autorizada. **Figura 9.19:** De Stuart Ira Fox, Human Physiology, 4th ed. Copyright © 1993 Times Mirror Higher Education Group, Inc., Dubuque, IA. All rights reserved. Reprodução autorizada. **Figura 9.22:** Dados de L. Rowell, 1993, "Human Cardiovascular Adjustments to Exercise and Thermal Stress." American Physiological Society, Bethesda, MD: Physiological Reviews, 74:911-915 e L. Rowell, 1986, Human Circulation Regulation During Physical Stress. New York, NY: Oxford University Press. **Figura 9.23:** Dados de L. Rowell, 1986, Human Circulation: Regulation During Physical Stress. New York, NY: Oxford University Press. **Figura 9.24:** De P. Astrand e K. Rodahl, Textbook of Work Physiology, 3rd ed. Copyright © 1986 McGraw-Hill Inc., New York. Reprodução autorizada pelos autores. **Figura 9.25:** Dados de L. Rowell, 1974, "Human Cardiovascular Adjustments to Exercise and Thermal Stress." American Physiological Society, Bethesda, MD: Physiological Reviews, 54:75-159 e L. Rowell, Human Circulation: Regulation During Physical Stress, 1986, New York, NY: Oxford University Press. **Figura 9.26:** Dados de P. Astrand, et al., 1965, Intraarterial Blood Pressure During Exercise with Different Muscle Groups." American Physiological Society, Bethesda, MD: Journal of Applied Physiology, 20:253-257. **Figura 9.27:** Dados de G. Brenglemann, 1983. "Circulatory Adjustments to Exercise and Heat Stress," Annual Reviews, Inc., Palo Alto, CA: Annual Review of Physiology, 45:191-212; E. Fox e D. Costill, 1972, "Estimated Cardiorespiratory Responses during Marathon Running," Heldref Publications, Washington, DC: Archives of Environmental Health, 24:315-324; e L. Rowell, 1974, "Human Cardiovascular Adjustments to Exercise and Thermal Stress." American Physiological Society, Bethesda, MD: Physiological Reviews, 54:75-159.

CAPÍTULO 10

Figura 10.1: De David Shier, Jackie Butler, e Ricki Lewis, Hole's Human Anatomy & Physiology, 11th ed. New York: McGraw-Hill, 2007. **Figuras 10.2, 10.5, 10.6, e 10.7:** De Kent M. Van de Graaff e Stuart Ira Fox, Concepts of Human Anatomy and Physiology, 4th ed. Copyright © 1995 Times Mirror Higher Education Group, Inc., Dubuque, IA. All rights reserved. Reprodução autorizada. **Figura 10.3:** De E. Widmaier, H. Raff, e K. Strang, Vander's Human Physiology, 10th ed., New York: McGraw-Hill Companies, 2006. **Figuras 10.4, 10.23, e 10.24:** De Stuart Ira Fox, Human Physiology, 9th ed., New York: McGraw-Hill Companies, 2006. **Figuras 10.9 e 10.11:** De Saladin, Anatomy & Physiology, 4th ed. New York: McGraw-Hill, 2007. **Figura 10.14:** De Stuart Ira Fox, Human Physiology, 10th ed., New York: McGraw-Hill, 2008. **Figuras 10.15, 10.16, e 10.18:** De Stuart Ira Fox, Human Physiology, 5th ed. Copyright © 1996 Times Mirror Higher Education Group, Inc., Dubuque, IA. All rights reserved. Reprodução autorizada. **Figura 10.17:** De Stuart Ira Fox, Human Physiology, 3rd ed. Copyright © 1990 Times Mirror Higher Education Group, Inc., Dubuque, IA. All rights reserved. Reprodução autorizada. **Figura 10.19:** De Vander's Human Physiology, 13th Editada por Widmaier et al, Figura 13.30, p. 471. Usada sob permissão de McGraw-Hill. **Figura 10.20:** Dados de J. Dempsey e R. Fregosi, 1985, "Adaptability of the Pulmonary System to Changing Metabolic Requirements," Yorke Medical Group, New York, NY: American Journal of Cardiology, 55:59D-67D; J. Dempsey, et al., 1986, "Is the Lung Built for Exercise?" American College of Sports Medicine, Indianapolis, IN: Medicine and Science in Sports and Exercise, 18:143-155; e S. Powers, et al., 1985, "Caffeine Alters Ventilatory and Gas Exchange Kinetics during Exercise" American College of Sports Medicine, Indianapolis, IN: Medicine and Science in Sports and Exercise, 18:101-106. **Figura 10.21:** Dados de J. Dempsey, et al., 1986. "Is the Lung Built for Exercise?" American College of Sports Medicine, Indianapolis, IN: Medicine and Science in Sports and Exercise, 18:143-155; e S. Powers, et al., 1982, "Ventilatory and Metabolic Reactions to Heat Stress During Prolonged Exercise" International Federation of Sportive Medicine, Turin, Italy: Journal of Sports Medicine and Physical Fitness, 22:32-36. **Figura 10.22:** Dados de J. Dempsey, et al., 1982, "Limitation to Exercise Capacity and Endurance: Pulmonary System," University of Toronto, Ontario, Canada: Canadian Journal of Applied Sports Sciences, 7:4-13; e K. Wasserman, et al., 1973, "Anaerobic Threshold and Respiratory Gas Exchange during Exercise," American Physiological Society, Bethesda, MD, Journal of Applied Physiology, 35:236-243.

CAPÍTULO 11

Figura 11-4: Dados de E. Hultman e K. Sahlin, 1980, "Acid-base Balance during Exercise," em R. Hutton e D. Miller, Eds. Franklin Institute Press, Philadelphia, PA: Exercise and Sport Science Reviews, 8:41-128; N. Jones, et al., 1977, "Effects of pH on Cardiorespiratory and Metabolic Responses to Exercise," American Physiological Society, Bethesda, MD, Journal of Applied Physiology, 43:969-964; e A. Katz, et al., 1984, "Maximum Exercise Tolerance after Induced Alkalosis," Stuttgart, Germany: International Journal of Sports Medicine, 5:107-110. **Figura 11.5:** Dados de E. Hultman e K. Sahlin, 1986, "Acidbase Balance during Exercise," R. Hutton e D. Miller, Eds. Orlando, FL, Academic Press, Inc.: Exercise and Sport Science Reviews, 8:41-128.

CAPÍTULO 12

Figuras 12.7, 12.8, e 12.9: De M. Nelson, 1938, "Die Regulation der Korpertemperatur bei Muskelarbeit" em Scandinavica Archives Physiology, 79: 193. Copyright © 1938 Blackwell Scientific Publications, Ltd., Oxford, England. Reprodução autorizada. **Figura 12.10:** Dados de G. Brenglemann, 1977, "Control of Sweating and Skin Flow During Exercise," E. Nadel, Ed. Academic Press, Inc., Orlando, FL: Problems with Temperature Regulation During Exercise, and S. Powers, et al., 1982, "Ventilatory and Metabolic Reactions to Heat Stress During Prolonged Exercise," International Federation of Sportive Medicine, Turin, Italy: Journal of Sports Medicine and Physical Fitness, 2:32-36.

CAPÍTULO 13

Figura 13.5: Dados de S. Powers, et al., 1994, "Influence of Exercise and Fiber Type on Antioxidant Enzyme Activity in Rat Skeletal Muscle" American Physiological Society, Bethesda, MD: American Journal of

Physiology, 266:R375-380. **Figura 13.13:** De E. F. Coyle, et al., 1984, "Time Course of Loss of Adaptation after Stopping Prolonged Intense Endurance Training" in Journal of Applied Physiology, 57: 1857-1864. Copyright © 1984 American Physiological Society, Bethesda, MD. Reprodução autorizada. **Figura 13.14:** De T. J. Terjung, "Muscle Adaptations to Aerobic Training" em Sports Science Exchange, Vol. 6, No. 6, 1993. Copyright © 1993 Gatorade Sports Science Institute, Barrington, IL. Reprodução autorizada. **Figura 13.15:** De D. G. Sale, 1988, "Neural Adaptations to Resistance Training" em Medicine and Science in Sports and Exercise, 20:S135-S143. Copyright © 1988 American College of Sports Medicine, Indianapolis, IN. Reprodução autorizada.

CAPÍTULO 14

Figura 14.1: Fonte: U.S. Department of Health, Education and Welfare, 1979, Healthy People: The Surgeon General's Report on Health Promotion and Disease Prevention. **Figura 14.3:** De C. J. Casperson, "Physical Activity Epidemiology: Concepts, Methods, and Applications to Exercise Science," editada por K. B. Pandolf em Exercise and Sport Science Reviews, 17:457, 1989. Copyright © 1989 Williams & Wilkins, Baltimore, MD. Reprodução autorizada. **Figura 14.4:** Adaptada de P. Libby, Atherosclerosis: the new view. Scientifi c American, November 10, 2002:46-55, 2002. **Figura 14.5:** De P. M. Ridker et al., Rosuvastatin to prevent vascular events in men and women with elevated C-reactive protein. New England Journal of Medicine 359: 2008. **Figura 14.6:** Dados de N. M. Kaplan, 1989, "The Deadly Quartet." American Medical Association, Chicago, IL: Archives of Internal Medicine, 149:1514-1520; e A. P. Rocchini, 1991, "Insulin Resistance and Blood Pressure Regulation in Obese and Non-obese Subjects." American Heart Association, Dallas, TX: Hypertension, 17:837-842. **Figura 14.7:** De J. S. Rana et al., Cardiovascular metabolic syndrome—an interplay of obesity, inflammation, diabetes and coronary heart disease. Diabetes, Obesity and Metabolism 9:218-232, 2007. **Figura 14.8:** De T. A. Lakka e D. E. Laaksonen, Physical activity in prevention and treatment of the metabolic syndrome. Applied Physiology, Nutrition, and Metabolism 32: 76-88, 2007.

CAPÍTULO 15

Figura 15.1: De ACSM's Guidelines for Exercise Testing and Prescription, p. 24. Baltimore: Lippincott, Williams & Wilkins, 2014. Usada sob permissão. **Tabelas 15.2A e B:** De Canadian Society for Exercise Physiology-Physical Activity Training for Health. Copyright © 2013. **Figura 15.2:** Reprodução autorizada, de E.T. Howley e D.L. Thompson, 2012, Fitness professional's handbook, 6th ed. (Champaign, IL: Human Kinetics), 470. **Figuras 15.4, 15.6, e 15.8:** De E. T. Howley e B. D. Franks. Health/Fitness Instructor's Handbook. Copyright © 1986 Human Kinetics Publishers, Inc., Champaign, IL. Usada sob permissão. **Figura 15.5:** De The YMCA Fitness Testing and Assessment Manual. Copyright © 2000 YMCA of the USA. Reprodução autorizada.

CAPÍTULO 16

Figura 16.1: Dados de L. S. Goodman e A. Gilman, eds., 1975, The Pharmacological Basis of Therapeutics. New York: Macmillan Publishing Company. **Figura 16.2:** De G. L. Jennings, G. Deakin, P. Komer, T. Meridith, B. Kingwell, e L. Nelson, 1991. "What Is the Dose-Response Relationship between Exercise Training and Blood Pressure?" em Annals of Medicine, 23:313-318, Royal Society of Medicine Press, Inc. **Figuras 16.3 e 16.5:** De U.S. Department of Health and Human Services. Physical Activity Guidelines Advisory Committee Report 2008, http://www.health.gov/paguidelines/committeereport.aspx. **Figura 16.4:** De Myers, J. et al. "Exercise capacity and mortality among men referred for exercise testing." New England Journal of Medicine. 346:793-801, 2002. Figura #2, página 798. Usada sob permissão. **Figura 16.6:** Dados de M. M. Dehn e C. B. Mullins, 1977, "Physiologic Effects and Importance of Exercise in Patients with Coronary Artery Disease," Group Medicine Publications, Inc., New York, NY: Cardiovascular Medicine, 2:365; e H. K. Hellerstein e B. A. Franklin, 1984. John Wiley & Sons, Inc., New York, NY: Rehabilitation of the Coronary Patient, 2nd ed. **Tabela 16.1:** Adaptada com permissão de E.T. Howley e D.L. Thompson, 2012, Fitness professional's handbook, 6th ed. (Champaign, IL: Human Kinetics), 410, 412. **Tabela 16.2:** Da Tabela 2 na página 356 de Artero, EG, et al. "Effects of muscular strength on Cardiovascular risk factors and prognosis." Journal of Cardiopulmonary Rehabilitation and Prevention. 32: 351-358, 2012. Usada sob permissão.

CAPÍTULO 17

Figura 17.1: De M. Berger, et al., 1977, "Metabolic and Hormonal Effects of Muscular Exercise in Juvenile Type "Diabetics" in Diabetolo-

gia, 13:355-365. Copyright © 1977 Springer-Verlag, New York, NY. Reprodução autorizada. **Figura 17.2:** De E. R. Richter e H. Galbo, 1986, "Diabetes, Insulin and Exercise" em Sports Medicine, 3:275-288. Copyright © 1986 Adis Press, Langhorn, PA. Reprodução autorizada. **Tabela 17.1:** De Human Physiology, 12th editada por Stuart Ira Fox, Tabela 19.5, p. 675. Copyright © 2011. Usada sob permissão de McGraw-Hill. **Figura 17.3:** De Widmaier EP, Raff H, e Strang KT. Vander's Human Physiology, 13th edition, página 682, Figura 18-23A. Usada sob permissão de McGraw-Hill.

CAPÍTULO 18

Figura 18.1: De G. M. Wardlaw e A. M. Smith, Contemporary Nutrition, 2nd ed. Copyright © 2012 McGraw-Hill, New York, NY. All rights reserved. Reprodução autorizada. **Figura 18.3:** Adaptada de M. L. Pollock e J. H. Wilmore, Exercise in Health and Disease, 2nd ed., 1990. Philadelphia, PA: W. B. Saunders. **Figura 18.4:** De T. G. Lohman, "The Use of Skinfold to Estimate Body Fatness in Children and Youth" em Journal of Health, Physical Education, Recreation and Dance, 98:102, November-December 1987. Copyright © 1987 American Alliance for Health, Physical Recreation and Dance, Reston, VA. Reprodução autorizada. **Figura 18.7:** Figura 3 (página 51) de Dansinger ML, Gleason JA, Griffi th JL, Selker HP, e Schaefer EJ. "Comparison of the Atkins, Ornish, Weight Watchers, and Zone diets for weight loss and heart disease risk reduction: a randomized trial." JAMA 293: 43-53, 2005. **Figura 18.8:** De A. Keys, et al., The Biology of Human Starvation, Vol. 1. Copyright © 1950 University of Minnesota Press, Minneapolis, MN. Reprodução autorizada. **Figura 18.9:** Figura 1 em Thompson DL, Rakow J, e Perdue SM. "Relationship |between accumulated walking and body composition in middle-aged women." Medicine and Science in Sports and Exercise. 36:911-914, 2004. Usada sob permissão.

CAPÍTULO 19

Figura 19.1: De P. Astrand e K. Rodahl, Textbook of Work Physiology, 2nd ed. Copyright © 1977 McGraw-Hill, Inc., New York, NY. Reprodução autorizada. **Figura 19.2:** De H. Gibson e R. H. T. Edwards, 1985, "Muscular Exercise and Fatigue" em Sports Medicine, 2:120-132. Copyright © 1985 Adis Press, Langhorn, PA. Reprodução autorizada. **Figura 19.3:** De D. G. Sale, "Influence of Exercise and Training in Motor Unit Activation" em Kent B. Pandolf, Ed., Exercise and Sport Sciences Review, Vol. 15. Copyright © 1987 McGraw-Hill, Inc., New York. Reprodução autorizada.

CAPÍTULO 20

Figura 20.5: Reprodução autorizada de B. Scott e J. Houmard, "Peak Running Velocity Is Highly Related to Distance Running Performance" em International Journal of Sports Medicine, 75 (1994): 504-507, Georg Thieme Verlag, Stuttgart, Germany. **Figura 20.9:** De P. Astrand e K. Rodahl, Textbook of Work Physiology, 2nd ed. Copyright © 1977 McGraw-Hill, Inc., New York, NY. Reprodução autorizada.

CAPÍTULO 21

Figura 21.2: De M. Ikai e T. Fukunaga, 1968, "Calculation of Muscle Strength per Unit of Cross Sectional Area of a Human Muscle by Means of Ultrasonic Measurement" em Internationale Zeitschrift fuer Angewanted Physiologie, 26:26-31. Copyright © 1968 Springer-Verlag, Heidelberg, Germany. Reprodução autorizada. **Figura 21.3:** De J. Wilmore, et al., 1974, "Alterations in Strength, Body Composition, and Anthropometric Measurements Consequent to a 10-Week Weight Training Program" em Medicine and Science in Sports, 6:133-139. Copyright © 1974 American College of Sports Medicine, Indianapolis, IN. Reprodução autorizada.

CAPÍTULO 22

Figura 22.5: De Kent M. Van de Graaff, Human Anatomy, 4th ed. Copyright © 1995 Times Mirror Higher Education Group, Inc., Dubuque, IA. All rights reserved. Reprodução autorizada. **Figura 22.6:** Dados de F. Ingjer, Development of maximal oxygen uptake in young elite male cross-country skiers: a longitudinal study. J Sports Sci 10:49-63, 1992. **Figuras 22.9 e 22.10:** Dados de S. A. Hawkins, T. J. Marcell, S. Victoria Jaque, e R. A. Wiswell. A longitudinal assessment of change in $\dot{V}O_2$ max and maximal heart rate in master athletes. Med Sci Sports Exerc 33:174-175, 2001.

CAPÍTULO 23

Figura 23.1: De J. Bergstrom, et al., 1967, "Diet, Muscle Glycogen and Physical Performance" em Acta Physiologica Scandinavica 71:140-

Créditos **623**

150. Copyright © 1967 Scandinavian Physiological Society, Stockholm Sweden. Reprodução autorizada de Blackwell Scientific Publications, Ltd., Oxford, England. **Figura 23.2:** De W. M. Sherman, 1983, "Carbohydrates, Muscle Glycogen, and Muscle Glycogen Super Compensation" em Ergogenic Aids in Sports, pp. 3-26, editada por M. H. Williams. Copyright © 1983 Human Kinetics Publishers, Inc., Champaign, IL. Usada com permissão. **Figura 23.3:** De John O. Halloszy, Ed., em Exercise and Sport Science Reviews, 19:982, 1991. Copyright © 1991 Williams & Wilkins, Baltimore, MD. Reprodução autorizada. **Figura 23.5:** Dados de P. W. R. Lemon e J. P. Mullin, 1980, "Effect of Initial Muscle Group Glycogen Levels on Protein Catabolism During Exercise," American Physiological Society, Bethesda, MD: American Journal of Applied Physiology, 48:624-629. **Figura 23.6:** De C. T. M. Davies, et al., 1982, "Glucose Inhibits CO 2 Production from Leucine during Whole Body Exercise in Man" em Journal of Physiology, 332:40-41. Copyright © 1982 Cambridge University Press, Cambridge, England. Reprodução autorizada. **Figura 23.7:** De E. F. Coyle e S. J. Montain, 1995, "Benefits of Fluid Replacement with Carbohydrate During Exercise," em Medicine and Science in Sports and Exercise, 24:S324-S330. Copyright © 1995 Williams & Wilkins Company, Baltimore, MD. Reprodução autorizada. **Figura 23.8:** De D. L. Costill e B. Saltin, 1974, "Factors Limiting Gastric Emptying during Rest and Exercise" em Journal of Applied Physiology, 37:679-683. Copyright © 1974 American Physiological Association, Bethesda, MD. Reprodução autorizada. **Figura 23.9:** De K. Davies, et al., 1982, "Muscle Mitochondrial Bioenergetics, Oxygen Supply, and Work Capacity during Dietary Iron Deficiency and Repletion" em Journal of Applied Physiology, 242:E418-E427. Copyright © 1982 American Physiological Association, Bethesda, MD. Usada sob permissão. **Figura 23.11:** De J. M. Tanner, et al., The Physique of the Olympic Athlete. Copyright © 1964 George Allen & Unwin Publishers, Ltd., London England. Reprodução autorizada.

CAPÍTULO 24

Figura 24.1: De E. T. Howley, "Comparison of Performances in Short Races in the 1964 and 1968 Olympic Games," em G. A. Stull e T. K. Cureton, Encyclopedia of Physical Education, Fitness and Sports: Training, Environment, Nutrition and Fitness. Copyright © 1980 American Alliance for Health, Physical Education, Recreation and Dance, Reston, VA. Reprodução autorizada. **Figura 24.2:** Dados de Grover et al., 1967, "Muscular Exercise in Young Men Native to 3,100 m Altitude," American Physiological Society, Bethesda, MD: American Journal of Applied Physiology 22:555-564. **Figura 24.3:** Dados de L. G. C. E. Pugh, 1964, "Muscular Exercise at Great Altitudes," American Physiological Society, Bethesda, MD: Journal of Applied Physiology, 19:431-440. **Figura 24.4:** De J. B. West e P. D. Wagner, 1980, "Predicted Gas Exchange on the Summit of Mt. Everest" em Respiration Physiology, 42:1-16. Copyright © 1980 Elsevier Biomedical Press, Amsterdam, The Netherlands. Reprodução autorizada. **Figura 24.5:** De J. B. West, et al., 1983, "Barometric Pressures at Extreme Altitudes on Mt. Everest: Physiological Significance" em Journal of Applied Physiology, 54:1188-1194. Copyright © 1983 American Physiological Society, Bethesda, MD. Reprodução autorizada. **Figura 24.7:** De D. K. Mathews, et al., 1969, "Physiological Responses during Exercise and Recovery in a Football Uniform" em Journal of Applied Physiology, 26:611-615. Copyright © 1969 American Physiological Society, Bethesda, MD. Reprodução autorizada. **Figura 24.9:** Dados de G. W. Molnar, 1946. American Medical Association, Chicago, IL: Journal of the American Medical Association, 131:1046-1050. **Figura 24.10:** De A. C. Burton e O. G. Edholm, Man in a Cold Environment. Copyright © 1955 Edward Arnold Publishers. Reprodução autorizada de Edward Arnold Publishers, Division of Hodder & Stoughton Ltd., London, England. **Figura 24.11:** De P. B. Raven, et al., 1974, "Effect of Carbon Monoxide and Peroxyacetyl Nitrate on Man's Maximal Aerobic Capacity" em Journal of Applied Physiology, 36: 288-293. Copyright © 1974 American Physiological Society, Bethesda, MD. Reprodução autorizada. **Figura 24.12:** "Air Quality Index (AQI) - A Guide to Air Quality and Your Health." AIRNow Web site. Disponível em: http://airnow.gov/index.cfm?action=static.aqi. Acessado dia 28 de abril de 2011.

CAPÍTULO 25

Figura 25.1: Dados de G. Ariel e W. Saville, 1972. "Anabolic Steroids: The Physiological Effects of Placebos," American College of Sports Medicine, Indianapolis, IN: Medicine and Science in Sports and Exercise, 4:124-126. **Figura 25.2:** De H. W. Welch, "Effects of Hypoxia and Hyperpoxia on Human Performance" em Kent B. Pandolf, Ed., Exercise and Sport Sciences Reviews, vol. 15. Copyright © 1987 McGraw-Hill, Inc., New York. Reprodução autorizada. **Figura 25.3:** De N. Gledhill, 1982, "Blood Doping and Related Issues: A Brief Review" em Medicine and Science in Sports and Exercise, 14:183-189. **Figura 25.6:** Figura 4 em Bassett D, Kyle C, Passfi eld L, Broker J, e Burke E. "Comparing cycling world hour records, 1967-1996: modeling with empirical data." Medicine & Science in Sports and Exercise. 31: 1665-76, 1999. Usada sob permissão. **Figura 25.7:** De McCole SD, Claney K, Conte J-C, Anderson R, e Hagberg, JM. "Energy expenditure during bicycling." Journal of Applied Physiology. 68:748-753, 1990, Figura 3, p. 751. Usada sob permissão.

Fotografias

CAPÍTULO 0

Página 1: © Action Plus Sports Images/Alamy; **p. 3 (A):** © Hulton Archive/Getty Images; **p. 3 (B):** © Time & Life Pictures/Getty Images; **p. 4 (à esquerda):** Cortesia The Royal Physiological Society; **p. 4 (à direita):** Cortesia de The American Physiological Society; **p. 5 (à esquerda):** The Carnegie Institution of Washington, D.C.; **p. 5 (à direita):** Cortesia de COSMED USA, Inc.; **p. 6 (A):** Arquivo pessoal da família Horvath; **p. 6 (B):** Cortesia de Indiana University Archives (P0021682); **p. 6 (inferior):** Library of Congress, Prints & Photographs Division; **p. 8:** Cortesia de W.B. Saunders Company; **p. 10:** Cortesia de Kirk Cureton.

CAPÍTULO 1

Página 18 (A): © Ryan McVay/Getty Images RF; **p. 18 (B):** Cortesia de Monark Exercise AB; **p. 18 (C):** © Comstock Images/Alamy RF; **p. 18 (D):** Cortesia de Monark Exercise AB; **p. 19:** © Library of Congress/Science Source; **p. 21:** Cortesia de ParvoMedics.

CAPÍTULO 2

Página 30: © Boyer/Roger Viollet/Getty Images.

CAPÍTULO 3

Página 55: © Keystone/Getty Images.

CAPÍTULO 4

Página 69: Cortesia de Bruce Gladden; **p. 71:** © AP Images; **p. 85:** Cortesia de George Brooks.

CAPÍTULO 5

Página 100: © Bettmann/Corbis; **p. 108:** Cortesia de Anne B. Loucks.

CAPÍTULO 6

Página 130: © Popperfoto/Getty Images; **p. 134:** Foto cortesia de David C. Nieman.

CAPÍTULO 7

Página 153: Cortesia da American Physiological Society.

CAPÍTULO 8

Página 168: © Hulton-Deutsch Collection/Corbis; **p. 169 (B):** © Biophoto Associates/Science Source; **p. 180 (ambas):** Cortesia de Stuart Fox.

CAPÍTULO 9

Página 189: © Bettmann/Corbis.

CAPÍTULO 10

Página 226: © Caro/Alamy; **p. 242:** Cortesia da American Physiological Society; **p. 244:** © Keisho Katayama.

CAPÍTULO 11

Página 255: © 2008 acidbase.org/Paul W G Elbers.

CAPÍTULO 12

Página 263: Cortesia da American Physiological Society; **p. 276:** Cortesia de Dr. Michael Sawka.

CAPÍTULO 13

Página 289 (à esquerda): © Joe Angeles/Washington University em St. Louis; **p. 289 (à direita):** © Harry How/Getty Images; **p. 300:** ©

Sam Edwards/age fotostock RF; **p. 308:** © Nice One Productions/Corbis RF; **p. 312 (à esquerda):** © Nice One Productions/Corbis RF; **p. 312 (à direita):** © Sam Edwards/age fotostock RF.

CAPÍTULO 14
Página 317: © Tim Mantoani/Masterfi le; **p. 323 (ambas):** Cortesia do autor.

CAPÍTULO 15
Página 340: Cortesia de Barry Franklin; **p. 348:** Usada com permissão do livro Matters of the Heart: Adventures in Sports Medicine. Healthy Learning. Monterey, California.

CAPÍTULO 16
Página 364: Cortesia do American College of Sports Medicine.

CAPÍTULO 17
Página 390: Cortesia de Dr. Lindsay Carter; **p. 393:** Cortesia de Susan Bloomfield.

CAPÍTULO 18
Página 417: Foto cortesia de COSMED USA, Inc.; **p. 433:** © Digital Collections and Archives, Tufts University.

CAPÍTULO 19
Página 443: © Digital Vision/Getty Images RF; **p. 451:** Cortesia de Robert H. Fitts; **p. 455:** Cortesia de Ball State University Photo Service.

CAPÍTULO 20
Página 464: Cortesia de The American Heart Association Journal; **p. 475:** Cortesia de Biodex Medical Systems, Inc.; **p. 476 (à esquerda):** Cortesia de Lafayette Instrument Company; **p. 476 (à direita):** Cortesia de Biodex Medical Systems, Inc.

CAPÍTULO 21
Página 489: Cortesia de Benjamin Levine; **p. 491:** Cortesia de Michael Hogan.

CAPÍTULO 22
Página 514: Cortesia de Marilyn Bar-Or.

CAPÍTULO 23
Página 525: Cortesia do Dr. Bengt Lindholm; **p. 529:** Cortesia de Ronald J. Maughan.

CAPÍTULO 24
Página 566: © The Royal Geographical Society.

CAPÍTULO 25
Página 582: Cortesia de Arthur Forsberg.

Índice remissivo

2,3-DPG e a curva de dissociação da oxiemoglobina 232

A

Abordagens Nutricionais para Interromper a Hipertensão Arterial (DASH) 415
Absorciometria fotônica 416
Absorciometria por raios X de dupla energia (DXA) 416
Ação concêntrica 180
Ação excêntrica 180
Ação isométrica 179
Acetil-CoA 53
Ácido(s) 250
Ácido láctico 50
Acidose 250, 251
Ácidos fortes 250
Ácidos graxos livres (AGL) 80
Aclimatação 275, 559
Aclimatação a altitudes elevadas 552
Aclimatação ao calor 275, 278
Aclimatação ao frio 279
Aclimatização 35, 275
Ações musculares 179
Acoplamento excitação-contração 171
Actina 166
Açúcares e amidos 408
Adaptação 35
Adaptação ao treinamento 296
Adaptações musculares 451
Adenilato ciclase 93
Adiponectina 103
Adrenalina 99, 115
Agente oxidante 43
Agente redutor 43
Agonistas dos receptores beta (β_2-agonistas) 382
Água 402, 563
Água e eletrólitos 533
Alcalose 250
Alcalose metabólica 251
Aldosterona 101
Alongamento dinâmico 498
Alongamento estático 498
Alongamento mecânico 297
Alteração da atividade do DNA no núcleo 93
Alterações da concentração sanguínea de lactato durante o exercício incremental 75
Alterações da eficiência real durante o exercício no braço ergométrico 25
Alterações da pressão durante o ciclo cardíaco 194
Alterações do débito cardíaco durante o exercício 207
Alterações na distribuição de oxigênio para o músculo durante o exercício 207
Alterações na força muscular relacionadas ao envelhecimento 517
Alterações na pressão arterial ao longo do tempo 31
Alterações na temperatura central corporal 30
Alterações no consumo de oxigênio ($\dot{V}O_2$) 74

Alterações no conteúdo arteriovenoso misto de oxigênio durante o exercício 208
Alterações no sistema nervoso induzidas pelo treinamento de força 305
Alterações no tipo de fibra muscular induzidas pelo treinamento de força 306
Alterações no tipo e capilaridade da fibra induzidas pelo treinamento de resistência 290
Altitude 548
Alvéolos 219
Ambientes extremos 566
Amenorreia 507
AMP cíclico 93, 94
AMPK 298
Análise de bioimpedância elétrica (BIA) 417
Andrew F. Huxley 168
Andrógenos 105
Anfetaminas 584
Angioplastia coronariana transluminal percutânea (ACTP) 387
Angiotensina I 101
Angiotensina II 101
Anidrase carbônica 234
Anne B. Loucks 108
Anorexia nervosa 422, 508
Aparelho(s) 492
Aparelho vestibular 151
Aquecimento, alongamento e desaquecimento, alongamento 363
Archibald V. Hill 3
Áreas de pesquisa ativas no Harvard Fatigue Laboratory 5
Áreas temáticas importantes em fisiologia do exercício que foram investigadas entre 1954 e 1994 10
Armazenamento de calor no corpo durante o exercício 266
Arritmias 386
Artérias 189
Arteríolas 189
Asma 381
    diagnóstico e causas 381
    induzida pelo exercício 224, 382
    prevenção/alívio da asma 382
A. Steven Horvath 6
Ativação das vias de sinalização celular nas fibras musculares 37
Atividade elétrica do coração 197
Atividade elétrica em neurônios 140
Atividade física 357
Atividade física e exercício 431
Atividade física e saúde 358
Atividades lúdicas e esportes 369
Atleta como máquina 456
Atleta e os distúrbios alimentares 508
Atletas de elite 179
Atletas fundistas 209
Atletas jovens 513
ATP oriundo da fosforilação oxidativa 60

ATPase 48
August Krogh 19
Aumentos de tamanho do músculo esquelético induzidos pelo treinamento de força 305
Autorregulação 209
Avaliação da dieta 415
Avaliação da força muscular 474
Avaliação isocinética da força 476
Avaliação laboratorial do desempenho humano 460-480
A.V. Hill 71
Axônio 139, 140

B

Baixo conteúdo de glicogênio muscular 311
Balanço de ATP 60
Balanço nutricional 427
Banco de *step* 17
Barreiras físicas 126
Bases 250
Bases fortes 250
Bases moleculares da adaptação ao treinamento físico 295
B. August Krogh 3
Bebidas carboidratadas e desempenho 529
Bengt Saltin 289
Benjamin Levine 489
Betabloqueio e frequência cardíaca no exercício 202
Betaoxidação 57
Bicicleta e seus componentes 588
Bioenergética 39, 40, 49
Biologia molecular 40, 41
Björn Ekblom 582
Braço ergométrico com pedal 18
Bradicardia 288
Breve história da fisiologia do exercício 3
Bruce Gladden 69
B. Sid Robinson 6
Bulimia 508
Bulimia nervosa 422

C

Cadeia de transporte de elétrons 53, 56
Cafeína 584
Cãibras musculares associadas ao exercício 174
Cãibras por calor 558
Calcineurina 298
Cálcio 297, 404
Calcitonina 99
Cálculo da eficiência do exercício 23
Cálculo da perda de calor por evaporação 266
Cálculo da produção de dióxido de carbono 597
Cálculo do ATP aeróbio 60
Cálculo do ATP aeróbio a partir da quebra de uma molécula de glicose 60
Cálculo do aumento da temperatura corporal durante o exercício 268
Cálculo do consumo de oxigênio 597
Cálculo do consumo de oxigênio e da produção de dióxido de carbono 597
Calmodulina 112
Calor 558

Calor específico 266
Calorimetria direta 20
Calorimetria indireta 21
Câmara hiperbárica 578
Câncer 183
Capacidade pulmonar total (CPT) 226
Capacidades respiratórias 227
Capacidade vital (CV) 226
Capilares 189
Características descritivas 565
Características físicas do sangue 205
Características funcionais dos tipos de fibras musculares 177
Carboidratos (CHO) 46, 82, 408, 524
Carreiras em ciência do exercício e cinesiologia 12
Cartilagem articular 513
Catecolaminas 99
Célula muscular 40
Célula *natural killer* 128
Células B 130
Células de Schwann 140
Células-satélite 165
Células T 131
Centro de controle 32
Centro de controle cardiovascular 197
Centro de controle respiratório 238
Cerebelo 153
Cérebro 153, 154
Choque de insulina 377
Ciclo cardíaco 192
Ciclo de Cori 84
Ciclo de Krebs 53, 55
Cicloergômetro 18
Cicloergômetro com freios de atrito 18
Ciência do exercício 8
Cinesiologia 8
Cinestesia 147
Cinética do consumo de oxigênio 69
Circuito pulmonar 190
Circuito sistêmico 190
Cirurgia de revascularização coronariana 386
Cisternas terminais 166
Citocinas 128
Citoplasma 40, 42
Classes de nutrientes 402
Classificação das enzimas 44
Claude Bernard 30
Clo 563
Colesterol 412
Coleta de sangue "simulada" 580
Coma diabético 377
Comando central 215, 302
Combustíveis para o exercício 46
Comparação do consumo de oxigênio ($\dot{V}O_2$) 74
Comparação entre os tipos 1 e 2 do diabetes melito 376
Compensação respiratória 258
Complexo hormônio-receptor 94
Componentes celulares 127
Componentes de uma sessão de treinamento: aquecimento, prática e desaquecimento 484
Componentes de um sistema de controle biológico 32
Componentes do teste fisiológico efetivo 462

Composição corporal 415, 432, 523
Composição corporal e desempenho 541
Composição corporal e nutrição para a saúde 399-442
Composição típica da fibra muscular 179
Compostos, enzimas e reações envolvidas no ciclo de Krebs 55
Compostos inorgânicos 40
Compostos orgânicos 40
Conceito de "cruzamento" 79
Concentração sanguínea dos hormônios 92
Concussões associadas ao esporte 155
Condicionamento dos atletas durante o ano inteiro 500
Condicionamento esportivo para crianças 512
Condicionamento físico 357, 558
Condicionamento fora da temporada 500
Condicionamento na pré-temporada 500
Condicionamento na temporada 501
Condução 265
Condutividade 140
Condutividade elétrica corporal total (TOBEC) 417
Constância dinâmica 30
Consumo de oxigênio ($\dot{V}O_2$) 5, 22, 67
Consumo de oxigênio na corrida 26
Consumo excessivo de oxigênio pós-exercício 71
Consumo máximo de oxigênio ($\dot{V}O_{2máx}$) 74, 454
Conteúdo de cafeína em bebidas e em medicamentos populares 586
Contração 170, 171, 180
Contração muscular 168
Contratilidade cardíaca 288
Contribuições da produção anaeróbia/aeróbia de energia durante os vários eventos esportivos 63
Controle biológico 61
Controle da glicólise 62
Controle da secreção de cortisol 102
Controle da secreção de testosterona 104
Controle da secreção hormonal 92
Controle da ventilação 237
Controle das funções motoras 156
Controle do ambiente interno 29-38
Controle do ciclo de Krebs e da cadeia de transporte de elétrons 62
Controle do peso 422, 427, 429
Controle do sistema ATP-CP 61
Controle homeostático 33, 35
Controle hormonal da mobilização do substrato durante o exercício 107
Controle ventilatório durante o exercício intenso 241
Controle ventilatório durante o exercício submáximo 240
Convecção 265
Convulsões 516
Coração: miocárdio e ciclo cardíaco 190
Corpo celular 139
Corpos aórticos 239
Corpos carotídeos 239
Correção BTPS 599
Correção de volumes gasosos às condições de referência 598
Correção STPD 598
Corrida leve 368
Corridas de longa distância 550

Córtex motor 153
Córtex suprarrenal 99, 100
Cortisol 97, 102, 113
C. Otto F. Meyerhof 3
Critério para seleção de um método de teste de força 474
Cromolina sódica 382
Curso temporal da velocidade 67
Curva de dissociação da oxiemoglobina 231

D

David Bruce Dill 4
David L. Costill 455
David Nieman 134
D. B. (Bruce) Dill 263
Débito cardíaco 189, 199, 201
Débito cardíaco máximo ($\dot{Q}_{máx}$) 580
Débito de oxigênio 70
Deficiência 404
Déficit de oxigênio 68, 70
Definição de trabalho e potência 16
Dendritos 139, 140
Densidade corporal total 418
Densidade nutricional 414
Desempenho 178, 523
Desempenho aeróbio 576
Desempenho aeróbio de longa duração 549
Desempenho anaeróbio 582
Desempenho anaeróbio de curta duração 548
Desempenho de resistência 455
Desempenho em corridas de distância 454
Desempenho em corridas de fundo 466
Desempenho em eventos de ultrarresistência 455
Desempenho físico e treinamento para atletas masters 517
Desempenho no exercício 244, 273
Desempenho no exercício em condições ambientais de calor 276
Desempenhos de curta duração (10 a 180 segundos) 452
Desempenhos de duração intermediária (21 a 60 minutos) 453
Desempenhos de duração moderada (3 a 20 minutos) 453
Desempenhos de duração ultracurta (10 segundos ou menos) 450
Desempenhos de longa duração (1 a 4 horas) 454
Desempenhos em corridas de curta distância 549
Desenvolvimento do teste de esforço progressivo 464
Desoxiemoglobina 231
Destreinamento subsequente ao treinamento de força 309
Destreinamento subsequente ao treinamento de resistência 303
Desvio do ponto de ajuste do termostato hipotalâmico em decorrência de febre 268
Determinação da potência anaeróbia 470
Diabetes 183, 376, 377
Diabetes melito 104
Diabetes tipo 1 377
Diabetes tipo 2 379
Diacilglicerol (DAG) 95

Diafragma 222
Diagrama de um calorímetro simples 21
Diástole 192
Dieta e controle do peso 427
Dieta, exercício e controle do peso 426
Dieta mista 82
Dieta pobre em carboidrato 82
Dieta rica em carboidrato 82
Dietas de carboidrato e desempenho 524
Diferença arteriovenosa de O_2 288
Diferença de íon forte 255
Diferenças de termorregulação relacionadas à idade e ao gênero 274
Diferenças entre gêneros em resposta ao treinamento de força 494
Difosfato de adenosina (ADP) 48
Difusão 219
Difusão de gases 227
Diluição de isótopo 416
Dióxido de enxofre 568
Diretrizes de treinamento para atletas masters 519
Discos intercalados 191
Dismenorreia 508
Disponibilidade de carboidrato no músculo esquelético influencia a adaptação ao treinamento de resistência 496
Disponibilidade de proteína no músculo esquelético influencia a síntese de proteína muscular após o exercício 496
Distrofia muscular 183
Distúrbios alimentares 509
Distúrbios do equilíbrio acidobásico muscular 252
Distúrbios dos minerais ósseos e a atleta 509
Distúrbios menstruais 507
Distúrbios reprodutivos e baixa massa óssea em mulheres atletas 108
Divisão parassimpática 158
Divisão simpática 158
Doença crônica 318-331
Doença pulmonar obstrutiva crônica 225, 384
Doenças associadas a níveis altos de enzimas 45
Doenças relacionadas ao calor 558
Doping por infusão sanguínea 580
Doping sanguíneo 580, 582
Dor muscular 497
Dor muscular de início tardio 497
Dose 357
Dose-resposta 358
Dose-resposta: atividade física e saúde 360
Drafting 588
Dudley Sargent 6
Duração do exercício e seleção de combustível 80

E

Economia de corrida 26
Edward Jenner 130
Efeito colateral 358
Efeito da adrenalina e da noradrenalina na secreção de insulina e glucagon 118
Efeito da adrenalina/noradrenalina 101
Efeito da repetição do exercício 499
Efeito da temperatura corporal 46

Efeito da temperatura sobre a curva de dissociação da oxiemoglobina 232
Efeito de Bohr 232
Efeito do pH sobre a atividade enzimática 46
Efeito do pH sobre a curva de dissociação da oxiemoglobina 232
Efeito máximo 358
Efeito (resposta) 357
Efeitos da PCO_2, da PO_2 e do potássio sanguíneos sobre a ventilação 239
Efeitos da velocidade de movimento 26
Efeitos fisiológicos do treinamento de força 304
Efetores 32
Eficiência da fosforilação oxidativa 61
Eficiência real 23
Elementos químicos 404
Eletrocardiograma (ECG) 198
Elwood Henneman 153
Empacotamento sanguíneo 580
Encéfalo 159
Endomísio 165
Energética da contração 448
Energia de ativação 44
Energia para contração 168
Envelhecimento 132, 183, 303
Envelhecimento e desempenho de resistência 518
Enzima(s) 44, 45
Enzima limitadora da velocidade 61, 62
Enzimas e energia de ativação 44
Epilepsia e treinamento físico 516
Epimísio 165
EPOC 71
Equivalente metabólico 22
Equilíbrio acidobásico durante o exercício 249-260
Equilíbrio energético e nutricional 426
Ergometria 17
Ergômetro 17, 18
Erik Hohwü-Christensen 4
Eritrocitemia induzida 580
Erling Asmussen 4
Erros comuns de treinamento 501
Esclerose múltipla 142
Espaço morto anatômico 225
Especificidade 284
Especificidade das respostas ao treinamento físico 297
Espessura de dobra cutânea 417
Espirometria 225
Espirometria de circuito aberto 21
Esporte ou grupo esportivo 541
Esportes populares 253
Estado estável 30
Estágios da fosforilação oxidativa 54
Estágios de deficiência de ferro 538
Esteira com motor elétrico 18
Esteira ergométrica 19
Esteroides 92
Esteroides anabólicos e desempenho 106
Esteroides sexuais 101
Estimativa da demanda de O_2 na caminhada na esteira ergométrica 24
Estimativa da demanda de O_2 no ciclismo 25
Estimativa da utilização de combustível durante o exercício 76

Estimativa do gasto energético 22
Estimativa do percentual de gordura para homens: somatória das dobras cutâneas do tríceps, do peitoral e do subescapular 608
Estimativa do percentual de gordura para mulheres: somatória das dobras cutâneas do tríceps, do abdome e da suprailíaca 609
Estimulação do centro de controle respiratório 238
Estimulação neural do centro de controle respiratório 240
Estimuladores 62
Estresse por calor ambiente 561
Estresses do ambiente e do calor 263
Estrogênio 104, 105
Estrutura celular 40
Estrutura do coração 190
Estrutura do músculo esquelético 164
Estrutura do sistema respiratório 219
Estrutura e controle do movimento 138-162
Estudo de pós-graduação e pesquisa em fisiologia do exercício 9
Estudos de balanço nitrogenado em todo o corpo 531
Etapas que levam à fosforilação oxidativa na mitocôndria 58
Evaporação 265
Eventos sinalizadores que levam ao crescimento do músculo induzido pelo treinamento de força 307
Eventos sinalizadores que levam ao crescimento do músculo induzido pelo treinamento de resistência 299
Eventos térmicos durante o exercício 269
Everest 553, 555
Exaustão por calor 558
Excitação 170, 171
Exemplos de controle homeostático 33
Exemplos de periódicos científicos para pesquisas em fisiologia do exercício 11
Exemplos de valor diagnóstico de enzimas encontradas no sangue 45
Exercício 223, 225, 357, 434
Exercício aeróbio 369
Exercício aeróbio de alta intensidade/longa duração aumenta o risco de infecção 133
Exercício aeróbio moderado protege contra a infecção 132
Exercício contínuo e de alta intensidade 487
Exercício de força 369
Exercício de longa distância e de baixa intensidade 486
Exercício de resistência progressiva (ERP) 490
Exercício de resistência variável 490
Exercício dinâmico 180
Exercício durante a gestação 392, 509
Exercício e ambiente 547-573
Exercício e diabetes 377
Exercício e distúrbios menstruais 507
Exercício e fadiga muscular 173
Exercício em um ambiente frio 278
Exercício em um ambiente quente 271
Exercício e o sistema imune 125-137
Exercício e saúde dos ossos 393
Exercício físico 131

Exercício físico e resistência à infecção 131
Exercício incremental 74, 212, 236
Exercício intenso e de curta duração 73
Exercício intermitente 213
Exercício para idosos 388
Exercício para o braço *versus* exercício para a perna 213
Exercício para populações especiais 375-398
Exercício prolongado 73, 213
Exercício prolongado em ambiente quente 236
Exercício regular 132
Expiração 224
Expressões comuns do gasto energético 22
Extensores 164

F

Facilitação neuromuscular proprioceptiva 500
Fadiga central 446
Fadiga muscular 173, 449
Fadiga periférica 447
Fagócitos 127
Faixa de frequência cardíaca alvo (FCA) 365
Falha do sistema mitocondrial de "transporte de hidrogênio" 75
Fascículo 165
Fases da glicólise e seus produtos 51
Fatores ambientais 562
Fatores de correção combinados 598
Fatores de crescimento semelhantes à insulina (IGF) 97
Fatores de risco e inflamação 318-331
Fatores determinantes da seleção de combustível 78
Fatores importantes para mulheres envolvidas em treinamento vigoroso 507
Fatores isolantes 563
Fatores liberadores 96
Fatores mecânicos 448
Fatores nervosos 447
Fatores neurais 311
Fatores que afetam o desempenho 444-459
Fatores que alteram a atividade enzimática 46
Fatores que comprovadamente afetam a atividade de enzimas limitadoras da velocidade das vias metabólicas envolvidas na bioenergética 62
Fatores que influenciam a eficiência do exercício 24
Fatores que influenciam a pressão arterial 196
Fatores que limitam desempenhos aeróbios máximos 452
Fatores que limitam desempenhos anaeróbios máximos 450
Feedback negativo 33, 34
Feedback positivo 33
Feedback sensorial 147
Ferritina 405
Ferro 405, 537
Fibra alimentar 409
Fibra funcional 409
Fibras aferentes 139
Fibras de contração lenta 177
Fibras de contração rápida 178
Fibras de tipo IIa 178
Fibras de tipo IIx 178

Fibras eferentes 139
Fibras intermediárias 178
Fibras lentas (tipo I) 177
Fibras musculares esqueléticas 175
Fibras musculares esqueléticas humanas 179
Fibras rápidas (tipos IIa e IIx) 178
Fibra total 409
Fisiologia aplicada ao exercício 10
Fisiologia básica do exercício 10
Fisiologia, condicionamento físico e saúde 6
Fisiologia da adaptação ao treinamento 489
Fisiologia do esporte 3
Fisiologia do exercício 41, 71
Fisiologia do exercício aplicada ao esporte 50, 63, 77, 81, 254, 470
Fisiologia do exercício pediátrico 514
Fisiologia do treinamento: efeito sobre $\dot{V}O_{2máx}$, desempenho e força 282-316
Flavina adenina dinucleotídio 43
Flexores 164
Fluxo de massa (*bulk flow*) 222
Fluxo sanguíneo 206
Fluxo sanguíneo para os pulmões 228
Fontes de carboidrato durante o exercício 82
Fontes de gordura durante o exercício 83
Fontes de proteína durante o exercício 83
Fontes de resistência vascular 206
Força 303, 392
Formação estrutural do trifosfato de adenosina 48
Fórmulas estruturais 43
Fosfato inorgânico (Pi) 48
Fosfatos de alta energia 48
Fosfocreatina (PC) 49
Fosfodiesterase 94
Fosfofrutoquinase (PFK) 62
Fosfolipase C 95
Fosfolipídios 47
Fosforilação oxidativa 53
Fred W. Kasch 390
Frequência 358, 363
Frequência cardíaca 201, 212
Frio 562
Função cardiovascular na altitude 550
Função motora somática 150
Função pulmonar 219
Função respiratória na altitude 551
Funções encefálicas de controle motor 153
Funções motoras da medula espinal 156
Fuso muscular 148

G

Ganho de um sistema de controle 33
Ganho do sistema 33
Gasto de oxigênio relativo 25
Gasto energético e controle do peso 429
Gênero 565
George Brooks 85
Glândula endócrina 96, 109, 110
Glândula suprarrenal 99
Glândula tireoide 93
Glicocorticoides 101
Glicogênio 47

Glicogênio muscular 525
Glicogênio sintase 47
Glicogenólise 47, 112
Glicólise 49, 52
Gliconeogênese 71
Glicose 47
Glucagon 103, 104, 116
Gordura(s) 47, 82, 412
Gordura corporal 541
Gordura corporal para saúde e condicionamento físico 422
Gordura subcutânea 563
Grau percentual 19, 20
Guia para a qualidade do ar e para a saúde 569

H

Hans Krebs 55
Harvard Fatigue Laboratory 4, 6
HDL-colesterol 413
Hemodinâmica 205
Hemoglobina 231
Hemoglobina e transporte de O_2 231
Herança europeia 3
HERITAGE *Family Study* 286
Hidratação 559
Hiperóxia 548
Hiperplasia 306, 490
Hipertensão 385
Hipertermia 271, 558
Hipertrofia 306, 490
Hipófise 96
Hipófise anterior 96
Hipófise posterior 96, 97
Hiponatremia 537
Hipotálamo 96, 97
Hipotálamo anterior 267
Hipotálamo posterior 267
Hipotermia 278, 562
Hipotermia leve 567
Hipotermia moderada/grave 567
Hipótese quimiosmótica 59
Hipóxia 548
Homeostase 30
Homeostase celular 36
Homeostase: constância dinâmica 30
Homeostase da glicose sanguínea durante o exercício 112
Homeostasia 30, 158
Homeotermos 262
Hormônio(s) 91, 96, 110
Hormônio adrenocorticotrófico (ACTH) 96
Hormônio antidiurético 97
Hormônio do crescimento 97, 114
Hormônio do crescimento e desempenho 98
Hormônio estimulador da tireoide (TSH) 97
Hormônio estimulante de melanócitos (MSH) 97
Hormônio foliculoestimulante (FSH) 96
Hormônio lipofílico 94
Hormônio luteinizante (LH) 96
Hormônios da tireoide 99, 113
Hormônios de ação rápida 115
Hormônios permissivos e de ação lenta 113

I

Idade 566
Idade avançada e perda muscular 183
IGF-1/Akt/mTOR 298
Implicações no condicionamento físico 560
Implicações no desempenho 560
Importância da regulação acidobásica durante o exercício 253
Imunidade 126
Imunologia do exercício 131
Imunoterapia 382
Inclinação 358
Índice de calor 270
Índice de qualidade do ar (IQA) 568, 569
Índice de resfriamento pelo vento 562
Índice de temperatura global de bulbo úmido (WBGT) 561
Índice glicêmico 412
Inervação 139
Infarto do miocárdio 386
Inflamação 129
Inflamação aguda 129
Inflamação crônica 129
Influência da genética 484
Influência do gênero e do nível inicial de condicionamento físico 483
Influência emocional 211
Influência nutricional sobre as adaptações do músculo esquelético induzidas pelo treinamento 496
Influência respiratória sobre o equilíbrio acidobásico 256
Informação sensorial e reflexos 147
Ingestão adequada (IA) 402
Ingestão Alimentar de Referência (DRI) 401, 604
Ingestão Alimentar de Referência: macronutrientes 606
Ingestão Alimentar de Referência: necessidades de energia estimadas 601
Ingestão Alimentar de Referência: vitaminas 602
Ingestão de carboidrato antes do desempenho 527
Ingestão de carboidrato antes ou durante o desempenho 526
Ingestão de carboidrato durante o desempenho 527
Ingestão de carboidrato pós-desempenho 528
Ingestão de tampões de sódio e desempenho humano 254
Inibição recíproca 156
Inibidores 62
Inspiração 222
Instrução ao competidor 561
Insulina 92, 103
Insulina e glucagon 116
Intensidade 358, 364
Intensidade do exercício e seleção de combustível 78
Interação do metabolismo de gordura/carboidrato 81
Interação entre a glicose sanguínea e o glicogênio muscular para fornecimento de glicose para glicólise 51
Interação entre as produções aeróbia/anaeróbia de ATP 63
Interação hormônio-receptor 93

Interação hormônio-substrato 119
Interactância de infravermelho próximo 416
Intermação 558
Intervalo de repouso 486
Intervalo de trabalho 485
Intoxicação 404
Introdução à fisiologia do exercício 2-14
Íon 250
Íon hidrogênio 250
Ionização de ácido láctico 50
Irradiação 264
Irritabilidade 140
Irvine 555
Isocinético 476
Isocitrato desidrogenase 62

J

Jean Mayer 433
Jerome Dempsey 244
Jogging 368
John O. Holloszy 289
Jonas Bergström 525
Junção neuromuscular 166, 167, 447

K

Karlman Wasserman 242

L

Lactato 49, 50
Lactato como fonte de combustível 84
Lactato como fonte de combustível durante o exercício 83
LDL-colesterol 413
Lei do tudo ou nada 143
Lesões e treinamento de resistência 488
Lesões por calor associadas ao exercício 274
Leucócitos (células brancas do sangue) 127, 128
Lewis Griffith Cresswell Evans Pugh 566
Limiar anaeróbio 75
Limiar de lactato 75
Limiar ventilatório (Lvent) 236
Lipases 47, 80
Lipólise 47, 81
Lipoproteína 413
Lipoproteínas de alta densidade (HDL) 413
Lipoproteínas de baixa densidade (LDL) 413
Live high, train low 554
Locais de fadiga 445

M

Macrófagos 127
Macronutrientes 606
Mallory 555
Marcadores hematológicos 538
Marcha 367
Marius Nielsen 4
Material particulado 567
Mecânica da respiração 222
Mecanismo de ação hormonal 93
Mecanismo do segundo mensageiro 94, 95

Mecanismo pelo qual os hormônios esteroides atuam nas células-alvo 94
Mecanismos de sinalização celular 35
Mecanismos responsáveis pelo comprometimento do desenvolvimento da força durante o treinamento de força e resistência concomitante 311
Mecanismos responsáveis pelos aumentos de força induzidos pelo treinamento de força 305
Medicina do esporte 3
Medula suprarrenal 99
Membrana celular 40
Mensageiros secundários no músculo esquelético 298
Mensuração da pressão arterial 195
Mensuração da temperatura durante o exercício 263
Mensuração da velocidade de pico na corrida 466
Mensuração do gasto energético 20
Mensuração do trabalho e da potência 17
Mensuração isométrica da força 474
Mensurações comuns em fisiologia do exercício 15-28
Metabolismo 40
Metabolismo do glicogênio muscular 79
Metabolismo e excreção de hormônios 92
Metabolismo no exercício 66-89
MET (equivalente metabólico) 22
Método de treinamento 486
Método direto 365
Métodos de avaliação do sobrepeso e da obesidade 415
Métodos de mensuração da composição corporal 416
Métodos indiretos 365
Michael Hogan 491
Michael L. Pollock 364
Michael Sawka 276
Minerais 404, 410, 537
Minerais e elementos 604
Mineralocorticoides 101
Miocárdio 191, 193
Miofibrilas 166
Mioglobina 233
Miosina 166
Mitocôndria 40
Modelo da alavanca oscilatória 168
Modelo de ATP como transportador de energia universal da célula 49
Modelo de "chave e fechadura" da ação enzimática 45
Monoidrato de creatina 578
Monóxido de carbono 568
Morte súbita cardíaca durante o exercício 214
Motoneurônios 150, 153, 167
Mudança porcentual na concentração plasmática do hormônio antidiurético 98
Mudanças induzidas pelo treinamento na utilização do combustível muscular 291
Mudanças na razão de troca respiratória 80
Mudanças no $\dot{V}O_{2máx}$ com o envelhecimento em mulheres 389
Mulheres atletas 108
Músculo esquelético: estrutura e função 163-187, 193
Músculos respiratórios e exercício 223

N

NADH 52
Natureza dos sistemas de controle 32

Necessidade estimada de energia (NEE) 402
Necessidade média estimada (NME) 402
Necessidades de energia estimadas 601
Necessidades de proteína e exercício 530
Necessidades de proteína para atletas 532
Necessidades energéticas durante o repouso 67
Nervo vago 201
Nervos aceleradores cardíacos 201
Neuroendocrinologia 91
Neurônio(s) 139
Neurônios motores 150
Neurotransmissor 143
Neutrófilos 128
NFκB 299
Nicotinamida adenina dinucleotídio 43
Nitroglicerina 386
Níveis de fosfato/energia muscular 298
Nível superior de ingestão tolerável (UL) 402
Nodo atrioventricular (nodo AV) 198
Nodo sinoatrial (nodo SA) 197
Noradrenalina 99, 115
Normas nutricionais 400
Normóxia 548
Núcleo 40
Nutrição, composição corporal e desempenho 523-546
Nutrição do esporte 3
Nutrição para a saúde 399
Nutrientes na refeição pré-competição 540

O

Obesidade 415, 423, 433
Obesidade e controle do peso 422
Obtenção de resultados relacionados à saúde: um exercício vigoroso é melhor do que a atividade moderada? 362
Oded Bar-Or 514
Oligominerais 404
Oligominerais fundamentais 410
Organização da prova 560
Organização do sistema circulatório 189
Órgão endócrino 103
Órgãos tendinosos de Golgi (OTG) 149
Orientações gerais para melhorar o condicionamento 361
Orientações Nutricionais para Norte-americanos (*Dietary Guidelines for Americans*) 401
Osteoporose 391, 404
Ovários 104
Oxidação 43
Oxidação de aminoácidos 530
Óxido nítrico 211
Oxiemoglobina 231
Oxigênio 578
Ozônio 568

P

p38 298
Padrão alimentar do Departamento de Agricultura dos Estados Unidos (USDA) 414
Padrões nutricionais 401
Padronização dos volumes gasosos 598

Pâncreas 92, 103
Papel da intensidade e duração do exercício sobre as adaptações mitocondriais 292
Paradoxo do lactato 557
Paratireoide 99
Percentual de gorduras e carboidratos metabolizados 78
Perda da aclimatação 278
Perda de calor 264
Perda de peso *versus* manutenção do peso 433
Perimísio 165
Periodização do treinamento de força 493
Pesagem hidrostática (submersa) 416
Pesagem submersa 418, 419
Pesos livres *versus* aparelhos 492
Peter Stewart 255
PGC-1a 298
pH 250
Placa de crescimento (placa epifisária) 513
Planejamento da ingestão de proteína para efeito máximo 533
Planos para grupos alimentares 414
Pletismografia por deslocamento de ar 417
Pleura 219
Polimento 502
Polímero de glicose 528
Poluição do ar 567
Ponto de regulagem e obesidade 425
População 386
Por que o treinamento físico melhora o $\dot{V}O_{2máx}$? 286
Pós-carga 288
Posição do corpo 588
Potássio-40 416
Potência 17, 358
Potência aeróbia máxima 388
Potência aeróbia máxima e altitude 550
Potenciais excitatórios pós-sinápticos (PEPS) 144
Potencial de ação 143
Potencial de placa terminal (PPT) 167
Potencial de repouso da membrana 140
Potencial inibitório pós-sináptico (PIPS) 146
Prática de exercício sob condições ambientais extremas: risco aumentado de infecção 135
Prefixos métricos comuns 16
Preocupações ambientais 371
Prescrição de exercício 357, 364
Prescrição de exercício para CCR 363
Prescrições de exercícios para saúde e condicionamento físico 356-374
Pressão arterial 194
Pressão arterial diastólica 196
Pressão arterial média 196
Pressão arterial sistólica 196, 212
Pressão atmosférica 548
Pressão parcial 227
Prevenção da desidratação durante o exercício 275
Prevenção ou adiamento do diabetes tipo 2 380
Princípio do tamanho 150, 152
Princípios do treinamento 284, 482
Princípios gerais do treinamento de força 492
Problemas relacionados com o calor e seus tratamentos 558
Processo de conversão de ácidos graxos em acetil-CoA 57

Processo metabólico 60
Produção aeróbia de ATP 53
Produção anaeróbia de ATP 49
Produção de calor 264, 565
Produção de dióxido de carbono 5
Produção de íon hidrogênio durante o exercício 251
Produto duplo 212
Produtos de alta energia 60
Progesterona 105
Programa de caminhada 368
Programa de caminhada leve/corrida 368
Programa de condicionamento físico para adultos 390
Programas de exercício 387
Programas de treinamento 493
Programas de treinamento concorrente: força e resistência 495
Programas de treinamento de força para enfatizar a resistência muscular 493
Programas de treinamento de força para maximização do ganho de força 493
Programas de treinamento de peso 494
Programas de treinamento e alterações de $\dot{V}O_{2máx}$ 285
Progressão 363
Progressão das mudanças induzidas pelo treinamento de resistência no consumo máximo de oxigênio ($\dot{V}O_{2máx}$) 287
Progresso na ciência do exercício pediátrico 514
Prolactina 97
Propriedades bioquímicas do músculo 176
Propriedades contráteis do músculo esquelético 176
Proprioceptores 147
Proprioceptores articulares 147
Proprioceptores musculares 147
Proteção contra dor muscular induzida pelo exercício 499
Proteína 48, 413, 530
Proteína G 93
Proteína quinase ativada por monofosfato de 5'adenosina (AMPK) 298
Proteína quinase C (PKC) 95
Proteínas de choque térmico 36, 278
Proteínas de estresse 36
Provitamina 404
Pulmões 243

Q

Quebra da glicose 42
Quilocaloria (kcal) 20
Quimioceptores centrais 239
Quimioceptores humorais 239
Quimioceptores musculares 150
Quimioceptores periféricos 239
Quinase dependente de calmodulina 297, 298

R

Radicais livres 297, 449
Radicais livres e mitocôndria 58
Radiografia 416
Razão de troca respiratória 77
Reabilitação cardíaca 386
Reações acopladas 41
Reações bioquímicas celulares 41

Índice remissivo **635**

Reações de oxidação-redução 43
Reações endergônicas 41, 42
Reações exergônicas 41, 42
Receptor de insulina 96
Receptores adrenérgicos 101
Receptores alfa 100
Receptores beta 100
Recomendações de ingestão diária (RDA) 402
Recordação de 24 horas 415
Recrutamento da unidade motora 152
Recuperação do exercício 212
Recuperação do exercício: respostas metabólicas 69
Recursos ergogênicos 574-596
Redistribuição do fluxo sanguíneo durante o exercício 208
Redução 43
Refeição pré-competição 540
Registros alimentares 415
Regulação acidobásica 255
Regulação da força no músculo 181
Regulação da frequência cardíaca 199
Regulação da glicemia 34
Regulação da temperatura 261-281
Regulação da temperatura corporal 33
Regulação de homeostase celular 36
Regulação do acoplamento excitação-contração 170
Regulação do equilíbrio acidobásico durante o exercício 256
Regulação do equilíbrio acidobásico por via renal 256
Regulação do fluxo sanguíneo local durante o exercício 209
Regulação dos ajustes cardiovasculares ao exercício 215
Regulação do volume sistólico 203
Regulação ventilatória durante o repouso 237
Reinfusão de sangue "simulada" 580
Relação entre gasto energético e taxa de trabalho 25
Relação entre velocidade e gasto de $\dot{V}O_2$ 23
Relação existente entre frequência cardíaca e intensidade do exercício 31
Relações de ventilação-perfusão 230
Relações entre o metabolismo de proteínas, carboidratos e gorduras 56
Relações entre pressão, resistência e fluxo 206
Relações força-velocidade/potência-velocidade 182
Relatório do Institute of Medicine 409
Relaxamento 171, 180
Relaxamento muscular 171
Remoção de lactato do sangue após o exercício extenuante 72
Remoção do lactato após o exercício 72
Renina 101
Repetições 486
Reposição de líquidos: antes do exercício 534
Reposição de líquidos: depois do exercício 536
Reposição de líquidos: durante o exercício 534
Reservas de energia do organismo 82
Resfriado 136
Resfriamento pelo vento 564
Resistência 206
Resistência das vias aéreas 224
Respiração 219
Respiração celular 219

Respiração durante o exercício 218-248
Respiração pulmonar 219
Resposta ao treinamento 389
Resposta celular ao estresse 36
Resposta imune 129
Resposta periférica 302
Resposta ventilatória ao exercício 242
Respostas circulatórias ao exercício 188-217
Respostas fisiológicas à adrenalina e à noradrenalina 101
Respostas hormonais ao exercício 90
Respostas metabólicas ao exercício: influência da duração e da intensidade 72
Respostas ventilatórias e hematogasosas ao exercício 235
Ressonância magnética nuclear (RMN) 417
Resultados do treinamento de resistência no uso reduzido de glicose plasmática durante o exercício submáximo prolongado 292
Resumo do metabolismo anaeróbio da glicose 52
Retículo sarcoplasmático 166
Reversibilidade 284
Risco de lesão decorrente de convulsões 516
Risco de lesão de joelho em mulheres atletas 511
Risco de morte súbita cardíaca em atletas jovens 513
Robert Bruce 464
Robert H. Fitts 451
Ronald J. Maughan 529
Roupas 559, 563

S

Saco lateral 170
Sal (NaCl) 536
Saltar em ar rarefeito 549
Sangue venoso misto 189
Sarcolema 42, 165
Sarcolema e túbulos transversos 448
Sarcômeros 166
Sarcopenia 517
Sarcoplasma 42
Satisfação das orientações dietéticas 413
Secreção de um hormônio 92
Segundos mensageiros 93, 95
Sensor 32
Sequência da atividade física 367
Série 486
Simpaticomiméticos 584
Sinalização autócrina 35
Sinalização celular 35
Sinalização celular e respostas hormonais ao exercício 90-124
Sinalização *downstream* 297
Sinalização endócrina 36
Sinalização intrácrina 35
Sinalização justácrina 35
Sinalização parácrina 36
Sinapse 140, 143
Síncope por calor 558
Síndrome de McArdle 79
Síntese de novas proteínas 37
Síntese proteica diminuída 311
Sintonização espinal 156

Sistema ATP-CP 49
Sistema circulatório 189
Sistema complemento 129
Sistema de controle biológico 32
Sistema de dois componentes para a composição
    corporal 418
Sistema de mensuração metabólica 21
Sistema endócrino 34
Sistema imune 125, 126, 131, 132
Sistema imune adaptativo 130
Sistema imune adquirido 130
Sistema imune inato 126
Sistema métrico 16
Sistema nervoso 138, 139, 142, 154
Sistema nervoso autônomo 158
Sistema nervoso central 139
Sistema nervoso periférico 139
Sistema nervoso simpático 118
Sistema pulmonar 242-244
Sistemas de controle do corpo 32
Sistemas de depleção de energia 431
Sistemas de tamponamento acidobásico 253
Sistemas de tamponamento acidobásico químicos 254
Sistemas energéticos 483
Sístole 192
Sítio de armazenamento 82
Sobrecarga 284
Sobrecarga, especificidade e reversibilidade 482
Sobrepeso 433
Sobretreinamento 482
Sociedades profissionais e científicas e periódicos
    científicos 11
Sódio 405
Soma 181
Soma das dobras cutâneas 421
Somação espacial 145
Somação temporal 144
Somatostatina 103, 104
Somatostatina hipotalâmica 97
Step 18
Supercompensação 525
Suplementação com megadoses de antioxidantes 497
Suplementos nutricionais 576
Susan A. Bloomfield 393

T

Tampões extracelulares 254
Tampões intracelulares 253
Tampões sanguíneos 582
Taxa de trabalho e eficiência do exercício 24
Taxa de uso de ATP 67
Taxa metabólica 559
Taxa metabólica basal (TMB) 429
Taxa metabólica em repouso (TMR) 429
Taxas de sudorese durante o exercício 271
Tecido adiposo 103
Temperatura ambiente 559
Temperatura de bulbo seco 561
Temperatura de bulbo úmido 561
Temperatura de globo negro 561
Tempo (duração) 358, 366
Teoria dos filamentos deslizantes 168

Teoria dos filamentos deslizantes da contração
    muscular 168
Termogênese 430
Termos e unidades comuns usados para expressar
    potência 17
Termostato corporal e o hipotálamo 267
Teste(s) 387
Teste de 10 segundos de Quebec 472
Teste de controle homeostático 34
Teste de Wingate 472
Testes com exercício graduado 74
Testes com exercício incremental 74
Testes de esforço para avaliação do condicionamento
    cardiorrespiratório 332-355
Testes de potência 470
Testes de potência anaeróbia a curto prazo 472
Testes de potência anaeróbia máxima a ultracurto
    prazo 470
Testes de potência anaeróbia para o ciclismo 472
Testes de potência de salto 470
Testes de potência para o ciclismo 472
Testes e treinamento 384
Testes fisiológicos 462
Testes laboratoriais 470
Testes para determinar a economia do exercício 468
Testículos 104
Testosterona 104
Tetania 181
Thomas K. Cureton Jr. 10
Tipo de fibra e eficiência 26
Tipos de ação muscular 180
Tipos de fibras 175
Tipos de fibras e desempenho 178
Tireoide 99
Tiroxina (T_4) 99
Trabalho 16, 17
Transferrina 405
Transformação da energia biológica 41
Transfusão autóloga 580
Transfusão homóloga 580
Transição do repouso para o exercício 211
Transições do repouso ao exercício 67
Transições do repouso ao trabalho 235
Transmissão sináptica 143
Transporte de CO_2 no sangue 234
Transporte de membrana 95
Transporte de O_2 e CO_2 no sangue 231
Transporte de O_2 no músculo 233
Transporte de oxigênio 582
Transporte do lactato 85
Tratamento da hipotermia 567
Treinamento 303
Treinamento competitivo para diabéticos 514
Treinamento de força 370, 493
Treinamento de força e de flexibilidade 369
Treinamento de força e resistência concomitante 310
Treinamento de força melhora a atividade enzimática
    antioxidante muscular 307
Treinamento de força pode melhorar a capacidade
    oxidativa do músculo e aumentar o número de
    capilares? 307
Treinamento de resistência aumenta o conteúdo mito-
    condrial nas fibras de músculo esquelético 290

Índice remissivo **637**

Treinamento de resistência aumenta o metabolismo da gordura durante o exercício 292
Treinamento de resistência: efeitos sobre o desempenho e a homeostasia 289
Treinamento de resistência e $\dot{V}O_{2máx}$ 284
Treinamento de resistência: ligações existentes entre o músculo e a fisiologia sistêmica 300
Treinamento de resistência melhora a capacidade antioxidante da musculatura 294
Treinamento e menstruação 508
Treinamento em pesquisa 11
Treinamento e o sistema cardiopulmonar 512
Treinamento e o sistema musculoesquelético 512
Treinamento excessivo 311
Treinamento físico 193, 286
Treinamento físico em condições de frio pode promover aclimatação ao calor? 277
Treinamento físico melhora o equilíbrio acidobásico durante o exercício 294
Treinamento intervalado 485
Treinamento intervalado de alta intensidade 366, 486
Treinamento na altitude melhora o desempenho do exercício ao nível do mar 487
Treinamento para asmáticos 515
Treinamento para aumentar a flexibilidade 498
Treinamento para aumentar a força muscular 490
Treinamento para competição na altitude 552
Treinamento para melhorar a potência aeróbia 485
Treinamento para melhorar a potência anaeróbia 489
Treinamento para melhorar o desempenho anaeróbio: 491
Treinamento para melhorar o sistema ATP-CP 489
Treinamento para melhorar o sistema glicolítico 490
Treinamento para mulheres atletas, crianças, populações especiais e atletas masters 506-522
Treinamento para o desempenho 481-505
Treino 242
Tríade da mulher atleta 510
Triagem 363
Triagem para asma em crianças 383
Trifosfato de adenosina (ATP) 48
Trifosfato de inositol (IP$_3$) 95
Tri-iodotironina (T$_3$) 99
Tronco encefálico 155
Tropomiosina 170
Troponina 170
Túbulos transversos 166

U

Ultrassonografia 417
Umidade (pressão de vapor de água) 559
Unidade motora 150, 167
Unidades comuns usadas para expressar a quantidade de trabalho realizada ou energia gasta 17
Unidades de medida 16
Unidades do Sistema Internacional 16
Unidades do Sistema Internacional importantes para a mensuração do desempenho humano no exercício 16

Unidades para quantificação do exercício humano 16
Uso de combustível 565
Uso diagnóstico do ECG 198
Uso prático do limiar de lactato 76
Utilização do glicogênio muscular 111

V

Valor diário (VD) 402
Valor diagnóstico da mensuração da atividade enzimática no sangue 45
Valores de $\dot{V}O_{2máx}$ medidos em populações saudáveis e doentes 285
Variabilidade 358
Variabilidade da frequência cardíaca 202, 203
Varíola 130
Vasodilatador 211
Veias 189
Velocidade da ação muscular e relaxamento 180
Velocidade do movimento e eficiência 24
Ventilação 219
Ventilação alveolar 225
Ventilação e equilíbrio acidobásico 235
Ventilação pulmonar 224
Vento 560
Vênulas 189
Vestimenta e outros acessórios 588
Vias anaeróbias 49
Vias transdutoras de sinais primários no músculo esquelético 297
Visão geral da produção/perda de calor 264
Visão geral das características bioquímicas e contráteis do músculo esquelético 176
Visão geral da síntese proteica celular 37
Visão geral da teoria dos filamentos deslizantes/ alavanca oscilatória 168
Visão geral do equilíbrio do calor durante o exercício 262
Vitaminas 404, 406, 539, 602
Vitaminas hidrossolúveis 404
Vitaminas lipossolúveis 404
$\dot{V}O_2$ 22
$\dot{V}O_2$ relativo 23
Volume corrente 225
Volume diastólico final (VDF) 287
Volume plasmático 93
Volume residual (VR) 226
Volumes e capacidades pulmonares 225
Volume sistólico 199, 201, 209, 287
Volumes respiratórios 227

W

Walter B. Cannon 100
William Harvey 189

Z

Zona condutora 220
Zona respiratória 221